国家出版基金项目

“十三五”国家重点图书出版规划项目

“十四五”时期国家重点出版物出版专项规划项目

中国水电关键技术丛书

高土石坝筑坝材料工程特性研究与应用

周恒　陆希　马刚　等　著

中国水利水电出版社
www.waterpub.com.cn
·北京·

内 容 提 要

本书系国家出版基金项目《中国水电关键技术丛书》之一，围绕高土石坝各类筑坝材料在勘测、设计、施工与运行过程中存在的关键问题，从坝料勘探、坝料力学及工程特性原位试验、本构模型、填筑标准及工程应用、坝体变形控制措施、筑坝料工程特性数据库等关键问题着手，通过理论研究、模型试验、数值模拟、分析预测等多手段融合的方式，在理论与实践两个方面作了较为全面的总结，取得了系列重大理论研究与技术的突破，解决了高土石坝设计、建造的部分关键技术问题，并在国内外十多个大型水利水电工程中得到应用。

本书可供从事土石坝建设的设计、施工、科研技术人员参考和借鉴，亦可供高等院校水利水电、土木工程类相关专业师生学习。

图书在版编目（CIP）数据

高土石坝筑坝材料工程特性研究与应用 / 周恒等著. 北京 : 中国水利水电出版社, 2024. 10. -- (中国水电关键技术丛书). -- ISBN 978-7-5226-2319-1

Ⅰ. TV641.1

中国国家版本馆CIP数据核字第2024H13K56号

书　　名	中国水电关键技术丛书 **高土石坝筑坝材料工程特性研究与应用** GAOTUSHIBA ZHUBA CAILIAO GONGCHENG TEXING YANJIU YU YINGYONG
作　　者	周恒　陆希　马刚　等 著
出版发行	中国水利水电出版社 （北京市海淀区玉渊潭南路1号D座　100038） 网址：www.waterpub.com.cn E-mail：sales@mwr.gov.cn 电话：(010) 68545888（营销中心）
经　　售	北京科水图书销售有限公司 电话：(010) 68545874、63202643 全国各地新华书店和相关出版物销售网点
排　　版	中国水利水电出版社微机排版中心
印　　刷	北京印匠彩色印刷有限公司
规　　格	184mm×260mm　16开本　35印张　852千字
版　　次	2024年10月第1版　2024年10月第1次印刷
印　　数	0001—1000册
定　　价	**298.00**元

《中国水电关键技术丛书》编撰委员会

编 委 会 办 公 室

《中国水电关键技术丛书》组织单位

中国大坝工程学会
中国水力发电工程学会
水电水利规划设计总院
中国水利水电出版社

本书编委会

主　　编　周　恒　陆　希　马　刚

副 主 编　万　里　周　伟　米占宽　谢凯军

参编人员　刘　昌　苗　喆　翟迎春　王康柱　崔家全

王　伟　伍小玉　石北啸　李巍尉　狄圣杰

刘　静　张　晖　梅世昂　程家林　吴世然

李跃涛　吕庆超

审 稿 人：余　波　王　昆

本书参编单位：中国电建集团西北勘测设计研究院有限公司

武汉大学

水利部　交通运输部　国家能源局　南京水利科学研究院

中国电建集团中国水利水电第三工程局有限公司

丛书序

历经70年发展，特别是改革开放40年，中国水电建设取得了举世瞩目的伟大成就，一批世界级的高坝大库在中国建成投产，水电工程技术取得新的突破和进展。在推动世界水电工程技术发展的历程中，世界各国都作出了自己的贡献，而中国，成为继欧美发达国家之后，21世纪世界水电工程技术的主要推动者和引领者。

截至2018年年底，中国水库大坝总数达9.8万座，水库总库容约9000亿m^3，水电装机容量达350GW。中国是世界上大坝数量最多、也是高坝数量最多的国家：60m以上的高坝近1000座，100m以上的高坝223座，200m以上的特高坝23座；千万千瓦级的特大型水电站4座，其中，三峡水电站装机容量22500MW，为世界第一大水电站。中国水电开发始终以促进国民经济发展和满足社会需求为动力，以战略规划和科技创新为引领，以科技成果工程化促进工程建设，突破了工程建设与管理中的一系列难题，实现了安全发展和绿色发展。中国水电工程在大江大河治理、防洪减灾、兴利惠民、促进国家经济社会发展方面发挥了不可替代的重要作用。

总结中国水电发展的成功经验，我认为，最为重要也是特别值得借鉴的有以下几个方面：一是需求导向与目标导向相结合，始终服务国家和区域经济社会的发展；二是科学规划河流梯级格局，合理利用水资源和水能资源；三是建立健全水电投资开发和建设管理体制，加快水电开发进程；四是依托重大工程，持续开展科学技术攻关，破解工程建设难题，降低工程风险；五是在妥善安置移民和保护生态的前提下，统筹兼顾各方利益，实现共商共建共享。

在水利部原任领导汪恕诚、张基尧的关心支持下，2016年，中国大坝工程学会、中国水力发电工程学会、水电水利规划设计总院、中国水利水电出版社联合发起编撰出版《中国水电关键技术丛书》，得到水电行业的积极响应，数百位工程实践经验丰富的学科带头人和专业技术负责人等水电科技工作者，基于自身专业研究成果和工程实践经验，精心选题，着手编撰水电工程技术成果总结。为高质量地完成编撰任务，参加丛书编撰的作者，投入极大热情，倾注大量心血，反复推敲打磨，精益求精，终使丛书各卷得以陆续出版，实属不易，难能可贵。

21世纪初叶，中国的水电开发成为推动世界水电快速发展的重要力量，形成了中国特色的水电工程技术，这是编撰丛书的缘由。丛书回顾了中国水电工程建设近30年所取得的成就，总结了大量科学研究成果和工程实践经验，基本概括了当前水电工程建设的最新技术发展。丛书具有以下特点：一是技术总结系统，既有历史视角的比较，又有国际视野的检视，体现了科学知识体系化的特征；二是内容丰富、翔实、实用，涉及专业多，原理、方法、技术路径和工程措施一应俱全；三是富于创新引导，对同一重大关键技术难题，存在多种可能的解决方案，并非唯一，要依据具体工程情况和面临的条件进行技术路径选择，深入论证，择优取舍；四是工程案例丰富，结合中国大型水电工程设计建设，给出了详细的技术参数，具有很强的参考价值；五是中国特色突出，贯彻科学发展观和新发展理念，总结了中国水电工程技术的最新理论和工程实践成果。

与世界上大多数发展中国家一样，中国面临着人口持续增长、经济社会发展不平衡和人民追求美好生活的迫切要求，而受全球气候变化和极端天气的影响，水资源短缺、自然灾害频发和能源电力供需的矛盾还将加剧。面对这一严峻形势，无论是从中国的发展来看，还是从全球的发展来看，修坝筑库、开发水电都将不可或缺，这是实现经济社会可持续发展的必然选择。

中国水电工程技术既是中国的，也是世界的。我相信，丛书的出版，为中国水电工作者，也为世界上的专家同仁，开启了一扇深入了解中国水电工程技术发展的窗口；通过分享工程技术与管理的先进成果，后发国家借鉴和吸取先行国家的经验与教训，可避免走弯路，加快水电开发进程，降低开发成本，实现战略赶超。从这个意义上讲，丛书的出版不仅能为当前和未来中国水电工程建设提供非常有价值的参考，也将为世界上发展中国家的河流开发建设提供重要启示和借鉴。

作为中国水电事业的建设者、奋斗者，见证了中国水电事业的蓬勃发展，我为中国水电工程的技术进步而骄傲，也为丛书的出版而高兴。希望丛书的出版还能够为加强工程技术国际交流与合作，推动“一带一路”沿线国家基础设施建设，促进水电工程技术取得新进展发挥积极作用。衷心感谢为此作出贡献的中国水电科技工作者，以及丛书的撰稿、审稿和编辑人员。

中国工程院院士 马洪琪

2019年10月

丛书前言

水电是全球公认并为世界大多数国家大力开发利用的清洁能源。水库大坝和水电开发在防范洪涝干旱灾害、开发利用水资源和水能资源、保护生态环境、促进人类文明进步和经济社会发展等方面起到了无可替代的重要作用。在中国，发展水电是调整能源结构、优化资源配置、发展低碳经济、节能减排和保护生态的关键措施。新中国成立后，特别是改革开放以来，中国水电建设迅猛发展，技术日新月异，已从水电小国、弱国，发展成为世界水电大国和强国，中国水电已经完成从“融入”到“引领”的历史性转变。

迄今，中国水电事业走过了70年的艰辛和辉煌历程，水电工程建设从“独立自主、自力更生”到“改革开放、引进吸收”，从“计划经济、国家投资”到“市场经济、企业投资”，从“水电安置性移民”到“水电开发性移民”，一系列改革开放政策和科学技术创新，极大地促进了中国水电事业的发展。不仅在高坝大库建设、大型水电站开发，而且在水电站运行管理、流域梯级联合调度等方面都取得了突破性进展，这些进步使中国水电工程建设和运行管理技术水平达到了一个新的高度。有鉴于此，中国大坝工程学会、中国水力发电工程学会、水电水利规划设计总院和中国水利水电出版社联合组织策划出版了《中国水电关键技术丛书》，力图总结提炼中国水电建设的先进技术、原创成果，打造立足水电科技前沿、传播水电高端知识、反映水电科技实力的精品力作，为开发建设和谐水电、助力推进中国水电“走出去”提供支撑和保障。

为切实做好丛书的编撰工作，2015年9月，四家组织策划单位成立了“丛书编撰工作启动筹备组”，经反复讨论与修改，征求行业各方面意见，草拟了丛书编撰工作大纲。2016年2月，《中国水电关键技术丛书》编撰委员会成立，水利部原部长、时任中国大坝协会（现为中国大坝工程学会）理事长汪恕诚，国务院南水北调工程建设委员会办公室原主任、时任中国水力发电工程学会理事长张基尧担任编委会主任，中国电力建设集团有限公司总工程师周建平、水电水利规划设计总院院长郑声安担任丛书主编。各分册编撰工作实行分册主编负责制。来自水电行业100余家企业、科研院所及高等院校等单位的500多位专家学者参与了丛书的编撰和审阅工作，丛书作者队伍和校审专家聚集了国内水电及相关专业最强撰稿阵容。这是当今新时代赋予水电工作者的一项重要历史使命，功在当代、利惠千秋。

丛书紧扣大坝建设和水电开发实际，以全新角度总结了中国水电工程技术及其管理创新的最新研究和实践成果。工程技术方面的内容涵盖河流开发规划，水库泥沙治理，工程地质勘测，高心墙土石坝、高面板堆石坝、混凝土重力坝、碾压混凝土坝建设，高坝水力学及泄洪消能，滑坡及高边坡治理，地质灾害防治，水工隧洞及大型地下洞室施工，深厚覆盖层地基处理，水电工程安全高效绿色施工，大型水轮发电机组制造安装，岩土工程数值分析等内容；管理创新方面的内容涵盖水电发展战略、生态环境保护、水库移民安置、水电建设管理、水电站运行管理、水电站群联合优化调度、国际河流开发、大坝安全管理、流域梯级安全管理和风险防控等内容。

丛书遵循的编撰原则为：一是科学性原则，即系统、科学地总结中国水电关键技术和管理创新成果，体现中国当前水电工程技术水平；二是权威性原则，即结构严谨，数据翔实，发挥各编写单位技术优势，遵照国家和行业标准，内容反映中国水电建设领域最具先进性和代表性的新技术、新工艺、新理念和新方法等，做到理论与实践相结合。

丛书分别入选"十三五"国家重点图书出版规划项目和国家出版基金项目，首批包括50余种。丛书是个开放性平台，随着中国水电工程技术的进步，一些成熟的关键技术专著也将陆续纳入丛书的出版范围。丛书的出版必将为中国水电工程技术及其管理创新的继续发展和长足进步提供理论与技术借鉴，也将为进一步攻克水电工程建设技术难题、开发绿色和谐水电提供技术支撑和保障。同时，在"一带一路"倡议下，丛书也必将切实为提升中国水电的国际影响力和竞争力，加快中国水电技术、标准、装备的国际化发挥重要作用。

在丛书编写过程中，得到了水利水电行业规划、设计、施工、科研、教学及业主等有关单位的大力支持和帮助，各分册编写人员反复讨论书稿内容，仔细核对相关数据，字斟句酌，殚精竭虑，付出了极大的心血，克服了诸多困难。在此，谨向所有关心、支持和参与编撰工作的领导、专家、科研人员和编辑出版人员表示诚挚的感谢，并诚恳欢迎广大读者给予批评指正。

《中国水电关键技术丛书》编撰委员会

2019年10月

前言

党的十九大将“壮大节能环保产业、清洁生产产业、清洁能源产业，推进能源生产和消费革命，构建清洁低碳、安全高效的能源体系”作为一项重要工作，水电作为绿色产业，是绿色低碳循环发展经济体系的重要组成部分。“十四五”期间，在“双碳”目标战略引领下，常规水电与抽水蓄能电站工程及跨区域水资源调配工程进入建设高潮期，预计到2030年常规水电装机规模将超过4.1亿kW，抽水蓄能装机规模将超过1.2亿kW。

我国水电工程建设经历了半个多世纪的发展历程，由于土石坝具有较好的地形地质适应性和较强的经济竞争力，在我国水电工程建设中得到迅速发展，并已发展到了300m级坝高的建设水平。但高土石坝建设仍面临着一系列技术挑战：已建工程实践表明，高土石坝坝体应力、变形计算预测值及分布规律与实际监测值差别较大；高面板堆石坝出现了面板裂缝、面板挤压破坏、坝体沉降变形较大及由此引起的坝体渗漏量较大等问题，都未能通过计算手段准确预测。以上现象表明，我们对高土石坝筑坝料工程特性的研究和坝体应力、变形的分析预测尚未达到完善的程度。以往研究成果表明，坝体变形随坝高的增加呈非线性增长，所以特高土石坝变形与渗流控制难度将会更大，其建设与长期运行安全将会面临更加严峻的挑战。因此，对特高土石坝筑坝料工程特性的深入研究及坝体应力、变形计算方法的进一步探索是十分迫切的，这对我国水电工程的安全发展与社会经济的可持续发展均具有重要意义。

近几十年来，针对土石坝筑坝料工程特性，在国内多家单位近百名科研、技术人员团结协作，产学研用相结合，在堆石料的试验技术、基本力学特性及本构模型，以及堆石坝设计、填筑标准及工程应用等方面取得了突破，形成了土石坝筑坝料工程特性研究与应用的系列成果。

本书通过总结公伯峡、积石峡、玛尔挡、察汗乌苏、大石峡、巴塘、巴贡（马来西亚）、南俄3（老挝）、天生桥一级、水布垭等18座已建或在建的高土石坝工程，以及茨哈峡、江达、俄米、鲸鱼沟调蓄、马蒂（尼泊尔）、RM、GS等16座前期研究的高土石坝设计研究成果及建设、运行经验，从解决高土石坝关键技术的基础问题方面进行了探讨。

本书围绕坝料勘探、坝料力学及工程特性试验、坝料本构模型、坝体变形控制、坝料填筑标准等关键问题，多家单位产学研用联合攻关20余年，突出理论研究、模型试验、数值模拟、分析预测、实施应用等多手段融合，从理论与实践两个方面作了较为全面的总结，取得了一系列重大理论与技术突破，解决了高土石坝设计、建造的部分关键技术问题，为后续高土石坝的研究、建设提供了可借鉴的经验，主要包括以下10个方面：

（1）筑坝料勘测关键技术。归纳了非均质块石料、砂砾石料以及均质筑坝料的勘测技术，提出了非均质块石料的料源勘察评价体系、砂砾石料的深井法勘测技术以及均质筑坝料的分散性评价方法，并介绍了这些方法在工程中的应用。特别针对深厚砂砾石层地质勘探的难题，提出了深井法勘探技术，探井深度达到了80m，并在实际工程中成功运用，实现了深厚砂砾石层全深度无间断连续取样，并可肉眼直观了解料层中不良夹层、粒组含量、级配变化等特征。

（2）筑坝料原位试验技术。提出了筑坝料的大型原位力学试验技术，通过对筑坝料的原位载荷试验，揭示了室内三轴试验存在显著的尺寸效应；提出了基于数值三轴剪切试验的原级配筑坝料力学参数取值方法。

（3）筑坝料工程特性。详细介绍了土石坝常用筑坝料，如堆石料、砂砾石料的应力应变、强度、压缩、流变、湿化等工程特性，同时介绍了部分特殊筑坝料，如软岩堆石料、胶凝砂砾石料和宽级配防渗土料的基本物理力学特性、变形、强度、流变、压缩、渗透等工程特性，并归纳总结了宽级配土料的设计控制标准。

（4）砂砾石筑坝料的渗透特性。采用大型渗透试验装置，通过对相关工程砂砾石筑坝料在不同水头、不同应力条件和不同孔隙率（或相对密度）下渗透特性的研究，揭示了在不同水头、不同应力条件下砂砾石渗透特性的差异，总结提出了高、低水头作用下及考虑应力与渗流耦合的砂砾石筑坝料渗透系数的计算公式；通过对砂砾石采用大型渗透试验装置和常规小型试验装置的渗透试验对比，揭示了尺寸效应对砂砾石渗透系数试验值的影响。

（5）筑坝堆石料工程特性。采用室内试验、现场原位、原级配试验等方法，分别从应力变形与强度特性、压缩特性、流变特性、湿化特性等几个方面，研究了堆石料和砂砾石料两类重要的土石坝填筑料的力学性质，为堆石坝分区优化提供依据。

（6）特殊坝料工程特性。对软岩、胶凝砂砾石以及宽级配防渗土料等特殊筑坝料的工程特性进行分析，总结了特殊筑坝料的应力应变特性、流变特性、压实性等工程特性。

（7）筑坝料本构模型。针对邓肯-张模型的不足提出了应用于堆石坝计算分析时的数值处理方法，使数值计算更加稳定且计算结果与实测值更为接近。通过对堆石料剪胀、剪缩特性和高应力下堆石料颗粒破碎特性的研究，分别基于堆石料的临界状态理论和破碎能耗理论，对“南水”模型进行了改进，并通过实际工程进行了验证。基于广义塑性理论，在堆石料的弹塑性本构模型基础上，引入与堆石料流变相关的要素，提出了堆石料的黏弹塑性本构模型，并通过试验进行了验证。

(8) 堆石（砂砾石）坝设计、坝料填筑标准及工程应用。通过对堆石料和砂砾石料强度特性、变形特性、流变特性、湿化特性等方面的对比研究，提出了同时采用堆石料、砂砾石料筑坝的坝体分区方案建议。针对堆石坝建设中常遇到的软岩，通过对软岩堆石料力学和变形特性的研究，提出了在高土石坝上利用软岩堆石料的建议。通过开展堆石料最优级配和砂砾石料相对密度的试验研究，提出了筑坝堆石料的最优级配和筑坝砂砾石料的压实控制标准。

(9) 特高土石坝坝体变形控制措施。依托5座高土石坝，通过对坝体布置、材料设计、坝体分区、填筑压实标准、坝体变形、施工顺序等方面的研究，提出了控制坝体变形的工程措施建议。

(10) 筑坝料工程特性数据库。基于 SQL Server 建立了筑坝料工程特性数据库，收集整理并录入了国内30余座新建高土石坝筑坝堆石料试验数据。

本书是集体智慧的结晶，在编制过程中，中国电建集团西北勘测设计研究院有限公司、武汉大学、水利部 交通运输部 国家能源局南京水利科学研究院以及中国水利水电第三工程局有限公司的众多专家、学者及工程技术人员参加了本书的相关研究工作，付出了辛勤劳动，并参与了部分内容的编写，在此表示诚挚的谢意。中国电建集团贵阳勘测设计研究院有限公司余波副总经理、中国电建集团昆明勘测设计研究院有限公司王昆副总工程师对全书进行了审核，在此一并致谢。

限于作者水平，且时间仓促，书中难免有不妥或错误，希望读者提出宝贵意见。

作者

2023年5月

目录

第 1 章

概述

我国“十四五”规划和2035年远景目标纲要提出加快推动绿色低碳发展、推动能源清洁低碳安全高效利用。大力发展水电等清洁能源，对推动能源结构合理配置和高效利用，助力实现“碳达峰”“碳中和”目标，具有重要意义。随着水电开发、水资源配置等国家战略的持续推进，我国水电开发建设的主战场是综合条件更加复杂的西部地区。在建和拟建的高坝工程大多位于高海拔地区，地形地质条件复杂、地震烈度高、自然环境条件恶劣、交通运输不便。堆石坝具有对地形和地质条件适应性好、抗震能力优良、可就地取材等优点，是高坝建设的主力坝型之一。在建和拟建的坝高超过200m的堆石坝有黄河茨哈峡、玛尔挡，澜沧江RM、GS、BD，金沙江其宗、岗托、拉哇，怒江松塔、俄米，雅砻江两河口，大渡河双江口等。这些工程对建成“西电东送”“云电外送”“藏电外送”的重要能源基地目标和实现经济社会可持续发展具有重要战略意义，也对高堆石坝建设技术提出了新的挑战。

当前我国水利水电建设仍处于高峰期。我国西部地区的大渡河、雅砻江、澜沧江、金沙江，乃至怒江、雅鲁藏布江上游即将兴建数十座高土石坝及高土石围堰（姚海红，2014；王柏乐 等，2005）。土石坝由于可以就近选择土石料，钢材、木材等用量少，运输经济，相较于其他坝型，土石坝结构简单，维护、扩建便利。此外，土石坝主要由心墙料和堆石料等散体料构成，施工工序简单，技术成熟，且具有抗变形能力良好、坝基适应能力强（姚海红，2014）等优点，已成为世界上高坝建设的主流坝型。据统计，坝高15m以上的心墙土石坝约占大坝总数的82%，坝高100m以上的约占大坝总数的50%。

我国高土石坝工程建设虽然起步较晚，但发展速度之快在世界上独一无二。我国土石坝工程建设经过60余年的发展，历经技术引进、消化吸收、再创新等过程。国内外土石坝建设已经发展到了200m级坝高水平，技术逐渐积累完善。根据我国水电开发建设的需要，从2000年开始，以大石峡、茨哈峡、GS、MJ、RM等工程为代表的一批250～300m级堆石坝工程开始了前期勘测设计研究论证工作，堆石坝的建设走向了从坝高200m级向300m级突破的发展阶段。随着我国河流梯级水电开发及水资源合理配置进程的推进，我国西部正在或即将建设一批调节性能好、坝高超过300m的特高土石坝，如双江口水电站（坝高314m）、两河口水电站（坝高295m）等。这些工程建设对实现国家西部大开发与西电东输战略，保障经济社会可持续发展具有重大意义。

由于特高土石坝国内外都缺乏可供借鉴的工程建设经验，加之特高土石坝工程多处于西部高海拔、地形地质条件复杂的地区，特高土石坝建设面临着一系列技术挑战：已建成的高土石坝工程中有些出现了面板裂缝、面板挤压破坏、坝体沉降变形及坝体渗漏量较大等问题（Cetin et al.，2000；Foster et al.，2000）。坝高160m的黄河小浪底心墙堆石坝，在2003年秋季洪水位达到265.69m时，坝体顶部下游侧发现了一道长约160m、宽约4mm的纵向裂缝；坝高186m的瀑布沟砾石土心墙堆石坝，在蓄水初期坝顶产生纵向裂缝。坝高156m的美国库加尔心墙堆石坝，大坝建成后首次蓄水达到设计水位两天左右，坝体顶部出现了数条6～13mm宽的纵向贯穿性裂缝；坝高148m的墨西哥El Infiernillo心墙堆石坝，在蓄水达到设计水位后，左右坝肩均发现了宽约10mm的裂缝。这一系列土石坝坝体产生裂缝的现象表明，坝体裂缝产生的本质因素是筑坝料抗拉、抗剪强度不足以抵抗其所承受的应力；主要原因在于蓄水后上游堆石体产生湿化反应，且在长期荷载作用下产生流变，最终坝体产生不均匀沉降，直接导致裂缝生成（韩朝军 等，2013）。

200m级高土石坝的工程实践表明，现有坝体应力变形计算预测值及分布规律与大坝实际监测成果存在一定的差距，高土石坝筑坝料的工程特性研究和坝体的应力与变形分析方法远未达到完善的程度。与200m级高土石坝相比，300m级特高土石坝的变形与渗流控制难度更大，其建设与长期运行安全将面临更加严峻的挑战，加之现有的设计与施工规范仅是针对200m以下的土石坝，对复杂条件下300m级特高土石坝的适用性不明确，目前亦缺乏针对此类条件下300m级特高土石坝的相关研究。

200m级高土石坝建设经验总结和300m级特高土石坝适应性及对策研究认为，解决高土石坝关键技术问题的基础是对筑坝料料源、筑坝料工程特性和理论分析本构计算模型等进行研究。因此，对高土石坝筑坝料工程特性以及变形控制措施进行研究是十分迫切的，这对于我国水电安全发展与经济社会效益提升有着极为重要的意义。

1.1 筑坝料强度及变形特性研究现状

随着土石坝高度的不断增加，对筑坝料工程特性的研究就显得格外重要，堆石料颗粒大小不一、结构分散、不均匀系数大，受力后易发生颗粒破碎，遇水后易发生湿化变形，在长期荷载作用下还会发生流变变形，工程性质较为复杂。由于堆石料没有黏聚力，一般认为堆石料颗粒之间剪胀、摩擦、破碎、颗粒咬合和重新排列是产生剪阻力的主要因素。土石坝等建筑物正是依靠颗粒间的剪阻力的作用保持稳定，因此，需要深入研究堆石料的强度、变形等工程特性。对于堆石料强度、变形等工程特性的研究方法主要有原位直剪试验、室内大型直剪试验、室内大型常规三轴试验和室内真三轴试验。

（1）原位直剪试验是在工程现场对天然土石料开展一系列的力学试验，保证试样未发生扰动，测得的强度参数接近于真实值，通常用于工程检测。齐俊修（2001）基于不同工程多组堆石料和基岩面原位直剪试验的结果，对原位直剪试验作了系统性的分析，认为剪切破坏类型有两种：一种是剪切面沿着堆石料与基岩面破坏；另一种是剪切面沿着基岩面下某个薄弱面破坏。傅华等（2003）对土石料与基岩的接触面进行了原位直剪试验，得出了抗剪强度随基岩面的坚硬度和粗糙度增大而增大的规律。国内比较流行的原位直剪试验法是河海大学刘斯宏等（2004）研发的一种新型直剪试验法，该方法已应用于宜兴抽水蓄能电站、南水北调中线干线、长河坝及观音岩等多个水电工程。汪雷等（2014）采用新型直剪试验法在某水电站坝基覆盖层进行原位直剪试验，验证了刘斯宏等提出的新型直剪试验法的可行性和合理性。汤劲松等（2015）对江南低山丘陵典型卵砾石土的试样进行原位直剪试验，结果表明，虽然试验土样的内摩擦角大，但黏聚力很低，产生这种现象与卵砾石土的颗粒大小、密实程度、粗糙程度等物理性质有关，并且认为级配良好的卵砾石土试样的应力应变曲线有明显的峰值和稳定的残余强度。

（2）室内大型直剪试验所用的直剪仪是根据常规直剪仪改造而成的，尺寸比常规直剪仪大，以满足粗粒土粒径的要求，试验操作简单，可以在较短时间内获得粗粒土的强度参数，对于中小型工程来说，是一种经济方便的试验方法。李振等（2002）通过对无黏性粗粒土的直剪试验，得出不同干密度和不同粗粒含量对抗剪强度的影响规律。董云（2007）对大型直剪仪进行了改进，解决了在常规大型直剪试验过程中出现的一些问题，如剪切面固定、垂直荷载偏心等，并探讨了在垂直荷载不变的条件下，如何处理因剪切面不断减小造成正应力变化的情况，利用改进的直剪仪对土石混合料进行直剪试验，得出含水量、粗粒含量、岩性等因素对抗剪强度的影响规律。魏厚振等（2008）通过对蒋家沟砾石土进行大型直剪试验，得出黏聚力和内摩擦角随粗粒含量的变化规律。王光进等（2009）研究了应力状态和粗料含量对颗粒破碎的影响，得出的意见是，粗粒土的颗粒在法向应力较小或粗粒含量较低时破碎程度低，但当影响因素超过临界值时，颗粒破碎的程度会明显提高。张其光等（2016）依次对堆石料进行了风化试验和直剪试验，认为风化作用会在一定程度上影响土的力学特性。陈涛等（2019）对冻融循环下的堆石料进行循环试验和直剪试验，结果表明冻融循环会使堆石料试样产生回胀变形，导致试样的密实度和抗剪强度降低。粗粒土的剪胀性决定了其抗剪强度为非线性，但由于通过直剪试验得到的试验结果一般只能通过莫尔-库仑破坏准则来进行分析，无法获得应力应变和体变特性，因此在筑坝料的工程特性方面，需要采用三轴仪进行相关的试验研究。

（3）常用的大型三轴压缩仪以中主应力等于小主应力为基础，通过控制试样的固结条件、排水条件和应力路径等，来模拟试样在不同条件下的状况。该项测试技术已趋于成熟。国内外不少学者利用三轴仪对土石坝基、边坡、路基的材料进行了试验。Charles（1976）对堆石料进行三轴试验研究，发现堆石料的强度包线不符合传统的莫尔-库仑强度准则。高莲士等（1993）在不同应力比条件下研究了粗粒土的力学特性。武明（1997）对不同规格的大型三轴仪的数据进行分析，认为粗料含量、干密度和含水量均是影响强度变化的重要因素。王琛等（2003）利用大型三轴仪对两种加筋红土的应力-应变关系进行了研究，得出加筋材料的不同会对红土产生相反强度效果的结论。刘萌成等（2005）利用大型三轴仪对两种堆石料进行了试验，总结了堆石料强度和变形的变化规律，认为剪胀分为弹性剪胀和塑性剪胀，且两者可以相互转换。秦红玉等（2004）在多组围压作用下，应用大型三轴剪切试验，研究了粗粒料的强度和颗粒破碎特性，认为围压和泥岩含量显著影响着粗粒料的力学性质。张嘎等（2004）在大型三轴剪切试验结果的基础上，得出了粗粒土低压剪缩、高压剪胀的结论，分析了邓肯-张（Duncan - Chang）模型的适用性并做了改进。谢婉丽等（2005）对粗粒土进行了三轴试验，控制应力比和应力比增量为常数，得出了与大坝应力路径相关联的应力-应变关系。田堪良等（2005）以一种人工爆破堆石料为试验材料，开展了一系列大型三轴剪切试验，对这种堆石料的强度特征进行了分析。Rahardjo et al.（2008）对砾石土进行了三轴试验，得到砾石土抗剪强度和渗透系数随含石量的增大而增大的规律。魏松等（2009）研究了三轴试验下粗粒土的颗粒破碎情况，认为颗粒破碎率与应力和围压的变化呈正相关，并分析了干湿状态的影响规律。褚福永等（2011）对不同密度的粗粒土进行大型三轴剪切试验，研究了剪胀因子与粗粒土力学特性的关系，同时验证了一些现有的经验公式。姜景山等（2014）在多种围压条件下进行了三轴试验，认为在低围压下，粗粒土先剪缩、后剪胀，在高围压下，粗粒土的体变逐渐趋于剪缩，甚至仅有剪缩变形。陈爱军（2017）对掺入不同比例碎石的粗料进行了三轴试验，认为随着粗料的含量增加，土的内摩擦角不断加大，低围压下，影响体变的主要因素是粗粒土的级配；高围压下，体缩变形在不断增加。张兆省等（2019）基于粗粒土的三轴试验数据，对三种强度非线性描述方法进行了对比研究，认为邓肯非线性强度理论表述清晰，且对于强度非线性的描述具有较好的稳定性。由于三轴试验只能模拟轴对称应力状态，而实际工程中粗粒土一般处于各向异性的应力状态，因此研发了真三轴仪。

（4）真三轴试验试样一般为立方体，在控制中主应力值的条件下，开展三向应力状态下的三轴试验，能够很好地描述土体真实的受力情况。在试验过程中粗粒土处于不同的应力状态，使得真三轴试验和常规三轴试验得出的结果往往存在很大的不同。目前粗粒土本构模型的建立往往基于常规三轴试验结果，如要推广到三维，则需进行大量相应的真三轴试验进行验证，因此，对真三轴试验进行研究并建立真三轴本构关系模型就成为日后研究的重点。AnhDan et al.（2006）利用真三轴仪研究了粗粒土的各向异性，指出密度是影响各向异性的主要因素。Choi et al.（2008）在多种复杂应力路径下，采用真三轴仪对砂砾土的强度和变形特性进行了试验研究。施维成等（2008）在其三轴试验中控制了粗粒土π平面上的球应力和中主应力系数，得到了破坏应力比与两者之间的联系。张坤勇等（2010）对掺砾黏土进行真三轴试验，认为应力和变形存在的各向异性与所施加的应力方向无关，需要建立一个合理的本构关系模型。余盛关（2016）对两河口大坝的粗粒料进行了真三轴试验，研究了中主应力对试验的影响，初步验证了剪胀模型描述粗粒料应力-应变关系的合理性，结合试验数据，系统验证了剪胀模型矩阵的正确性。潘家军等（2016）以中主应力系数为自变量，分析了中主应力的改变对粗粒土力学特性的影响。由于试样和设备的限制，目前国内能够适用于粗粒土的真三轴仪较少，关于粗粒土真三轴试验的研究工作不多（于玉贞，2019），对适用于粗粒土的真三轴仪的研发工作，需要更多学者和科研机构共同努力。

综合大型直剪试验和大型三轴剪切试验的研究现状，目前的研究大多集中在室内试验中，真正能够适用于工程中的试验仪器及试验方法较少。因此对于堆石坝筑坝料工程特性的试验方法和技术有待进一步完善。

1.2 筑坝料渗透特性研究现状

在堆石坝工程中，由于粗粒土粗细颗粒粒径相差较大，渗透系数也较大，同时稳定性较差，通常采用渗透系数作为表达粗粒土渗透性能的指标。渗透特性的研究对于粗粒土来说是非常重要的，尤其对于堆石坝的上游堆石区，通常要求材料能自由排水，部分区域达不到自由排水，会对上游堆石区整体的渗透能力产生影响，所以有必要对上游堆石区粗粒土的渗透特性进行研究。Sherard（1979）根据土工试验规定的特征粒径建立了表达公式，用于判断粗粒土是否会发生流土、管涌等。郭庆国（1985）研究了粗细料含量与渗透系数的关系，认为渗透系数的大小受粗细料相互作用的影响。刘杰（2001）在对土石坝碎石垫层料的试验中发现，颗粒形状会对渗透系数产生较大的影响，具体表现为在同一级配下，碎石料的渗透系数小于砂砾石的渗透系数。周中等（2006）探讨了砂砾石含量、形状对渗透系数的影响。朱崇辉（2006）为研究密度、曲率系数和不均匀系数等因素对粗粒土渗透性能的影响规律，进行了大量的对比试验；同时，建立了一个考虑孔隙比、颗粒级配等因素的渗透模型，对粗粒土的渗透特性进行了详尽的研究。袁涛等（2018）对大型渗透变形仪进行改进，并对多组级配的粗粒土进行了渗透试验，研究了级配对渗透系数和临界水力梯度的演化规律，重点分析了粗粒土的损伤变化特性。丁瑜等（2019）在进行预测粗粒土渗透系数的研究中，基于93组坝料的级配、孔隙比数据，应用神经网络法探讨了颗粒级配和孔隙比与渗透系数的联系。曹志翔等（2019）以孔隙率和等效粒径为基本参数，推导了一种严谨的渗透系数计算公式，利用计算值与粗粒土试验数据进行对比，验证了计算公式的适用性和合理性。

目前对于堆石坝筑坝料渗透特性的研究较少，且尺度较小，研究所得到的成果很难应用到工程中。因此，需要采用大型渗透试验装置对筑坝料的渗透特性进行研究，并将试验成果应用到实际工程中。

1.3 堆石体长期变形稳定研究现状

堆石料流变与湿化特性对大坝长期变形和稳定具有重要影响，并且这种影响往往是在大坝建成后的运行期间，在应力长期作用下表现出来的。因此加强堆石料流变与湿化特性研究对保障大坝安全运行具有重要意义。

土石坝坝体在荷载长期作用下，其变形随时间的变化关系统称为堆石体的流变。根据若干土石坝的运行实态和原型观测结果，坝体在建成蓄水后，其变形并未结束，在一定时期内仍然发展着，且大多数情况下堆石的流变在现场观测中都表现得比较明显。这种变形会引起坝体沉降和不均匀变形、侧向位移和应力重分布，甚至产生裂缝（Lei et al.，2013；李国英 等，2005；沈珠江，1994）。国外学者通常从宏观的角度，使用流变模型对土骨架结构进行模拟，对土体的流变情况进行说明，以此来确立土骨架和应力应变关系之间的数学关系。通常使用胡克弹簧、牛顿黏壶和圣维南刚塑性体这三种基本流变元件。按照不同方式对上述三种元件进行组合，以此可以得到多种不同的流变模型，这些不同的流变模型可以用来解释各种不同的流变现象。近年来，国内学者通常使用土体的流变试验来探求土体的流变特效，以此得到相应的经验模型。国外通常是采用流变理论来获得本构模型，相比之下，国内相关研究的系统性和理论性不足，得到的模型通常只是流变的外部表现，在对流变的内部性质及其演化机理方面缺乏深刻的分析；但国内获得模型的手段比较方便，且结果清晰明了。当前在应力应变速率基础上构建的经验函数流变模型在国内被广泛采用。沈珠江（1994）在模拟常应力条件下的衰减曲线采用了指数衰减函数，最终给出了相应的三参数流变模型，该模型较简单。王勇等（2000）在殷宗泽双屈服面流变模型的基础上，在硬化规律中考虑时间的条件下，给出了双曲函数流变模型。李国英（2003）对公伯峡面板土石坝的堆石料开展了流变试验，深入研究了围压和剪应力共同作用下对堆石体颗粒破碎的影响，改进了沈珠江流变模型，给出了六参数流变模型。

在水库的蓄水过程中，库水会慢慢向大坝坝体内渗透，这会润滑大坝坝体堆石料之间的接触，软化堆石料内的矿物，最终将导致堆石料颗粒发生移动、破坏，出现外在现象与黄土湿陷相似的湿化变形（王辉，1992）。近年来，伴随着国内外土石坝高度的不断增加，越来越多的专家关注到水库初次蓄水过程中坝体堆石料的湿化变形。国外相关土石坝的工程实践证实（Zhou et al.，2011；Cetin et al.，2000；Lawton et al.，2015），堆石料湿化变形会导致大坝坝体产生更大的变形，同时坝体顶部和坝坡会出现裂缝，如果继续发展下去，可能导致大坝垮塌事故。例如：委内瑞拉埃尔伊西罗坝蓄水后，大坝坝体下游坝坡出现了纵向的裂缝；墨西哥 El Infiernillo 坝在蓄水后，大坝坝体顶部发生急剧下沉。Nobari et al.（1972）和 Duncan et al.（1970）为研究堆石料的湿化特性，对堆石料开展了三轴试验，在结合三轴试验测得的堆石料湿化变形和 Duncan - Chang 双曲线模型，成功地对美国奥罗维尔坝开展了相应的有限元湿化变形分析。之后，Escuder et al.（2005）对双曲线湿化模型进行了改进，并将改进后的湿化模型用于坝高 100m 的大坝坝体计算中。Roosta et al.（2012）在模拟湿化变形的过程中将应力释放因子引入其中，模拟得到的结果可以较好地与三轴试验契合。Roosta et al.（2015）通过三轴试验获得湿化相关参数，应用开发的模型来对堆石坝进行相应的数值计算。Sukkarak et al.（2016）改进了双屈服面弹塑性模型，并对坝高 182m 的大坝开展了数值计算，计算结果和监测数据一致性较好。20 世纪 90 年代，国内一些学者（左元明 等，1990；李广信，1990；殷宗泽 等，1990）开展三轴湿化试验，给出了相应的湿化模型，提出了单线法。相关试验研究表明，由于双线法在计算土料湿化过程中，有关外部荷载和水对土料的作用方面与真实情况不吻合，因此单线法较之更加准确。魏松等（2006，2007）通过开展土料的三轴湿化试验，对土料湿化变形与湿化前后土料的应力应变、颗粒破碎量开展了深入的研究，试验结果表明单线法更准确，并对双线法进行了改进。彭凯等（2010）通过开展基于单线法的土料湿化试验，给出六参数湿化模型。

目前对于堆石料流变和湿化的研究主要集中在对常规筑坝料进行试验研究，但对于特殊筑坝料（如软岩、胶凝砂砾石等）的研究较少，也缺乏砂砾石料以及堆石料流变、湿化性质的总结对比。

1.4　仿真计算本构模型研究现状

由于本构模型具有预测土体变形的能力，本构模型一直以来就是岩土领域的研究热点之一。土的本构模型已经有上百种，众多学者在应用这些本构模型的过程中，发现了一些适用于粗粒土的本构模型，通过不断改进和修正，得到了几种被普遍认可和接受的粗粒土本构模型。对这些本构模型进行深入研究，使模型具有更加广泛的应用范围，需要国内外学者的不懈努力。

Roscoe et al.（1963）采用相关联流动法则，提出了剑桥模型，是经典的弹塑性本构模型。Duncan - Chang 模型是非线性模型中最具代表性的，也是应用最广泛的。它是由邓肯基于 Kondner 假定对应力-应变关系采用双曲线拟合，发展了 $E-B$ 和 $E-\mu$ 两种模型。邓肯-张模型虽然具有物理意义明确、参数简单、应用方便等多个优点，但不能反映中主应力的影响和粗粒土的体积变形特性，不能表达出应力路径的影响等，导致该模型在应用于粗粒土时有一定的局限性。国内外学者针对邓肯-张本构模型的改进做了大量的工作，但大部分仍然是在黏土或砂土的本构模型基础上改进得到的。Domaschuk et al.（1975）建议用 K_t、G_t 代替常用的 E_t、μ_t。Naylor（1978）根据体积模量和剪切模量与平均法向应力、广义剪应力的关系，建立了新的表达式，提出了 $K-G$ 模型。殷宗泽（1988）以剑桥模型为基础，假定塑性变形由与压缩和膨胀相关的两种变形组成，建立了椭圆-抛物线双屈服面模型。沈珠江（1990）提出的沈珠江双屈服面模型（“南水”模型）在国内土石坝计算中应用广泛；该模型具有两个屈服面方程，不仅能够描述堆石料的剪胀性，也能够反映在复杂应力路径下堆石料的应力应变特性。高莲士等（1993）提出了一种新的非线性解耦 $K-G$ 模型。刘开明等（1993）根据大量的试验数据，得到了一个新型 $K-G$ 模型，该模型在描述粗粒土特性方面具有明显的优势。卢廷浩等（1996）在不同应力路径条件下，对砾石土进行了试验，研究了邓肯-张模型和“南水”模型的适用性。刘斯宏等（2004）建立了一个适用于粗粒土的非线性弹性剪胀 K－G 模型。罗刚等（2004）认为邓肯-张模型不能反映粗粒土的剪胀性，提出了一个能在较大围压范围内模拟土剪胀特性的表达式，并对原模型进行了合理的改进。刘萌成等（2003）提出了一个非线性强度幂函数表达式，并推导出剪切屈服面和体积屈服面的关系方程，总结出一个适用于堆石料的弹塑性本构模型。张丙印等（2007）修正了 Rowe 剪胀方程，并将修正的方程引入“南水”模型，克服了模型的一些缺陷。丁树云等（2010）通过对堆石料进行一系列三轴试验，验证了刘萌成提出的非线性强度幂函数表达式，并认为 Roscoe 建立的临界状态拟合存在一些不足。贾宇峰等（2010）根据三轴试验结果，提出一个适用于粗粒土颗粒破碎的统一本构模型。程展林等（2010）在几种常用的模型基础上，通过对比分析进而修正模型，建立了一种新的非线性剪胀模型。蔡新等（2014）基于 $K-G$ 模型，结合三轴试验的结果，通过参数的修正和改进得到了一种新的 $K-G-D$ 模型，该模型可以反映试验材料的剪胀和软化特性。郭万里等（2018）基于剑桥模型的剪胀方程，对剪胀方程做了改进，建立了一个塑性模型，新模型对粗粒土的适用性较强。介玉新等（2019）在土石坝工程计算中，将多重势面模型与沈珠江模型进行了对比，探讨了两种模型的优劣。

目前对于粗粒土本构模型的研究较多，土的本构特性包括非线性、静压屈服性、剪胀（缩）性、压硬性、弹塑性耦合性和流变性等。同时它还受到应力路径、应力历史、初始应力状态、中主应力、土体结构、温度、排水条件等多方面的影响。如此复杂的特性，没有也不可能有一种模型会包罗所有的影响因素。因此，在实际应用中，需结合具体工程问题，考虑其中影响应力应变关系的主要因素，通过试验来确定本构关系的函数表达式。

1.5 部分已建工程的坝料特性

已建的采用块石料筑坝的 200m 级堆石坝，采用的料源岩性为灰岩、凝灰岩、砂岩、杂砂岩等，饱和抗压强度大多大于 60MPa，如水布垭、洪家渡、天生桥一级采用的筑坝料饱和抗压强度大于 60MPa。也可以采用以硬岩为主夹有少量软岩的块石料作为筑坝料，如巴贡土石坝的中风化杂砂岩饱和抗压强度大于100MPa，而块石料中中风化泥岩的饱和抗压强度为15～40MPa，上、下游堆石区均采用杂砂岩夹泥岩的混合料，上游堆石区料控制泥岩含量不超过10%，下游堆石区控制泥岩含量不超过30%。三板溪筑坝料中掺混了饱和抗压强度大于15MPa软岩料，要求掺量小于30%。天生桥一级下游堆石区采用母岩强度较低的砂泥岩填筑。部分已建工程块石筑坝料岩性及强度见表1.5-1。

表1.5-1 部分已建工程块石筑坝料岩性及强度

序号	工程名称	岩性及饱和抗压强度	
		上游堆石区	下游堆石区
1	天生桥一级	灰岩（>60MPa）	砂泥岩（>30MPa）
2	洪家渡	灰岩（>60MPa）	泥质灰岩（>30MPa）
3	巴贡	杂砂岩（轻风化～新鲜，>100MPa）、泥岩	杂砂岩（中风化，>50MPa）、泥岩
4	三板溪	凝灰质砂岩（>84MPa）、板岩	泥质粉砂岩夹板岩（>15MPa）
5	水布垭	灰岩（>70MPa）	灰岩（建筑物开挖料）、泥灰岩（>30MPa）
6	猴子岩	灰岩（>55MPa）、流纹岩（>90MPa）	
7	玛尔挡	二长岩、砂岩（弱风化及以下，>60MPa）	二长岩、砂岩（弱风化，>40MPa）

以天然砂砾石料为主要筑坝料填筑的堆石坝有查戈拉（秘鲁，坝高210m）、阿瓜密尔帕（墨西哥，坝高186m）、阿尔塔什（坝高164.8m）、吉林台一级（坝高157m）、乌鲁瓦提（坝高133m）、黑泉（坝高123.5m）、察汗乌苏（坝高110m）等。砂砾石料在自然的搬运、沉积作用下形成的颗粒强度较高，母岩岩性多为强度较高的砂岩、花岗岩、白云岩等。岩性和颗粒强度均满足修筑堆石坝的要求。综上所述，国内已建、在建的200m级堆石坝采用筑坝料多为灰岩、砂岩、花岗岩等，上游堆石区料饱和抗压强度大多大于60MPa，为坚硬岩；下游堆石区料饱和抗压强度大多大于30MPa，为中硬岩。采用硬岩掺混软岩的混合料筑坝，要求软岩含量小于10%，饱和抗压强度大于15MPa。砂砾石料颗粒强度高，压缩变形小，是土石坝较好的筑坝料。

国内堆石坝垫层料采用强度较高的硬岩料轧制加工而成，除具有低压缩性外，更重要的是要有半透水性，渗透系数10^{-3}～10^{-4}cm/s，满足反滤和自反滤水力过渡条件，保证当面板或接缝出现损坏时上游淤堵料和自身的细颗粒不发生流失，具有足够的渗透稳定性。国内面板堆石坝垫层料级配一般按照现行规范设计，为规范规定的标准级配，最大粒径一般为80～100mm，$D<5$mm颗粒含量一般为35%～55%，$D<0.075$mm颗粒含量一般为4%～8%。

过渡料一般采用强度较高的硬岩料轧制加工而成，也可通过适当的爆破控制措施直接利用地下洞室的开挖料。过渡料除要求具有较高的变形模量和密实度外，还应满足垫层料和上游堆石区料的水力过渡关系，具有低压缩性、高抗剪强度和自由排水能力。最大粒径为300mm，$D<5$mm含量控制在5%～30%，$D<0.075$mm含量小于5%。国内200m级堆石坝垫层料及过渡料级配情况见表1.5-2。

表 1.5-2　　国内部分 200m 级堆石坝垫层料及过渡料级配情况

序号	堆石坝名称	垫层料			过渡料		
		D_{max} /mm	D<5mm 颗粒含量	D<0.075mm 颗粒含量	D_{max} /mm	D<5mm 颗粒含量	D<0.075mm 颗粒含量
1	水布垭	80	35%～50%	4%～7%	300	8%～30%	<5%
2	猴子岩	80	35%～50%	4%～8%	300	10%～30%	<5%
3	江坪河	80	30%～45%	4%～7%	300	20%～30%	<5%
4	巴贡	80	35%～60%	<5%	300	3%～32%	<5%
5	三板溪	80	35%～50%	4%～8%	300	10%～20%	<5%
6	洪家渡	80	30%～50%	5%～10%	350	8%～30%	<5%
7	天生桥一级	80	35%～52%	4%～8%	300	<18%	<5%
8	吉林台一级	80	35%～55%	<5%	400	15%～35%	

上游堆石区料是大坝承受水荷载的主体，要求具有低压缩性、高模量、高抗剪强度和自由排水能力。一般采用砂砾石料或料场爆破开挖的坚硬岩料，饱和抗压强度大于60MPa，如水布垭、洪家渡、江坪河等；当料场料夹有软岩无法剔除时，对软岩料的含量一般控制在10%以内，软岩饱和抗压强度大于15MPa，如巴贡、三板溪等。上游堆石区料最大粒径一般为800mm，D<5mm 含量一般为4%～20%，D<0.075mm 含量一般小于5%。国内部分200m级堆石坝上、下游堆石料级配情况见表1.5-3。

表 1.5-3　　国内部分 200m 级堆石坝上、下游堆石区料级配情况

序号	堆石坝名称	上游堆石区料			下游堆石区料		
		D_{max} /mm	D<5mm 颗粒含量	D<0.075mm 颗粒含量	D_{max} /mm	D<5mm 颗粒含量	D<0.075mm 颗粒含量
1	水布垭	800	4%～15%	<5%	800	—	≤5%
2	猴子岩	800	<20%	<5%	800	<20%	<5%
3	江坪河	800	<20%	<5%	800	—	<5%
4	巴贡	800	<17%	<5%	800	<25%	<5%
5	三板溪	800	5%～20%	<5%	600～800	—	—
6	洪家渡	800	5%～20%	<5%	<1600	—	—
7	天生桥一级	800	<12%	<5%	—	—	<8%
8	吉林台一级	600	≤20%	<5%	800	≤20%	<5%
9	黑泉	300	18%～35%	3%～12%	—	—	—
10	察汗乌苏	800	9%～30%	<8%	—	—	—

当采用天然砂砾石作为上游堆石区料时，其级配具有不均匀性，不同地区、不同成因的砂砾石料级配特征相差较大：新疆地区的砂砾石料大颗粒含量较多，细颗粒含量相对少，级配与表1.5-3中块石料筑坝的上游堆石区料较接近，如察汗乌苏、吉林台一级等；青海地区的砂砾石料大颗粒含量少、主要以砾石为主、细颗粒含量高，排水性能差，如茨哈峡、玛尔挡、黑泉、羊曲等。下游堆石区料一般尽量多采用建筑物开挖料，在强度、压

实控制标准、最大粒径和细粒含量等方面的要求相对上游堆石区有所放松。

国内已建和在建的200m级堆石坝注重坝体的抗滑稳定、变形稳定、渗透稳定，采取了选择较好的坝料筑坝，提高压实度，上、下游堆石区采用相同压实标准，以及坝内陡边坡整形增模等控制变形的方法和措施。国内2010年以前建成的块石料土石坝，块石料的压实标准孔隙率大多控制在17.6%～22%；砂砾石料土石坝，砂砾石料相对密度控制在0.8～0.9，层厚控制在80～100cm，碾压遍数大多为8遍，压实机械大多为18～25t的自行式或拖式振动碾。洪家渡坝引入了冲击碾压技术，董箐坝对砂泥岩堆石区也采用了冲击碾进行压实。随着筑坝技术的进步、坝高的增加、压实机械击实功的提高，对坝体变形控制要求也随之提高，如猴子岩、江坪河、玛尔挡等200m级土石坝，其孔隙率要求控制在17%～19%，采用32t自行式振动碾、铺料厚度80cm、碾压8～10遍，较2010年以前修建的土石坝，控制标准提高，压实机械的击实功增大。表1.5-4所列为国内200m级土石坝上游堆石料碾压参数。

表1.5-4　国内200m级土石坝上游堆石料碾压参数统计

序号	工程名称	孔隙率	相对密度	干密度/(g/cm³)	上游堆石料碾压参数		
					层厚/cm	碾压机具型号	碾压遍数
1	水布垭	19.6%		2.2	80	25t自行式振动碾	8
2	洪家渡	20.2%		2.18	80	18t自行式（牵引式）振动碾	8
					160cm/25t三边形冲击碾补碾		
3	三板溪	19.33%		2.17	80	20～25t牵引式振动碾	8～10
4	天生桥一级	22%		2.12	80	18t自行式振动碾	6
5	吉林台一级	22%～24%			80	18t自行式振动碾	8
6	江坪河	17.6%～19.7%			80	32t自行式振动碾	8
7	猴子岩	19%			80	32t自行式振动碾	8～10
8	玛尔挡	19%		2.28	80	32t自行式振动碾	8～10
9	黑泉		(≥0.8)	2.32	60	18t自行式振动碾	8
10	察汗乌苏	18.9%	(≥0.9)	2.19	80	18t拖式振动碾	8（冬季10）
11	乌鲁瓦提		0.85	2.25	80～100	18～20t自行式振动碾	8
12	阿尔塔什		0.9	2.26	80	32t自行式振动碾	10

水布垭、洪家渡、三板溪、天生桥一级、巴贡这五座200m级土石坝筑坝料试验参数见表1.5-5～表1.5-9。

表1.5-5　水布垭筑坝料 $E-B$ 模型计算参数

材料名称	$\rho_d/(g/m^3)$	$\varphi/(°)$	$\Delta\varphi/(°)$	K	n	R_f	K_b	m	K_{ur}
垫层料	2.20	56	10.5	1200	0.14	0.78	750	0.2	2400
过渡料	2.18	54	8.6	1000	0.12	0.85	450	0.15	2000
上游堆石料	2.15	52	8.5	1100	0.35	0.82	600	0.1	2200
下游堆石料	2.15	50	8.4	850	0.25	0.84	400	0.05	1700

表 1.5-6　　洪家渡筑坝料 $E-B$ 模型参数（试验值）

材料名称	γ_d/(g/cm^3)	φ_0/(°)	$\Delta\varphi$/(°)	K	K_{ur}	n	R_f	K_b	m
垫层料	2.2	52	10	1100	2250	0.40	0.865	680	0.21
过渡料	2.19	53	9	1050	2150	0.43	0.867	620	0.24
上游堆石料	2.18	53	9	1000	2050	0.47	0.87	600	0.40
下游堆石料冲碾区	2.19	53	9	1050	2150	0.43	0.867	620	0.24
下游堆石料非冲碾区	2.12	52	10	850	1750	0.36	0.29	580	0.30

表 1.5-7　　三板溪筑坝料 $E-B$ 模型参数

材料名称	γ_d/(g/cm^3)	φ_0/(°)	$\Delta\varphi$/(°)	R_f	K	n	K_b	m
垫层料	2.20	56.0	11.7	0.94	1500	0.57	770	0.09
过渡料	2.17	58.0	13.1	0.90	1150	0.55	650	0.14
上游堆石料	2.15	56.2	12.5	0.94	1361	0.49	428	0.20
下游堆石料 340m 以下	2.13	52.7	10.7	0.93	1188	0.43	443	0.07
下游堆石料 340m 以上	2.13	52.7	10.7	0.94	1034	0.52	486	0.07

表 1.5-8　　天生桥一级筑坝料的计算参数

材 料 名 称	γ_d/(g/cm^3)	φ_0/(°)	$\Delta\varphi$/(°)	K	n	R_t	K_b	M	R_d
垫层料	2.20	50.6	7	1050	0.354	0.706	480	0.236	0.67
过渡料	2.10	52.5	8	970	0.361	0.760	440	0.193	0.70
灰岩堆石料Ⅲ$_B$	2.10	54.0	13	940	0.350	0.849	340	0.180	0.75
灰岩堆石料Ⅲ$_D$	2.05	54.0	13.5	720	0.303	0.798	800	−0.18	0.68
砂泥岩料Ⅲ$_C$	2.15	48.0	10	500	0.250	0.727	250	0	0.68

表 1.5-9　　巴贡"南水"双屈服面模型参数初始值表

材料名称	γ_d/(kN/m^3)	φ_0/(°)	$\Delta\varphi$/(°)	K	n	R_f	K_b	m
垫层料	22.2	50.4	6.8	757	0.39	0.66	684	0.38
过渡料	21.9	50.4	7.4	912	0.32	0.66	430.9	0.20
上游堆石料 3BⅠ区	21.4	50.0	7.9	776	0.33	0.69	312	0.20
上游堆石料 3BⅡ区	21.4	49.4	7.1	724	0.41	0.68	332	0.29
下游堆石料 3C 区	21.6	47.0	5.7	464	0.45	0.62	250	0.43
下游护坡 3D	21.4	50.6	7.8	944	0.28	0.64	371	0.22

五座坝 K 与 K_b 之间关系如下：

水布垭：上游堆石区料 $K=1.83K_b$；下游堆石区料 $K=2.125K_b$。

洪家渡：上游堆石区料 $K=1.67K_b$；下游堆石区料 $K=1.47K_b$。

三板溪：上游堆石区料 $K=3.18K_b$；下游堆石区料 $K=2.15K_b$。

天生桥一级：上游堆石区料 $K=2.76K_b$；下游堆石区料 $K=2.0K_b$。

巴贡：上游堆石区 $K=2.18\sim2.49K_b$；下游堆石区 $K=1.86K_b$。

大三轴室内试验 $E-B$ 模型参数与母岩质量、筑坝料控制干密度密切相关，母岩强度高、堆石料干密度大，试验得到的 $E-B$ 模型参数高，反之则低。五个工程上游堆石区料母岩饱和抗压强度均大于60MPa，下游堆石区料母岩饱和抗压强度均大于30MPa，填筑干密度为2.13～2.2g/cm^3，得到的试验成果 K 约为 K_b 的2～3倍，总体上反映了“母岩质量好、筑坝料控制干密度高则得到的参数高”的规律。

在中国水电工程顾问集团有限公司“300m级高面板坝适应性及对策研究”课题研究中，对水布垭、洪家渡、三板溪、天生桥一级、巴贡五座200m级堆石坝进行了基于实测坝体变形的参数反演分析，主要针对四个敏感性参数 K、K_b、n、m 根据实测坝体变形进行了参数反演分析和坝体变形计算。研究结果总体认为，$E-B$ 模型参数上游堆石料参数反演值与试验值接近，下游堆石料参数试验值与反演值的差异大一些，总体偏小。受坝体施工等多方面因素影响，“南水”流变模型参数各有不同，模型还存在一定的缺陷，在300m级堆石坝计算过程中，应对试验参数或模型本身进行必要的修正。

1.6 筑坝料工程特性研究总体情况

综合以上各节介绍，土石坝筑坝料工程特性研究情况可以归纳为以下几方面。

（1）国内已建、在建的堆石坝大多采用灰岩、砂岩、花岗岩等爆破块石料或颗粒强度高的砂砾石料筑坝料，上游堆石区料多为坚硬岩，下游堆石区料多为中硬岩。当采用硬岩掺混软岩的混合料筑坝时，要求软岩含量小于30%，饱和抗压强度大于15MPa。软岩料尽量布置在坝轴线下游堆石区2/3以外的干燥区域，其下设置排水区。

（2）垫层料多采用半透水料，可由人工开采料破碎掺配、天然砂砾石加工掺配，或由人工碎石掺河砂、风化砂等，最大粒径80～100mm，小于5mm含量为35%～55%，小于0.075mm含量控制在8%以下，压实后渗透系数控制在 10^{-3}～10^{-4}cm/s。过渡料可由料场直接爆破开采或采用洞挖渣料，最大粒径不超过300mm，小于5mm含量为20%～30%，对于料场开采料，也可将下限放宽至8%，小于0.075mm含量控制在5%以下。上、下游堆石料最大粒径不超过压实层厚度，一般为500～800mm，小于0.075mm含量控制在5%以下。

（3）随着筑坝技术的进步和发展，压实机械击实功提高，以及对坝体变形控制要求的提高，大坝坝料的孔隙率和干密度也提出了更高要求，比规范要求的孔隙率至少低2个百分点，相应的干密度指标也有所提高。在注重抗滑稳定、渗透稳定的同时，也注重坝体变形稳定的控制，采用了上、下游堆石区同压实度碾压、坝内陡边坡整形增模等变形控制的方法和措施。

（4）筑坝料参数与母岩质量、筑坝料控制孔隙率密切相关，母岩质量好，孔隙率低，则得到的筑坝料参数高。

（5）国内典型200m级堆石坝应力变形反演分析表明，邓肯 $E-B$ 模型、“南水”双屈服面模型和“南水”流变模型整体上是适用的，基本能反映坝体应力变形规律，竖向变形与实测值有较好的符合性，但水平位移与实测值有一定的差异，反演参数与试验参数也存在一定的差异，因此现有的计算模型和试验方法尚需进一步改进，以便为300m级堆石坝应力变形性状预测提供较为可靠的依据。

（6）高堆石坝筑坝料特性研究预测。

1）为控制坝体沉降变形量值，应选择级配良好的硬岩；控制上游堆石料孔隙率在较低水平，使堆石体具有较高密实度和压缩模量；注重变形稳定的控制，保持上下游堆石区较小的模量差。

2）筑坝料工程特性对于高堆石坝应力变形性状及其安全性有重要影响，有必要进一步研究在高应力和复杂应力路径条件下筑坝料的工程特性，特别是其颗粒破碎特性、流变特性、湿化特性、劣化特性和尺寸效应，通过大尺寸室内试验和现场试验，确定其真实强度、变形特性和计算参数，验证和改进计算模型，能较真实地计算并预测高堆石坝应力变形性状。

根据已有的工程经验，土石坝筑坝料涉及火成岩、沉积岩和变质岩类，有灰岩、砂岩、花岗岩、玄武岩及大理岩等硬质岩类，也有板岩、页岩、泥岩及千枚岩等软质岩类，有些工程采用软岩和硬岩互层岩类，还有的工程采用天然砂砾石料。这些典型散粒体岩土结构材料的工程特性具有复杂性、不确定性和多相耦合性，在工程特性以及计算模型和计算参数适应性等方面，对于100m级土石坝适应性较好，200m级土石坝存在大坝实际变形较设计控制变形偏大的问题。因此，对于300m级高土石坝，随着坝高的增加，堆石体在高围压和高应力条件下的变形特性有很大不同。受到试验手段的限制，堆石料的物理力学性能很难通过传统室内试验准确把握，需要结合室内大三轴剪切试验研究、现场爆破碾压试验、数值剪切试验等综合性手段，300m级高土石坝筑坝料研究需要从坝体变形控制入手，开展颗粒破碎研究、流变和湿化变形、尺寸效应影响、本构特性等研究工作，研究改进堆石料本构模型，提出坝料的计算模型参数。

第 2 章

高土石坝筑坝料勘测关键技术

选择筑坝料时，首先要对筑坝料料源进行地质勘测，包括对料源的产地、地形地貌、地层岩性、地质构造、水文地质、区域构造稳定性及地震情况进行调查，对可能出现的地质情况进行预测评价。

本章归纳了非均质块石料、砂砾石料以及均质筑坝料的勘测技术，提出了非均质块石料的料源勘察评价体系、砂砾石料的深井法勘测技术以及均质筑坝料的分散性评价方法，并介绍了这些方法在工程中的应用。

2.1 非均质块石料料源勘测

2.1.1 非均质块石料料源地质调查

非均质块石料指的是块石块径差别较大、物理力学性质不均匀、在平面与垂直方向分布不均的料源。非均质块石料料源地质勘察在前期要对地质情况进行调查，包括对料源的产地、地形地貌、地层岩性、地质构造、水文地质、区域构造稳定性及地震情况进行调查，对可能出现的地质情况进行预测评价。

非均质块石料产地选择，应首先在设计布局工程枢纽地区进行，距工程枢纽越近越好，因此调查勘探应由近而远地进行。只有当缺乏材料时，才移向较远的地段进行勘测。在这种情况下，就必须研究和考虑产地至施工地点的交通运输问题，如果产地路途遥远，就会使工程造价剧增，这是不符合经济要求的。

最好不要把产地和采料场布置在洪水淹没地区与地下水漫没区域内，只有在别处无建筑材料产地时，才允许选择在这样的地段上。在有地下水或可能淹没区进行勘探时，因水量丰富，需要考虑开采方法、对水的利用和处理意见。在干燥缺水地段使用机械方法采掘时，应考虑采石场的用水问题。产地剥土层不宜太厚，最好在任何情况下都不超过开采岩层厚度的15%～20%。根据储量和质量及经济合理性，确定产地的取舍，选出优良产地并进行详细勘探，深入研究。在选择确定材料产地作为开采地区时，产区的建筑材料储量应能保证采石场机械化开采不间断。料源场地勘察一般要满足以下规定：

(1) 石料勘察范围包括堆石料、砌石料、人工骨料。

(2) 石料勘察深度按普查、初查、详查分级进行，视需要可合并进行。

(3) 料场根据地形地质条件进行分类，即：Ⅰ类，地形完整、平缓，料层岩性单一、厚度变化小，断裂、岩溶不发育，没有无用层或有害夹层，无剥离层或剥离层薄；Ⅱ类，地形较完整、有起伏，料层岩性较复杂、厚度变化较大，断裂、岩溶较发育，无用层或有害夹层较少，剥离层较厚；Ⅲ类，地形不完整、起伏大，料层岩性复杂、厚度变化大，断裂、岩溶发育，无用层或有害夹层较多，剥离层厚。

(4) 料场勘察应分析周边地质环境对料场的影响及开挖边坡的稳定条件，必要时开展专项研究。

2.1.2 非均质块石料料源地质勘察

2.1.2.1 地质测绘

非均质块石料料源地质勘察是确定料源场地的一项必不可少的工作。在有区域地质图和第四纪地质图的地区，只需进行路线普查即可发现有无所需的料场；普查以工程建筑物为中心，按照由近及远的原则逐步扩大范围；对普查发现的料场首先要进行工程地质测绘。

工程地质测绘的研究内容包括第四纪沉积物的成因类型、厚度、成分和分布情况，岩石的种类、坚硬性和地质构造等。这些资料对进一步布置勘探工程、采集试验样品及圈定储量范围都不可缺少。工程地质测绘应符合以下规定：

（1）地质测绘范围应包括料场分布范围及料场开采可能影响区域。

（2）地质测绘内容应包括地层岩性、地质构造、岩溶及水文地质、岩体风化及地表覆盖情况等。

（3）地质测绘比例尺应该符合表2.1-1的规定。

表2.1-1 地质测绘比例尺

勘察级别	料场类型	比例尺	
		平面	剖面
普查	Ⅰ类、Ⅱ类、Ⅲ类	1∶10000～1∶5000	1∶5000～1∶2000
初查	Ⅰ类、Ⅱ类	1∶5000～1∶2000	1∶2000～1∶1000
	Ⅲ类	1∶2000～1∶1000	1∶1000～1∶500
详查	Ⅰ类、Ⅱ类	1∶2000～1∶1000	1∶1000～1∶500
	Ⅲ类	1∶1000～1∶500	1∶500～1∶200

2.1.2.2 非均质石料勘察

（1）勘探方法可采用钻探、洞探、井探、坑槽探、物探等。岩溶区料场宜采用平洞或竖井查明岩溶发育情况。

（2）堆石料、砌石料和人工骨料均为块石料，其勘探点间距应根据料场类型及勘察级别确定，并可以按表2.1-2、表2.1-3的规定执行。

表2.1-2 堆石料、砌石料勘探点间距 单位：m

料场类型	勘察级别		
	普查	初查	详查
Ⅰ类	利用天然露头，必要时每个料场布置少量勘测点	300～500	150～250
Ⅱ类		200～300	150～250
Ⅲ类		<200	<100

（3）堆石料、砌石料和人工骨料的勘探布置中，每一料场（区）初查不应少于1个剖面，初查和详查每个剖面上的勘探点分别不应少于2个和3个。

表 2.1-3　人工骨料勘探点间距　单位：m

料场类型	勘察级别		
	普查	初查	详查
Ⅰ类	利用天然露头，必要时每个料场布置 1～3 个勘测点	200～300	100～200
Ⅱ类		100～200	50～100
Ⅲ类		<100	<50

（4）控制性钻孔深度应揭穿有用层或进入开采深度以下 5m。勘探点所揭露的地层应描述其岩性、产状、断层、裂隙，风化分带、岩芯采取率、岩石质量指标（RQD）、岩溶现象及充填情况等，并记录地下水水位、取样位置、高程与编号等。

（5）开挖边坡勘察布置应满足开挖边坡稳定性评价的需要。

2.1.2.3　取样与试验

应该分层选取代表性岩样进行试验，取样与试验原则如下：

（1）普查人工骨料，可根据需要取样试验。

（2）初查块石料，每一主要有用层岩样不少于 3 组，人工骨料组数宜适当增加。

（3）详查块石料，按不同岩性、不同风化状态分别取样试验，每一主要有用层岩样应不少于 6 组，人工骨料取样组数宜适当增加。

（4）骨料碱活性试验，每层取样组数宜不少于 2 组；当具有潜在危害性反应时，应适当增加取样组数。

（5）样品规格和重量应满足试验要求。

（6）块石料原岩试验项目按表 2.1-4 的规定执行。

表 2.1-4　块石料原岩试验项目

序号	试验项目		初查与详查阶段对应试验项目
1	岩石矿物成分		√
2	化学成分		＋
3	硫酸盐及硫化物含量（换算成 SO_3）		＋
4	颗粒密度		√
5	密度（天然、干、饱和）		√
6	吸水率		√
7	冻融损失率（质址）		＋
8	抗压强度	干、饱和	√
		冻融	＋
9	弹性模量		＋

注　“√”表示应做的试验项目；“＋”表示视需要做的试验项目。

2.1.2.4　块石料开采

（1）施工前宜对料场的许可施工范围、储量等进行复勘。

（2）堆石的爆破开采宜通过爆破试验确定合理的爆破参数。

（3）开采的石料可简易筛分，不宜从爆堆上直接取料上坝。

（4）堆石料宜在料场进行冲洗，严禁混入泥块、软弱岩块。

2.1.3　非均质块石料料源勘察评价标准

非均质块石料原岩质量技术指标遵循《水利水电工程天然建筑材料勘察规程》（SL 251—2015）或《水电工程天然建筑材料勘察规程》（NB/T 10235—2019）的规定，按以下标准评价：

（1）堆石料的适用性应根据质量技术指标、设计要求及工程经验等进行综合评价，质量技术指标宜符合表2.1－5的规定。

表2.1－5　堆石料原岩质量技术指标

序　号	项　目	指　标	备　注
1	饱和抗压强度	>30MPa	可视地域、设计要求调整
2	软化系数	>0.75	
3	冻融损失率（质量）	<1%	
4	干密度	>2.4g/cm^3	

（2）砌石料原岩的适用性应根据质量技术指标、设计要求及工程经验等进行综合评价，并宜符合下列规定：①砌石料岩体结构面间距宜符合砌石块度和重量要求；②质量技术指标宜符合表2.1－6的规定。

表2.1－6　砌石料原岩质量技术指标

序号	项　目	指　标	备　注
1	饱和抗压强度	>30MPa	可视地域、设计要求调整
2	软化系数	>0.75	
3	吸水率	<10%	
4	冻融损失率（质量）	<1%	
5	干密度	>2.4g/cm^3	
6	硫酸盐及硫化物含量（换算成SO_3）	<1%	

（3）人工骨料的适用性应根据质量技术指标、设计要求及工程经验等进行综合评价，质量技术指标宜符合表2.1－7的规定。

表2.1－7　人工骨料原岩质量技术指标

序号	项　目	指　标	备　注
1	饱和抗压强度	>30MPa	可视地域、设计要求调整
2	软化系数	>0.75	
3	干密度	>2.4g/cm^3	
4	冻融损失率（质量）	<1%	
5	碱活性	不具有潜在危害性反应	使用碱活性骨料时，应专门论证
6	硫酸盐及硫化物含量（换算成SO_3）	<1%	

2.2 均质筑坝材料勘察技术及分散性评价方法

2.2.1 均质筑坝材料料场工程地质勘察技术

级配良好的各类筑坝材料组分均匀，在力学特性上表现最好，因此将级配良好的筑坝材料定义为均质筑坝材料。均质筑坝材料包括砂砾石料、块石料及土料，不同含量、不同级配的三种筑坝材料组合会导致填筑料工程特性产生优劣变化。

对于均质筑坝材料而言，通过综合运用GPS、全站仪、数字化仪器设备等技术工具，结合山地勘探、工程物探等相对传统的地质勘察技术，并基于计算机应用辅助完成勘察，采集获取到自身需求的各项高准确度数据信息，是均质筑坝材料工程地质勘测工作的主要研究手段。

2.2.1.1 料场工程地质勘察基本要求

均质筑坝材料勘察应该按以下要求实施：

（1）砂砾石料勘察宜按普查、初查、详查分级进行，视需要可合并进行。

（2）土料勘察应包括填筑土料、防渗土料、固壁土料及灌浆土料勘察，类别包括一般土料、碎（砾）石土料和风化土料。土料勘察宜按普查、初查、详查分级进行，视需要可合并进行。一般土料、碎（砾）石土料料场分类原则如下：

Ⅰ类：地形完整、平缓，料层岩性单一、厚度变化小，没有无用层或有害夹层。

Ⅱ类：地形较完整、有起伏，料层岩性较复杂、相变较大、厚度变化较大，无用层或有害夹层较少。

Ⅲ类：地形不完整、起伏大，料层岩性复杂、相变大、厚度变化大，无用层或有害夹层较多。

风化土料场除按上述规定进行分类外，尚应考虑土料母岩岩性、岩相特征和风化均匀程度等。

（3）砂砾石料、土料料场测绘基本要求如下：

1）地质测绘范围应包括料场及料场开采可能影响的区域。

2）地质测绘比例尺应符合表2.2-1的规定。

表2.2-1　砂砾石料、土料各勘察级别地质测绘比例尺

勘察级别	测绘比例尺	
	平　面	剖　面
普查	1∶10000～1∶5000	1∶5000～1∶2000
初查	1∶5000～1∶2000	1∶2000～1∶1000
详查	1∶2000～1∶1000	1∶1000～1∶500

（4）石料勘察应包括堆石料、砌石料、人工骨料勘察。石料勘察宜按普查、初查、详查分级进行，视需要可合并进行。石料料场应按地形地质条件进行分类，原则如下：

Ⅰ类：地形完整、平缓，料层岩性单一、厚度变化小，断裂、岩溶不发育，没有无用

层或有害夹层，无剥离层或剥离层薄。

Ⅱ类：地形较完整、有起伏，料层岩性较复杂、厚度变化较大，断裂、岩溶较发育，无用层或有害夹层较少，剥离层较厚。

Ⅲ类：地形不完整、起伏大，料层岩性复杂、厚度变化大，断裂、岩溶发育，无用层或有害夹层较多，剥离层厚。

石料料场勘察尚应分析周边地质环境对料场的影响及开挖边坡的稳定条件，必要时开展专项研究。地质测绘应符合下列规定：

1）地质测绘范围应包括料场分布范围及料场开采可能影响区域。

2）地质测绘内容应包括地层岩性、地质构造、岩溶及水文地质、岩体风化及地表覆盖情况等。

3）地质测绘比例尺按表2.2-2的规定执行。

表2.2-2　石料各勘察级别地质测绘比例尺

勘察级别	料场类型	测绘比例尺	
		平面	剖面
普查	Ⅰ类、Ⅱ类、Ⅲ类	1：10000～1：5000	1：5000～1：2000
初查	Ⅰ类、Ⅱ类	1：5000～1：2000	1：2000～1：1000
	Ⅲ类	1：2000～1：1000	1：1000～1：500
详查	Ⅰ类、Ⅱ类	1：2000～1：1000	1：1000～1：500
	Ⅲ类	1：1000～1：500	1：500～1：200

2.2.1.2　工程地质测绘技术

对筑坝材料进行工程地质测绘，重点是要查明下列内容：料源的范围、平面分区，地貌划分类型、地质填图单元；土体不同成因类型及其产生的条件；不同地貌单元上土的分布、分层、厚度、物质组成、结构特征及其差异。

传统的筑坝材料工程地质测绘方法主要有道路测绘法、地质点测法、实测剖面图法等，在此基础上，结合数字近景摄影测量、三维激光扫描、倾斜摄影测量、遥感等先进测量技术，形成新的测绘方法，是现在工程地质勘测工作一个大的发展趋势。

（1）道路测绘法。专业测绘人员展开对工程研究区与料场道路的测量工作，尤其是要高度重视那些具有复杂特殊地质条件的道路，确保能够充分掌握道路工程相关地质环境信息内容，深入调查了解道路工程项目的实际水文、地形等情况信息，明确道路路基的承载力，这样能够为后续测量工作的开展提供完善的信息，为设计出较佳料场的选择方案提供科学的参考依据，充分保障整个料源运输的效率。

（2）地质点测法。地质人员在料源研究区周围观察、研究地质现象的地质点主要有露头点、构造点、岩矿体界线点、水文点、重砂取样点等。地质点的位置应标绘到相应比例尺的地质图上，是地质图中的重要内容。在图上标定地质点位置的精度要求，与相应比例尺地形测图中测定地物点的精度要求相同，即要求地质点相对附近图根点的平面位置中误差不超过图上的±0.8mm，高程中误差不大于1/3等高距。

（3）实测剖面图法。实测地层剖面是野外地质调查中最基础的地质工作之一。地质剖面图用精密度较高的仪器（经纬仪，平板仪）或精密度较低的仪器和工具（罗盘、测斜仪，视距望远镜，气压计，测绳、皮尺等）通过实地测绘而制成。实测地层剖面的数量应根据研究区范围、填图比例尺及地表出露和通行条件等实际情况合理选定一般为1～3条。对于精度要求较高的各种地质剖面图，如布置钻孔和坑探工程的勘探剖面图，用于储量计算的剖面图等，均需通过实地准确测绘。

（4）数字近景摄影测量、三维激光扫描、倾斜摄影测量等是通过摄影（摄像）和随后的图像处理与摄影测量处理以获得被摄目标形状、大小和运动状态的技术。与其他测量手段相比，数字近景摄影测量兼有非接触性量测手段、不伤及被测物体、信息容量大、易存储、可重复使用等优点，特别适用于测量具有大批量的目标、躲避危险环境而远离摄影对象等工程。

（5）遥感技术。利用遥感技术获取的卫星、航空影像以及地面摄影数据进行地质特征的解读和分析的过程。通过对地形、岩性、构造、矿产资源等地质信息进行提取和解释，可以对地质结构和地质事件进行研究和评价。遥感技术可以快速获取大范围的地质信息，提高勘查效率，降低勘查成本，并为工程地质勘测提供支撑数据，在工程地质勘测领域具有重要的应用价值。同时，地下空间遥感解译技术也可以与人工智能、地球物理、化学等方法相结合，提高地下空间地质解译的精度和准确性。

2.2.1.3 工程地质勘测技术

工程地质勘测技术包括钻探、山地勘测、物探勘测等。

1. 钻探

钻探是揭露料源厚度及层次最直接的办法，也是最主要的勘探手段。通过钻探取芯，可详细了解料源的厚度、分层及各层次沉积层的成分、颗粒直径、结构特征。除此之外，结合钻探还可以进行多种类型的试验：通过钻探对料源取样后进行室内试验，可了解各层次松散体的级配、孔隙率等资料；通过钻孔抽水、注水或测流，可了解不同深度不同层次的渗透参数。由此可见，钻探在料源勘探中的作用是重要而综合的。

部分料层埋藏较深，上覆覆盖层较厚。该类深厚料层具有岩性复杂、结构松散、粒径悬殊、局部架空等特点，在其中运用钻探勘测时，影响钻探效果及取芯质量的因素较多，钻进及护壁难度大，成孔困难，取芯不易，对钻探的技术要求较高，常因取芯率低下而影响深厚料体的层次划分与物性判断。因此，合理选用钻探机具与钻进方法，对保证深厚覆盖料层的钻孔、取样、试验等内容的质量保证极为重要。

料场勘测主要的钻进方法有冲击钻进、回转钻进等。冲击钻进包括打（压）入取样钻进、冲击管取样钻进等方式，主要适用于土层、砂层或淤泥层，且要求卵石最大粒径不大于130mm，故在岩性复杂的深厚覆盖层勘探中不适用。回转钻进方法包括泥浆护孔硬质合金钻进、跟管护孔硬质合金干钻、跟管护孔钢粒钻进、SM植物胶冲洗液金刚石跟管钻进、跟管扩孔回转钻进，以及绳索取芯钻进等。钻进方法众多，对各种类型料源适用性较好，是目前筑坝材料勘察钻进中最常用的方法。

地质人员主要依据钻孔目的与要求来选取钻进方式。如果仅是调查覆盖层深度并兼作抽水试验孔，则采取跟管护孔金刚石钻进或跟管护孔钢粒钻进的方式比较方便、快捷。在跟管护孔钻进中，应注意厚壁套管跟进深度以小于30m为宜，套管跟进时应做到勤打管、勤校正、勤拧管和勤上扣。当取芯要求较高时，从取芯质量及钻进速度、成孔质量考虑，可采用SM植物胶冲洗液金刚石回转钻进的方式保证取芯质量。若需提高岩芯采取率，则可采用潜孔锤跟管钻进等方式进行。潜孔锤跟管钻进技术是与潜孔锤钻进相结合的孔底扩孔钻进同步、跟下套管的一种钻进新技术，主要用于松散地层和砂卵石层钻进。国内外大量工程实践证明，潜孔锤钻进是一种较为理想的提高砂卵石层和滑坡体松散堆石层钻进效率钻进工艺，它具有效率高、质量好、成本低、应用范围广等特点，也值得推广应用。

2. 山地勘测

山地勘测是在一定情况下运用机械辅以人力，对地表实施削土，用挖坑、挖探井、探槽等手段勘探地表浅层地质情况的一种勘探方法。山地勘测主要运用在现场试验、调查地质情况、取样等方面。

山地勘测由竖井勘测和平洞勘测两大类共同构成。由于山地勘测所需设备较为简单，人员技能需求不高，同时勘测深度较浅，所以通常用于地表浅层的地质勘探，用来查明料源的层次、厚度、渗透性等情况，重点查明软土层、粉细砂、湿陷性黄土、架空层、漂孤石层等的分布情况和性状。均质坝筑坝材料勘测主要采用竖井勘测。

(1) 竖井勘测。水电工程坝料勘测中常用的竖井勘测方式有探槽、探坑、浅井、竖井（斜井），前三种为轻型坑探工程，主要适用于浅层勘测；第四种竖井勘测技术可用于砂砾石料料场开挖80m以上的坑探工程。竖井勘测的特点和适用条件见表2.2-3。

表2.2-3 竖井勘测的特点和适用条件

勘测方式	特　点	适　用　条　件
探槽	地表深度小于3～5m的长条形槽	剥除地表覆土，揭露基岩，划分地层岩性，研究断层破碎带；探查残坡积层的厚度和物质、结构
探坑	从地表向下，铅直的、深度小于3～5m的圆形或方形小坑	局部剥除覆土，揭露基岩；做载荷试验、渗水试验，取原状土样
浅井	从地表向下，铅直的、深度5～15m的圆形或方形井	确定料源及风化层的岩性及厚度；做载荷试验，取原状土样
竖井（斜井）	形状与浅井相同，但深度大于15m，有时需支护	了解料源的厚度和性质，布置在地形较平缓、岩层又较缓倾的地段

(2) 竖井特殊掘进技术。在流砂层或松散含水的岩层中掘进浅井，由于涌水量大，井壁容易坍塌，必须采取一些特殊的掘进方法才能达到目的。常用的方法有下述几种：

1) 插板法。插板法实质是在井筒周围用木板造成封闭井筒，使井筒内外的料层隔离开来，再从工作面内取出料源。插板法有直插板法（图2.2-1）与斜插板法（图2.2-2）两种。直插板法一般多在开口段用于穿过薄层的或侧压较小的流砂层。斜插板法多在井筒中段遇流砂层时使用，井筒断面不受桩板段数多少的影响，也不受流砂层厚度的限制。

2) 沉井法。一般在极松散和涌水量大的料层浅井掘进中使用。沉井法是利用混凝土、钢筋混凝土或其他材料预制成一定直径的圆筒，挖掘井筒前，先把沉井放上，然后在沉井内向下挖掘，靠沉井自重下沉保护井壁。当一个沉井下降到一定深度，再接上一个沉井。如此通过松散流砂层，利用沉井壁保护施工安全。但这种方法存在着沉井下沉时容易歪斜，且沉井节数多了就不易下沉的缺点。常用的沉井有钢筋混凝土沉井和铁沉井两种：

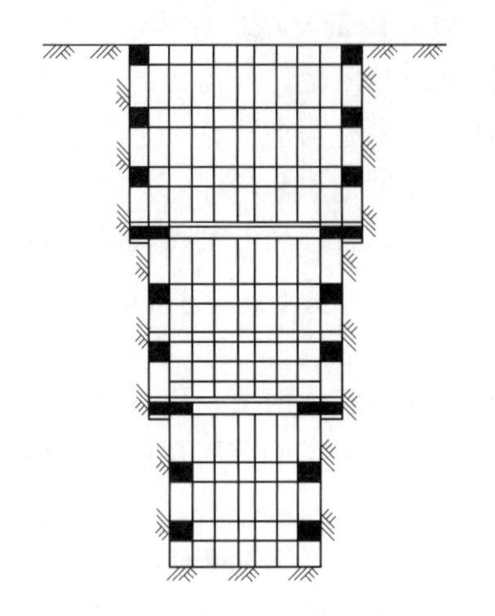

图 2.2-1　竖井挖掘直插板法插板示意图

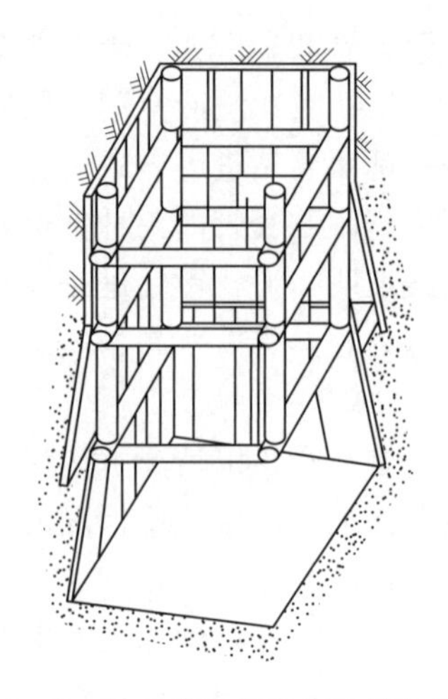

图 2.2-2　竖井挖掘斜插板法插板示意图

a. 钢筋混凝土沉井法。钢筋混凝土沉井为圆筒形，最下层沉井一般带切刃，以上各节沉井为标口连接。钢筋混凝土沉井是随着掌子面的挖掘靠自重下沉的。

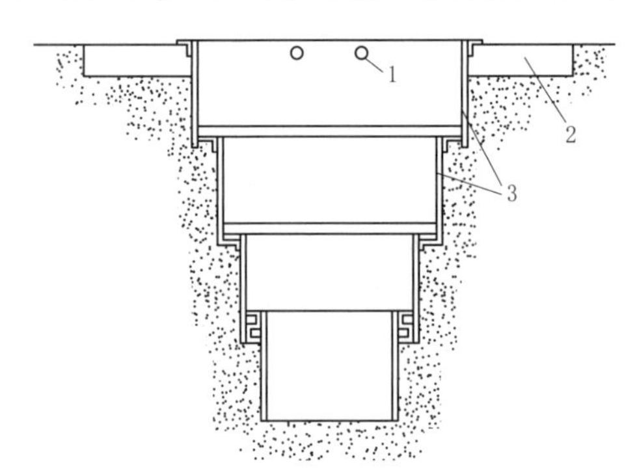

图 2.2-3　铁沉井安放示意图
1—井口木固定钩眼；
2—井口木；3—铁沉井

b. 铁沉井法。铁沉井是用钢板卷成圆筒焊接而成的，每节高度为1m左右，每套由多节组成，直径由大到小，可以逐个套入，上下接口处焊接角钢圈，上下搭接防止松脱（图 2.2-3）。

3. 工程物探

工程地球物理勘探是解决土木工程勘察中工程地质、水文地质问题的一种物理勘探方法，简称工程物探。工程物探主要通过仪器观测、分析和研究自然或人工物理场，并结合有关地质资料，判断与工程勘察有关的地质构造问题。

工程物探采用物探测井方法测定钻孔中覆盖层的密度、电阻率、波速等物理学参数，以此确定各层厚度及深度，为地面物探定性及定量解释提供有关资料，配合地面物探了解物性层与地质层的对应关系。

工程物探可用于砂土液化判定、场地土类型测定、地基加固效果评价等。当地形、地质及地球物理条件复杂且没有已知钻孔等资料时，单一物探方法容易出现不确定性或多解性，此时宜在主要测线或地质条件复杂的地段采用多种物探方法综合探测。

工程物探的主要内容包括料源的分层及其厚度探测、基岩顶板形态探测、坝料岩（土）体物性参数测试等，主要用于河床、古河道、库区、坝址附近的料源探测，探测方法见表 2.2-4。在一个测区，应根据筑坝材料料层探测任务目的与要求和探测对象的埋深、规模及其与周围介质的物性差异，结合地形、地质及地球物理条件，合理选用一种或多种物探方法进行全面探测。

表 2.2-4 料层探测常用的物探方法

方法分类	具 体 方 法
浅层地震法	折射波法、反射波法、瞬态瑞利波法
电法	电测深法、电剖面法、高密度电法
电磁法	探地雷达法、瞬变电磁法、可控源音频大地电磁法
水声勘探	水声勘探
综合测井	电测井、声波测井、地震测井、自然γ测井、γ-γ测井、钻孔电视录像、超声成像测井、温度测井、电磁波测井、磁化率测井、井中流体测量

物探方法选择一般遵循以下要求：

(1) 条件开阔度允许，探测料厚度或基岩埋较深时，选用浅层折射波法可达到良好探测效果。

(2) 对料层进行分层可选用探地雷达法、反射波法、瞬态瑞利波法、电法、测井等方法。其中，探地雷达法一般适用于深度在 20m 以内的覆盖层分层；瞬态瑞利波法适用于土料料源，埋深小于 70m 的料层；电法适用于接地条件好、地面起伏小、场地开阔的料源分层。

(3) 测井适用于有钻孔时进行料源分层。

(4) 在沙漠、草原、戈壁、裸露岩石、冻土等布极条件较差的地区，可选用瞬变电磁法。

(5) 地下水面探测可选用地震折射波法、瞬变电磁法和电法类方法。

(6) 探测深厚料层时，可选用可控源音频大地电磁法。

(7) 水声勘探是专门探测水底地形和水下料层厚度分布状况的方法。

(8) 对于薄层、厚层、中厚层、深层料层，采用地震波法较理想。探测料层总厚度采用折射波法较理想，物性分层探测采用地震瑞利波法。

(9) 对于厚层、深厚层、超深厚、巨厚料源，采用可控源音频大地电磁法测深较为理想，但必须采取电极接地、水域电磁分离测量技术。该方法对料源的物性分层较宏观。

表 2.2-5 按料源厚度对探测方法进行了总结。

表 2.2-5 按料源厚度分级的物探测试方法

分级	分级名称	分级厚度/m	探 测 方 法
Ⅰ	薄层	<10	地震瑞利波、折射、反射。有钻孔时采用综合测井、声波测井、声波或地震波 CT
Ⅱ	中厚	10～20	地震瑞利波、折射、反射。有钻孔时采用综合测井、声波测井、声波或地震波 CT
Ⅲ	厚层	20～40	地震瑞利波、折射、反射。有钻孔时采用综合测井、声波测井、声波或地震波 CT
Ⅳ	深厚	40～100	可控电源电磁探测、地震瑞利波和折射。有钻孔时采用综合测井、声波测井、声波或地震波 CT
Ⅴ	超深	100～200	可控电源电磁探测、地震瑞利波。有钻孔时采用综合测井、声波测井、声波或地震波 CT
Ⅵ	巨厚	>200	可控电源电磁探测、地震瑞利波。有钻孔时采用综合测井、声波测井、声波或地震波 CT

2.2.1.4 工程应用

大石峡水利枢纽工程坝高247m，属250m级超高面板砂砾石坝，填筑料的质量是该工程的关键问题之一。

(1) 料场基本工程地质条件。料场总体北高南低、西高东低。料场内小的冲沟较发育，切割深度一般1～3m，多分布于料场西侧边缘附近。料场范围内分布着两条较大的冲沟：1号冲沟发育于Ⅰ区与Ⅱ区之间，近EW向发育，最大切割深度18m；2号冲沟发育于Ⅲ区与Ⅳ区之间，近SN向发育，最大切割深度6m左右。料场全貌及其与坝址区相对位置见图2.2-4。

图2.2-4 料场全貌及其与坝址区相对位置图

料场地表出露为第四系晚更新世（Q_3）含漂石砂卵砾石层，下伏厚层的早更新世（Q_1）西域组砂砾岩。

含漂石砂卵砾石层（Q_3）厚度一般3～7m，局部8m左右，表部0.2～0.4m（局部0.5m）含泥量较高，植物根须较发育，其下较纯净，含泥量低。漂石、卵砾石磨圆较好，分选较差，岩性以花岗岩、砂岩、微晶灰岩为主，其次为砾岩、粉细砂岩、页岩等。漂石颗粒中少量粒径大于60cm，其岩性以灰白色花岗岩为主，含少量灰褐色变质砂岩和灰色灰岩，其中花岗岩部分风化强烈，锤击、手捏易破碎成粗砂。砂粒矿物成分主要为石英、长石等，粒径以中粒为主。根据含漂石砂砾石层胶结程度，由上至下分层如下：

1) 含泥的漂石砂卵砾石层。厚度一般0.2～0.4m，局部0.5m，以砂卵砾石为主，含泥量高，植物根系发育。该层厚度不大，分布无明显规律，在一些小的冲沟或地势相对低洼处略厚。

2) 松散结构的含漂石砂卵砾石层。该层较稳定，厚度约2m，结构松散。

3) 轻微胶结的含漂石砂卵砾石层。料场勘探深度基本揭穿了该层，最厚约3.5m，最薄约0.5m，厚度不稳定。该层多具轻微胶结，且多分布有胶结程度稍高的透镜体或条带状弱胶结层；以钙质胶结为主，表现为细颗粒附着于较大的卵石之上，敲打之后多能与卵石分离，但胶结体主要呈现为角砾或粗砂状等，难以完全恢复原有级配。

西域组砂砾岩（Q_1）胶结好，库玛拉克河峡谷出口河段两岸广泛分布该地层，砂砾岩形成的天然边坡陡峻，坡度多在70°至直立，局部呈倒坡。

（2）开采及运输条件。料场位于库玛拉克河四级阶地上，与工程对外公路高差110m左右，现有简易道路连接，但运输效率较低。施工期，考虑填坝强度，需修建专门的运输道路。料场上游侧末端至坝址距离约4.5km，下游侧末端至坝址距离约12km，运距较远。由于料场分布范围较大，建议优先开采上游侧，则可有效降低运距。

（3）料场分区特征及评价：①料场面积广阔；②有用层相对较薄，且厚度变化相对较大；③储量丰富。

勘探揭露及试验成果表明：①根据料场砂砾石料颗粒分析，粒径在纵向上没有太大变化，横向上不同区域可能存在小的区别，但总体级配尚可；②渗透系数、最大干密度、内摩擦角等主要技术指标均满足规范要求；③从开采条件上，因料场各层胶结程度不同，开采效率会有所差异；④从运输条件看，料场面积广阔，上下游端头最大距离7.2km，即不同区域运距差别较大。

2.2.2 料场储量勘察技术

天然建筑材料储量的计算应根据地形地质条件、勘察级别、勘探点布置情况合理选用平均厚度法、平行断面法或三维模型计算法进行，并选用与计算方法不同的另一种方法进行校核。

平均厚度法适用于地形平缓，有用层厚度比较稳定、勘探点布置均匀，或勘察级别较低、勘探点较少的料场。平行断面法适用于地形有起伏、有用层厚度有变化的料场。三维模型计算法适用于对各料场储量的快速评价。

2.2.2.1 平均厚度法

料源储量估算过程中常用到三种厚度：水平厚度、垂直厚度、真厚度，选取哪种厚度，视估算方法而定：一般采用纵投影面积计算平均水平厚度；采用水平投影面积计算平均垂直厚度；采用真面积计算平均真厚度。

平均厚度一般采用算术平均法计算，当工程分布很不均匀或厚度变化很大时，应当采用影响长度和面积加权计算。平均厚度计算法实质是将整个形状不规则的矿体变为一个厚度和质量一致的板状体，即把勘探地段内全部勘探工程查明的料源厚度、种类、料体重度等数值，用算术平均法加以平均，分别求出其算术平均厚度和平均体重，然后按圈定的料源面积算出整个料场的储量。

2.2.2.2 平行断面法

平行断面法计算储量，要求勘探工程有规律地布置，即沿垂直或水平剖面揭穿料层，以便作出垂直或水平断面图（剖面图）。其计算的主要原理为：用若干个断面（或剖面）将矿体划分为若干个块段，分别计算这些块段的储量，然后将各块段的储量相加，即为料场的总储量。

计算块段料源体积时，应根据相邻两剖面矿体的几何形态和相对面积比，选择合理的计算公式，通常有以下几种情况：

（1）当相邻两断面的料源形状相似且其相对面积差小于40%时，用梯形体公式计算体积：

$$V=\frac{l}{2}(S_1+S_2) \tag{2.2-1}$$

（2）当相邻两断面的料源形状虽相似但其相对面积差大于40%时，用截面圆锥体公式计算体积：

$$V=\frac{l}{3}(S_1+S_2+\sqrt{S_1S_2}) \tag{2.2-2}$$

（3）料源两端边缘部的块段，由于只有一个断面控制或另一断面上料源面积为0，根据矿体尖灭的特点，其体积可用不同公式计算：

楔形体
$$V=\frac{l}{2}S_1 \tag{2.2-3}$$

锥形体
$$V=\frac{l}{3}S_1 \tag{2.2-4}$$

以上式中：V为块段的矿体体积，m^3；l为两断面之间的距离，m；S_1、S_2为块段上矿体相邻两剖面的面积，m^2。

2.2.2.3 三维模型计算法

三维模型计算法是近期发展起来的一种方法。该方法首先对料场进行边界处理，得到有用层和无用层边界，然后对边界进行围合，得到封闭的围合面，最后采用积分原理求得封闭围合面所包围的体积而得到料场储量。

三维模型计算法流程为：①首先计算料源的产状方向、走向和倾向，将料源投影到水平或垂直面上；②根据投影后的钻孔位置、料源厚度，将投影后的钻孔进行块段的划分，形成四边形块段；③通过每个钻孔的平均料源厚度和四边形块段的面积，计算每个块段对应的储量；④对料源储量进行分级，估算矿体的总储量。

三维模型计算法实际运用时可按下述步骤进行：

（1）地表面建模。地表面模型的建立基于地形线（等高线）。地表面模型的精度也取决于地形线（等高线）的测量精度。将所需格式的地形线（等高线）文件导入三维模型软件，软件可识别所有地形线（等高线）的坐标属性和高程属性，并可从地形线（等高线）中提取出若干等高点，将在软件中新建的一个平面通过点集约束的方式约束至从地形线（等高线）中提取的等高点上，再通过若干次网格加密和离散光滑插值的运算便可完成地表面的建模。

（2）剥离层底界面建模。剥离层底界面模型的建立需要基于块石料场地质剖面图中的剥离层底界线。剥离层底界面模型的精度取决于剥离层底界线的数量：数量越多，相对精度越高；数量越少，相对精度越低。在剥离层底界面建模之前，需先将料场地质剖面导入三维模型软件中，然后导入每个剖面所对应的料场地质剖面图文件，通过选择对应的剖面线和输入剖面图起始点的坐标与高程信息，可确定剖面图在三维地质模型中的位置。在剖面图导入三维模型软件的过程中，剥离层底界线被同步导入，从剥离层底界线中提取出剥离层底界点，通过若干次网格加密和离散光滑插值的运算便可完成剥离层底界面的建模。

（3）岩层底界面建模。从地质剖面图中的地质岩层底界线中提取出岩层底界面点，然后即可创建平面并采用点集约束的方式完成各岩层底界面的建模。建成后的岩层底界面的三维地质模型如图2.2-5所示。

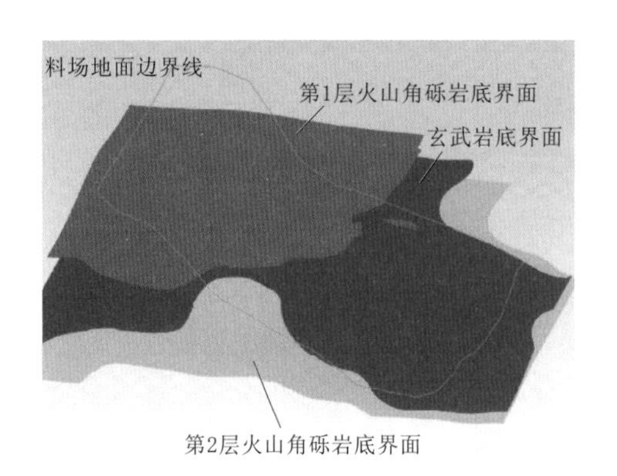

图2.2-5　某工程块石料场岩层底界面三维地质模型

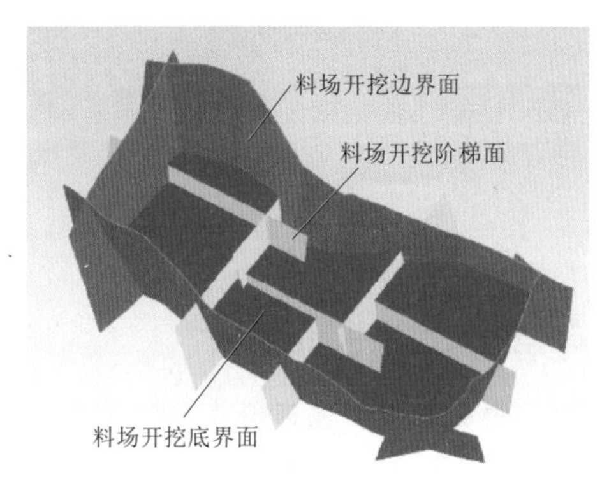

图2.2-6　某工程块石料场开挖面三维地质模型

（4）开挖面建模。将包含料场边界范围的地质平面图导入软件，确定开挖的边界。料场底部采用阶梯式开挖。开挖底界面不是一个某一高程的水平面，而是由不同高程的水平面和阶梯开挖坡面组成的阶梯面。开挖底界面的建模也需利用料源地质剖面图，根据地质剖面图中的开挖底界线的高程位置创建各个不同高程的阶梯水平面。建成后的块石料场开挖面三维地质模型如图2.2-6所示。

（5）开挖体建模。在所有块石料场开挖范围内的面全部建模完成后，可通过各面所包围成的区域采用面分割的方式创建立方网。立方网将被分割成剥离层区域、玄武岩有用层、火山角砾岩有用层等不同的区域。建成后的开挖体三维地质模型如图2.2-7所示。

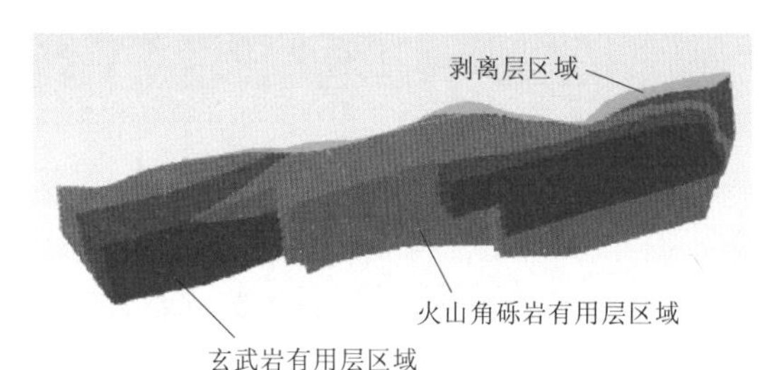

图2.2-7　某工程块石料场开挖体三维地质模型

2.2.2.4　工程应用

根据料场分层特征，基本查明了大石峡料场地层分层及各层的厚度情况：浅表部含泥较高及植物根须较发育的第一层为无用层；其下松散～轻微胶结的第二、第三层为推荐利用层。可研阶段采用平行断面法和平均厚度法计算的料场储量约4000万m^3（松散及轻微胶结层），无用层体积约345万m^3。初设阶段结合新增勘探，对料场储量采用了更为精确的三维模型进行计算，将前期所有勘探点所收集的无用层、有用层厚度全部录入到三维模型中，经三维计算，料场储量约3300万m^3（松散及轻微胶结层），无用层体积约335万m^3。经比较，三维计算的料场储量较平行断面法和平均厚度法计算的料场储量有少量缩减，无用层体积变化不大，这和料场面积较大，有用层厚度变化相对较大有一定关系，但储量仍满足规范要求。大石峡料场分区及储量计算结果如图2.2-8所示。

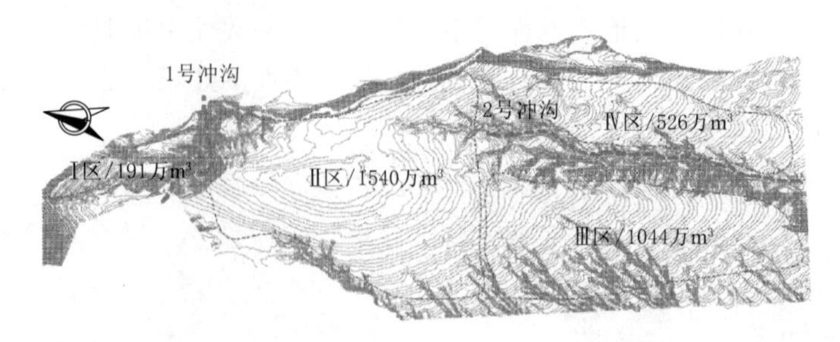

图 2.2-8　大石峡料场分区及储量计算结果

2.2.3　料源质量评价方法

2.2.3.1　砂砾石料质量评价

1. *砂砾石料均一性评价方法*

目前尚没有对砂砾石料均一性的统一评价方法和标准，但影响填筑料工程特性优劣的最基本的指标即为其颗粒级配特征，级配特征的差别进而会反映到砂砾石料的力学特性上，因此对砂砾石料有必要进行均一性评价。

反映级配曲线形态特征的主要参数，是不均匀系数（C_u）和曲率系数（C_c），计算公式为

$$C_u=\frac{d_{60}}{d_{10}} \tag{2.2-5}$$

$$C_c=\frac{d_{30}^2}{d_{10}d_{60}} \tag{2.2-6}$$

式中：d_{60}、d_{30}、d_{10} 为级配曲线上小于某粒径颗粒含量分别占 60%、30%、10%的粒径，d_{10} 称为有效粒径，d_{60} 称为限制粒径，d_{30} 称为中值粒径。

不均匀系数（C_u）用于表示级配曲线的整体陡缓程度，其物理意义是：C_u 较小时（d_{60} 与 d_{10} 相对靠近），粒径分布窄，曲线形态较陡，表示颗粒分布相对集中，均匀性好，级配不良，可压实性差；C_u 较大时（d_{60} 与 d_{10} 相对远离），粒径分布宽，曲线形态较缓，表示颗粒分布相对分散，呈不均匀分布，级配良好，可压实性好。

曲率系数（C_c）表示级配曲线的整体平直程度，其物理意义是：C_c 较大或较小时（d_{30} 与 d_{60} 或 d_{10} 靠近），曲线上凸或下凹明显，粒径连续性差，有某种粒径缺失；C_c 适中时（d_{30} 位于 d_{60} 与 d_{10} 中间位置），曲线相对较平直，粒径连续性较好，无明显粒径缺失。

级配曲线的整体形态参数（级配系数）由 C_u 和 C_c 联合确定。

（1）$C_u \geqslant 5$ 且 $C_c=1\sim3$ 时，级配曲线相对较缓，粒径分布宽，且连续性好，表示颗粒“级配良好”，各粒组分布相对均匀，可达到极好的压实效果。

（2）不能同时满足上述关系，级配曲线相对较陡，粒径分布窄，且连续性变差，表示颗粒“级配不良”，各粒组分布有不同程度的缺失。其中，$C_c>3$ 表示 d_{30} 向 d_{60} 靠近，曲线下凹；$C_c<1$ 表示 d_{30} 向 d_{10} 靠近，曲线上凸。这类石料的压实效果在 $C_u>5$ 时，视 C_c 的偏离程度控制。

除最主要的颗粒级配影响料源质量外，料层中不良或有害夹层（粉细砂、黏粉粒等“泥土”）的分布和含量，平面和垂向上颗粒粗细的变化，不同层位各粒级组百分含量的差异变化，以及单层及全层厚颗粒级配连续与否等，都对料源评价有着一定的影响。表2.2-6为砂砾石料均一性分级及评价指标。

表2.2-6　砂砾石料均一性分级及评价指标

评价指标分级	评价指标							备注
	不良或有害夹层	含量剔除难度	颗粒粗细变化（平面、剖面）	各粒级组含量差	单层、全层厚	颗粒级配连续性	可利用性	
基本均一	<5%	易剔除	无明显变化	<10%	≤5%	连续级配～基本连续级配	直接利用	有害夹层不多于3层，单层厚度大于50cm，易于机械清除
较均一	5%～10%	较易剔除	局部有变化	10%～15%	≤10%	基本连续级配，少量连续性差	局部剔除后可利用	有害夹层3～6层，多为单层厚度大于50cm的，且易机械清除，其余厚度小于50cm的可不清除
均一性差	10%～15%	难以剔除	平面、剖面变化均较大	15%～20%	≤15%	级配连续性差～不连续级配	利用性差	有害夹层大于6层，每一个单采厚度层中就有一个有害夹层，且多数厚度小于50cm，难以剔除
不均一	>15%	无法剔除	受天然或人为影响，颗粒粗细变化大，无规律	<20%	>15%	不连续级配	不可利用	有害夹层随机分布，厚度不均，单采层中多条分布，无法剔除

2. *砂砾石料密实程度判定*

砂砾石料以其自身压实密度大、抗变形能力强和抗剪强度高等优良的工程特性，在土石坝建设领域中广泛使用。工程上通常采用相对密度来衡量筑坝砂砾石料碾压后的密实程度，它比压实度更能体现粗粒土的密实程度。

确定不同级配（含砾量）砂砾石料最大、最小干密度指标主要依靠现场大型相对密度试验，即在工地现场，使用大型施工碾压机械和相对密度桶对原始级配坝料进行最大、最小干密度试验，这种方法很好地弥补了室内试验成果受尺寸效应影响和击实功能不足的缺陷。

现场大型相对密度试验分为初设阶段与试验阶段两个部分。实际操作中，在初设阶段需要完成钻孔、坑槽（竖井）、取样、砂砾石颗分试验、砂砾石物理力学及化学性质试验等准备工作；在初设阶段坑槽开挖完成后，应专门对坑槽中具代表性的一壁从上至下进行全断面、全级配取样，最大限度地保证试样的代表性；在试验过程中，应利用筛分试验分析砂砾石的级配区间，进而有针对性地布置软弱颗粒分析、风化颗粒含量及压碎指标等试验。

对于最大粒径不大于600mm的砂砾石料，《水电水利工程砂砾石料压实质量密度桶法检测技术规程》（T/CEC 5001—2016）规定了现场确定砂砾石料相对密度与砂砾石料压实质量检测的相关要求，具体试验要求如下：

（1）试验用料。试验用料应与工程实际应用料源一致；试验用料采取时应对料场覆盖层、风化层剥离干净，无腐殖土，无杂物；选取的砂砾石料在自然条件下风干，风干后实测砂子含水率不大于0.5%视为风干料；除去大于600mm的砾石后，对风干砂砾石料进行分级筛分制样，分级粒径组按照600～400mm、400～200mm、200～100mm、100～80mm、80～60mm、60～40mm、40～20mm、20～10mm、10～5mm、5mm以下共10级，每级制样数量应大于本级试验用料的1.2倍；大于100mm的砾石宜用直径环进行分级，小于100mm的砂砾石料应采用筛分析法进行分级。

(2) 试验级配。试验级配线宜选择上包线、上平均级配线、平均级配线、下平均级配线、下包线5条级配线。根据试验级配配制5组次10种不同砾石含量的试样，进行最大、最小干密度试验。

(3) 试验场地和布置。试验场地（图2.2-9）宜选择在平坦、坚实的基础上，且交通、水电便利等；试验场地基础应进行处理，表面杂物清理干净，用振动碾碾压20遍，直到无明显下沉为止；按试验组合的具体情况布置试验场地。同一砾石含量的级配料应做平行试验，布置2个密度桶。在桶底碾压体表面均匀铺一层厚度约为5cm的细砂，静压2遍；将密度桶安放在细砂上，将其中心点位置对应用灰线标识在试验场外，密度桶中心线应在同一轴线上，桶与桶之间的净间距应不少于3m。

图2.2-9 相对密度试验场地

图2.2-10 人工松填法最小干密度测试

(4) 最大、最小干密度试验。采用人工松填法进行测定（图2.2-10）：按级配要求将砂砾料均匀松填于密度桶中；装填时将试样轻轻放入桶内，防止冲击和振动。装填的砂砾石低于桶顶10cm左右；称取剩余的试验料质量，计算装入桶内砂砾石料的质量；最小干密度应进行平行试验，两次试验差值不大于0.03g/cm^3，取其算术平均值作为该试验级配的最小干密度。

在最小干密度测试结束后，再均匀地将制备料装入密度桶内，高出桶顶20cm左右，用类型和级配大致相同的砂砾石料铺填密度桶四周，高度与试验料平齐。将选定的振动碾在场外按预定速度、振幅与频率起动，行驶速度2～3km/h，振动碾压26遍后，在每个密度桶范围内微动进退振动碾压15min。在碾压过程中，根据试验料及周边料的沉降情况，及时补充料源，使振动碾碾筒不与密度桶直接接触。碾压完成后，超出密度桶顶的砂砾石料试样高度应小于10cm；不小于10cm时试验作废，需重做。测定试样体积人工挖除桶上和桶周围的砂砾石至低于桶口10cm左右为止，并防止扰动下部试样（图2.2-11）。用灌砂法测顶面到桶口的体积；将桶内试料全部挖出，称量密度桶内试料质量，并进行级配测定；两次平行试验的干密度差值不大于0.03g/cm^3，取其算术平均值作为该试验级配的最大干密度，最后用实测的相对密度和设计相对密度进行比较，评价压实质量。

图2.2-11 强振碾压后密度桶表面找平

除密度桶法外，砂砾石料物理力学及化学性质试验所得质量结果应根据质量技术指标、设计要求及工程经验等进行综合评价，质量技术指标见表2.2-7～表2.2-9。

表2.2-7 填筑料质量技术指标

序号	项　目	指标	序号	项　目	指标
1	紧密密度	＞2g/cm^3	3	内摩擦角（击实后）	＞30°
2	含泥量	＜8%	4	渗透系数（击实后）	＞1×10^{-3}cm/s

注　渗透系数要大于防渗体的50倍。

表2.2-8 反滤料质量技术指标

序号	项　目	指　标
1	不均匀系数	＜8
2	颗粒形状	片状颗粒和针状颗粒少
3	含泥量	≤5%
4	对于塑性指数大于20的黏土地基，第一层粒度d_{50}的要求： ①当不均匀系数C_u≤2时，d_{50}≤5mm； ②当不均匀系数为2≤C_u≤5时，d_{50}≤5～8mm	

表2.2-9 混凝土细骨料质量技术指标

序号	项　目	指　标	备　注
1	表观密度/(g/cm^3)	＞2.50	
2	堆积密度/(g/cm^3)	＞1.50	

续表

序号	项　目		指　标	备　注
3	云母含量		<2.0%	
4	含泥量		<3.0%	不存在黏土块、黏土薄膜
5	碱活性		不具有潜在危害性反应	使用碱活性骨料时，应专门论证
6	硫酸盐及硫化物含量（换算成 SO_3）		<1.0%	
7	有机质含量		浅于标准色	
8	轻物质含量		<1.0%	
9	坚固性	有抗冻要求的混凝土	≤8.0%	
		无抗冻要求的混凝土	≤10.0%	
10	细度	细度模数	2.0～3.0	
		平均粒径/mm	0.29～0.43	

2.2.3.2　块石料质量评价

国内设计部门对堆石坝的石料要求较高：①上游堆石区要求采用硬岩，要求级配良好且小于 0.075mm 的颗粒含量不宜超过 5%，压实后能自由排水；②在下游堆石区的干燥部位和中低坝可采用软岩，但要求软岩具有较低的压缩性和一定的抗剪强度。

在堆石坝初步设计料场勘察中，一般不进行梯段爆破或开挖平洞取样，多数是选择砬子放炮取样。该取样方法的不足之处在于，取样结果多为坡表弱风化岩石，岩石强度一般较低，这导致试验结果偏保守。

研究表明，只要块石达到一定强度，对坝坡稳定影响很小，堆石坝稳定坝坡坡角是堆石体内摩擦角、黏聚力、密度、坡高的函数；堆石体内摩擦角和碾压干密度与坝坡坡角正相关，坝高与坝坡坡角负相关。

综上所述，对不同类型块石料进行合理试验，准确判定块石料物理力学性质是十分重要的。

1. 评价标准

在实际工作中对均质块石料的质量评价主要按照《水利水电工程天然建筑材料勘察规程》（SL 251—2015）的相关规定执行，见表 2.2-10～表 2.2-12。需要注意的是，混凝土人工骨料原岩质量技术指标中饱和抗压强度需要大于 40MPa；使用碱活性骨料时，需要专门论证其是否具有潜在危害性反应。

表 2.2-10　砌石料原岩质量技术指标

序号	项　目	指　标
1	饱和抗压强度	>30MPa
2	软化系数	>0.75
3	吸水率	<10%
4	冻融损失率（质量）	<1%
5	干密度	>2.4g/cm³
6	硫酸盐及硫化物含量（换算成 SO_3）	<1%

表 2.2-11　　混凝土人工细骨料质量技术指标

<table>
<tr><th rowspan="2">序号</th><th rowspan="2" colspan="2">项　目</th><th colspan="2">指　标</th></tr>
<tr><th>常态混凝土</th><th>碾压混凝土</th></tr>
<tr><td>1</td><td colspan="2">表观密度</td><td colspan="2">>2.50g/cm^3</td></tr>
<tr><td>2</td><td colspan="2">堆积密度</td><td colspan="2">>1.50g/cm^3</td></tr>
<tr><td>3</td><td colspan="2">云母含量</td><td colspan="2"><2.0%</td></tr>
<tr><td>4</td><td colspan="2">泥块含量</td><td colspan="2">无</td></tr>
<tr><td>5</td><td colspan="2">硫酸盐及硫化物含量（换算成 SO_3）</td><td colspan="2"><1%</td></tr>
<tr><td>6</td><td colspan="2">有机质含量</td><td colspan="2">无</td></tr>
<tr><td>7</td><td colspan="2">平均粒径</td><td colspan="2">0.29～0.43mm</td></tr>
<tr><td>8</td><td colspan="2">细度模数</td><td>2.4～2.8</td><td>2.2～3.0</td></tr>
<tr><td>9</td><td colspan="2">石粉含量</td><td>6%～18%</td><td>10%～22%</td></tr>
<tr><td rowspan="2">10</td><td rowspan="2">坚固性</td><td>有抗冻要求的混凝土</td><td colspan="2">≤8.0%</td></tr>
<tr><td>无抗冻要求的混凝土</td><td colspan="2">≤10.0%</td></tr>
</table>

表 2.2-12　　混凝土人工粗骨料质量技术指标

<table>
<tr><th>序号</th><th colspan="2">项　目</th><th>指标</th><th>备　注</th></tr>
<tr><td>1</td><td colspan="2">表观密度</td><td>>2.6g/cm^3</td><td></td></tr>
<tr><td>2</td><td colspan="2">堆积密度</td><td>>1.6g/cm^3</td><td></td></tr>
<tr><td rowspan="2">3</td><td rowspan="2">吸水率</td><td>无抗冻要求的混凝土</td><td>≤2.5%</td><td rowspan="2"></td></tr>
<tr><td>有抗冻要求的混凝土</td><td>≤1.5%</td></tr>
<tr><td>4</td><td colspan="2">针片状颗粒含量</td><td><15%</td><td>经试验论证可放宽至25%</td></tr>
<tr><td>5</td><td colspan="2">软弱颗粒含量</td><td><5%</td><td></td></tr>
<tr><td>6</td><td colspan="2">含泥量</td><td><1.0%</td><td>不允许存在黏土球块、黏土薄膜；如有则应做专门试验论证</td></tr>
<tr><td>7</td><td colspan="2">硫酸盐及硫化物含量（换算成 SO_3）</td><td><1.0%</td><td></td></tr>
<tr><td>8</td><td colspan="2">有机质含量</td><td>浅于标准色</td><td>当深于标准色时，应进行混凝土强度对比试验</td></tr>
<tr><td>9</td><td colspan="2">粒度模数</td><td>6.25～8.30</td><td></td></tr>
<tr><td rowspan="2">10</td><td rowspan="2">坚固性</td><td>有抗冻要求的混凝土</td><td>≤5.0%</td><td rowspan="2"></td></tr>
<tr><td>无抗冻要求的混凝土</td><td>≤12.0%</td></tr>
<tr><td>11</td><td colspan="2">压碎指标</td><td>≤20%</td><td></td></tr>
</table>

2. 试验项目

堆石料原岩试验项目包括岩石矿物成分化学成分、硫酸盐及硫化物含量（换算成 SO_3）、颗粒密度、密度（天然、干、饱和）、吸水率、冻融损失率（质量）、干燥状态和吸水饱和抗压强度、冻融抗压强度以及弹性模量；块石料作为砌体料，除上述试验外，还需要加做抗拉强度试验，混凝土人工骨料块石料料场需要加做碱活性、轧制试验。

混凝土人工骨料所需要试验项目包括颗粒分析、表观密度、堆积密度、云母含量、石粉含量、泥块含量、硫酸盐与硫化物含量、有机质含量、吸水率、坚固性。

粗骨料试验项目包括颗粒分析、表观密度、堆积密度、吸水率、软弱颗粒含量、针片状颗粒含量、泥块含量、硫酸盐与硫化物含量、有机质含量、坚固性、压碎指标。

2.2.3.3 土料质量评价

土料质量评价所采用的试验方法有以下几种：

（1）用密度计法进行颗粒分析。

（2）用联合测定法进行液塑限测定。

（3）用饱和固结快剪法进行直剪试验。

（4）用饱和快速法进行固结。

（5）用变水头法进行渗透试验。

（6）用标准击实试验方法进行击实试验。

（7）用风干法进行试样制备。

填筑土料、防渗土料物理力学及化学性质试验项目见表 2.2－13。

表 2.2－13　填筑土料、防渗土料试验项目

序号	试验项目		勘察级别		
			普查	初查与详查	
				简分析	全分析
1	土粒比重		√	√	√
2	天然含水率		√	√	√
3	天然密度		+	+	√
4	颗粒分析		√	√	√
5	液限		√	√	√
6	塑限		√	√	√
7	收缩		+	−	+
8	膨胀		+	−	+
9	崩解		+	−	+
10	击实		√	√	√
11	击实土（压实度应与工程设计一致）	剪切	√	+	√
12		压缩	√	−	√
13		渗透系数	√	+	√
14		渗透变形	+	−	+
15	有机含量（按质量计）		+	−	√
16	烧失量		+	−	+
17	水溶盐含量（易溶盐、中熔盐，按质量计）		+	−	√
18	SiO_2 与 AlO_3、FeO_3 含量		+	−	+

续表

序号	试验项目	勘察级别		
		普查	初查与详查	
			简分析	全分析
19	pH值	+	−	+
20	黏土矿物成分	+	−	+
21	分散性	+	−	+

注 1. "√"表示应做的试验项目;"+"表示视需要做的试验项目;"−"表示可不做的试验项目。
2. 剪切试验条件满足建筑物稳定计算要求。

填筑土料和防渗土料的适应性可根据质量技术指标、设计要求及工程经验等进行综合评价。一般土填筑料质量技术评价指标见表2.2-14,碎(砾)石土、风化土填筑料质量技术评价指标见表2.2-15,一般土防渗料质量技术评价指标见表2.2-16,碎(砾)石土、风化土防渗料质量技术评价指标见表2.2-17。

表2.2-14 一般土填筑料质量技术评价指标

序号	项目	评价指标
1	黏粒含量	10%~30%
2	塑性指数	7~17
3	渗透系数(击实后)	$\leqslant 1\times10^{-4}$cm/s
4	有机质含量(按质量计)	≤5%
5	水溶盐含量(易溶盐、中溶盐,按质量计)	≤3%
6	天然含水率	与最优含水率的允许偏差为±3%

表2.2-15 碎(砾)石土、风化土填筑料质量技术评价指标

序号	项目	评价指标
1	最大颗粒粒径	小于150mm或碾压铺土厚度的2/3
2	>5mm颗粒含量	<50%
3	黏粒含量	占小于5mm颗粒的15%~40%
4	渗透系数(击实后)	$\leqslant 1\times10^{-4}$cm/s
5	有机质含量(按质量计)	≤5%
6	水溶盐含量(易溶盐、中溶盐,按质量计)	≤3%
7	天然含水率	与最优含水率的允许偏差为±3%

注 风化土料大于5mm的颗粒含量为击实后试验成果。

表2.2-16 一般土防渗料质量技术评价指标

序号	项目	评价指标
1	黏粒含量	15%~40%
2	塑性指数	10~20
3	渗透系数(击实后)	$\leqslant 1\times10^{-5}$cm/s

续表

序号	项　目	评 价 指 标
4	有机质含量（按质量计）	≤2%
5	水溶盐含量（易溶盐、中溶盐，按质量计）	≤3%
6	天然含水率	与最优含水率的允许偏差为±3%

表 2.2-17　碎（砾）石土、风化土防渗料质量技术评价指标

序号	项　目	评 价 指 标
1	最大颗粒粒径	小于150mm或碾压铺土厚度的2/3
2	>5mm颗粒含量	20%～50%为宜
3	<0.075mm颗粒含量	≥15%
4	黏粒含量	占小于5mm颗粒的15%～40%
5	渗透系数（击实后）	$\leqslant 1\times10^{-5}$cm/s
6	有机质含量（按质量计）	≤2%
7	水溶盐含量（易溶盐、中溶盐，按质量计）	≤3%
8	天然含水率	与最优含水率的允许偏差为±3%

2.2.4 筑坝土料分散性评价方法

分散性土是指在低含盐水量或者纯净水中颗粒的离子排斥力超过吸引力，从而导致土颗粒分散的黏性土，它具有抗剪强度低、抗冲刷能力差的特性。土料分散性是筑坝土料质量关键性指标之一，影响着大坝工程长久安全使用。

2.2.4.1 分散性土的鉴定方法

由于分散性土的复杂性，常规的土力学参数，诸如颗粒相对密度、颗粒级配、界限含水率、黏聚力、内摩擦角等不能反映土体的分散程度，单一的指标往往不能准确鉴定分散性土，因此多采用包括野外调查、室内试验和经验模型等在内的综合鉴定方法。

1. 野外调查

分散性土的鉴定应当从野外调查开始。有分散性土分布的地区，下雨后路旁的水沟、水坑和河道里流的水都是浑浊的，水流过后水坑里的水仍然是浑浊的，长久也不会澄清（图2.2-12）。水坑干涸后坑底会留下很细的黏土沉积，干后出现龟裂。在有坡度的地方会出现冲沟和孔洞等异常冲蚀形式的表面迹象。

2. 室内试验

在实验室中，一般采用碎块试验、针孔试验、双比重计试验、孔隙水可溶性阳离子试验与交换性钠离子百分比试验等，进行土的分散性评价。

（1）碎块试验。将保持天然含水率的土块或按照试验要求制成1cm³左右的土块，放入盛有约200mL纯水的250mL烧杯中，浸放5～10min后观察土块中胶粒的分散特征，碎块试验判别标准见表2.2-18。

图2.2-12　雨后道路沟水浑浊

表2.2-18　碎块试验判别标准

土类别	浸水后特征
非分散性土	没有反应。土块不崩解，或崩解后水中没有出现浑浊，或稍浑浊后很快又变清
过渡性土	轻微反应。在崩解的土块表面附近或周围有轻微的肉眼可见的胶粒悬液产生浑浊水：如果“云雾状”明显，则划分为第3等级；如果“云雾状”不明显，则划分为第1等级
分散性土	中等反应。在崩解的土块周围或表面可明显地看到黏粒悬液产生的“云雾”，悬液“云雾”在烧杯底扩散10mm左右
高分散性土	强烈反应。在整个杯底可见大量的浓黏粒悬液呈云雾状的表面。通常，在烧杯的各个方向均可明显看见土粒胶粒悬液

(2) 针孔试验。在特制的针孔试验装置中，按试验要求制样（压实度控制在0.95以上），在试样的中部穿一直径1.0mm的轴向细孔，然后用纯水（或试验要求用水）进行冲蚀试验，分别在50mm、180mm、380mm、1020mm水头下观察针孔受水冲蚀的情况，判别标准见表2.2-19。

(3) 双比重计试验。对土样进行两次比重计试验来测定黏粒（<5μm）或胶粒（<2μm）含量，第一次是常规的加分散剂、煮沸、搅拌的方法，得到一条颗粒级配曲线；

表2.2-19　针孔试验判别标准

土类别	水头/mm	在某一水头下的持续时间/min	最终流量/(mL/s)	试验结束时流出水的雾状情况		最终孔径/mm
				侧视	顶视	
分散性土	50	5	1.0～1.4	浑浊	很浑浊	≥2.0
	50	10	1.0～1.4	较浑浊	浑浊	>1.5
过渡性土	50	10	0.8～1.0	轻微浑浊	较浑浊	≤1.5
	180	5	1.4～2.7	肉眼可见	轻微浑浊	≥1.5
	380	5	1.8～3.2	肉眼可见	轻微浑浊	—
非分散性土	1020	5	>3.0	清澈	肉眼可见	<1.5
	1020	5	≤3.0	完全清澈	完全清澈	1.0

第二次不加分散剂，先将土样放在盛有一定量纯水的抽滤瓶中，并与真空泵相连接、抽气10min，然后把土水悬液冲洗到量筒中，加纯水至1000mL，倒转量筒30次并来回摇晃，让黏土颗粒自行水化分散，用这种方法得到另一条颗粒级配曲线。求得两次试验的黏粒或胶粒含量，采用式（2.2-7）计算分散度：

$$D=\frac{N(m,nd)}{N(m,d)}\times 100\% \tag{2.2-7}$$

式中：D 为分散度，%；$N(m,nd)$ 为不加分散剂的黏粒或胶粒含量，%；$N(m,d)$ 为加分散剂的黏粒或胶粒含量，%。

判别标准：$D<30\%$为非分散性土，$D=30\%\sim50\%$为过渡性土，$D>50\%$为分散性土。

（4）孔隙水可溶性阳离子试验。将土样含水率配到液限，采用抽滤装置或离心机将土水分离，得到孔隙水溶液，测定其中的 Ca^{2+}、Mg^{2+}、Na^{+}、K^{+} 含量，然后计算出孔隙水可溶性阳离子总量（TDS）及钠百分比（PS）。

$$\begin{aligned}\mathrm{TDS}&=C_{\mathrm{Ca}}+C_{\mathrm{Mg}}+C_{\mathrm{Na}}+C_{\mathrm{K}}\\ \mathrm{PS}&=\frac{C_{\mathrm{Na}}}{\mathrm{TDS}}\times 100\%\end{aligned} \tag{2.2-8}$$

式中：C_{Na} 为孔隙水中钠离子含量，mmol/L；C_{K} 为孔隙水中钾离子含量，mmol/L；C_{Ca} 为孔隙水中钙离子含量，$\frac{1}{2}$mmol/L；C_{Mg} 为孔隙水中镁离子含量，$\frac{1}{2}$mmol/L；TDS 为孔隙水中阳离子总量，mmol/L；PS 为钠百分比，%。

判别标准：以 TDS 为横坐标，PS 为纵坐标，在半对数坐标纸中绘制 PS 和 TDS 关系曲线图：土样的点落在 A 区，属于分散性土；落在 B 区，属于非分散性土；落在 C 区，属于过渡性土（图 2.2-13）。

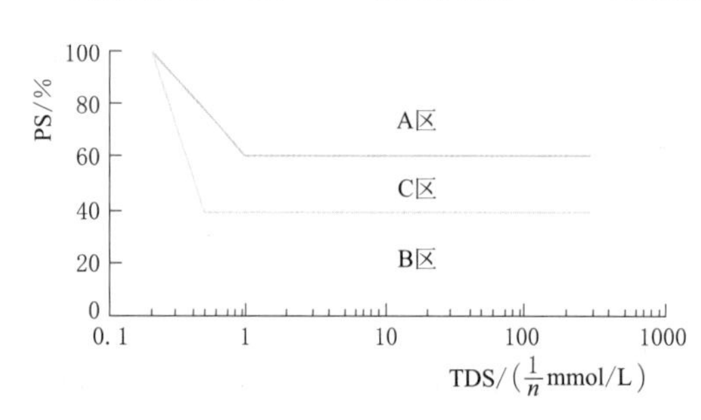

图 2.2-13　土的分散性与 TDS、PS 关系图

（5）交换性钠离子百分比试验。本方法是测定土中阳离子交换量（CEC）和交换性钠离子含量（C_{Na}），求出交换性钠离子百分比（ESP）。

$$\mathrm{ESP}=\frac{C_{\mathrm{Na}}}{\mathrm{CEC}}\times 100\% \tag{2.2-9}$$

式中：C_{Na} 为交换性钠离子含量，cmol/kg；CEC 为阳离子交换量，cmol/kg。

判断标准：ESP=7%～10%，属中等分散性土；ESP≥15%，属高分散性土，即有严重管涌的可能性。

2.2.4.2　工程应用

对大石峡水利枢纽工程的阿克青土料场和四团土料场土料进行分散性鉴定和研究。本次现场共取了8组土样，其中在阿克青土料场取了2组，编号为青$_{上}$、青$_{下}$；在四团土料场取了6组，编号为1号～6号。四团土料场1号～6号土样易溶盐含量为1018.8～13042.4mg/kg，pH值为8.33～9.57，呈碱性；阿克青土料场两组土样（青$_{上}$和青$_{下}$）易溶盐含量为1182.4～1061.4mg/kg，pH值为8.63～8.84，呈碱性。对8组土样进行了有机质含量及矿物组成鉴定，检测分析成果见表2.2-20。本次试验采用了针孔试验、碎块试验、双比重计试验、孔隙水可溶性阳离子试验及钠吸附比SAR等方法进行土的分散性鉴定，试验成果见表2.2-21～表2.2-25。

表2.2-20　　土样有机质含量及矿物组成分析成果

土样编号	全土中各种矿物含量									有机质含量
	非黏土矿物							黏土矿物		
	石英	斜长石	钾长石	方解石	角闪石	赤铁矿	白云石	伊利石	绿泥石	
1号	35.8%	8.7%	1.6%	24.0%	0.9%	0.3%	13.7%	9.0%	6.0%	0.345%
2号	28.8%	8.8%	2.2%	25.5%	0.4%	0.5%	21.8%	7.0%	5.0%	0.157%
3号	26.5%	6.6%	2.4%	24.5%	0.6%	0.4%	21.0%	11.0%	7.0%	0.188%
4号	25.2%	8.6%	3.5%	27.6%		0.4%	20.7%	8.0%	6.0%	0.136%
5号	35.3%	9.5%	2.0%	23.9%	0.4%		13.9%	10.0%	5.0%	0.365%
6号	28.6%	8.4%	3.0%	22.8%	1.6%	0.8%	19.8%	9.0%	6.0%	0.188%
青$_上$	32.0%	11.2%	3.2%	20.2%		0.6%	3.8%	16.0%	13.0%	0.302%
青$_下$	39.2%	15.5%	2.7%	9.3%		0.3%	4.0%	15.0%	14.0%	0.260%

表2.2-21　　针孔试验成果

土样编号	含水率/%	干密度/(g/cm^3)	作用水头/m	冲蚀时间/min	最终流量/(mL/s)	最终孔径/mm	终了水色	描　述	土料判别
1号	14.1	1.77	50	5	0.76	6d	黄色	混浊～较混浊，不透明，有细粒冲出	分散性土
2号	17.3	1.72	50	5	0.24	3.5d	浅黄	较混浊，不透明，有细粒冲出	分散性土
3号	18.6	1.68	50	5	0.41	4d	浅黄	较混浊，不透明，有细粒冲出	分散性土
4号	17.0	1.70	50	5	0.40	3d	浅黄	较混浊，不透明，有细粒冲出	分散性土
5号	13.3	1.76	50	5	0.52	3d	浅黄	较混浊，不透明，有细粒冲出	分散性土
6号	17.7	1.72	50	10	0.34	5d	浅黄	较混浊～混浊，不透明，有细粒冲出	分散性土
青$_上$	18.1	1.71	50	10	0.17	1d	清	水清、透亮	过渡性土
			180	10	0.23	2.5d	浅白	微混，微透明	
			380	5	1.98	5.5d	黄色	微混微透明～混浊不透明，有细粒冲出	
青$_下$	18.0	1.72	50	10	0.11	1d	清	水清、透亮	过渡性土
			180	5	0.16	1.5d	浅白	微混，微透明	
			380	5	0.66	2d	清～浅黄	微透明～微混不透明	

表 2.2-22　　碎块试验成果

土样编号	试验用水	试验历时	描　述	土料判别
1号	蒸馏水		基本全部过网，水混浊，淡黄色水雾，不透明	分散性土
2号		5分1秒	基本全部过网，淡乳白色水雾，不透明	分散性土
3号		4分	全部过网，水混浊，淡黄色水雾，不透明	分散性土
4号		7分	约1/6土样未过网，水混浊，不透明	分散性土
5号		3分14秒	约1/9土样未过网，水混浊，淡黄色，不透明	分散性土
6号		7分32秒	基本全部过网，水混浊，淡黄色，不透明	分散性土
青$_上$		9分	约1/6土样未过网，水清，透明	非分散性土
青$_下$		9分14秒	约1/6土样未过网，水清，透明	非分散性土

表 2.2-23　　双比重计试验成果

土样编号	粒径小于0.005mm颗粒含量/%		分散度 D/%	土料判别
	不加分散剂	加分散剂		
1号	4.6	19.5	23.6	非分散性土
2号	13.0	33.3	39.0	过渡性土
3号	4.5	29.0	15.5	非分散性土
4号	12.5	32.5	38.5	过渡性土
5号	4.5	18.0	25.0	非分散性土
6号	14.4	32.5	44.3	过渡性土
青$_上$	8.6	36.0	23.9	非分散性土
青$_下$	7.2	35.0	20.6	非分散性土

表 2.2-24　　孔隙水可溶性阳离子试验成果

指　标	1号	2号	3号	4号	5号	6号	青$_上$	青$_下$
Na^+/(mEg/L)	330.30	377.05	206.31	159.78	302.97	189.30	93.43	144.85
K^+/(mEg/L)	5.07	3.94	1.95	0.64	1.46	0.46	1.27	0.44
Ca^{2+}/(mEg/L)	87.68	253.01	40.08	13.83	77.66	6.21	14.53	19.54
Mg^{2+}/(mEg/L)	75.95	492.41	49.37	23.70	62.03	15.19	14.58	19.64
TDS/(mEg/L)	499.00	1126.41	297.71	197.95	444.12	211.16	123.81	184.47
PS	66.19%	33.47%	69.30%	80.72%	68.22%	89.65%	75.46%	78.52%
PS判别	分散	非分散	分散	分散	分散	分散	分散	分散
钠吸附比SAR	36.52%	19.53%	30.85%	36.88%	36.25%	57.87%	24.49%	32.73%
SAR判别	分散	分散	分散	分散	分散	分散	分散	分散

阳离子交换总量 $TDS=Na^++K^++Ca^{2+}+Mg^{2+}$

钠离子百分数 $PS=(Na^+/TDS)\times100\%$

钠吸附比 $SAR=\dfrac{Na^+}{\sqrt{\dfrac{1}{2}(Ca^{2+}+Mg^{2+})}}$

钠吸附比SAR判别标准：若TDS>5，则SAR>2.7为分散性土；若TDS>10，则SAR>4.2为分散性土；若TDS>100，则SAR>13为分散性土

表 2.2-25 分散性鉴定试验成果汇总

试验方法	1号	2号	3号	4号	5号	6号	青$_上$	青$_下$
针孔试验	分散性土	分散性土	分散性土	分散性土	分散性土	分散性土	过渡性土	过渡性土
碎块试验	分散性土	分散性土	分散性土	分散性土	分散性土	分散性土	非分散性土	非分散性土
双比重计试验	非分散性土	过渡性土	非分散性土	过渡性土	非分散性土	过渡性土	非分散性土	非分散性土
孔隙水可溶性阳离子试验	分散性土	非分散性土	分散性土	分散性土	分散性土	分散性土	分散性土	分散性土
钠吸附比 SAR	分散性土	分散性土	分散性土	分散性土	分散性土	分散性土	分散性土	分散性土

据以上试验成果，5 种试验方法的判定结果并不完全相同，相互之间有差异，这种情况在分散性土研究中经常出现。究其原因，主要是因为分散性土的试验鉴定方法和判别标准是通过大量的试验结果统计分析得来的，虽具有普遍适用性，但也存在一些不适用的情况。对于一般土样而言，几种试验方法的结果基本可相互印证，但对一些特殊性土类可能会出现不一致的情况。

另外，各种试验方法在实际运用中也存在各自的优缺点：双比重计试验是借鉴农业土壤物理化学分析中的土壤团粒分析方法，根据现有资料，该方法存在试验结果不稳定的情况；碎块试验在判定时需要丰富的经验，只能用于定性判定，不能给出定量的数据；针孔试验被认为是最可靠的鉴定方法，同时也是其他鉴定土体分散性方法最直接和最可靠的验证；钠吸附比（SAR）试验结果受土体中 Na^+ 含量影响较大。

土体的化学性质对其分散性也有很大的影响，酸性介质条件会抑制土的分散，而在碱性介质条件下，土粒表面易于形成扩散双电层，使颗粒趋于分散。对黏土而言，黏土颗粒表面与边缘的羟基具有分解趋势，使得介质溶液中 pH 值发生变化，进而改变黏粒双电层的厚度，对土的工程性质产生影响。

大石峡水利枢纽工程的阿克青土料场和四团土料场土料分散性试验共对 8 组土样进行研究，8 组土样的 pH 值为 8.33～9.57，呈较强碱性，所以认为高 pH 值是 8 组土样产生分散性的原因之一；对于试验的 8 组土料，其黏土矿物成分主要是伊利石和绿泥石，土样孔隙水溶液中 Na^+ 含量很高，因此从土料的黏土矿物组成上，可认为 8 组土样是由于主要黏土矿物伊利石吸附了大量 Na^+ 后具有了较强的分散性。

根据分散性土形成条件，结合本次试验土样在我国特殊土塑性图的位置，高 pH 值的介质环境，以伊利石为主的黏土矿物成分，以及高 Na^+ 含量的土样孔隙水溶液等诸多影响因素特征，依据 5 种分散性试验方法的结果可靠性大小，以针孔试验结果为主，参考其他几种试验方法结果，综合分析，判定四团土料场 1 号～6 号六组土样为分散性土，阿克青土料场青$_上$、青$_下$两组土样为过渡型分散性土。

2.3 砂砾石料的深井法勘察技术

在水利水电工程建设中，砂砾石料是兴建混凝土建筑物的重要建筑材料，同时也可用作土石坝填筑料或反滤料，因此对砂砾石料需要进行更为详细的调查试验工作。砂砾石料调查主要任务是在建筑物附近寻找合适的砂砾石料料场，查明其质量、储量和开采运输条件，为设计、施工提供依据。除2.2节中提到的砂砾石料部分勘察与质量评价方法，在实际工程中还总结得出了“深井法勘察技术”，并进行了较好的运用。

2.3.1 深井法勘察技术原理

深井法勘察就是用人工或机械方式进行挖掘深井，采用高强度护壁手段，能够直接观察砂砾石层的天然状态以及各地层的地质结构，对料源可利用性和工程特性有更为直接和准确的认识。同时汇入可研料场勘察综合成果、开挖料初步研究成果和碾压试验相关成果，进行料源比较研究。勘察工作有以下主要内容：

（1）在卫星解译基础上进行现场查勘，初选料场，进行地质测绘。

（2）进行水利水电工程建设时，根据《水利水电工程天然建筑材料勘察规程》（SL 251—2015）规定，按照水上、水下料场的不同特点选择勘察手段。按勘察等级确定勘探点间距、深度，并进行地质描述。

（3）各勘探点必须进行水上、水下分层取样试验，当用岩性法鉴定砾料中有含碱活性成分的岩石时，应进行碱活性骨料的危害性鉴定。根据砂砾石料的用途，对其质量作出评价。

（4）应用地质测绘与勘探资料，圈定有用区范围和可开采深度，进行储量计算。勘察储量应大于设计需要量的2～3倍。

（5）评价开采运输条件。

（6）编制料场勘察报告及相应图件。

2.3.2 深井法勘探的实施方案

砂砾石单井勘探深度结合依托工程砂砾石料场深度及料源厚度，满足勘察要求。

（1）开挖方案主要有：竖井方案和斜井方案。斜井因存在立面露头、控制层位少、施工风险大等问题，故选取竖井手段。

（2）断面形式和尺寸主要有方形（1.8m×1.8m）、长方形（1.5m×2.0m）和圆形（直径1.0～1.8m）。

（3）回次进尺：原则上不能大于1.5m，有流砂、地下涌水等边壁不稳定情况时减半。

（4）护壁方式及厚度。

1）方形、长方形断面：现浇钢筋（ϕ12）混凝土，控制最小厚度15～20cm；钢板护壁；脚手架空间连接，中间木板护壁；角铁格架，木板护壁。

2）圆形断面：井壁喷混凝土，厚15cm；现浇钢筋（ϕ12）混凝土，控制最小厚度15cm；沉井式；钢圈护壁。

（5）开挖方式：主要人工撬挖，钢钎捣松，人工入桶；少量胶结层或大孤石，辅以风钻破碎或小药量爆破。

（6）出渣方式：人工装填入吊桶、卷扬机提升；提升至井口后手推车送入筛分场地；井架中心设吊锤中心点，每回次进行吊锤校正。

（7）其他安全防护：井口平台尺寸8m×7.5m，厚20cm，井口台坎高出地面25cm，设置井口围栏；井下有人时全时值班、井下无人时加盖上锁；通风管跟进井底、井下不间断送风；照明线路（低压电）跟进井底，每5m设照明灯1个；采用柴油机供电时，有备用发电设备；井口、井底用对讲机联系；人员除可利用吊桶上下外，设置爬梯作为安全备用；配备井底安全隔板、井口安全员、安全绳等。

（8）回填：开挖及试验完成后用渣料回填深井。

2.3.3　深井法勘探布设要求

砂砾石料的深井法勘察技术是创新技术，无相关规范规定，根据《水利水电工程天然建筑材料勘察规程》（SL 251—2015）或《水电工程天然建筑材料勘察规程》（NB/T 10235—2019）提出布设要求：

（1）勘探点间距应根据料场类型及勘察级别确定（表2.3-1、表2.3-2）规定，且每一料场（区）初查不应少于1条剖面，初查和详查每条剖面上的勘探点分别不应少于2个和3个。

表2.3-1　填筑料、反滤料勘探点间距　单位：m

料场类型	勘察级别		
	普查	初查	详查
Ⅰ类	对工程影响较大的重要料场可布置1～3个勘探点	300～500	200～300
Ⅱ类		200～300	100～200
Ⅲ类		<200	<100

表2.3-2　混凝土骨料勘探点间距　单位：m

料场类型	勘察级别		
	普查	初查	详查
Ⅰ类	对工程影响较大的重要料场可布置1～3个勘探点及适量物探测线	200～300	100～200
Ⅱ类		100～200	50～100
Ⅲ类		<100	<50

（2）勘探深度应揭穿有用层。有用层厚度较大时，勘探深度应大于开采深度2m。

（3）勘探点应按水上、水下分层取样，每1～3m取一组，根据相关情况可适当增减。厚度大于0.5m的夹层应单独取样。

2.3.4　深井法勘察技术工程应用

天然砂砾石料作为高坝填筑料，存在级配的离散性、间断性和施工易分离性等问题，抗渗透破坏和冲蚀能力较差，目前深井法应用于茨哈峡工程勘察砂砾石料源深度，达到80m，但未形成统一的规范标准。

茨哈峡水电站吉浪滩砂砾石料场属深厚（80～100m）河湖相堆积，面积大、距岸近，料源勘察评价深度及工程特性研究需突破规程规范的要求。超深特殊砂砾石竖井勘察难度和安全风险相当大：①井壁需强力护壁以保持稳定；②超深井，垂度保证难度大；③安全风险大，涉及井内缺氧、掉块、塌方、流沙、地下水等。在对吉浪滩砂砾石料场详查基础上，进行了特殊深竖井勘探及全井无间断筛分试验，对砂砾石料源颗粒大小、组合分布规律、形状、强度等进行了深入探讨，探明了料源的均一性和砾石形态、强度特征，从而评价其可利用性。深竖井勘探采用圆形断面、现浇混凝土衬砌方案。采用定制滑模，浇筑后不拆除，下段开挖完成后，下移模板。人工开挖，卷扬起吊。

结合砂砾石料前期勘察成果及实际地形地质条件，在推荐料场Ⅰ区中部顺河向纵3、纵5剖面各布置3个80m超深竖井（图2.3-1），纵断面间距290m，横向间距190～200m。从图中可见，前期勘探取样相对集中在料场前缘纵1、纵2剖面，取样于剖面不同高程。加密布置在Ⅰ区主开采区中部，完全能反映料源在纵、横方向上的颗粒组成及分布变化规律，对单井而言具有完全的代表性。

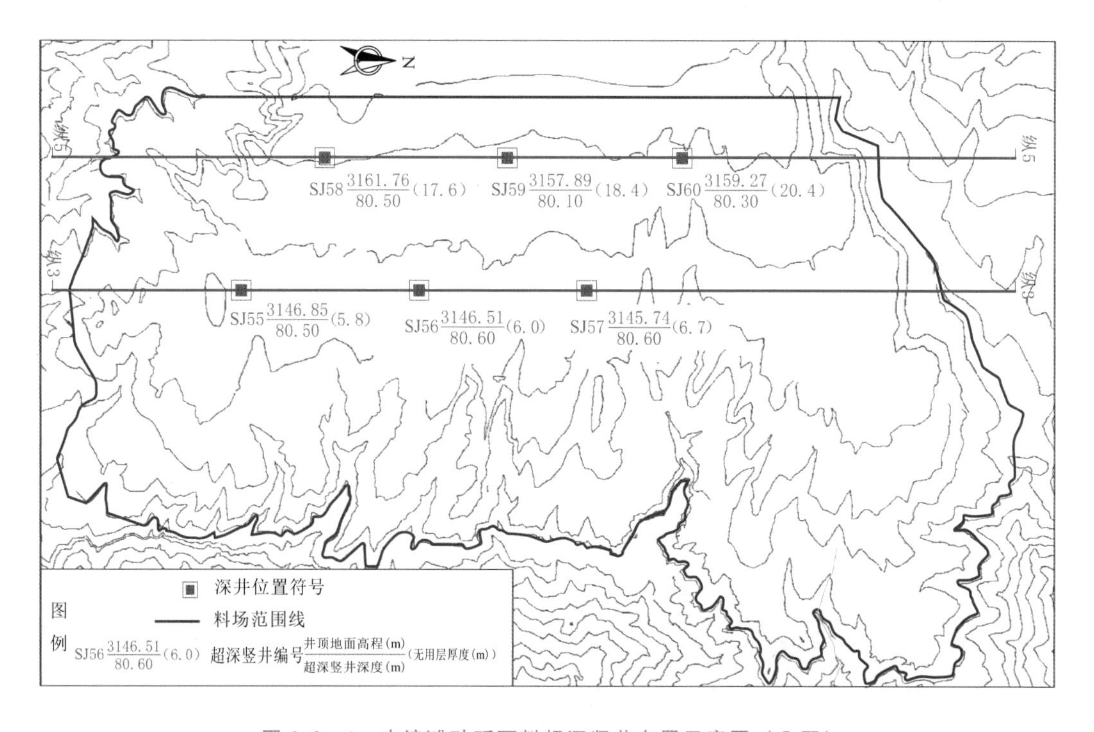

图2.3-1　吉浪滩砂砾石料超深竖井布置示意图（Ⅰ区）

纵3竖井编号（深度）：SJ55（80.5m）、SJ56（80.6m）、SJ57（80.6m）。

纵5竖井编号（深度）：SJ58（80.5m）、SJ59（80.1m）、SJ60（80.3m）。

根据岸边露头调查及6个超深竖井地质编录资料（表2.3-3），对吉浪滩砂砾石料大层及夹层进行划分。

深井法勘察技术应用于茨哈峡水电站吉浪滩料场特殊地勘研究，可供国内外类似工程借鉴，对行业科技进步有一定的促进和示范作用。该勘探方法在新疆大石峡水电站大坝填筑料选择时使用，取得了不错的效果。但是，该方法存在勘探费用高、勘探工期长的问题。

表 2.3-3 吉浪滩砂砾石料超深竖井编录

<table>
<tr><th>井号</th><th>井口高程/m</th><th>深度/m</th><th>地下水</th><th>分层地质描述</th></tr>
<tr><td rowspan="3">SJ55</td><td rowspan="3">3146.86</td><td rowspan="3">80.5</td><td rowspan="3">无地下水</td><td>0～5.8m，冲积粉质壤土层，表部20～30cm植物根系发育</td></tr>
<tr><td>5.8～61.3m，冲积含漂石砂卵砾石层，漂石、卵石、砾石磨圆度较好，呈浑圆形、次圆形及扁圆形，母岩岩性主要为砂岩，少量为花岗岩及长石，微风化，少量母岩岩性为花岗岩的卵石呈强风化，未胶结；砂子为细沙，较干净，松散无胶结，组成物主要为岩屑，其中17.8～20.8m及34.4～35.8m段砂子含量小于3%</td></tr>
<tr><td>61.3～80.5m，冲积含漂石砂卵砾石层，其中61.3～73.3m局部出现透镜状砂卵砾石层，胶结层厚度一般不超过0.3m，多呈泥质胶结，少量为钙质胶结；73.3～80.5m胶结层较多，厚度为0.2～1.0m，以钙质胶结为主</td></tr>
<tr><td rowspan="3">SJ56</td><td rowspan="3">3146.51</td><td rowspan="3">80.6</td><td rowspan="3">无地下水</td><td>0～7.5m，冲积粉质壤土层，表部20～30cm植物根系发育</td></tr>
<tr><td>7.5～57.0m，冲积含漂石砂卵砾石层，漂石、卵石、砾石磨圆度较好，呈浑圆形、次圆形及扁圆形，母岩岩性主要为砂岩，少量为花岗岩及长石，微风化，少量母岩岩性为花岗岩的卵石强风化，未胶结；砂子为细沙，较干净，松散无胶结，组成物主要为岩屑，其中15.0～19.5m、21.0～22.5m、27.0～28.5m及20.0～31.5m段砂子含量小于3%</td></tr>
<tr><td>57.0～80.6m，冲积含漂石砂卵砾石层，其中57.0～58.5m局部出现透镜状砂卵砾石层，胶结层厚度一般不超过0.3m，以泥质胶结为主，少量钙质胶结；58.5～61.5m胶结层厚度为0.4～0.7m，数量较多，呈透镜状，以泥钙质胶结为主；61.5～66.0m局部出现胶结层，厚度一般小于0.3m，呈泥钙质胶结；66.0～72.0m未发现胶结层；72.0～80.4m胶结砂砾石层较多，厚度一般不超过0.8m，以泥钙质胶结为主</td></tr>
<tr><td rowspan="3">SJ57</td><td rowspan="3">3145.74</td><td rowspan="3">80.6</td><td rowspan="3">无地下水</td><td>0～6.7m，冲积粉质壤土层，表部20～30cm植物根系发育</td></tr>
<tr><td>6.7～62.5m，冲积含漂石砂卵砾石层，漂石、卵石、砾石磨圆度较好，呈浑圆形、次圆形及扁圆形，母岩岩性主要为砂岩，少量为花岗岩及长石，微风化，少量母岩岩性为花岗岩的卵石强风化，未胶结；砂子为细沙，较干净，松散无胶结，组成物主要为岩屑，其中59.2～60.7m段砂子含量小于3%</td></tr>
<tr><td>62.5～80.6m，冲积含漂石砂卵砾石层，其中62.5～66.7m局部出现透镜状砂卵砾石层，胶结层厚度一般不超过0.3m，以泥质胶结为主，少量钙质胶结；66.7～69.7m胶结砂卵呈透镜状，厚度为0.4～1.0m，数量较多，以钙质胶结为主；69.7～80.6m局部出现胶结砂砾石层，厚度一般不超过0.5m，以泥钙质胶结为主</td></tr>
<tr><td rowspan="4">SJ58</td><td rowspan="4">3161.76</td><td rowspan="4">80.5</td><td rowspan="4">无地下水</td><td>0～17.6m，冲积粉质壤土层，表部20～30cm植物根系发育</td></tr>
<tr><td>17.6～20.0m，冲洪积含砾土层</td></tr>
<tr><td>20.0～61.0m，冲积含漂石砂卵砾石层，漂石、卵石、砾石磨圆度较好，呈浑圆形、次圆形及扁圆形，母岩岩性主要为砂岩，少量为花岗岩及长石，微风化，少量母岩岩性为花岗岩的卵石呈强风化，未胶结；砂子为细沙，较干净，松散无胶结，组成物主要为岩屑，其中22.0～23.5m及32.5～34.0m段砂子含量小于3%</td></tr>
<tr><td>61.0～80.5m，冲积含漂石砂卵砾石层，局部有透镜状胶结层，多为泥质胶结，少量为钙质胶结</td></tr>
</table>

续表

井号	井口高程/m	深度/m	地下水	分层地质描述
SJ59	3157.89	80.6	无地下水	0～18.4m，冲积粉质壤土层，表部20～30cm植物根系发育
				18.4～62.0m，冲积含漂石砂卵砾石层，漂石、卵石、砾石磨圆度较好，呈浑圆形、次圆形及扁圆形，母岩岩性主要为砂岩，少量为花岗岩及长石，微风化，少量母岩岩性为花岗岩的卵石呈强风化，未胶结；砂子为细沙，较干净，松散无胶结，组成物主要为岩屑，其中61.9～63.4m及64.9～67.9m段砂子含量较少，小于3%
				62.0～80.6m，冲积含漂石砂卵砾石层，局部有透镜状胶结层，多为泥质胶结，少量为钙质胶结，其中75.0～77.0m胶结砂砾石层较多，呈泥钙质胶结
SJ60	3159.27	80.3	无地下水	0～20.4m，冲积粉质壤土层，表部20～30cm植物根系发育
				20.4～58.6m，冲积含漂石砂卵砾石层，漂石、卵石、砾石磨圆度较好，呈浑圆形、次圆形及扁圆形，母岩岩性主要为砂岩，少量为花岗岩及长石，微风化，少量母岩岩性为花岗岩的卵石呈强风化，未胶结；砂子为细沙，较干净，松散无胶结，组成物主要为岩屑，其中20.4～22.0m、25.2～26.8m、38.0～39.6m及60.4～62.0m段砂子含量较少，小于3%
				62.0～80.3m，冲积含漂石砂卵砾石层，局部有透镜状胶结层，多为泥质胶结，少量为钙质胶结，其中58.6～68.4m段局部出现少量透镜状泥质胶结层，68.4～80.3m位透镜状泥钙质胶结砂砾石层

2.3.5 深井法勘察技术的发展趋势分析

通过多个超深竖井勘探，全井无间断连续取样，综合前期常规勘探取样试验成果，深井法勘察有以下优势：

(1) 采用“深井法”勘探技术，平面上多井控制、垂向全层厚控制，能够全面控制料层平面和垂向变化，查清料层中不良夹层、粒组含量、级配变化等特征。

(2) 深井法勘察技术能够较好地配合规范要求的常规质量指标复核试验以及料源工程特性试验。

(3) 采用高强度混凝土支护手段，突破规范规定的深井探测深度。

(4) 确定“推荐开采层”，达到可直接上坝利用、开采方便、质量易控制的目的。

(5) 深井法勘察技术有利于环境保护，无爆破粉尘，开挖后进行回填，易于植被恢复等。

虽然深井法勘察技术存在费用高、工期长的劣势，但其优势也很明显，通过应用该勘察技术探明料场特性，类似茨哈峡工程吉浪滩料场的巨厚层砂砾石是十分难得的筑坝料。资料反映，西北地区水力资源集中，天然砂砾石相对丰富，南方地区也有局部分布，均可作为大坝填筑材料。超深井开挖支护技术手段、提高取样代表性的方法，均一性问题和可利用性的评价方法、料源工程特性的研究思路等，均可供类似工程借鉴，具有较高的推广应用前景，可进一步提高我国筑坝材料勘察的技术水平。

2.4　本章小结

（1）本章系统总结了非均质块石料料源地地质调查原则与方法，在前期地质勘察中对地质情况进行调查，包括料源的产地选择、地形地貌、地层岩性、地质构造、水文地质、区域构造稳定性及地震情况等方面，同时对可能出现的地质情况进行预测评价。通过地质测绘、料源勘察等工作，结合代表性岩样的取样与实验内容等地质勘察方法，确定料源场地。上述筑坝材料的勘测技术形成了一套非均质块石料料源勘察评价体系，其中包括堆石的质量技术指标、设计要求等。

（2）均质筑坝料的勘察方法需要通过综合运用GPS、全站仪、数字化仪器设备等技术工具，结合工程地质测绘技术、工程地质勘测技术等较为传统的地质勘察技术，并在计算机应用辅助下完成勘察。本章对均质筑坝料的料场工程地质勘察技术、料场储量勘察技术进行了总结归纳，并应用于工程实践。针对料源质量进行了砂砾石料质量评价、土料质量评价。根据填筑料的级配特征，提出了构成料粒“不均一性”分级及评价指标。该方法能够反映填筑料的力学特性，进而对填筑料的工程优劣作出判别。由于单一的土力学指标参数（如颗粒相对密度、颗粒级配、黏聚力等）无法准确鉴定分散性土，本章针对这一问题提出了均质筑坝材料分散性评价方法，保障了大坝工程的长久安全使用，是合理选择设计方案的重要依据。

（3）砂砾石料是兴建混凝土建筑物的重要建筑材料，也可用作土石坝填筑料或反滤料。为了取得砂砾石料的天然状态及其在地层中的结构特性，本章阐述了深井法勘察技术。该技术通过人工或机械方式进行挖掘深井，采用高强度护壁手段，对每进尺砂砾石料进行全断面筛分，获得砂砾石料尺寸大小、组合分布、形状强度等的规律，能够直接观察砂砾石层的天然状态以及各地层的地质结构。深井法勘察技术作为水电工程料场新的勘察方法，优势明显，为工程项目的设计、施工提供依据，具有较高的推广应用前景。

第 3 章

筑坝料原位力学试验与数值剪切试验

对于岩土颗粒材料，三轴剪切试验是一种常用的研究颗粒材料剪切作用下力学特性的手段，可以模拟很多岩土颗粒材料在工程实际中的载荷情况，例如高堆石坝的变形，高层建筑砂土地基的稳定性，地质滑坡等。目前室内试验和数值模拟是开展岩土颗粒材料三轴剪切试验的主要手段。

为系统分析土石坝筑坝料工程特性，并为计算模型的改进提供依据，本章结合多座高堆石坝工程的筑坝料，以及中国电建集团西北勘测设计研究院有限公司、中国水利水电科学研究院及南京水利科学研究院对堆石料开展的室内三轴剪切试验，并参照武汉大学数值剪切试验，总结阐述高应力条件下筑坝料的应力应变关系和强度特性，基于试验和理论研究，提出了筑坝料建议的计算参数选择方法，探讨了堆石料新的本构模型。

3.1 大型原位力学试验

3.1.1 试验设备

依据《水电水利工程粗粒土试验规程》(DL/T 5356—2006)，按照300m级大坝的载荷试验设计的加载量要求，中国水利水电第十五工程局有限公司研制了整套原位力学试验装置。

3.1.1.1 仪器设备

(1) 承压板。下承压板采用圆形钢板，按照径径比3～5倍的要求，制作直径为1479.5mm、高度为238mm的钢构架，钢构架的钢板厚度20mm；上承压板直径1000mm，高24.2cm。

(2) 油压千斤顶、油泵站。采用三台500t的油压千斤顶并联，一拖四油泵站供压，压力传感器控压。

(3) 传力柱。传立柱采用三根直径160mm的实心钢柱、组装成55cm高的钢构件，共计5节，采用法兰连接组装成整体式传力结构，总高度275cm。

(4) 反力装置。在洞顶预埋上顶板，利用液压千斤顶、传力设备将反力均匀施加于洞顶上顶板，形成稳定的反力系统。

(5) 沉降观测装置。采用4支PDS-JY位移传感器进行沉降量测量，考虑到试验中的其他因素，增加配备4个数显百分表作为沉降量辅助测量。

(6) 数据自动采集系统。采用PDS-JY无线静载荷试验仪与电脑连接，可实现自动压力加载、卸载、实时采集沉降量及试验分析功能。

(7) 基础及顶板找平采用框式精密水平仪。

3.1.1.2 设备安装

参照图3.1-1进行原位力学试验设备安装，传力系统及安装次序与要求如下：

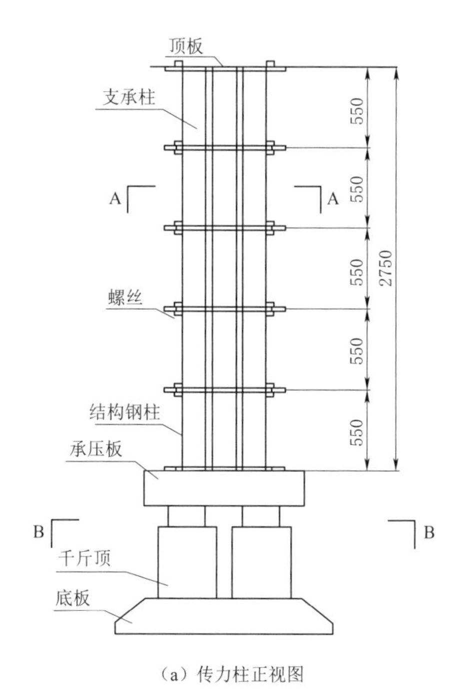

（a）传力柱正视图

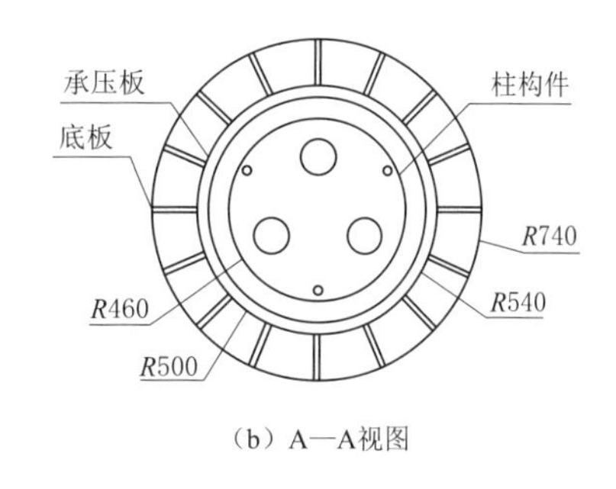

（b）A—A视图

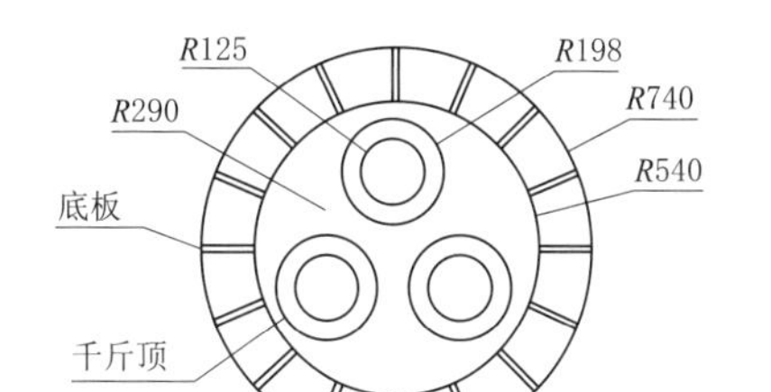

（c）B—B视图

技术要求：1. 顶板为20mm厚钢板。
2. 支承柱由550mm长柱构件通过法兰连接而成。
3. 底板和承压板由20mm厚钢板焊接而成。
4. 底板、承压板加工构件平整度为1mm。
5. 传力柱单一构件加工平整度为1mm，主柱定位偏差为1mm，组成整体构件后各钢柱同心度偏差不大于2mm，铅直度为2mm。

图 3.1-1　原位力学试验设备安装示意图（单位：mm）

（1）承载板安装前，对测定点区域表面进行平整，当表面起伏较大时，采用限制最大粒径的细颗粒料找平，对（碎）砾石土宜小于 2.5cm，采用框式精密水平仪找平。

（2）安装下承压板。安装下承压板前整平试样表面，铺 10mm 厚中砂垫层，并用水平尺找平，承压板与试验面平整接触。

（3）安装千斤顶、传力柱和垫板。其中心与承压板中心一致，将反力施加于洞顶钢板中心位置，整个系统应安装稳固、牢靠。

（4）安装沉降观测装置。将压力传感器与千斤顶的油泵连接、4 支位移传感器与仪器连接，对称设置沉降观测点，载荷试验设 4 个沉降观测点。在观测点同位置同时安装磁性基座，在磁性基座上安装数显式百分表进行人工采集位移变形量。

（5）仪器调试。仪器安装就位后调整初始值读数，以消除设备自身重力，并记录初始读数。

（6）试验前对试验洞及测试装置、立柱架用钢丝绳等进行安全防护。

3.1.2 试验方法

依据《水电水利工程粗粒土试验规程》(DL/T 5356—2006),通过洞内加载的方式,创新了大型原位力学试验方法。由于试验依托的茨哈峡面板砂砾石坝最大坝高为257.5m,设计加载量为5.0MPa,原位试验的最大加载量为6.0MPa,制作反力架的成本高,安全性难以保证。因此,采用深埋隧洞顶部提供加载反力的方式较为合理。可在隧洞底部按现场实际施工要求铺设试验坝料,并按实际施工要求进行碾压,形成与施工现场一模一样的填筑坝体,填筑体的厚度可根据隧洞高度情况调整,但至少保证有5层的填筑厚度,随后可在填筑体上布设实验装置,利用洞顶提供反力进行原位试验。

对依托的茨哈峡工程,按照载荷试验设计的加载量要求,经对国内市场调研,确定了载荷试验设备、沉降观测采集系统等设备配置方案,经过多次验算及研究,设计并加工了传力设备、承压板等设备和构件。

(1)根据300m级土石坝的荷载,设计加载量为5.0MPa。按照相应规程要求,试验选定的最大加载量为设计荷载的1.2倍,即6.0MPa。承压板面积为1.7192m^2,计算最大加载量为10315.5kN。荷载分9级,采用逐级等量加载,分级荷载为最大加载量的1/10,其中第一级取分级荷载的2倍;卸载分5级进行,每级卸载量取加载时分级荷载的2倍。静载试验加载、卸载量见表3.1-1。

表3.1-1 静载试验加载、卸载量

最大加载量/kN	第一级加载量/kN	以后每级加载量/kN	每级卸载量/kN
10315.5	2063.1	1031.55	2063.1

(2)洞内载荷试验沉降量观测。每级荷载下观测沉降量的时间间隔按10min、10min、10min、15min、15min,以后每隔30~60min观测一次,直到间隔1h的沉降量不大于0.1mm为止。稳定标准:采用相对稳定法,即每施加一级荷载,待沉降速率达到相对稳定后再加下一级荷载,当出现较大沉降量时可减少荷载增量。

(3)试验终止标准:①在本级荷载下,沉降量急剧增加,承压板周边的土层出现明显侧向挤出、裂缝或隆起;②在本级荷载下,持续2h沉降速率加速发展;③总沉降量超过承压板直径(或边长)的1/10;④当设备出力达不到极限荷载时,试验最大荷载应达到设计荷载的2倍。

(4)卸载试验。当需要卸载观测回弹时,每级卸载量可为加载增量的2倍,如为奇数,第一级为3倍,每级荷载稳定1h,每隔15min读数一次,荷载完全卸除后,每隔15min读数一次,荷载安全卸除后继续观测3h。

(5)试验点描述。试验完成后,及时拆除设备,对试验点进行描述,包括表面破碎情况、土体下沉后有无裂缝等。需要时对试验前后的碾压体取样进行密度、含水率、颗粒分析试验。

(6)计算和制图。对原始数据进行检查校对后,整理出荷载与沉降量、时间与沉降量关系曲线和汇总表。绘制$p-s$曲线,其比例尺一般按最终荷载与所对应的最大沉降量在图幅上之比,以0.9:1.0~1.0:1.2为宜。p坐标单位为kPa,s坐标单位为mm。按下式计算变形模量：

$$E_0=0.79(1-\mu^2)d\ \frac{p}{s} \tag{3-1}$$

式中：E_0 为试验土层的变形模量，kPa；p 为施加的压力，kPa；s 为对应于施加压力的沉降量，mm；d 为承压板的直径，cm；μ 为泊松比，取 0.25 进行计算。

（7）筛分试验。载荷试验完成后，卸掉所有试验装置，将载荷板下的试样挖坑取出，风干后进行筛分试验，计算试验后的级配变化。

3.1.3　试验方案

依托茨哈峡特高面板砂砾石坝工程，进行筑坝料的载荷试验。试验选择在专门开挖的试验洞内进行，主要实验内容如下：按照碾压试验选定的碾压工艺参数，分层填筑到距洞顶 3.7m 左右，进行上游堆石区砂砾石中级配、下游堆石区开挖料的载荷试验（开挖料板岩含量不大于 30%）；载荷试验前后进行试验料的颗粒级配试验，检测两种料在受荷后的颗粒破碎率；干密度检测在填筑到顶部前的上下两层载荷试验区外进行，载荷试验后，在载荷试验点部位检测加载后的干密度及颗粒级配。实验方案如下。

（1）试验洞修整。对开挖好的试验洞进行修整，包括基础、顶板和侧壁，使其顶板及地面尽量平整。在修整好的试验洞基础岩石面试验点区域内预埋标点，用于监测基础在载荷试验后的沉降变形情况。以上工作完成后再进行基础找平处理，对于坑洼处薄层铺筑与试验用料相同的找平料，进行碾压找平。在试验点区 4m^2 范围内的洞顶布设直径为 28mm 的钢筋作为加强锚筋，间距 75cm×75cm，利用洞内支护预留锚杆，在顶部预埋 1.1m×1.1m、厚度 20mm 的水平钢板，在钢板和洞顶之间浇筑 C50 干硬性高强混凝土，洞壁两侧布置锚杆用于载荷设备固定和安全防护。

（2）试验用料选择。根据《黄河茨哈峡水电站面板坝堆石料洞内载荷试验基本要求》，采用吉浪滩砂砾石料场的中级配砂砾石料和试验洞开挖的堆石料作为载荷试验用料。试验用砂砾石料为吉浪滩料场 tc4 取样点的中级配砂砾石料，堆石料采用班多试验洞开挖渣料，板岩含量小于 30%。试验料级配与设计原型平均级配一致，试验料级配见图 3.1-2。

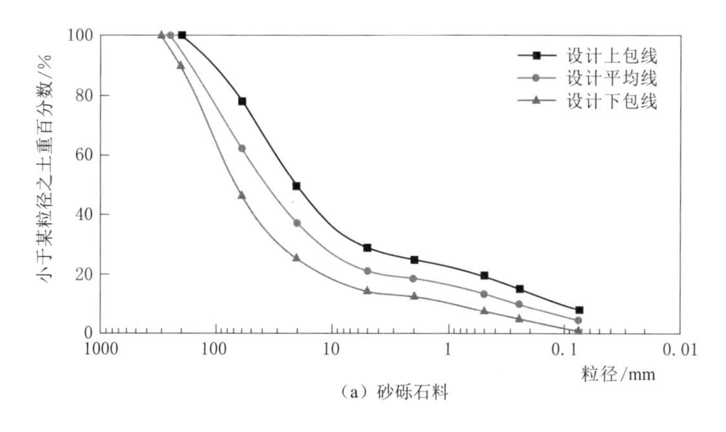

(a) 砂砾石料

图 3.1-2（一）　试验料设计颗粒级配线

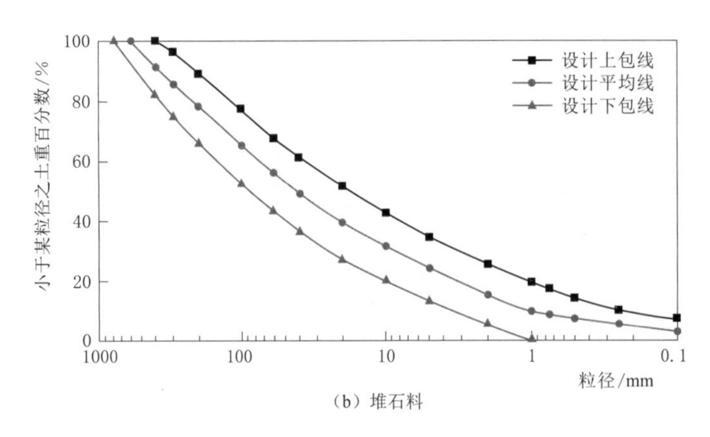

(b) 堆石料

图 3.1-2（二） 试验料设计颗粒级配线

根据现场碾压试验成果选取载荷试验的碾压参数：砂砾石料碾压试验参数为单层铺料厚度 85cm、洒水 10%、32t 自行式振动碾碾压 12 遍；堆石料采用班多试验洞开挖渣料，板岩含量小于 30%，试验参数为单层铺料厚度 85cm、洒水 10%、32t 自行式振动碾碾压 10 遍。按照设计和试验洞尺寸（长 13m、宽 6m、高 8m），振动碾高度、宽度，承压板影响范围及深度等因素，确定试验料层厚度为 4m，分 5 层填筑，按照选定的碾压参数进行试验料填筑。

3.1.4 试验成果

3.1.4.1 砂砾石料

（1）试验料载荷试验前的密度及颗粒分析试验成果：试验采用选定砂砾石料场的砂砾石筑坝料，载荷试验前在载荷试验影响区外现场进行了碾压体最后两层密度、颗粒级配试验，密度试验成果见表 3.1-2，颗粒级配试验成果见表 3.1-3 和图 3.1-3。从试验成果看，载荷试验洞内砂砾石料，按照碾压试验确定的工艺参数，分 5 层碾压后实测相对密度结果与现场碾压试验结果基本一致。

（2）载荷试验料饱和。砂砾石料分五层填筑碾压，现场铺筑碾压完成后，进行碾压体饱和，采用由底部埋设的花管，自底部向上部加水饱和，保证饱和水位与顶部填筑料齐平，在饱和不少于 24h 后进行试验。

（3）载荷试验成果。载荷试验施压完成后，在载荷试验原位进行颗粒分析、密度试验，详见表 3.1-4、图 3.1-4、表 3.1-5。

表 3.1-2 试验洞内选定参数碾压后密度试验成果

试验点	湿密度 /(g/cm³)	含水率 /%	干密度 /(g/cm³)	砾石含量 P_5/%	<5mm 颗粒含量/%	相对密度 D_r	最大粒径 /mm
4-1	2.46	4.05	2.36	78.5	21.5	0.94	270
4-2	2.46	3.80	2.37	79.0	21.0	0.96	260
5-1	2.46	4.43	2.36	77.2	22.8	0.96	230
5-2	2.43	3.38	2.35	75.6	24.4	0.95	220

表 3.1-3　　载荷试验施压前砂砾石料检测颗粒级配表

试样编号	小于某粒径之土重百分数/%														砾石含量 P_5 /%	最大粒径 /mm	曲率系数 C_c	不均匀系数 C_u
	300mm	200mm	100mm	80mm	60mm	40mm	20mm	10mm	5mm	2mm	1mm	0.5mm	0.25mm	0.075mm				
设计上包线	100	100	87.0	83.0	78.0	68.0	49.0	37.0	29.0	24.0	22.0	19.0	16.0	8.0	71.0	200	8.4	277.3
设计平均线	100	97.0	78.0	72.0	63.0	53.0	38.0	29.0	21.0	17.0	16.0	14.0	11.0	5.0	79.0	300	11.4	265.0
设计下包线	100	89.0	63.0	55.0	47.0	36.0	25.0	18.0	13.0	12.0	9.0	7.0	5.0	2.0	87.0	300	7.5	77.5
试验点 4-1	100	96.0	80.5	75.6	67.8	58.1	41.7	30.3	21.5	16.9	14.1	11.2	8.1	3.7	78.5	270	6.2	113.5
试验点 4-2	100	95.2	79.4	73.6	66.0	56.2	40.3	29.4	21.0	15.6	13.0	10.2	7.6	3.5	79.0	260	4.9	97.9
试验点 5-1	100	96.8	81.7	76.7	69.6	59.6	42.9	30.9	22.8	17.9	15.1	12.4	9.2	4.9	77.2	230	7.0	136.7
试验点 5-2	100	97.4	83.4	78.4	71.2	61.5	45.1	33.3	24.4	19.6	16.7	13.5	9.8	5.6	75.6	220	6.2	132.1

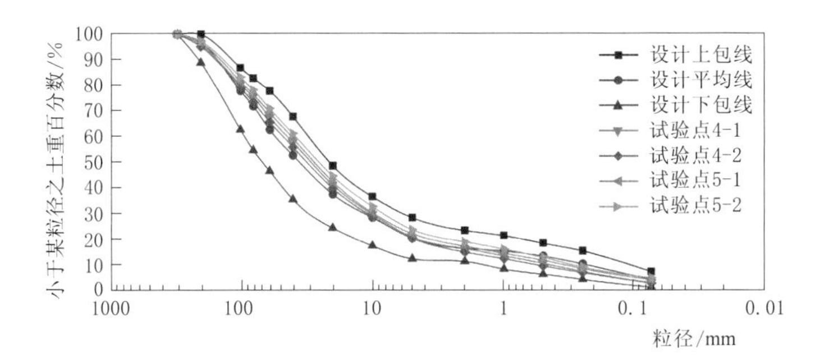

图 3.1-3　载荷试验施压前砂砾石料实测级配线

表 3.1-4　　载荷试验施压完成后砂砾石料实测颗粒级配成果

试样编号	小于某粒径之土重百分数/%														砾石含量 P_5 /%	最大粒径 /mm	曲率系数 C_c	不均匀系数 C_u
	300mm	200mm	100mm	80mm	60mm	40mm	20mm	10mm	5mm	2mm	1mm	0.5mm	0.25mm	0.075mm				
上包线	100	100	87.0	83.0	78.0	68.0	49.0	37.0	29.0	24.0	22.0	19.0	16.0	8.0	71.0	200	8.4	277.3
平均线	100	97.0	78.0	72.0	63.0	53.0	38.0	29.0	21.0	17.0	16.0	14.0	11.0	5.0	79.0	300	11.4	265.0
下包线	100	89.0	63.0	55.0	47.0	36.0	25.0	18.0	13.0	12.0	9.0	7.0	5.0	2.0	87.0	300	7.5	77.5
试验点 5-1	100	96.8	81.7	76.7	69.6	59.6	42.9	30.9	22.8	17.9	15.1	12.4	9.2	4.9	77.2	230	7.0	136.7
试验点 5-2	100	97.4	83.4	78.4	71.2	61.5	45.1	33.3	24.4	19.6	16.7	13.5	9.8	5.6	75.6	220	6.2	132.1
施压后 3B-1		100	84.3	81.7	76.0	64.7	45.9	33.2	25.5	22.2	19.4	14.8	10.6	6.0	74.5	200	9.4	170.0
施压后 3B-2	100	97.7	88.4	82.9	77.3	66.1	47.4	34.4	26.7	22.1	16.2	13.6	9.8	5.2	73.3	240	7.2	140.9

(4) 载荷试验成果分析。变形模量按照 $E_0=0.79(1-\mu^2)d\cdot p/s$ 计算，μ 取 0.25；压缩模量 $E_s=E_0/\beta$，当 μ 取 0.25 时，β 为 0.833。试验成果见表 3.1-6、表 3.1-7 及图 3.1-5、图 3.1-6。3B-1 点在试验过程中，试验加载到 4.2MPa 时出现局部裂缝，单个裂缝最长约 50cm、裂缝总长约 1.8m，宽度最大约 2mm；加载到 5.4MPa 时裂缝宽度及

长度增加、出现微小鼓包，裂缝宽度约4mm，总长约3.2m；后续随着加载量增加，裂缝再无明显发展。3B－2点在试验过程中，试验加载到4.8MPa时出现局部细小裂缝，单个裂缝最长32cm，裂缝总长约1.3m，宽度1mm；继续加载，裂缝再无明显发展。

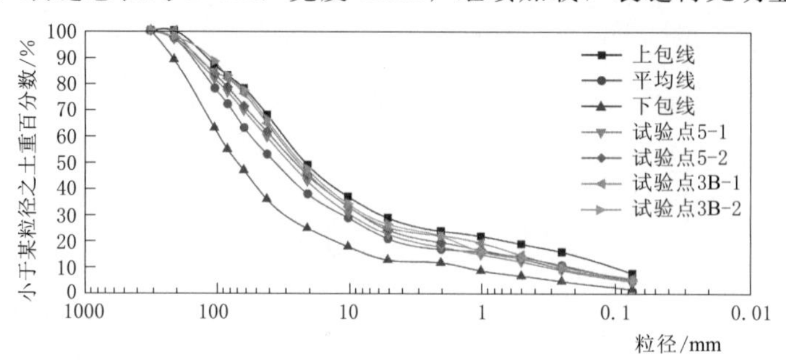

图3.1－4　载荷试验施压后砂砾石料检测级配线图

表3.1－5　3B料载荷试验施压后原位密度检测成果（p＝6000kPa）

试验点编号	湿密度/(g/cm^3)	含水率/%	干密度/(g/cm^3)	试验料级配特征			累计沉降量/mm	变形模量/MPa	压缩模量/MPa
				D_{max}/mm	曲率系数C_c	不均匀系数C_u			
3B－1	2.47	4.42	2.37	200	9.4	170.0	56.43	116.5	139.9
3B－2	2.46	4.22	2.36	240	7.2	140.9	32.06	205.1	246.2

注　洒水10%、铺料厚度85cm、32t碾压12遍、铺填5层；载荷试验承压板为圆形；计算时泊松比取0.25。变形模量、压缩模量为无侧限计算值。

表3.1－6　3B－1静载试验自动记录成果

序号	荷载p/kPa	沉降量/mm		$\frac{s}{b}$	回弹量/mm	变形模量E_0/MPa
		本级	累计			
0	0	0	0			
1	1200	3.29	3.29	0.002		399.7
2	1800	3.28	6.57	0.004		300.2
3	2400	4.04	10.61	0.007		247.9
4	3000	4.59	15.20	0.010		216.3
5	3600	5.03	20.23	0.014		195.0
6	4200	6.25	26.48	0.018		173.8
7	4800	7.4	33.88	0.023		155.2
8	5400	9.5	43.38	0.029		136.4
9	6000	13.05	56.43	0.038	0	116.5
10	4800	−0.13	56.30		0.13	
11	3600	−0.34	55.96		0.47	
12	2400	−0.82	55.14		1.29	
13	1200	−1.67	53.47		2.96	
14	0	−8.4	45.07		11.36	

注　最大沉降量为56.43mm，最大回弹量为11.36mm，回弹率为20.13%；s为沉降量，b为载荷板直径。

表3.1-7　　3B-2静载试验自动记录成果

序号	荷载 p /kPa	沉降量/mm		$\frac{s}{b}$	回弹量 /mm	变形模量 E_0/MPa
		本级	累计			
0	0	0	0			
1	1200	3.56	3.56	0.002		369.4
2	1800	2.2	5.76	0.004		342.4
3	2400	2.57	8.33	0.006		315.7
4	3000	2.82	11.15	0.008		294.8
5	3600	2.99	14.14	0.010		279.0
6	4200	3.55	17.69	0.012		260.2
7	4800	4.03	21.72	0.015		242.2
8	5400	4.76	26.48	0.018		223.5
9	6000	5.58	32.06	0.022	0.0	205.1
10	4800	−0.17	31.89		0.10	
11	3600	−0.37	31.52		0.36	
12	2400	−0.88	30.64		0.97	
13	1200	−1.12	29.52		1.74	
14	0	−6.66	22.86		9.20	

注　最大沉降量为32.06mm，最大回弹量为9.20mm，回弹率为28.7%；s为沉降量，b为载荷板直径。

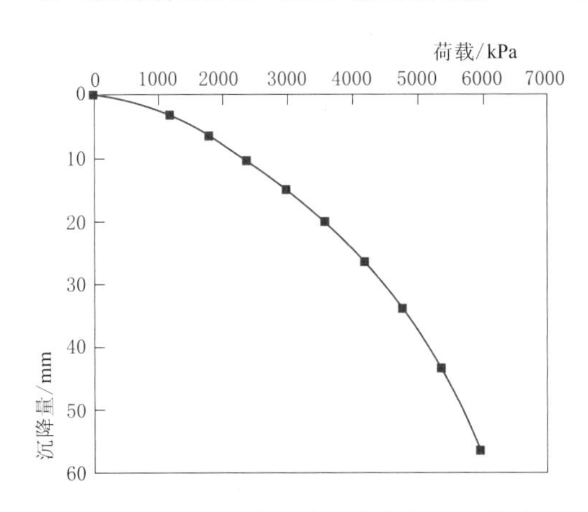

图3.1-5　3B-1点载荷试验荷载与沉降量关系图

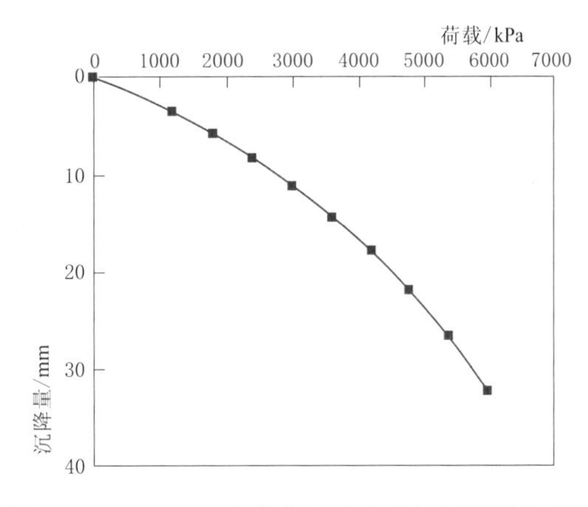

图3.1-6　3B-2点载荷试验荷载与沉降量关系图

3.1.4.2　堆石料

堆石采用试验洞开挖的洞渣石料，碾压参数选择大型现场碾压试验确定的工艺参数，即32t自行式振动碾、铺料85cm、洒水10%、碾压10遍，分5层逐层碾压至要求高度。

（1）碾压体载荷试验施压前密度及颗粒分析试验成果：载荷试验施压前现场在第4层和第5层进行了碾压体密度、颗粒级配试验，试验成果见表3.1-8、表3.1-9、图3.1-7。

表 3.1-8　　试验洞内碾压前密度检测成果

试验点	检测项目					
	湿密度 /(g/cm³)	含水率 /%	干密度 /(g/cm³)	<5mm 颗粒含量/%	孔隙率 /%	最大粒径 /mm
4-1	2.39	3.61	2.31	11.2	15.4	320
4-2	2.39	3.92	2.30	10.4	15.8	350
5-1	2.36	2.89	2.29	10.2	16.1	240
5-2	2.39	4.13	2.30	11.5	15.8	390

表 3.1-9　　载荷试验施压前堆石料颗粒级配成果

试样编号	小于某粒径之土重百分数/%																		最大粒径 /mm	曲率系数 C_c	不均匀系数 C_u
	800mm	600mm	500mm	400mm	300mm	200mm	100mm	80mm	60mm	40mm	20mm	10mm	5mm	2mm	1mm	0.5mm	0.25mm	0.075mm			
上包线				100	96.0	89.0	77.0	72.0	68.0	62.0	52.0	43.0	35.0	25.0	19.0	14.0	10.0	7.0	400		
下包线	100	93.0	86.0	82.0	74.0	66.0	52.0	48.0	43.0	36.0	26.0	19.0	12.5	5.0	0.0	0.0	0.0	0.0	800		
3C-4-1				100	97.6	90.9	71.0	66.6	59.7	47.1	31.5	18.5	11.2	8.7	7.1	4.6	2.5	0.8	320	1.4	15.0
3C-4-2				100	95.4	85.2	65.5	60.3	51.7	43.2	29.1	16.9	10.4	6.7	4.7	3.3	1.9	0.5	350	1.1	15.8
3C-5-1					100	93.0	72.3	69.0	61.6	49.3	31.9	16.9	10.2	7.6	6.3	4.3	2.7	1.2	240	1.1	11.4
3C-5-2				100	97.0	88.8	74.5	69.8	62.1	49.2	32.5	19.0	11.5	8.1	5.9	4.4	2.9	1.6	390	1.4	15.1

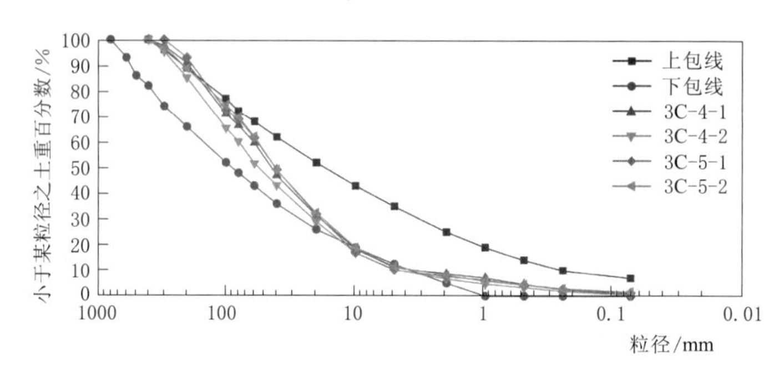

图 3.1-7　载荷试验施压前堆石料级配曲线

（2）载荷试验料饱和。堆石料分五层填筑碾压，现场按照碾压试验确定的工艺参数填筑碾压完成后，进行碾压体饱和，采用由底部埋设的花管，自底部向上部加水饱和，保证饱和水位与顶部填筑料齐平，在饱和不少于 24h 后进行试验。

（3）载荷试验成果。载荷试验施压完成后，在载荷试验原位进行颗粒分析试验及密度试验，试验成果详见表 3.1-10、图 3.1-8、表 3.1-11。

（4）载荷试验成果分析。变形模量按照 $E_0=0.79(1-\mu^2)dp/s$ 计算，μ 取 0.25。两个试验成果汇总分别见表 3.1-12、表 3.1-13、图 3.1-9、图 3.1-10。3C-1 试验点在加载 4.2MPa 的荷载时，在 3 号位移计处出现宽约 1.5mm、长约 50cm 的裂缝，有局部隆起，隆起高度约 1.0cm；4.2MPa 加载完成后在 4 号位移计、1 号位移计处均出现裂缝，4 号位移计周边出现长约 60cm、宽约 2mm 的裂缝；1 号位移计处裂缝长约 10cm，宽约

3mm。加载到6.0MPa时，4号位移计、3号位移计周边裂缝明显发展，裂缝长度总计2m，宽约4mm。3C-2试验点在加载3.6MPa的荷载时，在4号位移计周边出现宽约2mm、长约40cm的裂缝；加载到4.8MPa时，承载板周围裂缝基本呈延性，基本相连；加载到6.0MPa时，裂缝明显，宽度达到2～4mm。

表3.1-10　　载荷试验施压后堆石料实测颗粒级配

试样编号	小于某粒径之土重百分数/%																		最大粒径/mm	曲率系数 C_c	不均匀系数 C_u
	800mm	600mm	500mm	400mm	300mm	200mm	100mm	80mm	60mm	40mm	20mm	10mm	5mm	2mm	1mm	0.5mm	0.25mm	0.075mm			
设计上包线				100	96.0	89.0	77.0	72.0	68.0	62.0	52.0	43.0	35.0	25.0	19.0	14.0	10.0	7.0			
设计下包线	100	93	86	82	74	66	52	48	43	36	26	19	12.5	5	0	0	0	0			
碾前3C-5-1					100	93.0	72.3	69.0	61.6	49.3	31.9	16.9	10.2	7.6	6.3	4.3	2.7	1.2	240	1.1	11.4
碾前3C-5-2				100	97.0	88.8	74.5	69.8	62.1	49.2	32.5	19.0	11.5	8.1	5.9	4.4	2.9	1.6	390	1.4	15.1
碾后3C-1			100	97.8	95.2	88.9	74.25	69.1	61.7	51.1	35.5	22.6	13.5	7.8	5.6	3.4	3.0	2.4	420	1.3	19.7
碾后3C-2				100	96.9	90.0	69.5	61.31	53.3	42.3	30.7	21.7	14.0	8.1	5.7	3.9	3.2	2.8	380	1.8	26.6

注　洞载试验碾压前后级配检测不在同一检测点，故碾压前后级配变化情况只能作为参考。

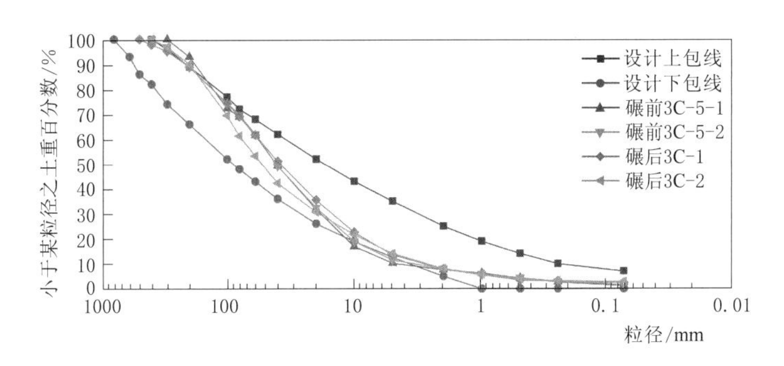

图3.1-8　载荷试验施压前后堆石料级配曲线

表3.1-11　　3C料载荷试验施压后原位密度检测成果（$p=6000$kPa）

试验编号	湿密度/(g/cm³)	含水率/%	干密度/(g/cm³)	试验料级配特征			累计沉降量/mm	变形模量/MPa	压缩模量/MPa
				D_{max}/mm	曲率系数 C_c	不均匀系数 C_u			
3C-1	2.45	4.55	2.34	420	1.3	19.7	70.36	93.4	112.1
3C-2	2.43	4.65	2.32	380	1.8	26.6	70.56	86.6	104.0

注　铺料厚度85cm、碾压10遍、铺填5层；载荷试验承压板为圆形；计算时泊松比取0.25；变形模量为无侧限计算值。

表 3.1-12　　3C-1 静载试验自动记录成果

序号	荷载/kPa	沉降量/mm		$\frac{s}{b}$	回弹量/mm	变形模量 E_0/MPa
		本级	累计			
0	0	0	0			
1	1200	3.57	3.57	0.002		368.3
2	1800	2.74	6.31	0.004		312.6
3	2400	4.04	10.35	0.007		254.1
4	3000	5.15	15.50	0.010		212.1
5	3600	6.68	22.18	0.015		177.9
6	4200	8.9	31.08	0.021		148.1
7	4800	10.5	41.58	0.028		126.5
8	5400	12.25	53.83	0.036		109.9
9	6000	16.53	70.36	0.048	0	93.4
10	4800	−0.26	70.10		0.26	
11	3600	−0.36	69.74		0.62	
12	2400	−0.74	69.00		1.36	
13	1200	−1.42	67.58		2.78	
14	0	−6.65	60.93		9.43	

注　最大沉降量为70.36mm，最大回弹量为9.43mm，回弹率为13.4%。

表 3.1-13　　3C-2 静载试验自动记录成果

序号	荷载/kPa	沉降量/mm		$\frac{s}{b}$	回弹量/mm	变形模量 E_0/MPa
		本级	累计			
0	0	0	0			
1	1200	2.56	2.56	0.002		513.6
2	1800	2.59	5.15	0.003		383.0
3	2400	4.02	9.17	0.006		286.8
4	3000	5.55	14.72	0.010		223.3
5	3600	7.96	22.68	0.015		173.9
6	4200	10.01	32.69	0.022		140.8
7	4800	13.03	45.72	0.031		115.0
8	5400	14.15	59.87	0.040		98.8
9	6000	16.09	75.96	0.051	0.00	86.6
10	4800	−0.1	75.86		0.10	
11	3600	−0.46	75.4		0.56	
12	2400	−0.71	74.69		1.27	
13	1200	−1.23	73.46		2.50	
14	0	−7.38	66.08		9.88	

注　最大沉降量为75.96mm，最大回弹量为9.88mm，回弹率为13.01%。

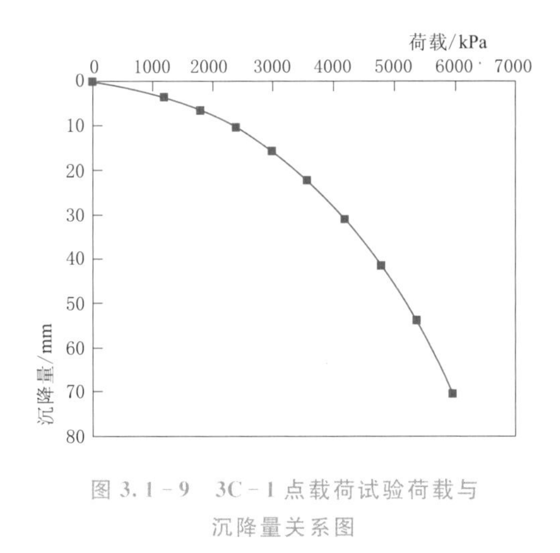

图 3.1-9　3C-1点载荷试验荷载与沉降量关系图

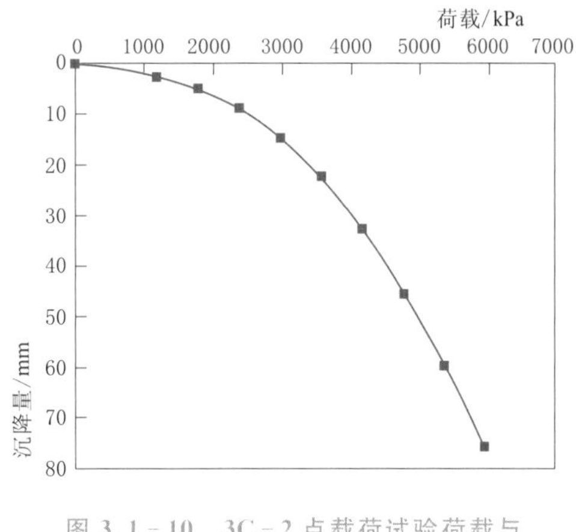

图 3.1-10　3C-2点载荷试验荷载与沉降量关系图

3.1.5　室内试验的尺寸效应

随着施工水平及碾压工艺的提高，筑坝料的最大粒径已经达到1200mm，而国内外常用的静三轴试验设备的最大允许粒径通常仅为60mm。利用现有的大型室内试验仪器无法满足对原型级配筑坝料的力学试验，室内试验用料的最大粒径受到限制，需要对超过试验容许最大粒径的筑坝料进行必要的缩尺处理。通过对缩尺后试验用料即替代料的试验来确定实际级配材料的力学性质，替代级配料力学性质与原级配料力学性质之间的差异即一般所指的尺寸效应。

根据筑坝现场大型载荷试验条件，建立有限元模型（图3.1-11），共划分计算单元7680个，计算节点9097个。堆石体分五层填筑，以模拟堆石的初始填筑应力状态。载荷试验选定的最大加载量为6.0MPa，荷载按等量分级施加，加载分九级进行，采用逐级等量加载，分级荷载为最大加载量的1/10，其中第一级取分级荷载的2倍，参见表3.1-1。表3.1-14为试验采用的筑坝砂砾石料 $E-B$ 模型反演修正参数，图3.1-12和图3.1-

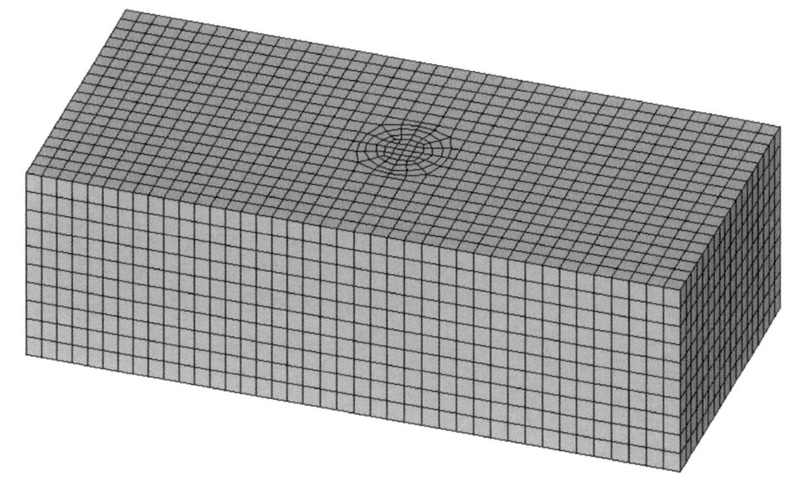

图 3.1-11　载荷试验有限元模型

13分别为3B-1和3B-2上游堆石料实测荷载-沉降量曲线与反演计算曲线。

表3.1-14　筑坝砂砾石料 $E-B$ 模型反演修正参数

试验编号		干密度/(g/cm³)	φ_0/(°)	$\Delta\varphi$/(°)	K	n	K_b	m	R_f
上游砂砾石区	3B-1	2.36	54.3	8.1	1150	0.35	626	0.23	0.66
	3B-2				1559	0.32	989	0.19	0.66

注　φ_0—初始内摩擦角；$\Delta\varphi$—初始内摩擦角增量；K—坝料的弹性模量系数；n—坝料的模量随围压变化的指数；K_b—坝料的体积模量系数；m—坝料的体积模量随围压变化的指数；R_f—坝料的破坏比。

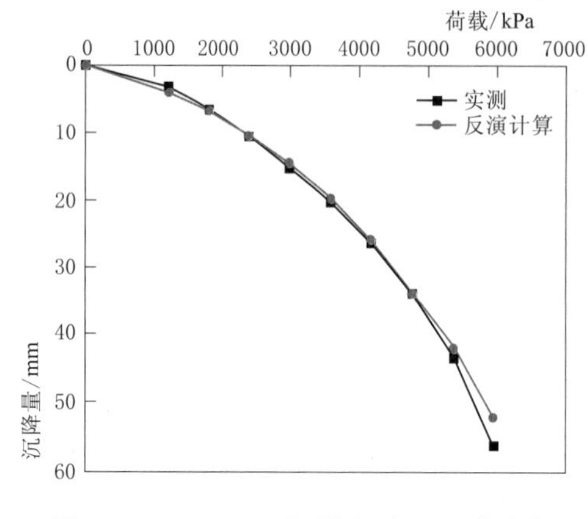

图3.1-12　3B-1坝料实测 $p-s$ 曲线与反演计算曲线

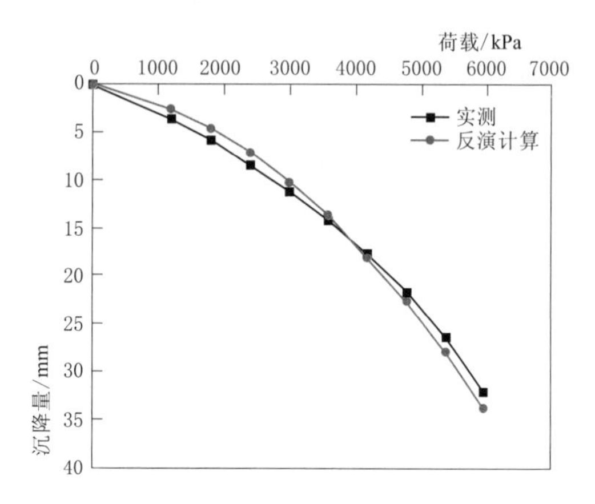

图3.1-13　3B-2坝料实测 $p-s$ 曲线与反演计算曲线

对于堆石材料力学特性的试验研究主要依靠室内大型三轴剪切试验。对现场载荷试验进行数值模拟，通过反演计算可得到修正的 $E-B$ 模型参数，将反演计算所得参数与三轴试验所得参数进行对比，并由此分析研究试样尺寸对堆石料力学特性的影响。筑坝砂砾石料室内大型三轴剪切试验 $E-B$ 模型参数见表3.1-15，与表3.1-14对比可得，室内试验试样尺寸小于现场载荷试验，小粒径堆石料的初始切线模量及切线体积模量均大于原级配料，从而可知试样尺寸的增加会带来初始切线模量及切线体积模量的下降。这是由于模拟级配料的颗粒较小，而原级配的颗粒较大，颗粒可能破碎而造成原级配模量的降低。

表3.1-15　筑坝砂砾石料室内大型三轴剪切试验 $E-B$ 模型参数

坝料	试样尺寸	K	n	K_b	m
上游砂砾石料	室内试验	1808.7	0.39	1503.9	0.21

3.2　数值剪切试验

3.2.1　单颗粒破碎数值试验

本章堆石料细观数值试验中，拟对缩尺方法以及试样密度控制标准展开研究，重点研究颗粒强度的尺寸效应以及试样的尺寸对堆石料力学特性的影响，分析缩尺后堆石料力学特性的变化规律。首先分析颗粒形状对堆石单颗粒破碎强度的影响，根据两种堆石料扫描颗粒重构得到的400个颗粒生成粒径大小均为60mm的数值剪切试验的试样，简称“数值试样”，采用连续离散耦合分析方法进行数值计算，采用黏聚力模型模拟颗粒的破碎，研究颗粒形状对堆石单颗粒破碎强度的影响。基于颗粒形状对堆石单颗粒破碎强度影响的分析结果，研究颗粒形状对单颗粒破碎模式的影响。

合理构建数值试样对于数值计算结果的准确性非常重要。根据前述分析，颗粒的整体形状和粒径大小已经确定。此外，一个非常关键的因素是数值试样的网格大小：网格太大会导致计算结果误差较大，网格太小又会大大增加计算成本。数值试样实体单元采用二阶四面体单元，经过反复试算，最终采用0.075mm的实体单元网格边长进行计算。

颗粒的小尖角破碎会对数值计算产生一定的影响，即颗粒的初始状态对于颗粒破碎试验的结果存在影响。为了能够更加真实地模拟物理试验的颗粒初始状态，消除颗粒初始不稳定状态的影响，在模拟单颗粒压缩试验时，将初始状态生成的颗粒上移至距下加载板一定距离，在重力状态下让颗粒自由下落一定时间，保证颗粒在下载板上处于稳定状态，如图3.2-1所示为颗粒稳定过程。这种处理方式可以极大程度地减小初始状态颗粒小尖角与加载板接触的概率。颗粒加载示意图如图3.2-2所示。

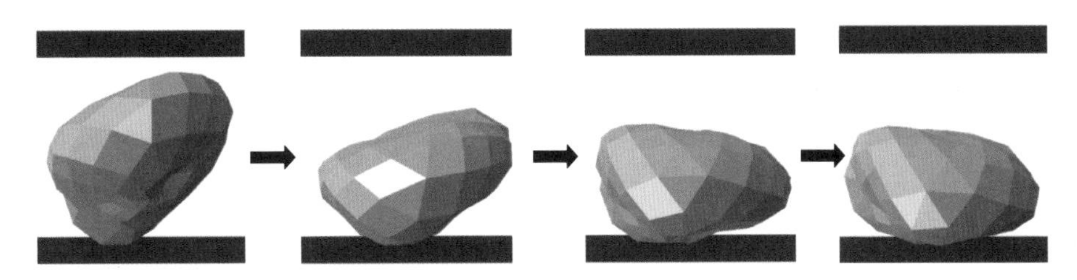

图3.2-1 颗粒稳定过程示意图

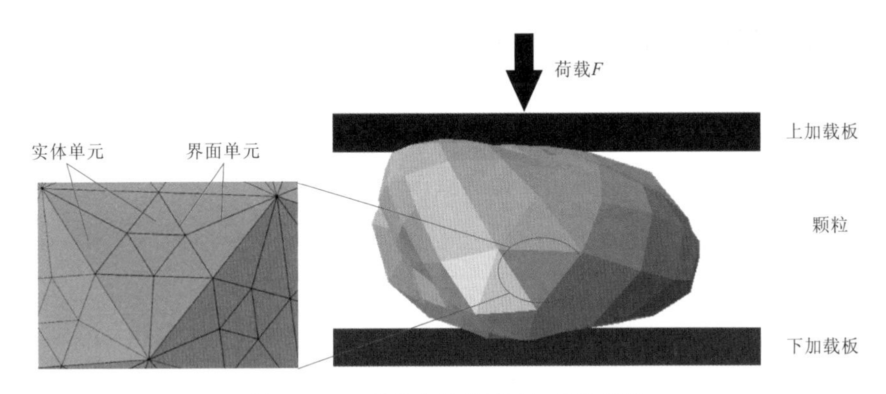

图3.2-2 单颗粒数值试验加载示意图

本节直接采用已有的数值细观参数进行数值计算。数值试验中需要用到的细观参数包括实体单元参数、界面单元参数和接触参数。实体单元参数为：颗粒密度ρ，弹性模量E，泊松比υ，抗压强度取值480MPa；界面单元参数为：黏聚力c，内摩擦角φ，抗拉强度f_t，法向刚度k_n^c，切向刚度k_s^c，抗拉强度与抗压强度的比值f_t/f_c；接触参数为：颗粒及加载板的摩擦系数 μ_1、μ_2。黏聚力采用式（3.2-1）计算。参数取值（表 3.2-1）参考周海娟等（2017）的颗粒破碎数值试验。

$$c=f_c(1-\sin\varphi)/2\cos\varphi \tag{3.2-1}$$

表 3.2-1　数值试验材料参数

参数类别	参数名称	参数符号	参数值
实体单元参数	颗粒密度	ρ	2700kg/m^3
	弹性模量	E	100GPa
	泊松比	υ	0.2
界面单元参数	法向刚度	k_n^c	3.0×10^{13}N/m^3
	切向刚度	k_s^c	1.25×10^{13}N/m^3
	黏聚力	c	87.35MPa
	内摩擦角	φ	50°
	抗拉强度与抗压强度的比值	f_t/f_c	0.1
接触参数	颗粒的摩擦系数	μ_1	0.5
	加载板的摩擦系数	μ_2	0.1

为了探究颗粒形状对破碎强度的影响，采用数值试验模拟单颗粒压缩的物理过程，颗粒的典型破碎过程如图 3.2-3（a）所示，从图中可以看出，颗粒从初始受压到逐渐破碎的过程中，裂纹逐渐扩展直到完全破碎。

颗粒的荷载-位移曲线如图 3.2-3（b）所示，由于不同颗粒的形态各不相同，导致

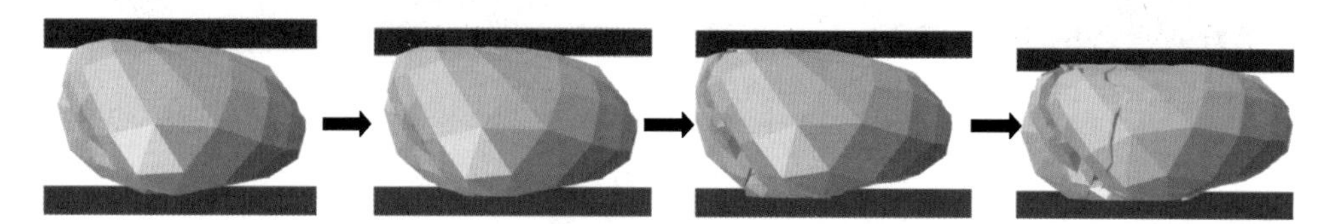

（a）颗粒的典型破碎过程

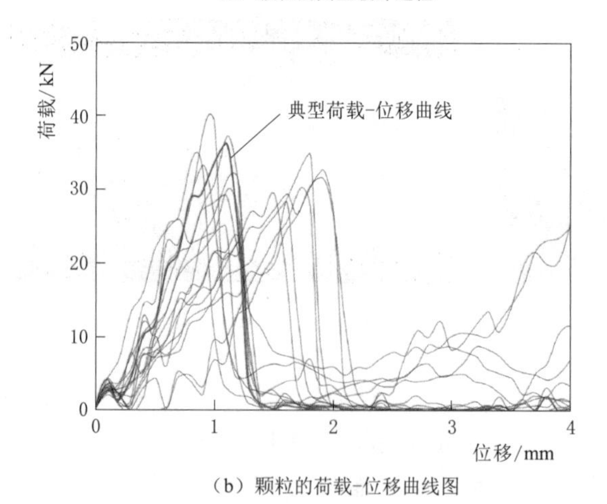

（b）颗粒的荷载-位移曲线图

图 3.2-3　颗粒破碎过程及荷载-位移曲线图

不同颗粒的荷载-位移曲线也不相同。从图中可以看出，在加载初期，荷载-位移曲线迅速上升，变形主要发生在颗粒和加载板接触处；在达到峰值前后，出现贯穿颗粒的大裂纹，随后荷载急剧减小，荷载-位移曲线呈不同程度的波动式下降，直至加载结束。数值试验的荷载-位移曲线反映出的规律与物理试验结果相同，证明了数值模拟方法的可靠性。

根据单颗粒破碎数值试验结果，在颗粒粒径、材料参数、加载速率、网格大小均相同的条件下，不同试样的荷载-位移曲线和破碎强度也不相同，原因在于不同试样的形状各不相同。然而本研究中选取的形状参数不唯一，为了分析出对颗粒破碎影响最大的形状参数，选取合适的分析方法至关重要。

最简单直接的方法是分析每种形状参数和破碎强度的相关性，通过对比，选取相关性系数绝对值最大的形状参数作为最能影响颗粒破碎的因素。然而，考虑到这种研究方法的研究变量太过单一，忽略了其他形状参数之间的相互影响，为了综合分析各个形状特征对颗粒破碎影响的权重，本节采用机器学习中 Xgboost（EXtreme Gradient Boosting，极端梯度提升）算法进行综合分析，并用 SHAP 模型对 Xgboost 算法分析结果进行描述解释。

Chen et al.（2016）首次提出 Xgboost 算法模型，该算法基于 GBDT（Gradient Boosting Decision Tree，梯度提升决策树），是一套提升树可扩展的机器学习系统。Xgboost 模型具有不可解释性，为此，Lundberg 于 2017 年提出了一种方法来解释多种模型，其中就包括 Xgboost 模型。SHAP 值（Shapley additive exPlanations）是一种基于博弈论的方法，该方法假设整个模型预测为一场比赛，特征则为参加比赛的运动员。每个特征的 SHAP 值表示该特征对所有可能出现的情况的平均边界效应，即对最终预测值的正负效应。Lundberg 采用 SHAP 值对 Xgboost 模型进行解释，因此这种方法被称为 SHAP 模型。该模型的优点在于，对于不同的样本，能够综合分析不同特征对样本的影响，每个特征均对最终的预测值产生影响，并且可以分析出不同特征的影响强弱程度。SHAP 值服从下式：

$$y_i = y_{base} + f(x_{i,1}) + f(x_{i,2}) + \cdots + f(x_{i,k}) \tag{3.2-2}$$

式中：x_i 为第 i 个样本；y_i 为其预测值；y_{base} 表示模型基础值；$f(x_{i,j})$ 为 $x_{i,j}$ 的 SHAP 值。

SHAP 值的范围越大，说明随着该特征值的变化，预测结果的差异性越大，即代表该特征的重要性越大。SHAP 值的正负代表该特征对预测结果作用的正负性，SHAP 值的绝对值则表示该特征值对预测结果影响的大小。

本节基于 SHAP 模型，分析不同形状参数对破碎强度的影响程度，结果如图 3.2-4 所示，从图中可以看出，在不同的形状参数中，球度对颗粒破碎强度影响最大，其余的依次是凸度、扁平率、Domokos 因子、伸长率。这一结论也从侧面证实了前面章节中颗粒球度对颗粒破碎强度的影响。此外，对数值试验结果进行 Weibull 拟合，两种堆石料的拟合结果如图 3.2-5 所示，也进一步验证了颗粒形状越不规则，Weibull 模数越小的结论。

接下来探究颗粒形状对破碎模式的影响。颗粒球度和尺寸对颗粒的破碎模式均有明显的影响。考虑到本节的数值试样计算量过大，从颗粒库中 400 个颗粒中根据计算得出的球度参数选取 4 个球度区分明显的颗粒。实际扫描颗粒的形状参数有一定的相关性，很难保证球度有区分度而其他形状参数保持相同，因此在选取的时候尽量保证球度不同而其他形状参数接近，最终选取的试样信息见表 3.2-2，将其分别缩放成粒径为 10mm、20mm、

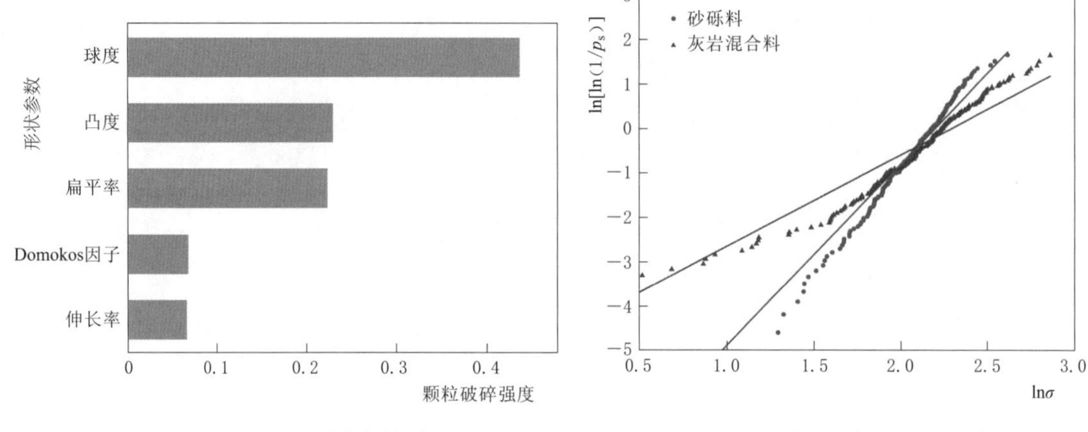

图 3.2-4 不同形状参数对颗粒破碎强度的影响

图 3.2-5 砂砾石料和灰岩混合料数值试验结果的 Weibull 拟合线

30mm、40mm 的数值试样。采用连续离散耦合分析方法进行数值计算，采用黏聚力模型模拟颗粒的破碎。

表 3.2-2 数值试样形状参数

试样	球度 ψ_{3D}	伸长率 EI	扁平率 FI	凸度 C_x
R1	0.76	0.50	0.60	0.94
R2	0.82	0.65	0.55	0.96
R3	0.89	0.64	0.70	0.98
R4	0.92	0.76	0.80	0.97

由于本节每组试样粒径大小不同，为了保证数值计算结果的合理性，需要确保不同粒径颗粒的单元网格大小相同。为了调试单元网格大小，以 10mm 粒径颗粒计算为基准，单元网格较大会增加 10mm 粒径的颗粒计算误差。根据体积预估，40mm 粒径颗粒的单元数量是 10mm 粒径颗粒的 60 多倍，单元网格较小会导致 40mm 粒径的颗粒计算成本大大增加。值得注意的是，随着单元数量的增加，插入界面的成本会极大地增加，10mm 粒径颗粒，插入界面的时间成本为 2h，40mm 粒径颗粒插入界面单元的时间成本约为 7d，这也是本节计算试样数较少的原因。经过反复试算，最终选取网格边长为 0.015mm。

粒径相同、形状不同的颗粒破碎模式对比如图 3.2-6 所示，图中颗粒由左向右球度增大，形状逐渐规则。由此可以看出，粒径相同、形状不同的颗粒，破碎初始位置、裂纹扩展方向、颗粒破裂块数也各不相同。形状越不规则，越容易发生边缘剥离小块的情况，且破碎情况也较为复杂；颗粒形状越规则，破碎初始位置较为稳定，颗粒破碎后的小块更加均匀，破碎情况更加稳定。

形状相同、粒径不同的颗粒破碎模式对比如图 3.2-7 所示，图中由左向右颗粒实际粒径逐渐增大，每组的颗粒形状相同，破碎位置不同导致直观感受的差异。可以看出，即使颗粒形状相同，随着粒径的变化，颗粒的破碎情况也不相同。对于形状不规则的颗粒，随着粒径的增加，颗粒破碎逐渐从中心破碎向边缘剥离破碎过渡；对于形状较为规则的颗粒，颗粒的破碎模式随着粒径的增加变化较小。

（a）一组

（b）二组

图 3.2－6　粒径相同、形状不同的颗粒破碎模式对比

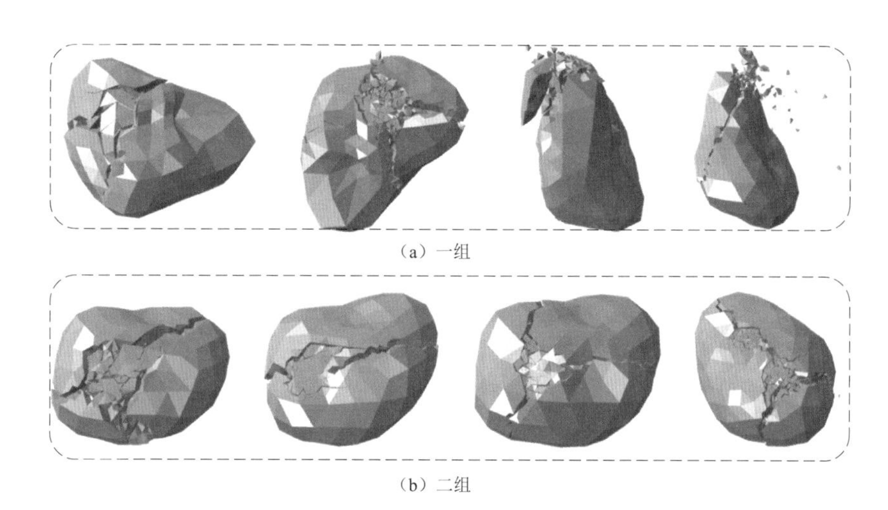

（a）一组

（b）二组

图 3.2－7　形状相同、粒径不同的颗粒破碎模式对比

基于上述分析，颗粒的形状和尺寸均会对颗粒破碎模式产生影响，不同形状不同粒径的颗粒在破碎初始位置、裂纹扩展方向、颗粒破裂块数等方面均存在差异，颗粒形状越不规则，粒径越大，颗粒破碎模式的差异越大。

采用计算机断层扫描技术（Computed tomography，CT）和连续离散耦合方法（finite discrete element method，FDEM）相结合来研究岩石颗粒的碎裂。在 FDEM 中引入黏聚力模型，提出一种三维断裂模型，显式地模拟堆石颗粒的破碎过程，主要原理为：采用二阶四面体单元离散颗粒内部，在颗粒内部有限单元之间插入无厚度界面单元，采用黏聚力模型描述裂纹萌生、扩展直至颗粒破碎。采用简单而不失精度的双线性黏聚力本构模型来描述裂纹发生后界面单元的力学性质；界面单元的破坏准则采用带拉伸截断的莫尔－库仑准则，分析了此起裂准则可能发生的三种断裂损伤形式，即拉应力断裂、剪应力断裂和拉剪复合断裂，并从能量角度分析断裂模式。

为了验证该颗粒破碎模型对不同颗粒形态的适用性，对三组具有不同形状特征的岩石颗粒［第一组为角状颗粒，记为“Q”（采石场）组，第二组为卵石颗粒，记为“B”（沙滩）组，第三组为完美的球形颗粒］进行轴向压缩。图 3.2-8 为三组颗粒单轴压缩的数据点和相应 Weibull 拟合曲线。柱状图显示了颗粒破碎强度的频率分布。除了在较低的强度范围，数据偏离 Weibull 最佳拟合线外，其余数据点很好地符合 Weibull 分布，验证了所采用的颗粒破碎模型的适用性，该颗粒破碎模拟方法可以有效地反映单颗粒的破碎特征。Weibull 模量和 37%特征强度对于 Q 组为 5.593MPa 和 2.028MPa，对于 B 组为 6.796MPa 和 2.787MPa，对于完美的球形颗粒分别为 12.156MPa 和 2.80MPa。Weibull 模量和 37%特征强度随颗粒形状特征的变化与试验观察结果一致。

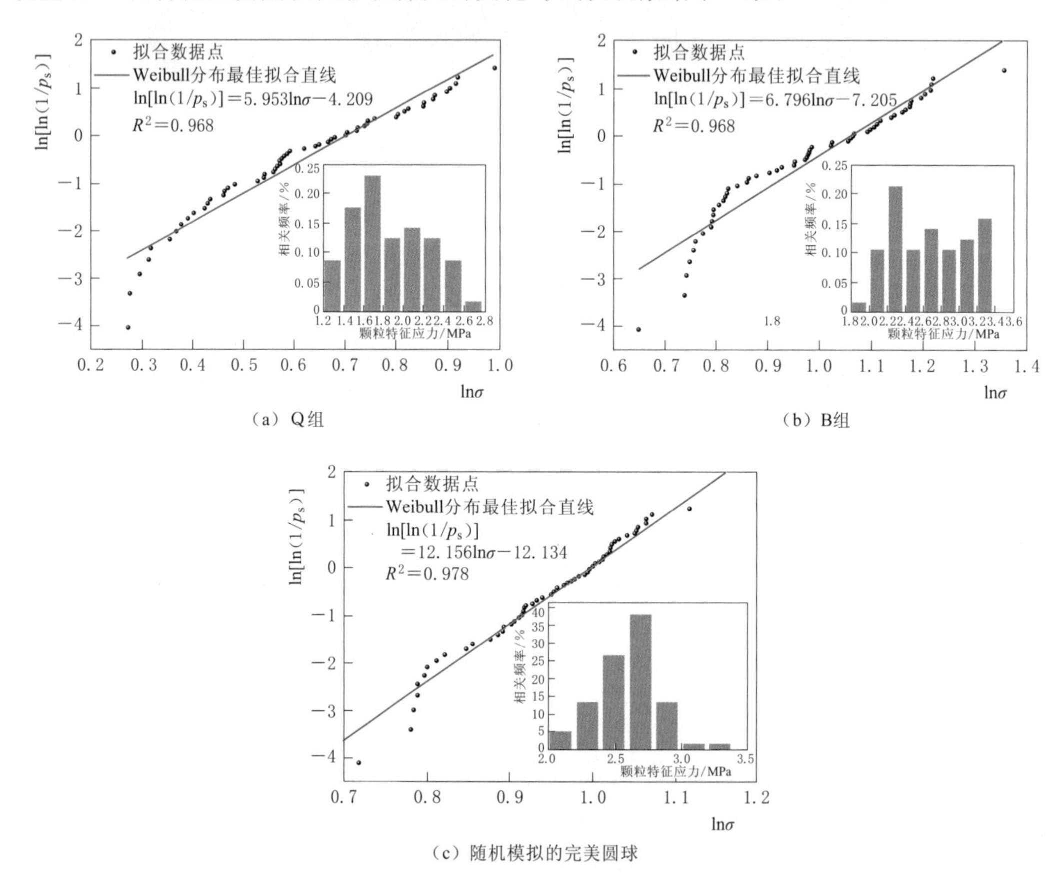

（a）Q组

（b）B组

（c）随机模拟的完美圆球

图 3.2-8　各组颗粒特征应力的 Weibull 分布图

通过颗粒开裂和开裂过程的研究，获得了不同形态岩石颗粒碎裂过程的统计信息。这些信息将加深对天然岩石颗粒开裂机制的理解。这些结果还可以扩展到一系列具有初始形态、固有微结构和长度尺度的准脆性岩土材料（如沙子、砾石和堆石等）的开裂行为。

3.2.2　颗粒形状的影响

颗粒集合体的破碎模拟有两个要求：一是尽可能真实地模拟颗粒的断裂、磨损等破碎模式；二是要使计算成本在可接受的范围内。本研究采用的方法是基于塑性损伤理论来等效模拟颗粒破碎的影响，这种隐式计算方法能够模拟颗粒的破碎过程，计算成本较低，适合规模较大的三维数值模拟。本节分别采用两种形状不同的颗粒集合体数值试样进行数值剪切试验，分析堆石颗粒形状对堆石集合体力学特性的影响。

对于颗粒集合体的数值试样研究，大多采用圆球或者凸多面体颗粒来填充数值试样，对颗粒形状影响的研究增加了难度，因此，选取合适的表征参数作为生成虚拟颗粒的控制指标非常关键。球谐振幅 $\|R_n(\theta,\varphi)\|$ 可以作为一个不变量，这个指标用来描述球谐函数中不同球谐频率的振幅，不受颗粒旋转和平移的影响。当球谐级数 n 取不同值时，代表颗粒不同尺度下的形态特征，n 越大，所描述的颗粒形状特征的尺度越小，对颗粒形态特征描述越精细。因此，选取球谐频率的振幅作为与颗粒平移和旋转无关的属性来描述颗粒的几何形状特征，也称为球谐转动不变量。

为了消除颗粒体积的影响，将所有球谐转动不变量作单位化处理，得到表征颗粒形态的球谐不变量 D_n：

$$D_n=\frac{R_n}{R_0}(n=2,3,\cdots,15) \tag{3.2-3}$$

式中：R_0 为颗粒的体积。

经过统计发现，球谐不变量与球谐级数之间存在分形分布的关系：

$$D_n \propto n^{-2H} \tag{3.2-4}$$

式中：H 为赫斯特系数。

分形维数 D_f 和赫斯特系数 H 的关系：

$$D_f=3-H=(6+\beta)/2 \tag{3.2-5}$$

式中：球谐不变量与球谐级数在双对数坐标系中呈线性关系，$\beta=-2H$ 是直线的斜率。

因此，球谐不变量 D_n 可以表示为

$$D_n=D_2\left(\frac{n}{2}\right)^{2D_f-6} \tag{3.2-6}$$

因此，颗粒的形态特征由球谐不变量 D_2 和分形维数 D_f 两个指标表征，随着 D_2 的增大，由表面光滑的规则颗粒向多棱角、狭长扁平的颗粒过渡。

颗粒多尺度形态特征的幅值是由球谐不变量决定，而非一系列球谐系数，且诸多学者均假设所有的球谐系数服从相同的均匀分布。基于以上假定，对于一个球谐级数 n 包含的 $2n+1$ 个球谐系数可表示为

$$c_n=\begin{pmatrix} c_n^{-n} \\ c_n^{-n+1} \\ \vdots \\ c_n^0 \\ \vdots \\ c_n^{n-1} \\ c_n^n \end{pmatrix}=\begin{pmatrix} (-1)^{-n}(a_n^{-n}+b_n^{-n}i)^* \\ (-1)^{-n+1}(a_n^{-n+1}+b_n^{-n+1}i)^* \\ \vdots \\ a_n^0 \\ \vdots \\ a_n^{n-1}+b_n^{n-1}i \\ a_n^n+b_n^n i \end{pmatrix} \tag{3.2-7}$$

式中：a_n^m、b_n^m 服从均匀分布；c_n 为球谐系数。

因此给定一组球谐不变量 D_2 和分形维数 D_f，根据式（3.2-7），即可计算出对于不同球谐级数的球谐不变量 D'_n，生成一系列满足条件的虚拟颗粒。图 3.2-9 展示了分形维数为 2.1 时，不同球谐不变量对应的不同颗粒形态。

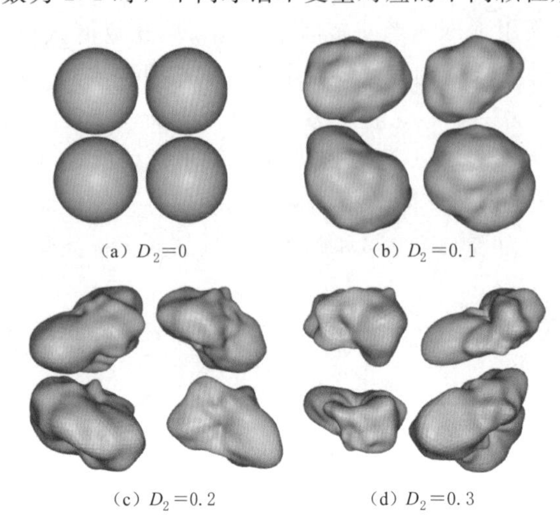

图 3.2-9　不同球谐不变量对应的不同颗粒形态

数值剪切试验模拟土力学中的常规三轴试验装置和加载过程。数值试样容器为圆筒，在数值试样中分为三部分：圆筒上部顶板和下部底板，均为刚性板，底部刚性板全约束，顶部刚性板对竖直方向位移以外的自由度全部约束。为了能够合理地模拟常规三轴试验，试样圆筒上、下板采用刚性单元，四周采用弹性橡胶膜单元包裹，试样上、下刚性板边缘与橡胶膜上下部进行胶结固定，在橡胶膜周围施加围压。通过控制顶部刚性板向下位移的方式进行加载。数值试验步骤和物理试验类似，先通过施加围压进行试样的固结，固结完成后通过控制顶部刚性板向下位移的方式进行加载，加载速率 0.0001mm/步，加载的最大轴向应变取为 40%。

设置 2 组试样来研究颗粒形状对堆石颗粒尺寸效应的影响。由于数值试样中颗粒数目较多，颗粒库中颗粒数量不足以建立数值试样，因此采用上述生成虚拟颗粒的方法建立数值试样，试样尺寸为 10cm×20cm。两组试样控制指标别选取 $D_f=2.1$、$D_2=0$ 和 $D_f=2.1$、$D_2=0.3$。

为重点研究颗粒形状对颗粒集合体力学特性的影响，材料参数选取常规堆石料的参数，级配曲线如图 3.2-10 所示，最终生成的数值试样如图 3.2-11 所示。每个数值试样围压设置为 0.5MPa 进行加载，材料参数见表 3.2-3，据此计算分析两种形状数值试样的宏观力学特性。

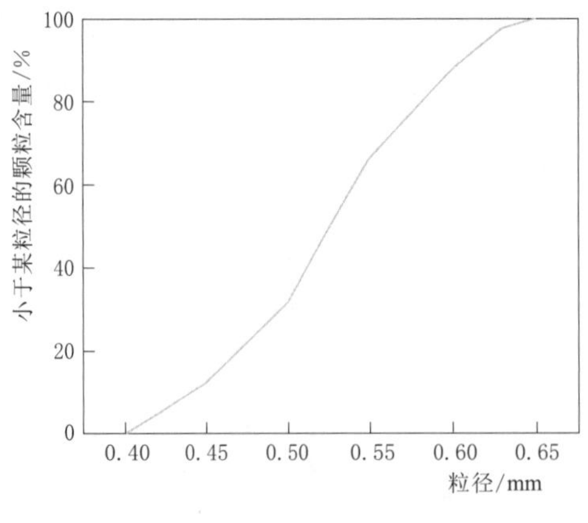

图 3.2-10　试样级配曲线

图 3.2-11　数值试样

表 3.2-3　　数值试验材料参数

参数	密度 ρ	弹性模量 E	泊松比 υ	摩擦系数 μ	法向和切向接触刚度 p_n、p_t	法向和切向临界阻尼系数 β_n、β_t
数值	2790kg/m^3	40GPa	0.2	0.5	100×10^{11}N/m^3	0.03

图 3.2-12 为两种形状颗粒集合体在剪切过程中的应力比和体积应变，从图中可以看出，两种形状的颗粒在加载初期应力比均以很快的速度增加，在达到峰值后以锯齿状曲线形式波动下降。造成这种现象的原因是颗粒宏观屈服后由于集合体内部颗粒间的重排、滑移、旋转等导致颗粒体系重新进入局部短暂稳定状态，后续继续加载过程中不断地重复这种运动。两种形状的颗粒体系相比，颗粒形状越不规则，应力比峰值越大，对应的轴向应变越大，在达到峰值应力比以后的波动现象也越明显。

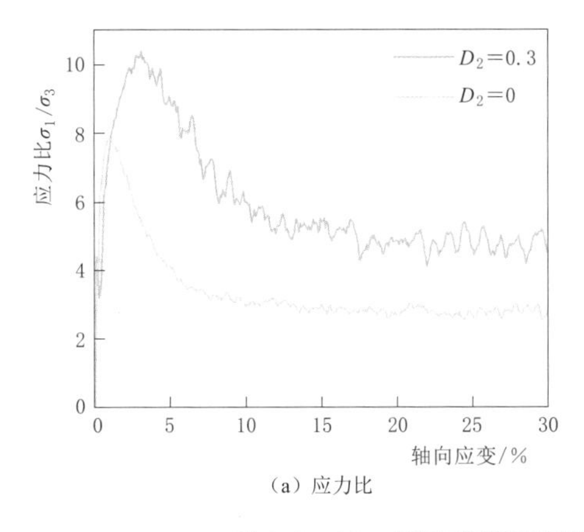

(a) 应力比

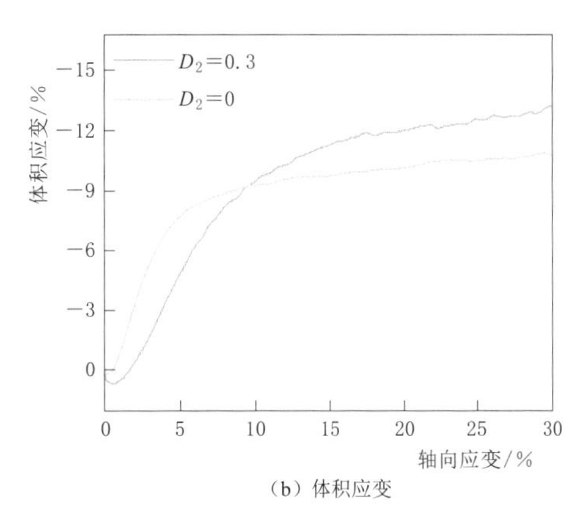

(b) 体积应变

图 3.2-12　不同球谐不变量虚拟数值试样的宏观力学响应

两种形状的颗粒体系的体积应变也均表现出前期较小的剪缩和后期剪胀现象，最终逐渐趋于稳定。两种颗粒体系相比，形状越不规则，初期剪缩现象越明显，剪缩峰值对应的轴向应变越大。在过渡到剪胀阶段后，不规则形状的颗粒体系在剪胀前期的剪胀速率小于规则颗粒体系，在剪胀后期速率大于规则颗粒。这是由于在加载初期，不规则形状颗粒内部的重排、旋转等机制使得颗粒间隙得到了充分的利用，在颗粒间隙被占用到一定程度后颗粒体系剪胀速率大于规则颗粒；但无论是规则颗粒，还是不规则颗粒，整个颗粒体系剪胀期间的速率都是逐渐减小并趋于稳定的。

综合来说，从单个颗粒的形态来看，规则颗粒与不规则颗粒相比，是从光滑圆润的表面逐渐向狭长扁平、粗糙的表面过渡。正是由于这种形态上的差距，导致颗粒宏观体系在加载过程中，颗粒的旋转、重排、摩擦阻力等方面存在不同，影响颗粒宏观力学特性。颗粒形状越不规则，颗粒间的旋转阻力、摩擦阻力越大，且发生的自锁现象越多，这些原因共同导致颗粒体系的抗剪强度增加，最终导致结构具有较高的抗剪强度和剪胀性能。

3.2.3　颗粒破碎的影响

模拟颗粒破碎，重点是考虑颗粒破碎对堆石体力学特性的影响。试验中按规程采用混合法制备数值试样，先用相似级配法缩尺至最大粒径，再将小于最小粒径的部分逐级等量替代到各级粒组中。采用相对密度控制试样压实度。数值试样的最小颗粒粒径均为15mm，由于粒径范围和颗粒级配曲线与试验堆石料差别较大，同时数值试样中的颗粒形状与真实颗粒也有一定的差别，因此，要保证数值试验结果与室内试验结果具有可比性，一个基本前提是数值试样与室内试验试样具有相同的相对密度。对于堆石料等粗粒土来说，相对密度 D_r 描述了所研究对象的密实度与其可能达到的最密实状态与最疏松状态之比，用孔隙比表示为

$$D_r=\frac{e_{max-e}}{e_{max}-e_{min}} \tag{3.2-8}$$

式中：e_{max} 和 e_{min} 分别为最疏松和最密实状态下的孔隙比。

尽管一些学者采用离散单元法研究了颗粒材料的密实程度对其宏观力学性质的影响及其细观机理，但相对密度的概念在细观数值模拟中仍很少提及。Deluzarche et al.（2002）提出离散元数值模拟中最大和最小孔隙比的确定方法：最疏松状态对应于有摩擦颗粒集合体在重力作用下自然堆积结束时的状态；最密实状态是通过逐渐改变颗粒间的摩擦系数，同时各向压缩无摩擦颗粒集合体的刚性边界获得。在本章的堆石料细观数值模拟中，最大孔隙比沿用了Deluzarche提出的方法，但最小孔隙比是通过各向压缩无摩擦颗粒集合体的刚性边界获得，具体步骤如下：

（1）按照给定的级配曲线生成一定数量的颗粒集合体，其颗粒的总体积为 V_s。

（2）将颗粒集合体置于直径为300mm、高度为1800mm的圆柱形刚性边界内，然后让其在重力作用下自然堆积，在此过程中颗粒间的摩擦系数取0.5。自然堆积结束后，试样的体积为 V_l。

（3）将步骤（1）生成的颗粒集合体置于同样大小的圆柱形边界内，然后在其顶部的刚性承压板施加5MPa的压应力，压缩松散的颗粒集合体，在此过程中颗粒间的摩擦系数为0。压缩结束后，试样的体积为 V_d。

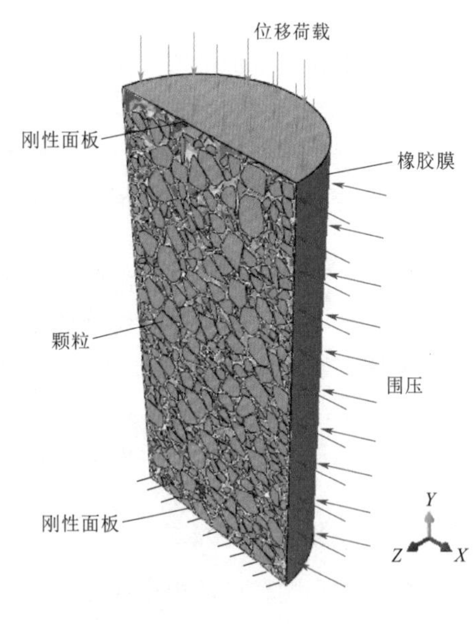

图3.2-13　加载示意图

（4）最大孔隙比 $e_{max}=\frac{V_l-V_s}{V_s}$，最小孔隙比 $e_{min}=\frac{V_d-V_s}{V_s}$。

根据常规三轴试验的试验装置和试验过程，试样上、下两端为刚性板，底部刚性板全约束，采用位移控制式加载在顶部刚性板上，模型四周用橡胶膜包裹住，橡胶膜上、下端胶结在刚性板上，围压施加在橡胶膜上。数值模拟开始时，先对试样施加围压进行固结，然后采用位移控制进行轴向加载，加载速率0.0001mm/步，加载进行到轴向应变为20%时停止，整个细观数值试验均在无重力的情况下完成。图3.2-13为细观数值模拟的加载示意图。

堆石料由不同粒径的颗粒组成，假如堆石料

的母岩出自同一处山体、河床，其物理特性相似，岩体内裂隙密度相近，则颗粒中裂隙的总数必然与其体积成正比，颗粒强度与颗粒尺寸具有相关性。考虑颗粒强度的尺寸效应，粒径为20mm的颗粒强度取为母岩强度，取值为1.6～1.8。

采用三维随机多面体生成算法生成数值试样，对GS、RM及茨哈峡的坝料进行常规三轴数值试验，率定细观参数。圆柱体试样直径300mm，高度600mm，最大粒径为60mm，试样级配曲线如图3.2-14所示，采用相对密度D_r=0.95控制试样压实度。在武汉大学水资源与水电工程科学国家重点实验室高性能的并行计算机系统中提交计算任务，采用24个CPU进行并行计算，每组试样的计算时长一般为4～5h，数值试样参数见表3.2-4。

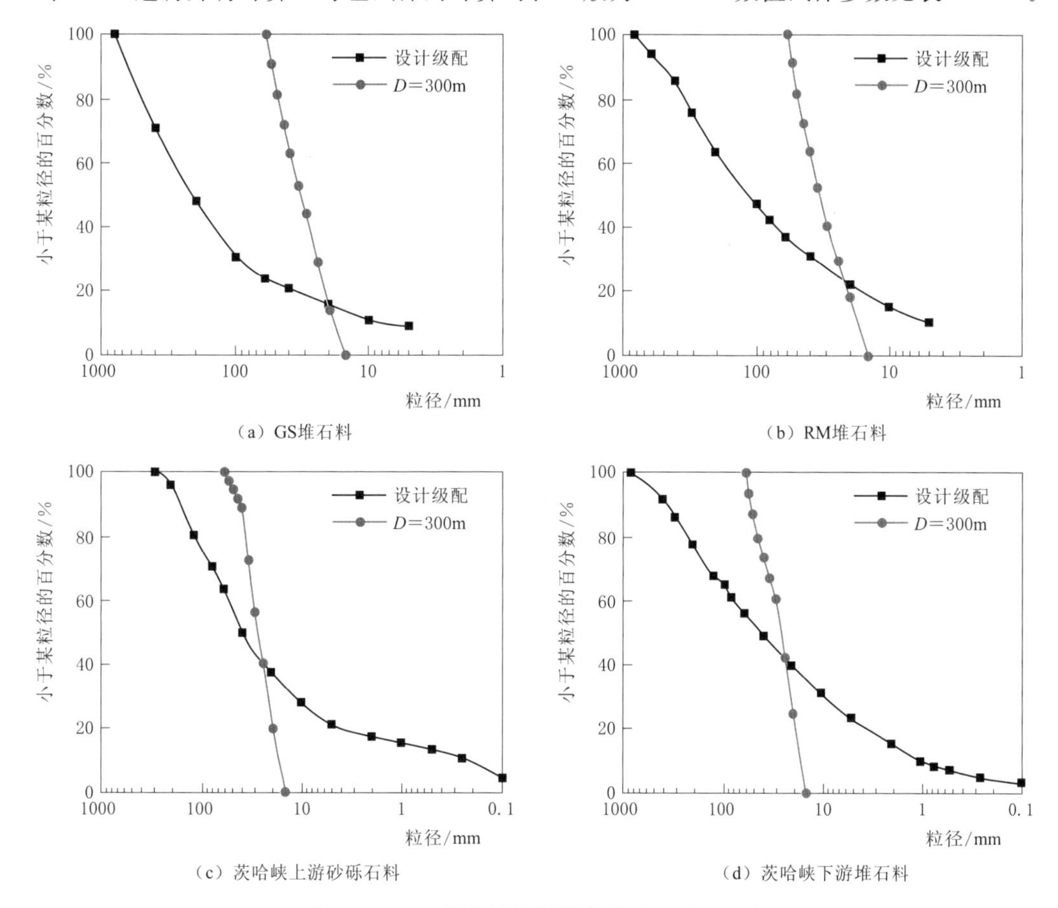

图3.2-14　数值试样级配曲线（24个CPU）

表3.2-4　数值试样参数（24个CPU）

试　　样	最大粒径/mm	最大孔隙比	最小孔隙比	相对密度	孔隙率/%	颗粒数	单元数	节点数	CPU个数	计算时长/h
GS堆石料	60	0.787	0.452	0.95	31.9	4372	196575	490824	24	4.5
RM堆石料	60	0.722	0.418	0.95	30.2	8439	172804	455907	24	4.0
茨哈峡上游砂砾石料	60	0.716	0.444	0.95	31.4	6217	259819	653028	24	5.0
茨哈峡下游堆石料	60	0.682	0.431	0.95	30.7	6679	259819	653028	24	5.0

参数率定时参照的室内试验数据均源自南京水利科学研究院进行的堆石料室内大型三轴剪切试验成果，如图 3.2-15～图 3.2-20 所示。细观参数的选取是数值试验中的关键

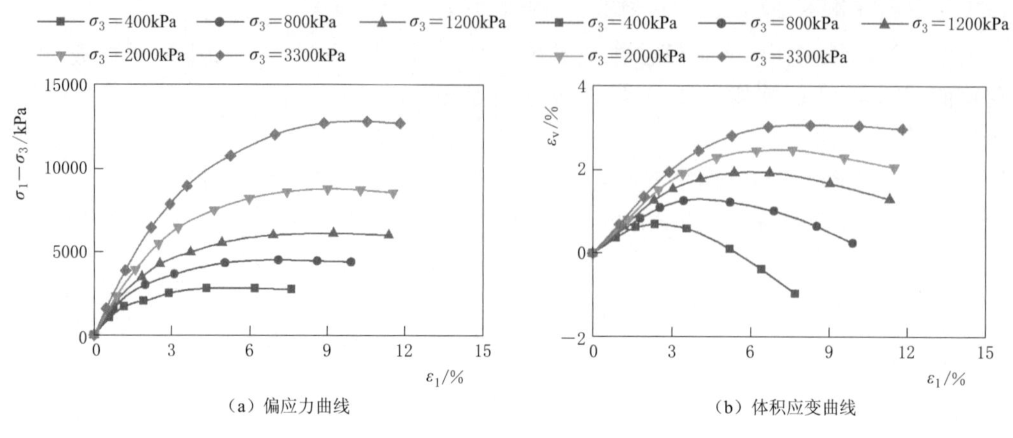

（a）偏应力曲线　　（b）体积应变曲线

图 3.2-15　GS 阿东河灰岩料高应力大型三轴剪切试验曲线（孔隙率 n=18.2%）

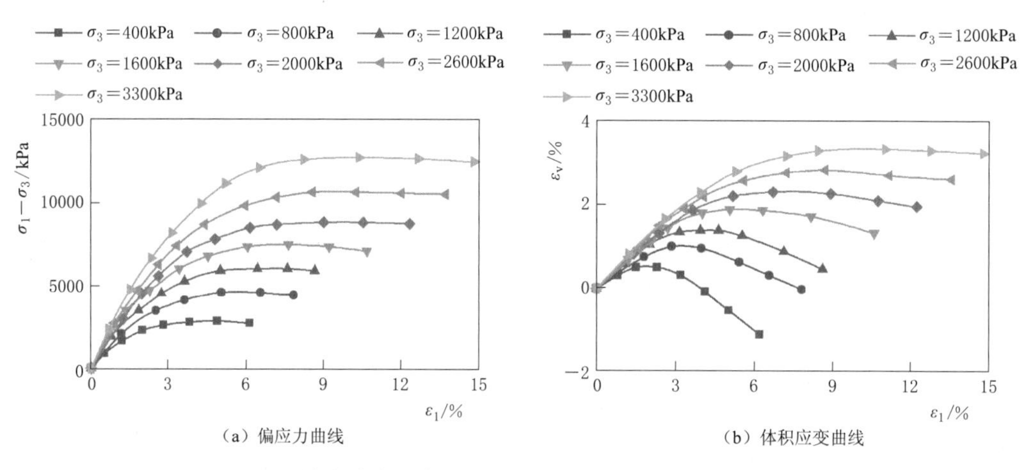

（a）偏应力曲线　　（b）体积应变曲线

图 3.2-16　GS 开挖玄武岩料高应力大型三轴剪切试验曲线（孔隙率 n=19%）

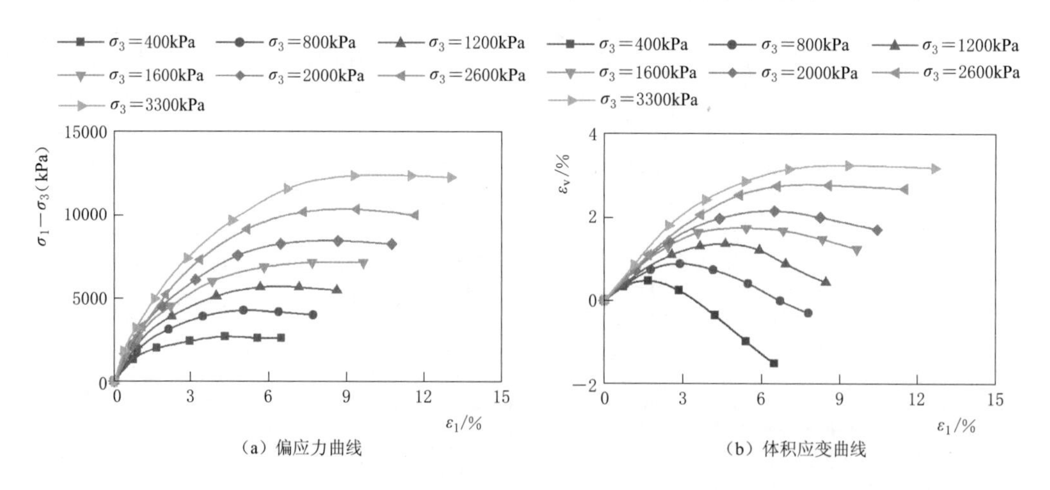

（a）偏应力曲线　　（b）体积应变曲线

图 3.2-17　RM 水电站堆石料Ⅰ区料高应力大型三轴剪切试验曲线（孔隙率 n=19%）

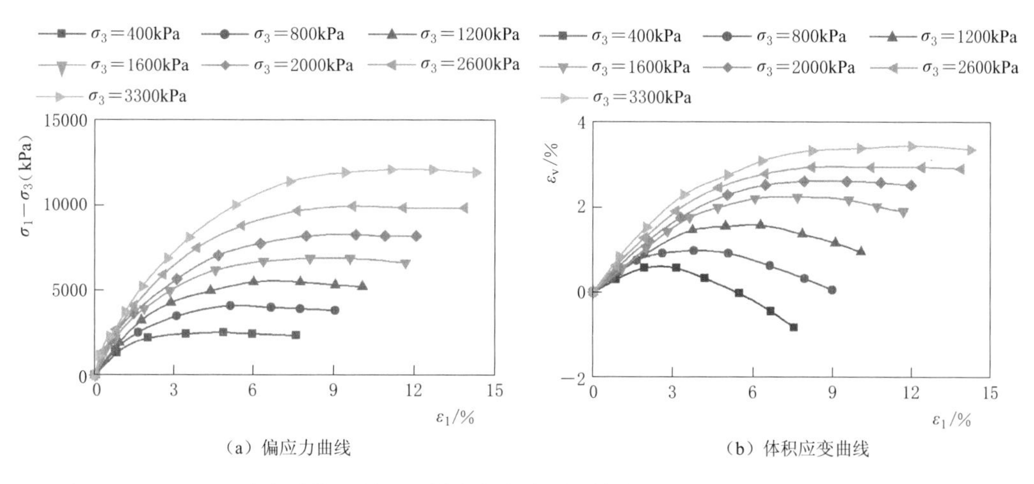

(a) 偏应力曲线　　(b) 体积应变曲线

图 3.2-18　RM 水电站堆石料Ⅱ区料高应力大型三轴剪切试验曲线（孔隙率 $n=19.4\%$）

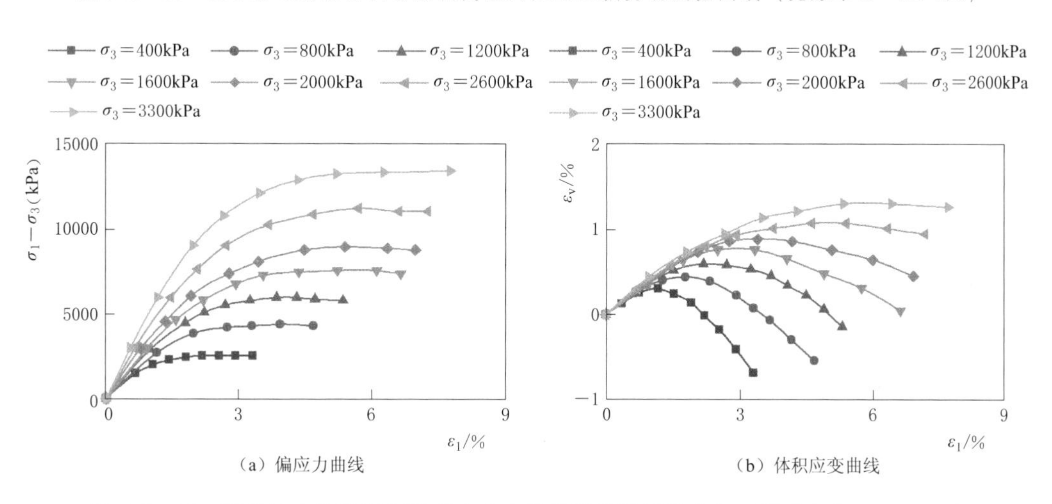

(a) 偏应力曲线　　(b) 体积应变曲线

图 3.2-19　茨哈峡上游砂砾石料高应力大型三轴剪切试验曲线（相对密度 $D_r=0.95$）

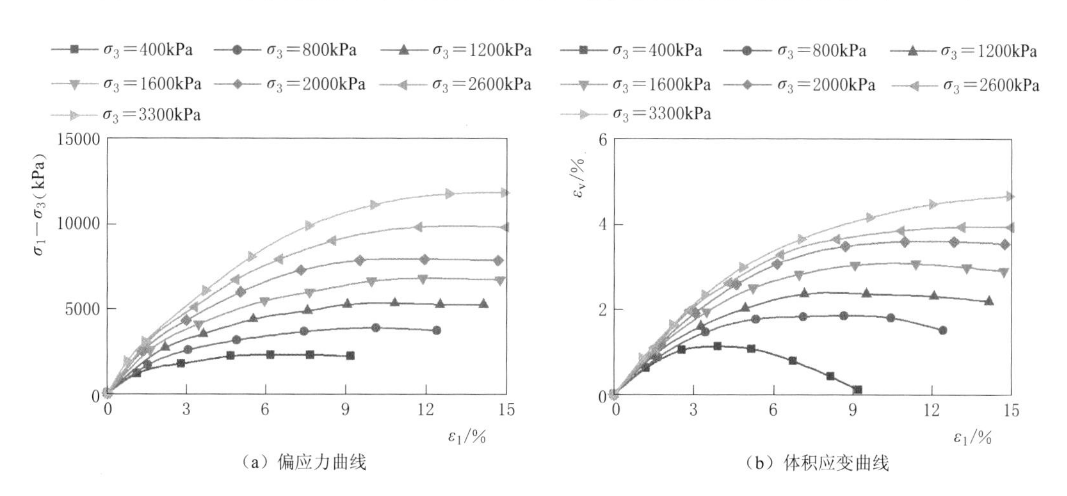

(a) 偏应力曲线　　(b) 体积应变曲线

图 3.2-20　茨哈峡下游堆石料高应力大型三轴剪切试验曲线（孔隙率 $n=19\%$）

步骤，本节计算主要考虑两类参数，即颗粒间接触特性参数以及反映颗粒强度和变形的参数。通过调节细观参数，使得数值试验得到的应力-应变曲线、体积应变-轴向应变曲线与室内试验成果接近，如图 3.2－21～图 3.2－26 所示（图中不同颜色的“▲”和“—”分别代表室内试验和数值试验结果）。表 3.2－5～表 3.2－10 为最终确定的细观参数。

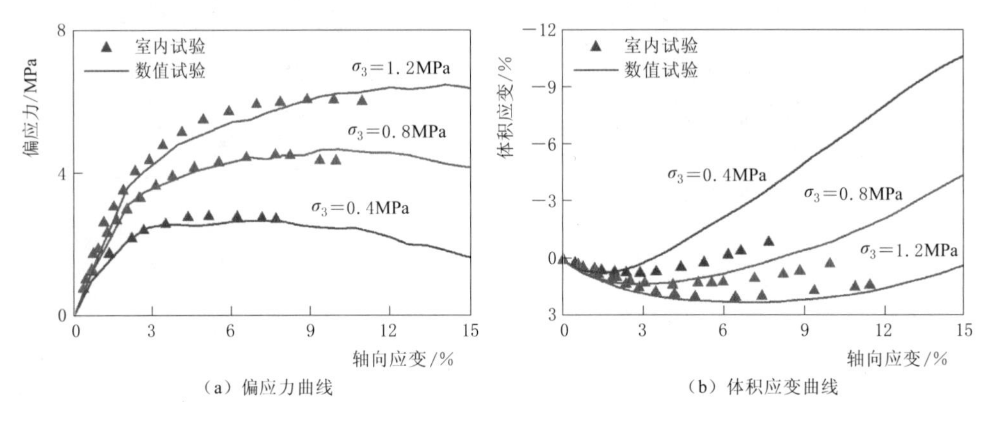

图 3.2－21　GS 阿东河料场灰岩料数值试验结果

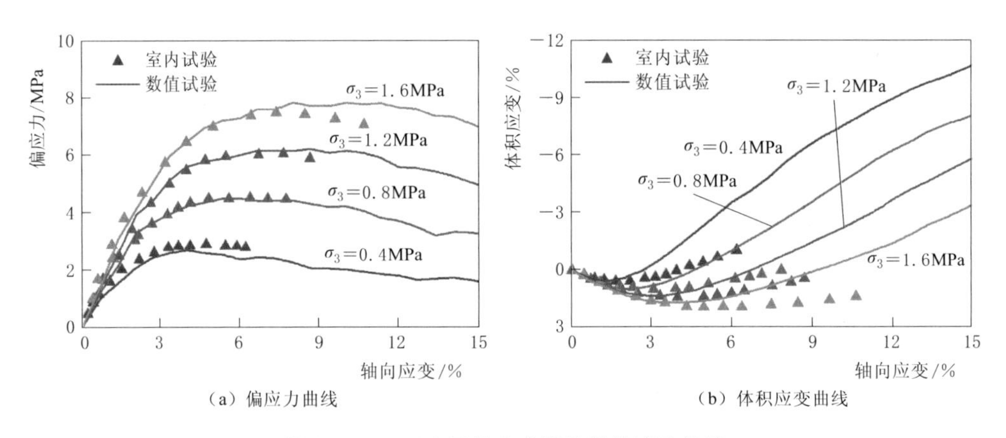

图 3.2－22　GS 开挖玄武岩料数值试验结果

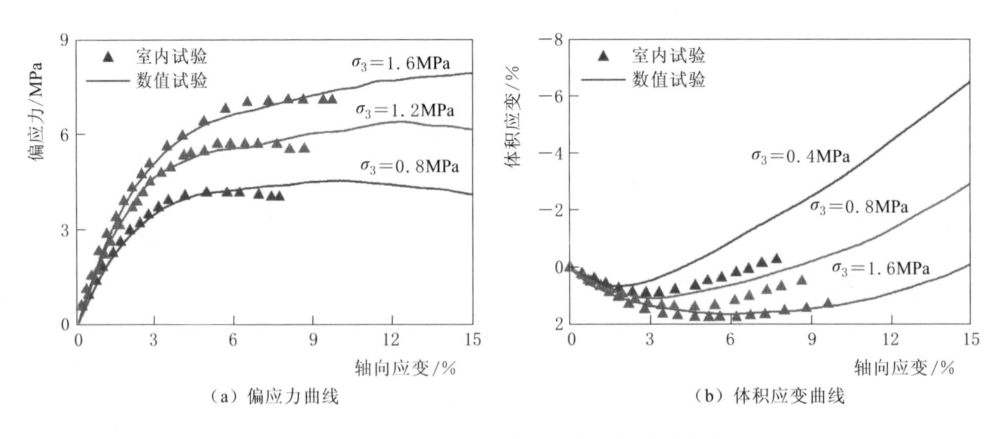

图 3.2－23　RM 堆石料Ⅰ区料数值试验结果

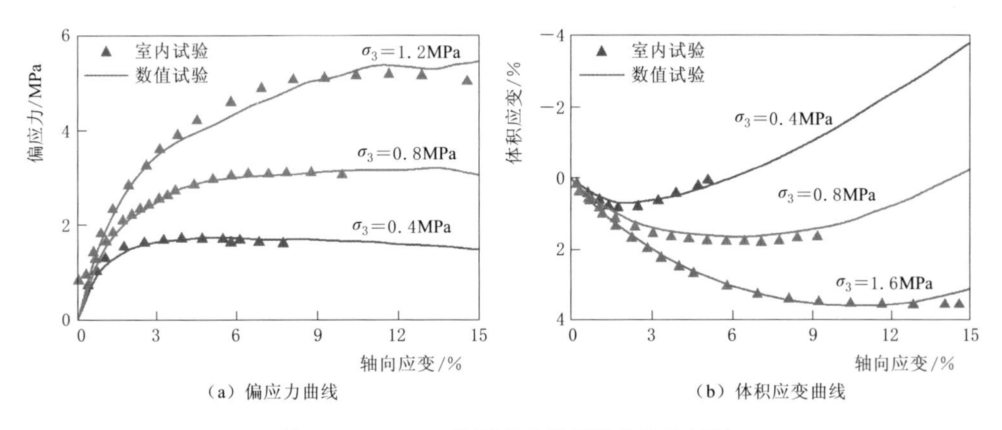

（a）偏应力曲线　（b）体积应变曲线

图 3.2-24　RM 堆石料Ⅱ区料数值试验结果

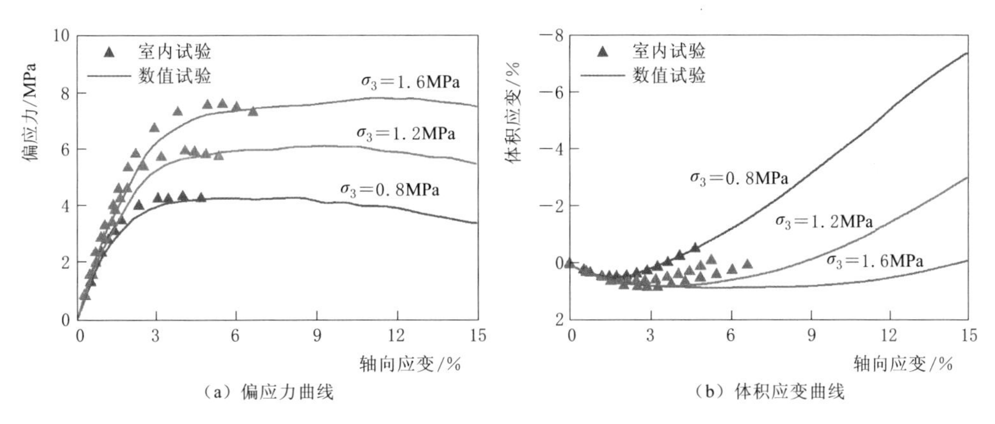

（a）偏应力曲线　（b）体积应变曲线

图 3.2-25　茨哈峡上游砂砾石料数值试验结果

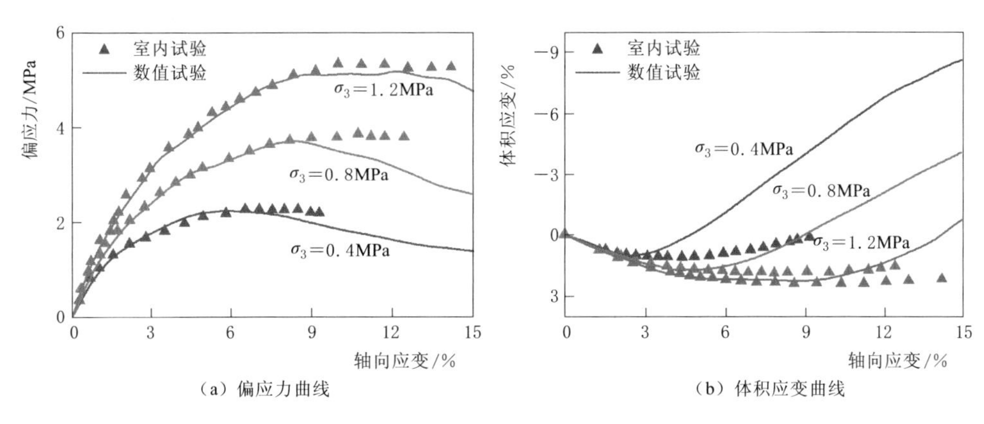

（a）偏应力曲线　（b）体积应变曲线

图 3.2-26　茨哈峡下游堆石料数值试验结果

表 3.2-5　GS 阿东河料场灰岩料数值试验的细观参数

密　度	弹性模量	泊松比	颗粒-加载板摩擦系数	颗粒-橡胶膜摩擦系数	摩擦系数	K_n	K_s/K_n
2790kg/m^3	30GPa	0.25	0.1	0.1	0.51	1.3×10^{10}N/m^3	1.0

表 3.2-6　　GS 开挖玄武岩料数值试验的细观参数

密　度	弹性模量	泊松比	颗粒-加载板摩擦系数	颗粒-橡胶膜摩擦系数	摩擦系数	K_n	K_s/K_n
2790kg/m^3	30GPa	0.25	0.1	0.1	0.45	1.5×10^{10}N/m^3	0.67

表 3.2-7　　RM 堆石料Ⅰ区料数值试验的细观参数

密　度	弹性模量	泊松比	颗粒-加载板摩擦系数	颗粒-橡胶膜摩擦系数	摩擦系数	K_n	K_s/K_n
2790kg/m^3	30GPa	0.25	0.1	0.1	0.45	2.0×10^{10}N/m^3	0.5

表 3.2-8　　RM 堆石料Ⅱ区料数值试验的细观参数

密　度	弹性模量	泊松比	颗粒-加载板摩擦系数	颗粒-橡胶膜摩擦系数	摩擦系数	K_n	K_s/K_n
2790kg/m^3	30GPa	0.25	0.1	0.1	0.4	1.5×10^{10}N/m^3	0.67

表 3.2-9　　茨哈峡上游砂砾石料数值试验的细观参数

密　度	弹性模量	泊松比	颗粒-加载板摩擦系数	颗粒-橡胶膜摩擦系数	摩擦系数	K_n	K_s/K_n
2790kg/m^3	30GPa	0.25	0.1	0.1	0.5	5.0×10^{10}N/m^3	0.6

表 3.2-10　　茨哈峡下游堆石料数值试验的细观参数

密　度	弹性模量	泊松比	颗粒-加载板摩擦系数	颗粒-橡胶膜摩擦系数	摩擦系数	K_n	K_s/K_n
2790kg/m^3	30GPa	0.25	0.1	0.1	0.5	7.0×10^{9}N/m^3	1.0

采用三维随机多面体生成算法生成数值试样，模拟设计级配试样的常规三轴剪切试验，试样级配曲线如图 3.2-27 所示。采用相对密度 $D_r=0.95$ 控制试样压实度，考虑到计算规模庞大，计算均在武汉大学软件工程国家重点实验室的高性能计算系统中完成，采用 120 个 CPU 进行并行计算，每组试样的计算时长约为 7d。数值试样参数见表 3.2-11。

表 3.2-11　　数值试样参数（120 个 CPU）

试　样	最大粒径/mm	最大孔隙比	最小孔隙比	相对密度	孔隙率/%	颗粒数	单元数	节点数	CPU个数	计算时长/d
GS 堆石料	800	0.649	0.365	0.95	27.5	558715	123860519	49606135	120	7.0
RM 堆石料	800	0.652	0.373	0.95	27.9	548124	107059133	45992913	120	7.0
茨哈峡上游砂砾石料	300	0.517	0.320	0.95	24.8	491242	87813248	39821356	120	6.5
茨哈峡下游堆石料	800	0.521	0.326	0.95	25.1	654281	199641832	6031425	120	7.5

图 3.2-28～图 3.2-33 给出了 GS 阿东河料场灰岩料等六种堆石料试样在不同围压下的常规三轴试验曲线。在加载初期，由颗粒间的接触力引起的颗粒内部应力状态还没达到破坏准则，不同围压下的偏应力曲线相差较小。随着加载的进行，偏应力随着轴向应变的增加而增大，围压较低时，试样达到峰值偏应力后发生软化；随着围压的增大，应力-应变曲线由应变软化型逐渐变为应变硬化型，不出现明显的峰值强度；峰值偏应力随着围压的增加而增加。在加载初期，不同围压下的体积应变曲线相差较小。相同的轴向应变下，围压越高，剪缩体积应变越大，剪胀体积应变越小。

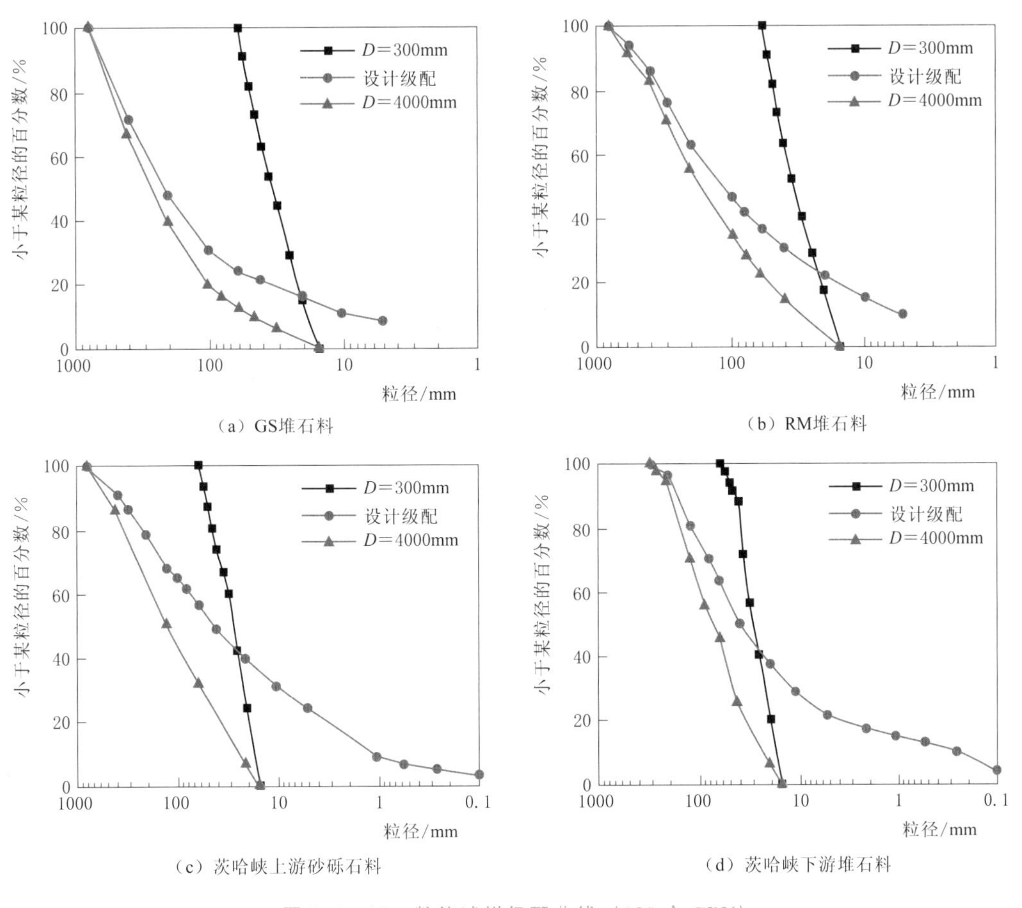

图 3.2-27　数值试样级配曲线（120个CPU）

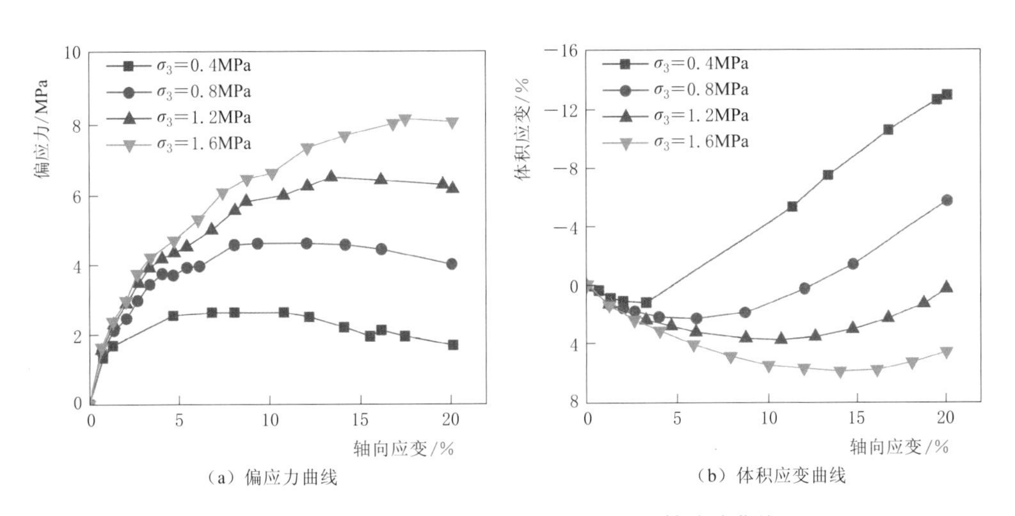

图 3.2-28　GS阿东河料场灰岩料常规三轴试验曲线

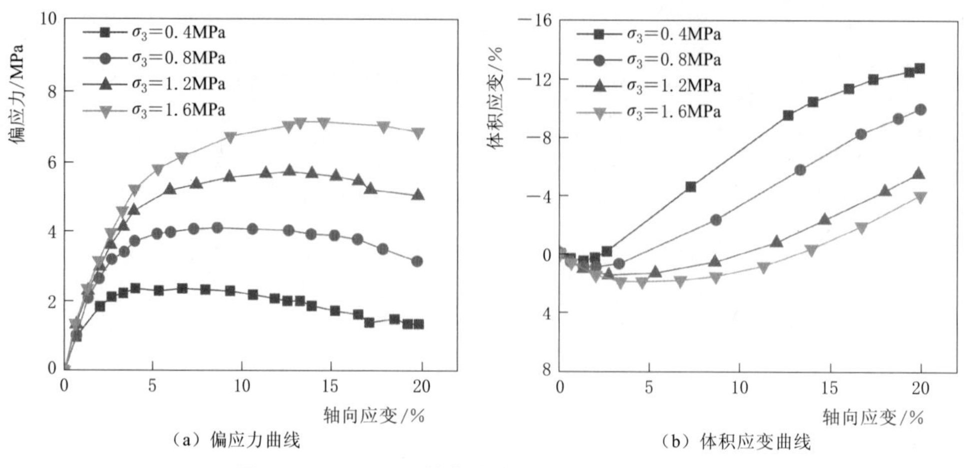

（a）偏应力曲线　（b）体积应变曲线

图 3.2-29　GS 开挖玄武岩料常规三轴试验曲线

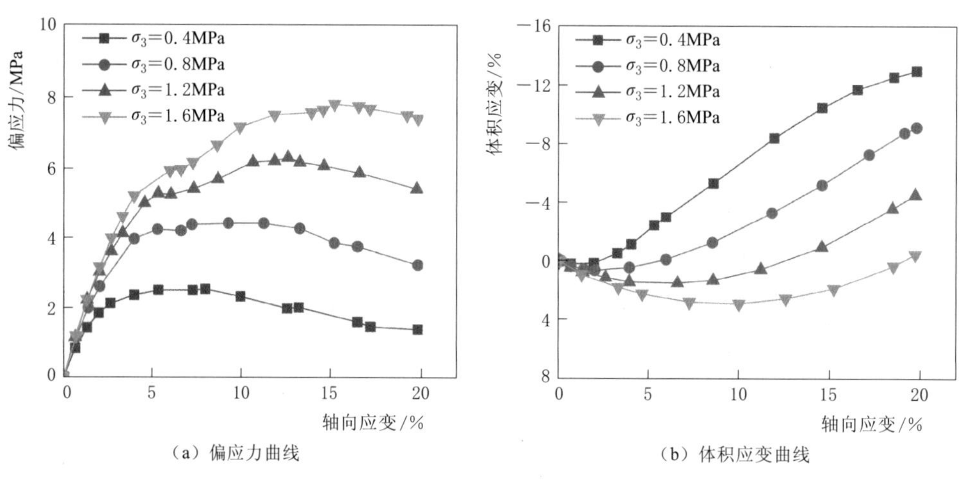

（a）偏应力曲线　（b）体积应变曲线

图 3.2-30　RM 堆石料Ⅰ区料常规三轴试验曲线

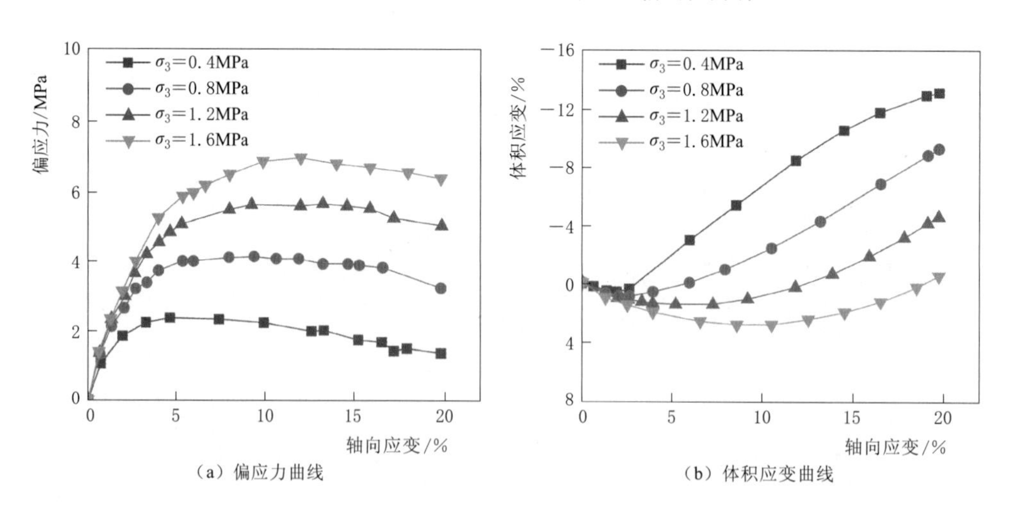

（a）偏应力曲线　（b）体积应变曲线

图 3.2-31　RM 堆石料Ⅱ区料常规三轴试验曲线

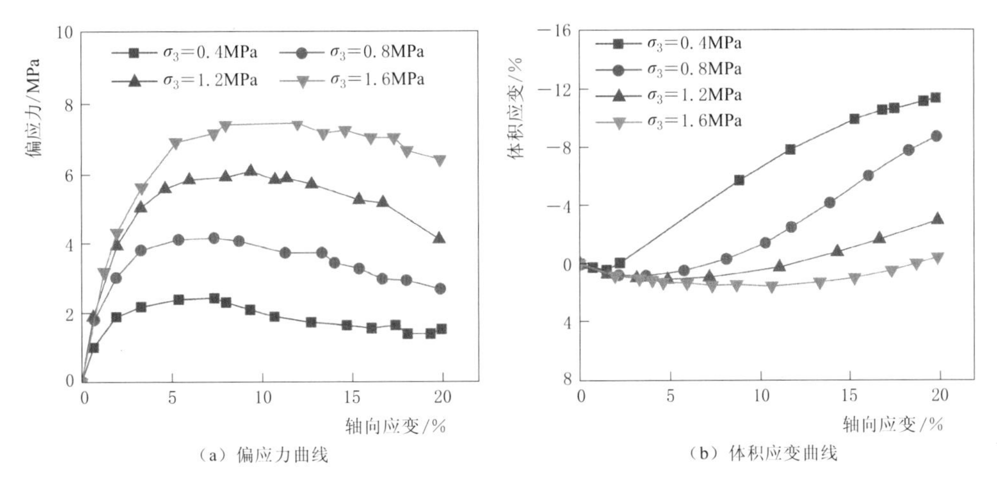

（a）偏应力曲线　　（b）体积应变曲线

图 3.2-32　茨哈峡上游砂砾石料常规三轴试验曲线

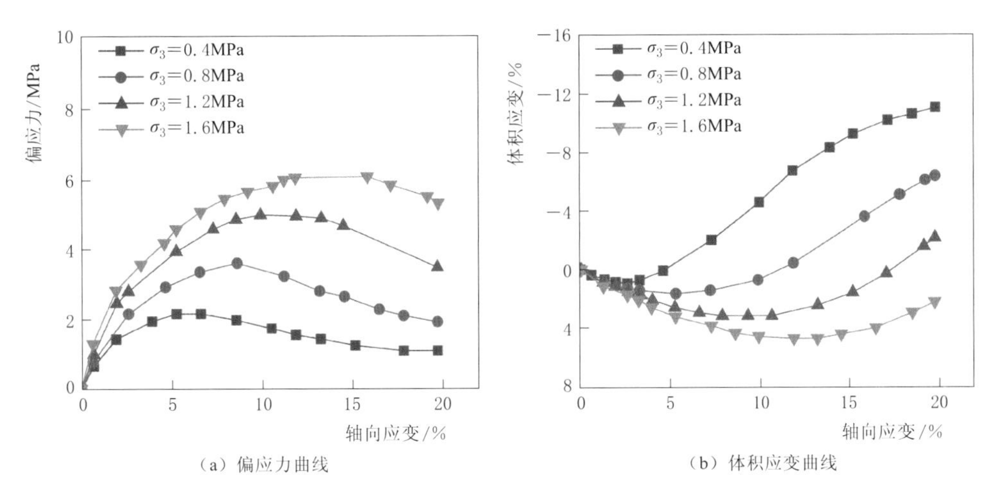

（a）偏应力曲线　　（b）体积应变曲线

图 3.2-33　茨哈峡下游堆石料常规三轴试验曲线

3.3 数值剪切试验的工程应用

3.3.1 数值剪切试验方法验证

以水布垭堆石坝上游堆石料和下游堆石料为研究对象，建立考虑颗粒破碎以及颗粒强度的尺寸效应的随机散粒体不连续变形数值模型，进行堆石料数值剪切分析方法验证。首先，采用300mm×600mm（直径×高度，下同）的数值试样模拟室内试验，率定细观参数；然后，生成4000mm×8000mm的数值试样，采用率定的参数进行常规三轴数值剪切试验，根据原级配堆石料的三轴试验曲线整理邓肯 $E-B$ 模型参数；最后，分别采用室内试验与数值试验得到的模型参数，进行大坝应力变形计算分析，并将计算结果和实测结果进行对比，验证堆石体数值剪切分析方法的合理性。

水布垭上游堆石料采用茅口组灰岩，其岩块密度为2.69g/cm³，饱和抗压强度平均为77.6MPa，干抗压强度平均为91.8MPa，软化系数为0.85；作为上游堆石区料，要求填筑干密度为2.18g/cm³，孔隙率为19.6%。下游堆石料采用开挖料栖霞组灰岩，其岩块密度为2.69g/cm³，饱和抗压强度平均为63.9MPa，干抗压强度平均为79.2MPa，软化系数为0.81；作为下游堆石区料，要求填筑干密度为2.15g/cm³，孔隙率为20.7%。

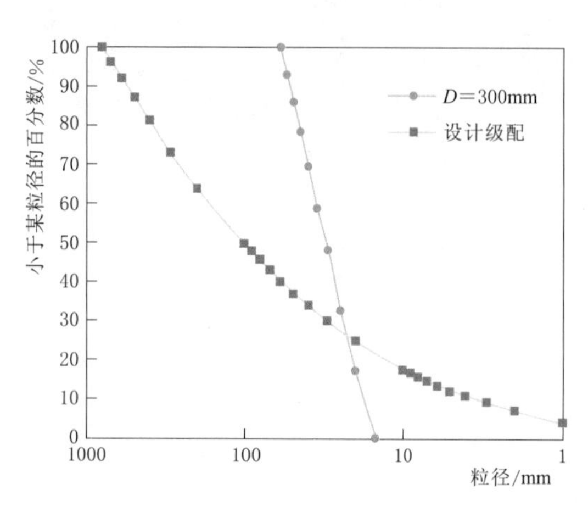

图3.3-1 水布垭坝料级配曲线（24个CPU）

采用三维随机多面体生成算法生成数值试样，进行常规三轴数值试验，率定细观参数。试样尺寸为300mm×600mm，最大粒径为60mm。试验中按规程采用混合法制备数值试样，级配曲线如图3.3-1所示。采用相对密度控制试样压实度，数值试样参数见表3.3-1。

表3.3-1 水布垭坝料数值试样参数（24个CPU）

最大粒径	最大孔隙比	最小孔隙比	相对密度	孔隙率	颗粒数	单元数	节点数	CPU个数	计算时长
60mm	0.722	0.418	0.95	30.9%	8176	198009	500114	24	4h

参数率定时参照长江科学院试验成果以及长江委设计院建议的模型参数，通过调节细观参数使得数值试验得到的偏应力曲线、体积应变曲线与室内试验成果接近，如图3.3-2和图3.3-3所示。表3.3-2和表3.3-3为最终确定的细观参数。

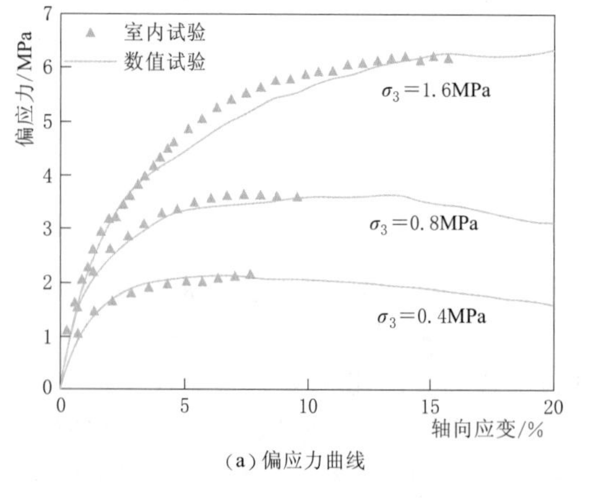

(a) 偏应力曲线

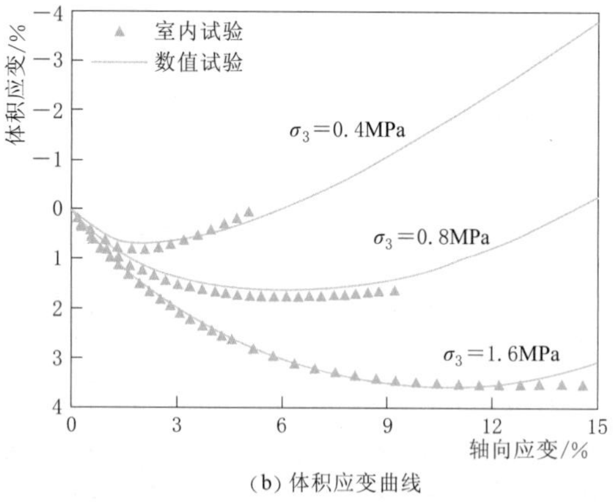

(b) 体积应变曲线

图3.3-2 水布垭上游堆石料数值试验结果

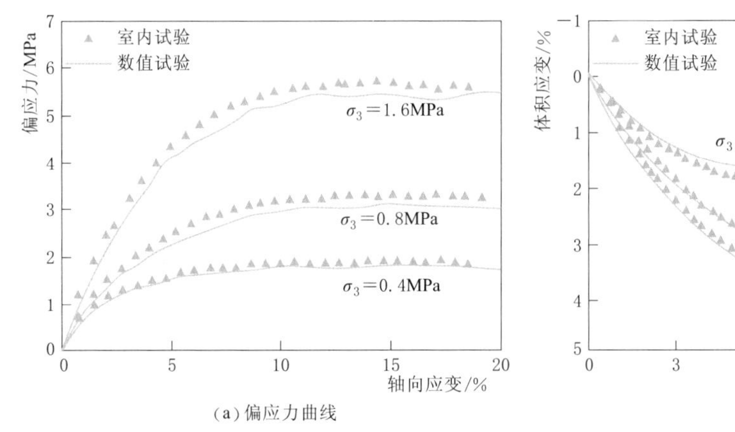

(a)偏应力曲线

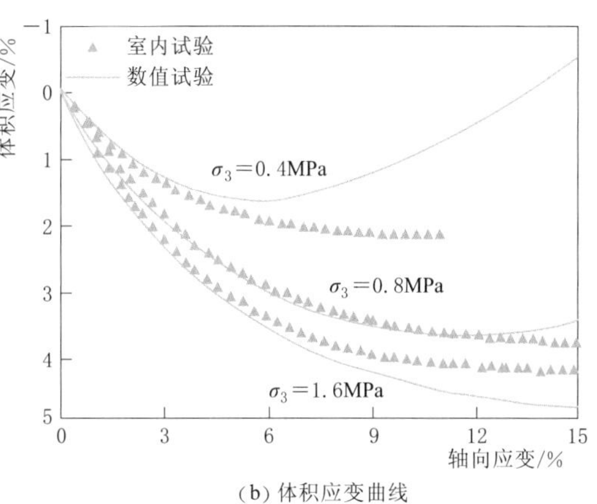

(b)体积应变曲线

图3.3-3　水布垭下游堆石料数值试验结果

表3.3-2　水布垭上游堆石料数值试验的细观参数

密　度	弹性模量	泊松比	颗粒-加载板摩擦系数	颗粒-橡胶膜摩擦系数	摩擦系数	K_n	K_s/K_n
2790kg/m³	30GPa	0.25	0.1	0.1	0.325	2×10^{10}N/m³	0.5

表3.3-3　水布垭下游堆石料数值试验的细观参数

密　度	弹性模量	泊松比	颗粒-加载板摩擦系数	颗粒-橡胶膜摩擦系数	摩擦系数	K_n	K_s/K_n
2790kg/m³	30GPa	0.25	0.1	0.1	0.3	1.5×10^{10}N/m³	0.67

采用三维随机多面体生成算法生成数值试样，模拟设计级配试样的常规三轴剪切试验。试样尺寸为4000mm×8000mm，最大粒径为800mm，试样的最小粒径取15mm，试样级配曲线如图3.3-4所示，数值试样参数见表3.3-4。细观参数采用上述最终确定的计算参数。

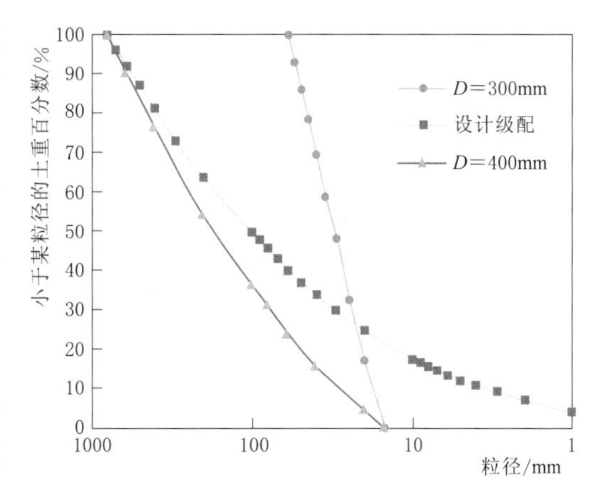

图3.3-4　水布垭坝料级配曲线（120个CPU）

图3.3-5给出了水布垭坝料试样在不同围压下的常规三轴试验曲线。曲线规律与前节中GS阿东河料场灰岩料等六种坝料的试验曲线规律一致。

采用指数模型来拟合偏应力曲线，根据拟合得到的曲线整理试验成果，选取$E-B$模型参数。图3.3-6给出了D=300mm试样在不同围压下的拟合结果。

表3.3-4　水布垭坝料数值试样参数（120个CPU）

试　样	最大粒径	最大孔隙比	最小孔隙比	相对密度	孔隙率	颗粒数	单元数	节点数	CPU个数	计算时长
水布垭坝料	800mm	0.649	0.372	0.95	27.8%	554218	115578164	46684281	120	7d

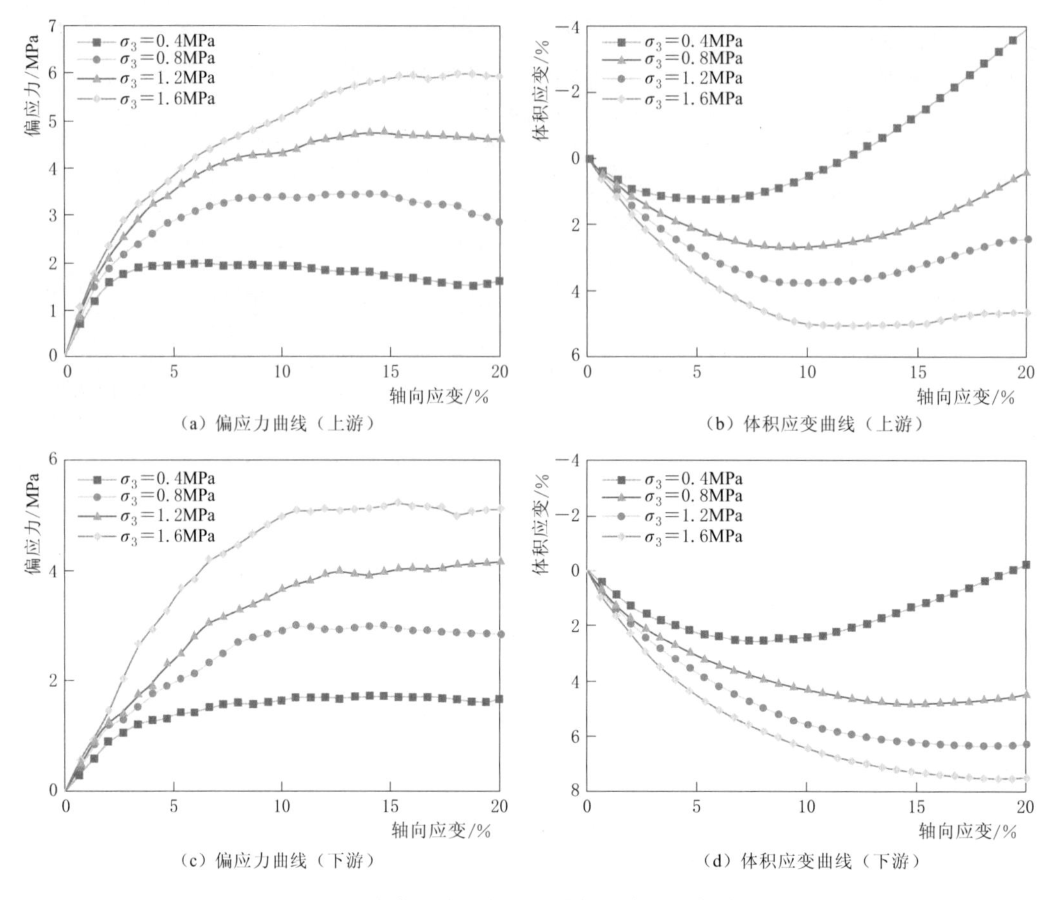

(a) 偏应力曲线（上游）　(b) 体积应变曲线（上游）

(c) 偏应力曲线（下游）　(d) 体积应变曲线（下游）

图 3.3-5　水布垭堆石料不同试样的常规三轴试验曲线

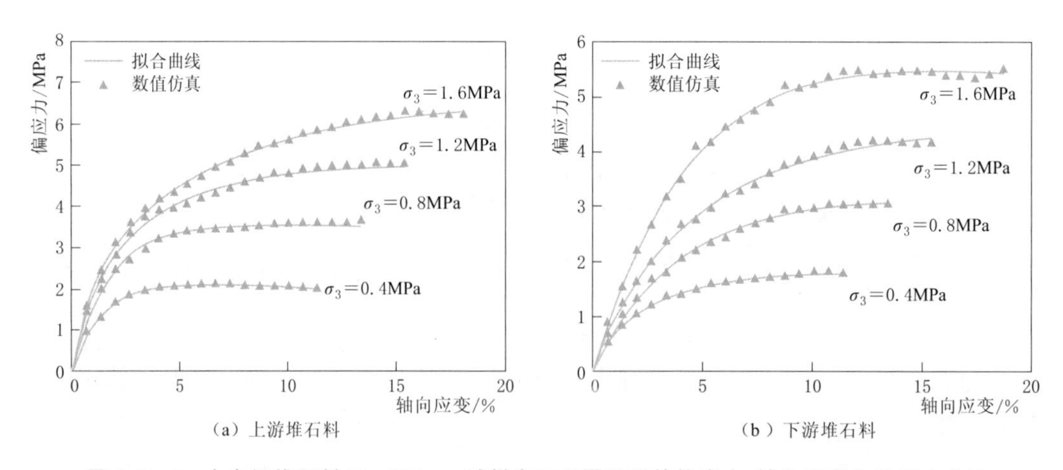

(a) 上游堆石料　(b) 下游堆石料

图 3.3-6　水布垭堆石料 D=300mm 试样在四组围压下的偏应力-轴向应变曲线拟合成果

根据整理得到的数据以及各参数的计算，可得到试件的力学参数（表 3.3-5）。将表 3.3-5 中的数据绘制成图 3.3-7～图 3.3-10。绘制两组尺寸试样破坏时的莫尔圆和强度包络线，如图 3.3-11、图 3.3-12 所示。

表 3.3-5 水布垭堆石料在不同围压下的力学参数

堆石料	试样尺寸	围压/MPa	切线弹性模量 E_i /MPa	切线体积模量 B_t /MPa	$(\sigma_1-\sigma_3)_f$ /MPa	φ_f/(°)
上游堆石料	D=300mm	σ_3=0.4	174.7	68.1	2.12	46.6
		σ_3=0.8	220.6	74.0	3.66	44.1
		σ_3=1.2	254.2	77.6	5.03	42.6
		σ_3=1.6	280.3	80.4	6.32	41.6
	D=4000mm	σ_3=0.4	142.4	62.7	2.03	45.8
		σ_3=0.8	176.5	69.1	3.51	43.4
		σ_3=1.2	200.2	73.1	4.83	41.9
		σ_3=1.6	218.9	76.1	6.07	40.9
下游堆石料	D=300mm	σ_3=0.4	116.9	41.5	1.90	44.8
		σ_3=0.8	139.0	43.3	3.29	42.3
		σ_3=1.2	153.8	44.4	4.53	40.8
		σ_3=1.6	165.7	45.1	5.69	39.8
	D=4000mm	σ_3=0.4	93.5	37.9	1.79	43.7
		σ_3=0.8	108.9	39.7	3.10	41.3
		σ_3=1.2	119.1	40.9	4.28	39.8
		σ_3=1.6	126.9	41.7	5.38	38.8

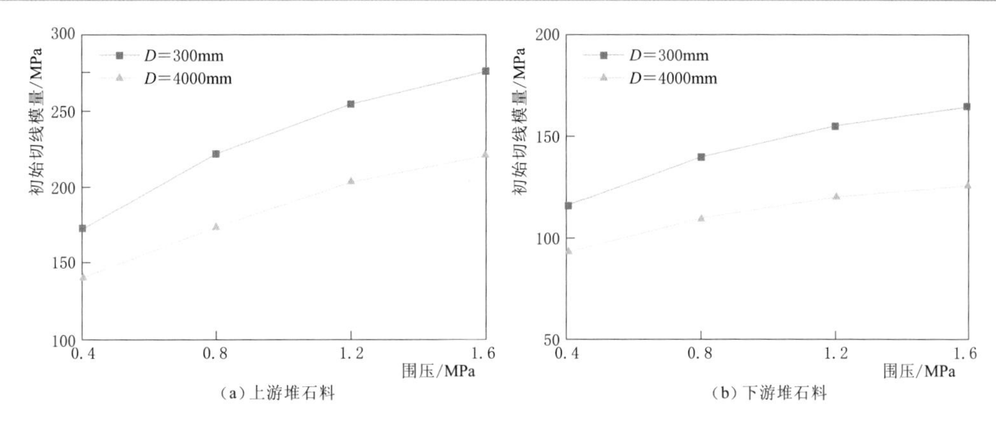

图 3.3-7 水布垭堆石料不同尺寸试样初始切线模量与围压关系曲线

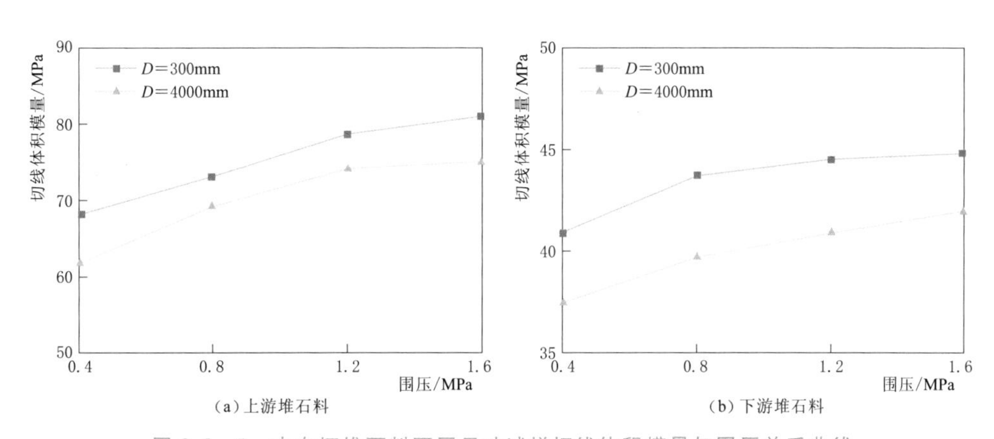

图 3.3-8 水布垭堆石料不同尺寸试样切线体积模量与围压关系曲线

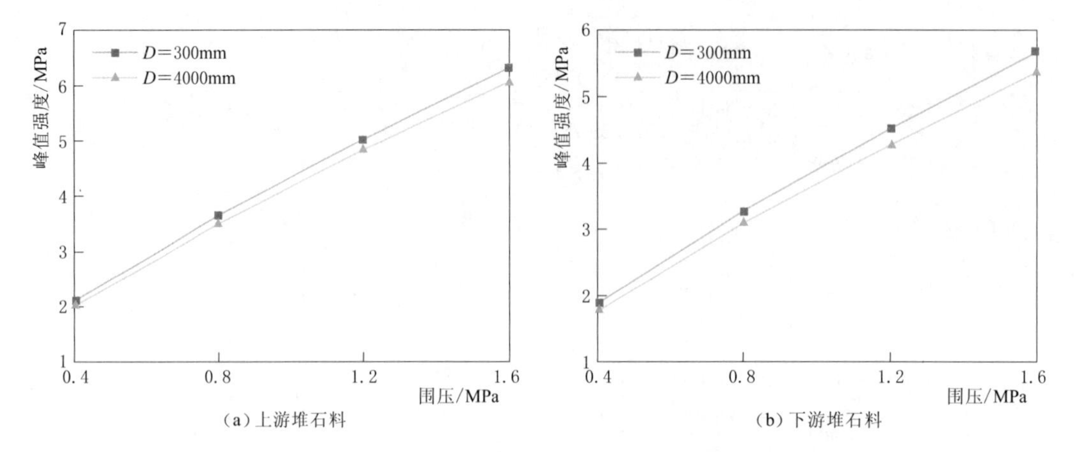

图 3.3-9　水布垭堆石料不同尺寸试样峰值强度与围压关系曲线

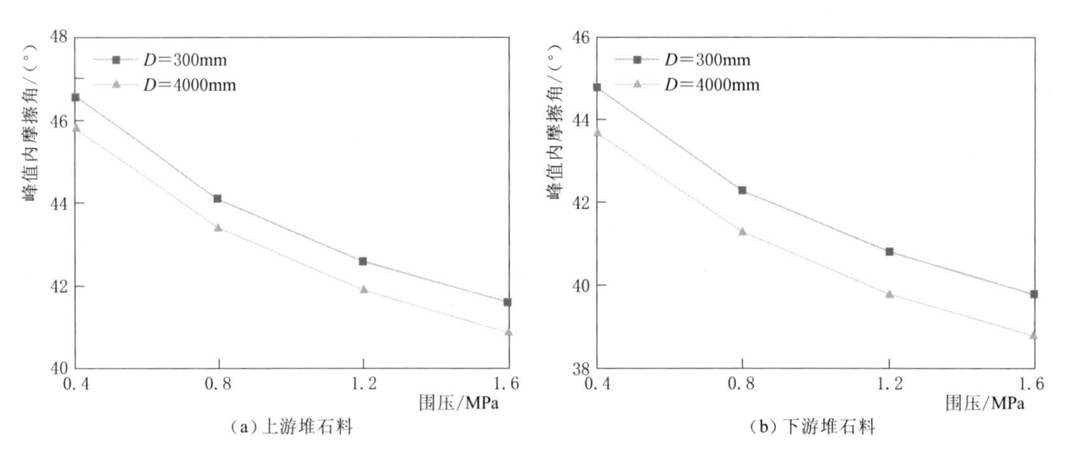

图 3.3-10　水布垭堆石料不同尺寸试样峰值内摩擦角与围压关系曲线

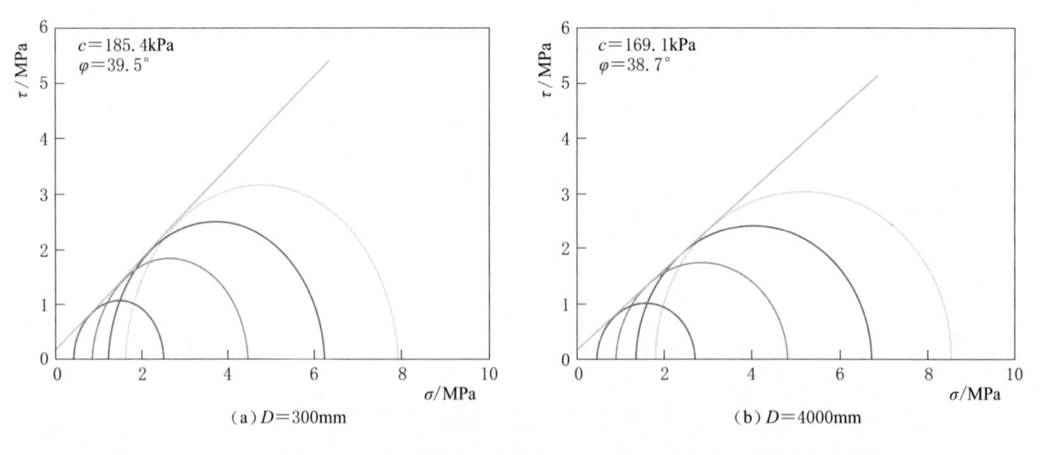

图 3.3-11　水布垭上游堆石料不同尺寸试样破坏时的莫尔圆和强度包络线

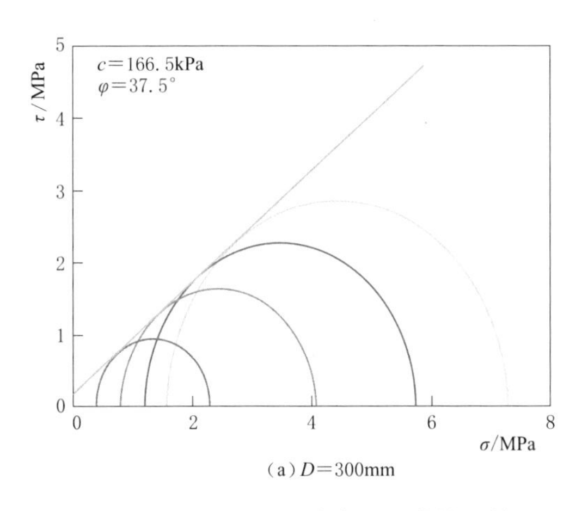

(a) $D=300$mm

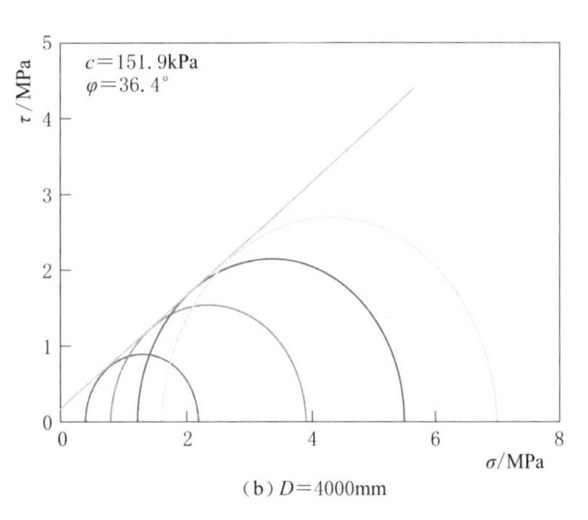

(b) $D=4000$mm

图3.3-12　水布垭下游堆石料不同尺寸试样破坏时的莫尔圆和强度包络线

根据强度参数与围压的非线性关系整理不同尺寸试件的强度参数，见表3.3-6。

表3.3-6　　水布垭不同尺寸试件的强度参数

堆石料	试样尺寸	c/kPa	φ/(°)	φ_0/(°)	$\Delta\varphi$/(°)	R_f
上游堆石料	室内试验	194.1	39.6	52	8.5	0.72
	$D=300$mm	185.4	39.5	51.6	8.3	0.82
	$D=4000$mm	169.1	38.7	50.8	8.2	0.79
	变化幅度/%	−8.79	−2.03	−1.55	−1.20	−3.66
下游堆石料	室内试验	176.0	37.7	50	8.4	0.75
	$D=300$mm	166.5	37.5	49.7	8.2	0.77
	$D=4000$mm	151.9	36.4	48.6	8.1	0.73
	变化幅度/%	−8.77	−2.93	−2.21	−1.22	−5.19

根据围压0.4MPa、0.8MPa、1.2MPa、1.6MPa下不同尺寸试样的E_i和B_t，拟合得到不同尺寸时间的变形参数，见表3.3-7、图3.3-13、图3.3-14。

表3.3-7　　水布垭堆石料不同尺寸试件的变形参数

堆石料	试样尺寸	K	n	K_b	m
上游堆石料	室内试验	1100	0.35	600	0.1
	$D=300$mm	1092.0	0.34	576.4	0.12
	$D=4000$mm	926.7	0.31	516.5	0.14
	变化幅度/%	−15.14	−8.82	−10.39	16.67
下游堆石料	室内试验	850	0.25	400	0.05
	$D=300$mm	826.7	0.25	382.3	0.06
	$D=4000$mm	689.4	0.22	343.8	0.07
	变化幅度/%	−16.61	−12.00	−10.07	16.67

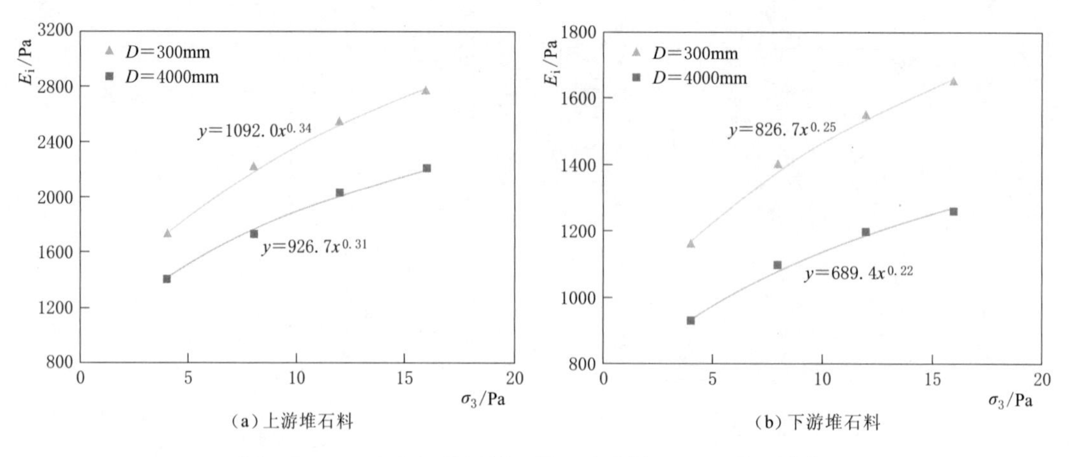

图 3.3-13 水布垭堆石料不同尺寸试样 $E_i-\sigma_3$ 关系曲线

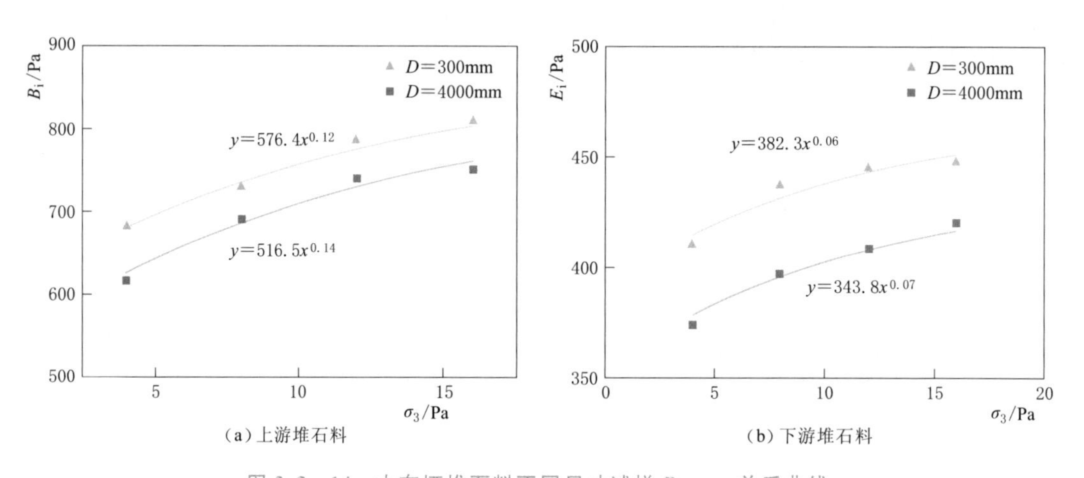

图 3.3-14 水布垭堆石料不同尺寸试样 $B_t-\sigma_3$ 关系曲线

水布垭堆石料 $E-B$ 模型主要参数和GS、RM、茨哈峡堆石料 $E-B$ 模型的主要参数比较见表 3.3-8。

表 3.3-8 几个工程堆石料 $E-B$ 模型主要参数变化对比表

项目		堆石料性质	饱和抗压强度/MPa	不同尺寸试样参数变化幅度/%			
				c	φ	K	K_b
水布垭	上游堆石区	块石料	77.6	−8.9	−2.03	−15.4	−10.39
	下游堆石区	块石料	63.9	−8.8	−2.93	−16.61	−10.07
GS	上游堆石区	块石料	99.55	−4.74	−0.46	−17	−19
	下游堆石区	块石料	83.5	−3.52	−0.47	−14	−17
RM	上游堆石区	块石料	49.8	−18.9	−0.23	−10	−19
	下游堆石区	块石料	49.8	3.78	−1.88	−12	−25
茨哈峡	下游堆石区	块石料	35	−8.87	−2.75	−25	−29
	上游堆石区	砂砾石料		−4.87	−0.23	−4	−10

由此可以看出：对于块石料，模型强度参数变化的幅度和单块岩体的抗压强度相关性不强，表中几个工程的块石料饱和抗压强度大小不一，其模型参数的变化幅度并没有随饱和抗压强度的变化呈规律性变化。而变形参数情况有所不同，不管块石料的饱和抗压强度如何变化，其变形参数总是在一定范围内变化。

块石料和砂砾石料相比，两者的强度参数变化幅度相差不多，但砂砾石料变形参数的变化幅度明显小于块石料。砂砾石料的颗粒浑圆，颗粒的大小也较块石料小，在外力作用下更易进行排列组合，更易密实，而且由于棱角少而挤压破碎的颗粒少，所以其参数降低幅度小，缩尺影响小；块石料棱角分明且较多，而且颗粒也较大，在外力作用下重新进行排列组合需要的能量更多，更不易密实，而且由于棱角多而挤压破碎的颗粒多，所以其参数降低幅度大，缩尺影响较大。这从另一方面说明颗粒形状对尺寸效应的影响还是较为明显的。

选取室内试验和数值试验得到的水布垭上游堆石料、下游堆石料的 $E-B$ 模型参数以及流变试验参数，对水布垭堆石坝应力变形进行仿真分析，对比分析大坝运行期的长期变形发展规律和变形稳定期的最大沉降量，验证堆石体数值剪切分析方法的合理性。模型参数见表 3.3-9 和表 3.3-10，计算结果见表 3.3-11。

表 3.3-9　　水布垭堆石料的 $E-B$ 模型参数

试验		K	n	K_b	m	R_f	φ_0/(°)	$\Delta\varphi$/(°)
上游堆石料	室内试验	1100	0.35	600	0.1	0.72	52	8.5
	数值试验	926.7	0.31	516.5	0.14	0.79	50.8	8.2
下游堆石料	室内试验	850	0.25	400	0.05	0.75	50	8.4
	数值试验	689.4	0.22	343.8	0.07	0.73	48.6	8.1
垫层料		1200	0.45	750	0.2	0.78	56	10.5
过渡料		1000	0.4	450	0.15	0.78	54	8.6

表 3.3-10　　水布垭堆石料流变模型参数

c	d	η	m	c_α	d_α	c_β	d_β	λ_V
0.2892	0.8465	0.0831	0.3899	0.4445	2.0827	0.4360	1.6383	0.0678

表 3.3-11　　水布垭坝体应力应变计算结果

工况	项目		坝体位移/cm			坝体应力/MPa	
			水平向上游	水平向下游	铅直向下	第三主应力	第一主应力
施工期	室内试验参数计算结果		32.9	41.4	219.5	2.92	0.93
	数值试验参数计算结果		31.2	41.8	231.6	4.72	1.22
	增量	数值	−1.7	0.4	12.1	1.8	0.29
		变化幅度	−5.17%	0.97%	5.51%	61.64%	31.18%
	实测值		35.2	40	223.5		
	实测值与室内试验参数计算结果增量	数值	2.3	−1.4	4		
		变化幅度	6.99%	−3.38%	1.82%		

续表

工况	项目		坝体位移/cm			坝体应力/MPa	
			水平向上游	水平向下游	铅直向下	第三主应力	第一主应力
施工期	实测值与数值试验参数计算结果增量	数值	4	−1.8	−8.1		
		变化幅度	12.82%	−4.31%	−3.50%		
蓄水期	室内试验参数计算结果		8.6	48.3	225.4	3.57	1.18
	数值试验参数计算结果		12.7	49.1	251.8	4.66	1.75
	增量	数值	4.1	0.8	26.4	1.09	0.57
		变化幅度	47.67%	1.66%	11.71%	30.53%	48.31%
	实测值		18.5	40.6	246.1		
	实测值与室内试验参数计算结果增量	数值	9.9	−7.7	20.7		
		变化幅度	115.12%	−15.94%	9.18%		
	实测值与数值试验参数计算结果增量	数值	5.8	−8.5	−5.7		
		变化幅度	45.67%	−17.31%	−2.26%		
运行期	室内试验参数计算结果		8.3	49	227.6	3.61	1.24
	数值试验参数计算结果		12.7	49.1	262.2	4.66	1.77
	增量	数值	4.4	0.1	34.6	1.05	0.53
		变化幅度	53.01%	0.20%	15.20%	29.09%	42.74%
	实测值		21.3	42	255.5		
	实测值与室内试验参数计算结果增量	数值	13	−7	27.9		
		变化幅度	156.63%	−14.29%	12.26%		
	实测值与数值试验参数计算结果增量	数值	8.6	−7.1	−6.7		
		变化幅度	67.72%	−14.46%	−2.56%		

从表中可以看出，实测的水平变位和计算值相差较大。基于数值试验的模型参数计算的最大沉降量在竣工期、蓄水期以及稳定期均大于基于室内试验参数的计算值，增量分别为22.1cm、26.4cm、24.6cm，在蓄水初期及稳定期，基于室内试验的模型参数计算的最大沉降量与实测值相差17.9cm，而基于数值试验的模型参数计算的最大沉降量与实测值相差6.9cm，与室内试验结果比更加接近；在施工期，基于室内试验的模型参数计算的最大沉降量与实测值相差更加接近。这表明通过数值试验手段获得的堆石料模型参数能更加真实地反映蓄水后实际工程中堆石体的力学特性。

图3.3-15为坝轴线235m、265m和300m高程处的坝体最大断面测点沉降实测值与仿真分析计算值的对比图，从图中可以看出，基于数值试验模型参数计算得到的监测点的沉降过程线与实测沉降过程线较为吻合，稍高于实测曲线，而基于室内试验模型参数计算的监测点的沉降过程线均低于实测曲线。

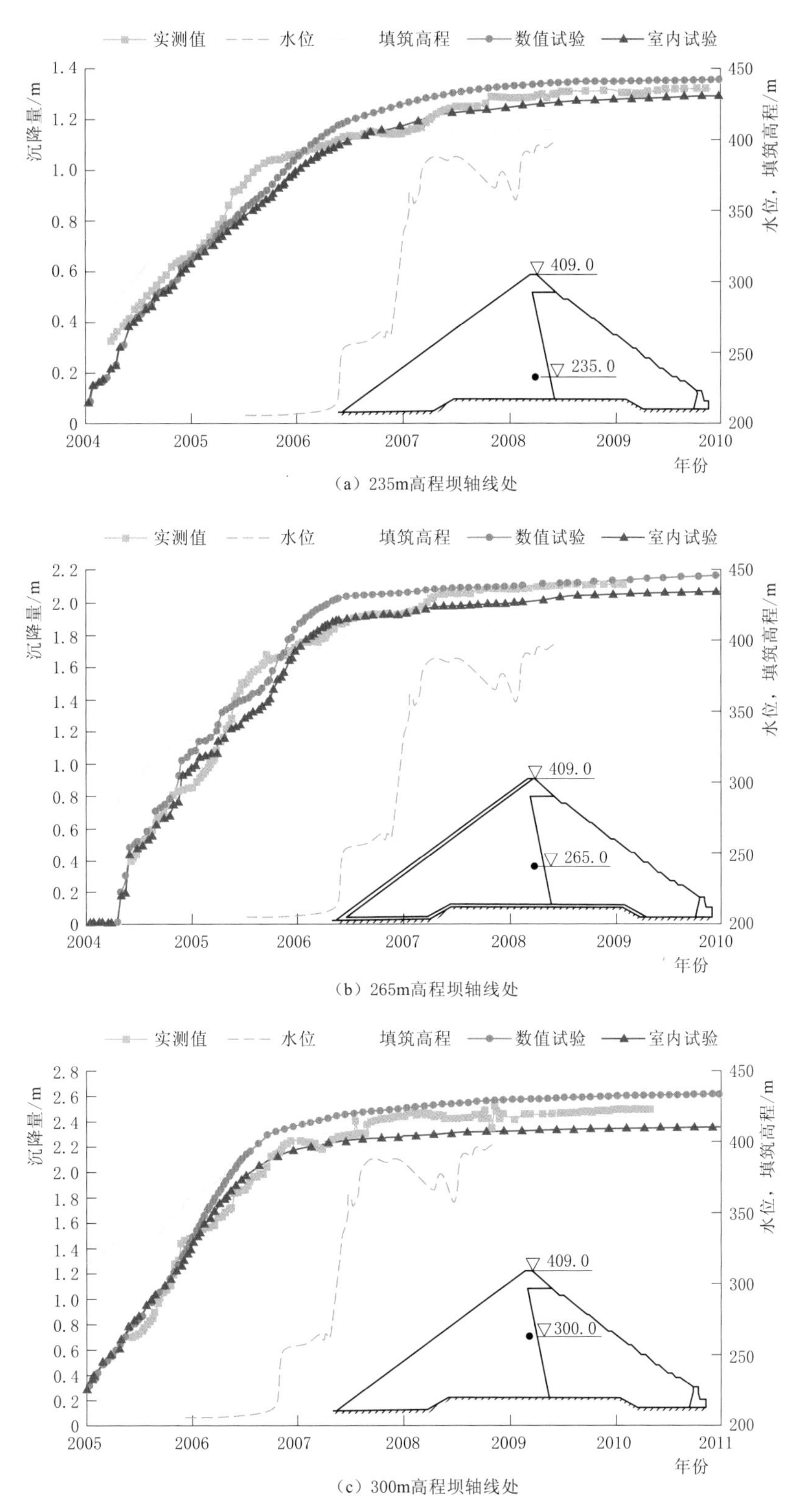

（a）235m高程坝轴线处

（b）265m高程坝轴线处

（c）300m高程坝轴线处

图3.3-15　水布垭坝体最大断面测点沉降实测值与仿真计算值对比图

3.3.2 基于数值剪切试验的堆石坝变形预测

3.3.2.1 RM 堆石坝应力变形分析

采用邓肯 $E-B$ 模型计算，堆石体材料分区及参数见图 3.3-16 和表 3.3-12；计算采用水布垭堆石料幂函数流变模型试验参数（表 3.3-13）。

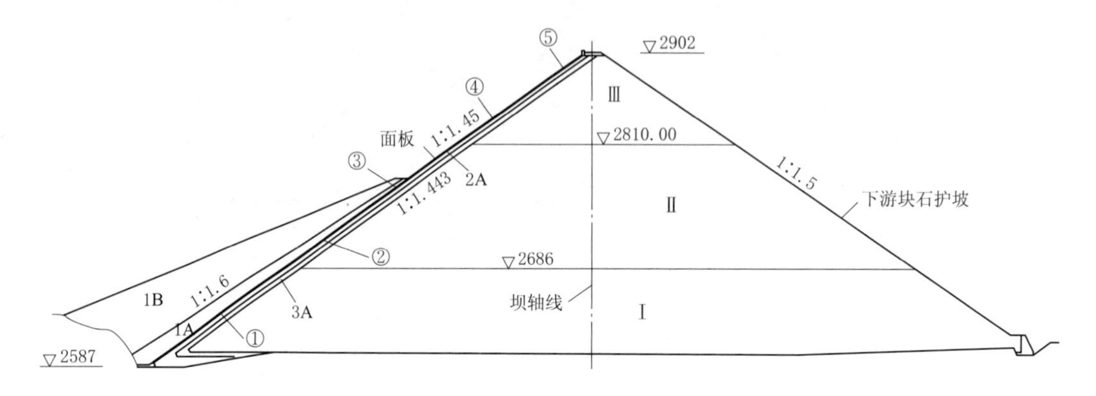

图 3.3-16 RM 堆石坝材料分区

①—一期面板；②—二期面板；③—三期面板；④—四期面板；⑤—五期面板；

Ⅰ—堆石Ⅰ区；Ⅱ—堆石Ⅱ区；Ⅲ—堆石Ⅲ区；

1A—上游铺盖；1B—压重区；2A—垫层；3A—过渡层

表 3.3-12 RM 堆石料 $E-B$ 模型参数

材料类型		K	n	K_b	m	R_f	$\varphi_0/(°)$	$\Delta\varphi/(°)$
堆石Ⅰ区	室内试验	1567.3	0.27	1440.7	−0.06	0.65	56.3	10.7
	数值试验	1339.7	0.23	1252.2	−0.13	0.78	54.7	8.9
堆石Ⅱ区	室内试验	1492.8	0.27	1180.2	−0.02	0.67	54.9	9.9
	数值试验	1246.3	0.22	987.6	−0.15	0.79	52.8	8.3
堆石Ⅲ区		1310	0.26	530	0.18	0.76	50.5	8.1
垫层		1190	0.26	500	0.16	0.82	51.2	8.5
过渡层		1220	0.26	510	0.15	0.82	51.0	8.2

表 3.3-13 水布垭堆石料流变模型试验参数

c	d	η	m	c_α	d_α	c_β	d_β	λ_V
0.2892	0.8465	0.0831	0.3899	0.4445	2.0827	0.4360	1.6383	0.0678

（1）计算模型。RM 堆石坝共离散为 96070 个单元，71250 个节点，主要采用 8 节点 6 面体单元，为适应边界过渡，采用了部分棱柱体单元，三维有限元计算模型如图 3.3-17 所示。

（2）计算结果及分析。位移、应力的正负号规定：竖向位移以向上为正，水平位移以指向下游为正；坝体应力以压应力为正，拉应力为负。表 3.3-14 给出了考虑流变效应的 RM 堆石坝坝体应力和变形极值。图 3.3-18～图 3.3-21 为考虑流变效应的 RM 堆石坝

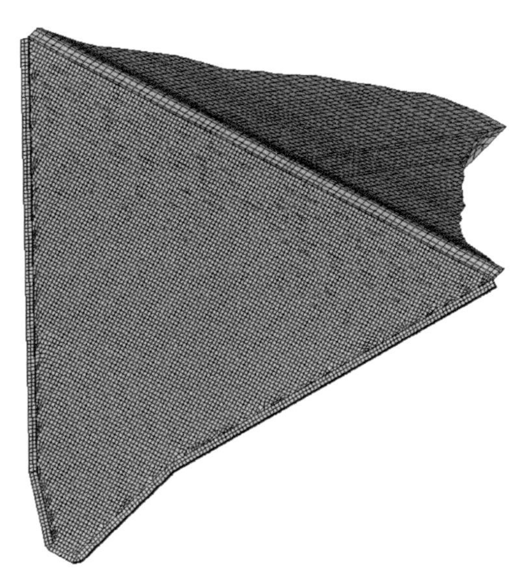

图 3.3-17　RM堆石坝三维有限元计算模型

坝体在稳定期沉降量和水平位移等值线图。

表 3.3-14　　考虑流变效应的RM堆石坝坝体应力和变形极值

坝体分析计算方案		竣工期			蓄水期			稳定期		
		室内试验	数值试验	增量	室内试验	数值试验	增量	室内试验	数值试验	增量
坝体变形极值/cm	水平向上游	22.8	25	2.2	17.5	17.6	0.1	16.5	17.1	0.6
	水平向下游	65.3	72.4	7.1	97.1	102.7	5.6	101.3	105	3.7
	铅直向下	251.9	264.5	12.6	280.8	300.1	19.3	309.8	336.1	26.3
坝体应力极值/MPa	第三主应力	3.06	3.68	0.62	4.13	4.69	0.56	5.04	4.84	−0.2
	第一主应力	0.78	0.89	0.11	0.86	1.27	0.41	1.03	1.55	0.52

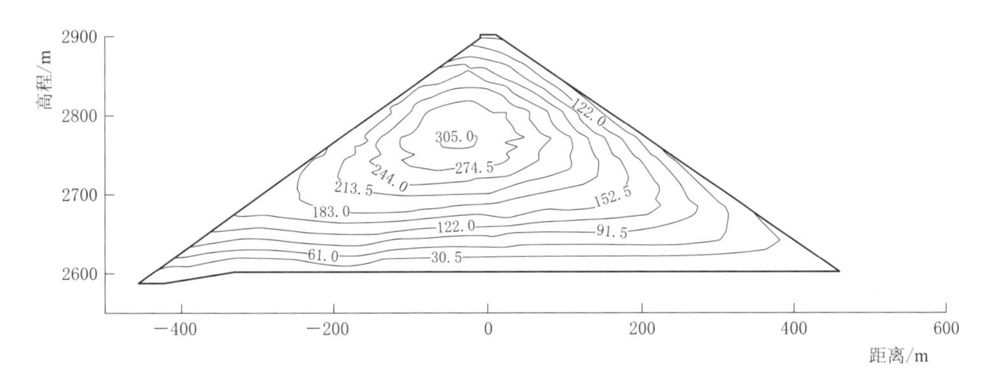

图 3.3-18　基于室内试验的RM堆石坝沉降量等值线图（单位：cm）

从计算结果可以看出：基于数值试验的模型参数计算的竣工期、蓄水期和稳定期的最大沉降量分别为264.5cm、300.1cm和336.1cm，均大于基于室内试验参数的计算值，增量分别为12.6cm、19.3cm、26.3cm。而且其增量随着坝体的蓄水时间而逐步增加，这个

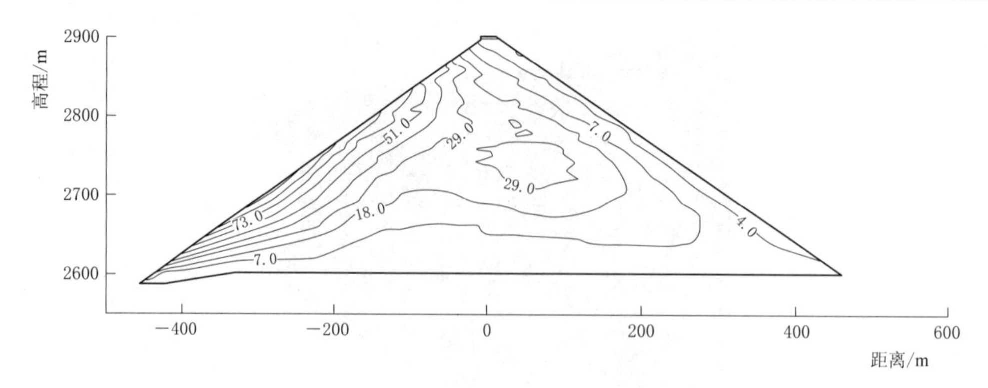

图 3.3-19　基于室内试验的 RM 堆石坝水平位移等值线图（单位：cm）

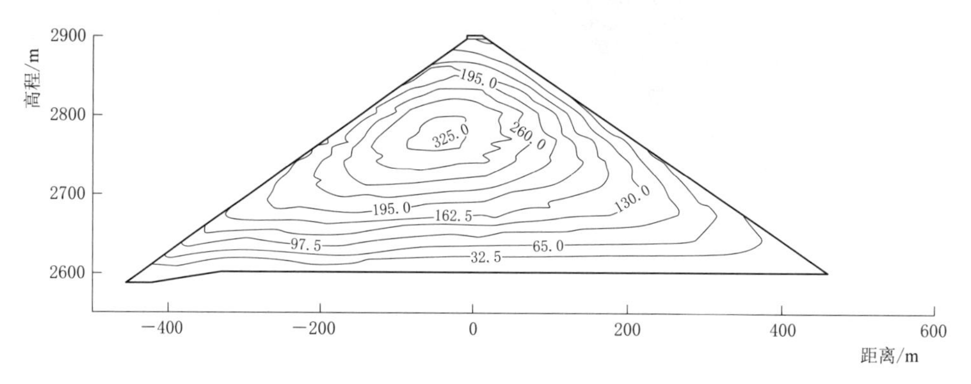

图 3.3-20　基于数值试验的 RM 堆石坝沉降量等值线图（单位：cm）

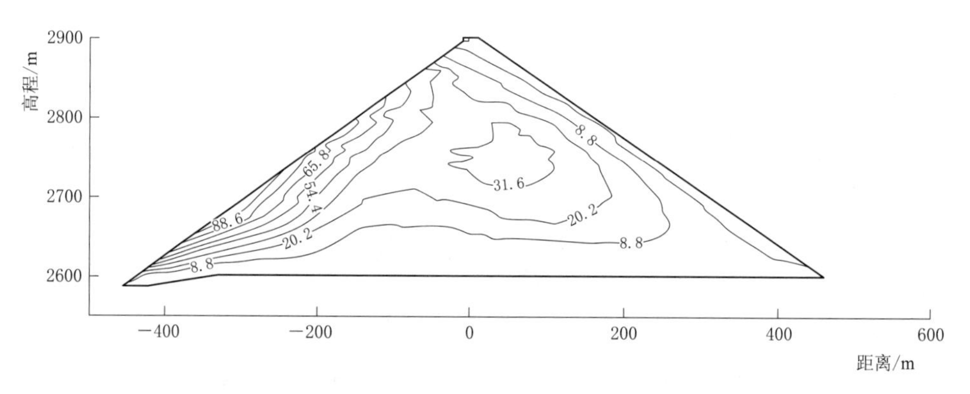

图 3.3-21　基于数值试验的 RM 堆石坝水平位移等值线图（单位：cm）

变化规律和采用水布垭幂函数流变模型验证的坝体沉降规律相同。根据水布垭实测的坝体沉降值，可以推测 RM 混凝土堆石坝在蓄水初期及稳定渗流期坝体的沉降量应该和数值试验参数计算结果相差不大。

从沉降量等值线图可以看出，室内试验和数值试验最大沉降量发生的位置基本相同，变形分布符合堆石坝坝体的普遍规律。从室内试验参数计算结果和数值试验参数计算结果对比看，随着时间的推移，第一、第三主应力均增加。坝体发生剪应力破坏的可能性较小，坝体应力分布合乎堆石坝的变形规律。

3.3.2.2　茨哈峡堆石坝应力变形分析

采用邓肯 $E-B$ 模型计算，堆石体材料分区及参数见图 3.3-22 和表 3.3-15；计算采用水布垭堆石料幂函数流变模型试验参数（表 3.3-13）。

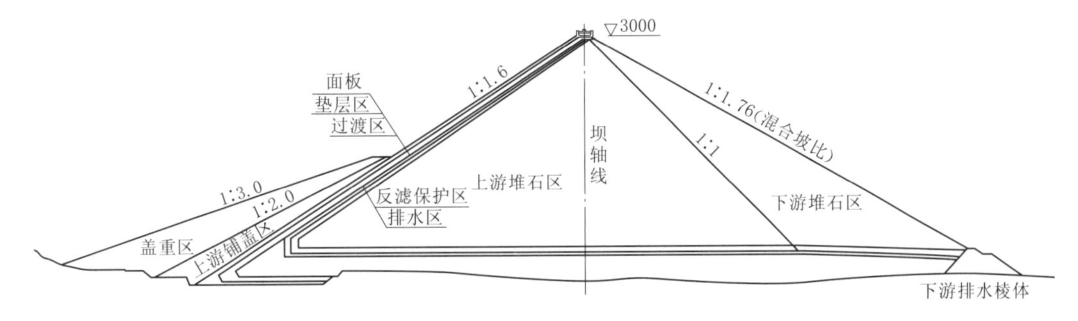

图 3.3-22　茨哈峡堆石坝材料分区

表 3.3-15　茨哈峡堆石料 $E-B$ 模型参数

材料类型		K	n	K_b	m	R_f	$\varphi_0/(°)$	$\Delta\varphi/(°)$
上游堆石料	室内试验	1808.7	0.39	1503.9	0.21	0.62	54.4	8.4
	数值试验	1711.7	0.36	1286.6	0.18	0.76	53.9	7.8
下游堆石料	室内试验	985.5	0.25	435.6	0.17	0.71	52.2	8.1
	数值试验	702.4	0.18	328.4	0.13	0.67	50.3	7.8
垫层区		1350	0.35	750	0.17	0.74	51.2	5.8
排水区		950	0.45	500	0.24	0.55	48.0	7.2
反滤保护区		500	0.21	300	0.70	0.70	35.0	4.5
过渡区		1400	0.28	750	0.22	0.70	53.6	8.3

（1）计算模型。茨哈峡面板砂砾石坝坝体模型沿坝轴线方向共选择 26 个剖面进行三维有限元网格剖分，剖分时主要采用 8 节点 6 面体单元，为适应边界过渡，采用了部分棱柱体单元，其中坝体离散为 44377 个单元，45801 个节点。其坝体三维有限元计算模型如图 3.3-23 所示。

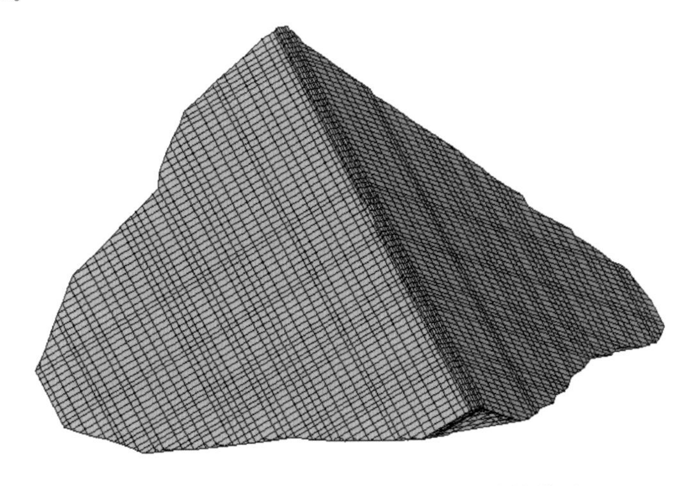

图 3.3-23　茨哈峡坝体三维有限元计算模型

(2) 计算结果及分析。位移、应力的正负号规定：竖向位移以向上为正，水平位移以指向下游为正；坝体应力以压应力为正，拉应力为负。表3.3-16给出了考虑流变效应的茨哈峡面板砂砾石坝坝体应力和变形极值。图3.3-24～图3.3-27分别给出了考虑流变效应的茨哈峡面板砂砾石坝坝体在稳定期沉降量和水平位移等值线图。

表3.3-16　考虑流变效应的茨哈峡面板砂砾石坝坝体应力和变形极值

坝体分析计算方案		竣工期			蓄水期			稳定期		
		室内试验	数值试验	增量	室内试验	数值试验	增量	室内试验	数值试验	增量
坝体变形极值/cm	水平向上游	15.7	17.7	2.0	4.8	5.0	0.2	4.5	4.7	0.2
	水平向下游	26.3	30.1	3.8	29.5	32.5	3.0	29.7	32.8	3.1
	铅直向下	139.8	153.4	13.6	146.2	160.8	14.6	148.1	162.4	14.3
坝体应力极值/MPa	第三主应力	1.38	1.39	0.01	1.66	1.69	0.03	1.69	1.76	0.07
	第一主应力	4.02	4.05	0.03	4.20	4.24	0.04	4.24	4.26	0.02

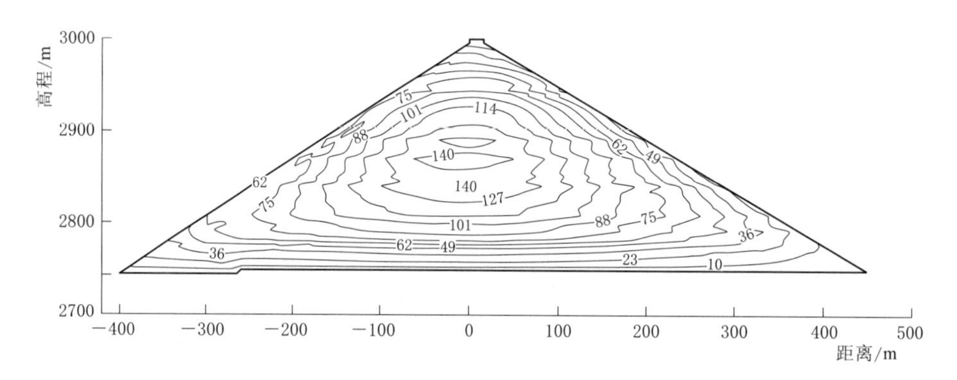

图3.3-24　基于室内试验的茨哈峡面板砂砾石坝稳定期沉降量等值线图（单位：cm）

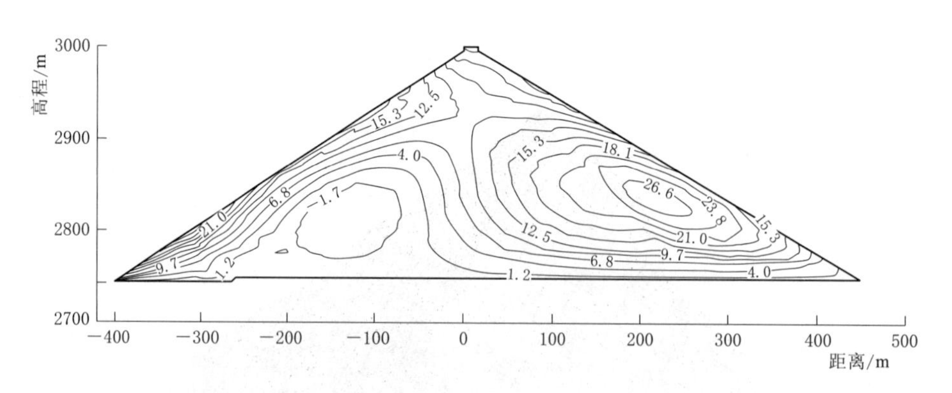

图3.3-25　基于室内试验的茨哈峡面板砂砾石坝稳定期水平位移等值线图（单位：cm）

基于坝体沉降的预测进行分析，从计算结果可以看出：基于数值试验的模型参数计算的竣工期、蓄水期和稳定期的最大沉降量分别为153.4cm、160.8cm和162.4cm，均大于基于室内试验参数的计算值，增量分别为13.6cm、14.6cm、14.3cm，而且增量随着坝体的蓄水时间的变化规律和采用水布垭验证的坝体沉降规律基本相同，但由于茨哈峡采用的

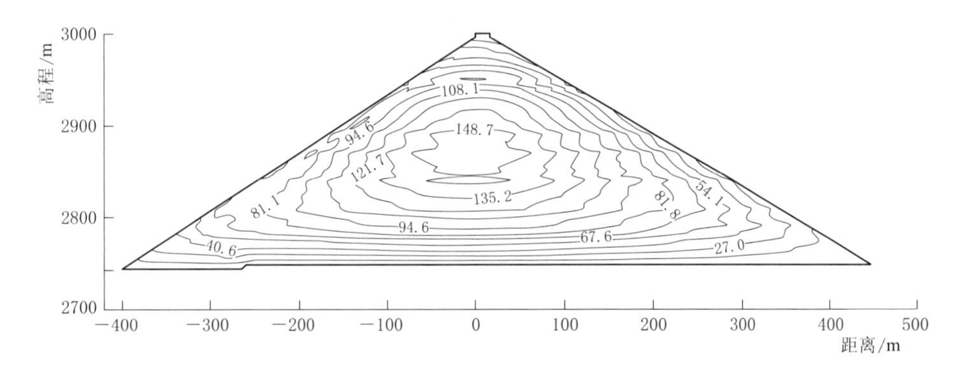

图 3.3-26 基于数值试验的茨哈峡面板砂砾石坝沉降量等值线图（单位：cm）

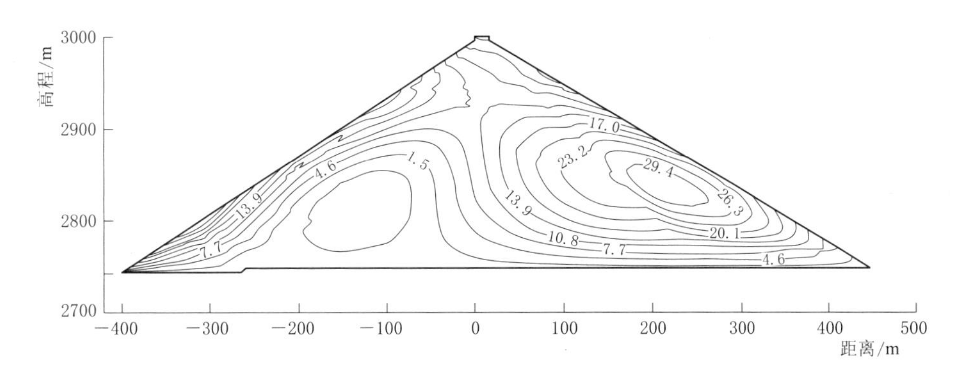

图 3.3-27 基于数值试验的茨哈峡面板砂砾石坝水平位移等值线图（单位：cm）

坝料是砂砾石，所以其增量的绝对值较采用块石料的 RM 面板坝要小。根据水布垭实测的坝体沉降值，可以推测茨哈峡混凝土面板砂砾石坝在蓄水初期及稳定渗流期坝体的沉降应该和数值试验参数计算结果相差不大。

从沉降量等值线图可以看出，室内试验和数值试验最大沉降量发生的位置基本相同，变形分布符合堆石坝坝体的普遍规律。对于坝体应力，从室内试验参数计算结果和数值试验参数计算结果对比看，随着时间推移，第一、第三主应力均增加。坝体发生剪应力破坏的可能性较小，坝体应力分布合乎堆石坝的变形规律。

3.4 本章小结

（1）基于茨哈峡工程，运用大型原位力学试验技术，进行筑坝料的载荷试验，载荷试验按照碾压试验确定的工艺参数，碾压后实测相对密度结果与碾压试验结果基本一致，试验技术具有良好的工程适用性；建立有限元模型模拟现场大型承载试验，将现场载荷试验数值模拟反演所得 $E-B$ 模型参数与室内三轴试验结果相比较，室内试验试样尺寸小于现场载荷试验，小粒径堆石料的初始切线模量及切线体积模量均大于原级配料，由此可知试样尺寸的增加会带来初始切线模量及切线体积模量的下降。

（2）基于 GS、RM、茨哈峡面板坝等工程的上下游堆石料，根据室内试验结果，开展数值试验率定原级配堆石体力学参数，再采用率定的参数生成原级配尺寸的数值试样，进行常规三轴数值剪切试验，研究原级配堆石料的力学特性。结果表明，原级配试样在不同围压下的常规三轴试验曲线具有相同的规律：在加载初期，不同围压下的偏应力曲线相差较小；随着加载的进行，偏应力随着轴向应变的增加而增大；随着围压的增大，应力-应变曲线由应变软化型逐渐变为应变硬化型，峰值偏应力逐渐增加；相同的轴向应变下，围压越高，剪缩体积应变越大，剪胀体积应变越小。

（3）基于大石峡高面板砂砾石坝的筑坝料，进行了单颗粒数值试验。结果表明：颗粒的球度对颗粒破碎强度的尺寸效应有明显的影响，棱角状颗粒的破碎强度尺寸效应强于类球状颗粒；颗粒形状越不规则，颗粒间的旋转阻力、摩擦阻力越大，发生的自锁现象越多。这些原因共同导致颗粒体系的抗剪强度增加，最终导致结构形成了较高的抗剪强度和剪胀性能。

（4）基于水布垭高面板堆石坝的筑坝料，对堆石体数值剪切分析方法的合理性进行了验证。结果表明：基于室内试验和数值试验得到的堆石料 $E-B$ 模型参数以及流变试验参数的计算结果，实测的水平变位和计算的水平变位相差较大。对于垂直沉降，在蓄水初期及稳定期，基于数值试验的模型参数计算的最大沉降量与实测值更加接近。在施工期，基于室内试验模型参数计算的最大沉降量与实测值更接近，表明通过数值试验手段获得的堆石料模型参数更能真实地反映蓄水后堆石体的实际力学特性。基于数值试验模型参数计算得到的监测点的沉降过程线与实测沉降过程线较为吻合，而基于室内试验模型参数计算的监测点的沉降过程线均低于实测曲线。可见，通过数值试验手段获得的堆石料模型参数能更好地反映实际工程中原级配堆石体的力学特性。

（5）基于室内试验和数值试验的 $E-B$ 模型参数以及水布垭流变模型参数，对 RM、茨哈峡面板砂砾石坝应力变形进行了仿真分析，对比分析大坝运行期的长期变形发展规律和变形稳定期的最大沉降量。计算表明：坝体应力及变形分布符合堆石坝的一般规律，随时间推移，第一、第三主应力增加，坝体发生剪应力破坏的可能性较小。基于数值试验的模型参数计算的竣工期、蓄水期和稳定期的最大沉降量均大于基于室内试验参数计算的沉降值。根据水布垭实测的坝体沉降值以及对之进行的验证，可以推测 RM 和茨哈峡面板堆石坝在蓄水初期及稳定渗流期坝体的沉降量应该和数值试验参数计算结果相差不大。

第 4 章

筑坝料大型渗透试验

随着特高坝（坝高＞200m）的修建，与100m级土石坝相比，筑坝料渗透特性及坝体渗透稳定性成为特高土石坝建设的制约性关键技术问题。由于坝高显著增加，坝体上游挡水深度也较大，加之库水位变化幅度较大，坝体的内部应力较高，分区堆石料差异变形也趋于严重；而且坝体的填筑方量大，施工期长，填筑期内坝体可能会多次临时抵挡施工期洪水，洪水的涨落也会对填筑体的工程特性产生影响。由于筑坝料物理力学性质的差异性和现场施工工况的复杂性，极端情况可能会造成周边缝止水破坏甚至是面板防渗失效。所以，在各种极端工况下坝体内的渗流稳定分析成为设计关注的核心问题之一，取得堆石坝体在可能承担的最大渗透坡降下的渗透特性指标尤为必要。本章通过特高土石坝砂砾石筑坝料原级配大型渗透试验系统开展试验，验证坝体设计的安全性和可靠性。

4.1 大型渗透试验装置

4.1.1 组合式渗透试验仪

渗透变形试验的仪器可分为垂直和水平两种。垂直仪器主要用来进行水流铅直方向的反滤试验及自下向上的管涌和流土试验；水平方向的渗透变形试验仪器可兼作接触冲刷和反滤试验之用。中国电建集团西北勘测设计研究院有限公司（简称“西北院”）研制了组合式多功能渗透仪，同时兼顾垂直和水平向渗透试验需要，主要由进水段、试样段、出水段三段组成，辅助设施有安装平台、配套起重设备、制样振动器及安全防护组件等。为了使仪器有更好的适应性，渗透仪箱体设计为钢制矩形断面，在长度方向采用可拆卸的组合方式，试验箱体有效截面尺寸为1.0m×1.0m，以满足渗透试验、渗透变形试验及反滤试验或其他特殊试验对试样长度的要求；首节箱体设有两套进水口及排气装置，试样段长2m，竖起来安装可进行垂直渗透试验，箱体可承受分级施加的最大水头为300m的水压荷载。试验段箱体一侧设置水压观测接口连接压力传感器，试样段箱体共9节，可通过法兰连接调整试验段长度，渗透仪垂直、水平渗透试验见图4.1-1、图4.1-2。

由于渗透仪钢质箱体内壁光滑，与砂砾石料试样的接触远不同于试样内部颗粒之间相互镶嵌的紧密接触关系，两者接触面处为薄弱面，易形成渗漏通道，产生集中渗流，从而影响试验结果。为了降低边壁扰流现象对试验结果产生的影响，采取以下两项措施：

（1）箱体内壁表面涂抹聚脲涂层，主要目的是降低箱体与试样接触侧壁刚度，使试样颗粒与箱体边壁挤压镶嵌结合紧密。聚脲材料具有明显的防水性、黏结性和弹塑性，能较好地在试样和箱体之间起到缓冲作用，有效降低试样与箱体边壁之间接触面的刚度和平滑度，使试样和仪器边壁的结合更加紧密；而且聚脲具有很好的黏结性，不会与钢质箱体脱开，可防止试验过程中形成涂层与箱体间的渗透通道。具体处理方法为：将箱体基础表面清理干净，滚涂一遍环氧底涂剂，涂刷均匀，待固化稳定后将聚脲涂抹在箱体表面。关于

图 4.1-1 组合式多功能渗透仪垂直渗透试验

图 4.1-2 组合式多功能渗透仪水平渗透试验

边壁处理的方法，目前还在摸索阶段。朱国胜等（2012）对此有过研究，用水泥进行边壁处理，护壁处理层厚度4mm，对于这种级配连续的材料来说，护壁厚度可以取试样的d_{30}或5mm小值，考虑聚脲的弹塑性和黏结性优于水泥，取箱体内壁表面聚脲涂层厚度为3mm，处理效果如图4.1-3所示。

（2）将水头压力传感器测点伸入试样内部，主要有两方面的目的：①传统渗透仪的水头压力测量接口位于渗透仪箱体内壁和试样接触面，与渗透仪箱体内壁齐平，而将压力传感器接口内侧用连接杆延伸入试样内部，可避免测压管直接测量箱体侧壁薄弱面的局部水头作为该断面水头，从而降低绕壁渗流作用对测压管水头量测值的影响；②本次渗透试验试样尺寸较大，通过改变连接杆伸入箱体内部的长度，可对比测试断面内试样不同位置水压测值的大小，用以评估对试验结果的影响。连接杆伸入长度可达3～50cm，如图4.1-4所示。

图 4.1-3 试样箱体侧壁防绕壁渗流处理效果

图 4.1-4 试样内压力传感器连接杆示意图

由于试验制样密度相对较高，箱体形状为矩形，制样过程中边壁及边角制样密实程度处理困难，综合以上因素对传统的制样表面振动器进行了改进。新表面振动器选用的振动电机功率为0.8kW，激振力为10kN，可变频范围为0～50Hz。下部设计用高25cm的梯形台座固定振动电机，梯形台座底面夯板为边长0.5m×0.5m、厚2.5cm的方形钢板，顶面固定板为边长0.3m×0.3m、厚2.5cm的方形钢板，通过立柱相连，总质量为129kg。用新加工的表面振动器（图4.1-5）进行制样试验，击实后的试样能达到要求的试验密度。

4.1.2 应力渗流耦合试验仪

4.1.2.1 仪器的主要性能和特点

图 4.1-5 制备试样的表面振动器

南京水利科学研究院研制了大型高压真三轴渗透试验仪，用于研究在应力与渗流耦合时坝料的渗透特性。该仪器具备三向独立加载的能力，最大应力达 9MPa，不仅满足 300m 级高土石坝应力施加要求，还可方便模拟高土石坝填筑施工、蓄水运行以及库水快速涨落、水位剧烈变化引起的应力重分布与主应力偏转等复杂应力路径。由于该仪器采用了一套行之有效的组合密封策略，使其密封性能优良，允许水压力达 3.5MPa，满足 300m 级高土石坝筑坝粗粒土在高水头作用下渗透试验的需要。仪器最大腔体内尺寸为 55cm×55cm×105cm，参照《土工试验方法标准》(GB/T 50123—2019) 可开展最大粒径超过 9cm 的粗粒土的渗透试验，满足了原级配砾石土心墙料渗透试验的要求，同时可大幅降低高土石坝筑坝粗粒土渗透试验的尺寸效应。该仪器的另一特点是可以分别开展水平方向和垂直方向渗透试验，可用于研究分层填筑高土石坝渗透系数各向异性对其渗流状态的影响。此外，该仪器的可操作性和安全性好，试样应力加载可通过交互界面直接控制，关键试验控制参数、安全状态均能在交互界面上显示，相关数据可通过接口直接导出。

大型高压真三轴渗透试验仪的主要特征参数见表 4.1-1，与该仪器相配套的两套高压供水控制系统（分别对应无黏性土和黏性土）的特征参数见表 4.1-2。

表 4.1-1 大型高压真三轴渗透试验仪特征参数

仪器特征	参数	仪器特征	参数
外形尺寸	2000mm×3000mm×2000mm	加载行程（x、y、z 向）	150mm、100mm、100mm
最大模型尺寸	1050mm×550mm×550mm	推板峰值应力	9MPa
最小模型尺寸	900mm×450mm×450mm	渗流方向	水平、竖直向上
加载形式	刚性加载	容许水压	3.5MPa
加载方向	x、y、z 轴独立加载		

表 4.1-2 高压供水控制系统特征参数

仪器特征	参数		仪器特征	参数	
	无黏性土	黏性土		无黏性土	黏性土
压力室个数	1	2	压力室容积	400L	0.5L
最大供水压力	3MPa	3.5MPa	供水形式	间断供水	连续供水
加压形式	水气混合加压	水腔隔气加压	PLC 响应时间	<1s	<0.05s
最大供水流量	2.5L/s	75mL/s	水压测量误差	<5%	<0.1%

4.1.2.2 整体结构布置

大型高压真三轴渗透试验仪按照模块化思路设计，整体结构如图 4.1-6 所示，可分为供水模块（A）、模型箱模块（B）、加载系统模块（C）以及组合密封模块（D）4 个部分。各模块相对独立，仅通过水管、油管等管件相互连接，便于日常维护、拆卸维修，且在开展不同渗透特性粗粒料时方便对部分模块进行替换。试验仪实体图见图 4.1-7。

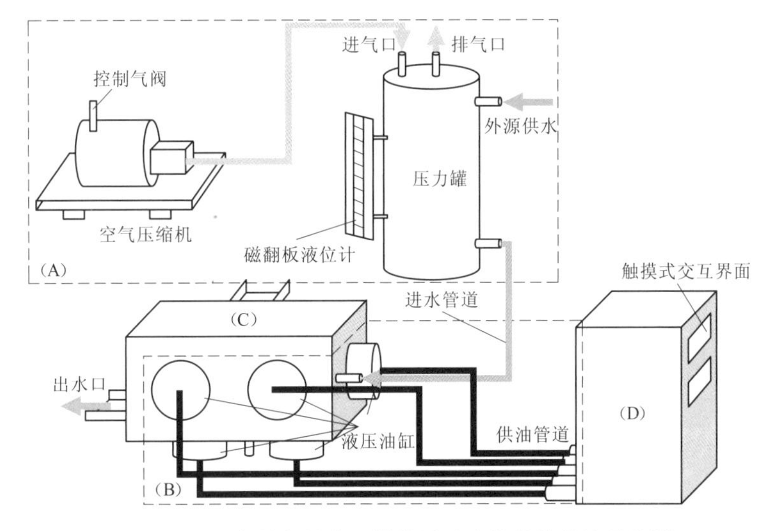

图 4.1-6　大型高压真三轴渗透试验仪整体结构示意图

图 4.1-7　大型高压真三轴渗透试验仪实体图

4.1.2.3 试验验证

1. 无黏性土重复性试验

大型高压真三轴渗透试验仪集成了高应力三向加载、高水头、大尺寸模型箱等技术特点，其复杂的设计构想极易降低试验开展过程中的鲁棒性。为检验该大型高压真三轴渗透试验仪的仪器可靠性，验证相应刚性三向加载方式以及组合密封套件在高压渗透试验的适用性，开展了两组宽级配砂砾石料的水平渗流平行试验。

宽级配砂砾石料取自四川省某土石坝坝基覆盖层，级配曲线见图 4.1-8。按照

<0.5mm、0.5～1mm、1～2mm、2～5mm、5～10mm、10～20mm、20～40mm、40～60mm、>60mm 等 9 种粒径范围的风干筛分土按照级配曲线进行配土，并采用分层击实的方法对大型试样分 5 次装填。振动器的振动频率为 40Hz，击实功率达到 1.2kW，可较好地模拟施工现场大型碾压的击实效果。

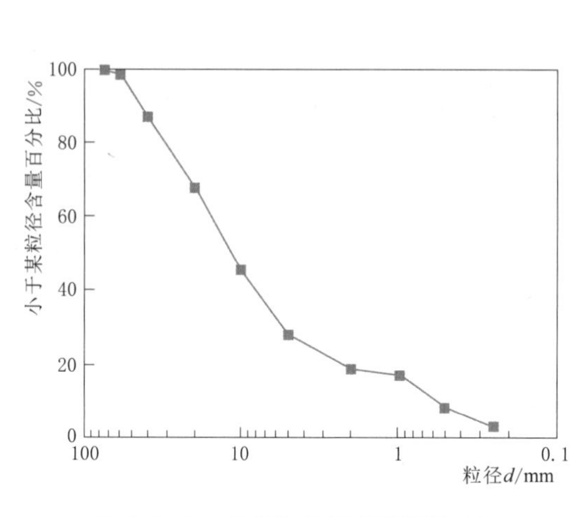

图 4.1-8　宽级配砂砾石料级配曲线

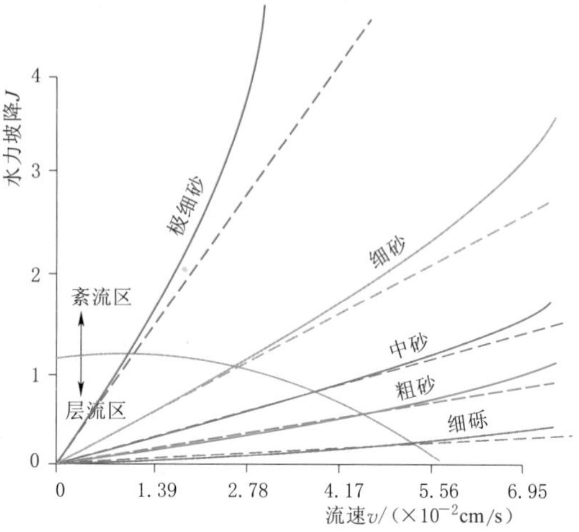

图 4.1-9　达西定律适用范围

雷诺根据管道中水流的试验研究，提出用一个无量纲参数 Re 来反映水流流态，称为雷诺数，定义为 $Re=\rho v d_{10}/\mu$，式中 ρ 为水的密度（kg/m^3），v 为流速（m/s），d_{10} 代表小于该粒径颗粒占总试样 10%质量所对应的颗粒粒径（m），μ 为水的动力黏滞系数（Pa·s）。存在一个临界雷诺数 Re_c，范围在 1～10 之间，是达西定律成立的上限，当 $Re<Re_c$，即为低雷诺数时，流体属低速流，此范围内达西定律适用（图 4.1-9）。当 $Re_c<Re<20\sim60$ 时，出现一个过渡带，流体从层流运动过渡到非线性层流运动。当 $Re>20\sim60$，即为高雷诺数时，流体为紊流，达西定律失效。砂砾石料处在细砾下方，当处在低水力梯度低流速时，砂砾石料处于层流区，而当水力梯度大于 1 后，砂砾石料处于紊流区，属于非达西流，渗透性与水力梯度不呈线性关系。

试验采用先施加 0.5MPa、1MPa、1MPa 三向应力而后逐级抬升水头的步骤，试验结果见图 4.1-10。可以看到，基本试验（*Re*.1）与平行试验（*Re*.2）在开始阶段（水力梯度为 1.03）渗透系数分别为 9.43×10^{-3}cm/s、9.41×10^{-3}cm/s，偏差仅为 0.21%；当水力梯度达到最大值 43.5 时，两组试验渗透系数分别为 7.34×10^{-4}cm/s、6.66×10^{-4}cm/s，两者相差约 9.26%。基于相对误差概念，绘制一条等同于基本试验 1.2 倍数值的渗透系数辅助线，平行试验得到的渗透系数完全闭合在该辅助线与基本试验绘制的误差空间里，因而该重复性试验组误差小于 10%，符合平行渗透试验的误差要求，从而验证了该大型高压真三轴渗透试验仪的可靠性与制样方法的合理性。

2. 黏性土重复性试验

验证试验以三向应力分别为 2.5MPa、2.5MPa、2MPa 的常水头渗透试验为基本单元，按试验规程要求制备好试样并达到饱和后，先施加应力而后逐级抬升入渗水头，开展水平渗透试验，试验结果见图 4.1-11。其中蓝线代表常规渗透试验结果，即土样在加载过程中未经历超过当前应力的应力历史且三向应力始终保持动态补压，在渗透过程中未发生渗透破坏。本仪器还可开展不同应力状态下的应力松弛试验，此处用红色代表应力松弛工况的渗透试验结果，换言之，土样同样未经历高应力历史与水力破坏历史，但三向应力不再动态补压，本试验中应力松弛时间达到 12h。从图中可以看出，红色、蓝色 2 条试验曲线较好地刻画了出渗流速 v 与水力梯度 i 的线性正相关性，相关系数 R^2 分别为 0.93 与 0.97，35%砾石的含量砾石土心墙料在承受超过 200 的水力梯度时，渗流状态基本符合达西渗透定律。相比常规渗透试验得到的渗透系数 6.23×10^{-7}cm/s，应力松弛对比组的砾石土心墙料渗透系数为 6.88×10^{-7}cm/s，渗透性提高了约 10.4%。这与应力松弛过程会导致黏性土在压缩过程中产生的弹性变形部分回弹，从而使得土体孔隙相比应力松弛前有所增加的认识相一致。

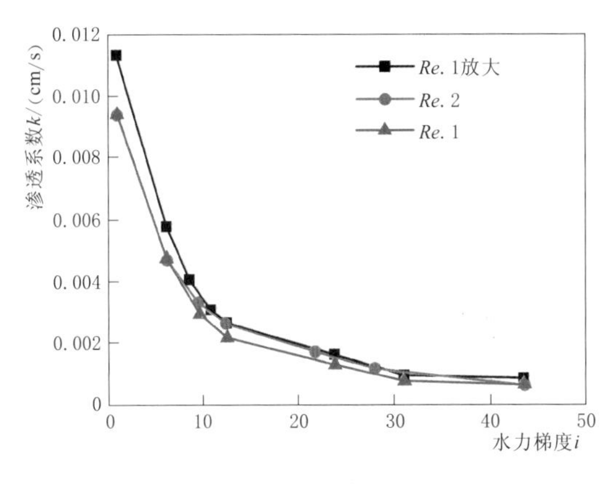

图 4.1-10　无黏性土重复性试验结果

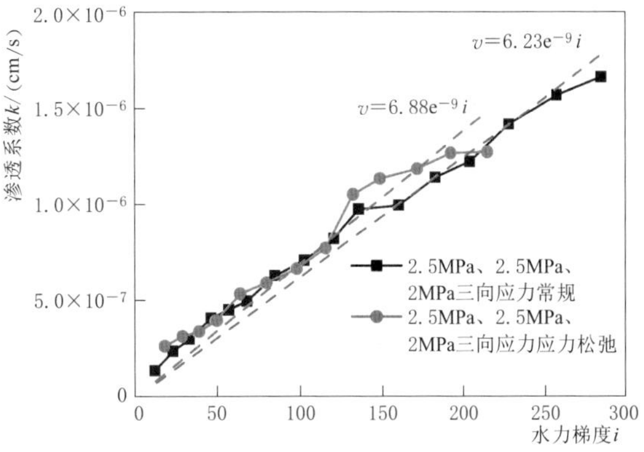

图 4.1-11　35%砾石含量的砾石土试验结果

值得注意的是，以上两组验证试验中实现的最大水压达到 2.51MPa，且水压分布更为均匀合理。由此可见，本新型连续高压供水控制系统较好实现了既定的各项技术要求，与该仪器其他模块的契合度好。

4.1.3　超大型高压渗透试验仪

4.1.3.1　目前渗流测试试验存在的问题

国内外坝工实践表明：由渗流引起的渗透变形是造成土石坝破坏和失事的主要原因之一，其中，筑坝料及坝基覆盖层的渗透与渗透变形特性是土石坝设计的关键技术问题。现今坝工渗流测试试验存在以下问题：

(1) 由于当前设计水平的提高和大型碾压设备的运用，坝体填筑料的最大粒径可达到 1000mm，但室内研究粗粒土的渗透与渗透变形特性常在直径约为 300mm、试样最大限制粒径仅为 60mm 的试验仪上完成，这种由于试验设备限制带来的尺寸效应势必影响试验成果的可靠性。

(2) 300m 级高坝防渗体、反滤材料、过渡料等的最大竖向应力可超 6MPa，室内渗透试验一般都在无上覆压力或较小的上覆压力情况下进行，这忽视了坝体材料的真实应力状态。

（3）坝基覆盖层和坝体内部水头压力一般都很大，有的区域甚至达到 2MPa，室内试验中一般最大水头压力都只能控制在几帕或几十帕之间，最大水头坡降一般为几十左右，远远小于现场坝体材料所受水头压力和坡降，因此现有的加压系统较难满足特高坝高水头的需求。

（4）坝体内部及其下覆盖层常常表现出较强的各向异性，传统渗流试验常常针对的是筑坝料的竖向渗流特性，而大坝特别是坝基的渗流通常为竖向和水平向渗流的综合表现，目前能够综合考虑竖向及水平向渗流的试验装置较少。

4.1.3.2 超大型高压渗透试验仪装置及其特点

针对上述难题，南京水利科学研究院研发了一套数控超大型高压渗透仪（图 4.1-12）。该仪器精度高、竖向荷载大、水头压力高、试样尺寸大、试验过程中能自动控制和数据自动采集，由主机、高压渗透系统、液压系统、伺服加载控制及测量系统等组成。主要技术参数：主机装置具有高压渗透试验功能；试样室尺寸 1300mm×1500mm×2000mm（长×宽×高）；试样尺寸 1000mm×1000mm×1500mm（长×宽×高）；加载系统：最大上覆荷载 6MPa，精度为±1%R. O.；恒压供水系统：1.66MPa（166m 水头），精度为±1%R. O.；自动控制与数据自动采集系统实时显示力、位移、时间、渗透量、变形、压力等技术参数。超大型高压渗透仪技术参数见表 4.1-3。

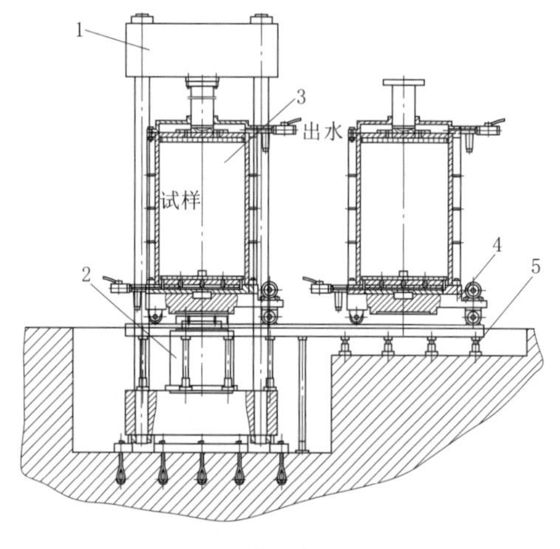

(a) 结构示意图

(b) 实物图

图 4.1-12 数控超大型高压渗透仪

1—机架；2—轴向液压缸；3—高压渗透压力室；4—小车；5—导轨

表 4.1-3 超大型高压渗透仪技术参数

试样尺寸	1000mm×1000mm×1500mm（长×宽×高）	水压力	0～1.6MPa
容许粒径	200mm	渗流方向	竖向
上覆应力	0～6.0MPa		

该仪器可进行大粒径或原级配高土石坝筑坝料的渗透特性（包括渗透变形、渗透破坏）试验，为特高土石坝筑坝料的渗流试验提供有效的测试装置及技术指导，主要有以下特点：

(1) 试样及试样室尺寸大。试样尺寸长、宽、高分别达 1000mm、1000mm、1500mm，试样室尺寸为 1300mm×1500mm×2000mm。从国内外渗透试验仪的发展来看，渗透试验仪可以开展有上覆压力的土体渗透特性、垂直水平渗透特性的试验研究，但普遍存在着试样室较小（最大直径 300～500mm）、适用试样粒径不大、垂直水平渗透试验不能同时进行等缺陷。实际材料粒径与试样粒径的比值大，试验的尺寸效应较为明显。该仪器由于试样尺寸大，可大大减小尺寸效应，这样试验结果更接近工程实际状况。

(2) 上覆荷载大。土石坝工程的反滤层土料的选择、粒径和级配的设计也需要通过渗透试验来确定。碾压土体在实际中一般处于受压状态，试验表明，在上覆荷载作用下土体的渗透特性不同于无上覆荷载的情况。该仪器试样上端最大上覆荷载 6MPa，即可在试样上施加 6000kN 荷载。

(3) 水头压力大。随着 300m 级特高土石坝的逐步建设，需要开展相应的渗流试验研究。现有仪器已不能完全满足试验研究的需要，应该进行升级，更新换代。此仪器将蓄水池的水通过恒压供水设备加压供给试样室，而且水头压力可以无级调整。水头压力可保持恒压，最高水头压力可以达到 166m。

(4) 可进行高压渗透试验。高压渗透压力室可以用来进行多项研究，包括渗透系数研究（单向或高压）、渗透变形坡降试验研究、上覆荷载对渗透系数的影响研究、反滤保护试验研究、大粒径材料渗流特性实验研究、渗透作用下部分颗粒潜蚀和冲蚀变形试验研究、不同材料面渗透冲刷试验研究等。

4.2　应力渗流耦合作用下砂砾石料渗透特性

4.2.1　应力渗流耦合作用下非达西流渗透特性

针对宽级配砂砾石料在渗流和应力耦合作用下的渗透特性，特别是应力与水头变化，对其渗透特性的影响规律开展了试验研究。根据试验要求的干密度、试样的尺寸和级配曲线计算后配制所需试样，试验所用的砂砾石试样均处于自然风干状态，分>60mm、60～40mm、40～20mm、20～10mm、10～5mm、5～2mm、2～1mm、1～0.5mm、<0.5mm 等 9 种粒径范围进行试样的称取，将备好的试样分成 5 等份混合均匀，试验级配如图 4.2-1 所示，试样的物理指标见表 4.2-1；分别开展了各向等压、轴向压缩、围向压缩、各向不

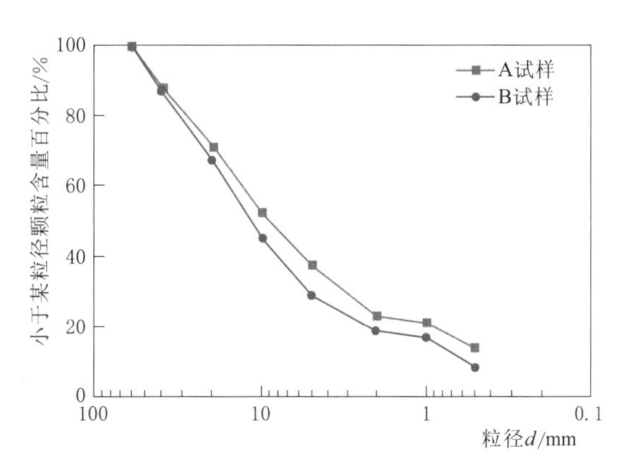

图 4.2-1　砂砾石料试验级配

等压、不同加压方向和不同加载路径的应力-渗流耦合试验。

表 4.2-1　　试样基本物理性质

试样	比重	制样干密度/(g/cm³)	粗粒含量(>2mm)/%	细粒含量 P_2(<2mm)/%	不均匀系数 C_u	曲率系数 C_c
A	2.78	1.916	77.1	22.9	39.05	2.32
B		1.815	80.9	19.1	27.56	2.59

4.2.1.1 非达西流渗透系数和水力梯度间的关系

如图 4.2-2 所示，在较低水头时，渗流量与水力梯度呈线性关系，满足达西定律；随着水力梯度的增大，在较高水头下渗流速率先趋于平稳，再继续增大；到达临界梯度，渗流量突然增大后，再次降低并趋于平稳。这是在高应力约束下，砂砾石料内部颗粒重新排列到达新的平衡，也是水力梯度对试样的紧密作用。试样随着水头的增大可分为 4 个阶段：第一阶段是在低水头下的达西渗流过程；第二阶段是高水头下的非达西渗流过程；第三阶段是达到临界水力梯度的颗粒重排列过程；第四阶段是再次紧密稳定的过程。试验过程中随着水力梯度的增大，第三阶段和第四阶段可能会交替重复发生。

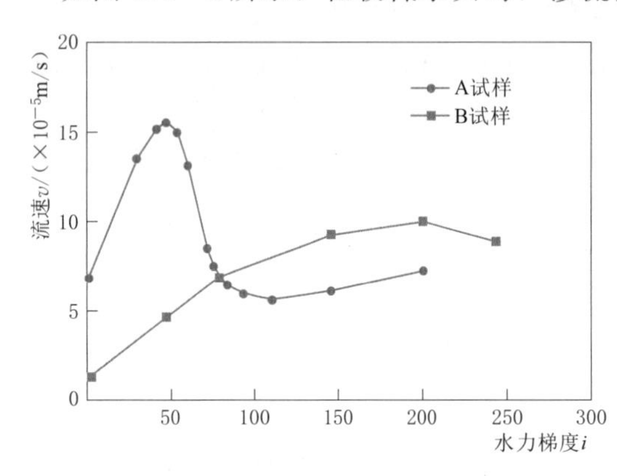

图 4.2-2　三向不等压应力下流速v与水力梯度 i 间的关系

在第二阶段，对于一般非达西流的渗透方程，i 和 v 间存在二次方程或者幂次的关系。为反映高水头下砂砾石料的渗透性，定义非达西流的渗透系数 $k=v/i$，则 k 可以表示成关于 i 的方程式，可以用于确定每个水力梯度下砂砾石料的渗透系数。

A 试样各向等压试验非达西流渗透系数 k 与水力梯度 i 间的关系如图 4.2-3 所示：

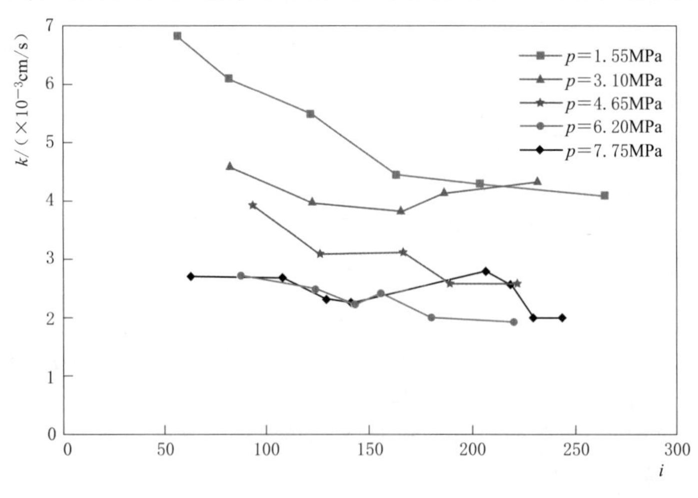

图 4.2-3　A 试样各向等压试验渗透系数 k 与水力梯度 i 间的关系

在1.55MPa的三向应力下，k随着水力梯度i的增大先减小，后趋于稳定；在超过3.10MPa的应力下，渗透系数随水力梯度变化不大；当三向应力为7.75MPa时，在水力梯度接近150时，k出现拐点，先增大再减小，但整体渗透系数变化不大。总的来说，A试样非达西渗透系数k随着水力梯度i的增大先减小，后趋于稳定，所受应力越大，渗透系数越小，且在更低的水头下就进入稳定状态。

B试样围向压缩试验渗透系数k与水力梯度i之间的关系如图4.2-4所示：同样，渗透系数k随着水力梯度i的增大先减小，后趋于稳定。整体上k可以用i的幂次函数表示。在30m水头下，1MPa围压和2MPa围压的渗透系数就出现一定的波动，随着水力梯度的增加都出现先增大后减小，再增大，再减小的现象，最终趋于稳定，可见对于较低应力状态的砂砾石料具有更低的临界梯度，内部细颗粒更容易发生迁移。而4MPa围压和6MPa围压渗透系数与水力梯度呈现较好的幂次关系，无较大波动，也较快趋于稳定。最终4组试样稳定时的渗透系数都趋于10^{-4}cm/s，比低水头时的渗透系数要小1～2个数量级。

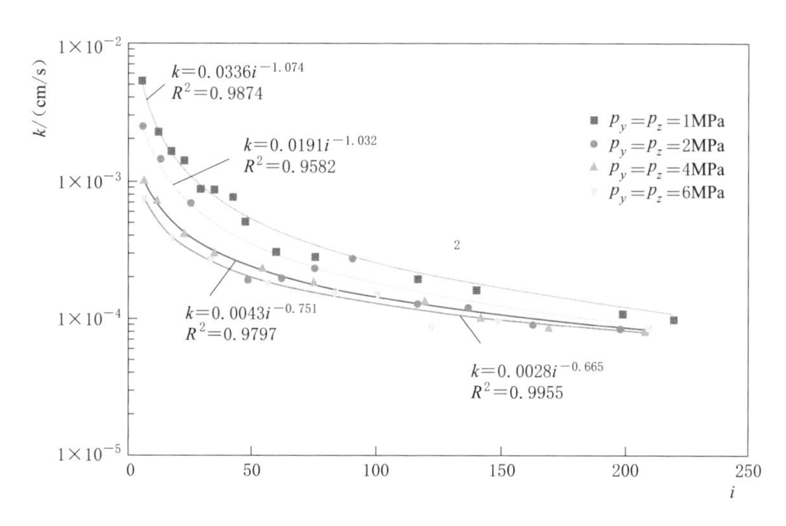

图4.2-4 B试样围向压缩试验渗透系数k与水力梯度i间的关系

对于A、B试样，两组试样具有相同的大主应力和大主应力方向，但X向和Y向的应力互换，A试样Y向应力较大，B试样X向应力较大，施加完应力后，A试样孔隙率为20.0%，B试样孔隙率为19.4%。渗透系数k随水力梯度i的变化关系如图4.2-5所示，具有较好的幂次关系，k随着水力梯度i的增大先减小，后趋于稳定。A试样孔隙率大于B试样，在低水头时的渗透系数也是A试样大于B试样，B试样在$i=50$时渗透系数趋于稳定，A试样在$i=100$时趋于稳定，最终两组试样的稳定状态渗透系数趋于相同。

4.2.1.2 非达西流渗透系数和应力状态的关系

随着水力梯度的增加，在试样未破坏前，不同应力状态的试样渗透系数均趋于10^{-5}～10^{-4}cm/s的范围，渗透系数在未达到稳定值前受应力状态的影响。以下就给定的水力梯度来讨论不同应力状态对其渗透系数的影响。

轴向压缩试验中，A试样在i约为25时，不同围向应力下渗透系数k随轴向应力和

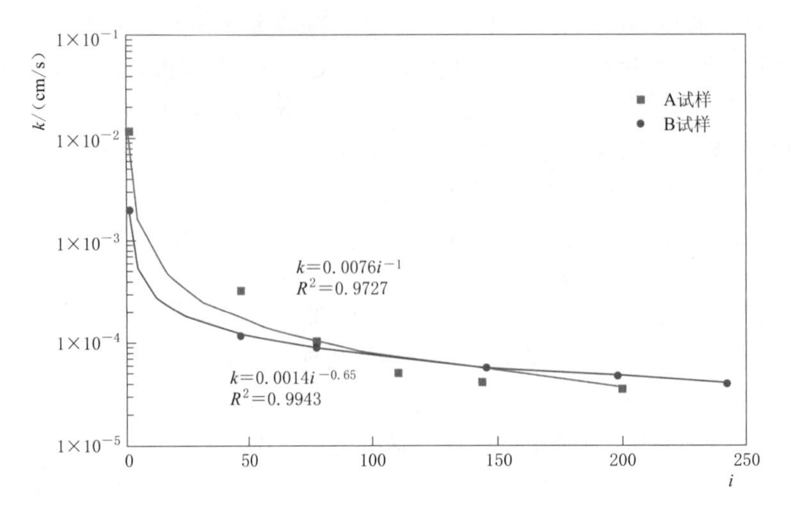

图 4.2-5　A、B 试样三向不等压试验渗透系数 k 与水力梯度 i 间的关系

孔隙率的变化关系如图 4.2-6 和图 4.2-7 所示，当围向应力较小（1.55MPa）时，渗透系数 k 随 x 向应力 p_z 的增大而减小，随孔隙率 n 的减小而减小；当围向应力为 3.1MPa、4.65MPa、6.2MPa 时，渗透系数基本不随 x 向应力变化，渗透系数随孔隙率 n 的减小而减小，这主要是由于围向应力的增大造成过流面积的压缩。

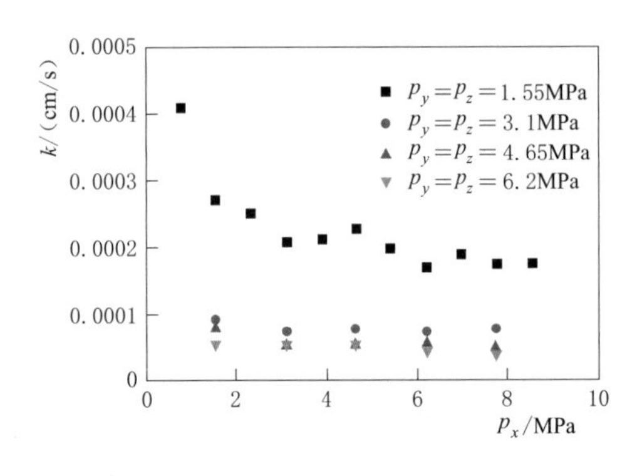

图 4.2-6　轴向压缩试验渗透系数随轴向应力变化关系

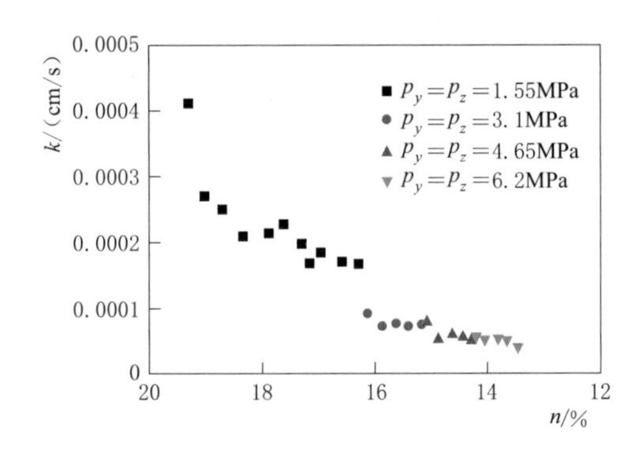

图 4.2-7　轴向压缩试验渗透系数随孔隙率变化关系

围向压缩时，对于 B 试样，在较低水力梯度（6m、12m 和 35m 水头）下，渗透系数 k 随围向应力和孔隙率 n 变化关系如图 4.2-8 和图 4.2-9 所示。随着围向应力的增大（过流面积的减小），孔隙率减小，渗透系数减小，并呈指数相关，且水头越低，渗透系数随围向应力变化越大。

单向加压时，A、B 试样在 1m 水头下渗透系数随加压向应力和孔隙率变化关系如图 4.2-10 和图 4.2-11 所示。其中 A 试样保持 x 向、z 向应力不变，y 向加压；B 试样保持 y 向、z 向应力不变，x 向加压。在 20%左右的孔隙率下，B 试样随 x 向压缩，孔隙率的减小，渗透系数也减小；A 试样随 y 向压缩，孔隙率减小，渗透系数先减小，后增加。

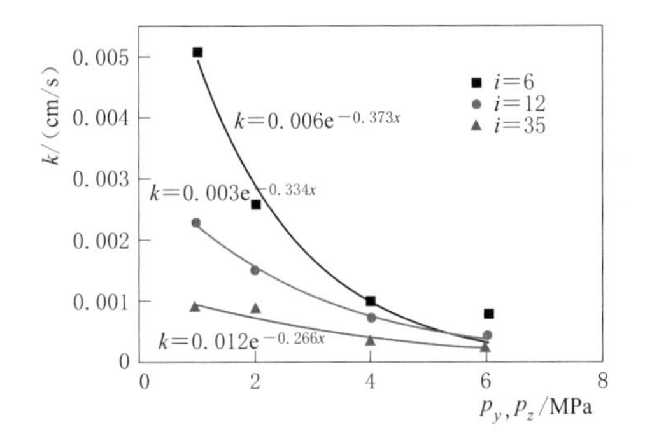

图 4.2-8　围向压缩试验渗透系数随围向应力变化关系

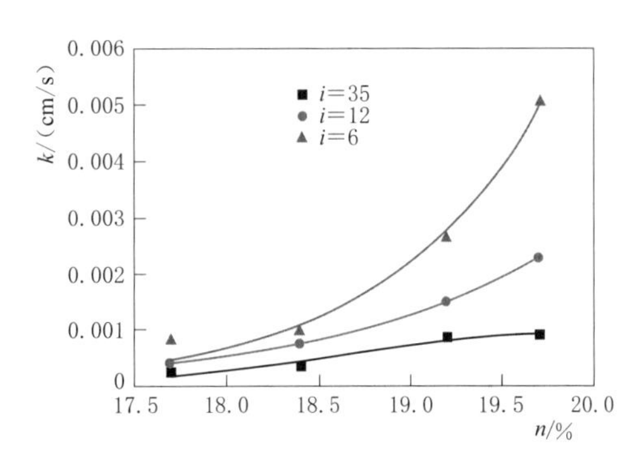

图 4.2-9　围向压缩试验渗透系数随孔隙率变化关系

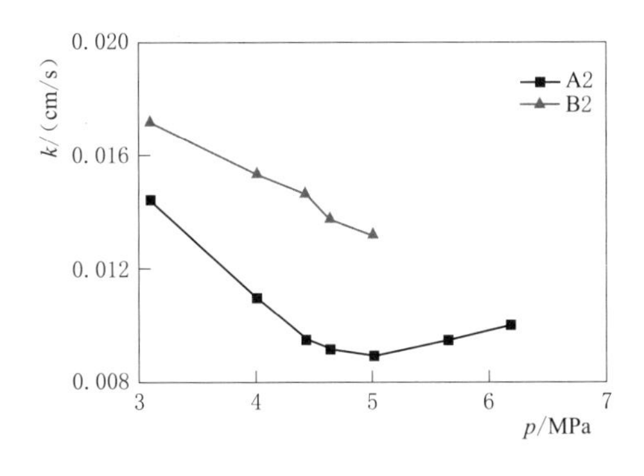

图 4.2-10　低水头下渗透系数随加压向应力变化关系

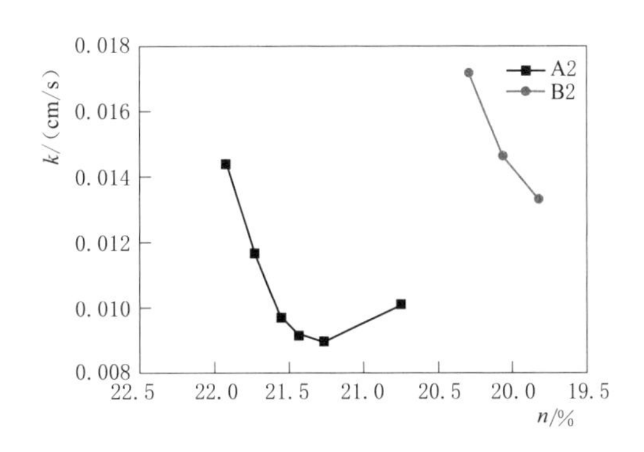

图 4.2-11　低水头下渗透系数随孔隙率变化关系

同样是单向加压，A、B试样在100m水头下进行试验，同样A试样是y向加压，B试样是x向加压，渗透系数随加压向应力大小和孔隙率变化关系见图4.2-12和图4.2-13。B试样随x向应力和孔隙率的变化，渗透系数变化不大；而A试样随y向应力增大和孔隙率的减小，渗透系数先增大，后减小，再趋于稳定。

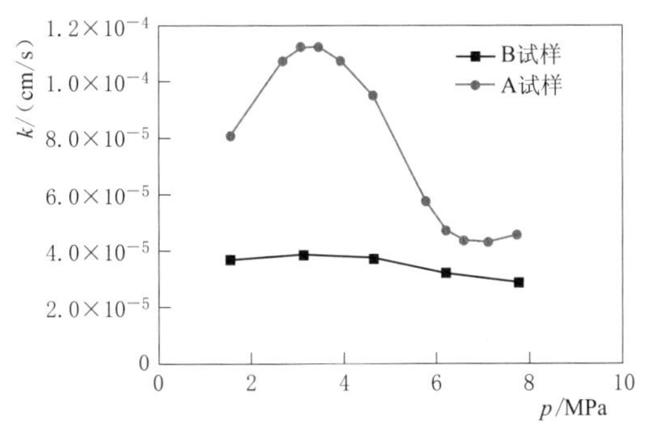

图 4.2-12　高水头下渗透系数随加压向应力变化关系

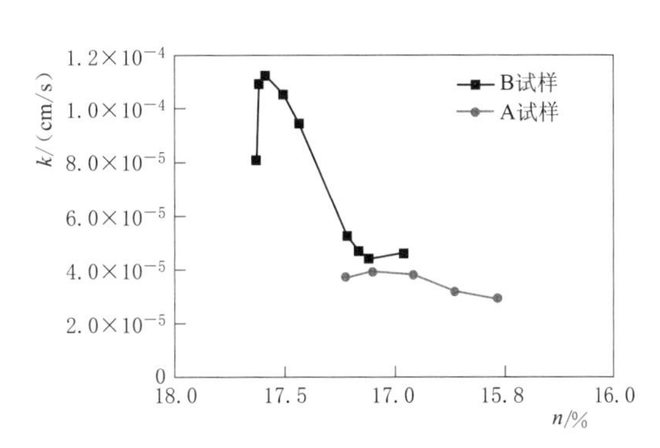

图 4.2-13　高水头下渗透系数随孔隙率变化关系

无论是低水头还是高水头，垂直渗透方向的单方向压缩可能会导致试样内部颗粒的错位，造成渗透系数的突然增大，继续压缩，渗透系数相应减小。沿着渗透方向的单独加压，在较低水头、孔隙率相对较大时，随着渗径的压缩，孔隙率降低，渗透系数减小；在高水头、孔隙率较小时，渗透系数随渗径的压缩变化不大。

总的来说，试样在水头较低情况下的渗透系数主要与其围向应力有关，围向（垂直于渗透方向）应力的增加，造成过流面积的压缩，截面孔隙通道减小，渗透系数减小；在相对较大的孔隙率（$n>18\%$）下，轴向（渗透方向）的压缩也会造成渗透系数的减小，而孔隙率较小时，轴向压缩对渗透系数影响不大。究其原因，可能是在孔隙率相对较大时，渗径的压缩，在试样围向截面上有新颗粒挤入，使得该截面的颗粒排列更加紧密，孔隙通道减小；而当孔隙率较小时，过流截面颗粒相对更为紧密，轴向的压缩对截面上颗粒的排列无较大影响，孔隙通道相对不变。此外，垂直渗透方向单向的压缩，开始容易造成颗粒的错动，造成孔隙通道的增加，再继续压缩，则截面会达到新的更紧密的状态，此时渗透系数随垂直于渗透方向的单向压缩先增大后减小再趋于稳定。

4.2.2 砂砾石料渗透系数计算方法

国内外学者基于已有的渗透试验资料，提出了一系列粗粒土渗透系数计算公式，但这些计算公式大多是基于其渗流方程符合达西定律而建立的，很少考虑渗流-应力耦合对渗透系数的影响。砂砾石料的渗透试验结果表明，高水头作用下砂砾石料的渗流规律不符合达西定律，且应力状态对其渗透系数也具有明显影响。

4.2.2.1 达西流渗透系数计算方法

低水头作用下渗透规律符合达西定律。将砂砾石料孔隙空间等效成一个系列孔隙通道，孔隙通道相交的孔径看成一个个节点，就可以把整个孔隙结构等效成一张网络，如图 4.2-14 (a) 所示。沿着渗流方向从中截取一个 Δl 长的试样作为研究对象，假设 Δl 足够小，这段试样中渗流网格的节点都只分布在这两个截面（A_i、A_{i+1}）上，若 A_i 面平均一个节点与下一个截面 n 个节点相连，那 A_{i+1} 截面上的节点平均也接受 n 个 A_i 面节点输送的渗流水。

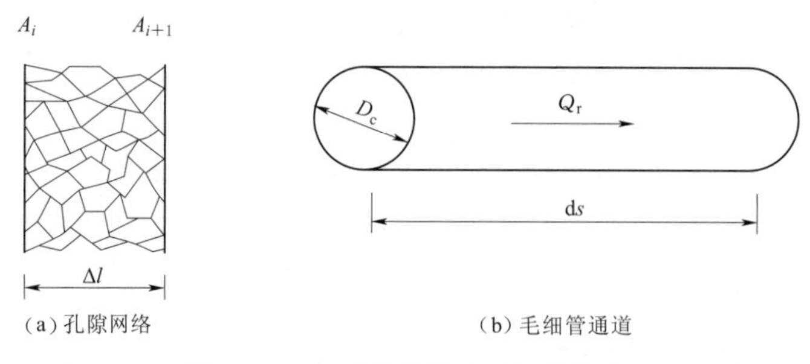

(a) 孔隙网络　　(b) 毛细管通道

图 4.2-14　孔隙网络和毛细管管道

将孔隙通道等效成一张毛细管网络，对于其中一根毛细管通道［图 4.2-14 (b)］，基于毛细管中的层流理论——哈根-泊肃叶（Hagen-Poisseuille）定律，管道中通过的流量 Q_r 为

$$Q_r=-\frac{\pi D_c^4\rho g}{128\mu}\frac{\partial J}{\partial s} \tag{4.2-1}$$

孔隙总表面积为

$$N\pi D_c \mathrm{d}s = A\Delta l m \tag{4.2-2}$$

其中

$$m=\frac{S_{总}}{V_{总}}=\frac{6\alpha(1-n)}{d_0} \tag{4.2-3}$$

式中：N 为总通道数；m 为单位体积孔隙通道总表面积；n 为试样的孔隙率；α 为颗粒形状系数，为颗粒表面积与等体积球体表面积之比；d_0 为有效粒径。

孔隙总体积：

$$An\Delta l = N\frac{1}{4}\pi D_c^2 \mathrm{d}s \tag{4.2-4}$$

由式（4.2-2）～式（4.2-4）可得

$$D_c=\frac{2}{3}\frac{n}{(1-n)}\frac{d_0}{\alpha} \tag{4.2-5}$$

将管道直径 D_c 代入式（4.2-4）可得

$$N=\frac{4An\Delta l}{\pi D_c^2 \mathrm{d}s} \tag{4.2-6}$$

所以，通过这一段试样的总流量为

$$Q=NQ_r=\frac{AnD_c^2\rho g}{32\mu}\frac{\Delta l}{\mathrm{d}s}\frac{\partial J}{\partial s}=\frac{AnD_c^2\rho g i}{32\mu}\frac{\Delta l^2}{\mathrm{d}s^2} \tag{4.2-7}$$

令 $\beta=\mathrm{d}s/\Delta l$，其中 β 是所选试样长度与其中孔隙通道长度的比值，它表示了孔隙通道的复杂程度，即曲折率，这与砂砾石颗粒形状、细粒含量和密实程度有关，形状越复杂，细粒含量越高，孔隙通道越曲折，β 也就越大。对于均匀圆球颗粒，$\beta\approx\pi$。

由达西定律可得到

$$k=\frac{Q}{A_i}=\frac{nD_c^2\rho g}{32\mu}\frac{\Delta l^2}{\mathrm{d}s^2}=\frac{1}{72\alpha^2\beta^2}\frac{n^3}{(1-n)^2}\frac{\rho g}{\mu}d_0^2 \tag{4.2-8}$$

令 $\lambda=72\alpha^2\beta^2$，则 λ 是与颗粒形状及密实程度有关的修正系数，颗粒形状越复杂，细粒含量越高，λ 值就越大，对于均匀球颗粒，$\lambda=72\pi^2$。

所以渗透系数 k 可简化为

$$k=\frac{1}{\lambda}\frac{n^3}{(1-n)^2}\frac{\rho g}{\mu}d_0^2 \tag{4.2-9}$$

对于不同砂砾石料，形状系数 α 变化并不很大，λ 值主要与砂砾石料中的细粒含量有关，将试验数据代入，得到不考虑应力作用时砂砾石料的 λ 值范围为 $10^3\sim10^5$，并与细粒含量 P_2 有很好的指数型关系，如图 4.2-15。由此可得到

$$\lambda=129e^{17P_2} \tag{4.2-10}$$

选用本章渗透试验结果和刘杰（1992）砾石土渗透试验结果，对本章提出的宽级配砂砾石料达西流渗透系数计算公式（4.2-10）以及太沙基公式、柯森公式、刘杰公式、苏立君公式进行了比较验证，如图 4.2-16、图 4.2-17 所示。可以看出，本章公式和苏立君提出的公式的计算结果最接近试验结果，同时本章公式的计算结果也最为接近刘杰的砾石土试验结果。

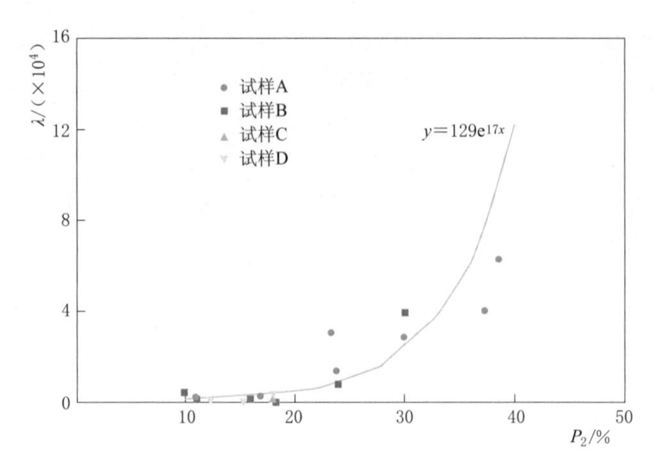

图 4.2-15　修正系数 λ 与细粒含量 P_2 间的关系

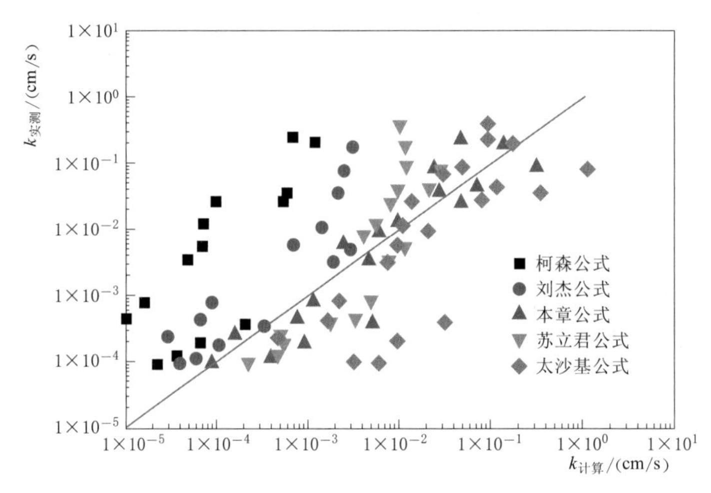

图 4.2-16　各渗透系数公式计算值与应力渗流耦合试验实测值比较

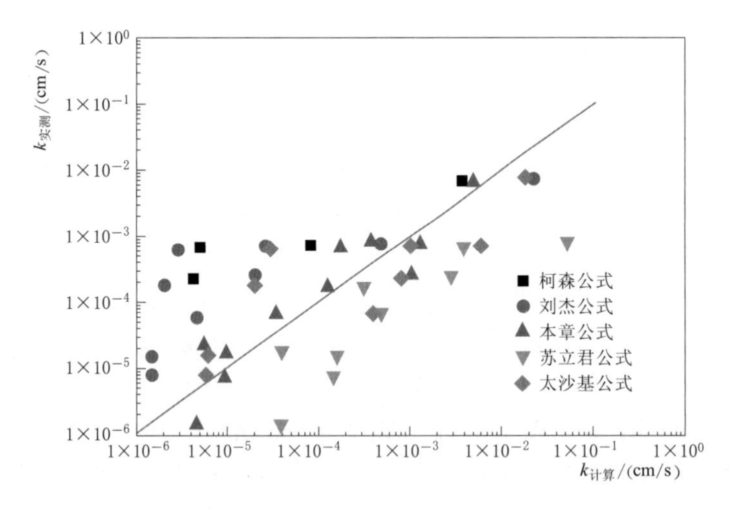

图 4.2-17　各渗透系数公式计算值与刘杰砾石土渗透试验实测值的比较

4.2.2.2　非达西流渗透系数计算方法

低水头时，砂砾石料渗透试验的渗流速率与水力梯度呈线性关系，满足达西定律。但随着水力梯度的增大，渗流速率与水力梯度间不再是线性关系，属于非达西渗流，应定义砂砾石料的非达西流渗透系数 $k=v/i$，k 可以表示成关于 i 的方程式，用于确定各水力梯度下砂砾石料的渗透性。砂砾石料的非达西流渗透系数随水力梯度的变化，主要与其细粒含量有关。本研究的试验结果表明，砂砾石料渗透系数与水力梯度一般呈指数型关系，因此，在达西定律的基础上引入水力梯度修正项，其渗透系数可表示为

$$k=k_0 i^{\eta} \tag{4.2-11}$$

式中：η 为水力梯度影响系数；k_0 为不考虑水力梯度影响时砂砾石料的渗透系数。

经拟合发现，η 是关于孔隙率和细粒含量的函数，将 $\eta=1.5n+3P_2-1$ 代入上式，有

$$k=k_0 i^{1.5n+3P_2-1} \tag{4.2-12}$$

其中 k_0 可直接根据式（4.2-10）和式（4.2-11）进行计算。从式（4.2-12）可以看出，当 $\eta>0$，即 $n+2P_2>2/3$ 时，砂砾石料渗透系数的试验结果随水力梯度的增大而增大；当 $\eta<0$，即 $n+2P_2<2/3$ 时，砂砾石料渗透系数的试验结果随水力梯度的增大而减小。

结合渗透变形试验结果，η 与试样渗透破坏模式的关系如图 4.2-18 所示。当 $\eta>0.05$ 时，砂砾石料渗透系数的试验结果随水力梯度的增大而增大，此时试样为流土型土；当 η 接近 0 时，砂砾石料渗透系数的试验结果随水力梯度的变化基本不变，此时试样是过渡型土；当 $\eta<0$ 时，砂砾石料渗透系数的试验结果随水力梯度的增大而减小，此时试样是过渡型或管涌型土，特别是当 $\eta<-0.3$ 时，试样是管涌型土。

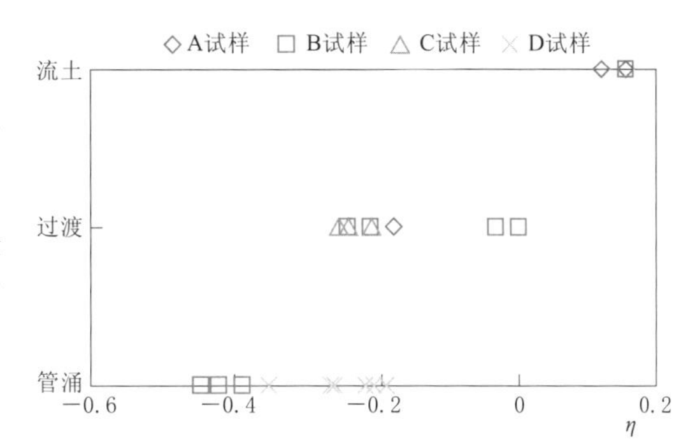

图 4.2-18　η 与试样渗透破坏模式间的关系

结合式（4.2-9）、式（4.2-10）和式（4.2-12），可得到宽级配砂砾石料非达西流渗透系数计算公式：

$$k=\frac{i^{1.5n+3P_2-1}}{76e^{17P_2}}\frac{n^3}{(1-n)^2}\frac{\rho g}{\mu}d_0^2 \tag{4.2-13}$$

利用试验结果对本研究提出的宽级配砂砾石料非达西流渗透系数计算公式（4.2-13）进行了验证，计算值与试验值的对比见图 4.2-19。从图中可以看出，计算值除了与 B4 试样的相对误差超过了 25%外，其他计算值与试验值相对误差均在 10%以内。因此，该计算公式可较好地反映水力梯度对宽级配砂砾石料渗透系数试验结果的影响规律。

4.2.2.3　考虑应力作用的渗透系数计算方法

从各向等压、轴向加压和围向加压渗透试验结果可以看出：砂砾石料试样在高应力作

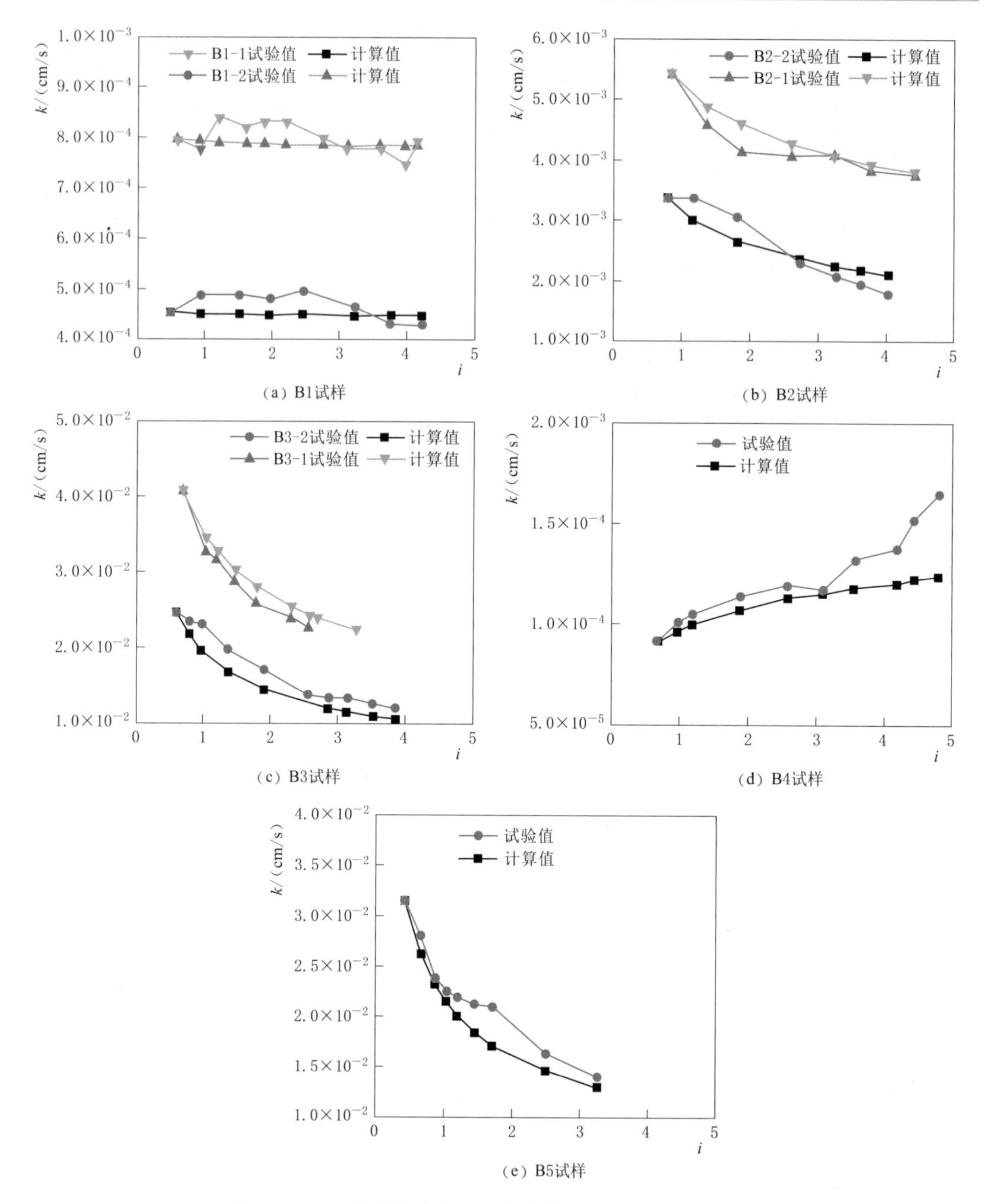

图 4.2-19　非达西流渗透系数计算结果与试验结果对比

用下，即使其细颗粒含量高，渗透水流导致其颗粒发生移动，但在周围应力作用下，试样土体结构很快趋于稳定；砂砾石试样在高水头作用下，其中的细颗粒会随着渗透水流向出口处移动，移动的细颗粒将会与水流出口侧的粗颗粒形成新的更加紧密的土体结构，这实际上是砂砾石料的自反滤过程，此时颗粒排列发生变化，试样进水侧细粒含量减少，出口侧细颗粒含量增加，试样的渗透系数减小，并很快趋于稳定。由于砂砾石料渗透系数与水力梯度呈幂次关系，结合式（4.2-9）有

$$k=\frac{1}{\lambda_{\mathrm{p}}}\frac{n^{3}}{(1-n)^{2}}\frac{\rho g}{\mu}d_{0}^{2}i^{\eta_{p}} \tag{4.2-14}$$

由式（4.2-14）可知，不考虑应力作用时 $\lambda_0=76e^{17P_2}$，但在高应力作用下，试样将发生压缩，孔隙率减小，而且颗粒排列更加紧密，整体孔隙通道曲折度增大，即 β 增大，相应的修正系数 λ_{p} 也会增大。轴向压缩试验不同围向应力下修正系数 λ_{p} 与轴向应力 p_x 关系见图 4.2-20。从图中可以看出，对 λ_{p} 值的影响因素主要是围向的压缩，轴向压缩时 λ_{p} 值基本保持不变。随着 x 向应力增大，修正系数 λ_{p} 基本保持不变，而围向应力越小，λ_{p} 值越大，当围压较大时，λ_{p} 趋于一稳定值。

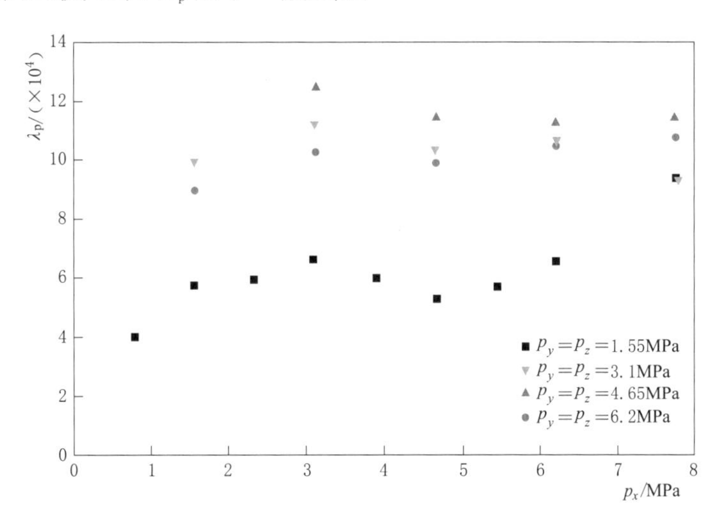

图 4.2-20　轴向压缩试验不同围向应力下修正系数 λ_{p} 与轴向应力 p_x 的关系

由围向压缩试验结果计算得到，修正系数 λ_{p} 与围向应力呈线性关系，围向应力越大，λ_{p} 越大。再结合水力梯度的影响系数 $\eta_{\mathrm{p}}=an+b$，拟合得到

$$\eta_{\mathrm{p}}=-0.3n-0.85 \tag{4.2-15}$$

$$\lambda_{\mathrm{p}}=\lambda_{0}^{a(p_{\mathrm{c}}/p_{0})+1} \tag{4.2-16}$$

式中：p_{c} 为围向平均应力；p_0 为大气压。

综上可得到宽级配砂砾石料在高应力作用下渗透系数 k_{p} 的计算公式：

$$k_{\mathrm{p}}=(76e^{17P_{2}})^{-(0.1p_{c}/p_{0}+1)}i^{-0.3n-0.85}\frac{n^{3}}{(1-n)^{2}}\frac{\rho g}{\mu}d_{0}^{2} \tag{4.2-17}$$

又因为试样孔隙率 n 的范围为 0.15～0.22，对 η 的影响很小，所以 η 可近似取 −0.9，所以式（4.2-17）可写为

$$k_{\mathrm{p}}=(76e^{17P_{2}})^{-(0.1p_{\mathrm{c}}/p_{0}+1)}i^{-0.9}\frac{n^{3}}{(1-n)^{2}}\frac{\rho g}{\mu}d_{0}^{2} \tag{4.2-18}$$

为验证渗透系数计算公式（4.2-18）的普适性，将轴向压缩试验数据代入式（4.2-18）。轴向压缩试验与围向压缩试验采用的是不同级配的两组，其中轴向压缩试验级配细粒含量 P_2 为 22.9%，围向压缩试验级配细粒含量 P_2 为 19.1%，渗透系数计算值与实测值大体相符，如图 4.2-21 所示。轴向压缩试验渗透系数计算值与实测值比较见图

4.2-22，说明建议的考虑应力-渗流耦合的渗透系数计算公式对于不同级配的砂砾石料具有较好的适用性。

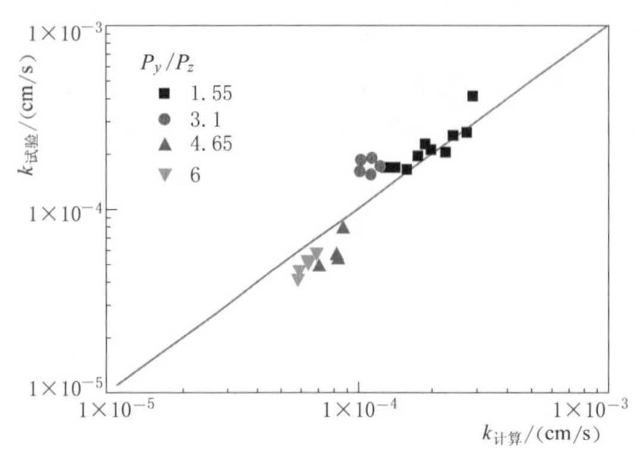

图 4.2-21　围向压缩试验渗透系数计算值与实测值比较

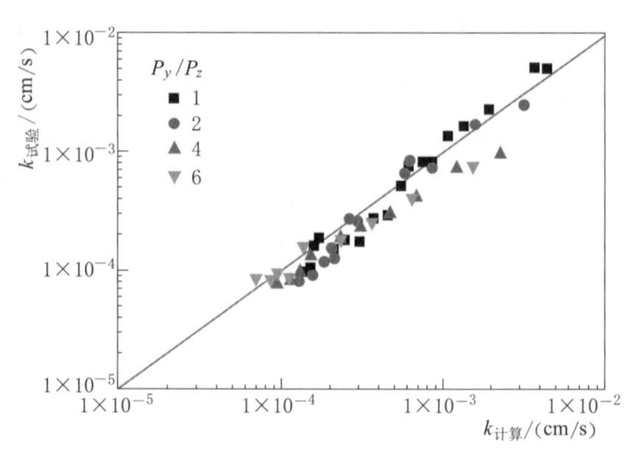

图 4.2-22　轴向压缩试验渗透系数计算值与实测值比较

4.3　筑坝料大型渗透试验的工程应用

将前述渗透试验系统应用于大石峡面板堆石坝工程，对大坝各区料渗透特性进行研究。

4.3.1　砂砾石料渗透试验

砂砾石料压实后具有较高的变形模量，在高应力作用下颗粒破碎率低，大坝竣工后流变量小，变形控制难度相对较小。但是，天然砂砾石料中粒径小于5mm的颗粒含量较高，且级配不连续、离散性大，碾压过程中易发生颗粒离析现象，致使细颗粒相对集中，颗粒间咬合力减小，故其抗水流冲蚀能力、渗透性和渗透稳定性比堆石料差，采用砂砾石填筑坝体时，渗透稳定成为大坝设计的难题之一。

为此，利用上述研制的超大型高压渗透仪（试样截面尺寸1000mm×1000mm），对大石峡特高面板堆石坝筑坝砂砾石料（图4.3-1）的渗流特性、渗透破坏机理及其影响因素进行了较为系统的试验研究。

图 4.3-1　大石峡上游堆石区砂砾石料

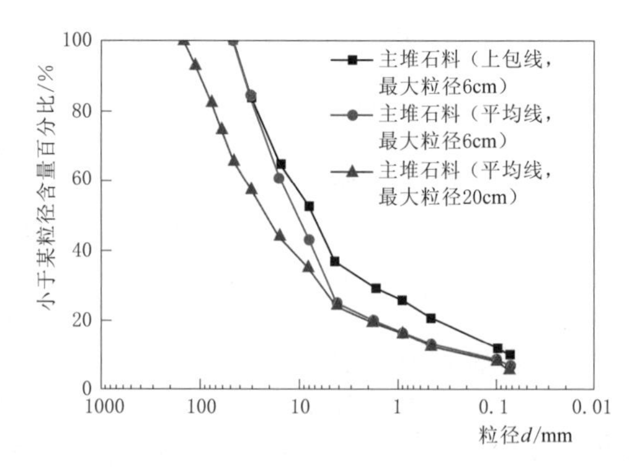

图 4.3-2　大石峡上游堆石区砂砾石料试验级配

4.3.1.1　砂砾石料渗透试验

采用等量替代法缩尺得到的大石峡工程砂砾石料试验模拟级配见图4.3-2。表4.3-1中给出了采用直径300mm的试验桶和采用直径1000mm、高550mm的试验桶得到的相对密度试验结果，相比直径300mm级配缩尺试样，由于全级配试样级配更为优良，不均匀系数大，振动历时长，因此最大干密度略有增加。

表4.3-1　相对密度试验结果

坝体分区	岩性	比重	级配	试验桶直径300mm		试验桶直径1000mm		设计相对密度	试验密度/(g/cm³)
				最小干密度/(g/cm³)	最大干密度/(g/cm³)	最小干密度/(g/cm³)	最大干密度/(g/cm³)		
上游堆石区	S3砂砾石料	2.75	上包线	1.88	2.34	1.91	2.36	0.9	2.29
上游堆石区	S3砂砾石料	2.75	平均线	1.85	2.34	1.89	2.35	0.9	2.28

超大型和常规大型渗透试验均采用常水头法，渗流方向为从下往上。常规大型渗透试验的试样为直径300mm、渗径300mm，试验依据《土工试验方法标准》(GB/T 50123—2019)进行。由于超大型渗透试验的试样尺寸较大，单个试样重量超过2000kg，故采用分层称取试样和分层制样的方法，以保证试样级配和试样密度的均匀性。由各试样最大粒径颗粒尺寸，根据1000mm的试样高度，垫层区料、过渡反滤区料、上游堆石区上包线试样分4层，上游堆石区平均线试样分3层。称取试样时，按200～150mm、150～100mm、100～60mm、60～40mm、40～20mm、20～10mm、10～5mm、5～1mm、1～0mm共9种粒径范围进行。制样前，在透水孔直径为5mm的下透水板上铺设一层滤网，以防止细颗粒堵塞透水板，试样桶内壁涂聚脲，方形试样桶边角处涂玻璃胶，以避免桶壁和边角处产生集中渗流。超大型高压渗透仪渗透试验制样过程见图4.3-3。

基于上述试验，得到了两种试样尺寸下大石峡砂砾石料的渗透系数、抗渗透破坏能力和渗透破坏模式(表4.3-2)。对于上包线试样，随水头逐渐提升，渗透系数逐渐增加，试样破坏后水流骤然增加，边壁颗粒流失严重，表面浑浊(数小时内水流不能恢复清澈)，定义为流土型破坏，试验照片见图4.3-4。对于平均线试样，水头提高至一定程度后，试样表面起初可清晰看到集中渗流破坏形成的泉眼和细颗粒跳动现象，表面浑浊后数小时内能恢复清澈；继续提升水头，泉眼数量增加，且由于集中渗漏通道的形成导致渗透系数也逐渐增加，直至破坏；这种破坏方式可定义为管涌型破坏，试验照片见图4.3-5。

表4.3-2　砂砾石料渗透系数试验结果

坝体分区	级配特性	干密度ρ_d/(g/cm³)	试样直径/mm	水流方向	水温20℃时渗透系数/(cm/s)	临界坡降	破坏坡降	破坏方式
上游堆石区	上包线	2.29	1000	从下向上	2.36×10^{-5}	2.37	2.51	流土
			300		1.34×10^{-4}	3.33	3.51	流土
	平均线	2.28	1000		6.69×10^{-4}	0.82	2.39	管涌
			300		3.35×10^{-3}	1.29	3.20	过渡

注　ρ_d为干密度，g/cm³。

(a) 搅拌　　(b) 装样

(c) 制样　　(d) 制样完成

图 4.3-3　超大型高压渗透仪渗透试验制样过程

(a) 流量增大，表面浑浊　　(b) 试验后试样(边壁颗粒流失)　　(c) 渗透变形试验曲线

图 4.3-4　砂砾石料上包线试样渗透变形试验（试样断面尺寸：1000mm×1000mm）

4.3.1.2　尺寸效应的影响

从试验结果发现，边长 1000mm 试样的渗透系数与直径 300mm 试样的渗透系数的比值为 0.18～0.20 倍，随着试样尺寸增大，渗透系数明显降低。除了试样的边壁效应外，主要原因是全级配料的不均匀系数高，振动压实制样过程中试样的细颗粒离析现象更为严重，从而在试样表面形成了一个弱透水薄层（图 4.3-6），导致其渗透系数大幅降低。

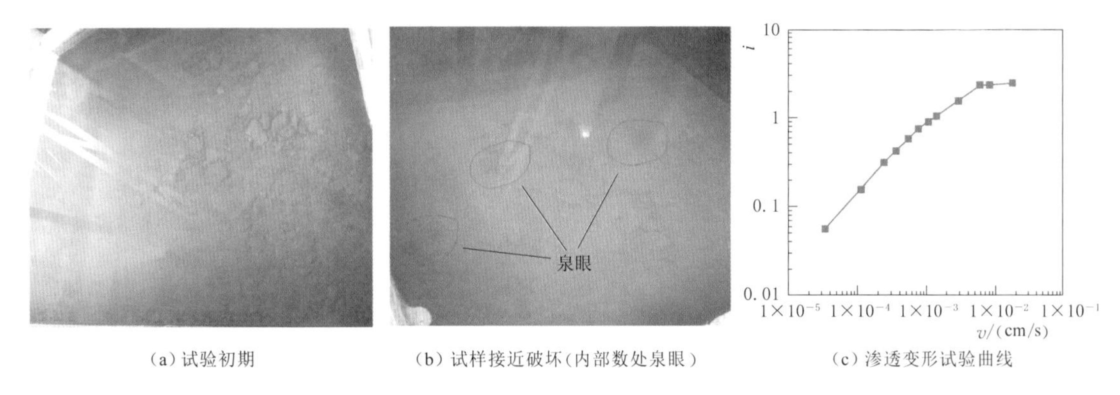

（a）试验初期　　（b）试样接近破坏（内部数处泉眼）　　（c）渗透变形试验曲线

图4.3-5　砂砾石料平均线试样渗透变形试验（试样断面尺寸：1000mm×1000mm）

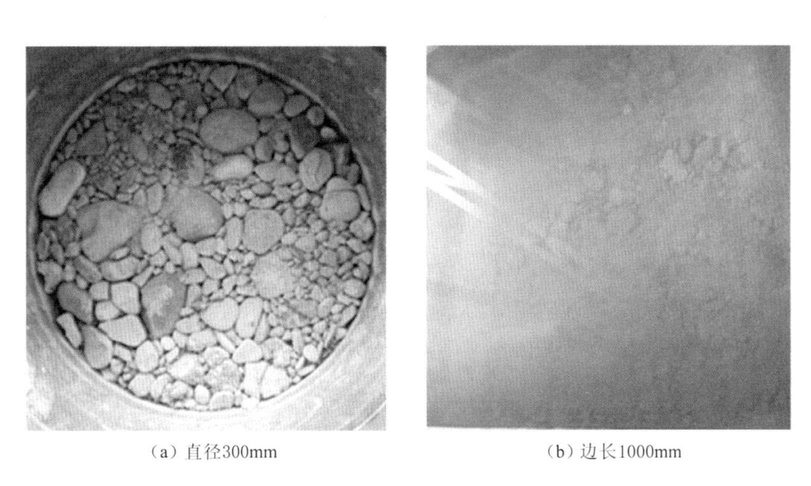

（a）直径300mm　　（b）边长1000mm

图4.3-6　不同尺寸试样制样完成后离析情况对比

需要指出的是，现场碾压试验表明，砂砾石料在碾压过程中也会出现明显的细颗粒离析现象，形成密实且较光滑的表层。因此，边长1000mm试样的渗透系数试验结果应该更接近实际，直径300mm试样的试验结果高估了砂砾石料的透水性，不利于大坝渗流安全。故对于砂砾石坝料，建议采用大尺寸渗透仪，尽可能开展全级配料的渗透试验。

4.3.1.3　制样方法的影响

《土工试验方法标准》（GB/T 50123—2019）规定砂砾石制样分层厚度应满足（1.5～2.5）d_{85} 的要求，对于大石峡面板堆石坝，上游堆石区砂砾石料的 $d_{85}\approx 12$cm，即要求分层厚度达到18～30cm。试样高度100cm，考虑到制样密度较高，因此制样分为4层，每层高度25cm（部分试样3层，每层高度大于30cm）。由于颗粒离析，振动压实后3个分层试样的表面均形成了弱透水薄层。

考虑到现场碾压铺料厚度为80cm，上述试验时铺料厚度为25～30cm，试验表明铺料厚度越薄，离析就越严重。为研究制样方法及铺料厚度对砂砾石料渗透系数的影响，对上游堆石区砂砾石料平均线补充开展了两组试验。

（1）第一组试验。剔除前两层离析出的细料。制样方法如下：

1）试验时分3层制样，振动击实后每层高度29cm。

2）在第1层和第2层制样完成后，将表层离析出来的细颗粒人工挖除，再进行下一层的制样工作；对于顶层第3层离析出来的细颗粒则不予挖除，试样的整体控制高度约80cm。

人工挖除细粒料后剩余试样的级配、第1层与第2层表层细粒料的级配见表4.3-3，渗透系数试验结果见表4.3-4。试验结果表明：①剔除第1层和第2层制样后离析堆积的细料后，与原级配相比，小于5mm的颗粒含量减少了1.8%，整体变动不大，但渗透系数由6.69×10^{-4}cm/s变为2.77×10^{-3}cm/s，提高了4倍，表明离析作用产生的表层颗粒堆积对整体渗透系数影响较为显著；②离析出的细粒料渗透系数仅为6.82×10^{-5}cm/s。

表4.3-3　砂砾石料平均线制样后各层料的颗粒级配

级配特性	小于某粒径的颗粒含量百分比/%							
	200mm	150mm	100mm	60mm	40mm	20mm	10mm	5mm
制样级配	100.0	92.9	82.2	65.8	57.2	44.1	34.6	24.4
剔除细粒料后剩余试料的级配	100.0	92.2	80.5	62.6	53.5	41.1	32.3	22.6
被剔除的细粒料的级配				100.0	97.3	77.2	59.7	44.1

（2）第二组试验。将离析出的细料混入下一层填料。第一组试验将前两层离析出的细料剔除后，人为改变了填料级配，为此又补充开展了一组试验，制样方法如下：

1）试验时仍分3层制样，振动击实后每层高度27cm。

2）第1层和第2层制样完成后，人工挖除表层的较细颗粒，并将其掺入下一层试样，重新搅拌均匀后，再进行下一层的制样工作，试样的整体高度控制为81cm。

不同制样方法和铺料厚度的渗透系数试验结果见表4.3-4。将离析出的细料加入下一层后，基本不改变试样的级配，与现场情况也更为相符。由于减少了第1层和第2层的颗粒离析，与原试验结果相比，渗透系数提高了约60%，为1.09×10^{-3}cm/s。

表4.3-4　不同制样方法和铺料厚度的渗透系数试验结果

坝体分区	试验情况	级配特性	干密度ρ_d/(g/cm^3)	水温20℃时渗透系数/(cm/s)
上游堆石区（S3砂砾石料）	不剔除细料（试样边长100cm）	平均线	2.28	6.69×10^{-4}
	剔除前两层细料（试样边长100cm）	平均线	2.28	2.77×10^{-3}
	剔除的细料（试样直径30cm）		2.28	6.82×10^{-5}
	将剔除的细料掺入下一层填料（试样边长100cm）	平均线	2.28	1.09×10^{-3}

4.3.1.4　渗透破坏机理及其影响因素

（1）细粒含量对渗透稳定性的影响。从图4.3-7可以看出，砂砾石料中小于5mm细颗粒含量对其渗透稳定性和渗透破坏模式也具有重要影响。上游堆石区砂砾石料平均线试样（小于5mm细颗粒含量为24.4%）在渗透变形试验过程中出现了多处集中渗流通道，其破坏方式为管涌型；上游堆石区砂砾石料上包线试样小于5mm细颗粒含量提高至36.0%，试验过程中试样以及试样筒边壁处的细颗粒流失较为严重，试样内部几乎没有观察到颗粒跳动和泉眼等现象，试样发生整体渗透破坏。也就是说，随着小于5mm细颗粒含量的增加，砂砾石料的渗透破坏模式由管涌型转变为流土型，而且其临界坡降也从0.82明显提高到2.37（图4.3-8）。

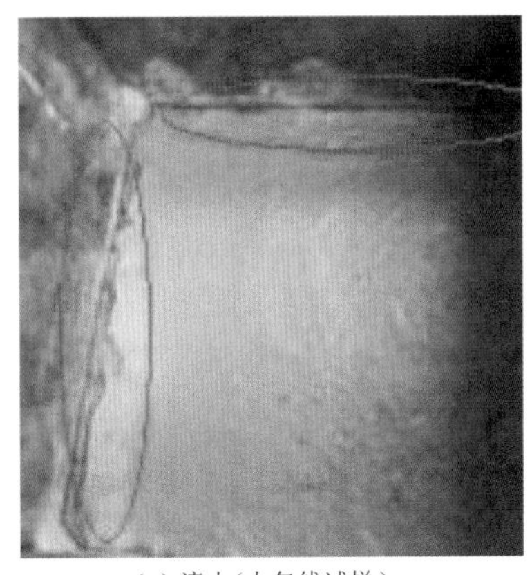

(a) 流土(上包线试样)

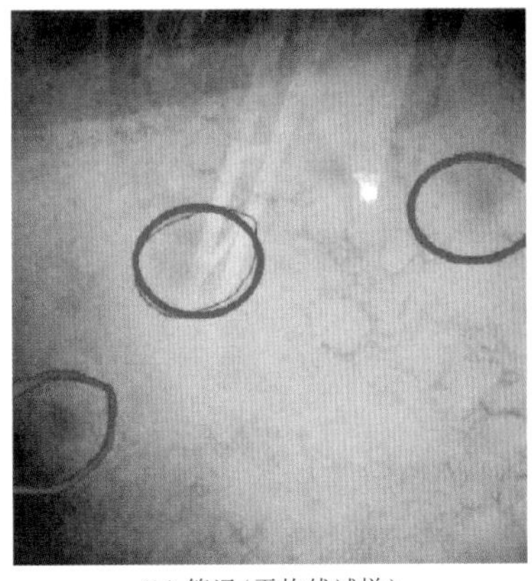

(b) 管涌(平均线试样)

图4.3-7 砂砾石料上包线和平均线渗透破坏现象对比

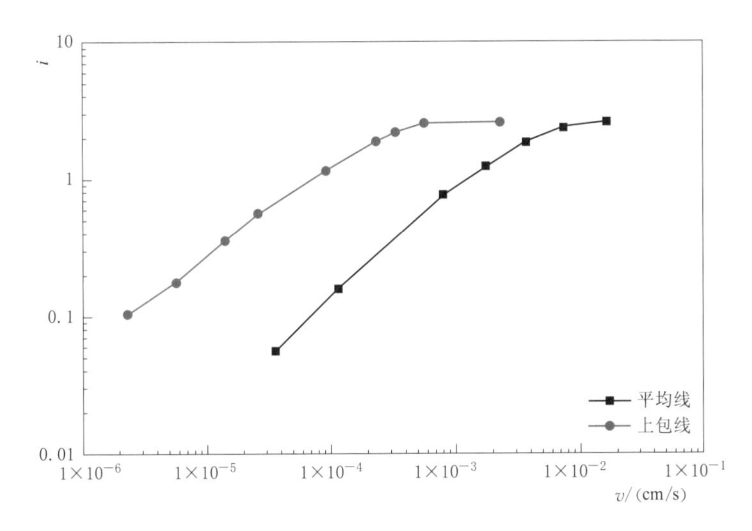

图4.3-8 砂砾石料渗流速度与渗透坡降的关系

已有的研究成果表明，当砂砾石料中小于5mm细料含量达到30%左右时，细料能较好地充填于粗颗粒的孔隙之中，并能参与骨架作用，碾压后能获得较大的干密度，且具有较高的强度和模量。本次试验也进一步验证了这一结论，当砂砾小于5mm细颗粒含量由24.4%增加至36.0%时，细粒料能更好地参与骨架作用，其抗渗透能力也得到明显提高，渗透破坏模式也由管涌型转变为流土型。

(2) 尺寸效应对渗透稳定性的影响。对于无黏性粗粒土，通常渗透系数越小，其临界坡降和破坏坡降越大。由表4.3-2可知，无论是上游堆石区砂砾石料上包线试样还是平均线试样，边长1000mm试样的渗透系数比直径300mm试样的渗透系数要低，但前者的临界坡降和破坏坡降也低于后者，上游堆石区平均线试样的渗透破坏模式甚至也由常规尺寸试样的过渡型转变为超大尺寸试样的管涌型，即试样最终破坏并非整体浮起而是内部形成集中渗流通道。可见，砂砾石料渗透特性缩尺试验结果将高估其排水性能和抗渗透破坏能力，对于渗透破坏坡降富裕度不大的重要砂砾石坝工程，有必要利用更大试样尺寸的试验设备，开展全级配砂砾石料渗透试验。

4.3.2 渗透试验结果

垂直渗透试验渗流方向为从下向上，试样尺寸为300mm×300mm（直径×高度），渗流沿高度方向，所以渗径为300mm；水平渗透试验是在水平试验仪中进行的，试样尺寸为300mm×400mm×400mm（高×长×宽）。根据试验要求的干密度、试样的尺寸和级配曲线计算所需试样。试验所用的试样均处于自然风干状态，分60～40mm、40～20mm、20～10mm、10～5mm、5～1mm、<1mm六种粒径范围进行试样的称取。装样时在仪器壁内侧涂以聚脲以避免沿仪器壁集中渗漏，试样采用击实法分层进行装样。试样采用水头饱和法逐级进行饱和。在低水头时，测定一定时间内的排水量，同时测定进、出水的温度，按达西定律计算渗透系数。具体试验步骤及方法见《土工试验方法标准》（GB/T 50123—2019），试验结果见表4.3-5。

表4.3-5　坝体各区填筑料渗透试验结果

坝体分区	岩性及风化程度	级配特性	干密度 ρ_d/(g/cm³)	水温20℃时渗透系数/(cm/s)
垫层区	S3砂砾石料	上包线	2.24	9.37×10^{-5}
		平均线	2.26	1.92×10^{-4}
		下包线	2.27	3.86×10^{-4}
垫层小区	S3砂砾石料	平均线	2.20	9.18×10^{-5}
上游堆石区	S3砂砾石料	上包线	2.28	2.50×10^{-4}
		平均线	2.27	6.01×10^{-3}
		下包线	2.22	7.73×10^{-2}
反滤过渡区	S3砂砾石料	平均线	2.15	3.39×10^{-1}
铺盖料	阿克青土料场	天然料	1.61	9.32×10^{-7}

试验采用垂直向渗透仪，垫层料平均线试样渗流方向从上向下时，试样尺寸为ϕ500×400mm（其中400mm为渗径），试样筒下方10mm的透水板上放置一层粒径为60mm左右的砂砾石；渗流方向为从下向上时，试样尺寸为300mm×300mm（直径×高度），渗流沿高度方向，所以渗径为300m。装样时首先在仪器壁内侧涂以聚脲，以避免沿仪器壁集中渗漏；试样采用击实法分层进行装样，试样成型后采用滴水饱和法使其饱和，试验过程中，在每一级水头压力下，当连续3次测得的渗水量和测压管数值稳定后，在观察无异常的情况下可进行下一级水头试验，直至试验条件限制为止。垫层料渗透变形试验结果见表4.3-6。

垫层料平均线试样在从上向下的渗透水流的作用下均保持较稳定状态，细颗粒含量为42.5%，其中小于0.5mm的颗粒含量占比为14.5%，小于0.1mm的颗粒含量占比为4.5%，细颗粒能够较好地填充粗颗粒形成的骨架，试样为流土型土。在试验开始时有部

表 4.3-6　　　　垫层料渗透变形试验结果

岩性及风化程度	级配特性	干密度 ρ_d /(g/cm^3)	水流方向	临界坡降	破坏坡降
S3 砂砾料	平均线	2.24	从上向下	85.7	>110.7
			从下向上	3.26	3.50

分渗流出口的细颗粒被水流带出，随着渗透水流的增大，试样内部形成自反滤层，试样上部承受大部分水头，水流带出的颗粒逐渐减少。在试验过程中，总水头维持稳定时，试样的测压管水头变化不大，波动较小，反映出其试样内部颗粒在渗流的作用下处于结构稳定状态，试样内部颗粒互相制约，限制移动，具有“自反滤性”，下部的试样能够对上部起保护作用，有效防止渗透破坏的发生；垫层料渗透坡降达到 85.6 时，再次有细颗粒被水流带出，很快就停止；在随后的渗透坡降下，加压后的短时间内均有少量细颗粒被水流带出。试验结束后检查试样发现，试样没有出现击穿、掏空和塌坑的现象，由于设备条件限制，当垫层料渗透坡降达到 110.3 时未发生整体破坏。

垫层料平均线试样在从下向上的渗透水流作用下，测压管读数稳定，渗透水流较清，在以后的每一级水头压力下现象均相同，当渗透坡降增大至 3.26 时，渗透水流变浑浊，随着渗透坡降增大至 3.50 时，渗透水流变浑浊，短时间内流量迅速变大，测压管读数上、下波动，试样整体上浮，试样发生了流土破坏。

反滤试验采用垂直渗透仪，试样直径为 500mm，被保护料渗径控制为 300mm，保护料渗径控制为 300mm，渗流方向为从上向下。试样筒下方 10mm 的透水板上放置一层粒径为 60mm 左右的砂砾石；装样时先在仪器壁内侧涂以聚脲，以避免沿仪器壁集中渗漏；试样采用击实法分四层进行装样，在控制试样干容重的同时严格避免装样时产生颗粒离析，在二层试样之间铺设测压管。试样成型后采用滴水饱和法使其饱和，试验过程中，在每一级水头压力下，当连续 3 次测得的渗水量和测压管数值稳定后，在观察无异常的情况下可进行下一级水头试验，直至试验条件限制为止。反滤试验结果见表 4.3-7。

表 4.3-7　　　　反 滤 试 验 结 果

保护料				被保护料				被保护料临界坡降	被保护料破坏坡降
名称	料源	试验级配	试样干密度	名称	料源	试验级配	试样干密度		
上游堆石区料	S3 砂砾石料	平均线	2.21g/cm^3	垫层料	S3 砂砾石料	平均线	2.24g/cm^3	136.1	>165.9
垫层小区料	S3 砂砾石料	平均线	2.24g/cm^3	铺盖料	阿克青土料场		1.61g/cm^3	>160.5	

垫层料平均线在上游堆石料平均线保护状态下的反滤试验结果：垫层料平均线的渗透系数为 10^{-4}cm/s，上游堆石料平均线的渗透系数为 10^{-3}cm/s，渗透系数相差 1 个数量级。上游堆石料平均线能够对垫层料平均线起到排水作用。试验过程中渗透水头主要由垫层料平均线承担，上游堆石料平均线承担的水头较小，组合料在渗透水流的作用下均保持较稳定状态。在试验开始时出现了短时间的浑水，主要上游堆石料平均线中黏粒或粉粒被水流带出，不影响骨架的稳定性。在试验过程中，在各级水头压力下，试样的测压管水头波动较小，反映试样内部颗粒在渗流压力的作用下处于结构稳定状态，试样内部颗粒互相制约，限制移动，有效防止了渗透破坏的发生。当垫层料平均线渗透坡降达到 136.1 时，

出口有部分细颗粒被水流带出，接触部位的测压管水位平稳，局部流失的细料没有对上游堆石料平均线造成淤堵。在以后的水头作用下，直至试验结束，试样底部出口一直出清水，试样没有出现流量和渗透系数突然变大的现象，也未明显有细粒被带出，渗透性基本稳定，这说明试样发生部分调整后达到平衡状态，渗流保持稳定。试验结束后检查试样表明，试样没有出现击穿、掏空和塌坑的现象。由于设备条件限制，当垫层料平均线渗透坡降达到165.9时，试样未发生整体破坏。垫层料平均线在上游堆石料平均线的保护状态下，破坏坡降有一定的提高，上游堆石料平均线能够对垫层料平均线起到一定的反滤作用。

铺盖料在垫层小区料平均线的保护状态下的反滤试验结果：垫层小区料平均线的渗透系数为10^{-5}cm/s，铺盖料的渗透系数为10^{-7}cm/s，渗透系数相差2个数量级，垫层小区料平均线能够对铺盖料起到排水作用。在高压渗透水流的作用下铺盖料的渗透系数逐渐变小，由于设备条件限制，在水力坡降达到160.5时，各层料渗流稳定，无异常现场，试验结束后检查试样发现，试样没有出现击穿、掏空和塌坑的现象。

4.4 本章小结

（1）介绍了大型渗透装置进行。组合式渗透仪可以同时兼顾垂直和水平向渗透试验需要，主要由进水段、试样段、出水段三段组成，辅助设施有安装平台、配套起重设备、制样振动器及安全防护组件等。应力渗流耦合试验仪和大型高压真三轴渗透试验仪具备多项优点：三向独立加载的能力，可方便模拟复杂应力路径；密封性能优良，满足特高土石坝筑坝粗粒土在高水头作用下渗透试验需要；可开展最大粒径超过9cm的粗粒土渗透试验，满足了原级配砾石土心墙料渗透试验的要求，同时可大幅降低高土石坝筑坝粗粒土渗透试验的尺寸效应；可以分别开展水平方向和垂直方向渗透试验，可操作性和安全性好。大型数控超大型高压渗透仪可进行大粒径或原级配高土石坝筑坝料的渗透试验，为特高土石坝筑坝料的渗流试验提供了有效的测试装置及技术指导，主要优点包括：试样及试样室尺寸大，上覆荷载大，水头压力大，可进行高压渗透试验，试验过程中能自动控制和数据自动采集。

（2）针对宽级配砂砾石料开展了多组渗流和应力耦合作用下的渗透试验：与一般的粗粒土不同，宽级配砂砾石料在高应力作用下，随着水头（水力梯度）的增大，其渗透特性变化过程大体可分为四个阶段：第一阶段在低水头下，渗透状态符合达西定律，为达西渗流阶段；第二阶段为非达西渗流阶段，随着水头的增大，渗流量与水力梯度呈非线性变化；第三阶段是试样结构破坏阶段，此时孔隙通道面积增加，试样渗透性提高，渗透系数增大；第四阶段是试样颗粒排列再平衡阶段，在出渗口具有良好反滤保护条件下，其渗透系数减小并趋于稳定。应力对砂砾石料试样渗透系数的影响可以归结到其孔隙率的变化。在较低的水头下，砂砾石料试样的渗透系数主要与其围向应力有关，围向应力增大，造成过流面积压缩，截面孔隙通道减小，渗透系数减小。当试样的孔隙率较大（＞18%）时，试样的轴向压缩也会造成渗透系数的减小，而当孔隙率较小时，轴向压缩对渗透系数影响不大。垂直渗流方向的单向加压可能造成试样渗透性的突变：当试样水头较小时，渗透系数随应力的增加先减小再增大，而在高水头作用下渗透系数随应力的增加先增大后减小；在高水头作用下，试样细颗粒更易发生移动，此时垂直渗流方向的单向压缩易造成试样结构的破坏，导致渗透系数增加；后在水头和应力的耦合作用下，试样中的颗粒排列达到新的平衡，在出渗口具有良好反滤保护条件下，其渗透系数降低。水头对砂砾石料试样的渗透系数试验结果具有重要影响：水头小于10m和大于100m时，试验得到的渗透系数相差1～2个数量级，且在高水头作用下，不同应力状态和孔隙率的砂砾石料的渗透系数趋于相同。

（3）基于孔隙管道及毛细管模型，提出了砂砾石料达西流渗透系数计算公式。通过与太沙基公式、柯森公式、刘杰公式、苏立君公式的比较表明，建议的公式的计算结果与宽级配砂砾石料试验结果最为接近；推导了砂砾石料非达西流渗透系数计算公式，可较好地反映水力梯度对宽级配砂砾石料渗透系数试验结果的影响规律，其计算结果与宽级配砂砾石料试验结果的误差均在10%以内；提出了砂砾石料应力与渗流耦合的渗透系数计算公式，计算结果与宽级配砂砾石料试验结果接近。

（4）利用大型渗透试验系统对大石峡上游堆石区砂砾石料进行渗透试验、渗透变形试验及反滤试验：

1）砂砾石料小于5mm细粒含量对其渗透特性具有重要影响。它不仅能显著改变砂砾石料的渗透性能，还对其渗透破坏模式具有决定性影响。对砂砾石料渗透特性进行缩尺试验时，建议应采用不改变小于5mm粒径细颗粒含量的等量替代法。

2）砂砾石料渗透特性缩尺试验结果将高估其排水性能和抗渗透破坏能力，对于渗透破坏坡降安全裕度不大的重要砂砾石坝工程，有必要利用更大试样尺寸的试验设备，开展全级配砂砾石料渗透试验。

3）在振动压实过程中，砂砾石料中的细颗粒存在明显的离析至试样表面的现象，试样尺寸越大，离析现象越严重，从而影响试验结果的准确性。因此，利用超大尺寸渗透仪开展试验时，应模拟现场砂砾石料实际振动碾压过程进行制样。

第 5 章

筑坝料工程特性

堆石料的工程特性主要从以下几个方面开展研究工作：母岩基本物理力学特性、堆石料级配特性、压实特性、强度特性、应力应变特性、渗透特性。研究方法采用室内试验、现场原位、原级配试验等。本章分别从应力变形与强度特性、压缩特性、流变特性、湿化特性等几个方面试验研究了堆石料和砂砾石料两类重要的土石坝填筑料的力学性质，并对这两种填筑料的力学性质进行了比较分析，得出的结论可为堆石坝分区优化提供依据，为一批筹划建设的高堆石坝提供技术支撑。

5.1 筑坝料三轴剪切试验

本节基于茨哈峡、大石峡、RM、MJ 等几个工程的筑坝料三轴剪切试验成果，分析筑坝料的工程特性。

5.1.1 茨哈峡筑坝料

茨哈峡面板坝筑坝料主要有吉浪滩天然砂砾石料和建筑物开挖料。

5.1.1.1 天然砂砾石料

天然砂砾石料场为吉浪滩料场，位于坝址区左岸岸顶平台。砂砾石原岩以中细砂岩为主，其次为板岩、石英岩、花岗岩等，砂为中细砂，其主要成分为石英、长石、少量矿物碎屑及云母；极少量风化花岗岩砾石为软弱颗粒，易压碎，但含量少，压碎后为砂，影响较小。

砂砾石料最大粒径 300mm 左右，大于 5mm 的颗粒含量 70%～92%，小于 5mm 的颗粒含量 8%～30%，小于 0.075mm 的颗粒含量 1%～9.3%，级配曲线为连续、光滑、凹面向上的型式（图 5.1-1）。不均匀系数 11～311（平均 212），曲率系数 1.53～9.92（平均 24.45）；紧密密度 2.01～2.25g/cm^3（平均 2.14g/cm^3），含泥量 1.3%～

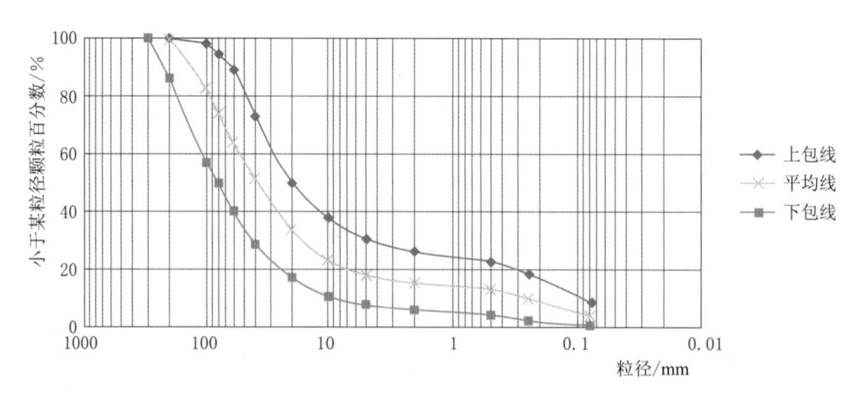

图 5.1-1 吉浪滩砂砾石料级配曲线

9.5%（平均4.0%）。小于5mm以及20～40mm、100～200mm的粒径组含量普遍高于其他粒组含量。压实后干密度2.34～2.36g/cm³，内摩擦角32°7′～43°57′（平均38°35′），渗透系数（0.21～32.83）$\times10^{-3}$cm/s（平均6.42$\times10^{-3}$cm/s）。

5.1.1.2　建筑物开挖块石料

块石料为建筑物开挖料，主要包括溢洪道、泄洪洞、导流洞、地下厂房等建筑物的开挖渣料。

坝址区基岩为中厚～薄层状砂岩、砂岩夹板岩、砂板岩互层，岩层最大厚度30～50cm，层理及层间结构面发育，各向异性明显。弱风化下部～微风化砂岩的饱和单轴抗压强度大于60MPa，软化系数平均0.77，整体属坚硬岩。板岩为薄层～极薄层状，层理极发育，弱风化及以下饱和单轴抗压强度为30～40MPa，软化系数平均0.67，总体为中硬岩。

采用自行式32t振动碾，加水量10%、铺料厚度85cm、碾压12遍，干密度2.29g/cm³左右，孔隙率为16.1%，渗透系数3.45$\times10^{-2}$cm/s。

中国水利水电科学研究院（简称"水科院"）和南京水利科学研究院（简称"南科院"）对茨哈峡上、下游堆石区堆石料均进行了大型三轴剪切试验，得到的强度指标分别见表5.1-1和表5.1-2。由试验结果可见，随着围压的增加，各种堆石料的破坏峰值偏应力显著提高，而对应的内摩擦角明显降低。

表5.1-1　　茨哈峡筑坝料强度指标（水科院）

试样名称	干密度/(g/cm³)	非线性强度指标		线性强度指标	
		φ_0/(°)	$\Delta\varphi$/(°)	c/MPa	φ/(°)
上游砂砾石料	2.37	57.1	11.3	0.386	38.4
下游堆石料	2.30	55.8	11.4	0.383	37.2

注　φ_0—一个大气压力下的初始内摩擦角；$\Delta\varphi$—σ_3增加一个对数周期下φ的减小值；φ—内摩擦角；c—黏聚力。

表5.1-2　　茨哈峡筑坝料破坏峰值及非线性强度指标（南科院）

围压/kPa		400	800	1200	1600	2000	2600	3300
上游砂砾石料	破坏峰值偏应力/kPa	2527.2	4343.7	5887.1	7493.5	8851.4	11030.5	13246.7
	内摩擦角/(°)	49.4	47	45.3	44.5	43.5	42.8	41.9
下游堆石料	破坏峰值偏应力/kPa	2232.2	3814.2	5293.3	6669.8	7905.6	9781.5	11751.8
	内摩擦角/(°)	47.4	44.8	43.5	43.3	41.6	40.8	39.8

茨哈峡面板堆石坝上、下游堆石区堆石料大型三轴剪切试验曲线见图5.1-2～图5.1-5。结果表明，水科院制样干密度较大，上、下游堆石料的饱和固结排水剪的应力应变关系基本呈应变硬化型；南科院制样干密度较小，应力应变关系基本呈应变软化型，在发生软化前的曲线形状比较接近双曲线。从体变曲线看，在低围压时有较为明显的剪胀，高围压时无明显剪胀现象。

根据大型三轴剪切试验结果整理得到的$E-B$模型参数见表5.1-3。由于茨哈峡面板堆石坝采用了较高的密实度，上、下游坝料模量系数均较高。上游砂砾石料的模量参数为K=2318～1910、n=0.36～0.43，下游堆石料的模量参数为K=1259～1018、n=0.23～

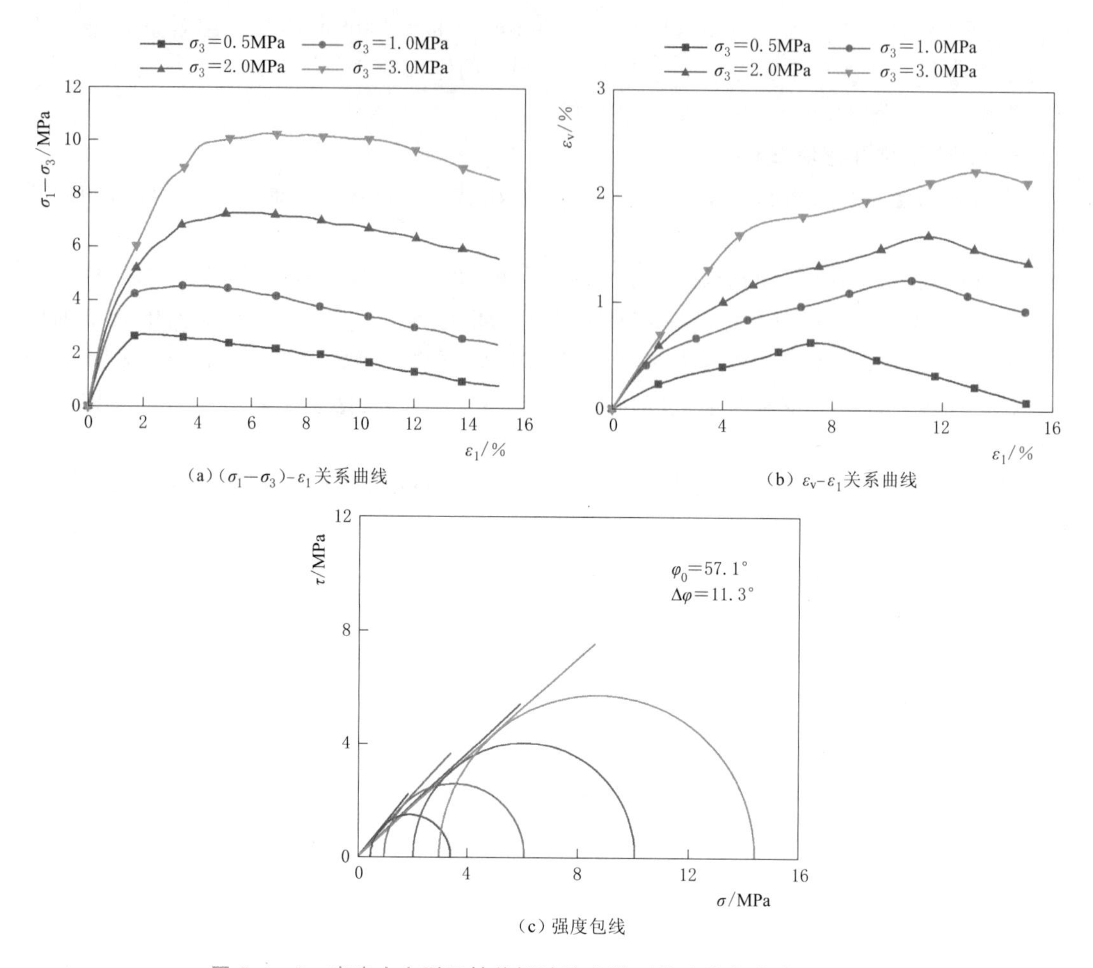

图 5.1-2 高应力大型三轴剪切试验曲线（茨哈峡上游砂砾石料，$D_r=0.95$，$\rho_d=2.373g/cm^3$，水科院）

0.37。可以看出，总体上砂砾石料的 K 值高于堆石料的 K 值，并且均是水科院试验值较南科院试验值高，但体积模量 K_b 并无规律可言。产生一定差别的原因是试验采用的干密度不同，同时试验的室内最大干密度 ρ_{dmax} 和最小干密度 ρ_{dmin} 不同也使得试验坝料的密实程度有差异。

表 5.1-3 茨哈峡筑坝料邓肯 $E-B$ 模型参数

试验单位	试样名称	干密度/(g/cm³)	非线性强度指标		$E-B$ 模型参数				
			φ_0/(°)	$\Delta\varphi$/(°)	R_f	K	n	K_b	m
水科院	上游砂砾石料	2.373	56.3	10.6	0.764	2138	0.43	1100	0.36
	下游堆石料	2.30	55.3	10.6	0.824	1259	0.37	631	0.16
南科院	上游砂砾石料	2.318	54.3	8.2	0.61	1910	0.36	1300	0.28
	下游堆石料	2.228	52.3	8.2	0.64	1018	0.23	415	0.19

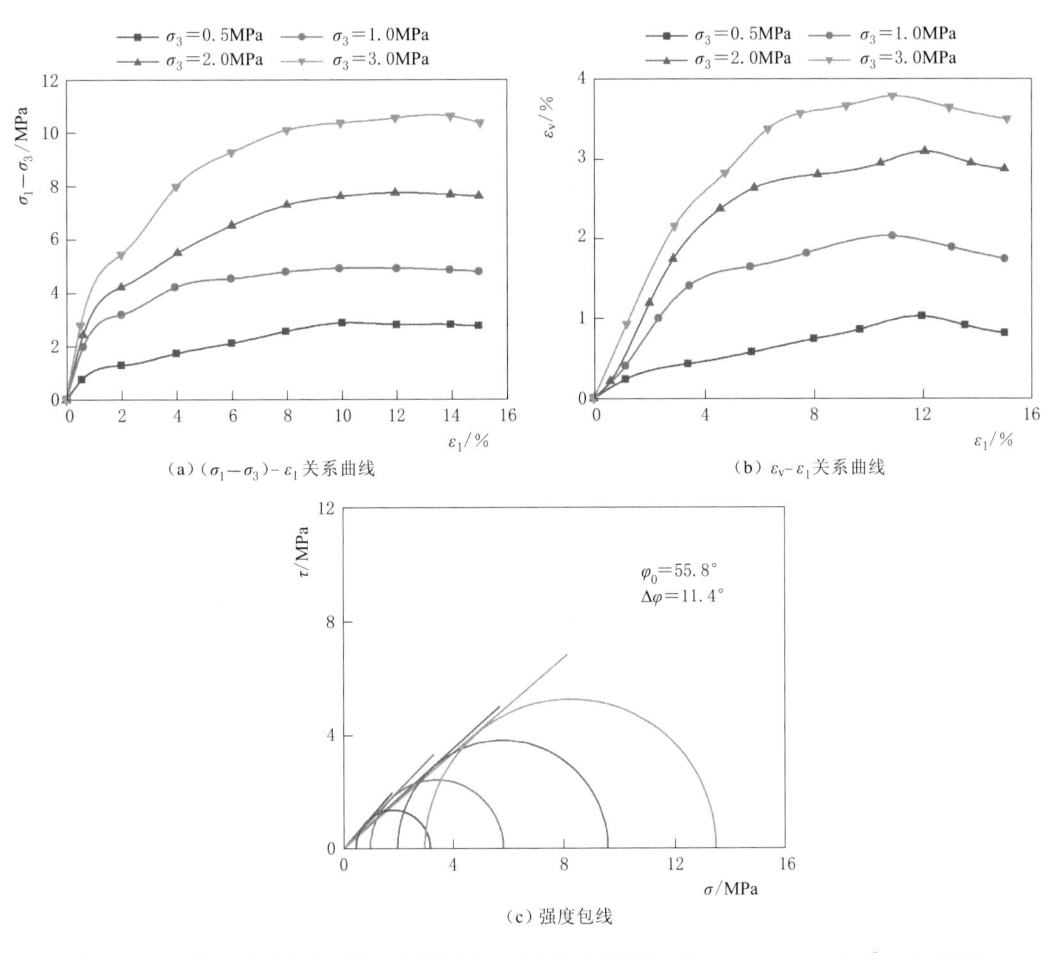

(a) $(\sigma_1-\sigma_3)$-ε_1关系曲线

(b) ε_v-ε_1关系曲线

(c) 强度包线

图 5.1-3 高应力大型三轴剪切试验曲线（茨哈峡下游堆石料，ρ_d=2.30g/cm³，水科院）

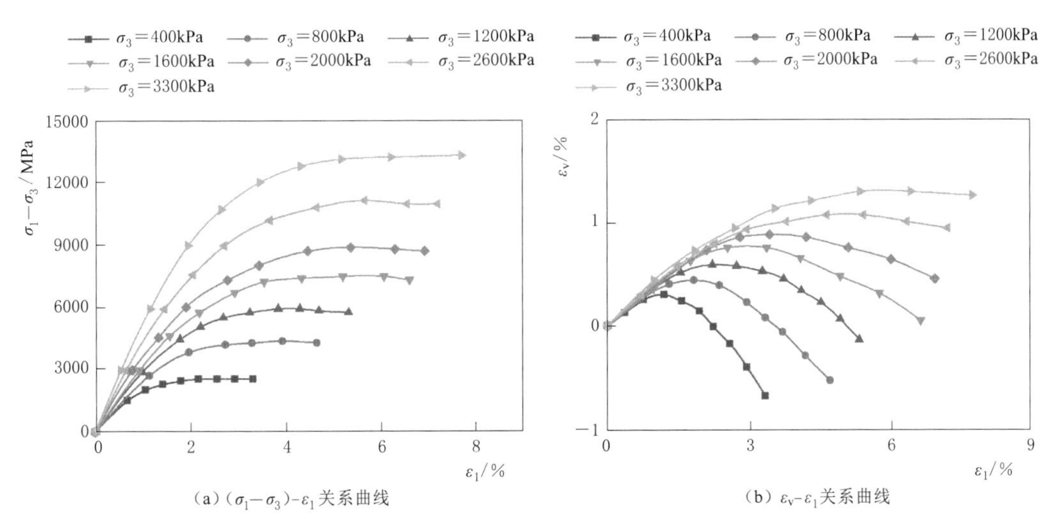

(a) $(\sigma_1-\sigma_3)$-ε_1关系曲线

(b) ε_v-ε_1关系曲线

图 5.1-4（一） 高应力大型三轴剪切试验曲线（茨哈峡上游砂砾石料，D_r=0.95，南科院）

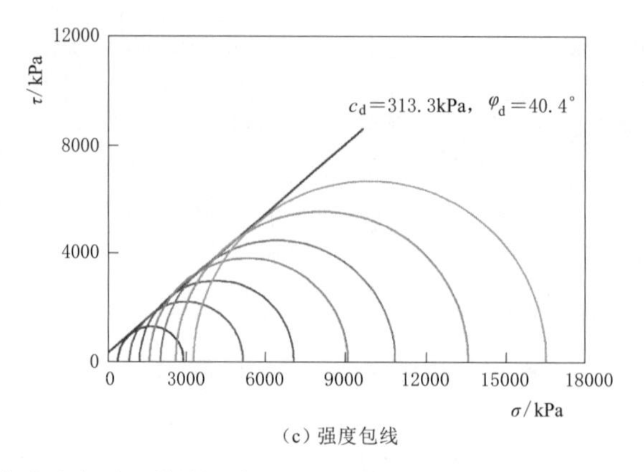

(c) 强度包线

图 5.1-4（二） 高应力大型三轴剪切试验曲线（茨哈峡上游砂砾石料，D_r=0.95，南科院）

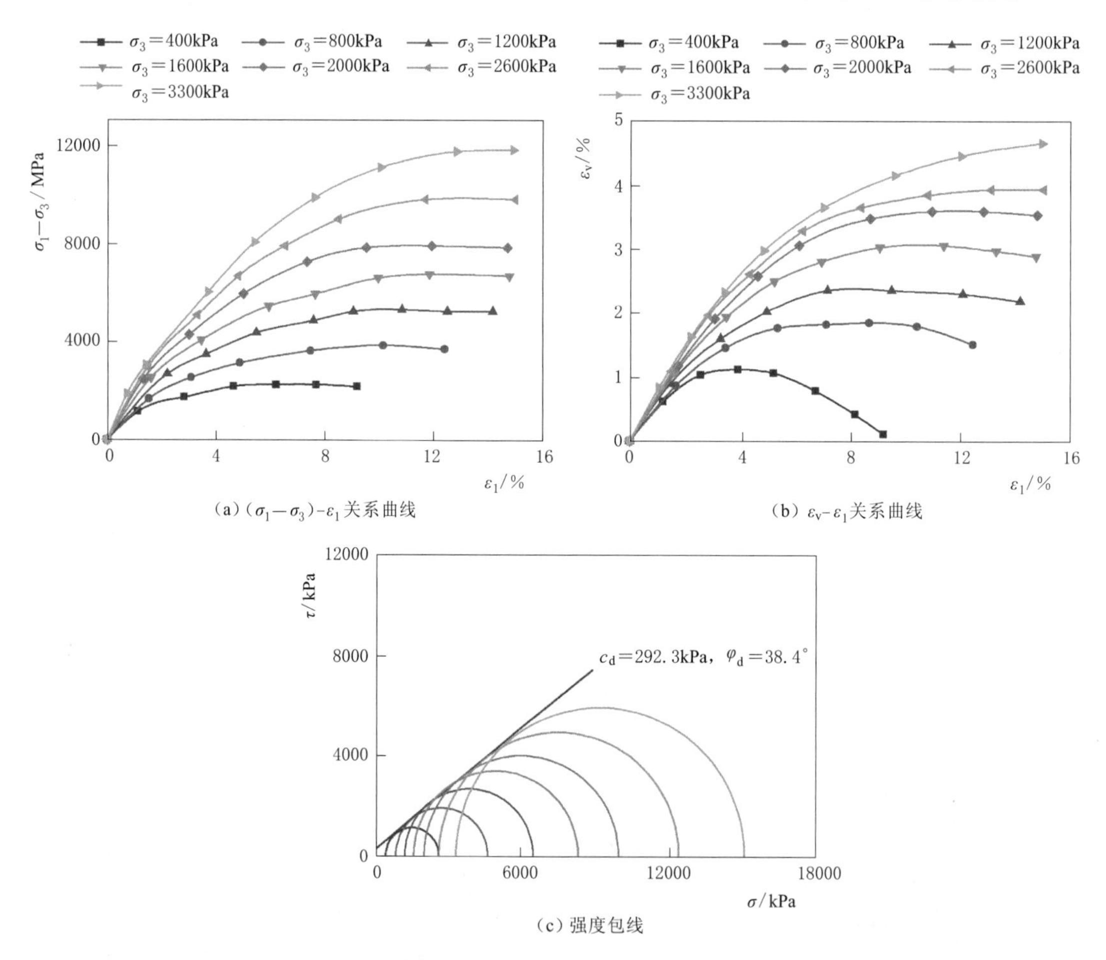

(a) $(\sigma_1-\sigma_3)$-ε_1关系曲线

(b) ε_v-ε_1关系曲线

(c) 强度包线

图 5.1-5 高应力大型三轴剪切试验曲线（茨哈峡下游堆石料，n=19%，南科院）

5.1.2 大石峡筑坝料

大石峡水利枢纽混凝土面板坝主要筑坝材料有 S3 料场砂砾石料、石炭沟料场灰岩块石料及建筑物开挖块石料。

5.1.2.1 S3 料场砂砾石料

S3 料场砂砾石料层为第四系上更新统冲洪积（Q_3^{al+pl}）含漂石砂卵砾石层。卵砾石磨圆度较好，呈浑圆状，岩性以花岗岩、砂岩、微晶灰岩为主，其次为砾岩、粉细砂岩、页岩等，超径石以灰白色花岗岩为主，少量灰褐色变质砂岩和灰色灰岩。砂粒成分为石英、长石及岩屑等，粒径以中粒为主。砂砾石料最大粒径 D_{max}=500mm，5mm 以下细颗粒含量 12.5%～36.1%，平均 21.8%，含泥量平均 5.3%（小于 8%）。砂砾石料级配曲线及包络线见图 5.1-6，不均匀系数平均 162.6，曲率系数平均 6.3，级配较连续。

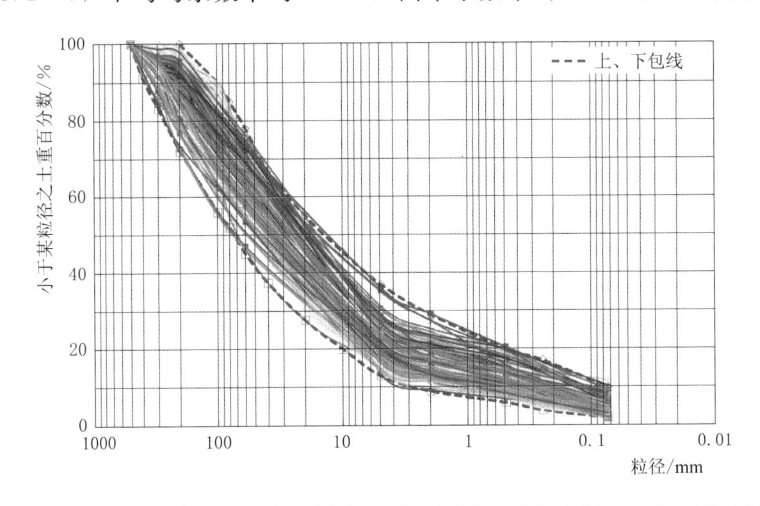

图 5.1-6 S3 天然砂砾石料级配曲线及包络线图（可研 72 组，初设 99 组）

5.1.2.2 块石料

灰岩块石料主要由砂屑石英、绢云母、微晶方解石及黏土等组成。弱风化微晶灰岩具有较好的物理力学性质，密度 2.68～2.79g/cm³，平均 2.72g/cm³；干密度 2.67～2.78g/cm³，平均 2.71g/cm³。岩石干抗压强度 49～89MPa，平均 62MPa；湿抗压强度 40～65MPa，平均 48MPa；软化系数 0.66～0.89，平均 0.79。SO_3 含量 0.24%～0.28%，平均 0.26%（<0.5%）；冻融损失率 0～0.08%，平均 0.02%（<1%）。建筑物开挖料以弱风化岩为主，含少量强风化岩体。

下游堆石区堆石料压实干密度 2.22g/cm³，风化程度 90%弱风化、10%强风化，孔隙率 $n \leqslant 19\%$，5mm 以下颗粒含量不大于 20%，含泥量不大于 8%。

大石峡面板堆石坝上、下游堆石区堆石料大型三轴剪切试验强度指标分别见表 5.1-4、表 5.1-5。由试验结果可见，随着围压的增加，各种堆石料的破坏峰值偏应力显著提高，而对应的内摩擦角明显降低。

表 5.1-4 大石峡筑坝料强度指标

试样名称	干密度/(g/cm³)	非线性强度指标		线性强度指标	
		φ_0/(°)	$\Delta\varphi$/(°)	c/MPa	φ/(°)
上游砂砾石料	2.27	50.1	6.3	0.201	39.7
下游堆石料	2.22	53.2	9.0	0.291	38.3

表 5.1-5　　大石峡筑坝料破坏峰值及非线性强度指标

围　压/kPa		100	200	300	600	1200	2000	3000
上游砂砾石料（3BA区）	破坏峰值偏应力/kPa	980.5	1480.2	2105.4	3500.1	5980.1	9010.3	12800.0
	内摩擦角/(°)	56.1	51.9	50.1	48.1	45.5	43.8	42.8
下游堆石料（3BC区）	破坏峰值偏应力/kPa	966.1	1313.8	1620.2	2918.5	5075.7	7565.5	11300.3
	内摩擦角/(°)	55.9	50.1	46.9	45.1	42.8	40.8	40.7

大石峡面板堆石坝上、下游堆石区堆石料大型三轴剪切试验曲线见图 5.1-7～图 5.1-9。

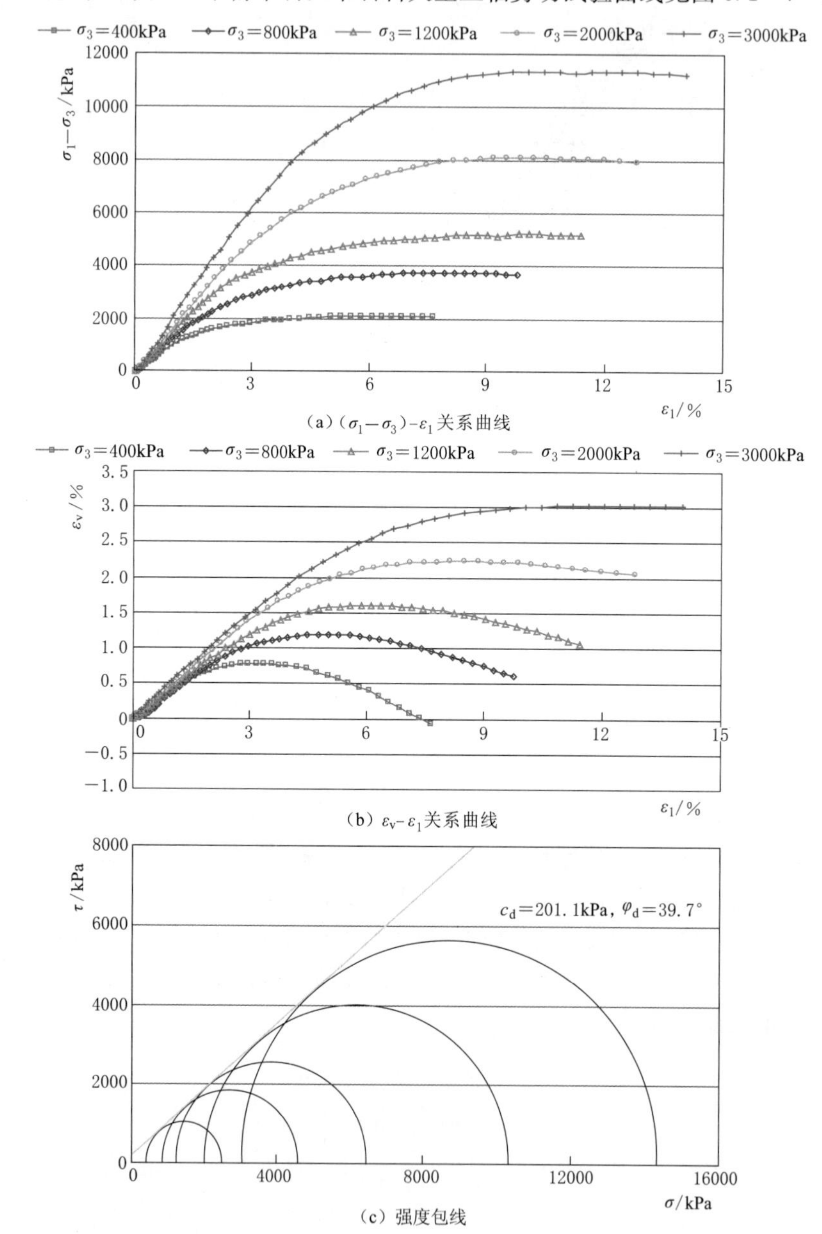

图 5.1-7　大石峡上游砂砾石料（S3 砂砾石料，$\rho_d=2.27\text{g/cm}^3$）大型三轴剪切试验曲线

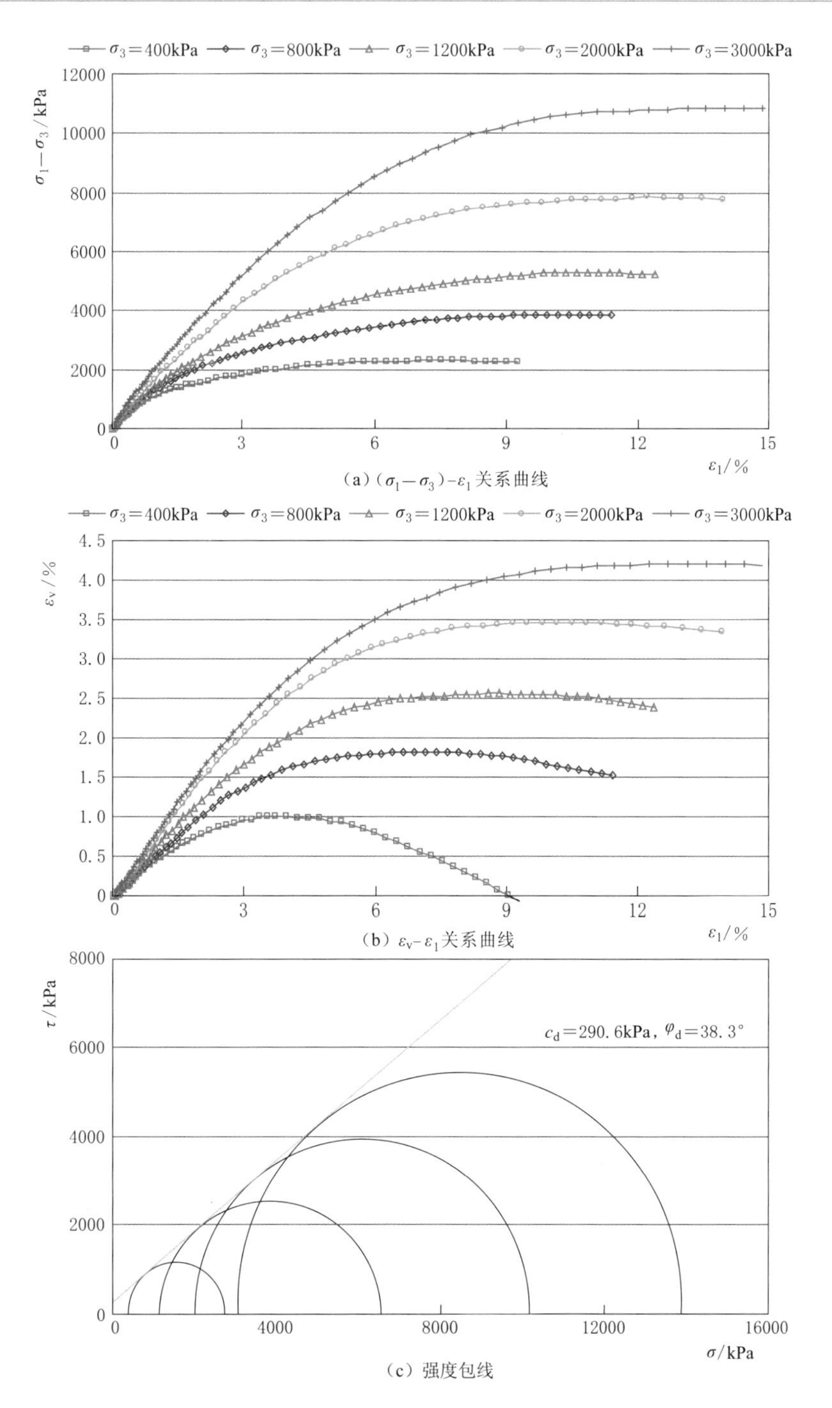

(a) $(\sigma_1-\sigma_3)$-ε_1 关系曲线

(b) ε_v-ε_1 关系曲线

(c) 强度包线

图 5.1-8 大石峡下游堆石料（弱风化灰岩含量 90%＋强风化灰岩含量 10%，$\rho_d=2.22g/cm^3$）大型三轴剪切试验曲线

试验结果表明，上、下游筑坝料的饱和固结排水剪切试验的应力应变关系基本呈应变硬化型，曲线形状比较接近双曲线。从体变曲线看，在低围压时剪胀较为明显，高围压时无明显剪胀现象。

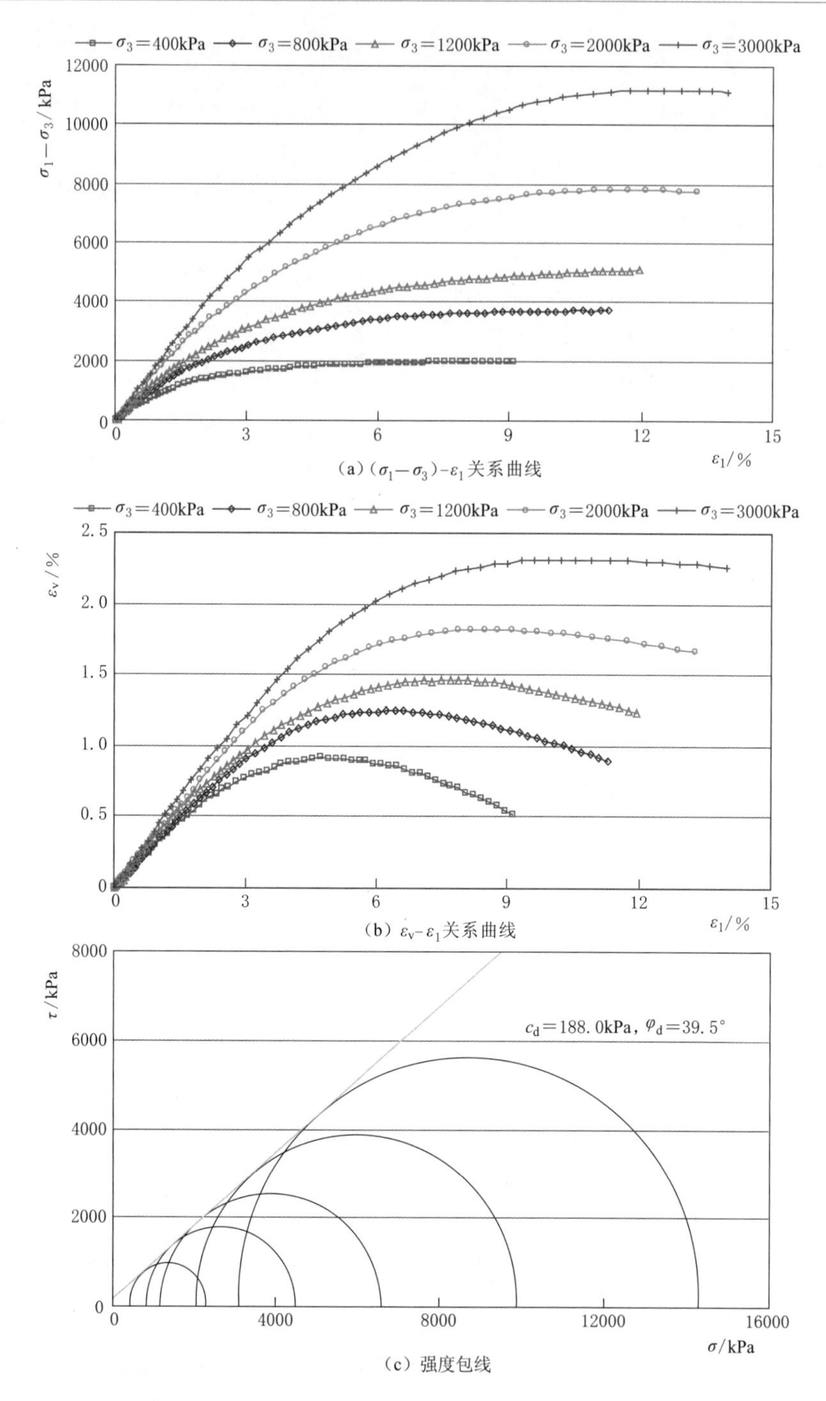

图 5.1-9 大石峡垫层区料（石炭沟弱风化灰岩料，$\rho_d=2.31\mathrm{g/cm^3}$）大型三轴剪切试验曲线

根据大型三轴剪切试验结果整理得到的 $E-B$ 模型参数见表 5.1-6，可以看出，总体上砂砾石料的 K 值高于堆石料的 K 值。产生一定差别的原因是试验采用的干密度不同，同时试验的室内最大干密度 ρ_{dmax} 和最小干密度 ρ_{dmin} 不同也使得试验坝料的密实程度有差异。

表 5.1-6　　大石峡筑坝料邓肯 $E-B$ 模型参数（南科院）

试样名称	干密度/(g/cm³)	非线性强度指标		$E-B$ 模型参数				
		φ_0/(°)	$\Delta\varphi$/(°)	R_f	K	n	K_b	m
上游砂砾石料	2.27	55.9	9.3	0.54	2004.2	0.31	2282.7	0.03
下游堆石料	2.22	55.7	11.3	0.69	1682.8	0.22	960.4	−0.06

5.1.3　RM 筑坝料

RM 面板堆石坝堆石Ⅰ区采用建筑物开挖料和料场爆破的英安岩料，其饱和抗压强度 35～40MPa；最大粒径 D_{max}=600～800mm，小于 5mm 的颗粒含量 4%～20%，小于 0.075mm 的颗粒含量小于 4%；设计干密度 2.18g/cm³，相应孔隙率 19.4%。

堆石Ⅱ区采用建筑物开挖料和料场爆破的英安岩料，其饱和抗压强度 35～45MPa；最大粒径 D_{max}=600～800mm，小于 5mm 的颗粒含量 4%～20%，小于 0.075mm 的颗粒含量小于 4%；设计干密度 2.18g/cm³，相应孔隙率 19.4%。

英安岩原岩物理性能参数：岩石密度 2.61～2.70g/cm³，干抗压强度 52.2～79.4MPa，湿抗压强度 40.6～57.6MPa，软化系数 0.70～0.79。

水科院、南科院对 RM 工程堆石料Ⅰ区、堆石料Ⅱ区进行大型三轴剪切试验，得到的强度指标分别见表 5.1-7、表 5.1-8。由试验结果可见，随着围压的增加，各种堆石料的破坏峰值偏应力显著提高，而对应的内摩擦角明显降低。

表 5.1-7　　RM 筑坝料强度指标（水科院）

试样名称	干密度/(g/cm³)	非线性强度指标		线性强度指标	
		φ_0/(°)	$\Delta\varphi$/(°)	c/MPa	φ/(°)
堆石料Ⅰ区	2.20	56.1	12.0	0.371	36.5
堆石料Ⅱ区	2.18	55.7	11.7	0.384	36.2

表 5.1-8　　RM 筑坝料破坏峰值及非线性强度指标（南科院）

围　压/kPa		400	800	1200	1600	2000	2600	3300
堆石料Ⅰ区	破坏峰值偏应力/kPa	2613.5	4197.0	5686.4	7103.1	8415.1	10237.3	12274.1
	内摩擦角/(°)	50.0	46.4	44.7	43.6	43.7	41.5	40.6
堆石料Ⅱ区	破坏峰值偏应力/kPa	2466.1	4013.8	5460.4	6918.5	8175.7	9945.5	11963.3
	内摩擦角/(°)	49.0	45.6	44.0	43.1	42.2	41.0	40.1

RM 工程堆石料Ⅰ区、堆石料Ⅱ区大型三轴剪切试验曲线见图 5.1-10～图 5.1-13。结果表明，堆石料Ⅰ区、堆石料Ⅱ区的饱和固结排水剪的应力应变关系基本呈应变硬化型，曲线形状比较接近双曲线。从体变曲线看，在低围压时有轻微剪胀发生，高围压时无明显剪胀现象。

根据大型三轴剪切试验结果整理得到的 $E-B$ 模型参数见表 5.1-9。由于 RM 工程采

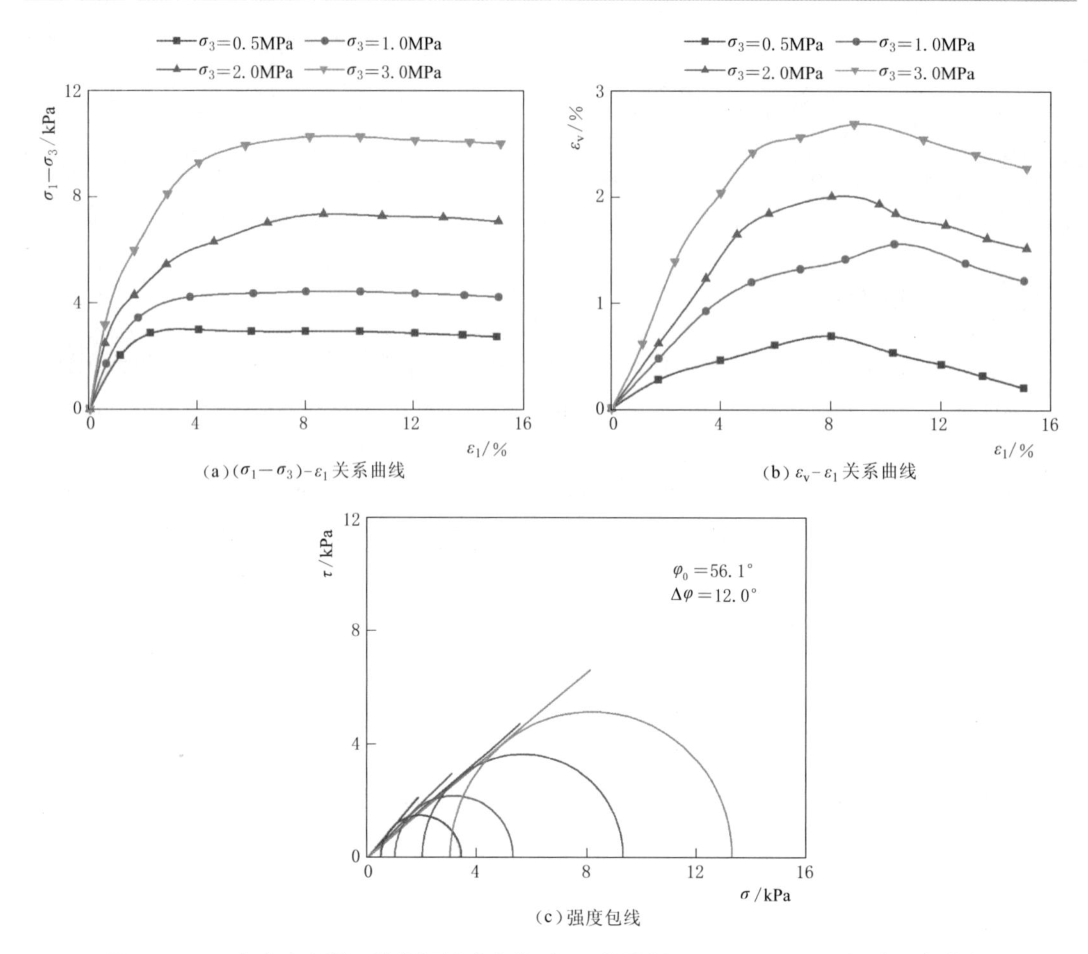

图 5.1-10 高应力大型三轴剪切试验曲线（RM 堆石料Ⅰ区，$\rho_d=2.20g/cm^3$，水科院）

用了较高的密实度，上、下游坝料模量系数均较高。RM 堆石料Ⅰ区的模量参数系数为 $K=1621\sim2238$、模量随围压变化指数 $n=0.25\sim0.59$，堆石料Ⅱ区的模量参数为 $K=2089\sim1524$，模量随围压变化指数 $n=0.26\sim0.58$。可以看出，水科院试验值较南科院试验值高，但体积模量 K_b 并无规律可言。产生一定差别的原因是试验采用的干密度不同，同时试验的室内最大干密度 γ_{dmax} 和最小干密度 γ_{dmin} 不同也使得试验坝料的密实程度有差异。

表 5.1-9　　RM 工程筑坝料 $E-B$ 模型参数

试验单位	试样名称	干密度/(g/cm³)	非线性强度指标		$E-B$ 模型参数				
			φ_0/(°)	$\Delta\varphi$/(°)	R_f	K	n	K_b	m
水科院	堆石料Ⅰ区	2.20	56.0	11.8	0.973	2238	0.59	795	0.37
	堆石料Ⅱ区	2.18	55.5	11.5	0.994	2089	0.58	890	0.38
南科院	堆石料Ⅰ区	2.195	55.8	10.1	0.63	1621	0.25	1357.4	−0.03
	堆石料Ⅱ区	2.168	54.5	9.5	0.66	1524	0.26	1146.3	0.00

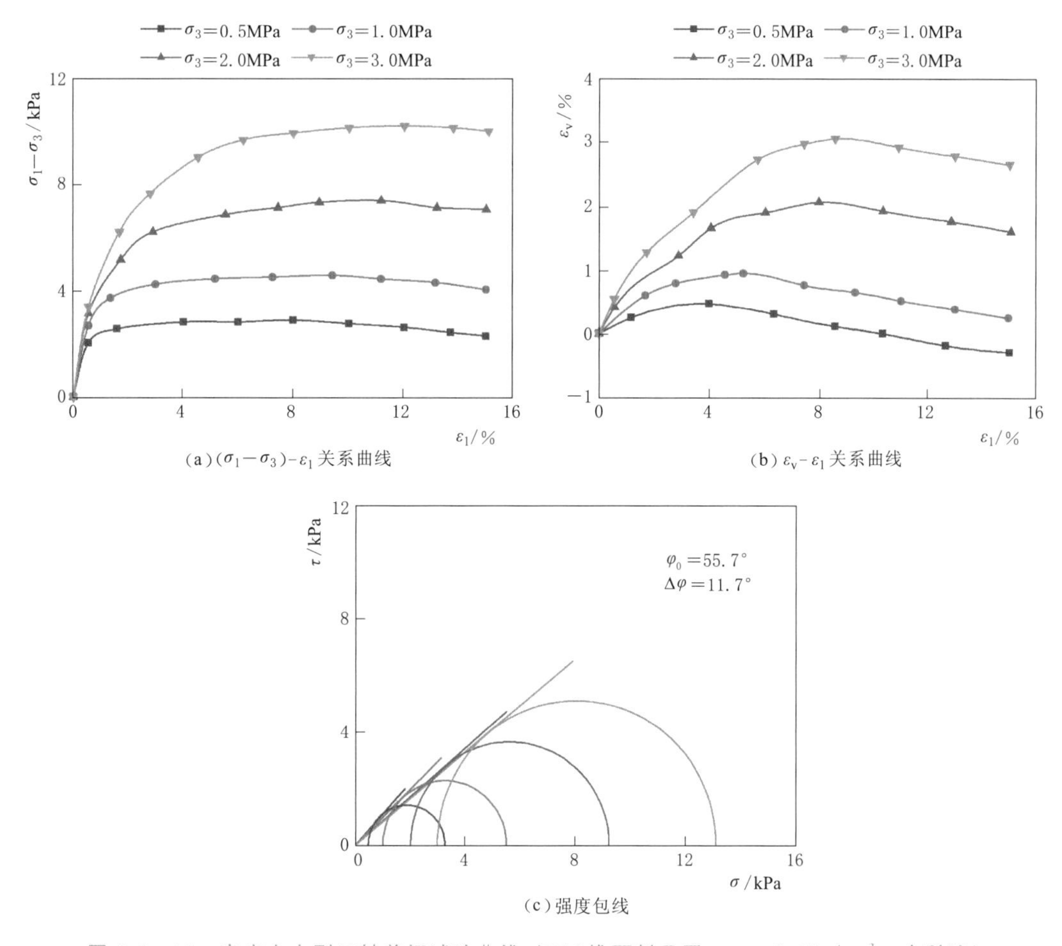

图 5.1-11　高应力大型三轴剪切试验曲线（RM 堆石料Ⅱ区，ρ_d=2.18g/cm³，水科院）

5.1.4　MJ 筑坝料

MJ 筑坝料采用料场或枢纽区开挖料，为古当河岩体（γ_3）及部分后期侵入的喜山期（γ_6）花岗岩。岩性主要为条带状（眼球状）混合岩和混合片麻岩，间夹有少量条带状或透镜体状斜长角闪变粒岩、黑云母片岩，长角闪变粒岩、黑云母片岩所占岩性比例小于 8%。

γ_3 条带状混合岩饱和抗压强度为 70.5～161.6MPa，γ_6 混合片麻岩饱和抗压强度为 97.7～161.6MPa，斜长角闪变粒岩、黑云母片岩饱和抗压强度为 45.8～69.2MPa。

堆石料的级配：最大粒径 800mm，粒径小于 5mm 的细料含量小于 20%，粒径小于 0.075mm 的含量小于 5%；粒径小于 25mm 的含量小于 40%；曲率系数 C_c 控制在 1～3，不均匀系数 C_u 一般大于 8。上游堆石区 3B 料的设计干密度为 2.18～2.21g/cm³，相应孔隙率为 18%～19%；采用料场开挖的微、新岩体。下游堆石区 3C 的设计干密度为 2.14～2.18g/cm³，相应孔隙率为 19%～20%。

水科院、南科院对 MJ 工程上、下游堆石区堆石料大型三轴剪切试验得到的强度指标

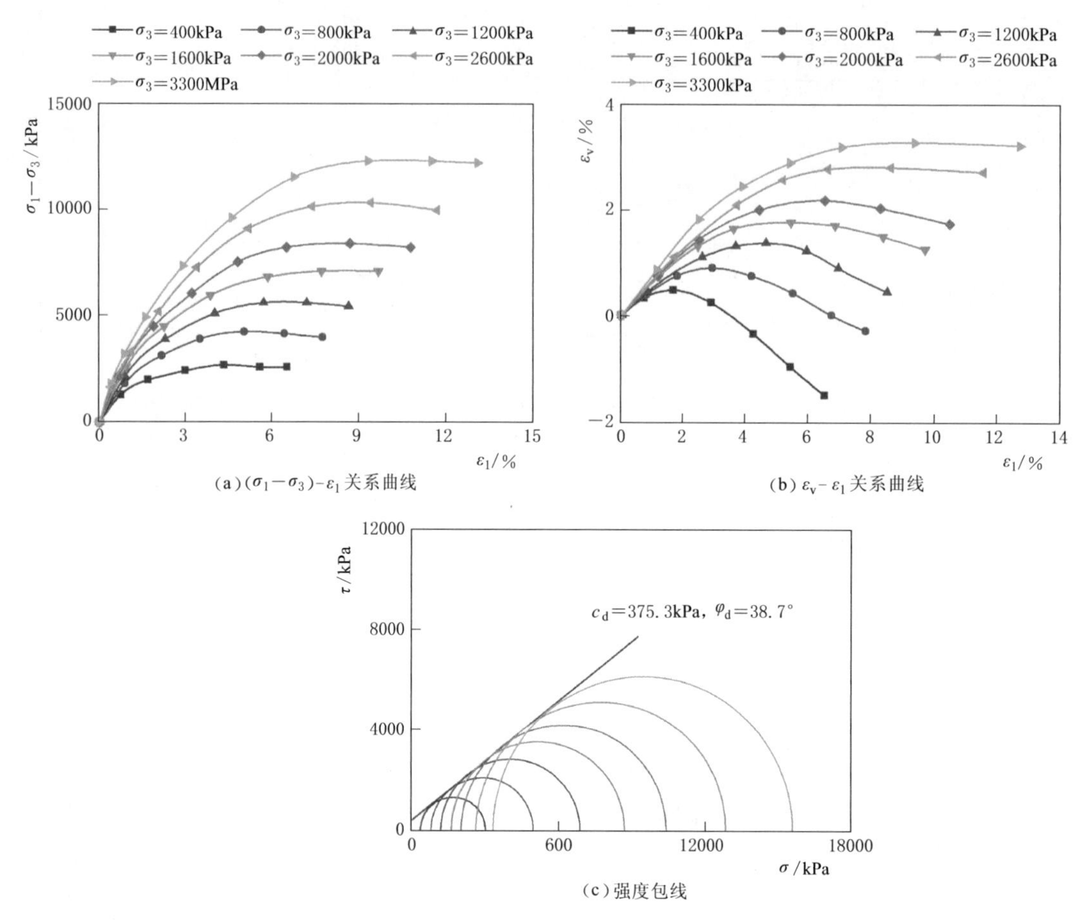

图 5.1-12　高应力大型三轴剪切试验曲线（RM 堆石料Ⅰ区料，$n=19\%$，南科院）

分别见表 5.1-10、表 5.1-11。由试验结果可见，随着围压的增加，各种堆石料的破坏峰值偏应力显著提高，而对应的内摩擦角明显降低。

表 5.1-10　　MJ 筑坝料强度指标（水科院）

工程	试样名称	干密度/(g/cm^3)	非线性强度指标		线性强度指标	
			φ_0/(°)	$\Delta\varphi$/(°)	c/MPa	φ/(°)
MJ	上游堆石料	2.18	54.0	10.5	0.368	36.1
	下游堆石料	2.14	52.1	9.7	0.282	35.9

表 5.1-11　　MJ 筑坝料破坏峰值及非线性强度指标（南科院）

围压/kPa		400	800	1200	1600	2000	2600	3300
古当河料场堆石（上游堆石料）	破坏峰值偏应力/kPa	2475.9	4092.1	5512.2	6915.5	8140.3	10004.2	12039.7
	内摩擦角/(°)	49.1	46.0	44.2	43.1	42.1	41.1	40.2
枢纽区开挖料（下游堆石料）	破坏峰值偏应力/kPa	2344.6	3925.5	5314.7	6748.2	7945.0	9755.6	11755.3
	内摩擦角/(°)	48.2	45.3	43.5	43.7	41.7	40.7	39.8

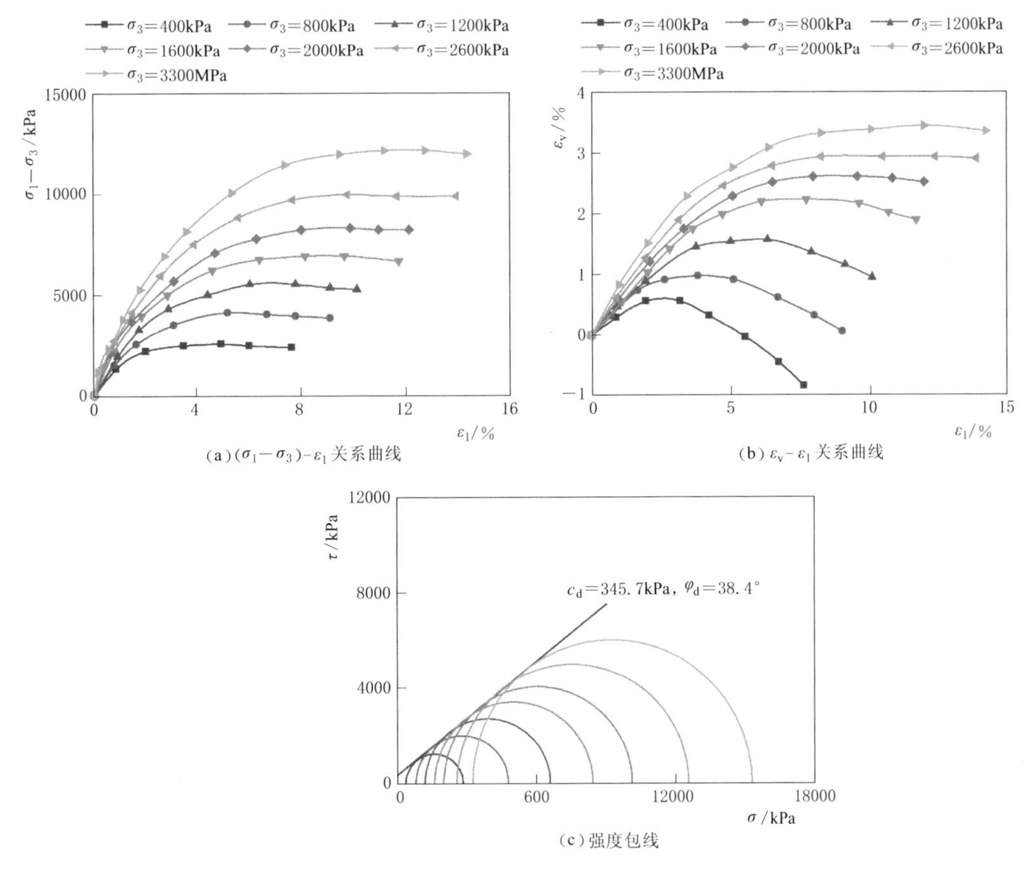

图5.1-13 高应力大型三轴剪切试验曲线（RM堆石料Ⅱ区料，n=19.4%，南科院）

MJ工程上、下游堆石区堆石料三轴剪切试验曲线见图5.1-14～图5.1-17。结果表明，上、下游堆石料的饱和固结排水剪的应力应变关系基本呈应变硬化型，曲线形状比较接近双曲线。从体变曲线看，在低围压时有明显剪胀，高围压时无明显剪胀现象。

根据大型三轴剪切试验结果整理得到的$E-B$模型参数见表5.1-12。由于MJ工程采用了较高的密实度，上、下游坝料模量系数均较高。MJ古当河堆石料（上游堆石料）的模量参数为K=1778～1619、模量随围压变化指数n=0.27～0.41，枢纽区开挖料（下游堆石料）的模量参数为K=1531～1585、n=0.27～0.28。可以看出，总体上水科院试验值较南科院试验值高，但体积模量K_b并无规律可言。产生一定差别的原因是试验采用的干密度不同，同时试验的室内最大干密度γ_{dmax}和最小干密度γ_{dmin}不同也使得试验坝料的密实程度有差异。

表5.1-12 MJ工程筑坝料邓肯$E-B$模型参数

试验单位	试样名称	干密度/(g/cm³)	非线性强度指标		$E-B$模型参数				
			φ_0/(°)	$\Delta\varphi$/(°)	R_f	K	n	K_b	m
水科院	上游堆石料	2.18	54.0	10.5	0.793	1778	0.41	794	0.39
	下游堆石料	2.14	53.1	10.0	0.701	1585	0.35	676	0.30

续表

试验单位	试样名称	干密度 /(g/cm³)	非线性强度指标		E-B 模型参数				
			φ_0/(°)	$\Delta\varphi$/(°)	R_f	K	n	K_b	m
南科院	上游堆石料	2.17	54.8	9.7	0.58	1619	0.27	1018.1	0.12
	下游堆石料	2.17	53.6	9.1	0.59	1531	0.28	901.6	0.13

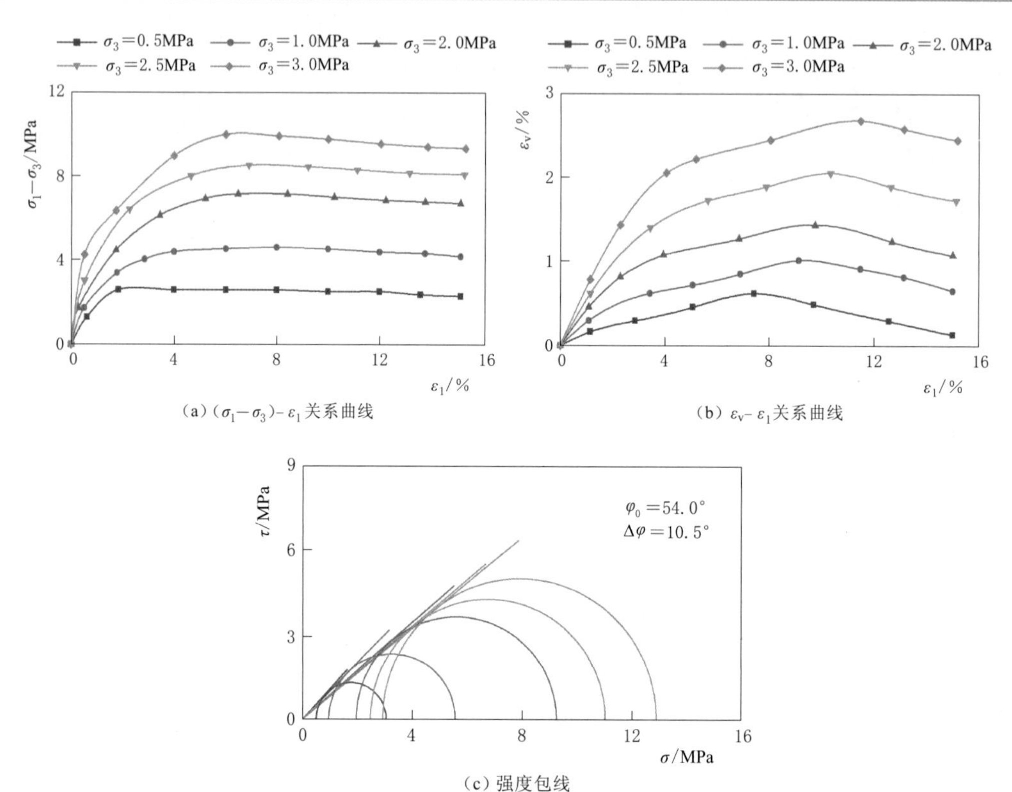

(a) $(\sigma_1-\sigma_3)$-ε_1 关系曲线

(b) ε_v-ε_1 关系曲线

(c) 强度包线

图 5.1-14 高应力大型三轴剪切试验曲线（MJ 上游堆石料，ρ_d=2.18g/cm³，水科院）

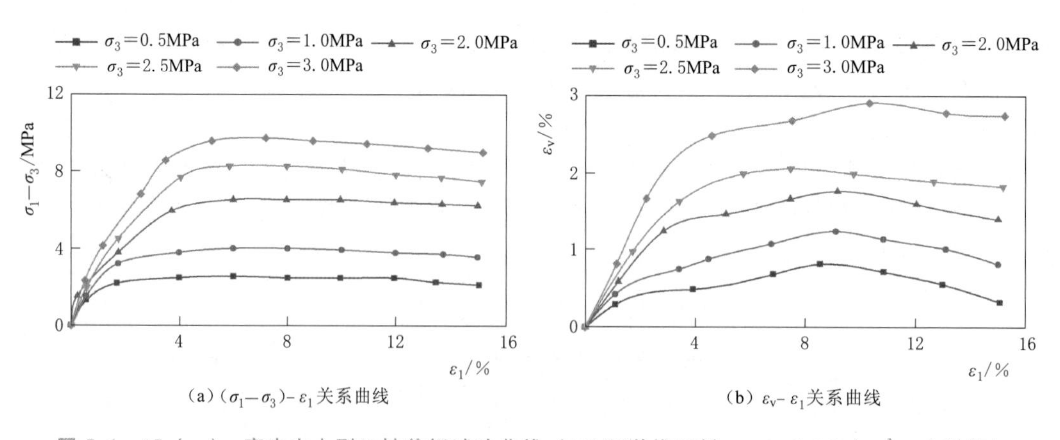

(a) $(\sigma_1-\sigma_3)$-ε_1 关系曲线

(b) ε_v-ε_1 关系曲线

图 5.1-15（一） 高应力大型三轴剪切试验曲线（MJ 下游堆石料，ρ_d=2.14g/cm³，水科院）

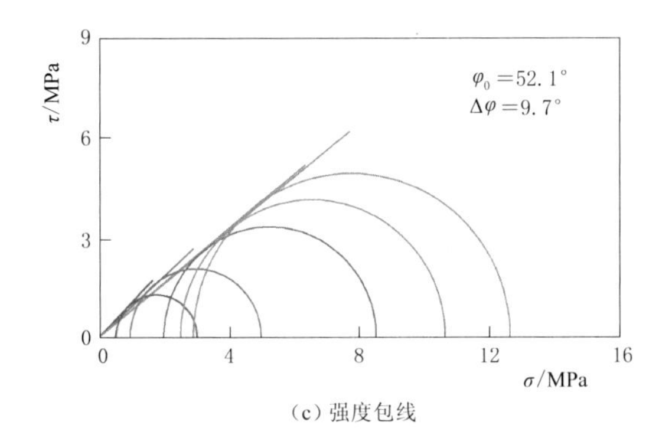

(c) 强度包线

图 5.1-15（二）　高应力大型三轴剪切试验曲线（MJ 下游堆石料，$\rho_d=2.14\text{g/cm}^3$，水科院）

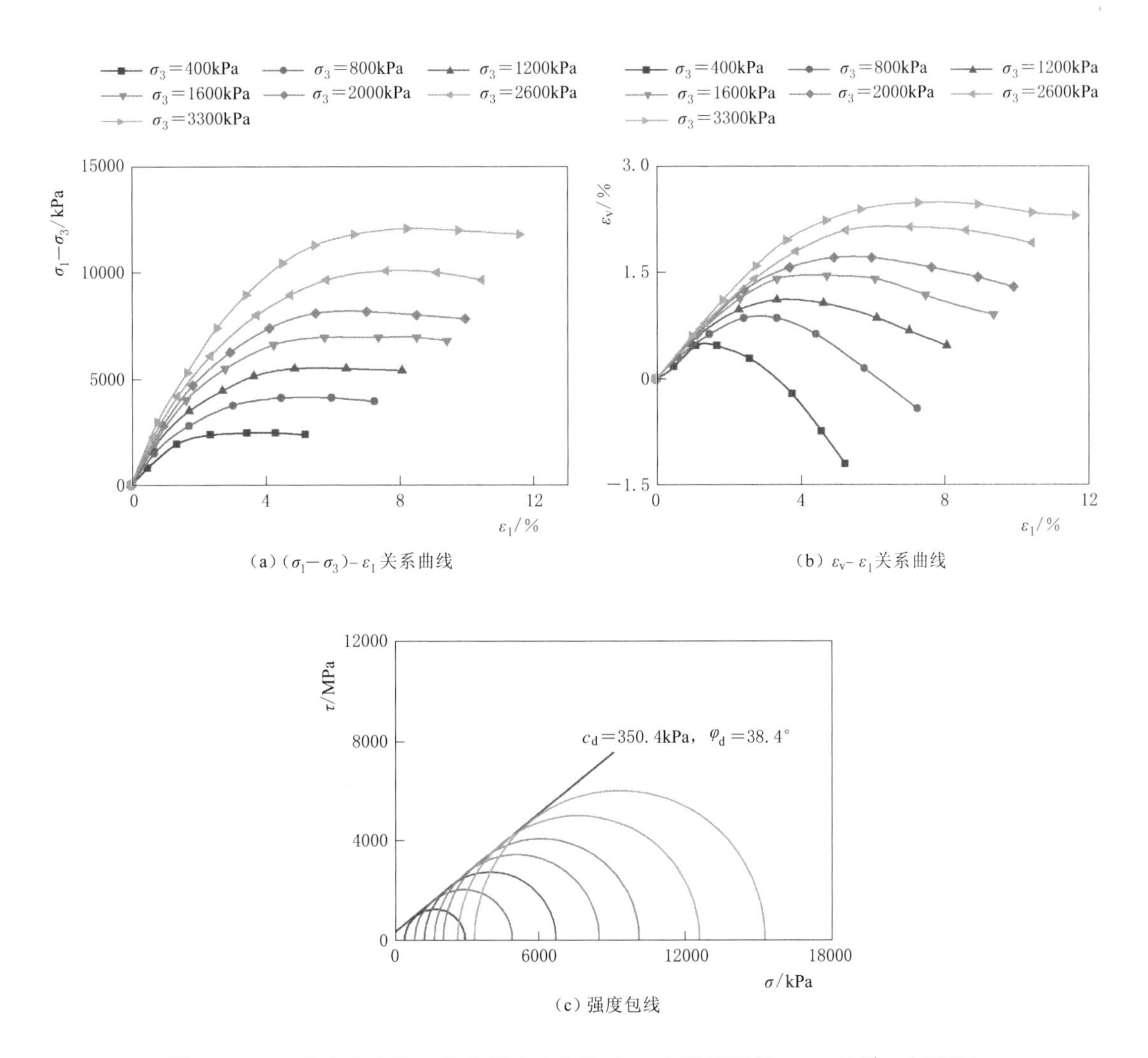

(a) $(\sigma_1-\sigma_3)$-ε_1 关系曲线

(b) ε_v-ε_1 关系曲线

(c) 强度包线

图 5.1-16　高应力大型三轴剪切试验曲线（MJ 上游堆石料，$n=19\%$，南科院）

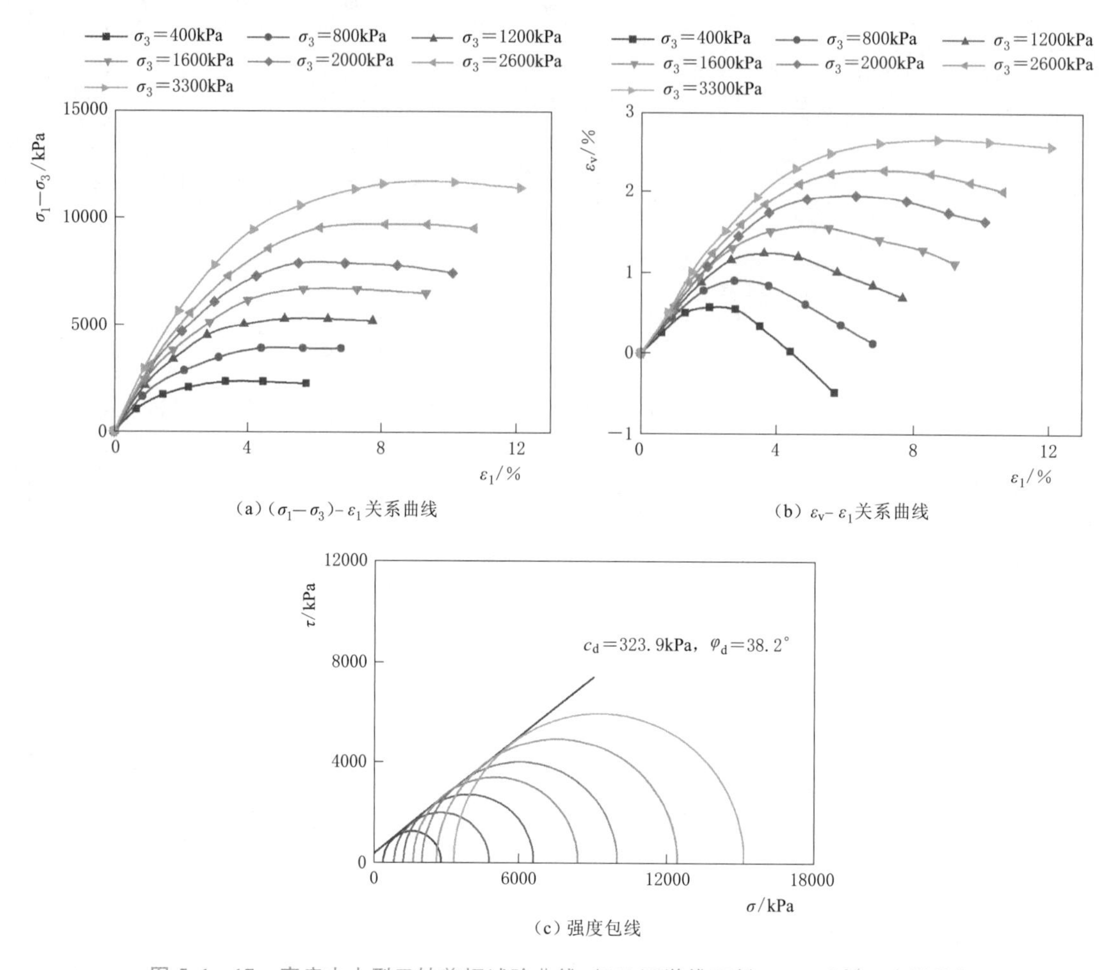

(a) $(\sigma_1-\sigma_3)$-ε_1关系曲线

(b) ε_v-ε_1关系曲线

(c) 强度包线

图 5.1-17　高应力大型三轴剪切试验曲线（MJ 下游堆石料，$n=19\%$，南科院）

5.2　堆石料工程特性

就堆石坝的筑坝料而言，实际工程中所采用的岩石类型非常广泛。在我国，堆石坝填筑料涉及火成岩、沉积岩和变质岩三大岩类，有的采用灰岩、砂岩、花岗岩、玄武岩及大理岩等硬质岩类，也有采用板岩、页岩、泥岩及千枚岩等软质岩类，还有些工程采用软岩和硬岩互层岩类。这些形状不规则的堆石料颗粒，其工程特性具有复杂性和不确定性，因此研究堆石料工程特性具有重要意义。本节主要通过大型三轴剪切试验、大型压缩试验、流变、湿化试验测定了各工程中堆石料的力学性能，分别从应力变形与强度特性、压缩特性、流变特性、湿化特性等几个方面，深入研究了堆石料的力学性质和水理性。

5.2.1　应力应变与强度特性

5.2.1.1　围压的影响

大型三轴剪切试验是研究坝料应力变形特性最常用的试验方法。随着堆石坝高度的增高，试验荷载也随着增加。对于200～300m级的堆石坝，三轴试验最大围压将达到3MPa，压缩试验最大荷载超过6MPa。随着承受的荷载增加，堆石体的应力变形特性将发生变化。堆石料三轴试验结果显示，其应力变形特性与所受围压具有明显的相关性：压实良好的堆石料在低围压下通常发生剪胀，而在高围压下则表现为剪缩。图5.2-1为巴贡上游堆石料大型三轴压缩试验曲线。

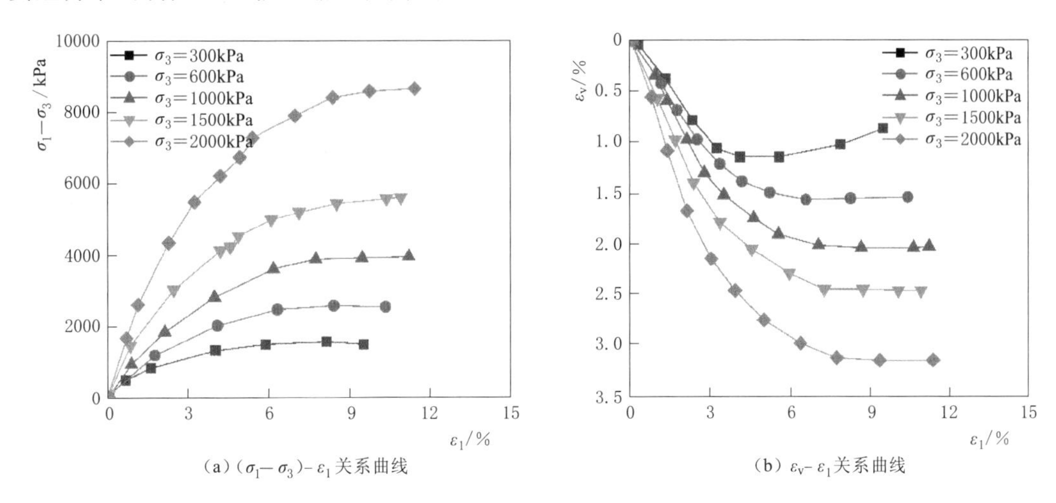

图5.2-1 巴贡上游堆石料大型三轴压缩试验曲线

体变曲线在低围压下具有明显的剪胀特征，随着围压增大，剪胀性减弱，主要表现为剪缩。剪胀性（或剪缩性）是颗粒材料的一种固有特性，长期以来得到了广泛的研究。Lowe剪胀模型是较早的比较有代表性的理论，该模型在三轴状态下的表达式为

$$\sigma_1/\sigma_3=2K(-d\varepsilon_3^p/d\varepsilon_1^p) \tag{5.2-1}$$

$$K=\tan^2(45°+\varphi/2)$$

式中：K为与内摩擦角有关的常数。

在三轴试验中，堆石料的剪胀性与应力状态关系密切，破坏时的应力比$(\sigma_1/\sigma_3)_f$与围压σ_3有明显的关系，表现为随着围压的增加而减小。

从应力应变关系曲线看，不同围压下偏应力都有明显峰值，且偏应力峰值随着围压的增加而增加。随着围压不断增加，应力应变曲线初始段线性程度和切线斜率有较大增加。在围压较低的时候，堆石料通常呈现应变软化的性质，随着围压升高，堆石料颗粒破碎增加，应力应变关系也由应变软化型向应变硬化型转变。应该指出，堆石料的应变软化并不显著，出现峰值后仍能承受较大应力。同时，堆石料破坏时的轴向应变也没有细粒土那么大，一般为5%～10%。不过，随着围压的增加，堆石料破坏时的轴向应变也将有所增加。

堆石体强度的非线性特性已为人们所熟知，Duncan建议堆石料的内摩擦角按下式计算：

$$\varphi=\varphi_0-\Delta\varphi\lg\left(\frac{\sigma_3}{p_a}\right) \tag{5.2-2}$$

上式体现了堆石体强度指标随围压降低的规律。

De Mello 提出以指数形式反映堆石料强度包线的非线性，即

$$\tau = A\sigma^{b} \tag{5.2-3}$$

式中：A 和 b 为参数。

堆石料的强度与所受的围压密切相关。图 5.2-2 为三轴试验所得堆石料的莫尔圆，由图可见，在围压较低的时候，强度包络线曲率较大。围压较低时，内摩擦角增大，强度包络线通过原点明显弯曲，显示出堆石料在低围压下具有较明显剪胀并具有颗粒破碎的特性。随着围压增大，内摩擦角降低，强度包络线弯曲程度逐渐降低，反映围压增加导致颗粒破碎效应逐步占主导作用的强度特性。由上述分析可以推测：当围压增加到一定程度后，颗粒破碎比较充分，抗剪强度包络线曲率消失，抗剪强度随围压的增加近似呈线性变化。定义的峰值内摩擦角 $\varphi_p = \sin^{-1}[(\sigma_1-\sigma_3)_f/(\sigma_1+\sigma_3)_f]$ 可以反映不同围压下峰值内摩擦角的变化，随着围压增加，φ_p 减小；但当围压超过 1.5MPa 以后，φ_p 减小已经不明显。

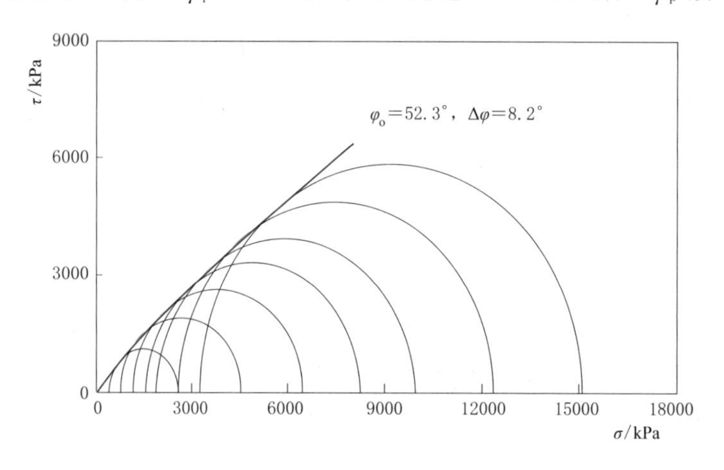

图 5.2-2　堆石料莫尔圆

表 5.2-1 中列出了茨哈峡面板砂砾石坝坝内堆石料大型三轴剪切试验所得的峰值偏应力、应力比和内摩擦角。坝内各种材料岩性：下游堆石料 3C2 为砂岩；下游堆石料 3C2-1 为砂岩和板岩混合料，混合比例为 3∶7。由表中结果可见，各种坝料的峰值主应力差 $(\sigma_1-\sigma_3)_f$ 随围压增大而增大，而峰值主应力比 $(\sigma_1/\sigma_3)_f$ 则随围压增大而减小，峰值内摩擦角 φ_p 也随着围压的增加而减小。对比不同坝料的试验结果可以发现，母岩岩性越好的坝料，在同等围压下，其峰值主应力差、峰值主应力比、峰值内摩擦角也越大。对比不同围压下的峰值内摩擦角可见，在围压较低时（≤1000kPa），峰值内摩擦角随围压的增加明显减小，随着围压进一步增加，峰值内摩擦角减小幅度明显降低。

表 5.2-1　　茨哈峡堆石料试验资料

试样名称	σ_3/kPa	$(\sigma_1-\sigma_3)_f$/kPa	$(\sigma_1/\sigma_3)_f$	φ_p/(°)
下游堆石料 3C2	300	1773	6.91	48.34
	600	2831	5.72	44.61
	1000	4217	5.22	42.71
	1800	6808	4.78	40.85

续表

试样名称	σ_3/kPa	$(\sigma_1-\sigma_3)_f$/kPa	$(\sigma_1/\sigma_3)_f$	φ_p/(°)
下游堆石料3C2	3000	10159	4.39	38.95
下游堆石料3C2-1	300	1601	6.34	46.67
	600	2652	5.42	43.51
	1000	3886	4.89	41.32
	1800	6383	4.55	39.75
	3000	9882	4.29	38.48

应力变形有限元数值模型计算参数都是通过大型三轴剪切试验结果整理得出。随着土石坝建坝高度的增加，大型三轴剪切试验的最大围压也随之增加，以使试验围压与坝体内部实际应力状态相近，许多工程最大试验围压已经达到3MPa。以下整理了大石峡、茨哈峡、巴贡三个坝高大于200m的面板堆石坝在不同最大围压下的邓肯 $E-B$ 模型参数，分析不同最大试验围压对模型参数的影响。

1. **大石峡工程**

大石峡工程上、下游堆石区堆石料大型三轴剪切试验强度指标分别见表5.2-2、表5.2-3。大石峡工程上、下游堆石区堆石料不同围压下大型三轴剪切试验曲线见图5.1-5～图5.1-7。根据大型三轴剪切试验结果整理得到主砂砾石料的 $E-B$，$E-\mu$ 和“南水”模型参数见表5.2-4。由试验结果可见，随着围压的增加，各种堆石料的破坏峰值偏应力显著提高，而对应的内摩擦角也明显降低。

表5.2-2　　大石峡筑坝料强度指标

试样名称	干密度/(g/cm^3)	非线性强度指标		线性强度指标	
		φ_0/(°)	$\Delta\varphi$/(°)	c/MPa	φ/(°)
上游砂砾石料	2.27	50.1	6.3	0.201	39.7
下游堆石料	2.22	53.2	9.0	0.291	38.3

表5.2-3　　大石峡筑坝料破坏峰值及非线性强度指标

围压/kPa		100	200	300	600	1200	2000	3000
砂砾石料(3BA区)	破坏峰值偏应力/kPa	980.5	1480.2	2105.4	3500.1	5980.1	9010.3	12800.0
	内摩擦角/(°)	56.1	51.9	50.1	48.1	45.5	43.8	42.8
堆石料(3BC区)	破坏峰值偏应力/kPa	966.1	1313.8	1620.2	2918.5	5075.7	7565.5	11300.3
	内摩擦角/(°)	55.9	50.1	46.9	45.1	42.8	40.8	40.7

表5.2-4　　大石峡筑坝主砂砾石料邓肯 $E-B$ 模型参数

围压范围/kPa	φ_0/(°)	$\Delta\varphi$/(°)	K	n	R_f	K_b	m
50～300	51.3	9.4	1399.9	0.28	0.71	1814.8	−0.37
50～600	51.3	9.1	1400.6	0.30	0.74	1819.3	−0.29
50～1200	51.3	8.7	1398.8	0.31	0.75	1788.3	−0.20

续表

围压范围/kPa	φ_0/(°)	$\Delta\varphi$/(°)	K	n	R_f	K_b	m
50～2000	51.2	8.2	1399.2	0.31	0.76	1742.0	−0.13
50～3000	51.1	7.8	1401.7	0.30	0.72	1685.1	−0.07
100～3000	50.7	7.5	1353.1	0.32	0.69	1506.1	−0.02
200～3000	50.0	6.8	1417.4	0.30	0.71	1116.4	0.10
300～3000	49.8	6.6	1422.1	0.30	0.72	822.8	0.21
600～3000	48.6	5.7	1478.7	0.28	0.73	702.2	0.27

由表5.2-4可知，随最小围压和最大围压的提升，线性强度指标黏聚力c值增大、内摩擦角减小：

1）当最小围压为50kPa时，随参数整理围压范围中最大围压的提高，非线性强度指标φ_0基本不变、$\Delta\varphi$减小；当最大围压为3000kPa时，不断提升整理的围压范围最小值，由50kPa变化至600kPa，φ_0、$\Delta\varphi$均减小。

2）当固定最小围压为50kPa时，随最大围压的提高，邓肯模型参数K值与n值均变化不大；当固定最大围压为3000kPa时，随最小围压的提升，整体而言，邓肯模型参数K值增大、n值降低。这是由于围压50kPa时，由于振动击实功的影响较大，出现了围压50～3000kPa的K值略大于围压100～3000kPa内K值的情况。

3）当固定最小围压为50kPa时，随最大围压的提高，K_b值减小，m值为负值；当固定最大围压为3000kPa时，随最小围压的提升，邓肯模型参数K_b值减小、而m值增大。

2. 茨哈峡工程

茨哈峡面板砂砾石坝下游堆石区采用块石料，坝料试验围压分5级，分别为0.3MPa、0.6MPa、1.0MPa、1.8MPa、3.0MPa，表5.2-5为由试验结果整理的模型参数。

表5.2-5　邓肯$E-B$模型参数表（σ_{3max}=3.0MPa）

试验料编号	试样状态	密度ρ/(g/cm³)	φ_0/(°)	$\Delta\varphi$/(°)	K	n	R_f	K_b	m
下游堆石料3C2	饱和	2.13	52.2	9.1	932.5	0.21	0.70	258.9	0.27
下游堆石料3C1-2	饱和	2.15	50.1	8.2	616.0	0.28	0.63	207.1	0.32

如果按0.3MPa、0.6MPa、1.0MPa、1.8MPa的4级围压试验资料进行模型参数整理，结果见表5.2-6。

表5.2-6　邓肯$E-B$模型参数表（σ_{3max}=1.8MPa）

试验料编号	试样状态	密度ρ/(g/cm³)	φ_0/(°)	$\Delta\varphi$/(°)	K	n	R_f	K_b	m
下游堆石料3C2	饱和	2.13	52.4	9.3	964.3	0.19	0.74	259.6	0.28
下游堆石料3C1-2	饱和	2.15	50.6	8.8	624.9	0.27	0.68	210.3	0.32

如果按0.3MPa、0.6MPa、1.0MPa的3级围压试验资料进行模型参数整理，结果见表5.2-7。

表 5.2-7 邓肯 $E-B$ 模型参数表（$\sigma_{3max}=1.0$MPa）

试验料编号	试样状态	密度 ρ/(g/cm^3)	φ_0/(°)	$\Delta\varphi$/(°)	K	n	R_f	K_b	m
下游堆石料 3C2	饱和	2.13	53.2	10.5	956.2	0.20	0.77	275.3	0.26
下游堆石料 3C1-2	饱和	2.15	51.5	10.1	668.1	0.22	0.72	227.3	0.30

由试验结果可见，最大围压减小的情况下，堆石料的邓肯模型强度指标与模量系数 K 总体上有所增加。

3. 巴贡工程

巴贡面板堆石坝堆石料试验围压分 5 级，分别为 0.3MPa、0.6MPa、1.0MPa、1.5MPa、2.5MPa。按 1.0MPa、1.5MPa、2.5MPa 的 3 级围压试验资料整理的模型参数见表 5.2-8。

表 5.2-8 邓肯 $E-B$ 模型参数表（$\sigma_{3max}=2.5$MPa）

试验料	试样状态	密度 ρ/(g/cm^3)	φ_0/(°)	$\Delta\varphi$/(°)	K	n	R_f	K_b	m
垫层料	饱和	2.20	50.4	6.8	757.0	0.39	0.66	684.0	0.38
过渡料	饱和	2.19	50.4	7.4	912.0	0.32	0.66	430.9	0.20
上游堆石料	饱和	2.15	50.0	8.3	692.8	0.34	0.66	276.8	0.24
下游堆石料	饱和	2.14	49.4	7.1	633.9	0.41	0.68	350.8	0.29

如果按 0.3MPa、0.6MPa、1.0MPa、1.5MPa 的 4 级围压试验资料进行模型参数整理，结果见表 5.2-9。

表 5.2-9 邓肯 $E-B$ 模型参数表（$\sigma_{3max}=1.5$MPa）

试验料	试样状态	密度 ρ/(g/cm^3)	φ_0/(°)	$\Delta\varphi$/(°)	K	n	R_f	K_b	m
垫层料	饱和	2.20	50.2	6.6	796.2	0.36	0.66	701.2	0.37
过渡料	饱和	2.19	50.4	7.4	859.5	0.36	0.67	415.6	0.21
上游堆石料	饱和	2.15	50.1	8.3	718.4	0.32	0.66	286.5	0.23
下游堆石料	饱和	2.14	49.6	7.2	697.0	0.36	0.69	378.5	0.27

如果按 0.3MPa、0.6MPa、1.0MPa 的 3 级围压试验资料进行模型参数整理，结果见表 5.2-10。

表 5.2-10 邓肯 $E-B$ 模型参数表（$\sigma_{3max}=1.0$MPa）

试验料	试样状态	密度 ρ/(g/cm^3)	φ_0/(°)	$\Delta\varphi$/(°)	K	n	R_f	K_b	m
垫层料	饱和	2.20	50.3	6.7	837.9	0.33	0.70	723.5	0.37
过渡料	饱和	2.19	50.4	7.4	800.3	0.41	0.70	450.1	0.21
上游堆石料	饱和	2.15	50.5	8.9	873.1	0.19	0.67	299.3	0.22
下游堆石料	饱和	2.14	49.9	7.6	722.9	0.33	0.72	396.5	0.26

从巴贡面板堆石坝上游堆石料试验结果来看，随着最大试验围压的增加，模量系数 K 总体上减小。从以上工程的试验成果看，随着围压的增大，堆石料的初始摩擦角 φ_0、增量 $\Delta\varphi$ 等强度参数及模量系数 K 和体积模量 K_b 总体上均呈减小趋势。

5.2.1.2 密实度的影响

提高压实标准、降低孔隙率是高堆石坝控制坝体变形的主要工程措施，但孔隙率降到一定程度后，再要下降难度很大，研究经济合理的控制标准很有意义。采用GS阿东河料场灰岩料进行不同孔隙率试样的试验研究，试验密度分为5种（表5.2-11）。通过试验取得多个不同孔隙率下坝料的模型参数，一方面为确定合理填筑标准提供依据，避免盲目追求低孔隙率，同时可以为应力变形数值分析提供计算参数。

1. 试验材料及试验条件

堆石料级配见图5.2-3。针对每一种制样干密度，试验围压分为5级，分别为400kPa、800kPa、1200kPa、2000kPa和3300kPa。

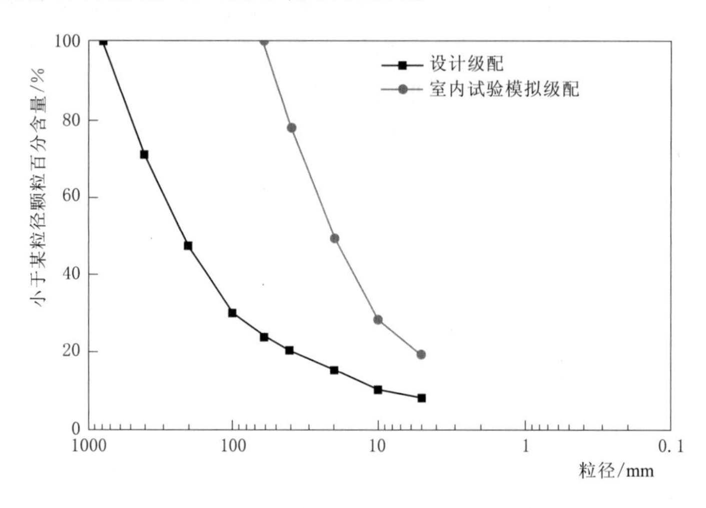

图5.2-3 阿东河料场堆石料级配

表5.2-11 GS阿东河料场灰岩料试验密度

比重	孔隙率/%	试验密度/(g/cm^3)	比重	孔隙率/%	试验密度/(g/cm^3)
2.75	16.22	2.304	2.75	19.27	2.220
	17.23	2.276		21.00	2.173
	18.25	2.248			

2. 试验结果

GS阿东河料场砂岩料5种孔隙率堆石料的试验曲线见图5.2-4～图5.2-8。由试验结果可以发现，试样的体积应变随着孔隙率的降低明显减小。以围压3300kPa为例，当孔隙率为21%时，最大体应变为4.2%；当孔隙率为16.2%时，最大体应变为2.6%。试样的剪胀特性也与孔隙率有明显关系：当孔隙率为21%时，围压400kPa时试样剪胀明显，围压2000kPa时剪胀已不明显；当孔隙率18.2%时，围压2000kPa时试样剪胀依然明显；当孔隙率为16.2%时，即使在最大围压3300kPa的情况下，试样仍有剪胀趋势。

图5.2-9为不同孔隙率试样破坏峰值偏应力随围压变化曲线，各围压下破坏峰值偏应力随着试样孔隙率的降低而有所增大，但总体不太显著。图5.2-10为不同孔隙率试样

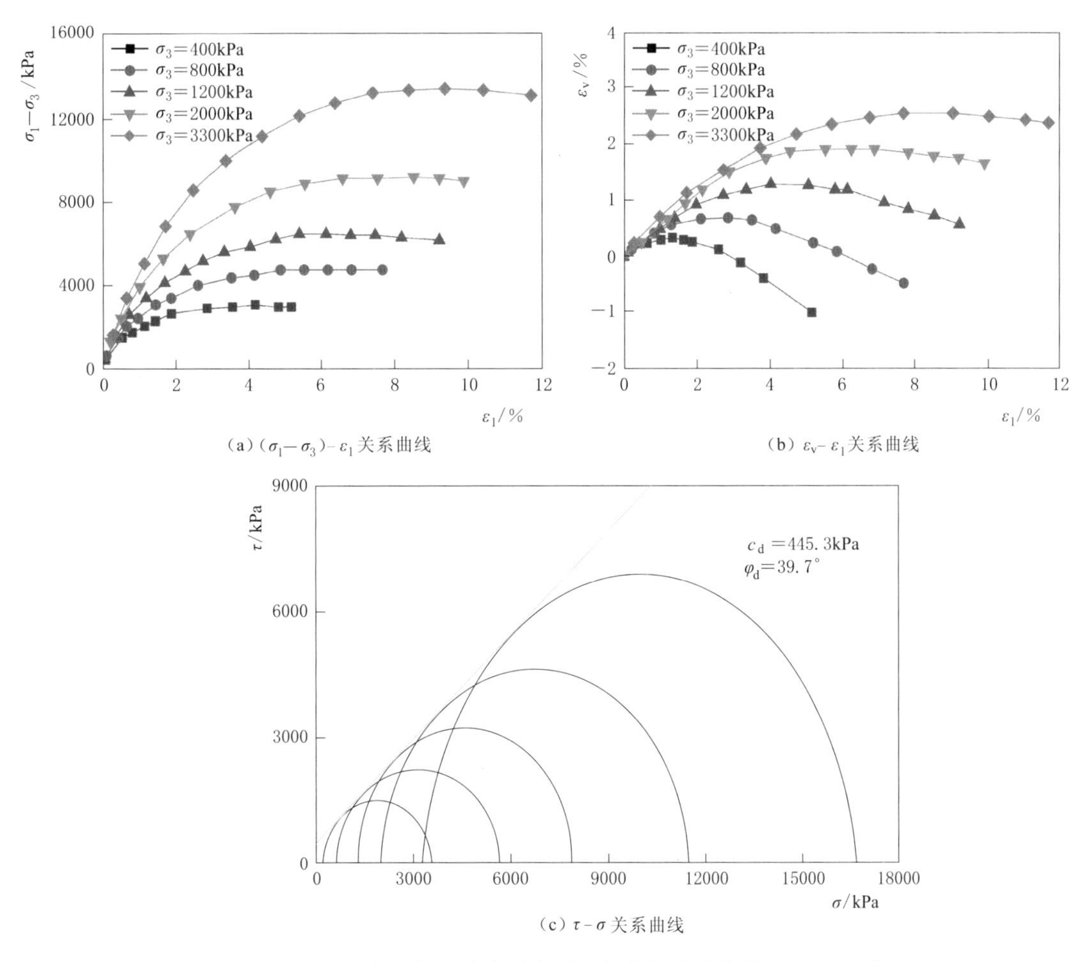

(a) $(\sigma_1-\sigma_3)$-ε_1 关系曲线

(b) ε_v-ε_1 关系曲线

(c) τ-σ 关系曲线

图 5.2-4 GS阿东河料场砂岩料大型三轴剪切试验曲线（n=16.2%）

初始杨氏模量 E_i 随围压变化曲线，初始模量随试样孔隙率的降低而提高，且随着围压的增加，提高更为明显。

根据试验结果整理得到的不同孔隙率下堆石料邓肯模型计算参数（$E-\mu$ 模型，$E-B$ 模型）见表 5.2-12 和表 5.2-13，“南水”模型计算参数见表 5.2-14。

表 5.2-12 堆石料大三轴剪切试验邓肯 $E-\mu$ 模型参数表

孔隙率/%	密度/(g/cm³)	c/kPa	φ/(°)	K	n	R_f	G	F	D
16.22	2.304	445.3	39.7	2011.9	0.33	0.72	0.40	0.13	7.70
17.23	2.276	434.6	39.4	1733.9	0.35	0.72	0.37	0.12	7.16
18.25	2.248	412.5	39.0	1415.8	0.36	0.73	0.35	0.12	6.64
19.27	2.220	389.8	38.5	1116.5	0.37	0.72	0.29	0.09	6.20
21.00	2.173	326.9	38.0	801.9	0.39	0.67	0.27	0.09	6.58

注 G、F、D—坝料的泊松比参数。

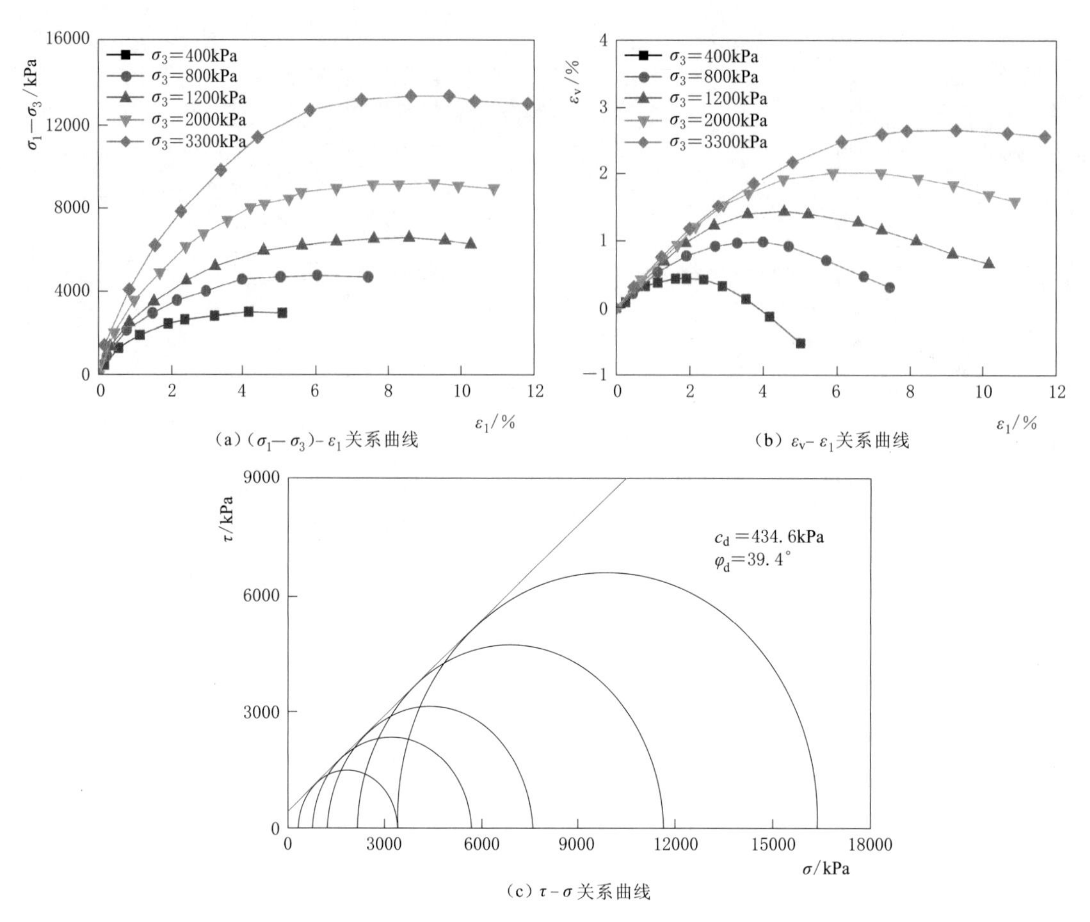

图 5.2-5 GS 阿东河料场砂岩料大型三轴剪切试验曲线（n=17.2%）

表 5.2-13 GS 阿东河料场灰岩料堆石料大三轴剪切试验邓肯 $E-B$ 模型参数表

孔隙率/%	密度/(g/cm³)	φ_0/(°)	$\Delta\varphi$/(°)	K	n	R_f	K_b	m
16.22	2.304	58.7	11.1	2011.9	0.33	0.72	2290.5	−0.09
17.23	2.276	58.2	11.0	1733.9	0.35	0.72	1287.5	0.07
18.25	2.248	57.3	10.7	1415.8	0.36	0.73	831.9	0.11
19.27	2.220	56.3	10.4	1116.5	0.37	0.72	406.4	0.27
21.00	2.173	54.2	9.6	801.9	0.39	0.67	306.7	0.29

表 5.2-14 GS 阿东河料场灰岩料堆石料大三轴剪切试验“南水”模型参数表

孔隙率/%	密度/(g/cm³)	φ_0/(°)	$\Delta\varphi$/(°)	K	n	R_f	c_d	n_d	R_d
16.22	2.304	58.7	11.1	2011.9	0.33	0.72	0.08%	1.03	0.65
17.23	2.276	58.2	11.0	1733.9	0.35	0.72	0.15%	0.86	0.66
18.25	2.248	57.3	10.7	1415.8	0.36	0.73	0.28%	0.71	0.68
19.27	2.220	56.3	10.4	1116.5	0.37	0.72	0.55%	0.57	0.68
21.00	2.173	54.2	9.6	801.9	0.39	0.67	0.66%	0.54	0.63

注 c_d—围压等于大气压力时，坝料三轴排水试验的最大压缩体积应变；n_d—土的最大压缩体积应变随围压变化的指数。

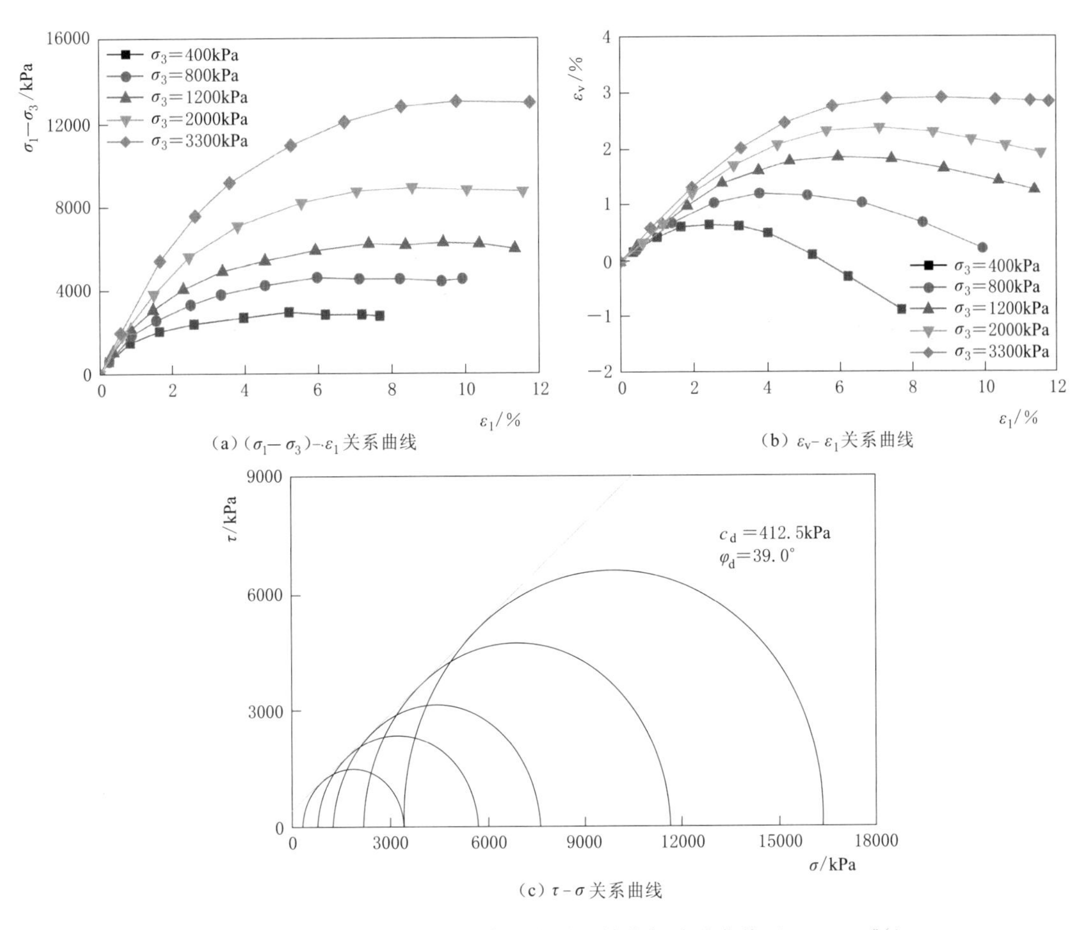

图5.2-6 GS阿东河料场砂岩料大型三轴剪切试验曲线（n=18.2%）

由试验结果可见，试样孔隙率对模型参数有显著影响，随着试样孔隙率的降低，杨氏模量系数明显增大，泊松比提高，体积比降低，对抑制坝体变形影响显著。图5.2-11～图5.2-13为杨氏模量系数、幂次和体积模量系数与试样孔隙率的关系。

5.2.1.3 尺寸效应的影响

尺寸效应试验研究针对MJ开挖料进行，颗粒最大粒径分别为60mm、40mm、20mm，室内试验模拟级配见图5.2-14。颗粒级配缩尺后，材料特性发生变化，对于最大粒径40mm和20mm的试样，难以按最大粒径60mm试样控制干密度2.17g/cm³制样，为方便制样，试验密度根据相对密度控制（取相对密度为0.95），试验结果见表5.2-15。

表5.2-15 相对密度试验结果

最大粒径/mm	最小干密度/(g/cm³)	最大干密度/(g/cm³)	试验密度/(g/cm³)
60	1.65	2.21	2.17
40	1.63	2.19	2.15
20	1.54	2.11	2.07

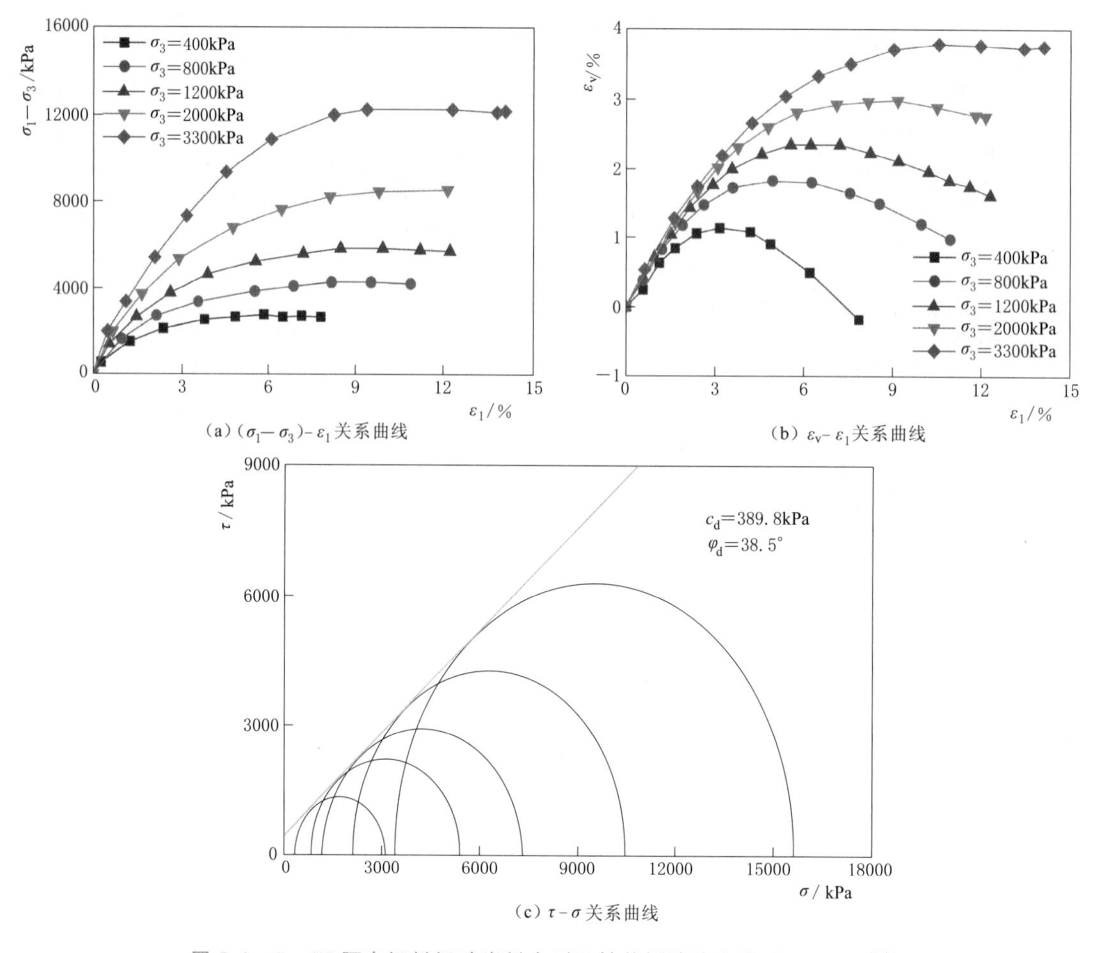

(a) $(\sigma_1-\sigma_3)$-ε_1 关系曲线

(b) ε_v-ε_1 关系曲线

(c) τ-σ 关系曲线

图 5.2-7 GS 阿东河料场砂岩料大型三轴剪切试验曲线（$n=19.2\%$）

三种级配曲线堆石料试验所得邓肯模型参数见表 5.2-16，“南水”双屈服面模型参数见表 5.2-17。从试验结果来看，最大粒径 60mm 堆石料的模量系数和泊松比最大，最大粒径 20mm 堆石料的模量系数和泊松比最小。从表 5.2-16 可以发现，尽管 3 种级配堆石料的制样相对密度一致，但干密度并不相同，最大粒径 60mm 的级配料干密度最大，最大粒径 40mm 级配料的干密度居中，最大粒径 20mm 级配料的干密度最小。所以，表 5.2-16 试验结果差异主要应该是制样干密度不同的影响。换言之，对于堆石料而言，以相对密度控制制样不合适，制样干密度还是应该用孔隙率控制。

表 5.2-16 邓肯 E-μ 模型参数表

最大粒径 D_{max}/mm	干密度 /(g/cm³)	c/kPa	φ/(°)	K	n	R_f	G	F	D
60	2.17	358.5	38.6	1692.7	0.27	0.57	0.39	0.14	7.80
40	2.15	301.5	39.4	1423.6	0.31	0.57	0.37	0.12	7.66
20	2.07	340.4	37.1	1169.2	0.26	0.57	0.31	0.11	7.42

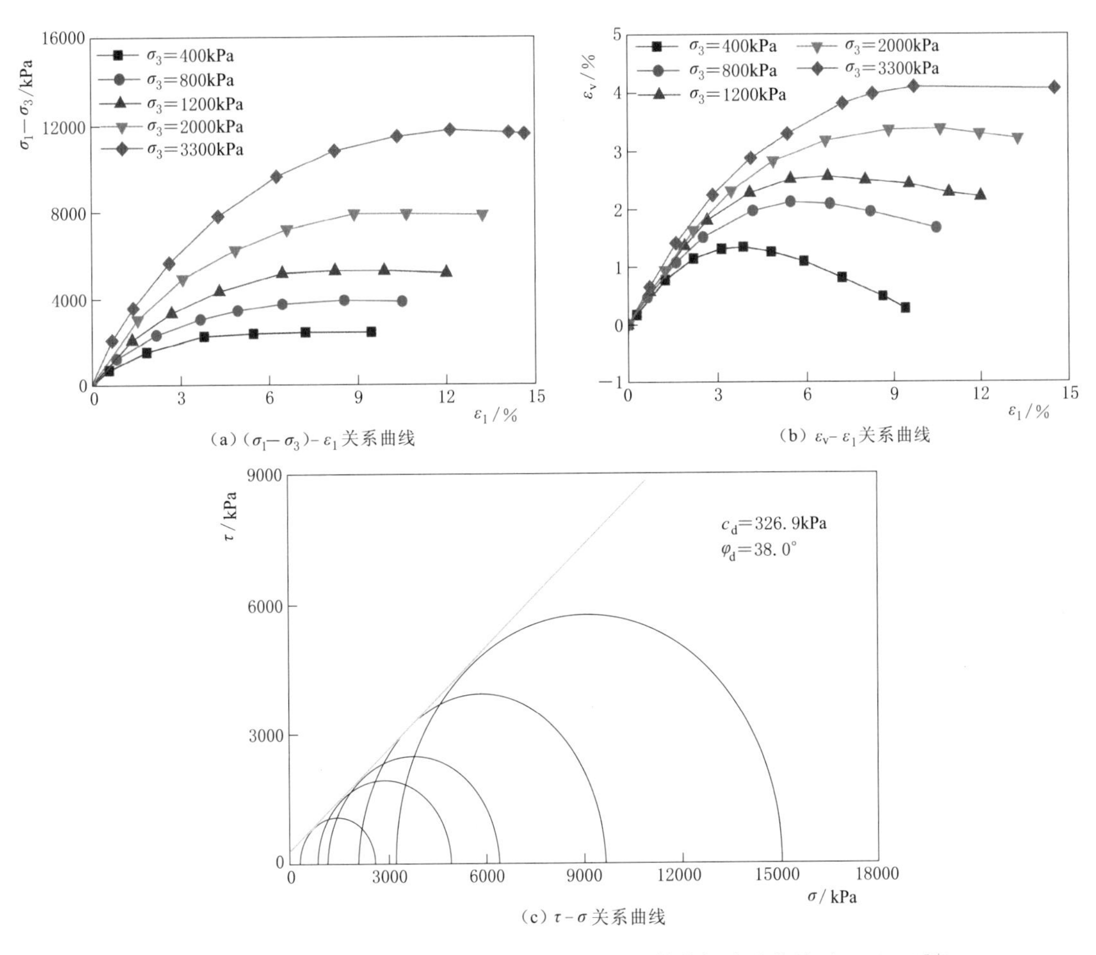

(a) $(\sigma_1-\sigma_3)-\varepsilon_1$关系曲线

(b) $\varepsilon_v-\varepsilon_1$关系曲线

(c) $\tau-\sigma$关系曲线

图5.2-8　GS阿东河料场砂岩料密度影响大型三轴剪切试验曲线（n=21.0%）

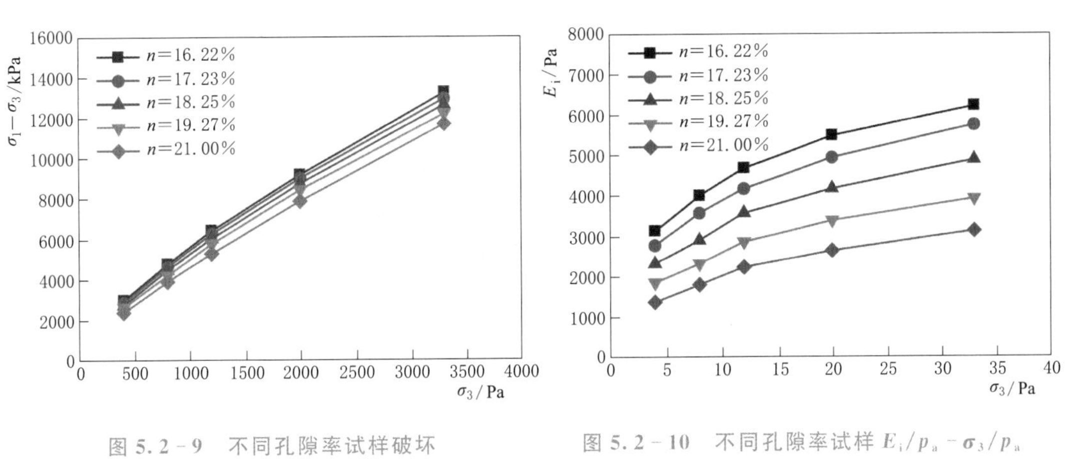

图5.2-9　不同孔隙率试样破坏峰值随围压的变化

图5.2-10　不同孔隙率试样$E_i/p_a-\sigma_3/p_a$关系曲线

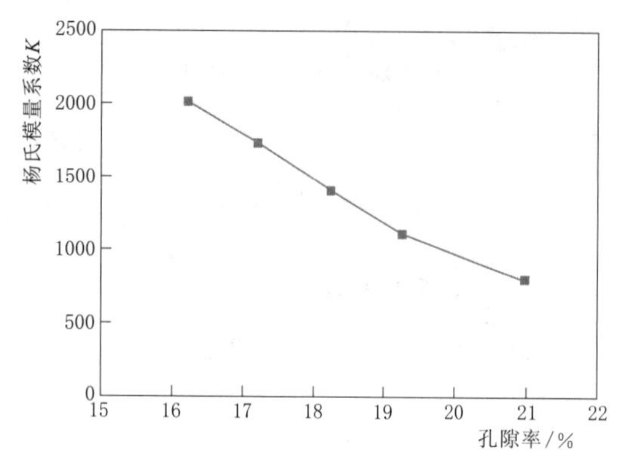

图 5.2-11 杨氏模量系数与孔隙率的关系

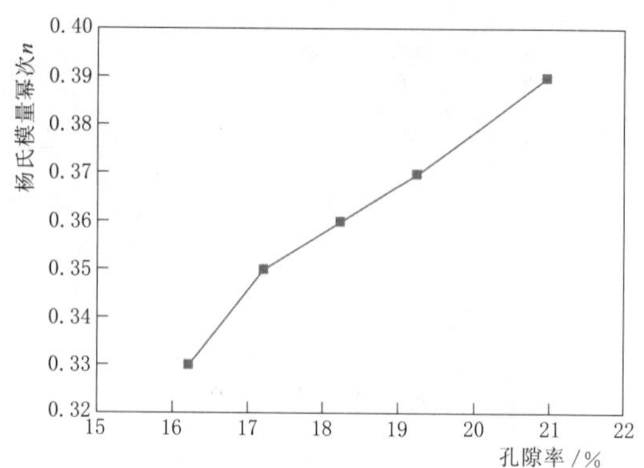

图 5.2-12 杨氏模量幂次与孔隙率的关系

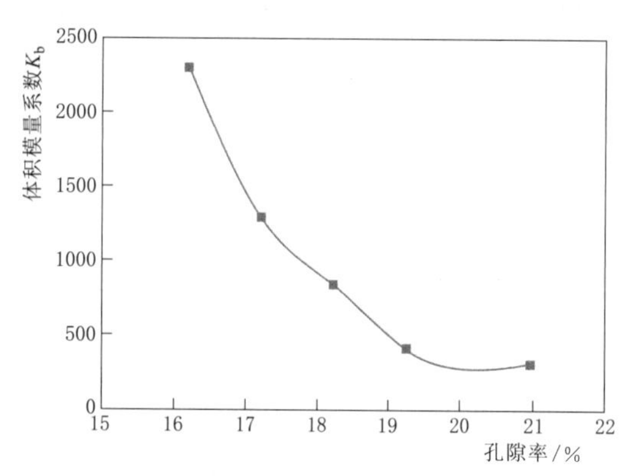

图 5.2-13 体积模量系数与孔隙率的关系

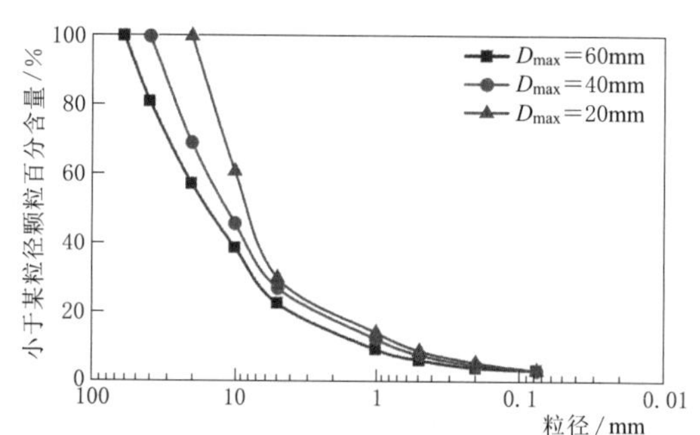

图 5.2-14 试验模拟级配

表 5.2-17 "南水"模型参数表

最大粒径 D_{max}/mm	干密度/(g/cm³)	φ_0/(°)	$\Delta\varphi$/(°)	K	n	R_f	c_d	n_d	R_d
60	2.17	54.6	9.4	1692.7	0.27	0.57	0.17%	0.78	0.54
40	2.15	52.9	7.9	1423.6	0.31	0.57	0.18%	0.75	0.54
20	2.07	53.2	9.5	1169.2	0.26	0.57	0.28%	0.75	0.56

以 Marsal 的颗粒破碎参量作为计量方法，筛分所得三种级配堆石料的颗粒破碎率见表 5.2-18，颗粒破碎率随围压的增大而增大。由于制样干密度不统一，难以分析粒径影响。从试验结果来看，最大粒径 20mm 级配料的干密度最小，颗粒破碎率反而最大，主要原因应该是制样孔隙率偏大导致破坏时的轴向应变偏大。对比最大粒径 60mm 和 40mm 级配料颗粒破碎率，两者干密度相近，最大粒径 60mm 级配料干密度稍大，低围压下最大粒径 40mm 级配料颗粒破碎率较大，但在高围压下，最大粒径 60mm 级配料颗粒破碎率更大。由此可以发现，在高应力场作用下，颗粒粒径越大，颗粒破碎越明显。相对于经过缩尺的堆石料而言，原级配堆石料的颗粒破碎更加显著。

表 5.2-18 试验前后破碎率分析结果

最大粒径 D_{max}/mm	围压 /MPa	各粒组百分含量/%					Marsal 破碎率 B/%
		60～40mm	40～20mm	20～10mm	10～5mm	5mm～0	
60	试验模拟级配	19.3	23.5	18.7	15.8	22.7	
	0.5	16.4	23.3	19.1	14.7	26.5	4.21
	1.0	15.2	23.2	17.8	14.8	28.9	6.18
	1.5	14.6	23.1	20.1	12.9	29.3	7.99
	2.0	14.5	21.3	19.7	13.7	30.8	9.12
	3.0	14.8	20.6	19.2	13.7	31.8	9.53
40	试验模拟级配		31.0	23.2	18.8	27.0	
	0.5		27.9	23.6	16.6	31.8	5.28
	1.0		27.0	23.5	16.4	33.1	6.39
	1.5		26.7	23.2	16.7	33.4	6.44
	2.0		26.9	22.4	16.2	34.5	7.47
	3.0		26.2	21.7	16.5	35.6	8.60
20	试验模拟级配			38.8	31.2	30.0	
	0.5			38.0	26.0	36.0	5.98
	1.0			36.7	24.9	38.4	8.39
	1.5			35.0	24.9	40.1	10.14
	2.0			32.1	24.2	43.7	13.67
	3.0			30.6	24.0	45.4	15.43

5.2.2 压缩特性

1. 巴贡面板堆石坝

图 5.2-15 和图 5.2-16 分别为巴贡面板堆石坝上游堆石料 3B 和下游堆石料 3C 不同组合的大型压缩曲线。从压缩试验结果可以发现，在压缩的初始段，曲线斜率较小，随着应力 p 的增加，变形发展较快，压缩曲线的斜率增大。从堆石料压缩曲线的特征来看，有点类似于黏土原状样的压缩试验曲线，似乎存在一个前期"固结"应力，试验时压缩应力超过这个应力后，压缩曲线的斜率则发生转变，变形加快。对比不同岩组的试验结果可以发现，岩性好的堆石料压缩曲线斜率转变对应的应力较大，这表明岩性好的堆石料按高密度填筑而成的堆石坝沉降变形小。由图中的压缩曲线可以发现，多数岩组变形速率在应力 p 接近 1000kPa 时才发生明显变化。

2. 大石峡面板堆石坝

针对大石峡堆石坝下游堆石料，采用 ϕ450×300mm 大型压缩仪开展了压缩试验，试验所用干密度见表 5.2-19。表 5.2-20、表 5.2-21 为压缩试验结果，与巴贡坝料的压缩试验结果具有相似的规律。

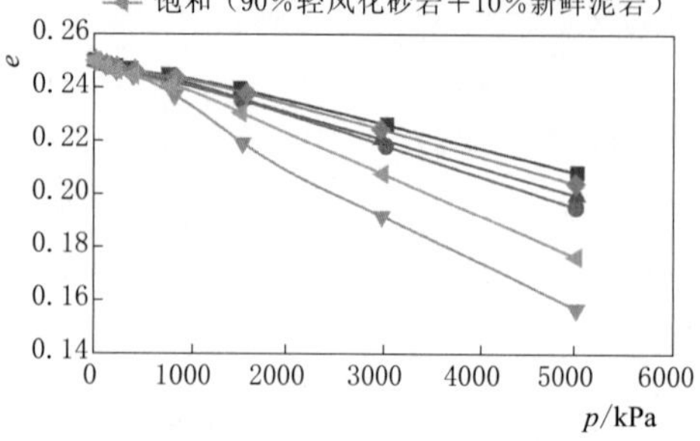

图 5.2-15 巴贡 3B 料压缩试验结果

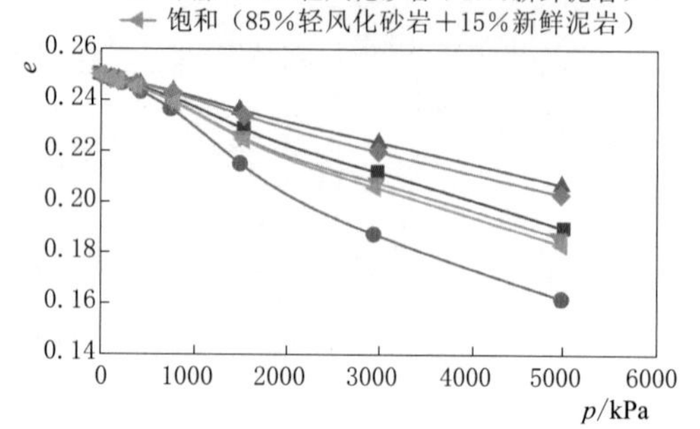

图 5.2-16 巴贡 3C 料压缩试验结果

表 5.2-19 大石峡下游堆石区料相对密度试验成果

岩性及风化程度	级配特性	比重	设计孔隙率	设计干密度/(g/cm³)	最小干密度/(g/cm³)	最大干密度/(g/cm³)	试验模拟干密度/(g/cm³)
弱风化灰 90%+强风化灰岩 10%	设计平均线	2.74	≤19%	≥2.22	1.68	2.22	2.22
			≤20%	≥2.19			2.19
弱风化灰岩 70%+强风化灰岩 30%	设计平均线	2.74	≤19%	≥2.22	1.68	2.23	2.22
右岸古河床开挖料	现场检测平均线	2.72	≤19%	≥2.20	1.76	2.28	2.20

表 5.2-20 大石峡下游堆石区料（弱风化灰岩含量 90%+强风化灰岩含量 10%）饱和样压缩试验参数

垂直荷载 p/kPa	孔隙比 e	压缩系数 α_v /($\times10^{-2}$/MPa)	压缩模量 E_s /($\times10^{2}$/MPa)	体积压缩系数 m_v /($\times10^{-2}$/MPa)
0.0	0.234234			
103.1	0.232630	1.556	0.793	1.261
218.2	0.231354	1.108	1.114	0.898
433.8	0.229935	0.658	1.875	0.533
798.5	0.228022	0.525	2.353	0.425
1615.9	0.223167	0.594	2.078	0.481
3206.7	0.205806	1.091	1.131	0.884
6004.7	0.167154	1.381	0.893	1.119

表 5.2-21　　大石峡下游堆石区料（弱风化灰岩含量70%+强风化灰岩含量30%）饱和样压缩试验参数

垂直荷载 p/kPa	孔隙比 e	压缩系数 α_v /(×10^{-2}/MPa)	压缩模量 E_s /(×10^{2}/MPa)	体积压缩系数 m_v /(×10^{-2}/MPa)
0.0	0.234234			
103.1	0.232665	1.521	0.811	1.233
218.2	0.231368	1.127	1.095	0.914
433.8	0.229829	0.713	1.730	0.578
798.5	0.227868	0.538	2.295	0.436
1615.9	0.223071	0.587	2.103	0.475
3206.7	0.201681	1.345	0.918	1.089
6004.7	0.157240	1.588	0.777	1.287

3. 江达堆石坝

针对江达堆石坝进行了4组大型压缩试验，试样尺寸为ϕ450×300mm。根据试验要求的干密度、试样的尺寸和级配曲线计算所需试样，试验所用的试样均处于自然风干状态，分60～40mm、40～20mm、20～10mm、10～5mm、5～1mm、<1mm共6种粒径范围进行试样的称取，将备好的试样分成五等份，混合均匀。试样采用表面振动法进行装填，根据每组试样要求的干容重的大小控制振动时间，试样装好后先施加3～5kPa的预压力，使试样与仪器各部分接触良好，调整好百分表后按要求分级施加垂直荷载。大型压缩试验垂直荷载分别为100kPa、200kPa、400kPa、800kPa、1600kPa、3200kPa和6400kPa共7级依次施加，整个试验过程由3台分布均匀的百分表分别记录试样在每级压力下的沉降值，取其平均值作为试样在该级垂直应力下的变形值。整理得到的压缩参数见表5.2-22～表5.2-25。对试验完成后的上游堆石区料和下游堆石区料进行了筛分试验，试验结果见表5.2-26。可以看出，岩性好的堆石料压缩曲线斜率转变对应的应力较大，岩组变形速率在应力p接近1000kPa时才发生明显变化。

表 5.2-22　　江达上游堆石区料试样压缩试验参数（风干，微风化、弱风化砂质板岩，ρ_d=2.30g/cm^3）

垂直荷载 p/kPa	孔隙比 e	压缩系数 α_v /(×10^{-2}/MPa)	压缩模量 E_s /(×10^{2}/MPa)	体积压缩系数 m_v /(×10^{-2}/MPa)
0.0	0.21739			
100.0	0.21637	1.026	1.187	0.842
200.0	0.21562	0.741	1.643	0.609
400.0	0.21452	0.553	2.201	0.454
800.0	0.21251	0.502	2.427	0.412
1600.0	0.20709	0.678	1.795	0.557
3200.0	0.19289	0.887	1.372	0.729
6400.0	0.17014	0.711	1.712	0.584

表 5.2-23　江达上游堆石区料试样压缩试验参数（饱和，微风化、弱风化砂质板岩，$\rho_d=2.30g/cm^3$）

垂直荷载 p/kPa	孔隙比 e	压缩系数 α_v /(×10^{-2}/MPa)	压缩模量 E_s /(×10^{2}/MPa)	体积压缩系数 m_v /(×10^{-2}/MPa)
0.0	0.21739			
		1.219	0.999	1.001
100.0	0.21617			
		0.898	1.356	0.738
200.0	0.21527			
		0.684	1.779	0.562
400.0	0.21391			
		0.684	1.781	0.561
800.0	0.21117			
		1.117	1.090	0.918
1600.0	0.20223			
		1.356	0.897	1.114
3200.0	0.18053			
		0.882	1.380	0.725
6400.0	0.15230			

表 5.2-24　江达下游堆石区料试样压缩试验参数（风干，微风化、弱风化砂质板岩，$\rho_d=2.30g/cm^3$）

垂直荷载 p/kPa	孔隙比 e	压缩系数 α_v /(×10^{-2}/MPa)	压缩模量 E_s /(×10^{2}/MPa)	体积压缩系数 m_v /(×10^{-2}/MPa)
0.0	0.21739			
		1.154	1.055	0.948
100.0	0.21624			
		0.805	1.513	0.661
200.0	0.21543			
		0.600	2.029	0.493
400.0	0.21423			
		0.568	2.143	0.467
800.0	0.21196			
		0.812	1.499	0.667
1600.0	0.20546			
		0.994	1.224	0.817
3200.0	0.18955			
		0.705	1.726	0.579
6400.0	0.16698			

表 5.2-25　江达下游堆石区料试样压缩试验参数（饱和，微风化、弱风化砂质板岩，$\rho_d=2.30g/cm^3$）

垂直荷载 p/kPa	孔隙比 e	压缩系数 α_v /(×10^{-2}/MPa)	压缩模量 E_s /(×10^{2}/MPa)	体积压缩系数 m_v /(×10^{-2}/MPa)
0.0	0.21739			
		1.353	0.900	1.111
100.0	0.21604			
		1.013	1.202	0.832
200.0	0.21503			
		0.876	1.390	0.719
400.0	0.21327			
		0.885	1.375	0.727
800.0	0.20973			
		1.361	0.894	1.118
1600.0	0.19884			
		1.350	0.902	1.109
3200.0	0.17724			
		0.837	1.454	0.688
6400.0	0.15046			

表 5.2-26　　江达坝料大型压缩试验前后筛分试验结果

坝体分区	试验密度/(g/cm³)	试样状态		最大垂直应力/kPa	各粒径档质量百分含量/%				
					60～40mm	40～20mm	20～10mm	10～5mm	5mm～0
上游堆石区	2.30	初始			18.9	26.9	19.4	14.7	20.0
		试验后	风干	6400	15.7	24.5	20.1	15.4	24.3
			饱和	6400	14.0	23.6	19.8	15.8	26.8
下游堆石区	2.30	初始			15.6	20.4	18.5	15.6	30.0
		试验后	风干	6400	13.1	19.9	18.6	15.4	33.0
			饱和	6400	12.1	19.6	18.3	15.9	34.1

5.2.3　流变特性

堆石体与土体的粒径、粒间接触形式以及颗粒组成不同，它们发生流变的机理也不同。土体流变是在主固结完成之后的次固结现象。堆石体由于排水自由，不存在固结现象。堆石体的流变在宏观上表现为高接触应力→颗粒破碎和颗粒重新排列→应力释放、调整和转移的循环过程，在这种反复过程中，堆石体的变形逐渐完成。

糯扎渡水电站心墙坝筑坝料（角砾岩、花岗岩、泥质砂岩）流变试验结果反映，坝料流变与自身性质有关，颗粒强度低的堆石料的流变量较颗粒强度高的堆石料明显较大（张宗亮，2011）。图 5.2-17 为泥质砂岩在 $\sigma_3=0.5$MPa 时不同应力水平（S_1）下的试验曲线。

虽然不同坝料的流变量有所差别，但各种坝料在不同应力状态下表现出来的流变性状基本是相同的，根据流变试验结果，可以得到以下几条规律：

（1）在较低围压下，坝料的体积流变量较小，而在高围压下坝料的体积流变量则有较为明显的增加。

（2）坝料的体积流变不仅与围压有关，而且与剪应力（应力水平）有明显关系。坝料的剪切流变主要与剪应力（应力水平）有关，围压的影响相对较小。

（3）在高围压下，坝料的体积流变明显高于剪切流变。在低围压下，当应力水平较低时，坝料的流变仍以体积流变为主，但随着应力水平的升高，剪切流变量将超过体积流变量。

（4）不同应力水平下的流变试验结果显示，当围压较低时，体积应变随应力水平的增加而减小，表现出一定的剪胀性质。当围压较高时，体积应变随应力水平的增加而增加。

（5）双曲线函数和指数函数都可以较好地拟合试验的流变曲线，在围压较低时双曲函数能更好地描述堆石体的变形-时间（$\varepsilon-t$）关系，但在高围压状态下采用双曲线拟合，则使其后期变形的发展过于平缓，过早地到达终值 ε_f。对于高堆石坝，坝体大都处于高应力状态，坝料流变衰减曲线选用指数函数可能更合适些。

针对大石峡下游堆石区料（弱风化灰岩 90%＋强风化灰岩 10%）平均线进行了流变特性试验研究，试验围压分别为 400kPa、800kPa、1200kPa、2000kPa 和 3000kPa，在每

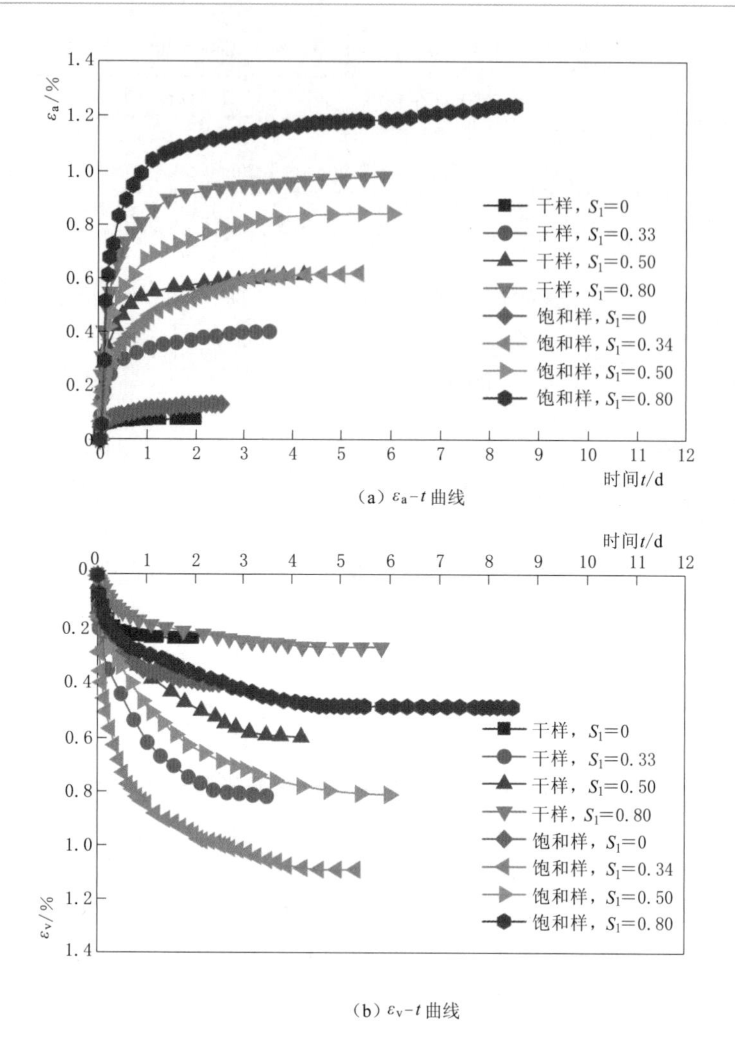

图 5.2-17　糯扎度泥质砂岩典型流变试验曲线（σ_3=0.5MPa）

级围压下分别进行应力水平（S_1）为 0、0.2、0.4、0.8 的试验研究。试样尺寸均为 ϕ300×700mm，大型数控流变仪最大荷重为 500t，最大围压为 4MPa，围压和垂直力系统采用伺服阀高精度控制，可全天候工作，排水量精度控制为 0.1mL，轴向变形精度控制为 0.001mm。试样共分 10 层装入成型筒内，用振动器振实，振动器底板静压为 14kPa，振动频率为 40Hz，电机功率为 1.2kW，根据试样要求的干密度控制振动时间，振动击实后拆除成型筒，试样装进压力室，将压力室充满水，试样饱和采用静水灌注，使试样从下而上进行饱和，然后逐级加载到设定的应力状态，保持应力恒定，测读不同时间的试样的变形量，当相邻两次（间隔 24h）读数之差占总流变量的百分比不超过 5%时，即可认为试样变形稳定，停止试验。试验所得堆石料的流变曲线见图 5.2-18～图 5.2-22。流变试验成果见表 5.2-27。通过将大石峡与糯扎渡工程筑坝料流变特性相对比，可以看出两个工程筑坝料流变量都与围压的大小有关，围压较大时，筑坝料的流变量也较大。流变变形与围压、剪应力、应力水平关系曲线如图 5.2-23 所示。

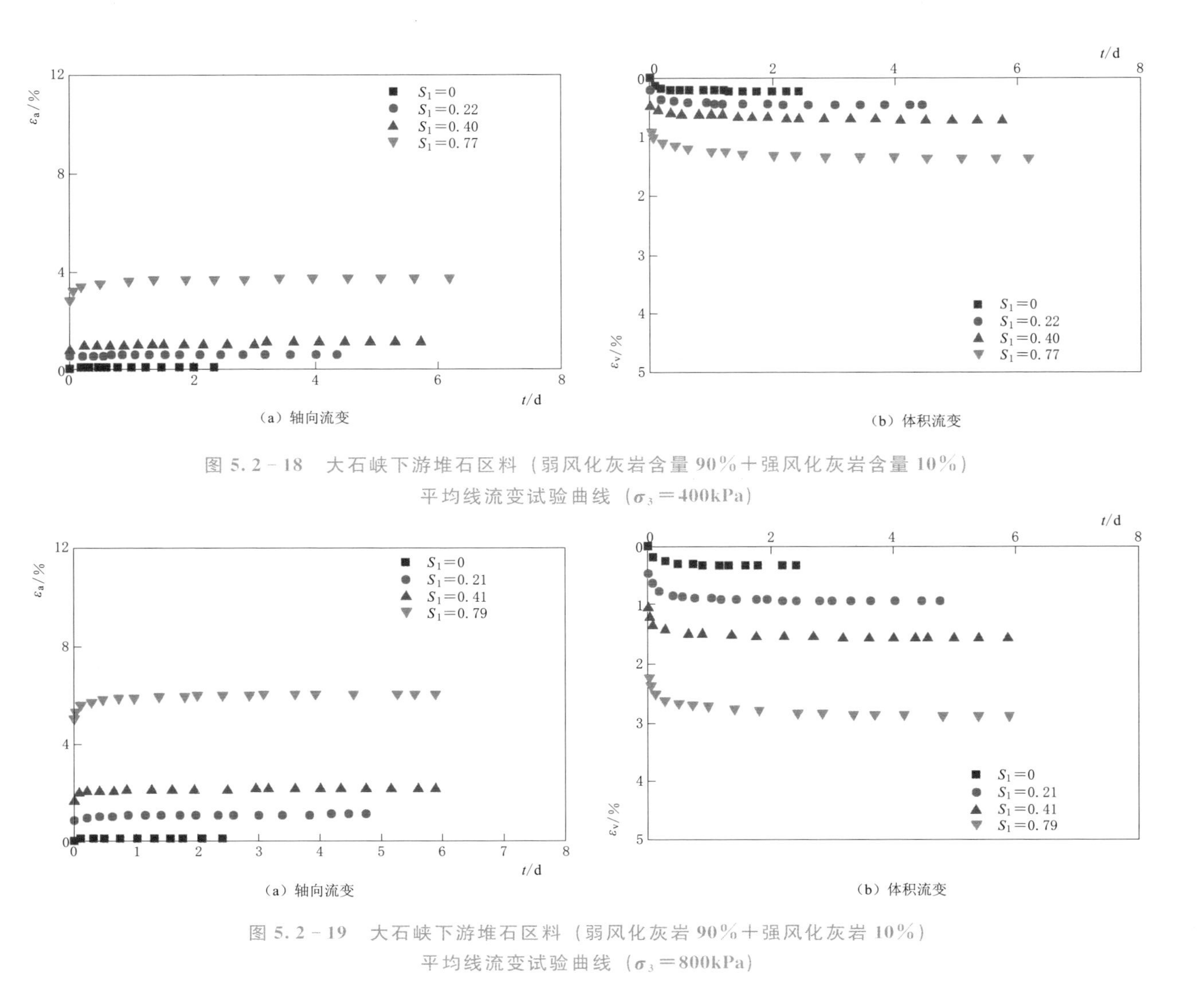

（a）轴向流变

（b）体积流变

图5.2-18 大石峡下游堆石区料（弱风化灰岩含量90%+强风化灰岩含量10%）平均线流变试验曲线（$\sigma_3=400$kPa）

（a）轴向流变

（b）体积流变

图5.2-19 大石峡下游堆石区料（弱风化灰岩90%+强风化灰岩10%）平均线流变试验曲线（$\sigma_3=800$kPa）

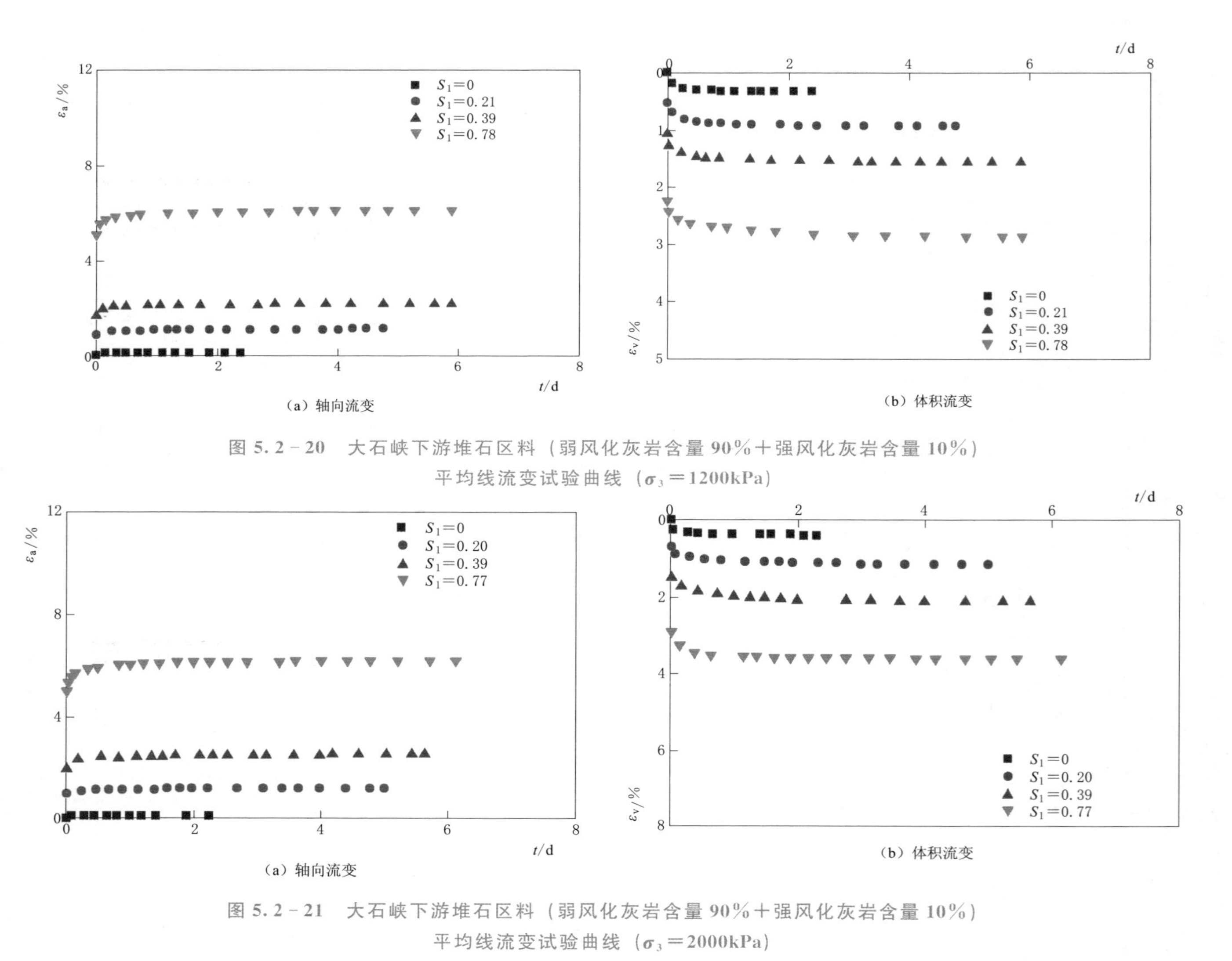

图 5.2-20　大石峡下游堆石区料（弱风化灰岩含量 90%+强风化灰岩含量 10%）平均线流变试验曲线（$\sigma_3=1200$kPa）

图 5.2-21　大石峡下游堆石区料（弱风化灰岩含量 90%+强风化灰岩含量 10%）平均线流变试验曲线（$\sigma_3=2000$kPa）

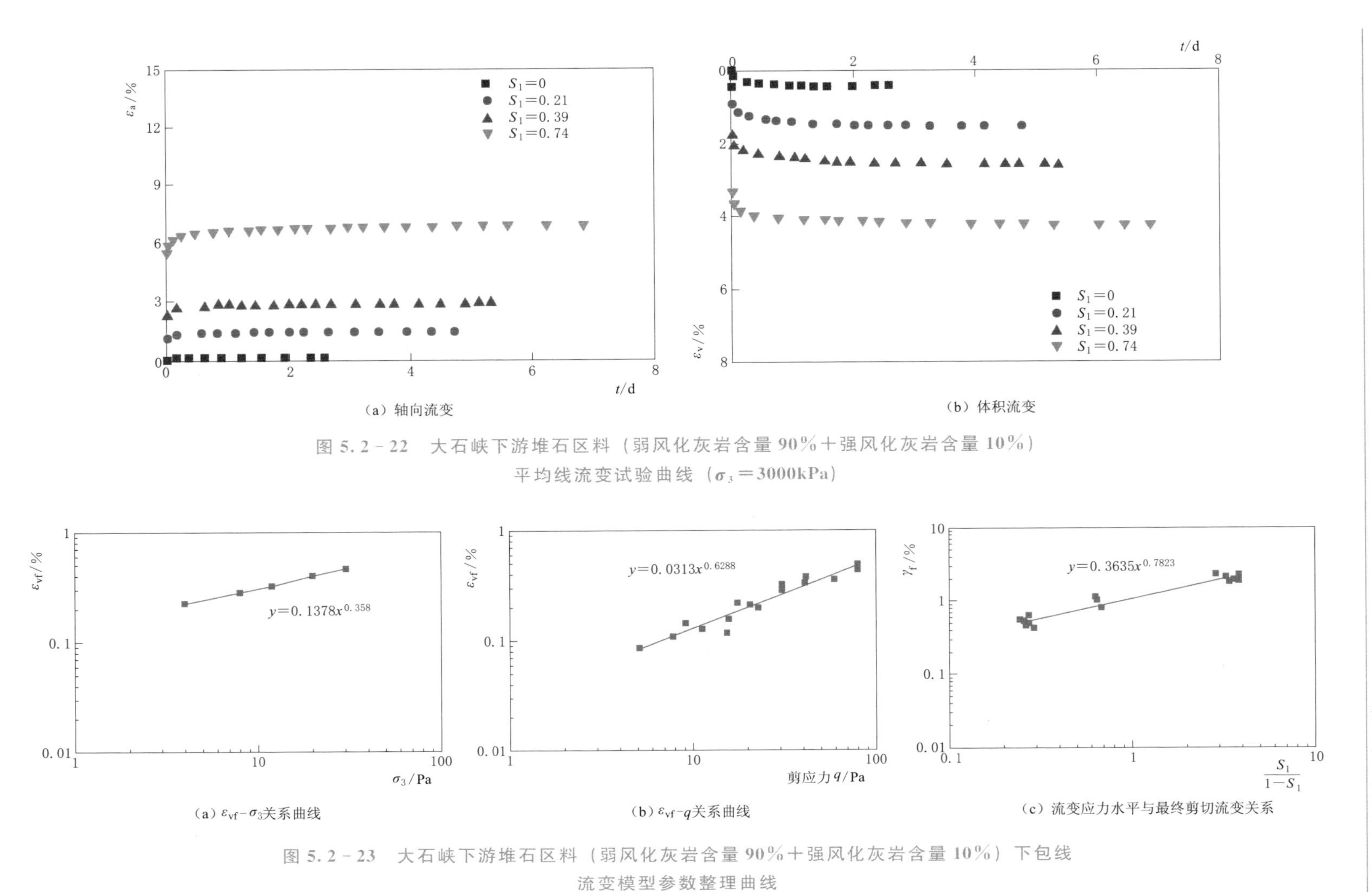

图5.2-22 大石峡下游堆石区料（弱风化灰岩含量90%+强风化灰岩含量10%）平均线流变试验曲线（$\sigma_3=3000$kPa）

图5.2-23 大石峡下游堆石区料（弱风化灰岩含量90%+强风化灰岩含量10%）下包线流变模型参数整理曲线

表 5.2-27　大石峡下游堆石区料（弱风化灰岩含量 90%+强风化灰岩含量 10%）平均线流变试验成果

σ_3/MPa	S_1	ε_{af}/%	ε_{vf}/%	γ_f/%
0.4	0.00	0.076	0.228	0.000
	0.22	0.194	0.321	0.087
	0.40	0.353	0.376	0.228
	0.77	0.944	0.458	0.791
0.8	0.00	0.096	0.288	0.000
	0.21	0.234	0.398	0.102
	0.41	0.380	0.447	0.231
	0.79	0.983	0.624	0.775
1.2	0.00	0.111	0.332	0.000
	0.21	0.315	0.462	0.161
	0.39	0.565	0.550	0.382
	0.78	1.058	0.679	0.831
2.0	0.00	0.135	0.404	0.000
	0.20	0.304	0.524	0.129
	0.39	0.583	0.699	0.350
	0.77	1.255	0.760	1.001
3.0	0.00	0.156	0.468	0.000
	0.21	0.332	0.671	0.108
	0.39	0.647	0.855	0.362
	0.74	1.467	0.916	1.162

注　S_1—应力水平；ε_{af}—最终轴向流变；ε_{vf}—最终体积流变；γ_f—最终剪切流变。

5.2.4　湿化特性

堆石体湿化变形的机理是，堆石体在一定应力状态下浸水，其颗粒之间被水润滑，颗粒矿物发生浸水软化，颗粒发生相互滑移、破碎和重新排列，从而导致体积缩小的现象。按照试验方法的不同，浸水变形试验可分为“单线法”和“双线法”两种（图 5.2-24、图 5.2-25）。相对而言，单线法更符合实际，但试验难度较大。

针对糯扎渡水电站心墙堆石坝坝壳料（角砾岩、花岗岩和泥质砂岩）进行了不同应力状态下的浸水变形试验（张宗亮，2011）。试验结果显示，堆石料的湿化变形与浸水前所处的应力状态以及堆石料本身的特性有关。角砾岩和花岗岩颗粒强度高，浸水不易软化，颗粒破碎量较小，所以浸水后湿化变形量较小。泥质砂岩浸水后的湿化变形量明显较大。浸水过程中，轴向应变呈水平直线，体积应变呈倾斜直线。图 5.2-26 是泥质砂岩 σ_3=1.5MPa 时不同应力水平下的试验结果，可见高应力水平下湿化变形比较明显，S_1=0.81 时，轴向湿化变形 ε_a 及体积湿化变形 ε_v 分别达到 8%和 3%左右。

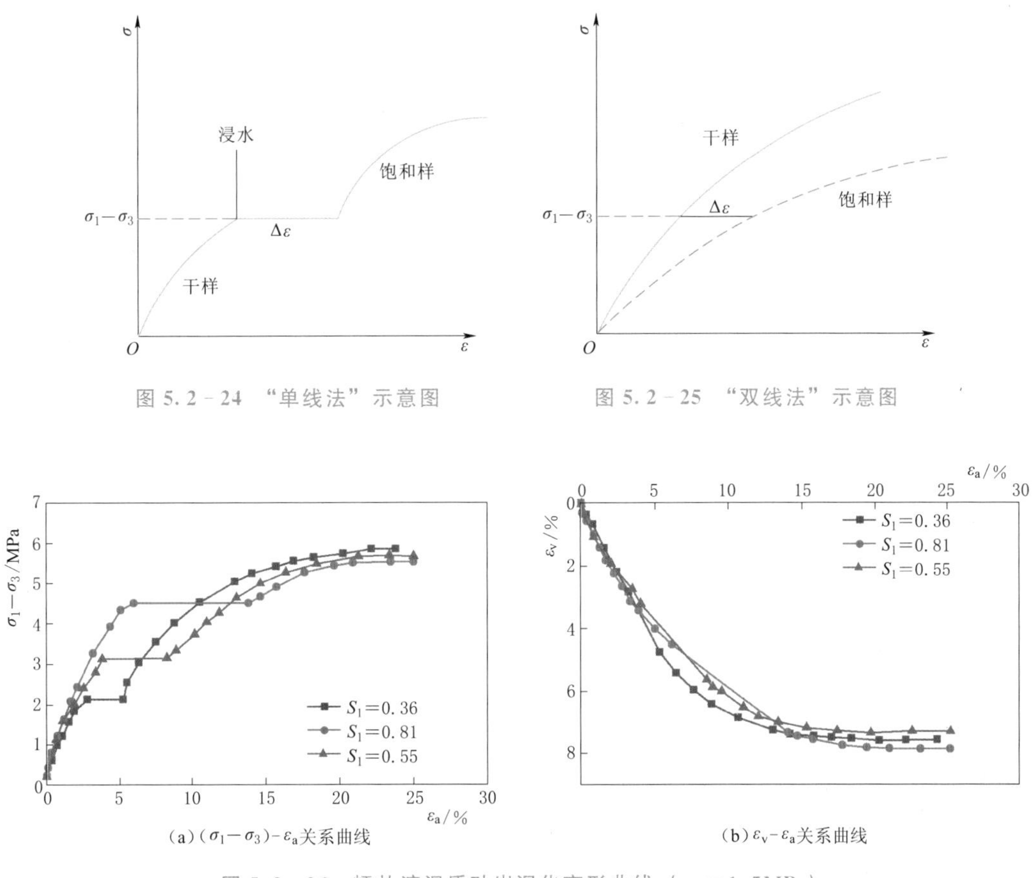

图5.2-24　“单线法”示意图

图5.2-25　“双线法”示意图

(a)$(\sigma_1-\sigma_3)$-ε_a关系曲线

(b)ε_v-ε_a关系曲线

图5.2-26　糯扎渡泥质砂岩湿化变形曲线（$\sigma_3=1.5$MPa）

各种堆石料在不同应力状态下浸水试验所表现出的湿化变形规律是一致的，可以归结为以下几点：

(1) 当试样浸水前处于低围压和低应力水平状态时，湿化变形主要表现为体积收缩。当试样浸水前处于低围压和高应力水平状态时，湿化变形主要表现为沉陷及侧向膨胀现象。

(2) 不同应力水平下的湿化变形试验结果显示，浸水前围压较低时，湿化体应变随应力水平的增加而减小，即低围压下试样存在剪胀现象；浸水前围压较高时，湿化体应变随应力水平的增加而增加。

(3) 坝料浸水引起的体应变包括两部分：一部分是围压σ_3引起的增量，另外一部分是偏应力q引起的增量；前者随围压的增加而增加，后者与围压有关，引起的体应变可能增加也可能减小。

(4) 浸水变形引起的广义剪应变主要与应力水平有关，随着应力水平的增加而增加，与围压σ_3关系相对较小，总体上也随σ_3的增加而增加。

针对双江口上游坝壳料的湿化变形试验，揭示了与上述类似的规律，图5.2-27、图5.2-28分别为不同围压下湿化体应变及湿化剪应变与应力水平的关系。

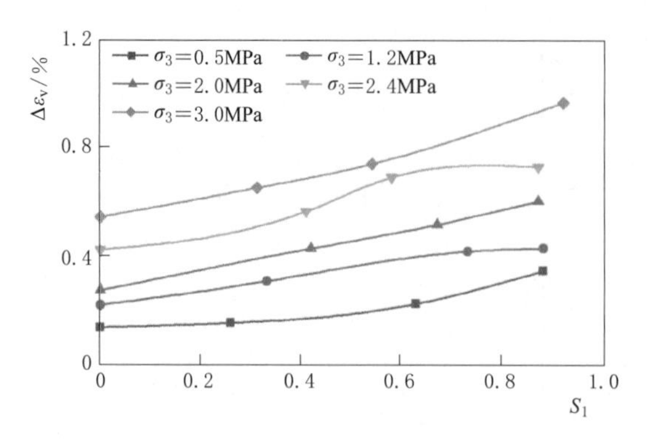

图 5.2-27 双江口上游坝壳料湿化体应变与应力水平的关系曲线

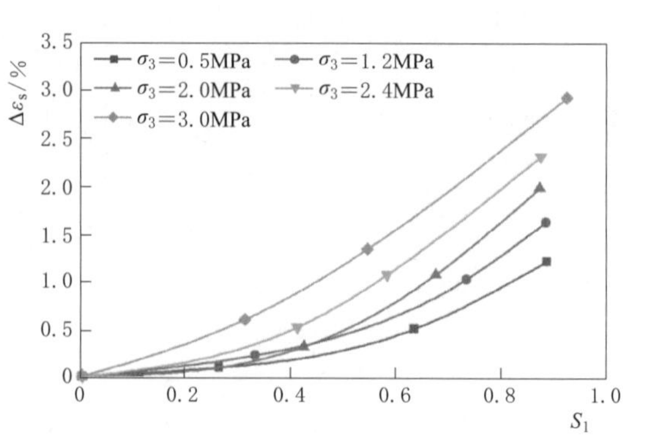

图 5.2-28 双江口上游坝壳料湿化剪应变与应力水平的关系曲线

5.3 砂砾石料工程特性

5.3.1 应力应变与强度特性

大石峡面板堆石坝上游堆石区的砂砾石料大型三轴剪切试验所用主砂砾石料存在部分颗粒胶结现象，见图 5.3-1。对于试验所用级配，根据设计级配曲线，依据《土工试验方法标准》(GB/T 50123—2019) 进行缩制。由于现场坝体填筑料粒径较大，而室内试验由于仪器尺寸的限制，存在一个对超粒径颗粒进行处理的问题，把原级配缩制成试验级配最常用的有相似级配法和等量替代法。相似级配法保持了级配关系（不均匀系数不变），细颗粒含量变大，但不应影响原级配的力学性质的程度，一般来讲，小于 5mm 颗粒含量不大于 15%～30%。等量替代法具有保持粗颗粒的骨架作用及粗料的级配的连续性和近似性等特点，适用超粒径含量小于 40%的堆石料。至于采用何种缩尺方法，《土工试验方法标准》(GB/T 50123—2019) 尚未明确规定。

图 5.3-1 上游堆石区主砂砾石料图

级配缩制可以遵循以下原则：

(1) 符合《土工试验方法标准》(GB/T 50123—2019) 条文说明的规定。

(2) 满足设计关于细颗粒含量（小于 5mm 粒径）的要求。

(3) 尽量满足试验密度的要求。

(4) 在满足上述 3 条的基础上，满足原级配之间颗粒大小的相关性。

本次试样直径300mm，试样允许最大粒径为60mm。采用等量替代法进行级配缩制，主砂砾石料设计级配与试验模拟级配见图5.3-2。

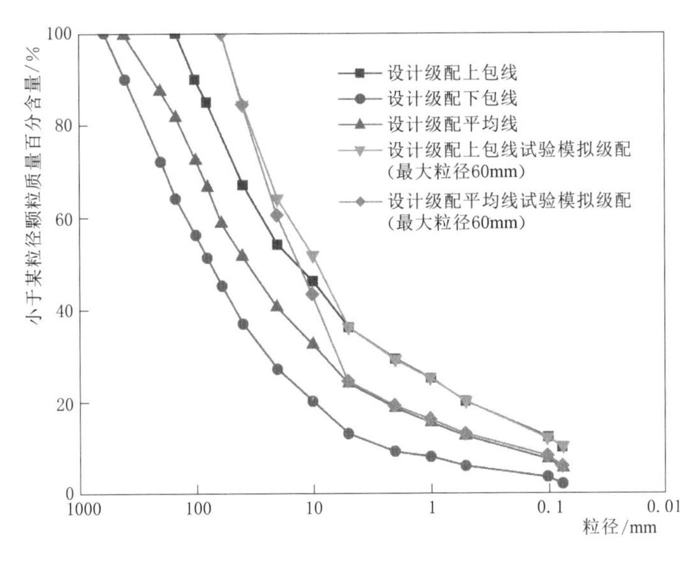

图5.3-2 上游堆石区主砂砾石料级配

首先进行了比重试验和相对密度试验，其后根据密度控制标准，确定了上游堆石区砂砾石料的试验干密度。根据设计制样标准，最终确定的上游堆石区砂砾石料试验干密度见表5.3-1。

表5.3-1 上游堆石区砂砾石料试验干密度与相对密度、比重试验结果

岩性	比重	级配	最小干密度/(g/cm^3)	最大干密度/(g/cm^3)	设计相对密度	试验干密度/(g/cm^3)
天然砂砾石料	2.75	上包线	1.88	2.34	0.90	2.29
天然砂砾石料	2.75	平均线	1.85	2.34	0.90	2.28

试验内容主要包括低围压下砂砾石料静力特性试验以及加卸载条件下砂砾石料静力特性试验。低围压试验中试验围压分4级围压，分别为50kPa、100kPa、200kPa、300kPa；加卸载条件下砂砾石料静力特性试验设7级围压，分别为100kPa、200kPa、400kPa、800kPa、1200kPa、2000kPa和3000kPa。当在围压作用下固结完成后，剪切试样过程中进行4次加卸载至出现峰值或应变达到15%。

根据试验要求的干密度、试样的尺寸和级配曲线计算后配制所需试样。试验所用的试样均处于自然风干状态，按60～40mm、40～20mm、20～10mm、10～5mm、5～1mm、<1mm六种粒径范围分成五等份进行试样的称取。将备好的试样混合均匀，将透水板放在试样底座上，在底座上扎好橡胶膜，安装成型筒，将橡胶膜外翻在成型筒上，在成型筒外抽气，使橡胶膜紧贴成型筒内壁。装入第1层试样，均匀拂平表面，用振动器进行振实，振动器底板静压为14kPa，振动频率为40Hz，电机功率为1.2kW。根据每组试样要求干密度控制振动时间，试样装好后，加上透水板和试样帽，扎紧橡胶膜，去掉成型筒，

安装压力室，开压力室排气孔，向压力室注满水后关闭排气孔。对于饱和试样，采用水头法进行饱和。按要求施加围压，固结完成后对试样进行剪切试验或加卸载试验，其间由计算机采集试样的轴向荷载、轴向变形和排水量，并同步绘制应力-应变曲线，直至试样破坏或试样轴向应变达到15%。当应力-应变曲线有峰值时，以峰值点为破坏点，峰值点所对应的主应力差（$\sigma_1-\sigma_3$）为该堆石料的破坏强度，反之则取轴向应变的15%所对应的点为破坏点，对应的主应力差（$\sigma_1-\sigma_3$）为该堆石料的破坏强度。重复上述过程，分别进行其他围压条件下的静力特性试验研究，试验按照或参考《土工试验方法标准》（GB/T 50123—2019）进行。

砂砾石料低围压下和三轴加卸载三轴试验曲线分别见图 5.3-3、图 5.3-4。

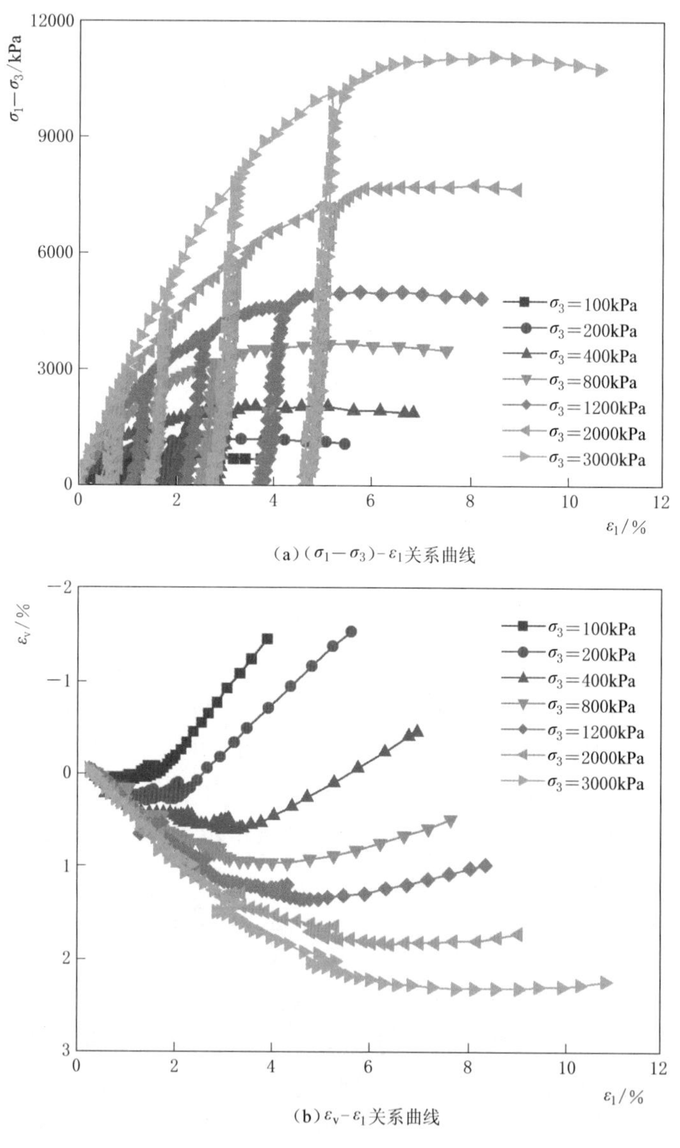

(a)（$\sigma_1-\sigma_3$）-ε_1关系曲线

(b)ε_v-ε_1关系曲线

图 5.3-3 砂砾石料加卸载试验曲线

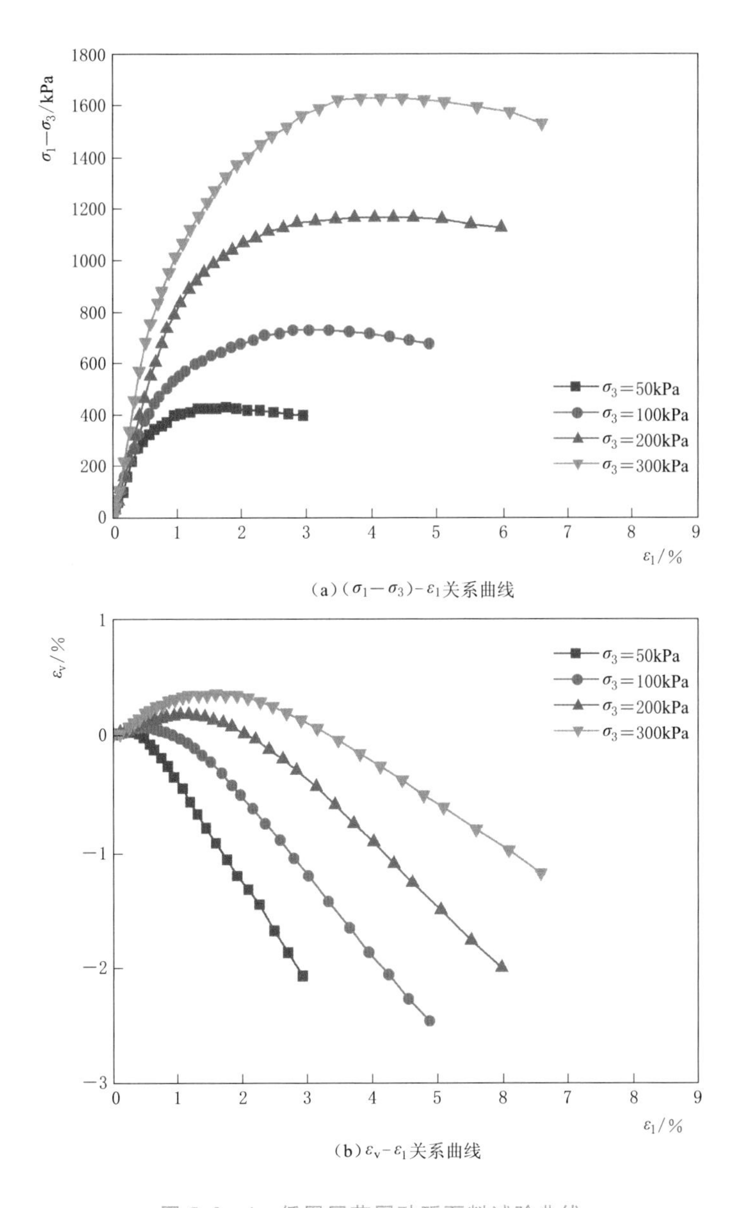

(a) $(\sigma_1-\sigma_3)-\varepsilon_1$关系曲线

(b) $\varepsilon_v-\varepsilon_1$关系曲线

图 5.3-4　低围压范围砂砾石料试验曲线

表 5.3-2 和表 5.3-3 分别给出了低围压范围和高围压范围砂砾石料的邓肯模型参数。对比分析研究高、低应力条件下砂砾石料力学特性，得到了以下几条结论：

表 5.3-2　　上游堆石区砂砾石料邓肯 $E-\mu$ 模型参数

试验状态	岩性	试验密度 /(g/cm³)	c /(kPa)	φ /(°)	K	n	R_f	G	F	D
高围压范围	砂砾石料	2.27	201.1	39.7	1294.1	0.32	0.74	0.36	0.09	4.76
低围压范围	砂砾石料	2.28	44.3	44.7	1399.9	0.28	0.76	0.42	0.21	15.5

表 5.3－3　　上游堆石区砂砾石料邓肯 $E-B$ 模型参数

试验状态	岩性	试验密度 /(g/cm³)	φ_0 /(°)	$\Delta\varphi$ /(°)	K	n	R_f	K_b	m
高围压范围	砂砾石料	2.27	50.1	6.3	1294.1	0.32	0.74	545.9	0.26
低围压范围	砂砾石料	2.28	51.3	9.4	1399.9	0.28	0.76	1814.8	−0.37

（1）低应力条件下，砂砾石料线性强度指标黏聚力 c 降低、φ 提高，非线性强度指标 φ_0 降低、$\Delta\varphi$ 增大，且 c、φ 数值变化较大，而 φ_0、$\Delta\varphi$ 变化相对较小。这主要是因为低应力状态下材料的颗粒破碎不明显引起的。

（2）低应力条件下，砂砾石料变形参数 K、K_b、G 值增大，n、m 值降低，其中 K_b、m 变化较大。这主要是因为试样的相对密度较高、孔隙率较低，采用表面振动法制样时会对试样产生类似的先期固结应力，因此在低应力条件下试样在剪切过程中产生的体变小，剪胀异常明显，因此 K_b 值较大、m 值为负值。

（3）低应力条件下，砂砾石料颗粒间的咬合力弱，强度较低。因此，砂砾石坝适当放缓坝坡是合适的，并且，由于砂砾石料抗剪强度较低，在地震条件下应采取合理的抗震措施，以防止边坡失稳及块石滑落。

（4）坝顶及坝坡等区域应力较低，与常规应力及高应力条件下的强度和变形特性存在差别，在坝体结构应力变形分析时可区别对待，选取合理的模型参数。

不同应力水平条件下的卸荷模量见表 5.3－4。由表可知，卸荷模量随围压的增大而增大。点绘卸荷模量随应力水平的关系曲线见图 5.3－5、图 5.3－6，由图可见，随应力水平和轴向应变的增加，卸荷模量逐渐降低。

表 5.3－4　　不同应力条件下的卸荷模量

围压/kPa	应力水平 S_1	卸荷模量 E_{ur}/Pa	围压/kPa	应力水平 S_1	卸荷模量 E_{ur}/Pa
100	0.34	2834	800	0.66	9353
	0.69	2574		0.69	8989
	0.84	2252	1200	0.28	13992
	0.92	2075		0.53	12906
200	0.39	4022		0.76	12175
	0.69	3802		0.93	11396
	0.85	3704	2000	0.26	17946
	0.93	3562		0.51	16492
400	0.49	6706		0.74	15892
	0.72	6439		0.92	15106
	0.87	5865	3000	0.22	22670
	0.94	5665		0.45	21748
800	0.24	10932		0.71	20945
	0.45	10145		0.92	20156

注　试验砂砾石料采用级配平均线，干密度为 2.28g/cm³。

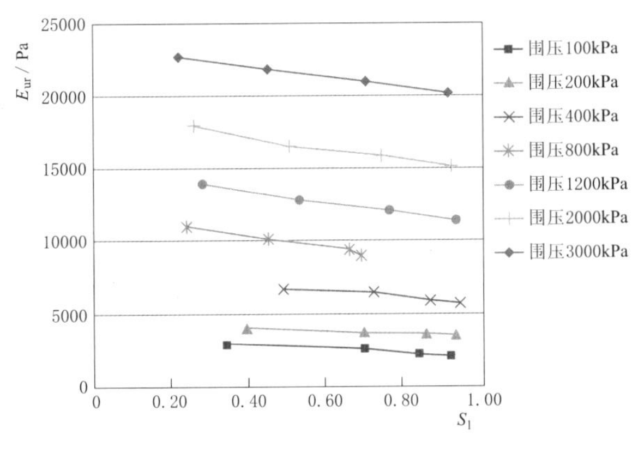

图 5.3-5　主砂砾石料 $E_{ur}-S_1$ 关系曲线

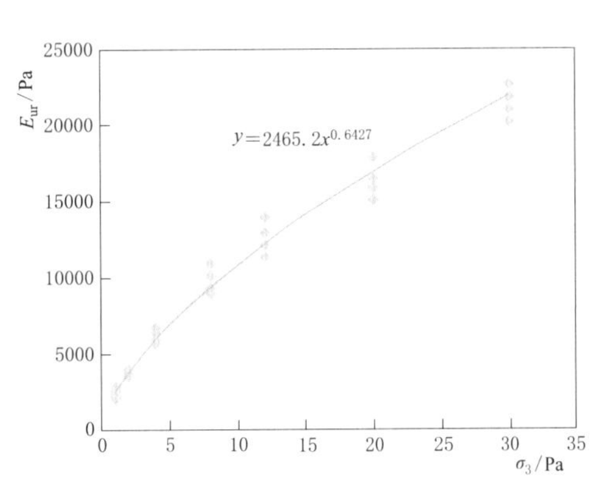

图 5.3-6　主砂砾石料 $E_{ur}-\sigma_3$ 关系曲线

5.3.2　压缩特性

针对大石峡上游堆石区砂砾石料进行大型压缩试验，试样尺寸为 ϕ450×300mm。根据试验要求的干密度、试样的尺寸和级配曲线计算所需试样。试验所用的试样均处于自然风干状态，分 60～40mm、40～20mm、20～10mm、10～5mm、5～1mm、<1mm 六种粒径范围进行试样的称取。试样装好后先施加 3～5kPa 的预压力，使试样与仪器各部分接触良好，调整好百分表后按要求分级施加垂直荷载。大型压缩试验垂直荷载分别为 100kPa、200kPa、400kPa、800kPa、1600kPa、3200kPa 和 6000kPa，7 级依次施加，每级荷载下取 1h 后的读数作为该级压力下的变形稳定值。整个试验过程由 3 台分布均匀的位移传感器分别记录试样在每级压力下的沉降值，取其平均值。试验结束后对试样进行风干、筛分。压缩试验结果见表 5.3-5～表 5.3-7，试验曲线见图 5.3-7～图 5.3-9。从压缩试验曲线结果来看，坝料风干样初始压缩段斜率较大，随着应力的增加，压缩曲线斜率在 p=100kPa 附近开始减小，但变形发展仍较快。

表 5.3-5　上游堆石区料（S3 砂砾石料）上包线风干样压缩试验参数

垂直荷载 p/kPa	孔隙比 e	压缩系数 α_v /(×10^{-2}/MPa)	压缩模量 E_s /(×10^2/MPa)	体积压缩系数 m_v /(×10^{-2}/MPa)
0	0.206140			
99.3	0.204877	1.272	0.948	1.055
198.1	0.204214	0.671	1.797	0.557
393.0	0.203228	0.506	2.383	0.420
804.8	0.201409	0.442	2.731	0.366
1603.3	0.197618	0.475	2.540	0.394
3395.3	0.189018	0.480	2.513	0.398
6004.7	0.177505	0.441	2.734	0.366

表 5.3-6　上游堆石区料（S3 砂砾石料）平均线风干样压缩试验参数

垂直荷载 p/kPa	孔隙比 e	压缩系数 α_v/($\times10^{-2}$/MPa)	压缩模量 E_s/($\times10^{2}$/MPa)	体积压缩系数 m_v/($\times10^{-2}$/MPa)
0	0.211454			
106.3	0.210083	1.290	0.939	1.065
213.8	0.209348	0.684	1.772	0.564
427.6	0.208316	0.483	2.510	0.398
798.5	0.206733	0.427	2.839	0.352
1609.6	0.202762	0.490	2.474	0.404
3206.7	0.194126	0.541	2.240	0.446
6004.7	0.179229	0.532	2.275	0.439

表 5.3-7　上游堆石区料（S3 砂砾石料）下包线风干样压缩试验参数

垂直荷载 p/kPa	孔隙比 e	压缩系数 α_v/($\times10^{-2}$/MPa)	压缩模量 E_s/($\times10^{2}$/MPa)	体积压缩系数 m_v/($\times10^{-2}$/MPa)
0	0.238739			
100.6	0.237472	1.259	0.984	1.016
207.5	0.236757	0.670	1.850	0.541
425.0	0.235614	0.525	2.359	0.424
806.7	0.233825	0.469	2.642	0.378
1597.1	0.229531	0.543	2.280	0.439
3219.3	0.220337	0.567	2.186	0.458
6004.7	0.203352	0.610	2.031	0.492

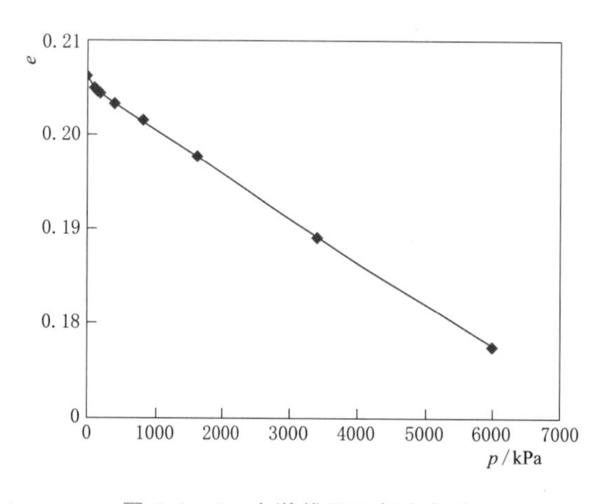

图 5.3-7　上游堆石区料上包线风干样压缩试验曲线

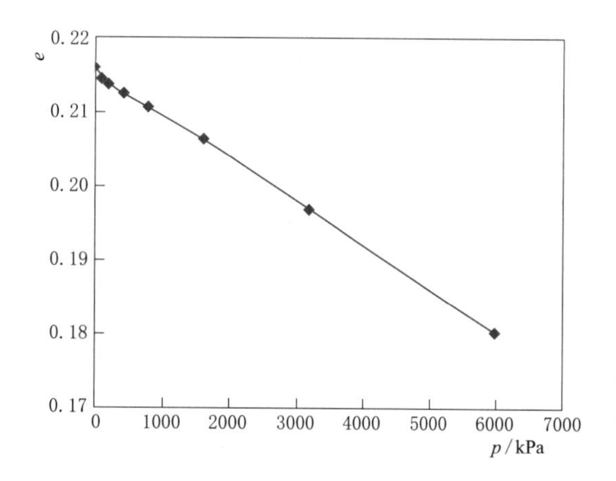

图 5.3-8　上游堆石区料平均线风干样压缩试验曲线

5.3.3 流变特性

对大石峡上游堆石区的 S3 砂砾石料上包线和下包线试样进行流变特性试验，试验围压分别为 400kPa、800kPa、1200kPa、2000kPa 和 3000kPa，在每级围压下分别进行应力水平为0、0.2、0.4、0.8的试验。试样尺寸均为ϕ300×700mm，大型数控流变仪最大荷重为500t，最大围压为4MPa。围压和垂直力系统采用伺服阀高精度控制，可全天候工作，排水量精度控制为0.1mL，轴向变形精度控制为0.001mm。试样共分10层装入成型筒内，用振动器振实，振动器底板静压为14kPa，振动频率为40Hz，电机功率为1.2kW。根据试样要求的干密度的大小控制振动时间，振动击实后拆除成型筒，试样装进压力室，将压力室充满水。试样饱和采用静水灌注使试样从下而上进行饱和，然后逐级加载到设定的应力状态，保持应力恒定，测读不同时间的试样的变形量，当相邻两次（相隔24h）读数之差占总流变量百分比不超过5%时即可认为试样变形稳定，停止试验。试验所得堆石料的变形-时间曲线见图5.3-10～图5.3-19，试验结果见表5.3-8和表5.3-9。

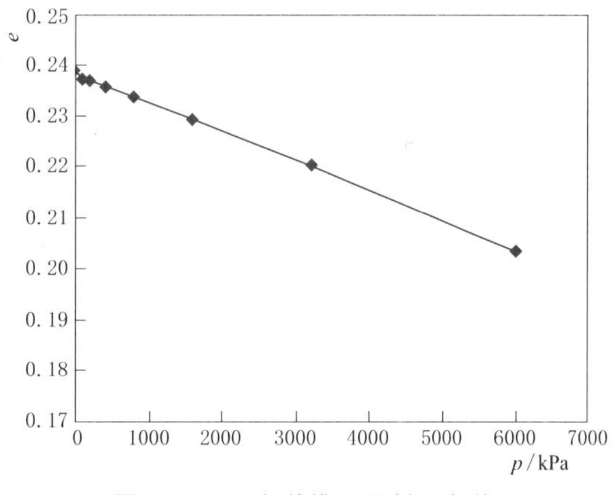

图5.3-9　上游堆石区料下包线风干样压缩试验曲线

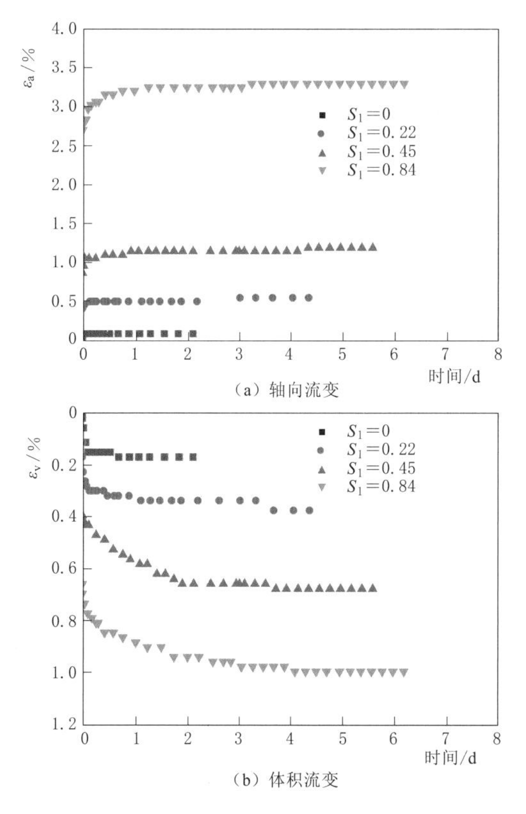

图5.3-10　大石峡上游堆石区料上包线流变试验曲线（σ_3=400kPa）

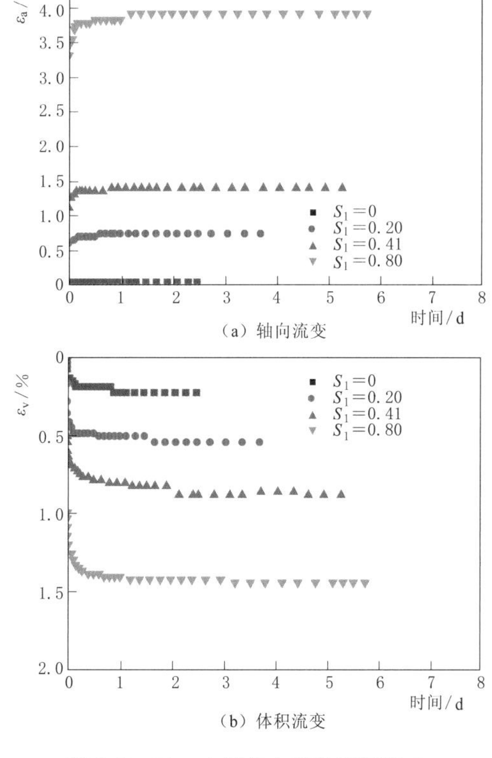

图5.3-11　大石峡上游堆石区料上包线流变试验曲线（σ_3=800kPa）

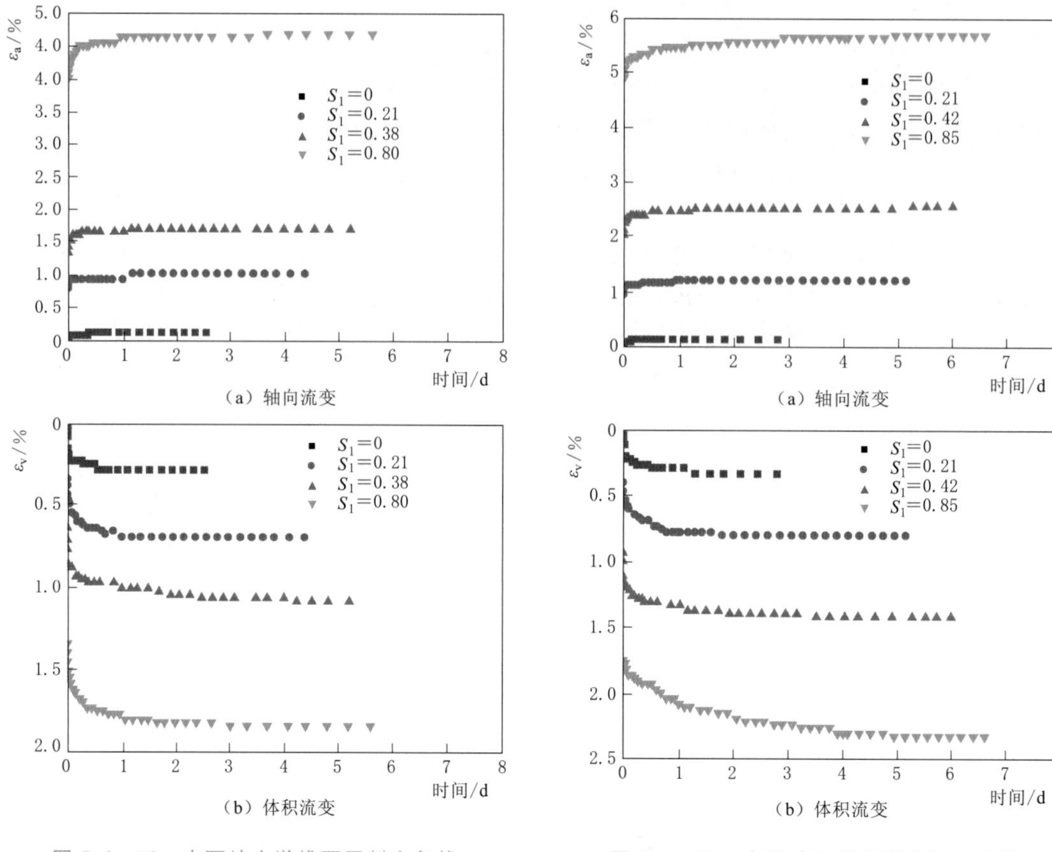

图 5.3-12 大石峡上游堆石区料上包线流变试验曲线（σ_3=1200kPa）

图 5.3-13 大石峡上游堆石区料上包线流变试验曲线（σ_3=2000kPa）

表 5.3-8 上游堆石区料（S3 砂砾石料）上包线流变试验成果表

σ_3/MPa	S_1	ε_{af}/%	ε_{vf}/%	γ_f/%
0.4	0	0.065	0.195	0.000
	0.22	0.135	0.246	0.053
	0.45	0.232	0.303	0.131
	0.84	0.592	0.369	0.469
0.8	0.00	0.079	0.237	0.000
	0.20	0.168	0.298	0.068
	0.41	0.282	0.389	0.152
	0.80	0.625	0.465	0.470
1.2	0	0.097	0.290	0.000
	0.21	0.255	0.372	0.131
	0.38	0.355	0.464	0.200
	0.81	0.637	0.523	0.463

续表

σ_3/MPa	S_1	ε_{af}/%	ε_{vf}/%	γ_f/%
2.0	0	0.111	0.334	0.000
	0.21	0.260	0.421	0.119
	0.42	0.514	0.503	0.346
	0.85	0.804	0.595	0.606
3.0	0	0.132	0.397	0.000
	0.21	0.312	0.526	0.137
	0.41	0.495	0.605	0.294
	0.81	1.174	0.714	0.936

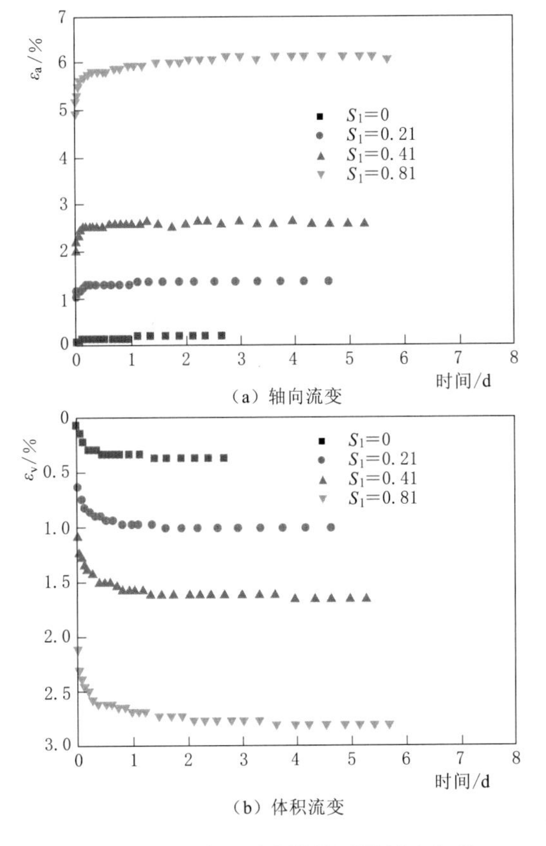

图 5.3-14　大石峡上游堆石区料上包线流变试验曲线（σ_3=3000kPa）

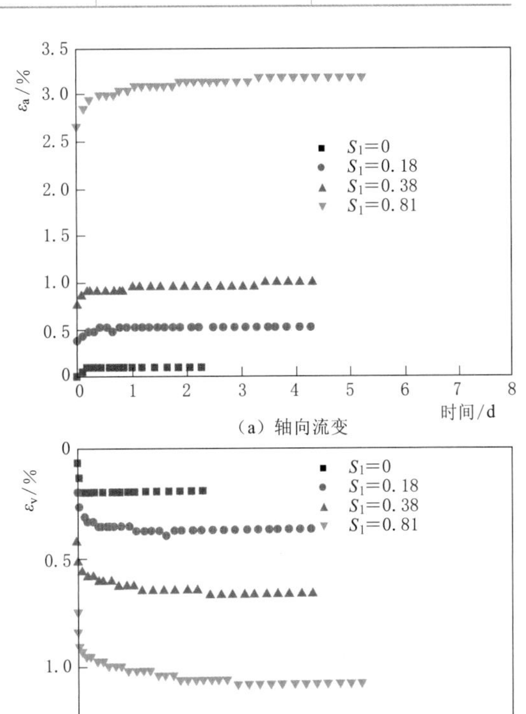

图 5.3-15　大石峡上游堆石区料下包线流变试验曲线（σ_3=400kPa）

表 5.3-9　上游堆石区料（S3 砂砾石料）下包线流变试验成果表

σ_3/MPa	S_1	ε_{af}/%	ε_{vf}/%	γ_f/%
0.4	0	0.062	0.187	0.000
	0.18	0.129	0.249	0.046
	0.38	0.222	0.298	0.122
	0.81	0.665	0.359	0.545

续表

σ_3/MPa	S_1	ε_{af}/%	ε_{vf}/%	γ_f/%
0.8	0	0.070	0.211	0.000
	0.21	0.151	0.283	0.056
	0.40	0.240	0.322	0.133
	0.79	0.726	0.434	0.582
1.2	0	0.084	0.253	0.000
	0.21	0.197	0.349	0.081
	0.40	0.353	0.413	0.215
	0.80	0.863	0.466	0.708
2.0	0	0.096	0.288	0.000
	0.19	0.229	0.385	0.100
	0.42	0.392	0.453	0.241
	0.80	1.011	0.551	0.827
3.0	0	0.129	0.386	0.000
	0.21	0.322	0.523	0.148
	0.35	0.502	0.639	0.289
	0.77	1.317	0.729	1.074

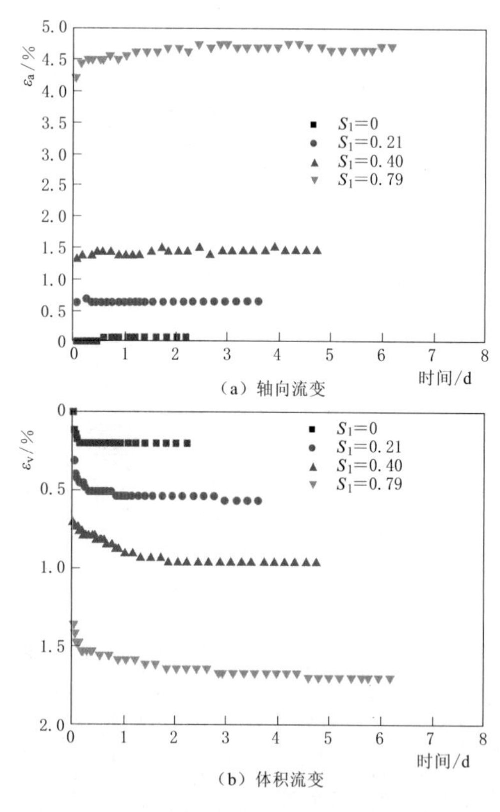

图 5.3-16 大石峡上游堆石区料下包线流变试验曲线（σ_3=800kPa）

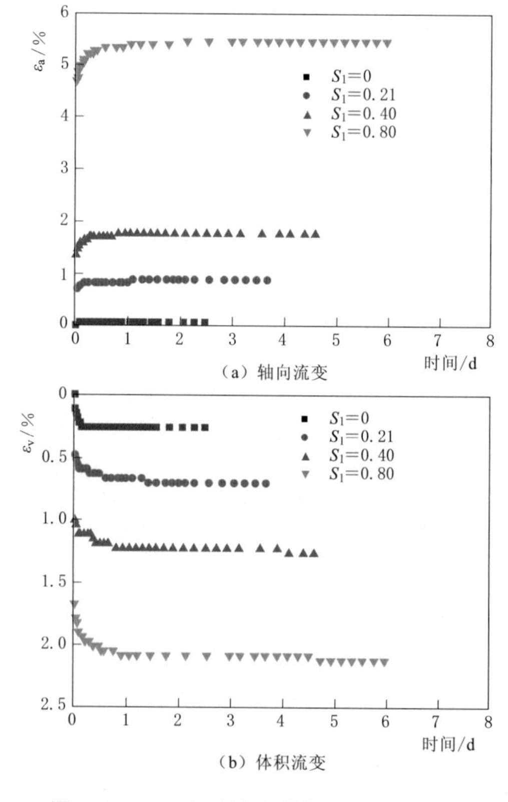

图 5.3-17 大石峡上游堆石区料下包线流变试验曲线（σ_3=1200kPa）

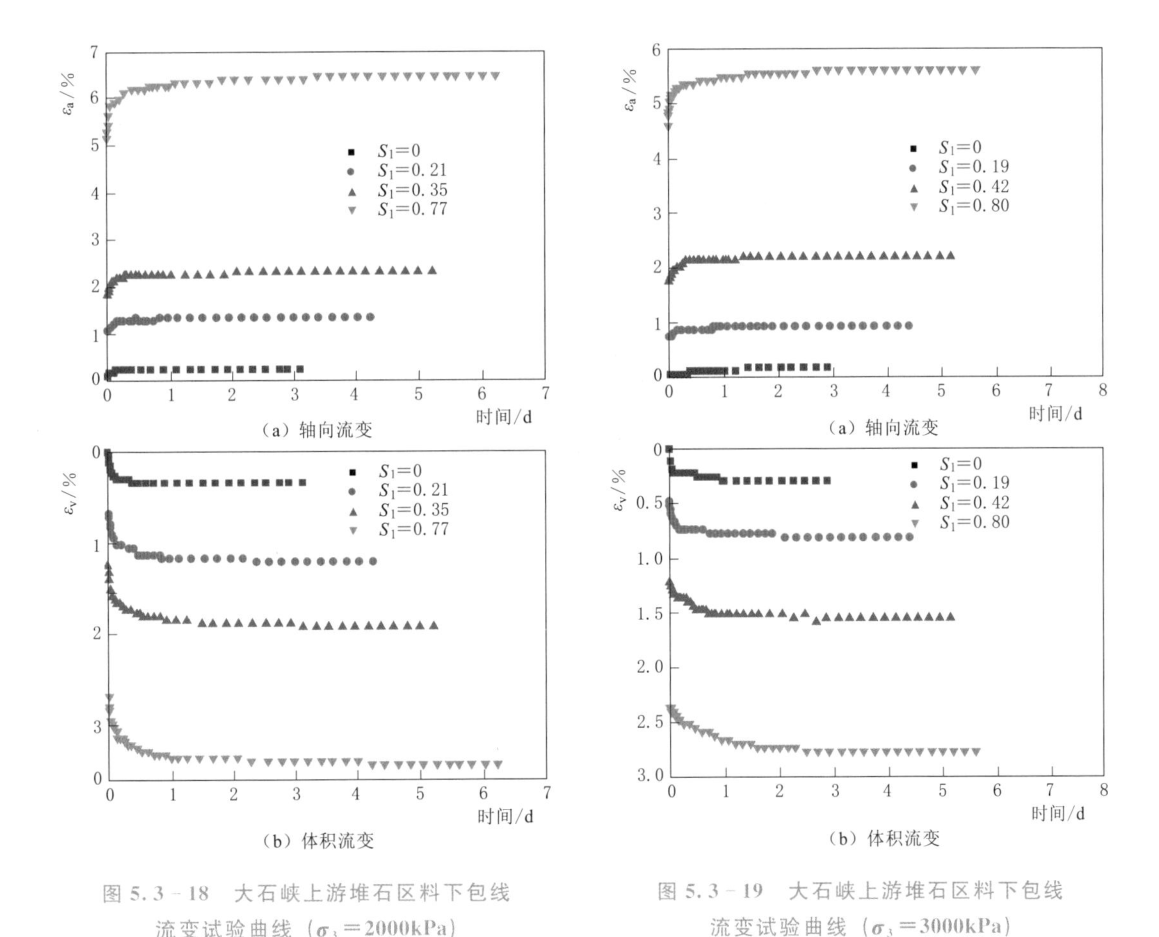

图5.3-18　大石峡上游堆石区料下包线流变试验曲线（σ_3=2000kPa）

图5.3-19　大石峡上游堆石区料下包线流变试验曲线（σ_3=3000kPa）

从上述流变试验结果可以得到以下规律：

（1）坝料体积流变与围压大小有关，在较低围压下，坝料的体积流变量较小，而在高围压下坝料的体积流变量明显增加。

（2）坝料体积流变与应力水平也有关，在相同围压下，应力水平较小时，体积流变较小，而应力水平较大时体积流变有进一步体缩的趋势，而后逐渐变缓。

（3）坝料的剪切流变主要受应力水平控制，应力水平较低时体积流变高于剪切流变，即坝料的流变以体积流变为主，随着应力水平的升高，剪切流变量将超过体积流变量，而围压变化对相同应力水平下剪切流变量的影响较小。

5.3.4　湿化特性

南京水利科学研究院针对芝瑞抽水蓄能电站下库砂卵石开展了坝料湿化特性试验。试样采用等量替代法进行缩制，试验级配见图5.3-20所示。室内模拟试验密度见表5.3-10。

试验设备为南京水利科学研究院1500kN大型湿化三轴仪，试样尺寸ϕ300×700mm。试样制备方法同大型静力三轴剪切试验。试验步骤如下：

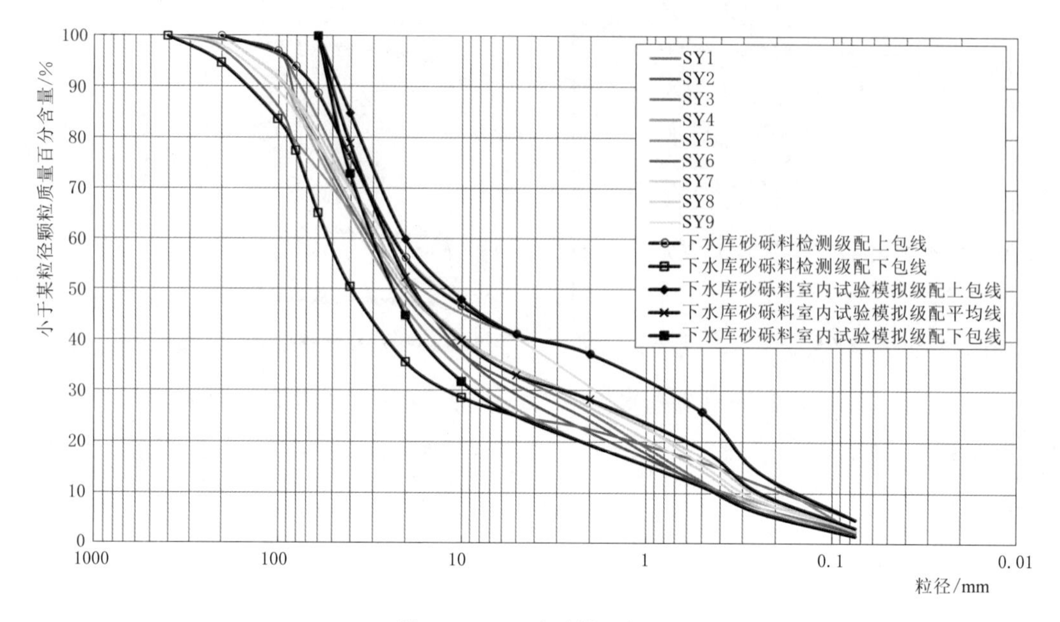

图 5.3-20 试验模拟级配

表 5.3-10 室内模拟试验密度

比重	级配特性	相对密度		设计相对密度	设计干密度/(g/cm³)	试验制样干密度/(g/cm³)
		最小干密度/(g/cm³)	最大干密度/(g/cm³)			
2.81	上包线	1.92	2.31	0.82	2.23	2.23
	平均线	1.91	2.35	0.82	2.26	2.26
	下包线	1.91	2.36	0.82	2.27	2.27

(1) 按设定的干密度进行制样并抽气饱和，施加至既定的周围压力，并保持恒定，直至固结完成。

(2) 施加至既定的轴向压力后保持恒定的应力状态。

(3) 待试样变形稳定后，从试样底部进水使试样逐渐饱和，浸水变形的稳定标准为30min内垂直变形不超过0.01mm，浸水饱和时间通常在1.0h左右。

(4) 施加轴向压力使浸水饱和后的试样继续发生剪切，直至试样破坏或试样轴向应变达到15%。当应力-应变曲线有峰值时，以峰值点为破坏点，峰值点所对应的主应力差（$\sigma_1-\sigma_3$）为该堆石料的破坏强度；如无峰值则取轴向应变的15%所对应的点为破坏点。

(5) 试样拆除。

(6) 重复上述步骤进行下级围压或下级应力水平的湿化变形试验。

不同围压不同应力水平下轴向变形 ε_1 与主应力差（$\sigma_1-\sigma_3$）、轴向变形 ε_1 与体积变形 ε_v 的关系曲线见图 5.3-21～图 5.3-24，湿化试验结果见表 5.3-11。试验结果表明，湿化体积变形是围压的函数，湿化剪切变形与剪应力水平密切相关，图 5.3-25 为湿化变形与应力状态的关系曲线。

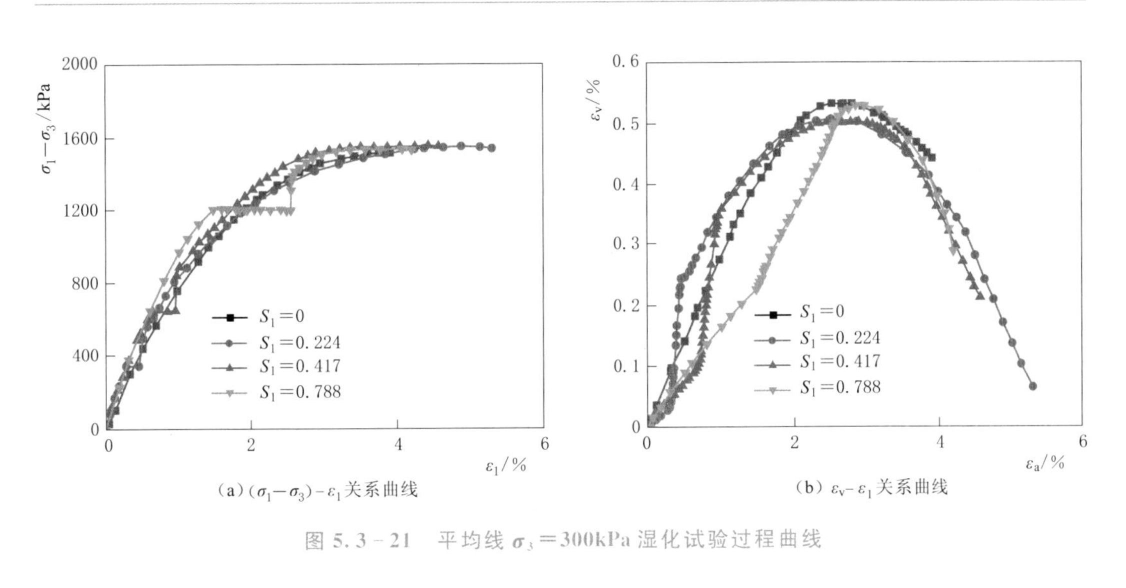

图 5.3-21　平均线 $\sigma_3=300$kPa 湿化试验过程曲线

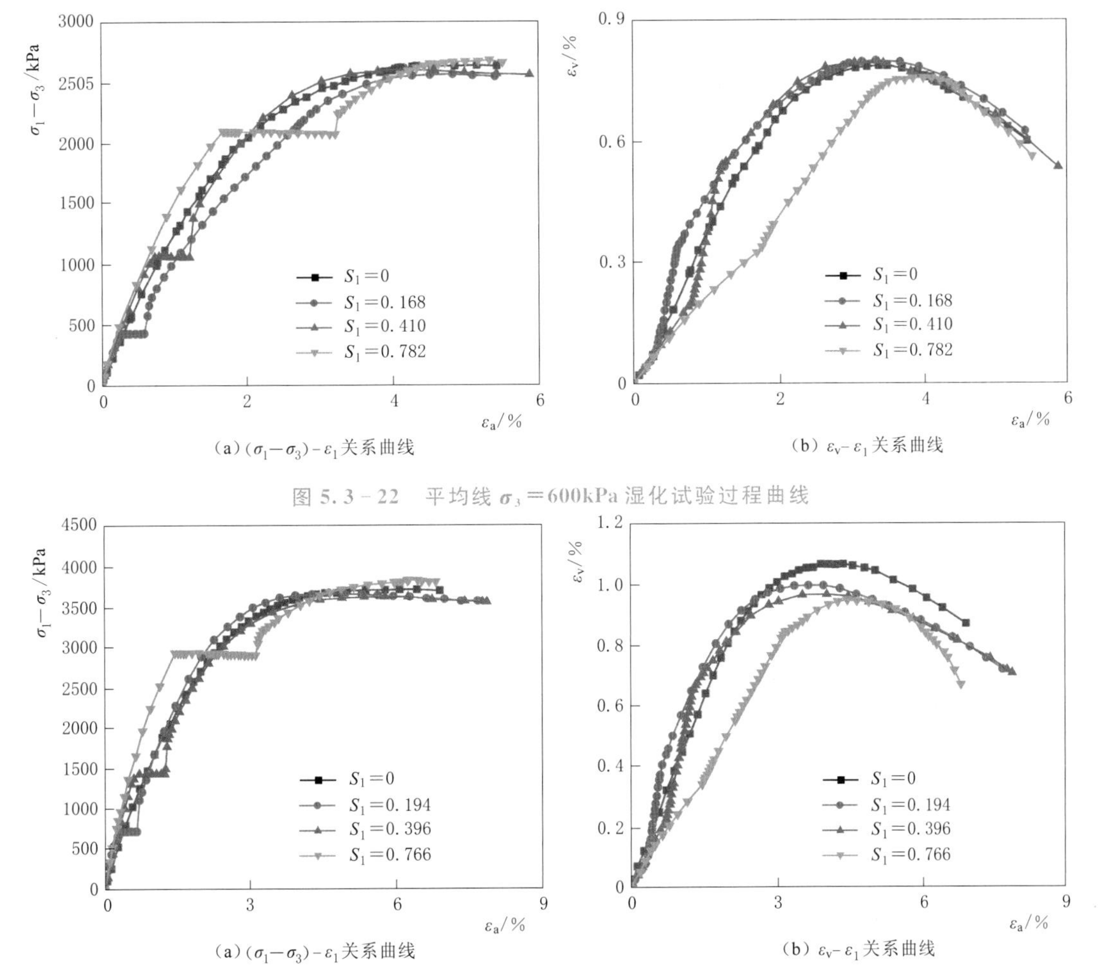

图 5.3-22　平均线 $\sigma_3=600$kPa 湿化试验过程曲线

图 5.3-23　平均线 $\sigma_3=900$kPa 湿化试验过程曲线

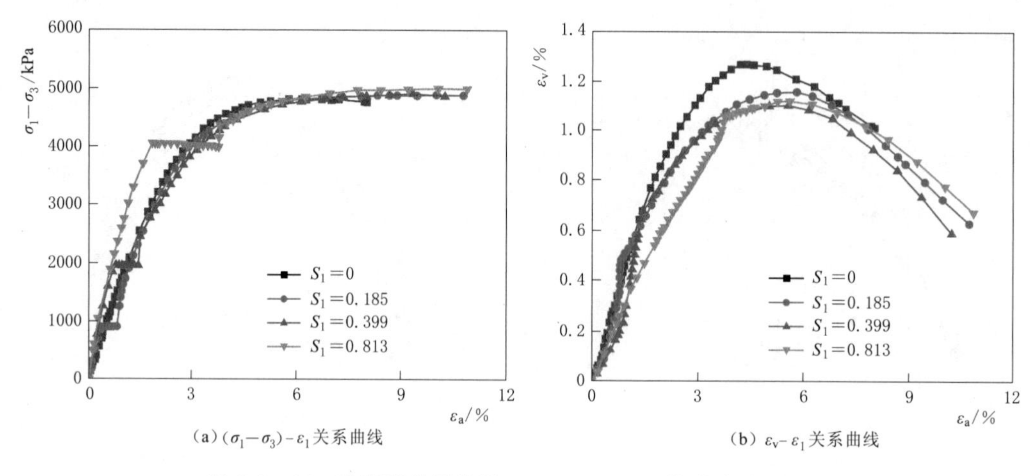

(a) $(\sigma_1-\sigma_3)$-ε_1 关系曲线　　(b) ε_v-ε_1 关系曲线

图 5.3-24　砂卵石料平均线 $\sigma_3=1200$kPa 湿化试验过程曲线

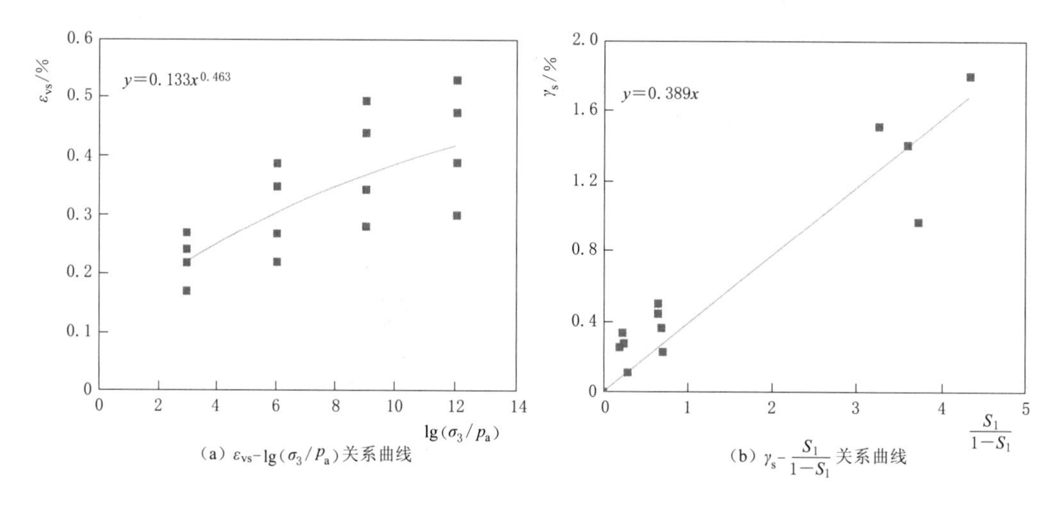

(a) ε_{vs}-$\lg(\sigma_3/P_a)$ 关系曲线　　(b) γ_s-$\frac{S_1}{1-S_1}$ 关系曲线

图 5.3-25　砂卵石料湿化变形与应力状态关系

表 5.3-11　湿化变形试验结果

周围压力/kPa	应力水平	ε_{1s}/%	ε_{vs}/%	γ_s/%
300	0	0.056	0.169	0.000
	0.224	0.177	0.217	0.104
	0.417	0.307	0.243	0.226
	0.788	1.058	0.269	0.969
600	0	0.074	0.223	0.000
	0.168	0.335	0.270	0.245
	0.410	0.478	0.352	0.361
	0.782	1.539	0.385	1.411
900	0	0.094	0.281	0.000
	0.194	0.385	0.345	0.271
	0.396	0.593	0.436	0.448
	0.766	1.677	0.495	1.512

续表

周围压力/kPa	应力水平	ε_{1s}/%	ε_{vs}/%	γ_s/%
1200	0.000	0.100	0.300	0.000
	0.185	0.452	0.389	0.322
	0.399	0.651	0.473	0.493
	0.813	1.981	0.527	1.805

注 试验料级配采用平均线，干密度 $2.26g/cm^3$。

从试验结果来看，砂砾石料湿化过程具有以下特点：砂砾石料湿化特性与围压及应力水平有关，在相同围压状态下，应力水平越高湿化现象越明显。湿化过程中，砂砾石料体积变形呈现先体缩后剪胀的演化规律，相同围压下，应力水平越高，体积剪缩的最大值越小，且最大值出现晚于低应力水平；而随着围压增大，湿化体积变形量也明显增加。从湿化变形与围压、应力水平的关系图（图5.3-25）可以看出，湿化体积应变与剪应变均与应力状态之间呈一定函数关系。

5.4 堆石料与砂砾石料工程特性比较

以新疆大石峡面板堆石坝为例，研究了堆石料与砂砾石料这两种材料在强度、压缩模量、后期流变性质方面的差异。

5.4.1 应力应变与强度特性

南科院针对大石峡面板砂砾石坝垫层区灰岩料、上游堆石区S3砂砾石料、下游堆石区等筑坝料和天然古河床料开展了三轴固结排水剪切试验（简称三轴CD试验），试样尺寸为$\phi 300\times 700$mm，试验控制最大粒径为60mm，围压分400kPa、800kPa、1200kPa、2000kPa和3000kPa五级控制。为了研究低围压下S3砂砾石料的强度特性及应力变形特性，还针对上游堆石区S3砂砾石料开展了试验围压分别为50kPa、100kPa、200kPa、300kPa、600kPa、1200kPa、2000kPa和3000kPa的三轴CD试验，试样尺寸为$\phi 300\times$700mm，试验控制最大粒径为60mm。试验曲线见图5.4-1所示。

图5.4-2（a）给出了上游堆石区S3砂砾石料在不同围压下内摩擦角的变化过程线，图中内摩擦角外延值是根据三轴CD试验整理得到的非线性指标φ_0和$\Delta\varphi$由非线性强度指标公式$\varphi=\varphi_0-\lg(\sigma_3/p_a)$计算得到；从图中可以看出，无论是采用低围压试验值预测高围压下的内摩擦角，还是采用高围压试验值预测低围压下的内摩擦角，都比试验值偏小，因此试验围压应能涵盖坝体内的小主应力分布。图5.4-2（b）给出了上游堆石区S3砂砾石料和石炭沟灰岩料在不同围压下摩擦角的变化过程线；从图中可以看出，由于砂砾石料较之灰岩堆石体不易破碎，虽然内摩擦角初始值较低，但其随围压增大衰减较慢，因此应利用这种特性合理设置坝体分区，以增强坝体的稳定性并减少坝体变形。

在模型参数取值方面，从5.2.1和5.3.1两节内容可以看到，堆石料邓肯模型参数取值应考虑堆石料岩性、风化程度、密度及风干/饱和试样状态等因素，其中风干状态下内摩擦角及模型参数K值更高；砂砾石料邓肯模型参数取值与试验围压状态有关，高围压

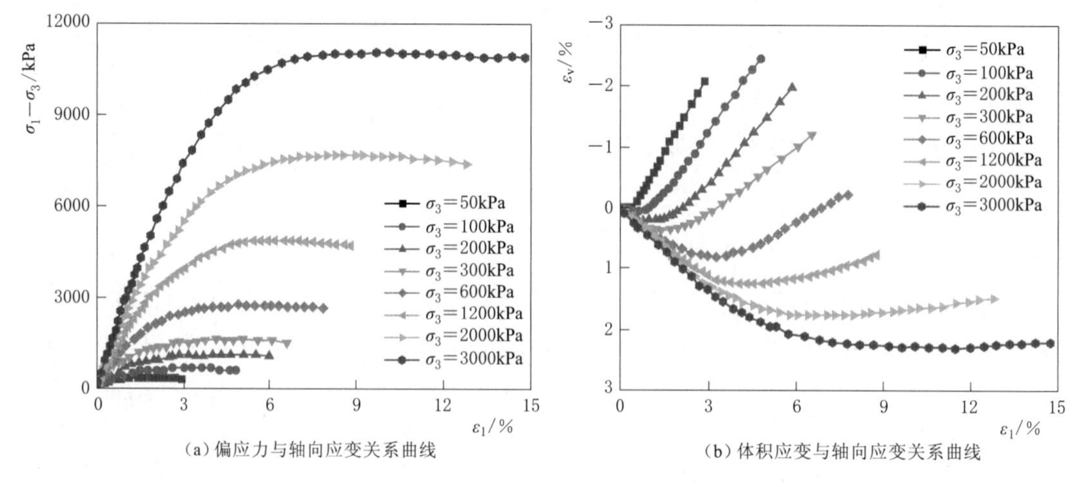

图 5.4-1 上游堆石区 S3 砂砾石料三轴 CD 试验曲线

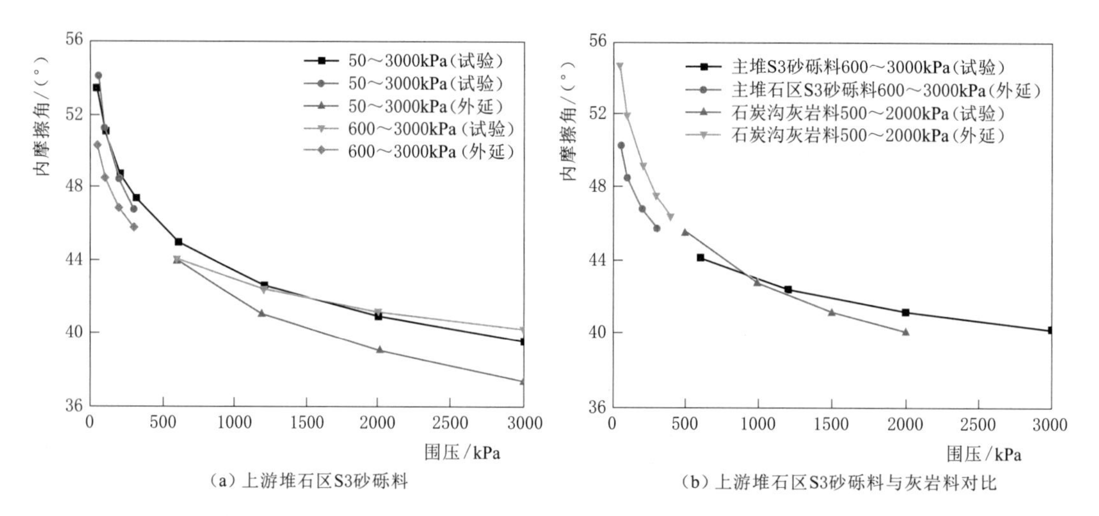

图 5.4-2 不同围压下内摩擦角的变化

比低围压具有更高的 c 值，但低围压下内摩擦角更高。

5.4.2 压缩特性

针对大石峡面板堆石坝上游砂砾石料和下游堆石料开展了大型压缩试验，图 5.4-3 给出了 S3 料场砂砾石料与下游堆石料的轴向压力和压缩模量的关系曲线。坝料压缩试验结果显示：

(1) S3 料场砂砾石料在设计级配范围内均具有高压缩模量和低压缩性，上包线、平均线和下包线的饱和试样压缩模量 $E_{s1\text{-}2}$ 分别为 166.7MPa、176.4MPa 和 177.9MPa。弱风化灰岩 90%+强风化灰岩 10%和弱风化灰岩 70%+强风化灰岩 30%的下游堆石料压缩模量 $E_{s1\text{-}2}$ 分别为 111.4MPa 和 109.5MPa。上游砂砾石料和下游堆石料都具有较高的压缩模量和较低的压缩性。

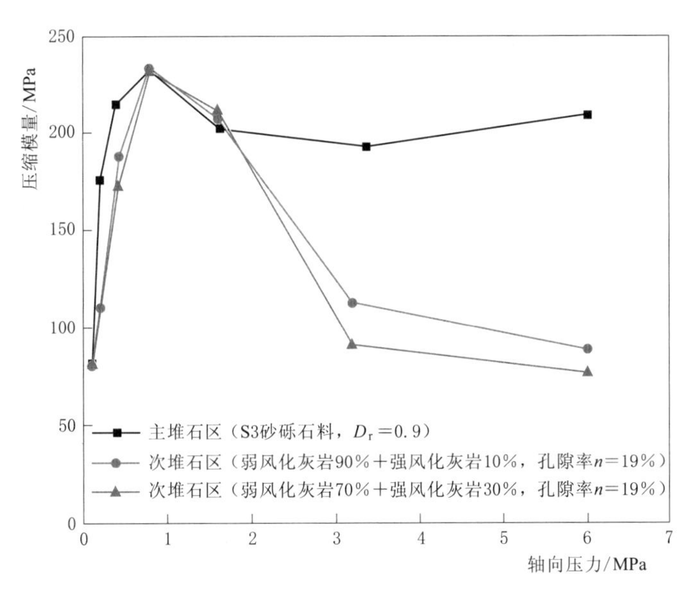

图5.4-3 压缩模量随轴向压力变化

（2）从压缩模量随竖向压力变化可以看出，受刚性约束和径径比的影响，压缩模量与压力关系曲线出现了波动。但总体上，当轴向压力大于2MPa时，堆石料和砂砾石料的压缩模量随轴向压力的增大呈现出较为明显的分化，砂砾石料的压缩模量维持在200MPa左右，没有明显变化；而堆石料的压缩模量明显下降，降至100MPa以下。由此可知，对于高土石坝，砂砾石料的压缩性更小，坝体变形量也将比堆石料小，更易控制坝体变形。

（3）S3砂砾石料磨圆度良好，颗粒强度极高，不易发生颗粒破碎，而堆石料棱角尖锐，压力增大后容易发生颗粒破碎，从而引起较大的增量变形。

（4）堆石料及砂砾石料的最大压缩模量均出现在轴向压力1MPa左右，且压缩模量几乎一致，此时两种坝料都具有较低的压缩性。

5.4.3 流变特性

表5.4-1列出了大石峡筑坝砂砾石料、堆石料在不同围压、应力水平下的最终轴向流变量、体积流变量。试验表明，砂砾石料的流变发展规律与堆石料基本相同，流变量随时间的变化规律大致符合指数关系，随着应力水平和围压的增加，其流变量逐渐增大。

表5.4-1 筑坝料流变试验结果

σ_3 /MPa	砂砾石			下游堆石料		
	S_1	ε_{af}/%	ε_{vf}/%	S_1	ε_{af}/%	ε_{vf}/%
0.4	0	0.062	0.187	0	0.076	0.228
	0.18	0.129	0.249	0.22	0.194	0.321
	0.38	0.222	0.298	0.40	0.353	0.376
	0.81	0.665	0.359	0.77	0.944	0.458

续表

σ_3 /MPa	砂砾石			下游堆石料		
	S_1	ε_{af}/%	ε_{vf}/%	S_1	ε_{af}/%	ε_{vf}/%
0.8	0	0.070	0.211	0	0.096	0.288
	0.21	0.151	0.283	0.21	0.234	0.398
	0.40	0.240	0.322	0.41	0.380	0.447
	0.79	0.726	0.434	0.79	0.983	0.624
1.2	0	0.084	0.253	0	0.111	0.332
	0.21	0.197	0.349	0.21	0.315	0.462
	0.40	0.353	0.413	0.39	0.565	0.550
	0.80	0.863	0.466	0.78	1.058	0.679
2.0	0	0.096	0.288	0	0.135	0.404
	0.19	0.229	0.385	0.20	0.304	0.524
	0.42	0.392	0.453	0.39	0.583	0.699
	0.80	1.011	0.551	0.77	1.255	0.760
3.0	0	0.129	0.386	0	0.156	0.468
	0.21	0.322	0.523	0.21	0.332	0.671
	0.35	0.502	0.639	0.39	0.647	0.855
	0.77	1.317	0.729	0.74	1.467	0.916

图5.4-4分别给出了围压3MPa时砂砾石料（应力水平0.77）和堆石料（应力水平0.74）的轴向流变、体积流变随时间的发展曲线。砂砾石料和堆石料流变特性的差异主要有两点：

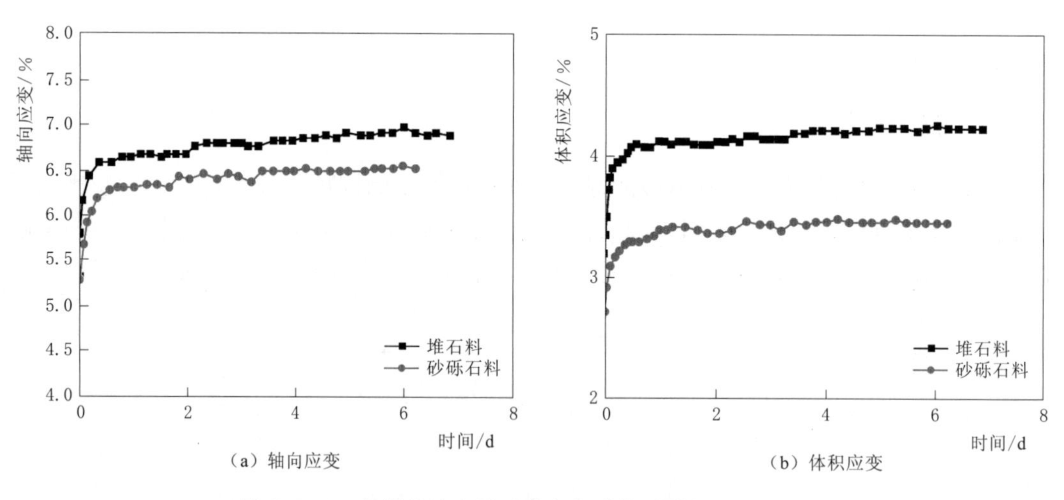

（a）轴向应变　　（b）体积应变

图5.4-4　筑坝料流变随时间变化过程（围压=3.0MPa）

（1）砂砾石料室内流变速率小于堆石料，砂砾石料1～2d流变已接近稳定，而堆石料流变稳定则需要3～5d或更长。

（2）砂砾石料最终流变量小于堆石料，图5.4-4中围压为3.0MPa，且砂砾石料应力水平略大于堆石料，但达到稳定时的轴向应变、体积应变，砂砾石料分别为1.317%、0.729%，堆石料分别为1.467%、0.916%，砂砾石料比堆石料分别减小了约10.2%和20.4%。

产生这些力学行为差异的机理在于，砂砾石料是天然料，在自然形成过程中经历了颗粒棱角磨平与破碎，颗粒形状偏圆形，颗粒之间接触应力较小；而爆破堆石料由人工破碎，颗粒存在易破碎的棱角以及微观的裂缝，高应力作用下更易出现颗粒破碎和位置调整，宏观表现为流变变形大。所以，工程中将砂砾石料布置在大坝上游用于直接支撑面板和水荷载，将堆石料放置在下游坝壳，保证坝体的渗透稳定，能够发挥砂砾石料和堆石料各自的优势。

5.5 本章小结

本章详细介绍了茨哈峡、大石峡、RM、MJ等特高面板堆石坝工程筑坝料的强度特性、应力变形特性以及不同坝料的邓肯 $E-B$ 模型参数变化规律。

（1）由试验结果可见，随着围压的增加，各种筑坝料的破坏峰值偏应力显著提高，而对应的内摩擦角明显降低，变形模量系数 K 和体积模量 K_b 有下降趋势。筑坝料的饱和固结排水剪的应力-应变关系基本呈应变硬化型，曲线形状比较接近双曲线。从体变曲线看，在低围压时有轻微剪胀发生，围压较高时无明显剪胀现象。模型参数总体上是砂砾石料的 K 值高于块石料的 K 值，但体积模量 K_b 并无明显规律。

（2）同时采用大型三轴剪切试验、大型压缩试验、流变试验、湿化试验测定了各工程中堆石料和砂砾石料的力学性能，分别从应力变形与强度特性、压缩特性、流变特性、湿化特性等几个方面深入研究了堆石料和砂砾石料两类重要土石坝填筑料的力学性质。

（3）以新疆大石峡面板堆石坝为例，对比分析了堆石料与砂砾石料这两种材料在强度、压缩模量、后期流变性质方面的差异。由于砂砾石料较灰岩堆石体更不易破碎，虽然内摩擦角初始值较低，但其随围压增大衰减较慢，且其压缩模量随着轴向压力的增加没有明显的降低，具有良好的抗变形能力，因此可以利用砂砾石这种特性合理设置坝体分区，以增强坝体的稳定性并减少坝体变形。又因为砂砾石料是天然料，在自然形成过程中经历了颗粒棱角磨平与破碎，颗粒形状偏圆形，颗粒之间接触应力较小，颗粒强度极高，不易发生颗粒破碎；而爆破堆石料由人工破碎，颗粒存在易破碎的棱角以及微观的裂缝，高应力作用下更易出现颗粒破碎和位置调整，从而引起较大的增量变形，宏观表现为流变变形大，所以，可以在工程中将砂砾石料布置在大坝上游，用于直接支撑面板和水荷载；将堆石料放置在下游坝壳，保证坝体的渗透稳定，能够发挥砂砾石料和堆石料各自的优势。

以上结论可为砂砾石坝分区优化提供依据，为一批筹划建设的高土石坝提供技术支撑。

第 6 章

特殊坝料工程特性

随着我国水电事业的发展，一批250～300m级堆石坝正在筹划建设，这些堆石坝多位于我国西北、西南地区，坝址地形、地质条件复杂，坝料空间变异性强。堆石坝料大多就地取材，各个地区的堆石坝料岩性天差地别，一些情况下，软岩等特殊岩石也用于堆石坝的建设当中。因此，对特殊坝料的工程特性的总结研究必不可少。本章以茨哈峡等堆石坝筑坝料为依托，对软岩等特殊筑坝料的工程特性进行分析，总结了特殊筑坝料的工程特性，如应力应变特性、流变特性、压实性等。

6.1 软岩的工程特性

对于高土石坝，一般情况下不会采用纯软岩作为筑坝料，通常是和硬岩按一定比例掺配使用，本节是将硬岩和软岩不同掺配比例的掺配料视为软岩来进行研究。

6.1.1 基本物理力学特性

以茨哈峡工程为例，块石料岩性主要为中厚～薄层的砂岩夹板岩，板岩各向异性明显，弱风化板岩垂直层理饱和抗压强度平均为41MPa，平行层理为18MPa，作为高土石坝筑坝料，在高围压作用下岩块各个方向均要承受荷载，故应视为软岩。弱风化板岩块石料基本特性参数见表6.1-1。

表6.1-1　弱风化板岩块石料基本特性参数

饱和抗压强度/MPa		软化系数		岩层厚度/cm
垂直层理	平行层理	垂直层理	平行层理	
21～63	7～32	0.65～0.7		1～10

上游块石料场、坝址右岸块石料场以及建筑物区开挖料的块石料岩性基本相同，主要有砂岩、砂岩夹板岩、板岩夹砂岩、板岩。根据地质资料，砂岩岩层中的板岩含量在5%左右，砂岩夹板岩岩层中的板岩含量在30%左右，板岩夹砂岩岩层中的板岩含量在70%左右，板岩岩层中的板岩含量在90%左右。板岩为软岩，岩层薄，软化系数较低，且各向异性明显，板岩含量较高的块石料用作高土石坝堆石料应谨慎，可研阶段初期初步确定板岩含量小于30%的块石料可用作填筑料。由于岩体中含有一定量的板岩，层薄且强度低，为软岩，开挖爆破、运输、碾压施工工程中易造成颗粒破碎，使得细粒含量较高，坝体填筑后的后期变形较大。

已建的类似工程中，上游堆石区料级配要求：最大粒径一般为800mm，粒径小于5mm含量一般为4%～20%，粒径小于0.075mm含量一般小于5%。下游堆石区料一般在料的强度、最大粒径和细粒含量等方面要求相对上游堆石区有所放松。

6.1.2 应力应变特性

为掌握不同风化程度、不同板岩含量的块石料在工程特性参数方面的差别，确定开挖块石料上坝标准提供可靠依据，进行了茨哈峡①纯砂岩，②砂岩含量80%+板岩含量20%，③砂岩含量70%+板岩含量30%，④砂岩含量60%+板岩含量40%，以及⑤强、弱风化料和边坡处理料的大型三轴剪切试验，得到的邓肯 $E-B$ 模型（简称"邓肯模型"或"$E-B$ 模型"）和"南水"模型参数见表6.1-2～表6.1-8，试验曲线见图6.1-1、图6.1-2。大型三轴剪切试验试样直径300mm、高度360mm，试样根据设计级配进行缩尺，围压分5级加载，最大围压3MPa：制样孔隙率18%，相应干密度为2.23g/m^3；孔隙率20%，相应干密度为2.18g/m^3。

表6.1-2　　开挖块石料大型三轴剪切试验强度参数（饱和状态）

坝料		干密度/(g/m^3)	线性强度参数		非线性强度参数	
			φ/(°)	c/kPa	φ_0/(°)	$\Delta\varphi$/(°)
弱风化	纯砂岩	2.18	38.2	308.5	53.5	9.0
	砂岩含量80%+板岩含量20%	2.23	38.2	254.4	52.0	8.4
		2.18	38.0	237.6	50.9	7.8
	砂岩含量70%+板岩含量30%	2.23	38.1	263.2	51.7	8.2
		2.18	37.9	233.3	51.0	8.0
	砂岩含量60%+板岩含量40%	2.24	37.9	249.1	51.7	8.4
		2.18	37.6	227.2	50.6	8.0
强风化	砂岩含量80%+板岩含量20%	2.24	36.9	295.6	50.5	8.9
		2.18	36.2	302.3	51.7	9.1
	砂岩含量70%+板岩含量30%	2.24	36.5	276.1	51.5	9.0
		2.19	35.7	281.5	50.8	8.9
	砂岩含量60%+板岩含量40%	2.25	36.3	276.2	51.1	8.8
		2.19	35.4	279.1	51.9	8.8
边坡处理料	10号倾倒体	2.27	33.5	307.3	45.6	9.5
		2.22	33.0	301.2	50.1	10.0
	1号滑坡	2.26	35.8	348.1	46.0	8.7
		2.21	31.5	194.8	45.9	9.0
	右岸泄水边坡	2.27	31.1	205.3	46.0	9.3
		2.22	30.4	204.1	50.8	10.3

表6.1-3　　弱风化块石料大三轴剪切试验邓肯 $E-B$ 模型参数表

试样	ρ/(g/cm^3)	试验状态	φ_0/(°)	$\Delta\varphi$/(°)	K	n	R_f	K_b	m
砂岩	2.18	风干	54.1	9.2	1216.2	0.22	0.74		
		饱和	53.5	9.0	1059.3	0.23	0.72	600.4	0.08

续表

试　　样	$\rho/(g/cm^3)$	试验状态	$\varphi_0/(°)$	$\Delta\varphi/(°)$	K	n	R_f	K_b	m
80%砂岩+20%板岩	2.23	风干	53.9	9.1	1035.1	0.23	0.68		
		饱和	52.0	8.4	812.8	0.25	0.65	337.3	0.16
	2.18	风干	52.4	8.4	822.2	0.25	0.65		
		饱和	50.9	7.8	653.1	0.27	0.61	202.5	0.32
70%砂岩+30%板岩	2.23	风干	53.3	8.9	988.6	0.23	0.67		
		饱和	51.7	8.2	776.2	0.24	0.61	301.7	0.19
	2.18	风干	52.3	8.4	803.5	0.26	0.64		
		饱和	51.0	8.0	623.7	0.28	0.63	236.6	0.25
60%砂岩+40%板岩	2.24	风干	53.1	8.8	944.1	0.24	0.66		
		饱和	51.7	8.4	732.8	0.25	0.64	291.2	0.20
	2.18	风干	52.0	8.4	776.2	0.26	0.67		
		饱和	50.6	8.0	586.0	0.30	0.61	249.2	0.22

表 6.1-4　　强风化块石料大三轴剪切试验邓肯 $E-B$ 模型参数表

试　　样	$\rho/(g/cm^3)$	试验状态	$\varphi_0/(°)$	$\Delta\varphi/(°)$	K	n	R_f	K_b	m
80%砂岩+20%板岩	2.24	风干	53.7	9.4	1055.5	0.25	0.66		
		饱和	51.9	8.8	776.2	0.26	0.64	342.6	0.26
	2.18	风干	52.8	9.5	785.2	0.28	0.62		
		饱和	51.7	9.1	549.5	0.34	0.61	243.9	0.27
70%砂岩+30%板岩	2.24	风干	53.6	9.6	966.1	0.26	0.63		
		饱和	51.5	9.0	724.4	0.27	0.61	326.9	0.24
	2.19	风干	52.5	9.5	732.8	0.28	0.61		
		饱和	50.8	8.9	512.9	0.34	0.61	230.3	0.28
60%砂岩+40%板岩	2.25	风干	53.2	9.5	912.0	0.26	0.65		
		饱和	51.1	8.8	683.9	0.29	0.64	302.8	0.32
	2.19	风干	52.0	9.3	691.8	0.29	0.61		
		饱和	50.5	8.9	484.2	0.37	0.61	220.6	0.32

表 6.1-5　　边坡开挖块石料大三轴剪切试验邓肯 $E-B$ 模型参数表

试　　样	$\rho/(g/cm^3)$	试验状态	$\varphi_0/(°)$	$\Delta\varphi/(°)$	K	n	R_f	K_b	m
10 号倾倒体	2.27	风干	55.3	11.5	1047.1	0.20	0.66		
		饱和	50.8	10.3	575.4	0.30	0.62	196.4	0.45
	2.22	风干	54.9	11.6	933.3	0.23	0.63		
		饱和	50.1	10.0	462.4	0.34	0.62	166.1	0.48
1 号滑坡	2.26	风干	53.8	10.6	1023.3	0.23	0.67		
		饱和	46.0	8.7	530.9	0.33	0.74	212.8	0.40

续表

试样	ρ/(g/cm³)	试验状态	φ_0/(°)	$\Delta\varphi$/(°)	K	n	R_f	K_b	m
1号滑坡	2.21	风干	52.9	10.6	912.0	0.25	0.64		
		饱和	45.9	9.0	426.6	0.36	0.74	155.7	0.47
右岸泄水边坡	2.27	风干	52.2	10.6	688.3	0.22	0.60		
		饱和	46.0	9.3	384.6	0.38	0.73	190.7	0.43
	2.22	风干	51.5	10.6	543.3	0.25	0.60		
		饱和	45.6	9.5	302.0	0.40	0.66	150.7	0.44

表6.1-6 弱风化开挖块石料大三轴剪切试验“南水”模型参数表

试样	ρ /(g/cm³)	试验状态	φ_0/(°)	$\Delta\varphi$/(°)	K	n	R_f	c_d	n_d	R_d
砂岩	2.18	风干	54.1	9.2	1216.2	0.22	0.74	—	—	—
		饱和	53.5	9.0	1059.3	0.23	0.72	0.32%	0.78	0.68
80%砂岩+20%板岩	2.23	风干	53.9	9.1	1035.1	0.23	0.68	—	—	—
		饱和	52.0	8.4	812.8	0.25	0.65	0.62%	0.64	0.62
	2.18	风干	52.4	8.4	822.2	0.25	0.65	—	—	—
		饱和	50.9	7.8	653.1	0.27	0.61	0.92%	0.55	0.57
70%砂岩+30%板岩	2.23	风干	53.3	8.9	988.6	0.23	0.67	—	—	—
		饱和	51.7	8.2	776.2	0.24	0.61	0.65%	0.65	0.59
	2.18	风干	52.3	8.4	803.5	0.26	0.64	—	—	—
		饱和	51.0	8.0	623.7	0.28	0.63	0.83%	0.59	0.60
60%砂岩+40%板岩	2.24	风干	53.1	8.8	944.1	0.24	0.66	—	—	—
		饱和	51.7	8.4	732.8	0.25	0.64	0.67%	0.64	0.61
	2.18	风干	52.0	8.4	776.2	0.26	0.67	—	—	—
		饱和	50.6	8.0	586.0	0.30	0.61	0.79%	0.60	0.61

表6.1-7 强风化开挖块石料大三轴剪切试验“南水”模型参数表

试样	ρ /(g/cm³)	试验状态	φ_0/(°)	$\Delta\varphi$/(°)	K	n	R_f	c_d	n_d	R_d
80%砂岩+20%板岩	2.24	风干	53.7	9.4	1055.5	0.25	0.66	—	—	—
		饱和	51.9	8.8	776.2	0.26	0.64	0.60%	0.60	0.62
	2.18	风干	52.8	9.5	785.2	0.28	0.62	—	—	—
		饱和	51.7	9.1	549.5	0.34	0.61	0.84%	0.55	0.59
70%砂岩+30%板岩	2.24	风干	53.6	9.6	966.1	0.26	0.63	—	—	—
		饱和	51.5	9.0	724.4	0.27	0.61	0.67%	0.57	0.60
	2.19	风干	52.5	9.5	732.8	0.28	0.61	—	—	—
		饱和	50.8	8.9	512.9	0.34	0.61	0.94%	0.50	0.59

续表

试　　样	ρ /(g/cm³)	试验状态	φ_0/(°)	$\Delta\varphi$/(°)	K	n	R_f	c_d	n_d	R_d
60%砂岩+40%板岩	2.25	风干	53.2	9.5	912.0	0.26	0.65	—	—	—
		饱和	51.1	8.8	683.9	0.29	0.64	0.67%	0.53	0.62
	2.19	风干	52.0	9.3	691.8	0.29	0.61	—	—	—
		饱和	50.5	8.9	484.2	0.37	0.61	0.83%	0.54	0.59

表 6.1-8　　边坡处理开挖块石料大三轴剪切试验“南水”模型参数表

试　　样	ρ /(g/cm³)	试验状态	φ_0/(°)	$\Delta\varphi$/(°)	K	n	R_f	c_d	n_d	R_d
10 号倾倒体	2.27	风干	55.3	11.5	1047.1	0.20	0.66	—	—	—
		饱和	50.8	10.3	575.4	0.30	0.62	0.99%	0.38	0.61
	2.22	风干	54.9	11.6	933.3	0.23	0.63	—	—	—
		饱和	50.1	10.0	462.4	0.34	0.62	1.11%	0.33	0.61
1 号滑坡	2.26	风干	53.8	10.6	1023.3	0.23	0.67	—	—	—
		饱和	46.0	8.7	530.9	0.33	0.74	1.19%	0.25	0.73
	2.21	风干	52.9	10.6	912.0	0.25	0.64	—	—	—
		饱和	45.9	9.0	426.6	0.36	0.74	1.21%	0.27	0.73
右岸泄水边坡	2.27	风干	52.2	10.6	688.3	0.22	0.60	—	—	—
		饱和	46.0	9.3	384.6	0.38	0.73	0.96%	0.36	0.71
	2.22	风干	51.5	10.6	543.3	0.25	0.60	—	—	—
		饱和	45.6	9.5	302.0	0.40	0.66	1.34%	0.28	0.65

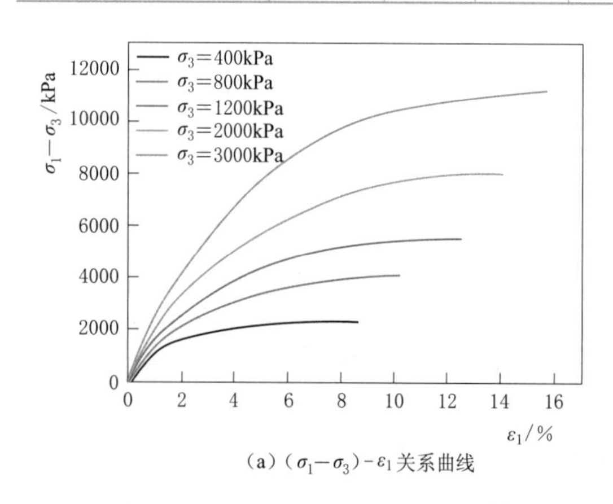

(a) $(\sigma_1-\sigma_3)-\varepsilon_1$ 关系曲线

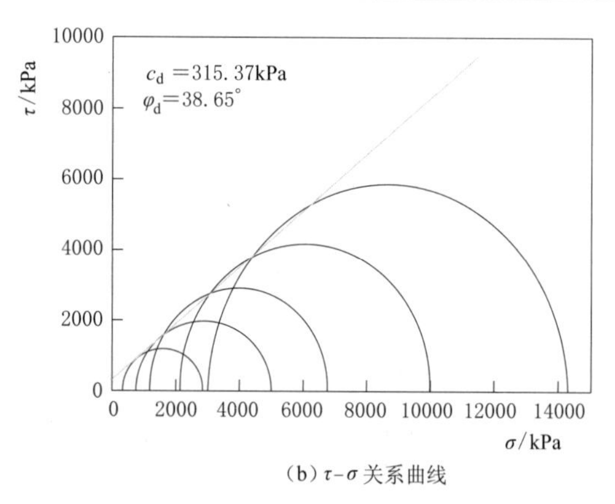

(b) $\tau-\sigma$ 关系曲线

图 6.1-1　弱风化开挖料（100%砂岩，ρ=2.18g/cm³）风干样大型三轴剪切试验曲线

线性强度参数 φ、c 及非线性强度参数 φ、$\Delta\varphi$ 随制样干密度的提高而增大；随板岩含量的提高而减小；饱和状态下的强度参数小于干燥状态。强风化料与弱风化料、边坡处理开挖料相比较，强度参数相差不大，这主要与料样的取样有关，强风化料及边坡处理开挖料的单块岩块的强度并不低于弱风化料。总体上，开挖料的非线性强度参数 φ_0 在 50°左

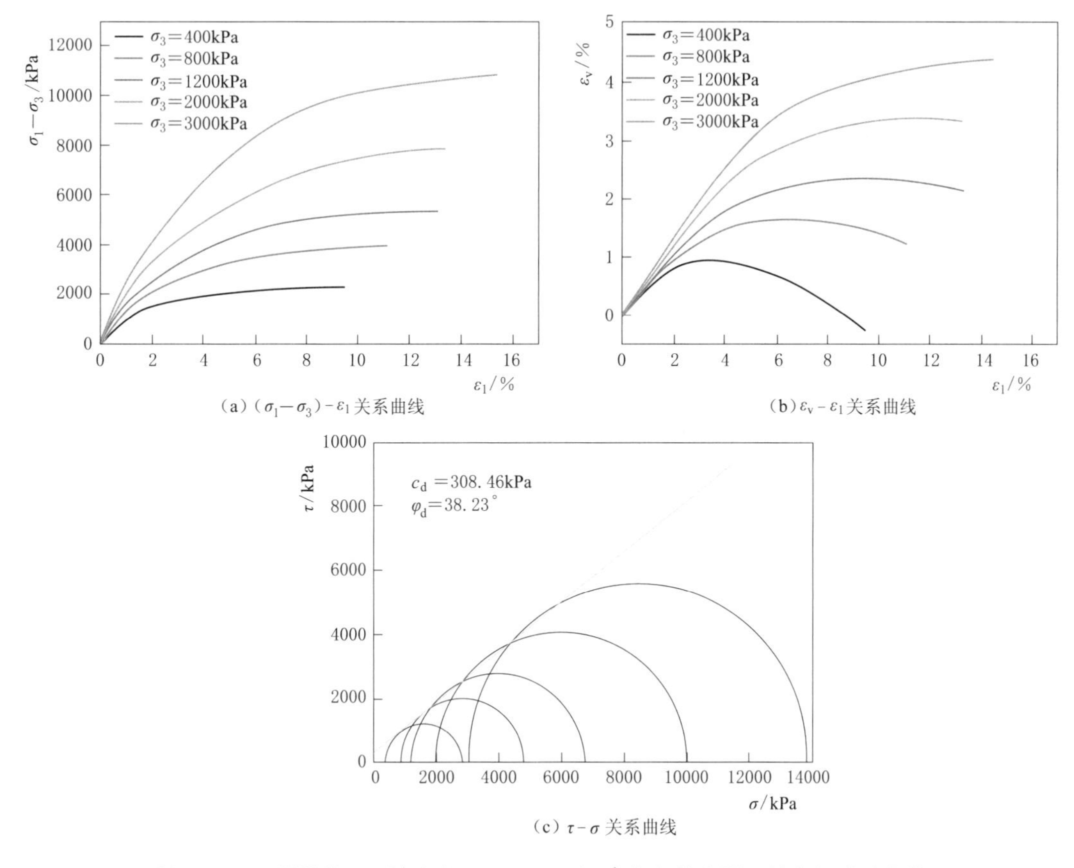

(a) $(\sigma_1-\sigma_3)-\varepsilon_1$关系曲线

(b) $\varepsilon_v-\varepsilon_1$关系曲线

(c) $\tau-\sigma$关系曲线

图 6.1-2　弱风化 100%砂岩，$\rho=2.18\text{g/cm}^3$ 饱和样大型三轴剪切试验曲线

右、$\Delta\varphi$ 在 9.0°左右；线性强度参数 φ 为 30°～40°、c 为 200～300kPa。

对于弱风化开挖料，试验结果显示，当试验围压达到 3.0MPa 时，强度包线出现一定的弯曲现象，基本符合莫尔-库仑强度准则，开挖料线性强度指标 φ 值为 37.6°～38.2°，饱和料 $E-B$ 模型的 K 值为 586～812；试样由风干状态经浸水饱和后强度有一定的下降，混合料中随着板岩掺进比例的增加，强度指标和变形指标均有所降低；随着密实度的提高，开挖料 φ 值提高了 0.2°～0.4°，模型参数 K 值提高了 147～213，模量指数 n 值略有降低。

对于强风化开挖料，试验结果显示，当试验围压达到 3.0MPa 时，强度包线出现明显的弯曲现象，开挖料线性强度参数 φ 值为 35.4°～36.5°，饱和料 $E-B$ 模型的 K 值为 484～776；试样由风干状态经浸水饱和后强度有一定的下降，混合料中随着板岩掺进比例的增加，强度指标和变形指标均有所降低。其他工程类比，茨哈峡强风化开挖料强度指标和变形指标偏高，是因为本次试验所取试样接近于强风化上限、弱风化下限，母岩性质偏优。

弱风化开挖料（70%砂岩+30%板岩，$\rho=2.23\text{g/cm}^3$）饱和样三轴剪切试验前后颗粒级配对比见表 6.1-9。随着围压的增大，大颗粒比例减少，10mm 以下颗粒比例增大，特别是 5mm 以下的颗粒所占比例由试验前的 25%增加至试验后的近 40%。这说明，在围压作用下颗粒产生破碎，大颗粒在全级配中的比例减小、细颗粒增加，反映了开挖料的颗粒破碎特性。

表 6.1-9　弱风化开挖料（70%砂岩+30%板岩，$\rho=2.23\text{g/cm}^3$）饱和样三轴剪切试验前后颗粒级配对比

级配		各粒径组百分含量/%				
		60～40mm	40～20mm	20～10mm	10～5mm	<5mm
试验前级配		16.4	23.4	18.8	16.4	25.0
试验后	0.4MPa	10.9	21.2	19.0	19.0	29.9
	0.8MPa	10.0	20.1	19.1	18.5	32.3
	1.2MPa	9.3	17.6	18.7	20.2	34.3
	2.0MPa	8.1	17.0	17.8	20.2	37.0
	3.0MPa	6.2	15.1	18.5	20.4	39.9

6.1.3　流变特性

对茨哈峡工程开挖块石料进行了弱风化砂岩夹板岩（砂岩70%+板岩30%、孔隙率17.5%、干密度2.23g/cm^3）的三轴流变试验，试验结果见表6.1-10，流变模型见式（6.1-1）、式（6.1-2）。根据试验结果，坝料体积流变、剪切流变与其所处的应力状态密切相关，坝料最终流变量模型如下：

$$\varepsilon_{vf}=b\left(\frac{\sigma_3}{p_a}\right)^{m_1}+c\left(\frac{q}{p_a}\right)^{m_2} \tag{6.1-1}$$

$$\gamma_f=d\left(\frac{S_1}{1-S_1}\right)^{m_3} \tag{6.1-2}$$

采用式（6.1-1）、式（6.1-2）来描述体积流变和剪切流变。对上述两种材料试验数据进行数值回归分析，得到的模型参数见表6.1-11。

表 6.1-10　弱风化（70%砂岩+30%板岩，$\rho=2.23\text{g/cm}^3$）流变试验成果

σ_3/MPa	S_1	ε_{af}/%	α_{af}	ε_{vf}/%	α_{vf}	γ_f/%
0.4	0.0	0.043	3.58	0.131	3.58	0.000
	0.4	0.188	2.65	0.255	2.87	0.103
	0.8	0.732	1.91	0.289	1.36	0.636
0.8	0.0	0.060	3.92	0.179	4.05	0.000
	0.4	0.279	2.59	0.314	2.69	0.174
	0.8	0.923	1.71	0.432	1.71	0.779
1.2	0.0	0.073	3.96	0.218	3.96	0.000
	0.4	0.322	2.12	0.385	2.15	0.194
	0.8	1.035	1.50	0.504	1.55	0.867

续表

σ_3/MPa	S_1	ε_{af}/%	α_{af}	ε_{vf}/%	α_{vf}	γ_f/%
2.0	0.0	0.096	2.41	0.289	2.41	0.000
	0.4	0.431	2.33	0.548	2.17	0.247
	0.8	1.240	1.58	0.678	1.19	1.014
3.0	0.0	0.127	2.28	0.382	2.28	0.000
	0.4	0.601	2.33	0.638	1.77	0.388
	0.8	1.452	1.42	0.789	1.06	1.189

注 α_{af}—轴向流变速率；α_{vf}—体积流变速率。

表 6.1-11 块石料流变模型试验参数

试样名称及坝料组成	ρ/(g/cm^3)	b/%	c/%	d/%	m_1	m_2	m_3
弱风化（70%砂岩+30%板岩）	2.23	0.0611	0.0303	0.282	0.626	0.698	0.819

6.1.4 压实特性

针对茨哈峡工程筑坝料开展压实特性试验研究。

6.1.4.1 室内压缩试验

压缩试验试样尺寸为ϕ450×300mm，垂直荷载按7个级别依次施加。分别对强风化、弱风化的砂岩夹板岩开挖块石料（板岩含量分别按20%、30%、40%，制样孔隙率为18%、20%），以及10号倾倒体、1号滑坡、右岸泄水边坡处理的开挖料进行了饱和样和干燥样的压缩试验，饱和样试验成果见表6.1-12。

（1）相同岩性（板岩含量相同）、不同制样干密度的压缩试验表明：制样干密度高，得到的压缩系数小，压缩模量大。坝料压缩系数小、压缩模量高，说明堆石体具有较强的抗变形能力。高土石坝要求坝料具有较高的压实度和干密度。

弱风化试样采用砂岩含量70%+板岩含量30%，制样干密度2.30g/cm^3，孔隙率19%，各级压力下的压缩模量基本没有降低，最后三个压力级别时压缩模量持续保持在394.3MPa。这说明堆石料在制样过程中颗粒破碎大部分已经发生，在较高干密度、较低孔隙率条件下可达到较高的压缩模量。

（2）相同制样干密度条件下，板岩含量越低，试验得到的压缩系数越小，压缩模量越高。砂岩含量80%+板岩含量20%、砂岩含量70%+板岩含量30%、砂岩含量60%+板岩含量40%三种岩性的试样在0.1～0.2MPa压力级别下的压缩模量分别为150.6MPa、131.6MPa、112.3MPa，压缩系数分别为0.008、0.009、0.011。

（3）弱风化料试样的压缩模量高于强风化料和边坡开挖料。边坡开挖料由于较破碎，压缩模量最低，在0.1～0.2MPa压力级别下的压缩模量仅为42～47MPa，与弱风化料相比模量相差2～3倍，可见边坡开挖料质量相对差。

（4）各岩性的试样在0.2～0.4MPa压力级别时压缩模量达到最大（或较大），压缩系数达到最小（或较小）；之后随着压力级别的提高，压缩模量逐渐减小，当达到3.2～6.0MPa压力级别时，压缩模量相较于上一压力级别又有所增加。此项试验成果表明：压缩模量减小代表着颗粒在荷载作用下产生破碎、变形量增大（模量减小）、逐渐压密（模量

表 6.1-12　开挖料饱和试样室内压缩试验成果

岩性	制样干密度 /(g/cm³)	0～0.1MPa		0.1～0.2MPa		0.2～0.4MPa		0.4～0.8MPa		0.8～1.6MPa		1.6～3.2MPa		3.2～6.0MPa	
		压缩系数 α_v /MPa^{-1}	压缩模量 E_s /MPa	压缩系数 α_v /MPa^{-1}	压缩模量 E_s /MPa	压缩系数 α_v /MPa^{-1}	压缩模量 E_s /MPa	压缩系数 α_v /MPa^{-1}	压缩模量 E_s /MPa	压缩系数 α_v /MPa^{-1}	压缩模量 E_s /MPa	压缩系数 α_v /MPa^{-1}	压缩模量 E_s /MPa	压缩系数 α_v /MPa^{-1}	压缩模量 E_s /MPa
弱风化 8：2	2.23	0.014	86.4	0.008	150.6	0.007	170.6	0.009	134.3	0.01384	88.2	0.013	92.1	0.010	121.8
弱风化 8：2	2.18	0.017	72.5	0.013	101.6	0.009	138.6	0.010	119.1	0.01546	80.7	0.018	70.4	0.012	105.6
弱风化 7：3	2.23	0.017	73.7	0.009	131.6	0.007	166.0	0.011	113.0	0.01346	90.6	0.015	79.1	0.011	108.9
弱风化 7：3	2.18	0.020	61.2	0.011	117.9	0.01	126.2	0.012	102.3	0.01760	70.9	0.017	72.9	0.014	92.3
弱风化 6：4	2.24	0.015	78.7	0.011	112.3	0.008	145.1	0.012	100.9	0.01368	89.1	0.016	74.7	0.012	99.3
弱风化 6：4	2.18	0.019	64.8	0.014	91.9	0.012	104.1	0.014	92.8	0.01942	64.5	0.017	73.5	0.015	85.4
强风化 8：2	2.24	0.017	73.8	0.012	104.1	0.008	148.6	0.011	112.7	0.01676	72.7	0.015	79.4	0.011	114.0
强风化 8：2	2.18	0.019	67.5	0.017	72.0	0.014	88.2	0.012	105.7	0.01828	68.5	0.017	72.7	0.012	105.2
强风化 7：3	2.24	0.017	70.9	0.012	103.5	0.009	137.5	0.012	102.1	0.01922	63.7	0.017	72.2	0.012	104.2
强风化 7：3	2.19	0.02	63.5	0.018	68.2	0.013	97.0	0.015	82.3	0.02090	59.9	0.018	70.4	0.013	99.7
强风化 6：4	2.25	0.018	68.9	0.013	97.0	0.010	118.1	0.018	69.5	0.02197	55.4	0.019	68.1	0.012	102.9
强风化 6：4	2.19	0.021	58.6	0.019	65.4	0.017	74.3	0.019	66.5	0.02099	59.6	0.019	64.4	0.013	98.7
10 号倾倒体	2.27	0.019	64.4	0.018	67.0	0.018	68.3	0.018	66.9	0.01937	63.0	0.016	77.6	0.01	122.1
10 号倾倒体	2.22	0.02	63.1	0.019	64.9	0.020	61.0	0.022	56.9	0.02006	62.0	0.016	78.3	0.01	120.5
1 号滑坡	2.26	0.02	61.2	0.018	67.0	0.022	56.5	0.029	42.0	0.03085	39.6	0.018	68.6	0.01	118.4
1 号滑坡	2.21	0.021	60.4	0.02	63.0	0.029	42.8	0.039	32.1	0.03516	35.5	0.019	65.0	0.011	113.4
泄水边坡	2.27	0.029	42.4	0.026	47.7	0.034	36.3	0.039	31.0	0.03168	38.5	0.019	64.4	0.012	99.4
泄水边坡	2.22	0.037	34.6	0.029	42.5	0.04	31.6	0.046	27.2	0.03722	33.5	0.022	57.9	0.013	95.8
弱风化 7：3	2.30	0.03	39.4	0.01	118.3	0.005	236.6	0.005	236.6	0.003	394.3	0.003	394.3	0.003	394.3

注　表中“岩性”一列中 8：2 代表试样组成为砂岩 80%＋板岩 20%，7：3 代表试样组成为砂岩 70%＋30%，6：4 代表试样组成为砂岩 60%＋40%。

增加）的变化过程。

（5）在0.1～0.2MPa压力级别下，弱风化砂岩含量70%＋板岩含量30%的压缩模量为117～131MPa，压缩系数在0.01左右。

6.1.4.2　现场碾压试验

压实机械采用32t振动碾，加水量10%，铺料厚度采用65cm和85cm、碾压10～12遍，试验成果见表6.1-13，碾压后挖坑检测见图6.1-3。

表6.1-13　块石开挖料碾压试验成果（砂岩含量70%＋板岩含量30%）

铺料厚度/cm	碾压遍数	含水率/%	干密度/(g/cm³)	＜5mm颗粒含量/%	孔隙率/%	渗透系数/(cm/s)
85	8	3.45	2.27	9.5	16.8	3.11×10^{-2}
	10	3.42	2.28	9.9	16.6	2.98×10^{-2}
	12	3.43	2.29	11.4	16.1	3.45×10^{-2}
65	8	3.06	2.28	10.1	16.7	2.85×10^{-2}
	10	3.66	2.29	10.7	16.0	3.08×10^{-2}
	12	4.00	2.30	10.1	15.9	2.25×10^{-2}

（1）随着碾压遍数的增加，孔隙率减小，铺料厚度65cm、85cm时孔隙率分别为15.9%～16.7%、16.1%～16.8%。

（2）两种铺料厚度随着碾压遍数的增加，干密度逐渐增大，碾压10遍、铺料厚度65cm和85cm时干密度分别为2.29g/cm³和2.28g/cm³。

（3）两种铺料厚度条件下渗透系数均在10^{-2}cm/s量级，均满足自由排水的条件。

图6.1-3　块石料碾压后挖坑检查

根据试验成果，从孔隙率、干密度等方面分析，随碾压遍数增加，孔隙率减小，干密度增加。铺料厚度85cm、碾压8～12遍孔隙率大于16%，铺料厚度65cm、碾压8～12遍孔隙率略低（15.9%～16.7%），两种铺料厚度碾压后的孔隙率差别不大。近期拟建的200m级块石料筑坝的土石坝压实标准孔隙率大多控制在18%～19%，与茨哈峡的块石料相比较，孔隙率提高2%～3%，茨哈峡块石料的孔隙率属较低的孔隙率。两种铺料厚度的干密度一般为2.27～2.3g/cm³，与类似工程相比，属于较大的干密度。根据上述试验成果，拟推荐的碾压参数如下：

1）32t振动碾，加水量10%、铺料厚度85cm、碾压遍数12遍，干密度为2.29g/cm³，孔隙率为16.1%，渗透系数3.45×10^{-2}。

2）32t振动碾，加水量10%、铺料厚度65cm、碾压遍数10遍，干密度为2.29g/cm³，孔隙率为16.0%，渗透系数3.08×10^{-2}。

两种碾压参数对试验料的压实结果，干密度相同，孔隙率基本相同，因此两种碾压参数均是可选参数。

6.2 胶凝砂砾石的工程特性

胶凝砂砾石是一种在砂砾石中掺入一定量胶凝材料而形成的建筑材料，国内目前对胶凝砂砾石材料的研究主要集中在胶凝材料掺量较高的类混凝土材料，此类材料特性表现为线弹性。对胶凝材料掺量较低的类散粒体材料的胶凝砂砾石的研究很少，其特性表现为非线性。从目前对胶凝砂砾石料配合比及其物理力学特性的研究可以看出，当胶凝材料掺量低于 20～30kg/m^3 时，胶凝砂砾石表现为类似散粒体材料的非线性特性。本节主要分析作为非线性筑坝散粒体材料的胶凝砂砾石的特性。

6.2.1 基本物理力学特性

6.2.1.1 胶凝材料配合比

按研究方法的不同，胶凝砂砾石料配合比设计方法有所不同。采用混凝土试验方法研究胶凝砂砾石料，配合比可采用《水工混凝土配合比设计规程》（DL/T 5330—2005）中的"体积法"计算确定；采用粗粒土试验方法研究时，其配合比依据砂砾石料与水泥混合料击实试验结果确定。

（1）抗压试验配合比。对胶凝砂砾石料进行立方体抗压强度试验和轴心静压弹性模量试验时，其配合比可采用《水工混凝土配合比设计规程》（DL/T 5330—2005）中的"体积法"计算确定。试验对胶凝材料掺量低（0.9%，20kg/m^3）和掺量高（3.0%，70kg/m^3）的胶凝砂砾石料，分别选取水灰比 5.25～6.75 和 1.43～2.00 进行抗压试验研究，配合比见表 6.2-1。

表 6.2-1　胶凝砂砾石抗压试验配合比

胶凝材料掺量/(kg/m^3)	水灰比	用水量/(kg/m^3)	砂砾石料用量/(kg/m^3)
20	5.25	105	2282
	5.75	115	2255
	6.25	125	2229
	6.75	135	2202
70	1.43	100	2252
	1.57	110	2225
	1.71	120	2198
	2.00	140	2144

（2）胶凝砂砾石试验配合比。对胶凝砂砾石料进行三轴试验、压缩试验和渗透及渗透变形试验时，其配合比依据砂砾石料与胶凝材料混合料击实试验结果计算确定。混合料中胶凝材料掺量由质量比控制，按胶凝材料质量占混合物总质量的 0.9%和 3.0%两种情况考虑。对胶凝材料掺量 0.9%和 3.0%的混合料，根据拌和物的湿度状态，分别选取压实度为 0.97 和 0.98 作为混合料试验控制标准，由此确定的不同胶凝材料掺量的胶凝砂砾石料试验控制指标和配合比见表 6.2-2。

表 6.2-2 胶凝砂砾石试验控制指标与配合比

胶凝材料掺量/%	试验控制指标			配合比		
	压实度	干密度 ρ_d /(g/cm³)	含水率 /%	砂砾石料用量 /(kg/m³)	胶凝材料掺量 /(kg/m³)	用水量 /(kg/m³)
0.9	0.97	2.272	5.40	2252	20	123
3.0	0.98	2.323	5.75	2253	70	134

6.2.1.2 胶凝砂砾石密度分析

西北院胶凝砂砾石材料室内试验、南科院砂砾石料室内试验及现场碾压试验结果：当胶凝材料掺量为0.9%时，混合料最大干密度和最优含水率分别为2.349g/cm³ 和6.94%；当胶凝材料掺量为3.0%时，混合料最大干密度和最优含水率分别为2.360g/cm³ 和7.02%。结合南科院坝料室内试验分析，大坝上游堆石区砂砾石料采用相对密度0.95，干密度2.318g/cm³；下游堆石料控制孔隙率为19%，干密度为2.228g/cm³。试验结果表明：胶凝砂砾石密度和胶凝材料掺量相关，因为胶凝材料填充砂砾石间的孔隙，所以胶凝砂砾石的密度要大于砂砾石的密度；而且，胶凝材料掺量越大，混合料最大干密度越大，最优含水率也越大。

6.2.2 强度特性

6.2.2.1 抗压强度

试验采用边长为150mm的标准立方体试件，砂砾石骨料为二级配料，颗粒最大粒径40mm。分别对胶凝材料掺量0.9%（20kg/m³）和3.0%（70kg/m³）的胶凝砂砾石料做对比试验，对胶凝材料掺量20kg/m³ 的胶凝砂砾石料，考虑其胶凝材料掺量较少，试件脱模后容易造成试样体积变形和颗粒脱落，养护条件为不脱模常态养护，龄期28d；对胶凝材料掺量70kg/m³ 的胶凝砂砾石料采用标准养护，温度（20±3)℃，相对湿度95%以上，龄期28d。试验结果见表6.2-3。

表 6.2-3 立方体抗压强度试验结果

胶凝材料掺量/(kg/m³)	水灰比	立方体抗压强度/MPa	备注
20	5.25	1.34	常态养护28d
	6.25	1.30	
	6.75	0.94	
70	1.43	4.18	标准养护28d
	1.57	3.58	
	1.71	3.51	
	2.00	2.93	

由试验结果可以看出，胶凝材料掺量20kg/m³ 的胶凝砂砾石水灰比从5.25增加到6.75，立方体抗压强度由1.34MPa减小到0.94MPa；70kg/m³ 胶凝材料掺量水灰比从1.43增加到2.00，胶凝砂砾石立方体抗压强度由4.18MPa减小到2.93MPa。即试验水灰比范围内，不同胶凝材料掺量的胶凝砂砾石立方体抗压强度均随着水灰比的增加而减

小，胶凝材料掺量 20kg/m³ 和 70kg/m³ 的胶凝砂砾石立方体抗压强度最大值分别为 1.34MPa 和 4.18MPa。

6.2.2.2 轴心静力抗压弹性模量试验

试验采用 $\phi 150 \times 300$mm 的圆柱体试件，砂砾石骨料为二级配料，颗粒最大粒径 40mm。分别对胶凝材料掺量 20kg/m³、70kg/m³ 的胶凝砂砾石进行轴心静力抗压弹性模量试验，胶凝材料掺量 20kg/m³ 采用常态养护，胶凝材料掺量 70kg/m³ 采用标准养护。试验结果见表 6.2-4。

表 6.2-4　　轴心静力抗压弹性模量试验结果

胶凝材料掺量/(kg/m³)	水灰比	轴心静压弹性模量/GPa	备　注
20	5.25	0.32	常态养护 28d
	5.75	0.16	
	6.25	0.14	
70	1.43	5.74	标准养护 28d
	1.57	4.29	
	1.71	4.03	

由试验结果可以看出，20kg/m³ 胶凝材料掺量的胶凝砂砾石水灰比从 5.25 增加到 6.25，轴心静压弹性模量由 0.32GPa 减小到 0.14GPa；70kg/m³ 胶凝材料掺量水灰比从 1.43 增加到 1.71，胶凝砂砾石轴心静压弹性模量由 5.74GPa 减小到 4.03GPa。即在试验水灰比范围内，不同水泥掺量胶凝砂砾石轴心静压弹性模量均随着水灰比的增加而减小，胶凝材料掺量 20kg/m³ 和 70kg/m³ 的胶凝砂砾石轴心静压弹性模量最大值分别为 0.32GPa 和 5.74GPa。

室内试验结果揭示，胶凝材料掺量 20kg/m³ 常态养护 28d 和胶凝材料掺量 70kg/m³ 标准养护 28d 的胶凝砂砾石料立方体抗压强度和轴心静压弹性模量均随着水灰比的增大而减小。胶凝材料掺量 20kg/m³ 和胶凝材料掺量 70kg/m³ 的胶凝砂砾石料立方体抗压强度最大值分别为 1.34MPa 和 4.18MPa，轴心静压弹性模量最大值分别为 0.32GPa 和 5.74GPa。即随着胶凝材料用量的增加，胶凝砂砾石材料的抗压强度在增大，轴心静压弹性模量也随着增加。

6.2.3 应力应变特性

试样筒内径为 30cm，净高为 60cm，试样分三层配制，采用表面振动器振密至要求的干密度，制样完成后将试样置于室温湿度条件下进行养护，龄期 28d。分别制作不扰动样和扰动样。扰动样就是在试样未凝结前将其扰动，使其不能凝结为一整体。每组试验 4 个试样，围压分别为 400kPa、800kPa、1200kPa、2000kPa。试验方法为固结排水剪（CD），剪切速率控制为 2mm/min，应力-应变关系曲线如图 6.2-1～图 6.2-4 所示。

从应力-应变关系曲线可以看出以下特性：

（1）不同胶凝材料掺量、不扰动和扰动条件下胶凝砂砾石材料应力-应变关系曲线均存在明显的初始线性段。胶凝材料掺量 20kg/m³ 时围压对该线性段的斜率有一定的影响，

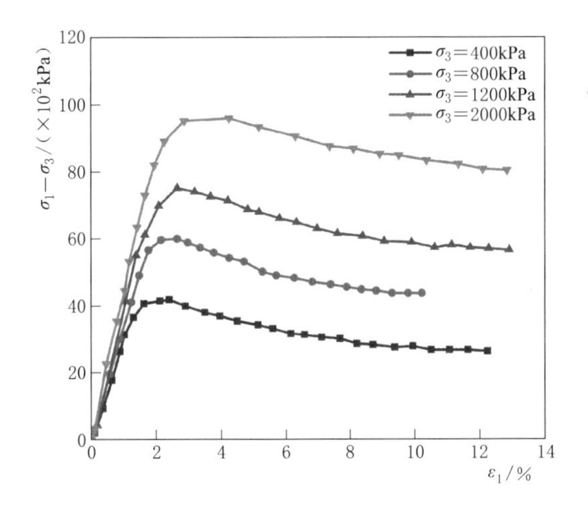

图 6.2-1　胶凝材料掺量 20kg/m³ 的胶凝砂砾石料（不扰动）应力-应变关系曲线

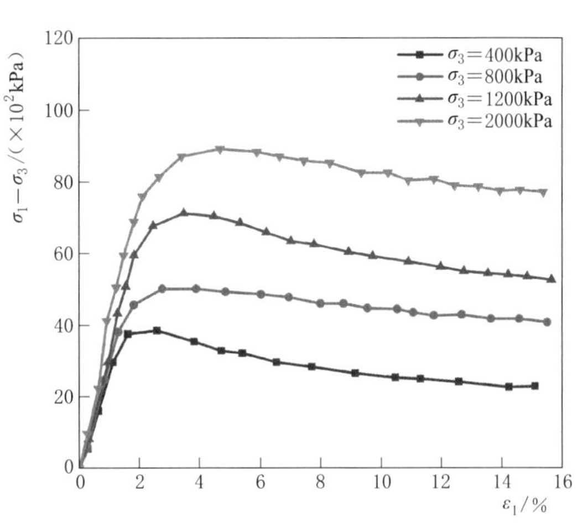

图 6.2-2　胶凝材料掺量 20kg/m³ 的胶凝砂砾石料（扰动）应力-应变关系曲线

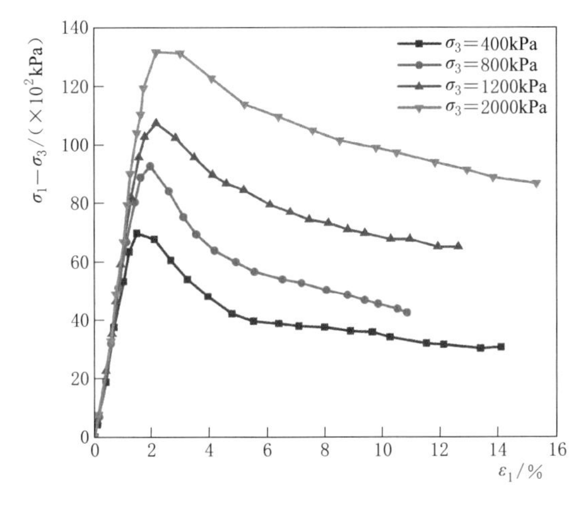

图 6.2-3　胶凝材料掺量 70kg/m³ 的胶凝砂砾石料（不扰动）应力-应变关系曲线

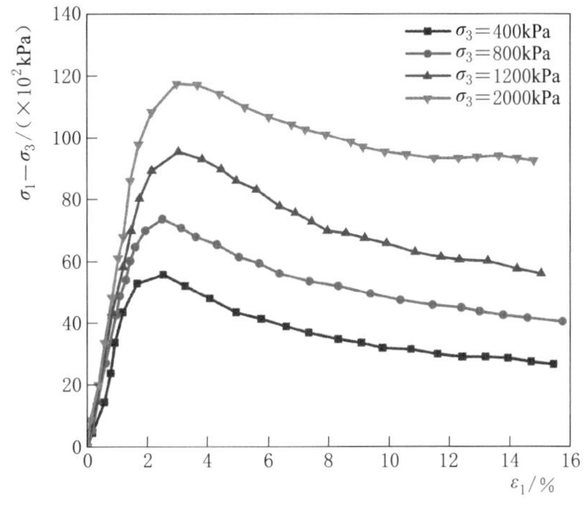

图 6.2-4　胶凝材料掺量 70kg/m³ 的胶凝砂砾石料（扰动）应力-应变关系曲线

而胶凝材料掺量 70kg/m³ 时围压对该线性段的斜率影响不大，表现出类似混凝土材料的特性。

（2）随着轴向应变的增加，应力-应变关系曲线梯度均不同程度地逐渐变缓，直到峰值出现，峰值应变后均不同程度地出现软化现象，直到残余强度的出现。胶凝材料掺量 20kg/m³ 不扰动和扰动条件下应力-应变关系曲线在低围压下峰值应变较小且峰值后软化现象较明显，表现出类似于高密实度散粒体材料在低围压下出现体积剪胀、应变软化的特性；而其他曲线峰值应变较大且软化不明显，表现出散粒体材料在高围压下出现体积剪缩、应变硬化的趋势。胶凝材料掺量 70kg/m³ 不扰动和扰动条件下各围压应力-应变关系曲线的峰值应变均较小，软化现象也较明显，且不扰动应力-应变关系曲线的峰值应变较小（2%左右），与相关文献中的结论较吻合，峰值后软化现象也较扰动曲线明显。

计算不同围压下内摩擦角 $\varphi=\arcsin\dfrac{\sigma_1-\sigma_3}{\sigma_1+\sigma_3}$，在半对数坐标上点绘 φ -σ_3/p_a 后线性拟合，可求得抗剪强度参数 φ_0、$\Delta\varphi$。莫尔-库仑强度准则假设剪切破坏面与大主应力面夹角为 $45°+\varphi/2$，对上述试验所得的应力-应变曲线，采用《土工试验方法标准》（GB/T 50123—2019）三轴压缩试验邓肯模型参数整理方法整理，所得的参数见表 6.2-5 和表 6.2-6。

表 6.2-5 邓肯模型参数

胶凝材料掺量/(kg/m³)	干密度 ρ_d/(g/cm³)	含水率/%	水灰比	试验状态	K	n	R_f	φ_0/(°)	$\Delta\varphi$/(°)
20	2.272	5.40	6.00	天然不扰动	2062	0.39	0.37	67.8	17.5
				天然扰动	1818	0.46	0.51	66.0	17.2
70	2.323	5.75	1.92	天然不扰动	5704	0.14	0.27	75.4	19.2
				天然扰动	2971	0.35	0.40	71.3	17.5

表 6.2-6 抗剪强度参数

胶凝材料掺量/(kg/m³)	干密度 ρ_d/(g/cm³)	含水率/%	水灰比	试验状态	φ_0/(°)	$\Delta\varphi$/(°)	c/kPa	φ/(°)
20	2.272	5.40	6.00	天然不扰动	67.8	17.5	752	38.7
				天然扰动	66.0	17.2	643	38.2
70	2.323	5.75	1.92	天然不扰动	75.4	19.2	1260	41.7
				天然扰动	71.3	17.5	936	41.6

拟合法整理的邓肯模型参数见表 6.2-7。不同胶凝材料掺量各围压下相关系数见表 6.2-8。

表 6.2-7 邓肯模型参数（拟合法）

胶凝材料掺量/(kg/m³)	干密度 ρ_d/(g/cm³)	含水率	水灰比	试验状态	K	n	R_f	φ_0/(°)	$\Delta\varphi$/(°)
20	2.272	5.40%	6.00	天然不扰动	3024	0.26	0.38	67.8	17.5
				天然扰动	1848	0.49	0.52	66.0	17.2
70	2.323	5.75%	1.92	天然不扰动	5794	0.13	0.27	75.4	19.2
				天然扰动	3306	0.32	0.40	71.3	17.5

表 6.2-8 不同胶凝材料掺量各围压下相关系数

胶凝材料掺量/(kg/m³)	相关系数 R^2			
	σ_3=400kPa	σ_3=800kPa	σ_3=1200kPa	σ_3=2000kPa
20	0.9255	0.9005	0.9852	0.9871
	0.9165	0.9706	0.9842	0.9899
70	0.9978	0.8173	0.9587	0.9514
	0.814	0.9404	0.9827	0.9791

由不同整理方法得到的邓肯模型参数结果可以得到以下结论：

1）随着胶凝材料掺量的增加，胶凝砂砾石料不扰动和扰动试验条件下的弹性模量数 K 和抗剪强度参数 c、φ 均增加，且不扰动条件下弹性模量数 K 和黏聚力 c 增加较多，符合一般规律。

2）对同一胶凝材料掺量，与不扰动条件的邓肯模型参数相比，扰动条件下弹性模量数 K 及抗剪强度参数 c、φ 均有所降低，且胶凝材料掺量 70kg/m³ 的 K 和 c 降低较多。因此，当研究胶凝砂砾石料力学特性（尤其胶凝材料掺量较多）时，考虑施工扰动影响是十分必要的。

邓肯模型参数回归曲线见图 6.2-5～图 6.2-8，拟合法邓肯模型参数回归曲线见图 6.2-9～图 6.2-12。

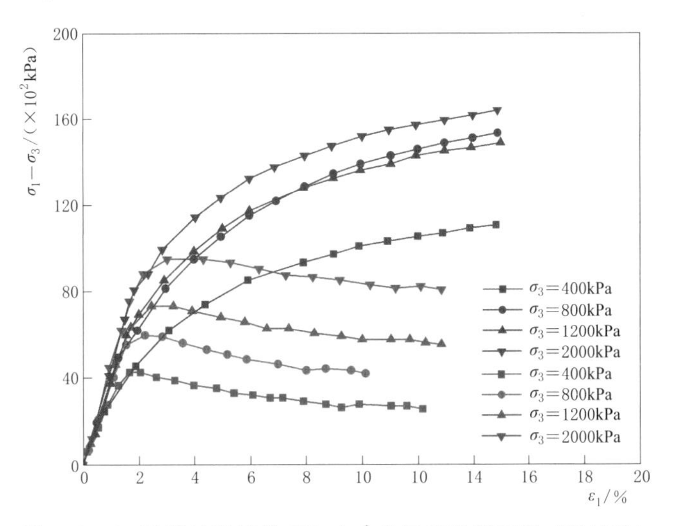

图 6.2-5　胶凝材料掺量 20kg/m³ 的胶凝砂砾石料（不扰动）应力-应变回归曲线

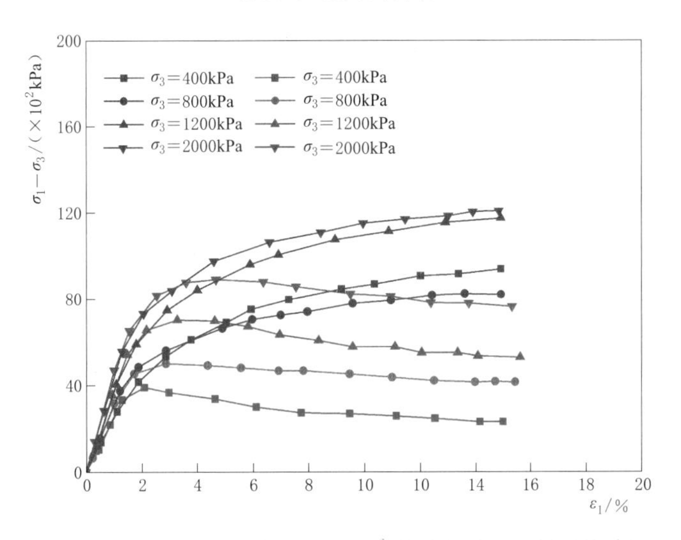

图 6.2-6　胶凝材料掺量 20kg/m³ 的胶凝砂砾石料（扰动）应力-应变回归曲线

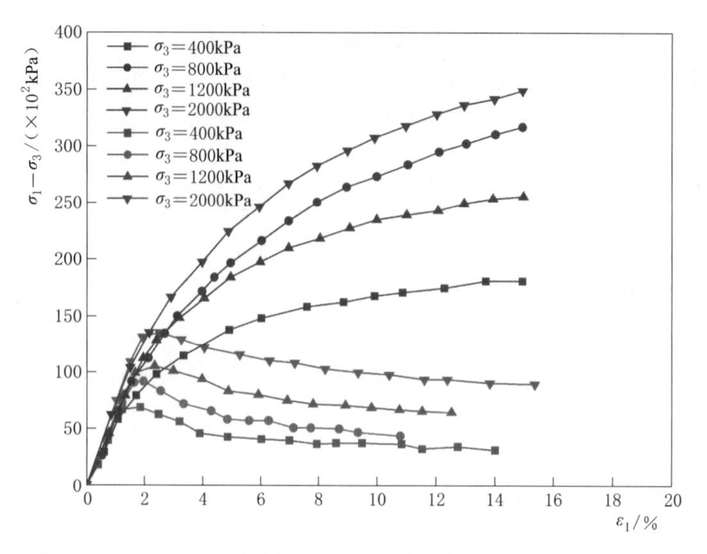

图 6.2-7　胶凝材料掺量 70kg/m³ 的胶凝砂砾石料（不扰动）应力-应变回归曲线

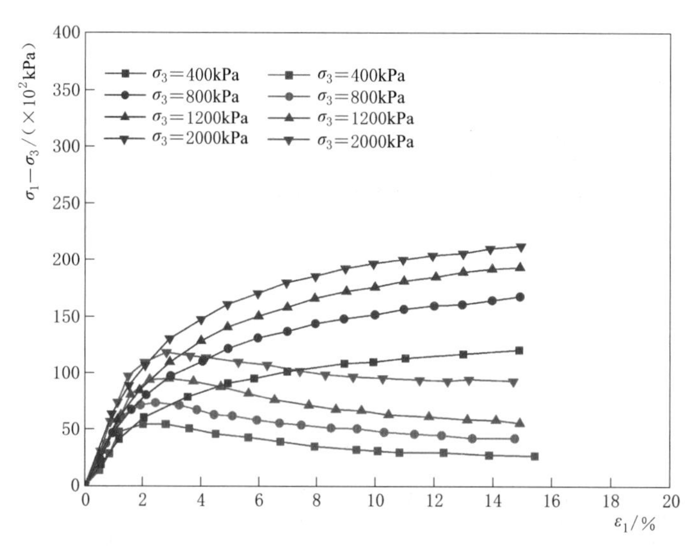

图 6.2-8　胶凝材料掺量 70kg/m³ 的胶凝砂砾石料（扰动）应力-应变回归曲线

6.2.4　压缩特性

试样直径为 50.5cm，高度为 25cm，分三层配制，采用表面振动器振密至要求的干密度，制样完成后将试样置于室温湿度条件下进行养护，龄期 7d。根据工程实际荷载确定的竖向荷载分级为 100kPa、200kPa、400kPa、800kPa、1600kPa、3200kPa、6000kPa。每级荷载下，当试样每 1h 变形不超过 0.05mm 时，认为变形稳定，施加下级荷载。试验 $e-p$ 曲线见图 6.2-13 及图 6.2-14。各级荷载作用下的压缩系数、压缩模量和体积压缩系数见表 6.2-9～表 6.2-12。

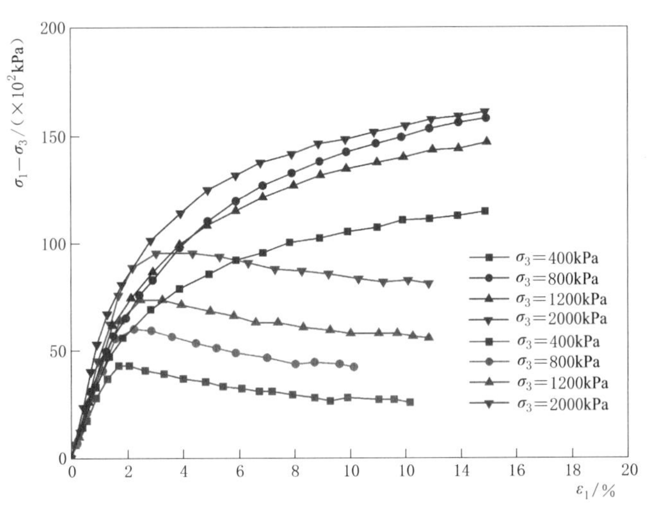

图 6.2-9　胶凝材料掺量 20kg/m³ 的胶凝砂砾石料（不扰动）应力-应变拟合回归曲线

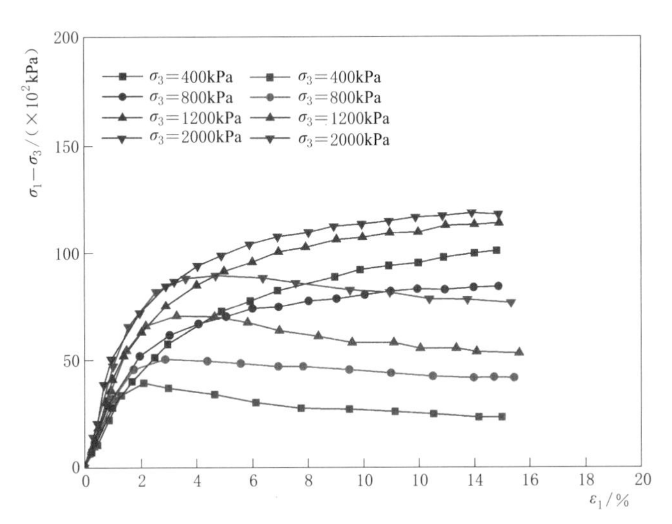

图 6.2-10　胶凝材料掺量 20kg/m³ 的胶凝砂砾石料（扰动）应力-应变拟合回归曲线

表 6.2-9　胶凝材料掺量 20kg/m³ 的胶凝砂砾石料不扰动压缩试验结果

压力 p_i/kPa	孔隙比 e_i	压缩系数 α_v/kPa^{-1}	压缩模量 E_s/kPa	体积压缩系数 m_v/kPa^{-1}
0	0.184			
100	0.183	9.47×10^{-6}	1.25×10^{5}	8.00×10^{-6}
200	0.183	3.55×10^{-6}	3.33×10^{5}	3.00×10^{-6}
400	0.182	4.17×10^{-6}	2.84×10^{5}	3.52×10^{-6}
800	0.180	3.79×10^{-6}	3.12×10^{5}	3.20×10^{-6}
1600	0.178	3.08×10^{-6}	3.85×10^{5}	2.60×10^{-6}
3200	0.173	3.11×10^{-6}	3.81×10^{5}	2.63×10^{-6}
6000	0.170	1.09×10^{-6}	1.08×10^{6}	9.23×10^{-7}
平均值		4.04×10^{-6}	4.15×10^{5}	2.41×10^{-6}

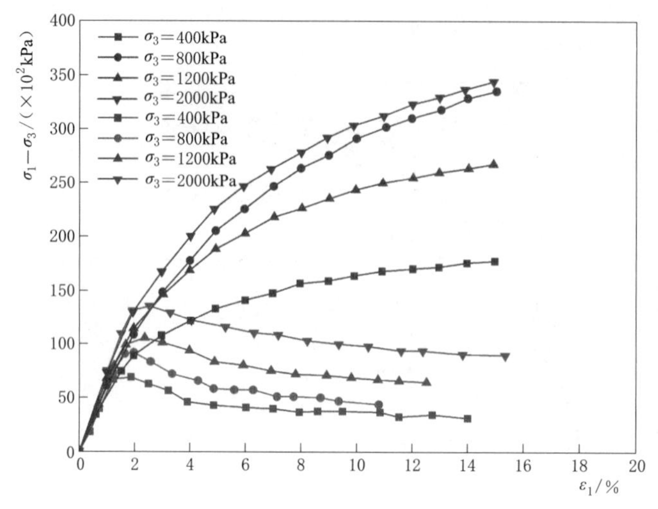

图 6.2-11　胶凝材料掺量 70kg/m³ 的胶凝砂砾石料（不扰动）应力-应变拟合回归曲线

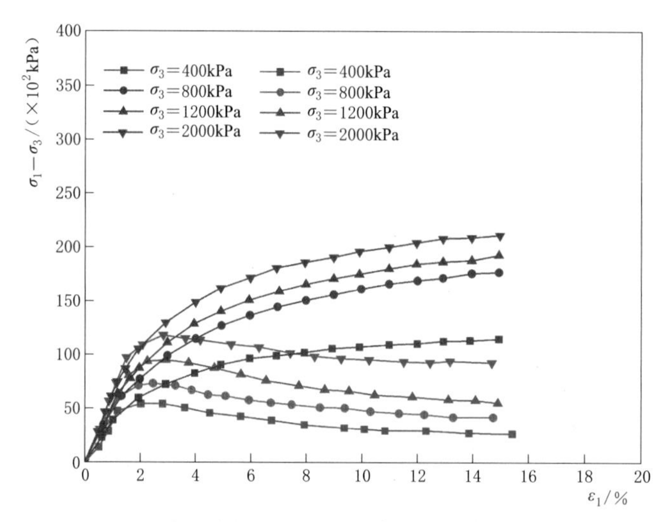

图 6.2-12　胶凝材料掺量 70kg/m³ 的胶凝砂砾石料（扰动）应力-应变拟合回归曲线

表 6.2-10　胶凝材料掺量 20kg/m³ 的胶凝砂砾石料扰动压缩试验结果

压力 p_i/kPa	孔隙比 e_i	压缩系数 α_v/kPa^{-1}	压缩模量 E_s/kPa	体积压缩系数 m_v/kPa^{-1}
0	0.184			
100	0.183	1.22×10^{-5}	9.73×10^{4}	1.03×10^{-5}
200	0.182	6.20×10^{-6}	1.91×10^{5}	5.24×10^{-6}
400	0.181	4.29×10^{-6}	2.76×10^{5}	3.62×10^{-6}
800	0.180	3.79×10^{-6}	3.12×10^{5}	3.20×10^{-6}
1600	0.177	3.65×10^{-6}	3.25×10^{5}	3.08×10^{-6}
3200	0.172	2.77×10^{-6}	4.27×10^{5}	2.34×10^{-6}
6000	0.169	1.31×10^{-6}	9.02×10^{5}	1.11×10^{-6}
平均值		4.88×10^{-6}	3.62×10^{5}	2.77×10^{-6}

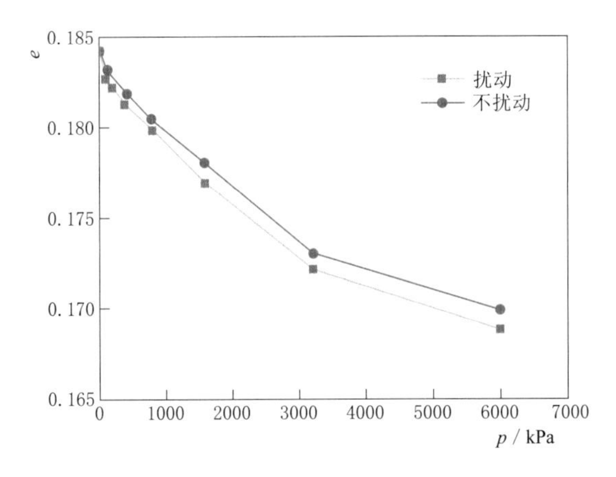

图 6.2-13 胶凝材料掺量 20kg/m³ 的胶凝砂砾石料 e-p 曲线

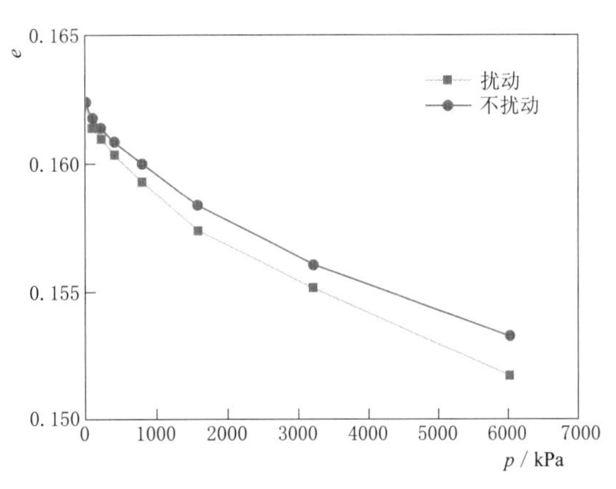

图 6.2-14 胶凝材料掺量 70kg/m³ 的胶凝砂砾石料 e-p 曲线

表 6.2-11 胶凝材料掺量 70kg/m³ 的胶凝砂砾石料不扰动压缩试验结果

压力 p_i/kPa	孔隙比 e_i	压缩系数 a_v/kPa^{-1}	压缩模量 E_s/kPa	体积压缩系数 m_v/kPa^{-1}
0	0.162			
100	0.162	6.74×10^{-6}	1.72×10^{5}	5.80×10^{-6}
200	0.161	2.74×10^{-6}	4.24×10^{5}	2.36×10^{-6}
400	0.161	3.00×10^{-6}	3.88×10^{5}	2.58×10^{-6}
800	0.160	2.12×10^{-6}	5.49×10^{5}	1.82×10^{-6}
1600	0.158	2.03×10^{-6}	5.71×10^{5}	1.75×10^{-6}
3200	0.156	1.44×10^{-6}	8.08×10^{5}	1.24×10^{-6}
6000	0.153	9.65×10^{-7}	1.20×10^{6}	8.30×10^{-7}
平均值		2.72×10^{-6}	5.88×10^{5}	1.70×10^{-6}

表 6.2-12 胶凝材料掺量 70kg/m³ 的胶凝砂砾石料扰动压缩试验结果

压力 p_i/kPa	孔隙比 e_i	压缩系数 a_v/kPa^{-1}	压缩模量 E_s/kPa	体积压缩系数 m_v/kPa^{-1}
0	0.162			
100	0.161	9.11×10^{-6}	1.28×10^{5}	7.84×10^{-6}
200	0.161	4.70×10^{-6}	2.48×10^{5}	4.04×10^{-6}
400	0.160	3.21×10^{-6}	3.62×10^{5}	2.76×10^{-6}
800	0.159	2.75×10^{-6}	4.22×10^{5}	2.37×10^{-6}
1600	0.157	2.23×10^{-6}	5.21×10^{5}	1.92×10^{-6}
3200	0.155	1.46×10^{-6}	7.94×10^{5}	1.26×10^{-6}
6000	0.152	1.21×10^{-6}	9.59×10^{5}	1.04×10^{-6}
平均值		3.53×10^{-6}	4.90×10^{5}	2.04×10^{-6}

由压缩试验 $e-p$ 曲线和试验结果可以看出，随着竖向荷载的增加，竖向变形增加，孔隙比减小。在某级荷载作用下，荷载增量使胶凝砂砾石料结构产生变形甚至破坏，导致胶结体压密，同时也伴随着砂砾石骨料的破碎。随着荷载增量的逐级施加，这种结构变形、土体压密和颗粒破碎交互影响，因此压缩系数、压缩模量和体积压缩系数等变形指标不一定呈单调变化。

试验用胶凝材料掺量 20kg/m^3 和 70kg/m^3 的胶凝砂砾石料在不扰动和扰动条件下，各级荷载作用下不同压力段的压缩系数为 10^{-6}kPa^{-1} 量级、压缩模量为 10^5kPa 量级，属于低压缩性材料。胶凝砂砾石料的胶凝材料掺量从 20kg/m^3 增加到 70kg/m^3，不扰动条件下的平均压缩系数从 4.04×10^{-6}kPa^{-1} 减小到 2.72×10^{-6}kPa^{-1}，平均压缩模量从 4.15×10^5kPa 增大到 5.88×10^5kPa；扰动条件下的平均压缩系数从 4.88×10^{-6}kPa^{-1} 减小到 3.53×10^{-6}kPa^{-1}，平均压缩模量从 3.62×10^5kPa 增大到 4.90×10^5kPa。不扰动和扰动条件下平均压缩系数均减小，平均压缩模量均增大。由以上试验结果还可以看出，胶凝材料掺量相同，胶凝砂砾石料扰动条件下的平均压缩系数增大，平均压缩模量减小，且胶凝材料掺量为 70kg/m^3 的平均压缩模量减小较多。试验结果体现出胶凝砂砾石料的这种变形特性和三轴试验结果是一致的，符合一般规律。

6.2.5 渗透特性

渗透及渗透变形试验是测定土体渗透系数、临界坡降和破坏坡降的方法。对胶凝材料掺量 20kg/m^3 和 70kg/m^3 的胶凝砂砾石料进行不扰动和扰动条件下的垂直渗透及渗透变形试验。试样直径为 41cm，厚度为 30cm，分三层现配现制，制样完成后将试样置于室温湿度条件下进行养护，龄期 7d。试验加压供水设备最大水头 100m。渗透水流方向由下而上，试验时在试样上、中、下部均布置有测压管，测压管间距为 12cm。根据试验资料确定渗透系数 k_{20}，绘制 $\lg i\sim\lg v$ 关系曲线（图 6.2-15），依据曲线并结合试验中观测的现象，确定临界坡降 i_k、破坏坡降 i_f 等。试验结果见表 6.2-13。

表 6.2-13　　渗透及渗透变形试验结果

胶凝材料掺量 /(kg/m^3)	干密度 ρ_d /(g/cm^3)	含水率/%	水灰比	试验状态	渗透系数 k_{20} /(cm/s)	临界坡降 i_k	破坏坡降 i_f
20	2.272	5.40	6.00	不扰动	1.08×10^{-2}	0.94	65.7
				扰动	2.76×10^{-2}	0.31	55.2
70	2.323	5.75	1.92	不扰动			
				扰动	2.30×10^{-3}	1.13	>294.1

胶凝材料掺量 20kg/m^3 的胶凝砂砾石料不扰动和扰动状态，当渗透水力坡降分别达到 65.7 和 55.2 时，在上游水头作用下，试样呈现整体向下游移动的现象，此时试样达到整体破坏；胶凝材料掺量 70kg/m^3 的胶凝砂砾石料扰动状态，当渗透坡降达到 294.1 时，试样未出现明显的整体渗透破坏现象。

室内渗透试验显示，胶凝材料掺量由 20kg/m^3 增加到 70kg/m^3，胶凝砂砾石料扰动状态下的渗透系数从 2.76×10^{-2}cm/s 减小到 2.30×10^{-3}cm/s，渗透系数减小一个量级，

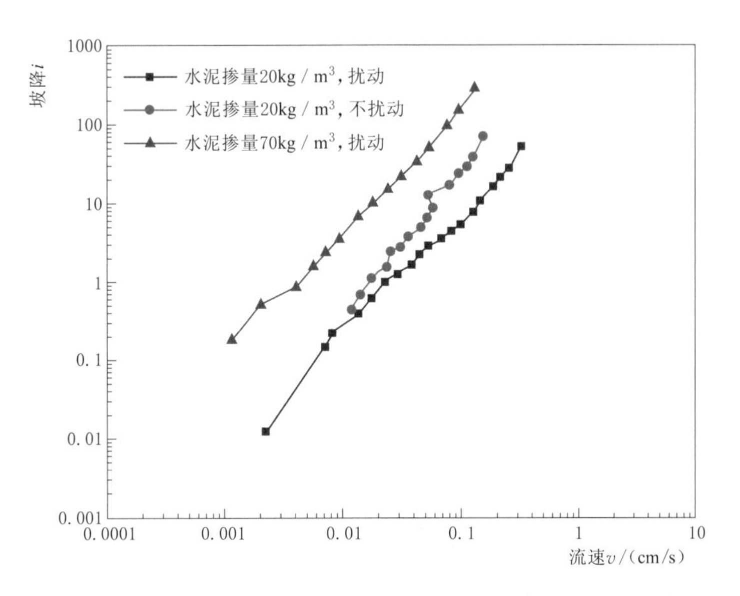

图 6.2-15　不同胶凝材料掺量的胶凝砂砾石料 lg$i$-lg$v$ 曲线

临界坡降从 0.31 增加到 1.13，破坏坡降从 55.2 增加到 294.1 以上。结果表明，随着水泥掺量的增加，胶凝砂砾石料的渗透系数减小，临界坡降和破坏坡降增大，符合一般规律。

胶凝材料掺量 20kg/m^3 的胶凝砂砾石料，扰动状态渗透系数为 2.76×10^{-2}cm/s，比不扰动的（1.08×10^{-2}cm/s）略有增大，临界坡降和破坏坡降有一定的减小。结果表明，研究胶凝砂砾石料渗透特性时，考虑施工扰动影响具有一定的工程实际意义。

6.3　宽级配防渗料的工程特性

6.3.1　基本物理力学特性

6.3.1.1　瀑布沟宽级配砾石土

瀑布沟水电站为国内首次在深厚覆盖层上应用宽级配砾石土做心墙防渗料建高土石坝。其料源成因复杂、级配组成范围宽，在系统室内物理、力学试验研究和大型现场碾压试验论证基础上，充分认识料源结构组成和平面、立面分布规律，最终采用黑马 1 区料进行简单的级配调整（条筛剔除 80mm 以上颗粒）后用作瀑布沟心墙防渗土料。瀑布沟各设计阶段对黑马料场主要进行了两次大规模的勘探试验工作，即 1991 年的详查和 2001 年的复查。

（1）全级配试验成果。统计 1991 年、2001 年全级配各粒径含量，见表 6.3-1 和图 6.3-1。从级配曲线上可看出：黑马 1 区洪积亚区全料，粒径极不均匀，分布在 200～0.005mm 较宽范围。经综合统计：①上、下包线小于 5mm 的颗粒含量范围 30.0%～64.5%；②平均线小于 5mm 的颗粒含量 50.02%，小于 0.075mm 的颗粒含量为 23.92%，小于 0.005mm 的颗粒含量 5.38%，定名为黏土质砾；③下包平均线小于 5mm

的颗粒含量39.86%，小于0.075mm的颗粒含量15.85%，小于0.005mm颗粒的含量3.75%，定名为黏土质碎石混合土。通常认为，碎石土料小于5mm的颗粒含量大于50%，小于0.075mm的颗粒含量大于15%，在适当压实功能下才能满足防渗心墙的技术要求。从平均值看，该土料基本满足；但其下包平均线颗粒级配中黏粒含量低，可塑性差，须采取级配调整等措施。

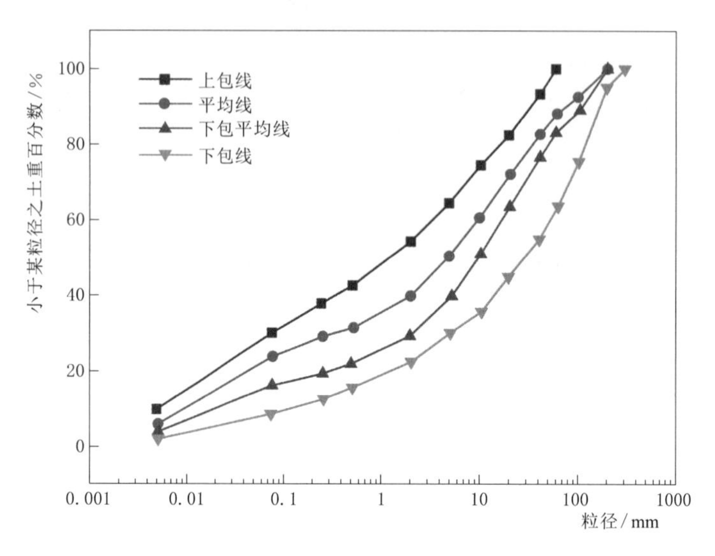

图6.3-1　黑马1区洪积亚区全料级配曲线

（2）剔除80mm以上颗粒后的级配特性。统计1991年、2001年土料剔除80mm以上颗粒后的级配，见表6.3-2和图6.3-2。从图表中可以看出，剔除80mm以上颗粒后：①平均线小于5mm的颗粒含量55.55%，小于0.075mm的细粒含量27.36%，小于0.005mm含量6.16%，定名为黏土质砾；②下包平均线小于5mm的颗粒含量46.46%，小于0.075mm的细粒含量18.64%，小于0.005mm含量4.09%，定名为黏土质砾；③下包线小于5mm的颗粒含量39.06%，小于0.075mm的细粒含量10.28%，小于0.005mm含量1.80%，定名为含细粒土砾。经简单剔除80mm以上颗粒后：①平均线小于5mm的颗粒含量增加5.53%，小于0.075mm的颗粒含量增加3.44%，小于0.005mm的颗粒含量增加0.78%；②下包平均线小于5mm的颗粒含量增加6.60%，小于0.075mm的颗粒含量增加2.79%，小于0.005mm的颗粒含量增加0.34%。剔除80mm以上颗粒后，细料（<5mm）含量的增加，为降低土料渗透系数提供了有利条件。

根据1991年和2001年38组物性试验样本，在剔除80mm以上颗粒后，分别对小于5mm颗粒含量、小于0.075mm颗粒含量、小于0.005mm颗粒含量作样本频率分布分析。从表6.3-3～表6.3-5中可看出，小于5mm颗粒含量为40%～45%的样本出现频率最大，达23.6%；小于5mm颗粒含量大于45%的样本出现频率73.8%；小于0.075mm颗粒含量大于15%的占84.2%；小于0.005mm颗粒含量大于5%的占39.5%。

表 6.3-1 黑马1区洪积亚区物理性质指标试验全级配统计成果

土样	天然状态土的物理性质指标					比重 G_s	颗粒级配组成/%												< 5mm 含量颗粒	< 0.075 mm 颗粒含量	不均匀系数 C_u	曲率系数 C_c	分类名称	
	含水率 W /%	液限 W_L /%	塑限 W_p /%	塑性指数 I_p	分类		>200	200~100mm	100~60mm	60~40mm	40~20mm	20~10mm	10~5mm	5~2mm	2~0.5mm	0.5~0.25mm	0.25~0.075mm	0.075~0.005mm	< 0.005mm					典型土名	分类符号
上包线										7.00	10.50	8.00	10.00	10.00	12.50	4.00	8.00	20.00	10.00	64.50	30.00	493.8	0.45	黏土质砾	GC
平均线	8.1	26.9	15.7	11.2	CL	2.78		7.79	4.42	5.38	10.89	11.24	10.26	10.37	8.26	2.62	4.85	18.54	5.38	50.02	23.92	439.5	0.61	黏土质砾	GC
下包平均线								10.76	5.74	6.87	13.24	12.66	10.87	10.68	7.60	2.35	3.38	12.10	3.75	39.86	15.85	420.9	6.98	黏土质碎石混合土	SICbaC
下包线							5.00	20.00	12.00	8.00	10.00	9.50	5.50	7.50	7.00	3.00	4.00	7.00	1.50	30.00	8.50	373.3	3.39	碎石混合土	SICba

表 6.3-2 黑马1区洪积亚区剔除 **80mm** 以上颗粒后的级配统计成果

土样	天然状态土的物理性质指标					比重 G_s	颗粒级配组成/%											<5mm 颗粒含量	<0.075mm 颗粒含量	不均匀系数 C_u	曲率系数 C_c	分类名称	
	含水率 W /%	液限 W_L /%	塑限 W_p /%	塑性指数 I_p	分类		80~60mm	60~40mm	40~20mm	20~10mm	10~5mm	5~2mm	2~0.5mm	0.5~0.25mm	0.25~0.075mm	0.075~0.005mm	<0.005mm					典型土名	分类符号
上包线								4.88	2.44	2.99	3.61	6.39	7.15	3.66	9.52	40.82	18.54	86.08	59.36	30.6	2.47	砂质低液限黏土	CLS
平均线	8.1	26.9	15.7	11.2	CL	2.78	4.42	6.07	11.50	11.92	10.54	11.04	8.78	2.88	5.49	21.20	6.16	55.55	27.36	402.3	0.20	黏土质砾	GC
下包平均线							5.45	7.63	14.01	14.08	12.37	12.26	8.85	2.74	3.97	14.55	4.09	46.46	18.64	324.0	4.58	黏土质砾	GC
下包线							14.75	15.04	9.42	11.80	9.93	13.84	11.45	1.95	1.54	8.48	1.80	39.06	10.28	265.9	6.56	含细粒土质砾	GF

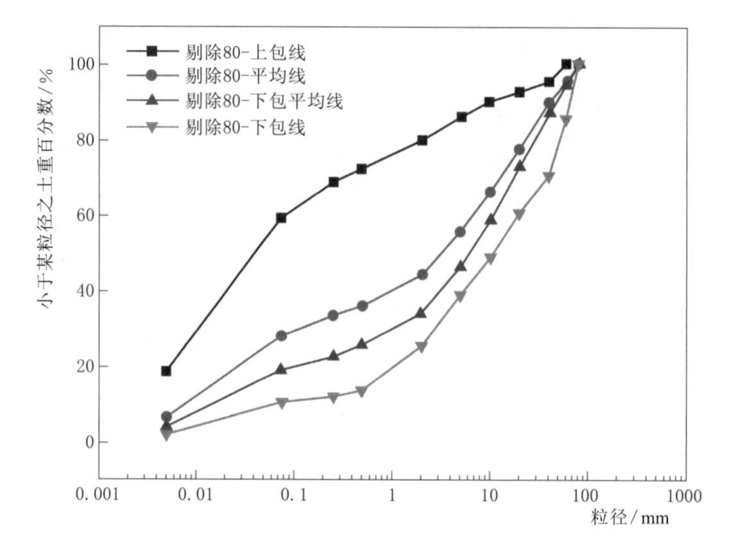

图 6.3-2　黑马 1 区洪积亚区剔除 80mm 以上颗粒后的级配曲线

2001 年针对剔除 80mm 以上颗粒级配进行复查界限含水率试验（25 组），成果为：黑马 1 区土料粒径小于 5mm 土料液限 24.7%～34.5%，平均值 27.5%；塑限 13.2%～21.5%，平均值 16.4%；塑性指数 8～13.5，平均值 11.2。可定名为低液限黏土（CL）的样本组数约占 80%，该比例与小于 0.075mm 颗粒含量大于 15%的比例（84.2%）较为吻合。

综合以上认为，该料场土料在剔除 80mm 以上颗粒后绝大部分满足设计技术要求。

针对心墙防渗土料的勘探工作、科研试验成果、土料施工应用方案等的分析论证，坝体填筑施工技术要求大坝心墙料填筑优先采用黑马 1 区洪积亚区土料，其粒径、颗粒级配应符合下列规定：

填筑料最大粒径，黑马 1 区洪积亚区土料应不大于 80mm，黑马 0 区坡洪积亚区不大于 60mm；小于 5mm 颗粒含量平均不宜小于 50%、最低不应小于 45%，小于 0.075mm 的颗粒含量不应小于 15%，并应有一定的黏粒含量，经筛除后的超径石含量应小于 2%。

在大坝填筑期间，中国电建集团成都勘测设计研究院有限公司对砾石土心墙按 8～10m 高一次共进行了 20 次抽检，并沿高程从坝底到坝顶进行统计，见表 6.3-6。检测的砾石土防渗料级配曲线如图 6.3-3 所示。以 22 次检测成果的平均值作为该高程的代表性样本作频率分布分析，成果如下：

1）小于 5mm 颗粒含量统计。小于 5mm 颗粒含量 39.27%～54.12%，平均 48.45%。可研、初设阶段统计黑马 1 区料场小于 5mm 颗粒含量平均 52.08%，填筑后检测成果显示存在一定量的超径，填筑料略粗一些，但总体上小于 5mm 颗粒含量平均值相差不大。22 个样本中，小于 5mm 颗粒含量高于 45%的有 20 组，占全部样本的 91%；低于 45%的有 2 组，占全部样本的 9%，而这 2 组样本处于坝底廊道高程以下。

2）小于 0.075mm 颗粒含量统计。小于 0.075mm 颗粒含量 19.05%～26.70%，平均 21.64%。可研、初设阶段统计黑马 1 区料场小于 0.075mm 颗粒含量平均 27.37%，与填筑后检测的小于 0.075mm 颗粒含量基本吻合。22 个样本中，小于 0.075mm 颗粒含量高

表 6.3-3 剔除 80mm 以上颗粒后小于 5mm 颗粒含量的样本出现频率统计（样本总数 38）

小于 5mm 颗粒含量	>65%	65%~60%	60%~55%	55%~50%	50%~45%	45%~40%	40%~39%
样本数/个	5	6	3	7	7	9	1
样本出现频率	13.3%	15.8%	7.9%	18.4%	18.4%	23.6%	2.6%

表 6.3-4 剔除 80mm 以上颗粒后小于 0.075mm 颗粒含量的样本出现频率统计（样本总数 38）

小于 0.075mm 颗粒含量	>30%	30%~25%	25%~20%	20%~15%	15%~10%	<10%
样本数/个	11	3	7	11	6	0
样本出现频率	28.9%	8.0%	18.4%	28.9%	15.8%	0.0

表 6.3-5 剔除 80mm 以上颗粒后小于 0.005mm 颗粒含量的样本出现频率统计（样本总数 38）

小于 0.005mm 颗粒含量	>10%	10%~5%	5%~3%	<3%
样本数/个	6	9	11	12
样本出现频率	15.8%	23.7%	28.9%	31.6%

表 6.3-6 瀑布沟大坝宽级配砾石土防渗料物理性质试验成果

土样	取土高度 h /m	天然状态土的物理性质指标								比重 G_s	颗粒级配组成/%													<5mm 颗粒含量 /%	<0.075mm 颗粒含量 /%	不均匀系数 C_u	曲率系数 C_c	分类名称	
		湿密度 ρ /(g/cm³)	干密度 ρ_d /(g/cm³)	孔隙比 e	含水率 W /%	液限 W_L /%	塑限 W_p /%	塑性指数 I_p	分类		>200mm	200~100mm	100~60mm	60~40mm	40~20mm	20~10mm	10~5mm	5~2mm	2~0.5mm	0.5~0.25mm	0.25~0.075mm	0.075~0.005mm	<0.005mm					典型土名	分类符号
填筑期间检测上包线	670~856		2.36						CL	2.75		0.73	2.87	3.13	9.23	13.57	16.35	13.75	10.08	1.90	5.24	14.90	8.25	54.12	23.15	514.2	2.4	黏土质砾	GC
填筑期间检测平均线	670~856	2.46	2.32	0.182	5.9	21.3	12.9	8.4	CL	2.75		1.52	5.18	5.35	10.97	13.81	14.73	12.35	8.05	1.58	4.81	15.34	6.34	48.53	21.68	410.7	3.8	黏土质砾	GC
填筑期间检测下包线	670~−856		2.31		5.6				CL	2.75		3.80	10.00	9.09	12.66	13.19	11.99	—9.67	5.61	1.08	3.86	14.32	4.73	39.27	19.05	540.5	8.8	黏土质砾	GC

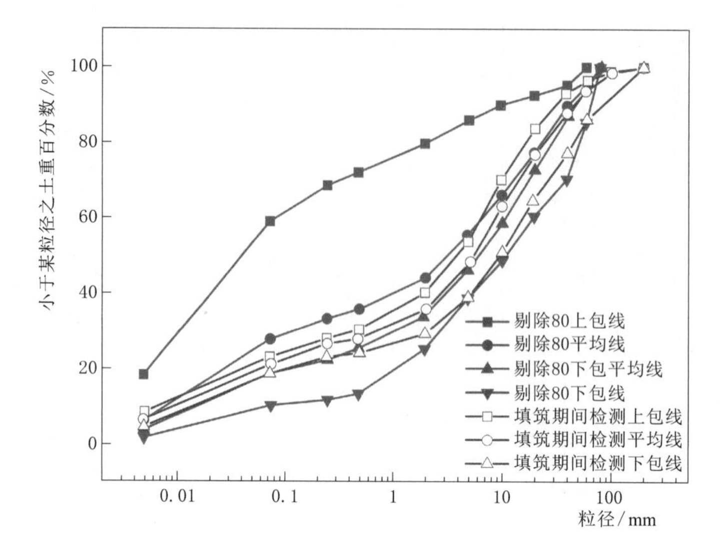

图 6.3-3　瀑布沟宽级配砾石土防渗料检测级配曲线与初设阶段包络线

于20%的有 17 组，占全部样本的 72.3%；低于 20%的有 5 组，占全部样本的 22.7%，而这 5 组样本中有 2 组处于坝底廊道高程以下，其余 3 组处于高程 710.0m 以下。

3）小于 0.005mm 颗粒含量统计。小于 0.005mm 颗粒含量 3.59%～8.25%，平均 6.34%。可研、初设阶段统计黑马 1 区料场小于 0.005mm 颗粒含量平均 6.16%，与填筑后检测的小于 0.005mm 颗粒含量较为吻合。

6.3.1.2　毛尔盖宽级配砾石土

毛尔盖水电站在预可研、可研阶段，通过对比分析预选料场的物理力学性质，并在碾压试验论证的基础上充分认识料场的整体规律性，最终选择团结桥（TJQ）料场土料，经过简单的级配调整及开采技术调整（剔除 200mm 以上颗粒，采用立采混合法），作为心墙防渗土料。

团结桥料场全级配各粒径含量见表 6.3-7、图 6.3-4。从级配曲线上可看出：团结桥料场全级配，粒径极不均匀，分布在 200～0.005mm 的较宽范围。综合统计，上、下包线小于 5mm 的颗粒含量范围为 30.0%～99.0%；平均线小于 5mm 的颗粒含量为 53.8%，小于 0.075mm 的颗粒含量为 38.6%，小于 0.005mm 的颗粒含量为 11.3%，定名为黏土质砾。

复查时，对料场进行了分层统计：将料场分为③-1 及③-2 层，两层的包络线级配及包络线图见表 6.3-8、图 6.3-5。从图表中可看出：

ET③-1，在颗粒级配组成中，上、下包线小于 5mm 的颗粒含量范围为 20.0%～58.0%；平均线小于 5mm 的颗粒含量为 36.9%，小于 0.075mm 的颗粒含量为 17.0%，小于 0.005mm 的颗粒含量为 5.8%，定名为黏土质碎石混合土。

ET③-2，在颗粒级配组成中，上、下包线小于 5mm 的颗粒含量范围为 64.0%～100.0%；平均线小于 5mm 的颗粒含量为 93.8%，小于 0.075mm 的颗粒含量为 85.2%，小于 0.005mm 的颗粒含量为 26.0%，定名为低液限黏土。

表 6.3-7 团结桥全级配成果统计成果表

试验阶段及部位	土样编号	天然状态土的物理性质指标					比重 G_s	颗粒级配组成/%													<5mm颗粒含量/%	<0.075mm颗粒含量/%	不均匀系数 C_u	曲率系数 C_c	分类名称	
		含水率 W/%	液限 W_L/%	塑限 W_p/%	塑性指数 I_p	分类		>200mm	200~100mm	100~60mm	60~40mm	40~20mm	20~10mm	10~5mm	5~2mm	2~0.5mm	0.5~0.25mm	0.25~0.075mm	0.075~0.005mm	<0.005mm					典型土名	分类符号
初查+复查	TJQ-上												0.5	0.5	0.5	1.5	1.5	3.5	66.5	25.5	99.0	92.0	7.7	0.7		
	TJQ-平	6.6	31.3	18.8	12.3	CL	2.70	1.9	3.3	6.2	4.6	7.3	15.7	7.1	4.3	5.2	0.5	5.2	27.3	11.3	53.8	38.6	2081.2	0.03	黏土质砾	GC
	TJQ-下							11.0	7.5	11.0	9.0	14.5	9.5	7.5	8.0	7.5	1.5	3.0	6.5	3.5	30.0	10.0	496.4	9.0		

表 6.3-8 复查阶段团结桥料场分层统计级配

试验阶段及部位	土样编号	天然状态土的物理性质指标					比重 G_s	颗粒级配组成/%													<5mm颗粒含量/%	<0.075mm颗粒含量/%	不均匀系数 C_u	曲率系数 C_c	分类名称	
		含水率 W/%	液限 W_L/%	塑限 W_p/%	塑性指数	分类		>200mm	200~100mm	100~60mm	60~40mm	40~20mm	20~10mm	10~5mm	5~2mm	2~0.5mm	0.5~0.25mm	0.25~0.075mm	0.075~0.005mm	<0.005mm					典型土名	分类符号
复查③-1层	ET③-1上									10.0	7.0	10.0	8.0	7.0	11.0	7.0	1.0	5.5	24.0	9.5	58.0	33.5	1152.1	0.1		
	ET③-1平	3.6	31.4	18.9	12.5	CL		5.2	7.3	10.2	8.5	12.4	10.8	8.7	9.4	5.8	1.3	3.4	11.2	5.8	36.9	17.0	1792.3	19.1	黏土质碎石混合土	SICbaC
	ET③-1下							11.0	13.0	15.5	12.0	12.0	9.5	7.0	6.0	4.5	1.5	2.5	3.5	2.0	20.0	5.5	101.1	4.5		
复查③-2层	ET③-2上														0.5	0.5	0.5	1.0	63.5	34.0	100.0	97.5	8.4	0.7		
	ET③-2平	9.8	31.7	18.7	13	CL				0.7	1.2	1.6	1.3	1.4	3.7	2.4	0.6	1.9	59.2	26.0	93.8	85.2	9.9	0.6	低液限黏土	CL
	ET③-2下									6.0	5.5	8.5	7.5	8.5	15.0	7.5	2.0	6.0	21.5	12.0	64.0	33.5	1007.6	0.2		

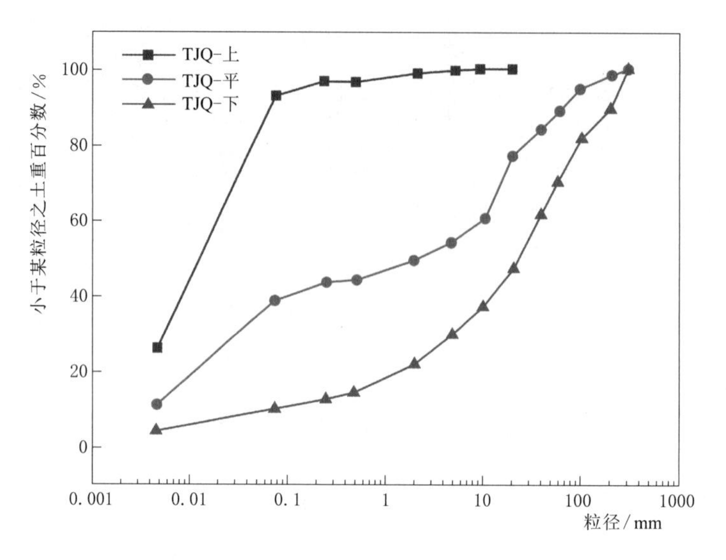

图 6.3-4　团结桥料场全级配统计级配曲线

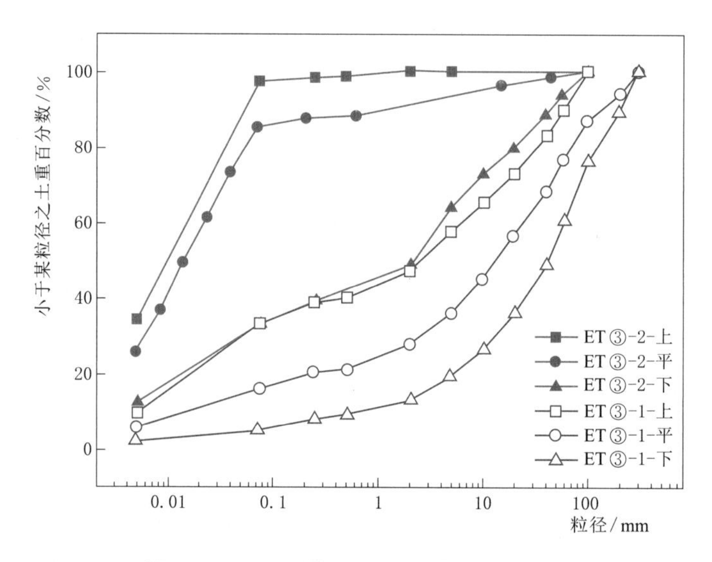

图 6.3-5　团结桥料场复查阶段分层统计

综合分析表明，团结桥料场土料的两层级配差距较大：ET③-1 层下包线渗透系数 1.19×10^{-4}cm/s，不满足规范小于 1.00×10^{-5}cm/s 的要求，ET③-2 层质量较好，且储量大，但分布不均匀，在研究施工方式时要充分考虑这一点，推荐两层混合开采。

经过研究论证，确定砾石土防渗料级配技术要求为：填筑料最大粒径应不大于200mm；大于5mm颗粒含量平均不宜超过50%，小于0.075mm的颗粒含量不应小于15%，小于0.005mm的黏粒含量不宜小于8%，经剔除后的超径石含量应小于2%。颗粒级配应连续，并防止颗粒分离和砾石集中现象。

对团结桥料场初查与复查62组物理性质试验根据不同小于5mm颗粒含量、小于0.075m颗粒含量、小于0.005mm颗粒含量作样本频率分析，成果见表6.3-9~表6.3-11。

表 6.3-9 <5mm含量的样本频率分析（样本总数62组）

<5mm颗粒含量	<30%	30%~40%	40%~50%	50%~60%	60%~70%	>70%
样本数/组	7	8	17	6	3	21
概率	11.3%	12.9%	27.4%	9.7%	4.8%	33.9%

表 6.3-10 <0.075mm统计含量的样本频率分析（样本总数62组）

<0.075mm颗粒含量	<10%	10%~15%	15%~30%	30%~60%	>60%
样本数/组	7	11	14	11	19
概率	11.3%	17.7%	22.6%	17.7%	30.6%

表 6.3-11 <0.005mm统计含量的样本频率分析（样本总数62组）

<0.005mm颗粒含量	<3%	3%~5%	5%~10%	>10%
样本数/组	5	9	22	26
样本出现频率	8.1%	14.5%	35.5%	41.9%

小于5mm颗粒含量大于70%的样本出现频率最大，达33.9%；小于5mm颗粒含量大于50%的样本出现频率48.4%，小于0.075mm颗粒含量大于15%的出现频率71.0%，小于0.005mm颗粒含量大于5%的出现频率77.4%。

初查与复查界限含水率试验（61组）成果：团结桥土料粒径小于5mm土料液限24.0%~38.0%，平均值31.1%；塑限14.7%~22.5%，平均值18.7%；塑性指数8.8~17.2，平均值12.4。

综合以上可以认为，团结桥料场绝大部分土料达到了可利用状态，有少部分土料可能存在渗透系数不满足1×10^{-5}cm/s的要求，后面又进一步做了大量力学试验论证。

在坝体填筑期，对毛尔盖水电站大坝防渗料共进行12次抽检，每次抽检10组，共计120组心墙防渗料物理性质成果统计见表6.3-12、图6.3-6。由图表可知：

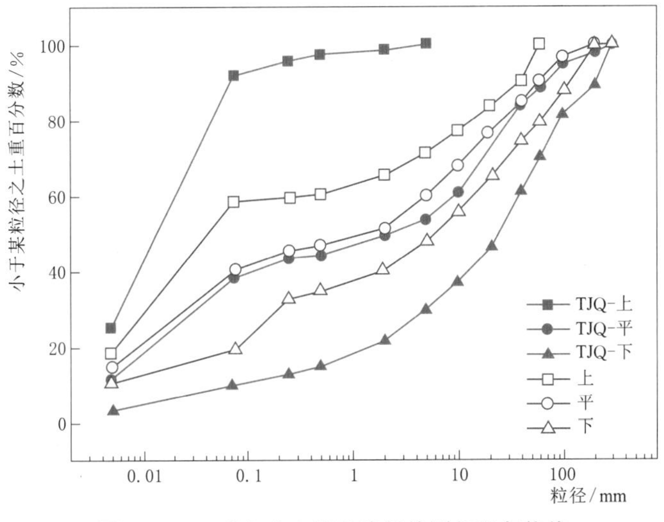

图 6.3-6 毛尔盖心墙防渗料检测级配包络线

1）小于5mm颗粒含量48.5%～71.5%，平均60.2%。初查、复查阶段统计团结桥料场平均小于5mm颗粒含量在53.8%左右；根据填筑后的检测成果，总体上小于5mm颗粒含量平均值较勘察阶段较好。

2）小于5mm颗粒含量高于45%的有141组，占全部样本的92.8%。小于0.075mm颗粒含量19.5%～58.5%，平均40.5%。初查、复查阶段统计团结桥料场平均小于0.075mm颗粒含量38.6%，与填筑后检测的小于0.075mm颗粒含量基本吻合。120个样本中，小于0.075mm颗粒含量高于25%的有145组，占全部样本的95.4%。

3）小于0.005mm颗粒含量11.0%～18.0%，平均14.8%。初查、复查阶段统计团结桥料场平均小于0.005mm颗粒含量在11.3%左右，与填筑后检测的小于0.005mm颗粒含量较为吻合。

6.3.1.3 长河坝宽级配砾石土

长河坝水电站汤坝料场（TB）级配组成较宽，在系统室内物理、力学试验研究和大型现场碾压试验论证基础上，充分认识料源结构组成和平面、立面分布规律，最终选择采用冰积堆积区简单的级配调整（条筛剔除150mm以上颗粒）作长河坝水电站心墙防渗土料。

汤坝料场共进行120组物理性质试验，试验成果见表6.3-13、图6.3-7。从级配曲线上可看出：汤坝料场全料，粒径极不均匀，分布在200～0.005mm的较宽范围。综合统计，上、下包线小于5mm的颗粒含量35.0%～91.0%；平均线小于5mm的颗粒含量为53.2%，小于0.075mm的颗粒含量为28.6%，小于0.005mm的颗粒含量为9.9%，定名为黏土质砾。

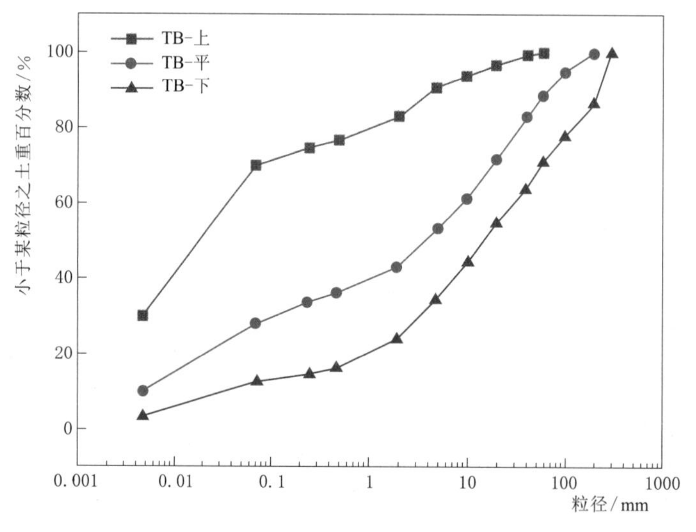

图6.3-7 汤坝料场冰积堆积区防渗土料包络线

统计120组剔除150mm以上颗粒后的土料级配，见表6.3-14和图6.3-8。从图表中可以看出：

1）剔除150mm以上颗粒后，平均线小于5mm的颗粒含量54.9%，小于0.075mm的细粒含量29.5%，小于0.005mm含量10.2%，定名为黏土质砾；下包线小于5mm的颗粒含量42.4%，小于0.075mm的细粒含量16.3%，小于0.005mm含量5.4%。

表 6.3-12　毛尔盖心墙防渗料检测级配包线统计

试验阶段及部位	土样编号	天然状态土的物理性质指标					比重 G_s	颗粒级配组成/%													<5mm颗粒含量/%	<0.075mm颗粒含量/%	不均匀系数 C_u	曲率系数 C_c	分类名称	
		含水率 W/%	液限 W_L/%	塑限 W_p/%	塑性指数 I_p	分类		>200mm	200～100mm	100～60mm	60～40mm	40～20mm	20～10mm	10～5mm	5～2mm	2～0.5mm	0.5～0.25mm	0.25～0.075mm	0.075～0.005mm	<0.005mm					典型土名	分类符号
技施检测	JJ-上									4.5	5.0	7.0	6.0	6.0	6.0	4.5	1.0	1.5	40.5	18.0	71.5	58.5	85.4	0.2		
	JJ-平	9.3	31.8	17.9	13.9	CL	2.70		3.3	6.5	5.3	8.5	8.2	8.1	8.2	5.2	1.5	4.8	25.7	14.8	60.2	40.5	1638.1	0.04	黏土质砾	GC
	JJ-下								12.0	8.5	5.0	9.0	9.0	8.0	8.0	5.0	2.0	14.0	8.5	11.0	48.5	19.5	3601.3	0.7		

注　JJ 代表技施检测。

表 6.3-13　汤坝料场防渗土料物理性质试验成果

土样编号	天然状态土的物理性质指标								比重 G_s	颗粒级配组成/%													<5mm颗粒含量/%	<0.075mm颗粒含量/%	不均匀系数 C_u	曲率系数 C_c	分类名称	
	湿密度 ρ/(g/cm^3)	干密度 ρ_d/(g/cm^3)	孔隙比 e	含水率 W/%	液限 W_L/%	塑限 W_p/%	塑性指数 I_p	分类		>200mm	200～100mm	100～60mm	60～40mm	40～20mm	20～10mm	10～5mm	5～2mm	2～0.5mm	0.5～0.25mm	0.25～0.075mm	0.075～0.05mm	<0.005mm					典型土名	分类符号
TB-上													1.0	2.0	3.0	3.0	8.0	6.0	2.0	5.0	40.0	30.0	91.0	70.0	36	0.69	低液限黏土	CL
TB-平	2.06	1.86	0.45	10.7	33.8	19.5	14.3	CL	2.69	1.1	3.9	5.9	6.3	11.1	10.4	8.2	10.0	7.0	2.1	5.5	18.7	9.9	53.2	28.6	1800	0.20	黏土质砾	GC
TB-下										13.0	9.0	7.0	7.0	9.0	10.0	10.0	11.0	7.0	2.0	2.0	9.0	4.0	31.0	10.0	1000	13.60	碎石混合土	SICba

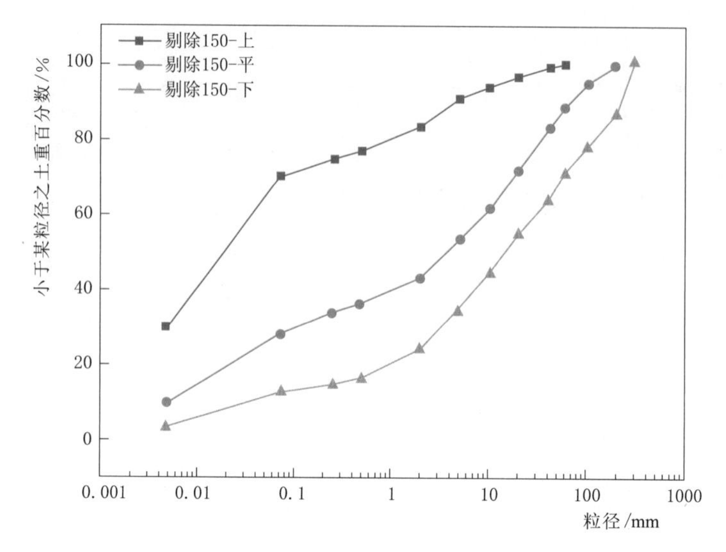

图 6.3-8　汤坝料场土料剔除 150mm 以上颗粒后级配曲线图

2）经简单剔除 150mm 以上颗粒后，平均线小于 5mm 的颗粒含量增加 1.7%，小于 0.075mm 的含量增加 0.9%，小于 0.005mm 颗粒的含量增加 0.3%；下包线小于 5mm 的颗粒含量增加 7.4%，小于 0.075mm 的颗粒含量增加 3.3%，小于 0.005mm 的颗粒含量增加 1.4%。

剔除 150mm 以上颗粒后，细料（<5mm）含量的增加为降低土料渗透系数提供了有利条件。

表 6.3-15 和表 6.3-16 反映出，小于 5mm 颗粒含量为 45%～55%的样本出现频率最大，达 28.3%；小于 5mm 颗粒含量大于 45%的样本出现频率 69.2%，小于 0.075mm 颗粒含量大于 15%的样本出现频率为 85.8%。

统计界限含水率试验（87 组）成果如下：汤坝料场冰积堆积区土料粒径小于 5mm 土料液限 22.8%～53.4%，平均值 33.5%；塑限 13.2%～27.0%，平均值 19.2%；塑性指数 8.8～26.4，平均值 14.3。

综上可以认为，该料场土料在剔除 150mm 以上颗粒后，绝大部分达到了可利用状态，有少部分土料可能存在渗透系数不满足 1×10^{-5}cm/s 的要求。

针对心墙防渗土料的勘探工作、试验成果、土料施工应用方案等，先后进行了多次论证及咨询，根据坝体填筑施工技术要求，最终确定大坝心墙料填筑采用汤坝料场土料，填筑料最大粒径宜不大于 150mm，小于 5mm 颗粒含量 30%～50%。

在坝体填筑期，对长河坝水电站大坝共进行 14 次抽检，共计 205 组心墙防渗料，统计成果见表 6.3-17、图 6.3-9，由图表可得出以下结论：

1）小于 5mm 颗粒含量 44.0%～67.5%，平均 54.9%；可研、初设阶段统计汤坝料场小于 5mm 颗粒含量平均 54.9%；两者完全一致。205 个样本中，<5mm 颗粒含量高于 45%的有 201 组，占全部样本的 98.0%。

2）小于 0.075mm 颗粒含量 22.5%～50.3%，平均 32.9%；可研阶段统计汤坝料场

表 6.3-14　汤坝料场土料剔除 150mm 颗粒后级配统计

土样	天然状态土的物理性质指标								比重 G_s	颗粒级配组成/%													<5mm 颗粒含量/%	<0.075mm 颗粒含量/%	不均匀系数 C_u	曲率系数 C_c	分类名称	
	湿密度 ρ/(g/cm³)	干密度 ρ_d/(g/cm³)	孔隙比 e	含水率 W/%	液限 W_L/%	塑限 W_p/%	塑性指数 I_p	分类		>150mm	150~100mm	100~60mm	60~40mm	40~20mm	20~10mm	10~5mm	5~2mm	2~0.5mm	0.5~0.25mm	0.25~0.075mm	0.075~0.05mm	<0.005mm					典型土名	分类符号
T150-上													1.0	2.0	3.0	3.0	8.0	6.0	2.0	5.0	40.0	30.0	91.0	70.0	36.0	0.69		
T150-平				10.7	33.8	19.5	14.3	CL	2.69		2.0	6.0	6.5	11.4	10.8	8.5	10.3	7.2	2.2	5.7	19.3	10.2	54.9	29.5	1562.6	0.2	黏土质砾	GC
T150-下											5.4	10.9	8.7	10.9	12.0	9.8	12.5	9.2	2.2	2.2	10.9	5.4	42.4	16.3	1009.5	16.6		

表 6.3-15　汤坝料场防渗土料<5mm 颗粒含量概率分布

<5mm 颗粒含量	<35%	35%~45%	45%~55%	55%~65%	>65%
样本数/组	13	24	34	20	29
概率	10.83%	20.00%	28.33%	16.67%	24.17%

表 6.3-16　汤坝料场防渗土料<0.075mm 颗粒含量概率分布

<0.075mm 颗粒含量	<10%	10%~15%	15%~50%	>50%
样本数/组	6	11	89	14
概率	5.00%	9.17%	74.17%	11.67%
累计概率	5.00%	14.17%	88.33%	100.00%

表 6.3-17　汤坝料场土料技施检测级配统计成果

土样编号	天然状态土的物理性质指标								比重 G_s	颗粒级配组成/%													<5mm 颗粒含量/%	<0.075mm 颗粒含量/%	不均匀系数 C_u	曲率系数 C_c	分类名称	
	湿密度 ρ/(g/cm³)	干密度 ρ_d/(g/cm³)	孔隙比 e	含水率 W/%	液限 W_L/%	塑限 W_p/%	塑性指数 I_p	分类		>150mm	150~100mm	100~60mm	60~40mm	40~20mm	20~10mm	10~5mm	5~2mm	2~0.5mm	0.5~0.25mm	0.25~0.075mm	0.075~0.05mm	<0.005mm					典型土名	分类符号
技施-上													3.0	9.5	11.5	8.5	5.5	6.0	1.5	4.5	30.0	20.0	67.5	50.0	621.4	0.1		
技施-平	2.36	2.17	0.263	8.6	34.7	18.6	16.1	CL	2.74		2.3	6.5	6.4	10.8	10.3	8.9	8.1	7.3	2.1	4.5	20.9	12.0	54.9	32.9	1922.7	0.1	黏土质砾	GC
技施-下										11.5	17.0	6.5	5.5	5.0	5.5	5.0	7.5	7.0	2.0	2.0	19.5	6.0	44.0	25.5	4762.7	0.8		

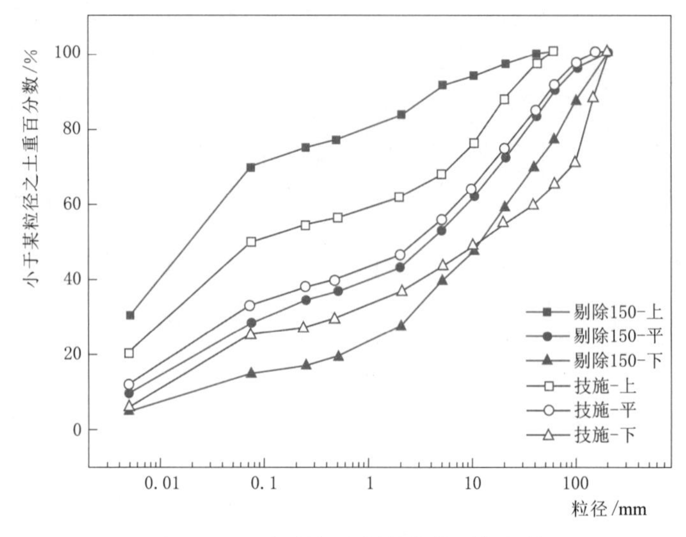

图 6.3-9　坝料场土料技施检测包络线

小于 0.075mm 颗粒含量平均 29.5%；两者基本相当。205 个样本中，小于 0.075mm 颗粒含量高于 25%的有 17 组，占全部样本的 96.5%。

3）小于 0.005mm 颗粒含量 6.0%～20.0%，平均 12.0%；可研阶段统计汤坝料场，小于 0.005mm 颗粒含量平均约 10.2%，两者相差无几。

6.3.2 矿物特性

土颗粒的矿物成分由原生矿物和次生矿物组成。次生矿物的难溶盐如 $CaCO_3$、MgO，可在土粒间产生胶结，增加土的强度；次生的可溶盐，如 NaCl、$CaSO_4$ 等遇水溶解，使土的力学性质变差。黏土矿物是土颗粒的重要组成成分，它与水之间复杂的物理化学作用对土的性质影响极大。

6.3.2.1 瀑布沟黑马 1 区土料

通过差热分析、X 射线衍射和化学成分分析等方法，研究了瀑布沟黑马 1 区土料粒径小于 0.1mm 试样的矿物成分，成果见表 6.3-18。

表 6.3-18　黑马 1 区土料矿物成分分析成果

试验编号	易溶盐含量/%	中溶盐($CaSO_4$·H_2O)含量/%	难溶盐($CaCO_3$)含量/%	游离氧化物含量/%					有机质含量/%	pH 值	硅铝率	比表面积/(m^2/g)		
				SiO_2	Al_2O_3	Fe_2O_3	CaO	MgO				内比表面积	外比表面积	总比表面积
103	0.05	0.16	14.25	54.50	6.42	1.98	12.87	8.42	0.32	8.1	—	31.8	95.3	127.1
110	0.04	0.05	16.47	58.69	9.43	2.91	9.20	7.16	0.33	8.1	—	68.8	105.9	174.7
平均值	0.045	0.105	15.36	56.60	7.93	2.45	11.04	7.79	0.325	8.1	4.15	50.3	100.6	150.9

试验结果表明，黑马 1 区土料是在弱碱性环境中形成的，粒间胶结物以难溶盐 $CaCO_3$ 为主。硅铝率平均值 4.15，接近于蒙脱石指标，结合比表面积指标综合分析，其含有的多种黏土矿物成分应以伊利石为主。水溶盐含量、有机质含量均低于现行设计规范。

6.3.2.2 毛尔盖团结桥土料

为了解团结桥料场土料的组成，研究了团结桥土料粒径小于0.1mm试样的矿物成分，成果见表6.3-19和表6.3-20。

成果表明，团结桥料场易溶盐含量为0.05%~0.41%，满足规范要求；有机质含量为0.16%~0.93%，满足规范要求；黏土矿物成分主要为伊利石、石英、方解石，次含长石和蒙脱石。

表6.3-19 团结桥料场黏土矿物化学成分分析成果

试样编号	层位	分析指标/%							硅铝率	pH值	烧失量/%
		SiO_2	Fe_2O_3	Al_2O_3	CaO	MgO	有机质	易溶盐			
ET5-1	③-1	44.26	6.17	19.26	13.16	1.13	0.16	0.18	3.23	8.3	12.33
ET10-1		47.25	8.21	25.23	4.57	2.28	0.39	0.05	2.63	8.4	7.13
ET4	③-2	48.84	7.75	23.34	6.97	1.02	0.29	0.11	2.92	8.7	8.12
ET8-1		61.07	6.41	18.62	3.29	2.38	0.61	0.26	4.53	8.6	4.07
ET9-2		52.01	6.05	18.51	7.55	2.51	0.93	0.41	3.92	8.5	8.29

表6.3-20 团结桥料场黏土差热分析、X衍射成果

试样编号	分析结果		
	主要矿物	次要矿物	命名
ET2-1（③-1层）	伊利石、石英、方解石	长石、蒙脱石等；	钙质伊利石黏土岩
ET3-3（③-2层）	伊利石、石英、斜绿泥石、方解石	长石、蒙脱石、水沸钙石等	钙质伊利石黏土岩

6.3.2.3 长河坝汤坝土料

为了解汤坝料场土料的组成，研究了汤坝土料粒径小于0.1mm试样的矿物成分，成果见表6.3-21和表6.3-22。

表6.3-21 长河坝汤坝土料黏土化学成分分析成果

试样编号	分析指标/%							硅铝率	pH值	烧失量/%
	SiO_2	Fe_2O_3	Al_2O_3	CaO	MgO	易溶盐	有机质			
汤坝-1	21.05	3.60	17.38	27.51	3.21	0.05	0.24	1.79	8.4	24.66
汤坝-2	20.62	3.58	16.65	27.98	3.09	0.06	0.35	1.83	8.5	25.05
汤坝-3	19.78	3.39	16.48	28.98	3.94	0.05	0.33	1.78	8.4	25.98
汤坝-4	24.07	4.15	20.21	23.19	3.23	0.07	0.25	1.56	8.6	21.70
SJ2	36.41	4.82	21.03	14.21	2.67	0.08	2.07	2.57	8.1	17.56
SJ2-4	38.26	6.42	24.67	10.91	3.40	0.06	0.91	2.26	8.3	11.87
SJ5-1	24.98	4.12	18.77	25.09	2.71	0.07	1.03	1.98	8.2	22.15
SJ7-1	35.29	4.57	22.26	15.68	3.31	0.05	0.21	2.38	8.4	15.23
SJ19-2	14.08	4.82	16.53	32.81	1.95	0.06	0.15	1.22	8.5	27.09
SJ21-3	10.12	3.31	15.83	35.09	2.52	0.07	0.13	0.95	8.4	29.07

表 6.3-22　射线衍射和热重-差热分析试验成果

样品编号	主要矿物	次要矿物	命　名
汤坝-1	伊利石、石英、多水高岭石	白云石、方解石、蒙脱石等	钙质伊利石黏土岩
汤坝-2	方解石、白云石、伊利石	石英、蒙脱石等	钙质伊利石黏土岩
汤坝-3	伊利石、白云石、石英	方解石、蒙脱石等	钙质伊利石黏土岩
汤坝-4	伊利石、方解石、石英	白云石、蒙脱石等	钙质伊利石黏土岩
汤坝补充样	伊利石、方解石、蒙脱石	石英等	钙质伊利石黏土岩
SJ1-2	蒙脱石、伊利石、石英	水钙沸石、长石等	钙质蒙脱石黏土岩
SJ2-4	伊利石、石英	白云石、方解石、长石等	钙质伊利石黏土岩
SJ5-1	伊利石、方解石、石英	白云石、长石等	钙质伊利石黏土岩
SJ19-2	伊利石、方解石	蒙脱石、石英、长石等	钙质伊利石黏土岩
SJ21-3	伊利石、方解石、石英	白云石、长石等	钙质伊利石黏土岩

试验成果表明，可溶盐含量为0.05%～0.08%；有机质含量为0.24%～2.07%；pH值为8.4～8.6，呈弱碱性；硅铝率为0.95～2.57。部分样品的硅铝率指标低于规范对硅铝率指标要求；经X射线衍射和热重-差热分析后综合命名为钙质伊利石黏土岩。

6.3.3 击实特性

宽级配土料粒组范围较宽（一般300mm至0.005mm以下），如能采用原级配进行试验当然是最理想的，但由于室内试验仪器尺寸限制和为减小尺寸效应而规定的径径比要求，试验备料时往往需将超过仪器允许粒径（一般为60mm，少数达到100mm）的颗粒进行处理。宽级配土料超径（>60mm）颗粒含量一般不会超过40%，宜采用等量替代法处理超径，该方法以允许60mm粒径以下至大于5mm之间的颗粒，按比例替代超径颗粒，保持了小于5mm颗粒含量不变，对室内击实试验或力学性质的研究结果较符合实际。

6.3.3.1 瀑布沟黑马1区土料

在一定的击实功能（击实功）下，通过击实试验可确定土料的最优含水率和与之对应的最大干密度，这两个指标是填筑施工的重要指标。对于同一土料，不同的击实功能下对应了不同的最大干密度和最优含水率指标。对瀑布沟黑马1区全级配土料在采用普氏功（普氏击实试验的击实功）$E_c=604\text{kJ/m}^3$（E_1），南实功（采用南实仪试验的击实功）$E_c=862.5\text{kJ/m}^3$（E_2）的基础上，进行了修正普氏击实功$E_c=2740\text{kJ/m}^3$（E_3）下的一系列不同粗粒（>5mm）含量的击实试验，其成果见表6.3-23和表6.3-24。

表 6.3-23　瀑布沟黑马1区全级配土料不同击实功能下全料最大干密度成果

粗粒（>5mm）含量/%		0	15	20	30	40	50	60
ρ_{dmax}/(g/cm³)	$E_1=604\text{kJ/m}^3$	2.06	2.14	2.16	2.20	2.23	2.25	2.26
	$E_2=862.5\text{kJ/m}^3$	2.11	2.16	2.19	2.22	2.25	2.28	2.29
	$E_3=2740\text{kJ/m}^3$	2.22	2.26	2.27	2.30	2.33	2.34	2.36
$\dfrac{\rho_{E_3}-\rho_{E_1}}{(\rho_{E_1}-\rho_{E_3})/\rho_{E_1}}$		$\dfrac{0.16}{7.77}$	$\dfrac{0.12}{5.61}$	$\dfrac{0.11}{5.09}$	$\dfrac{0.10}{4.55}$	$\dfrac{0.10}{4.48}$	$\dfrac{0.09}{4.00}$	$\dfrac{0.10}{4.42}$
$\dfrac{\rho_{E_3}-\rho_{E_1}}{(\rho_{E_3}-\rho_{E_1})/\rho_{E_1}}$		$\dfrac{0.11}{5.21}$	$\dfrac{0.10}{4.63}$	$\dfrac{0.08}{3.65}$	$\dfrac{0.08}{3.60}$	$\dfrac{0.08}{3.56}$	$\dfrac{0.06}{2.63}$	$\dfrac{0.07}{3.06}$

注 1. ρ_{E_1}、ρ_{E_2}、ρ_{E_3}为对应E_1、E_2、E_3的最大干密度，下表同。

2. 倒数一、二行数值单位，分子为g/cm³，分母为%，下表同。

表 6.3-24 不同功能下实测细料击实密度成果

粗粒（>5mm）含量/%		0	15	25	35	45	55
实测最优点最大干密度 ρ_{dmax} /(g/cm³)	$E_1=604kJ/m^3$	2.06	2.06	2.05	2.02	1.97	1.88
	$E_2=862.5kJ/m^3$	2.11	2.11	2.10	2.07	2.02	1.95
	$E_3=2740kJ/m^3$	2.22	2.22	2.21	2.15	2.08	1.99
$\frac{\rho_{E_3}-\rho_{E_1}}{(\rho_{E_1}-\rho_{E_3})/\rho_{E_1}}$		$\frac{0.16}{7.77}$	$\frac{0.16}{7.77}$	$\frac{0.16}{7.80}$	$\frac{0.13}{6.44}$	$\frac{0.11}{5.58}$	$\frac{0.11}{5.85}$
$\frac{\rho_{E_3}-\rho_{E_1}}{(\rho_{E_3}-\rho_{E_1})/\rho_{E_1}}$		$\frac{0.11}{5.21}$	$\frac{0.11}{5.21}$	$\frac{0.11}{5.24}$	$\frac{0.08}{3.86}$	$\frac{0.06}{2.97}$	$\frac{0.04}{2.05}$

随着击实功能的增加，不同粗粒（>5mm）含量下全料最大干密度、细料最大干密度均呈明显增大趋势：从表 6.3-23 不同击实功能下全料最大干密度来看，修正普氏击实功 $E_c=2740kJ/m^3$ 下的黑马 1 区土体全料最大干密度比南实功 $E_c=862.5kJ/m^3$、普氏功 $E_c=604kJ/m^3$ 下的提高 0.06～0.16g/cm³，增幅 2.63%～7.77%。这说明在修正普氏击实功下，黑马 1 区全级配土料的密实度有大幅提高。

从表 6.3-24 细料最大干密度来看，修正普氏击实功 $E_c=2740kJ/m^3$ 下的黑马 1 区实测细料密度比南实功 $E_c=862.5kJ/m^3$、普氏功 $E_c=604kJ/m^3$ 下的提高 0.04～0.16g/cm³，增幅 2.05%～7.80%。宽级配土料中，粗料含量一定时，其抗渗能力取决于细料干密度，采用修正普氏 $E_c=2740kJ/m^3$ 高功能后，砾石土中细料干密度的增加将有效地提高土料本身的抗渗能力。同时，在修正普氏 $E_c=2740kJ/m^3$ 功能下的击实试验过程中，对击前土料与击后土料进行了严格筛析，计算破碎量见表 6.3-25。

表 6.3-25 修正普氏击实功 $E_c=2740kJ/m^3$ 下黑马 1 区土料破碎量

P_5/%	破碎量							
	>40mm 颗粒含量/%		>20mm 颗粒含量/%		>10mm 颗粒含量/%		>5mm 颗粒含量/%	
	击前	击后	击前	击后	击前	击后	击前	击后
10	1.33	1.15	3.96	3.35	7.02	6.25	10.0	5.00
20	2.67	1.71	7.91	5.75	14.03	11.32	20.0	11.79
30	4.00	2.22	11.86	9.30	21.04	18.35	30.0	16.64
40	5.33	3.84	15.81	12.89	28.06	24.76	40.0	25.05
50	6.66	4.89	19.76	15.36	35.07	29.05	50.0	33.57
60	8.00	5.19	23.71	18.18	42.08	35.33	60.0	46.00
70	9.33	6.74	27.66	22.60	49.09	41.16	70.0	59.78
80	10.66	7.61	31.61	24.72	56.11	45.89	80.0	69.39
90	12.00	8.78	35.57	28.92	63.12	53.18	90.0	77.44
100	13.33	9.81	39.52	29.63	70.13	57.47	100.0	84.69

试验成果表明，黑马 1 区土料在高功能击实下，粗粒（>5mm）产生了一定量的破碎量，改变了粒组的分布和占比，细料（<5mm）含量增加 5.0%～15.3%，平均 12.1%，为黑马 1 区土料防渗性能的提高提供了基础条件。

通过以上分析，采用修正普氏 2740kJ/m³ 高功能下的击实，一是可提高细料干密度，二是可提高细料含量占比，故针对黑马 1 区土料本身粗粒（>5mm）含量偏高、细粒含量偏低的特点，采用 2740kJ/m³ 高功能下的干密度进行施工填筑控制是合理的。

在黑马 1 区土料全级配勘探试验物性统计成果的基础上，为研究级配对土料压实特性的影响，进行了系统的不同粗粒（>5mm）含量下修正普氏 2740kJ/m³ 高功能击实试验，获得最大干密度、最优含水率与粗粒（>5mm）含量的关系曲线，为力学性质试验提供合理的控制参数，并为施工填筑控制提供依据。

试验采用直径为 300mm 的普氏击实仪，限制粒径 60mm，级配由黑马 1 区料场统计包络线等量替代缩尺，径径比为 1∶5。试验成果见表 6.3-26。

表 6.3-26　黑马 1 区土料不同粗粒（>5mm）含量下修正普氏功击实 2740kJ/m³ 成果表

粗粒含量/%												
粗粒含量/%	击前	0	10	20	30	40	50	60	70	80	90	100
	击后	0	5	11.9	16.4	25.5	33.57	460	59.8	69.9	77.4	84.9
ρ_{dmax}/(g/cm³)		2.22	2.25	2.27	2.30	2.33	2.34	2.36	2.37	2.35	2.17	2.04
W_{op}/%		6.7	6.3	5.9	5.7	5.3	4.9	4.3	3.8	3.52	3.13	2.40

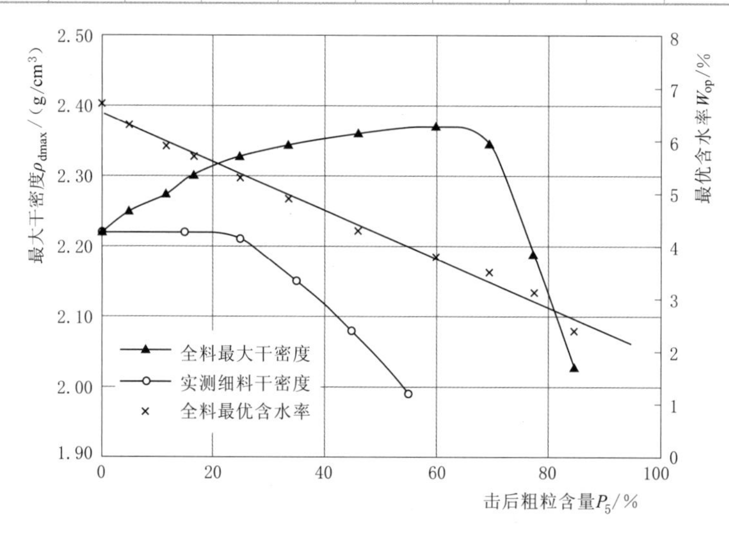

图 6.3-10　黑马 1 区土料修正普氏击实功 E_c=2740kJ/m³ 下 ρ_{dmax}、P_5、W_{op} 关系曲线

ρ_{dmax} 与 P_5 关系曲线见图 6.3-10，土料的最大干密度与粗粒（>5mm）含量（简称 P_5 或 P_5 含量）呈单峰型曲线，随着粗粒（>5mm）含量的增加，ρ_{dmax} 随之增大，但当 P_5 增大到 70%（击前）和 60%（击后）时，ρ_{dmax} 值达到峰值；当 P_5>70%（击前）后，ρ_{dmax} 开始变小，并随着 P_5 的增加而急剧减小。这充分显示在此 P_5 含量下，土体结构已产生架空，细料已不能充分填充空隙，则 ρ_{dmax} 与 P_5 关系曲线上的峰值点，可代表试验实测土体的第二粗粒（>5mm）特征点（架空点），其值约为 P_5^{II}=70%（击前）、P_5=60%（击后）。

从图 6.3-10 实测细料干密度曲线可看出，当 P_5<30%（击后），ρ_{dmax} 随 P_5 增加快速增大，在这之前的某个点，实测细料干密度一直保持在一定水平，细料可得到充分压

实；但在这个点之后，随 P_5 增加，粗粒（>5mm）的骨架作用开始显现，细料干密度反而下降。这个点确定为第一粗粒（>5mm）含量特征点 P_5^{I}，在图上反映出该值为22.5%（击后）和36%（击前）。以上两个特征点对控制瀑布沟黑马1区实际上坝料 P_5 含量范围有重要参考意义。

最优含水率 W_{op} 与 P_5 关系曲线显示，随粗粒 P_5 含量的增大，最优含水率在逐渐降低。该含水率指标与确定料源的天然含水率对比，可分析该料源是否需要含水率调节措施。事实上，黑马1区土料碾压试验过程中，全料含水率基本高于修正普氏功下最优含水率1%～2%，铺料30cm、碾压6～8遍，平均全料压实度达到98%，细料平均压实度99%～100%；而在含水率损失1个百分点的试验条块，经18t振动凸块碾碾压8遍后，全料压实度只能达到96%，细料压实度只有93%。这是因为在偏湿于最优含水率 W_{op} 后，颗粒间的错动阻力减小，受外界压实能量作用下颗粒接近于平行的定向排列，形成比较密实的分散性结构。因此，在施工填筑时，土料含水率宜控制在 W_{op} 偏湿一侧。

6.3.3.2　毛尔盖团结桥土料

对毛尔盖团结桥全级配土料采用普氏功能 $E_0=604\mathrm{kJ/m^3}$ 击实，成果见表6.3-27。

表6.3-27　团结桥防渗土料击实试验成果（可研）

试验编号	击实功能 E_c/(kJ/m³)	最大干密度 ρ_{dmax}/(g/cm³)	最优含水率 W_{op}/%	天然含水率/%	<5mm颗粒含量/%
ET③-1平	604	2.06	9.1	3.6	37.01
ET③-2平	604	1.72	18.3	9.8	100.00
ET③平	604	1.95	11.3	6.3	61.70
ET③下	604	2.07	8.6	3.0	31.00

6.3.3.3　长河坝汤坝料土料

试验采用冰积堆积区防渗土料级配平均线（剔除200mm以上颗粒），参数见表6.3-28。击实功能由604～2740kJ/m³分级，进行6组试验，试验成果见表6.3-29和图6.3-11～图6.3-13。

表6.3-28　长河坝水电站修正普氏击实最优含水率

P_5含量	10%	20%	30%	40%	50%	60%
最优含水率 W_{op}	12.1%	10.8%	9.6%	8.4%	7.9%	6.6%

表6.3-29　汤坝防渗土料击实试验成果（击实功能选择）

试验编号	击实功能 E_c/(kJ/m³)	最大干密度 ρ_{dmax}/(g/cm³)	最优含水率 W_{op}	孔隙比 e	比重 G_s
汤坝平均线604	604	1.990	9.4%	0.36	2.70
汤坝平均线1000	1000	2.082	8.7%	0.30	2.70
汤坝平均线1500	1500	2.164	8.0%	0.25	2.70
汤坝平均线2000	2000	2.194	7.6%	0.23	2.70
汤坝平均线2400	2400	2.205	7.3%	0.22	2.70
汤坝平均线2740	2740	2.210	7.2%	0.22	2.70

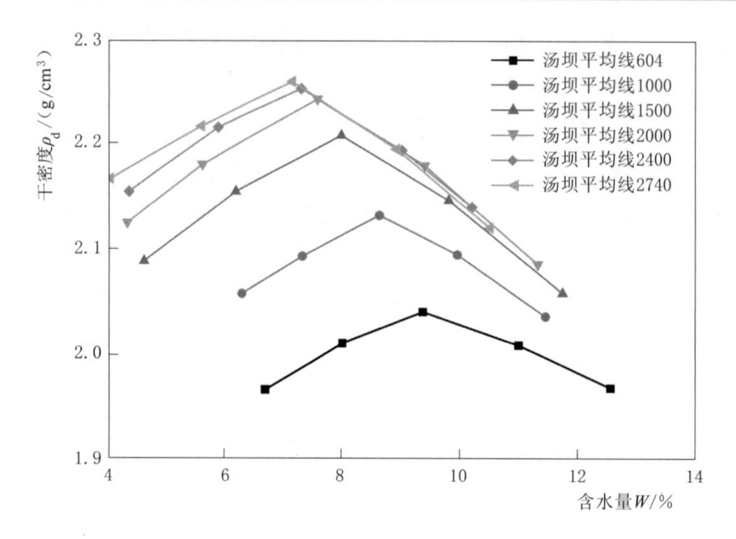

图 6.3-11 汤坝冰积亚区防渗土料击实功能选择试验曲线(604～2740kJ/m³)

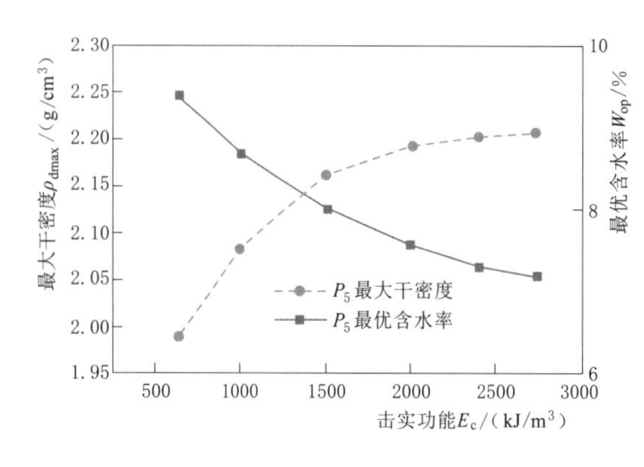

图 6.3-12 汤坝冰积亚区防渗土料 E_0、ρ_{dmax}、W_{op} 关系曲线

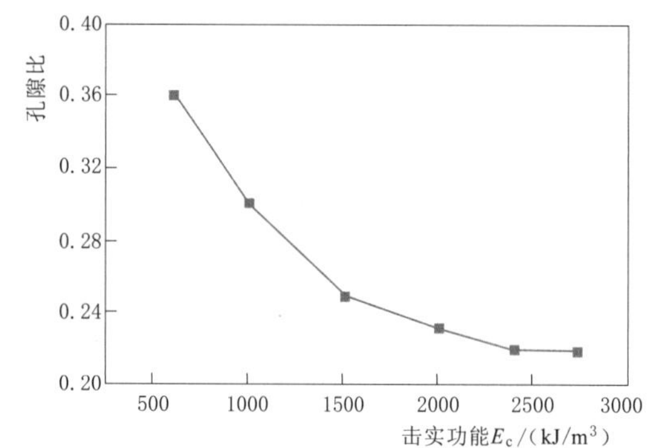

图 6.3-13 汤坝冰积亚区防渗土料击实功能-孔隙比关系曲线

试验成果表明，随着击实功能由 604kJ/m³ 到 2740kJ/m³ 逐渐增加，最大干密度也随之增加，最优含水率随之减小。当击实功能大于 1500kJ/m³，击实功能 E_c 与最大干密度 ρ_{dmax} 及最优含水率 W_{op} 的关系曲线逐渐平缓，最大干密度和最优含水率曲线斜率减缓；继续增大击实功能，最大干密度值增加缓慢，孔隙比变化也趋于平缓。由此，确定压实功能选为 2740kJ/m³，相应控制最大干密度 2.21g/cm³，最优含水率 7.2%。

在汤坝料场冰积堆积区土料全级配勘探试验物理性质统计成果的基础上，为研究级配对土料压实特性的影响，长河坝水电站进行了系统的不同粗粒（>5mm）含量下修正普氏 2740kJ/m³ 高功能击实试验，获得最大干密度、最优含水率与粗粒（>5mm）含量的关系曲线，为力学性能试验提供合理的控制参数，并为施工填筑控制提供依据。

试验采用直径为 300mm 的普氏击实仪，试验限制粒径 60mm，试验级配由汤坝料场统计包络线等量替代缩尺，径径比为 1∶5。试验成果见表 6.3-30。

实测细料干密度曲线见图 6.3-14，当 P_5<60%（击后）时 ρ_{dmax} 随 P_5 增加快速增大，

表 6.3-30　　汤坝料场防渗料系列击实试验成果

试验编号	击实功能 E_c/(kJ/m^3)	最大干密度 ρ_{dmax}/(g/cm^3)		最优含水率 W_{op}/%		$\rho_{d,<5mm}$ /(g/cm^3)		击实后 P_5 含量 /%		以5mm粒径颗粒统计	
										破碎量 /%	破碎率 /%
TB0	2740	1.91	1.92	13.7	13.7	1.91	1.92	—	—	—	—
TB10	2740	1.97	1.97	12.1	12.1	1.919	1.920	9.23	9.36	0.63	6.31
										0.76	7.61
TB20	2740	2.03	2.04	10.8	10.8	1.919	1.919	17.59	17.92	2.05	10.28
										2.38	11.92
TB30	2740	2.10	2.09	9.5	9.6	1.918	1.919	26.41	26.69	3.30	11.0
										3.58	11.92
TB40	2740	2.14	2.14	8.4	8.4	1.917	1.918	35.29	34.54	5.46	13.65
										4.71	11.78
TB50	2740	2.20	2.19	7.6	7.9	1.913	1.914	43.11	42.76	7.25	14.50
										6.90	13.80
TB60	2740	2.23	2.23	6.5	6.6	1.900	1.901	52.19	51.06	8.95	14.91
										7.82	13.03
TB70	2740	2.25	2.26	5.6	5.6	1.869	1.870	61.45	61.10	8.90	12.71
										8.55	12.21

在这之前的某个点，实测细料干密度一直保持在一定水平，细料可得到充分压实，但在这个点之后，随 P_5 增加，粗粒的骨架作用开始显现，细料干密度反而下降。这个点确定为第一粗粒（>5mm）含量特征点 P_5^{I}，在图上反映出该值为51.6%（击后）和60%（击前）。

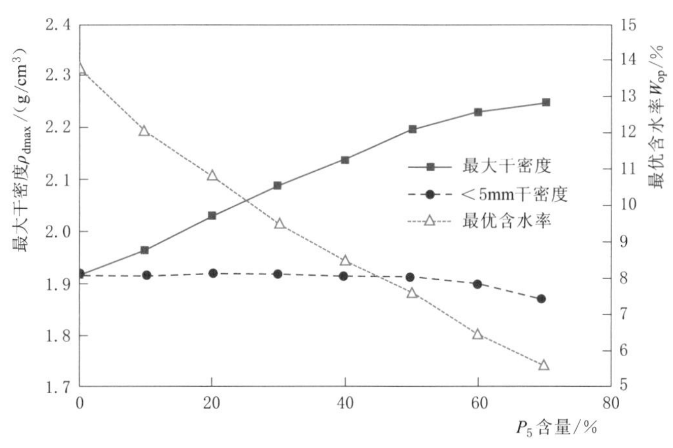

图 6.3-14　汤坝土料修正普氏 $E_0=2740$kJ/m^3 击实功下 ρ_{dmax}、P_5、W_{op} 关系曲线

6.3.4　强度与变形特性

主要采用室内直接剪切试验（直径505mm）、大三轴剪切试验（直径300mm）以及大型压缩试验（505mm和700mm），对瀑布沟水电站、长河坝水电站及毛尔盖水电站的宽级配大坝填筑防渗料进行统计研究；试验土样最大粒径60mm，超径部分采用等量替代

法，控制密度按击实最大干密度乘以设计压实度所得。

通过对宽级配防渗料的不同 P_5 含量的应力学参数进行统计分析，了解宽级配防渗土料在以上工程中运用的强度与变形特性参数对大坝稳定和沉降变形规律，以期为行业后续高土石坝宽级配砾石土料变形、稳定设计计算提供强有力的支撑，使高土石坝对宽级配防渗料的选择与运用更经济、更安全。

6.3.4.1　强度特性

对瀑布沟水电站黑马1区洪积亚区、长河坝水电站汤坝料场以及毛尔盖水电站团结桥1区的宽级配防渗料的直接剪切试验及大三轴剪切试验强度参数进行了统计，其各料场防渗料对应的击实功能分别为 2740kJ/m^3、2740kJ/m^3 及 1800～2000kJ/m^3，试验状态为饱和固结快剪以及大型三轴剪切试验的饱和固结排水剪（CD）、饱和固结不排水剪（CU）。各工程直接剪切试验以及大三轴剪切试验成果统计及汇总见表6.3-31和表6.3-32。

从瀑布沟工程的宽级配砾石土17组直剪试验成果可知，在采用 2740kJ/m^3 击实功能情况下，当宽级配砾石土 P_5 含量范围为48.4%～55.1%时，固结排水剪（CD）抗剪强度值与固结不排水剪（CU）有效抗剪强度对应土体的黏聚力范围为35～98kPa（平均值为85.1kPa），内摩擦角范围为36.1°～39.8°（平均值为38.8°），该类强度值适用于水库稳定渗流期；固结快剪（R）抗剪强度值与固结不排水剪（CU）总抗剪强度对应土体的黏聚力范围为10～107kPa（平均值为49.2kPa），内摩擦角范围为23.5°～34.5°（平均值为29.4°），该类强度值适用于水库水位降落期。

从长河坝工程的宽级配砾石土13组直剪试验成果可知，在采用 2740kJ/m^3 击实功能情况下，当宽级配砾石土 P_5 含量范围为39.6%～47.6%时，固结排水剪（CD）强度值与固结不排水剪（CU）有效抗剪强度对应土体的黏聚力范围为15～117kPa（平均值为88.8kPa），内摩擦角范围为27.9°～31.9°（平均值为29.7°），该类强度值适用于水库稳定渗流期；固结快剪（R）抗剪强度值与固结不排水剪（CU）总抗剪强度对应土体的黏聚力范围为30～140kPa（平均值为99.8kPa），内摩擦角范围为18.4°～30.7°（平均值为21.7°），该类强度值适用于水库水位降落期。

从毛尔盖工程的宽级配砾石土13组直剪试验成果可知，在采用 1800kJ/m^3 击实功能情况下，当宽级配砾石土控制 P_5 含量范围为31.1%～55.5%时，固结排水剪（CD）强度值与固结不排水剪（CU）有效抗剪强度对应土体的黏聚力范围为42～108kPa（平均值为84.0kPa），内摩擦角范围为31.2°～31.6°（平均值为32.1°），该类强度值适用于水库稳定渗流期；固结快剪（R）抗剪强度值与固结不排水剪（CU）总抗剪强度对应土体的黏聚力范围为32.5～134kPa（平均值为74.0kPa），内摩擦角范围为19.8°～36.9°（平均值为26.5°），该类强度值适用于水库水位降落期。

从各种不同试验仪器及试验状态分析可知：对应于同一种工况，直剪仪得到的固结快剪（R）φ 值要高于三轴仪总抗剪强度参数值 φ_{cu}，是因为大三轴剪切试验的排水控制条件以及破裂面选择均优于直接剪切试验，因此采用大三轴剪切试验的取值更为合理。对于三轴仪的不同试验状态，CU试验中总抗剪强度参数 φ_{cu} 值较CD试验抗剪强度参数 φ_d 值降低24.7%～37.0%。

由表6.3-33、表6.3-34可知，长河坝工程的宽级配砾石在均采用重型击实试验和

表 6.3-31 线性抗剪强度参数成果统计

工程名称	料场名称	统计组数 n /组	击实功能 E_c /(kJ/m³)	压实度 D /%	控制密度 ρ_d /(g/cm³)	含水率 W /%	P_5 含量 /%	三轴仪						直剪仪		备注
								试验方法								
								固结排水剪（CD）		固结不排水剪（CU）				固结快剪（R）		
										总抗剪强度参数		有效抗剪强度参数				
								c_d /kPa	φ_d /(°)	c_{cu} /kPa	φ_{cu} /(°)	c' /kPa	φ' /(°)	c /kPa	φ /(°)	
瀑布沟水电站	黑马1区洪积亚区	17	2740	94～101 97.9	2.22～2.40 2.32	4.6～7.5 6.3	48.4～55.1 51.1	35.0～98.0 83.8	38.5～39.8 39.1	107	29.0	97	36.1	10.0～71.0 43.4	23.5～34.5 29.5	c_d、φ_d 以及 c'、φ' 适用于水库稳定渗流期；c_{cu}、φ_{cu} 以及固结快剪（R）的 c、φ 适用于水库水位降落期
长河坝水电站	汤坝料场	13	2740	98～102 99.8	2.11～2.21 2.16	7.2～9.7 8.5	39.6～47.6 44.2	15.0～117.0 90.2	28.9～31.9 30.2	65.0～140.0 107.6	18.4～22.2 20.7	75.0～102.0 87.4	27.9～30.3 29.2	30	30.7	
毛尔盖水电站	团结桥Ⅰ区	13	1800～2000	98～102 99.8	2.11～2.21 2.16	7.2～9.7 8.5	39.6～47.6 44.2	15.0～117.0 90.2	28.9～31.9 30.2	65.0～140.0 107.6	18.4～22.2 20.7	75.0～102.0 87.4	27.9～30.3 29.2	98～102 99.8	2.11～2.21 2.16	

注 表中数值，横线以上为最小值和最大值，横线以下为平均值。

表 6.3-32　线性抗剪强度参数成果汇总

工程名称	料场名称	测点编号	击实功能 E_c /(kJ/m³)	压实度 D /%	控制密度 ρ_d /(g/cm³)	含水率 W /%	P_5 含量 /%	三轴仪 试验方法 固结排水剪（CD）		固结不排水剪（CU） 总抗剪强度参数		固结不排水剪（CU） 有效抗剪强度参数		直剪仪 固结快剪（R）		备注
								c_d /kPa	φ_d /(°)	c_{cu} /kPa	φ_{cu} /(°)	c' /kPa	φ' /(°)	c /kPa	φ /(°)	
瀑布沟水电站	黑马1区洪积亚区	X平	2740	98	2.32	5.6	51.5	35	38.5	107	29.0	97	36.1	43	33.0	c_d、φ_d以及c'、φ'适用于水库稳定渗流期；c_{cu}、φ_{cu}以及固结快剪（R）的c、φ适用于水库水位降落期
		X1		98	2.36	7.5	49.3	—	—	—	—	—	—	10	32.5	
		P1Y1Z		96	2.28	7.5	48.4	—	—	—	—	—	—	71	27.3	
		P1Y平		96	2.27	7.1	48.9	80	39.5	—	—	—	—	—	—	
		P2Y2Z		94	2.22	7.2	49.4	—	—	—	—	—	—	55	30.0	
		P2Y平		97	2.29	6.5	51.6	90	39.0	—	—	—	—	—	—	
		P3Y2Z		99	2.35	4.6	54.7	—	—	—	—	—	—	50	34.5	
		P3Y平		98	2.33	6.3	51.7	80	39.1	—	—	—	—	—	—	
		P4Y2Z		100	2.37	5.5	55.1	—	—	—	—	—	—	20	33.0	
		P4Y平		99	2.35	5.6	53.9	98	39.0	—	—	—	—	—	—	
		P5Y2Z		97	2.29	5.7	50.2	—	—	—	—	—	—	25	28.8	
		P5Y平		98	2.33	6.0	50.7	96	39.0	—	—	—	—	—	—	
		P6Y2Z		99	2.34	7.3	50.9	—	—	—	—	—	—	30	23.5	
		P6Y平		96	2.28	7.5	50.8	97	39.8	—	—	—	—	—	—	
		P7Y2Z		101	2.40	5.7	50.3	—	—	—	—	—	—	65	25.9	
		P7Y平		100	2.36	5.1	50.7	97	39.0	—	—	—	—	—	—	
		PZB平		98	2.32	6.3	51.0	81	39.0	—	—	—	—	65	26.0	

续表

工程名称	料场名称	测点编号	击实功能 E_c /(kJ/m³)	压实度 D /%	控制密度 ρ_d /(g/cm³)	含水率 W /%	P_5 含量 /%	三轴仪						直剪仪		备注
								试验方法								
								固结排水剪（CD）		固结不排水剪（CU）				固结快剪（R）		
										总抗剪强度参数		有效抗剪强度参数				
								c_d /kPa	φ_d /(°)	c_{cu} /kPa	φ_{cu} /(°)	c' /kPa	φ' /(°)	c /kPa	φ /(°)	
长河坝水电站	汤坝料场	汤坝平均线（可研）	2740	100	2.21	7.2	46.8	15	31.9	—	—	—	—	30	30.7	c_d、φ_d 以及 c'、φ' 适用于水库稳定渗流期；c_{cu}、φ_{cu} 以及固结快剪（R）的 c、φ 适用于水库水位降落期
		C3X平		100	2.18	8.2	47.1	80	30.8	84	20.8	91	29.8	—	—	
		C11X平		99	2.17	8.5	44.2	81	29.9	124	21.3	84	28.2	—	—	
		C1X②-2		102	2.18	8.3	39.6	91	29.2	96	18.4	80	27.9	—	—	
		C1X①-1		100	2.17	9.4	45.5	96	30.4	—	—	—	—	—	—	
		C4X平		99	2.18	8.3	47.6	83	30.7	65	20.7	95	30.3	—	—	
		C6X平1		101	2.12	7.8	40.9	102	29.6	—	—	—	—	—	—	
		C6X平2		101	2.11	8.0	42.0	110	29.8	—	—	—	—	—	—	
		C7X平		100	2.17	8.6	40.7	113	29.5	127	21.4	102	29.1	—	—	
		C8X平		100	2.18	8.4	42.9	117	30.0	132	20.9	81	29.4	—	—	
		C9X②平		98	2.14	9.0	45.7	83	30.8	104	22.2	75	30.2	—	—	
		C10X平		99	2.15	9.7	44.6	102	30.7	140	21.8	99	30.2	—	—	
		C13X平		98	2.17	8.5	47.6	100	28.9	96	18.4	80	27.9	—	—	

续表

工程名称	料场名称	测点编号	击实功能 E_c /(kJ/m³)	压实度 D /%	控制密度 ρ_d /(g/cm³)	含水率 W /%	P_5 含量 /%	三轴仪						直剪仪		备注
								试验方法								
								固结排水剪（CD）		固结不排水剪（CU）				固结快剪（R）		
										总抗剪强度参数		有效抗剪强度参数				
								c_d /kPa	φ_d /(°)	c_{cu} /kPa	φ_{cu} /(°)	c' /kPa	φ' /(°)	c /kPa	φ /(°)	
毛尔盖水电站	团结桥Ⅰ区	E平：①平=55：4	1800	100	2.11	8.8	45.6	73	31.3	116	19.8	74	31.2	55	29.4	c_d、φ_d 以及 c'、φ' 适用于水库稳定渗流期；c_{cu}、φ_{cu} 以及固结快剪（R）的 c、φ 适用于水库水位降落期
		E平：①平=65：3		100	2.02	10.5	35.7	—	—	—	—	—	—	55	27.1	
		E平：①平=45：5		100	2.14	8.0	55.5	—	—	—	—	—	—	85	36.9	
		X2	2000	99	2.04	11.0	41.6	108	31.2	134	21.0	108	31.6	—	—	
		X3		99	2.10	8.1	55.3	99	32.6	—	—	—	—	—	—	
		MX1-2		98	2.03	9.6	39.6	—	—	—	—	—	—	82.5	24.2	
		MX3-4		99	2.05	11.0	33.1	—	—	—	—	—	—	32.5	24.7	
		MX5-6		99	2.06	11.6	37.0	—	—	—	—	—	—	75	27.0	
		MX7-8		97	2.03	11.3	40.8	—	—	—	—	—	—	79.3	25.2	
		MX9-10		100	2.08	11.8	36.2	—	—	—	—	—	—	65	28.4	
		SJ2MX1		98	2.04	12.8	40.6	—	—	—	—	—	—	50	29.7	
		SJ2MX3		99	2.03	12.5	31.1	—	—	—	—	—	—	65	25.2	
		MXSJ2		98	2.04	11.5	40.5	42	34.4	—	—	—	—	67.5	25.8	

表 6.3-33　宽级配防渗土料大三轴剪切试验强度参数（CD）成果统计

工程名称	料场名称	统计组数 n /组	击实功能 E_c /(kJ/m³)	压实度 D /%	控制密度 ρ_d /(g/cm³)	含水率 W /%	P_5 含量 /%	线性抗剪强度参数		模型参数（CD）										
								c_d /kPa	φ_d /(°)	φ_0 /(°)	$\Delta\varphi$ /(°)	K	n	R_f	D	G	F	K_b	m
瀑布沟水电站	黑马1区洪积亚区	9	2740	96.0~100 / 97.8	2.27~2.36 / 2.32	5.1~7.5 / 6.2	48.4~53.9 / 51.1	35~98 / 83.8	38.5~39.8 / 39.1	44.9	3.6	530~1000 / 740	0.38~0.48 / 0.43	0.62~0.76 / 0.72	3.5~5.5 / 4.5	0.30~0.41 / 0.35	0.06~0.13 / 0.10	260~354 / 308	0.34~0.47 / 0.38
长河坝水电站	汤坝料场	12	2740	98~102 / 99.8	2.11~2.18 / 2.16	7.8~9.7 / 8.6	39.6~47.6 / 44.0	80~117 / 96.5	28.9~30.8 / 30.0	37.3~39.7 / 38.4	4.3~6.9 / 5.4	403~492 / 444	0.40~0.44 / 0.42	0.80~0.84 / 0.82	1.5~2.1 / 1.8	0.40~0.44 / 0.43	0.072~0.110 / 0.091	204~290 / 242.8	0.36~0.41 / 0.38
毛尔盖水电站	团结桥Ⅰ区	4	1800~2000	97~100 / 98.8	2.04~2.11 / 2.07	8.1~11.5 / 9.9	40.5~55.3 / 45.8	42~108 / 80.5	31.2~34.4 / 32.4	39.4~40.7 / 39.8	4.2~6.1 / 5.3	293~412 / 355	0.40~0.44 / 0.42	0.75~0.85 / 0.80	1.1~2.3 / 1.5	0.40~0.45 / 0.43	0.04~0.10 / 0.09	204~228 / 214	0.36~0.41 / 0.39

注　表中数据，横线以上为最小值和最大值，横线以下为平均值。

表 6.3-34 宽级配防渗土料大三轴剪切试验强度参数（CD）成果汇总

工程名称	料场名称	测点编号	击实功能 E_c /(kJ/m³)	压实度 D /%	控制密度 ρ_d /(g/cm³)	含水率 W /%	P_5 含量 /%	线性抗剪强度参数		模型参数（CD）										
								c_d /kPa	φ_d /(°)	φ_0 /(°)	$\Delta\varphi$ /(°)	K	n	R_f	D	G	F	K_b	m
瀑布沟水电站	黑马1区洪积亚区	X平	2740	98	2.32	5.6	51.5	35	38.5	—	—	1000	0.38	0.75	4.1	0.39	0.083	—	—
		P1Y平		96	2.27	7.1	48.4	80	39.5	—	—	530	0.4	0.62	3.5	0.41	0.13	321	0.35
		P2Y平		97	2.29	6.5	51.6	90	39	—	—	682	0.48	0.76	4.2	0.34	0.06	298	0.47
		P3Y平		98	2.33	6.3	51.7	80	39.1	—	—	708	0.42	0.75	4.6	0.3	0.08	260	0.35
		P4Y平		99	2.35	5.6	53.9	98	39	—	—	780	0.41	0.74	4.7	0.32	0.1	303	0.34
		P5Y平		98	2.33	6	50.7	96	39	—	—	836	0.45	0.74	5.5	0.32	0.1	293	0.4
		P6Y平		96	2.28	7.5	50.8	97	39.8	—	—	665	0.45	0.7	4.5	0.39	0.11	325	0.41
		P7Y平		100	2.36	5.1	50.7	97	39	—	—	753	0.46	0.74	5.1	0.34	0.1	354	0.37
		PZB平		98	2.32	6.3	51	81	39	44.9	3.6	708	0.44	0.72	4.6	0.35	0.1	308	0.38
长河坝水电站	汤坝料场	C3X平	2740	100	2.18	8.2	47.1	80	30.8	37.6	4.3	471	0.42	0.81	1.9	0.43	0.089	256	0.39
		C11X平		99	2.17	8.5	44.2	81	29.9	39.7	6.9	420	0.42	0.83	1.6	0.44	0.091	258	0.36
		C1X②-2		102	2.18	8.3	39.6	91	29.2	37.3	5.2	435	0.42	0.8	2	0.4	0.072	230	0.4
		C1X①-1		100	2.17	9.4	45.5	96	30.4	38.4	5.1	462	0.41	0.81	1.8	0.41	0.092	207	0.41
		C4X平		99	2.18	8.3	47.6	83	30.7	38.2	4.8	464	0.41	0.8	1.5	0.42	0.074	260	0.4

续表

工程名称	料场名称	测点编号	击实功能 E_c /(kJ/m³)	压实度 D /%	控制密度 ρ_d /(g/cm³)	含水率 W /%	P_5含量 /%	线性抗剪强度参数		模型参数（CD）											
								c_d /kPa	φ_d /(°)	φ_0 /(°)	$\Delta\varphi$ /(°)	K	n	R_f	D	G	F	K_b	m
长河坝水电站	汤坝料场	C6X平1	2740	101	2.12	7.8	40.9	102	29.6	38.2	5.5	460	0.4	0.84	1.9	0.43	0.11	204	0.38
		C6X平2		101	2.11	8	42	110	29.8	39.6	6.3	413	0.41	0.8	2.1	0.43	0.107	220	0.37
		C7X平		100	2.17	8.6	40.7	113	29.5	38.4	5.3	433	0.42	0.83	1.9	0.43	0.102	230	0.36
		C8X平		100	2.18	8.4	42.9	117	30	38	4.7	403	0.43	0.82	2	0.44	0.107	248	0.37
		C9X②平		98	2.14	9	45.7	83	30.8	38.2	4.9	460	0.42	0.82	1.8	0.44	0.083	290	0.37
		C10X平		99	2.15	9.7	44.6	102	30.7	39.3	5.6	492	0.42	0.84	1.7	0.44	0.088	266	0.38
		C13X平		98	2.17	8.5	47.6	100	28.9	38.2	6.2	416	0.44	0.83	1.5	0.42	0.074	245	0.38
毛尔盖水电站	团结桥Ⅰ区	E平：①平=55：45	1800	100	2.11	8.8	45.6	73	31.3	39.6	6.1	412	0.41	0.82	1.5	0.4	0.044	228	0.41
		X2	2000	99	2.04	11	41.6	108	31.2	39.5	5.6	293	0.42	0.78	1.1	0.45	0.1	212	0.4
		X3		99	2.1	8.1	55.3	99	32.6	40.7	5.4	387	0.4	0.75	2.3	0.42	0.1	212	0.38
		MXSJ2		97	2.04	11.5	40.5	42	34.4	39.4	4.2	328	0.44	0.85	1.1	0.43	0.1	204	0.36

较大击实功能情况下，采用饱和固结排水（CD）状态，宽级配砾石土 P_5 含量为 48.4%～55.1%时，土体的线性抗剪强度参数黏聚力 c_d 为 80～117kPa，内摩擦角 φ_d 为 28.9°～30.8°，非线性抗剪强度参数 φ_0 为 37.3°～39.7°，$\Delta\varphi$ 为 4.3°～6.9°，模量系数 K 值为 403～492。较高的模量值有益于防渗料与反滤料之间的协调变形，减少拱效应，同时亦可满足高土石坝对于防渗心墙料的强度要求。

6.3.4.2 变形特性

主要采用压缩试验对宽级配防渗土料进行压缩变形特性的研究，得出不同 P_5 含量下的宽级配防渗土料的压缩特性规律。对瀑布沟水电站、长河坝水电站以及毛尔盖水电站的各压缩试验成果进行统计、汇总归类，成果见表 6.3-35～表 6.3-38。三个代表性工程的宽级配砾石土压缩试验均采用重型击实试验较大击实功能，并采用饱和压缩状态和非饱和状态进行。

表 6.3-35 第一组宽级配防渗土料压缩试验（饱和）成果统计

工程名称			瀑布沟水电站	长河坝水电站	毛尔盖水电站
料场名称			黑马1区洪积亚区	汤坝料场	团结桥Ⅰ区
统计组数 n/组			9	17	13
击实功能 E_c/(kJ/m³)			2740	2740	1800～2000
压实度 D/%			$\frac{94～101}{97}$	$\frac{98～101}{99.4}$	$\frac{97～100}{98.9}$
控制密度 ρ_d/(g/cm³)			$\frac{2.22～2.40}{2.30}$	$\frac{2.08～2.21}{2.16}$	$\frac{2.02～2.14}{2.06}$
含水率 W/%			$\frac{4.8～7.9}{6.5}$	$\frac{5.7～9.9}{8.4}$	$\frac{6.9～12.5}{10.2}$
P_5 含量/%			$\frac{46.9～52.7}{50.2}$	$\frac{40.7～50.7}{45.1}$	$\frac{31.1～62.4}{42.6}$
压缩系数及压缩模量	p=0～0.05MPa	压缩系数 α_v/MPa^{-1}	$\frac{0.0354～0.1580}{0.0893}$	$\frac{0.075～0.321}{0.156}$	$\frac{0.100～0.235}{0.163}$
		压缩模量 E_s/MPa	$\frac{7.7～33.3}{15.6}$	$\frac{3.8～16.7}{8.4}$	$\frac{5.6～12.8}{8.8}$
	p=0.05～0.1MPa	压缩系数 α_v/MPa^{-1}	$\frac{0.0260～0.1380}{0.0689}$	$\frac{0.041～0.102}{0.070}$	$\frac{0.0450～0.148}{0.0839}$
		压缩模量 E_s/MPa	$\frac{8.7～45.4}{22.2}$	$\frac{11.8～30.9}{19.3}$	$\frac{8.9～28.4}{17.1}$
	p=0.1～0.2MPa	压缩系数 α_v/MPa^{-1}	$\frac{0.0190～0.0720}{0.0457}$	$\frac{0.0339～0.0704}{0.0474}$	$\frac{0.0299～0.119}{0.0676}$
		压缩模量 E_s/MPa	$\frac{16.2～62.4}{30.7}$	$\frac{18.4～37.0}{27.6}$	$\frac{10.9～42.7}{22.7}$
	p=0.2～0.4MPa	压缩系数 α_v/MPa^{-1}	$\frac{0.0130～0.0427}{0.0305}$	$\frac{0.0195～0.0486}{0.0329}$	$\frac{0.0240～0.104}{0.0601}$
		压缩模量 E_s/MPa	$\frac{27.9～88.1}{42.9}$	$\frac{26.5～63.3}{39.6}$	$\frac{12.2～52.2}{27.6}$

续表

工　程　名　称			瀑布沟水电站	长河坝水电站	毛尔盖水电站
压缩系数及压缩模量	p=0.4～0.8MPa	压缩系数 α_v/MPa^{-1}	0.0110～0.0287 0.0228	0.0151～0.0368 0.0245	0.0167～0.0568 0.0381
		压缩模量 E_s/MPa	40.3～110.3 56.1	34.7～79.2 53.4	21.9～55.7 35.4
	p=0.8～1.6MPa	压缩系数 α_v/MPa^{-1}	0.0090～0.0249 0.0158	0.0127～0.0255 0.0185	0.0190～0.0303 0.0256
		压缩模量 E_s/MPa	46.0～125.6 78.7	49.6～93.1 68.4	40.3～66.1 50.5
	割线模量 α_v/MPa^{-1}		33.1～88.2 51.1	28.0～66.2 43.6	22.0～49.2 33.6

注　表中数值，横线以上为试验数据的最小值和最大值；横线以下为试验数值均值。

瀑布沟水电站的宽级配砾石土料，当宽级配砾石土 P_5 含量范围为46.9%～52.7%时，饱和与非饱和压缩状态下，宽级配防渗料均具有低压缩性。长河坝水电站，当宽级配砾石土 P_5 含量范围为40.7%～50.7%时，饱和与非饱和压缩状态下，宽级配防渗料亦均具有低压缩性。毛尔盖水电站，当宽级配砾石土 P_5 含量范围为31.1%～62.4%时，饱和与非饱和压缩状态下，宽级配防渗料同样均具有低压缩性。

以上三个工程的宽级配砾石土防渗料，当 P_5 含量范围为31.1%～62.4%时，饱和状态下，按0～1.6MPa的综合压力段评价，该压力段综合压缩模量范围为22.0～88.2MPa，平均值为42.8MPa；非饱和状态下，按0～1.6MPa的综合压力段评价，该压力段综合压缩模量范围为25.8～142.7MPa，平均值为57.4MPa。

6.3.4.3　P_5 含量对强度参数的影响

根据6.3.3节的试验统计数据，对瀑布沟、长河坝以及毛尔盖水电站的 P_5 含量及对应的抗剪强度参数 φ（包括 φ_{cu} 与 φ）及 φ_d（包括 φ_d 与 φ'）值进行了统计，见表6.3-39、图6.3-15。

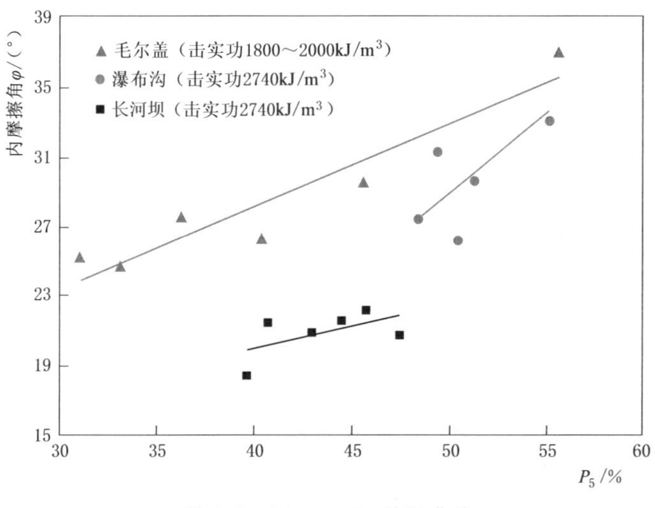

图6.3-15　$\varphi-P_5$ 关系曲线

表 6.3-36　第一组宽级配防渗土料压缩试验（饱和）成果汇总

工程名称	料场名称	测点编号	击实功能 E_c /(kJ/m³)	压实度 D /%	控制密度 ρ_d /(g/cm³)	含水率 W /%	P_5 含量 /%	压缩系数及压缩模量												割线模量 E_s /MPa
								p=0～0.05MPa		p=0.05～0.1MPa		p=0.1～0.2MPa		p=0.2～0.4MPa		p=0.4～0.8MPa		p=0.8～1.6MPa		
								压缩系数 α_v /MPa^{-1}	压缩模量 E_s /MPa	压缩系数 α_v /MPa^{-1}	压缩模量 E_s /MPa	压缩系数 α_v /MPa^{-1}	压缩模量 E_s /MPa	压缩系数 α_v /MPa^{-1}	压缩系数 E_s /MPa	压缩系数 α_v /MPa^{-1}	压缩模量 E_s /MPa	压缩系数 α_v /MPa^{-1}	压缩模量 E_s /MPa	
瀑布沟水电站	黑马1区洪积亚区	X平	2740	98	2.32	5.6	51.5	0.075	15.8	0.033	36.3	0.019	62.4	0.013	88.1	0.011	110.3	0.009	125.6	88.2
		P1Y1Y		96	2.28	7.9	46.9	0.106	11.2	0.104	11.3	0.072	16.2	0.0403	28.8	0.0287	40.3	0.0249	46.0	33.1
		P2Y2Y		94	2.22	6.6	49.4	0.158	7.7	0.138	8.7	0.070	17.2	0.0427	27.9	0.0246	48.2	0.0148	79.6	37.4
		P3Y1Y		97	2.30	7.9	48.7	0.0605	19.6	0.0411	28.8	0.0366	32.3	0.0321	36.7	0.0274	42.7	0.0171	68.1	46.4
		P4Y1Y		98	2.33	4.8	52.7	0.0354	33.3	0.0260	45.4	0.0247	47.7	0.0229	51.3	0.0186	62.9	0.0119	97.6	69.8
		P5Y2Y		97	2.29	5.7	50.2	0.106	11.4	0.0720	16.7	0.0467	25.6	0.0338	35.3	0.0215	55.0	0.0147	79.9	48.2
		P6Y1Y		94	2.23	7.8	50.7	0.106	11.6	0.0582	21.0	0.0427	28.6	0.0286	42.6	0.0216	56.0	0.0150	79.9	50.4
		P7Y2Y		101	2.40	5.7	50.3	0.0763	15.1	0.0682	16.8	0.0495	23.1	0.0309	36.8	0.0265	42.8	0.0185	60.7	41.8
		PYB平		98	2.32	6.3	51.2	0.0807	14.6	0.0800	14.7	0.0500	23.5	0.0300	38.9	0.0250	46.5	0.0163	70.9	44.9
长河坝水电站	汤坝料场	C12X平		100	2.21	7.2	46.8	0.0745	13.4	0.0491	25.3	0.0391	36.1	0.0195	63.3	0.0156	79.2	0.0134	91.3	66.2
		C9X②平均		98	2.14	9.0	45.5	0.129	7.8	0.0641	20.2	0.0393	32.9	0.0294	43.9	0.0222	57.7	0.0182	70.0	48.4
		C3X①-2		101	2.18	9.6	41.3	0.187	6.5	0.0950	12.7	0.0597	20.2	0.0370	32.4	0.0286	41.5	0.0196	59.6	35.6
		C3X②-8		100	2.19	7.8	50.2	0.146	8.3	0.0748	16.1	0.0455	26.5	0.0243	49.4	0.0151	79.0	0.0127	93.1	52.7
		C4X①平		100	2.11	8.4	45.1	0.138	9.1	0.0720	17.4	0.0490	25.5	0.0334	37.3	0.0234	52.7	0.0187	65.1	44.0
		C4X②平		98	2.12	7.6	48.4	0.100	12.5	0.0831	15.0	0.0441	28.3	0.0331	37.5	0.0208	59.3	0.0161	75.5	49.1
		C6X①平		100	2.08	7.8	40.9	0.1325	7.5	0.0858	15.2	0.0704	18.4	0.0486	26.5	0.0368	34.7	0.0255	49.6	33.2
		C6X②平		101	2.11	8.0	42.0	0.0773	16.7	0.0488	26.4	0.0524	24.5	0.0422	30.2	0.0320	39.4	0.0227	54.8	28.0
		C7X平		100	2.17	8.6	40.7	0.1028	12.3	0.0407	30.9	0.0339	37.0	0.0295	42.4	0.0238	52.1	0.0184	66.7	49.4
		C8X平		100	2.18	8.4	42.9	0.174	7.2	0.0763	16.3	0.0489	25.4	0.0336	36.7	0.0238	51.5	0.0181	66.7	41.9
		C9X①平		98	2.15	9.1	44.5	0.1126	8.9	0.0432	29.9	0.0348	37.0	0.0251	51.3	0.0218	58.8	0.0193	66.1	51.9

续表

工程名称	料场名称	测点编号	击实功能 E_c /(kJ/m³)	压实度 D /%	控制密度 ρ_d /(g/cm³)	含水率 W /%	P_5 含量 /%	压缩系数及压缩模量												割线模量 E_s /MPa
								p=0～0.05MPa		p=0.05～0.1MPa		p=0.1～0.2MPa		p=0.2～0.4MPa		p=0.4～0.8MPa		p=0.8～1.6MPa		
								压缩系数 α_v /MPa^{-1}	压缩模量 E_s /MPa	压缩系数 α_v /MPa^{-1}	压缩模量 E_s /MPa	压缩系数 α_v /MPa^{-1}	压缩模量 E_s /MPa	压缩系数 α_v /MPa^{-1}	压缩系数 E_s /MPa	压缩系数 α_v /MPa^{-1}	压缩模量 E_s /MPa	压缩系数 α_v /MPa^{-1}	压缩模量 E_s /MPa	
长河坝水电站	汤坝料场	C10X①平	2740	99	2.16	9.9	41.6	0.176	7.2	0.0567	22.2	0.0444	28.5	0.0373	33.6	0.0309	40.4	0.0238	51.8	36.9
		C10X②平		98	2.17	9.0	49.3	0.223	5.7	0.069	18.2	0.042	29.9	0.037	33.8	0.027	46.3	0.020	61.1	38.1
		C11X①平		99	2.15	9.3	42.2	0.177	5.7	0.0713	18.0	0.0427	30.0	0.0282	45.2	0.0213	59.7	0.0164	77.2	47.0
		C11X②平		100	2.18	8.2	47.2	0.220	4.5	0.0864	14.5	0.0485	25.8	0.0295	42.3	0.0208	59.7	0.0155	79.3	43.1
		C13X平		98	2.17	8.5	47.6	0.167	6.0	0.0713	17.5	0.0561	22.1	0.0348	35.5	0.0216	56.8	0.0148	82.2	44.6
毛尔盖水电站	团结桥Ⅰ区	E平：①平=55：45	1800～2000	100	2.11	8.8	45.6	0.116	11.0	0.053	24.4	0.041	31.6	0.036	36.0	0.027	48.2	0.021	61.7	43.6
		E平：①平=65：35		100	2.02	10.5	35.7	0.158	8.4	0.109	12.2	0.077	17.2	0.098	13.6	0.049	27.2	0.029	45.7	25.4
		E平：①平=45：55		100	2.14	8.0	55.5	0.101	12.5	0.052	24.2	0.033	38.7	0.024	52.2	0.023	54.9	0.019	66.1	49.2
		X2		99	2.04	11.0	41.6	0.191	6.9	0.0706	18.6	0.0519	25.2	0.0359	36.3	0.0306	42.2	0.0236	53.9	37.3
		X3		99	2.10	8.1	55.3	0.100	12.8	0.0614	20.9	0.0411	31.1	0.0279	45.7	0.0227	55.7	0.0195	63.9	49.1
		X3下		98	2.11	6.9	62.4	0.123	10.4	0.0450	28.4	0.0299	42.7	0.0245	52.1	0.0240	52.8	0.0216	58.3	47.8
		MX1-2		98	2.03	9.6	39.6	0.134	9.9	0.0945	14.0	0.0759	17.3	0.0686	18.9	0.0525	24.3	0.0302	41.5	27.3
		MX3-4		99	2.05	11.0	33.1	0.177	7.4	0.0748	17.5	0.0673	19.4	0.0647	20.1	0.0444	29.0	0.0262	48.4	29.7
		MX5-6		99	2.06	11.6	37.0	0.192	8.8	0.0816	13.8	0.0867	14.8	0.0815	15.6	0.0515	24.2	0.0298	41.0	25.2
		MX7-8		97	2.03	11.3	40.8	0.235	5.6	0.148	8.9	0.119	10.9	0.0776	16.6	0.0491	25.8	0.0280	44.5	24.0
		MX9-10		100	2.08	11.8	36.2	0.210	6.2	0.118	11.0	0.114	11.4	0.104	12.2	0.0568	21.9	0.0303	40.3	22.0
		SJ2MX3		99	2.03	12.5	31.1	0.198	6.6	0.0829	15.7	0.0621	18.6	0.0691	20.9	0.0167	27.1	0.0273	45.6	28.2
		MXSJ2		98	2.04	11.5	40.5	0.180	7.4	0.100	13.2	0.080	16.4	0.070	18.6	0.0475	27.1	0.0275	46.1	27.5

表 6.3-37　第二组宽级配防渗土料压缩试验（非饱和）成果统计

工程名称			瀑布沟水电站	长河坝水电站	毛尔盖水电站
料场名称			黑马1区洪积亚区	汤坝料场	团结桥Ⅰ区
统计组数 n/组			9	17	10
击实功能 E_c/(kJ/m^3)			2740	2740	2000
压实度 D/%			95.0～100.0 98.4	98.0～101.0 99.5	97.0～100.0 98.6
控制密度 ρ_d/(g/cm^3)			2.26～2.38 2.34	2.08～2.21 2.16	2.03～2.11 2.06
含水率 W/%			4.2～8.0 5.9	5.7～9.9 8.2	6.9～12.5 10.5
P_5 含量/%			44.6～57.1 52.1	40.7～50.7 45.4	31.1～62.4 41.8
压缩系数及压缩模量	p=0～0.05MPa	压缩系数 α_v/MPa^{-1}	0.0390～0.159 0.0742	0.0393～0.1760 0.0862	0.0487～0.4800 0.1507
		压缩模量 E_s/MPa	7.3～30.0 19.6	6.9～32.9 16.3	2.8～26.4 12.3
	p=0.05～0.1MPa	压缩系数 α_v/MPa^{-1}	0.0154～0.0993 0.0476	0.0300～0.0790 0.0493	0.0349～0.1090 0.0745
		压缩模量 E_s/MPa	11.9～75.6 35.9	15.3～43.0 27.8	11.9～36.7 19.5
	p=0.1～0.2MPa	压缩系数 α_v/MPa^{-1}	0.0119～0.0645 0.0288	0.0243～0.0474 0.0347	0.0307～0.0809 0.0605
		压缩模量 E_s/MPa	18.3～97.9 50.9	26.3～50.0 37.6	16.1～41.7 23.7
	p=0.2～0.4MPa	压缩系数 α_v/MPa^{-1}	0.0084～0.0347 0.0188	0.0171～0.0320 0.0239	0.0237～0.0771 0.0489
		压缩模量 E_s/MPa	33.8～138.4 74.5	38.9～72.3 54.2	16.7～53.9 30.0
	p=0.4～0.8MPa	压缩系数 α_v/MPa^{-1}	0.0069～0.0289 0.0150	0.0120～0.0280 0.0190	0.0210～0.0566 0.0387
		压缩模量 E_s/MPa	40.4～167.2 94.5	44.9～103.4 68.8	22.3～60.1 36.2
	p=0.8～1.6MPa	压缩系数 α_v/MPa^{-1}	0.0059～0.0217 0.0111	0.0113～0.0250 0.0169	0.0190～0.0313 0.0258
		压缩模量 E_s/MPa	53.2～194.4 116.2	50.5～109.2 77.1	39.5～65.0 50.0
	割线模量/MPa		36.0～142.7 78.3	42.8～80.2 58.2	25.8～52.7 35.6

注　表中数值，横线以上为试验数据最小值和最大值；横线以下为试验数值均值。

表 6.3-38 第二组宽级配防渗土料压缩试验（非饱和）成果汇总

工程名称	料场名称	测点编号	击实功能 E_c /(kJ/m³)	压实度 D /%	控制密度 ρ_d /(g/cm³)	含水率 W /%	P_5 含量 /%	压缩试验 $p=0\sim0.05$MPa 压缩系数 α_v /MPa⁻¹	$p=0\sim0.05$MPa 压缩模量 E_s /MPa	$p=0.05\sim0.1$MPa 压缩系数 α_v /MPa⁻¹	$p=0.05\sim0.1$MPa 压缩模量 E_s /MPa	$p=0.1\sim0.2$MPa 压缩系数 α_v /MPa⁻¹	$p=0.1\sim0.2$MPa 压缩模量 E_s /MPa	$p=0.2\sim0.4$MPa 压缩系数 α_v /MPa⁻¹	$p=0.2\sim0.4$MPa 压缩系数 E_s /MPa	$p=0.4\sim0.8$MPa 压缩系数 α_v /MPa⁻¹	$p=0.4\sim0.8$MPa 压缩模量 E_s /MPa	$p=0.8\sim1.6$MPa 压缩系数 α_v /MPa⁻¹	$p=0.8\sim1.6$MPa 压缩模量 E_s /MPa	割线模量 /MPa
瀑布沟水电站	黑马1区洪积亚区	X平	2740	98	2.32	5.6	51.5	0.039	30.0	0.038	31.0	0.023	50.4	0.014	83.5	0.012	102.1	0.008	138.0	94.1
		P1Y2Y		95	2.26	8.0	44.6	0.110	10.8	0.0993	11.9	0.0645	18.3	0.0347	33.8	0.0289	40.4	0.0217	53.2	36.0
		P2Y1Y		99	2.36	5.5	57.1	0.0972	11.8	0.0925	12.3	0.0330	34.4	0.0161	70.4	0.0136	83.0	0.0093	120.2	63.2
		P3Y2Y		99	2.35	4.2	55.9	0.0445	26.2	0.0154	75.6	0.0119	97.9	0.0084	138.4	0.0070	166.4	0.0087	133.5	110.0
		P4Y2Y		100	2.37	5.3	55.9	0.0441	26.3	0.0188	61.7	0.0129	89.9	0.00901	128.2	0.0069	167.2	0.00592	194.4	142.7
		P5Y1Y		100	2.38	6.4	51.2	0.159	7.3	0.0503	22.9	0.0325	35.4	0.0212	54.1	0.0150	76.2	0.0120	94.3	54.6
		P6Y2Y		99	2.34	7.3	50.9	0.0705	16.6	0.0241	48.4	0.0234	49.9	0.0197	58.9	0.0136	85.3	0.0104	110.7	75.1
		P7Y1Y		98	2.32	4.5	51.1	0.0432	27.6	0.0298	39.9	0.0278	42.6	0.0265	44.7	0.0228	51.6	0.0138	85.0	59.5
		PYT平		98	2.34	6.0	50.7	0.0607	19.5	0.0600	19.6	0.0300	39.2	0.0200	58.6	0.0150	77.9	0.0100	116.2	69.9
长河坝水电站	汤坝料场	平均线（研）		100	2.21	7.2	46.8	0.0433	28.1	0.0346	35.2	0.0243	50.0	0.0189	64.5	0.0168	72.6	0.0130	93.5	72.0
		C9X②平		98	2.14	9.0	45.5	0.0531	18.8	0.0483	26.9	0.0367	35.4	0.0209	61.8	0.0175	73.7	0.0165	78.0	63.3
		C3X①-2		101	2.18	9.6	41.3	0.0907	13.5	0.0682	17.8	0.0444	27.3	0.0306	39.4	0.0226	53.0	0.0179	66.1	46.6
		C3X②-8		100	2.19	7.8	50.2	0.176	6.9	0.0790	15.3	0.0423	28.4	0.0235	50.9	0.0173	68.8	0.0124	95.2	50.0
		C4X①平		100	2.11	8.4	45.1	0.156	8.0	0.0759	16.5	0.046	27.2	0.0299	41.5	0.0208	59.4	0.0178	68.5	45.0
		C4X②平		98	2.12	7.6	48.4	0.0827	15.2	0.0388	32.3	0.0327	38.2	0.0202	61.7	0.0120	103.4	0.0113	109.2	74.6
		C5X平		100	2.18	5.7	50.7	0.0733	16.5	0.0594	20.4	0.0364	33.1	0.0245	49.0	0.0205	58.1	0.0196	59.9	49.8
		C6X①平		100	2.08	7.8	40.9	0.0880	14.8	0.0436	29.8	0.0340	38.2	0.0239	54.2	0.0206	62.3	0.0207	61.4	52.3
		C6X②平		101	2.11	8.0	42.0	0.0393	32.9	0.0300	43.0	0.0273	47.1	0.0229	56.0	0.0221	57.7	0.0237	52.9	53.1

续表

工程名称	料场名称	测点编号	击实功能 E_c /(kJ/m^3)	压实度 D /%	控制密度 ρ_d /(g/cm^3)	含水率 W /%	P_5 含量 /%	压缩试验												割线模量 /MPa
								p=0～0.05MPa		p=0.05～0.1MPa		p=0.1～0.2MPa		p=0.2～0.4MPa		p=0.4～0.8MPa		p=0.8～1.6MPa		
								压缩系数 α_v /MPa^{-1}	压缩模量 E_s /MPa	压缩系数 α_v /MPa^{-1}	压缩模量 E_s /MPa	压缩系数 α_v /MPa^{-1}	压缩模量 E_s /MPa	压缩系数 α_v /MPa^{-1}	压缩系数 E_s /MPa	压缩系数 α_v /MPa^{-1}	压缩模量 E_s /MPa	压缩系数 α_v /MPa^{-1}	压缩模量 E_s /MPa	
长河坝水电站	汤坝料场	C7X 平	2740	100	2.17	8.6	40.7	0.1005	12.6	0.0551	22.9	0.0395	31.8	0.0278	45.0	0.0208	59.8	0.0168	72.9	52.0
		C8X 平均		100	2.18	8.4	42.9	0.173	7.3	0.0697	17.9	0.0474	26.3	0.0314	39.5	0.0235	52.5	0.0179	68.2	42.8
		C9X①平均		98	2.15	9.1	44.5	0.0662	15.1	0.0477	27.1	0.0328	39.4	0.0220	58.4	0.0177	72.6	0.0157	81.2	62.9
		C10X①平		99	2.16	9.9	41.6	0.064	19.8	0.036	35.6	0.034	37.2	0.032	38.9	0.028	44.9	0.025	50.5	44.1
		C10X②平		98	2.17	9.0	49.3	0.081	15.6	0.042	30.2	0.031	40.4	0.023	54.4	0.021	60.4	0.020	63.5	53.2
		C11X②平		100	2.18	8.2	47.2	0.0718	13.9	0.0382	33.1	0.0271	46.5	0.0180	70.0	0.0141	88.8	0.0152	82.2	67.5
		C12X 平		100	2.21	7.2	46.8	0.0498	20.1	0.0349	35.6	0.0250	49.6	0.0171	72.3	0.0145	85.5	0.0124	99.5	79.7
		C13X 平		98	2.17	8.5	47.6	0.056	17.8	0.0375	33.4	0.0293	42.6	0.0194	64.3	0.0130	95.3	0.0114	108.1	80.2
毛尔盖水电站	团结桥Ⅰ区	X2	2000	99	2.04	11.0	41.6	0.0792	16.7	0.0715	18.5	0.0463	28.4	0.0402	32.5	0.0292	44.4	0.0209	61.2	43.4
		X3		99	2.10	8.1	55.3	0.122	10.5	0.0459	27.9	0.0344	37.1	0.0243	52.3	0.0210	60.1	0.0190	65.8	51.6
		X3 下		98	2.11	6.9	62.4	0.0487	26.4	0.0349	36.7	0.0307	41.7	0.0237	53.9	0.0247	51.6	0.0222	56.8	52.7
		MX1－2		98	2.03	9.6	39.6	0.130	10.2	0.0787	16.8	0.0706	18.6	0.0571	22.8	0.0431	29.8	0.0287	43.8	30.8
		MX3－4		99	2.05	11.0	33.1	0.224	5.9	0.109	11.9	0.0711	18.3	0.0468	27.7	0.0355	36.2	0.0239	53.1	31.9
		MX5－6		99	2.06	11.6	37.0	0.129	10.1	0.0725	17.9	0.0689	18.7	0.0607	21.0	0.0516	24.3	0.0305	40.4	28.2
		MX7－8		97	2.03	11.3	40.8	0.0893	14.9	0.0838	15.8	0.0678	19.5	0.0573	22.8	0.0465	27.8	0.0292	43.3	31.0
		MX9－10		100	2.08	11.8	36.2	0.0896	13.6	0.0959	14.7	0.0809	16.1	0.0771	16.7	0.0566	22.3	0.0313	39.5	26.3
		SJ2MX3		99	2.03	12.5	31.1	0.115	11.4	0.0725	18.1	0.0641	20.4	0.0521	24.8	0.0388	33.0	0.0260	48.3	34.1
		MXSJ2		98	2.04	11.5	40.5	0.480	2.8	0.080	16.3	0.070	18.5	0.05	25.8	0.04	32.0	0.0263	48.1	25.8

表 6.3-39 P_5 含量与强度参数成果表

瀑布沟（击实功 2740kJ/m³）				长河坝（击实功 2740kJ/m³）				毛尔盖（击实功 1800～2000kJ/m³）			
P_5/%		φ/(°)		P_5/%		φ/(°)		P_5/%		φ/(°)	
试验值	平均值	试验值	平均值	试验值	平均值	试验值	平均值	试验值	平均值	试验值	平均值
48.4	48.4	27.3	27.3	39.6	39.6	18.4	18.4	31.1	31.1	25.2	25.2
49.3	49.4	32.5	31.3	40.7	40.7	21.4	21.4	33.1	33.1	24.7	24.7
49.4		30		42.9	42.9	20.9	20.9	35.7	36.3	27.1	27.5
50.2	50.5	28.8	26.1	44.2	44.4	21.3	21.6	36.2		28.4	
50.3		25.9		44.6		21.8		37		27	
50.9		23.5		45.7	45.7	22.2	22.2	39.6	40.4	24.2	26.2
51	51.3	26	29.5	47.1	47.4	20.8	20.8	40.5		25.8	
51.5		33		47.6		20.7		40.6		29.7	
54.7	54.7	34.5	34.5	—	—	—	—	40.8		25.2	
55.1	55.1	33	33	—	—	—	—	45.6	45.6	29.4	29.4
—	—	—	—	—	—	—	—	55.5	55.5	36.9	36.9

图 6.3-15 显示，宽级配砾石土 P_5 含量在 30%～60%范围变化时，瀑布沟、长河坝及毛尔盖宽级配砾石土的抗剪强度参数 φ 均随着 P_5 含量的增大而增大，这说明 P_5 含量在此区间变化时宽级配砾石土的抗剪强度主要取决于粗、细料的共同作用，并随 P_5 含量的增加显著增大。按设计一般要求宽级配砾石土 P_5 含量在 30%～55%范围变化时，抗剪强度参数 φ 变化范围为 23.5°～34.5°，平均值为 29.4°。

在同一 P_5 含量情况下，击实功能为 1800～2000kJ/m³ 的毛尔盖宽级配砾石土的抗剪强度大于击实功能为 2740kJ/m³ 的瀑布沟和长河坝的砾石土抗剪强度，就抗剪强度大小而言，毛尔盖砾石土最大，瀑布沟砾石土次之，长河坝砾石土最小。由此可知，击实功能是决定宽级配砾石土抗剪强度的一个重要因素，但决定性的还是粗料砾石料颗粒本身特性对抗剪强度的影响，成果说明毛尔盖砾石土中砾石料坚硬，级配好，强度最高；瀑布沟的次之，长河坝砾石料较软，强度最低。

表 6.3-40、图 6.3-16 显示，当宽级配砾石土 P_5 含量在 35%～60%范围变化时，长河坝与毛尔盖宽级配砾石土的抗剪强度参数 φ_d 均随着 P_5 含量的增大而增大，这同样说明 P_5 含量在此区间变化时宽级配砾石土的抗剪强度主要取决于粗、细料的共同作用，并随粗料含量的增加显著增大，该规律与 φ_d 随 P_5 变化的规律相同。瀑布沟由于 P_5 含量范围窄，φ_d 值变化范围小，随 P_5 变化规律不大明显。

设计一般要求宽级配砾石土 P_5 含量在 30%～55%范围变化，此时，抗剪强度参数 φ_d 为 36.1°～39.8°，平均值为 38.8°。

根据前节的试验数据，对瀑布沟、长河坝以及毛尔盖水电站的饱和状态、非饱和状态下 P_5 含量及对应的综合压缩模量 E_s 进行了统计，成果见表 6.3-41、表 6.3-42、图 6.3-17。

表 6.3-40　　P_5 与 φ_d 关系试验成果

瀑布沟（击实功 2740kJ/m³）				长河坝（击实功 2740kJ/m³）				毛尔盖（击实功 1800～2000kJ/m³）			
P_5/%		φ_d/(°)		P_5/%		φ_d/(°)		P_5/%		φ_d/(°)	
试验值	平均值	试验值	平均值	试验值	平均值	试验值	平均值	试验值	平均值	试验值	平均值
48.9	48.9	39.5	39.5	39.6	39.6	29.2	29.2	40.5	40.5	34.4	34.4
50.7	50.8	39.0	39.4	40.7	40.8	29.5	29.6	41.6	41.6	31.2	31.2
50.8		39.8		40.9		29.6		45.6	45.6	31.3	31.3
51.0	51.5	39.0	38.9	42	42.5	29.8	29.9	55.3	55.3	32.6	32.6
51.5		38.5		42.9		30		—	—	—	—
51.6		39.0		44.2	45.0	29.9	30.5	—	—	—	—
51.7		39.1		44.6		30.7		—	—	—	—
53.9	53.9	39.0	39.0	45.5		30.4		—	—	—	—
—	—	—	—	45.7		30.8		—	—	—	—
—	—	—	—	46.8	47.2	31.9	31.1	—	—	—	—
—	—	—	—	47.6		30.7		—	—	—	—
—	—	—	—	47.1		30.8		—	—	—	—

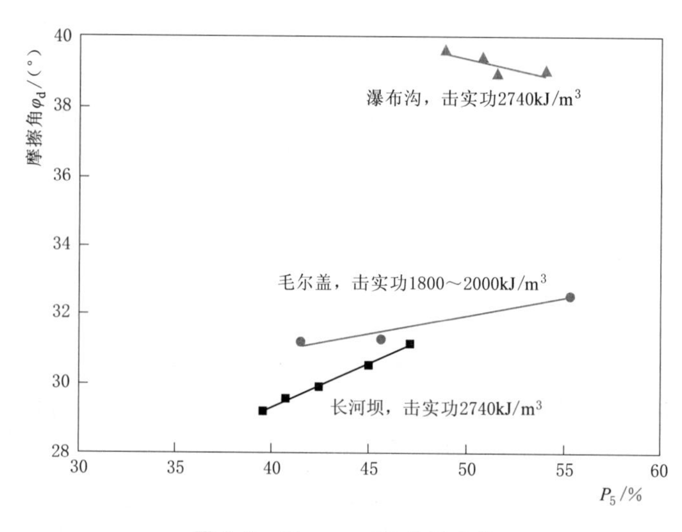

图 6.3-16　φ_d - P_5 关系曲线

由图 6.3-17 可知，当宽级配砾石土 P_5 含量在 30%～65%范围变化时，饱和及非饱和状态下瀑布沟、长河坝及毛尔盖宽级配砾石土的综合压缩模量 E_s 均随着 P_5 含量的增大而增大，这说明 P_5 含量在此区间变化时宽级配砾石土的压缩模量主要取决于粗、细料的共同作用，并随粗料含量的增加显著增大。

在三个工程中，单一工程的宽级配砾石土，随着 P_5 含量逐渐增加，饱和与非饱和状态的压缩模量以近乎平行的增长趋势线逐渐增大，这说明饱和与非饱和状态下压缩模量，随着 P_5 含量的增加，按相应比例呈等量增加趋势。

表 6.3-41　　P_5 含量与综合压缩模量 E_s（饱和）关系成果表

<table>
<tr><th colspan="4">瀑布沟（击实功 2740kJ/m³）</th><th colspan="4">长河坝（击实功 2740kJ/m³）</th><th colspan="4">毛尔盖（击实功 1800～2000kJ/m³）</th></tr>
<tr><th colspan="2">P_5/%</th><th colspan="2">E_s（饱和）/MPa</th><th colspan="2">P_5/%</th><th colspan="2">E_s（饱和）/MPa</th><th colspan="2">P_5/%</th><th colspan="2">E_s（饱和）/MPa</th></tr>
<tr><th>试验值</th><th>平均值</th><th>试验值</th><th>平均值</th><th>试验值</th><th>平均值</th><th>试验值</th><th>平均值</th><th>试验值</th><th>平均值</th><th>试验值</th><th>平均值</th></tr>
<tr><td>46.9</td><td>46.9</td><td>33.1</td><td>33.1</td><td>40.7</td><td rowspan="5">41.3</td><td>49.4</td><td rowspan="5">36.6</td><td>31.1</td><td>31.1</td><td>28.2</td><td>28.2</td></tr>
<tr><td>48.7</td><td>48.7</td><td>46.4</td><td>46.4</td><td>40.9</td><td>33.2</td><td>33.1</td><td>33.1</td><td>29.7</td><td>29.7</td></tr>
<tr><td>49.4</td><td>49.4</td><td>37.4</td><td>37.4</td><td>41.3</td><td>35.6</td><td>35.7</td><td rowspan="3">35.7</td><td>25.4</td><td rowspan="3">25.4</td></tr>
<tr><td>50.2</td><td rowspan="3">50.4</td><td>48.2</td><td rowspan="3">46.8</td><td>41.6</td><td>36.9</td><td>36.2</td><td>22</td></tr>
<tr><td>50.3</td><td>41.8</td><td>42</td><td>28</td><td>37</td><td>25.2</td></tr>
<tr><td>50.7</td><td>50.4</td><td>42.2</td><td rowspan="2">42.6</td><td>47</td><td rowspan="2">44.5</td><td>39.6</td><td rowspan="3">40.3</td><td>27.3</td><td rowspan="3">26.3</td></tr>
<tr><td>51.2</td><td rowspan="2">51.4</td><td>44.9</td><td rowspan="2">66.6</td><td>42.9</td><td>41.9</td><td>40.5</td><td>27.5</td></tr>
<tr><td>51.5</td><td>88.2</td><td>44.5</td><td rowspan="3">45.0</td><td>51.9</td><td rowspan="3">48.1</td><td>40.8</td><td>24</td></tr>
<tr><td>52.7</td><td>52.7</td><td>69.8</td><td>69.8</td><td>45.1</td><td>44</td><td>41.6</td><td>41.6</td><td>37.3</td><td>37.3</td></tr>
<tr><td>—</td><td>—</td><td>—</td><td>—</td><td>45.5</td><td>48.4</td><td>45.6</td><td>45.6</td><td>43.6</td><td>43.6</td></tr>
<tr><td>—</td><td>—</td><td>—</td><td>—</td><td>46.8</td><td rowspan="3">47.2</td><td>66.2</td><td rowspan="3">51.3</td><td>55.3</td><td rowspan="2">55.4</td><td>49.1</td><td rowspan="2">49.2</td></tr>
<tr><td>—</td><td>—</td><td>—</td><td>—</td><td>47.2</td><td>43.1</td><td>55.5</td><td>49.2</td></tr>
<tr><td>—</td><td>—</td><td>—</td><td>—</td><td>47.6</td><td>44.6</td><td>62.4</td><td>62.4</td><td>47.8</td><td>47.8</td></tr>
<tr><td>—</td><td>—</td><td>—</td><td>—</td><td>48.4</td><td rowspan="2">48.9</td><td>49.1</td><td rowspan="2">43.6</td><td>—</td><td>—</td><td>—</td><td>—</td></tr>
<tr><td>—</td><td>—</td><td>—</td><td>—</td><td>49.3</td><td>38.1</td><td>—</td><td>—</td><td>—</td><td>—</td></tr>
<tr><td>—</td><td>—</td><td>—</td><td>—</td><td>50.2</td><td>50.2</td><td>52.7</td><td>52.7</td><td>—</td><td>—</td><td>—</td><td>—</td></tr>
</table>

表 6.3-42　　P_5 含量与综合压缩模量 E_s（非饱和）关系成果表

<table>
<tr><th colspan="4">瀑布沟（击实功 2740kJ/m³）</th><th colspan="4">长河坝（击实功 2740kJ/m³）</th><th colspan="4">毛尔盖（击实功 1800～2000kJ/m³）</th></tr>
<tr><th colspan="2">P_5/%</th><th colspan="2">E_s（非饱和）/MPa</th><th colspan="2">P_5/%</th><th colspan="2">E_s（非饱和）/MPa</th><th colspan="2">P_5/%</th><th colspan="2">E_s（非饱和）/MPa</th></tr>
<tr><th>试验值</th><th>平均值</th><th>试验值</th><th>平均值</th><th>试验值</th><th>平均值</th><th>试验值</th><th>平均值</th><th>试验值</th><th>平均值</th><th>试验值</th><th>平均值</th></tr>
<tr><td>44.6</td><td>44.6</td><td>36</td><td>36</td><td>40.7</td><td rowspan="5">41.1</td><td>52</td><td rowspan="5">48.8</td><td>31.1</td><td>31.1</td><td>34.1</td><td>34.1</td></tr>
<tr><td rowspan="2">50.7</td><td rowspan="3">50.8</td><td rowspan="2">69.9</td><td rowspan="3">72.5</td><td>40.9</td><td>52.3</td><td rowspan="2">33.1</td><td rowspan="2">33.1</td><td rowspan="2">31.9</td><td rowspan="2">31.9</td></tr>
<tr><td>41.3</td><td>46.6</td></tr>
<tr><td>50.9</td><td>75.1</td><td>41.3</td><td>46.6</td><td>36.2</td><td rowspan="2">36.6</td><td>26.3</td><td rowspan="2">27.3</td></tr>
<tr><td>51.1</td><td rowspan="3">51.3</td><td>59.5</td><td rowspan="3">69.4</td><td>41.6</td><td>44.1</td><td>37</td><td>28.2</td></tr>
<tr><td>51.2</td><td>54.6</td><td>42</td><td rowspan="2">42.5</td><td>53.1</td><td rowspan="2">48.0</td><td>39.6</td><td rowspan="3">40.3</td><td>30.8</td><td rowspan="3">29.2</td></tr>
<tr><td>51.5</td><td>94.1</td><td>42.9</td><td>42.8</td><td>40.5</td><td>25.8</td></tr>
<tr><td>55.9</td><td>55.9</td><td>110</td><td>110</td><td>44.5</td><td rowspan="3">45.0</td><td>62.9</td><td rowspan="3">57.1</td><td>40.8</td><td>31</td></tr>
<tr><td>57.1</td><td>57.1</td><td>63.2</td><td>63.2</td><td>45.1</td><td>45</td><td>41.6</td><td>41.6</td><td>43.4</td><td>43.4</td></tr>
<tr><td>—</td><td>—</td><td>—</td><td>—</td><td>45.5</td><td>63.3</td><td>55.3</td><td>55.3</td><td>51.6</td><td>51.6</td></tr>
<tr><td>—</td><td>—</td><td>—</td><td>—</td><td>46.8</td><td rowspan="4">47.1</td><td>72</td><td rowspan="4">74.9</td><td>62.4</td><td>62.4</td><td>52.7</td><td>52.7</td></tr>
<tr><td>—</td><td>—</td><td>—</td><td>—</td><td>46.8</td><td>79.7</td><td>—</td><td>—</td><td>—</td><td>—</td></tr>
<tr><td>—</td><td>—</td><td>—</td><td>—</td><td>47.2</td><td>67.5</td><td>—</td><td>—</td><td>—</td><td>—</td></tr>
<tr><td>—</td><td>—</td><td>—</td><td>—</td><td>47.6</td><td>80.2</td><td>—</td><td>—</td><td>—</td><td>—</td></tr>
</table>

续表

瀑布沟（击实功 2740kJ/m³）				长河坝（击实功 2740kJ/m³）				毛尔盖（击实功 1800～2000kJ/m³）			
P_5/%		E_s（非饱和）/MPa		P_5/%		E_s（非饱和）/MPa		P_5/%		E_s（非饱和）/MPa	
试验值	平均值	试验值	平均值	试验值	平均值	试验值	平均值	试验值	平均值	试验值	平均值
—	—	—	—	48.4	48.9	74.6	63.9	—	—	—	—
—	—	—	—	49.3		53.2		—	—	—	—
—	—	—	—	50.2	50.5	50	49.9	—	—	—	—
—	—	—	—	50.7		49.8		—	—	—	—

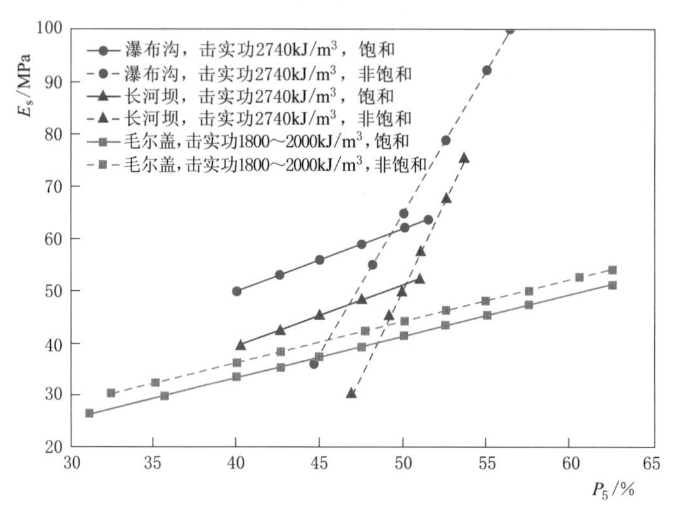

图 6.3-17　E_s-P_5 关系曲线

对于三个不同工程，在 P_5 含量由 45%变化到 53%时，瀑布沟模量增长幅度最大，长河坝次之，毛尔盖最小，这与瀑布沟、长河坝及毛尔盖的控制密度大小一致，根据综合压缩模量 E_s 的计算公式可以推知模量的变化与填充孔隙比大小有关。

设计一般要求宽级配砾石土 P_5 含量在 30%～55%范围变化，此时的压缩模量：饱和状态下，压缩模量范围为 22.0～88.2MPa，平均值为 44.1MPa；非饱和状态下，压缩模量范围为 25.8～142.7MPa，平均值为 57.4MPa。

6.3.5　渗透特性

心墙防渗与抗渗特性直接关系大坝运行的安全，并且一直是工程界关注的焦点之一。在土石坝中，土质防渗体是主要的防渗结构。渗流分析表明，土质防渗体中的水头损失并非按直线分布，砾石土自身具有较好的塑性，防渗和适应渗透变形的能力较强，在产生裂缝时，具有一定的自愈功能。宽级配砾石土心墙防渗体是目前应用最广泛的防渗结构之一，已建成工程包括宝兴河硗碛，大渡河瀑布沟、长河坝，黑水河毛尔盖，火溪河水牛家，杂谷脑河狮子坪等深厚覆盖层上的高土石坝。

上述已建或在建的采用宽级配砾石土作为防渗体的水电工程，均对砾石土的防渗特性作了大量详细的研究。由于宽级配砾石土自身的特性，其级配组成范围较广，粗粒 P_5 含量、小于0.075mm粉粒含量、小于0.005mm黏粒含量等，均对其渗透性有较大影响。另外，土体自身的压实度、碾压初始含水率及在反滤保护下的联合渗透特性、抗冲刷等均是防渗研究的重点。

6.3.5.1　土料的渗透特性

本节对比了宽级配砾石土心墙坝几个典型工程的防渗土料特性。瀑布沟黑马1区、长河坝汤坝、毛尔盖团结桥和硗碛咔日砾质土料场等为典型工程的上坝土料场，土料渗透变形检测成果见表6.3-43。

表6.3-43　宽级配砾石土心墙典型工程渗透变形检测成果

工程名称	料场	母岩岩性	破碎率	P_5 范围	破坏坡降 i_f	渗透系数 k_{20}/(cm³/s)	破坏类型
长河坝	汤坝	砂岩	10.3%～14.9% 12.6%	32.2%～56.1% 45.1%	4.79～13.65 8.73	$8.80\times10^{-6}\sim5.11\times10^{-8}$ 1.01×10^{-6}	流土
瀑布沟	黑马1区	白云质灰岩	3.5%～7.5% 5.4%	45.9%～60.7% 51.6%	4.03～12.10 6.53	$1.60\times10^{-5}\sim1.55\times10^{-6}$ 6.75×10^{-6}	流土
毛尔盖	团结桥	砂板岩	6.5%～11.0% 9.2%	13.24%～62.42% 36.47%	6.26～11.43 8.75	$1.54\times10^{-7}\sim3.97\times10^{-8}$ 3.25×10^{-7}	流土
硗碛	咔日	板岩千枚岩		12.0%～56.0% 39.8%	5.16～13.99 9.27	$2.32\times10^{-6}\sim1.79\times10^{-8}$ 3.25×10^{-7}	流土

注　表中数值，横线以上为检测数据最小值和最大值，横线以下为检测数值均值。

瀑布沟黑马1区料，最大粒径为200mm，实际使用中剔除80mm以上颗粒后，P_5含量范围为45.9%～60.7%，平均51.6%；粒径小于0.075mm的颗粒含量范围19.1%～26.7%，平均21.7%；粒径小于0.005mm的黏粒含量范围3.6%～8.3%，平均6.3%。黏粒含量较一般工程明显偏低，已突破现有规范对防渗土料黏粒含量要求，因此进行了大量现场和室内系列论证研究工作。实际检测渗透系数为$1\times10^{-5}\sim1\times10^{-6}$cm/s，破坏坡降4.03～12.10。

长河坝汤坝料，实际使用中剔除150mm以上颗粒，P_5含量范围为32.2%～56.1%，平均45.1%；粒径小于0.075mm的颗粒含量范围为22.5%～50.3%，平均32.4%；粒径小于0.005mm的黏粒含量范围为6.6%～20.3%，平均12.0%。实际检测渗透系数为$10^{-6}\sim10^{-8}$cm/s，破坏坡降4.79～13.65。

毛尔盖团结桥土料，自身情况下力学指标不能满足填筑技术要求，实际使用中采取剔除200mm以上颗粒不同比例混掺措施。P_5含量范围为13.24%～62.42%，平均36.47%；小于0.075mm细粒含量为23.06%～80.29%，平均47.82%；小于0.005mm黏粒含量为8.80%～20.9%，平均15.03%。渗透系数k为$10^{-6}\sim10^{-7}$cm/s，破坏坡降6.26～11.43，满足设计的防渗要求。

硗碛咔日砾质土料，P_5含量范围为12.0%～56.0%，平均39.8%；小于0.075mm细粒含量为12.0%～37.0%，平均17.95%；小于0.005mm黏粒含量为4.50%～17.00%，平均7.97%。渗透系数k为$10^{-6}\sim10^{-8}$cm/s，破坏坡降5.16～13.99，满足设计的防渗要求。

6.3.5.2　P_5及小于0.075细粒含量的影响

粗粒含量P_5、小于0.075mm粉粒含量、小于0.005mm黏粒含量均是影响砾石土渗透性能的主要因素。对瀑布沟黑马1区、长河坝汤坝、毛尔盖团结桥料场等直接上坝料P_5含量与渗透性作了大量系统性的研究，相关成果（表6.3-44～表6.3-47和图6.3-18～图6.3-20）具有较好的规律性，可供类似工程参考。

表6.3-44　　瀑布沟黑马1区不同P_5含量渗透变形指标

试验编号	击实前粗粒含量/%	渗透系数k_{20}/(cm/s)	临界坡降i_k	破坏坡降i_f	破坏型式
HM0	0	3.08×10^{-7}	5.85	17.3	流土破坏
HM10	10	2.53×10^{-7}	5.10	15.5	流土破坏
HM20	20	2.33×10^{-7}	3.41	10.5	流土破坏
HM30	30	1.85×10^{-7}	6.92	17.0	流土破坏
HM40	40	2.10×10^{-7}	6.07	17.86	流土破坏
HM50	50	5.31×10^{-7}	6.20	22.96	流土破坏
HM60	60	6.26×10^{-6}	5.94	26.0	流土破坏
HM70	70	1.20×10^{-4}	3.0	19.44	过渡型破坏
HM80	80	4.27×10^{-4}	1.58	8.97	过渡型破坏

表6.3-45　　粗粒（>5mm）含量45%时小于0.075mm含量与渗透系数的关系

小于0.075mm颗粒含量	15%	25%	30%
渗透系数/(cm/s)	4.79×10^{-6}	6.36×10^{-7}	1.48×10^{-7}

表6.3-46　　粗粒（>5mm）含量55%时小于0.075mm含量与渗透系数的关系

小于0.075mm颗粒含量	15%	25%	30%
渗透系数/(cm/s)	5.53×10^{-4}	2.1×10^{-5}	1×10^{-6}

表6.3-47　　长河坝汤坝防渗土料力学试验成果（2000kJ/m³系列不同P_5含量）

试验编号	参数（击实功能：2000kJ/m³）			渗透变形试验		
	P_5/%	干密度 ρ_d/(g/cm³)	含水率 W/%	破坏坡降 i_f	渗透系数 k_{20}/(cm/s)	破坏类型
TB0	0	1.92	13.7	—	3.0×10^{-7}	—
TB10	10	1.97	12.1	>17.62	1.11×10^{-7}	—
TB20	20	2.03	10.8	>16.19	1.14×10^{-7}	—
TB30	30	2.10	9.5	10.84	4.28×10^{-7}	流土
TB40	40	2.14	8.4	13.31	3.58×10^{-7}	流土
TB50	50	2.20	7.6	13.48	2.58×10^{-7}	流土
TB60	60	2.23	6.5	14.43	7.24×10^{-7}	流土
TB70	70	2.25	5.6	11.09	1.88×10^{-6}	流土

研究表明，对于瀑布沟黑马1区砾石土，当粗粒含量P_5小于60%时，土体的防渗指标皆能满足设计要求；在粗粒含量P_5为30%时，渗透系数达到最低值。这是因为此时土体中粗粒被细料包裹，而粗粒未形成骨架，虽然随着粗粒含量的增加细料密度呈下降趋

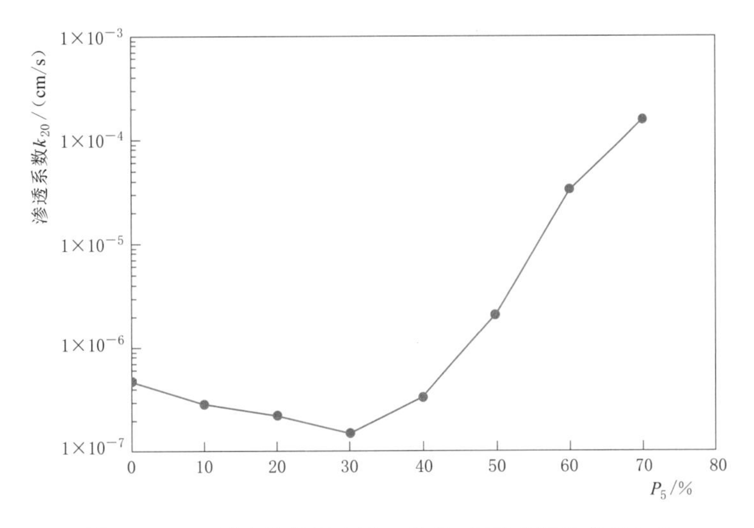

图6.3-18　瀑布沟黑马1区土料P_5与渗透系数关系曲线

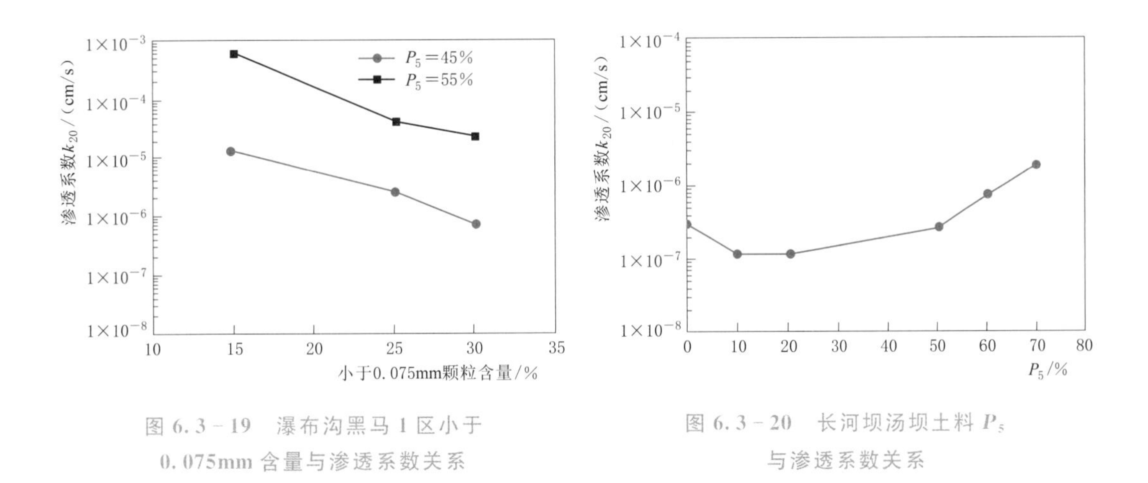

图6.3-19　瀑布沟黑马1区小于0.075mm含量与渗透系数关系

图6.3-20　长河坝汤坝土料P_5与渗透系数关系

势，但同时由于粗粒的不透水作用，其渗透面积也逐渐减小，此时粗粒的阻水作用对土体渗透性能的影响更大于细料密度减小的影响。当粗粒含量P_5大于30%以后，粗颗粒骨架开始形成，细料密度降低加快，显然土体中细料密度已对其渗透性能起决定作用，随着粗粒含量的增加，渗透系数迅速增大，当P_5超过60%（击实后）时，土体的渗透指标已不能满足防渗要求。

由于瀑布沟黑马1区土料是属于宽级配土，其颗粒组成具有一定的不均匀性，势必导致这种防渗土料的抗渗性能的不均匀性。为了进一步了解土料粗细粒含量的变化对渗透系数的影响，在室内开展了不同粗粒含量及在粗粒含量一定时，改变小于0.075mm颗粒含量与其渗透系数关系的试验以及土体在反滤保护作用下的渗透变形试验。当粗粒含量一定时，随着小于0.075mm颗粒含量的增加，渗透系数明显减小，抗渗性能有较大幅度的提高。当粗粒含量为55%、小于0.075mm颗粒含量为25%时，土料已不满足$k<1\times10^{-5}$cm/s的要求。

6.3.5.3 压实度的影响

渗透系数受压实度的影响较大。通常，当压实度低于某一数值时，砾石土的渗透系数难以满足《碾压式土石坝设计规范》（NB/T 10872—2021）不大于 1×10^{-5}cm/s 的要求。为了研究压实度对渗透变形的影响，进行了土料平均线某一固定级配下不同压实度的渗透试验，相关成果见表 6.3-48、表 6.3-49、图 6.3-21、图 6.3-22。

表 6.3-48　瀑布沟黑马 1 区防渗料压实度与渗透特性的关系

试验编号	压实度 (2740kJ/m³) D/%	制样控制条件		破坏坡降 i_f	渗透系数 k_{20}/(cm/s)	破坏类型
		干密度 ρ_d/(g/cm³)	含水率 W/%			
PH-Ⅰ平 1	92	2.14	6.2	1.50	8.50×10^{-4}	过渡型
PH-Ⅰ平 2	94	2.19	6.0	2.20	3.72×10^{-6}	流土
PH-Ⅰ平 3	96	2.24	5.8	4.50	2.50×10^{-6}	流土
PH-Ⅰ平 4	98	2.28	6.2	2.20	3.72×10^{-6}	流土
PH-Ⅰ平 5	100	2.33	6.0	4.50	1.22×10^{-6}	流土

表 6.3-49　长河坝汤坝料场渗土料压实度与渗透特性的关系

试验编号	压实度 (2000kJ/m³) D/%	制样控制条件		破坏坡降 i_f	渗透系数 k_{20}/(cm/s)	破坏类型
		干密度 ρ_d/(g/cm³)	含水率 W/%			
TB 平-1	0.94	2.07	10.6	15.94	8.51×10^{-6}	流土
TB 平-2	0.97	2.12	9.6	12.38	1.73×10^{-6}	流土
TB 平-3	0.99	2.17	8.6	9.61	5.05×10^{-7}	流土
TB 平-4	1.00	2.19	7.6	>16.06	1.57×10^{-8}	—
TB 平-5	0.99	2.17	6.6	9.99	4.05×10^{-7}	流土
TB 平-6	0.97	2.13	5.6	10.39	1.75×10^{-6}	流土
TB 平-7	0.95	2.09	4.6	10.42	6.06×10^{-6}	流土

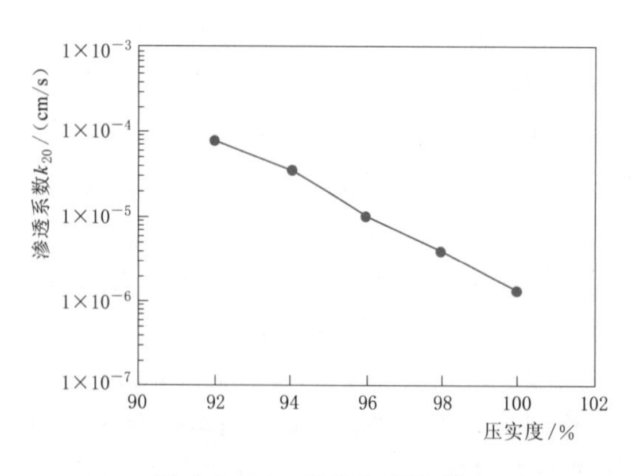

图 6.3-21　瀑布沟黑马 1 区土料压实度与渗透系数关系

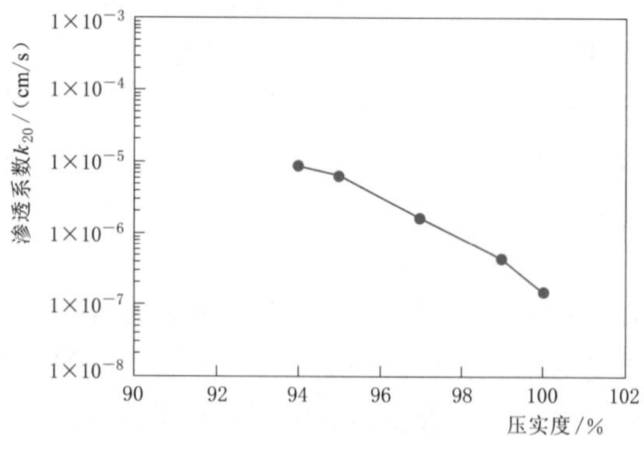

图 6.3-22　长河坝汤坝土料压实度与渗透系数关系

在瀑布沟工程中，压实度低于98%时，土料的渗透系数已经不能满足规范要求。因此，以压实度为98%的相应干密度作为填筑控制干密度。在长河坝工程中，压实度大于94%时，渗透系数已经能满足规范要求，但综合考虑压缩、抗剪等其他力学指标后，选取压实度为97%作为控制指标。

6.3.5.4　初始含水率的影响

填筑初始含水率是影响土的渗透性的重要因素之一。一般而言，要求土料的填筑含水率略高于最优含水率，这是因为高于最优含水率后，颗粒间的滑动阻力减小，击实时产生的剪应变使颗粒接近于平行的定向排列，形成分散结构，所以渗透性显著降低。对瀑布沟黑马1区和长河坝汤坝土料渗透特性与填筑含水率之间关系的研究，更加验证了这一观点，相关成果见表6.3-50、表6.3-51、图6.3-23、图6.3-24。

表6.3-50　黑马1区防渗土料力学试验成果（最优含水率 $W_{op}=4.0\%$，不同初始含水率）

试验编号	制样参数		渗透变形试验			
	干密度 ρ_d/(g/cm³)	初始含水率 W/%	临界坡降 i_k	破坏坡降 i_f	渗透系数 k_{20}/(cm/s)	破坏类型
HM平-1	2.26	3.5	0.93	3.35	2.03×10^{-4}	流土
HM平-2	2.29	4.0	1.61	5.05	6.34×10^{-5}	流土
HM平-3	2.35	4.2	5.06	9.81	2.33×10^{-6}	流土
HM平-4	2.34	5.2	3.20	9.88	2.38×10^{-7}	流土
HM平-5	2.31	6.0	3.2	5.02	3.63×10^{-7}	流土

表6.3-51　长河坝汤坝防渗土料力学试验成果（最优含水率 $W_{op}=7.6\%$，不同初始含水率）

试验编号	制样参数		渗透变形试验		
	干密度 ρ_d /(g/cm³)	初始含水率 W/%	破坏坡降 i_f	渗透系数 k_{20} /(cm/s)	破坏类型
TB平-1	2.07	10.6	15.94	2.51×10^{-7}	流土
TB平-2	2.12	9.6	12.38	2.73×10^{-7}	流土
TB平-3	2.17	8.6	9.61	5.05×10^{-7}	流土
TB平-4	2.19	7.6	>16.06	1.57×10^{-8}	流土
TB平-5	2.17	6.6	9.99	5.32×10^{-7}	流土
TB平-6	2.13	5.6	10.39	2.75×10^{-6}	流土
TB平-7	2.09	4.6	10.42	1.06×10^{-6}	流土

研究成果均表明，在同一击实功能下，高于最优含水率的渗透系数比低于最优含水率的渗透系数值要低1～2个数量级。当初始碾压含水率低于最优含水率时，土料不易于压实，因而实际渗透系数不易满足规范要求。当初始碾压含水率高于最优含水率时，特别是当土料的填筑含水率 $W_f \leqslant W_{op}-0.5\%$ 时，渗透系数 k 值明显偏大。实际施工中应特别重视砾石土的初始含水率，应确保其高于最优含水率填筑，以提高土体的防渗性能。

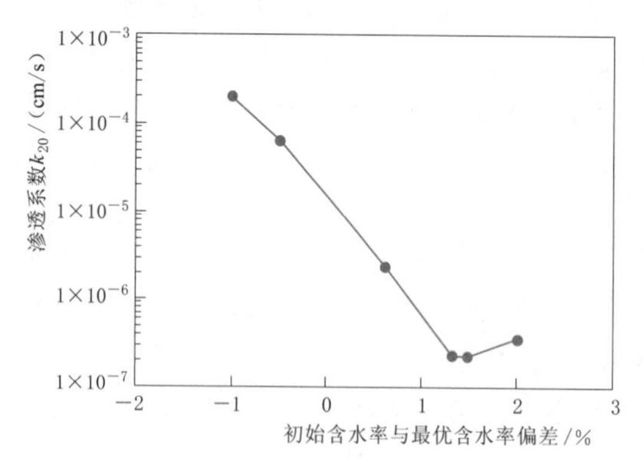

图 6.3-23 瀑布沟黑马 1 区土料碾压含水率与渗透系数关系

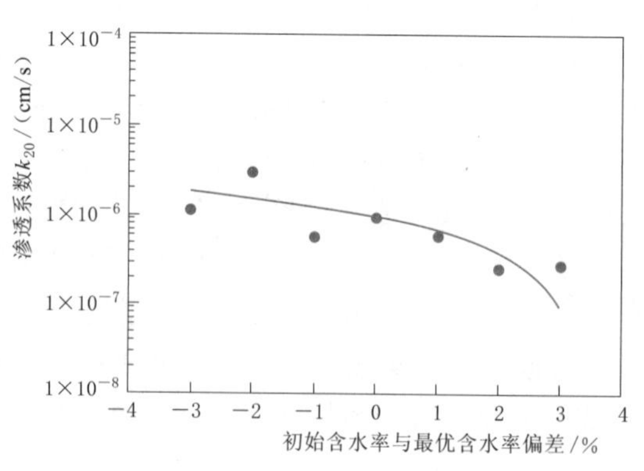

图 6.3-24 长河坝汤坝土料碾压含水率与渗透系数关系

6.3.5.5 反滤保护下的抗渗特性

按照一般的土石坝设计准则，在反滤保护下，砾石土的抗渗性能相比自身情况会有较大提高。瀑布沟、长河坝汤坝、毛尔盖工程中，均专门针对反滤保护下的砾石土抗渗性做了验证性试验研究。相关成果见表 6.3-52、表 6.3-53。

表 6.3-52　　宽级配砾石土防渗料在反滤作用下的联合渗透特性

工程及料场名称	压实控制指标		试验编号	制样干密度		自身渗透试验		加反滤料渗透试验		破坏坡降比 B $\left(B=\frac{i_{f_2}}{i_{f_1}}\right)$	安全系数
	砾石土压实度 ρ_d/%	反滤相对密度 D_r		被保护土 ρ_d/(g/cm³)	反滤 ρ_d/(g/cm³)	破坏坡降 i_{f_1}	渗透系数 k_{20}/(cm/s)	破坏坡降 i_{f_2}	渗透系数 k_{20}/(cm/s)		
瀑布沟黑马 1 区	98	0.85	X 上包线+B3P	2.36	2.02	12.78	8.77×10^{-7}	126.9	5.98×10^{-7}	9.93	4.3
	98	0.85	X 平均+B3P	2.32	2.02	8.66	6.75×10^{-6}	100.0	2.18×10^{-6}	11.55	3.0
	98	0.85	X 下包线+B3P	2.31	2.02	5.23	1.60×10^{-5}	68.4	6.82×10^{-6}	13.08	2.0
长河坝汤坝	97	0.85	汤坝平+反滤料 1 (HF1)	2.17	2.14	13.21	2.93×10^{-7}	>95.20	8.43×10^{-8}	>7.20	>4.4
	97	0.85	汤坝平+反滤料 3 (HF3)	2.17	2.14	13.21	2.93×10^{-7}	>87.30	6.61×10^{-8}	>6.78	>4.2
毛尔盖团结桥	98	0.85	X 上包线+F1	1.98	2.04	10.11	9.55×10^{-8}	103	7.30×10^{-8}	10.19	3.4
	98	0.85	X 平均线+F1	2.04	2.04	8.41	4.76×10^{-7}	79.13	3.80×10^{-7}	9.48	3.0
	98	0.85	X 下包线+F1	2.11	2.04	7.27	7.77×10^{-7}	75.30	2.10×10^{-7}	10.36	2.4

反滤料的级配必须遵循《碾压式土石坝设计规范》(SL 274—2001) 中宽级配砾石土的反滤准则。

滤土要求：小于 0.075mm 颗粒含量为 40%～85%时，$D_{15}\leqslant0.7$mm；小于 0.075mm 颗粒含量为 15%～39%时，$D_{15}\leqslant0.7\text{mm}+(40-A)\times(4D_{85}-0.7)$mm（其中 A 为小于 0.075mm 颗粒含量）。

表 6.3-53　　宽级配砾石土反滤料特征粒径

工程名称	试验编号	反滤料特征粒径/mm						最大粒径/mm	<0.075mm颗粒含量/%	不均匀系数	曲率系数
		D_{10}	D_{15}	D_{20}	D_{50}	D_{60}	D_{85}				
瀑布沟	B3P	0.20	0.50	1.50	3.50	5.00	15.00	20	2.2	25.0	2.3
	设计上包线	0.12	0.19	0.55	1.70	2.20	7.00	20	5.0	18.3	11.2
	设计下包线	0.40	0.60	2.00	5.00	8.00	17.00	20	1.0	20.0	1.3
长河坝	HF1 平均线	0.15	0.25	0.33	1.2	2.5	6.0	20	3.0	11.0	1.1
	HF3 平均线	0.26	0.48	1.1	2.8	4.4	16.0	40	3.0	18.0	1.1
毛尔盖	F1 上	0.30	0.35	0.52	1.50	2.50	9.00	20	5.0	13.6	01.0
	F1 下	0.40	0.60	0.95	6.00	7.00	18.00	20	0.0	7.6	00.6

排水要求：$D_{15} \geqslant 4D_{15}$。

防止分离要求：$D_{10}<0.5$mm，$D_{90}>20$mm。

表 6.3-52、表 6.3-53 表明，在反滤保护下，宽级配砾石土的渗透系数相比自身情况下均有下降，最大下降幅度接近一个数量级，同时破坏坡降提高 7～13 倍。在抗渗透变形方面，反滤料起到了明显的保护作用，加反滤后，按设计允许水力坡降计算所得的安全系数提高 2～4 倍。

防渗心墙在施工及运行期间由于不均匀沉降或水力劈裂的影响，可能出现开裂状况而降低其防渗能力。这就既要求心墙料本身要有较好的自愈能力，又要求所设置的反滤层能保证心墙土料不被水流带走，使缝壁崩塌的土料尽快淤堵裂缝，自动复原，正常工作。瀑布沟、长河坝、毛尔盖工程，针对大坝心墙砾石土在后期沉降和施工运行中可能出现裂缝的情况，补充了一些模拟裂缝自愈能力的抗冲刷试验研究，相关成果见表 6.3-54、表 6.3-55 及图 6.3-25～图 6.3-27。

表 6.3-54　　砾石土防渗料在反滤料保护下防冲刷试验成果

工程名称	试　验　编　号	开缝宽度/mm	反滤料粒径范围/mm	试验坡降 i	试验历时/min	初始流量/(cm^3/s)	结束流量/(cm^3/s)	裂缝淤堵现象
瀑布沟	X 平/XF4	5	<20	40	300	16	7.0	淤堵较好
	X 平/XF4	5	<20	40	380	15	5.0	淤堵较好
	X 平/B3P 平	5	<20	40	414	6.2	5.5	部分淤堵
长河坝	TB 平/HF1 平	3	<20	40	570	0.02	1.04	淤堵
	TB 平/～HF3 平	3	<40	40	500	4.11	4.11	淤堵较好
毛尔盖	ET③平/F-上	3	<20	30	468	0.58	0.27	淤堵好
	ET③平/F-下	3	<20	30	610	0.78	0.43	淤堵较好
	ET③平/R（剔除 20mm 以上颗粒）-上	3	<20	30	417	0.92	0.40	淤堵好
	ET③平/R（剔除 20mm 以上颗粒）-平	3	<20	30	442	1.29	0.74	淤堵好
	ET③平/R（剔除 20mm 以上颗粒）-下	3	<20	30	399	2.82	1.55	淤堵好

表 6.3-55　　抗冲刷试验反滤料特征粒径

工程名称	试验编号	反滤料特征粒径/mm						<5mm颗粒含量/%	不均匀系数	曲率系数
		D_{10}	D_{15}	D_{20}	D_{50}	D_{60}	D_{85}			
瀑布沟	B3P	0.20	0.50	1.50	3.50	5.00	15.00	60	25.0	2.25
	设计上包线	0.12	0.19	0.55	1.70	2.20	7.00	81	18.33	1.15
	设计下包线	0.40	0.60	2.00	5.00	8.00	17.00	48	20.00	1.25
长河坝	HF1 平均线	0.15	0.25	0.33	1.2	2.5	6.0	84	11	1.1
	HF3 平均线	0.26	0.48	1.1	2.8	4.4	16.0	63	18	1.1
毛尔盖	F 上	0.11	0.18	0.40	1.00	1.50	7.00	83	13.64	0.97
	F 下	0.53	0.64	1.10	2.51	4.00	20.00	65	7.55	0.57
	R（剔除 20mm 以上颗粒）-上	0.008	0.11	0.14	0.90	1.7	10.00	73	21.30	0.29
	R（剔除 20mm 以上颗粒）-平	0.13	0.20	0.32	2.50	5.1	13.00	59	42.50	0.80
	R（剔除 20mm 以上颗粒）-下	0.28	0.50	0.70	5.5	7.7	15.0	48	34.8	0.92

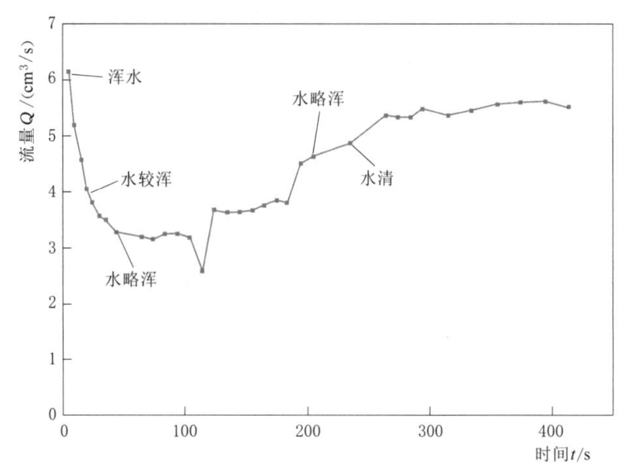

图 6.3-25　黑马 1 区防渗土料抗冲刷试验 $Q-t$ 关系曲线

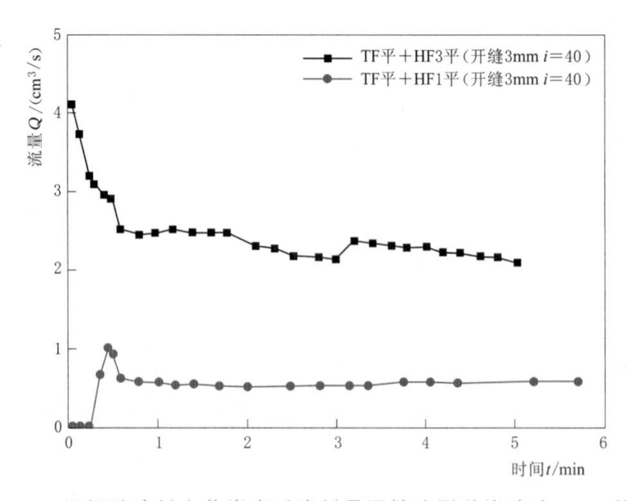

图 6.3-26　汤坝防渗料+花岗岩反滤料贯通缝冲刷淤堵试验 $Q-t$ 关系曲线

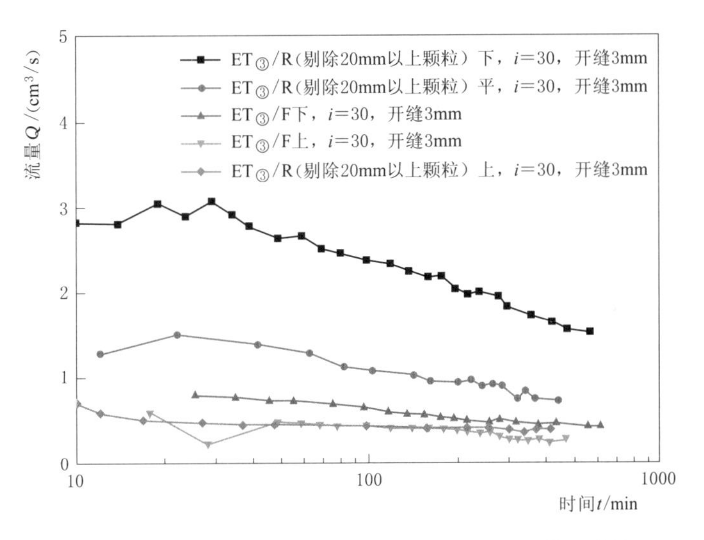

图6.3-27　团结桥防渗土料抗冲刷试验 $Q-t$ 关系曲线

模拟试验表明，砾石土小于5mm颗粒含量、小于0.075mm颗粒含量等级配及压实度满足设计标准时，在反滤料保护下，即使某些不利因素导致砾石土局部出现裂缝，但由于砾石土自身具有崩塌愈合能力，受渗流冲刷时裂缝中也不会形成较大的冲刷流速，土体颗粒不会被带走，随着时间的推移，裂缝会逐渐愈合，心墙的渗流总体趋于稳定，不会形成新的冲蚀破坏。

6.4　本章小结

（1）对强、弱风化的砂、板岩混合料以及边坡处理料进行了大型三轴剪切试验，混合料砂岩与板岩的比例包括①纯砂岩和砂岩含量80%+板岩含量20%，②砂岩含量70%+板岩含量30%，③砂岩含量60%+板岩含量40%。试验结果表明以下几点：

1）总体的非线性强度参数 φ_0 在50°左右、$\Delta\varphi$ 在9.0°左右；线性强度参数 φ 在35°左右、c 在370kPa左右，略低于砂砾石料。

2）饱和状态下的模量系数 K：弱风化 $K<1200$，强风化 $K<800$，边坡开挖料 $K<600$，且随着板岩含量的增加 K 减小；高围压作用下颗粒破碎明显。

3）5mm以下的颗粒所占比例由试验前的25%增加至试验后接近40%，反映了开挖料的颗粒破碎特性。

4）不同岩性比例条件下饱和试样在0.2～0.4MPa压力级别时压缩模量达到最大（或较大），压缩系数达到最小（或较小）；随着压力级别的提高，压缩模量经历了先减小、再增大的变化过程；在最后一级压力级别时，压缩模量达到较大（或最大）。压缩模量减小代表着颗粒在荷载作用下产生破碎、变形量增大（模量减小）、逐渐压密（模量增加）的变化过程。

5）根据室内试验和现场碾压试验成果，参照类似工程经验，初步拟定茨哈峡块石料作为上游堆石区的填筑料，要求板岩含量不超过10%，压实控制标准暂按不超过18%控制；作为下游堆石区的填筑料，对板岩含量的要求适当降低，不超过30%，压实控制标准按19%控制。

（2）胶凝砂砾石试验表明以下几点：

1）胶凝材料用量70kg/m^3，28天抗压强度为4.18MPa；胶凝材料用量20kg/m^3，28天抗压强度为1.34MPa。试验表明胶凝材料用量与胶凝砂砾石抗压强度相关，在砂砾石散粒体中加入胶凝材料，砂砾石抗压强度有所提高，且随着胶凝材料用量的增加，相应的抗压强度也增加。因此，胶凝砂砾石料的胶凝材料用量由大坝经济技术比较确定。超大三轴抗剪试验研究表明，胶凝材料掺量低的胶凝砂砾石材料表现出典型的弹塑性材料特征：材料在低负荷下表现出弹性性质；随着应变的继续增大，逐步进入弹塑性工作阶段，表现出明显的非线性特性，直到达到材料的峰值强度；超过峰值之后应力随应变的增加，起初快速下降、后期下降幅度趋缓，趋近于材料的残余强度，呈现出明显的软化特性。

2）通过对胶凝砂砾石材料进行三轴剪切试验，可得出试样受剪过程中的破坏形态，为后期本构模型的研究及坝体剖面设计提供依据。

3）胶凝砂砾石料压缩特性测试，胶凝材料掺量分别为20kg/m^3、70kg/m^{3}的胶凝砂砾石料，在各级荷载作用下不同压力段的压缩系数分别为10^{-6}kPa^{-1}量级、压缩模量为10^5kPa量级。试验表明胶凝砂砾石料具有低压缩性。

4）胶凝砂砾石料渗透及渗透变形特性，胶凝材料掺量由20kg/m^{3}增加到70kg/m^3，胶凝砂砾石料的渗透系数从2.76×10^{-2}cm/s减小到2.30×10^{-3}cm/s，渗透系数减小一个量级，临界坡降和破坏坡降增加3.65～5.33倍。这表明随着胶凝材料掺量的增加，胶凝砂砾石料的渗透系数减小，临界坡降和破坏坡降增大。

（3）瀑布沟、长河坝等工程实践表明，通过采用防渗土料级配调整、加大击实功能、加强反滤等技术措施，能解决宽级配砾石土料作为高心墙防渗土料的应用问题。

1）当天然级配砾质土细粒含量偏少、防渗与抗渗性能不能满足要求时，采用剔除粗颗粒调整砾质土级配、改善其性能是行之有效的措施。

2）通过合理的反滤设计，砾质土在反滤料保护下的抗渗坡降可大幅提高，从而确保心墙土料不发生渗透破坏。

3）在高砾质土心墙堆石坝的设计中，采用加大击实功能研究土料的特性并确定其压实标准往往是必要的。砾石土的压实设计指标采用“细料、全料压实度双控制”。全料宜采用重型击实试验（在2740kJ/m^{3}击实功能下）时，压实度应不小于96%～98%；采用轻型击实（在604kJ/m^{3}击实功能下）试验时，压实度应不小于98%～100%；当坝高超过200m时，由于防渗体要承受更大的水压力，全料应采用重型击实（在2740kJ/m^{3}击实功能下）试验，压实度应不小于97%～100%。此时防渗土料的力学性能和渗透性能等满足工程安全要求。

第 7 章

筑坝料本构模型

在堆石坝应力变形的数值分析研究中，坝体堆石材料的本构模型是计算分析的重要基础。对土石坝应力和变形的全面分析，需要综合考虑材料的应力应变关系、强度以及变形特性等各方面的因素。近几十年来，由于有限单元法的出现和计算机技术的迅速发展，土力学界对土的本构关系的研究日益深入。同时，随着一批能够施加复杂应力条件的大型室内试验设备的研制成功和现场试验设备及其相关试验技术的发展，国内外的研究者对于堆石料等粗粒土的工程特性有了较为深入的了解，从而使得堆石材料的本构模型研究逐步由经验的简单模式向理论的复杂模式发展。

对于土的本构关系理论的系统研究，国外已有50多年的历史，而我国也有40多年的历史。目前，国内外研究者提出的本构关系数学模型数以百计，但真正能够用于工程实际并为工程界所接受的却相对较少。堆石体的本构模型大体上可以分为非线性弹性模型和弹塑性模型两大类。非线性模型以邓肯 $E-\mu$ 模型、邓肯 $E-B$ 模型为代表，弹塑性模型以殷宗泽双屈服面模型、“南水”双屈服面模型为代表。其中，邓肯 $E-B$ 模型和“南水”双屈服面模型应用最为广泛。

7.1 非线性弹性本构模型

7.1.1 常用模型及其优缺点

7.1.1.1 模型介绍

非线性弹性理论假定应力与应变之间存在某种唯一性关系，而依据这种唯一性关系假定的不同，非线性弹性模型一般可分为三类，即变弹性模型、超弹性（hyperelastic）模型和次弹性（hypoelastic）模型。从现有土石坝工程上应用的非线性弹性模型上看，主要的几种非线性弹性模型均属于变弹性模型，其模型的特点是直接将广义胡克定律写成增量形式：

$$\{\Delta\varepsilon\}=[C]\{\Delta\sigma\} \tag{7.1-1}$$

同时假定弹性柔度矩阵［C］中所包含的弹性参数（E、ν、K、G）仅是应力状态的函数，与应力路径无关。柔度矩阵［C］为

$$[C]=\begin{bmatrix} C_1 & C_2 & C_2 & 0 & 0 & 0 \\ C_2 & C_1 & C_2 & 0 & 0 & 0 \\ C_2 & C_2 & C_1 & 0 & 0 & 0 \\ 0 & 0 & 0 & C_t & 0 & 0 \\ 0 & 0 & 0 & 0 & C_t & 0 \\ 0 & 0 & 0 & 0 & 0 & C_t \end{bmatrix} \tag{7.1-2}$$

求逆后的刚度矩阵［D］为

$$[D]=\begin{bmatrix} D_1 & D_2 & D_2 & 0 & 0 & 0 \\ D_2 & D_1 & D_2 & 0 & 0 & 0 \\ D_2 & D_2 & D_1 & 0 & 0 & 0 \\ 0 & 0 & 0 & G_t & 0 & 0 \\ 0 & 0 & 0 & 0 & G_t & 0 \\ 0 & 0 & 0 & 0 & 0 & G_t \end{bmatrix} \tag{7.1-3}$$

其中，$C_t=1/G_t$，$C_1=1/9K_t+1/3G_t$，$C_2=1/9K_t-1/6G_t$，$D_1=K_t+4G_t/3$，$D_2=K_t-2G_t/3$，K_t 和 G_t 分别为切线体积模量和切线剪切模量。

Kondner et al.（1963）、Duncan et al.（1980）、Naylor（1978）提出的非线性弹性模型可以模拟土的许多重要性质，在数值计算中较易实现，在许多岩土工程的实际问题中得到广泛应用。众多的非线性弹性模型中，用于土石坝应力应变分析的主要有邓肯 $E-\mu$ 模型、邓肯 $E-B$ 模型、广义邓肯 $E-B$ 模型以及各种形式的 $K-G$ 模型等。

1. 邓肯 $E-\mu$ 模型

该模型是邓肯和张（Duncan et al.，1970）根据 Kondner 关于土三轴试验的偏应力与轴向应变近似呈双曲线的假定而提出的，推导出的切线弹性模量表达式为

$$E_t=Kp_a\left(\frac{\sigma_3}{p_a}\right)^n(1-R_fS_1)^2 \tag{7.1-4}$$

式中：K 为切线模量系数；n 为切线模量指数；p_a 为单位大气压力；R_f 为材料参数，称作破坏比。

S_1 为应力水平，反映材料强度发挥程度，其表达式为

$$S_1=\frac{\sigma_1-\sigma_3}{(\sigma_1-\sigma_3)_f} \tag{7.1-5}$$

$(\sigma_1-\sigma_3)_f$ 为破坏时的偏应力，由莫尔-库仑破坏准则计算：

$$(\sigma_1-\sigma_3)_f=\frac{2c\cos\varphi+2\sigma_3\sin\varphi}{1-\sin\varphi} \tag{7.1-6}$$

式中：c 为材料黏聚力；φ 为材料内摩擦角。

2. 邓肯 $E-B$ 模型

1980年，邓肯又通过用切线体积模量 B_t 取代 ν_t 的方式，提出了邓肯 $E-B$ 模型，其切线体积模量 B_t 的计算公式为

$$B_t=K_bp_a\left(\frac{\sigma_3}{p_a}\right)^m \tag{7.1-7}$$

通过设定一定的加、卸荷准则，在邓肯模型的［C］矩阵中也考虑了应力增量的影响。其加、卸荷准则定义如下：

$$E_{ur}=K_{ur}p_a\left(\frac{\sigma_3}{p_a}\right)^n \tag{7.1-8}$$

式中：p_a 为大气压力，K、R_f、n、G、F、D、K_b 为模型参数，K_{ur} 为卸荷弹性模量数。

3. 广义邓肯 $E-B$ 模型

邓肯模型中没有考虑中主应力 σ_2 对弹性模量的影响，顾淦臣等（1991）对邓肯 $E-B$ 模型进行了修正，用广义应力近似考虑中主应力 σ_2 的影响，并用于土石坝的分析，相应

计算公式为

$$E_1=Kp_a\left(\frac{p}{p_a}\right)^n(1-R_fS_1)^2 \tag{7.1-9}$$

$$E_{ur}=K_{ur}p_a\left(\frac{p}{p_a}\right)^{n_{ur}} \tag{7.1-10}$$

$$B_t=K_bp_a\left(\frac{p}{p_a}\right)^m \tag{7.1-11}$$

$$\varphi=\varphi_0-\Delta\varphi\lg\left(\frac{p}{p_a}\right) \tag{7.1-12}$$

$$S_1=\frac{(\sqrt{3}\cos\theta_\sigma+\sin\theta_\sigma\sin\varphi)q}{3p\sin\varphi+3c\cos\varphi} \tag{7.1-13}$$

式中：p 为平均主应力，$p=(\sigma_1+\sigma_2+\sigma_3)/3$；$q$ 为广义剪应力，$q=\frac{1}{\sqrt{2}}\sqrt{(\sigma_1-\sigma_2)^2+(\sigma_2-\sigma_3)^2+(\sigma_3-\sigma_1)^2}$，$\theta_\sigma$ 为洛德应力角，$\theta_\sigma=\tan^{-1}\left(-\frac{1}{\sqrt{3}}\mu_\sigma\right)$；$\mu$ 为洛德应力参数，$\mu_\sigma=\frac{\sigma_1-2\sigma_2+\sigma_3}{\sigma_1-\sigma_3}$。

4. $K-G$ 模型

$K-G$ 模型指利用体积变形模量 K 和剪切模量 G 建立的非线性弹性模型。Naylor 提出的 $K-G$ 模型认为，体积变形模量 K 是随平均法向应力增加而加大，剪切模量 G 也随平均法向应力增加而加大，同时还随剪应力增大而减小。K、G 的表达式为

$$K=K_i+\alpha_kp \tag{7.1-14}$$

$$G=G_i+\alpha_Gp+\beta_Gq \tag{7.1-15}$$

式中：p 为平均有效应力，$p=(\sigma_1+\sigma_2+\sigma_3)/3$；$q$ 为广义剪应力，$q=\frac{1}{\sqrt{2}}\sqrt{(\sigma_1-\sigma_2)^2+(\sigma_2-\sigma_3)^2+(\sigma_3-\sigma_1)^2}$；$\alpha_k$、$K_i$、$G_i$、$\alpha_G$、$\beta_G$ 为模型参数。

7.1.1.2　各模型的优缺点

堆石料的应力应变关系本质上具有弹塑性的特性，邓肯模型把总变形中的塑性部分当作弹性变形处理，通过弹性常数的调整近似地考虑这部分塑性变形，采用增量法计算，能反映应力路径对变形的影响；回弹模量与加荷模量的不同，能够部分体现加荷历史对变形的影响；模型不能反映压缩与剪切的交叉影响，且只能考虑硬化，不能反映软化，也不能反映堆石体的各向异性。

（1）邓肯模型为双参数变弹性模型，它是线弹性模型的直接推广，其最基本的特点是保留了弹性理论中关于偏应变与偏应力之间相似而共轴的假定。对于各向同性材料，四个弹性常数 E、ν、$B(K)$、G 中只有两个是独立的，不同的弹性参数间可以互相换算。

（2）土石坝应力变形分析较多采用邓肯 $E-\mu$ 模型，该模型的 8 个模型参数可由室内常规三轴试验结果整理出来，其计算结果预测的坝体位移与实际工程情况差异较大，不太适用于土石坝的分析。邓肯 $E-B$ 模型是对 $E-\mu$ 模型的修正，虽然也存在不足，但由于该模型参数测定有比较成熟的经验，测试简单，因此仍被广泛应用于土石坝计算分析中。

（3）$K-G$ 模型同时考虑了堆石料的压缩和剪切，并考虑了中主应力的影响，从理论分析角度说，$K-G$ 模型优于邓肯 $E-\mu$ 模型和邓肯 $E-B$ 模型。

7.1.2　模型发展与改进

7.1.2.1　模型发展

根据现有的本构模型可大致分为弹性本构模型和弹塑性本构模型。其中，基于广义胡克定律发展的线弹性本构模型，对弹性常数 E、μ、K、G、λ、M 进行组合，可以得到四种形式的本构关系，是其他本构模型的基础。线弹性本构模型对于岩土材料的描述过于简单和理想化，相比之下，拟合试验曲线得到的非线性弹性模型更加接近真实岩土材料。

Duncan et al.（1970）提出采用双曲线方程的邓肯-张模型，该模型包含的 8 个参数均具有物理意义且可以通过实验得到，但模型本身没有考虑压硬性、剪胀性和应力路径相关性等土力学特性。为了弥补该模型的不足，Domasehuk et al.（1975）、卢廷浩等（1996）、张学言等（2004）采用不同的改进方法，将中主应力对强度与变形的影响加以考虑，对邓肯-张模型进行修正和完善；沈珠江（1980）又提出了可以反映剪胀性的三参数非线性弹性模型；罗刚等（2004）则综合了邓肯-张模型和沈珠江模型的优点，建立了粗粒土的本构模型。程展林等（2010，2021）基于粗粒料真实三维应力条件下的强度与变形变化规律，假设弹性应变与应力之间服从广义胡克定律，剪胀应变服从 Rowe 剪胀方程，且弹性泊松比为常数，建立了粗粒料三参数非线性 $K-K-G$ 剪胀模型。针对砂砾石料掺入少量胶凝材料的低强度筑坝料的力学特性，刘俊林等（2013）提出能反映这种筑坝料应变软化特性、参数物理意义较为明确的六参数非线性弹性本构模型。考虑复杂应力路径、结构性土的特点和剪胀性等因素，Schultze et al.（1979）、李守德等（2002）、王立忠等（2004）、殷德顺等（2007）、许萍等（2013）、徐晗等（2015）的研究不断修正和改进了邓肯-张模型。

高莲士等（2001）基于堆石料三轴试验提出的清华非线性解耦 $K-G$ 模型，在土体剪缩性和应力路径方面的适应性较好。该模型因其表达式较简单、参数较少、能适应土石坝施工期和蓄水期的不同应力路径、具有归一性模型参数等特点，在许多工程研究中得以应用和发展。

7.1.2.2　模型改进

堆石体的变形特性大体上可以归结为：①非线性，堆石体的应力应变关系表现为典型的非线性关系；②压硬性，堆石体的变形模量随着围压的增加而增加；③剪缩性，堆石体受荷时，颗粒会产生破碎和滑移，引起体积收缩；④应力引起的各向异性，不同方向应力差异引起变形刚度不同。

堆石坝应力变形分析较多采用邓肯 $E-\mu$ 模型，该模型的 8 个模型参数可由室内常规三轴试验结果整理出来。与实测资料相比，邓肯 $E-\mu$ 模型计算结果存在两大问题：一是计算所得的坝体水平位移偏大；二是计算所得的混凝土面板拉应力区域和拉应力值明显偏大。

邓肯 $E-B$ 模型和邓肯 $E-\mu$ 模型的区别在于用切线体积变形模量 B_t 代替切线泊松比 μ_t，模型参数由室内常规三轴试验结果整理。邓肯 $E-B$ 模型计算结果要比邓肯 $E-\mu$ 模型合理，但由于其不能考虑堆石体的剪缩性，计算所得的水平位移仍然偏大。这是因为非线性模型一般只能反映堆石料的前两项变形特性，即非线性和压硬性，因而造成计算所得的应力变形特性与实际情况存在较大的差异。虽然邓肯模型的计算结果不尽合理，但由于它能反映堆石体的主要变形特性，而且应用方便，参数测定简单，所以仍然得到较为广泛的应用。

根据筑坝堆石材料室内大型三轴剪切试验的结果，并结合计算分析实践，水科院在邓肯模型的计算分析应用中，提出了在堆石坝计算分析中就邓肯模型的应用所采用的一些数值处理方法，包括加载过程和卸载过程的计算、单元剪切破坏和张拉破坏的处理加卸载判别准则等。通过这些处理方法的运用，数值计算将更加稳定，计算结果也与实测数据较为接近。

（1）加载过程的计算。当堆石体单元不满足卸荷条件时，单元的初始加载模量将根据其当时应力状态，由切线模量计算公式计算。如果单元的初始应力过小，即 $0<\sigma_3<0.1$Pa，则在计算中取 σ_3 $\sigma_3=0.1p_a$。

（2）卸载过程的计算。当单元的应力水平降低时，单元按卸荷过程考虑，此时，单元模量采用卸荷模量公式计算。

（3）单元剪切破坏的处理。当单元的应力水平大于 0.95 时，即认为单元发生剪切破坏，此时，单元模量采用相应于 0.95 应力水平时的模量值。

（4）单元张拉破坏的处理。当单元的 σ_3 为负值时，单元处于张拉破坏状态。在第一次迭代计算时，体积模量按 $\sigma_3=0.1p_a$ 计算。如果在第二次迭代结束时，单元仍处于张拉破坏状态，则单元的体积模量取为第一次迭代时单元体积模量的 1%。而在第一、第二次迭代中，剪切模量均采用体积模量的 1%。

（5）邓肯模型中加载过程与卸载过程的判断准则。在原有的邓肯模型中，单元加荷状态和卸荷状态的判断是由当前的应力水平（S_1）与其历史上的最大应力水平相比所决定的。计算中，单元的应力状态函数定义为：$S_S=S_1\times(\sigma_3/p_a)^{1/4}$。当单元的应力状态大于其历史上的最大值时，单元处于加荷状态，否则即为卸荷状态。对于堆石体材料，弹性模量数 K 和卸荷弹性模量数 K_{ur} 相差可能达到 2～5 倍。为避免模量差别过大所导致的迭代计算不稳定，具体计算中可采用如下的判定准则：当 $S_s<\frac{3}{4}S_{s,max}$ 时，为完全卸荷；当 $\frac{3}{4}S_{s,max}<S_s<S_{s,max}$ 时，单元的模量为 $E=E_t+(E_{ur}-E_t)\frac{1-S_s/S_{s,max}}{1-0.75}$。

（6）为避免在低应力水平时，体积模量计算中造成对 μ 值的低估，体积模量的下限值定为：当 $\varphi>2.3°$时，$B_{min}>(E_t/3)\left(\frac{2-\sin\varphi}{\sin\varphi}\right)$；当 $\varphi\leqslant2.3°$时，$B_{min}=17E_t$。

在应用邓肯模型进行堆石坝的计算分析中，增量法是最常用的数值计算方法。而由邓肯模型的特点可以看出，其模型的基础是常规三轴试验，模型的弹性参数应该而且也只能通过常规三轴试验得出。在常规三轴试验条件下，$\Delta\sigma_1=\Delta\sigma_a=\Delta(\sigma_1-\sigma_3)$，$\Delta\sigma_2=\Delta\sigma_3=\Delta\sigma_r=0$，$\Delta\varepsilon_1=\Delta\varepsilon_a$，$\Delta\varepsilon_2=\Delta\varepsilon_3=\Delta\varepsilon_r$（其中，下标 a 表示轴向，下标 r 表示径向）。因此，邓肯模型中切线弹性模量 E_t 可由（$\sigma_1-\sigma_3$）-ε_a 曲线的斜率得出，具有明确的物理意义，且根据弹性理论的结论，在假定土体材料为各向同性的情况下，由此确定的弹性常数也可以用于其他的加荷路径。

由于邓肯模型依据了胡克定律，而胡克定律无法反映土的剪胀性，因此，一般认为邓肯模型无法考虑土的剪胀。尽管如此，在确定模型参数时所采用的体积应变则是既包含了平均正应力所引起的体缩，同时也包含了部分由于剪切所引起的土体体积变化。这种体积变化，在模型的参数中有时会得到一定程度的反映。就邓肯模型而言，它反映了土的非线性，但它无法真实反映土的塑性变形。通过采用增量计算的方法，并通过引入卸荷模量的方式，它可以部分反映应力路径和加荷历史的影响。

7.2　弹塑性本构模型

7.2.1　常用模型及其优缺点

堆石料的应力应变关系本质上具有弹塑性的特性，因此从理论上讲，弹塑性模型较非线性弹性模型能更好地反映堆石料的实际变形特性。

7.2.1.1　弹塑性模型

弹塑性模型是将应变增量分成弹性和塑性两部分，即

$$\{\Delta\varepsilon\}=\{\Delta\varepsilon^{e}\}+\{\Delta\varepsilon^{p}\} \tag{7.2-1}$$

相应的，弹塑性应力应变的一般关系式可写为

$$\{\Delta\sigma\}=[D](\{\Delta\varepsilon\}-\{\Delta\varepsilon^{p}\}) \tag{7.2-2}$$

弹性应变 $\{\Delta\varepsilon^{e}\}$ 按胡克定律计算。塑性应变 $\{\Delta\varepsilon^{p}\}$ 的一般计算式为

$$\{\Delta\varepsilon^{p}\}=\Delta\lambda\{n\} \tag{7.2-3}$$

式中：$\Delta\lambda$ 为塑性应变增量的大小；$\{n\}$ 为塑性应变增量的方向。

弹性应变的计算规则称为硬化规律，塑性应变的计算规则称为流动法则，二者的分界由屈服面定义。

因此，弹塑性矩阵的一般表达式可写为

$$\{\Delta\varepsilon\}=\{\Delta\varepsilon^{e}\}+\sum_{i=1}^{l}A_i\{n_i\}\Delta f_i \tag{7.2-4}$$

式中：l 为屈服面的重数。

由此，上式的柔度矩阵可以表示为

$$[C]=[C]_{e}+\sum_{i=1}^{l}[C_i]_{p} \tag{7.2-5}$$

其中，$[C_i]_{p}=A_i\{n_i\}\left\{\frac{\partial f}{\partial\sigma}\right\}^{T}$。

因此，当应力增量 $\{\Delta\sigma\}$ 已知时，塑性应变增量可以通过 A_i（由硬化规律确定）、$\{n_i\}$（由流动法则确定）和$\frac{\partial f_i}{\partial\sigma}$（由屈服函数确定）计算得出。

弹塑性柔度矩阵的逆矩阵为 $[D_{ep}]$，在双屈服面模型情况下（$l=2$），弹塑性矩阵的显式表达为

$$\begin{aligned}[D_{ep}]=[D]-\frac{1}{D_{et}}\Bigg\{&A_1[D]\{n_1\}\left\{\frac{\partial f_1}{\partial\sigma}\right\}^{T}+A_2[D]\{n_2\}\left\{\frac{\partial f_2}{\partial\sigma}\right\}^{T}\\&+A_1A_2[D]\Bigg(\{n_1\}\left\{\frac{\partial f_2}{\partial\sigma}\right\}^{T}[D]\{n_2\}\left\{\frac{\partial f_1}{\partial\sigma}\right\}^{T}-\{n_1\}\left\{\frac{\partial f_1}{\partial\sigma}\right\}^{T}[D]\left\{\frac{\partial f_2}{\partial\sigma}\right\}^{T}\\&+\{n_2\}\left\{\frac{\partial f_1}{\partial\sigma}\right\}^{T}[D]\{n_1\}\left\{\frac{\partial f_2}{\partial\sigma}\right\}^{T}-\{n_2\}\left\{\frac{\partial f_2}{\partial\sigma}\right\}^{T}[D]\{n_1\}\left\{\frac{\partial f_1}{\partial\sigma}\right\}^{T}\Bigg)\Bigg\}[D]\end{aligned} \tag{7.2-6}$$

其中，

$$D_{et}=1+A_1\left\{\frac{\partial f_1}{\partial \sigma}\right\}^{T}[D]\{n_1\}+A_2\left\{\frac{\partial f_2}{\partial \sigma}\right\}^{T}[D]\{n_2\}$$
$$+A_1A_2\left(\left\{\frac{\partial f_1}{\partial \sigma}\right\}^{T}[D]\{n_1\}\left\{\frac{\partial f_2}{\partial \sigma}\right\}^{T}[D]\{n_2\}-\left\{\frac{\partial f_1}{\partial \sigma}\right\}^{T}[D]\{n_2\}\left\{\frac{\partial f_2}{\partial \sigma}\right\}^{T}[D]\{n_1\}\right) \tag{7.2-7}$$

在单屈服面的情况下，弹塑性矩阵的表达式为

$$[D]_{ep}=[D]-\frac{A[D]\{n\}\left\{\frac{\partial f}{\partial \sigma}\right\}^{T}[D]}{1+A\left\{\frac{\partial f}{\partial \sigma}\right\}^{T}[D]\{n\}} \tag{7.2-8}$$

在岩土材料的塑性变形问题的研究中，考虑到土体塑性变形的不等向硬化特性和塑性应变方向对应力增量方向的依存性，一般宜采用多重屈服面模型。目前，应用相对较多的是双屈服面模型。在国外，流行较广的是 Lade（1977）建议的双屈服面，而国内较常见的是沈珠江和殷宗泽各自提出的双屈服面模型。

Lade 建议的双屈服面表达式为

$$f_1=I_1^2+2I_2 \tag{7.2-9}$$

$$f_2=\left(\frac{I_1^3}{I_3}-27\right)\left(\frac{I_1}{p_a}\right)^m \tag{7.2-10}$$

式中：I_1、I_2、I_3 分别为第一、第二和第三应力不变量；f_1、f_2 分别为压缩和剪切屈服面。

7.2.1.2 “南水”双屈服面模型

沈珠江（1990）研究了堆石体变形机理，指出堆石体变形的四个主要特性为压硬性、非线性、剪缩性和应力引起的各向异性。在此基础上，提出了一个双屈服面模型，该模型在土石坝应力应变分析中得到较多的应用。该模型即为“南水”双屈服面模型，简称“南水”模型。

沈珠江建议的双屈服面表达式，第一屈服面为椭圆函数，第二屈服面为幂函数：

$$f_1=p^2+r^2q^2 \tag{7.2-11}$$

$$f_2=q^s/p \tag{7.2-12}$$

式中：p 为球应力，$p=\frac{1}{3}(\sigma_1+\sigma_2+\sigma_3)$；$q$ 为八面体剪应力，$q=\frac{1}{3}\sqrt{(\sigma_1-\sigma_2)^2+(\sigma_2-\sigma_3)^2+(\sigma_3-\sigma_1)^2}$；$r$ 为椭圆的长短轴之比；s 为幂次，可令其等于 2 或 3。

相应的塑性系数如下：

$$A_1=\frac{\eta\left(\frac{9}{E_t}-\frac{3\mu_t}{E_t}-\frac{3}{G}\right)+2s\left(\frac{3\mu_t}{E_t}-\frac{1}{K}\right)}{2(1+3r^2\eta)(s+r^2\eta^2)} \tag{7.2-13}$$

$$A_2=\frac{\left(\frac{9}{E_t}-\frac{3\mu_t}{E_t}-\frac{3}{G}\right)-2r^2\eta\left(\frac{3\mu_t}{E_t}-\frac{1}{K}\right)}{2(3s-\eta)(s+r^2\eta^2)} \tag{7.2-14}$$

7.2.1.3 殷宗泽双屈服面模型

殷宗泽（1988）建议的双屈服面表达式为

$$f_1=\sigma_m+\frac{\sigma_s^2}{M_1^2(\sigma_m+p_r)}=\frac{h\varepsilon_v^p}{1-t\varepsilon_v^p} \tag{7.2-15}$$

$$f_2=\frac{a\sigma_s}{G}\left[\frac{\sigma_s}{M_2(\sigma_m+p_r)-\sigma_s}\right]^{1/2}=\varepsilon_s^p \tag{7.2-16}$$

以上式中：M_1、M_2、h、t、a 为参数；f_1、f_2 分别为椭圆和抛物线型屈服面，且分别为塑性体积应变和塑性剪应变的等值面。

7.2.1.4 各模型优缺点

在土石坝中，由于堆石材料应力应变关系的强烈非线性，因此，其本构模型必须准确反映这种非线性关系。另外，堆石料的剪缩特性是影响混凝土面板应力的主要因素，为了对堆石料剪缩特性予以合理考虑，宜采用弹塑性模型。就理论分析而言，采用多屈服面、非关联流动法则的弹塑性模型在理论上具有较好的完备性，但这一类模型目前仍面临着试验方法特殊、计算参数类比性差、计算复杂等问题。

弹塑性模型在理论上对堆石体的应力应变关系考虑得更为全面，可以模拟堆石的剪缩（胀）特性和塑性应变的发展过程，但其模型相对较为复杂，且在模型的构造中还需引入屈服面和流动法则等假定，模型参数的确定也有一定的难度。

“南水”双屈服面模型是弹塑性模型中比较有代表性的一个。该模型能够比较合理地反映堆石料的剪缩特性，也可以模拟围压和平均压力不断减小的应力情况。计算结果所得的堆石体位移及面板应力均比较合理，同时模型中所需参数大部分与邓肯模型参数一致，数值计算中如何选用邓肯模型参数已有比较丰富的经验。因此，随着三参数 c_d、n_d、R_d 的试验和实践经验的积累，双屈服面模型将会有很大的发展与应用前景。

殷宗泽提出的椭圆-抛物线双屈服面模型能够较好地反映剪胀性和平均正应力较小时产生的塑性体积应变，模型参数物理意义明确，综合了剑桥模型和邓肯模型的优点，改进了单屈服面模型的缺点。但殷宗泽模型主要对塑性变形进行描述，忽略了弹性变形的影响，且公式中存在根式，使得计算求导过程较为复杂。

7.2.2 模型发展与改进

通常，岩土材料的变形还包含一部分不可恢复的塑性变形，因此发展了以修正剑桥模型为代表的弹塑性本构模型。修正剑桥模型能够反映土的摩擦性、剪胀性和压硬性，但仅适用于饱和正常固结土，对于超固结土的剪胀、应变软化、应力路径相关性等并不能很好地描述。针对上述特点，黄文熙等（1981）、Jefferies et al.（1993）及许多学者对修正剑桥模型又作了进一步改进，还提出了更准确描述岩土材料的屈服形状，如濮家骝等（1986）的清华模型、殷宗泽（1988）双屈服面模型等。Yao et al.（2008）提出的引入统一硬化参数的 UH 模型能够弥补修正剑桥模型在描述饱和超固结土特性方面的不足，且该团队又在 UH 模型基础上发展了一系列拓展模型，不断将温度和时间等外部因素及复杂特性和复杂加载条件考虑到模型中，使得该系列模型更具广泛适用性（Yao et al.，2008；姚仰平等，2018；方雨菲等，2019）。基于高土石坝工程的研究背景，魏匡民等（2016）对

UH 模型也进行了修正，以更好地适应筑坝堆石料的变形规律。针对粗粒土剪胀性和强度非线性，刘斯宏等（2017）建立了一个基于细观结构的粗粒料弹塑性本构模型（HHU-KG 模型），将颗粒材料细观结构变化纳入屈服函数的推导过程，结合非关联流动的剪胀方程和典型三轴压缩试验结果，构造了能统一描述粗粒料剪胀和剪缩特性的硬化参数。此外，陈生水等（2019）针对特高土石坝变形提出了统一考虑加载变形和流变的粗粒土弹塑性本构模型。

有些学者，如 Guo et al.（2016）、Wu et al.（2017）、张嘎等（2008），还对基于非线性增量法的亚塑性本构模型进行修正，以研究描述砂土、粗粒土等离散型颗粒材料的本构关系。这类模型较传统弹塑性模型而言，具有参数较少、不需判断加卸载、易于三维化等优势。

除了前述的众多宏观本构模型，还有 Wan et al.（2004）、Guo et al.（2014）等许多以宏微观联系来描述的本构模型，以及狄少丞等（2021）、瞿同明等（2021）基于机器学习与数据驱动算法进行颗粒材料本构关系预测的方法。随着工程领域由陆地拓展至深海和太空，李涛等（2018）又拓展了如黄土的本构模型，蒋明镜等（2018）开展深海能源土本构模型等研究。

7.2.3 改进的“南水”模型

“南水”模型由沈珠江院士提出，模型采用双屈服面作为屈服函数（图 7.2-1），公式见式（7.2-11）和式（7.2-12）。

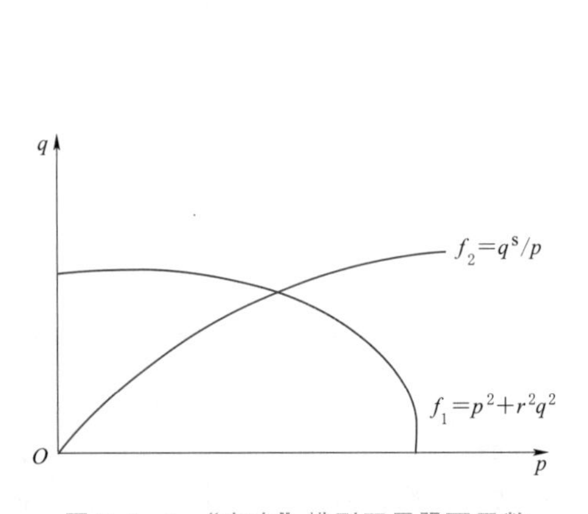

图 7.2-1 “南水”模型双屈服面函数

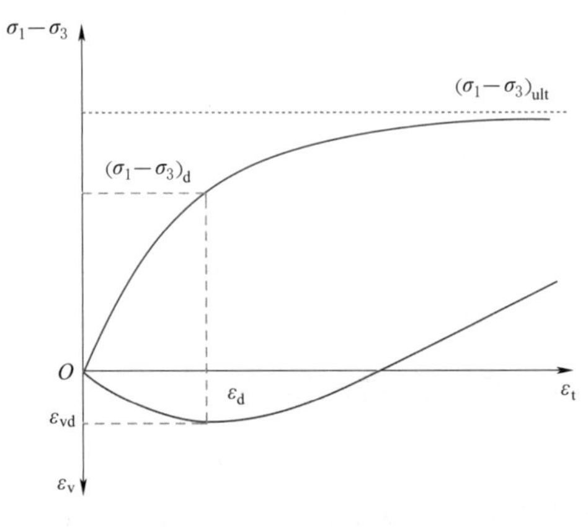

图 7.2-2 体应变与轴向应变之间的关系

“南水”模型的基本变量为切线杨氏模量 E_t 和切线体积比 μ_t。切线杨氏模量表达式与邓肯模型一致，是基于应力应变曲线的双曲线假设。为考虑材料的剪胀特性，体积应变与轴向应变的关系采用抛物线拟合体应变与轴向应变之间的关系曲线（图 7.2-2）：

$$\varepsilon_v=\varepsilon_{vd}\left(2-\frac{\varepsilon_1}{\varepsilon_d}\right)\frac{\varepsilon_1}{\varepsilon_d} \tag{7.2-17}$$

式中：ε_{vd} 为最大体缩应变；ε_d 为与最大体缩应变所对应的轴向应变。

切线体积比 μ_t 为

$$\mu_t = 2\frac{\varepsilon_{vd}}{\varepsilon_d}\left(1-\frac{\varepsilon_1}{\varepsilon_d}\right) \tag{7.2-18}$$

“南水”双屈服面弹塑性模型能够较好地反映筑坝料的变形特性，并在大量土石坝工程中得到应用，是一个比较成熟的本构模型。由于在反映坝料体变方面与实际存在一定差异，导致沉降计算结果有所偏小，为此在“南水”模型已有框架的基础上，对反映体积应变的变量体积比进行修正，是一个比较实用的途径。经深入研究，基于“南水”模型改进并建立了两个模型：一是基于堆石料临界状态的模型，二是基于破碎能耗的模型。

7.2.3.1 基于堆石料临界状态的模型

散粒体材料的力学性质与其物理状态密切相关，如在相同围压下，较松散的砂呈剪缩，较密实的砂呈剪胀。密实度相同的砂，低围压下可能剪胀，高围压下可能剪缩。Been (1985) 最早提出了状态参数 ψ 的概念，即采用当前孔隙比 e 与当前体积应力条件下临界孔隙比 e_c 的差值表示：

$$\psi = e - e_c \tag{7.2-19}$$

式中：e_c 为对应于当前体积应力条件下的临界孔隙比。

对砂土的临界状态进行了研究，发现 $e-\ln p'$ 平面中的临界状态曲线是非线性的，将式 (7.2-19) 改写为

$$\psi = e - [e_\Gamma - \lambda_c (p'/p_a)^\xi] \tag{7.2-20}$$

式中：e_Γ、λ_c、ξ 由 $e-\ln p'$ 平面中的临界状态曲线确定。

对堆石料临界状态的研究结果表明，临界状态曲线在 $p-q'$ 平面和 $e-\ln p'$ 平面内均为非线性变化。基于试验结果，建立了如下剪胀方程：

$$d_g = \frac{d\varepsilon_v^p}{d\varepsilon_s^p} = (1+\alpha)(M_d - \eta) \tag{7.2-21}$$

$$M_d = M_g e^{m_g \psi} \tag{7.2-22}$$

式中：M_g 为 $p-q'$ 平面上临界状态线的斜率，在颗粒破碎影响下，堆石料应力应变关系呈非线性变化，但偏差不大，可近似进行线性拟合；η 为应力比，$\eta = q/p$；α、m_g 为常数，忽略堆石料的弹性变形，参数 α 可以通过 $\varepsilon_v - \varepsilon_s$ 曲线获得。

“南水”模型切线体积比 μ_t 可表达为

$$\mu_t = \frac{d\varepsilon_v^p}{d\varepsilon_1^p} = \frac{3d\varepsilon_v^p}{3d\varepsilon_s^p + 3d\varepsilon_v^p} = \frac{3(1+\alpha)(M_d-\eta)}{3+(1+\alpha)(M_d-\eta)} \tag{7.2-23}$$

颗粒破碎是影响堆石体应力应变特性的一个重要因素。假设堆石料颗粒发生破碎时存在一个临界应力 p_c'，当 $p_c' < p_c$ 时，颗粒不发生破碎；当 $p_c' > p_c$ 时，颗粒发生破碎。将考虑颗粒破碎的临界状态线在 $e-\ln p'$ 平面中近似分为两条直线，用下式表示：

$$e_{crop} = \begin{cases} e_\lambda - \lambda \lg(p'/p_a), & p' < p_c' \\ e_\lambda - \lambda \lg(p'/p_a) - \xi \lg(p'/p_c'), & p' \geqslant p' \end{cases} \tag{7.2-24}$$

式中：e_{crop} 为考虑颗粒破碎时临界状态线的孔隙比；p_c' 为颗粒发生破碎的起始平均有效应力；p' 为平均有效应力；e_λ 为 $p'=1p_a$ 时所对应的孔隙比；λ 为斜率；ξ 为颗粒破碎时临界状态线的斜率。

将式（7.2-22）重写，状态参数 ψ 表示为

$$\psi = e - e_{crop} \tag{7.2-25}$$

$$m_g = \frac{1}{\psi_t} \ln \frac{\eta_t}{M_g} \tag{7.2-26}$$

由式（7.2-23）～式（7.2-26）可求出切线体积比 μ_t，方程中共有 7 个参数，分别为临界状态参数 e_λ、λ、ξ、p'_c及剪胀参数 M_g、α、m_g。

式（7.2-22）中的 m_g 通过试验中的相转换状态（体应变为 0）确定，其中 η_t、ψ_t 为体应变为 0 时的 η 和 ψ 值。

采用 MJ 水电站面板堆石坝方案对改进的“南水”模型进行了简单验证。MJ 面板堆石坝坝顶高程 1577.5m，河床段趾板底高程 1300m，最大坝高 277.5m，坝顶长 683.0m，宽 14.0m。靠近岸坡位置面板垂直缝间距为 10m，河床位置为 16m。MJ 面板堆石坝标准断面如图 7.2-3 所示，填筑顺序如图 7.2-4 所示，面板网格剖分和三维网格剖分如图 7.2-5 所示。其中，x 方向以指向坝右岸为正，y 方向以指向下游为正，z 方向以指向上部为正。

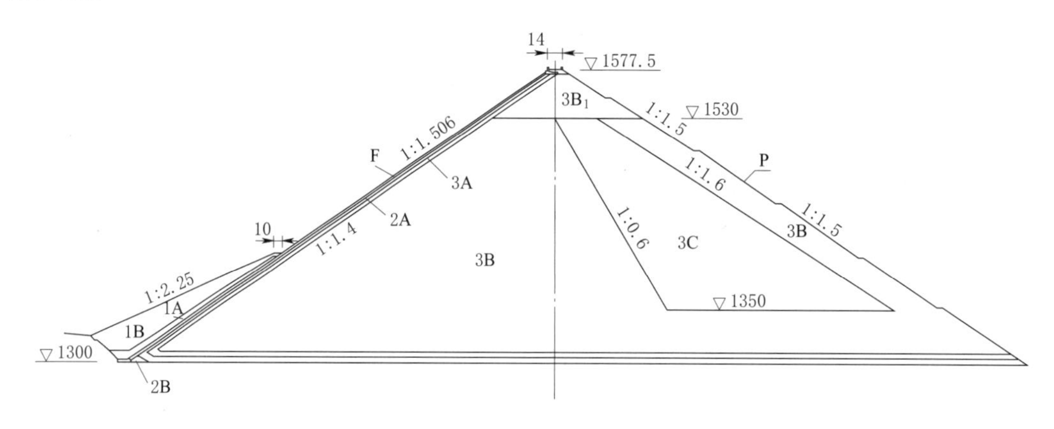

图 7.2-3　MJ 面板堆石坝标准断面图（单位：m）

1A—上游铺盖区；1B—盖重区；2B—特殊垫层区；2A—垫层区；3A—过渡区；3B—上游堆石区；$3B_1$—坝顶堆石增模区；3C—下游堆石区；F—混凝土面板；P—块石护坡

计算时模拟大坝填筑、蓄水顺序为：坝体Ⅰ期填筑（高程 1395m）→坝体Ⅱ期填筑（高程 1460m）→Ⅰ期面板浇筑（高程 1390m）→坝体Ⅲ期填筑（高程 1505m）→Ⅱ期面板浇筑（高程 1450m）→坝体Ⅳ期填筑（高程 1525m）→坝体Ⅴ期填筑（高程 1525m）→一次蓄水（高程 1420.5m）→Ⅲ期面板浇筑（高程 1505m）→坝体Ⅵ期填筑（高程 1575.5m）→二次蓄水（高程 1500m）→Ⅳ期面板浇筑（高程 1572m）→三次蓄水（高程 1570m）。共分为 36 级进行模拟，其中坝体填筑 23 级，蓄水过程 13 级。

筑坝料均采用上游堆石料参数，比较堆石料尺寸效应以及改进模型计算结果。“南水”模型计算参数见表 7.2-1，仅采用最大颗粒粒径为 60mm 和 700mm 的堆石料参数进行模拟。面板材料按线弹性考虑，容重 $\gamma = 24.0\text{kN/m}^3$，弹性模量 $E = 28\text{GPa}$，泊松比 $\nu = 0.167$。面板垂直缝采用分离缝进行模拟。改进模型计算参数见表 7.2-2。

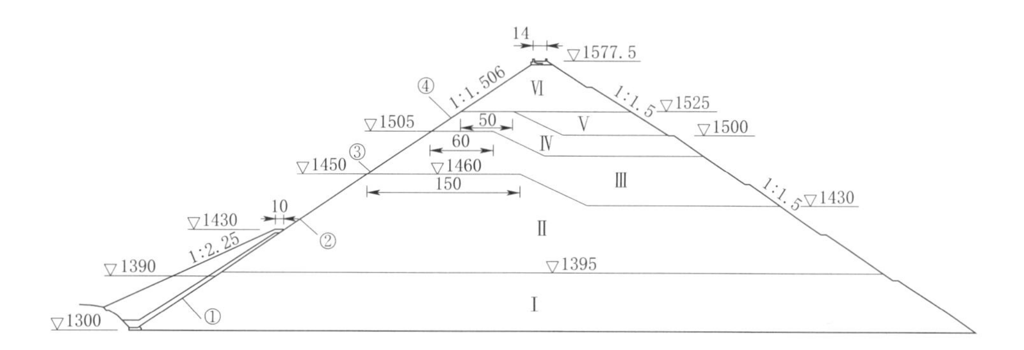

图 7.2-4　MJ 大坝填筑顺序图（单位：m）

Ⅰ—Ⅰ期（第3年5月—第4年10月）；Ⅱ—Ⅱ期（第4年11月—第5年8月）；Ⅲ—Ⅲ期（第5年9月—第6年5月）；Ⅳ—Ⅳ期（第6年6月—第6年9月）；Ⅴ—Ⅴ期（第6年10月—第6年12月）；Ⅵ—Ⅵ期（第7年1月—第7年8月）；①—Ⅰ期面板高程1390m以下（第5年5月—第5年7月）；②—Ⅱ期面板高程1390～1450m（第6年3月—第6年5月）；③—Ⅲ期面板高程1450～1505m（第7年1月—第7年3月）；④—Ⅵ期面板高程1505m以上（第8年3月—第8年6月）

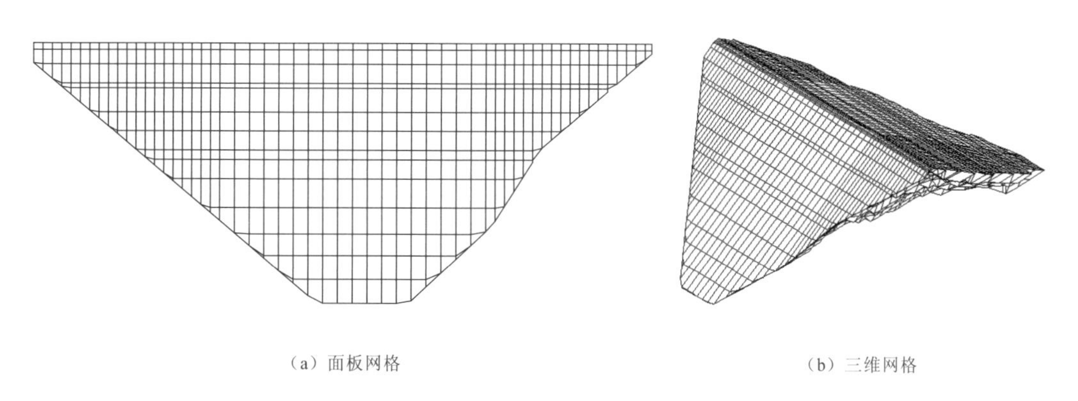

(a) 面板网格　　(b) 三维网格

图 7.2-5　MJ 大坝面板网格剖分和三维网格剖分图

表 7.2-1　“南水”模型参数

d_{max}/mm	ρ/(g/cm^3)	φ_0/(°)	$\Delta\varphi$/(°)	K	n	R_f	c_d	n_d	R_d
60	2.17	54.8	9.5	1698.5	0.29	0.59	0.17%	0.77	0.51
700	2.17	56.7	15.2	1545.0	0.25	0.63	0.21%	0.87	0.57

表 7.2-2　考虑颗粒破碎的临界状态改进模型计算参数

d_{max}/mm	e_λ	λ/($\times10^{-3}$)	ξ/($\times10^{-2}$)	P'_c/kPa	M_g	α	m_g
60	0.2485	2.158	1.26	1280.30	1.570	0.48	0.13
700	0.2458	1.749	1.58	1139.43	1.499	0.42	0.15

为便于说明问题，仅对蓄水期的计算结果进行比较分析。表7.2-3和表7.2-4给出了坝体和面板应力变形的特征值。图7.2-6～图7.2-8是“南水”模型计算得到的两种不同最大粒径下坝体河床断面变形对比图、坝体轴面变形对比图和面板应力变形对比图。图7.2-9～图7.2-11是改进模型的计算结果。

表 7.2-3　　蓄水期坝体变形特征值

计算模型	d_{max}/mm	顺河向位移/cm		轴向位移/cm		沉降量/cm
		向上游	向下游	向左岸	向右岸	
“南水”	60	9.7	18.3	7.2	12.0	94.5
	700	9.3	16.3	8.6	14.9	118.0
改进模型	60	9.5	15.3	8.3	14.4	112.6
	700	9.1	14.3	9.3	16.3	134.3

表 7.2-4　　蓄水期面板应力变形特征值

计算模型	d_{max}/mm	轴向位移/cm		挠度/cm	轴向应力/MPa		顺坡向应力/MPa
		向左岸	向右岸		拉	压	
“南水”	60	5.1	5.3	33.5	1.75	14.84	16.54
	700	6.7	7.0	41.8	1.94	17.41	20.45
改进模型	60	6.1	6.5	39.6	2.36	16.91	19.65
	700	7.2	7.8	45.8	2.59	18.83	22.03

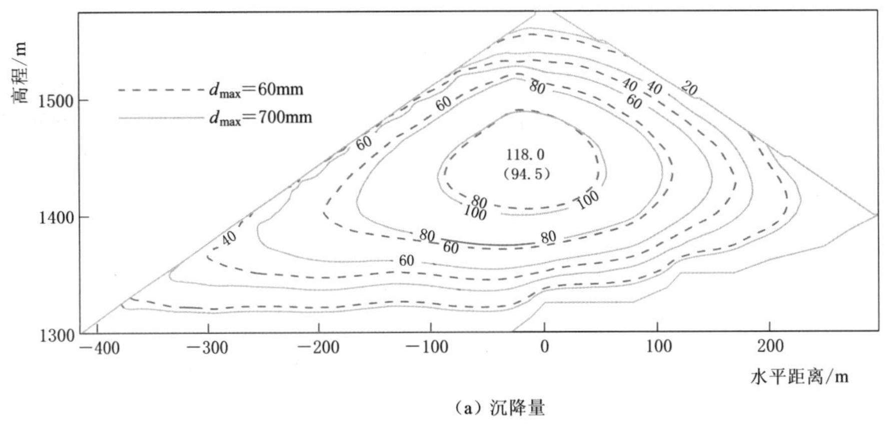

(a) 沉降量

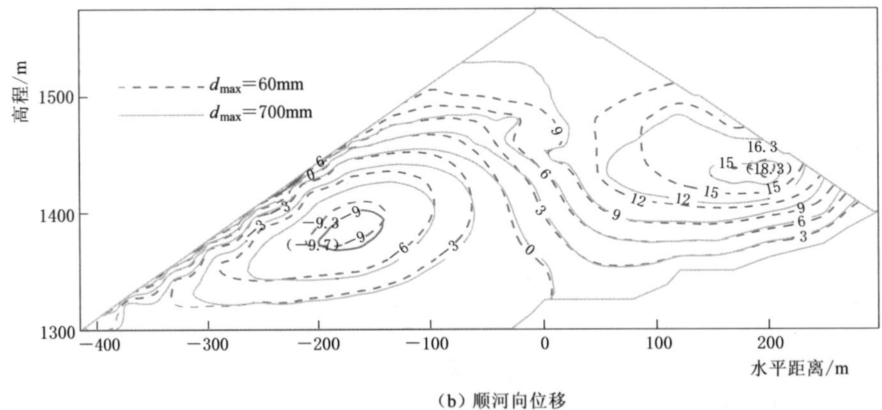

(b) 顺河向位移

注：括号内数值为d=60mm时的最大值，下同。

图 7.2-6　蓄水期坝体河床断面变形等值线图（“南水”模型，单位：cm）

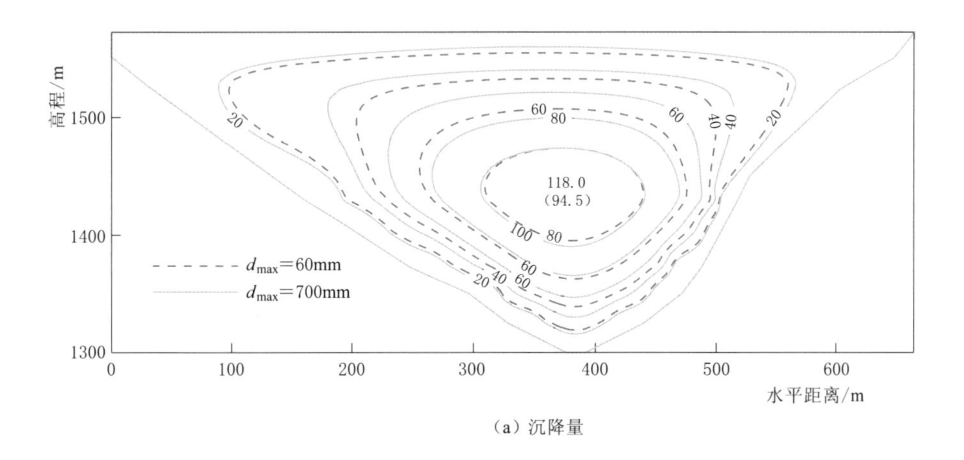

（a）沉降量

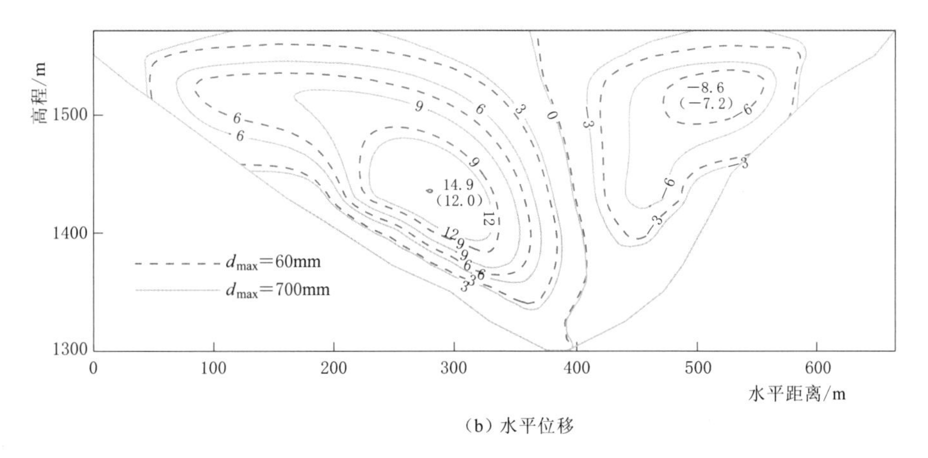

（b）水平位移

图7.2-7　蓄水期坝轴线断面变形等值线图（“南水”模型，单位：cm）

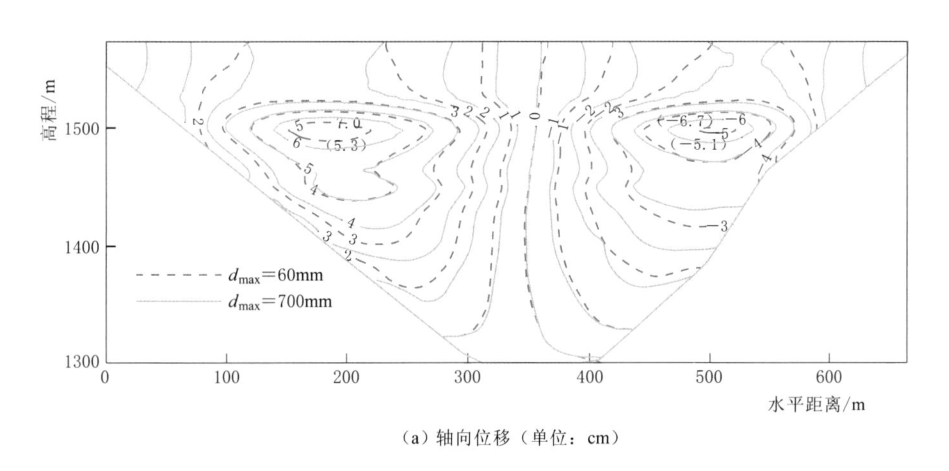

（a）轴向位移（单位：cm）

图7.2-8（一）　蓄水期面板应力变形等值线图（“南水”模型）

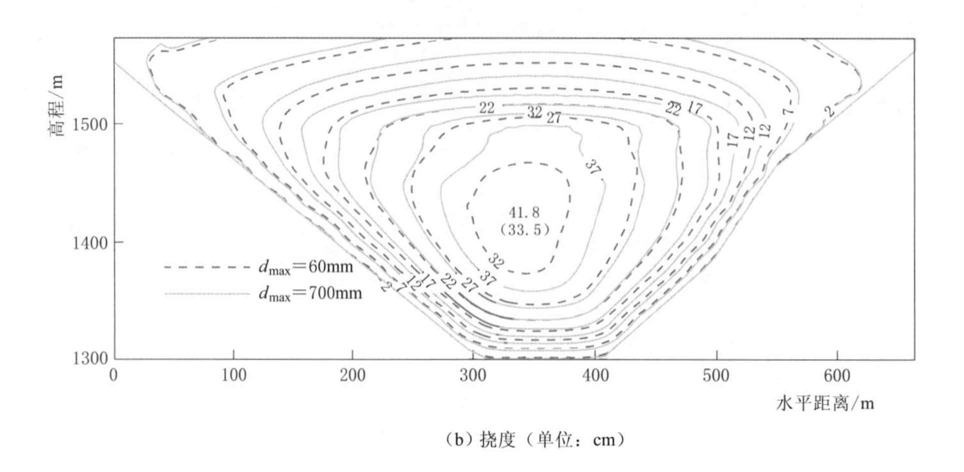

(b) 挠度（单位：cm）

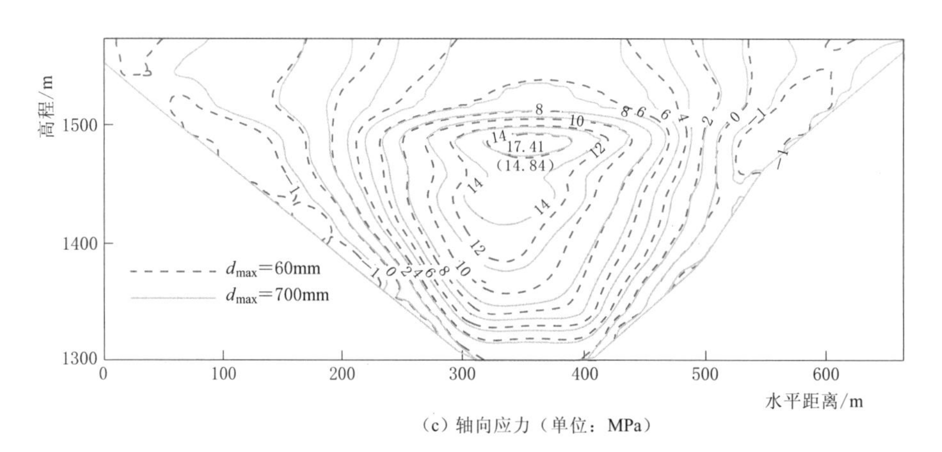

(c) 轴向应力（单位：MPa）

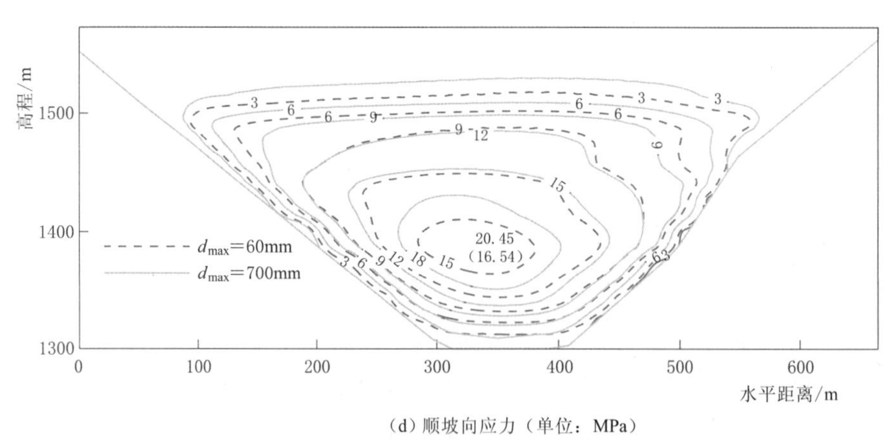

(d) 顺坡向应力（单位：MPa）

图 7.2-8（二） 蓄水期面板应力变形等值线图（“南水”模型）

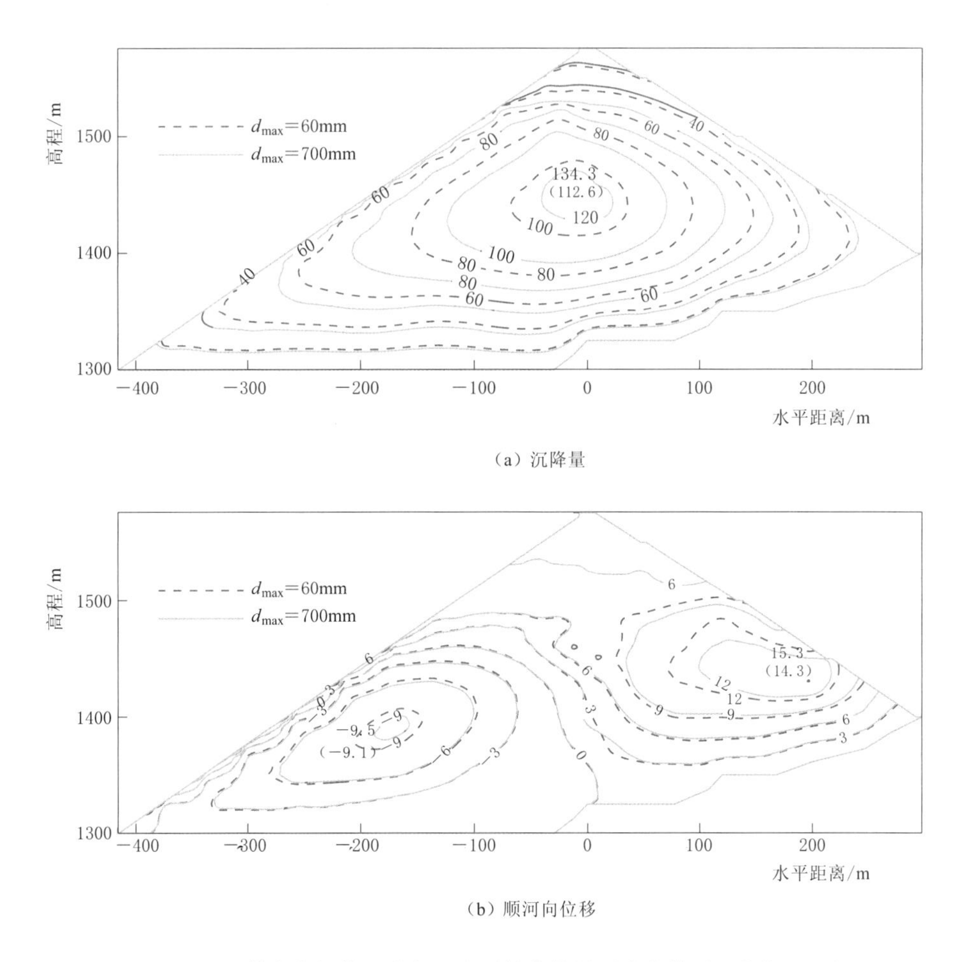

图 7.2-9　蓄水期坝体河床断面变形等值线图（改进模型，单位：cm）

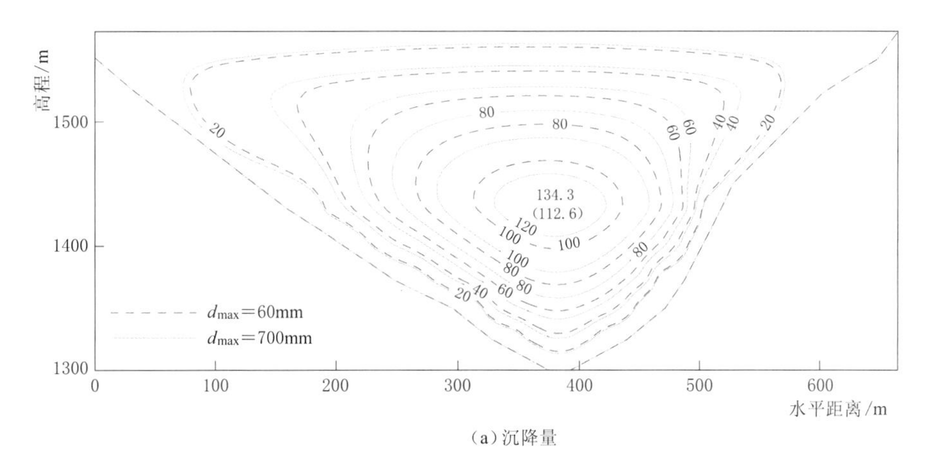

(a) 沉降量

图 7.2-10（一）　蓄水期坝轴线断面变形等值线图（改进模型，单位：cm）

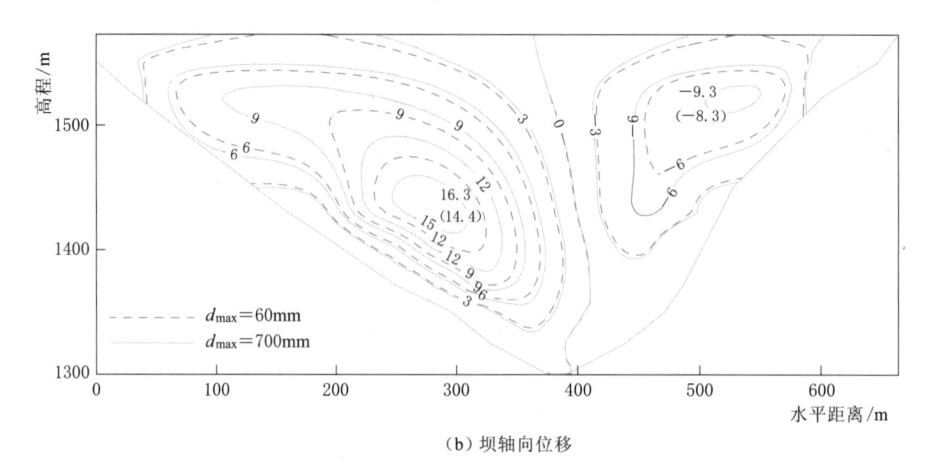

(b) 坝轴向位移

图 7.2-10（二） 蓄水期坝轴线断面变形等值线图（改进模型，单位：cm）

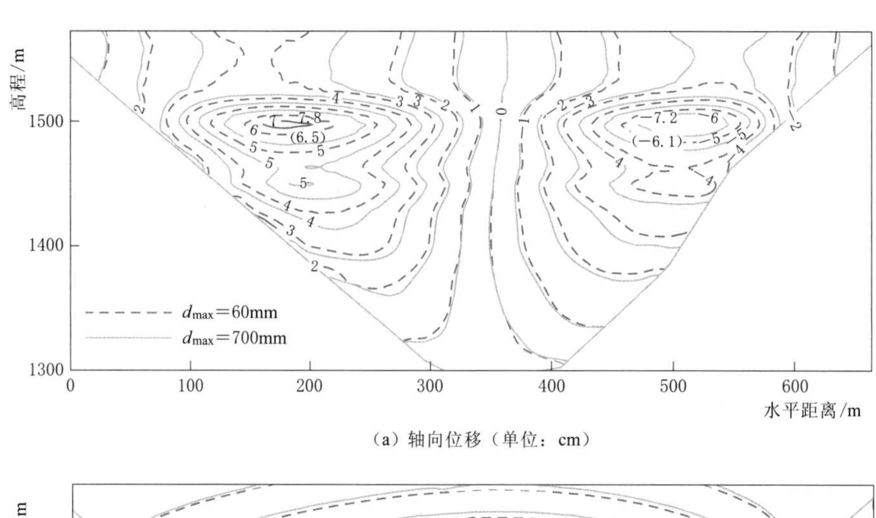

(a) 轴向位移（单位：cm）

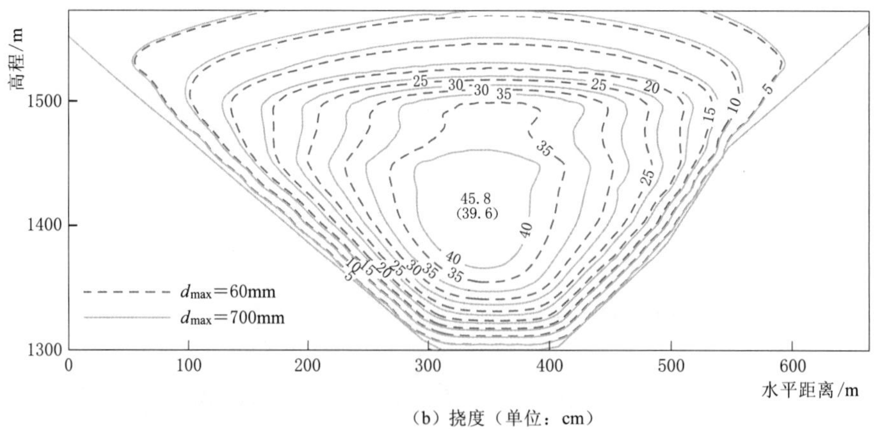

(b) 挠度（单位：cm）

图 7.2-11（一） 蓄水期面板应力变形等值线图（改进模型）

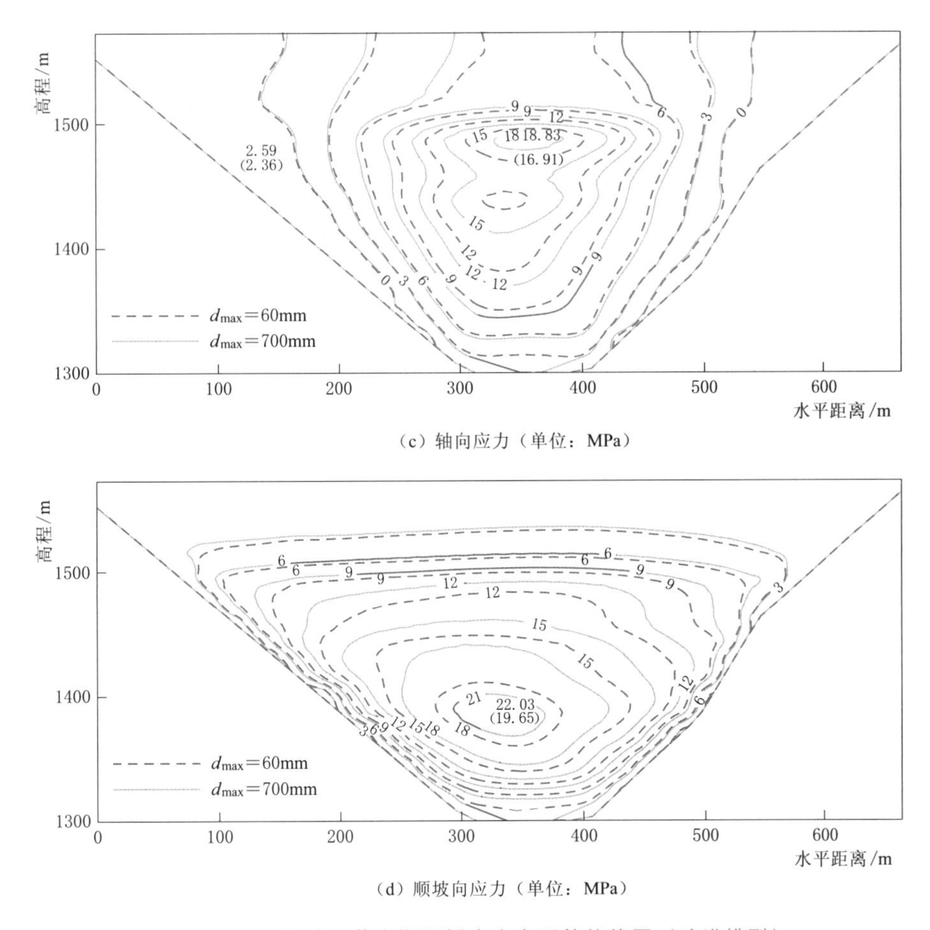

（c）轴向应力（单位：MPa）

（d）顺坡向应力（单位：MPa）

图7.2-11（二）　蓄水期面板应力变形等值线图（改进模型）

由上述计算结果可得出以下几点结论：

（1）“南水”模型和改进模型计算得到的面板堆石坝应力变形分布规律基本一致，均符合一般分布规律，但由于两个模型对堆石料剪胀描述不同，以及颗粒尺寸效应对计算参数的影响，计算的结果在量值上有所不同。

（2）“南水”模型计算结果表明，d_{max}=60mm时计算的坝体沉降量、坝轴向位移、面板应力变形均小于d_{max}=700mm的计算结果，但顺河向位移相反。由表7.2-1可见，堆石料缩尺后，随缩尺比例的增大，初始模量系数呈增大趋势，模量指数呈增大趋势；从体变参数来看，随堆石料缩尺比例的增大，体变系数和体变指数均减小；颗粒粒径越大，围压越高，越易破碎，尺寸效应导致初始内摩擦角减小，随围压的增大，内摩擦角下降幅值减小。综合分析，缩尺后的堆石料工程特性与现场实际使用堆石料的工程特性有较大差别，当坝高较高时，受尺寸效应的影响，采用缩尺后的参数计算的坝体沉降量、坝轴向位移和面板应力变形减小，顺河向位移增大。两组本构参数计算的坝体沉降量相差24.8%。

（3）改进模型计算结果表明，d_{max}=60mm时计算的坝体沉降量、顺河向位移和坝轴向位移以及面板应力变形均小于d_{max}=700mm的计算结果，表明缩尺后的堆石料室内试验得到的工程特性与现场实际使用的堆石料工程特性存在一定的差别。从表7.2-2的临界状态线参数可看出，堆石料比例缩尺后，临界状态线斜率减小，破碎起始应力增大，表现为颗粒破碎不易发生，导致计算结果偏小。

（4）比较两个模型的计算结果可以看出，改进模型计算的坝体沉降量、坝轴向位移和面板应力变形均大于“南水”模型计算的结果，而坝体顺河向变形小于“南水”模型计算的结果。这表明，考虑颗粒破碎后，堆石料体缩增大而体胀减弱，与试验结果相似。$d_{\max}=60$mm 和 $d_{\max}=700$mm 情况下，采用改进模型计算的坝体沉降量较“南水”模型的分别增大了 19.2%和 13.8%。

7.2.3.2 基于破碎能耗的模型

Ueng et al.（2000）考虑颗粒破碎的剪胀方程为

$$\frac{\sigma_1'}{\sigma_3'}=\left(1-\frac{d\varepsilon_v}{d\varepsilon_1}\right)\tan^2\left(45°+\frac{\varphi_m}{2}\right)+\frac{dE_B}{\sigma_3' d\varepsilon_1}(1+\sin\varphi_m) \tag{7.2-27}$$

式中：dE_B 为颗粒破碎能耗。

由上式求出体积比，代替“南水”双屈服面模型中的切线体积比，即

$$\mu_t=\frac{d\varepsilon_v}{d\varepsilon_1}=1-\frac{\dfrac{\sigma_1}{\sigma_3}-\dfrac{dE_B}{\sigma_3 d\varepsilon_1}(1+\sin\varphi_m)}{\tan^2(45°+\varphi_m/2)} \tag{7.2-28}$$

其中

$$\sin\varphi_m=\frac{3M}{6+M}=\frac{3M_p\varepsilon_s^p/(B+\varepsilon_s^p)}{6+M_p\varepsilon_s^p/(B+\varepsilon_s^p)} \tag{7.2-29}$$

$$M_p=\frac{6\sin\varphi_p}{3-\sin\varphi_p} \tag{7.2-30}$$

$$\varphi_p=\varphi_0-\Delta\varphi\cdot\lg(\sigma_3/p_a) \tag{7.2-31}$$

式中：φ_m 为机动内摩擦角；M_p 为峰值应力比。

式（7.2-29）中，B 为参数，其倒数表示材料的初始刚度，与围压的关系如下：

$$\frac{1}{B}=c_1\left(\frac{\sigma_3}{p_a}\right)^{n_1} \tag{7.2-32}$$

颗粒破碎能耗 E_B 与轴向应变 ε_1 之间的关系如下：

$$\frac{dE_B}{d\varepsilon_1}=\frac{a_{E_B}}{\left[a_{E_B}+b_{E_B}\dfrac{\sigma_1-\sigma_3}{E_i(1-R_fS_l)}\right]^2} \tag{7.2-33}$$

式中：a_{E_B} 为初始破碎能耗的倒数；b_{E_B} 为双曲线渐近线所对应的极限破碎能耗的倒数。

a_{E_B}、b_{E_B} 与围压有如下关系：

$$\left.\begin{aligned}\frac{1}{a_{E_B}}&=c_2p_a\left(\frac{\sigma_3}{p_a}\right)^{n_2}\\ \frac{1}{b_{E_B}}&=c_3p_a\left(\frac{\sigma_3}{p_a}\right)^{n_3}\end{aligned}\right\} \tag{7.2-34}$$

以上式中：c_1、n_1、c_2、n_2、c_3、n_3 为求切线体积比 μ_t 的参数。

基于破碎能耗的模型共 11 个参数，与切线弹性模量有关的 K、n、R_f、φ_0、$\Delta\varphi$ 这 5 个参数的确定方法同邓肯非线性模型，不再赘述。下面以巴贡 3C 料为例给出与切线体积

比有关的6个参数的确定方法。

（1）确定与初始刚度的倒数 B 相关的两个参数 c_1 和 n_1。由摩擦系数 M 与塑性偏应变的双曲线关系式 $M=M_p\dfrac{\varepsilon_s^p}{B+\varepsilon_s^p}$ 拟合求得各级围压 σ_3 下的 B 值。绘制 $1/B$ 与围压 σ_3 的半对数曲线（图7.2-12），可拟合求得 c_1 和 n_1。

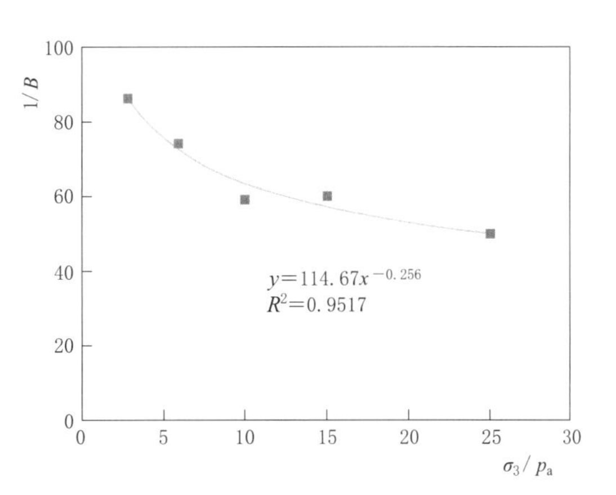

图7.2-12 $1/B$ 与 σ_3 的关系曲线

（2）确定与初始破碎能耗的倒数 a_{E_B} 相关的两个参数 c_2 和 n_2 以及与极限破碎能耗的倒数 b_{E_B} 相关的两个参数 c_3 和 n_3。由破碎能耗 E_B 与轴向应变 ε_1 之间的双曲线（图7.2-13）关系式 $E_B=\dfrac{\varepsilon_1}{a_{E_B}+b_{E_B}\varepsilon_1}$ 拟合求得各级围压 σ_3 下的 a_{E_B} 和 b_{E_B}。分别绘制 a_{E_B}、b_{E_B} 与围压 σ_3 的半对数曲线（图7.2-14），可拟合求得 c_2、n_2 和 c_3、n_3。

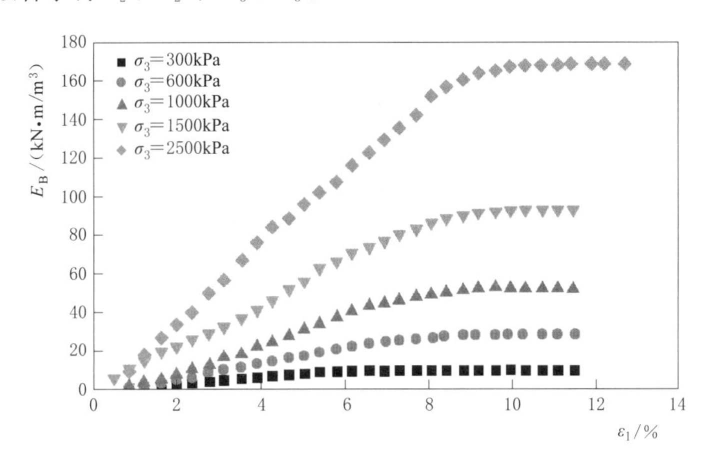

图7.2-13 破碎能耗与轴向应变的关系曲线

"南水"模型和基于破碎能耗的模型计算得到的偏应力-轴向应变、体积应变-轴向应变见图7.2-15。从图中可以看出：①对偏应力-轴向应变关系曲线，在相同轴向应变下，考虑颗粒破碎后计算的偏应力较"南水"模型的略小一些，在高围压下表现尤其明显，反映了颗粒破碎在增加变形的同时降低了材料的强度；②对体积应变-轴向应变关系曲线，由于"南水"模型采用抛物线拟合体变曲线，其计算的体胀偏大，考虑颗粒破碎后计算的体胀明显减小，而体缩明显增大，其计算成果与试验成果也更为接近。

（3）基于破碎能耗的模型在巴贡面板堆石坝工程中的应用。

巴贡水电站工程位于马来西亚东马（加里曼丹岛）沙捞越州巴鲁伊（Balui）河上，拦河坝为混凝土面板堆石坝。坝顶高程235m，河槽处趾板底高程33m，河床及两岸坝基覆盖层全部挖除，最大坝高202m，坝顶全长740m，坝顶宽12m。坝体分区见图7.2-16，各区坝

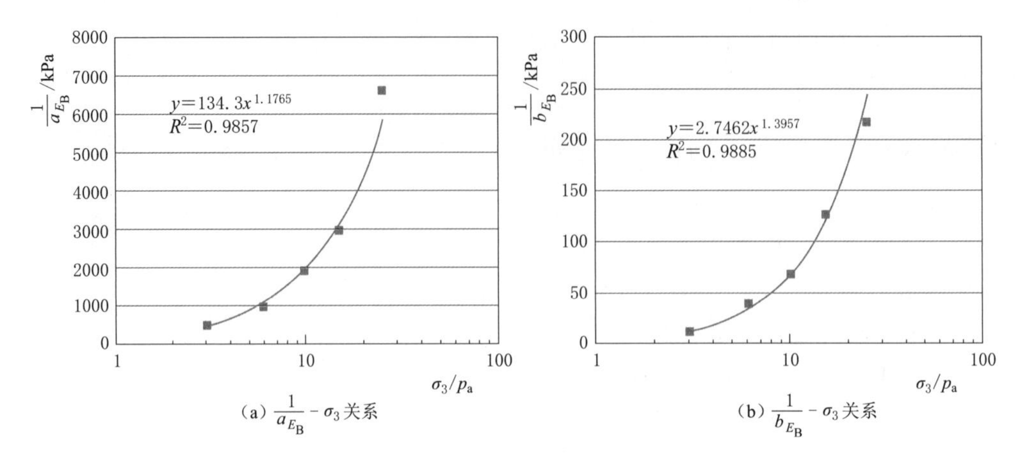

(a) $\frac{1}{a_{E_B}}-\sigma_3$关系　　(b) $\frac{1}{b_{E_B}}-\sigma_3$关系

图 7.2-14　破碎能耗参数与 σ_3 的关系曲线

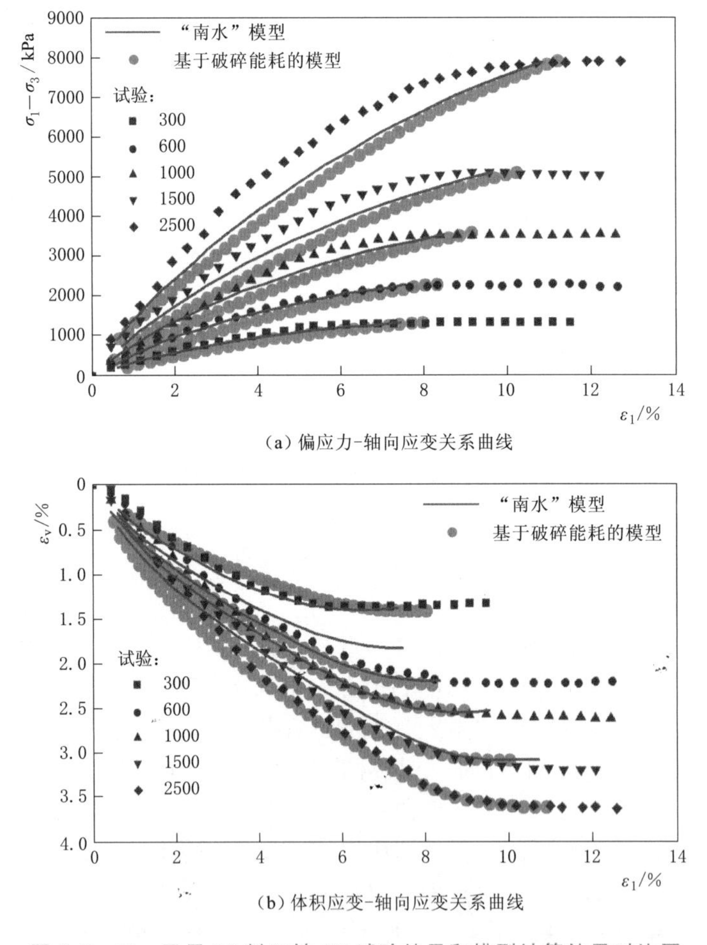

(a) 偏应力-轴向应变关系曲线

(b) 体积应变-轴向应变关系曲线

图 7.2-15　巴贡 3C 料三轴 CD 试验结果和模型计算结果对比图

料特性见表7.2-5。

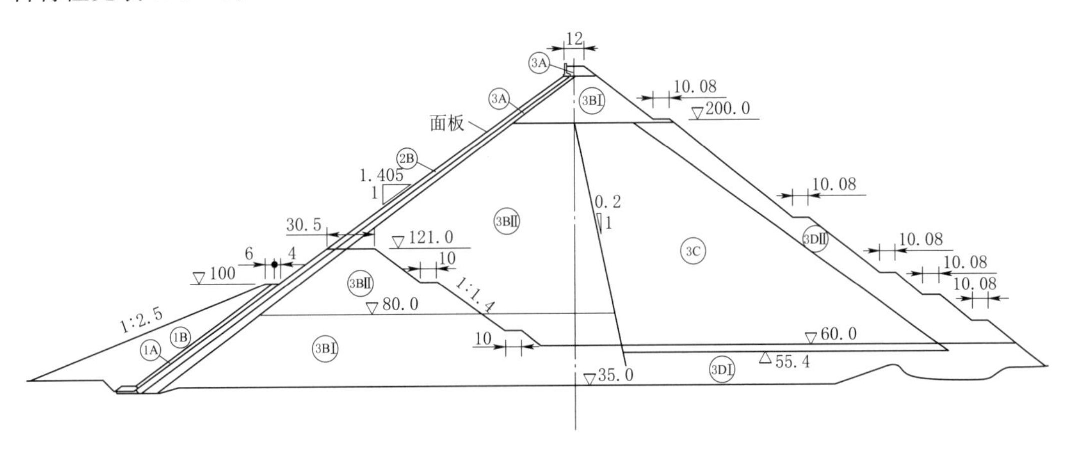

图7.2-16 巴贡面板堆石坝坝体分区（单位：m）

表7.2-5 巴贡面板堆石坝坝料岩性、填筑参数和压实标准

坝体分区	2A区	2B区	3A区	3B区（包括3BⅠ和3BⅡ）*	3C区	3D区（包括3DⅠ和3DⅡ）**
岩性	杂砂岩	杂砂岩	杂砂岩	杂砂岩或杂砂岩与页岩混合料	杂砂岩或杂砂岩与页岩混合料	杂砂岩
料源	加工料	加工料	料场爆破料	料场爆破料和建筑物开挖料	料场爆破料和建筑物开挖料	料场爆破料和人工挑选料
风化程度	新鲜	新鲜	新鲜	3BⅠ：轻风化～新鲜 3BⅡ：中风化～新鲜	轻风化～新鲜	轻风化～新鲜
铺料方法	后退法	后退法	后退法	进占法	进占法	进占法
压实机具	Pneu Vibe CP300	Dynapac CA602	Dynapac CA602	Dynapac CA602	Dynapac CA602	Bomag BW225D-3
最小压实遍数	6min	8	8	8	8	3DⅠ：6 3DⅡ：4
孔隙率/%	≤17	≤17	≤18	≤20	≤20	3DⅠ：≤20 3DⅡ：≤22.5
干密度/(kN/m³)	≥22.7	≥22.6	≥22.3	≥21.8	≥21.8	3DⅠ：≥21.4 3DⅡ：≥20.8
最大压实厚度/m	0.2	0.4	0.4	0.8	0.8	1.6
洒水量/%	≥5	≥5	≥5	≥15	≥15	≥15
最大粒径/mm	40	80	300	800	800	1600
粒径小于0.075mm的细粒含量/%	≤5	≤5	≤5	≤5	≤5	≤5

* 80m高程以下、200m高程以上的3B区为3BⅠ区，其余部位的3B区为3BⅡ区。

** 55.4m高程以下的3D区为3DⅠ区，以上为3DⅡ区。

施工开始时间2004年6月1日，大坝分3期填筑，面板分2期浇筑，见图7.2-17。

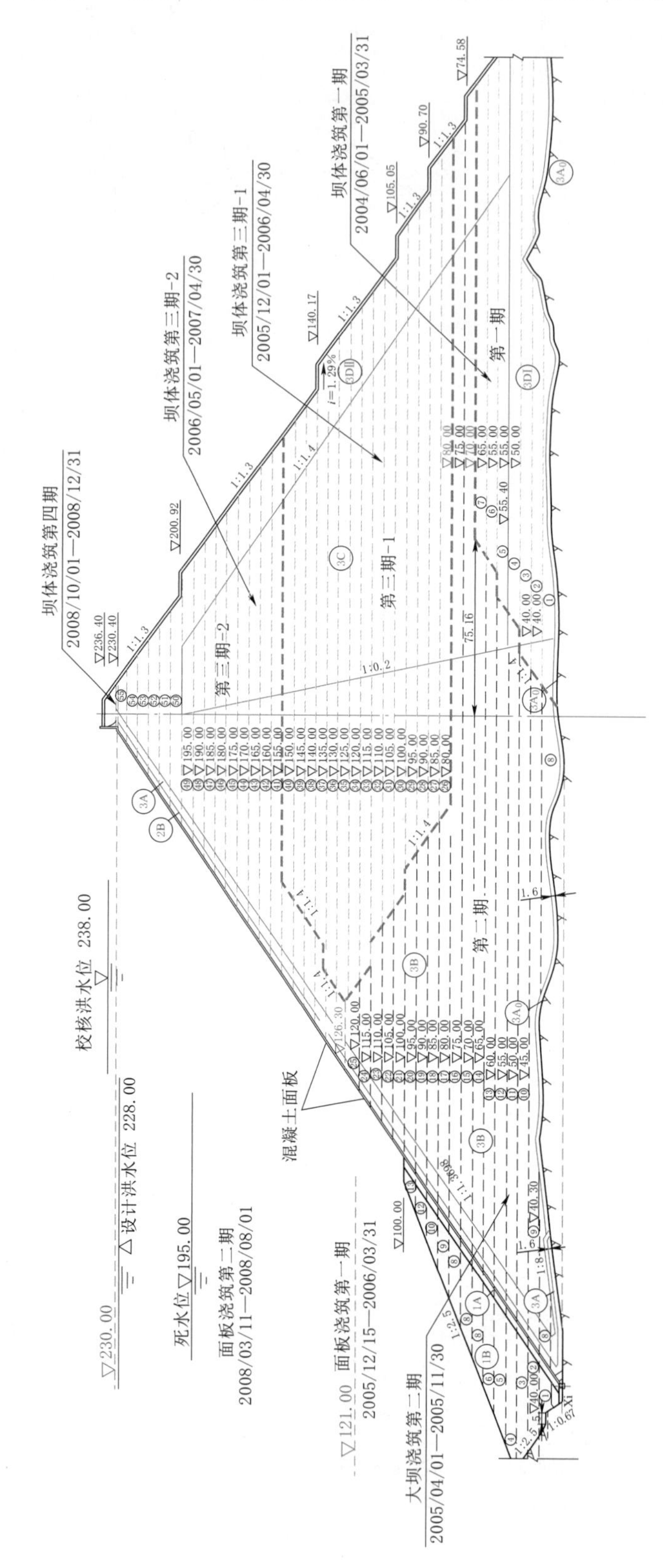

图 7.2-17 巴贡面板堆石坝施工顺序图

（1）大坝填筑：

1）大坝第一期填筑：

下游3D料填筑至55m高程（2004年10月30日，历时151天）。

下游3D料填筑至70m高程（2005年3月31日，历时152天）。

3BⅠ料填筑至55m高程（2005年5月31日，历时61天）。

3BⅠ料填筑至80m高程（2005年7月31日，历时61天）。

3BⅠ料填筑至100m高程（2005年9月30日，历时61天）。

3BⅠ料填筑至126m高程（2005年11月30日，历时61天）。

2）大坝第二期填筑：

3C料填筑至115m高程（2005年12月31日，历时31天）。

3C料填筑至155m高程（2006年2月28日，历时59天）。

3）大坝第三期填筑：

填筑至155m高程（2006年4月30日，历时61天）。

填筑至165m高程（2006年8月30日，历时122天）。

填筑至200m高程（2006年12月31日，历时123天）。

填筑至229m高程（2007年2月28日，历时59天）。

停工（2007年8月26日，历时179天）。

1B料填筑（历时30天）。

填筑至235m高程（2008年12月31日，历时60天）。

（2）面板浇筑：

1）第一期面板浇筑121m高程（2006年3月31日，历时100天）。

2）第二期面板浇筑（2008年8月1日，历时150天）。

（3）蓄水。蓄水至正常蓄水位228m高程（2009年7月30日，历时210天）。

坝料三轴CD试验的"南水"模型参数及基于破碎能耗的模型参数见表7.2-6和表7.2-7。3C料采用70%杂砂岩（轻风化～新鲜）+30%经5次干湿循环新鲜页岩的试验参数，3B1料和3B2料均采用90%杂砂岩（轻风化～新鲜）+10%经5次干湿循环新鲜页岩的试验参数。3D料的参数同3C。

表7.2-6　"南水"模型计算参数

试样名称	ρ_d /(kg/m^3)	共用参数						"南水"模型		
		φ_0/(°)	$\Delta\varphi$/(°)	K	K_{ur}	n	R_f	c_d	n_d	R_d
垫层料2B	2220	50.4	6.8	757	1136	0.39	0.66	0.0042	0.42	0.65
过渡料3A	2190	50.4	7.4	912	1368	0.32	0.66	0.0047	0.61	0.62
堆石料3BⅠ	2140	49.1	7.8	683.9	1026	0.42	0.72	0.0087	0.54	0.69
堆石料3BⅡ	2140	49.1	7.8	683.9	1026	0.42	0.72	0.0087	0.54	0.69
堆石料3C	2160	45.6	5.7	389	584	0.45	0.62	0.0096	0.42	0.61
堆石料3D	2140	45.6	5.7	389	584	0.45	0.62	0.0096	0.42	0.61

表 7.2-7　　巴贡面板堆石坝基于破碎能耗的模型计算参数

试样名称	ρ_d /(kg/m³)	共用参数						基于破碎能耗的模型					
		φ_0 /(°)	$\Delta\varphi$ /(°)	K	K_{ur}	n	R_f	c_1	n_1	c_2 /(×10^{-2})	n_2	c_3 /(×10^{-2})	n_3
垫层料 2B	2220	50.4	6.8	757	1136	0.39	0.66	336.5	−0.515	261.4	1.05	1.86	1.23
过渡料 3A	2190	50.4	7.4	912	1368	0.32	0.66	633.2	−0.692	197.3	1.07	1.03	1.68
堆石料 3BⅠ	2140	49.1	7.8	683.9	1026	0.42	0.72	319.5	−0.393	208.5	1.06	3.74	1.37
堆石料 3BⅡ	2140	49.1	7.8	683.9	1026	0.42	0.72	319.5	−0.393	208.5	1.06	3.74	1.37
堆石料 3C	2160	45.6	5.7	389	584	0.45	0.62	114.7	−0.256	134.3	1.18	2.75	1.40
堆石料 3D	2140	45.6	5.7	389	584	0.45	0.62	114.7	−0.256	134.3	1.18	2.75	1.40

河床断面网格剖分图、三维网格剖分图、施工和蓄水过程模拟示意图如图 7.2-18～图 7.2-20 所示。

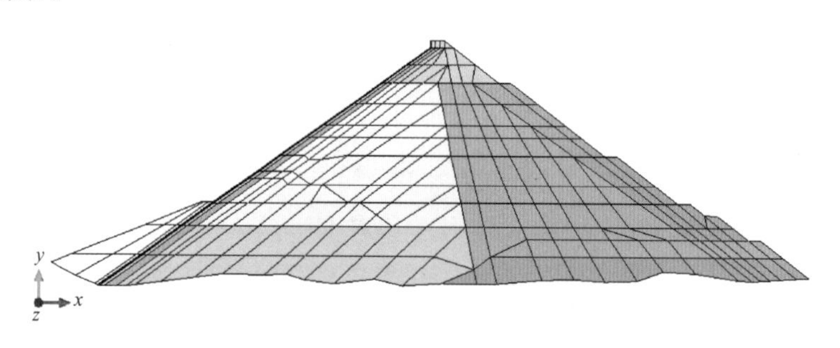

图 7.2-18　巴贡面板堆石坝河床断面网格剖分图

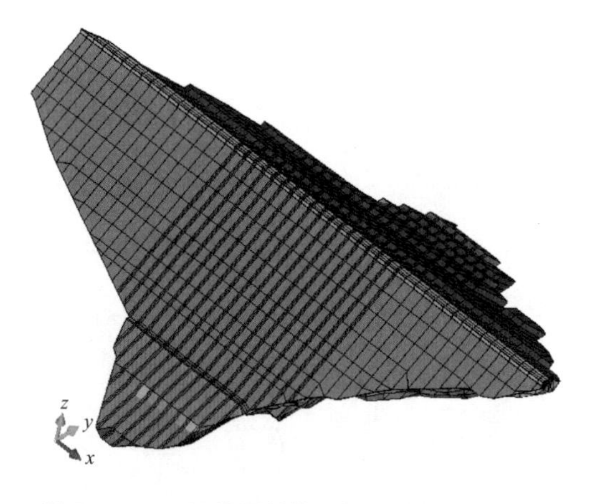

图 7.2-19　巴贡面板堆石坝三维网格剖分图

表 7.2-8 和表 7.2-9 给出了河床断面变形和面板应力变形的特征值。图 7.2-21～图 7.2-24 给出了两种模型计算得到的河床断面的变形等值线图，图 7.2-25～图 7.2-32 给出了两种模型计算得到的面板的变形和应力等值线图。

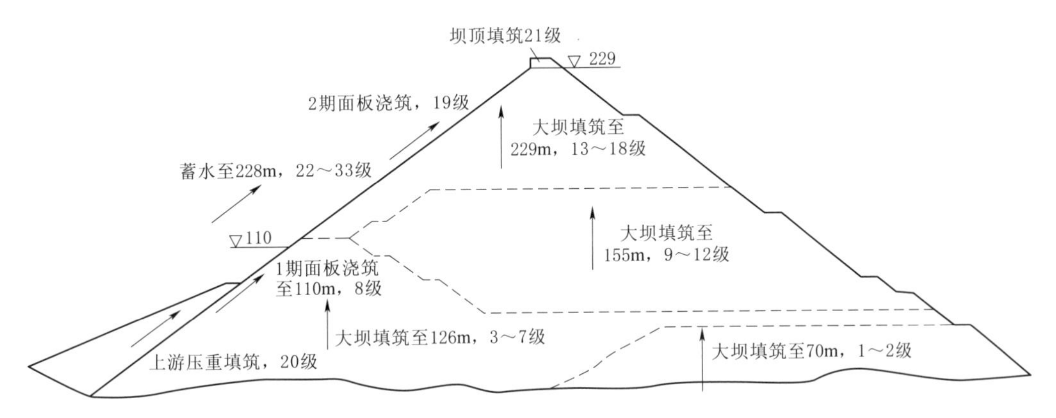

图7.2-20 巴贡面板堆石坝施工和蓄水过程模拟示意图（单位：m）

表7.2-8 巴贡面板堆石坝河床断面变形特征值

工 况	计算模型	顺河向位移/cm		沉降量/cm
		向上游	向下游	
填筑至229m高程（2007年2月27日）	“南水”模型	−25.8	41.9	141.9
	基于破碎能耗的模型	−27.5	38.2	175.4
蓄水期	“南水”模型	−16.4	48.9	153.8
	基于破碎能耗的模型	−18.4	46.4	188.7

表7.2-9 巴贡面板堆石坝面板应力变形特征值

工 况	计算模型	坝轴向位移/cm		挠度/cm	坝轴向应力/MPa		顺坡向应力/MPa
		指向左岸	指向右岸		拉应力	压应力	
填筑至229m高程（2007年2月27日）	“南水”模型	−1.39	1.61	11.0	−1.85	7.2	10.4
	基于破碎能耗的模型	−1.55	1.79	18.2	−2.13	8.8	11.3
蓄水期	“南水”模型	−2.6	3.4	56.2	−2.92	11.8	12.2
	基于破碎能耗的模型	−3.35	3.85	69.8	−2.99	12.5	15.6

从两种模型的计算结果可以看出，两个模型的变形和应力分布规律基本一致，均符合面板堆石坝应力变形分布的一般规律，只是各个模型对于剪胀的反映不同，数值上有所区别。对于顺河向位移，考虑破碎能耗的模型计算结果减小；对于坝轴向变形和沉降量，则是考虑颗粒破碎的模型计算结果增大，反映了坝料的收缩变形增大而剪胀减小。由于“南水”模型反映的剪胀偏大，致使其计算的体变偏小，计算的沉降值也偏小；考虑颗粒破碎后能较为合理地反映剪胀，因而其计算的体变较大。

图7.2-21（b）和图7.2-22（b）给出了两种模型计算得到的河床断面沉降量与实测结果（图中粗红线）的对比图，图7.2-25（b）和图7.2-27（b）给出了两种模型计算得到的面板挠度与实测结果的对比图。由此可以看出：

（1）“南水”模型的计算结果较之实测值偏小较多，考虑颗粒破碎的模型虽仍小于实测值，但已较为接近。由于大坝填筑开始时间为2004年6月1日，截至2007年2月28日

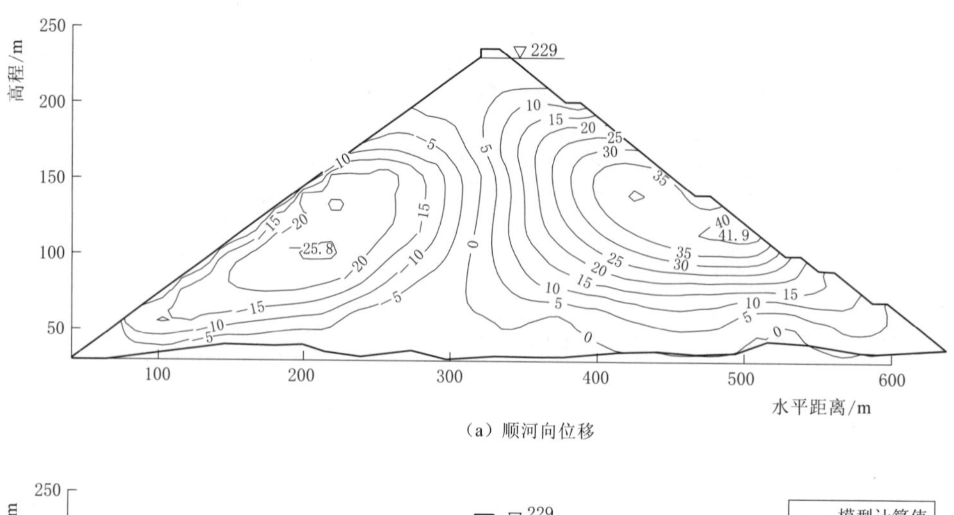

(a) 顺河向位移

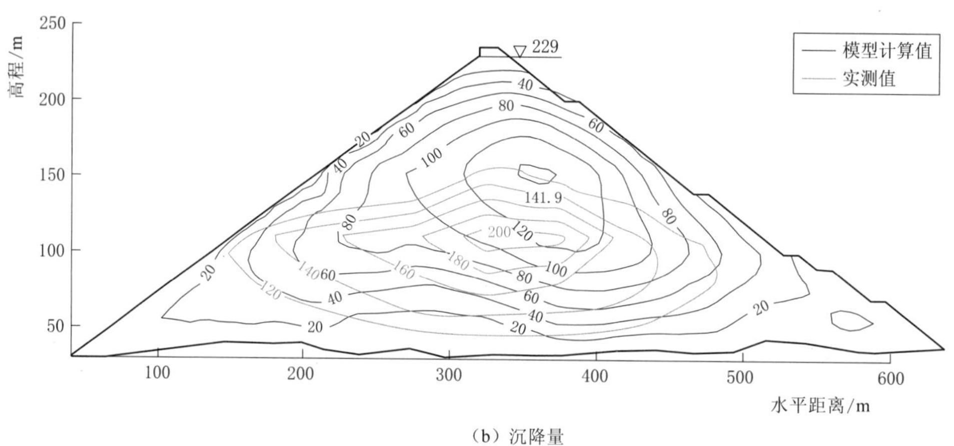

(b) 沉降量

图 7.2-21 填筑至 229m 高程（2007 年 2 月 27 日）河床断面变形等值线图
（“南水”模型，单位：cm）

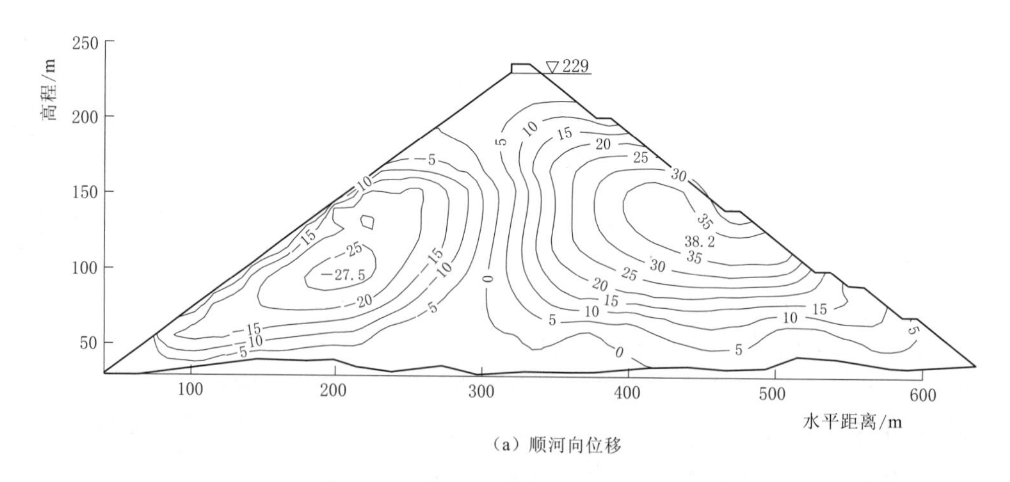

(a) 顺河向位移

图 7.2-22（一） 填筑至 229m 高程（2007 年 2 月 27 日）河床断面变形等值线图
（基于破碎能耗的模型，单位：cm）

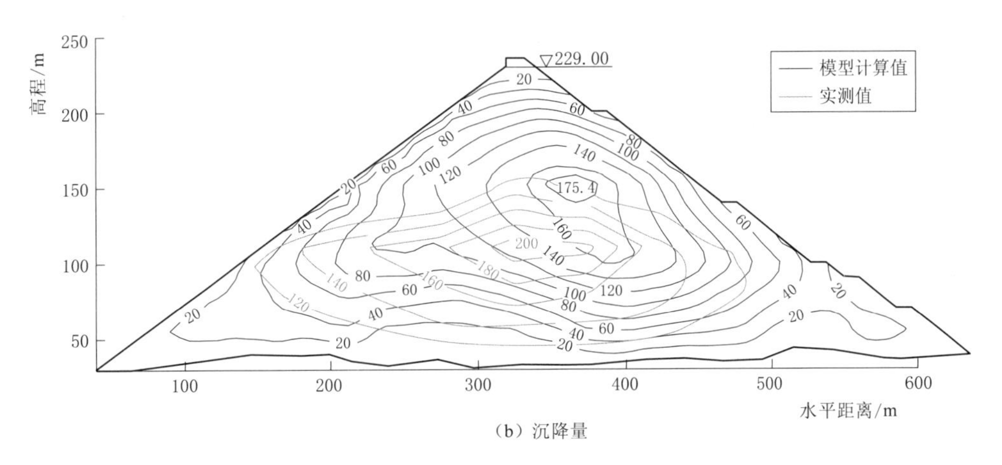

（b）沉降量

图 7.2-22（二）　填筑至 229m 高程（2007 年 2 月 27 日）河床断面变形等值线图
（基于破碎能耗的模型，单位：cm）

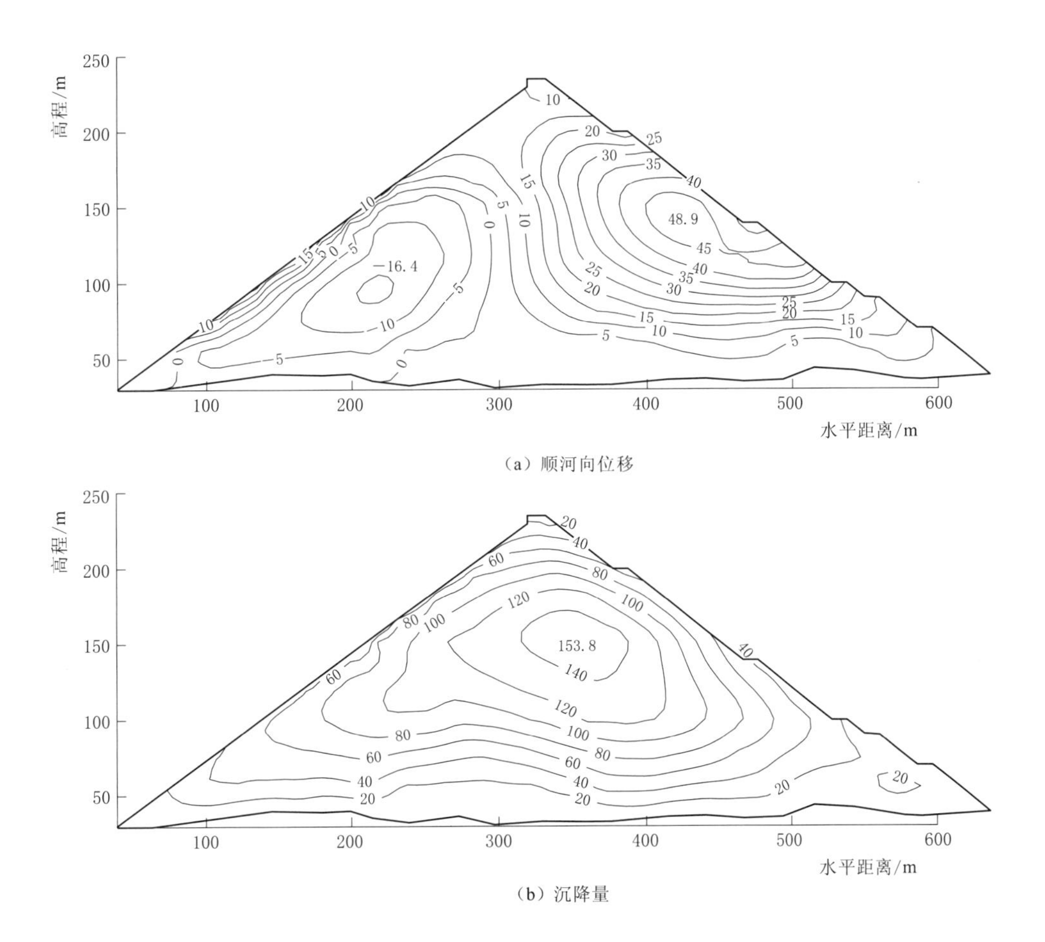

（b）沉降量

图 7.2-23　蓄水期河床断面变形等值线图（“南水”模型，单位：cm）

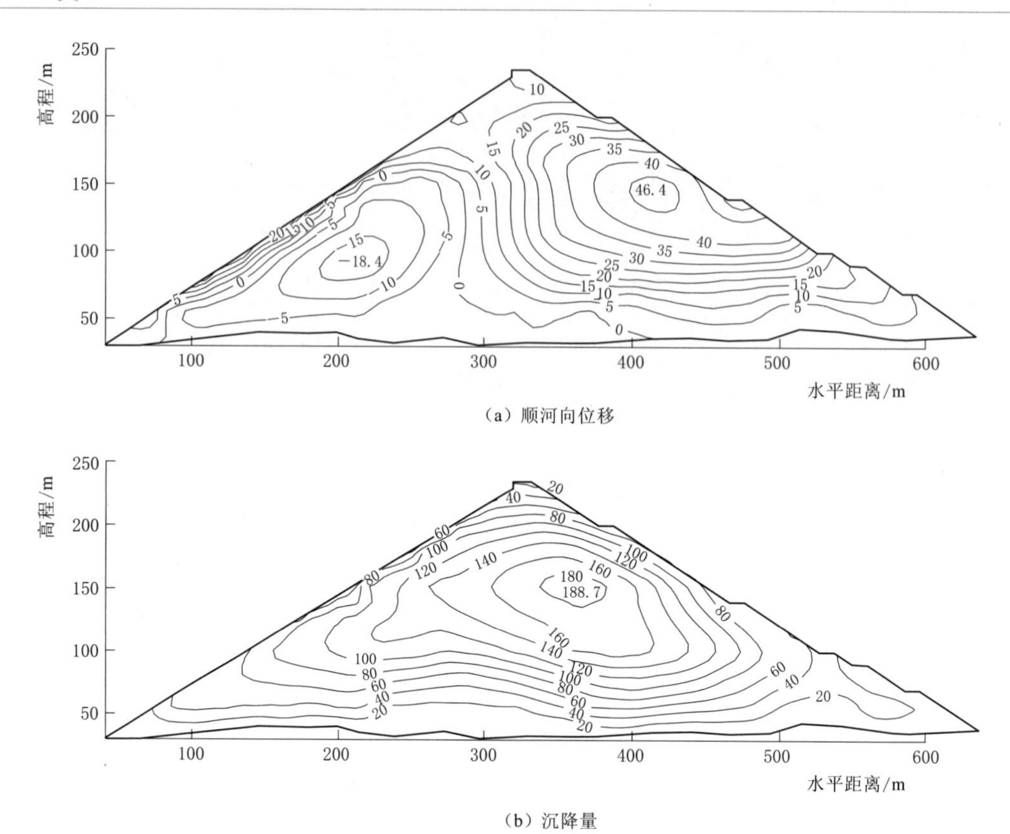

(a) 顺河向位移

(b) 沉降量

图 7.2-24　蓄水期河床断面变形等值线图（基于破碎能耗的模型，单位：cm）

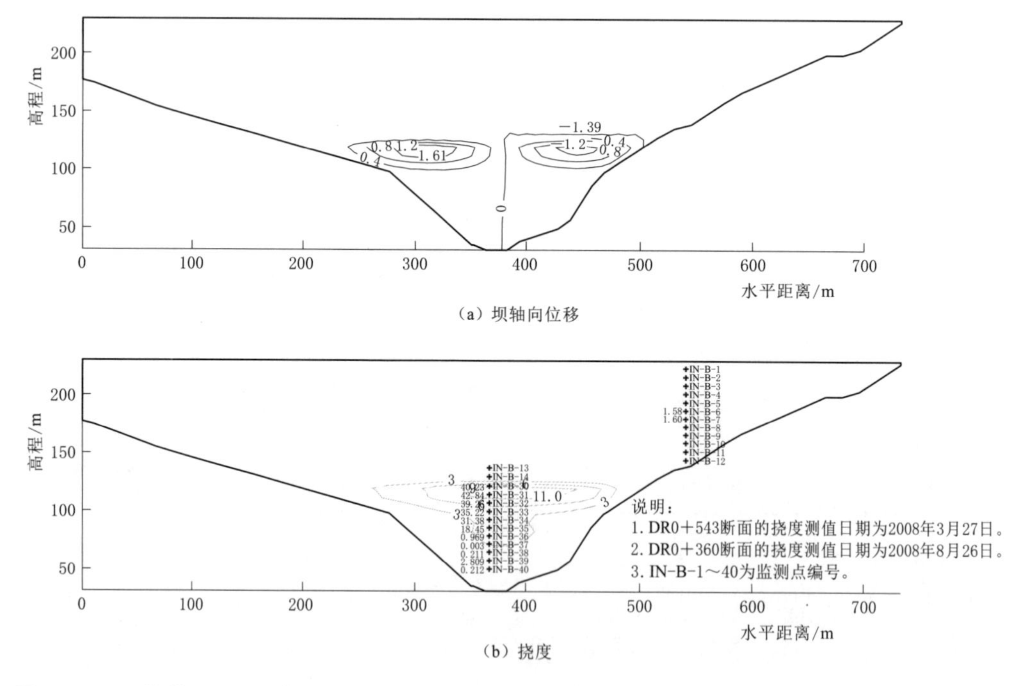

(a) 坝轴向位移

(b) 挠度

图 7.2-25　填筑至 229m 高程（2007 年 2 月 27 日）面板变形等值线图（“南水”模型，单位：cm）

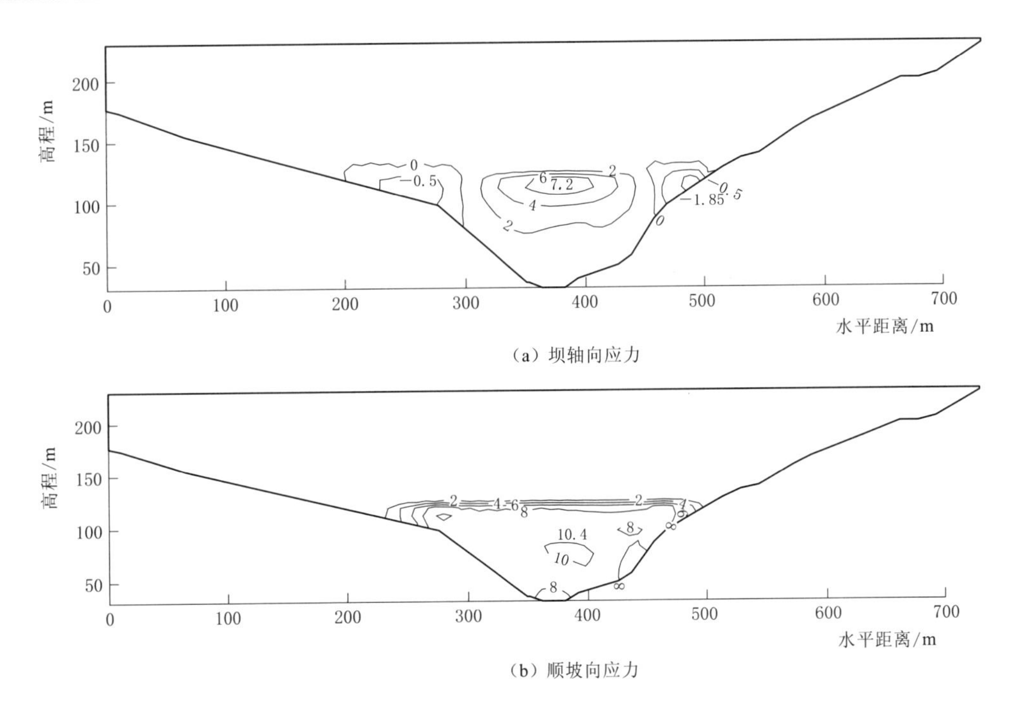

（a）坝轴向应力

（b）顺坡向应力

图 7.2-26　填筑至 229m 高程（2007 年 2 月 27 日）面板应力等值线图
（"南水"模型，单位：MPa）

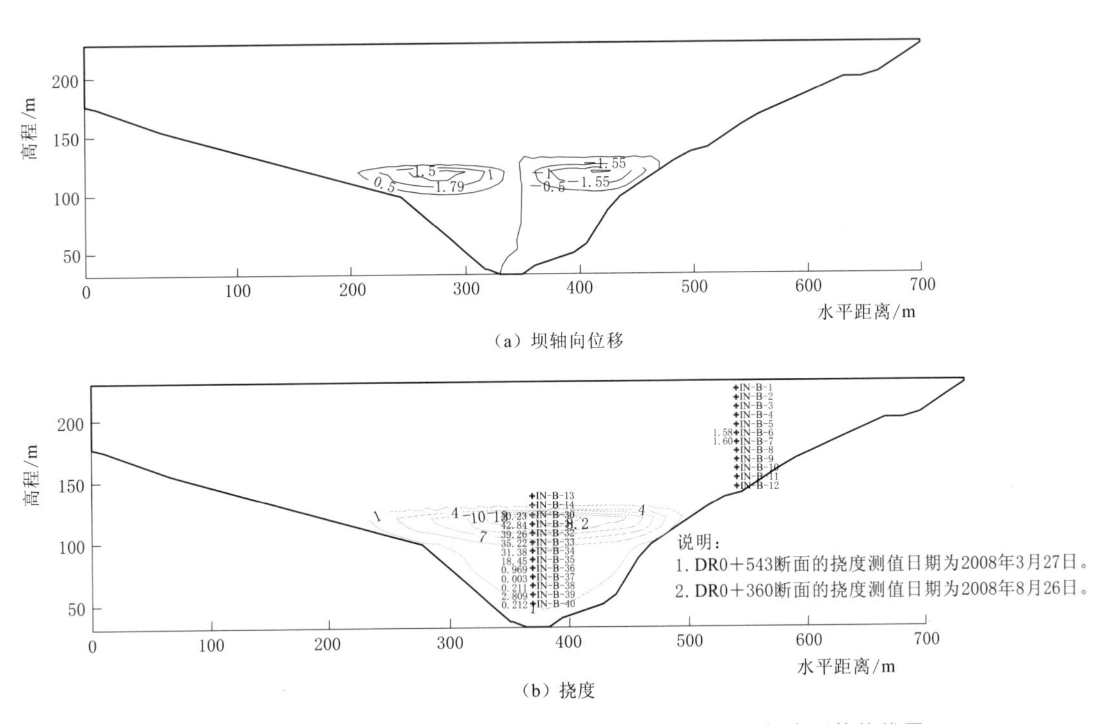

（a）坝轴向位移

（b）挠度

图 7.2-27　填筑至 229m 高程（2007 年 2 月 27 日）面板变形等值线图
（基于破碎能耗的模型，单位：cm）

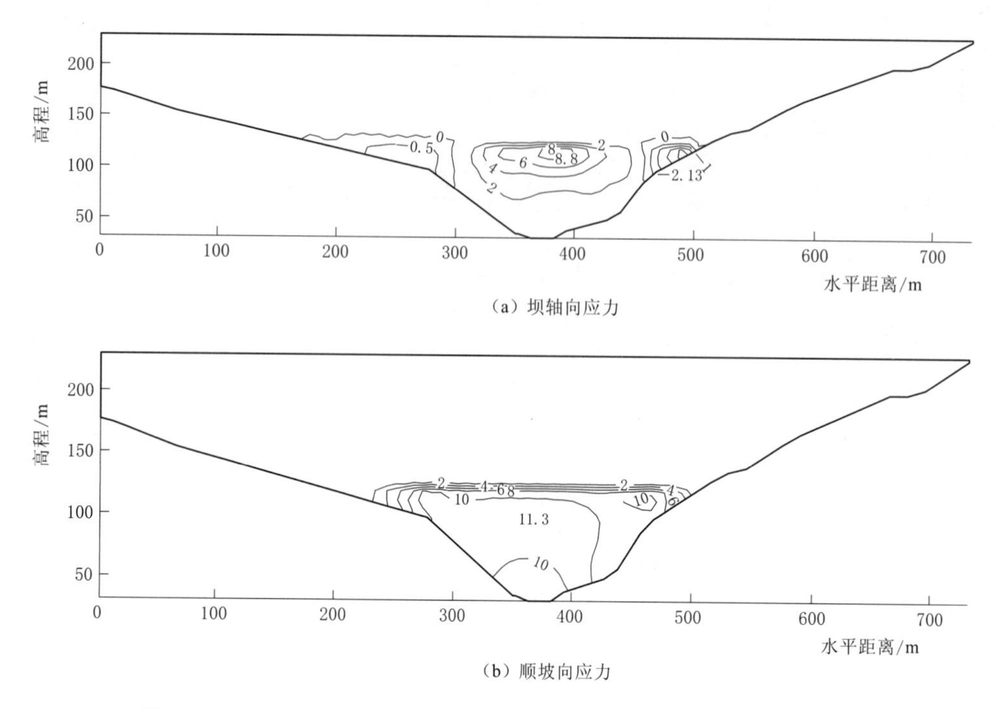

(a) 坝轴向应力

(b) 顺坡向应力

图 7.2-28　填筑至 229m 高程（2007 年 2 月 27 日）面板应力等值线图
（基于破碎能耗的模型，单位：MPa）

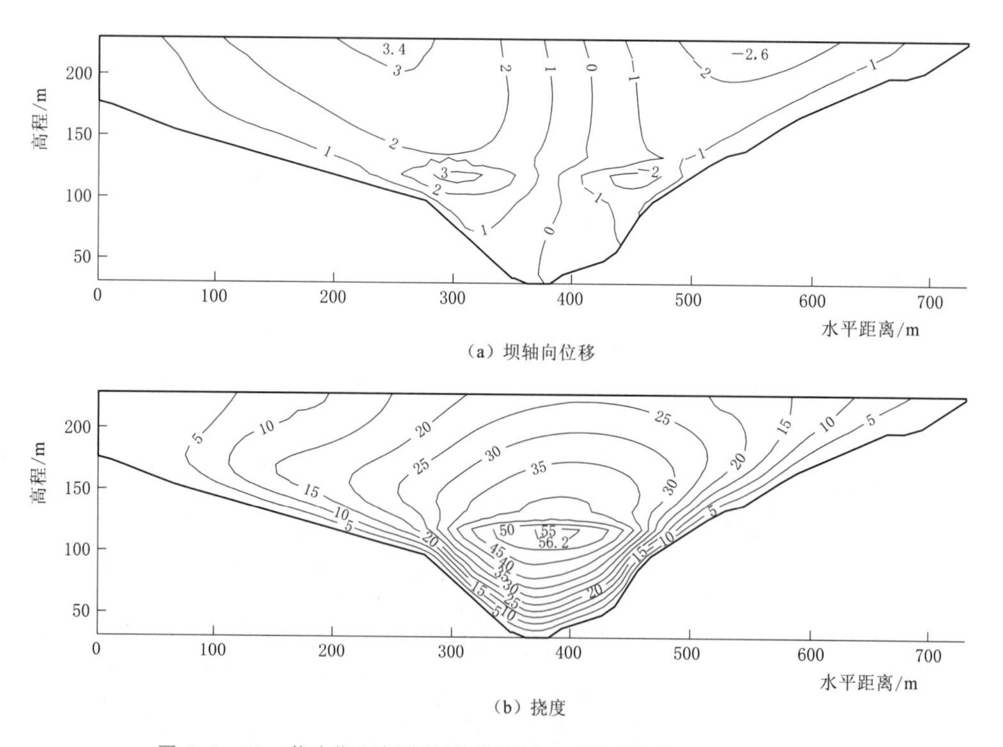

(a) 坝轴向位移

(b) 挠度

图 7.2-29　蓄水期面板变形等值线图（“南水”模型，单位：cm）

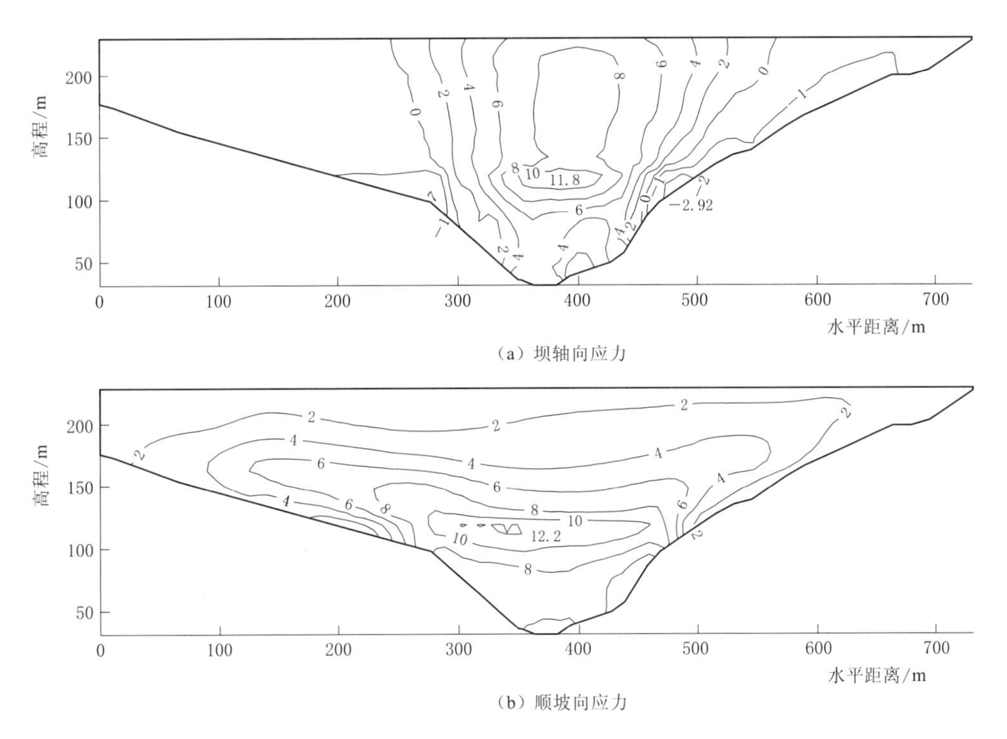

（a）坝轴向应力

（b）顺坡向应力

图 7.2-30 蓄水期面板应力等值线图（“南水”模型，单位：MPa）

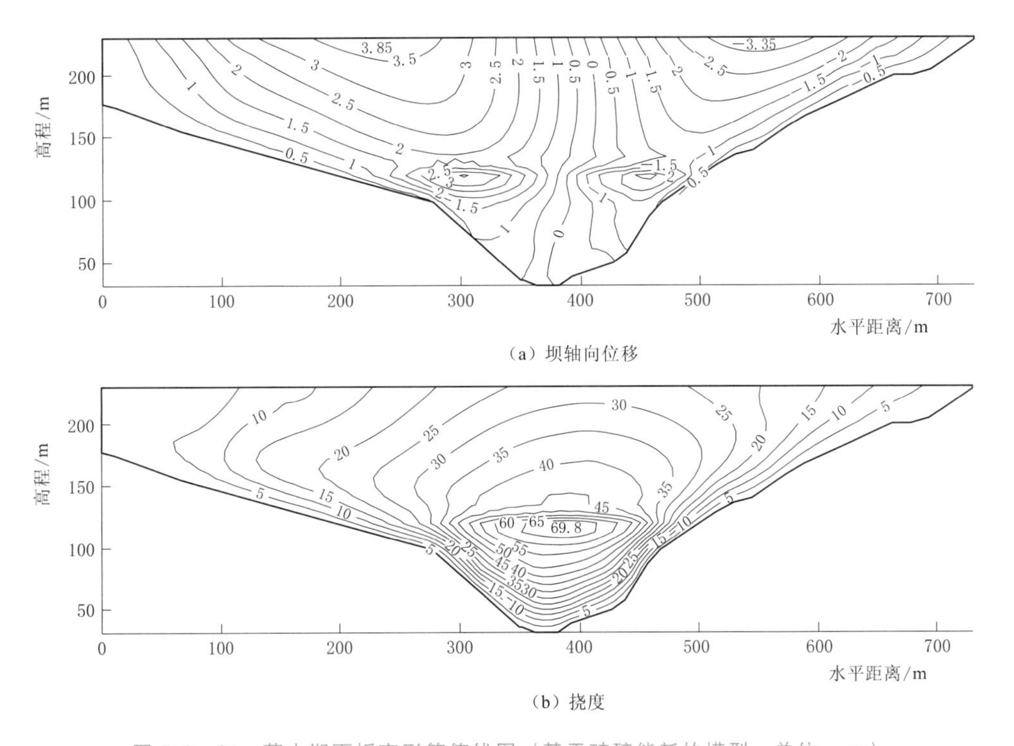

（a）坝轴向位移

（b）挠度

图 7.2-31 蓄水期面板变形等值线图（基于破碎能耗的模型，单位：cm）

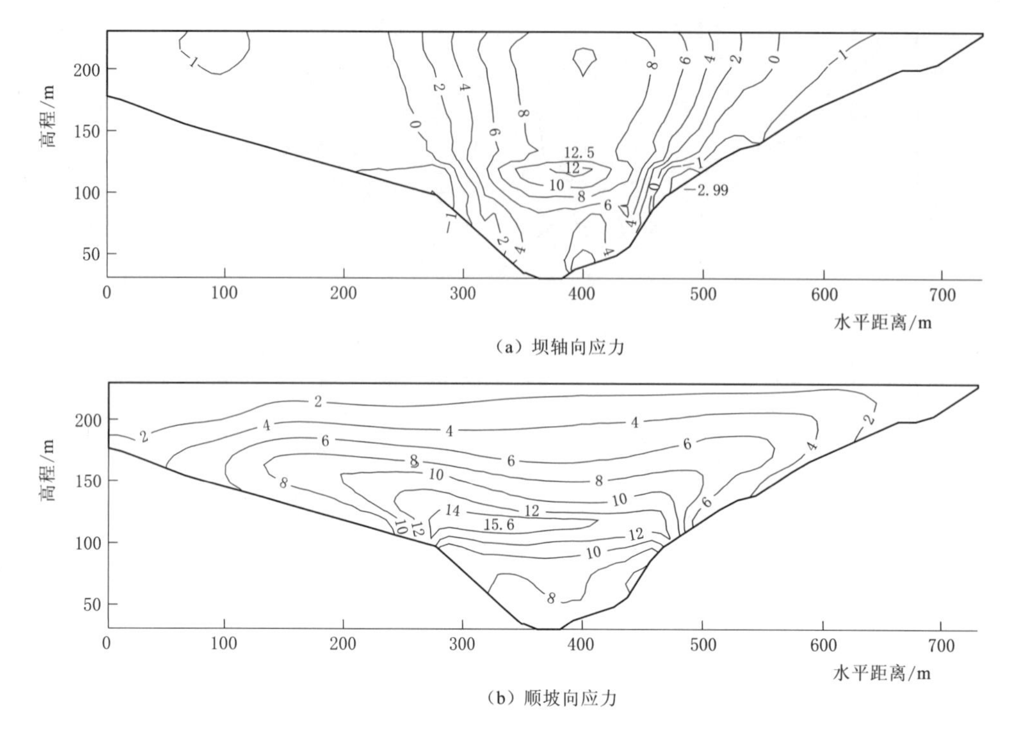

图 7.2-32　蓄水期面板应力等值线图（基于破碎能耗的模型，单位：MPa）

坝体填筑至 229m 高程时，历时两年半，此时坝料已发生了显著的流变，底部的应力较大，因而流变量也较大。从图中也可以看出，实测最大沉降量位置较之计算最大值的位置偏低，表明已填筑坝料发生了较为显著的流变。

（2）考虑颗粒破碎后，面板挠度已有较大增加，但加上最大值仍只有实测值的 42%。这虽与未考虑流变有关，但从 2007 年 8 月 26 日的实测面板挠度分布来看，DR0＋368 断面在高程 77.86m 以下实测值远小于计算值，而在高程 77.86m 以上实测值远大于计算值，且是在 77.86m 高程处突然增大；现场施工与其他监测仪器的测值都没有说明高程 77.86m 面板挠度突然增大的结果是合理真实的，故而可以认为所提供的面板挠度实测值似乎不太合理。

7.2.4　广义塑性本构模型

广义塑性理论和经典弹塑性理论具有相同的劲度张量表达式，但放弃了经典弹塑性理论中塑性势函数、屈服面及硬化参数等概念，直接定义塑性流动方向矢量（张量）、加载方向矢量（张量）和塑性模量，从而使得本构建模具有更大的灵活性。目前该理论已在非饱和土和砂土中得到成功应用，但运用该理论建立堆石料本构模型的研究还较少，尚需不断完善。在广义塑性理论框架下，根据堆石料应力变形特性，构造相关表达式，建立了考虑颗粒破碎的堆石料弹塑性本构模型。在建立的弹塑性本构模型基础上，通过引入反映堆石料颗粒劣化的参变量，构建该参变量衰减模型，并结合建立的流变变形流动准则，从而建立了堆石料流变的黏弹塑性本构模型。

7.2.4.1　考虑颗粒破碎的本构模型

1. 广义塑性理论

广义塑性理论的劲度方程表达式为

$$\mathrm{d}\sigma=\boldsymbol{D}^{\mathrm{ep}}:\mathrm{d}\varepsilon=\left[\boldsymbol{D}^{\mathrm{e}}-\frac{(\boldsymbol{D}^{\mathrm{e}}:\boldsymbol{n}_{g})\otimes(\boldsymbol{n}_{\mathrm{f}}:\boldsymbol{D}^{\mathrm{e}})}{H+\boldsymbol{n}_{\mathrm{f}}:\boldsymbol{D}^{\mathrm{e}}:\boldsymbol{n}_{\mathrm{g}}}\right]$$

在广义塑性理论框架下，建模的4个要素就是分别确定弹性特性（剪切模量G^{e}、泊松比μ）、流动方向$\boldsymbol{n}_{\mathrm{g}}$、加载方向$\boldsymbol{n}_{\mathrm{f}}$和塑性模量$H$。

（1）弹性性质：

剪切模量：

$$G^{\mathrm{e}}=G_{0}p_{\mathrm{a}}\left(\frac{p}{p_{\mathrm{a}}}\right)^{m} \tag{7.2-35}$$

式中：p为平均应力；p_{a}为大气压力；G_{0}、m为参数。

泊松比$\mu=0.2\sim0.3$。

（2）流动方向：

$$\boldsymbol{n}_{\mathrm{g}}=\left(\frac{d_{g}}{\sqrt{1+d_{g}^{2}}},\frac{1}{\sqrt{1+d_{g}^{2}}}\right)^{\mathrm{T}} \tag{7.2-36}$$

其中

$$d_{\mathrm{g}}=\left[1-\left(\frac{\eta}{M_{\mathrm{d}}}\right)^{\alpha}\right]\exp\left(\frac{c_{0}}{\eta}\right) \tag{7.2-37}$$

$$M_{\mathrm{d}}=\frac{6\sin\psi}{3-\sin\psi};\psi=\psi_{0}-\Delta\psi\lg(p/p_{\mathrm{a}}) \tag{7.2-38}$$

式中：d_{g}为剪胀比；η为应力比，$\eta=q/p$；c_{0}为无量纲参数；M_{d}为临胀应力比，与平均应力有关。

（3）加载方向：

$$\boldsymbol{n}_{\mathrm{f}}=\left[\frac{d_{\mathrm{f}}}{\sqrt{1+d_{\mathrm{f}}^{2}}},\frac{1}{\sqrt{1+d_{\mathrm{f}}^{2}}}\right]^{\mathrm{T}} \tag{7.2-39}$$

其中

$$d_{\mathrm{f}}=\left[1-\left(\frac{\eta}{M_{\mathrm{f}}}\right)^{\alpha}\right]\exp\left(\frac{c_{0}}{\eta}\right) \tag{7.2-40}$$

$$M_{\mathrm{d}}=\frac{6\sin\psi}{3-\sin\psi};\ \varphi=\varphi_{0}-\Delta\varphi\lg(p/p_{\mathrm{a}}) \tag{7.2-41}$$

式中：M_{f}为峰值应力比，与平均应力有关。

（4）塑性模量：

$$H=\left[1-\left(\frac{\eta}{M_{\mathrm{f}}}\right)^{\beta}\right]\exp\left(\frac{\eta}{M_{\mathrm{f}}}\right)\frac{1+e}{\lambda-\kappa}p \tag{7.2-42}$$

式中：κ为反映堆石料弹性体变特征的参数。

λ不再是一个常数，由下式确定：

$$\lambda=ne\left(\frac{p}{h_{\mathrm{s}}}\right)^{n}=n[e_{0}-(1+e_{0})\varepsilon_{\mathrm{v}}]\left(\frac{p}{h_{\mathrm{s}}}\right)^{n} \tag{7.2-43}$$

该式反映了堆石料密实后体变模量增加的特点，也反映了堆石料颗粒硬度（h_{s}）对变形特性的影响。

2. 模型参数

该模型共有 10 个参数，分成 4 组：

（1）弹性常数 G_0、m 可以通过拟合剪应力-剪应变曲线的初始斜率确定。

（2）压缩参数 h_s 和 n 由等向或单向压缩试验资料回归分析确定，亦可通过拟合压缩曲线 $e-p$ 求得。

（3）剪切特性参数。剪胀摩擦角参数 ψ_0、$\Delta\psi$ 由 $\psi-\lg\dfrac{p}{p_a}$ 关系曲线的截距和斜率确定，峰值内摩擦角参数 φ_0、$\Delta\varphi$ 由 $\varphi-\lg\dfrac{p}{p_a}$ 关系曲线的截距和斜率确定，剪胀方程的参数 α 通过拟合 $d_g-\eta$ 曲线确定。

（4）塑性模量参数 β 通过拟合 $q-\varepsilon_s$ 曲线确定。

3. 模型特色

（1）考虑了颗粒破碎引起的堆石料强度和剪胀特性与围压之间的非线性关系。

（2）考虑了堆石料颗粒自身性质对应力变形特性的影响，为研究堆石料颗粒劣化引起的变形（湿化、流变）奠定了基础。

（3）模型参数少，确定简单，对于复杂应力路径具有良好的适用性。

4. 模型试验验证

（1）不同试样的试验验证。选取茨哈峡不同坝区的三种典型堆石料：堆石料 A 是上游堆石区新鲜砂砾石料，堆石料 B 是上游堆石区弱风化砂岩，堆石料 C 是下游堆石区强风化砂岩与强风化板岩混合料。由上述模型参数的确定方法，根据室内压缩试验和围压 800kPa、1200kPa 和 2000kPa 下室内常规三轴排水剪切试验确定了堆石料的本构模型参数，见表 7.2-10。从表 7.2-10 可以看出：三种堆石料的颗粒硬度参数 h_s 逐渐减小，表明强风化砂岩与强风化板岩混合料最易发生颗粒破碎，弱风化砂岩次之。

表 7.2-10　堆石料的本构模型参数

材　料	e_0	h_s/MPa	n	G_0	m	φ_0/(°)	$\Delta\varphi$/(°)	ψ_0/(°)	$\Delta\psi$/(°)	α	β
茨哈峡堆石料 A	0.20	40.00	0.82	390	0.36	59.03	9.67	52.54	6.91	2.30	1.20
茨哈峡堆石料 B	0.22	11.46	1.13	245	0.73	57.12	9.63	49.08	4.66	2.95	1.25
茨哈峡堆石料 C	0.25	7.75	0.96	210	0.68	56.33	10.97	54.08	9.72	2.75	2.60
宜兴抽水蓄能电站	0.26	19.5	0.85	531	0.34	47.35	6.26	45.38	5.33	3.80	0.43

运用建立的弹塑性本构模型分别模拟了三种不同堆石料的三轴剪切试验，见图 7.2-33～图 7.2-35。对比图中模型预测曲线与试验得到的 $q-\varepsilon_1$ 曲线和 $\varepsilon_v-\varepsilon_1$ 曲线，可以得出以下结论：

1）模型预测值与试验值吻合较好，说明本研究建立的弹塑性本构模型可以较好地模拟堆石料不同围压下的应力应变特性。

2）模型能够反映堆石料在压力作用下因其颗粒破碎所表现出的峰值应力比和剪胀应力比的非线性变化。

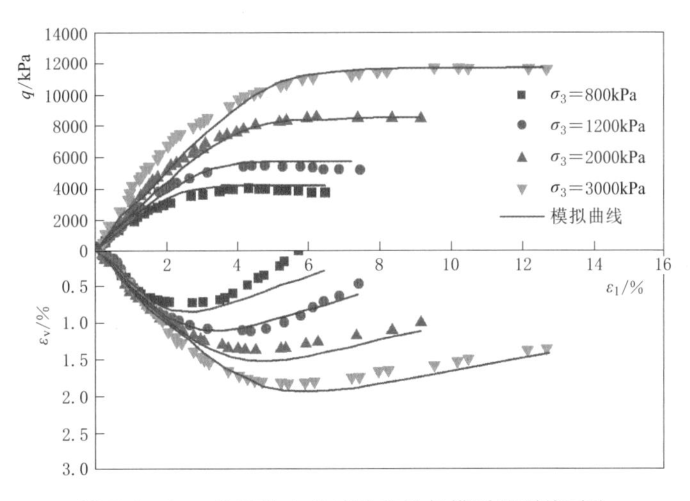

图 7.2-33 堆石料A的试验结果与模型预测值对比

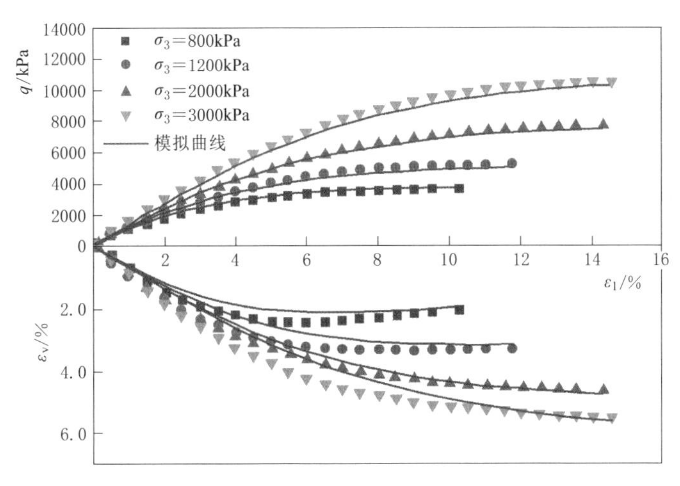

图 7.2-34 堆石料B的试验结果与模型预测值对比

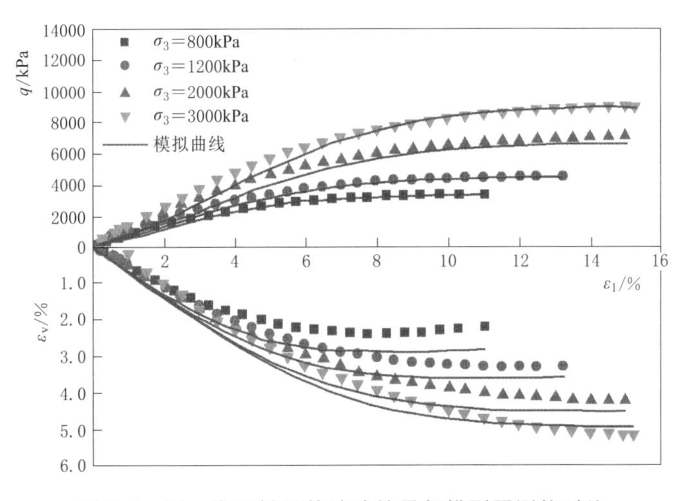

图 7.2-35 堆石料C的试验结果与模型预测值对比

3）模型能够较好地反映堆石料在低围压时发生剪胀而高围压时剪缩的特性，如堆石料 B，围压为 800kPa 时发生剪胀，围压为 1200kPa、2000kPa 和 3000kPa 时一直表现为体积收缩。

4）相同围压下，三种堆石料表现出不同的剪胀现象，当围压为 1200kPa、2000kPa 和 3000kPa 时，较密实的堆石料 A 体积发生剪胀，较疏松的堆石料 B 和堆石料 C 体积一直剪缩。

（2）不同应力路径的试验验证。为验证复杂应力路径下本研究建立模型的适用性，对宜兴抽水蓄能电站筑坝堆石料（石英砂岩）常规加载（$k=d\sigma_3/d\sigma_1=0$）、等 p 加载（p 为平均之应力，$k=-0.5$）和等比例加载（$k=0.125$）这三种典型应力路径下的试验资料进行模拟。计算参数仍由室内常规试验确定，见表 7.2-10。

图 7.2-36～图 7.2-38 分别对比了三种应力路径下的数值模拟结果和试验结果，可以得出以下结论：

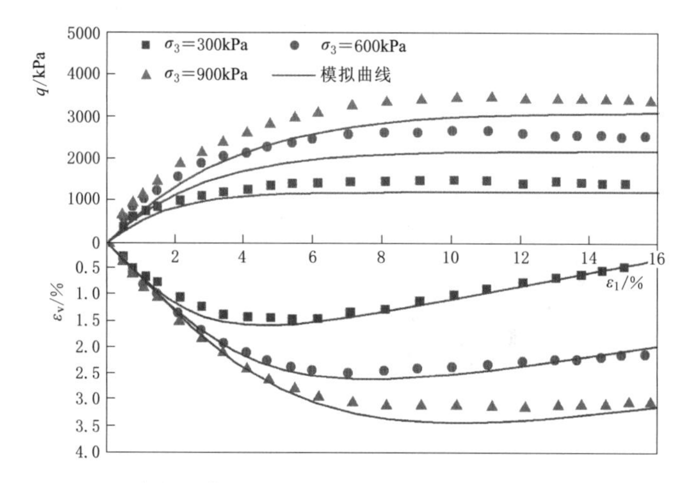

图 7.2-36　常规加载（$k=0$）三轴压缩试验结果与模型预测值对比

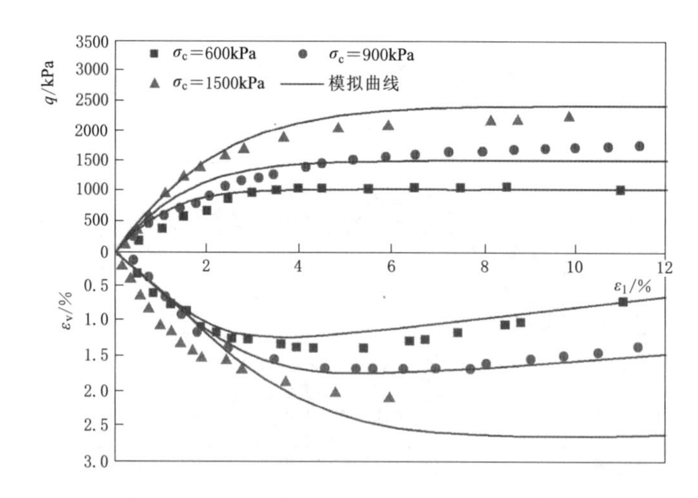

图 7.2-37　等 p 加载（$k=-0.5$）条件下试验结果与模型预测值对比

（σ_c 表示固结应力）

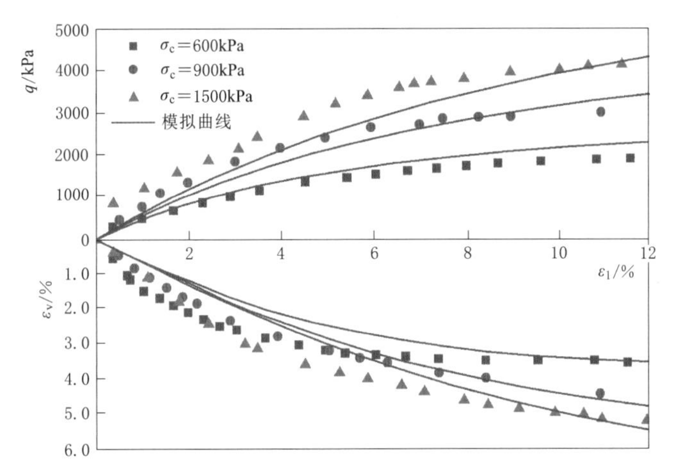

图 7.2-38 等比例加载（$k=0.125$）条件下试验结果与模型预测值对比（σ_c 表示固结应力）

1）相同固结应力下，随着 k 的增加，峰值强度增加。

2）$k\leqslant 0$ 时，低围压下堆石料产生剪胀变形，随着围压增大，剪胀程度逐渐减弱直至消失；$k>0$ 时，体积变形始终表现为收缩。

3）相同固结应力下，随着 k 的增加，堆石料剪缩程度增加，等比例加载的体积剪缩量最大，常规三轴压缩试验次之，等 p 加载最小。这是由于相同轴向应变时，等比例加载的平均主应力 p 最大；p 越大，引起堆石料体积压缩变形越大，且越大的 p 导致颗粒破碎程度加剧，进一步增大体积压缩量。

从图中可以看出，弹塑性本构模型较好地重现了不同应力路径下堆石料的主要应力变形特性，说明该模型对于复杂应力路径仍有良好的适用性。

7.2.4.2 黏弹塑性本构模型

1. 本构方程

在已建立的弹塑性本构模型基础上，将堆石料流变引入应力应变关系式，建立黏弹塑性模型，本构方程如下：

$$\begin{bmatrix} d\varepsilon_v \\ d\varepsilon_s \end{bmatrix} = \begin{bmatrix} \frac{1}{K^e}+\frac{1}{H}n_{gv}n_{fv} & \frac{1}{H}n_{gv}n_{fs} \\ \frac{1}{H}n_{gs}n_{fv} & \frac{1}{3G^e}+\frac{1}{H}n_{gs}n_{fs} \end{bmatrix} \begin{bmatrix} dp \\ dq \end{bmatrix} + \frac{1}{H^t}\begin{bmatrix} 1 \\ dg^t \end{bmatrix} dh_{st} \tag{7.2-44}$$

该模型有3个要素：堆石硬度参数衰减规律、流变流动准则和堆石料的流变模量。

（1）颗粒硬度参数 h_{st} 的衰减。模型假定由颗粒硬度参数衰减触发流变或应力松弛，颗粒硬度参数 h_{st} 的衰减规律如图 7.2-39 所示，表达式为

$$h_{st}=h_{so}\left(1-\frac{at}{r+t}\right) \tag{7.2-45}$$

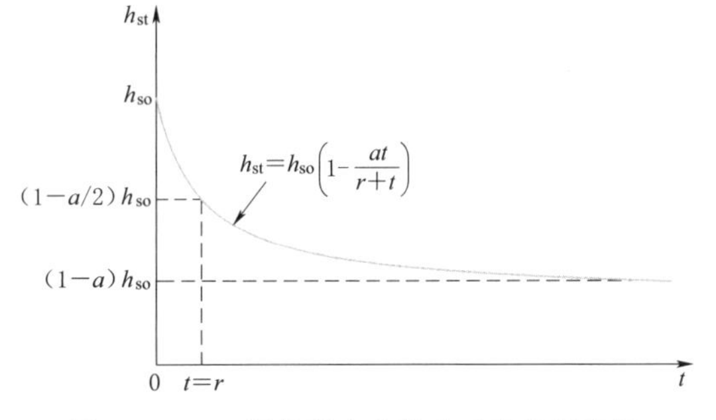

图 7.2-39 颗粒硬度参数衰减规律示意图

式中：h_{so}为初始颗粒硬度；a和r为颗粒硬度劣化参数。

（2）流变阶段的流动准则。堆石料流变流动准则按下式考虑：

$$dg^{t}=\frac{d\varepsilon_{s}}{d\varepsilon_{v}}=\frac{\eta}{3[b_{1}(3-\eta)+(3b_{2}-1)\eta]} \tag{7.2-46}$$

式中：b_1、b_2为非负无量纲参数。

（3）流变模量：

$$H^{t}=-\left(1-\frac{\eta}{M_{f}}\right)^{\mu}\left(\frac{p}{p_{a}}\right)^{0.5}\frac{1+e}{\lambda}h_{st}=-\left(1-\frac{\eta}{M_{f}}\right)^{\mu}\left(\frac{p}{p_{a}}\right)^{0.5}\frac{1+e}{ne}\left(\frac{p}{h_{st}}\right)^{-n}h_{st} \tag{7.2-47}$$

式中：μ为无量纲参数；M_f为峰值应力比。

2. 模型参数

流变模型引入的5个额外的参数如下：

（1）颗粒硬度劣化参数a和r，可通过式（7.2-45）拟合等向压缩条件下堆石料的流变试验曲线得到。

（2）流变变形的流动准则参数b_1与b_2，由三轴流变试验确定。

（3）流变模量参数μ，由ε_v-t曲线得到。

3. 模型特点

（1）由颗粒的劣化引起流变，反映了堆石料流变的内在机理。

（2）可以统一反映加载与流变、应力松弛特点。

4. 模型试验验证

茨哈峡上游堆石区砂砾石料和弱风化开挖料堆石料的弹塑性模型参数见表7.2-10，与流变相关的模型参数见表7.2-11。

表7.2-11　茨哈峡上游堆石区与流变相关的模型参数

材料	a	r/h	b_1	b_2	μ
堆石料A	0.48	0.54	0.345	0.372	0.65
堆石料B	0.45	1.03	0.523	0.252	0.67

采用黏弹塑性模型模拟了堆石料A和堆石料B的流变试验数据，见图7.2-40和图7.2-41。由图中模型预测曲线与试验结果的对比可以看出，模型预测值与试验值吻合较好，说明本研究建立的模型可以较好地模拟堆石料不同围压下的流变特性；对同一种堆石料，相同围压下，剪应力水平越大，流变速率越大，流变变形亦越大；母岩性质对堆石料的流变影响显著，堆石料A是新鲜砂砾石料，堆石料B是弱风化开挖料，相同围压和应力水平（S_1）下堆石料B的流变变形明显大于堆石料A，符合已建成坝中软岩堆石料的后期变形较大的工程实践。

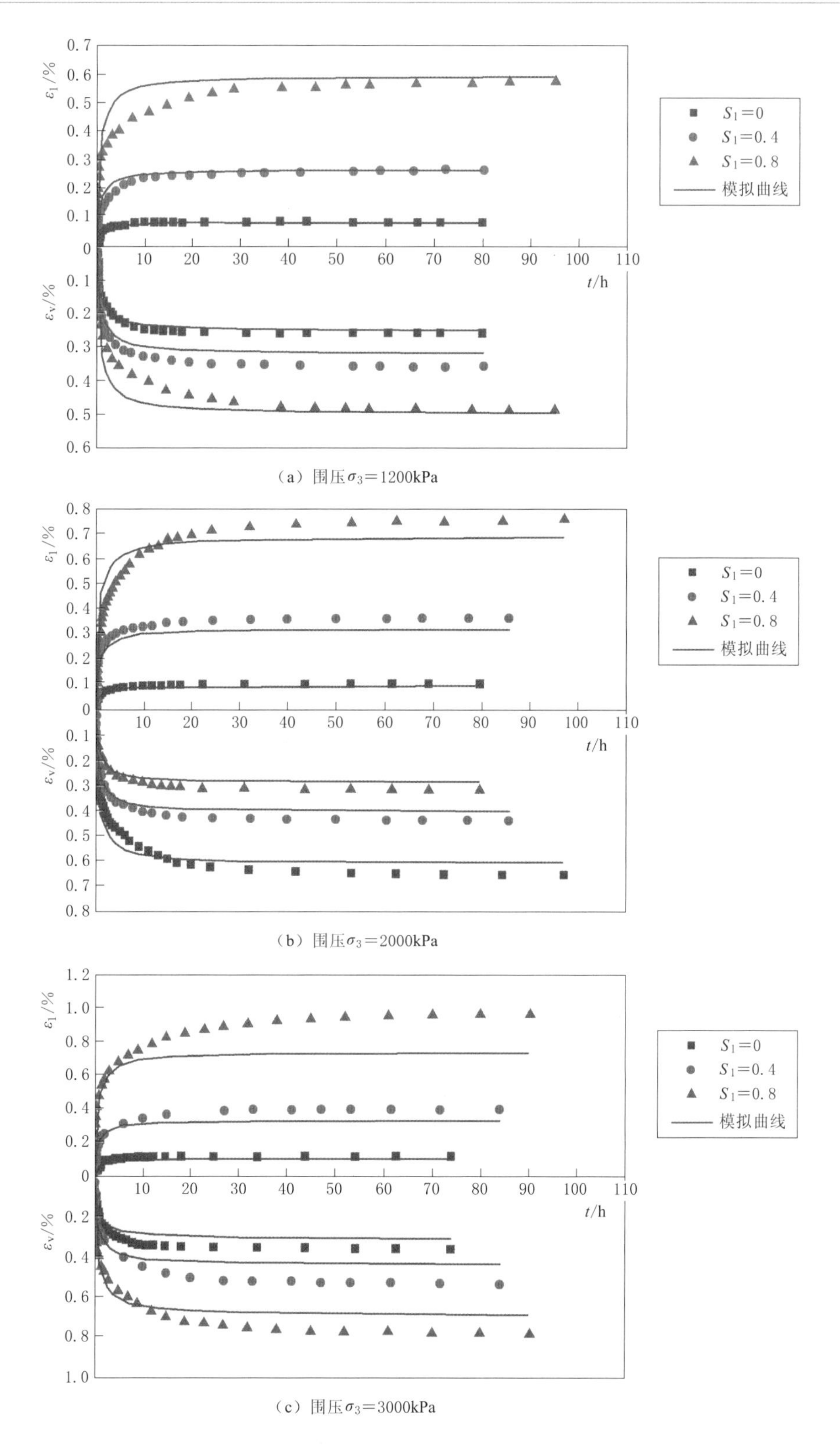

（a）围压σ_3=1200kPa

（b）围压σ_3=2000kPa

（c）围压σ_3=3000kPa

图 7.2-40　堆石料 A 流变试验结果与模型预测值对比

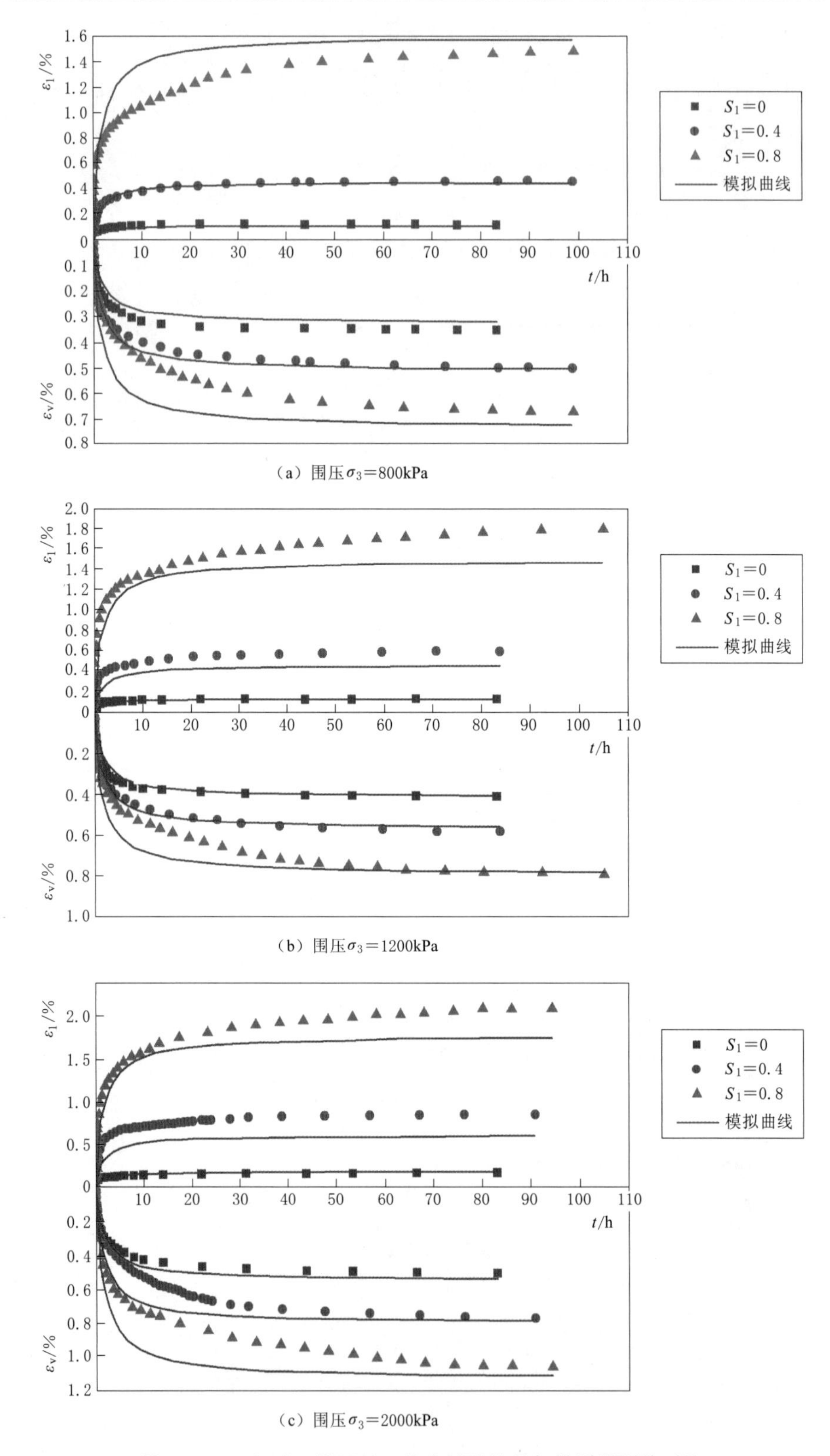

(a) 围压σ_3=800kPa

(b) 围压σ_3=1200kPa

(c) 围压σ_3=2000kPa

图 7.2-41 (一) 堆石料 B 流变试验结果与模型预测值对比

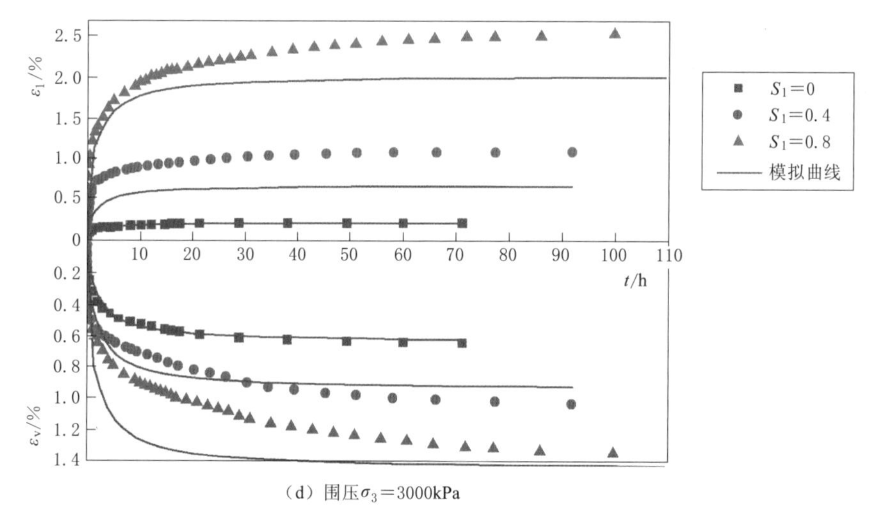

（d）围压σ_3=3000kPa

图 7.2－41（二）　堆石料 B 流变试验结果与模型预测值对比

7.3　模型应用评价

实际工程中的堆石材料具有非常复杂的应力应变特性，而且受多种因素的影响。室内试验只能在相对比较简单的条件下测定少量的物理量，而本构模型则要求有更广的概括性和适应性，它所应用的是比试验条件更为复杂、更为全面的基本关系。从这个角度上说，任何本构模型都是对现实状况的简化和近似处理。由于堆石材料本构关系呈现出较为明显的非线性，因此在构造其本构模型时，非线性的应力应变关系是一项重要的因素。

土石坝数值模拟计算最为常用的本构模型是邓肯 $E-B$ 模型和“南水”模型。邓肯 $E-B$ 模型为非线性模型，能够反映坝料应力应变的非线性和材料的压硬性，但难以反映岩土材料的剪胀性。从应用经验来看，邓肯 $E-B$ 模型可大致模拟坝体的沉降；“南水”模型为弹塑性模型，能够反映坝料的非线性、压硬性、剪胀性和应力引起的各向异性，模型计算结果较非线性模型更合理，但由于模型假设 $\varepsilon_v-\varepsilon_1$ 呈抛物线关系，在许多情况下会夸大材料的剪胀性，从而导致计算的坝体量沉降偏小。

从根本上来说，目前常用模型存在的最主要问题就是不能合理反映坝料的体积变形特性。对于堆石料等粗颗粒料而言，问题更为突出。粗颗粒材料在变形过程中通常伴随着颗粒破碎，而颗粒破碎后会引起颗粒的调整和重新排列，从而导致堆石体体变增加。对于高土石坝，堆石体处于高应力状态，颗粒破碎更明显，坝体的体积变形也更突出，寻求合适的本构模型已成为坝体应力应变模拟的一个重要工作。

（1）堆石料的应力应变关系本质上具有弹塑性的特性。邓肯模型把总变形中的塑性部分当作弹性变形处理，通过弹性常数的调整近似地考虑这部分塑性变形。采用增量法计算，能反映应力路径对变形的影响，通过回弹模量与加荷模量的不同，能够部分体现加荷历史对变形的影响，模型不能反映压缩与剪切的交叉影响，且只能考虑硬化，不能反映软化，也不能反映堆石体的各向异性。邓肯模型为双参数变弹性模型，它是线弹性模型的直接推广，其最基本的特点是保留了弹性理论中关于偏应变与偏应力之间相似而共轴的假定。对于各向同性材料，四个弹性常数 E、ν、$B(K)$、G 中只有两个是独立的，不同的弹性参数间可以互相换算。

（2）邓肯 $E-\mu$ 模型用于土石坝的分析时，其计算结果预测的坝体位移与实际工程情况差异较大，不太适用于土石坝的分析。邓肯 $E-B$ 模型是对 $E-\mu$ 模型的修正，虽然也存在不足，但由于该模型参数测定有比较成熟的经验，测试简单，因此仍被广泛应用于土石坝计算分析中。

（3）$K-G$ 模型同时考虑了堆石料的压缩和剪切，并考虑了中主应力的影响，从理论分析角度来说，$K-G$ 模型优于邓肯 $E-\mu$ 模型和邓肯 $E-B$ 模型。近年来，对 $K-G$ 模型进行的研究较多，清华大学在这方面做了大量富有成效的工作。

（4）弹塑性模型在理论上对堆石体的应力应变关系考虑得更为全面，可以模拟堆石的剪缩（胀）特性和塑性应变的发展过程，但是其模型相对较为复杂，而且在模型的构造中还需引入屈服面和流动法则等假定。另外，模型参数的确定也有一定的难度。“南水”双屈服面模型是弹塑性模型中比较有代表性的一个，该模型能够比较合理地反映堆石料的剪缩特性，也可以模拟围压和平均压力不断减小的应力情况。计算结果所得的堆石体位移及面板应力均比较合理，同时模型中所需参数大部分与邓肯模型参数一致，数值计算中如何选用邓肯模型参数已有比较丰富的经验。因此，随着三参数 c_d、n_d、R_d 的试验和实践经验的积累，双屈服面模型已经成为工程应用较广的粗粒料本构模型之一。

（5）针对“南水”模型假设 $\varepsilon_v-\varepsilon_1$ 呈抛物线关系从而夸大材料剪胀性的情况，分别基于破碎能耗理论和临界状态理论，对“南水”模型的切线体积比进行了修正。这两个模型均可较好地模拟了 $\varepsilon_v-\varepsilon_1$ 曲线。由于“南水”模型在我国已经广泛应用于土石坝的应力应变模拟，在此模型基础上的改进工作更具实用意义。已有的工程实例应用表明，上述模型可较好地模拟高土石坝的应力应变特性。

（6）基于广义塑性理论，构建了一个黏弹塑性本构模型，该模型可较好地模拟试验曲线并可反映复杂应力路径的影响。对茨哈峡面板砂砾石坝模拟计算结果显示，该模型能较好地反映高土石坝坝体的变形特性。

（7）从土石坝计算分析的现状上看，邓肯模型、双屈服面弹塑性模型应用较多，尤以邓肯模型的应用最为普遍。就计算分析的实践而言，邓肯 $E-\mu$ 模型在计算堆石体的应力变形时，其计算结果不甚合理，目前在土石坝的计算分析中已基本不再使用，取而代之的是邓肯 $E-B$ 模型。若要更全面地反映堆石的剪缩（胀）特性，则以弹塑性模型较优。

（8）邓肯模型参数的物理意义较为明确，由计算参数反算的应力应变关系与试验实测的应力应变关系曲线符合较好，而且，由于该模型较早、应用工程较多，因此具有较为丰富的类比计算成果。将计算结果与大坝实际观测资料相比可以发现：邓肯模型、双屈服面弹塑性模型和非线性解耦 $K-G$ 模型计算的坝体堆石的位移形态均比较符合实际，邓肯模型计算的坝体竖向位移与实际观测结果较为接近，但水平位移略大。双屈服面弹塑性模型和非线性解耦 $K-G$ 模型计算的坝体位移数值均偏小。

7.4 本章小结

在静力加载条件下，土的本构特性具有非线性、加工硬（软）化性、静压屈服性、剪胀（缩）性、压硬性、原生及次生各向异性、拉压不等性、非相关联流动性、弹塑性耦合性和流变性等特点。同时它还受到应力路径、应力历史、初始应力状态、中主应力、土体结构、温度、排水条件等多方面的影响。如此复杂的特性，没有也不可能有一种模型会包罗所有的影响因素。因此，在实际应用中，需结合具体工程问题，考虑其中影响应力应变关系的主要因素，通过试验来确定描述本构关系的数学函数表达式。本章介绍了非线性弹性模型和弹塑性模型的相关研究工作及成果，针对现有工程中常用模型对其改进，分析各模型优缺点，并对模型的工程应用进行评价。本章中提出和改进的模型在工程应用中已得到了验证分析，且验证结果良好，表明改进的模型具有工程意义和应用前景。本章主要研究结论如下：

（1）岩土本构理论的研究方法主要采用的是基于连续介质力学的宏观力学理论。它是从分析土体的表观性状入手，利用试验得出的应力应变关系，采用曲线拟合或弹性理论、塑性理论及其他理论来建立本构模型。在模型的建立中，它不考虑颗粒之间的微观接触特性，而将颗粒材料的力学特性用状态参数（如孔隙比、相对密度及各向异性张量等）来描述，应用数学分析工具，根据状态参数建立土体单元应力与应变之间的联系。本构关系理论主要分为非线性弹性理论、弹塑性理论和黏弹塑性理论三种。在土石坝的常规数值计算分析中，一般常用的本构模型主要有非线性弹性模型和弹塑性模型两种。

（2）结合近年来坝料特性试验研究和理论分析，在坝料本构模型研究方面设计了两条路径。一是以成熟模型为基础，进行局部完善；这种方法目标明确，工作量相对较小，由于基于成熟模型进行研究，研究成果可直接应用于工程。二是结合坝料工程特性研究，寻求能反映坝料流变的黏弹塑性模型。

针对采用邓肯-张模型计算时存在所得坝体水平位移偏大和面板拉应力区域及拉应力值明显偏大的问题，结合筑坝堆石料室内大型三轴剪切试验结果提出了邓肯模型应用于土石坝计算分析时的数值处理方法，使数值计算更加稳定且计算结果与实测数据更为接近。处理方法包括对单元张拉破坏处理，即第一次迭代时体积模量按 $\sigma_3=0.1\text{Pa}$ 计算，若第二次迭代结束时，单元仍处于张拉破坏状态，则单元的体积模量取为第一次迭代时单元体积模量的1%，而在第一、第二次迭代中，剪切模量均采用体积模量的1%。对邓肯模型中的加卸载判别准则进行改进，即为避免加载弹性模量和卸载弹性模量差别过大导致迭代计算不稳定，具体计算中，当 $S_s<\dfrac{3}{4}S_{s,\max}$ 时，为完全卸荷；当 $\dfrac{3}{4}S_{s,\max}<S_s<S_{s,\max}$ 时，单元的模量为 $E=E_t+(E_{ur}-E_t)\dfrac{1-S_s/S_{s,\max}}{1-0.75}$。为避免在低应力水平时体积模量计算对 ν 值的低估，确定了体积模量下限值的计算方法。

（3）对“南水”模型进行改进，分别提出基于堆石料临界状态的模型和基于破碎能耗的模型。基于堆石料临界状态的模型是假设堆石料颗粒发生破碎时存在临界应力，将考虑颗粒破碎的临界状态线在 $e-\log p'$ 平面上近似用两条直线表示，从而对状态参数进行修正。改进后的模型应用MJ面板堆石坝工程计算加以验证，计算结果表明，改进模型计算的面板堆石坝应力变形符合一般分布规律，且计算的坝体沉降量、坝轴向位移和面板应力变形均大于南水模型计算结果；另外，坝体顺河向变形小于“南水”模型计算结果，说明考虑颗粒破碎后堆石料体缩增大、体胀减弱且与试验结果相似。

基于破碎能耗的模型是利用考虑颗粒破碎的剪胀方程求出体积比并以此修正“南水”模型中的切线体积比。改进后的模型参数仍可以通过试验测得。模型验证结果表明，与“南水”模型相比，改进模型计算的体胀明显减小、体缩明显增大，且与巴贡堆石料三轴试验结果更为接近。改进模型应用于巴贡面板堆石坝应力变形计算分析，计算结果符合应力变形分布一般规律，改进模型较为合理地反映了剪胀且其体变计算结果较大。与河床断面沉降量实测结果相比，改进模型较“南水”模型计算结果更接近实测值。

（4）提出了广义塑性本构模型，包括考虑颗粒破碎的堆石料本构模型和堆石料的黏弹塑性本构模型。提出的考虑颗粒破碎的堆石料本构模型不仅考虑了颗粒破碎引起的堆石料强度和剪胀特性与围压之间的非线性关系，还考虑了颗粒自身性质对应力变形特性的影响，模型参数少、确定方法简单却具有良好的复杂应力路径适应性。改进的模型在茨哈峡典型堆石料室内常规三轴排水剪切试验中得到验证，模型预测曲线与试验结果吻合较好，能够反映颗粒破碎引起的峰值应力比与剪胀应力比的非线性关系和堆石料在低围压下发生剪胀、高围压下发生减缩的工程特性。此外，该模型在不同复杂应力路径下的预测结果与宜兴抽水蓄能电站筑坝堆石料对应复杂应力路径试验结果吻合较好，验证了模型的复杂应力路径适应性。

（5）在弹塑性本构模型基础上引入与堆石料流变相关的要素，即堆石硬度参数衰减规律、流变流动准则和堆石料流变模量，建立黏弹塑性模型。采用茨哈峡上游堆石区砂砾石料和弱风化开挖料的流变试验结果与提出模型的预测结果进行对比验证，预测结果与试验值吻合较好，表明建立的弹塑性模型能较好地模拟堆石料不同围压下的流变特性，具有较好的工程应用前景。

第 8 章

筑坝料填筑标准

随着近些年200～300m级高坝的兴建，坝体筑坝料的强度变形特性越来越引起工程界的关注，无论是筑坝料自身的变形，还是面板应力变化，均主要取决于筑坝料的变形。国内外研究人员对坝体筑坝料的强度和变形特性进行了大量的研究，积累了丰富的宝贵经验。级配与密度是影响上述组成部分的最重要的两大因素，因此开展筑坝料最优级配、筑坝料相对密度试验研究，将有助于进一步深入研究级配对筑坝料强度与变形特性的影响，通过改变级配及填筑相对密度来提高筑坝料强度、减少坝体变形，具有重要意义。

8.1 堆石筑坝料选择标准

8.1.1 已建工程筑坝料

8.1.1.1 筑坝料岩性

根据已建工程统计，当代土石坝筑坝料主要遵循因地制宜、就地取材的原则，依据坝体特性和需要，通过坝体合理分区和充分利用各类筑坝料，既能保证工程安全，又能获得较好的经济效果。

已建工程筑坝堆石料主要有硬岩堆石料、软岩堆石料、天然砂砾石料、人工砂石料。多数土石坝采用硬岩堆石料，岩性以灰岩、花岗岩、砂质岩居多。软岩料的利用包括两种：一种为硬岩风化料，另一种为沉积岩中的泥质岩类。软岩料多用于高坝的坝体中下游或设置了排水区的中低坝坝体；由于密实砂砾石的压缩模量一般比压实堆石高，其抗剪强度也不低（浑圆颗粒的咬合力小于棱角状颗粒）且便于开采，一些工程将砂砾石与堆石料合理分区后用于筑坝，也具较高的经济性。

国内设计的七座200m级典型面板堆石坝的筑坝料岩性见表8.1-1。除天生桥一级下游堆石区用了大量以软岩为主的砂泥岩外，其余高坝的各区坝料均以硬岩为主，或从便于施工碾压的角度掺混了少量软岩。

表8.1-1　七座200m级典型面板堆石坝的筑坝料岩性

工程名称	坝高/m	垫层料	过渡料	上游堆石	下游堆石
天生桥一级	178	灰岩	灰岩	灰岩	砂泥岩
洪家渡	179.5	灰岩	灰岩	灰岩	灰岩
三板溪	185.5	凝灰质砂岩、板岩及砂板岩			
水布垭	233	灰岩	灰岩	灰岩	灰岩
巴贡	205	杂砂岩	杂砂岩	杂砂岩及页岩	杂砂岩及页岩
江坪河	219	灰岩	冰碛砾岩	冰碛砾岩	冰碛砾岩
猴子岩	223.5	灰岩	灰岩	灰岩及流纹岩	流纹岩

8.1.1.2 级配及密度

1. 垫层料

已建工程垫层料一般均具有严格的级配要求，最大粒径一般为80～100mm，部分工程达150mm；小于5mm的颗粒含量一般为30%～55%，最高者达65%；小于0.075mm的颗粒含量不超过8%；曲率系数C_c一般控制在1～3，不均匀系数C_u一般大于30；孔隙率一般控制在15%～20%，相对密度不宜低于0.85；设计干密度一般控制在2.1g/cm^{3}以上；渗透系数为10^{-3}～10^{-4}cm/s。

七座200m级典型面板堆石坝垫层料特性见表8.1-2。七座高坝均采用硬岩料人工轧制获得，孔隙率控制在17%～19%；最大粒径80mm；小于5mm的颗粒含量，除巴贡达60%外，其余均为35%～50%。

表8.1-2　七座200m级典型面板堆石坝垫层料特性表

工程名称	D_{max} /mm	<5mm颗粒含量	<0.075mm颗粒含量	设计干密度/(g/cm^3)	孔隙率n	渗透系数k/(cm/s)	抗剪强度参数		填筑层厚/cm	碾压遍数/遍	加水量
							φ_0/(°)	$\Delta\varphi$/(°)			
天生桥一级	80	35%～52%	4%～8%	2.2	19%	10^{-2}～10^{-4}	52.3	7	40	6	10%
洪家渡	40～80	30%～50%	4%～8%	2.205	19.14%	1.5×10^{-3}	—	—	40	6	10%
三板溪	60～80	35%～50%	4%～8%	2.21	18.15%	10^{-3}	56.0	11.7	—	—	—
水布垭	80	35%～50%	4%～7%	2.25	17%	10^{-2}～10^{-4}	53		40	8	适量
巴贡	80	35%～60%	5%	2.26	17%	10^{-3}～10^{-4}	50.6	7	40	6	—
江坪河	80	35%～50%	4%～8%	2.25	15.4%	10^{-3}～10^{-4}	52.4	7.3	40	8	5%～10%
猴子岩	80	35%～50%	4%～8%	2.34	17%	10^{-3}～10^{-4}	49.7	4.1	40	10	5%

2. 过渡料

过渡料最大粒径一般小于300mm，部分工程达到500mm；小于5mm的颗粒含量小于20%，最高者达35%；小于0.075mm的颗粒含量不超过5%；曲率系数C_c一般控制在1～3，不均匀系数C_u一般大于10；孔隙率一般控制在18%～22%；设计干密度一般控制在2.1g/cm^{3}以上；渗透系数大于1×10^{-2}cm/s。

七座典型面板堆石坝过渡料特性见表8.1-3：均采用硬岩料；孔隙率除天生桥一级为21%外，其余坝控制在18%～19%；最大粒径300mm；小于5mm的颗粒含量除天生桥一级、三板溪坝要求最大值为18%、20%外，其余坝均为10%～30%。

表8.1-3　七座典型面板堆石坝过渡料特性表

工程名称	D_{max} /mm	<5mm颗粒含量	<0.075mm颗粒含量	设计干密度/(g/cm^3)	孔隙率n	渗透系数k/(cm/s)	抗剪强度参数		填筑层厚/cm	碾压遍数/遍	加水量
							φ_0/(°)	$\Delta\varphi$/(°)			
天生桥一级	300	<18%	<5%	2.15	21%	10^{-1}	55.6	8.5	40	6	10%
洪家渡	200～350	20%～30%	0～5%	2.19	19.69%	—	—	—	40	6	10%

续表

工程名称	D_{max} /mm	<5mm 颗粒含量	<0.075mm 颗粒含量	设计干密度 /(g/cm³)	孔隙率 n	渗透系数 k/(cm/s)	抗剪强度参数		填筑层厚 /cm	碾压遍数 /遍	加水量
							φ_0/(°)	$\Delta\varphi$/(°)			
三板溪	200～300	10%～20%	0～5%	2.19	19.19%	(2～9)×10^{-2}	58.1	13.3	—	—	—
水布垭	300	8%～30%	<5%	2.2	18.8%	10^{0}～10^{-1}	50.3	—	40	8	10%
巴贡	300	3%～32%	5%	2.23	18%		52.5	8	40	8	15%
江坪河	300	10%～25%	5%	2.20	18.8%	i×10^{-2}	56.1	9.4	40	12	15%
猴子岩	300	10%～30%	5%	2.31	18%	i×10^{-2}	49.2	6.8	40	12	5%

3. 上游堆石料

上游堆石料最大粒径不超过压实层厚，一般为600～800mm；小于5mm的颗粒含量不超过20%，最高达40%；小于0.075mm的颗粒含量不宜超过5%；曲率系数C_c一般控制在1～3，不均匀系数C_u一般大于8；孔隙率一般控制在20%～25%；设计干密度一般控制在2.04g/cm³以上；渗透系数应控制在10^{0}cm/s量级。

七座典型面板堆石坝上游堆石料特性见表8.1-4：均为硬岩料筑坝，孔隙率除天生桥一级为22%外，其余坝均控制在19%～20%；最大粒径800mm。

表8.1-4 七座典型面板堆石坝上游堆石料特性表

工程名称	D_{max} /mm	<5mm 颗粒含量	<0.075mm 颗粒含量	设计干密度 /(g/cm³)	孔隙率 n	渗透系数 k/(cm/s)	抗剪强度参数		填筑层厚 /cm	碾压遍数 /遍	加水量
							φ_0/(°)	$\Delta\varphi$/(°)			
天生桥一级	800	<12%	<5%	2.12	22%	10^{0}	57	13	80	6	20%
洪家渡	500～800	5%～20%	0～5%	2.181	20.02%				80	8	15%
三板溪	600～800	5%～20%	0～5%	2.17	19.33%	3～10	56.2	12.5			
水布垭	800	4%～15%	<5%	2.18	19.6%	≥10^{0}	48.4		80	8	10%
巴贡	800	17%	5%	2.18	20%		52.5	10	80	8	15%
江坪河	600	5%～20%	5%	2.20	18.8%	10^{-1}～10^{0}	55.6	9.6	600	14	15%
猴子岩	800	5%～20%	5%	2.18	19%	10^{-1}～10^{0}	46.4	5.4	800	12	15%

4. 下游堆石料

下游堆石料的最大粒径一般为600～1600mm；小于5mm的颗粒含量不宜超过20%，最高达35%；小于0.075mm的颗粒含量不宜超过5%；曲率系数C_c一般控制在1～3，不均匀系数C_u一般应不小于10；孔隙率一般控制在23%～28%；设计干密度一般控制在2.0g/cm³以上；渗透系数应控制在大于10^{-2}cm/s量级。

七座典型面板堆石坝下游堆石料特性见表8.1-5：孔隙率除天生桥一级为22%（软岩料）、24%（硬岩料）以及洪家渡部分区域为22.26%外，其余坝均控制在20%左右；天生桥一级及洪家渡排水区料最大粒径1600mm，其余为80mm。

表 8.1-5　　七座典型面板堆石坝下游堆石料特性表

工程名称	D_{max}/mm	<5mm含量	<0.075mm含量	设计干密度/(g/cm³)	孔隙率 n	渗透系数 k/(cm/s)	抗剪强度参数		填筑层厚/cm	碾压遍数/遍	加水量
							φ_0/(°)	$\Delta\varphi$/(°)			
天生桥一级	1600		<8%	2.15	22/24%	10^{-2}	51	10	80/160	6	10%（软岩料），20%（硬岩料）
洪家渡	1600			2.12	22.26%				160	8	15%
三板溪	600～800	5%～20%	0～5%	2.15	20.07%	3～10	55.7	12.4			
水布垭	800		≤5%	2.15	20.7%		48.3		80	8	5%～10%
巴贡	800	25%	5%	2.18	20%		48	8	80	8	15%
江坪河	600	5%～20%	5%	2.20	18.8%	10^{-1}～10^{0}	54.4	9.5	600	14	15%
猴子岩	800	5%～20%	5%	2.18	19%	10^{-1}～10^{0}	46.4	5.4	800	12	15%

8.1.2　面板堆石坝筑坝料选择的原则与要求

面板堆石坝坝料选择的一般原则包括：①在满足工程要求的前提下，尽可能利用工程开挖料；②在满足质量、储量的前提下，优先考虑利用天然料。

面板堆石坝出现的不良现象，大多数都是由坝体变形过大引起的。为满足工程要求，坝料质量一般从原岩岩性和强度、坝料级配及其压实性能几个方面考虑。

上游堆石料选用模量高、后期变形小的筑坝料，选择块石料作为筑坝料时，其中板岩等软岩含量不应超过10%。最大粒径应不超过压实层厚，一般为600～800mm；小于5mm的颗粒含量不超过20%；小于0.075mm的颗粒含量不宜超过5%；曲率系数C_c一般控制在1～3，不均匀系数C_u一般大于8；孔隙率应控制在20%～25%；设计干密度一般控制在2.04g/cm^{3}以上；渗透系数应控制在10^0cm/s量级。

下游堆石料可以选择强度较低的软岩，但软岩含量最高不应超过30%。下游堆石料的最大粒径一般为600～1600mm，小于5mm的颗粒含量应不宜超过20%，小于0.075mm的颗粒含量不宜超过5%，曲率系数C_c一般控制在1～3，不均匀系数C_u一般应不小于10，孔隙率一般控制在23%～28%，设计干密度一般控制在2.0g/cm^{3}以上，渗透系数应控制在大于10^{-2}cm/s量级。

8.1.2.1　原岩岩性和强度

已建特高面板坝出现的面板挤压破坏、垫层脱空、坝体渗漏量过大等问题，均由坝体变形过大造成。控制坝体变形的基础问题是选择强度高、易于压实、后期变形小的筑坝料。根据已有的研究成果，软岩填筑的坝体后期流变变形较大，适用于低坝而不适用于200m以上的特高坝。对于200m以上的特高面板坝，上游堆石区应采用中硬和坚硬的岩石筑坝料，下游堆石区不用或少用软岩料。

已建的采用块石料筑坝的200m级面板坝，采用的料源岩性为灰岩、凝灰岩、砂岩、杂砂岩等，饱和抗压强度多大于60MPa，如水布垭、洪家渡、天生桥一级等坝。也有的面板坝采用以硬岩为主、夹有少量软岩的堆石坝作为筑坝料，如巴贡和三板溪的块石料含有一定量的软岩。巴贡面板坝的中风化杂砂岩饱和抗压强度大于100MPa，而块石料中的中风化泥岩饱和抗压强度为15～40MPa，上、下游堆石区均采用杂砂岩夹泥岩的混合料，上游堆石区料控制泥岩含量不超过10%，下游堆石区控制泥岩含量不超过30%。三板溪筑坝料中参混了软岩料，饱和抗压强度大于15MPa，要求掺量小于30%。天生桥一级坝下游堆石区采用母岩强度较低的砂泥岩填筑。部分已建工程块石筑坝料岩性及强度见表8.1-6。

表8.1-6　部分已建工程块石筑坝料岩性及强度

序号	工程名称	上游堆石区		下游堆石区	
		岩性	饱和抗压强度/MPa	岩性	饱和抗压强度/MPa
1	天生桥一级	灰岩	>60	砂泥岩	>30
2	洪家渡	灰岩	>60	泥质灰岩	>30
3	巴贡	杂砂岩（轻风化～新鲜）	>100	杂砂岩（中风化）	>50
		泥岩	>84	泥岩	
4	三板溪	凝灰质砂岩	>84	泥质粉砂岩夹板岩	>15
		板岩			
5	水布垭	灰岩	>70	灰岩（建筑物开挖料）、泥灰岩	>30
6	猴子岩	灰岩	>55	灰岩	>55
		流纹岩	>90	流纹岩	>90

以天然砂砾石料为主要筑坝料填筑的面板坝有阿瓜密尔帕（坝高186m）、吉林台一级（坝高157m）、乌鲁瓦提（坝高133m）、黑泉（坝高123.5m）、察汗乌苏（坝高110m）等。砂砾石料在自然的搬运、沉积作用下形成的颗粒强度较高，母岩岩性多为强度较高的砂岩、花岗岩、白云岩等。

多个工程的试验成果表明，砂砾石料$E-B$模型参数的模量系数K值可达1580～1700，K_b可达930以上，较块石料高200～500，表现出较好的力学特性，并且砂砾石料具有较高的压缩模量，特别是后期具有高模量、压缩变形小的特点。大型压缩试验成果表明，随着压力级别的提高，砂砾石料压缩系数逐级减小，压缩模量逐级增大。块石料则随着压力级别的提高，压缩模量降低，通常在0.4～0.8MPa时压缩模量达到最大，继而出现拐点，表现出颗粒破碎的特性。砂砾石料则随着压力级别的提高，压缩模量提高，且没有拐点，表现出了较好的抗变形能力。故在原岩岩性和颗粒强度方面，砂砾石料是一种较好的筑坝料。

综上所述，国内已建、在建的200m级面板坝采用的筑坝料多为灰岩、砂岩、花岗岩等，上游堆石区料饱和抗压强度大多大于60MPa，为坚硬岩，下游堆石区料饱和抗压强度大多大于30MPa，为中硬岩；也有采用硬岩掺混软岩的混合料筑坝，要求软岩含量小于10%，饱和抗压强度大于15MPa。由于砂砾石料颗粒强度高、抗变形能力强、模量高、不需爆破、便于开采、经济性好的特点，是面板坝较好的筑坝料。采用砂砾石作为面板堆石坝主体填筑材料的工程也日益增多，如乌鲁瓦提、黑泉、察汗乌苏、吉林台一级等。

8.1.2.2　坝料级配

上游堆石区料是大坝承受水荷载的主体，要求具有低压缩性、高模量、高抗剪强度和自由排水能力。一般采用砂砾石料或料场爆破开挖的坚硬岩料，要求饱和抗压强度大于60MPa，如水布垭、洪家渡、江坪河等；当料场料夹有软岩且无法剔除时，对软岩料的含量一般控制在10%以内，软岩饱和抗压强度应大于15MPa，如巴贡、三板溪等工程。

上游堆石区料最大粒径一般为800mm，小于5mm颗粒含量一般为4%～20%，小于0.075mm颗粒含量一般小于5%。国内200m级面板堆石坝上、下游堆石料级配情况见表8.1-7。

表8.1-7　　国内200m级面板堆石坝上、下游堆石料级配情况

序号	项目	上游堆石区			下游堆石区		
		D_{max}/mm	<5mm颗粒含量	<0.075mm颗粒含量	D_{max}	<5mm颗粒含量	<0.075mm颗粒含量
1	水布垭	800	4%～15%	<5%	800	—	≤5%
2	巴贡	800	17%	5%	800	25%	5%
3	江坪河	800	<20%	<5%	800	—	<5%
4	三板溪	800	5%～20%	<5%	600～800	—	—
5	洪家渡	800	5%～20%	<5%	<1600	—	—
6	天生桥一级	800	<12%	<5%	—	—	<8%
7	吉林台一级	600	≤20%	<5%	800	≤20%	<5%
8	黑泉	300	18%～35%	3～12%	—	—	—
9	察汗乌苏	800	9%～30%	<8%	—	—	—

当采用天然砂砾石作为上游堆石区料时，不同地区、不同成因的砂砾石料级配特征相差较大，新疆地区的砂砾石料大颗粒含量较多，细颗粒含量相对少，级配与表8.1-7中块石料筑坝的上游堆石区料较接近，如察汗乌苏、吉林台一级等工程的筑坝料。青海地区的砂砾石料大颗粒含量少、主要以砾石为主，细颗粒含量高，排水性能差，如茨哈峡、玛尔挡、黑泉、羊曲等工程的筑坝料。

下游堆石区料一般尽量采用建筑物开挖料，在料的强度、压实控制标准、最大粒径和细粒含量等方面的要求相对上游堆石区有所放松。总体而言，对下游堆石区料的要求略低于上游堆石区料。

8.1.2.3　压实性能、控制压实标准及压实参数

随着压实机械技术性能的进步，对于各类块石料均可压实到设计要求的孔隙率，满足性能要求；对于软岩类岩体，选择压实机具时应注意避免产生过高的破碎率即可。

国内2010年以前建成的块石料面板坝，其块石料的压实标准孔隙率大多控制在17.6%～22%；砂砾石料面板坝，其砂砾石料相对密度控制在0.8～0.9，层厚控制在80～100cm、碾压遍数大多为8遍，压实机械大多为18～25t的自行式或拖式振动碾。洪家渡坝引入了冲击碾压技术。随着筑坝技术的进步、坝高的增加以及压实机械击实功的提高，对坝体变形控制的要求也随之提高，江坪河和猴子岩、玛尔挡等200m级面板坝孔隙率要求控制在17%～19%，采用32t自行式振动碾，铺料厚度80cm，碾压8～10遍。2010年以后修建的面板坝，控制标准提高，压实机械的击实功增大。表8.1-8为国内

200m 级面板堆石坝上游堆石料碾压参数。

表 8.1-8　　国内 200m 级面板堆石坝上游堆石料碾压参数

序号	工程名称	孔隙率（相对密度）	干密度/(g/cm³)	上游堆石料碾压参数		
				层厚/cm	碾压机具型号	碾压遍数
1	水布垭	19.6%	2.2	80	25t 自行式振动碾	8
2	洪家渡	20.2%	2.18	80	18t 自行式（牵引式）振动碾	8
				160cm/25t 三边形冲击碾补碾		
3	三板溪	19.33%	2.17	80	20～25t 牵引式振动碾	8～10
4	天生桥一级	22%	2.12	80	18t 自行式振动碾	6
5	吉林台一级	22%～24%		80	18t 自行式振动碾	8
6	江坪河	17.6%～19.7%		80	32t 自行式振动碾（计划采用冲击碾）	8
7	猴子岩	19%		80	32t 自行式振动碾	8～10
8	玛尔挡	19%	2.28	80	32t 自行式振动碾	8～10
9	黑泉	(≥0.8)	2.32	60	18t 自行式振动碾	8
10	察汗乌苏	18.9%（≥0.9）	2.19	80	18t 拖式振动碾	8（冬季 10）
11	乌鲁瓦提	0.85	2.25	80～100	18～20t 自行式振动碾	8

砂砾石料相对于块石料来说，其颗粒磨圆度好，颗粒之间的咬合力小，更加容易压实，可达到较高的干密度；相对密度为 0.85～0.9 时，换算的孔隙率可达到 17%左右，目前一些特高面板砂砾石坝的碾压试验表明，砂砾石料压实后的相对密度甚至可达 0.95 以上，换算为孔隙率即为 12%。所以，对于砂砾石来说，相同的相对密度条件下与堆石料相比，砂砾石料可达到较高的干密度和较低的孔隙率，具有较好的压实性。天然砂砾石料较块石料渗透稳定性差，颗粒偏细，只要做好坝体排水和反滤保护，满足水力过渡条件，坝体渗透稳定性仍然是可靠的。

8.1.3　茨哈峡筑坝料选择

本小节结合黄河茨哈峡工程说明筑坝料在原岩强度和级配方面的选择原则。

8.1.3.1　料源选择

茨哈峡面板砂砾石坝筑坝料来自吉浪滩天然砂砾石料料场，上游块石料场和坝址右岸块石料场，以及建筑物开挖料。根据大坝料源的详勘和深竖井特殊地质勘查成果，料源初选如下：

（1）吉浪滩料场天然砂砾石料储量丰富，不需爆破、便于开采，距坝址较近；未发现连续分布的细砂层和夹泥层，级配相对较好，级配在平面和立面的分布较均匀，上坝料级配质量控制较方便；砂砾石料磨圆度好、颗粒强度高、后期变形小，质量满足填筑高面板堆石坝的要求，可用料总储量达到 1.3 亿 m³。吉浪滩料场天然砂砾石料满足筑坝要求，是面板堆石坝的主要筑坝料料场。

(2) 上游块石料场和右岸块石料场。这两个块石料场的有用料储量为4968.7万m^3，岩性为砂岩、砂岩夹板岩，均含有一定量的板岩。其中：砂岩为中厚～薄层状，弱风化砂岩饱和抗压强度大于60MPa，软化系数为0.76，为坚硬岩；弱风化板岩为薄层～极薄层状，各项异性明显，垂直层理的饱和抗压强度大于40MPa，平行层理饱和抗压强度为7MPa，上坝碾压后易破碎，造成坝料细颗粒含量增加、级配变化较大；板岩软化系数小，为0.65～0.70，抗风化能力弱，大坝后期湿化变形和流变变形大。为控制坝体变形，根据室内试验成果，可研阶段上游堆石区料控制板岩含量不大于10%，下游堆石区料板岩含量不大于30%；两个料场板岩含量为7%～44%，且板岩分布无规律，板岩无法剔除，料场开采难以控制，影响上坝料质量。

上游块石料场总体上砂、板岩含量分别约为55%、45%，板岩含量较高，不能用作大坝的主要堆石料。坝址右岸堆石料场Ⅰ区砂、板岩含量分别约为56%、44%，板岩含量较高，不能作为坝体主要堆石料；Ⅱ区砂、板岩含量分别约为93%、7%，可作为上游堆石料，有用料储量仅1327.11万m^3。坝址右岸块石料场位于坝轴线处、高程3000m以上的右岸坝肩及其上下游部位，为溢洪道进口段、堰闸段及泄槽段、右岸趾板段等建筑物布置区，料场开挖与上述建筑物施工干扰较大。

(3) 建筑物开挖料的岩性以及工程特性与上游块石料场和右岸块石料场基本相同，可作为高面板堆石坝的下游堆石区料。

综上所述，吉浪滩天然砂砾石料场有足够量的天然砂砾石料可用。两个块石料场的块石料含有板岩，板岩为软岩、层薄、强度低、各向异性明显，是影响坝料质量的主要因素；料场中板岩在料层中随机分布，开采过程中较难剔除。根据类似工程经验和坝料工程特性研究成果，拟定块石料作为主要筑坝料时板岩含量不大于10%，作为次要筑坝料时板岩含量不超过30%。建筑物开挖料在控制板岩含量的条件下可用于下游堆石区。因此，选择吉浪滩料场为上游堆石区料源，选择建筑物开挖料为下游堆石区料源。

8.1.3.2 砂砾石料

吉浪滩天然砂砾石料料场位于坝址左岸的岸顶平台，总面积约4.7km^2，料场平台现为牧场，上覆土层自岸边向河谷逐渐变厚，厚度1～30m，下覆砂砾石层厚40～100m，砂砾石料总储量约4亿m^3。根据覆盖层厚度及料层厚度，将料场划分为3个区，即Ⅰ区、Ⅱ区、Ⅲ区（图8.1-1、图8.1-2），各区地质条件如下：

Ⅰ区。Ⅰ区紧靠黄河岸边，地面高程3090～3165m，平面呈长方形，顺河长近2km，横河宽约1km，台面平缓开阔，距坝址较近，台顶冲沟较发育。Ⅰ～Ⅵ号冲沟在岸边切深达50～80m，且沟侧坡积较厚。上部粉质壤土厚度自岸边向河谷逐步变厚，厚度1～10m，下部砂砾石层平均厚度约80m。砂砾石层按胶结层发育情况划分为上、下两层（表8.1-9）：上层［Q_3^{al+pl}-sgr（2）］厚度34～60m，干燥～略湿，中密～密实，仅局部有弱胶结，砾石磨圆度较好，呈亚圆～浑圆状，最大粒径300mm，岩性以中细砂岩为主，其次为板岩、石英岩、花岗岩等，其中砂为中细砂，主要成分为石英、长石、少量矿物碎屑及云母，含泥量较低，料层储量7179.64万m^3；下层［Q_3^{al+pl}-sgr（1）］含水量稍高，密实，近水平状钙质胶结或弱泥质胶结层较多，胶结层单层厚一般0.5～1.5m，岸坡可见出露4～6层，钻孔揭露层厚26～45m，储量为7960.45万m^3。

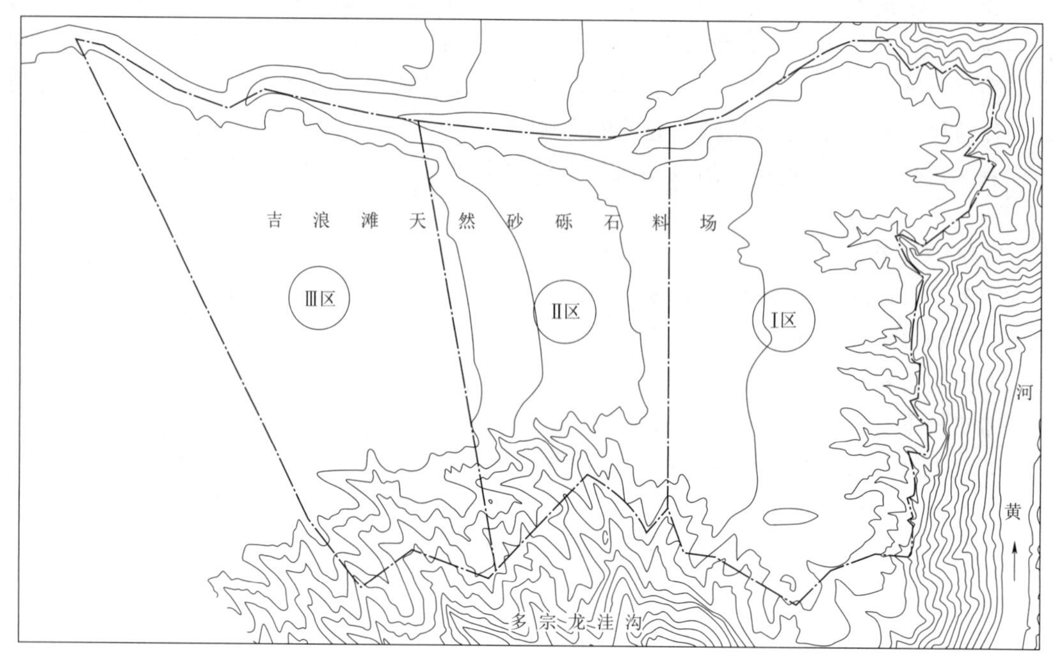

（a）平面图

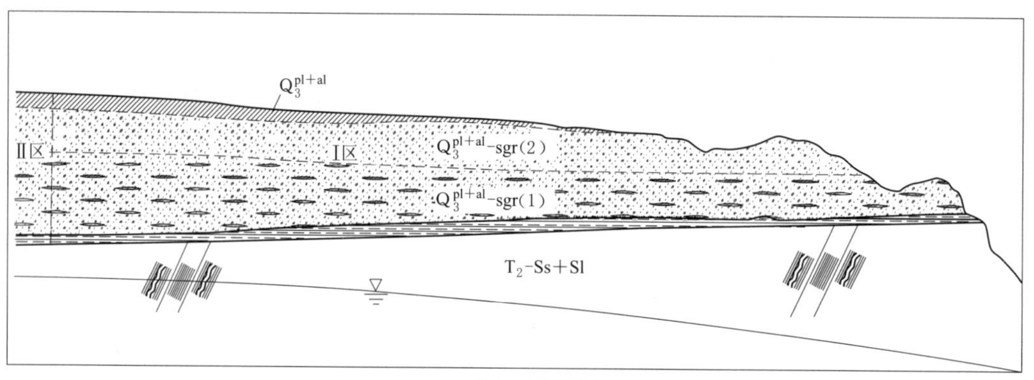

（b）14 剖面图

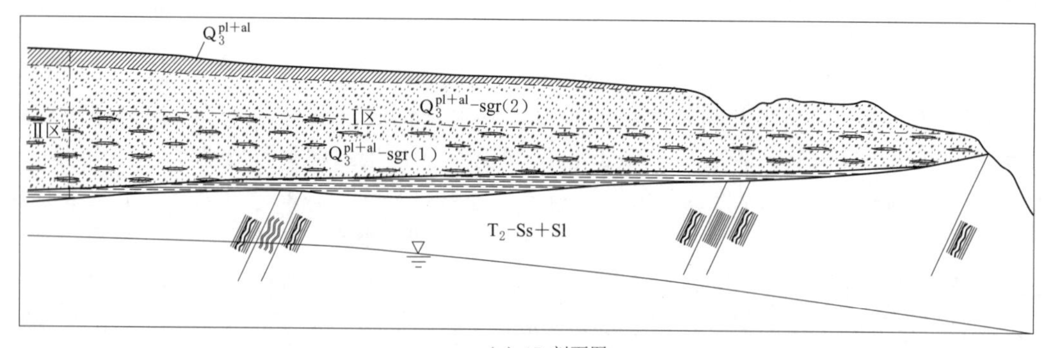

（c）15 剖面图

图 8.1-1　吉浪滩天然砂砾石料场分区图

Ⅱ区。Ⅱ区位于吉浪滩料场后缘斜坡地带，平均坡度约10°，冲沟不发育，面积145.5万m^2，呈较规整的长方形，顺河长1.4km，横河宽1km。地层结构与Ⅰ区相同，上部覆盖粉质壤土，厚度自岸边向河谷逐步变厚，厚度20～40m，下部为厚层砂砾石层，按胶结层条件划分为上、下两层（表8.1-9）：上层［Q_3^{al+pl}-sgr（2）］基本条件同Ⅰ区，厚度40～57m，储量5752万m^3，剥采比高达0.50；下层［Q_3^{al+pl}-sgr（1）］基本条件同Ⅰ区，厚度30～49m，储量3063.80万m^3。

Ⅲ区。Ⅲ区地势较平坦，高程3231～3236m，料场中心距坝轴线直线距离2.7km，冲沟不发育，呈长方形分布，顺河长1.8km，横河宽0.7km，面积约165万m^2。上部粉质壤土厚2～5m，下部砂砾石层厚约145m，按胶结层发育情况，划分为上、中、下三层（中、下两层分别对应Ⅰ区、Ⅱ区的上、下两层）（表8.1-9）。上层［Q_3^{al+pl}-sgr（3）］与Ⅰ区上层［Q_3^{al+pl}-sgr（2）］不同处为，从浅处0～10m开采断面及孔内取芯反映，颗粒漂石含量较少，总体颗粒稍细，料层厚43～85m，其他与Ⅰ区相同。中层［Q_3^{al+pl}-sgr（2）］基本条件及质量指标同Ⅰ区上层［Q_3^{al+pl}-sgr（2）］，料层厚度45～65m。下层［Q_3^{al+pl}-sgr（1）］基本条件及质量指标同Ⅰ区下层，厚度32～52m，平均42m，储量4453.15万m^3。上、中层总储量达14000万m^3，剥采比0.05。

表8.1-9 吉浪滩砂砾石料深竖井编录表

竖井编号	深度/m	地质描述
SJ55	80.5	0～5.8m为冲积粉质壤土层
		5.8～61.3m为砂砾石层，微风化、未胶结；少量岩性为花岗岩的卵石呈强风化，17.8～20.8m、34.4～35.8m段砂含量小于3%
		61.3～80.5m为砂砾石层，61.3～73.3m局部出现透镜状胶结层，厚度不超过0.3m，多呈泥质胶结，少量钙质胶结；73.3～80.5m胶结层较多，厚度为0.2～1.0m，以钙质胶结为主
SJ56	80.6	0～7.5m为冲积粉质壤土层
		7.5～57.0m为砂砾石层，微风化，未胶结；少量母岩岩性为花岗岩的卵石强风化，15.0～19.5m、21.0～22.5m、27.0～28.5m、20.0～31.5m段砂含量小于3%
		57.0～80.6m为砂砾石层，57.0～58.5m局部有透镜状砂砾石胶结层，厚度小于0.3m，泥质胶结为主，少量钙质胶结；58.5～61.5m透镜状胶结层较多，厚0.4～0.7m，泥钙质胶结为主；61.5～66.0m局部有泥钙质胶结层，厚小于0.3m；72.0～80.4m泥钙质胶结为主胶结层较多，厚小于0.8m
SJ57	80.6	0～6.7m为冲积粉质壤土层
		6.7～62.5m为砂砾石层，微风化，未胶结；少量母岩岩性为花岗岩的强风化卵石，59.2～60.7m段砂含量小于3%
		62.5～80.6m为砂砾石层，62.5～66.7m局部有透镜状胶结层，厚度小于0.3m，泥质胶结为主，少量钙质胶结；66.7～69.7m透镜状胶结层较多，厚度0.4～1.0m，钙质胶结为主；69.7～80.6m局部有胶结层，厚小于0.5m，以泥钙质胶结为主
SJ58	80.5	0～17.6m为冲积粉质壤土层
		17.6～20.0m为冲洪积含砾土层
		20.0～61.0m为砂砾石层，微风化，未胶结；少量母岩岩性为花岗岩的卵石呈强风化，22.0～23.5m、32.5～34.0m段砂含量小于3%
		61.0～80.5m为砂砾石层，局部有透镜状泥质胶结层，少量钙质胶结

续表

竖井编号	深度/m	地质描述
SJ59	80.6	0～18.4m 为冲积粉质壤土层
		18.4～62.0m 为砂砾石层，微风化，未胶结；少量岩性为花岗岩的卵石呈强风化，61.9～63.4m、64.9～67.9m 砂含量较少，小于 3%
		62.0～80.6m 为砂砾石层，局部有透镜状胶结层，多为泥质胶结，少量为钙质胶结，75.0～77.0m 胶结层较多，呈泥钙质胶结
SJ60	80.3	0～20.4m 为冲积粉质壤土层
		20.4～62.0m 为砂砾石层，微风化，未胶结；少量母岩岩性为花岗岩的卵石呈强风化，20.4～22.0m、25.2～26.8m、38.0～39.6m、60.4～62.0m 砂含量较少，小于 3%
		62.0～80.3m 为砂砾石层，局部有透镜状胶结层，多为泥质胶结，少量为钙质胶结，58.6～68.4m 段局部少量透镜状泥质胶结层，68.4～80.3m 透镜状泥钙质胶结层

吉浪滩料场天然砂砾石级配在平面和立面上的分布基本均匀，没有发现大面积分布的细沙层透镜体和黏土夹层，料场各分区质量基本相同的条件下，从可用料储量、剥采比、运距等方面进行比较，初步确定推荐的上坝料区域。各料场分区特性见表 8.1-10。

表 8.1-10　吉浪滩天然砂砾石料场分区特性

料场分区	可用料储量/万 m^3	面积/万 m^2	覆盖层厚度/m	可用料厚度/m	距坝址直线距离/km	剥采比
Ⅰ区	15000	200.0	1～20	80	0.5	0.22
Ⅱ区	5752.0	145.5	20～40	40～57	1.5	0.5
Ⅲ区	14000.0	165.0	2～5	88～150	2.7	0.05

各区的下层 [Q_3^{al+pl} - sgr (1)] 的砂砾石料，钙质胶结或弱泥质胶结层较多，胶结层单层厚一般 0.5～1.5m，作为面板堆石坝筑坝料胶结层对压实度、干密度、渗透特性等基本没有影响，因此 [Q_3^{al+pl} - sgr (1)]、[Q_3^{al+pl} - sgr (2)] 均是可用的筑坝料。Ⅰ区可用料储量大于 1.5 亿 m^3，面板堆石坝上游砂砾石区的填筑量为 2400 万 m^3，料源储量为用量的 6 倍左右，满足本阶段料源的储备要求。三个区覆盖层厚度相比较，Ⅲ区较薄，Ⅱ区最厚，Ⅰ区居中；剥采比相比较，Ⅲ区最小，Ⅱ区最大，Ⅰ区居中；运距相比较，Ⅰ区最近，Ⅲ区最远，Ⅱ区居中。

综上所述，Ⅰ区运距较近、剥采比居中、储量满足筑坝要求，推荐吉浪滩料场Ⅰ区砂砾石料为面板堆石坝筑坝料料源。

8.1.3.3　块石料

根据茨哈峡工程可研阶段地质详查的主要成果，近坝区筑坝料块石料场主要有上游块石料场和坝址区右岸正常蓄水位以上的坝址右岸块石料场，以及溢洪道、泄洪洞、电站进水口等部位的建筑物开挖料，岩性为中厚层～薄层的三叠系变质砂岩、砂岩夹板岩、板岩夹砂岩。

上游块石料场分布于上坝址上游（多宗龙洼沟的上游）约 3km 的库区两岸（图 8.1-2）。料场岩性为三叠系中厚层～薄层变质砂岩及板岩。岩层产状稳定，为 NE45°～50°NW ∠65°～80°，岩层走向与河流方向大致垂直，为横向谷坡。砂岩以中细砂岩为主，板岩略含砂质。岩体中以顺层断层为主，裂隙发育且延伸较长。两岸岸坡岩体风化卸荷较深，强卸荷水平深度30～50m，强风化水平深度20～30m。料场地下水不丰富，水位较低，对料场开采使用影响不大。

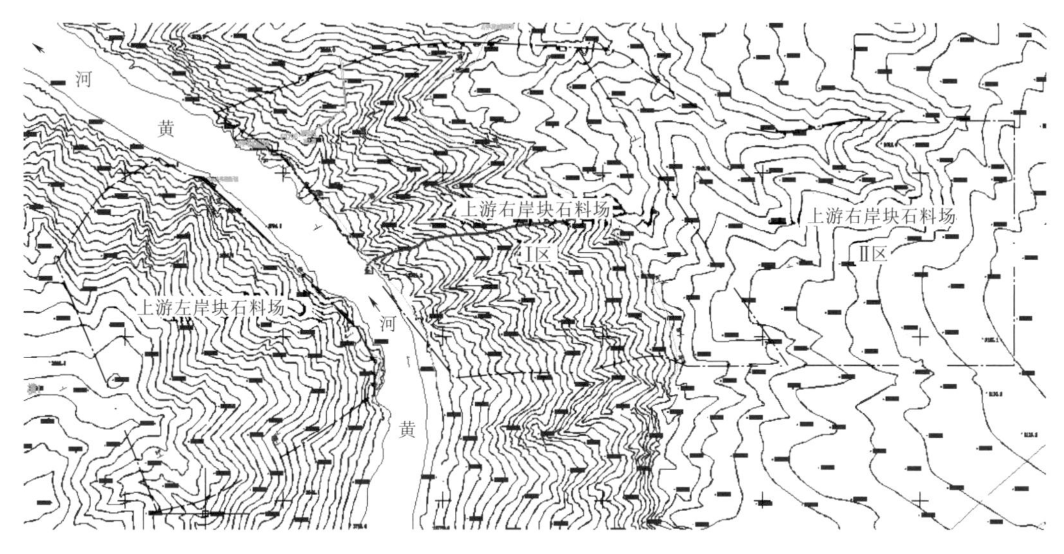

图8.1-2　上游块石料场平面图

据统计，料场范围内中细砂岩约占55%，板岩约占45%。砂岩一般厚度30～50cm、板岩一般1～10cm；断层破碎带一般发育在砂板岩分界处，宽度2～10cm为主；料场按岩性分为以下4个岩性组：①砂岩层，砂岩层中极少板岩，一般板岩含量小于5%（少量小于10%）、砂岩含量90%～95%以上；②砂岩夹板岩层，以砂岩为主，一般砂板岩比例7∶3以上；③板岩夹砂岩层，以板岩为主，一般砂板岩比例3∶7以内；④板岩层，板岩层中极少砂岩，一般砂岩含量5%～10%、板岩含量90%～95%。按砂岩及砂岩夹板岩层为可用层考虑，约占总料层的70%，但可用层与板岩（板岩夹砂岩）相间出现，剔除难度大。

上游块石料场估算左右岸合计储量3400万m^3，其中右岸约3100万m^3，左岸约310万m^3。距坝轴线河道距离3km，无交通条件，坡面上覆无用层较薄，总储量略少于设计要求，可向岸里扩大开采范围，但上覆无用层厚度明显增大。开采尚属方便（地下水影响小，但开采后形成200m高边坡，建议放坡至1∶1），总体质量较差，根据现场实测断面统计，总料源较纯中厚层中细砂岩及板岩两种岩性含量分别约为55%和45%。可用料源即砂岩层（及砂岩夹板岩层）占比近70%，即3400万m^3的料源中砂岩（及砂岩夹板岩）和板岩（板岩夹砂岩）各约2346万m^3、1054万m^3。因此，上游块石料场可作为堆石料开采利用的比较料源，开采剔除不宜利用的板岩、板岩夹砂岩两岩组很困难，且终采高差达200m。

坝址右岸块石料场上游以桑吉沟下游为界，下游以Ⅰ号滑坡中部为界，顺河向长约1000m，东西向约360m，面积约35.78万m^2（图8.1-3）。考虑溢洪道底板和正常蓄水位高程，坝轴线以下，以3000m高程为开挖底界，坝轴线以上，可低于3000m高程，按不影响泄水建筑物控制。岸里侧（东侧）距外侧边界约300～370m，面积约35.78万m^2。料场处河流方向NE24°～N，水面高程2758m。合计砂岩（T_2－Ss）及砂岩夹板岩（T_2－Ss＋Sl）储量约1870万m^3（其中强风化约970万m^3，弱风化约900万m^3），无用层约181.08万m^3，强、弱风化共计约1873.99万m^3，合计开挖方量约2055.08万m^3。

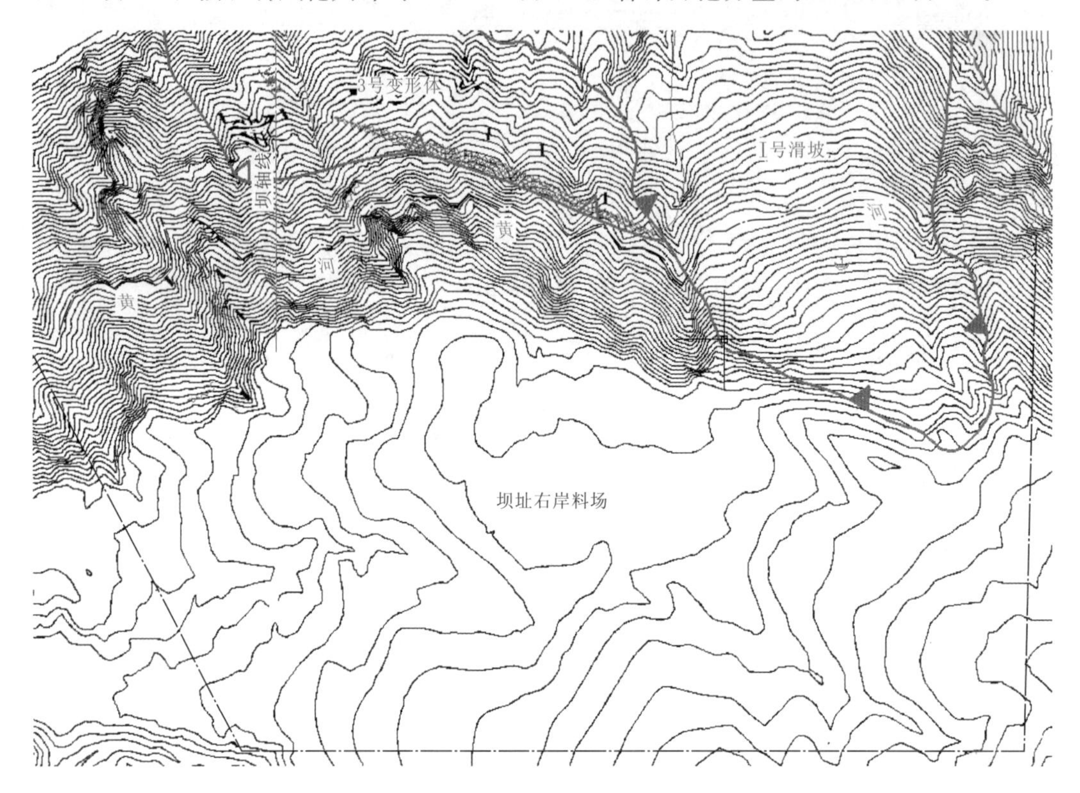

图8.1－3　坝址右岸块石料场平面图

料场区岩性种类较多，依颜色、性状及夹层厚薄，有T_2－Ss＋Sl薄层灰～灰绿色砂岩夹板岩、T_2－Sl板岩或炭质板岩条带、T_2－Ss灰绿色薄层～中厚层中细砂岩、T_2－Ss灰绿色薄层～中厚层中细砂岩、T_2－Sl＋Ss薄层灰色板岩夹砂岩，但主要可利用岩性为砂岩（T_2－Ss）及砂岩夹板岩（T_2－Ss＋Sl）层。整体岩层NW60°～82°NE∠65°～80°，岸坡走向与岩层走向夹角大于60°，为层状横向岩质边坡。料场岩体层间断层及层面裂隙发育。

物理地质现象主要是岩体风化卸荷，料场区岩体卸荷深度约40～50m，强风化厚约20～35m，弱风化约85～100m，料源主要以强、弱风化为主。

砂岩。①灰～灰黑色细砂岩，强风化砂岩饱和单轴抗压强度平均46MPa（区间值28～68MPa），软化系数平均值0.76（区间值0.61～0.86）；弱～微风化，垂直层面加压饱和单轴抗压强度平均值80MPa（区间值39～112MPa），软化系数平均0.72（区间值0.62～0.87）；平行层面加压饱和单轴抗压强度平均78MPa（区间值43～94MPa），软化系数平均0.78（区间值0.62～0.91）。②灰绿色中细砂岩弱～微风化，中厚层结构，饱和单轴抗压强度平均值77MPa（区间值42～143MPa），软化系数平均0.77（区间值0.57～0.95）。

板岩。弱～微风化（砂质）板岩，垂直层面加压饱和单轴抗压强度平均41MPa，区间21～63MPa；平行层面加压饱和单轴抗压强度平均18MPa，区间7～32MPa，软化系数0.65～0.70。

砂岩与板岩比例。根据料场区实测断面统计，Ⅰ区砂岩约占56%，板岩约占44%，以砂岩略多；Ⅱ区砂岩约占93%，板岩约占7%，基本以砂岩为主。按板岩及板岩夹砂岩不可用考虑，则料场砂岩（及砂岩夹板岩）可用料储量Ⅰ区约为（按56%）241.63万m^3，剥采比约为1∶1.04；Ⅱ区约为（按92%）1327.11万m^3，剥采比约为1∶5.24。考虑到砂岩与板岩开采剔除困难，互相对比，Ⅱ区料源较纯、质量较好。

块石料为建筑物开挖料，主要包括溢洪道、泄洪洞、导流洞、地下厂房等建筑物的开挖渣料。

坝址区基岩为中厚～薄层状砂岩、砂岩夹板岩、砂板岩互层，岩层最大厚度50cm左右，层理及层间结构面发育，板岩各向异性明显。建筑物开挖料的基本工程特性与上游块石料场、坝址右岸块石料场相同，弱风化～微风化砂岩的饱和单轴抗压强度40～112MPa，软化系数平均0.72，整体属坚硬岩。板岩为薄层～极薄层状，层理极发育，弱风化及以下垂直层理面的饱和单轴抗压强度30～40MPa，软化系数平均0.67，平行层理面的饱和单轴抗压强度为7～32MPa，软化系数0.65～0.70，总体为软岩。基于以上开挖料的基本物理特性，分析认为开挖料粒径可能较小，碾压后发生二次破碎，特别是当板岩含量较高时，开挖料质量受影响较大。

8.2 堆石筑坝料最优级配

8.2.1 级配优化方法

筑坝料级配优化是为了使坝料的密度和变形抵抗能力更高。

（1）试验级配的优化。根据经验及级配理论，对堆石料级配曲线进行调整，通过室内相对密度试验确定最大干密度，通过多次的级配调整优化，找出在室内标准试验条件下试料最大干密度值达到最大时的级配。根据依托工程的坝料性质，借鉴经验及级配理论（最大密度曲线理论、粒子干涉理论和分形理论等）研究资料，对天然级配通过人工调整进行优化，寻找最大密度级配曲线，以相对密度试验确定最大密度。然后以最大干密度制样，进行室内压缩试验，测定在垂直荷载下试料的沉降量，并确定压缩模量等参数。

（2）参考压缩模量试验成果，选定代表性级配进行室内三轴试验，确定坝体应力应变参数供有限元计算，并分析应力应变参数（主要为模量系数K）与坝料级配、干密度（孔隙率）的关系。

（3）结合现有的平面有限元计算成果，若研究所得级配及压实标准不能满足降低坝体的变形及面板的挠度及应力达到200m级面板堆石坝的水平时，则继续进行级配优化。

以大石峡的堆石料及砂砾石料为例进一步介绍级配优化方法。

8.2.1.1 大石峡堆石料

1. 试验理论及试验成果

堆石料最优级配是指在室内标准压实条件下使试料最大干密度达到最大时的级配，试料最大粒径为60mm。选定柳树沟堆石料场开采的新鲜～弱风化英安质凝灰岩作为本次试验堆石筑坝料的料源，同时搜集汇总前期已有的相关物理力学试验特性参数，作为本次研究的基础资料。

常用的级配理论主要有最大密度曲线理论、粒子干涉理论和分形理论。

(1) 最大密度曲线是由富勒（W. B. Fuller）通过试验提出的一种理想曲线，认为矿料的颗粒级配曲线越接近抛物线，其密度越大；主要描述连续级配的粒径分布，用于计算连续级配。

(2) 粒子干涉理论认为：为达到最大密度，前一级颗粒之间的空隙应由次一级颗粒填充，其余空隙又由再次一级颗粒填充，但填隙颗粒粒径不得大于其间隙，否则大小颗粒之间势必发生干涉现象；可用于计算连续级配、间断级配和折断级配。

(3) 分形理论是近年来随着材料学的发展，将分形几何理论应用于路面材料集料级配研究而出现的一种新方法，目前研究得较少。土石坝各区筑坝料设计一般采用连续级配，且各分区有满足渗透稳定的要求，考虑到最大密度曲线理论曾在水布垭水电站上游堆石料级配设计得到采用，本次最优级配通过最大密度曲线理论进行选定。

泰波（Talbol）公式为

$$P=\left(\frac{d}{D_{\max}}\right)^{n} \tag{8.2-1}$$

式中：P 为某粒径通过的百分数，%；d 为某粒径，mm；$D_{\max}$ 为最大粒径，mm；n 为决定级配曲线形状的指数，$n=0.3\sim0.7$。

泰波（Talbol）认为富勒公式是理想的级配曲线，实际上要获得最大密度会有一定的波动范围，他对 n 值进行了改变，通常范围为 $n=0.3\sim0.7$，而 $n=0.3\sim0.5$ 时有较大密实度。当 $n=0.5$ 时即为富勒公式。

取试料最大粒径 $D_{\max}$ 为60mm，n 值取0.3～0.7。根据泰波（Talbol）公式计算不同 n 值对应的曲线级配，见表8.2-1。依据《水电水利工程粗粒土试验规程》（DL/T 5356—2006）进行相对密度试验，采用表面振动法测定最大干密度，采用固定体积法测定最小干密度。对最大密度试验后的试料再次测定最小干密度，然后进行筛分测定破碎率。试验成果见表8.2-2、表8.2-3和图8.2-1～图8.2-3。

表8.2-1 根据泰波公式确定的不同 n 值的堆石料级配表

级配形状指数 n	小于某颗粒粒径百分含量/%									
	60mm	40mm	20mm	10mm	5mm	2mm	1mm	0.50mm	0.25mm	0.075mm
0.30	100	88.5	71.6	58.2	47.5	36.0	29.2	23.6	19.4	13.4
0.35	100	86.8	68.0	53.3	42.0	30.5	23.8	18.6	14.9	9.7
0.4	100	85.0	64.3	48.6	37.3	25.6	19.5	14.9	11.1	6.9

续表

级配形状指数 n	小于某颗粒粒径百分含量/%									
	60mm	40mm	20mm	10mm	5mm	2mm	1mm	0.50mm	0.25mm	0.075mm
0.45	100	83.6	60.8	44.5	32.6	21.5	15.7	11.5	8.5	4.8
0.5	100	82.0	57.5	40.7	28.8	18.5	12.9	9.2	6.5	3.6
0.6	100	79.2	51.5	34.0	22.5	13.0	8.5	5.5	3.8	1.8
0.7	100	76.5	46.0	28.3	17.5	9.3	5.5	3.5	2.3	0.9

表 8.2-2 不同级配形状指数的堆石料相对密度试验后颗粒级配

级配形状指数 n	小于某颗粒粒径百分含量/%									
	60mm	40mm	20mm	10mm	5mm	2mm	1mm	0.50mm	0.25mm	0.075mm
0.30	100	89.2	71.9	59.6	48.4	36.8	30.0	24.9	20.1	13.4
0.35	100	88.7	69.1	54.0	42.4	30.8	23.9	19.3	15.2	9.8
0.4	100	87.2	65.7	49.9	38.0	26.0	19.8	15.5	11.7	7.0
0.45	100	85.0	62.0	46.4	33.8	22.8	17.3	13.6	8.7	4.9
0.5	100	83.33	58.93	42.26	29.57	19.46	13.86	10.30	7.29	3.81
0.6	100	81.65	52.08	35.50	23.36	13.80	9.14	6.06	4.28	2.00
0.7	100	78.77	49.14	30.86	19.01	10.62	7.16	4.69	3.21	1.98

表 8.2-3 不同级配形状指数的堆石料相对密度试验成果

编号	级配形状指数 n	最小干密度 $\rho_{d\min}$/(g/cm³)	最大干密度 $\rho_{d\max}$/(g/cm³)	小于5mm颗粒含量/%
1	0.30（试验前）	1.853	2.290	47.5
2	0.30（试验后）	1.865		48.4
3	0.35（试验前）	1.841	2.295	42.0
4	0.35（试验后）	1.843		42.4
5	0.4（试验前）	1.809	2.268	37.3
6	0.4（试验后）	1.824		38.0
7	0.45（试验前）	1.787	2.258	32.6
8	0.45（试验后）	1.797		33.8
9	0.5（试验前）	1.756	2.207	28.8
10	0.5（试验后）	1.768		29.57
11	0.6（试验前）	1.693	2.131	22.5
12	0.6（试验后）	1.717		23.36
13	0.7（试验前）	1.644	2.118	17.5
14	0.7（试验后）	1.693		19.01

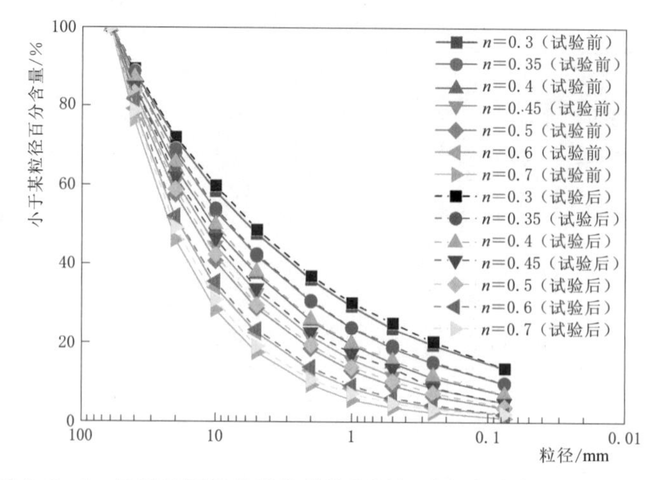

图 8.2-1 不同级配形状指数的堆石料相对密度试验前后级配曲线

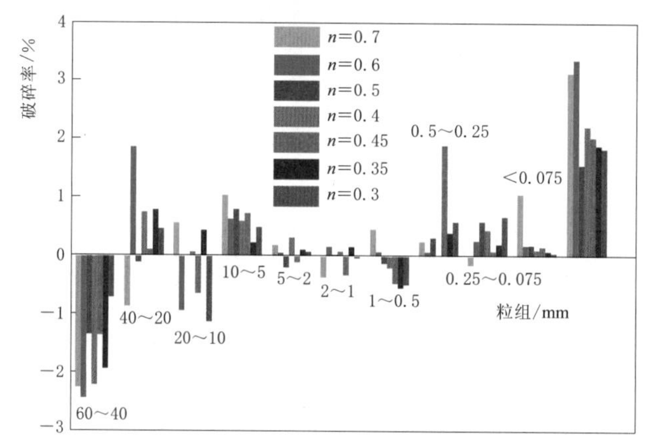

图 8.2-2 不同级配形状指数的堆石料相对密度试验破碎率

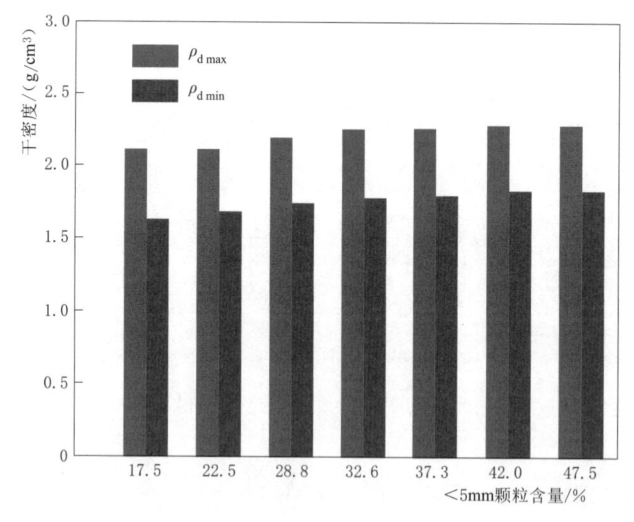

图 8.2-3 不同级配形状指数的细料（<5mm 颗粒）含量与最大、最小干密度关系

2. 试验前后级配变化

根据表8.2-1可知，随着泰波公式级配曲线形状指数n值从0.3至0.7的增长，堆石料不同n值对应级配的细料（<5mm颗粒）含量从47.5%降至17.5%，n值越大，级配颗粒越粗。

从表8.2-2和图8.2-1可知，相对密度试验后，各n值级配的细料含量相对于试验前均有不同程度的增加，级配曲线右移，颗粒变细。但随着n值的增大，级配中的细料（<5mm颗粒）含量相应减少这一规律仍然存在，从级配$n=0.3$的48.4%降至$n=0.7$的19.01%。由于试验中颗粒破碎的缘故，n值越大、颗粒越粗的级配细料含量增加越多（如$n=0.6$～0.7），表明其颗粒破碎情况越明显。

图8.2-1各粒组试验前后级配曲线显示，针对大石峡工程堆石料7个n值级配，60～40mm粒组试验后含量都减少，而10～5mm、0.25～0.5mm、<0.075mm三个粒组试验后含量均增加，其他几个粒组因n值级配的不同试验后含量有增有减。7个级配破碎率B值在1.56～3.37之间（表8.2-4），规律性不明显。

表8.2-4 堆石料相对密度试验破碎率成果

级配形状指数n值	0.3	0.35	0.4	0.45	0.5	0.6	0.7
破碎率B	1.84	1.92	2.21	2.03	1.56	3.37	3.14

3. 相对密度试验成果分析

从表8.2-3和图8.2-3可看出，随着级配形状指数n值从0.7减小至0.3，小于5mm细颗粒含量从17.5%增加至47.5%，最小干密度随细料含量的增加而增大，从$n=0.7$的1.644g/cm^3，增大至$n=0.3$的1.853g/cm^3；而最大干密度值为2.118～2.295g/cm^3，$n=0.35$时达到最大值2.295g/cm^3。这和泰波认为$n=0.3$～0.5时有较大密实度相符合。

以上基于泰波公式拟定级配的相对密度试验的试验仪器、坝料、试验人员均相同。另外，在此基础上结合实际工程自拟5组堆石料级配（表8.2-5），级配曲线见图8.2-4，试验成果见表8.2-6和图8.2-5。

表8.2-5 不同级配堆石料相对密度试验自拟级配颗粒组成

级配	小于某颗粒粒径百分含量/%									
	60mm	40mm	20mm	10mm	5mm	2mm	1mm	0.50mm	0.25mm	0.075mm
P8	100	70.0	42.0	20.0	8.0	4.6	3.9	2.8	1.7	0.6
P12	100	78.0	49.0	26.0	12.0	6.8	5.9	4.2	2.5	0.9
P16	100	83.7	56.8	32.3	16.0	9.1	7.8	5.6	3.4	1.2
P20.7	100	85.1	60.4	38.0	20.7	14.3	9.7	6.6	3.4	1.0
P24.7	100	88.3	64.4	42.5	24.7	18.1	13.2	9.4	5.3	2.1

注 P8代表小于5mm颗粒含量为8%的级配，其余含义依此类推。

从表8.2-6和图8.2-5可以看出，随着小于5mm细颗粒含量从8%增加到28.8%，最小干密度从1.525g/cm^{3}增大到1.756g/cm^3，最大干密度从2.060g/cm^{3}增大到2.207

g/cm³，均呈现随细料含量的增加而增大的规律，但各区间增大的幅值不同。图 8.2-5 和图 8.2-3 变化趋势基本相同。

表 8.2-6　　不同级配堆石料相对密度试验成果

编号	级配	最小干密度 ρ_{dmin} /(g/cm³)	最大干密度 ρ_{dmax} /(g/cm³)	小于 5mm 颗粒含量/%
1	P8	1.525	2.060	8.0
2	P12	1.565	2.105	12.0
3	P16	1.598	2.113	16.0
4	P20.7	1.648	2.127	20.7
5	P24.7	1.698	2.166	24.7
6	n=0.5	1.756	2.207	28.8
7	n=0.6	1.693	2.131	22.5
8	n=0.7	1.644	2.118	17.5

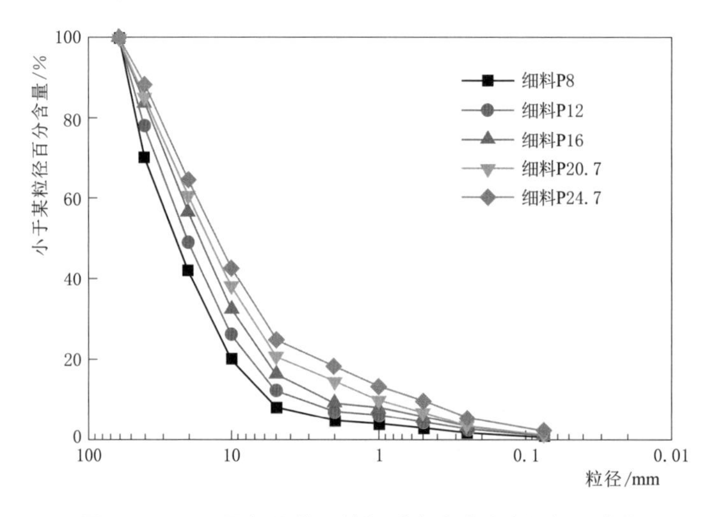

图 8.2-4　不同级配堆石料相对密度试验自拟级配曲线

根据下游堆石料不同级配曲线的相对密度试验成果可知，在小于 5mm 细颗粒含量 8%～47.5%的范围内，最大干密度的最小值为 2.060g/cm³，最大值为 2.295g/cm³，分别对应 8%和 42%的细颗粒含量，此后随着细颗粒继续增多，最大干密度值有减小的趋势。

根据堆石料相对密度试验结果，选取代表性级配对堆石料进行了风干状态的 7 组大型压缩试验，以最大干密度值作为试验控制密度，采用试样直径 50.5cm 的大型浮环式压缩仪，试样起始高度均为 250mm，分七级加荷，最大垂直压力 6MPa，依据《水电水利工程粗粒土试验规程》（DL/T 5356—2006）进行试验，求取不同荷载下的压缩模量和压缩系数值，并绘制沉降量（s）-荷载（p）等关系曲线。试验控制指标见表 8.2-7，试验成果见图 8.2-6 及表 8.2-8～表 8.2-14。

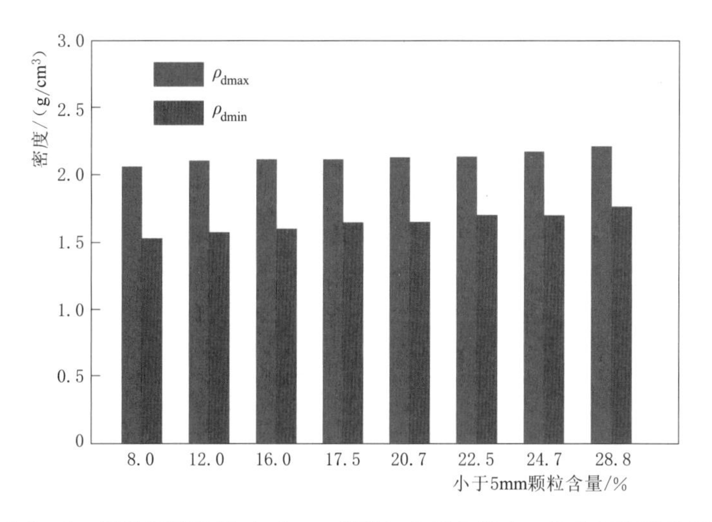

图 8.2-5　不同级配细料（<5mm 颗粒）含量与最大、最小干密度关系图

表 8.2-7　　堆石料压缩试验控制指标

编号	试验控制指标			
	级配	干密度 ρ_d/(g/cm³)	相对密度 D_r	<5mm 颗粒含量/%
1	细料 P8	2.060	1	8.0
2	细料 P12	2.105	1	12.0
3	细料 P16	2.113	1	16.0
4	n=0.60	2.131	1	22.5
5	n=0.50	2.207	1	28.8
6	n=0.40	2.268	1	37.3
7	n=0.35	2.295	1	42.0

表 8.2-8　　堆石料压缩试验成果表（一）

试样编号：细料 P8　　试验状态：风干　　试验原始高度 h_0：250mm

试样密度：2.06g/cm³　　试验前孔隙比 e_0：0.311　　试样比重：2.70

压力 p /kPa	总变形 Σh_i /mm	单位沉降量 ($s=\Sigma\frac{h_i}{h_0}$) /(mm/m)	试样高度 ($h=h_0-\Sigma h_i$) /mm	孔隙比 e_i	沉降差 ($s_{i+1}-s_i$) /(mm/m)	压缩系数 α_v /kPa^{-1}	压缩模量 E_s /kPa
0	0	0.000	250	0.311			
200	1.166	4.664	248.8	0.305	4.664	3.06×10^{-5}	$4.3\times10^{+4}$
400	1.545	6.180	248.5	0.303	1.516	9.93×10^{-6}	$1.3\times10^{+5}$
800	1.905	7.620	248.1	0.301	1.440	4.72×10^{-6}	$2.8\times10^{+5}$
1600	2.304	9.216	247.7	0.299	1.596	2.61×10^{-6}	$5.0\times10^{+5}$
3200	2.964	11.856	247.0	0.295	2.640	2.16×10^{-6}	$6.1\times10^{+5}$
6000	5.089	20.356	244.9	0.284	8.500	3.98×10^{-6}	$3.3\times10^{+5}$
平均值						9.00×10^{-6}	$3.15\times10^{+5}$

表 8.2-9　　堆石料压缩试验成果表（二）

试样编号：细料 P12　　试验状态：风干　　试验原始高度 h_0：250mm

试样密度：2.10g/cm³　　试验前孔隙比 e_0：0.286　　试样比重：2.70

压力 p /kPa	总变形 $\sum h_i$ /mm	单位沉降量 $(s=\sum\frac{h_i}{h_0})$ /(mm/m)	试样高度 $(h=h_0-\sum h_i)$ /mm	孔隙比 e_i	沉降差 $s_{i+1}-s_i$ /(mm/m)	压缩系数 α_v /kPa^{-1}	压缩模量 E_s /kPa
0	0	0.000	250	0.286			
200	1.022	4.088	249.0	0.280	4.088	2.63×10^{-5}	$4.9\times10^{+4}$
400	1.381	5.524	248.6	0.279	1.436	9.23×10^{-6}	$1.4\times10^{+5}$
800	1.647	6.588	248.4	0.277	1.064	3.42×10^{-6}	$3.8\times10^{+5}$
1600	1.987	7.948	248.0	0.275	1.360	2.19×10^{-6}	$5.9\times10^{+5}$
3200	2.735	10.940	247.3	0.272	2.992	2.40×10^{-6}	$5.3\times10^{+5}$
6000	5.218	20.872	244.8	0.259	9.932	4.56×10^{-6}	$2.8\times10^{+5}$
平均值						8.01×10^{-6}	$3.28\times10^{+5}$

表 8.2-10　　堆石料压缩试验成果表（三）

试样编号：细料 P16　　试验状态：风干　　试验原始高度 h_0：250mm

试样密度：2.11g/cm³　　试验前孔隙比 e_0：0.280　　试样比重：2.70

压力 p /kPa	总变形 $\sum h_i$ /mm	单位沉降量 $(s=\sum\frac{h_i}{h_0})$ /(mm/m)	试样高度 $(h=h_0-\sum h_i)$ /mm	孔隙比 e_i	沉降差 $s_{i+1}-s_i$ /(mm/m)	压缩系数 α_v /kPa^{-1}	压缩模量 E_s /kPa
0	0	0.000	250	0.280			
200	0.629	2.516	249.4	0.276	2.516	1.61×10^{-5}	$7.9\times10^{+4}$
400	1.031	4.124	249.0	0.274	1.608	1.03×10^{-5}	$1.2\times10^{+5}$
800	1.760	7.040	248.2	0.271	2.916	9.33×10^{-6}	$1.4\times10^{+5}$
1600	2.716	10.864	247.3	0.266	3.824	6.12×10^{-6}	$2.1\times10^{+5}$
3200	4.199	16.796	245.8	0.258	5.932	4.74×10^{-6}	$2.7\times10^{+5}$
6000	6.889	27.556	243.1	0.244	10.760	4.92×10^{-6}	$2.6\times10^{+5}$
平均值						8.58×10^{-6}	$1.80\times10^{+5}$

表 8.2-11　　堆石料压缩试验成果表（四）

试样编号：$n=0.35$　　试验状态：风干　　试验原始高度 h_0：250mm

试样密度：2.295g/cm³　　试验前孔隙比 e_0：0.176　　试样比重：2.70

压力 p /kPa	总变形 $\sum h_i$ /mm	单位沉降量 $(s=\sum\frac{h_i}{h_0})$ /(mm/m)	试样高度 $(h=h_0-\sum h_i)$ /mm	孔隙比 e_i	沉降差 $s_{i+1}-s_i$ /(mm/m)	压缩系数 α_v /kPa^{-1}	压缩模量 E_s /kPa
0	0	0.000	250	0.176			
200	0.980	3.920	249.0	0.172	3.920	2.31×10^{-5}	$5.1\times10^{+4}$

续表

压力 p /kPa	总变形$\sum h_i$ /mm	单位沉降量 $(s=\sum\frac{h_i}{h_0})$ /(mm/m)	试样高度 $(h=h_0-\sum h_i)$ /mm	孔隙比 e_i	沉降差 $s_{i+1}-s_i$ /(mm/m)	压缩系数 α_v /kPa^{-1}	压缩模量 E_s /kPa
400	1.354	5.416	248.6	0.170	1.496	8.80×10^{-6}	$1.3\times10^{+5}$
800	2.021	8.084	248.0	0.167	2.668	7.85×10^{-6}	$1.5\times10^{+5}$
1600	2.853	11.412	247.1	0.163	3.328	4.89×10^{-6}	$2.4\times10^{+5}$
3200	4.224	16.896	245.8	0.157	5.484	4.03×10^{-6}	$2.9\times10^{+5}$
6000	6.131	24.524	243.9	0.148	7.628	3.21×10^{-6}	$3.7\times10^{+5}$
平均值						8.64×10^{-6}	$2.06\times10^{+5}$

表 8.2-12　　堆石料压缩试验成果表（五）

试样编号：$n=0.40$　　试验状态：风干　　试验原始高度 h_0：250mm

试样密度：2.268g/cm^3　　试验前孔隙比 e_0：0.190　　试样比重：2.70

压力 p /kPa	总变形 $\sum h_i$ /mm	单位沉降量 $(s=\sum\frac{h_i}{h_0})$ /(mm/m)	试样高度 $(h=h_0-\sum h_i)$ /mm	孔隙比 e_i	沉降差 $s_{i+1}-s_i$ /(mm/m)	压缩系数 α_v /kPa^{-1}	压缩模量 E_s /kPa
0	0	0.000	250	0.190			
200	0.916	3.664	249.1	0.186	3.664	2.18×10^{-5}	$5.5\times10^{+4}$
400	1.454	5.816	248.5	0.184	2.152	1.28×10^{-5}	$9.3\times10^{+4}$
800	2.252	9.008	247.7	0.180	3.192	9.50×10^{-6}	$1.3\times10^{+5}$
1600	3.108	12.432	246.9	0.176	3.424	5.10×10^{-6}	$2.3\times10^{+5}$
3200	4.404	17.616	245.6	0.170	5.184	3.86×10^{-6}	$3.1\times10^{+5}$
6000	6.468	25.872	243.5	0.160	8.256	3.51×10^{-6}	$3.4\times10^{+5}$
平均值						9.43×10^{-6}	$1.92\times10^{+5}$

表 8.2-13　　堆石料压缩试验成果表（六）

试样编号：$n=0.50$　　试验状态：风干　　试验原始高度 h_0：250mm

试样密度：2.207g/cm^3　　试验前孔隙比 e_0：0.223　　试样比重：2.70

压力 p /kPa	总变形$\sum h_i$ /mm	单位沉降量 $(s=\sum\frac{h_i}{h_0})$ /(mm/m)	试样高度 $(h=h_0-\sum h_i)$ /mm	孔隙比 e_i	沉降差 $s_{i+1}-s_i$ /(mm/m)	压缩系数 α_v /kPa^{-1}	压缩模量 E_s /kPa
0	0	0.000	250	0.223			
200	0.799	3.196	249.2	0.219	3.196	1.95×10^{-5}	$6.3\times10^{+4}$
400	1.214	4.856	248.8	0.217	1.660	1.02×10^{-5}	$1.2\times10^{+5}$
800	1.907	7.628	248.1	0.214	2.772	8.48×10^{-6}	$1.4\times10^{+5}$
1600	2.712	10.848	247.3	0.210	3.220	4.92×10^{-6}	$2.5\times10^{+5}$
3200	4.033	16.132	246.0	0.204	5.284	4.04×10^{-6}	$3.0\times10^{+5}$
6000	6.142	24.568	243.9	0.193	8.436	3.69×10^{-6}	$3.3\times10^{+5}$
平均值						8.47×10^{-6}	$2.02\times10^{+5}$

表 8.2-14　　堆石料压缩试验成果表（七）

试样编号：n=0.60　　试验状态：风干　　试验原始高度 h_0：250mm

试样密度：2.131g/cm³　　试验前孔隙比 e_0：0.267　　试样比重：2.70

压力 p /kPa	总变形 $\sum h_i$ /mm	单位沉降量 $(s=\sum \frac{h_i}{h_0})$ /(mm/m)	试样高度 $(h=h_0-\sum h_i)$ /mm	孔隙比 e_i	沉降差 $s_{i+1}-s_i$ /(mm/m)	压缩系数 α_v /kPa^{-1}	压缩模量 E_s /kPa
0	0	0.000	250	0.267			
200	1.103	4.412	248.9	0.261	4.412	2.80×10^{-5}	$4.5\times10^{+4}$
400	1.609	6.436	248.4	0.259	2.024	1.28×10^{-5}	$9.9\times10^{+4}$
800	2.319	9.276	247.7	0.255	2.840	9.00×10^{-6}	$1.4\times10^{+5}$
1600	3.105	12.420	246.9	0.251	3.144	4.98×10^{-6}	$2.5\times10^{+5}$
3200	4.527	18.108	245.5	0.244	5.688	4.50×10^{-6}	$2.8\times10^{+5}$
6000	7.278	29.112	242.7	0.230	11.004	4.98×10^{-6}	$2.5\times10^{+5}$
平均值						1.07×10^{-5}	$1.79\times10^{+5}$

大型（侧限）压缩试验是堆石料一种基本和应用最为广泛的室内试验方法。同常规三轴压缩试验相比，侧限压缩试验是在无侧向变形的条件下增加轴向应力的。在试验过程中，侧向压力随着轴向应力的增加在不断增加，所以其剪应力的增加相对较慢。在量测到的体积变形中，由剪应力变化所引起的剪缩变形所占的比例下降，试验的应力路径同土石坝填筑过程中坝体单元的应力路径更加接近。另外，侧限压缩试验操作过程简单，体积变形通过量测堆石体的变形直接得到，具有较高的精度。

目前认为粗粒土的颗粒组成是决定压实特性的主要因素，由于堆石料的颗粒形状为多面体单粒结构，颗粒间通常为点接触，级配颗粒越粗其影响越显著：当粗颗粒含量 $P_5\leqslant$ 30%～40%时，粗粒土的压实特性主要决定于细料的颗粒组成，粗料颗粒只起填充和影响作用，在荷载作用下，主要以颗粒移动、压实为主；当 P_5=30%～70%时，粗、细料颗粒互相填充，共同起骨架作用，压实特性主要决定于粗、细料两者的性质和相互填充的效果，并随粗料颗粒的增加，压实特性逐渐向粗料一方转化；当粗料含量当 P_5>70%以后，由粗料颗粒棱角相互咬合形成骨架作用，细料填不满孔隙，压实特性主要决定于粗料极配和性质，细料颗粒只起填充的影响作用，在荷载作用下颗粒骨架压缩，粗料颗粒棱角容易出现应力集中而产生颗粒破碎，引起颗粒重新排列，产生压缩变形。

根据图 8.2-6 的压缩试验 $p-s$ 关系曲线可看出，在垂直压力 0～3.2MPa 之间，$p-s$ 关系曲线均呈上凹型，随压力 p 的增大，沉降量 s 有收敛的趋势，但在 3.2MPa 之后曲线规律出现分化，除 n=0.35、n=0.4 和 n=0.5 等 3 条级配 $p-s$ 曲线仍保持上凹的收敛趋势外，另外 4 条级配 $p-s$ 曲线在 3.2～6.0MPa 段均发生反转，沉降量增幅均有增大的趋势。

分析认为 7 条压缩试验 $p-s$ 关系曲线的变化反映出了颗粒组成对压实特性的影响。级配 n=0.35、n=0.4 和 n=0.5 均为连续级配曲线，细料含量分别为 42%、37.3%和 28.8%，粗细料颗粒互相填充比较密实，共同起骨架作用，在荷载作用下，主要以颗粒移

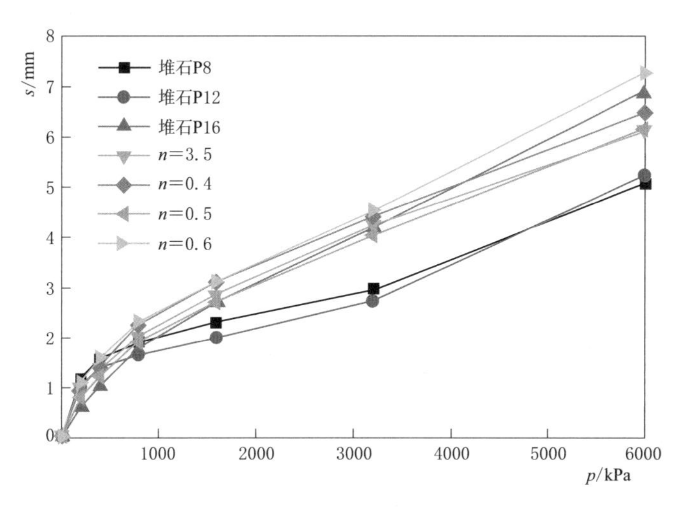

图 8.2-6 堆石料压缩试验 $p-s$ 关系曲线

动、骨架压实为主，随着荷载的增加，粗细料颗粒间接触更加紧密，试样越来越密实，沉降量越来越小，$p-s$ 关系曲线呈上凹型，随压力 p 的增大，沉降量 s 逐渐收敛。另外4条级配粗料含量 $P_5>70\%$，粗料颗粒棱角相互咬合形成骨架作用，压实特性主要决定于粗料极配和性质，压缩曲线在 0.8～3.2MPa 段已趋于平缓，而在 3.2～6.0MPa 段发生反转，主要是试样孔隙率较大，形成骨架的颗粒多为点接触，当荷载增加到6MPa时，在高应力下产生的应力集中，颗粒棱角相互咬合力无法承担因而发生颗粒破碎引起较大沉降变形，使曲线发生反转。级配 P8、P12 反转明显，级配 P16 和级配 $n=0.6$ 反转轻微，也和其级配粗料含量的特征有关。

从表 8.2-15 可知，本次7组压缩试验在最大垂直压力 $p=6.0$MPa 下的总沉降量值为 5.089～7.278mm，平均值为 6.174mm。其中沉降量最小值为 5.089mm，对应级配 P8，试验干密度 2.060g/cm³；沉降量最大值为 7.278mm，对应级配 $n=0.60$，试验干密度 2.131g/cm³。级配 $n=0.35$ 的试验干密度值最大，为 2.295g/cm³，其 $p=6.0$MPa 下沉降量为 6.131mm。说明对应不同的级配，以 $D_r=1$ 制样，最终沉降量大小和制样干密度值大小以及小于5mm细料含量无明显对应关系。

表 8.2-15 堆石料压缩试验结果汇总

编号	试验控制指标				沉降量/mm		沉降量比值 $\frac{(1)}{(2)}$
	级配	干密度 ρ_d /(g/cm³)	相对密度 D_r	<5mm 颗粒含量	$p=3.2$MPa (1)	$p=6.0$MPa (2)	
1	细料 P8	2.060	1	8.0%	2.964	5.089	0.58
2	细料 P12	2.105	1	12.0%	2.735	5.218	0.52
3	细料 P16	2.113	1	16.0%	4.199	6.889	0.61
4	$n=0.60$	2.131	1	22.5%	4.527	7.278	0.62
5	$n=0.50$	2.207	1	28.8%	4.033	6.142	0.66
6	$n=0.40$	2.268	1	37.3%	4.404	6.468	0.68
7	$n=0.35$	2.295	1	42.0%	4.224	6.131	0.69

但结合表 8.2－15 的 3.2MPa 与 6.0MPa 沉降量比值，从图 8.2－7 可看出，随着小于 5mm 细料含量从 8%提高到 42%，制样干密度值从 2.0%提高到 2.295g/cm^3，总体上 $p_{3.2}/p_{6.0}$ 值从 52%提高到 69%，显示试样密度小，孔隙率大，其在荷载 3.2MPa 下的沉降量占 6.0MPa 下最终沉降量的百分比越小，试样在 6.0MPa 下最终沉降量增幅越大。这反映出颗粒组成是决定压实特性的主要因素，对于以粗料颗粒棱角相互咬合形成骨架的级配，相互咬合颗粒能承担的最大荷载与加荷的最终荷载决定其最终沉降变形量，较大的沉降变形主要是在更高应力下相互咬合颗粒棱角破碎所致。

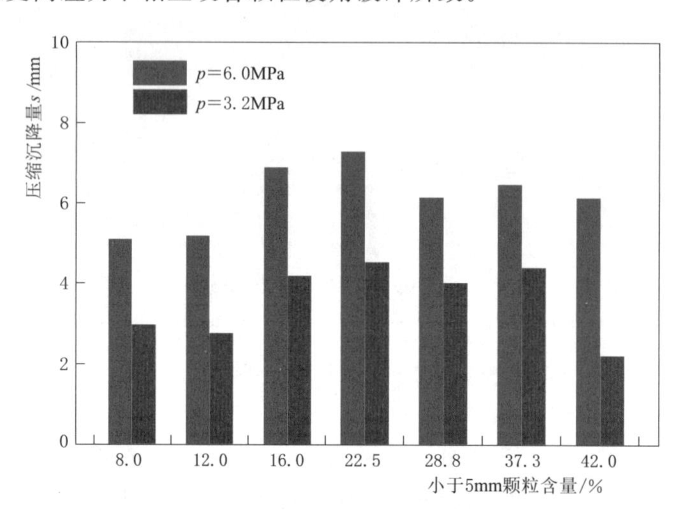

图 8.2－7 堆石料压缩试验 $p-s$ 柱状关系图

从图 8.2－8 的 $p-E_s$ 关系图也可看出，对于 $n=0.35$、$n=0.4$ 等以粗细颗粒互相填充共同起骨架作用的级配，荷载 p 从 0～6.0MPa，E_s 值都随着荷载 p 的增大而递增。而对于 P8、P12 等以粗料颗粒棱角相互咬合形成骨架的级配，在某一荷载以前，E_s 值都随着荷载 p 的增加而增加，而在该荷载之后，E_s 值却减小。以级配 P12 为例，$E_{s0\sim0.2}$、$E_{s0.2\sim0.4}$、$E_{s0.4\sim0.8}$、$E_{s0.8\sim1.6}$、$E_{s1.6\sim3.2}$、$E_{s3.2\sim6.0}$ 分别为 49MPa、140MPa、380MPa、590MPa、530MPa、280MPa，以 1.6MPa 为临界，在其之前 E_s 随 p 值增大而递增，其后 E_s 随 p 值增大而递减。这与荷载 $p\geqslant1.6$MPa 后咬合颗粒在应力作用下产生颗粒破碎引起变形密切相关。

4. 大型三轴剪切试验

根据前述堆石料相对密度试验结果，选取代表性级配对堆石料进行饱和状态的 4 组大型三轴剪切试验，以最大干密度值作为试验控制密度，采用大型三轴仪进行试验，试样直径为 300mm，试样分 5 层进行装填，每组试验的试样围压分别为 300kPa、600kPa、1000kPa、1500kPa，试验依据《水电水利工程粗粒土试验规程》（DL/T 5356—2006）进行。提出应力应变曲线，线性和对数形式的力学参数，以及 $E-B$ 模型参数。试验成果见表 8.2－16 及图 8.2－9、图 8.2－10。

（1）$E-B$ 模型参数及其整理。

1）抗剪强度参数 φ_0、$\Delta\varphi$。

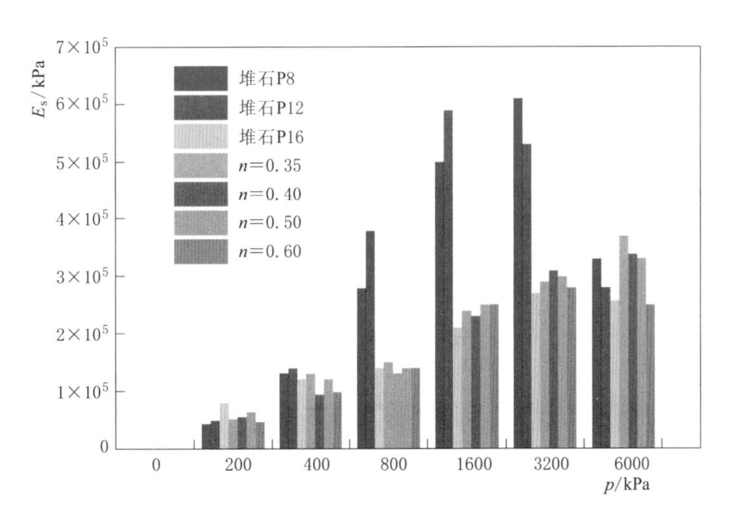

图 8.2-8　堆石料压缩试验 $p-E_s$ 关系图

随着围压的增加，粗粒土在固结和剪切过程中产生的颗粒破碎率逐渐增大，从而使莫尔圆强度包线在高围压下呈非线性性质。邓肯等提出用对数关系式反映无黏性粗粒土内摩擦角 φ 随围压 σ_3 增加而减小的性质，来表征莫尔圆强度包线这一性质。对数关系式为

$$\varphi=\varphi_0-\Delta\varphi\lg\frac{\sigma_3}{p_a} \tag{8.2-2}$$

式中：φ_0 为当 $\sigma_3/p_a=1$ 时的内摩擦角，(°)；$\Delta\varphi$ 为当 σ_3 增加一个对数周期时内摩擦角的减小量，反映内摩擦角随围压增加的衰减程度；p_a 为标准大气压，为 100kPa。

计算不同围压下内摩擦角 $\varphi=a\text{rcsin}\dfrac{\sigma_1-\sigma_3}{\sigma_1+\sigma_3}$，在半对数坐标上点绘 φ -(σ_3/p_a) 后线性拟合，可求得抗剪强度参数 φ_0、$\Delta\varphi$。试验成果见表 8.2-17。

2）参数 K、n、R_f。

邓肯模型假定不同围压下剪切过程中主应力差（$\sigma_1-\sigma_3$）与轴向应变 ε_1 呈双曲线关系 $\sigma_1-\sigma_3=\varepsilon_1/(a+b\varepsilon_1)$，即 $\varepsilon_1/(\sigma_1-\sigma_3)$-$\varepsilon_1$ 为线性关系，a、b 的物理意义分别为初始切线模量 E_i 的倒数和主应力差极限值（$\sigma_1-\sigma_3$）$_{ult}$ 的倒数。点绘 $\varepsilon_1/(\sigma_1-\sigma_3)$-$\varepsilon_1$ 后线性拟合，由直线的截距 a 和斜率 b 可求得初始切线模量 E_i 和主应力差极限值 $(\sigma_1-\sigma_3)_{ult}$。

邓肯模型假设初始切线模量 E_i 与围压呈幂函数关系，表达式见式（8.2-3），即 $\lg(E_i/p_a)$-$\lg(\sigma_3/p_a)$ 为线性关系：

$$E_i=Kp_a\left(\frac{\sigma_3}{p_a}\right)^n \tag{8.2-3}$$

在双对数坐标上点绘 (E_i/p_a)-(σ_3/p_a) 后线性拟合，直线的斜率为 n，$\sigma_3/p_a=1$ 时的 E_i/p_a 为 K。

邓肯模型定义 R_f 为破坏比，表达式为

$$R_f=\frac{(\sigma_1-\sigma_3)_f}{(\sigma_1-\sigma_3)_{ult}} \tag{8.2-4}$$

式中：$(\sigma_1-\sigma_3)_f$ 为各围压下主应力差破坏值。

3）参数 K_b、m。

不同围压下初始切线体积模量 $B_i=\dfrac{(\sigma_1-\sigma_3)_b}{3\varepsilon_v}$，$(\sigma_1-\sigma_3)_b$ 和 ε_v 的取值原则为：体应变曲线 $\varepsilon_v-\varepsilon_1$ 峰值点出现在 $70\%(\sigma_1-\sigma_3)_f$ 之前时，取峰值点 ε_v 和对应的主应力差 $(\sigma_1-\sigma_3)$；其他情况取 $70\%(\sigma_1-\sigma_3)_f$ 和对应的 ε_v。

邓肯模型假设初始切线体积模量 B_i 与围压呈幂函数关系，表达式见式（8.2-5），即 $\lg(B_i/p_a)-\lg(\sigma_3/p_a)$ 为线性关系：

$$B_i=K_b p_a\left(\frac{\sigma_3}{p_a}\right)^m \tag{8.2-5}$$

在双对数坐标上点绘 $B_i/p_a-\sigma_3/p_a$ 后线性拟合，直线的斜率为 m，$\sigma_3/p_a=1$ 时的 B_i/p_a 为 K_b。

根据试验成果拟合的 $E-B$ 模型参数见表 8.2-16。

表 8.2-16　　堆石料 $E-B$ 模型参数

试验编号	级配	干密度/(g/cm³)	试验状态	$E-B$ 模型参数						
				K	n	R_f	φ_0/(°)	$\Delta\varphi$/(°)	K_b	m
1	$n=0.35$	2.30	饱和	1600	0.24	0.58	59.6	10.7	985	0.04
2	P16	2.11	饱和	1564	0.25	0.70	58.9	11.0	800	0.04
3	P12	2.10	饱和	1427	0.20	0.76	56.6	10.9	832	−0.09
4	P8	2.06	饱和	1399	0.19	0.77	55.5	9.9	869	−0.18

（2）大型三轴剪切试验成果分析。

4 组大型三轴剪切试验级配 $n=0.35$ 的细颗粒含量高达 42%，粗细颗粒的咬合效果较好，试样密度值较大，而对于 P16、P12、P8 三组级配，由于细颗粒含量逐渐减少，不能完全充填粗颗粒骨架中的孔隙，试样密度较小，孔隙率较大。四种级配的最大干密度值的差异也反映了这一点。在剪切应力作用下，没有和细颗粒咬合的粗颗粒棱角较易产生颗粒破碎，使得强度指标逐渐降低，试验结果则是级配 $n=0.35$ 的 φ 值最大，级配 P8 的 φ 值最小，见表 8.2-17。

表 8.2-17　　堆石料抗剪强度参数试验成果

试验编号	级配	干密度/(g/cm³)	试验状态	非线性强度参数		线性强度参数	
				φ_0/(°)	$\Delta\varphi$/(°)	c/kPa	φ/(°)
1	$n=0.35$	2.30	饱和	59.6	10.7	293	43.9
2	P16	2.11	饱和	58.9	11.0	291	42.7
3	P12	2.10	饱和	56.6	10.9	245	41.5
4	P8	2.06	饱和	55.5	9.9	243	40.8

应力应变曲线见图 8.2-9，随着围压 σ_3 的增加，$n=0.35$ 的应力应变曲线均出现了峰值，属于应变软化型，而对于 P16、P12、P8 三组级配，随着细颗粒含量逐渐减少和围压 σ_3 的升高，应力应变曲线不同程度地显现出应变硬化型的特征。以图 8.2-9 级配 $n=$

0.35 和 P8 的应力应变曲线为例，曲线从应变软化型转变为应变硬化型，同一围压 σ_3 下曲线形状差别很大，曲线形状的差别往往对初始剪切模量 E_i 有较大的影响。邓肯模型参数模量系数 K 从 1600 降低到 1399。

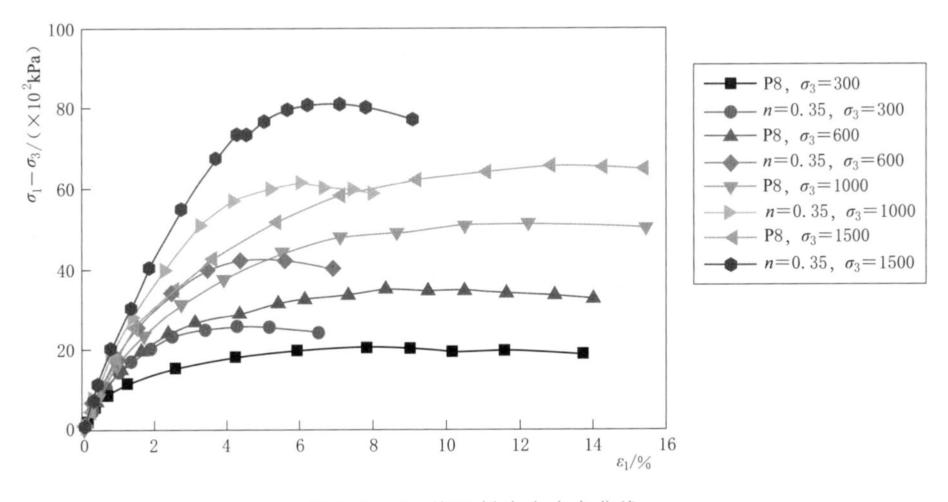

图 8.2-9　堆石料应力应变曲线

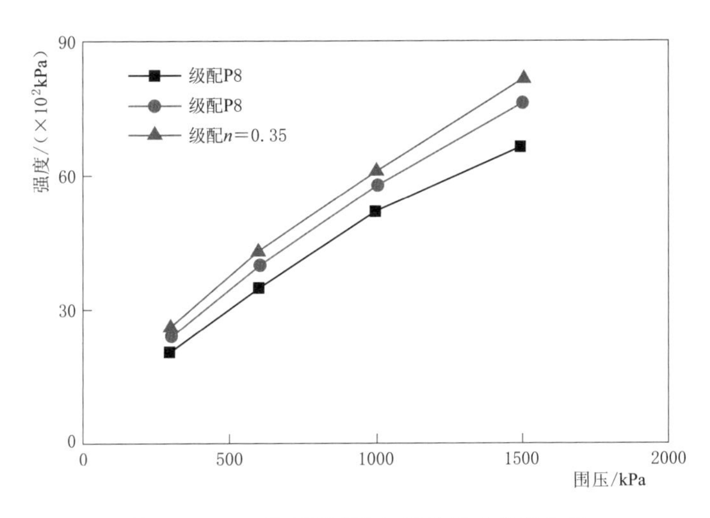

图 8.2-10　堆石料围压与峰值强度关系曲线

试验所用堆石料母岩强度较高，以最大干密度制样，相对密度值为 1，在低围压 σ_3 下，剪切应力较小时，级配对强度和变形的影响不明显；随着围压 σ_3 增大，越来越高的剪切应力引起堆石料颗粒破碎情况增加，导致剪切峰值强度减小。从图 8.2-10 可以看出，随着围压 σ_3 的增加，级配 $n=0.35$ 和 P8 的峰值强度增长梯度衰减，P8 衰减更明显，两者差值越来越大，级配对强度和变形的影响明显。

8.2.1.2　大石峡砂砾石料

采用大石峡水电站 S3 料场的天然砂砾石料。S3 砂砾石料场坝体堆石料大于 300mm 颗粒含量占 5.1%，大于 500mm 颗粒很少，300～200mm 颗粒含量占 3.2%，200～5mm

颗粒含量占 67.2%，小于 5mm 颗粒含量占 24.4%，小于 0.1mm 细粒含量占 6.4%，含泥量 5.4%（小于 8%）。

砂砾石料相对密度试验方法与堆石料相同，试验采用新疆大石峡 S3 料场的两种砂砾石料，参照青海扎毛水库砂砾石料，试样最大粒径 D_{max}=60mm，依据《水电水利工程粗粒土试验规程》（DL/T 5356—2006）进行相对密度试验，采用表面振动法测定最大干密度，采用固定体积法测定最小干密度。扎毛水库砂砾石料进行了 7 组不同级配的相对密度试验，细料含量为 18%～47.1%，试验成果见表 8.2-18 和图 8.2-11、图 8.2-12。

表 8.2-18　扎毛水库砂砾石料各级配相对密度试验成果表

试样名称级配	扎-垫-上	扎-垫-平	扎-垫-下	扎-过-上	扎-过-平	级配 4-4-2	扎-过-下
60mm	100.0	100.0	100.0	100.0	100.0	100.0	100.0
40mm	91.6	87.6	82.9	86.6	83.3	79.0	77.1
20mm	72.8	67.2	60.9	64.0	58.4	60.0	49.8
10mm	58.2	52.8	47.2	45.8	39.6	35.0	31.5
5mm	47.1	41.4	35.8	30.0	24.0	19.0	18.0
2mm	40.9	36.0	31.1	26.1	20.9	15.8	15.6
1mm	34.3	30.2	26.1	21.9	17.5	12.8	13.1
ρ_{dmin}/(g/cm³)	1.91	1.92	1.92	1.89	1.89	1.89	1.86
ρ_{dmax}/(g/cm³)	2.34	2.33	2.36	2.35	2.29	2.29	2.27

注　试样"扎-垫-上"表示扎毛水库砂砾石料垫层料上包线级配。

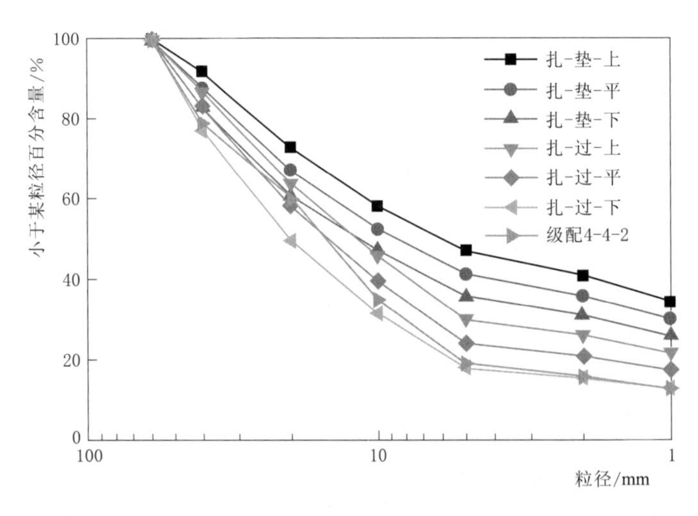

图 8.2-11　扎毛水库砂砾石料各试验级配颗粒曲线

从试验成果表 8.2-18 和图 8.2-12 可看出，小于 5mm 细颗粒含量从 18%增加至 47.1%，最小干密度值 ρ_{dmin} 为 1.86～1.92g/cm³，随细料含量的增加而增大，在 35.8%达到最大值。最大干密度值为 2.27～2.36g/cm³，随细料含量的增加而增大，在小于 5mm 细颗粒含量为 35.8%时达到最大值。

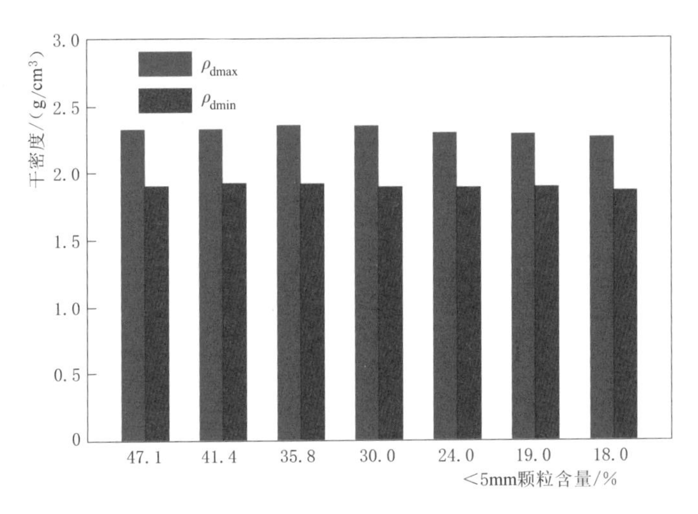

图 8.2-12　扎毛水库砂砾石料<5mm颗粒含量与干密度关系图

2007年采用大石峡S3砂砾石料进行了12组不同级配的相对密度试验，细料含量为0～52%，试验成果见表8.2-19、图8.2-13、图8.2-14。

表 8.2-19　　大石峡砂砾石料各级配相对密度试验成果

级配		P52	P50	P42.5	P37	P35	P25	P15	P20	P12.3	P4.5	P0-1	P0-2
小于某粒径颗粒百分数/%	60mm			100.0	100.0	100.0	100.0	100.0		100.0	100.0	100.0	100.0
	40mm	100.0	100.0	88.0	87.4	76.0	82.9	82.6	100.0	83.5	67.0	34.5	25.0
	20mm	87.5	78.0	69.0	65.4	60.0	55.4	50.7	60.0	50.0	40.0	0	0
	10mm	67.5	63.0	55.0	49.6	47.0	39.2	27.6	36.0	28.3	20.5		
	5mm	52.0	50.0	42.5	37.0	35.0	25.0	15.0	20.0	12.3	4.5		
	2mm	36.0	37.0	30.0	30.0	23.0	19.5	10.0	0.0	0.0	0.0		
	0.1mm	5.5	7.0	4.5	10.0	2.0	5.0	0.6					
ρ_{dmin}/(g/cm³)		1.79	1.81	1.93	1.88	1.81	1.89	1.80	1.80	1.80	1.78	1.57	1.56
ρ_{dmax}/(g/cm³)		2.29	2.34	2.33	2.35	2.37	2.35	2.33	2.30	2.30	2.22	2.09	2.09

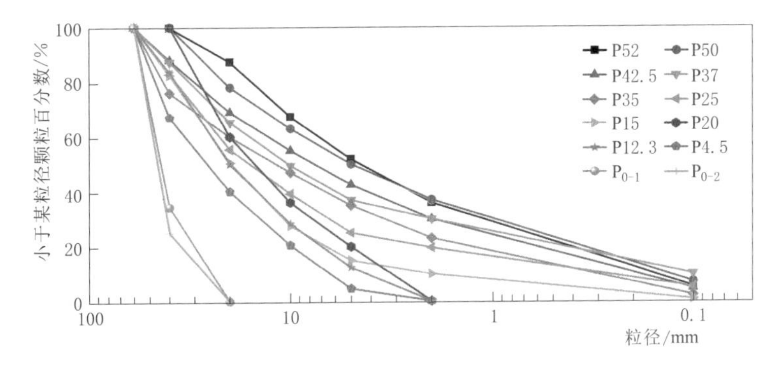

图 8.2-13　大石峡砂砾石料各试验级配颗粒曲线

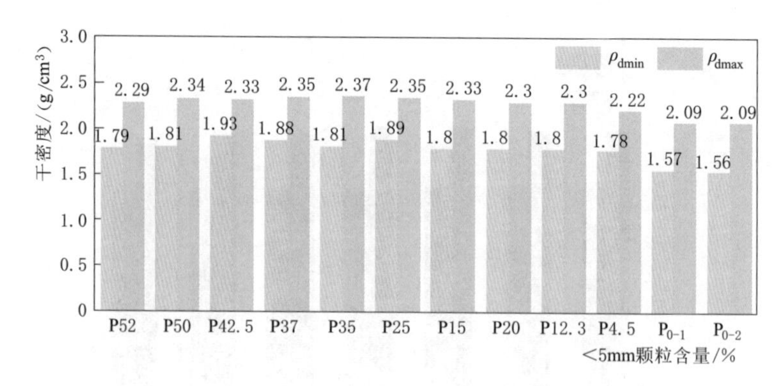

图 8.2-14 大石峡<5mm 颗粒含量与干密度关系图

从试验成果表 8.2-19 和图 8.2-14 可看出，小于 5mm 细料含量从 0 增加至 52%，最小干密度值 ρ_{dmin} 为 1.56～1.93g/cm^3，基本上随细料含量的增加而增大，在细粒含量为 42.5%时达到最大值 1.93g/cm^3，其后减小。最大干密度值 ρ_{dmax} 为 2.09～2.37g/cm^3，基本上随细料含量的增加而增大，在细料含量为 35%时达到最大值 2.37g/cm^3，其后随细料含量增加呈减小趋势。个别级配因小于 2mm 颗粒的缺失而稍有出入。图 8.2-12 和图 8.2-14 基本上显示了同样的规律，相对密度试验的 ρ_{dmax} 值，总体上随小于 5mm 细料含量的增加而增大，在细粒含量 35%左右时达到最大值，其后随着细料含量的增加呈减小趋势。

为了了解在粗、细料含量比例不变时，级配调整变化对相对密度试验结果的影响，参考工程实际，在固定细料含量 19%情况下，对试验级配进行调整，通过调整粗粒料组成、调整细粒料组成、粗细粒组同时调整、改变试验用料等方式，完成了 7 组相对密度试验，试验结果见表 8.2-20 及图 8.2-15～图 8.2-19。

表 8.2-20 细料含量为 19%的各级配相对密度试验成果表（大石峡工程）

级配		级配 4-2	级配 4-3	级配 4-4	级配 4-4-2	级配 4-5	级配 4-6	级配 4-7
小于某粒径颗粒含量/%	60mm	100	100	100	100	100	100	100
	40mm	83	79	79	79	79	79	79
	20mm	58	60	60	60	60	37	60
	10mm	35	35	35	35	60	34	35
	5mm	19	19	19	19	19	19	19
	2mm	15.8	12	15.8	16.51	15.8	15.8	7.5
	1mm	12.8	8	12.8	13.85	12.8	12.8	6
ρ_{dmin}/(g/cm^3)		1.76	1.77	1.75	1.89	1.74	1.79	1.66
ρ_{dmax}/(g/cm^3)		2.28	2.26	2.30	2.29	2.25	2.28	2.06
备注		S3 砂砾石料（含碎石）	调整级配 4-2	调整 4-2 粗粒组级配	同扎毛水库砂砾石料的 4-4-2 级配	调整 4-4 粗粒级配	调整 4-4 粗粒级配	级配 4-4，<5mm 颗粒用堆石破碎料

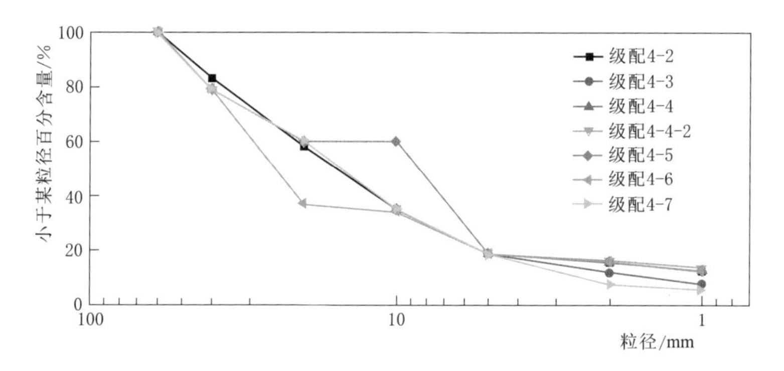

图 8.2-15　大石峡砂砾石料试验级配曲线

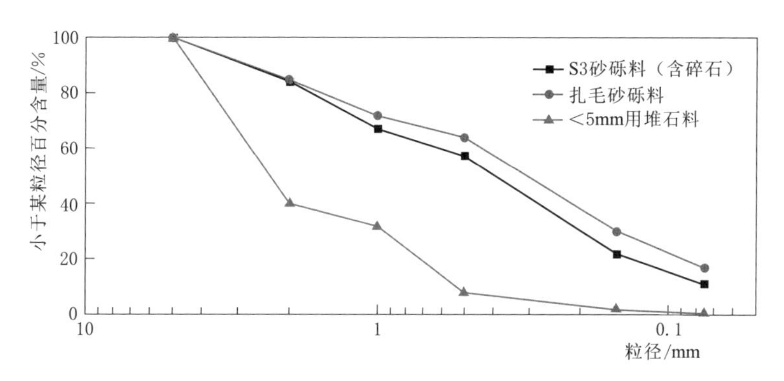

图 8.2-16　三种试料<5mm 颗粒级配曲线

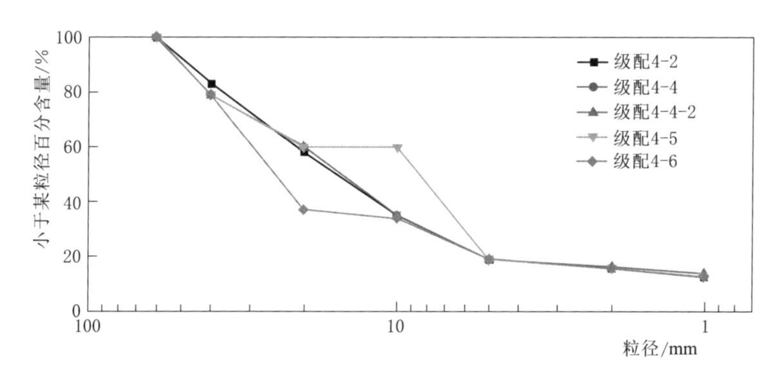

图 8.2-17　大石峡砂砾石料试验级配颗粒曲线一（调整粗粒组）

从试验成果表 8.2-20 和图 8.2-15～图 8.2-18 可看出，<5mm 颗粒含量固定为 19%且各粒组含量不变，随着粗粒组级配的调整，4 组试验最小干密度值 ρ_{dmin} 为 1.74～1.79g/cm^3，断级配 4-5 和 4-6 的 ρ_{dmin} 值分别为最小的 1.74g/cm^3 和最大的 1.79 g/cm^3，相差较大；连续级配 4-2 和 4-4 的 ρ_{dmin} 值居中，分别为 1.76g/cm^3 和 1.75 g/cm^3，很接近。试验结果显示粗粒组级配的不同对 ρ_{dmin} 值有一定的影响，其中粒组缺失的断级配影响较大，连续级配影响较小，在松填情况下断级配 4-6 充填性更好。

4 组试验最大干密度值 ρ_{dmax} 为 2.25～2.30g/cm^3，其中断级配 4-5 和 4-6 的 ρ_{dmax} 值

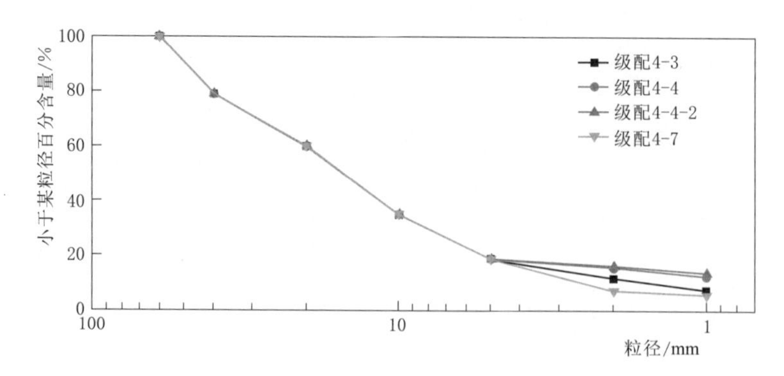

图 8.2-18　大石峡砂砾石料试验级配曲线二（调整细粒组）

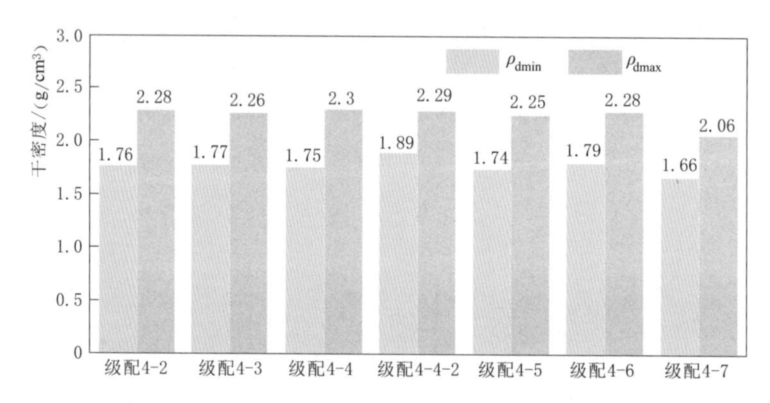

图 8.2-19　大石峡砂砾石料级配调整与干密度关系图

分别为 2.25g/cm^3 和 2.28g/cm^3，连续级配 4-2 和 4-4 的 ρ_{dmax} 值分别为 2.28g/cm^3 和 2.30g/cm^3。试验结果显示粗粒组级配的不同对 ρ_{dmax} 值有一定的影响，在振动力作用下连续级配比粒组缺失的断级配更易得到更大的 ρ_{dmax} 值。

从表 8.2-20、图 8.2-16 和图 8.2-18 可看出，小于 5mm 颗粒含量固定为 19%且各粗粒组含量不变，随着细粒组级配或试料的调整，4 组试验最小干密度值 ρ_{dmin} 为 1.66～1.89g/cm^3，其中级配 4-7 的 ρ_{dmin} 值为 1.66g/cm^3（最小）；级配 4-4-2 的 ρ_{dmin} 值为 1.89g/cm^3（最大）；级配 4-3 和 4-4 的 ρ_{dmin} 值居中，分别为 1.77g/cm^3 和 1.75 g/cm^3，较接近。图 8.2-18 显示，小于 5mm 颗粒采用堆石破碎料的级配 4-7 颗粒偏粗，ρ_{dmin} 值最小；采用扎毛砂砾石料的级配 4-4-2 颗粒最细，ρ_{dmin} 值最大；级配 4-3 和 4-4 采用 S3 料场砂砾石料粒径大小居中，ρ_{dmin} 值也居中。

4 组试验最大干密度值 ρ_{dmax} 为 2.06～2.30g/cm^3，其中级配 4-7 的值为 2.06g/cm^3 最小；级配 4-4 和扎毛砂砾石料级配 4-4-2 的值分别为 2.30g/cm^3 和 2.29g/cm^3，较接近，达到最大；级配 4-3 的值居中，为 2.25g/cm^3 居中。试验结果显示细粒组级配的不同对 ρ_{dmax} 值有一定的影响，在振动力作用下颗粒形状易于充填的砂砾石料更易得到较大的 ρ_{dmax} 值。

在细料含量固定为 19%的 7 组相对密度试验结果显示，随着粗粒组或细粒组级配的调整，都会影响相对密度试验结果，最小密度值 ρ_{dmin} 和最大密度值 ρ_{dmax} 并不同步出现在同一级配。在目前同样的室内试验条件下，砂砾石料的最大密度值应在 2.30g/cm^3 左右，连续级配 4－4 较优。选取 4 组代表性级配对砂砾石料进行大型压缩和三轴试验，试验控制指标见表 8.2－21 和图 8.2－20。

表 8.2－21　　大石峡砂砾石料压缩、三轴试验控制指标

粒径/mm	各级配组成/%			
	级配 4－2	级配 4－4	级配 P25	级配 11－2
60	100	100	100.0	100
40	83	79	82.9	79
20	58	60	55.4	37
10	35	35	39.2	34
5	19	19	25.0	25
2	15.8	15.8	19.5	20.8
1	12.8	12.8	17.0	16.8
ρ_{dmin}/(g/cm^3)	1.76	1.75	1.82	1.80
ρ_{dmax}/(g/cm^3)	2.28	2.30	2.31	2.31
备注	S3 砂砾石料	调整 4－2 粗粒组	S3 砂砾石料	断级配，S3 砂砾石料

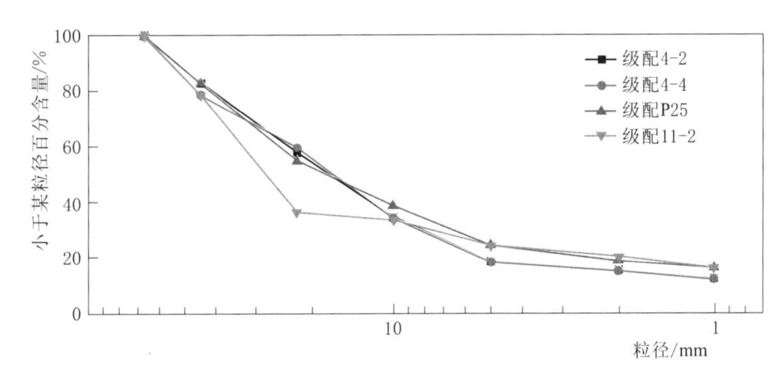

图 8.2－20　大石峡砂砾石料压缩、三轴试验级配曲线

大型压缩试验材料为风干状态，以最大干密度值作为试验控制密度，采用试样直径 50.5cm 的大型浮环式压缩仪进行，试样起始高度均为 250mm，分七级加荷，最大垂直压力 6MPa，试验依据《水电水利工程粗粒土试验规程》（DL/T 5356—2006）进行，求取不同荷载下的压缩模量和压缩系数值。试验成果见表 8.2－22～表 8.2－25，压缩试验荷载-沉降量（$p-s$）曲线图 8.2－21，以及荷载-压缩模量（$p-E_s$）曲线图 8.2－22。

从图 8.2－21、图 8.2－22 可知，本次 4 组压缩试验在最大垂直压力 $p=6.0$MPa 下的总沉降量值为 4.261～5.085mm，连续级配 4－4 为 4.261mm（沉降量最小），断级配 11－2 为 5.085mm（沉降量最大）。在最大垂直压力递增至 $p=6.0$MPa 过程中，除级配 P25 随着压力的增加模量值递增外，其余三种级配模量值在 $p=3.2$MPa 后均出现减小，沉降量增幅有增加的趋势。4 组试验平均压缩模量值为 251～320MPa。

表 8.2-22　　大石峡砂砾石料压缩试验成果表一

试样编号：级配 4-2　　试验状态：风干　　试验原始高度 h_0：250mm

试样密度：2.28g/cm³　　试验前孔隙比 e_0：0.197　　试样比重：2.73

压力 p /kPa	试样总变形 $\sum h_i$ /mm	单位沉降量 $\left(s=\sum\frac{h_i}{h_0}\right)$ /(mm/m)	压缩后试样高度 $(h=h_0-\sum h_i)$ /mm	孔隙比 e_i	单位沉降差 $s_{i+1}-s_i$ /(mm/m)	压缩系数 α_v /kPa^{-1}	压缩模量 E_s /kPa
0	0	0.000	250	0.197			
200	0.875	3.500	249.1	0.193	3.500	2.10×10^{-05}	$5.7\times10^{+04}$
400	1.285	5.140	248.7	0.191	1.640	9.82×10^{-06}	$1.2\times10^{+05}$
800	1.662	6.648	248.3	0.189	1.508	4.51×10^{-06}	$2.7\times10^{+05}$
1600	2.103	8.412	247.9	0.187	1.764	2.64×10^{-06}	$4.5\times10^{+05}$
3200	2.851	11.404	247.1	0.184	2.992	2.24×10^{-06}	$5.3\times10^{+05}$
6000	4.293	17.172	245.7	0.177	5.768	2.47×10^{-06}	$4.9\times10^{+05}$
平均值						7.11×10^{-06}	$3.20\times10^{+05}$

表 8.2-23　　大石峡砂砾石料压缩试验成果表二

试样编号：级配 4-4　　试验状态：风干　　试验原始高度 h_0：250mm

试样密度：2.30g/cm³　　试验前孔隙比 e_0：0.187　　试样比重：2.73

压力 p /kPa	试样总变形 $\sum h_i$ /mm	单位沉降量 $s=\left(\sum\frac{h_i}{h_0}\right)$ /(mm/m)	压缩后试样高度 $(h=h_0-\sum h_i)$ /mm	孔隙比 e_i	单位沉降差 $s_{i+1}-s_i$ /(mm/m)	压缩系数 α_v /kPa^{-1}	压缩模量 E_s /kPa
0	0	0.000	250	0.187			
200	0.526	2.104	249.5	0.184	2.104	1.25×10^{-05}	$9.5\times10^{+04}$
400	0.766	3.064	249.2	0.183	0.960	5.70×10^{-06}	$2.1\times10^{+05}$
800	1.305	5.220	248.7	0.181	2.156	6.40×10^{-06}	$1.9\times10^{+05}$
1600	1.883	7.532	248.1	0.178	2.312	3.43×10^{-06}	$3.5\times10^{+05}$
3200	2.743	10.972	247.3	0.174	3.440	2.55×10^{-06}	$4.7\times10^{+05}$
6000	4.261	17.044	245.7	0.167	6.072	2.57×10^{-06}	$4.6\times10^{+05}$
平均值						5.52×10^{-06}	$2.94\times10^{+05}$

表 8.2-24　　大石峡砂砾石料压缩试验成果表三

试样编号：上游堆石平均线 P_{25}　　试验状态：风干　　试验原始高度 h_0：250mm

试样密度：2.31g/cm³　　试验前孔隙比 e_0：0.182　　试样比重：2.73

压力 p /kPa	试样总变形 $\sum h_i$ /mm	单位沉降量 $s=\left(\sum\frac{h_i}{h_0}\right)$ /(mm/m)	压缩后试样高度 $(h=h_0-\sum h_i)$ /mm	孔隙比 e_i	单位沉降差 $s_{i+1}-s_i$ /(mm/m)	压缩系数 α_v /kPa^{-1}	压缩模量 E_s /kPa
0	0	0.000	250	0.182			
200	0.542	2.168	249.5	0.179	2.168	1.28×10^{-5}	$9.2\times10^{+4}$

续表

压力 p /kPa	试样总变形 $\sum h_i$ /mm	单位沉降量 $s=\left(\sum\frac{h_i}{h_0}\right)$ /(mm/m)	压缩后试样高度 $(h=h_0-\sum h_i)$ /mm	孔隙比 e_i	单位沉降差 $s_{i+1}-s_i$ /(mm/m)	压缩系数 α_v /kPa^{-1}	压缩模量 E_s /kPa
400	0.901	3.604	249.1	0.178	1.436	8.49×10^{-6}	$1.4\times10^{+5}$
800	1.463	5.852	248.5	0.175	2.248	6.64×10^{-6}	$1.8\times10^{+5}$
1600	2.057	8.228	247.9	0.172	2.376	3.51×10^{-6}	$3.4\times10^{+5}$
3200	3.103	12.412	246.9	0.167	4.184	3.09×10^{-6}	$3.8\times10^{+5}$
6000	4.843	19.372	245.2	0.159	6.960	2.94×10^{-6}	$4.0\times10^{+5}$
平均值						6.25×10^{-6}	$2.55\times10^{+5}$

表 8.2-25　　大石峡砂砾石料压缩试验成果表四

试样编号：级配 11-2　　试验状态：风干　　试验原始高度 h_0：250mm

试样密度：2.31g/cm^3　　试验前孔隙比 e_0：0.182　　试样比重：2.73

压力 p /kPa	试样总变形 $\sum h_i$ /mm	单位沉降量 $s=\left(\sum\frac{h_i}{h_0}\right)$ /(mm/m)	压缩后试样高度 $(h=h_0-\sum h_i)$ /mm	孔隙比 e_i	单位沉降差 $s_{i+1}-s_i$ /(mm/m)	压缩系数 α_v /kPa^{-1}	压缩模量 E_s /kPa
0	0	0.000	250	0.182			
200	0.701	2.804	249.3	0.179	2.804	1.66×10^{-5}	$7.1\times10^{+4}$
400	1.124	4.496	248.9	0.177	1.692	1.00×10^{-5}	$1.2\times10^{+5}$
800	1.700	6.800	248.3	0.174	2.304	6.81×10^{-6}	$1.7\times10^{+5}$
1600	2.253	9.012	247.7	0.171	2.212	3.27×10^{-6}	$3.6\times10^{+5}$
3200	3.260	13.040	246.7	0.166	4.028	2.98×10^{-6}	$4.0\times10^{+5}$
6000	5.085	20.340	244.9	0.158	7.300	3.08×10^{-6}	$3.8\times10^{+5}$
平均值						7.12×10^{-6}	$2.51\times10^{+5}$

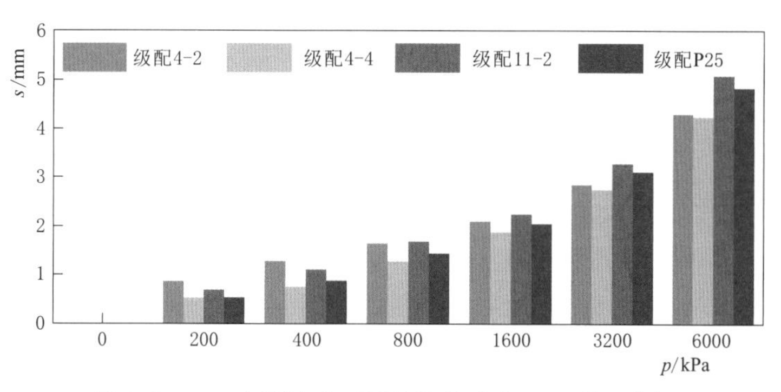

图 8.2-21　大石峡砂砾石料压缩试验 $p-s$ 关系曲线

对砂砾石料4组代表性级配进行了饱和状态的大型三轴剪切试验，试验控制指标见表8.2-21和图8.2-20。以最大干密度值作为试验控制密度，采用大型三轴仪进行试验，试样直径为300mm，试样分5层进行装填，每组试验的试样围压分别为300kPa、600kPa、1000kPa、1500kPa，试验依据《水电水利工程粗粒土试验规程》（DL/T 5356—

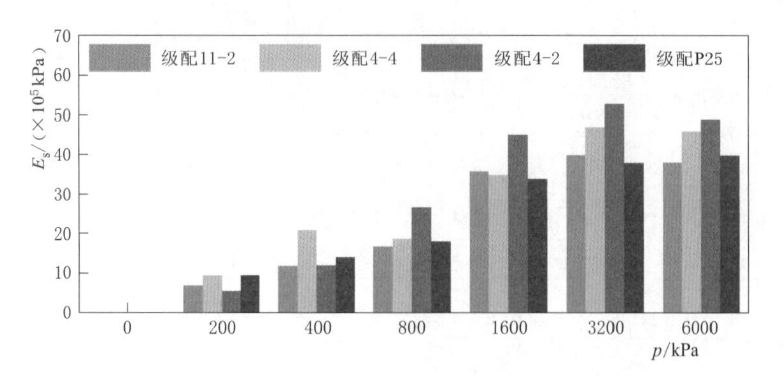

图 8.2-22 大石峡砂砾石料压缩试验 $p-E_s$ 关系曲线

2006）进行。提出线性和对数形式的力学参数，以及应力应变曲线和 $E-B$ 模型参数。试验方法及参数整理同前，试验成果见表 8.2-26、表 8.2-27 及图 8.2-23、图 8.2-24。

表 8.2-26 大石峡砂砾石料 $E-B$ 模型参数成果表

试验编号	级配	干密度/(g/cm³)	试验状态	K	n	R_f	φ_0/(°)	$\Delta\varphi$/(°)	K_b	m
1	P25	2.31	饱和	1555	0.33	0.68	54.5	7.5	862	0.19
2	11-2	2.31	饱和	1535	0.28	0.67	55.3	8.9	836	0.14
3	4-4	2.30	饱和	1552	0.22	0.69	54.8	8.5	825	0.07
4	4-2	2.28	饱和	1464	0.28	0.69	56.5	10.2	598	0.26

表 8.2-27 大石峡砂砾石料抗剪强度参数试验成果表

试验编号	级配	干密度/(g/cm³)	试验状态	非线性强度参数		线性强度参数	
				φ_0/(°)	$\Delta\varphi$/(°)	c/kPa	φ/(°)
1	P25	2.31	饱和	54.5	7.5	255	42.4
2	11-2	2.31	饱和	55.3	8.9	220	42.2
3	4-4	2.30	饱和	54.8	8.5	218	42.1
4	4-2	2.28	饱和	56.5	10.2	238	41.8

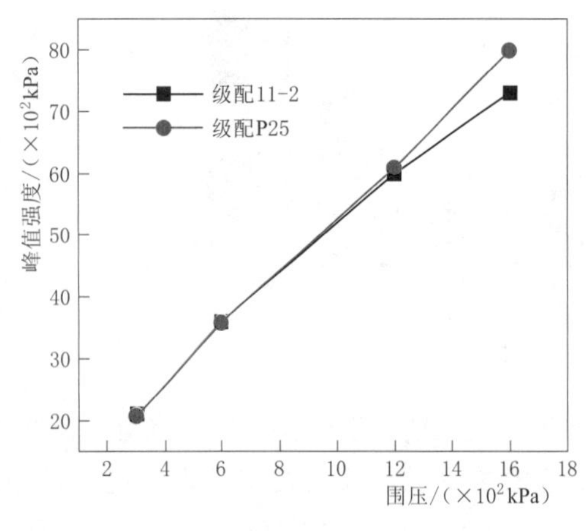

图 8.2-23 级配 11-2 和 P25 围压与峰值强度关系曲线

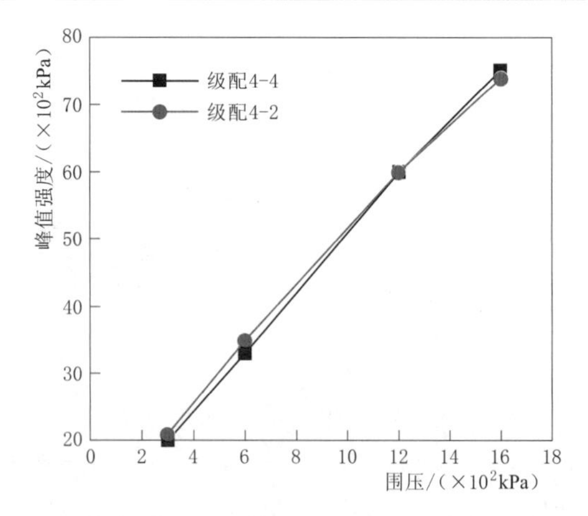

图 8.2-24 级配 4-4 和 4-2 围压与峰值强度关系曲线

本次4组大型三轴剪切试验中级配细料含量19%和25%各2组，小于5mm颗粒含量较少，不能完全充填粗颗粒骨架中的孔隙，均以最大干密度制样，相对密度值$D_r=1$。

从图8.2-23可以看出，小于5mm颗粒含量为25%的两组试验，低围压σ_3下，剪切应力较小，峰值强度值很接近，随着围压σ_3的增加，断级配11-2的峰值强度增长梯度衰减明显，两者差值越来越大。试验结果显示，虽然两者试验密度相同，但连续级配P25的c、φ值和k、n值均比断级配11-2的要高一些，表现出级配对强度和变形的影响。

从图8.2-24可以看出，小于5mm颗粒含量为19%的两组试验，在低围压σ_3下级配4-2峰值强度值比级配4-4稍大，但随着围压σ_3的增加，级配4-2的峰值强度增长梯度衰减更明显，其峰值强度值在$\sigma_3=1600$kPa时却小于级配4-4，级配4-2试验密度值比级配4-4稍小，但两者小于5mm颗粒含量相同，这反映出了级配差异对密度以及强度和变形的不同影响。

8.2.2　最优级配标准

根据试验结论及已有工程的建设经验，对于筑坝料的级配选择如下：

上游区筑坝料最大粒径应选择为800mm，小于5mm颗粒含量应选择为4%～20%，小于0.075mm颗粒含量应选择为小于5%。

下游区筑坝料一般尽量多采用建筑物开挖料，在料的强度、压实控制标准、最大粒径和细粒含量等方面的要求相对上游堆石区有所放松，最大粒径应选择为800mm，小于5mm颗粒含量应选择为小于25%，小于0.075mm颗粒含量应选择为小于5%～8%。

垫层料要求具有半透水性，渗透系数10^{-3}～10^{-4}cm/s，因此，最大粒径应选择为80～100mm，小于5mm颗粒含量应选择为35%～55%，小于0.075mm颗粒含量应选择为4%～8%。

过渡料除要求具有较高的变形模量和密实度，具有低压缩性、高抗剪强度和自由排水能力，因此，过渡料最大粒径应选择为300～400mm，小于5mm颗粒含量应选择为5%～30%，小于0.075mm颗粒含量应选择为小于5%。

8.3　砂砾石料的相对密度

8.3.1　室内相对密度试验

室内相对密度试验料的级配采用茨哈峡工程吉浪滩料场的天然级配进行缩尺，试验方法采用表面振动法或振动台法，试验结果见表8.3-1。上游堆石区砂砾石料平均级配的最大干密度为2.31～2.431g/cm³，最小干密度为1.9～1.968g/cm³，砂砾石比重为2.682～2.720。

表 8.3-1　　相对密度试验成果表

试样名称		最小干密度/(g/cm³)			最大干密度/(g/cm³)		
		十五局	南科院	水科院	十五局	南科院	水科院
垫层料	上包线	1.951			2.231		
	平均级配	1.985	1.91		2.295	2.29	
	下包线	2.031			2.356		
过渡料	上包线	1.999			2.361		
	平均级配	1.999	1.88		2.37	2.30	
	下包线	1.931			2.31		
上游堆石区砂砾石料	上包线	1.981	1.92		2.361	2.33	
	平均级配	1.968	1.90	1.953	2.344	2.31	2.431
	下包线	1.929	1.87		2.277	2.28	
排水体	上包线	1.71	1.62		2.063	1.96	
	平均级配	1.691	1.60		2.034	1.95	
	下包线	1.64			1.949		

8.3.2 现场原级配相对密度试验

结合茨哈峡筑坝料现场碾压试验来说明现场原级配“密度桶法”的相对密度试验。

1. *上游堆石区的砂砾石料*

采用砂砾石料下包线、平均线、上包线级配进行试验（砾石含量分别为 87.2%、78.6%、71.0%），得到的最大、最小干密度试验结果见表 8.3-2、图 8.3-1。从最大、最小干密度与砂砾石料砾石含量关系曲线可看出，当砾石含量（大于 5mm 的颗粒含量）为 82.9%时，得到的最大干密度为最大（2.406g/cm³），上包线、平均曲线、下包线的最大干密度分别为 2.341g/cm³、2.385g/cm³、2.376g/cm³，最小干密度分别为 2.000g/cm³、2.032g/cm³、1.996g/cm³。

表 8.3-2　　现场原级配“密度桶法”相对密度试验成果表

级配		上包线	平均	插入点	下包线
砾石含量		70.8%	78.6%	82.9%	87.2%
最大干密度/(g/cm³)	试样 1	2.339	2.385	2.393	2.363
	试样 2	2.342	2.384	2.419	2.388
	平均值	2.341	2.385	2.406	2.376
最小干密度/(g/cm³)	试样 1	2.012	2.037	2.038	1.981
	试样 2	1.988	2.027	2.054	2.010
	平均值	2.000	2.032	2.046	1.996
配料最大粒径/mm		260	270	280	295

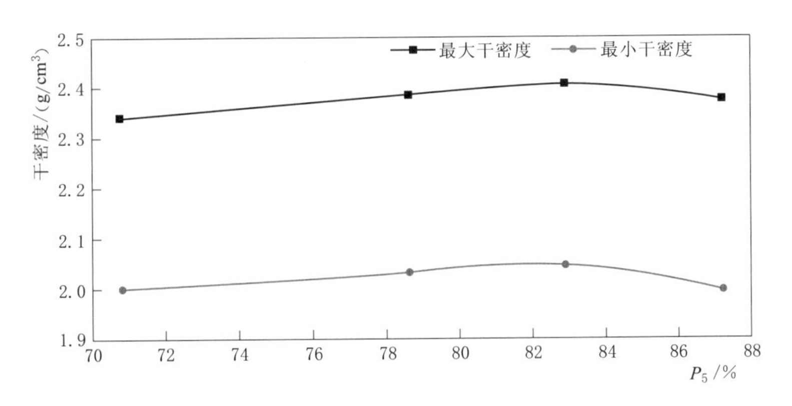

图 8.3-1　最大、最小干密度与砂砾石料砾石含量（P_5）关系曲线

最大干密度情况下的相对密度为1，由此计算出不同相对密度时的干密度值（表8.3-3），相对密度、干密度、砾石含量三因素相关图见图8.3-2。砾石含量为83%左右时的干密度为最大。对于茨哈峡碾压试验级配的砂砾石料，其最大干密度为2.341～2.406g/cm^3。

表 8.3-3　　上游堆石区砂砾石料原级配料不同相对密度时的干密度

相对密度	干密度/(g/cm^3)			
	P_5=70.8%	P_5=78.6%	P_5=82.9%	P_5=87.2%
1.00	2.341	2.385	2.406	2.376
0.95	2.321	2.364	2.385	2.354
0.92	2.31	2.352	2.372	2.341
0.90	2.302	2.344	2.364	2.332
0.85	2.283	2.324	2.344	2.310
0.80	2.264	2.305	2.324	2.289
0.70	2.227	2.267	2.285	2.248
0	2.000	2.032	2.046	1.996
最大粒径/mm	260	270	280	295

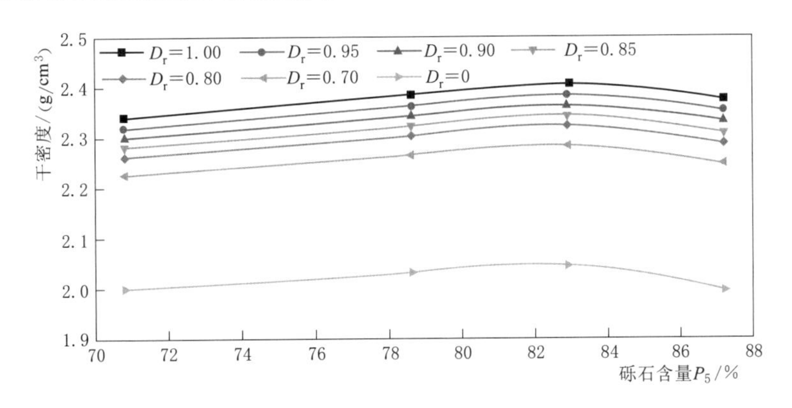

图 8.3-2　上游堆石区砂砾石料相对密度、干密度、砾石含量三因素相关图

2. 过渡料

相对密度试验按砾石含量71%、75%、80%、85%、89%进行，试验结果见表8.3-4。由此计算出不同相对密度时的干密度值（表8.3-5），相对密度、干密度、砾石含量三因素相关图见图8.3-3。

表8.3-4　砂砾石过渡料最大、最小干密度试验结果表

砾石含量		71%	75%	80%	85%	89%
最大干密度/(g/cm³)	试样1	2.302	2.341	2.395	2.392	2.350
	试样2	2.290	2.349	2.381	2.400	
	平均值	2.296	2.345	2.388	2.396	2.350
最小干密度/(g/cm³)	试样1	1.972	2.019	2.063	2.056	1.997
	试样2	1.952	1.983	2.005	2.026	
	平均值	1.962	2.001	2.034	2.041	1.997

表8.3-5　砂砾石过渡料不同相对密度时的干密度

相对密度	干密度/(g/cm³)				
	$P_5=71.0\%$	$P_5=75.0\%$	$P_5=80.0\%$	$P_5=85.0\%$	$P_5=89.0\%$
1.00	2.296	2.345	2.388	2.396	2.350
0.95	2.279	2.325	2.367	2.375	2.329
0.90	2.263	2.305	2.347	2.355	2.309
0.85	2.246	2.286	2.327	2.335	2.289
0.80	2.229	2.267	2.308	2.315	2.270
0.70	2.196	2.230	2.270	2.277	2.232
0	1.962	2.001	2.034	2.041	1.997

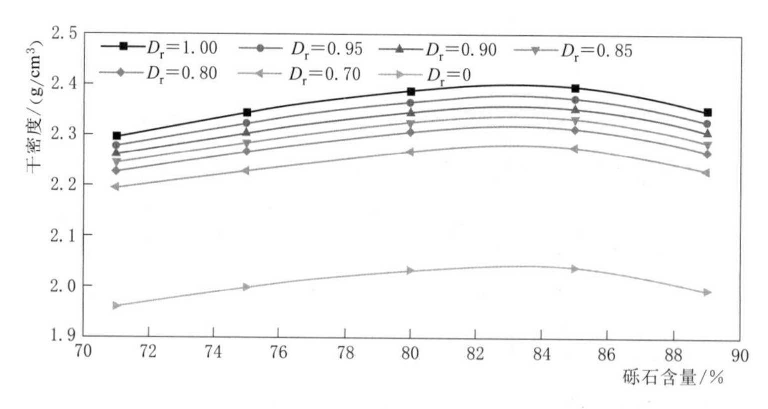

图8.3-3　过渡料相对密度、干密度、砾石含量三因素相关图

与上游堆石区料的最大、最小干密度相比较，由于过渡料级配与上游堆石区料的级配基本接近，得到的最大、最小干密度接近，砾石含量85%时干密度最大，为2.4g/cm³左右，最大干密度范围为2.3～2.4g/cm³。

8.3.3　室内与现场相对密度试验对比

采用现场碾压试验的干密度，与室内试验的最大、最小干密度和现场原级配“密度桶”法的最大、最小干密度，进行相对密度计算分析，计算公式为

$$D_r=[\rho_{dmax}(\rho_{d0}-\rho_{dmax})]/[\rho_{d0}(\rho_{dmax}-\rho_{dmin})] \quad (8.3-1)$$

式中：D_r 为相对密度；ρ_{dmax} 为最大干密度，g/cm^3；ρ_{dmin} 为最小干密度，g/cm^3；ρ_{d0} 为现场碾压试验的干密度，g/cm^3。

反映砂砾石料密实程度的主要控制指标是相对密度，《碾压式土石坝设计规范》（NB/T 10872—2021）和《混凝土面板堆石坝设计规范》（NB/T 10871—2021）均采用相对密度作为坝体压实度控制标准，后者要求砂砾石堆石体坝高150m及以上但小于200m的坝体相对密度达到0.9以上。

相对密度由土料最大、最小干密度的相对关系决定，影响最大的是最大干密度。最大、最小干密度可由实验室测定或现场测定。实验室的测定方法按《水电水利工程土工试验规程》（DL/T 5355—2006）进行，通常采用表面振动法和振动台法。现场测定采用“密度桶法”，结合现场碾压试验进行，该试验方法编入《土石筑坝材料碾压试验规程》（NB/T 35016—2013）。

室内试验受试验桶直径的限制，需对试验料的级配进行缩尺。而现场“密度桶法”试验采用的钢桶直径1200mm、高900mm，试验桶直径为4倍的试验料最大粒径；茨哈峡砂砾石料最大粒径300mm，可采用原级配，避免由于尺寸效应带来的对试验成果的影响。

试验击实功方面，室内试验和现场试验有较大差别，室内试验采用振动台或振动夯，现场试验采用大吨位的振动碾，振动夯的激振力为4.3kN左右，26t振动碾的激振力为357～590kN，相差约100倍。

按现场碾压试验得到的试验料干密度，分别采用室内试验和现场原级配“密度桶法”试验的最大、最小干密度，计算碾压料的相对密度 D_{r1}（现场对现场）和 D_{r2}（现场对室内），计算成果见表8.3-6。

由表8.3-6可以看出以下几点：

（1）现场原级配“密度桶法”试验的最大、最小干密度均大于室内试验值，这主要与试验方法和击实功有关，现场试验结果的最大干密度应更接近于工程实际碾压情况，较室内试验更为合理。

（2）采用室内试验的最大、最小干密度和现场碾压试验的干密度，计算得到的相对密度最小为0.99，大多数大于1，根据相对密度的意义，相对密度的极限值为1，不能大于1，如果大于1，说明碾压试验的干密度大于最大干密度，违背了相对密度的意义，这显然是不合理的。

（3）采用现场原级配“密度桶法”试验的最大、最小干密度，和现场碾压试验（以铺料厚度85cm、加水10%、碾压8遍、10遍、12遍、14遍的试验成果为例）的干密度计算得到的相对密度，不同碾压遍数条件下相对密度为0.89～0.94，均小于1，干密度为2.34～2.36g/cm^3。试验成果具有较好的规律性，较为合理。

表 8.3-6　　砂砾石料相对密度试验及计算结果

室内试验					现场原级配"密度桶法"		现场碾压试验		相对密度	
ρ_{dmax} /(g/cm³)	ρ_{dmin} /(g/cm³)	ρ_d /(g/cm³)	D_r（室内对室内）	试验单位	ρ_{dmax} /(g/cm³)	ρ_{dmin} /(g/cm³)	碾压遍数	ρ_d /(g/cm³)	D_{r2}（现场对现场）	D_{r2}（现场对室内）
2.344	1.968	2.3	0.9	十五局	2.385	2.032	8	2.34	0.89	0.99
							10	2.34	0.89	0.99
		2.32	0.95				12	2.35	0.91	1.01
							14	2.36	0.94	1.04
2.31	1.9	2.26	0.9	南科院			8	2.34	0.89	1.06
							10	2.34	0.89	1.06
		2.28	0.95				12	2.35	0.91	1.08
							14	2.36	0.94	1.10

注　ρ_{dmax}—最大干密度；ρ_{dmin}—最小干密度。

从对比结果可以看出，按往常习惯的方法，即采用实验室的最大干密度与现场检测的干密度换算相对密度的方式是不合理的，采用现场"密度桶法"实测的现场最大干密度来换算是合适的。

8.3.4　已建工程最大、最小干密度试验结果

类似工程室内及现场试验最大、最小干密度见表 8.3-7。从表中可以看出，茨哈峡水电站委托三家单位分别进行了砂砾石料最大、最小干密度试验，其最大干密度与类似工程相当（2.3～2.45g/cm³），仅次于积石峡（2.55g/cm³），说明茨哈峡的料源与类似工程料源质量相当，具有较好的压实性，可达到较高的干密度。从表 8.3-7 可以看出，用室内试验成果与现场干密度计算的相对密度为 0.99～1.1，换算成孔隙率可达到 17%以下，与块石料相比可达到较高的干密度和较低的孔隙率，具有较好的压实性，茨哈峡砂砾石料是较理想的筑坝料。

表 8.3-7　　类似工程室内及现场试验最大、最小干密度

项目名称		坝高/m	室内试验		现场试验	
			最大干密度 /(g/cm³)	最小干密度 /(g/cm³)	最大干密度 /(g/cm³)	最小干密度 /(g/cm³)
大石峡		251	2.33	1.83	—	—
小石峡		63.3	2.32	1.8	—	—
积石峡		100	2.55	2.12	2.53	2.04
汉坪嘴		57	2.3	2.02	—	—
黑泉		123.5	2.3	2.07	2.88	—
茨哈峡	水科院	257.5	2.445	1.963	—	—
	南科院		2.31	1.9	—	—
	十五局		2.344	1.968	—	—

8.4 堆石筑坝料填筑压实标准

8.4.1 砂砾石料

碾压式土石坝的填筑压实标准与建筑物的级别、坝高、坝型、坝址的地质条件、填筑料的物理力学性质、施工条件和造价等因素有关。砂砾石料是一种颗粒强度高、磨圆度良好的筑坝料，碾压密实的砂砾石料坝体具有高强度、低压缩性、流变量小等优点。坝体填筑过程中，应尽量提高填筑密度，以改善坝体应力变形性状，控制坝体后期变形，提高大坝抗震能力。

按照《碾压式土石坝设计规范》（NB/T 10872—2021）的规定，砂砾石的填筑标准应以相对密度控制，砂砾石的相对密度不应低于0.75，反滤料宜为0.7以上。根据不同坝高，砂砾石填筑碾压应符合中、低坝砂砾石相对密度不低于0.75，高坝不应低于0.8，特高坝不应低于0.85的要求；砂砾石粗粒料含量小于50%时，应保证细料（小于5mm的颗粒）的相对密度符合上述要求；需分别提出不同含砾量的压实干密度作为填筑碾压控制标准；对于有抗震设防要求的大坝，要求浸润线以上相对密度不低于0.75，浸润线以下相对密度应根据设计烈度大小适当提高。根据《混凝土面板堆石坝设计规范》（NB/T 10871—2021）的规定，砂砾石料填筑标准的选用范围为：坝高小于150m时，相对密度为0.75～0.85；坝高为150～200m时，相对密度为0.85～0.9。规范已明确规定了坝高小于200m时砂砾石料填筑相对密度的要求，对于坝高大于200m的土石坝，为了更好地控制坝体的变形，其上游堆石料（砂砾石料）的压实标准应该从严控制，就现行规范来看，应选择相对密度不小于0.9。由茨哈峡面板砂砾石坝的现场试验结果可以看出，在目前的碾压设备及碾压技术条件下，砂砾石料的相对密度完全可以达到0.92以上。

工程开工前各料区填筑标准可根据经验初步选定，设计应同时规定孔隙率或相对密度（对砂砾石料）、坝料的级配和碾压参数，设计干密度值可用孔隙率和岩石比重换算，垫层小区的填筑标准应不低于垫层区。工程开工后填筑标准应通过碾压试验复核和修正，并确定相应的碾压参数。在施工过程中，宜采用碾压参数和孔隙率或相对密度两种参数控制，并宜以控制碾压参数为主。应对坝料填筑提出加水要求，加水量可根据经验或试验确定。洒水可以有效地提高砂砾石碾压密实度，一般可以提高10%～15%，最优含水量控制是砂砾石填筑过程中的关键，一般选用10%的洒水率。通过碾压试验验证，软化系数高的堆石料加水碾压作用不明显时，也可不加水，寒冷地区冬季施工不能加水时，应采取薄铺干碾、松铺保温等措施达到设计要求；第二年春天应适当超量加水使冬季填筑的料充分湿润，使其变形大部分在施工期完成，以减小大坝蓄水后的变形。

堆石坝坝料填筑应遵循前紧后松、渗透系数前小后大的原则，以利于坝体排水。砂砾石料填筑压实过程应根据已规划好的铺料区长、宽及铺厚，上游砂砾石料可采用进占法卸料，过渡料采用后退法卸料，大型推土机摊铺平料，人工配合仔细整平，保证铺筑厚度均匀，避免坝料次摊铺分离。填筑碾压采用满辊错距法，振动碾前进后退一次算两遍，要求顺碾压方向碾筒轮迹的重叠宽度为碾筒宽度的10%，碾压完各料区后，振动碾退出试验区。合理选择碾压设备，既可提高施工进度，又可保证施工质量。同时，砂砾石填筑碾压厚度直接影响工程施工进度，综合考虑铺筑厚度、碾压遍数对干密度、相对密度的影响，一般选用 80cm 为宜。

在坝体各区结合部位的处理及坝体与岸坡结合部位的填筑方面，砂砾石料与排水反滤区及下游堆石回采料的施工将遵循粗料不占细料的原则，确保砂砾石料不侵占反滤料、排水料区，下游堆石回采料不侵占砂砾石料区。过渡料与垫层料铺料时应避免分离，交界处避免大石集中，首先清除主砂砾石界面上的大石后再填筑过渡层，然后再清除过渡料界面上的大石后填筑垫层料。与岸坡接触的上游砂砾石料填筑时与岸坡接触处用反铲将大粒径砾石挖除，使细料和岸坡接触，以使碾压密实，避免薄弱层的出现，并利于防止周边缝变形。

8.4.2 堆石料

国内 2010 年以前建成的堆石坝，其堆石料的压实标准，以孔隙率控制，一般为 17.6%～22%，层厚控制在 80～100cm，碾压遍数大多为 8 遍，压实机械大多为 18～25t 的自行式或拖式振动碾。

随着筑坝技术的进步、坝高的增加、压实机械击实功的提高，以及对坝体变形控制要求的提高，2010 年以后建成或在建的高堆石坝堆石料，孔隙率一般控制在 17%～19%，采用 32t 自行式振动碾，铺料厚度 80cm，碾压 8～10 遍；较 2010 年以前修建的堆石坝控制标准提高，压实机械的击实功增大。

通过汇总分析近年来堆石筑坝料的填筑控制标准，提出堆石料的填筑压实标准。

堆石料的填筑碾压标准宜用孔隙率为设计控制指标：①采用硬质岩时，堆石和过渡料的孔隙率，3 级及以下中、低坝应小于 25%，高坝及 1 级、2 级坝应小于 23%，特高坝应小于 22%；②采用软质岩时，堆石和过渡料的孔隙率，3 级及以下中、低坝应小于 23%，高坝及 1 级、2 级坝应小于 21%；③当软质岩的物理力学特征与砾石土相似时，采用压实度作为设计控制指标；④当软质岩的物理力学特征介于堆石和砾石土之间时，可同时采用孔隙率和压实度作为设计控制指标；⑤设计地震烈度为Ⅷ度、Ⅸ度的地区，宜在上述孔隙率要求基础上适当提高；⑥对特高坝，施工阶段宜按《土石筑坝材料碾压试验规程》（NB/T 35016—2013）对坝壳堆石料进行原级配现场相对密度试验，复核填筑碾压孔隙率标准。

堆石和过渡料的填筑碾压标准最终由碾压试验确定。

堆石的碾压质量可用施工参数及干密度同时控制。施工参数包括碾压设备的型号、振动频率及重量、行进速度、铺筑厚度、加水量、碾压遍数等；在一般情况下，应在施工初期进行碾压试验，以复核设计填筑标准及碾压参数。当采用硬质岩、特殊土料等填筑料时，对 1 级坝和高坝，宜进行专项碾压试验和相应的试验室试验，论证其填筑标准；当坝体内布置抗震措施和监测设施时，填筑碾压过程中应采取有效措施，保护抗震和监测设施完好无损。在抗震和监测设施的周围，应尽量避免堆筑大块石，并采用小型或专用碾压设备进行碾压。

表 8.4-1 为国内 200m 级土石坝筑坝料填筑控制标准，堆石料采用块石料，上、下游堆石区的孔隙率一般为 19%～20%，干密度均在 2.25g/cm³ 以下。

表 8.4-1　　国内 200m 级土石坝筑坝料填筑控制标准

序号	工程名称	坝　型	坝高/m	垫层料（反滤层）		过渡料孔隙率	上游堆石料		下游堆石料	
				孔隙率	相对密度		孔隙率	干密度/(g/cm³)	孔隙率	干密度/(g/cm³)
1	两河口	砾石土心墙坝	295		0.85～0.9	22%	20%		21%	
2	糯扎渡	砾石土心墙坝	261.5		0.80～0.85	20.5%	21%		22.5%	
3	长河坝	砾石土心墙坝	240		0.90	18.4%	19.2%			
4	瀑布沟	砾石土心墙坝	186		0.88～0.91	18.8%	20.1%			
5	水布垭	混凝土面板堆石坝	233	17%		18.8%	19.6%	(2.18)	20.7%	(2.15)
6	猴子岩	混凝土面板堆石坝	223.5	17%		17%	19%	(2.25)	19%	(2.18)
7	江坪河	混凝土面板堆石坝	219	13.5%		18.8%	17.6%～19.7%		19.7%	
8	巴　贡	混凝土面板堆石坝	205	17%		18%	20%		20%	
9	三板溪	混凝土面板堆石坝	185.5	18.15%		19.19%	19.33%	(2.17)	19.48%	(2.15)
10	洪家渡	混凝土面板堆石坝	179.5	19.14%		19.69%	20.02%	(2.18)	22.26%/20.02%	(2.12)

8.4.3　工程实例

从国内已建的土石坝的变形实测值和计算值对比（表 8.4-2）可以看出，采用堆石料填筑的 200m 级土石坝，其实测坝体沉降量均大于计算沉降量，而采用砂砾石料填筑的几个工程其实测值小于计算值，砂砾石坝体沉降率小于块石料坝体沉降率。因此，采用砂砾石筑坝在控制坝体沉降变形方面具有明显优势。对于茨哈峡 300m 级高面板堆石坝，为控制高面板堆石坝的变形水平，充分考虑控制坝体变形，在现行规范要求的基础上应进一步提高压实标准，使其后期变形控制在 200m 级面板堆石坝的范围内是必要的。

表 8.4-2　　国内已建、在建的土石坝的变形实测值或计算值

项目名称	坝高/m	坝　料	计　算　值		实　测　值	
			沉降量/m	沉降率	沉降量/m	沉降率
长河坝	240				2.72	1.13%
水布垭	233	灰岩	1.36～1.92	0.58%～0.82%	2.5	1.07%
巴贡	205	砂岩	1.42～1.90	0.63%～0.84%	2.28	1.11%
三板溪	185.5	变余凝灰质砂板岩	0.82	0.44%	1.75	0.96%
洪家渡	179.5	灰岩	0.83	0.46%	1.36	0.76%
天生桥一级	178	灰岩、砂泥岩	1.24～2.05	0.7%～1.15%	3.52	1.98%
吉林台一级	157	砂砾石	0.59	0.38%	0.51	0.33%
那兰	109	砂砾石	0.43	0.39%	0.26	0.24%
乌鲁瓦提	138	砂砾石	—	—	0.44	0.32%
古洞口	117.6	砂砾石	—	—	0.28	0.24%

《混凝土面板堆石坝设计规范》（NB/T 10871—2021）中要求砂砾石堆石体 200m＞坝高≥150m 的坝体相对密度达到 0.85～0.9。对于茨哈峡这一 300m 级高堆石坝，其上游堆石料（砂砾石料）的压实标准应该从严控制，相对密度控制标准选择首先需满足坝体变形控制的要求，保证面板堆石坝的安全性，同时符合现有碾压机械设备、施工方法和技术水平。因此，制定砂砾石堆石体的相对密度控制标准至关重要。就现行规范来看，应选择茨哈峡上游堆石区砂砾石料相对密度不小于 0.9。根据茨哈峡面板堆石坝对坝体变形控制的要求及筑坝料工程特性室内试验成果，初步拟定了筑坝料碾压试验控制标准（相对密度均按照室内最大干密度、最小干密度及设计干密度计算），见表 8.4－3。

表 8.4－3　　　　茨哈峡坝料填筑压实标准

填筑料名称	坝料种类	掺配比例	相对密度	孔隙率
垫层料	天然砂砾石料筛分加工	—	≥0.95	
	弱风化及以下砂岩	板岩含量不超过 10%		≤17%
过渡料	天然砂砾石料筛分掺配	—	≥0.95	
	弱风化及以下砂岩	板岩含量不超过 10%		≤17%
上游堆石区砂砾石料	天然砂砾石料	—	≥0.95	
下游堆石区块石料	建筑物开挖块石料	弱风化及以下砂岩含量 70%、板岩含量 30%	—	≤19%
排水料	剔除天然砂砾石料中大于 1mm 的颗粒	—	≥0.9	22%
反滤料	天然砂砾石料筛分掺配	—	≥0.85	≤22%

茨哈峡面板砂砾石坝采用相对密度 0.92～0.95，换算的孔隙率为 11.5%～12.5%，换算公式为

$$n=1-\frac{\rho_{d0}}{G_d\rho_w} \tag{8.4-1}$$

式中：n 为孔隙率；ρ_{d0} 为现场碾压试验的干密度，g/cm^3；G_d 为填筑料的比重；ρ_w 为水的密度，g/cm^3。

茨哈峡面板砂砾石坝采用相对密度 0.92～0.95，换算的孔隙率为 11.5%～12.5%，相应干密度为 2.372～2.359g/cm^3（表 8.4－4）。下游堆石区料孔隙率为 13.8%～14.2%，相应干密度为 2.29～2.3g/cm^3。孔隙率较国内已建、在建的土石坝高约 7.5%，干密度提高 4.5%左右。因此，在现有施工技术水平条件下，上游堆石区砂砾石料相对密度控制在 0.92～0.95 是合适的。

表 8.4－4　　　　茨哈峡上游堆石区砂砾石料相对密度换算孔隙率

试验单位	比重	干密度/(g/cm^3)	相对密度	孔隙率	备　注
十五局	2.68	2.372	0.95	11.5%	铺料厚度 65cm、碾压 10 遍
	2.68	2.359	0.92	12.0%	铺料厚度 85cm、碾压 12 遍
南科院	2.71	2.372	0.95	12.5%	铺料厚度 65cm、碾压 10 遍
	2.71	2.359	0.92	13.0%	铺料厚度 85cm、碾压 12 遍
水科院	2.682	2.372	0.95	11.6%	铺料厚度 65cm、碾压 10 遍
	2.682	2.359	0.92	12.0%	铺料厚度 85cm、碾压 12 遍

8.5　砾（碎）石土防渗体填筑标准

用作土石坝防渗体的防渗土料包含一般黏土料、砾（碎）石土料、风化土料和特殊土料。一般黏土料系指常规细粒土料，主要特点是颗粒细、抗渗性能良好、压缩变形量较大，可用作防渗土料、接触土料。砾（碎）石类土料指粒径大于5mm颗粒的质量占总质量的20%～60%的宽级配砾类土，具有良好的抗剪强度和不透水性、较小的压缩性、较好的压实性、方便施工等特性，属良好的防渗土料。风化土料指可用作防渗体的土状或碎块状全风化层，属良好的防渗土料。特殊土料为具有特殊物质成分、结构和独特工程性质的土料，如黄土、膨胀土、红黏土、分散性黏土等。

黏性土料和特殊土料多用于中低坝的防渗体，而砾（碎）石土料由于其强度和变形模量较高、压缩性低，与堆石坝壳变形性质较为协调，有利于改善防渗体的应力条件及防止水力劈裂等；即使产生裂缝，由于缝壁粗颗粒限制裂缝的冲刷和扩大，其预后情况较好，砾（碎）石土料广泛应用于高土石坝的防渗体。

《碾压式土石坝设计规范》（NB/T 10872—2021）在修编时，对砾（碎）石土的填筑标准作了专门研究，研究结果已纳入该规范。本节主要针对砾（碎）石土防渗体的填筑标准进行论述。

8.5.1　填筑压实标准控制指标

防渗土料的压实性控制指标是宽级配土料防渗体的主要设计指标，包括土料击实功能选择和压实度设计指标的确定。影响土压实的因素较多，如土的类别、性质、级配、含水率及击实功能等。在压实度不变的条件下，防渗土料的设计干密度和填筑含水率与其最大干密度和最优含水率相关，而不同击实功能下土料的最大干密度和最优含水率也不同。因此，每一种土料往往都需要进行系统的击实试验，获得最大干密度、最优含水率与粗粒含量的关系曲线，研究其压实特性，为力学性试验提供合理的控制条件，并为施工压实检测提供依据。

砾（碎）石土的填筑质量特征指标一般有最大干密度、干密度、压实度、含水率、渗透系数以及击实功能等。

土石坝的防渗土料用量常达几十至数百万立方米，取自一个或数个料场，不同的料场甚至同一料场的不同部位、不同深度的土料，其含砾量也不同，最大干密度也随含砾量的变化而不同，因此，以最大干密度作为压实控制标准不能准确地反映整体砾（碎）石土的压实情况。

如果以压实干密度作为控制标准，对于压实性能好的土料，压实干密度满足要求时，其压实度并不一定能达到较高程度，可能不满足压实要求；对于压实性能差的土料，压实程度较高时，压实干密度也不一定就较大，有可能不满足要求，甚至补压也达不到要求。所以，采用干密度作为填筑控制标准有其局限性。对于渗透系数来说，主要是由砾（碎）石土料的级配决定的，当其颗粒级配满足防渗土料要求时，一般情况下其渗透系数均可满足要求，所以，渗透系数不宜作为土料填筑标准控制指标。

压实度，作为相对于最大干密度的相对密实程度，类似于块石料的孔隙率，不会随着最大干密度的变化而变动，压实干密度随土料的压实性能不同而浮动，依此作为控制指标，就可以避免采用干密度作为填筑控制标准的局限性。

实践证明，砾（碎）石土料的含水率与其物理力学性质及施工压实度均有密切的关系。含水率与压实干密度及压实度等两个压实参数关系曲线呈驼峰型，当砾（碎）石土料的含水率达到某一个含水率时，其压实干密度或压实度达到最大值，大于或小于此含水率时，其压实干密度或压实度都会有所降低，此时的含水率为最优含水率。在工程实践中多以最优含水率上、下一定范围内且能满足压实度要求的含水率作为填筑控制标准。

综上所述，将压实度和含水率作为砾（碎）石土的填筑控制指标纳入了《碾压式土石坝设计规范》（NB/T 10872—2021）。

8.5.2 压实度

相同压实功能下，砾（碎）石土的细料压实度随含砾量增加而减少。由于砾（碎）石土的这种压实特性，如果仅用全料压实度来控制砾（碎）石土的压实质量，那么，在 P_5 含量上限附近时，全料压实度满足设计要求而其中的细料并没有得到有效的压实。如果仅采用细料压实度作为控制标准，在允许的砾石含量范围内，相同细料压实度标准下全料压实度差异会较大，导致难以提出细料压实度的统一标准。使用大型碾压机具碾压砾、碎石土，既能满足较低 P_5 含量下为保证强度对全料较高压实度的需求，又能满足在较高 P_5 含量下为保证良好的渗透性对较高细料压实度的需求。基于此，对砾（碎）石土常采用细料和全料压实度双控制，在允许的 P_5 含量范围内，P_5 含量上限附近通常是细料压实度起制约作用，下限 P_5 含量附近通常是全料压实度起制约作用。

砾（碎）石土含砾量小于 30%，在该含砾量范围内，在同一压实状态下，细料压实度与全料压实度相差不大或能维持较稳定的关系，且相对于细料压实度，全料压实度现场快速检测困难，因此在没有条件进行全料击实试验时，也可用细料来确定最大干密度和最优含水率。

考虑到工程现场快速检测的需要，也允许选择以小于 20mm 颗粒部分的压实度进行控制，但应先对心墙料在要求范围内的系列 P_5 含量条件下，进行全料、小于 20mm 细料、小于 5mm 细料压实度的对比分析，提出全料和细料相匹配的压实度控制标准，以此为标准采用小于 20mm 细料开展三点击实快速检测细料压实度。

近年来多座已建高坝砾（碎）石土压实度控制标准见表 8.5-1。

表 8.5-1　　已建工程砾（碎）石土压实度控制标准

工程名称	坝高/m	坝基覆盖层厚度/m	压实度	
			全料	细料
水牛家	107	30		>99%（轻型击实）
硗碛	125.5	70	>99%（轻型击实）	
狮子坪	136	102	>100%（轻型击实）	
毛尔盖	154	52	>98%（重型击实）	

续表

工程名称	坝高/m	坝基覆盖层厚度/m	压　实　度	
			全料	细料
糯扎渡	561.5		>95%（重型击实）	
瀑布沟	186	78	≥98%（修正普氏标准）	≥100%（修正普氏标准）
长河坝	240	50	≥97%（修正普氏标准）	≥100%（修正普氏标准）
两河口	295		≥97%（修正普氏标准）	≥100%（修正普氏标准）

经过对砾（碎）石土料工程特性分析及工程实践经验总结，提出砾（碎）石土料的填筑压实标准。且对于同一种土料，轻型击实试验由于击实功能小，所获得的最大干密度比重型击实试验的数值小，而最优含水量则比重型击实试验的数值大。现场填筑采用的大型碾压机具的压实功能与室内轻型击实试验的击实功能相差较大，采用轻型击实试验求得的全料最大干密度偏小，使得碾压遍数较少时就能满足压实度要求，造成土料碾压不够密实，从而导致高坝沉降变形过大。所以，坝高超过200m的特高坝的全料应采用重型击实试验，压实度应不小于97%～100%；1级、2级坝和高坝，全料宜采用重型击实试验，且压实度应不小于96%～98%，采用轻型击实试验时，压实度应不小于98%～100%。砾（碎）石土的压实度控制标准见表8.5-2，此标准已经写入《碾压式土石坝设计规范》（NB/T 10872—2021）。

表8.5-2　　砾（碎）石土的压实度控制标准

坝的级别	全 料 压 实 度		细料压实度
	重型击实	轻型击实	轻型击实
特高坝	97%～100%		98%～100%
1级、2级坝和高坝	96%～98%	98%～100%	98%～100%
3级及以下的坝		96%～98%	96%～98%

8.5.3　最优含水率

防渗土料含水率在最优含水率的干侧和湿侧压实的土，具有不同的结构和不同的力学性质：在湿侧压实的填土偏向于颗粒定向排列的分散性结构，而在干侧压实的填土偏向于颗粒任意排列的凝聚性结构。

在湿侧压实的填土较在干侧压实的填土渗透性小，固结较慢，在低应力下压缩大，在高应力下压缩小，孔隙水压力高；在压实状态下不排水剪强度小得多，而饱和后的排水剪强度大体相等或略低一些；饱和后的不排水剪强度则取决于饱和时是否允许膨胀，如允许膨胀，则略高，反之则略低；抗拉强度略低但极限拉伸应变较大，应力应变关系近于塑性；模量较低对不均匀沉降的适应性较好，膨胀小、收缩大，浸水饱和后各项性质变化较小。

土料过干时，碾压时易发生干松层、土的结构不均匀、有较大孔隙、渗透系数明显增加等，浸水后将产生附加沉降。土料过湿，碾压时易形成所谓的“弹簧土”或称“橡皮土”，还会影响重型机械施工。

因此填筑含水率要根据土料性质、填筑部位、气候条件和施工机械等情况选择。经过多年来对砾（碎）石土的室内试验及工程实践总结，砾（碎）石土的填筑含水率控制在最优含水率的−2%～+3%误差范围内是较为合理的。

8.6 本章小结

开展筑坝料最优级配、筑坝料相对密度试验研究，有助于进一步深入研究级配对筑坝料强度与变形特性的影响，通过改变级配及填筑相对密度来提高筑坝料强度来减少坝体变形，具有重要的意义，本研究主要结论如下：

（1）已建工程筑坝料主要有硬岩堆石料、软岩堆石料、天然砂砾石料、人工砂石料。多数土石坝采用硬岩堆石料，岩性以灰岩、花岗岩、砂质岩居多；软岩料的利用包括两种：一种为硬岩风化料，另一种为沉积岩中的泥质岩类。软岩料多用于高坝的坝体中下游或设置了排水区的中低坝坝体；由于密实砂砾石的压缩模量一般比压实堆石高，其抗剪强度也不低且便于开采，一些工程将砂砾石与堆石料合理分区后用于筑坝，也具有较高的经济性。坝体各个分区的用料建议标准：垫层料和过渡料均应采用硬岩料；上游堆石料可以选用天然砂砾石料或板岩等软岩含量不应超过10%的块石料；下游堆石料可以选择强度较低的软岩，但软岩含量最高不应超过30%。

（2）采用室内相对密度试验对筑坝料的最优级配进行研究。根据相对密度试验结果及已有工程的建设经验，对于筑坝料的级配选择：上游区筑坝料最大粒径应选择为800mm，小于5mm颗粒含量应选择为4%～20%，小于0.075mm颗粒含量应选择为小于5%；下游区筑坝料最大粒径应选择为800mm，小于5mm颗粒含量应选择为小于25%，小于0.075mm颗粒含量应选择为小于5%～8%；垫层料最大粒径应选择为80～100mm，小于5mm颗粒含量应选择为35%～55%，小于0.075mm颗粒含量应选择为4%～8%；过渡料最大粒径应选择为300～400mm，小于5mm颗粒含量应选择为5%～30%，小于0.075mm颗粒含量应选择为小于5%。

（3）进行砂砾石料相对密度研究。采用现场碾压试验的干密度，与室内试验的最大、最小干密度和现场原级配“密度桶法”的最大、最小干密度进行相对密度计算分析，并进行相对密度敏感性分析，对比了类似工程砂砾石料试验结果，初步提出土石坝填筑压实标准：垫层料及过渡料相对密度应不小于95%；上游堆石区筑坝料相对密度应不小于92%；下游堆石区筑坝料孔隙率应控制在19%以内。

（4）在高砾质土心墙堆石坝的设计中，采用加大击实功能研究土料的特性并确定其压实标准往往是必要的。砾石土的压实设计指标采用“细料、全料压实度双控制”。全料采用重型击实试验（在2740kJ/m^{3}击实功能下）时，压实度应不小于96%～98%；采用轻型击实（在604kJ/m^{3}击实功能下）试验时，压实度应不小于98%～100%。当坝高超过200m时，由于防渗体要承受更大的水压力，全料应采用重型击实（在2740kJ/m^{3}击实功能下）试验，压实度应不小于97%～100%。此时防渗土料的力学性能和渗透性能等满足工程安全要求。

第 9 章

土石坝变形及变形协调控制方法

随着国民经济的发展，我国澜沧江、金沙江、黄河上游、雅砻江、大渡河等流域上游将建设一批300m级高度的土石坝，已有建坝经验难以覆盖这些特高坝遇到的工程问题。对于高土石坝而言，坝体变形及变形协调已成为土石坝安全稳定的关键问题，如何有效地控制坝体变形是工程设计、施工、科研和管理各方共同关注的问题，而控制变形及变形协调的关键是选择合适的筑坝料、合理的坝体分区以及采用严格的填筑标准。此外，现行《碾压式土石坝设计规范》（NB/T 10872—2021）中坝坡稳定分析安全系数标准的规定仅适用于坝高200m以下大坝，对于高度超过200m的大坝需要进行专门研究。近些年建成的几座高土石坝的监测资料表明，坝体的变形协调控制与设计目标有些差距。为此，本章通过总结已建工程的经验，结合茨哈峡等高面板堆石坝，开展高土石坝坝体分区、碾压试验、施工顺序等研究，从而构建控制坝体变形的技术体系，为高土石坝的设计与建造提供参考。

9.1 坝体分区优化

9.1.1 典型堆石坝坝体分区

坝体材料分区在现代堆石坝的设计中已基本趋于标准化，即根据工程料源情况、爆破及碾压试验成果和工程特点，以渗透稳定控制为目的，按照上堵下排的原则进行分区。各区坝料间满足水力过渡的要求，从上游向下游坝料的渗透系数递增，相邻区下游坝料对上游区有反滤保护作用，以防止产生内部管涌和冲蚀。从上游到下游依次分为防渗补强区、垫层区（含特殊垫层区）、过渡区、上游堆石区、下游堆石区及自由排水堆石区，见图9.1-1。天生桥一级坝下游堆石区主要为软岩堆石区。洪家渡坝下游堆石区范围非常小，从运行效果分析，减小下游堆石区或不设下游堆石区将更有利于坝体变形控制，同时洪家渡工程为减小左岸陡坡带的变形而设置上游堆石特别碾压区。水布垭、三板溪及巴贡坝为规范要求的典型分区。典型面板堆石坝坝体分区见图9.1-2～图9.1-5。

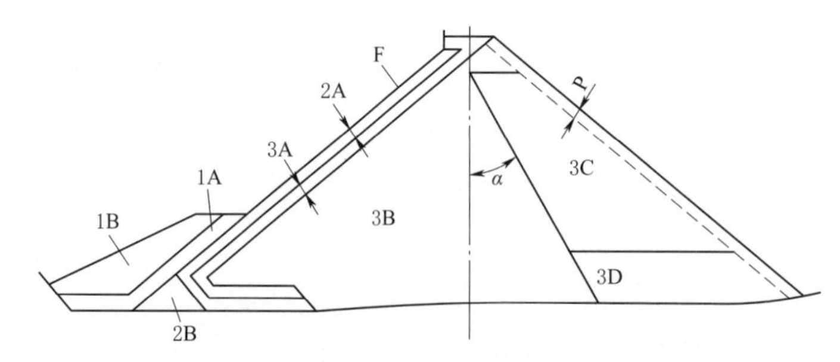

图9.1-1　高堆石坝坝体分区典型断面图

1A—上游铺盖区；1B—盖重区；2A—垫层区；2B—特殊垫层区；3A—过渡区；3B—上游堆石区；3C—下游堆石区；3D—排水区；P—块石堆砌；F—面板

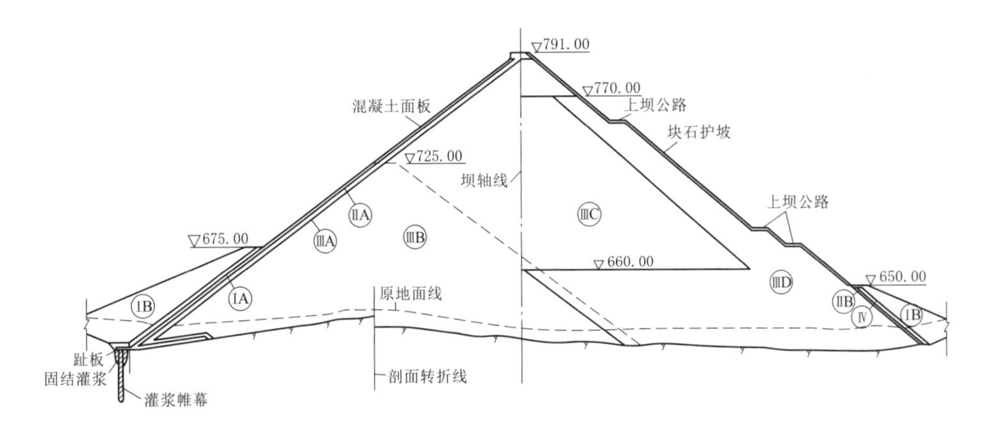

图 9.1-2　天生桥一级堆石坝断面分区图（单位：m）

ⅠA—黏土；ⅠB—任意料；ⅡA—垫层区；ⅢA—过渡区；ⅡB—过渡垫层；ⅢB—主堆石区；ⅢC—软岩料区；ⅢD—次堆石区；Ⅳ—黏土料

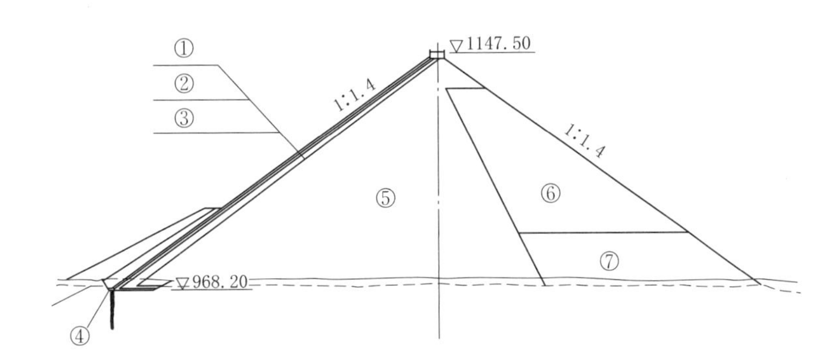

图 9.1-3　洪家渡堆石坝断面分区图（单位：m）

①—面板；②—垫层料；③—过渡料；④—趾板；⑤—上游堆石料；⑥—下游堆石料；⑦—排水堆石料

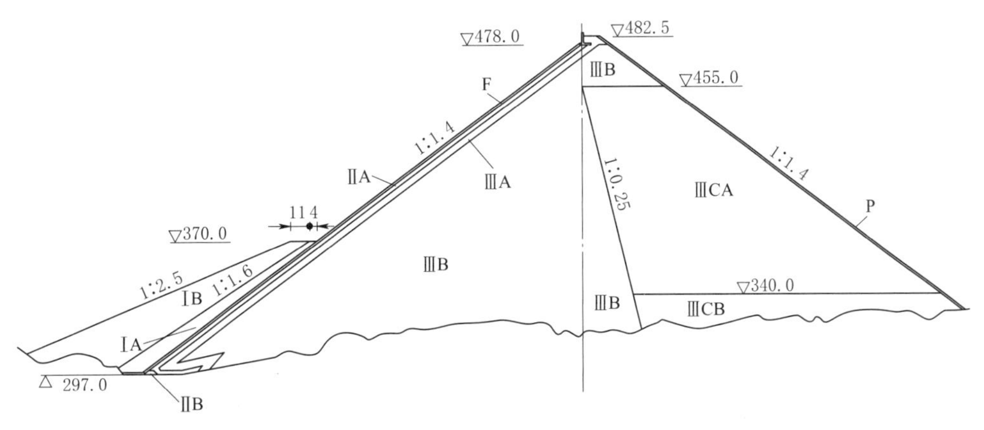

图 9.1-4　三板溪堆石坝断面分区图（单位：m）

F—面板；ⅠA—黏土铺盖区；ⅠB—盖重区；ⅡA—垫层区；ⅢA—过渡区；ⅡB—垫层小区；ⅢB—主堆石区；ⅢCA—次堆石区；ⅢCB—次堆石区；P—大块石护坡

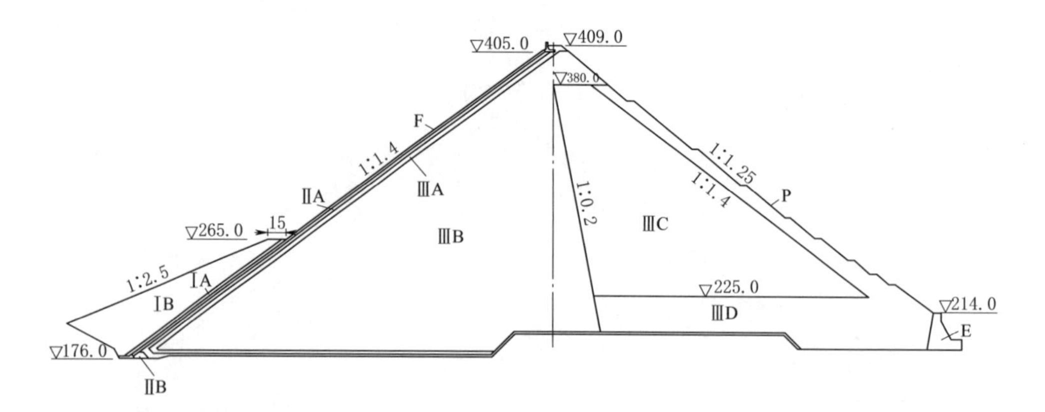

图 9.1-5　水布垭堆石坝断面分区图（单位：m）

ⅠA—黏土铺盖区；ⅠB—盖重区；ⅡB—垫层小区；ⅡA—垫层区；ⅢA—过渡区；ⅢB—主堆石区；ⅢC—次堆石区；ⅢD—下游堆石区；P—块石护坡；E—下游碾压混凝土围堰

开展前期设计的GS堆石坝坝体材料分区及坝料利用的原则是：在保证工程安全、经济的前提下，充分利用建筑物开挖的有用料，不足部分再从石料场开采；各区坝料从上游到下游应满足水力过渡要求，相邻区下游坝料对其上游区有反滤保护作用；蓄水后坝体变形尽可能小，从而减小面板和止水系统遭到破坏的可能性。

GS堆石坝坝体分为垫层区（2A）、过渡区（3A1、3A2）、上游堆石区（3B1、3B2）、下游排水堆石区（3D）和下游干燥堆石区（3C），并在面板上游设坝前覆盖料（1A、1B），在趾板下游侧设置特殊垫层料（2B），见图9.1-6。最终坝体分区结合坝料试验、大坝应力应变分析成果、料物平衡等综合因素确定，并进一步简化。

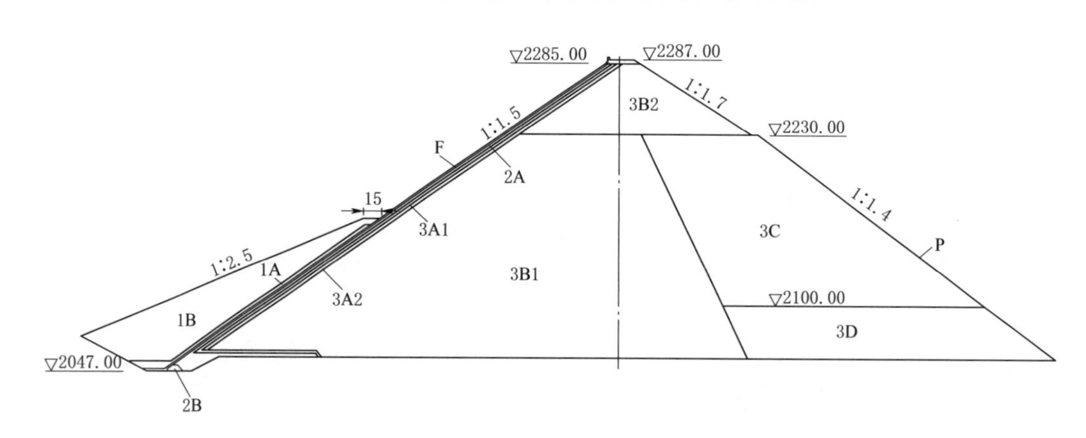

图 9.1-6　GS堆石坝断面分区图（单位：m）

1A—上游铺盖区；1B—盖重区；2B—特殊垫层区；2A—垫层区；$3A_1$、$3A_2$—过渡区；$3B_1$—上游堆石区；$3B_2$—上游堆石增模区；3C—下游堆石区；3D—下游排水堆石区；P—块石护坡

RM堆石坝在坝型比选时坝体分区主要原则为：从上游到下游采用变形模量基本相当的坝料，以保证坝体变形的均匀性，同时控制蓄水后的坝体变形量，从而减小面板和止水系统遭到破坏的可能性；各区之间应满足水力过渡要求，从上游向下游坝料的渗透系数递

增，相应下游坝料应对相邻上游区有反滤保护作用；分区应尽可能简单，以利于施工，便于坝料运输和填筑质量的控制。此外，结合工程枢纽布置和建筑物开挖工程量，在确保大坝安全的前提下，利用数值分析计算手段，确保建筑物开挖料均能利用分区控制技术布置在坝体合适的范围内，不足部分再从料场开采，减少建筑物开挖料弃料和渣场规模，提高工程经济性。

初拟的 RM 堆石坝坝体分区从上游到下游分区依次为：垫层区（2A）、过渡区（3A）、特殊垫层区（2B）、堆石Ⅰ区（3BⅠ）、堆石Ⅱ区（3BⅡ）、堆石Ⅲ区（3BⅢ）和下游护坡（P），同时在面板上游铺设了黏土铺盖区（1A）和石渣盖重区（1B）。分区断面见图 9.1－7 所示。

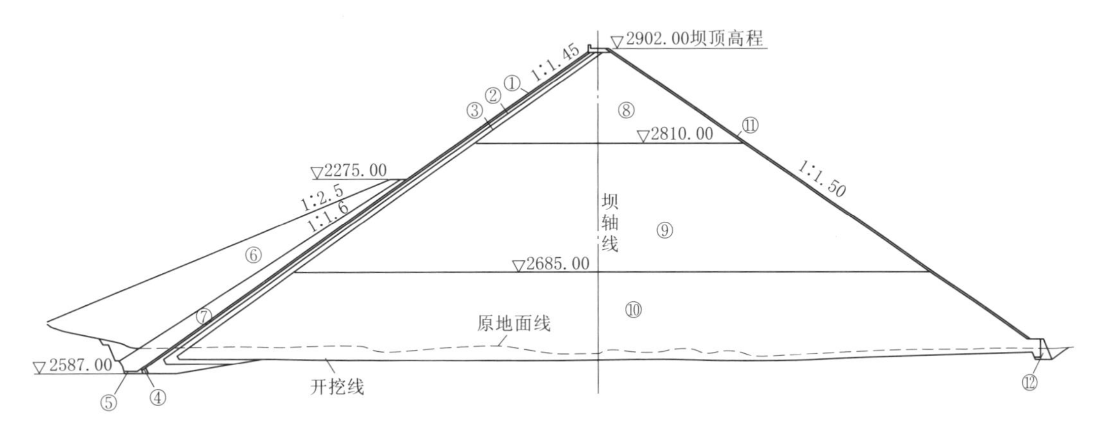

图 9.1－7 RM 堆石坝分区断面示意图（单位：m）

①混凝土面板；②垫层区；③过渡区；④特殊垫层区；⑤混凝土趾板；⑥石渣盖重区；⑦黏土铺盖区；⑧堆石Ⅲ区；⑨堆石Ⅱ区；⑩堆石Ⅰ区；⑪下游护坡；⑫下游混凝土挡墙

MJ 面板堆石坝坝体材料分区及坝料利用遵循既满足受力变形和水力过渡要求又满足简单和经济的原则：从上游到下游坝料变形模量依次递减，以保证蓄水后坝体变形尽可能小，从而减小面板和止水系统遭到破坏的可能性；各区之间应满足水力过渡要求，相邻区下游坝料应对其上游区有反滤保护作用；在坝轴线下游变形模量低的部位，充分利用枢纽建筑物的开挖料，设下游堆石区以达到经济的目的。

坝体断面上游至下游分别设：上游压重区 1B，上游黏土防渗铺盖 1A，混凝土面板 1F，垫层料区 2A（水平宽 5m），过渡料区 3A（水平宽 6m），上游堆石区 3B，下游堆石区 3C，坝体顶部以上设堆石增模区 3B1；下游坝体水下部位仍采用上游堆石区 3B 料填筑，见图 9.1－8。

在建的玛尔挡面板堆石坝坝体分区原则：为尽量避免高面板堆石坝出现坝体变形过大、面板裂缝、面板挤压破坏等问题，综合考虑坝体变形控制措施和渗透稳定控制措施，确定坝体断面分区；为使坝体排水畅通，各分区材料应满足水力过渡要求，保证堆石区排水性能；分区尽可能简单、经济，以利施工和填筑质量控制，各区的最小尺寸满足机械化施工要求，且应尽量利用开挖料以节省工程投资。

坝体断面主要分为 9 个区，从上游至下游依次为：盖重区（1B）、铺盖区（1A）、垫

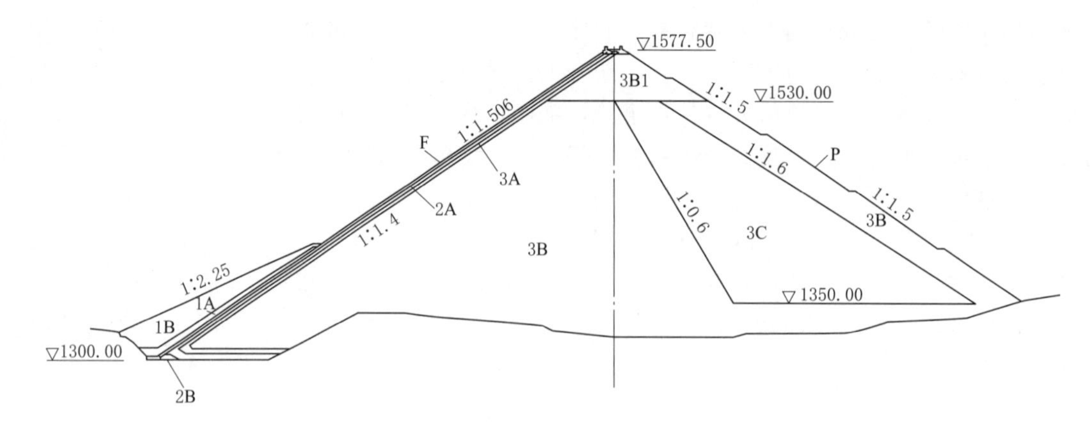

图 9.1-8　MJ 面板堆石坝方案坝体典型断面图（单位：m）

1A—上游铺盖区；1B—盖重区；2B—特殊垫层区；2A—垫层区；3A—过渡区；3B—上游堆石区；$3B_1$—坝顶堆石增模区；3C—下游堆石区；F—混凝土面板；P—块石护坡

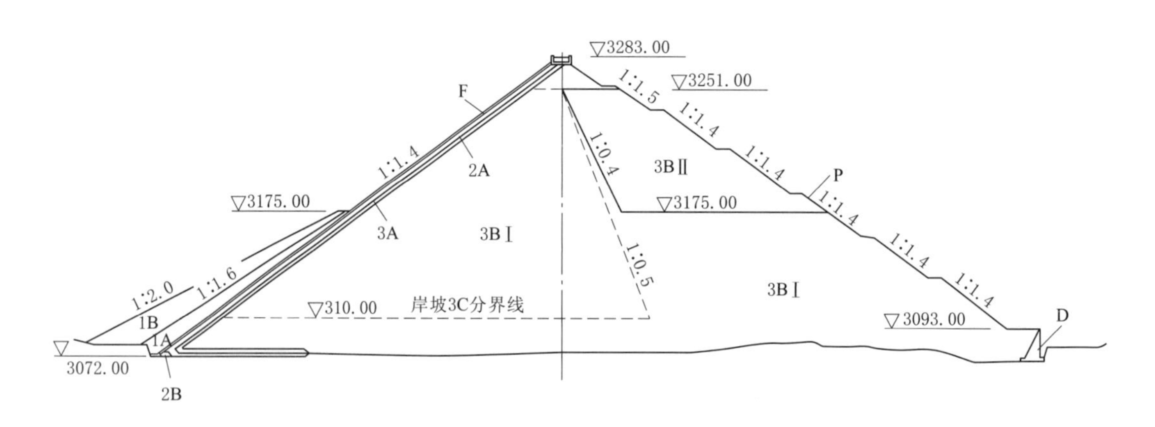

图 9.1-9　玛尔挡面板堆石坝坝体分区图（单位：m）

1A—上游铺盖区；1B—盖重区；2B—特殊垫层区；2A—垫层区；3A—过渡区；3BⅠ、3BⅡ—堆石区；3C—岸坡垫层区；F—混凝土面板；P—块石护坡；D—下游挡墙

层区（2A）、特殊垫层区（2B）、过渡区（3A）、岸坡垫层区（3C）、堆石区（3BⅠ）、堆石区（3BⅡ）、块石护坡区。大坝分区见图 9.1-9、图 9.1-10。

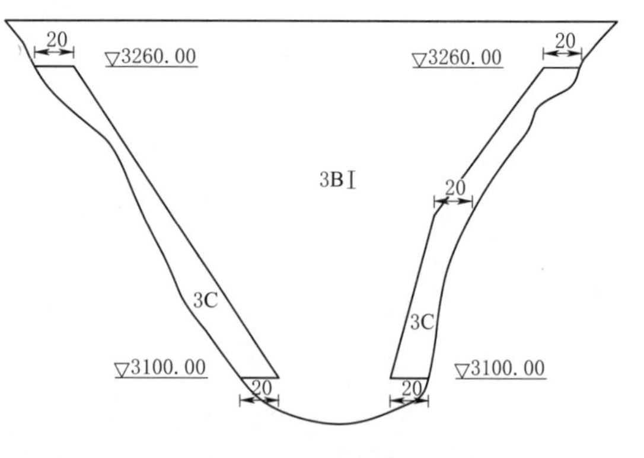

图 9.1-10　玛尔挡面板堆石坝坝体分区沿坝轴线剖面图（单位：m）

3BⅠ—堆石区；3C—岸坡垫层区

9.1.2　坝体分区原则

高堆石坝坝体分区以渗透稳定控制为目的，以上堵下排为基本原则。设计中为尽量避免高面板堆石坝出现坝体变形过大、面板裂缝、面板挤压破坏等问题，综合考虑坝体变形控制措施和渗透

稳定控制措施，同时兼顾工程安全、经济和物料利用合理性等，结合坝料试验和大坝应力应变分析结果最终确定坝体断面分区。

坝体变形控制方面，从上游到下游采用变形模量相当的坝料，且坝料变形模量依次递减，以保证坝体变形的均匀性，控制蓄水后的坝体变形，从而减小面板和止水系统遭到破坏的可能性。结合茨哈峡高堆石坝计算分析和方案比选结果，采用砂砾石料作为筑坝料相比块石料筑坝的坝体沉降量减小，有利于坝体变形控制。根据各工程特点提出相应的优化措施，如针对位于狭窄河谷的工程在两岸陡坡处设岸坡垫层区（增模区）以缓解河谷束窄效应等。

渗透稳定控制方面，从上游到下游的坝料渗透系数递增，使坝体排水畅通，且相邻区下游坝料对上游区有反滤保护作用，各区满足水力过渡要求以保证堆石区排水性能。

在保证工程安全、经济的前提下，结合工程枢纽布置和建筑物开挖工程量，利用数值分析计算手段，确定建筑物开挖料均能利用分区控制技术布置在坝体合适的范围内。在坝轴线下游变形模量低的部位，充分利用建筑物开挖的有用料，不足部分从石料场开采，减少建筑物开挖料弃料和渣场规模，提高工程经济性。此外，分区尽可能简单，利于施工、坝料运输及填筑质量控制，各区的最小尺寸满足机械化施工要求。

9.1.3 坝体分区工程应用

将坝体分区原则与技术体系应用于黄河茨哈峡工程，以此为例来阐述实际工程设计时的坝体分区设计。

茨哈峡堆石坝坝高257.5m，位于高海拔、寒冷地区，为避免类似已建工程出现过的坝体变形过大、面板挤压破坏、面板结构性裂缝、坝体渗透量较大等问题，保证大坝安全，坝体变形控制和渗透稳定性控制是该工程的关键技术问题。筑坝料工程特性研究成果表明，坝址区天然砂砾石料储量丰富、质量好，天然砂砾石料具有压缩变形小、模量高、后期变形小的特点；块石料场的块石料及建筑物开挖料为中厚～薄层的砂岩夹板岩，岩层最大厚度50cm左右、含有一定量的板岩，砂岩为硬岩，板岩为中硬～软岩，上坝后颗粒级配变化大，后期变形较砂砾石料大。

根据上述工程特点及筑坝料特点，坝体分区的原则有以下几点：

（1）坝体分区重点考虑坝体变形控制，充分利用天然砂砾石料压缩变形小、模量高、后期变形小的特点，主要承受荷载的堆石区采用天然砂砾石料。

（2）天然砂砾石料颗粒细、渗透稳定差，为保证坝体渗透稳定性，坝体内需设排水区，排水区周围应设置反滤保护区。

（3）由于砂岩块石开挖料中含有一定量的板岩，后期变形大，变形控制性能较砂砾石料差，砂岩块石开挖料可用于对坝体变形不起控制作用的堆石区，并应合理控制板岩含量。

（4）坝体分区应简单，以利于施工方便和填筑质量的控制。

根据前述坝体分区原则，初步拟定了以下5个坝体分区方案，采用平面有限元法进行坝体应力变形计算分析，初步判断各分区方案在坝体、面板应力变形等方面的规律，确定坝体分区方案。

9.1.3.1 坝体分区方案

(1) 方案1。采用天然砂砾石料为承受主要荷载的上游堆石区（3B区）、下游堆石区采用建筑物开挖料（3C区），上、下游堆石区之间的分界线坡比为2∶1。垫层区、过渡区、反滤区、排水区采用等宽布置，上游坝坡坡比1∶1.6，下游设置上坝路，局部坡比1∶1.5，综合坡比1∶1.74（图9.1-11）。坝体填筑总量为3962万m^3，其中上游堆石区的砂砾石料（3B区）约2383万m^3，下游堆石区建筑物开挖料约710万m^3。

(2) 方案2。为“外包块石料”的坝体分区方案，承受主要荷载的堆石区（3B区）采用天然砂砾石料；过渡料下游与3B区之间以及3B区的下部和上部的堆石区为上游堆石区，均采用砂岩块石料（板岩含量控制在10%以内）。为控制过渡料与3B料之间的上游堆石区的变形，该区范围不宜太大，水平宽度控制在50m左右，其下游为砂砾石堆石区、下游堆石区；下游堆石区采用砂岩块石料（板岩含量控制在30%以内），砂砾石堆石区与下游堆石区之间的分界线坡比为2∶1。垫层区、过渡区、反滤区、排水区采用等宽布置，上游坝坡坡比1∶1.6，下游设置上坝路，局部坡比1∶1.5，综合坡比1∶1.74（图9.1-12）。

方案2与方案1相比较，坝体总填筑量不变，砂砾石料用量减小，但需开采块石料场。坝体填筑总量为3962万m^3，其中上游堆石区的砂砾石料（3B区）约1733万m^3，上游堆石区块石料（板岩含量控制在10%以内）约650万m^3，下游堆石区建筑物开挖料（板岩含量控制在30%以内）约710万m^3。

(3) 方案3。为“外包块石料”的分区方案，坝体分区形式与方案2相同，在方案2的基础上更多地利用块石料（图9.1-13）。3B1区为块石料（板岩含量控制在10%以内），3B2区为砂砾石料，3C区为建筑物料（板岩含量控制在30%以内）。其他与方案2相同。坝体填筑总量为3962万m^3，其中上游堆石区的砂砾石料（3B区）约1383万m^3，上游堆石区块石料（板岩含量控制在10%以内）约1000万m^3，下游堆石区建筑物开挖料（板岩含量控制在30%以内）约710万m^3。

(4) 方案4。全部采用块石料分区，见图9.1-14。3B1区、3B2区采用块石料（板岩含量控制在10%以内），3C区均采用建筑物开挖料（板岩含量控制在30%以内）。坝体填筑总量为3962万m^3，其中料场块石料（板岩含量控制在10%以内）约2383万m^3，下游堆石区建筑物开挖料（板岩含量控制在30%以内）约710万m^3。

(5) 方案5。在方案1基础上，大坝上、下游坝坡利用边坡开挖或建筑物开挖的弃料填筑，见图9.1-15。3B区为砂砾石料，3C区为建筑物开挖料。坝体填筑总量为3962万m^3，其中上游堆石区的砂砾石料（3B区）约2383万m^3，下游堆石区建筑物开挖料约710万m^3，上下游堆渣约2133万m^3。

9.1.3.2 计算成果及分析

采用有限元法对上述5个分区方案进行应力变形计算分析，计算结果见表9.1-1。

(1) 坝体变形。

方案1～方案5竣工期的坝体最大竖向位移分别为161.4cm、185.4cm、215.5cm、356.9cm、160.2cm，约占坝高的0.64%、0.73%、0.85%、1.41%、0.63%，均发生在坝轴线处高程2885m附近。指向上游的最大水平向位移分别为48.6cm、51.3cm、59.2cm、

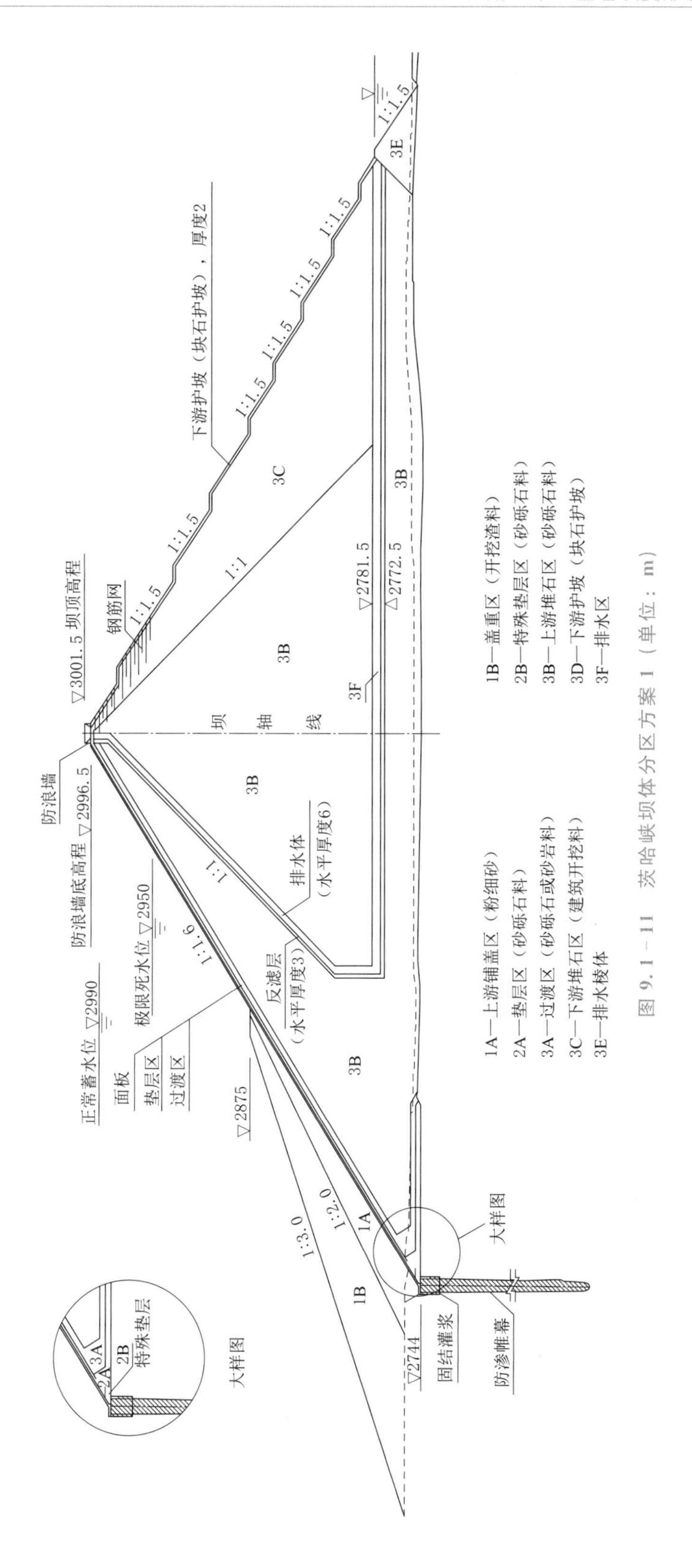

图9.1-11　茨哈峡坝体分区方案1（单位：m）

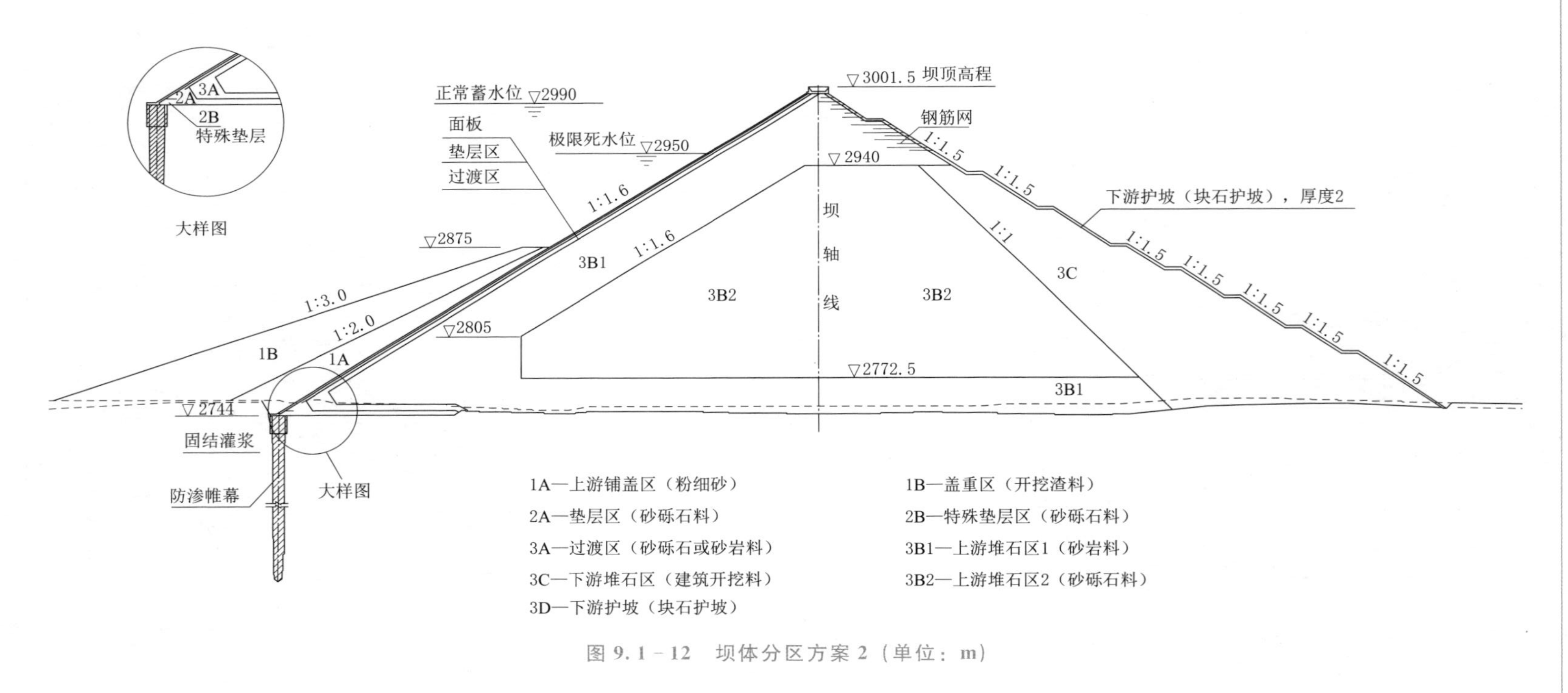

图 9.1-12　坝体分区方案 2（单位：m）

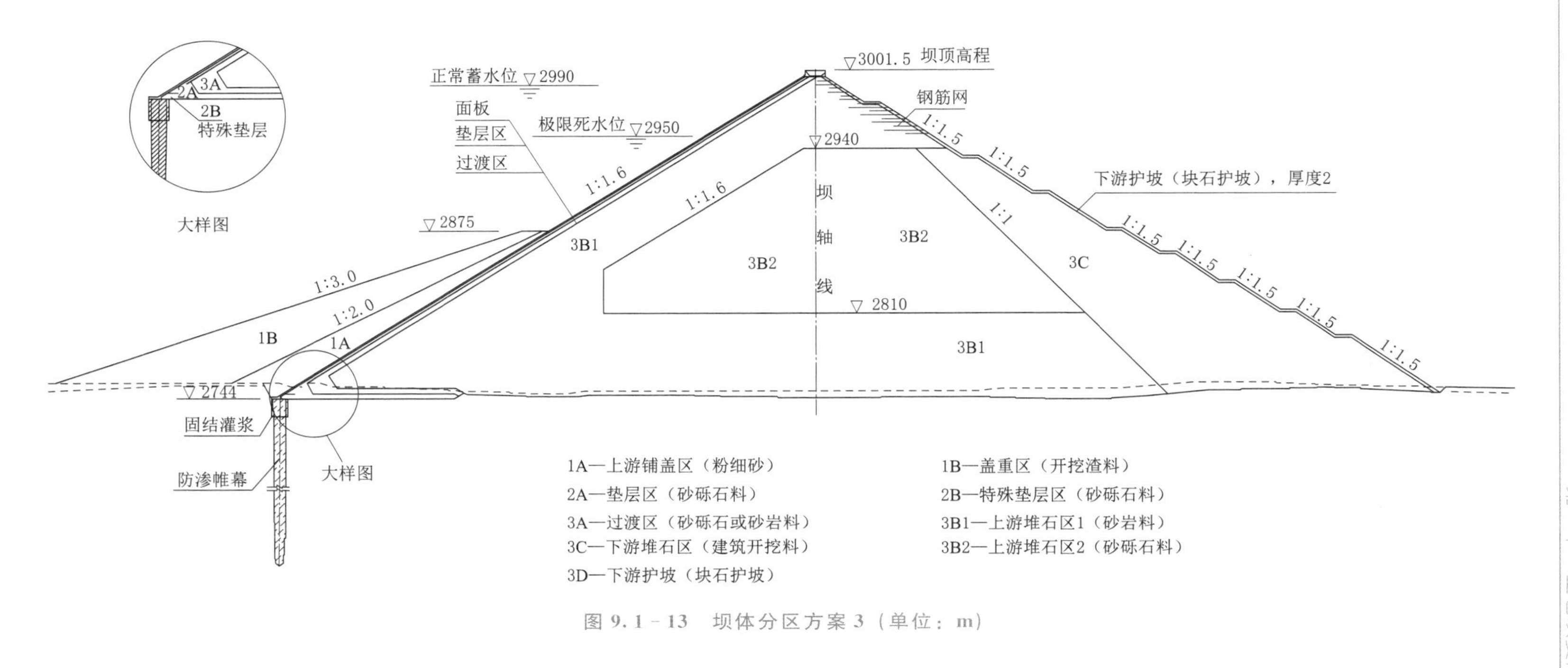

图 9.1-13　坝体分区方案3（单位：m）

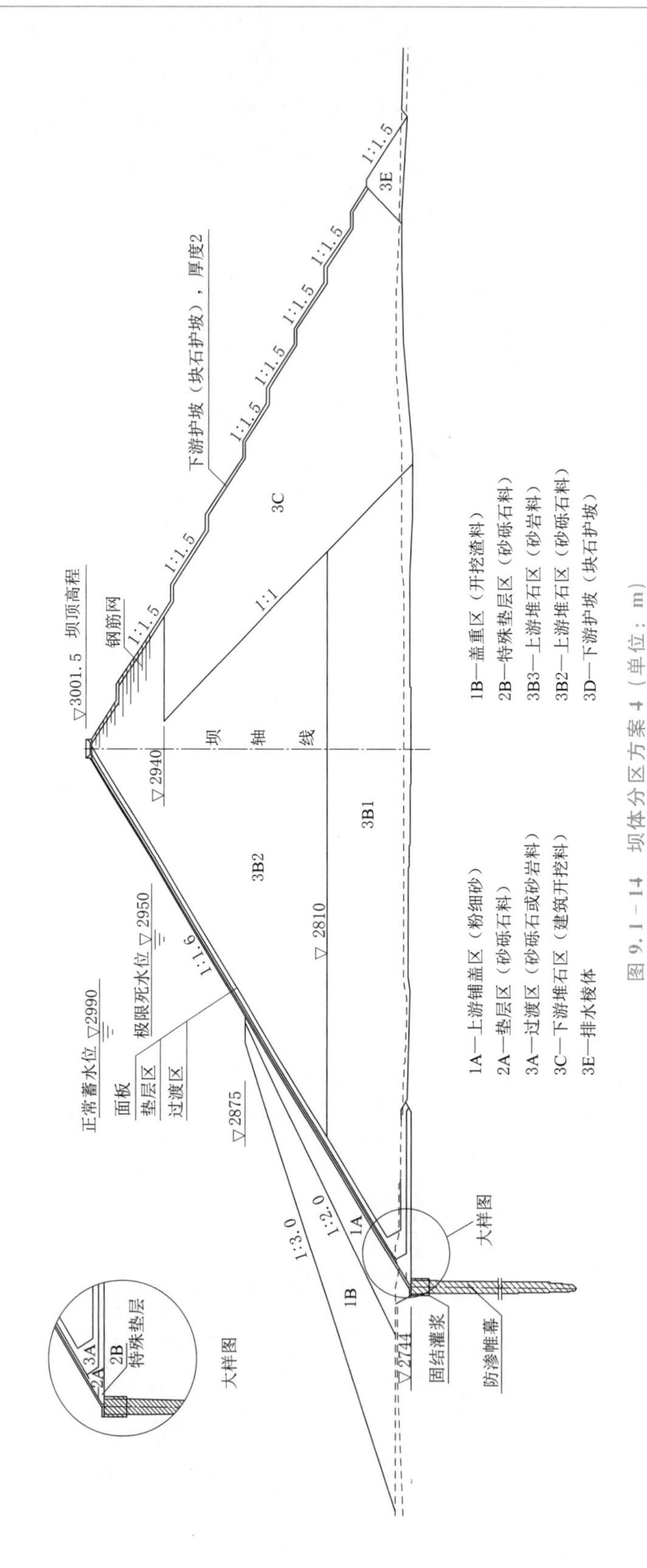

图 9.1-14 坝体分区方案 4（单位：m）

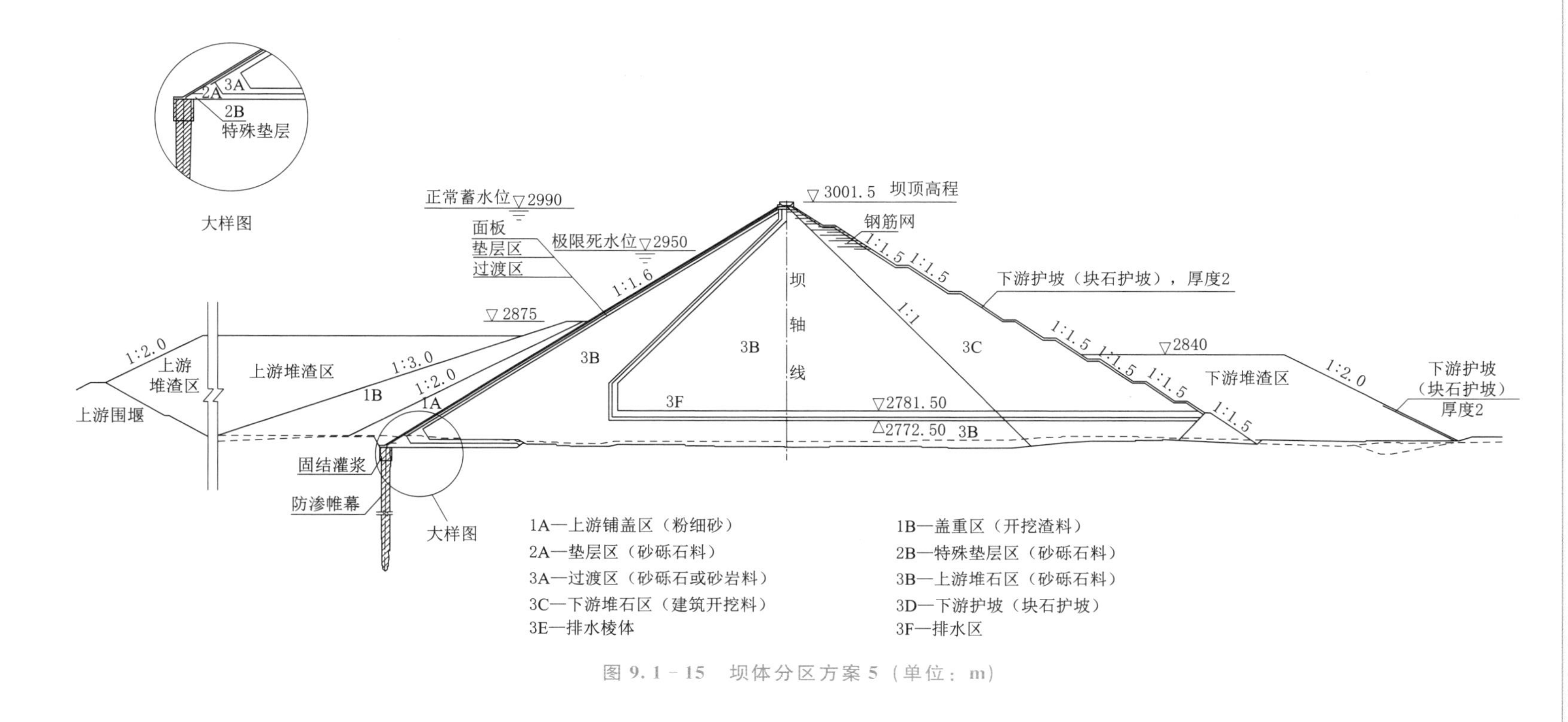

图 9.1-15　坝体分区方案 5（单位：m）

56.0cm、48.9cm，位于上游堆石区高程2850m附近。指向下游的最大水平向位移分别为72.4cm、99.5cm、98.8cm、105.6cm、63.8cm，位于下游堆石区高程2840～2850m附近。

表9.1-1　　茨哈峡坝体应力变形有限元计算结果

项目				砂砾石料（干密度2.23g/cm³）				
				方案1	方案2	方案3	方案4	方案5
竣工期	坝体	水平位移/cm	向上游	48.6	51.3	59.2	56.0	48.9
			向下游	72.4	99.5	98.8	105.6	63.8
		竖向位移（沉降量）/cm		161.4	185.4	215.5	356.9	160.2
		应力/MPa	大主应力	4.60	4.62	4.60	4.59	4.60
			小主应力	1.87	1.62	1.62	1.62	1.87
	面板	挠度/cm		15	18.3	22.9	29.4	15.0
		顺坡向应力/MPa	压应力	3.58	3.66	3.75	3.29	3.6
			拉应力					
蓄水期	坝体	水平位移/cm	向上游	33.3	35.0	41.2	34.7	33.6
			向下游	76.4	104.4	104.4	111.5	68.3
		竖向位移（沉降量）/cm		164	187.9	218.3	361.1	162.7
		应力/MPa	大主应力	4.83	4.85	4.83	4.81	4.83
			小主应力	1.96	1.69	1.69	1.70	1.96
	面板	挠度/cm		34.9	41.6	47.1	65.7	34.5
		顺坡向应力/MPa	压应力	4.11	4.21	4.03	3.16	4.13
			拉应力	0.07	0.09	0.09	0.11	0.07

水库满蓄后，在水荷载的作用下，最大竖向位移略有增加，分别为164.0cm、187.9cm、218.3cm、361.1cm、162.7cm，发生在高程2880m附近的堆石区域，竖向位移最大值的位置与竣工期相比变化不大，略向下移。指向上游水平向位移最大值减少，位于上游堆石区高程2846m附近位置；指向下游的水平向位移最大值增加，位置与蓄水期变化不大。

五个方案中，竖向位移最大的为全部采用堆石料的方案4，竖向变形为坝高的1.41%；方案1、方案5最小，为坝高的0.63%～0.64%。方案4为全部采用块石料的方案，坝体沉降变形为方案1的2.2倍。方案1、方案5两方案沉降变形相当，两个方案的差别在于方案5增加了上、下游堆渣；上、下游堆渣对坝体沉降变形影响有限，但指向下游的水平向变形有所减小。方案2、方案3均为“外包块石料”（块石料包裹砂砾石料）的分区方案，两方案的差别在于砂砾石料区范围方案3小于方案2（尽量多地利用开挖料），坝体变形量方案3大于方案2。

综上所述，从坝体变形角度分析，多利用砂砾石料可减小坝体变形。

（2）堆石体应力与应力水平。

堆石体竖直向应力最大值位于河床坝基。满蓄期大、小主应力等值线在上游堆石区都出现上抬现象，相比竣工期，最大值有所增大，所处的位置向上游堆石区移动。竣工期坝体应力水平最大值约为0.5；水库满蓄后，坝体堆石区内的应力水平略有下降，最大值约为0.4。

（3）混凝土面板变形。

竣工期混凝土面板由于堆石区水平位移的影响，面板下部呈现向上游的位移，而面板上部则呈现向下游的挠度。挠度值最小的是方案1和方案5，其值为15cm；挠度值最大的是方案4，其值为29.4cm。水库满蓄后，面板变形分布规律较好，面板挠度均指向坝内，面板中上部区域挠度较大，最小值为34.5cm（方案5），最大值为65.7cm（方案4）。

9.1.3.3　分区方案比选结果

五个坝体分区方案中，坝体变形差别较大，采用块石料筑坝的坝体沉降变形是采用砂砾石料筑坝的2.2倍，坝体沉降率达到了1.41%；水平位移是砂砾石筑坝的1.15～1.45倍，面板变形大约2倍于砂砾石筑坝的变形值。上、下游堆渣对坝体沉降变形影响不大，可减小水平变形，对坝坡稳定、增加坝体渗透稳定性也有利。综合上述，采用砂砾石料筑坝坝体变形控制方面优势明显，故选择方案5为代表性方案。

9.1.3.4　坝体分区方案优化

茨哈峡工程区为高海拔、寒冷地区，极端最低气温－37.2℃。遇极端气温时水位变幅区的垫层料会发生冻胀，影响垫层料排水特性，可能对面板产生破坏。根据初步选出的分区方案（方案5），考虑工程区的气候条件和茨哈峡面板砂砾石坝的工程特点，对排水区的位置和各区料的布置进行调整。为使渗透水流尽快排出坝体，尽量保持砂砾石堆石体的干燥，排水体向上游移至过渡区的下游。为提高坝体渗透稳定性，将垫层区、过渡区、反滤区及排水区采用变厚度布置，沿高程方向自上而下逐渐加厚。优化后坝体分区如下：

（1）盖重区（1B）。作为铺盖区淤堵料的保护体，同时也是上游坝坡的压重体。采用建筑物开挖料填筑，要求最大粒径不大于1000mm。考虑运行期面板检修，泄洪放空洞底坎高程为2870m，水库放空的最低水位为2900m，坝前盖重顶高程取为2875m。顶部水平宽度5.0m，上游坡比1∶2。

（2）铺盖区（1A）。当面板局部开裂或止水系统受损后，铺盖料被水流带进缝中，经面板下垫层料的反滤作用，淤堵裂缝，恢复防渗性能，是防渗系统的一种附加安全措施。淤堵料采用砂砾石料中的粉细砂，铺盖顶高程为2875m，顶部水平厚度5.0m，坡比1∶1.6。

（3）垫层区（2A）。面板堆石坝的第二道防渗线，具有半透水能力，当面板和接缝止水开裂时，起到限漏作用；将面板承受的水压力均匀地传递到堆石体且保证面板有良好的受力条件，为混凝土面板提供一个平整、均匀、可靠的支撑面。垫层区的水平宽度由挡水水头、垫层料的渗透特性、地形条件、施工工艺和经济比较确定。国内外已建堆石坝的垫层区均采用等宽布置，宽度大多3.0～4.0m。考虑到该工程坝高达257.5m，采用天然砂砾石料筑坝。为提高坝体渗透稳定性，增加垫层料承受水头的安全裕度，垫层料区水平厚度采用变厚度布置，随着水头的增加，垫层料厚度自上而下逐渐加厚，顶部水平厚度为4.0m，底部水平厚度8m。

（4）特殊垫层区（2B）。在垫层底部周边缝处设置该区是为了给底部铜止水提供比垫层更密实、均匀、平整的支撑面。当止水局部破坏出现渗漏时，能对上游防渗土料起更好的反滤淤堵作用，形成自愈型止水结构，加强垫层料对渗漏的控制。特殊垫层区的断面为梯形，厚度3.5m，顶宽3.0m，下游坡比1∶1。

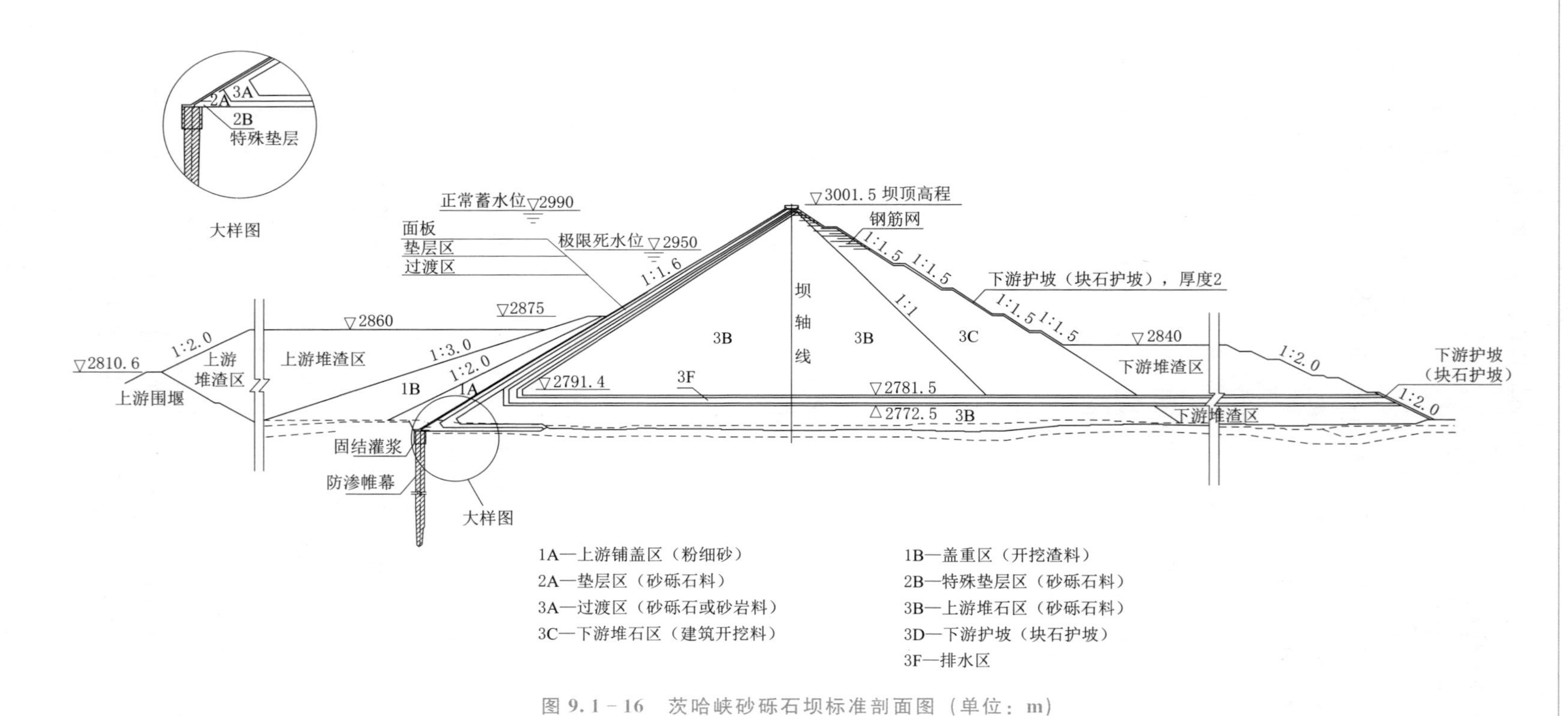

图 9.1-16 茨哈峡砂砾石坝标准剖面图（单位：m）

（5）过渡区（3A）。为满足垫层区与上游堆石区水力过渡而设置，同时也是排水料的第一层反滤料，水平宽度采用变宽布置，自上而下水平宽度由6m至12m逐渐加厚。

（6）反滤区。为保护过渡料、上游砂砾石料而设置，布置于排水体的周边，采用变厚度布置，自上而下水平宽度逐渐加厚，水平宽度3～6m。

（7）排水区。主要作用是排除坝体内的渗漏水，布置于过渡区与砂砾石区之间，分为垂直排水体、水平排水体。垂直排水体沿高程方向自上而下变厚度布置，厚度3～9m；水平排水体与垂直排水体相接，厚度3m。排水体在坝体内按条带状布置，每一条带宽度20m，间距20m，每一排水体条带四周布置反滤保护料。水平排水体的下游出口与下游排水棱体相接。

（8）堆石区（3BⅠ）。作为堆石坝的主体分区，采用天然砂砾石料，是承受水荷载及其他荷载的主要支撑体。

（9）堆石区（3C）。位于坝轴线下游，顶部高程2993.2m，底部高程2810.0m，主要采用建筑物开挖料。

（10）下游坝面块石护坡（P）。下游坝坡高程2940m以上的下游坝面设置0.6m厚的浆砌石护坡，其余部位设置1m厚的干砌块石护坡。

（11）上、下游堆渣区。主要作用是提高大坝渗透稳定和坝坡稳定的安全裕度，采用枢纽开挖弃料。

调整后的坝体分区见图9.1-16。

9.2　变形协调控制措施和评价方法

研究成果表明，堆石体的变形包括主压缩变形、次压缩变形和蠕变变形（流变变形）。主压缩变形主要通过降低堆石孔隙率来实现，在堆石碾压过程中很快完成；次压缩变形主要由堆石上覆压重来完成，发生在主压缩变形后，变形速率较主压缩阶段小；而堆石体的蠕变变形则在堆石填筑完成后还要延续相当长的一段时间。堆石体各阶段的变形特性主要与母岩特性和压实密度有关。

坝体变形控制目标包括大坝总体变形量、面板浇筑后的坝体变形增量和变形梯度，其中变形梯度控制主要是控制不均匀变形。总体变形量控制可通过选择优质硬岩堆石料，提高坝料压实密度的措施实现。面板浇筑后的坝体变形增量可通过优选后期变形小的坝料和压实参数，同时采用面板浇筑前超高填筑堆石坝体、延长面板浇筑前坝体预沉降时间或选取较小的沉降速率等施工控制措施。不均匀变形可通过优化坝体分区（期）、控制不同区域坝料模量差、施工时采取平衡上升的填筑方式、分期蓄水预压等措施予以控制。

9.2.1　坝体变形协调控制理念

对于高堆石坝的设计与施工，堆石体的变形是一项至关重要的考虑因素。为了保障高堆石坝的安全，必须在设计与施工中遵从坝体变形控制与综合变形协调的全新理念。总体上看，堆石体变形对高混凝土面板堆石坝的影响主要包括以下几个方面：①堆石体的变形决定着大坝的整体工作形态；②堆石体的变形决定了混凝土面板的应力状态；③堆石体的变形决定了面板接缝系统位移的量值。

对于堆石坝而言，混凝土面板和接缝止水系统是其挡水、防渗的生命线，变形控制与综合变形协调的最终目标是通过对堆石体变形总量和变形梯度的控制，实现混凝土面板和接缝止水系统的安全。基于对高堆石坝应力变形特性的分析与研究，以及对现代高堆石坝建设经验和相关研究成果的总结，高堆石坝变形控制与综合变形协调的理念可以归纳如下：

（1）高堆石坝变形控制的核心是堆石体的变形控制。堆石体的变形与母岩材料特性、堆石颗粒级配、压实密度、坝高、河谷形状系数等直接相关。

（2）高堆石坝设计、施工应选择低压缩性、级配良好的筑坝堆石材料并严格控制碾压密实度，以减小坝体变形总量值。

（3）高堆石坝的设计应通过合理的材料分区，实现坝体不同部位、区域的变形协调。

（4）高堆石坝的施工应通过调整填筑工序为上游堆石区提供充足的变形稳定时间。

在上述变形控制与综合变形协调理念中，除了堆石体变形总量的控制外，一个非常重要的理念就是变形综合协调，具体包含以下几个方面的变形协调。

1. 坝体上、下游堆石区的变形协调

对于高堆石坝，坝体上游堆石和下游堆石将协同承担蓄水期对面板的支撑作用。观测结果和数值计算分析均表明，对于高坝而言，下游堆石区的变形对上游堆石区和混凝土面板有着显著的牵制作用。上、下游堆石区变形的不协调，将直接导致坝顶水平位移的增大和混凝土面板顺坡向拉应力的增加，进而产生面板水平向裂缝。因此，在高土石坝的设计和施工中，应采取工程措施避免上、下游堆石区模量的较大差异，以协调上、下游区域的变形。

2. 岸坡区堆石与河床区堆石的变形协调

对于修建于V形河谷或狭窄河谷中的高堆石坝，岸坡区堆石与河谷中心部位堆石区的变形由于岸坡的约束作用而存在一定的差异，过大的差异变形将在岸坡段形成较大的沉降变形梯度，进而导致上游垫层区和混凝土面板的斜向裂缝。因此，对于狭窄河谷或V形河谷中的高堆石坝，一方面要通过降低坝体堆石整体变形量以减小河谷与岸坡段堆石的变形差，另一方面要在岸坡一定范围内设定细颗粒、高模量低压缩区，以减小岸坡段堆石体的沉降变形梯度，从而实现岸坡区堆石与河床区堆石的变形协调。

3. 面板与上游堆石的变形协调

堆石坝的主要防渗结构是混凝土面板，相对于散粒体的堆石而言，混凝土面板是一个刚性结构物，虽然面板依靠于堆石体之上，但面板与堆石体之间是一种非线性接触关系，两者之间的变形关系属于非连续变形。大量混凝土面板坝的观测结果表明，混凝土面板的应力应变主要是因下部堆石体变形而产生。在坝体自重和水荷载的作用下，面板与堆石体之间产生摩擦接触，并通过这种摩擦接触实现剪应力的传递。由于混凝土材料与堆石材料性质相差悬殊，其接触面部位经常会出现错动与脱开，这就是面板与堆石间非连续变形造成的变形不协调所致，而这种变形不协调将导致面板应力状态的恶化。因此，在设计和施工中，一方面要通过工程措施减小和降低堆石体对面板的约束作用，另一方面要通过适当的堆石填筑超高避免混凝土面板与堆石体之间的脱空。

4. 上部堆石与下部堆石的变形协调

高堆石坝由于坝高的增加，堆石体所承受的应力水平也有较为明显的增大。在这种情况下，堆石材料的流变变形将成为影响坝体和面板应力变形的一个重要因素。从数值计算分析和工程运行监测数据可以发现，堆石流变变形在坝体不同部位的作用是不一样的，总体而言，坝体上部堆石受流变变形的影响较大。因此，在土石坝的变形控制中还应考虑其竣工后长期变形条件下下部堆石体与上部堆石体变形的协调，工程中可采取延伸上游堆石区至坝顶或在坝顶部设置高模量区的方式。

5. 堆石变形时序的协调

从堆石材料的变形特征看，压缩变形主要是颗粒的移动及颗粒破碎后的级配调整，因此，堆石在荷载作用下的变形是一个随时间变化的过程。堆石体沉降完成的程度与堆石碾压后的初始孔隙率、堆石块体的抗压强度、软化系数、下伏堆石体的厚度和特性、上覆堆石压重（厚度）等有关。对于高坝，由于高应力水平的作用，堆石颗粒破碎的作用较为突出，堆石变形的时效作用更为明显。不同区域堆石填筑的顺序将有可能造成堆石体变形时序的不协调，从而对坝体和面板的应力变形性态产生不利影响。因此，高土石坝综合变形协调的另一个重要方式是合理布置和调整堆石填筑顺序、设置堆石预沉降时间，协调坝体各区域变形稳定时间，从而改善混凝土面板的应力状态。

根据高堆石坝变形控制与综合变形协调理念，高堆石坝应从设计和施工上采取集成的变形协调控制技术，包括以下几个要点：

（1）筑坝堆石材料的选用。高堆石坝的筑坝堆石材料应选择中硬岩，母岩的单轴饱和抗压强度为30～80MPa。为保证堆石的压实密度，要求堆石材料应具有良好的级配，对于300m级的高堆石坝，应研究堆石材料的最优级配，考虑适当增加粒径5mm的细颗粒含量。

（2）坝体堆石材料的密度控制。提高堆石压实密度是降低堆石体变形总量的基础性措施。对于高土石坝，一般应控制上游堆石的孔隙率不大于20%。施工中应采用大功率重型振动碾压实（25～35t），并在堆石碾压施工中充分加水（15%～20%）。

（3）坝体断面分区。对于高堆石坝，坝体下游堆石区材料的性质与上游堆石区材料不能有较大的差别。分区设计应控制上、下游堆石区的变形模量差，并尽可能地使上、下游堆石的变形模量保持一致。下游堆石区（3C）的上游边界应倾向下游，坡度不宜陡于1：0.5。对于狭窄河谷或岸坡陡峭的坝址，在坝轴线以上沿岸坡20～30m范围应布置颗粒较细、高压实密度的变形模量增强区，以降低岸坡段堆石区的沉降变形梯度。在坝顶部区域（30～40m范围内），也应通过提高压实密度，设置变形模量增强区。

（4）堆石填筑施工顺序。对于高堆石坝，坝体堆石的填筑施工应尽可能实现上、下游全断面均衡上升，当因施工期度汛要求而需先行填筑临时断面时，临时断面顶部高程与其下游侧已填筑堆石体顶部高程的高差不应过大（宜控制在20～30m以内）。在浇筑混凝土面板时，堆石体填筑高程应与混凝土面板顶部高程保持一定的超高（建议不小于15～20m），以避免面板与堆石体之间脱空。

（5）堆石的预沉降稳定。为减小坝体变形对混凝土面板应力的不利影响，面板浇筑时应保证上游堆石体有一定的预沉降时间以使堆石的变形基本稳定。一般建议的预沉降时间为4～6个月，或以上游堆石区沉降标点的月沉降量小于3～5mm作为变形稳定的判别标准。

9.2.2 减小坝体变形总量的主要工程措施

9.2.2.1 合理的坝体分区

高堆石坝坝体分区以渗透稳定控制为目的，以上堵下排为基本原则，设计中为尽量避免高土石坝出现坝体变形过大、面板裂缝、面板挤压破坏等问题，综合考虑坝体变形控制措施和渗透稳定控制措施，同时兼顾工程安全、经济和物料利用合理性等，结合坝料试验和大坝应力应变分析结果，最终确定坝体断面分区。

从坝体变形控制角度考虑，坝体分区应遵循从上游到下游采用变形模量相当的坝料，且坝料变形模量依次递减的原则，以保证坝体变形的均匀性，控制蓄水后的坝体变形，从而减小面板和止水系统遭到破坏的可能性。结合茨哈峡高堆石坝计算分析和方案比选结果，也可以看出此种分区原则的合理性。在此原则的基础上，根据各工程特点提出相应的优化措施，如针对位于狭窄河谷的工程，在两岸陡坡处设岸坡垫层区（增模区）以缓解河谷束窄效应等。

从渗透稳定控制角度考虑，坝体分区应遵循从上游到下游的坝料渗透系数递增，使坝体排水畅通，且相邻区下游坝料对上游区有反滤保护作用的原则，各区满足水力过渡要求以保证堆石区排水性能。

在保证工程安全、经济的前提下，结合工程枢纽布置和建筑物开挖工程量，利用数值分析计算手段，确定建筑物开挖料均能利用分区控制技术布置在坝体合适的范围内。在坝轴线下游变形模量低的部位，充分利用建筑物开挖的有用料，不足部分从石料场开采，减少建筑物开挖弃料和渣场规模，提高工程经济性。此外，分区应尽可能简单，利于施工、坝料运输及填筑质量控制，各区的最小尺寸满足机械化施工要求。

坝体一般分为坝壳、防渗体、反滤及过渡、护坡、排水区等。对坝壳和防渗体根据料源情况，可进一步细化分区，坝壳可分为上游堆石区和位于内部的下游堆石区。建于高陡河谷的高坝，可在岸坡部位的坝壳区域设置过渡区。下游坝壳堆石区底部应高于下游最高水位5m。对于上游堆石区，要求坝料除具有高强度、低压缩性外，还应具有良好的透水性，下游堆石区的堆石材料应具有较高抗冲刷性能。上游堆石区底部可降低对坝料渗透性的要求。下游堆石区对强度要求可降低，可进一步降低对渗透性的要求。中、低坝坝壳可采用软岩填筑；高坝坝壳宜采用中、硬岩填筑；特高坝坝壳宜采用硬岩填筑。经过技术论证后，高坝、特高坝下游堆石区也可采用含软岩的堆石料填筑，软岩含量应通过试验确定，宜适当提高软岩压实标准。上游堆石区透水性良好的坝料数量不能满足要求时，可在水位变动区设置排水体，加强坝体排水，并应做好排水体的反滤。防渗体在坝体中心时，坝体各区填料的变形模量宜从坝体中心向外逐步增加，防渗体在坝体上游侧时，各区填料的变形模量宜从上游向下游逐步增加。各区之间应根据各种运用条件下坝体的渗透坡降确定适合的反滤要求。对特高坝、高坝的防渗体，在存在多个料源的情况下，应根据防渗、变形、抗裂、抗震要求，在满足坝体安全、方便施工、有利于环保和降低工程投资的前提下，开展土料分区研究。防渗体中下部在满足防渗要求的前提下，填筑压缩性较低的土料。特高坝、高坝分区设计时应考虑坝料的流变和湿化影响。坝体分区宜充分利用建筑物开挖料，减少料场征地，降低弃渣量，利于环保和水土保持。应合理安排施工进度，提高开挖料直接上坝率，减少渣料转存。可根据坝基砂层抗液化、坝体抗深层滑动、减少弃渣场容量等要求，在上、下游坝趾设置压重区，采用建筑物开挖弃料填筑，压重的填筑范围和高度应满足设置目的及要求，填料应碾压密实。

9.2.2.2 提高填筑密度

坝料特性试验成果及工程实践经验表明，坝料填筑密度对坝体变形有直接影响，坝料密实度越高，压缩模量越大，在后期荷载作用下的压缩变形越小。如GS电站大坝采用玄武岩堆石料，平均饱和状态压缩模量，孔隙率22%时为120MPa，而孔隙率18%的坝料则可达165MPa；以这两种坝料压缩试验曲线按分层法计算，300m高坝体最大沉降量分别为5.89m（对应22%孔隙率）和4.40m（对应18%孔隙率）；以两种坝料三轴剪切试验确定的应力应变参数采用平面有限元计算300m高坝体最大沉降变形分别为3.02m（对应22%孔隙率）和1.71m（对应18%孔隙率）。因此，对于高坝，筑坝料应采用较高的密实度、较小的孔隙率指标设计，采用重型碾、薄层碾压、足量加水的施工措施，使筑坝料尽量压密。

同时，岩性对坝体变形的影响也较大，对于相同孔隙率的填筑密实度，含软弱岩石坝体的沉降变形远大于硬岩料。以糯扎渡工程中的花岗岩、泥质软岩和砂岩为例，花岗岩饱和抗压强度一般大于60MPa，为硬岩，而泥质软岩和砂质中硬岩，软岩含量20%～40%。对孔隙率19%、24%的两种坝料进行压缩试验后三轴剪切试验，用所得参数分别进行300m级坝沉降计算分析，19%孔隙率按分层法计算两种坝料坝体最大沉降量分别为1.082m和3.053m，平面有限元计算坝体最大沉降量分别为1.47m和4.17m，硬岩料坝体最大变形仅为软质岩坝体变形的1/3；24%孔隙率按分层法计算坝体最大沉降量分别为2.363m和5.355m，平面有限元计算坝体最大沉降量分别为3.56m和7.34m，硬岩料坝体最大变形约为软质岩坝体变形的1/2。

国内150～200m级及300m级堆石坝上、下游堆石区筑坝料主要特点见表9.2-1和表9.2-2。与100m级高坝和2000年以前已建坝相比，对150～200m级高坝和2000年后建设的大坝填筑料的孔隙率和干密度提出了更高的要求，上游堆石料孔隙率一般为20%左右，下游堆石料孔隙率一般为21%左右。

表9.2-1　国内150～200m级堆石坝上、下游堆石区筑坝料主要特点

序号	工程名称	上游堆石料			下游堆石料		
		岩石种类	抗压强度/MPa	孔隙率	岩石种类	抗压强度/MPa	孔隙率
1	天生桥一级	灰岩	>60	22%	砂泥岩	>30	24%
2	洪家渡	灰岩	>60	20.02%	泥质灰岩	>30	22.26%～20.02%
3	紫坪铺	灰岩	>30	22%	灰岩、河床砂卵石	>30	22%
4	吉林台一级	凝灰岩、砂砾石	>90	22%～24%	凝灰岩砂砾石	>90	22%～26%
5	三板溪	凝灰质砂岩、板岩	>84	19.33%	泥质粉砂岩夹板岩	>15	19.48%
6	水布垭	灰岩	>70	19.6%	灰岩、泥灰岩	>30	20.7%
7	滩坑	火山集块岩、砂砾石	>60	18%～20%	火山集块岩、砂砾石	>60	22%

续表

序号	工程名称	上游堆石料			下游堆石料		
		岩石种类	抗压强度/MPa	孔隙率	岩石种类	抗压强度/MPa	孔隙率
8	董箐	砂岩夹泥岩	>60	19.41%	砂岩夹泥岩	>20	19.41%
9	马鹿塘二期	花岗岩	>60	—	花岗岩	>60	—
10	江坪河	砂砾石、冰碛砾岩	>60	17.6%～19.7%	冰碛砾岩、灰岩	>50	19.7%

表 9.2-2　300m 级堆石坝上、下游堆石区筑坝料特性表

工程名称	上游堆石料			下游堆石料		
	种类	平均湿抗压强度/MPa	孔隙率	种类	平均湿抗压强度/MPa	孔隙率
GS	玄武岩	>80	18%	玄武岩、砂板岩	>45	18%
茨哈峡	砂砾石料	>60	17% (D_r=0.85～0.9)	砂板石岩	>30	19%
MJ	花岗岩	>100	18%～19%	混合片麻岩	>100	19%～20%
RM	英安岩	>45	19%	英安岩	>35	19.4%

GS 电站筑坝料包括料场开采的玄武岩和工程枢纽建筑物开挖的玄武岩、砂岩、板岩，饱和抗压强度玄武岩大于 80MPa、砂岩大于 60MPa、板岩大于 45MPa，均为硬岩。垫层料（2A）采用料场开挖的弱风化以下玄武岩加工而成，孔隙率 17%；过渡料采用洞挖的微风化及新鲜玄武岩洞渣料及加工料，孔隙率 18%；上游堆石区采用建筑物开挖或料场开采的弱风化、微风化和新鲜的玄武岩料，孔隙率 18%；下游排水区料源为料场开采的微风化和新鲜玄武岩料，孔隙率 18%；下游干燥区采用工程枢纽建筑物开挖的玄武岩、砂岩、板岩混合料，孔隙率 18%。各区坝料压实后，垫层料压缩模量大于 100MPa，玄武岩堆石料压缩模量大于 150MPa，砂岩、板岩混合料压缩模量大于 100MPa。

室内试验成果表明，茨哈峡砂砾石料可达到较高的压实密度，采用 0.85～0.9 的相对密度换算的孔隙率可达到 17%左右，压缩模量一般均大于 100MPa；坝料工程特性研究成果表明，茨哈峡天然砂砾石料和块石料相比具有磨圆度好、变形模量高、压实性好、后期变形小的特点，天然砂砾石料是茨哈峡较为理想的筑坝料，砂砾石料渗透稳定性差的问题，可通过设置坝体排水和反滤保护等措施来解决。

针对特高土石坝最大沉降变形占坝高 1%的总体变形控制指标，建议筑坝料采用硬质岩，压实孔隙率不大于 19%；含软质岩的筑坝料经论证后只能用于下游坝体，并限制软岩含量，压实孔隙率不大于 18%。

9.2.2.3　预沉降控制

预沉降时间控制指标：每期面板施工前，面板下部堆石应有 3～7 个月预沉降期。

预沉降速率控制指标：每期面板施工前，堆石体的沉降速率已趋于收敛，监测显示的沉降曲线已过拐点，趋于平缓，月沉降变形值不大于 2～5mm。

洪家渡工程建议分期浇筑面板，其顶高程宜低于浇筑平台的填筑高程 7～10m，坝体填筑到面板顶部高程（防浪墙底高程）后继续填筑超过防浪墙底高程 2m，浇筑防浪墙时

再回挖至防浪墙底高程。杨启贵等（2010）根据水布垭工程的实践经验，提出面板施工前应为堆石体预留6个月以上的沉降期，当沉降速率小于3～5mm/月后方可拉面板，分期面板的顶高程宜低于堆石体20m以上。

对于特高堆石坝，采取在原先三个分期浇筑面板的基础上再增加一个分期，即进行四个分期面板的浇筑；前三期面板其下堆石的预沉降时间应不少于6个月；一期面板与相邻堆石的高差应不小于26m；二期面板与相邻堆石的高差应不小于30m；三期面板与相邻堆石的高差应不小于15m；四期面板到顶，可在坝体蓄水后的8个月左右浇筑，此时坝体的变形已趋于稳定。

9.2.3 减小坝体不均匀变形的主要工程措施

9.2.3.1 坝体精细化分区

堆石坝的坝料分区具有重要意义，因堆石体的变形直接影响到混凝土面板和其他防渗结构体的工作可靠性，所以堆石体的变形应是防渗结构所允许的；从渗流角度看，要求堆石坝体在施工期能够挡水度汛，运行期渗透水能通畅地往下游排除，总体上遵循“上截下排”的原则，以利于坝体稳定。为此，坝体材料分区的原则是：各区坝料之间应满足水力过渡的要求，从上游向下游，坝料的渗透系数递增，相邻区下游坝料对上游区有反滤保护作用，防止内部管涌和冲蚀；从上游到下游坝料变形模量递减，以保证蓄水后坝体变形尽可能小，从而减小面板和止水系统遭到破坏的可能性；充分利用枢纽开挖石渣，以达到经济的目的。

坝体材料分区及填筑程序应综合考虑材料特性、料源及施工期防洪度汛等要求；选择高功能的碾压设备，提高坝料填筑密度；坝料使用中应充分考虑物料湿化、蠕变及物料在存储、倒运过程中性质的变化，坝体材料分区与填筑分区统一考虑，以尽可能减小各时期坝体的不均匀变形。整个坝体堆石在碾压后具有较高密实度和压缩模量，并要求上、下游堆石料模量尽量接近。

前期研究成果表明：上游堆石区范围大小变化对坝体变形的影响一直可延续到上游边坡的中上部，从而对面板的应力和变形形状产生影响，上、下游堆石分区采用倾向于下游的坡度为宜，具体分界线的位置应根据工程和坝料的具体情况，通过对比计算分析确定，当分区坡比缓于1：0.2后，下游堆石料区对上游坝体及面板的变形影响相对较小；下游坝坡处下游堆石料保护区的影响区域主要位于下游坝坡附近，对上游坝坡和面板的影响较小；下游堆石料模量变化对坝体位移具有较大影响，其影响区域主要集中在下游堆石区至下游坝坡处，对上游坝坡顶部则稍有影响，提高下游堆石区模量可以适度减小中上部面板的挠度，虽然挠度减小的比例不大，但对于控制面板脱空规模、改善面板应力条件还是可以起到一定的效果，从避免坝体不均匀变形的角度出发，上、下游堆石区模量比应小于1.5；下游堆石料底部模量变化对坝体变形的影响区域相对较大，但幅度相对较小，当下游底部1/4坝高堆石料模量降低40%时，坝体沉降量、面板挠度变幅值小于5%；坝顶增模区对坝体变形的影响仅局限在坝顶区域，且对坝体变形影响的数量也很小，可增加坝体坝顶部分的刚度，蓄水和地震工况下对三期面板较为有利。

根据上述研究结果，对于高堆石坝，由于坝体填筑规模较大，坝料差异客观存在，综合考虑安全与经济，为充分利用不同品质的筑坝料并控制因材料差异带来的坝体不均匀变形，提出以下分区要求：

（1）为减小坝体顺河方向的不均匀变形，应将较好的坝料置于上游区，上下游堆石分区界线坡度以采用倾向于下游、坡比缓于1：0.4为宜；通过调整料源或压实指标，控制上、下游堆石区的压缩模量尽可能相当。

（2）为减小坝轴线方向的不均匀变形，在地形突变的岸坡进行整形或设置增模区。

GS堆石坝坝料从上游到下游分为四个区，上游堆石料与下游堆石料分界线向下游倾斜，坡比为1：0.5；上游堆石区采用玄武岩填筑，下游堆石区采用砂板岩填筑，孔隙率均为18%，平均压缩模量基本相当。同时拟将坝顶以下50m高度的坝体设为增模区，增模区坝料用强度较高的新鲜玄武岩料；对坝基岸坡进行修整，减小起伏差，并在坝体与坝基接触带增设5m宽的增模区，提高岸坡接触带的压实质量，减小岸坡突变引起的不均匀变形和应力集中。

对茨哈峡坝体的初步研究成果表明，扩大砂砾石料的填筑范围可有效减小坝体变形。上、下游堆石区分区坡度采用1：1，增加砂砾石料的填筑范围，使上游水荷载由砂砾石堆石体承担，充分发挥砂砾石压缩模量高、后期变形小的优势，下游开挖堆石料起到稳定下游坝坡和排水作用。为提高坝体安全性，进一步提高坝体渗透稳定性和坝坡抗滑稳定性的安全裕度，增加了上、下游压坡体，增加大坝底部宽度，上游压坡体范围由面板至上游围堰，长度约200m，压坡体顶高程为2860m，约为坝高的1/3，下游压坡体长度约60m，顶高程2840m，约为坝高的1/4。茨哈峡坝址区河谷对称性好、两岸岸坡较平缓，大坝布置在坝址区500m宽的砂岩条带内，大坝趾板及堆石体基础地形地质条件较好，对控制大坝变形和面板挤压破坏有利。河床部位基本无强风化，覆盖层薄，挖除覆盖层后，河床趾板建基于弱风化基岩下部，堆石体基础适当清挖局部强风化层。河床趾板及堆石体均建基于基岩上，也有利于控制坝体沉降。两岸趾板置于弱卸荷（弱风化）岩体，趾板线比较平直，趾板下游岸坡较缓，岸坡附近堆石逐渐加厚，减少了纵向的变形梯度。右岸大坝坝轴线下游局部坝基边坡涉及3号倾倒变形体，溢洪道布置对3号倾倒变形体上部进行了开挖处理，下部坝基部分按照大坝坝基要求开挖处理后，边坡稳定满足要求。挖除3号倾倒变形体上游分区（Ⅱ区），将上游堆石基础置于变形体以下的完整岩体中；下游部分堆石体坐落于3号倾倒变形体下游分区（Ⅰ区）之上。比较3号倾倒变形体与茨哈峡块石料的变形模量，二者基本相当，不会对坝体沉降变形产生大的影响。同时堆石体应力状态调整和变形是长期过程，而变形体经历了若干年长期变化，边坡岩体的沉降变形处于稳定状态，3号倾倒变形体的变形稳定性应好于堆石体。因此3号倾倒变形体下游分区对堆石体变形的影响较小，挖除变形体下游分区浅表部10～15m后，变形体上游采取帷幕防渗、排水措施，3号倾倒变形体抗滑稳定性、变形稳定性及渗流稳定性问题均得到解决，大坝坝基安全可靠。

9.2.3.2 坝体填筑均衡上升

天生桥一级大坝施工期在左岸和河床坝体的上游坡面出现裂缝，分期浇筑的面板顶部出现脱空和结构性裂缝等，左岸坝体问题较多。根据对施工情况和观测资料的分析认为，主要原因是坝体采用上游高、下游低的多期次度汛断面、经济断面，这些断面上、下游在短期内填筑高度过大，填筑强度不均匀造成了堆石坝体上游与下游沉降不均匀；另外，为运输左岸上游堆存的ⅢC料，在左岸坝体高程725m预留临时上坝施工道路，由此在左岸坝体内形成纵向台阶和几道施工缝，后期为满足度汛要求，加快了该部位坝体的填筑速度，实测表明左岸坝体沉降量偏大，在纵向上也出现了不均匀变形。

对天生桥一级实际施工方案和坝体上下游均衡上升的施工方案进行模拟计算，结果表明：实际施工方案由于存在坝体临时断面填筑高差较大等不利因素，计算的面板脱空较大；均衡平起施工方案计算的面板脱空为实际施工方案的42.6%～52.7%。

因此，优化坝体填筑施工方案是减小和避免面板脱空的有效手段。高堆石坝坝体填筑施工时要求尽量均衡上升，基本做到坝体纵向和上下游方向均衡平起上升，因施工组织需要不能平起上升时，需控制相邻区域填筑高差小于25m，但面板浇筑前应确保上、下游坝体在同一高程或下游略高。

9.2.3.3 加强施工质量控制

为使坝体获得更高的密实度和更好的施工质量，高堆石坝填筑质量的过程控制尤为重要，应采用多种坝料质量检测控制措施。除常规挖坑检测外，采用附加质量法、核子密度仪等检测手段检测各区坝料压实密度，同时采用数字化、可视化大坝施工质量监控系统控制各项施工参数，确保坝料压实质量，减小后期变形和施工原因造成的不均匀变形。

9.2.3.4 分期蓄水与坝体临时断面充水预压

在满足工程安全度汛的前提下，应合理规划分期蓄水，不仅有效发挥电站经济效益，同时可以利用分期蓄水，有序对坝体进行预压作用，便于坝体应力和变形调整，降低坝体变形使面板产生脱空或者破损的概率。

9.2.4 减小后期变形的工程措施

后期变形对堆石坝面板的运行性状有着重大影响，国内外已建的一些200m级高面板坝工程在运行过程中发生的面板压碎、拉裂等破坏现象基本都与坝体后期变形有关。如天生桥一级面板坝，在运行期间由于后期变形大，混凝土面板发生了局部挤压破损。高185m的Barra Grande面板坝（巴西）和高202m的Campos Novos面板坝（巴西），运行期由于坝体后期变形大，都出现了面板压碎破坏现象。

堆石体的后期变形包括湿化、流变等变形。湿化变形的机理是，堆石体在一定应力状态下浸水，颗粒矿物发生浸水软化，颗粒发生相互滑移、破碎和重新排列，从而导致体积缩小的现象；堆石体的流变在宏观上表现为高接触应力→颗粒破碎和颗粒重新排列→应力释放、调整和转移的循环过程，在这种反复过程中，堆石体的变形逐渐完成。因此，堆石料后期变形是由于堆石体颗粒材料在一定的应力状态下，发生破碎、滑移和重新排列，导致堆石体发生体积变形的现象，堆石坝计算分析中大多称之为流变变形。

土石坝数值分析中，不考虑流变可能导致计算结果偏小，同时，考虑流变后计算所得的面板应力变形规律也不一样。公伯峡大坝（高134m方案）和两河口大坝（高310m方案）三维有限元计算结果显示：考虑坝料的流变特性后，坝体沉降量增加较为明显，坝体水平位移变化相对较小；与不考虑流变相比，考虑流变因素的，面板挠度和轴向位移都有所增加，面板轴向应力表现为拉、压应力均有所增加，面板顺坡向应力表现为压应力增加、拉应力减小。由此推断：堆石料流变过大，可能引起面板应力较大，河床中部面板压性垂直缝可能压碎，两端可能拉裂；面板中下部可能因顺坡向压应力超标而产生裂缝。因此，高面板坝设计中应考虑后期变形对混凝土面板的危害，一方面要减小后期变形，另一方面要从结构上化解后期变形的不利影响。减小后期变形的具体工程措施如下：

（1）优选筑坝料。堆石体颗粒破碎主要受母岩强度、水理特性等影响，也与施工期间（碾压荷载）、运行期间的应力状况、环境等有关。已有研究成果及天生桥一级的实践经验表明，硬质岩后期变形较软质岩小得多，软化系数小的堆石料湿化和流变较大，密实度低的坝料比密实度高的坝料流变大，故高堆石坝应采用软化系数大的硬质岩填筑。

（2）重型碾、足量加水施工碾压。采用高功率碾压设备，加水使坝料软化，使大部分筑坝料颗粒在施工期间完成软化破损、滑移调整，从而减小后期变形。

（3）优选施工程序和面板浇筑时间。

1）面板浇筑前坝体断面填筑超高。实践经验和前期研究成果表明，超填高度对面板脱空的影响较大。在不进行超高填筑的情况下，前期浇筑的面板在后续坝体填筑上升过程中会出现明显的面板脱空现象。但通过增加面板浇筑前后部坝体的超填高度，面板的脱空逐步减小。在分期面板开始浇筑时，除面板施工作业场地外，其后部坝体可尽量填高，一般情况下在分期面板浇筑前，后部坝体顶部采取10～20m的超填措施可明显减小面板的脱空规模，在超填高度一定的情况下增加超高填筑体的宽度也有助于减小面板脱空，即平起填筑方案面板脱空相对较小。

2）预沉降时间和控制预沉降速率。通过对已有高坝的分析和沉降控制的分析和实践，堆石坝体在填筑后六个月内和第一个雨季是后期变形发展的快速阶段。为此，针对高堆石坝提出了坝体预沉降量化控制两项指标，一是预沉降收敛控制指标，二是预沉降时间控制指标。

a. 预沉降收敛指标。每期面板施工前，面板下堆石体的沉降速率已趋于收敛，即监测显示的沉降曲线已过拐点，趋于平缓，月沉降量不大于3～5mm。

b. 预沉降时间指标。每期面板施工前，面板下部堆石体应有3～7个月预沉降期。

以上两项指标中，重点控制预沉降收敛指标，如GS面板坝提出分期面板浇筑前顶部填筑体超填高度为13～15m，下部填筑体预留沉降时间为3～6个月；最终预留预沉降时间根据沉降速率确定，当沉降速率小于3mm/月后方可拉面板。

9.2.5 坝体变形稳定评价方法

9.2.5.1 经验公式法

影响土石坝的变形因素主要为坝高、变形模量以及河谷形态。针对这些主要变量，在工程实践中总结了面板沉降量估算法。该法主要是利用已建和待建坝的坝高和坝体压实模量进行坝体沉降量预测：坝高是确定的量，而压缩模量的取值主要采用压缩试验成果取值或根据观测资料估算。其中：室内试验成果受到试样级配缩尺影响，与实际情况有偏离；施工期观测资料估算的压实模量既考虑了堆石性质，又考虑了河谷形状的影响，比较符合大坝实际特性。也有工程按分层总和法进行坝体沉降量预测。一些研究者利用坝高和蓄水前后的堆石压缩模量提出了面板在蓄水后的挠度估算法；还有研究者用河谷系数和堆石压实模量估算稳定期面板挠度。

9.2.5.2 数值分析法

近年来，土石坝应力、变形有限元分析发展较快，已有不少平面和空间有限元计算程序，考虑因素也越来越完善，促进了堆石料变形性质的试验研究。数值分析方法中应用最为广泛的还是有限单元法，其中计算模型和特殊边界模拟是关键技术问题。目前主要采用的本构模型包括邓肯 $E-B$ 模型、$K-G$ 模型以及"南水"双屈服面模型，各模型对比见表9.2-3。

表9.2-3　土石坝常用本构模型比较

模型分类	名称	主　要　特　点
非线性弹性模型	邓肯 $E-B$ 模型	该模型加载时使用增量形式的应力应变关系，有 φ_0、$\Delta\varphi$、R_f、K、n、K_b、m 和 K_{ur} 共计7个模型参数，可由常规三轴试验确定；模型的弹性模量是应力状态的函数，可以描述土体应力应变关系的非线性和压硬性；模型对加卸载分别采用不同的模量，可以在一定程度上反映土体变形的弹塑性；其模型参数少，物理概念明确，确定计算参数所需的试验简单易行，工程应用广泛。 但由于其建立在广义胡克定律的基础上，因此不能反映粗粒料的各向异性，不能反映堆石料剪胀和剪缩性
	非线性解耦 $K-G$ 模型	该模型共7个无因次的试验参数 K_v、H、m、G_s、B、d、s，可由一组单调加载的等应力比或其他应力路径的三轴剪切试验确定；该模型是典型的考虑体应变和剪应力耦合关系的非线性模型；模型能反映土体应力应变的非线性、弹塑性、对应力路径的依赖性以及剪缩性等主要的变形特性；该模型参数少，且有明确的物理意义。 但模型没有考虑堆石料塑性部分，不能反映堆石料剪胀性。可类比的计算结果偏少
弹塑性模型	"南水"模型	该模型共有 φ_0、$\Delta\varphi$、R_f、k、n、c_d、n_d、R_d 和 E_{ur} 共9个模型参数，它们均可由一组常规三轴压缩试验结果确定，且除 c_d、n_d 和 R_d 外，其余参数均同邓肯模型共用；模型反映了堆石体的剪胀（缩）性、应力路径转折后的应力应变特性，同时又可以采用常规三轴试验确定其模型参数，使用非常方便，数学表达式简单；模型不但可以反映堆石料的减缩性，而且可以考虑应力路径的影响。 模型采用抛物线描述体应变 ε_v 与轴向应变 ε_1 的关系，当剪应变较大时，剪胀体变形往往偏大；模型可类比的计算结果偏少

有限元计算中对周边缝和面板分缝主要采用无厚度连接单元进行模拟，面板与垫层的相互作用采用无厚度Goodman单元和Desai薄层单元来模拟。表9.2-4列出了堆石坝特殊界面所采用的单元模型及其优缺点。

表9.2-4　堆石坝特殊界面单元模型优缺点

类别	名称	优　缺　点
接触面模型	Goodman单元	优点：能较好地模拟接触面上的错动滑移或张开，且能考虑接触面变形的非线性特征。 缺点：单元厚度为0，有时会使两侧单元重叠
	Desai薄层单元	优点：避免了无厚度单元可能造成的两侧单元的重叠。 缺点：单元厚度的选择直接影响着接触面的特性
接缝模型	无厚度接缝连接单元	优点：不但能反映拉压变形，还能合理反映垂直缝的双向相对剪切变形以及周边缝拉压、沉陷和剪切三向变位。 缺点：由于采用了无厚度单元，在模拟接缝的受压特性时，会出现两侧混凝土单元相互嵌入的情形

综上，数值计算分析能够定性给出坝体和面板的应力变形分布规律，进行坝体变形预测；但由于本构分析模型在处理堆石的剪缩与剪胀特性、屈服与硬化规律、流变变形和湿化变形规律等方面还不完善，导致预测结果与实际监测数据有所区别，所以还需进一步提

高计算的可靠性，从而准确定量预测大坝变形。而经验公式估算法，主要依据已建土石坝的监测数据，这就对监测资料的来源提出较高要求，同时，堆石坝工程特性差异大，预测成果差异可能也较大。所以，300m 级堆石坝应以有限元计算为主，重要的工程还应包括反馈分析，并辅以经验判断。

9.3 筑坝料现场碾压试验与控制标准

9.3.1 试验内容与试验方法

碾压试验根据初定的压实机械和实际选定的大坝填筑料，在施工现场进行不同参数组合的试验，以获得最优的填筑参数。

9.3.1.1 试验内容

按不同的料源、不同的填筑区、不同的碾压设备、不同的碾压参数分别进行碾压试验，根据设计指标要求和推荐的碾压参数，参考类似工程施工参数，确定碾压试验的内容和方案。碾压试验包括以下内容：

（1）测试岩石的密度、容重、抗压强度、软化系数、级配料的视比重。

（2）测试压实机械性能。

（3）复核设计提出的压实标准。

（4）确定适宜、经济的施工压实参数，如碾压设备、铺层厚度、碾压遍数、行驶速度、加水量等。

（5）研究和完善填筑的施工工艺和措施，并制定填筑施工的实施细则。

9.3.1.2 试验准备

（1）碾压试验的时间和地点要求。

1）碾压试验应在坝料复查完成后，填筑施工前完成。

2）试验地址选在料场附近符合碾压试验要求的场地，也可以安排在坝基下游堆石区区域范围。

（2）试验场地相关要求。

1）场地应平坦开阔，一般不小于 30m×60m，地基坚实，清除试验区基础面的大块石和杂物。

2）用试验料先在地基上铺压一层，压实到设计标准，将这一层作为基层进行碾压试验，一般要求试验场地基层用 20t 以上振动碾碾压 10 遍后的沉降量小于 1mm；如场地本身基本满足要求，则在地基上找平压实作为基层，在基层上进行碾压试验。

3）在场外布置运料道路，架设 380V 用电线路和水管，满足试验过程中的用水、用电需要；在试验区外适当地方设置高程基准点。

4）试验区面积：①垫层料每个试验单元不小于 4m×6m（宽×长）；②砂砾石料每个试验单元不小于 4m×6m；③堆石料每个试验单元不小于 6m×6m。

5）试验铺料。由于碾压时产生侧向挤压，因此，试验区的两侧（垂直行车方向）应留出一个碾宽（一般为 2～4m）；顺碾压方向的两端应留出 4～10m 作为非试验区，以满足停车和错车需要。

6）试验组数。试验场地一般不小于30m×60m，可完成几个或几十个组合试验。采用淘汰法，每场只变动一种参数，一般每场布置1～4个试验组合；采用部分循环法，一般每场试验可以同时有2种或2种以上参数变动，一般每场布置8～12个组合。

9.3.1.3　试验方法

（1）平整和压实场地。试验场地必须进行平整处理，其表面不平整度不得超过±10cm，对试验场地的基面应进行压实处理，以减少基层对碾压试验的影响，设置测量方格网（1.5m×1.5m）和起始高程点。

（2）铺料。铺料方法有进占法和后退法。堆石料采用进占法铺料，砂砾石料、垫层料采用后退法铺料；必要时进行不同铺料方式的对比试验；铺料厚度按试验要求确定。

（3）平料。在试验区设立高度标杆，主要采用推土机平料，垫层料等不宜使用推土机平料时，可使用反铲辅以人工进行铺料，使其达到试验要求的厚度和平整度。平料后采用水准仪检测铺层厚度，保证铺料厚度达到试验要求。

（4）进行颗分试验，检测坝料碾压前的原始级配。

（5）碾压。根据料源情况，按试验规定的加水量在碾压前数小时完成洒水作业，加水量按体积法计算，用水表控制水量。用白灰标出各试验区域和单元，以及碾压等机械的行走路线；振动碾在场外起振到正常工况后，在专人指挥下进场；按进退错距法碾压，行车速度根据试验要求确定，一般控制在2～3km/h范圈内；错距按振动碾宽度除以碾压遍数计算确定，一般控制在20～40cm范围；其余按试验规定的参数进行。

（6）测量。设置测量方格网（1.5m×1.5m），埋设小钢板作为测点。碾压前及碾压过程中均需测量测点的高程，计算不同碾压遍数下的沉降量。

（7）试验检测。采用挖坑法，检测碾压后的坝料级配、湿容重、表观密度和含水量等指标。

9.3.1.4　试验成果

（1）每场试验完成后，由专人整理分析试验资料，及时研究试验情况，以便及时修订下一步试验计划、试验参数、试验内容等。试验成果整理时应绘制的关系曲线包括：

1）特定碾重及不同铺层厚度、加水量下，沉降量与碾压遍数的关系曲线。

2）特定碾重及不同铺层厚度、加水量下，干密度/孔隙率与碾压遍数的关系曲线。

3）各试验单元试验前后的填筑料级配变化曲线。

（2）根据以上成果，结合工程的具体条件，编制碾压试验报告，推荐各种坝料施工碾压参数和填筑标准。在试验报告中应提出的结论和建议包括：①设计标准的合理性；②与各种坝料相适应的压实机械和碾压参数；③各种坝料填筑干密度（孔隙率）控制标准建议值；④提出达到设计标准的施工参数，包括碾重、铺料厚度、加水量、碾压遍数、行车速度、错车方式等；⑤其他措施与施工方法。

（3）碾压参数的选定。根据碾压试验成果，结合工程的具体条件，确定施工碾压参数和碾压方法：

1）压实参数。压实参数包括机械参数和施工参数两大类。当压实设备型号选定后，机械参数即已基本确定。施工参数有铺料厚度、碾压遍数、行车速度、垫层料含水率、堆石料加水量等。

2）试验组合。试验组合方法有经验确定法、循环法、淘汰法（逐步收敛法）和综合法，一般多采用逐步收敛法。按以往工程经验，初步拟定各个参数。先固定其他参数，变动一个参数，通过试验得出该参数的最优值；然后固定此最优参数和其他参数，变动另一个参数，用试验求得第二个最优参数。以此类推，使每一个参数通过试验求得最优值；最后用全部最优参数，再进行一次复核试验，若结果满足设计、施工要求，即可将其定为施工碾压参数。

3）根据碾压试验，结合工程岩性、工程具体条件，确定施工碾压参数和压实方法，并编制试验报告。

9.3.2 试验场地布置与基础处理方案

以茨哈峡现场碾压试验为例来说明试验场地布置与基础处理方案。现场试验分别在吉浪滩料场试验场地和班多试验场地进行。

9.3.2.1 吉浪滩料场试验场地布置及基础处理

1. 试验场地布置

根据对吉浪滩料场地形踏勘和测量分析，通过与建设、设计单位共同现场协商，对原碾压试验场地和筛分系统布置进行了调整，碾压试验场地分两块布置。1 号试验场地在原设计试验场地附近靠近 tc_1、tc_4 取样点之间，试验场面积为 100m×90m，主要进行上游堆石区砂砾石料碾压试验。2 号试验场地布置在 tc_3、tc_5 取样点之间，试验场面积为 60m×50m，主要进行过渡料、垫层料、反滤料、排水料、胶凝砂砾石的碾压试验。在 2 号试验场地布置掺配场和储料场各一个。筛分系统布置在 2 号试验场地附近，面积约为 2000m^2。吉浪滩料场试验场地规划见图 9.3-1。

2. 试验场地基础处理

经测量，试验场地地形高差起伏较大，最大高差达 2.9m，基础处理换填工程量过大。根据两块试验场地地形特点，将 1 号试验场分成两个试验区域，2 号试验场地分成四个试验区域，分别进行基础换填与处理。

试验场地首先用 220HP 推土机清除表层覆盖层：1 号试验场地平均清除覆盖层厚度为 43cm，2 号试验场地平均清除覆盖层厚度为 56cm。用推土机整平并洒水碾压，振动碾压 12 遍以上，到原基不再明显沉降为止；随后铺筑一层砂砾石试验用料，洒水 5%湿润后，采用 32t 振动碾进行碾压，碾压至最后两遍沉降差在 2mm 内时停止；第二次对基础表面湿润后静碾 2 遍收平基础面。试验场整体高差控制在 20cm 内，局部起伏差小于 5cm。

9.3.2.2 班多试验场地布置及基础处理

开挖料碾压试验场地布置在班多试验场，试验场地面积为 40m×90m。对原填筑的弃渣基础，采用 32t 振动碾碾压 12 遍，再填筑 40cm 厚与试验料相同的开挖料找平基础，32t 振动碾碾压至沉降量小于 2mm 为止，静碾 2 遍收平基础面。试验场地平整度、起伏差符合要求后，布置碾压试验。

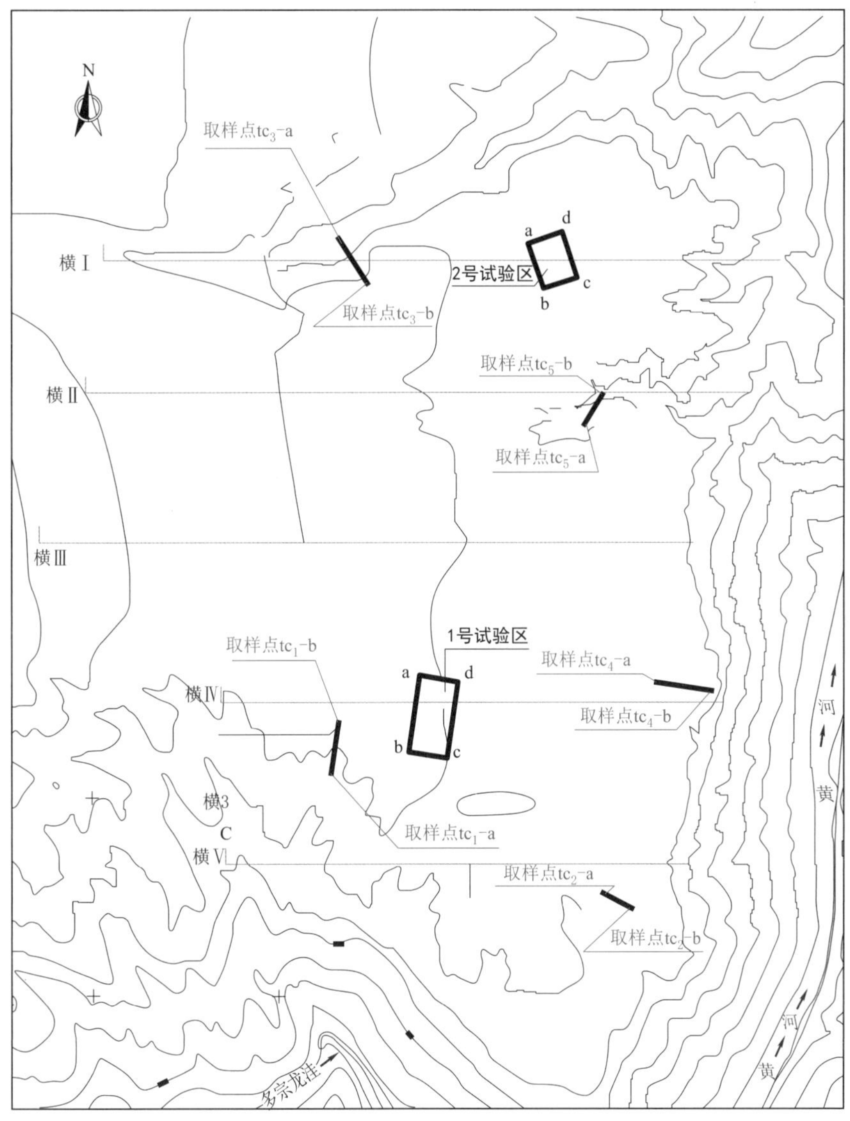

图 9.3-1 吉浪滩料场试验场地规划示意图

9.3.3 试验用料开采及加工方案

同样以茨哈峡现场碾压试验为例来说明试验料的开采及加工。根据坝料填筑设计级配特征要求及现场取样点核查结果，碾压试验料源采集主要在 tc_4、tc_5 号取样点。坝料填筑设计级配特征见表 9.3-1。

表 9.3-1 坝体填筑料设计级配特征

填筑料名称	最大粒径/mm	最小粒径/mm	<5mm 粒径含量	<0.075mm 粒径含量
垫层料	80		35%～50%	4%～8%
过渡料	300	采用剔除大于 300 颗粒后的砂砾石料级配		

续表

填筑料名称	最大粒径/mm	最小粒径/mm	<5mm 粒径含量	<0.075mm 粒径含量
下游堆石料	800		5%～35%	≤5%
排水料 1	采用剔除小于 1mm 颗粒后的砂砾石料		≤5%	0
排水料 2	校核试验剔除小于 5mm 颗粒后的砂砾石料		0	0
反滤料	60	2		
备注	排水料 1 为前期试验用料的级配组成参数，经碾压试验检测渗透系数不能满足设计要求，校核试验采用排水料 2 的级配组成参数进行			

9.3.3.1　上游堆石区砂砾石试验用料的开采

上游堆石区砂砾石料粗、中、细级配碾压试验用料分别采用 tc_4 号取样点不同区域的砂砾石料。tc_4 号取样点上部覆盖层厚度的 4.5m，采用 220HP 推土机及反铲进行覆盖层剥离，到达新鲜砂砾石层后，采用反铲在取料区域立面开采，20t 自卸车运至试验场地。

9.3.3.2　过渡料、垫层料、反滤料、排水料试验用料的开采及加工

（1）试验用料开采。过渡料、垫层料、反滤料、排水料碾压试验料料源以 tc_5 号取样点砂砾石料为主。tc_5 号取样点上部覆盖层厚度 3～6m，采用 220HP 推土机及反铲进行覆盖层剥离，使新鲜砂砾石外露，用反铲立面开挖砂砾石料、20t 自卸车运至筛分系统，加工垫层料、排水料、反滤料。砂砾石过渡料采用 tc_5 取样点剔除 300mm 以上颗粒的砂砾石料，人工配合机械制备堆存，复核级配符合要求后作为试验用料。

（2）试验用料加工。排水料、垫层料、反滤料的制备加工均在筛分系统和掺配储存场进行。

1）排水料制备。排水料制备分两次进行，第一次试验用料加工，剔除砂砾石料中 1mm 以下颗粒，现场碾压试验后测定渗透系数不满足设计要求，经设计调整指标后进行第二次试验用料加工，剔除砂砾石料中 5mm 以下颗粒，然后进行碾压试验。试验用料加工：反铲开挖、自卸车运至筛分系统料仓口堆存，装载机给筛分系统供料，在筛分分系统上设置一道 5mm 筛网，用剔除小于 5mm 以下颗粒后的砂砾石料进行排水料试验。

2）砂砾石垫层料制备。首先在筛分系统制备剔除大于 80mm 以上颗粒的混合料，再根据混合料级配组成和设计级配要求，制备缺失级配的分级料，进行室内掺配试验。确定满足设计要求的垫层料级配后，采用平铺立采工艺进行现场机械掺配，对掺配好的垫层料二次进行颗粒级配试验，满足设计级配要求后储存。垫层料实测试验结果见表 9.3-2、图 9.3-2。

表 9.3-2　砂砾石垫层料制备颗粒级配曲线表

项　目	小于某粒径颗粒含量/%										
	80mm	60mm	40mm	20mm	10mm	5mm	2mm	1mm	0.5mm	0.25mm	0.075mm
设计上包线		100	87	73	59	48	35	30	26	23	10
设计下包线	100	86	68	49	39	32	20	13	8	6	2
设计平均线	100	94	77	61	49	40	27	22	17	14	6
掺配后颗分曲线	100	91.6	80.1	62.0	48.8	38.9	31.5	25.3	19.4	12.3	5.7

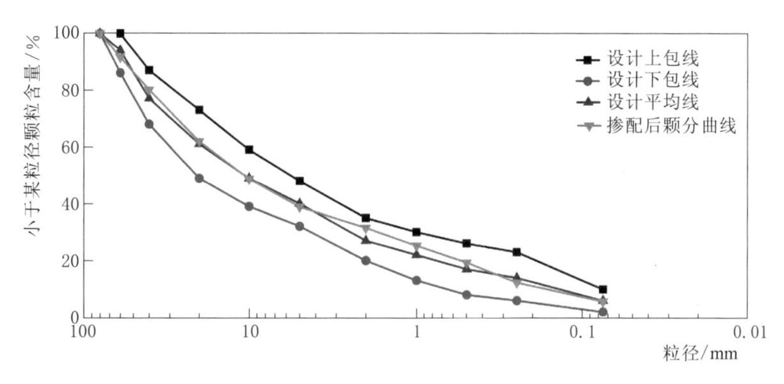

图 9.3-2 砂砾石垫层料颗粒级配曲线图

3）反滤料制备。反滤料设计要求粒径 60～2mm，加工反滤料时在筛分系统安装 60mm、2mm 两道筛网，剔除 60mm 以上、2mm 以下颗粒，对成品料进行筛分试验。筛分结果满足设计级配要求。

9.3.3.3 开挖料试验用料加工

开挖料加工主要包括下游堆石料、过渡料、垫层料的碾压试验用料加工。

(1) 下游堆石料加工。下游堆石料源采用交通洞和试验洞开挖渣料，在班多渣场选取板岩含量小于 30%的开挖渣料，人工配合机械剔除大于 800mm 颗粒后制备混合料，进行颗粒级配分析，颗分试验结果表明，混合料中小于 5mm 颗粒含量低于设计要求指标，现场掺配破碎好的混合料，经检测级配符合设计要求后作为下游堆石料试验用料。

(2) 垫层料、过渡料加工。垫层料、过渡料制备采用班多试验洞开挖渣料，岩性为砂板岩混合料，板岩含量控制在 10%以内。现场采用反击破破碎、筛分系统分级筛分，掺配场平铺立采工艺进行制备，实测级配符合设计要求后储存。垫层料实测试验结果见表 9.3-3、图 9.3-3。

表 9.3-3 开挖垫层料的制备料颗粒级配

项 目	小于某粒径颗粒含量/%										
	80mm	60mm	40mm	20mm	10mm	5mm	2mm	1mm	0.5mm	0.25mm	0.075mm
设计上包线		100.0	87.0	73.0	59.0	48.0	35.0	30.0	26.0	23.0	10.0
设计下包线	100	86.0	68.0	49.0	39.0	32.0	20.0	13.0	8.0	6.0	2.0
设计平均线	100	94.0	77.0	61.0	49.0	40.0	27.0	22.0	17.0	14.0	6.0
掺配后颗分曲线	100	96.3	83.4	66.8	50.9	38.7	28.7	21.4	14.8	8.6	2.4

9.3.4 试验方案

以茨哈峡现场碾压试验为例来说明试验方案。

(1) 加水工艺措施。在料场规划试验用料采样范围内平整采样区域，用反铲开挖 50cm 深的沟槽加水，料场加水量按设计洒水量的 60%～80%分别在洒水 6%和洒水 10%的试验区加水，浸泡一夜后，两个试验区检测料场含水量分别为 2.14%、3.13%，测定加水后砂砾石水流渗透深度为 7m，底部砂砾石已充分湿润。在装料过程中采用挖掘机立

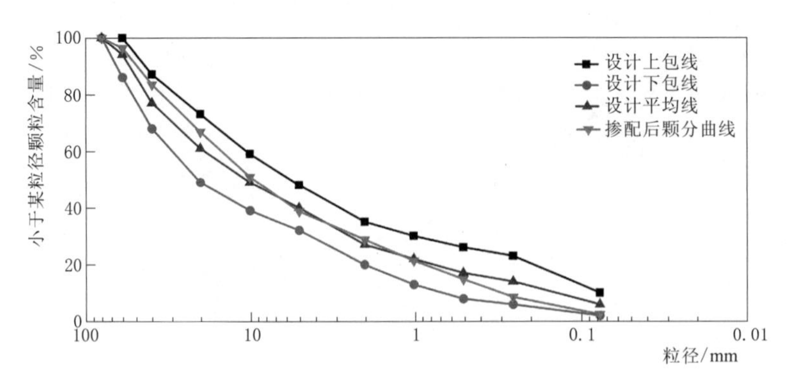

图 9.3-3 开挖垫层料的制备料的颗粒级配曲线图

面开采，混合均匀后装车运至试验场，铺料整平后现场检测含水率，根据含水率大小在碾压试验场表面用洒水车进行二次补水至设计加水量，补水后洒水 6%的试验区检测含水率 3.0%，洒水 10%的试验区检测含水率 3.8%，试坑观察从顶部到底部含水均匀，湿润充分。

（2）铺料工艺措施。铺料采用进占法上料。在试验区域一侧回车区预先铺筑与计划铺料厚度相同的上料平台，试验用料采用进占法卸料、推土机斜推分两次进行摊铺，尽量减少含水损失，通过改进铺料工艺，改善了粗颗粒集中现象，从取样挖坑可以看出基本没有骨料集中现象。

9.3.4.1 碾压试验技术指标及主要内容

本次碾压试验设计技术指标见表 9.3-4。

表 9.3-4 碾压试验设计技术指标

填筑料名称	坝料种类	掺配比例	相对密度	孔隙率
垫层料	天然砂砾石料筛分加工		≥0.95	
	开挖砂岩料	板岩含量不超过 10%		≤17%
过渡料	天然砂砾石料筛分掺配		≥0.95	
	弱分化及以下砂岩	板岩含量不超过 10%		≤17%
上游堆石区砂砾石料	天然砂砾石料		≥0.95	
下游堆石料	枢纽各建筑物及滑坡、卸开挖的渣料	弱风化及以下砂岩含量 70%、板岩含量 30%	—	≤19%
排水料	剔除天然砂砾石料中小于 1mm 的颗粒		≥0.9	22%
反滤料	天然砂砾石料筛分掺配		≥0.85	≤22%

碾压试验的主要任务包括以下内容：

（1）对砂砾石垫层料（2A），砂砾石过渡料（3A），砂砾石反滤料（3E），砂砾石排水料（3F），上游堆石区砂砾石料（3B），下游堆石区开挖料（3C），开挖垫层料（2A），开挖过渡料（3A）填筑料进行碾压试验。

试验场地布置规划 3 处：吉浪滩料场布置 2 个试验区，分别进行砂砾石料各种现场碾压试验；班多渣场布置 1 个试验区，进行开挖料现场碾压试验。

现场碾压试验分三部分三个场地分别进行：第一部分为砂砾石料的现场原型级配相对密度试验；第二部分为上游堆石区砂砾石料（3B）、排水料（3F）、过渡料（3A）、垫层料（2A）、反滤料（3E）五种料的现场不同组合参数下的碾压试验；第三部分为下游堆石区开挖料（3C）、过渡料（3A）、垫层料（2A）三种料的现场不同组合参数下的碾压试验。

（2）在班多试验洞进行上游堆石区砂砾石料（3B）、下游堆石区（3C）开挖料的洞内载荷试验研究。

（3）在吉浪滩2号试验场进行胶凝砂砾石料碾压试验研究。

9.3.4.2 相对密度试验方案

砂砾石料相对密度试验分室内和现场原型级配两种情况。

（1）室内相对密度试验。

室内进行上游堆石区砂砾石料（3B）、排水料（3F）、过渡料（3A）缩尺后的最大、最小干密度及砂砾石反滤料（3E）、垫层料（2A）的最大、最小干密度试验。

室内相对密度试验依据《水电水利工程粗粒土试验规程》（DL/T 5356—2006）进行。对于最大粒径小于80mm的垫层料、反滤料，采用设计级配线的不同砾石含量直接进行试验；对于最大粒径300mm的上游堆石区砂砾石料、排水料、过渡料，采用等量替换法缩尺后进行最大、最小干密度试验，绘制各种坝料相对密度、砾石含量、干密度三因素相关图。五种坝料室内累计完成最大、最小干密度试验50组。

（2）砂砾石料原型级配现场相对密度试验

依据《土石筑坝材料碾压试验规程》（NB/T 35016—2013）附录A的方法，进行砂砾石料原型级配现场相对密度试验，试验场地布置在吉浪滩2号试验场，分别进行了上游堆石区（3B）料设计级配包络线、料源实测级配线、选定级配的无约束、刚性约束条件下的最大、最小干密度试验；进行了排水料（3F）、过渡料（3A）设计级配下的不同砾石含量最大、最小干密度试验，绘制三因素相关图，为现场碾压试验相对密度计算提供科学依据，累计完成现场最大、最小干密度试验35组。

9.3.4.3 压实机械选择方案

根据碾压机械的性能，经实际调研，选择了三一重工股份有限公司生产的YZ26C型自行式振动碾和湖南中大机械制造有限公司生产的YZ32全液压自行式振动碾，两种振动碾的参数见表9.3-5、表9.3-6。

表9.3-5 26t振动碾参数表

机械型号	YZ26C	备注
工作质量/kg	26700	
振动轮分配质量/kg	16400	
振幅/mm	1.03/2.5	
振动频率/Hz	23～28（无级可调）	
激振力/kN	416/275	
最大总作用力/kN	587	

续表

机械型号		YZ26C	备注
振动轮直径/mm		1800	
振动轮宽度/mm		2170	
行驶速度/(km/h)	高速	0～8.0～11.0	
	低速	0～6.0～7.5	

表 9.3-6　32t 振动碾参数表

机械型号		YZ32	备注
工作质量/kg		32000	
振动轮分配质量/kg		21120	
振幅/mm		1.83	
振动频率/Hz		23～28（范围值）	23～24Hz，对应 1800r/min，对应激振力 411～445kN 25～26Hz，对应 2000r/min，对应激振力 478～514kN 27～28Hz，对应 2100r/min，对应激振力 550～590kN
激振力/kN		357～590（范围值）	
最大总作用力/kN		800	
振动轮直径/mm		1700	
振动轮宽度/mm		2130	
行驶速度/(km/h)	高速	0～8	
	低速	0～5	

9.3.4.4　现场碾压试验方案

1. 上游堆石区砂砾石料现场碾压试验

上游堆石区砂砾石料碾压试验在吉浪滩料场 1 号试验场地进行，试验分为 5 个阶段。第一阶段进行粗、中、细三种级配料的 26t、32t 碾压机械选择试验，确定碾压机械类别和参数。第二阶段采用中级配砂砾石料，铺料 85cm，选定 32t 振动碾，6%、10%洒水量碾压 8 遍、10 遍、12 遍、14 遍及 15%洒水量碾压 8 遍、10 遍、12 遍的碾压参数组合，确定选定碾压机具、铺料厚度下的最优碾压遍数和洒水量组合。第三阶段根据前期试验结果，采用中级配料、32t 振动碾，进行振动碾两种振动频率、两个振幅下的参数选择试验，对振动碾振动参数组合进行优选对比试验。第四阶段采用中级配料，选定洒水量，变化铺料厚度 65cm、105cm，碾压 8 遍、10 遍、12 遍试验，进行变化铺料厚度对比试验。第五阶段根据中级配碾压试验确定的参数组合，进行粗级配、细级配复核试验。上游堆石区砂砾石料累计完成 13 个场次 46 个单元碾压试验。

2. 过渡料、排水料、垫层料、反滤料现场碾压试验

过渡料、排水料、垫层料、反滤料现场碾压试验在吉浪滩 2 号试验场进行，试验分两个阶段进行，采用 26t 振动碾。第一阶段分别进行 45cm、55cm 铺料厚度，不同洒水量，6 遍、8 遍、10（12）遍下的参数组合选择试验，第二阶段进行选定的参数复核试验。累计完成了 17 个场次 49 个单元碾压试验。

3. 开挖料碾压试验

开挖料碾压试验均在班多渣场试验场地进行。

开挖垫层料碾压试验分2个阶段：第一阶段采用26t振动碾，铺料45cm，碾压8遍、10遍、12遍，5%、10%、15%洒水量的碾压试验，确定碾压遍数和洒水量；第二阶段采用32t振动碾，铺料45cm，不洒水，碾压10遍、12遍、14遍碾压试验，确定冬季施工碾压参数。

开挖过渡料碾压试验根据垫层料确定的洒水量、碾压遍数进行复核试验；进行不洒水、32t振动碾的冬季施工参数选择碾压试验。

下游堆石区开挖料碾压试验分3个阶段进行试验。第一阶段进行铺料85mm，洒水量5%、10%、15%，碾压8遍、10遍、12遍试验，确定碾压试验参数；第二阶段进行铺料65mm，选定10%洒水量，碾压8遍、10遍、12遍试验；第三阶段进行铺料85cm复核试验。

开挖料累计完成了7个场次29个单元碾压试验。

4. 各种坝料试验组合

各种坝料试验组合见表9.3-7～表9.3-14［表中：μ—沉降率，C_u—颗粒分析（含破碎率、颗粒形状），ρ—密度，k—渗透系数，W—含水率］。

表9.3-7　　上游堆石区砂砾石料（中级配）碾压试验组合表

场次	试验单元数	振动碾		碾压遍数				洒水率				铺填厚度			试验检测项目						
		碾Ⅰ	碾Ⅱ	8	10	12	14	0	W_1	W_2	W_3	H_1	H_2	H_3	2遍	4遍	6遍	8遍	10遍	12遍	14遍
1	4	√	√	√	√			√					√		μ	μ	μ	μ, C_u, ρ, W	μ, C_u, ρ, W		
2	4	√	√	√	√				√				√		μ	μ	μ	μ, C_u, ρ, W	μ, C_u, ρ, W		
3	8	选定碾		√	√	√	√		√	√			√		μ	μ	μ	μ, C_u, ρ, W, k	μ, C_u, ρ, W, k	μ, C_u, ρ, W, k	μ, C_u, ρ, W, k
4	3	选定碾		√	√	√				√			√		μ	μ	μ	μ, C_u, ρ, W, k	μ, C_u, ρ, W, k	μ, C_u, ρ, W, k	
5	3	选定碾		√	√	√					√		√		μ	μ	μ	μ, C_u, ρ, W, k	μ, C_u, ρ, W, k	μ, C_u, ρ, W, k	
6	3	选定碾		√	√	√		选定洒水量						√	μ	μ	μ	μ, C_u, ρ, W, k	μ, C_u, ρ, W, k	μ, C_u, ρ, W, k	
7	3	选定碾		√	√	√		选定洒水量				√			μ	μ	μ	μ, C_u, ρ, W, k	μ, C_u, ρ, W, k	μ, C_u, ρ, W, k	

表 9.3-8　　上游堆石区砂砾石料（粗级配）碾压试验组合表

场次	试验单元数	振动碾		碾压遍数				洒水率				铺填厚度			试验检测项目					
		碾Ⅰ	碾Ⅱ	8	10	12	14	0	W_1	W_2	W_3	H_1	H_2	H_3	2遍	4遍	6遍	8遍	10遍	12遍
1	4	√	√	√	√			√					√		μ	μ	μ	μ,C_u,ρ,W	μ,C_u,ρ,W	
2	4	√	√	√	√				√				√		μ	μ	μ	μ,C_u,ρ,W,k	μ,C_u,ρ,W,k	
3	1	选定碾		选定遍数				选定洒水量					√		μ	μ	μ			μ,C_u,ρ,W,k

表 9.3-9　　上游石堆石区砂砾石料（细级配）碾压试验组合表

场次	试验单元数	振动碾		碾压遍数				洒水率				铺填厚度			试验检测项目						
		碾Ⅰ	碾Ⅱ	8	10	12	14	0	W_1	W_2	W_3	H_1	H_2	H_3	2遍	4遍	6遍	8遍	10遍	12遍	14遍
1	4	√	√	√	√			√					√		μ	μ	μ	μ,C_u,ρ,W	μ,C_u,ρ,W		
2	4	√	√	√	√				√				√		μ	μ	μ	μ,C_u,ρ,W,k	μ,C_u,ρ,W,k		
3	1	选定碾		选定遍数				选定洒水量					√		μ	μ	μ			μ,C_u,ρ,W,k	

表 9.3-10　　垫层料碾压试验组合表

场次	试验单元数	振动碾	碾压遍数				洒水率				铺填厚度		试验检测项目							备注
			6	8	10	12	0	W_1	W_2	W_3	H_1	H_2	2遍	4遍	6遍	8遍	10遍	12遍	14遍	
1	6	26t碾	√	√	√		√				√	√	μ	μ	$\rho\mu$	μ,C_u,ρ,W	μ,C_u,ρ,W			砂砾石料
2	3	26t碾			√			√	√	√		√	μ	μ	μ	μ	μ,C_u,ρ,W			
3	3	26t碾		√	√	√			√		√		μ	μ	μ	μ,C_u,ρ,W,k	μ,C_u,ρ,W,k	μ,C_u,ρ,W,k		
4	9	26t碾		√	√	√		√	√	√	√		μ	μ	μ	μ,C_u,ρ,W,k	μ,C_u,ρ,W,k	μ,C_u,ρ,W,k		开挖料
5	3	32t碾			√	√	√				√		μ	μ	μ	μ	μ,C_u,ρ,W	μ,C_u,ρ,W	μ,C_u,ρ,W	

表 9.3-11　　过渡料碾压试验组合表

场次	试验单元数	振动碾	碾压遍数					洒水率				铺填厚度		试验检测项目							备注
			6	8	10	12	14	0	W_1	W_2	W_3	H_1	H_2	2 遍	4 遍	6 遍	8 遍	10 遍	12 遍	14 遍	
1	6	26t 碾	√	√	√			√				√	√	μ	μ	$\rho\mu$	μ, C_u, ρ, W	μ, C_u, ρ, W			砂砾料
2	3	26t 碾			√				√	√	√		√	μ	μ	μ	μ	μ, C_u, ρ, W			砂砾料
3	3	26t 碾		√	√	√				√		√		μ	μ	μ	μ, C_u, ρ, W, k	μ, C_u, ρ, W, k	μ, C_u, ρ, W, k		砂砾料
4	1	26t 碾				√		√				√		μ	μ	μ	μ	μ	μ, C_u, ρ, W, k		砂砾料
5	1	26t 碾			√					√		√		μ	μ	μ	μ	μ, C_u, ρ, W, k			开挖料
6	3	32t 碾			√	√	√	√				√		μ	μ	μ	μ	μ, C_u, ρ, W	μ, C_u, ρ, W	μ, C_u, ρ, W	开挖料

表 9.3-12　　砂砾石排水料碾压试验组合表

场次	试验单元数	振动碾	碾压遍数				洒水率				铺填厚度		试验检测项目					
			6	8	10	12	0	W_1	W_2	W_3	H_1	H_2	2 遍	4 遍	6 遍	8 遍	10 遍	12 遍
1	6	26t 碾	√	√	√		√				√	√	μ	μ	$\rho\mu$	μ, C_u, ρ, W	μ, C_u, ρ, W	
2	3	26t 碾			√			√	√	√		√	μ	μ	μ	μ	μ, C_u, ρ, W, k	
3	3	26t 碾		√	√	√			√		√		μ	μ	μ	μ, C_u, ρ, W, k	μ, C_u, ρ, W, k	μ, C_u, ρ, W, k

表 9.3-13　　砂砾石反滤料碾压试验组合表

场次	试验单元数	振动碾	碾压遍数				洒水率				铺填厚度		试验检测项目					
			6	8	10	12	0	W_1	W_2	W_3	H_1	H_2	2 遍	4 遍	6 遍	8 遍	10 遍	12 遍
1	6	26t 碾	√	√	√		√				√	√	μ	μ	$\rho\mu$	μ, C_u, ρ, W	μ, C_u, ρ, W	
2	3	26t 碾			√			√	√	√		√	μ	μ	μ	μ	μ, C_u, ρ, W, k	
3	3	26t 碾		√	√	√			√		√		μ	μ	μ	μ, C_u, ρ, W, k	μ, C_u, ρ, W, k	μ, C_u, ρ, W, k

表 9.3-14　　下游堆石区开挖料碾压试验组合表

场次	试验单元数	振动碾	碾压遍数				洒水率				铺填厚度		试验检测项目					
			6	8	10	12	0	W_1	W_2	W_3	H_1	H_2	2遍	4遍	6遍	8遍	10遍	12遍
1	9	32t碾		√	√	√		√	√	√		√	μ	μ	ρ、μ	μ、C_u、ρ、W、k	μ、C_u、ρ、W、k	μ、C_u、ρ、W、k
2	3	32t碾		√	√	√			√		√		μ	μ	μ	μ、C_u、ρ、W、k	μ、C_u、ρ、W、k	μ、C_u、ρ、W、k
3	1	32t碾			√				√			√	μ	μ	μ	μ	μ、C_u、ρ、W、k	μ

9.3.4.5　碾压试验方法及工艺流程

1. 碾压试验方法

在基础处理完成后的试验场地上布置试验区，用全站仪放置取样点位置及单元区域边线（每个单元 6m×10m），用灰线按碾压试验场地布置图布设场地及取样测试点；取样测试点位放置 30cm×30cm 沥青油毡，并进行高程测量；每一试验单元布置沉降测量方格网点。

反铲在取料区域立面开采满足试验要求的试验用料或装载机在试验料储备厂装料，20t 自卸车运至试验场地。在试验区域一侧回车区预先铺筑与试验铺料厚度相同的上料平台。上游堆石料、过渡料、下游堆石料试验采用进占法卸料，垫层料、排水料、反滤料采用倒退法上料，推土机斜推分层进行摊铺，人工分散集中的粗料，采用标尺杆控制虚铺厚度，推土机精平，散点测量虚铺厚度，局部不平处采用人工配合机械整平。铺料满足要求后先静压 2 遍再按照碾压工艺参数碾压，试验用料做到及时推平、及时碾压，减少含水量损失。

碾压试验方法按照国家或行业相关规范进行，具体步骤如下。

（1）用全站仪测量布点位置，用水准仪测得压前、压后高程。

（2）试验用料根据不同料种采用进占法、后退法卸料。

（3）铺料平整后，用振动碾静压 2 遍，然后用全站仪放出取样测试点并标记，用精密水准仪测出布置测点的虚铺厚度。

（4）采用进退错距法碾压，一来一回算 2 遍，两碾之间搭接不小于 20cm。

（5）振动碾行进速度控制在 1.5～2km/h，振动频率保持在 23～30Hz，振幅 1.83～2.5mm，激振力 357～590kN。

（6）碾压完毕后，用全站仪测放测量定位点，用灰线按图所标尺寸放出各点位置，用精密水准仪测碾后高程，以确定压实厚度和沉降率。

（7）取样采用人工挖坑，坑径控制在最大粒径的 2～4 倍，用加环灌水法检测干密度，灌水用塑料薄膜厚度0.05～0.1mm。

坝料现场碾压试验布置见图9.3-4～图9.3-6。

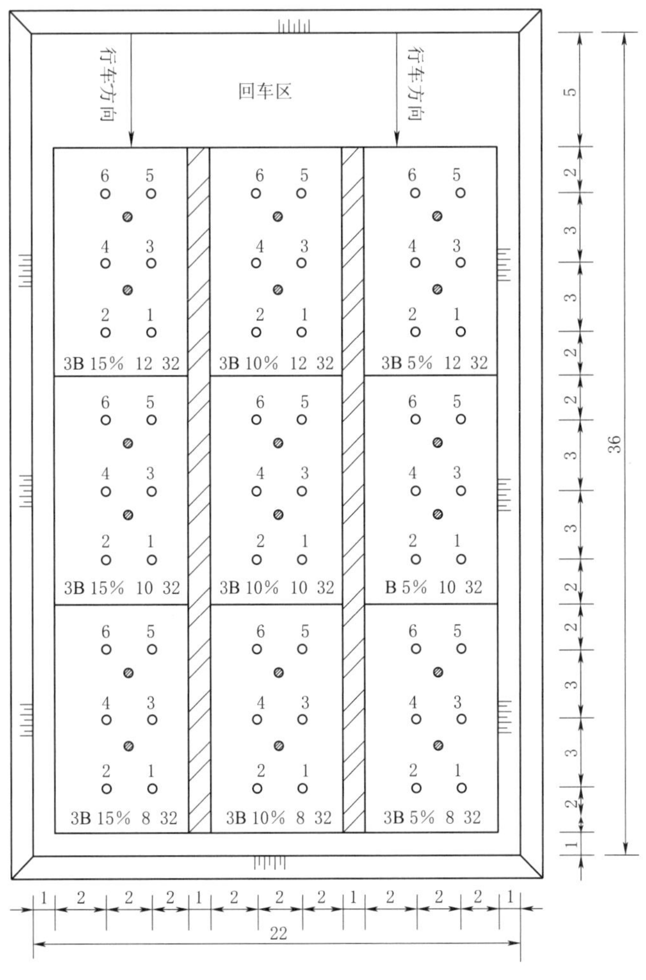

说明：
1. 标注尺寸单位为m，“○”为取样点，“⊘”为渗透点。
2. 本场区虚铺厚度为85cm，洒水率为5%、10%、15%。
3. “3B 15%　12　32”代表3B料区，洒水率15%，碾12遍，32t碾；其余类推。

图9.3-4　吉浪滩1号试验场上游堆石区砂砾石料碾压试验布置示意图

2. 碾压试验工艺流程

碾压试验工艺流程为：试验场地处理→测量放线→按照拟订方案上料、整平→测量虚铺厚度→洒水→按照拟订方案碾压→测量压实厚度（计算沉降量）→取样试验（包括密度、含水率、颗粒分析、原位渗透试验）→结果分析→绘制各种图表→初步确定施工参数→校核所选施工参数的可靠性。工艺流程见图9.3-7。

9.3.4.6　试验工程量

碾压试验完成的主要工程量见表9.3-15。

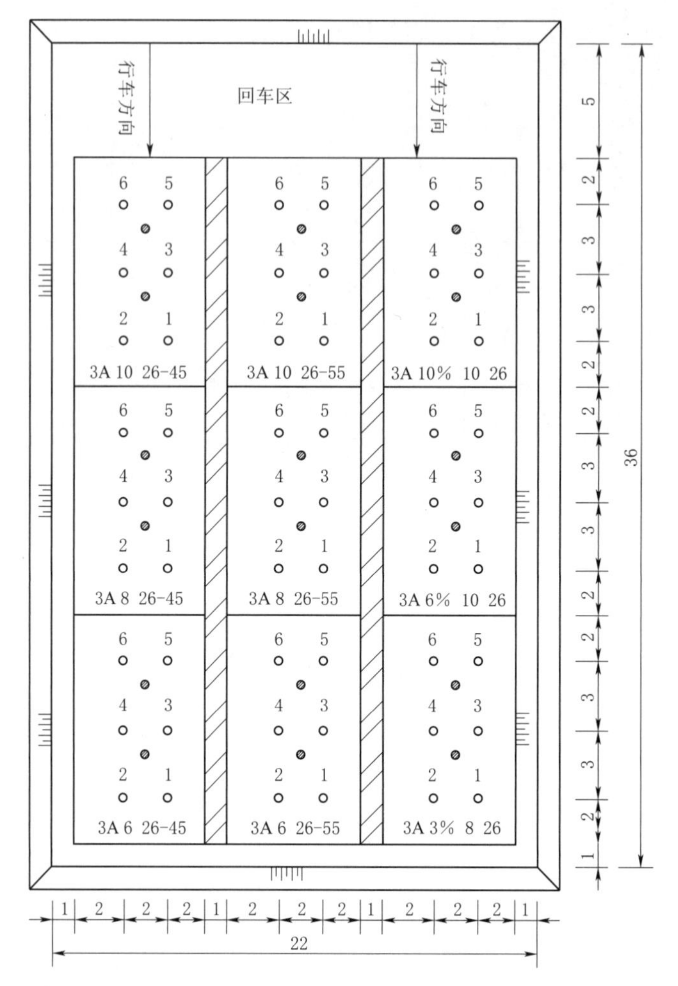

说明：
1. 标注尺寸单位为m，"○"为取样点，"⊘"为渗透点。
2. 本场区虚铺厚度为45cm、55cm，洒水率为3%、6%、10%。
3. "3A 10 26-45"代表3A料区，碾10遍，26t碾，虚铺厚度45cm；
"3A 3% 26"代表3A料区，洒水率3%，碾10遍，26t碾；其余类推。

图 9.3-5　吉浪滩 2 号试验场小区料碾压试验布置示意图

9.3.5 试验成果及分析

试验成果及分析针对上述茨哈峡工程现场碾压试验结果进行。

9.3.5.1 上游堆石区砂砾石料现场不同参数组合下碾压试验成果及分析

采用料场选定的偏粗（上包线）、居中（平均线）、偏细（下包线）三个代表性级配进行不同参数碾压试验，上游堆石区砂砾石料共计进行了 13 场次 46 个单元的碾压试验。

碾压机械采用 26t、32t 自行式振动碾，振动参数组合采用低幅高频，分别进行粗、中、细三个级配，铺料 85cm，碾压 8 遍、10 遍，洒水 6%与不洒水的碾压参数对比试验。

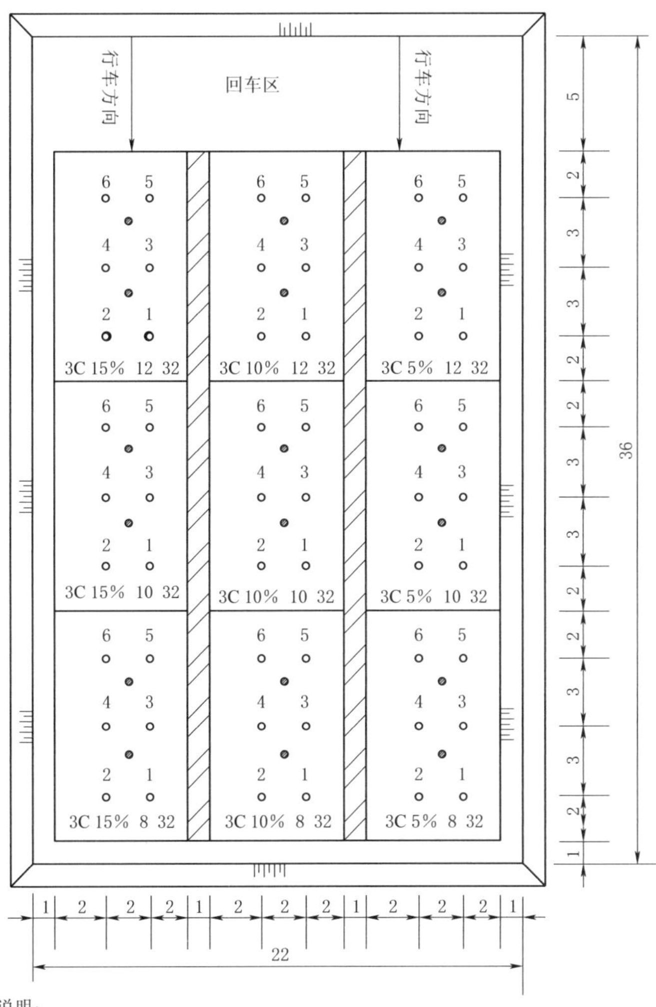

说明：
1. 标注尺寸单位为m，“○”为取样点，“●”为渗透点。
2. 本场区虚铺厚度为85cm，洒水率为5%、10%、15%。
3. “3C 15%　12　32”代表3C料区，洒水率15%，碾12遍，32t碾。

图9.3-6　班多渣场试验场下游堆石开挖料碾压试验布置示意图

表9.3-15　茨哈峡碾压试验主要工程量汇总表

序号	项　目　名　称	单位	工程量
一	坝料碾压试验		
1	覆盖层剥离堆放		
1.1	料场覆盖层剥离堆放	m^3	30000
1.2	试验场覆盖层剥离堆放	m^3	5548.72
1.3	试验场地换填	m^3	4070.04
2	试验用料	m^3	
2.1	砂砾石料	m^3	27684

续表

序号	项　目　名　称	单位	工程量
2.2	开挖渣料	m^3	4966
3	试验用料制备		
3.1	砂砾石料制备		
3.1.1	过渡料制备	m^3	3268
3.1.2	垫层料制备	m^3	2960
3.1.3	排水料制备	m^3	2960
3.1.4	反滤料制备	m^3	2960
3.2	开挖渣料制备		
3.2.1	过渡料制备	m^3	629
3.2.2	垫层料制备	m^3	1776
4	碾压试验	场次	33（124个单元）
4.1	上游砂砾石料（3B）碾压试验	场次	13（46个单元）
4.2	下游堆石料（3C）碾压试验	场次	3（13个单元）
4.3	过渡料（3A）碾压试验	场次	6（17个单元）
4.4	垫层料（2A）碾压试验	场次	5（24个单元）
4.5	排水料（3F）碾压试验	场次	3（12个单元）
4.6	反滤料（3E）碾压试验	场次	3（12个单元）
二	洞内载荷试验		
1	试验用料碾压与饱和	m^3	832
2	试验检测		
2.1	载荷试验	组	4
2.2	密度试验	组	8
2.3	破碎率试验	组	4
三	胶凝砂砾石料碾压试验		
1	试验用料制备	m^3	308
2	碾压试验	场次	2（2个单元）
3	密度检测	组	6
4	抗压强度试验检测	组	10

现场碾压试验成果汇总见表9.3-16，沉降量测量结果汇总见表9.3-17，沉降量与碾压遍数关系见图9.3-8～图9.3-10。

1. 砂砾石料不同级配参数选择试验成果及分析

（1）上游堆石区砂砾石料粗级配。

在本小节（9.3.5）比较时，铺料厚度85cm不变，洒水量、碾压遍数均为不变量，仅砂砾石料的级配不同，由此而比较选择填筑砂砾石的碾压参数。

粗级配铺料厚度85cm，26t、32t振动碾，不洒水，在碾压8遍、10遍时相对密度实测结果分别为0.75～0.80、0.77～0.82，32t振动碾相对密度在不同碾压遍数下比26t振动碾提高0.02。

粗级配铺料厚度85cm，26t、32t振动碾，洒水6%，在碾压8遍、10遍时相对密度实测结果分别为0.82～0.83、0.83～0.86，32t振动碾相对密度在不同碾压遍数下比26t振动碾提高0.02。

表9.3-16　　上游堆石料现场碾压试验成果汇总

试验组合				检测项目				
铺料厚度	振动碾	洒水量/%	碾压遍数	含水率/%	干密度/(g/cm³)	砾石含量/%	相对密度	渗透系数/(cm/s)
85cm粗级配	26t	0	8	0.82	2.28	84.0	0.75	
			10	0.78	2.32	84.0	0.80	
	32t	0	8	1.01	2.29	80.6	0.77	
			10	0.80	2.32	84.8	0.82	
	26t	6	8	1.69	2.31	83.6	0.82	7.05×10^{-3}
			10	2.15	2.32	83.6	0.83	6.78×10^{-3}
85cm粗级配	32t	6	8	1.49	2.32	83.5	0.83	5.96×10^{-3}
			10	2.13	2.33	81.0	0.86	5.46×10^{-3}
85cm中级配	26t	0	8	0.79	2.31	79.1	0.77	
			10	1.20	2.32	77.3	0.85	
	32t	0	8	1.07	2.28	76.5	0.80	
			10	1.38	2.32	78.6	0.84	
	26t	6	8	2.32	2.31	78.8	0.85	5.89×10^{-3}
			10	1.87	2.33	79.4	0.88	5.12×10^{-3}
	32t	6	8	1.28	2.33	81.0	0.87	6.53×10^{-3}
			10	2.45	2.34	81.0	0.89	6.03×10^{-3}
85cm细级配	26t	0	8	0.93	2.28	72.4	0.82	
			10	0.83	2.30	74.7	0.84	
	32t	0	8	1.02	2.29	73.6	0.84	
			10	3.45	2.31	74.4	0.88	
	26t	6	8	1.61	2.31	73.9	0.87	7.00×10^{-3}
			10	1.47	2.32	75.4	0.88	5.91×10^{-3}
	32t	6	8	1.70	2.33	76.4	0.89	8.40×10^{-3}
			10	2.33	2.34	75.5	0.92	7.22×10^{-3}
备注		设计相对密度大于0.95，实测岩石密度：2.70g/cm³。						

表 9.3-17　　上游堆石区砂砾石料沉降量测量结果汇总

碾压遍数	沉降量/mm											
	粗级配				中级配				细级配			
	32t 碾		26t 碾		32t 碾		26t 碾		32t 碾		26t 碾	
	不洒水	洒水 6%	不洒水	洒水 6%	不洒水	洒水 6%	不洒水	洒水 6%	不洒水	洒水 6%	不洒水	洒水 6%
2	15.2	15.0	14.6	15.1	14.3	14.5	13.7	13.7	15.4	14.6	15.6	14.6
4	25.3	26.1	23.7	26.1	25.0	25.8	23.8	24.3	26.1	26.1	26.0	26.2
6	31.1	34.7	30.9	33.3	32.2	33.4	30.8	32.2	33.7	34.7	33.5	33.8
8	35.5	39.8	35.5	39.5	36.7	39.4	35.1	38.7	39.1	41.2	37.9	40.0
10	38.8	44.5	39.2	43.2	40.5	42.8	38.8	43.0	42.6	45.9	41.4	44.4

注　沉降量按每场次相同遍数所有检测点平沉降量计算。

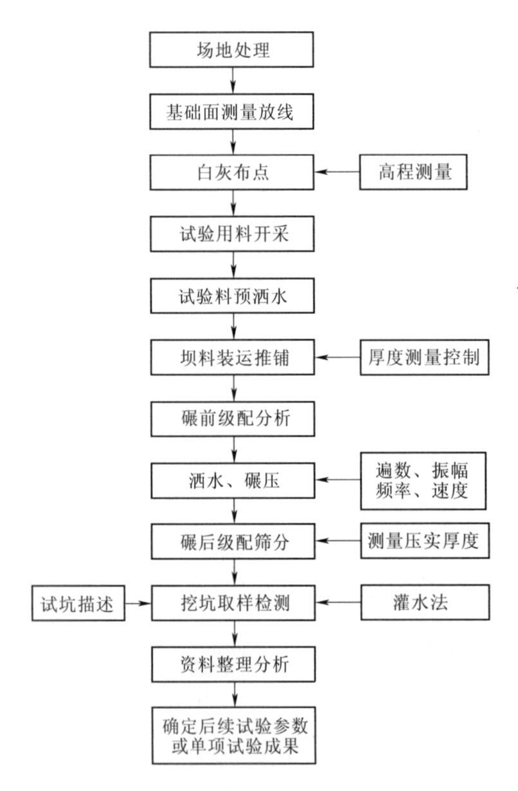

图 9.3-7　碾压试验工艺流程图

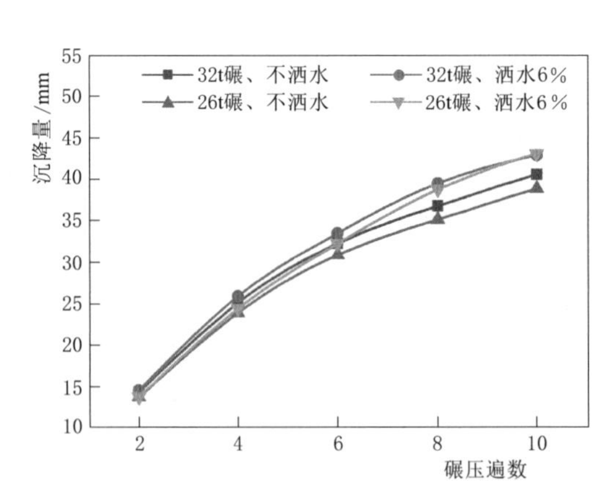

图 9.3-8　上游堆石区砂砾石料粗级配沉降量与碾压遍数关系图

洒水与不洒水对比：碾压 10 遍时，26t 振动碾洒水后相对密提高 0.03，32t 振动碾洒水后相对密度提高 0.04，说明洒水能显著提高压实效果。从图 9.3-11 也可以看出，洒水优于不洒水，在相同碾压遍数情况下，32t 振动碾压实效果优于 26t 振动碾。

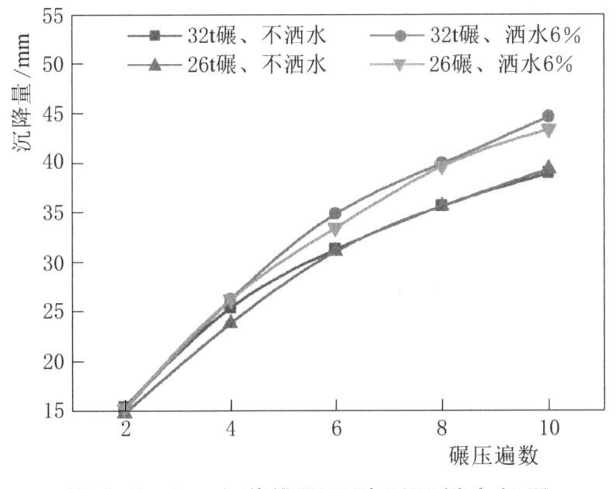

图 9.3-9 上游堆石区砂砾石料中级配沉降量与碾压遍数关系图

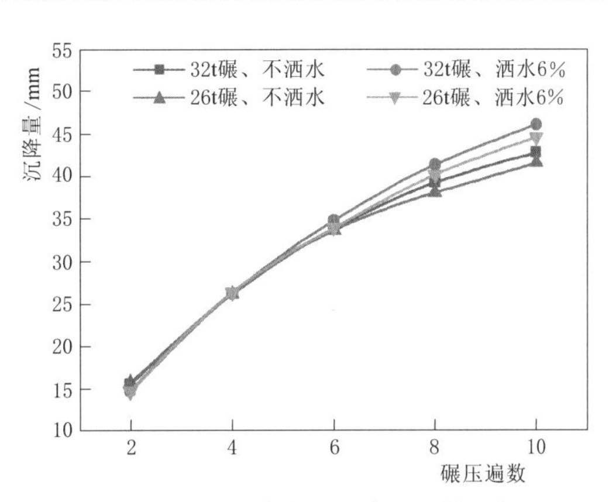

图 9.3-10 上游堆石区砂砾石料细级配沉降量与碾压遍数关系图

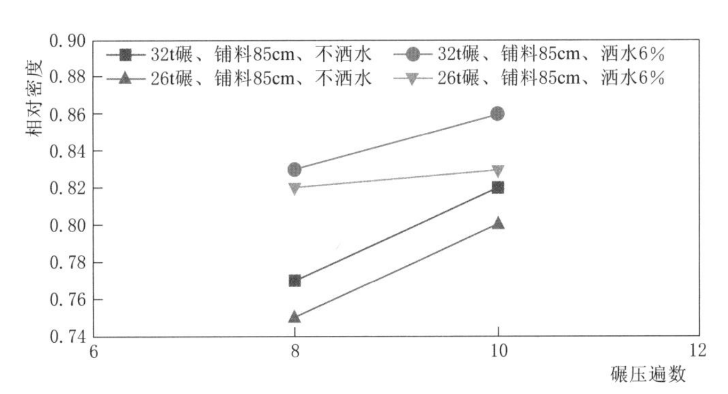

图 9.3-11 两种碾压机械不洒水与洒水碾压遍数与相对密度关系（砂砾石料粗级配）

(2) 上游堆石区砂砾石料中级配。

中级配铺料厚度 85cm，26t、32t 振动碾，不洒水，碾压 8 遍、10 遍时，相对密度实测结果分别为 0.77～0.85、0.80～0.84，32t 振动碾在不同碾压遍数下相对密度比 26t 振动碾提高 0.01。

中级配铺料厚度 85cm，26t、32t 振动碾，洒水 6%，碾压 8 遍、10 遍时，相对密度实测结果分别为 0.83～0.88、0.87～0.89，洒水后 32t 振动碾相对密度比 26t 振动碾提高 0.02。

洒水与不洒水条件下对比（图 9.3-12）：碾压 10 遍时，26t 振动碾洒水后相对密度提高 0.03，32t 振动碾洒水后相对密度提高 0.05。

(3) 上游堆石区砂砾石料细级配。

细级配铺料厚度 85cm，不洒水，26t、32t 振动碾，在碾压 8 遍、10 遍时相对密度实测结果分别为 0.82～0.84、0.83～0.86，32t 振动碾在不同碾压遍数下相对密度比 26t 振动碾提高 0.03。

细级配铺料厚度 85cm，洒水 6%，26t、32t 振动碾，在碾压 8 遍、10 遍时相对密度实测结果分别为 0.83～0.88、0.84～0.88，洒水后 32t 振动碾检测相对密度比 26t 振动碾提高 0.025。

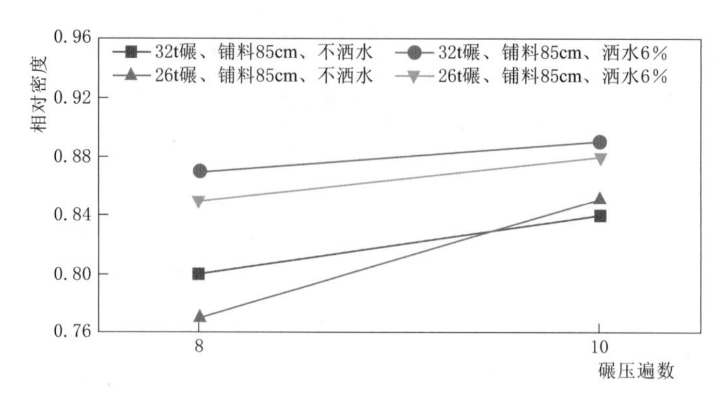

图 9.3-12　两种碾压机械不洒水与洒水碾压遍数与相对密度关系（砂砾石料中级配）

洒水与不洒水条件下对比（图 9.3-13）：碾压 10 遍时，26t、32t 振动碾洒水后相对密度比不洒水均提高 0.04，32t 碾相对密度比 26t 碾也提高 0.04。

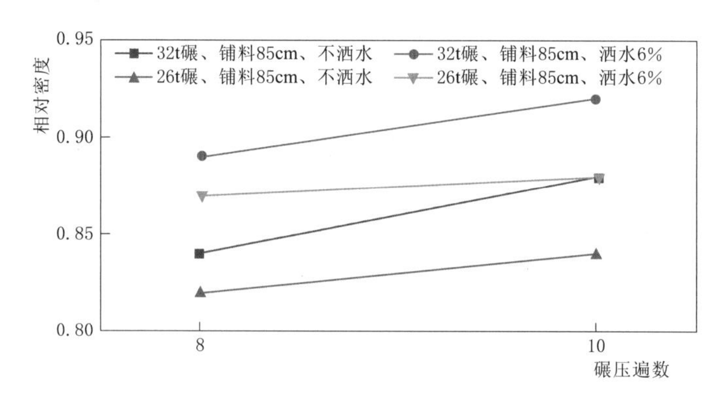

图 9.3-13　两种碾压机械不洒水与洒水碾压遍数与相对密度关系（砂砾石料细级配）

（4）成果分析。从以上两种碾压机械、三种级配试验用料、不同参数组合的试验结果可以看出，不洒水时两种振动碾碾压效果均低于洒水碾压效果；不洒水和洒水 6%，32t 振动碾压实效果均优于 26t 振动碾。因此，确定后续上游堆石区砂砾石料碾压试验采用 32t 自行式振动碾作为碾压设备。

根据振动碾选择对比试验结果分析结论，以中级配砂砾石料为主，进行最优洒水量选择试验。参数组合采用 32t 振动碾、铺料 85cm、洒水 6%、10%、碾压 8 遍、10 遍、12 遍、14 遍；洒水 15%、碾压 8 遍、10 遍、12 遍试验，试验过程中对加水及上料工艺进行了分析研究和完善。

2. 砂砾石料的洒水量及碾压遍数试验

采用上节推荐的中级配砂砾石，在此基础上，按照不同的洒水量和碾压遍数比较选择合理的碾压参数。现场密度等试验结果见表 9.3-18，沉降量测量结果见表 9.3-19，碾压遍数、洒水量、干密度、相对密度、沉降量、碾压遍数等各参数相互关系曲线分别见图 9.3-14～图 9.3-19。

表 9.3-18　　上游堆石区中级配砂砾石不同洒水量碾压试验成果

试验组合				检测项目				
铺料厚度	振动碾	洒水量	碾压遍数	含水率/%	干密度/(g/cm³)	砾石含量/%	相对密度	渗透系数/(cm/s)
85cm	32t	6%	8	2.86	2.34	79.4	0.868	8.23×10^{-3}
			10	3.13	2.34	79.4	0.902	8.07×10^{-3}
			12	3.35	2.36	78.7	0.925	7.61×10^{-3}
			14	3.08	2.36	78.3	0.937	7.25×10^{-3}
85cm	32t	10%	8	3.84	2.34	77.3	0.893	8.47×10^{-3}
			10	3.83	2.34	77.7	0.907	8.19×10^{-3}
			12	3.77	2.35	78.1	0.928	8.37×10^{-3}
			14	3.83	2.36	78.4	0.937	8.20×10^{-3}
85cm	32t	15%	8	3.45	2.31	79.3	0.81	8.11×10^{-3}
			10	3.41	2.32	77.4	0.84	8.25×10^{-3}
			12	3.95	2.33	79.1	0.87	7.64×10^{-3}

注　采用32t自行式振动碾，采用低振幅、高频率振动碾压。

表 9.3-19　　上游堆石区中级配砂砾石碾压试验沉降量测量结果

碾压遍数	沉降量/mm			
	洒水 6%	洒水 10%	洒水 12%	洒水 15%
2	19.0	19.2	15.9	14.2
4	25.6	25.3	30.5	25.8
6	33.5	33.4	41.6	34.2
8	42.1	41.6	47.9	41.5
10	48.2	47.2	52.2	45.7
12	52.8	51.8	54.6	46.7
14	56.2	54.9		

注　铺料厚度为85cm；沉降量为每场次相同遍数的所有检测点沉降量平均值。

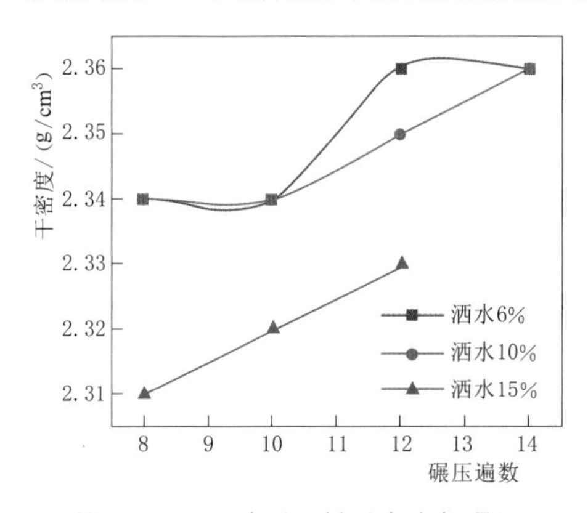

图 9.3-14　砂砾石料干密度与碾压遍数关系图

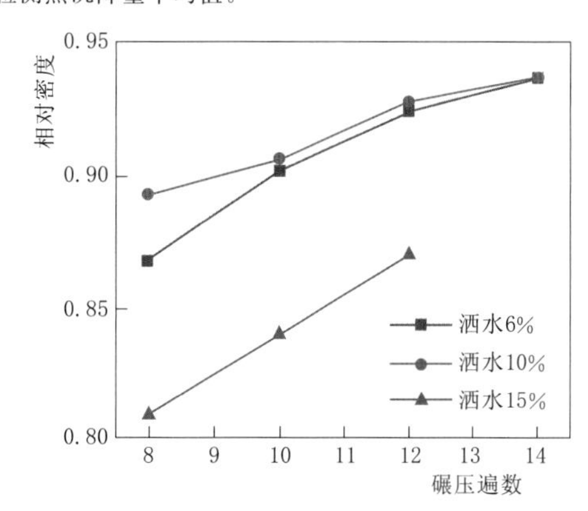

图 9.3-15　砂砾石料相对密度与碾压遍数关系图

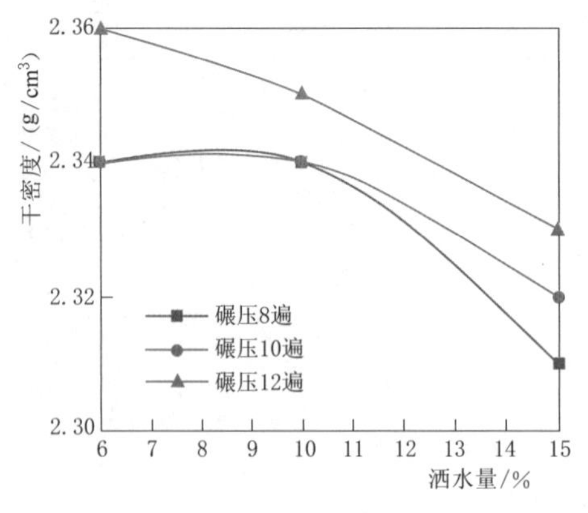

图 9.3-16　砂砾石料干密度与洒水量关系图

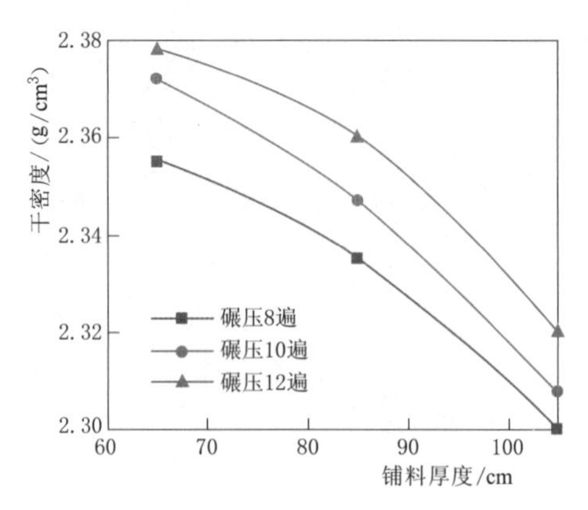

图 9.3-17　中级配砂砾石料干密度与铺料厚度关系图

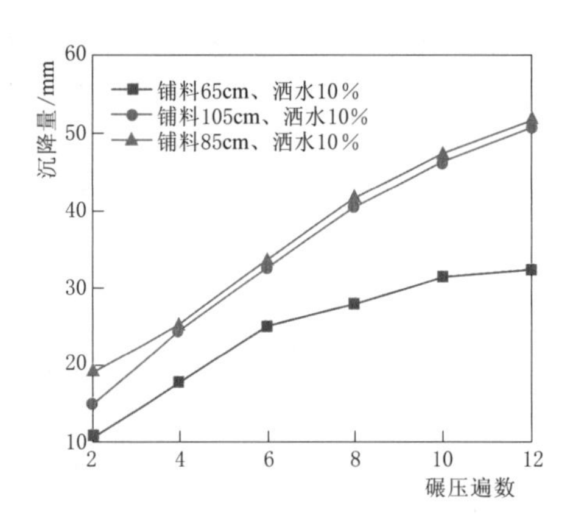

图 9.3-18　中级配砂砾石料沉降量与碾压遍数关系图

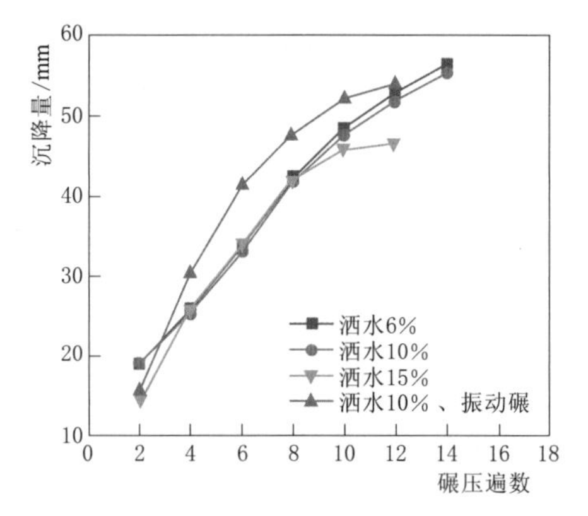

图 9.3-19　铺料厚度沉降量与碾压遍数关系图

(1) 中级配铺料 85cm，洒水 6%，碾压 8 遍、10 遍、12 遍、14 遍试验结果及分析。

不同碾压遍数下相对密度实测结果分别为 0.868、0.902、0.925、0.937，碾压 12 遍比碾压 10 遍的相对密度提高了 0.023，碾压 14 遍比 12 遍相对密度增加了 0.012，增加趋势变缓。在一定铺料厚度和一定洒水量参数下，随着碾压遍数的增加，干密度逐步增长。

(2) 中级配铺料 85cm，洒水 10%，碾压 8 遍、10 遍、12 遍、14 遍试验结果及分析。

不同碾压遍数下相对密度实测结果分别为 0.893、0.907、0.928、0.937，碾压 12 遍比碾压 10 遍增加 0.021，碾压到 14 遍时相对密度增加了 0.009，增加趋势变缓。

(3) 中级配铺料 85cm，洒水 15%，碾压 8 遍、10 遍、12 遍试验结果及分析。

按照设计要求为确定洒水量对干密度影响的变化及拐点，进行了洒水量 15%、碾压 8 遍、10 遍、12 遍的对比试验。15%洒水量下不同碾压遍数相对密度实测结果分别为 0.808、0.835、0.865，相对密度明显降低，比洒水 10%碾压 12 遍相对密度降低了 0.073，说明过量加水对砂砾石料的压实性能影响明显。

总之，从不同洒水量、碾压遍数与相对密度关系分析来看，不同洒水量与相对密度的关系曲线呈抛物线形，吉浪滩上游堆石砂砾石料最优洒水量在 8%左右；从不同碾压遍数下的相对密度试验结果来看，洒水量10%、碾压12遍时的相对密度可达到0.93；从沉降率分析来看，上游堆石区砂砾石料的铺料厚度为85cm时的平均沉降量约为54mm。

根据以上相关参数对比试验结果分析，为进一步提高上游堆石区砂砾石料压实效果，经业主、设计、监理等经会议研究确定，以中级配砂砾石料为主，采用32t振动碾，铺料85cm，洒水10%，碾压8遍、10遍、12遍，针对砂砾石料散粒结构特性，调整碾压机械参数，在总碾压遍数的前半段采用高振幅低频率，后半段采用低振幅高频率、行驶速度为2km/h进行补充对比试验，试验结果见表9.3-20。

表9.3-20　上游堆石区中级配砂砾石料振动碾参数选择试验结果

试验组合				含水率/%	干密度/(g/cm³)	砾石含量/%	相对密度	渗透系数/(cm/s)
铺料厚度	振动碾	洒水量	碾压遍数					
85cm	32t	10%	8	3.53	2.34	77.0	0.902	7.34×10^{-3}
			10	3.70	2.35	77.3	0.922	7.07×10^{-3}
			12	3.72	2.36	78.5	0.938	6.7×10^{-3}
备注		采用32t自行式振动碾，前半数采用高振幅低频率振动碾压，后半数采用低振幅高频率振动碾压。						

不同碾压遍数下相对密度实测结果分别为0.902、0.922、0.938，不同碾压遍数下的相对密度与机械参数较调整前均提高了0.01。

（4）成果分析。综合分析砂砾石颗粒级配分布特点，先采用高振幅低频率可提高底层压实效果，使虚铺的砂砾石料粗颗粒得到较好排列，后采用低振幅高频率可使细颗粒充分充填空隙，该压实方式对提高砂砾石料压实效果有利，后续上游堆石区砂砾石料碾压试验均采用该机械振动方式进行。

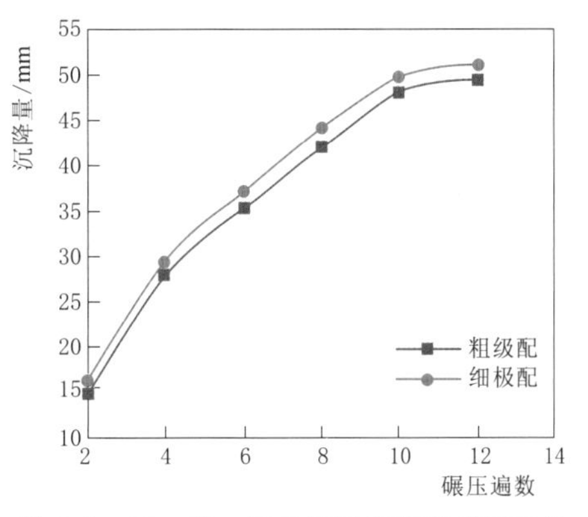

图9.3-20　粗、细级配砂砾石料复核试验沉降量与碾压遍数关系图

（5）其他不同级配砂砾石料碾压参数的初步确定。

根据中级配相关碾压试验成果，确定粗级配、细级配复核碾压试验采用铺料85cm、洒水10%、碾压12遍参数组合，试验结果汇总见表9.3-21，沉降量测量结果见表9.3-22，沉降量与碾压遍数的关系见图9.3-20。

表9.3-21　上游堆石区粗、细级配砂砾石料复核试验结果

试验组合				含水率/%	平均干密度/(g/cm³)	砾石含量/%	平均相对密度	渗透系数/(cm/s)
铺料厚度	振动碾	洒水量	碾压遍数					
85cm	32t	10%	12（粗）	3.71	2.35	83.7	0.92	8.23×10^{-3}
			12（细）	3.41	2.36	76.4	0.96	6.58×10^{-3}

注　采用32t自行式振动碾，前半数采用高振幅、低频率振动碾压，后半数采用低振幅高频率振动碾压。

表 9.3-22　上游堆石区粗、细级配复核试验沉降量测量结果

碾压遍数	沉降量/mm		碾压遍数	沉降量/mm	
	细级配	粗级配		细级配	粗级配
2	14.8	16.5	8	42.1	44.2
4	28.0	29.5	10	48.1	49.9
6	35.4	37.3	12	49.5	51.2

注　沉降量按每场次相同遍数的所有检测点平均沉降量计算。

3. 不同铺料厚度的影响分析

采用中级配砂砾石料，铺料65cm、85cm、105cm，碾压8遍、10遍、12遍试验组合时，试验结果见表9.3-23、表9.3-24。

表 9.3-23　上游堆石区中级配砂砾石料碾压试验结果

试验组合				含水率/%	干密度/(g/cm³)	砾石含量/%	相对密度	渗透系数/(cm/s)
铺料厚度	振动碾	洒水量	碾压遍数					
105cm	32t	10%	8	3.38	2.30	78.0	0.80	9.01×10^{-3}
			10	3.15	2.32	78.0	0.82	7.98×10^{-3}
			12	3.32	2.32	78.5	0.84	7.77×10^{-3}
85cm	32t	10%	8	3.53	2.34	77.0	0.902	7.34×10^{-3}
			10	3.70	2.35	77.3	0.92	7.07×10^{-3}
			12	3.72	2.36	78.5	0.94	6.7×10^{-3}
65cm	32t	10%	8	3.84	2.35	78.2	0.94	6.82×10^{-3}
			10	3.76	2.37	79.2	0.96	5.47×10^{-3}
			12	3.84	2.38	79.5	0.97	4.25×10^{-3}

注　采用32t自行式振动碾，前半数采用高振幅低频率振动碾压，后半数采用低振幅高频率振动碾压。

表 9.3-24　上游堆石区中级配砂砾石料碾压试验沉降量测量结果汇总

碾压遍数	沉降量/mm		
	铺料65cm	铺料85cm	铺料105cm
	洒水10%		
2	10.6	19.2	14.7
4	18.6	25.3	27.5
6	24.8	33.4	37.8
8	29.0	41.6	45.6
10	31.6	47.2	49.8
12	32.9	51.8	51.4

注　沉降量按每场次相同遍数的所有检测点平均沉降量计算。

（1）铺料65cm，洒水10%，碾压8遍、10遍、12遍试验结果及分析。

铺料65cm，不同碾压遍数下的实测相对密度分别为0.937、0.955、0.972，碾压12遍相对密度全部达到0.95，碾压10遍时最小相对密度0.94；对比同参数组合下铺料厚度85cm碾压12遍的相对密度提高0.03，降低铺料厚度后对压实度提高明显。铺料厚度65cm时碾压12遍可满足设计相对密度0.95的要求。

(2) 铺料105cm，洒水10%，碾压8遍、10遍、12遍试验结果及分析。

铺料105cm，碾压8遍、10遍、12遍后实测相对密度分别为0.802、0.817、0.838，与铺料85cm、碾压12遍相对密度(0.928)比较，降低了0.1，降低幅度较大，说明铺料超过100cm且采用目前压实机械组合(即6个相对密度数据0.80、0.82、0.83、0.85、0.85、0.88的平均值0.838)压实效果较差。

4. 小结

(1) 从上游堆石区砂砾石料总体碾压试验结果看，选定铺料厚度85cm、洒水10%，32t振动碾碾压12遍，相对密度平均值粗级配料可满足0.92；中级配料可满足0.94；细级配料可满足0.96；中级配选定铺料厚度65cm，洒水10%，32t振动碾碾压10遍相对密度平均值可满足0.96。

(2) 从试验结果关系曲线图表看，相同碾压设备、洒水量及碾压遍数时，随着铺料厚度的增加，相对密度逐渐减小，上游堆石区砂砾石料铺料厚度超过100cm时，在目前参数组合下无法达到较好的压实效果。

(3) 相同铺料厚度、相同碾压遍数和相同碾压机械，随着洒水量的增加，干密度值呈抛物线形变化，当洒水量达到8%左右时，干密度达到最大，继续增加洒水量，干密度呈下降趋势，上游堆石区砂砾石料最优洒水量应该在8%左右。

(4) 上游堆石区砂砾石料粗、中、细三种级配料在铺料厚度85cm、同样碾压功能、同样洒水量情况下，压实结果存在一定差异。从碾压后效果看，实测细级配料平均相对密度0.96、中级配料0.94、粗级配料0.92。造成此结果的原因：一是吉浪滩料场本身大粒径颗粒含量偏少，大颗粒都集中在200mm左右，颗粒级配搭配均匀；二是三种级配小于5mm颗粒含量不同，粗级配最小，细级配最大，颗粒之间空隙在细颗粒偏少时填充不充分。

9.3.5.2 下游堆石区开挖料碾压试验结果及分析

下游堆石区碾压试验采用班多试验洞开挖渣料，在班多渣场进行现场碾压试验。下游堆石区主要进行32t振动碾，铺料厚度85cm，洒水5%、10%、15%，碾压8遍、10遍、12遍；铺料65cm，洒水10%，碾压8遍、10遍、12遍；铺料85cm，洒水10%，碾压10遍的复核试验。碾压试验共计3个场次13个单元，试验结果汇总见表9.3-25，不同组合情况下沉降量测量结果见表9.3-26，干密度、洒水量、碾压遍数等参数之间关系曲线见图9.3-21～图9.3-24。

表9.3-25 下游堆石区开挖料碾压试验结果

试验组合				检测项目				
铺料厚度	振动碾	洒水量	碾压遍数	含水率/%	干密度/(g/cm³)	<5mm颗粒含量/%	孔隙率/%	渗透系数/(cm/s)
85cm	32t	5%	8	2.86	2.25	8.7	17.5	1.72×10^{-2}
			10	3.13	2.26	12.0	17.1	2.54×10^{-2}
			12	2.98	2.28	9.9	16.4	3.47×10^{-2}
		10%	8	3.45	2.27	9.5	16.8	3.11×10^{-2}
			10	3.42	2.28	9.9	16.6	2.98×10^{-2}
			12	3.43	2.29	11.4	16.1	3.45×10^{-2}

续表

试验组合				检测项目				
铺料厚度	振动碾	洒水量	碾压遍数	含水率/%	干密度/(g/cm³)	<5mm颗粒含量/%	孔隙率/%	渗透系数/(cm/s)
85cm	32t	15%	8	3.11	2.24	10.0	18.1	2.92×10^{-2}
			10	2.84	2.25	10.0	17.7	2.99×10^{-2}
			12	3.13	2.27	10.8	16.9	2.54×10^{-2}
65cm		10%	8	3.06	2.28	10.1	16.7	2.85×10^{-2}
			10	3.66	2.29	10.7	16.0	3.08×10^{-2}
			12	4.00	2.30	10.1	15.9	2.25×10^{-2}
85cm		10%	10	3.45	2.29	10.1	16.0	2.68×10^{-2}

注　孔隙率≤19%，D_{max}≤800mm，32t振动碾碾压；岩石密度为2.73g/cm³。

表9.3-26　　下游堆石区开挖料碾压试验沉降量测量结果汇总

碾压遍数	沉降量/mm				
	铺料厚度85cm				铺料厚度65cm
	洒水5%	洒水10%	洒水15%	洒水10%（复核）	洒水10%
2	17.0	17.5	16.3	17.7	13.0
4	30.8	31.7	29.2	32.3	24.2
6	39.8	41.6	37.3	40.7	31.1
8	47.2	48.9	44.3	46.8	36.6
10	52.5	54.2	50.0	52.0	40.8
12	53.9	55.4	51.5		41.7

注　沉降量按每场次相同遍数的所有检测点平均沉降量计算。

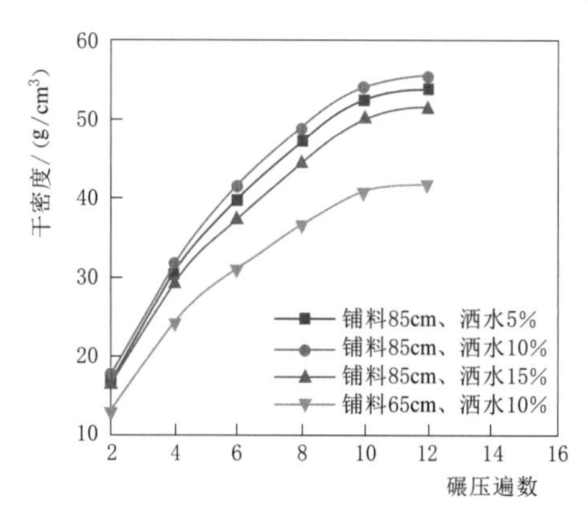

图9.3-21　开挖料干密度与碾压遍数关系图

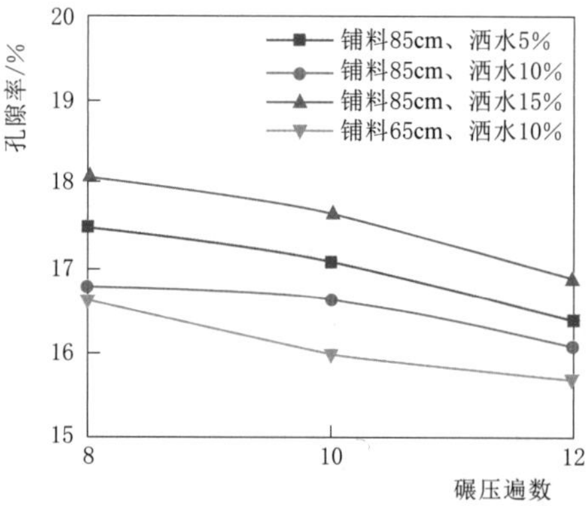

图9.3-22　开挖料孔隙率与碾压遍数关系图

由表9.3-26、图9.3-21～图9.3-24可以看出，随着碾压遍数的增加，干密度增加，孔隙率减小；在不同洒水量下，干密度与洒水量呈抛物线形变化；洒水量在8%～10%时，压实效果最好；铺料厚度从85cm减小至65cm，干密度增加0.01；洒水5%、碾压8遍有一个点的孔隙率达19.3%，其他均满足要求；洒水15%、碾压8遍有两个点的孔隙率大于19.0%。

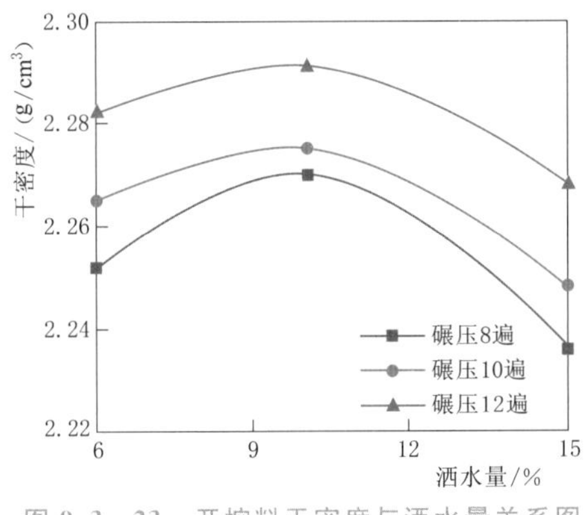

图 9.3-23　开挖料干密度与洒水量关系图

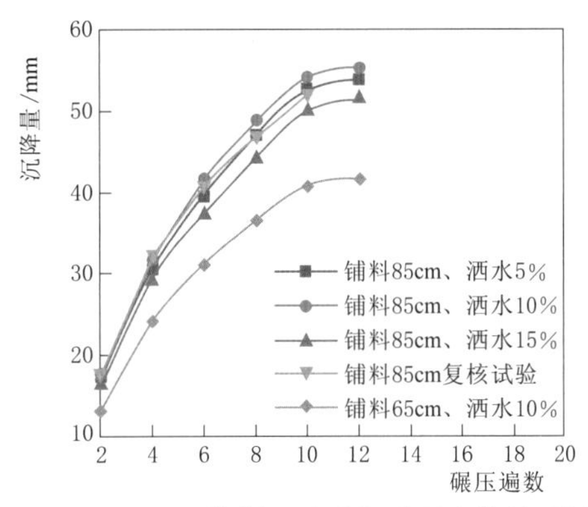

图 9.3-24　开挖料沉降量与碾压遍数关系图

下游堆石区碾压参数组合为 32t 自行式振动碾、铺料厚度 85cm、洒水量 5%、碾压 10 遍，铺料厚度 85cm、洒水量 10%、碾压 8 遍；压实效果可满足设计孔隙率不大于 19.0%的要求指标，渗透系数实测 10^{-2}cm/s。

9.3.5.3　过渡料碾压试验成果与分析

1. *砂砾石过渡料*

(1) 试验结果。

砂砾石过渡料碾压试验分三个场次进行，全部采用 26t 自行式振动碾碾压。

第一场次进行铺料 45cm、55cm，碾压 6 遍、8 遍、10 遍，不洒水，共计 6 个单元的参数选择试验；第二场次进行铺料 55cm，洒水 3%、6%、10%，共计 3 个单元的试验；第三场次根据试验结果和阶段成果会议要求，进行铺料 45cm，洒水 6%，碾压 8 遍、10 遍、12 遍的复核试验和铺料厚度 45cm、不洒水、碾压 12 遍的试验。三个场次的现场试验结果见表 9.3-27～表 9.3-29，碾压遍数、干密度、相对密度、沉降量、洒水量等参数之间关系见图 9.3-25～图 9.3-28。

表 9.3-27　　砂砾石过渡料碾压试验结果

试验组合				含水率	干密度/(g/cm³)	砾石含量	相对密度	渗透系数/(cm/s)
铺料厚度	振动碾	洒水量	碾压遍数					
45cm	26t	0	6	0.69%	2.30	78.3%	0.83	
			8	0.58%	2.34	78.0%	0.91	
			10	0.57%	2.34	78.9%	0.93	
			12	2.83%	2.35	79.0%	0.95	
55cm	26t	0	6	0.63%	2.29	77.2%	0.81	
			8	0.64%	2.32	79.7%	0.87	
			10	0.65%	2.33	77.3%	0.90	
55cm	26t	3%	10	1.79%	2.33	78.9%	0.90	1.90×10^{-2}
		6%		2.89%	2.34	78.4%	0.92	2.0×10^{-2}
		10%		3.50%	2.31	77.2%	0.87	1.50×10^{-2}

注　岩石颗粒密度 2.67g/cm³，$D_{max}\leqslant$300mm，铺料 45cm、碾压 12 遍。

表 9.3-28　砂砾石过渡料碾压校核试验成果

试验组合				含水率	干密度/(g/cm³)	砾石含量	相对密度	渗透系数/(cm/s)
铺料厚度	振动碾	洒水量	碾压遍数					
45cm	26t	6%	8	2.86%	2.34	79.6%	0.92	7.23×10^{-3}
			10	2.97%	2.35	80.5%	0.94	6.07×10^{-3}
			12	2.45%	2.36	78.5%	0.96	6.48×10^{-3}

注　岩石颗粒密度 2.67g/cm³，$D_{max}\leqslant$300mm。

表 9.3-29　砂砾石过渡料碾压沉降量

碾压遍数	沉降量/mm						
	铺料厚度 45cm			铺料厚度 55cm			
	26t 振动碾						
	不洒水	洒水 6%	洒水 10%	不洒水	洒水 3%	洒水 6%	洒水 10%
2 遍	14.9	13.1	13.4	15.9	9.5	14.4	14.3
4 遍	25.2	24.5	24.6	28.3	17.3	27.5	28.2
6 遍	32.2	31.8	32.9	37.0	23.6	34.2	35.8
8 遍	37.1	36.7	37.1	42.0	27.2	38.1	40.5
10 遍	41.5	38.4	39.8	44.1	28.4	39.3	42.8
12 遍		39.4	41.1				
备注			复核试验				

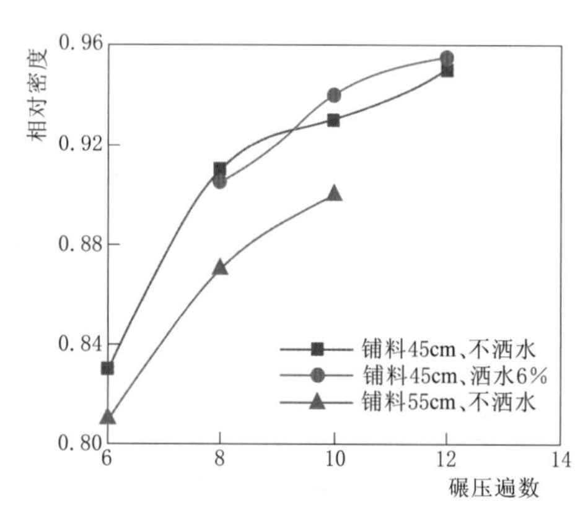

图 9.3-25　过渡料相对密度与碾压遍数的关系图

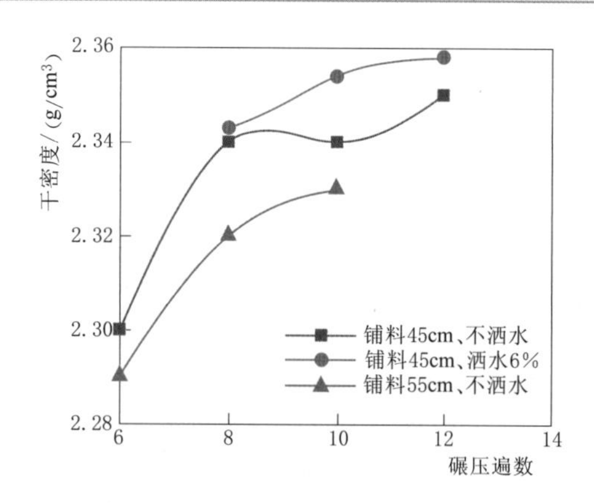

图 9.3-26　过渡料干密度与碾压遍数的关系图

（2）试验结果分析。

随着碾压遍数的增加，现场实测干密度、相对密度均在增加；在相同铺料厚度、相同碾压遍数，洒水后的压实效果优于不洒水时的压实效果。

1）砂砾石过渡料采用 26t 振动碾、铺料 45cm、不洒水，碾压遍数 6 遍、8 遍、10 遍、

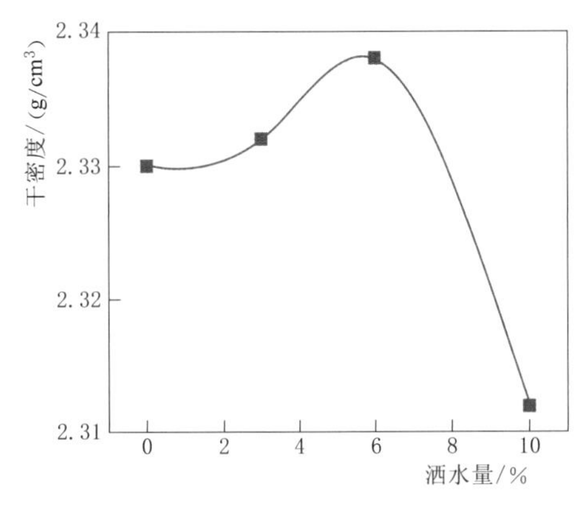

图 9.3-27　过滤料洒水量与干密度的关系图

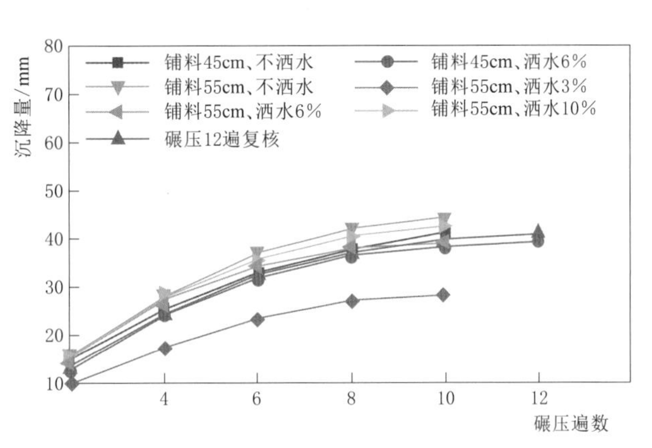

图 9.3-28　过滤料碾压遍数与沉降量关系图

12 遍，平均相对密度分别为 0.83、0.91、0.93、0.95，在碾压 12 遍时可满足相对密度平均值达到 0.95 的指标要求，单值中有 2 个检测点低于 0.95。

2）铺料 55cm、不洒水，碾压遍数 6 遍、8 遍、10 遍，实测相对密度为 0.81、0.91、0.90，均不满足 0.95 的指标要求。

3）从不同洒水量对比试验结果来看，铺料 55cm，洒水 3%、6%、10%，碾压 10 遍条件下，随着洒水量的增加，相对密度也在增加，从图 9.3-27 可以看出，洒水量增加到 5.0%～6.0%之间时的压实效果最佳，继续增加水量，干密度呈下降趋势。因此，确定洒水量 6%作为复核参数。

4）从复核试验结果分析，选定铺料 45cm、洒水量 6%、碾压 12 遍，平均相对密度达到 0.96，可满足设计要求（0.95），但 6 个点中有两个点的相对密度为 0.94。

2. 开挖过渡料

(1) 试验结果。

开挖过渡料进行 32t 振动碾、不洒水、铺料 45cm、碾压 10 遍、12 遍、14 遍三个单元试验和 26t 振动碾、洒水 6%、铺料 45cm、碾压 10 遍一个单元的现场碾压试验。试验结果见表 9.3-30，沉降量见表 9.3-31；干密度与碾压遍数关系曲线见图 9.3-29，碾压遍数与孔隙率的关系曲线见图 9.3-30，沉降量与碾压遍数的关系曲线见图 9.3-31。

表 9.3-30　　开挖过渡料碾压试验结果

试验组合				含水率/%	干密度/(g/cm³)	<5mm 颗粒含量/%	孔隙率/%	渗透系数/(cm/s)
铺料厚度	振动碾	洒水量	碾压遍数					
45cm	32t	0	10	2.94	2.32	18.6	14.8	
			12	2.82	2.34	18.4	13.9	
			14	2.53	2.35	18.6	13.6	
45cm	26t	6%	10	4.39	2.34	19.2	14.0	8.50×10^{-3}

注　设计孔隙率大于 17%，$D_{max}\leqslant300$mm，实测岩石密度 2.72g/cm³。下雨后试验检测。

表 9.3-31　开挖过渡料沉降量

碾压遍数	沉降量/mm		碾压遍数	沉降量/mm	
	铺料厚度 45cm			铺料厚度 45cm	
	32t 振动碾	26t 振动碾		32t 振动碾	26t 振动碾
	不洒水	洒水 6%		不洒水	洒水 6%
2	11.3	11.8	10	35.3	37.1
4	20.5	21.6	12	37.3	
6	27.5	29.2	14	38.6	
8	32.3	34.4			

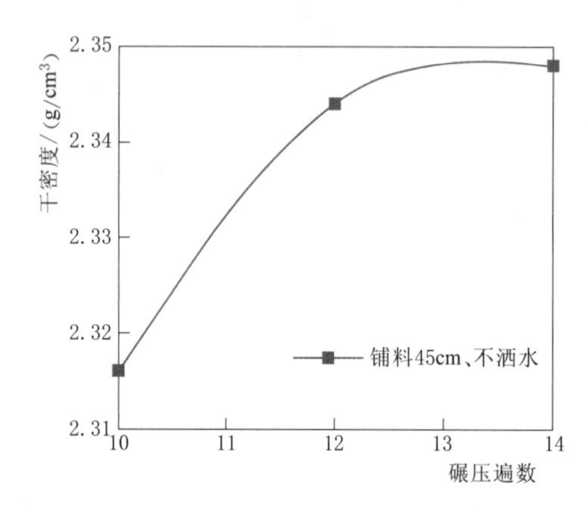

图 9.3-29　开挖过渡料碾压遍数与干密度的关系图

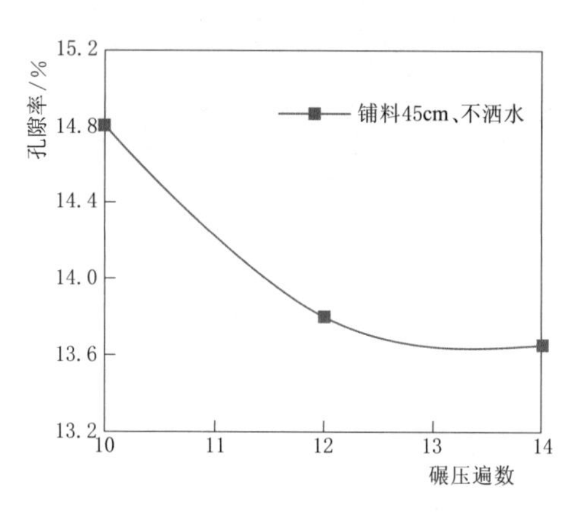

图 9.3-30　开挖过渡料碾压遍数与孔隙率的关系图

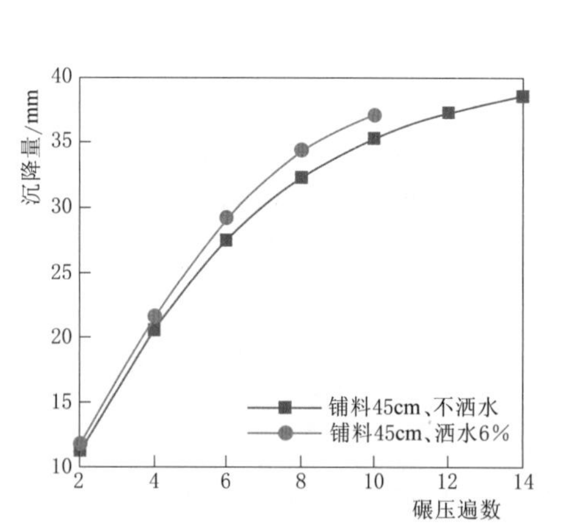

图 9.3-31　开挖过渡料沉降量与碾压遍数关系曲线

（2）试验结果分析：

1）开挖过渡料铺料 45cm、不洒水，32t 振动碾碾压 8 遍、10 遍、12 遍，孔隙率结果为 13.6%～14.8%，满足设计不大于 17%的要求；洒水 6%、26t 振动碾碾压 10 遍，孔隙率实测结果为 13.2%～14.9%，满足设计小于 17%要求。

2）图 9.3-31 显示，碾压试验时前 8 遍的碾压沉降量较大，随着碾压遍数的增加，沉降量变化趋于平缓。

3. 推荐参数

根据过渡料碾压试验结果分析，砂砾石过渡料推荐参数为：铺料厚度 45cm、洒水量控制在 6%以内、26t 振动碾碾压 12 遍；开挖过渡料推荐参数为：铺料 45cm、洒水 6%、26t 振动碾碾压 10 遍；不洒水，铺料 45cm、32t 振动碾碾压 10 遍。

9.3.5.4　垫层料碾压试验成果及分析

1. *砂砾石垫层料*

(1) 试验结果。

砂砾石垫层料碾压试验分三个场次进行，全部采用26t自行式振动碾。第一场次选定铺料厚度45cm、55cm，不洒水，碾压6遍、8遍、10遍，共计6个单元；第二场次选定铺料厚度55cm，洒水4%、8%、12%，碾压10遍，共计3个单元；第三场次选定铺料45cm、洒水6%，碾压8遍、10遍、12遍，共计3个单元进行复核试验。现场碾压试验结果汇总见表9.3-32～表9.3-34，干密度、碾压遍数、相对密度、洒水量等参数之间关系曲线见图9.3-32～图9.3-36。

表9.3-32　砂砾石垫层料碾压试验结果汇总

试验组合				含水率/%	干密度/(g/cm³)	砾石含量/%	相对密度	渗透系数/(cm/s)
铺料厚度	振动碾	洒水量	碾压遍数					
45cm	26t	0	6	0.88	2.24	60.2	0.85	—
			8	0.98	2.30	63.3	0.93	—
			10	1.19	2.32	64.1	0.96	—
55cm	26t	0	6	0.78	2.23	59.0	0.83	—
			8	1.40	2.29	64.1	0.91	—
			10	1.28	2.31	64.2	0.95	—
55cm	26t	4%	10	2.48	2.33	64.6	0.97	2.38×10^{-3}
		8%		3.18	2.32	64.8	0.95	2.55×10^{-3}
		12%		3.45	2.31	64.8	0.94	2.37×10^{-3}

注　岩石颗粒密度2.71g/cm³，$D_{max}\leqslant$80mm。

表9.3-33　砂砾石垫层料复核试验结果汇总

试验组合				含水率/%	干密度/(g/cm³)	砾石含量/%	相对密度	渗透系数/(cm/s)
铺料厚度	振动碾	洒水量	碾压遍数					
45cm	26t	6%	8	3.43	2.30	62.7	0.95	5.2×10^{-3}
			10	3.43	2.32	63.3	0.96	4.1×10^{-3}
			12	3.73	2.33	64.1	0.97	3.2×10^{-3}

注　岩石颗粒密度2.71g/cm³，$D_{max}\leqslant$80mm。

表9.3-34　砂砾石垫层料沉降量汇总

碾压遍数	沉降量/mm					
	铺料厚度45cm		铺料厚度55cm			
	26t振动碾					
	不洒水	洒水6%	不洒水	洒水4%	洒水8%	洒水12%
2	10.7	10.3	13.0	13.5	13.7	13.5
4	18.3	18.9	23.0	24.0	24.1	24.1

续表

碾压遍数	沉降量/mm					
	铺料厚度 45cm		铺料厚度 55cm			
	26t 振动碾					
	不洒水	洒水 6%	不洒水	洒水 4%	洒水 8%	洒水 12%
6	24.0	24.7	29.8	32.0	32.6	31.0
8	27.6	28.0	34.4	38.8	37.2	36.0
10	30.1	29.6	37.8	43.4	40.7	39.4
12		30.2				
备注		复核试验				

（2）试验结果分析：

1）砂砾石垫层料不洒水时，铺料 45cm 和 55cm、采用 26t 振动碾，碾压 6 遍、8 遍、10 遍，在碾压 10 遍时平均相对密度分别为 0.96、0.95，满足设计要求，但 6 个检测点中，铺料 45cm 有 1 个点、铺料 55cm 有 2 个点不满足设计要求。

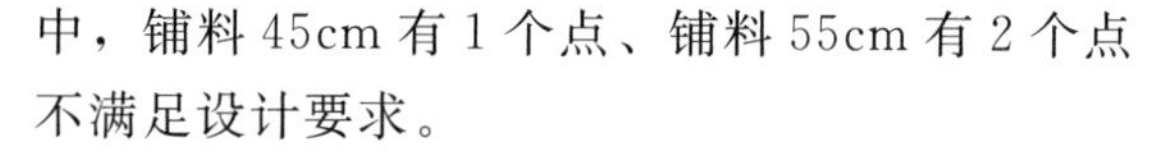

铺料 55cm、碾压 10 遍，洒水 4%、8%、12%时，平均相对密度分别为 0.97、0.95、0.94，随着洒水量的增加平均相对密度呈下降趋势，洒水 4%，平均值 0.97，但有 1 个点相对密度为 0.92。从图 9.3-35 不同洒水量与相对密度关系图可以看出，相同碾压机械、相同碾压遍数和铺料厚度时，随着洒水量的增加，干密度也在增加，但洒水量达到 6%后，干密度减小趋势明显，最优洒水量为 4%～6%。

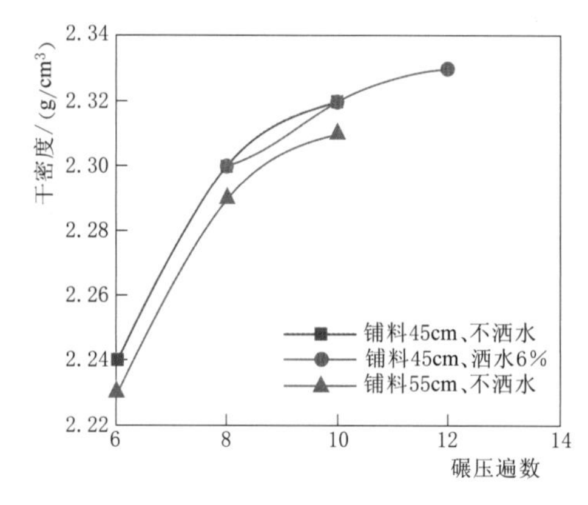

图 9.3-32　砂砾石垫层料干密度与碾压遍数的关系图

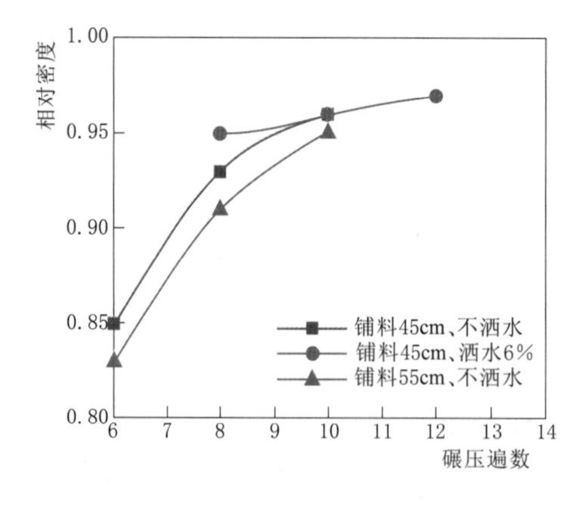

图 9.3-33　砂砾石垫层料相对密度与碾压遍数的关系图

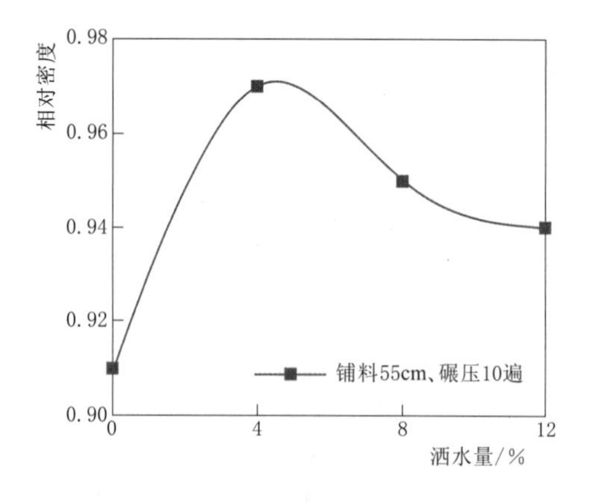

图 9.3-34　砂砾石垫层料洒水量与相对密度关系图

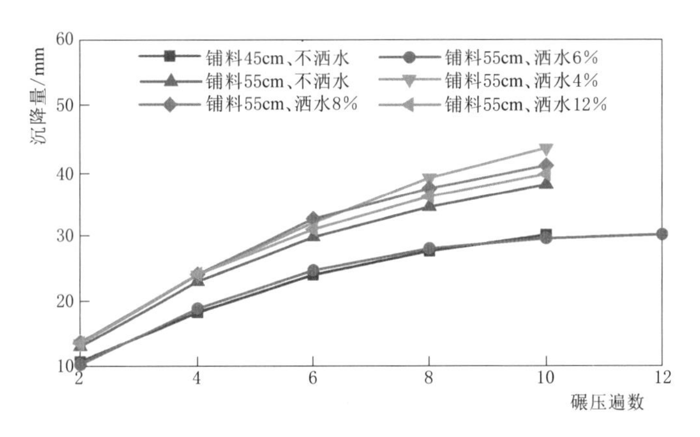

图 9.3-35　砂砾石垫层料碾压遍数与沉降量关系图

从图 9.3-36 看，砂砾石垫层料复核试验采用 26t 振动碾碾压 8 遍、10 遍、12 遍，铺料 45cm、洒水 6%，平均相对密度分别为 0.95、0.96、0.97；碾压 8 遍时，检测 6 个点中有 2 个相对密度低于 0.95，碾压 10 遍、12 遍时各个检测点的相对密度均满足设计提出的 0.95 要求。

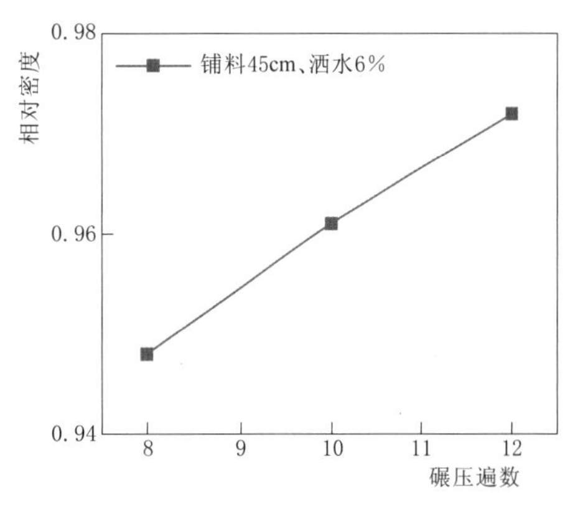

图 9.3-36　砂砾石垫层料洒水 6%；碾压遍数与相对密度关系图

2）砂砾石垫层料渗透检测 9 组，平均渗透系数为 3.3×10^{-3} m/s。

2. 开挖垫层料

（1）试验结果。

开挖垫层料进行铺料 45cm、不洒水，32t 振动碾碾压 10 遍、12 遍、14 遍共计 3 个单元的试验；进行铺料 45cm，洒水 5%、10%、15%，26t 碾压 8 遍、10 遍、12 遍共计 9 个单元的碾压试验。现场干密度等试验结果汇总见表 9.3-35、不同碾压遍数时沉降量结果见表 9.3-36，干密度、孔隙率、碾压遍数、沉降量等参数之间的关系见图 9.3-37～图 9.3-40。

表 9.3-35　　开挖垫层料碾压试验结果

试验组合				含水率/%	干密度/(g/cm³)	<5mm颗粒含量/%	孔隙率/%	渗透系数/(cm/s)
铺料厚度	振动碾	洒水量	碾压遍数					
45cm	32	0	10	1.47	2.35	36.8	13.8	—
			12	1.38	2.36	37.6	13.3	—
			14	1.47	2.37	37.1	13.0	—
45cm	26t	5%	8	2.32	2.34	36.7	14.1	4.62×10^{-3}
			10	3.01	2.36	37.5	13.4	4.67×10^{-3}
			12	2.44	2.37	36.7	12.8	4.30×10^{-3}

续表

试验组合				含水率/%	干密度/(g/cm³)	<5mm颗粒含量/%	孔隙率/%	渗透系数/(cm/s)
铺料厚度	振动碾	洒水量	碾压遍数					
45cm	26t	10%	8	2.88	2.32	36.8	14.7	4.07×10^{-3}
			10	3.06	2.34	38.0	14.1	3.90×10^{-3}
			12	3.13	2.35	37.8	13.5	3.62×10^{-3}
45cm	26t	15%	8	3.64	2.30	37.3	15.3	2.86×10^{-3}
			10	3.68	2.32	37.3	14.7	2.86×10^{-3}
			12	3.47	2.33	38.5	14.2	2.66×10^{-3}

注 设计孔隙率不大于17%，$D_{max}\leqslant$80mm，比重2.72。

表 9.3-36 开挖垫层料沉降量

碾压遍数	沉降量/mm			
	铺料厚度45cm			
	32t振动碾	26t振动碾		
	不洒水	洒水5%	洒水10%	洒水15%
2	11.9	12.0	11.6	12.0
4	21.8	21.8	21.2	21.6
6	29.5	29.7	28.8	28.8
8	34.6	35.4	34.4	33.9
10	38.1	39.1	38.1	37.1
12	40.3	41.2	40.0	39.2
14	41.7			

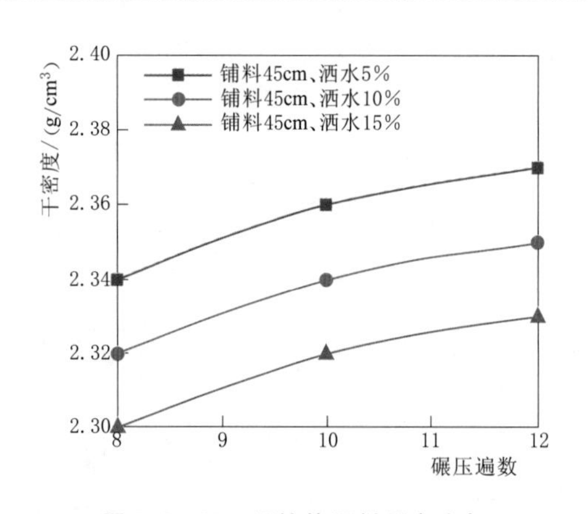

图 9.3-37 开挖垫层料干密度与碾压遍数的关系图

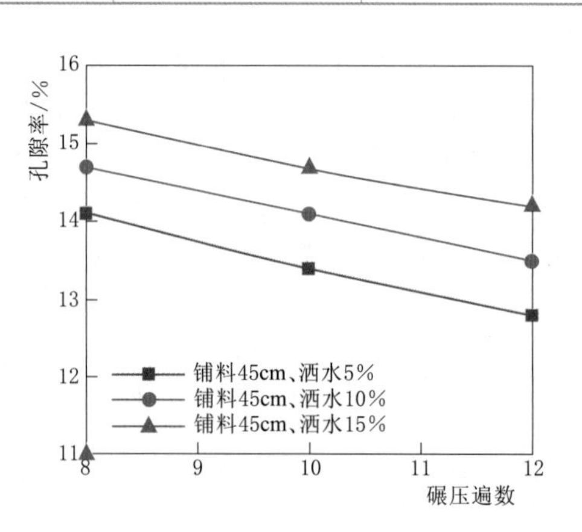

图 9.3-38 开挖垫层料孔隙率与碾压遍数的关系图

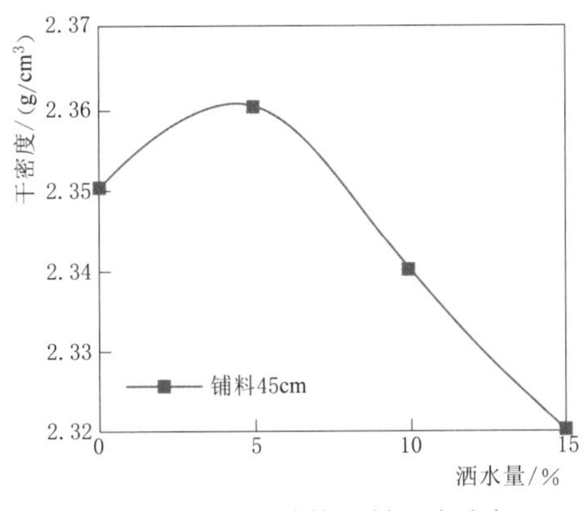

图 9.3-39　开挖垫层料干密度与洒水量的关系图

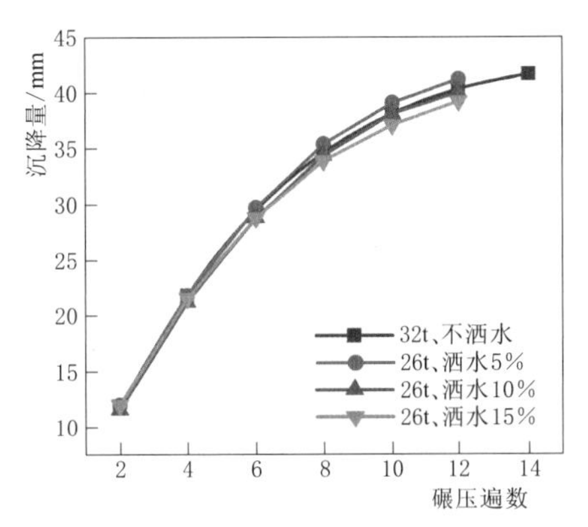

图 9.3-40　开挖垫层料沉降量与碾压遍数关系曲线图

（2）试验结果分析：

1）开挖垫层料不洒水、铺料 45cm，32 振动碾碾压 10 遍、12 遍、14 遍时，实测孔隙率分别为 13.8%、13.0%、13.0%，均满足设计孔隙率不大于 17%的要求。

2）开挖垫层料洒水 5%、10%、15%，铺料 45cm，26t 振动碾碾压 8 遍、10 遍、12 遍，共计 9 个单元的碾压试验实测孔隙率均满足设计要求。但随着洒水量的增大，干密度及孔隙率也在增加，洒水量超过 6%以后，压实效果较差。

3）从沉降量变化曲线图看，开挖垫层料在碾压前 8 遍时沉降量变化较大，随着碾压遍数的增加，沉降量变化趋势减缓。

3. 推荐参数

根据碾压试验结果分析，建议砂砾石垫层料碾压试验参数为 26t 振动碾，铺料 45cm，洒水量控制在 5%以内，碾压 10 遍；开挖垫层料碾压试验参数为 26t 振动碾，铺料 45cm，洒水量控制在 5%以内，碾压 10 遍。

9.3.5.5　反滤料碾压试验结果及分析

1. 试验结果

反滤料碾压试验选定①铺料 45cm、55cm，碾压 6 遍、8 遍、10 遍，不洒水，②铺料 55cm，洒水 3%、6%、10%，碾压 10 遍，共计 9 个单元的参数选择试验，以及铺料 45cm、洒水 6%，碾压 8 遍、10 遍、12 遍共计 3 个单元的复核试验。现场干密度等试验结果见表 9.3-37、表 9.3-38；沉降量测量结果见表 9.3-39。干密度与碾压遍数的关系见图 9.3-41，相对密度与碾压遍数的关系见图 9.3-42，干密度与洒水量的关系见图 9.3-43，沉降量与碾压遍数的关系见图 9.3-44。

表 9.3-37　反滤料碾压试验结果

试验组合				含水率/%	干密度/(g/cm³)	砾石含量/%	相对密度	渗透系数/(cm/s)
铺料厚度	振动碾	洒水量	碾压遍数					
45cm	26t	0	6	0.69	2.20	84.6	0.82	—
			8	0.67	2.22	86.3	0.85	—
			10	0.75	2.24	84.7	0.87	—

续表

铺料厚度	振动碾	洒水量	碾压遍数	含水率/%	干密度/(g/cm³)	砾石含量/%	相对密度	渗透系数/(cm/s)
55cm	26t	0	6	0.73	2.19	84.6	0.78	—
			8	0.62	2.21	84.9	0.83	—
			10	0.56	2.22	84.8	0.85	—
55cm	26t	3%	10	1.94	2.22	87.4	0.86	1.56×10^{-2}
		6%		2.40	2.23	86.7	0.88	1.79×10^{-2}
		10%		2.21	2.21	87.4	0.85	1.67×10^{-2}

注 设计相对密度0.85，$D_{max}\leqslant60$mm，实测岩石密度2.70g/cm³，26t自行式振动碾。

表9.3-38 反滤料料复核试验结果

铺料厚度	振动碾	洒水量	碾压遍数	含水率/%	干密度/(g/cm³)	砾石含量/%	相对密度	渗透系数/(cm/s)
45cm	26t	6%	8	1.93	2.23	86.4	0.86	7.56×10^{-2}
			10	2.38	2.24	86.1	0.89	6.77×10^{-2}
			12	2.07	2.25	85.4	0.91	6.39×10^{-2}

注 设计相对密度0.85，$D_{max}\leqslant60$mm，实测岩石密度2.70g/cm³，26t自行式振动碾。

表9.3-39 反滤料碾压试验沉降量测量结果

碾压遍数	沉降量/mm					
	铺料厚度45cm		铺料厚度55cm			
	不洒水	洒水6%	不洒水	洒水3%	洒水6%	洒水10%
2	12.8	12.0	15.4	14.5	14.7	13.7
4	24.9	21.8	28.6	26.6	27.4	24.1
6	31.8	29.0	36.8	34.0	34.8	31.4
8	35.6	34.2	42.2	38.9	40.5	36.9
10	36.1	36.1	43.7	42.6	44.8	41.2
12		37.1				

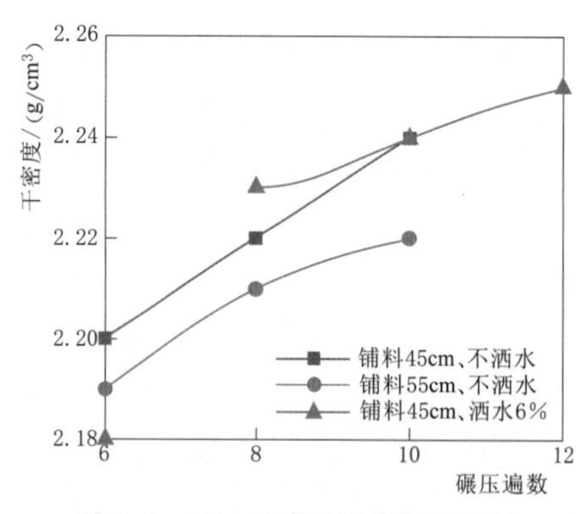

图9.3-41 反滤料干密度与碾压遍数的关系图

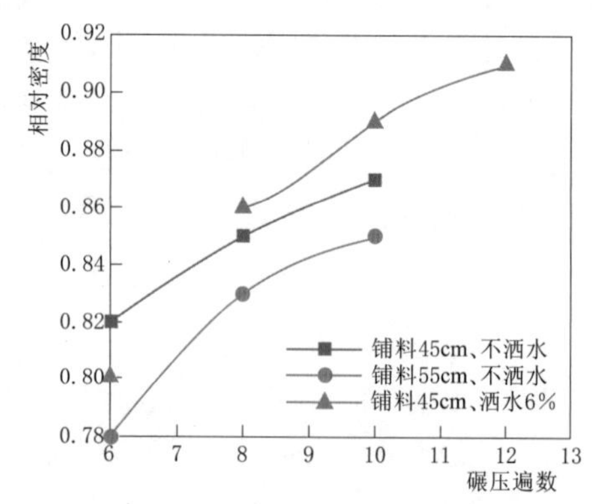

图9.3-42 反滤料相对密度与碾压遍数的关系图

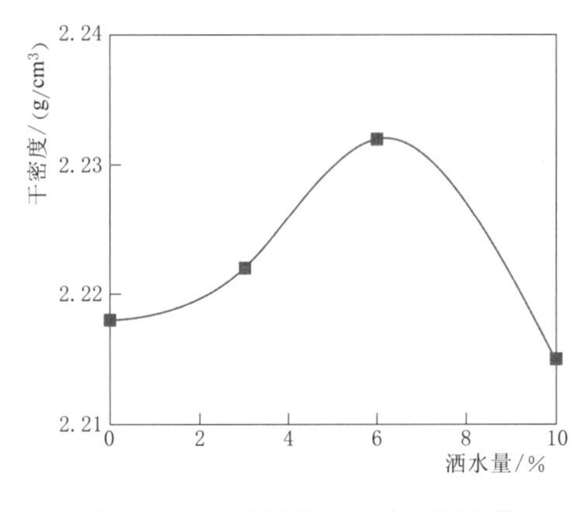

图 9.3-43　反滤料干密度与洒水量关系曲线图

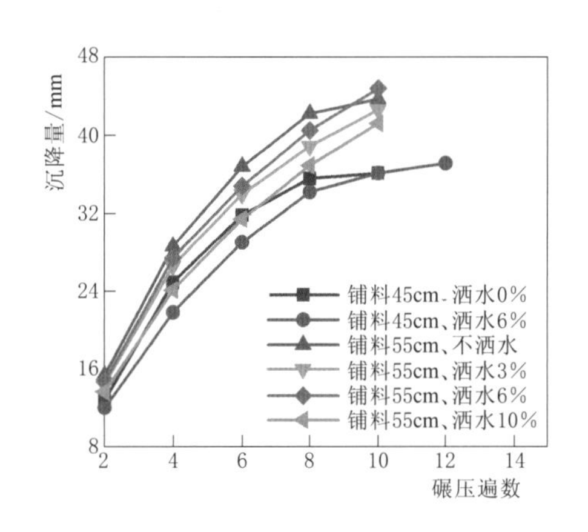

图 9.3-44　反滤料碾压遍数与沉降量关系图

2. 试验成果分析

(1) 反滤料铺料厚度45cm、不洒水，采用26t振动碾碾压6遍、8遍、10遍时，相对密度为0.82、0.85、0.87，碾压8遍、10遍时平均相对密度满足设计0.85要求，碾压8遍时有2个检测点、碾压10遍时有1个检测点不满足0.85要求。

铺料厚度55cm、不洒水，采用26t振动碾碾压6遍、8遍、10遍进行碾压试验时，相对密度为0.78、0.83、0.85；碾压10遍平均相对密度满足设计要求，有1个检测点不满足0.85要求。

铺料厚度45cm、洒水6%，采用26t振动碾碾压8遍、10遍、12遍碾压试验时，平均相对密度为0.86、0.89、0.91，均满足设计相对密度0.85的要求，碾压8遍的6个检测点中有2个检测点相对密度小于0.85。

(2) 相同压实机械和压实功、相同铺料厚度时，洒水压实效果较不洒水压实效果好。

(3) 反滤料进行了9组渗透系数试验，渗透系数平均值为3.42×10^{-2}cm/s。

3. 推荐参数

综合分析，反滤料选定碾压参数为26t自行式振动碾，铺料45cm、碾压遍数10遍，洒水量6%。

9.3.5.6　排水料碾压试验成果与分析

砂砾石排水料参数选择试验时，试验用料级配采用剔除1mm以下颗粒含量的吉浪滩砂砾石料，碾压试验后实测渗透系数不满足设计要求，复核试验时采用剔除5mm以下颗粒含量的砂砾石料颗粒级配。

1. 试验成果

排水料参数选择碾压试验结果见表9.3-40，复核碾压试验结果见表9.3-41，排水料碾压试验沉降量汇总见表9.3-42。干密度与碾压遍数的关系见图9.3-45、图9.3-46，排水料相对密度与碾压遍数的关系见图9.3-47，干密度与洒水量关系曲线见图9.3-48，沉降量与碾压遍数关系曲线见图9.3-49，排水料孔隙率与碾压遍数关系曲线见图9.3-50。

表 9.3-40　排水料参数选择碾压试验结果汇总

试验组合				含水率/%	干密度/(g/cm³)	砾石含量/%	相对密度	孔隙率/%	渗透系数/(cm/s)
铺料厚度	振动碾	洒水量	碾压遍数						
45cm	26t	0	6	0.79	2.23	93.9	0.78	17.4	—
			8	0.81	2.25	93.6	0.83	16.8	—
			10	0.97	2.26	93.8	0.86	16.2	—
55cm	26t	0	6	0.72	2.20	92.9	0.76	18.4	—
			8	0.58	2.24	93.8	0.81	17.0	—
			10	0.78	2.24	92.9	0.84	16.9	—
55cm	26t	4%	10	1.33	2.26	93.9	0.85	15.7	1.38×10^{-1}
		8%		2.10	2.27	93.9	0.87	15.3	1.55×10^{-1}
		12%		1.85	2.26	93.7	0.86	15.7	1.75×10^{-1}

注　设计相对密度大于 0.9，孔隙率不大于 22%，D_{max}<300m，26t 自行式振动碾。实测岩石密度：2.70g/cm³。试验采用剔除 1mm 以下颗粒的砂砾石料。

表 9.3-41　排水料复核试验结果汇总表

试验组合				含水率/%	干密度/(g/cm³)	>10mm颗粒含量/%	相对密度平均值	孔隙率/%	渗透系数/(cm/s)
铺料厚度	振动碾	洒水量	碾压遍数						
45cm	26t	6%	8	1.92	2.11	90.9	0.78	21.9	1.96
			10	2.01	2.13	89.9	0.85	21.2	1.68
			12	2.19	2.15	90.8	0.88	20.4	1.28

注　设计相对密度大于 0.9，孔隙率不大于 22%，D_{max}<300m，26t 自行式振动碾。实测岩石密度 2.70g/cm³。复核试验采用剔除 5mm 以下颗粒的砂砾石料。

表 9.3-42　排水料碾压试验沉降量汇总表

碾压遍数	沉降量/mm					
	铺料厚度 45cm		铺料厚度 55cm			
	不洒水	洒水 6%	不洒水	洒水 4%	洒水 8%	洒水 12%
2	14.6	13.4	14.9	15.2	17.6	15.7
4	25.5	24.1	26.3	27.3	30.0	28.4
6	33.7	31.8	34.6	36.2	39.3	38.0
8	39.2	38.5	41.0	41.8	46.0	43.3
10	43.8	42.2	46.9	47.0	51.5	48.3
12		43.9				

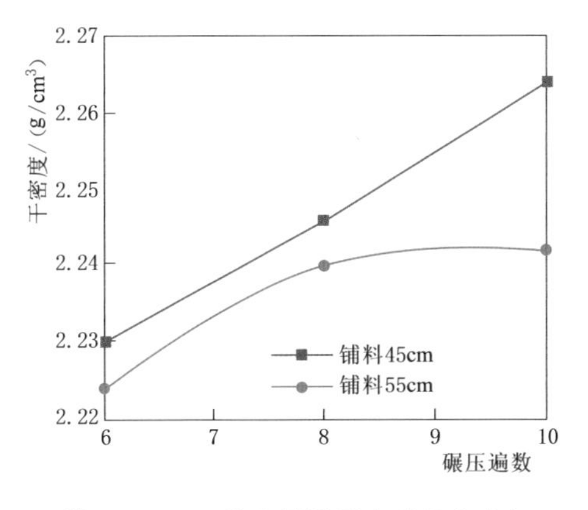

图9.3-45　排水料不洒水时干密度与碾压遍数的关系图

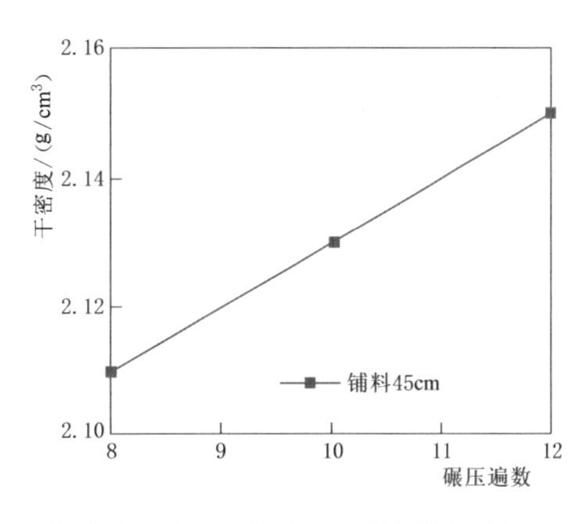

图9.3-46　排水料洒水6%时干密度与碾压遍数的关系图

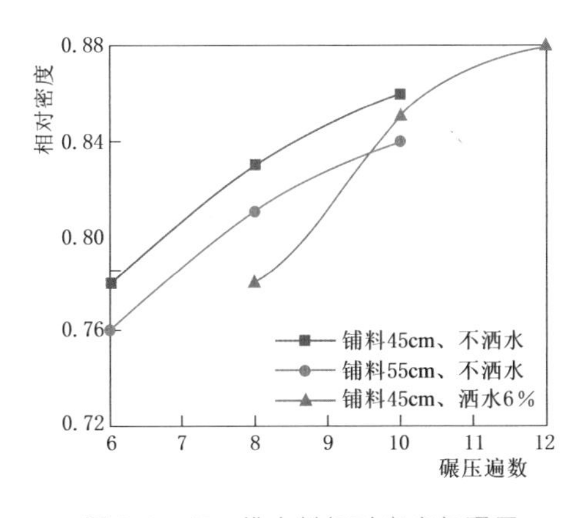

图9.3-47　排水料相对密度与碾压遍数的关系图

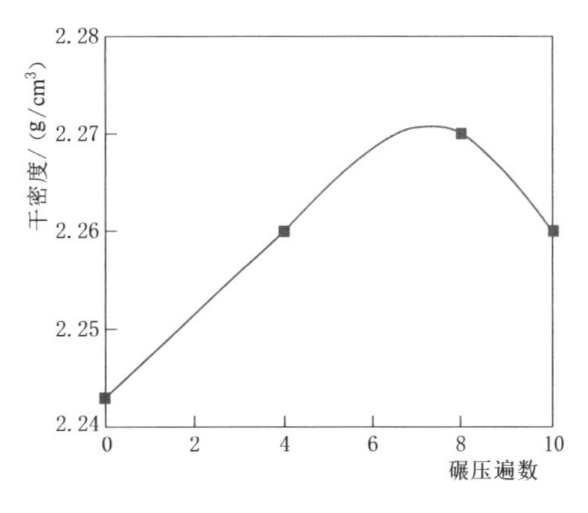

图9.3-48　排水料干密度与碾压遍数关系曲线图

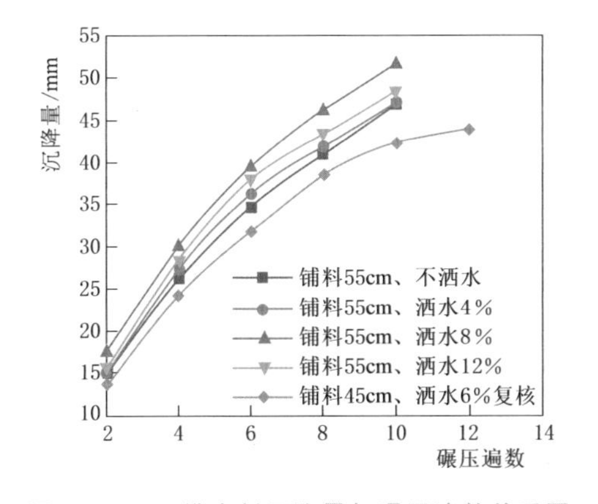

图9.3-49　排水料沉降量与碾压遍数关系图

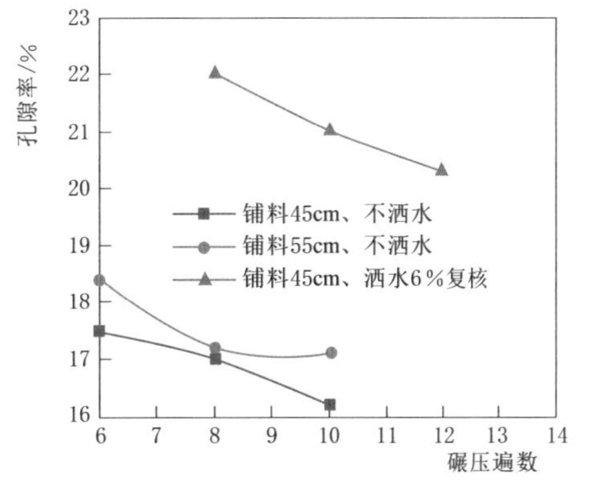

图9.3-50　排水料孔隙率与碾压遍数关系图

2. 试验成果分析

(1) 铺料厚度45cm、55cm，不洒水，26t振动碾碾压6遍、8遍、10遍时，按照现场相对密度试验结果进行控制，碾压10遍，相对密度实测结果为0.84～0.86，相对密度均不满足设计0.90要求。

铺料厚度55cm，洒水4%、8%、12%，碾压10遍时，平均相对密度为0.85、0.87、0.86，相对密度虽有所提高，洒水的压实效果优于不洒水压实效果，但仍不满足设计要求。实测平均渗透系数为1.56×10^{-1}cm/s，不满足设计要求。

(2) 在排水料复核试验时，采用剔除5mm以下颗粒含量的砂砾石料，铺料45cm、洒水6%，碾压8遍、10遍、12遍，实测平均相对密度为0.78、0.85、0.88，碾压12遍相对密度只能满足0.85要求，平均孔隙率分别为21.9%、21.2%、20.4%，碾压12遍时所有检测点的孔隙率满足设计要求（不大于22%）。

复核试验检测平均渗透系数为1.64×10^{0}cm/s，满足坝料排水要求。

9.3.5.7 各种试验用料颗粒级配试验成果及分析

不管是砂砾石料还是块石料，经过振动碾碾压后均会造成颗粒破碎，而颗粒破碎会改变填筑料的级配，造成碾压前后级配的不一致，故需要了解因碾压造成的级配变化，以便准确定位大坝实际的坝料级配，判断其各项特性指标是否满足安全运行要求。

1. 砂砾石堆石料碾压破碎率

碾压试验先采用粗级配、中级配、细级配进行了振动碾选择和洒水不洒水对比试验，振动碾选择试验完成后，主要以中级配砂砾石料为主进行后续碾压试验工艺参数选择等试验，砂砾石料碾压试验共进行了13个场次，46个单元。

(1) 上游堆石区砂砾石料碾压试验检测的级配成果分析：

1) 从粗级配试验结果可以看出最大粒径160～340mm，平均226mm，整体大粒径偏少，小于5mm颗粒含量12.8%～23.4%，平均16.7%，检测的粗级配在设计包线偏下包线分布，属于粗级配范围；小于0.075mm颗粒含量0.4%～5.4%，平均2.5%；不均匀系数平均68.7，曲率系数4.1，详见表9.3-43，从料场核查分布来看粗级配料源偏少，只有tc_4-增9号点有部分满足粗级配要求的试验用料。

表9.3-43　上游堆石区砂砾石料粗级配碾压试验检测的级配分析统计表

试验参数	<5mm颗粒含量平均值/%	<0.075mm颗粒含量平均值/%	不均匀系数平均值	曲率系数平均值	最大粒径/mm
铺料85cm，不洒水，32t、26t碾压8、10遍	16.7	1.7	41.7	2.9	160～340
铺料85cm，洒水6%，32t、26t碾压8、10遍	17.1	1.9	50.0	3.1	180～320
铺料85cm，洒水10%，32t碾压12遍	16.3	3.8	114.5	6.3	210～290

2) 从中级配试验结果可以看出，最大粒径190～320mm，平均240mm；小于5mm颗粒含量11.3%～28.7%，平均22.0%，检测的中级配在设计包线中部分布，属于中级配范围；小于0.075mm颗粒含量0.9%～6.2%，平均3.0%；不均匀系数平均96.9，曲

率系数5.2。从料场核查分布来看，中级配料源较多，tc_1、tc_2、tc_4、tc_5取样点都基本满足中级配要求的试验用料，其颗粒分析见表9.3-44。

表9.3-44　上游堆石区砂砾石料中级配碾压试验颗粒分析

试验参数	<5mm颗粒含量平均值/%	<0.075mm颗粒含量平均值/%	不均匀系数平均值	曲率系数平均值	最大粒径/mm
铺料85cm，不洒水，32t、26t碾压8、10遍	22.3	2.3	72.7	4.9	185～285
铺料85cm，洒水6%，32t、26t碾压8、10遍	20.0	2.9	83.3	4.0	190～280
铺料85cm，不洒水，32t、26t碾压8、10遍	26.2	2.4	81.2	3.0	170～300
铺料85cm，洒水6%，32t碾压8、10、12、14遍	21.1	1.7	92.0	5.3	200～200
铺料85cm，洒水10%，32t碾压8、10、12、14遍	22.1	2.2	81.8	4.5	210～280
铺料85cm，洒水10%，32t碾压8、10、12遍	22.4	3.3	111.4	5.4	200～320
铺料85cm，洒水15%，32t碾压8、10、12遍	21.4	3.0	79.0	7.0	210～300
铺料65cm，洒水10%，32t碾压8、10、12遍	21.0	3.8	141.6	6.8	220～290
铺料105cm，洒水10%，32t碾压8、10、12遍	21.8	5.2	129.2	6.2	220～290

3）从细级配试验结果可以看出，最大粒径170～300mm，平均210mm；小于5mm颗粒含量21.0%～29.0%，平均24.8%，检测的细级配在设计包线上部分布，基本属于细级配范围；小于0.075mm颗粒含量0.7%～6.7%，平均3.1%；不均匀系数均平均117.5，曲率系数4.7。经核查，细级配料在料场的分布偏少，上游堆石区砂砾石料细级配碾压试验颗粒分析见表9.3-45。

表9.3-45　上游堆石区砂砾石料细级配碾压试验颗粒分析

试验参数	<5mm颗粒含量平均值/%	<0.075mm颗粒含量平均值/%	不均匀系数平均值	曲率系数平均值	最大粒径/mm
铺料85cm，不洒水，32t、26t碾压8、10遍	26.2	2.4	110.0	4.2	170～300
铺料85cm，洒水6%，32t、26t碾压8、10遍	24.7	1.5	110.6	4.7	180～280
铺料85cm，洒水10%，32t碾压12遍	23.5	5.3	132.0	5.1	210～250

（2）上游堆石区砂砾石料粗、中、细料碾压前后级配检测成果分析。上游堆石区砂砾石料在进行粗、中、细三个级配的碾压试验过程中，在每个单元区进行了碾压前后级配变化试验。碾压试验以中级配砂砾石料为主，粗级配、细级配进行了振动碾选择和复核试验。上游堆石区砂砾石料粗级配碾压前后颗粒分析见表9.3-46。

表 9.3-46　　上游堆石区砂砾石料粗级配碾压前后颗粒分析

铺料厚度	洒水量	振动碾	碾压遍数	碾压情况	<5mm颗粒含量/%	<0.075mm颗粒含量/%	曲率系数	不均匀系数	最大粒径/mm
85cm	0	32t	8	碾前	18.4	1.0	3.0	46.9	185～225
				碾后	18.8	1.6	3.7	57.7	
		26t		碾前	13.2	1.1	3.2	38.4	220～270
				碾后	14.7	1.5	5.0	40.8	
		32t	10	碾前	16.1	1.0	2.9	38.2	210～220
				碾后	17.4	1.5	3.6	41.5	
		26t		碾前	15.5	1.3	3.5	45.0	190～240
				碾后	15.8	2.2	3.7	46.8	
85cm	6%	32t	8	碾前	15.0	1.0	2.9	38.7	190～230
				碾后	15.7	1.8	4.2	43.3	
		26t		碾前	13.9	0.7	1.7	23.3	180～280
				碾后	14.2	1.5	1.8	24.1	
		32t	10	碾前	20.5	1.0	2.0	63.8	220～260
				碾后	21.0	1.9	3.2	80.7	
		26t		碾前	15.6	0.6	2.4	42.1	160～280
				碾后	16.8	1.5	3.8	51.2	
85cm	10%	32t	10	碾前	15.9	3.3	6.8	114.8	250～260
				碾后	16.3	3.9	8.4	119.3	

1）从粗级配碾压前后级配变化可以看出：碾压前后最大粒径范围160～280mm，平均227mm，最大粒径基本没有发生破碎，整体与碾压前粒径相同；碾压后细颗粒含量有所增加，小于5mm颗粒含量增加0.1%～1.3%，小于0.075mm颗粒含量增加0.3%～0.9%，颗粒破碎较少，从碾压层面来看，仅集中在表层；碾压后颗粒级配不均匀系数平均47.5，曲率系数平均3.4，碾压后各颗粒级配组成与碾压前基本一致。

2）从细级配碾压前后级配变化可以看出：碾压前后最大粒径范围180～300mm，平均220mm，整体与碾压前级配基本相同；碾压后细颗粒含量有所增加，小于5mm颗粒含量增加0.4%～1.5%，小于0.075mm颗粒含量增加0.4%～0.9%，颗粒破碎较少；碾压后颗粒级配不均匀系数平均70.2，曲率系数平均3.8，碾压后的各项颗粒级配组成与碾压前基本一致。上游堆石区砂砾石料细级配碾压前后颗粒分析见表9.3-47。

表 9.3-47　　上游堆石区砂砾石料细级配碾压前后颗粒分析

试验组合					<5mm颗粒含量/%	<0.075mm颗粒含量/%	曲率系数	不均匀系数	最大粒径/mm
铺料厚度	洒水量	振动碾	碾压遍数	碾压情况					
85cm	0	32t	8	碾前	27.3	3.0	2.8	78.0	190～200
				碾后	28.1	3.9	3.8	89.5	

续表

试验组合					<5mm颗粒含量/%	<0.075mm颗粒含量/%	曲率系数	不均匀系数	最大粒径/mm
铺料厚度	洒水量	振动碾	碾压遍数	碾压情况					
85cm	0	32t	10	碾前	24.9	2.5	2.5	52.3	200～210
				碾后	26.4	2.8	2.5	62.7	
		26t	8	碾前	28.2	1.5	2.6	96.5	230～290
				碾后	28.5	2.2	2.8	101.3	
		26t	10	碾前	24.3	1.2	2.2	61.5	210～300
				碾后	24.7	1.7	2.8	70.7	
85cm	6%	32t	8	碾前	23.0	0.9	3.8	54.3	180～220
				碾后	23.9	1.3	5.1	63.9	
		32t	10	碾前	24.0	0.9	2.3	44.4	190～220
				碾后	24.8	1.1	2.7	45.6	
		26t	8	碾前	26.2	1.1	3.9	80.6	230～260
				碾后	26.5	1.3	4.7	88.1	
		26t	10	碾前	24.8	1.2	7.4	98.8	180～240
				碾后	25.8	1.4	8.7	102.5	
85cm	10%	32t	10	碾前	21.9	4.3	6.8	142.9	210～240
				碾后	22.0	4.9	6.9	175.9	

3）从中级配碾压前后级配变化可以看出：碾压前后最大粒径范围也在185～300mm，平均240mm，大粒径没有变化，整体与碾压前中级配一致；碾压后细颗粒含量有所增加，小于5mm颗粒含量增加0.1%～0.4%，小于0.075mm颗粒含量增加0.2%～1.7%，颗粒破碎较少；碾压后颗粒级配不均匀系数平均106，曲率系数平均5.3，碾压后的各项颗粒级配组成与碾压前基本一致。上游堆石区砂砾石料中级配碾压前后颗粒分析见表9.3-48。

表9.3-48 上游堆石区砂砾石料中级配碾压前后颗粒分析

试验组合					<5mm颗粒含量/%	<0.075mm颗粒含量/%	曲率系数	不均匀系数	最大粒径/mm
铺料厚度	洒水量	振动碾	碾压遍数	碾压情况					
85cm	0	32t	8	碾前	24.6	1.9	4.2	66.7	190～240
				碾后	25.1	2.2	4.8	80.4	
		32t	10	碾前	20.6	2.1	3.4	68.3	185～260
				碾后	21.0	2.5	4.3	76.4	
		26t	8	碾前	23.0	2.2	4.4	70.3	190～240
				碾后	23.2	2.9	5.4	75.6	
		26t	10	碾前	23.7	2.1	2.1	63.9	210～250
				碾后	24.0	2.5	3.5	67.8	

续表

试验组合					<5mm颗粒含量/%	<0.075mm颗粒含量/%	曲率系数	不均匀系数	最大粒径/mm
铺料厚度	洒水量	振动碾	碾压遍数	碾压情况					
85cm	6%	32t	8	碾前	18.6	2.1	4.0	56.3	210～230
				碾后	19.2	2.6	4.5	69.1	
		32t	10	碾前	18.1	2.6	5.4	100.0	220～260
				碾后	18.5	3.0	5.6	116.4	
		26t	8	碾前	18.0	2.2	2.7	65.3	260～280
				碾后	19.6	2.5	4.0	83.3	
		26t	10	碾前	20.3	2.9	3.9	89.8	240～280
				碾后	20.7	3.6	4.0	103.7	
85cm	10%	32t	8	碾前	21.7	2.3	3.2	93.8	210～280
				碾后	22.5	2.8	4.3	110.9	
			10	碾前	22.7	2.2	5.0	100.0	230～240
				碾后	23.3	3.3	6.3	125.6	
			12	碾前	19.5	1.9	6.1	80.1	210～270
				碾后	20.6	2.5	6.3	95.1	
85cm	15%	32t	8	碾前	19.2	1.7	8.0	109.1	210～230
				碾后	20.1	2.7	8.6	117.1	
			10	碾前	21.8	2.8	6.7	112.5	270～300
				碾后	22.5	3.4	8.0	122.9	
			12	碾前	21.9	2.4	6.6	109.8	220～240
				碾后	22.9	3.0	7.7	128.6	
65cm	10%	32t	8	碾前	21.5	4.0	7.3	153.0	250～260
				碾后	22.5	5.0	7.5	158.1	
			10	碾前	21.5	3.2	6.9	135.2	230～265
				碾后	22.0	4.0	7.8	157.6	
			12	碾前	19.2	2.3	5.7	93.8	230～270
				碾后	19.7	3.5	7.4	122.0	
105cm	10%	32t	8	碾前	22.5	4.7	6.9	212.5	230～260
				碾后	23.3	5.3	8.5	217.4	
			10	碾前	23.1	5.1	8.1	187.4	240～290
				碾后	23.4	5.6	8.4	199.9	
			12	碾前	20.0	4.3	7.2	125.0	240～260
				碾后	20.6	5.4	8.2	142.9	

（3）粗、中、细料碾压前后颗粒级配破碎率试检测成果。从表9.3-49中可以看出，上游堆石区粗、中、细三种砂砾石料经26t、32t振动碾碾压后颗粒破碎率分别为3.2%、2.8%、3.5%，三种级配破碎率基本相近，两种振动碾压实作用差距不大。

表9.3-49 上游堆石碾压试验颗粒破碎率

料源	试验组合				破碎率/%	备注
	铺料厚度	洒水量	振动碾	碾压遍数		
砂砾石料（中级配）	85cm	0	32t	8	2.3	
				10	2.8	
			26t	8	2.4	
				10	2.5	
		6%	32t	8	2.7	
				10	2.8	
			26t	8	2.7	
				10	3.6	
	85cm	10%	32t	8	2.3	振动碾参数选择
				10	2.6	
				12	2.8	
	85cm	15%	32t	8	2.9	
				10	3.0	
				12	3.5	
	105cm	10%	32t	8	2.5	
				10	2.4	
				12	2.8	
	65cm	10%	32t	8	2.5	
				10	2.9	
				12	3.1	
砂砾石料（粗级配）	85cm	0	32t	8	4.2	
				10	4.3	
			26t	8	2.4	
				10	4.2	
		6%	32t	8	2.6	
				10	2.8	
			26t	8	2.7	
				10	2.7	
		10%	32t	12	3.1	

续表

料源	试验组合				破碎率/%	备注
	铺料厚度	洒水量	振动碾	碾压遍数		
砂砾石料（细级配）	85cm	0	32t	8	3.7	
				10	4.0	
			26t	8	3.6	
				10	4.0	
		6%	32t	8	3.7	
				10	3.5	
			26t	8	2.6	
				10	3.3	
		10%	32t	12	3.7	

2. *块石堆石料碾压破碎率*

下游堆石区采用班多试验洞开挖块石料作为碾压试验料，试验剔除了800mm以上的颗粒，舍去不用板岩较多的试验料，制备的试验料板岩含量不大于30%。下游堆石区碾压试验选定铺料65cm、洒水10%、32t碾压8遍、10遍、12遍；铺料85cm、洒水5%、10%、15%、32t碾压8遍、10遍、12遍，铺料85cm、洒水10%、碾压12遍复核试验，共计9个单元试验，铺料65cm厚度试验用料剔除60cm以上颗粒。

(1) 下游堆石区开挖料碾压试验检测的级配成果分析。下游堆石区开挖料碾压试验颗粒分析见表9.3-50。从表中可以看出，最大粒径范围200～600mm，平均390mm；小于5mm颗粒含量6.4%～17.8%，平均10.2%；小于0.075mm颗粒含量0.3%～4.5%，平均1.8%；不均匀系数平均28.5，曲率系数平值3.0，级配良好。

表9.3-50　下游堆石区开挖料碾压试验颗粒分析

试验参数	<5mm颗粒含量平均值/%	<0.075mm颗粒含量平均值/%	不均匀系数平均值	曲率系数平均值	最大粒径/mm
铺料85cm，洒水5%，32t碾压8、10、12遍	10.2	0.7	27.8	3.1	290～495
铺料85cm，洒水10%，32t碾压8、10、12遍	10.2	1.9	22.3	2.4	250～600
铺料85cm，洒水15%，32t碾压8、10、12遍	10.2	2.3	35.1	1.6	240～550
铺料65cm，洒水10%，32t碾压8、10、12遍	10.3	2.1	34.2	5.1	200～400
铺料85cm，洒水10%，32t碾压8、10、12遍	10.1	2.2	23.0	2.8	290～560

(2) 下游堆石区开挖料碾压前后检测的级配成果分析。下游堆石区开挖料碾压前后颗粒分析见表9.3-51。从碾压试验现场目测和挖坑剖面观察，下游堆石区开挖料表面有一定的破碎，底部未见明显破碎，这也符合爆破料的基本特征。从表9.3-51可以看出，碾

压后小于5mm颗粒含量平均增加了0.7%，小于0.075mm颗粒含量平均增加了0.6%，变化较小，曲率系数、不均匀系数碾前碾后基本相同，同时也说明通过处理（剔除部分料）而制备的下游堆石区开挖料级配及岩性具有一定的代表性。

表9.3-51　　下游堆石区开挖料碾压前后颗粒分析

试验组合					＜5mm颗粒含量/%	＜0.075mm颗粒含量/%	曲率系数	不均匀系数	最大粒径/mm
铺料厚度	振动碾	洒水量	碾压遍数	碾压情况					
85cm	32t	5%	8	碾前	8.3	0.4	1.2	9.3	320～400
				碾后	8.8	0.9	1.3	9.5	
			10	碾前	12.7	0.4	2.1	17.0	380～495
				碾后	13.0	0.9	2.3	18.2	
			12	碾前	8.8	0.4	1.0	8.9	310～360
				碾后	9.3	0.7	1.2	9.6	
		10%	8	碾前	8.4	1.1	1.2	10.0	320～410
				碾后	9.3	1.9	1.3	10.9	
			10	碾前	8.0	0.8	1.5	10.0	250～390
				碾后	8.9	1.6	1.6	10.7	
			12	碾前	10.2	0.8	1.5	12.4	380～410
				碾后	10.6	1.7	1.8	14.1	
		15%	8	碾前	9.6	1.4	1.8	18.7	360～500
				碾后	10.6	2.1	2.3	24.8	
			10	碾前	9.5	1.6	1.9	15.8	260～500
				碾后	10.5	2.3	2.6	22.1	
			12	碾前	12.0	1.1	2.7	31.9	370～500
				碾后	12.6	1.8	2.9	34.1	
65cm	32t	10%	8	碾前	10.1	1.4	1.6	22.0	310～320
				碾后	11.0	1.8	2.2	27.5	
			10	碾前	10.2	1.5	1.3	16.3	250～380
				碾后	10.7	2.0	1.8	18.0	
			12	碾前	6.9	1.0	1.1	8.1	250～310
				碾后	7.7	1.7	1.4	8.7	
85cm	32t	10%	10	碾前	7.7	0.8	2.0	11.4	290～560
				碾后	8.9	1.9	2.3	13.0	

（3）颗粒破碎率试验结果。根据现场碾压试验前后级配检测结果，依据《土石筑坝材料碾压试验规程》（NB/T 35016—2013）中破碎率计算，下游堆石区破碎率范围为2.9%～4.6%，平均3.9%，整体级配特性基本没有变化。下游堆石区开挖料碾压试验颗粒破碎率见表9.3-52。

表 9.3-52　　下游堆石区开挖料碾压试验颗粒破碎率

料源	试验组合				破碎率	备注
	铺料厚度	振动碾	洒水量	碾压遍数		
开挖料	85cm	32t	5%	8	4.1%	
				10	4.1%	
				12	4.5%	
	85cm	32t	10%	8	4.1%	
				10	4.0%	
				12	4.6%	
	85cm	32t	15%	8	3.9%	
				10	4.0%	
				12	4.5%	
	65cm	32t	10%	8	2.9%	
				10	3.5%	
				12	3.5%	
	85cm	32t	10%	12	3.6%	复核试验

在堆石料方面，总体上来看块石料的破碎率略高于砂砾石料的破碎率，这是由于块石料棱角较为明显，在碾压过程中互相摩擦使棱角磨圆而增加颗粒破碎；而砂砾石颗粒磨圆度较好，颗粒破碎率略小；但不管是砂砾石还是块石，整体级配特性基本没有变化。

3. 过渡料的颗粒破碎

碾压试验过渡料采用砂砾石料、开挖料两种料源，以下分别称为砂砾石过渡料和开挖过渡料。过渡料碾压试验检测的颗粒级配分析见表 9.3-53。

表 9.3-53　　过渡料碾压试验检测的颗粒级配分析

试验参数	<5mm颗粒含量平均值/%	<0.075mm颗粒含量平均值/%	不均匀系数平均值	曲率系数平均值	最大粒径/mm
砂砾石料铺料 45cm，不洒水，26t 碾压 6、8、10、12 遍	21.4	3.2	122.5	4.3	160～250
砂砾石料铺料 55cm，不洒水，26t 碾压 6、8、10 遍	22.0	3.2	115.7	5.7	140～215
砂砾石料铺料 55cm，洒水 3%、6%、10%，26t 碾压 10 遍	21.8	2.8	117.4	5.6	150～240
砂砾石料铺料 45cm，洒水 6%，26t 碾压 8、10、12 遍	20.1	2.7	80.2	3.2	160～270
开挖料铺料 45cm，不洒水，32t 碾压 10、12、14 遍	18.5	2.4	41.8	3.6	220～300
开挖料铺料 45cm，洒水 6%，26t 碾压 10 遍	19.2	2.3	40.6	2.1	210～270

(1) 砂砾石过渡料200mm以上粗颗粒含量偏少，检测最大粒径在140～270mm；小于5mm含量12.7%～28.4%之间，小于0.075mm含量0.8%～5.3%；曲率系数平均值4.7，不均匀系数109.0。

(2) 开挖过渡料实测最大粒径范围为210～300mm，200mm颗粒含量较砂砾石过渡料高；小于5mm颗粒含量16.9%～28.4%，平均18.9%；小于0.075mm颗粒含量1.9%～5.0%，平均2.4%；曲率系数平均值2.9，不均匀系数平均41.2，级配良好。

(3) 过渡料碾压前后颗粒级配试验成果分析。碾压前后颗粒级配分析见表9.3-54、表9.3-55。根据现场碾压试验碾压前后颗粒分析结果计算破碎率，见表9.3-56。

表9.3-54　　砂砾石过渡料碾压前后颗粒级配分析

试验组合					<5mm颗粒含量/%	<0.075mm颗粒含量/%	曲率系数	不均匀系数	最大粒径/mm
铺料厚度	洒水量	振动碾	碾压遍数	碾压情况					
45cm	0	26t	8	碾前	22.8	2.8	6.1	144.2	210～250
				碾后	23.2	3.1	6.8	145.7	
			10	碾前	19.7	1.7	4.4	78.6	190～210
				碾后	20.1	2.3	5.9	91.7	
			12	碾前	18.6	1.4	2.5	47.3	170～250
				碾后	20.2	2.5	3.3	61.9	
55cm			8	碾前	17.9	2.3	3.1	39.0	180～180
				碾后	18.5	2.7	3.4	44.4	
			10	碾前	22.1	2.6	8.3	160.0	195～215
				碾后	22.4	3.2	9.4	166.7	
55cm	3%		10	碾前	17.4	2.2	5.7	70.0	150～220
				碾后	17.8	2.9	7.3	89.1	
	6%			碾前	19.7	1.5	3.9	55.7	180～240
				碾后	20.2	1.9	5.3	65.3	
	10%			碾前	23.9	2.3	4.1	125.0	190～190
				碾后	24.3	2.8	5.0	130.8	
45cm	6%		8	碾前	20.1	1.4	5.0	65.3	160～220
				碾后	20.7	1.7	7.6	84.7	
			10	碾前	20.1	1.9	3.2	53.8	160～210
				碾后	20.9	2.5	4.3	71.0	
			12	碾前	20.6	3.0	2.3	44.9	180～270
				碾后	21.2	3.7	3.2	56.8	

表 9.3-55　　开挖过渡料碾压前后颗粒级配分析

试验组合					<5mm颗粒含量/%	<0.075mm颗粒含量/%	曲率系数	不均匀系数	最大粒径/mm
铺料厚度	洒水量	振动碾	碾压遍数	碾压情况					
45cm	0	32t	10	碾前	16.8	1.2	1.6	25.3	240～280
				碾后	17.8	1.9	1.9	33.3	
			12	碾前	16.7	1.3	2.1	29.4	240～280
				碾后	17.8	2.6	3.3	40.8	
			14	碾前	17.8	1.7	2.1	32.4	290～300
				碾后	18.6	2.5	2.9	39.3	
	6%	26t	10	碾前	18.3	0.9	1.2	31.7	230～260
				碾后	19.3	2.3	1.7	36.7	

表 9.3-56　　过渡料碾压试验颗粒破碎率

料源	试验组合				破碎率
	铺料厚度	振动碾	洒水量	碾压遍数	
砂砾石料	45cm	26t	0	8	1.5%
				10	1.8%
				12	2.4%
	55cm	26t	0	8	1.6%
				10	2.2%
	55cm	26t	3%	10	2.0%
			6%		2.1%
			10%		2.0%
	45cm	26t	6%	8	2.0%
				10	3.0%
				12	3.3%
开挖料	45cm	32t	0	10	2.2%
				12	2.6%
				14	3.9%
	45cm	26t	6%	10	2.3%

统计结果显示，各碾压试验参数组合下，碾压后5mm以下颗粒含量增加不大，不均匀系数、曲率系数也与碾压前基本相近。

砂砾石过渡料碾压前后颗粒破碎率较小，根据现场碾压试验效果看，颗粒破碎基本发生在表层，深层颗粒基本没有破碎。砂砾石过渡料破碎率为1.5%～3.3%，平均2.3%；开挖料过渡料破碎率为2.2%～3.9%，平均2.7%。开挖过渡料岩性以砂岩为主（约占90%），开挖料特有的粒形特征造成破碎率略高于砂砾石过渡料。

4. 垫层料的颗粒破碎

碾压试验垫层料同样采用了砂砾石料、开挖料两种料源，以下分别称为砂砾石垫层料和开挖垫层料。砂砾石垫层料和开挖垫层料均经过筛分、掺配后制备成满足设计级配要求的试验用料。碾压试验制备的垫层料级配满足设计要求的小于5mm颗粒含量和小于0.075mm颗粒含量。

砂砾石垫层料实测小于5mm颗粒含量为30.7%～44.5%，平均36.7%；小于0.075mm颗粒含量为1.6%～8.0%，平均4.6%；不均匀系数平均值89.0，平均曲率系数平均值1.4，级配良好。开挖垫层料实测小于5mm颗粒含量为35.1%～41.2%，平均36.8%；小于0.075mm颗粒含量为1.3%～4.7%，平均2.5%；不均匀系数平均值67.4，曲率系数平均值1.3，级配良好。垫层料试验结果见表9.3-57。

表9.3-57　垫层料碾压试验颗粒分析

试验参数	<5mm颗粒含量平均值/%	<0.075mm颗粒含量平均值/%	不均匀系数平均值	曲率系数平均值	最大粒径/mm
砂砾石料铺料45cm，不洒水，26t碾压6、8、12遍	37.5	3.6	78.5	1.2	65～85
砂砾石料铺料55cm，不洒水，26t碾压6、8、10遍	37.6	5.2	83.1	1.1	75～85
砂砾石料铺料55cm，洒水4%、8%、12%，26t碾压10遍	35.3	6.1	111.3	2.1	62～85
砂砾石料铺料45cm，洒水6%，26t碾压8、10、12遍	36.6	3.5	82.9	1.1	75～81
开挖料铺料45cm，不洒水，32t碾压10、12、14遍	35.0	2.4	67.0	1.5	70～80
开挖料铺料45cm，洒水5%，26t碾压8、10、12遍	37.0	2.5	70.2	1.5	68～80
开挖料铺料45cm，洒水10%，碾压8、10、12遍	37.4	2.6	68.6	1.1	75～80
开挖料铺料45cm，洒水15%，26t碾压8、10、12遍	37.7	2.3	63.8	1.1	72～80

垫层料碾压前后颗粒分析见表9.3-58、表9.3-59，颗粒破碎率见表9.3-60。

表9.3-58　砂砾石垫层料碾压试验前后颗粒分析

试验组合					<5mm颗粒含量/%	<0.075mm颗粒含量/%	曲率系数	不均匀系数	最大粒径/mm
铺料厚度	振动碾	洒水量	碾压遍数	碾压情况					
45cm	26t	0	8	碾前	35.8	2.7	1.3	50.0	78～85
				碾后	36.5	3.9	1.4	64.5	
55cm				碾前	37.4	4.6	1.9	97.6	75～85
				碾后	38.1	5.8	2.2	125.0	

续表

试验组合					<5mm颗粒含量/%	<0.075mm颗粒含量/%	曲率系数	不均匀系数	最大粒径/mm
铺料厚度	振动碾	洒水量	碾压遍数	碾压情况					
45cm	26t	0	10	碾前	36.5	2.2	2.1	68.0	75～80
				碾后	37.7	2.8	2.1	85.7	
55cm				碾前	36.2	4.0	1.9	53.3	75～80
				碾后	37.1	5.3	2.1	68.0	
55cm			10	碾前	34.2	4.8	3.0	100.0	80～80
				碾后	34.8	6.0	2.8	105.6	
				碾前	34.9	4.3	2.0	80.0	62～80
				碾后	35.6	5.5	2.1	95.5	
		4%		碾前	34.9	5.4	2.3	115.8	80～80
				碾后	35.2	6.7	2.3	122.2	
45cm		8%	8	碾前	36.4	3.6	1.2	78.3	75～80
				碾后	37.4	4.4	1.1	85.7	
		12%	10	碾前	36.0	3.1	1.4	85.8	80～81
				碾后	36.6	4.0	1.2	94.7	
		6%	12	碾前	35.6	2.4	1.3	51.4	76～79
				碾后	36.3	2.8	1.4	58.1	

表 9.3-59　　开挖垫层料碾压试验前后颗粒分析

试验组合					<5mm颗粒含量/%	<0.075mm颗粒含量/%	曲率系数	不均匀系数	最大粒径/mm
铺料厚度	振动碾	洒水量	碾压遍数	碾压情况					
45cm	32t	0	10	碾前	35.8	1.1	1.9	66.7	70～74
				碾后	36.8	2.4	1.7	72.0	
			12	碾前	35.7	2.3	1.3	54.3	70～78
				碾后	36.5	2.5	1.3	61.3	
			14	碾前	35.1	1.4	1.5	54.5	76～80
				碾后	36.6	2.5	1.5	60.0	
	26t	5%	8	碾前	36.0	2.3	1.7	72.2	70～80
				碾后	37.3	3.2	1.5	81.8	
			10	碾前	37.7	1.3	1.5	54.8	74～80
				碾后	38.4	2.6	1.2	60.0	
			12	碾前	36.0	0.5	1.5	59.4	78～80
				碾后	36.3	2.1	1.6	67.9	

续表

试验组合					<5mm 颗粒含量 /%	<0.075mm 颗粒含量 /%	曲率系数	不均匀系数	最大粒径 /mm
铺料厚度	振动碾	洒水量	碾压遍数	碾压情况					
45cm	26t	10%	8	碾前	35.1	2.0	1.5	61.3	78～79
				碾后	36.6	2.9	1.4	70.4	
			10	碾前	37.5	2.2	1.3	61.3	78～79
				碾后	38.9	3.0	1.0	65.5	
			12	碾前	35.9	0.9	1.3	51.4	75～79
				碾后	37.2	2.4	1.2	63.3	
		15%	8	碾前	35.7	1.1	1.3	43.9	74～79
				碾后	36.7	2.0	1.3	51.4	
			10	碾前	36.3	1.0	1.3	51.4	78～80
				碾后	37.4	2.5	1.4	60.0	
			12	碾前	36.4	1.0	1.6	60.0	72～74
				碾后	37.6	1.9	1.2	67.9	

表 9.3-60　垫层料碾压试验颗粒破碎率

料源	试验组合				破碎率
	铺料厚度	洒水量	振动碾	碾压遍数	
砂砾石料	45cm	0	26t	8	2.8%
				10	3.4%
	55cm	0	26t	8	2.8%
				10	3.6%
	55cm	3%	26t	10	3.4%
		6%			3.8%
		10%			4.3%
	45cm	6%	26t	8	2.7%
				10	2.7%
				12	3.0%
开挖料	45cm	5%	26t	8	3.1%
				10	3.4%
				12	3.9%
	45cm	10%	26t	8	2.1%
				10	2.4%
				12	3.3%

续表

料源	试验组合				破碎率
	铺料厚度	洒水量	振动碾	碾压遍数	
开挖料	45cm	15%	26t	8	2.8%
				10	3.0%
				12	3.4%
	45cm	0	32t	10	1.8%
				12	2.0%
				14	3.6%

通过碾压试验现场目测，砂砾石垫层料碾压后表面无破碎。从试坑内侧观察，级配搭配完整密实，无架空想象。检测碾压后小于5mm颗粒含量平均增加0.75%，基本无变化，小于0.075mm颗粒含量平均增加0.95%。

开挖垫层料碾压后小于5mm颗粒平均含量增加1.1%；小于0.075mm颗粒平均含量增加1.1%，从碾压后的现场和试验坑观察，试验坑整体密实，无骨料集中现象，碾压前后的颗粒级配也无明显变化。

砂砾石垫层料破碎率为2.7%～4.3%，平均3.27%；开挖垫层料破碎率为1.8%～3.9%，平均3.0%。由于垫层料细粒含量较多，此时砂砾石料的碾压破碎率略高于块石料，这说明对于细颗粒，磨圆度及颗粒形状已不是颗粒破碎的决定因素，而原岩的强度成为关键因素。

5. 反滤料的碾压颗粒破碎

反滤料采用砂砾石料制备，级配为小于5mm颗粒含量9.1%～19.7%，平均14.2%；小于2mm颗粒含量0.8%～3.4%，平均2.0%；不均匀系数平均值7.2，曲率系数平均值1.4，级配良好。反滤料碾压试验颗粒分析见表9.3-61，反滤料碾压前后颗粒分析见表9.3-62，颗粒破碎率结果见表9.3-63。

表9.3-61　　反滤料碾压试验颗粒分析

试验参数	<5mm颗粒含量平均值/%	<2mm颗粒含量平均值/%	不均匀系数平均值	曲率系数平均值	最大粒径/mm
砂砾石料铺料45cm，不洒水，26t碾压6、8、12遍	14.6	1.8	9.3	1.9	52～64
砂砾石料铺料55cm，不洒水，26t碾压6、8、10遍	15.2	1.7	6.6	1.3	52～62
砂砾石料铺料55cm，洒水3%、6%、10%，26t碾压10遍	12.9	2.0	5.9	1.1	52～64
砂砾石料铺料45cm，洒水6%，26t碾压8、10、12遍	14.0	2.6	7.0	1.3	55～67

表 9.2-62　　反滤料碾压试验前后颗粒分析

试验组合					<5mm 颗粒含量 /%	<0.075mm 颗粒含量 /%	曲率系数	不均匀系数	最大粒径 /mm
铺料厚度	洒水量	振动碾	碾压遍数	碾压情况					
45cm	0%	26t	8	碾前	15.9	0.7	1.6	6.3	56～58
				碾后	17.9	1.9	1.3	7.7	
55cm				碾前	14.4	1.2	1.3	6.6	56～58
				碾后	16.1	1.7	1.3	7.4	
45cm			10	碾前	14.7	1.1	0.9	6.2	52～55
				碾后	15.4	2.1	1.0	7.1	
55cm				碾前	16.1	1.0	0.9	6.3	53～55
				碾后	18.1	1.9	1.0	8.1	
55cm	3%		10	碾前	11.3	1.1	1.1	6.2	57～62
				碾后	12.3	2.3	1.5	6.8	
	6%			碾前	12.6	0.7	1.1	6.3	54～60
				碾后	13.4	1.9	1.2	6.3	
	10%			碾前	12.1	1.4	0.9	5.8	57～64
				碾后	13.4	2.0	1.2	6.5	
45cm	6%	26t	8	碾前	12.6	2.1	1.3	6.8	59～65
				碾后	12.9	2.9	1.3	7.0	
			10	碾前	11.6	1.5	1.5	6.8	55～62
				碾后	11.9	2.1	1.6	7.3	
			12	碾前	15.3	2.3	1.5	7.7	58～60
				碾后	15.6	2.9	1.6	7.9	

表 9.3-63　　反滤料碾压试验颗粒破碎率

料源	试验组合				破碎率
	铺料厚度	洒水量	振动碾	碾压遍数	
砂砾石料	45cm	0	26t	8	4.5%
				10	4.6%
	55cm	0	26t	8	3.2%
				10	4.6%
	55cm	3%	26t	10	2.1%
		6%			3.1%
		10%			3.6%
	45cm	6%	26t	8	1.6%
				10	1.9%
				12	1.9%

统计结果表明，反滤料碾压后表面颗粒有少量破碎，碾压后小于5mm颗粒含量增加0.7%，小于2mm颗粒含量增加0.8%，反滤料破碎率为1.6%～6.4%，平均3.3%，和垫层料的破碎率相当。从表面观测和试验坑内观察，由于没有细级配料填充，颗粒之间产生了挤压破碎，但破碎并不大。

6. 排水料碾压颗粒破碎

试验采用的颗粒级配：小于5mm颗粒含量4.4%～8.9%，平均6.4%，不均匀系数平均值为7.0，曲率系数平均值为1.3，级配良好。排水料碾压试验颗粒分析见表9.3-64。排水料碾压前后的颗粒级配分析见表9.3-65，颗粒破碎率见表9.3-66。

表9.3-64 排水料碾压试验颗粒分析

试验参数	<5mm颗粒含量/%	<1mm颗粒含量/%	不均匀系数平均值	曲率系数平均值	最大粒径/mm
砂砾石料铺料45cm，不洒水，26t碾压6、8、12遍	6.2	0.8	7.9	1.4	185～280
砂砾石料铺料55cm，不洒水，26t碾压6、8、10遍	6.8	1.0	6.7	1.4	175～260
砂砾石料铺料55cm，洒水4%、8%、12%，26t碾压10遍	6.2	0.9	7.2	1.3	190～260
砂砾石料铺料45cm，洒水6%，26t碾压8、10、12遍复核	剔除5mm以下颗粒		6.0	1.0	200～280

表9.3-65 排水料碾压试验前后颗粒级配分析

<table>
<tr><th colspan="5">试验组合</th><th rowspan="2"><5mm颗粒含量/%</th><th rowspan="2"><1mm颗粒含量/%</th><th rowspan="2">曲率系数</th><th rowspan="2">不均匀系数</th><th rowspan="2">最大粒径/mm</th></tr>
<tr><th>铺料厚度</th><th>洒水量</th><th>振动碾</th><th>碾压遍数</th><th>碾压情况</th></tr>
<tr><td rowspan="4">45cm</td><td rowspan="8">0</td><td rowspan="14">26t</td><td rowspan="2">8</td><td>碾前</td><td>5.7</td><td>0.6</td><td>1.1</td><td>8.4</td><td rowspan="2">205～270</td></tr>
<tr><td>碾后</td><td>6.1</td><td>0.8</td><td>1.4</td><td>8.6</td></tr>
<tr><td rowspan="2">10</td><td>碾前</td><td>6.6</td><td>0.6</td><td>1.0</td><td>7.5</td><td rowspan="2">185～220</td></tr>
<tr><td>碾后</td><td>7.2</td><td>0.9</td><td>1.2</td><td>7.7</td></tr>
<tr><td rowspan="4">55cm</td><td rowspan="2">8</td><td>碾前</td><td>5.4</td><td>0.7</td><td>1.2</td><td>8.5</td><td rowspan="2">240～260</td></tr>
<tr><td>碾后</td><td>5.9</td><td>1.0</td><td>1.3</td><td>8.4</td></tr>
<tr><td rowspan="2">10</td><td>碾前</td><td>7.9</td><td>0.7</td><td>1.0</td><td>10.8</td><td rowspan="2">190～210</td></tr>
<tr><td>碾后</td><td>8.3</td><td>0.8</td><td>1.1</td><td>10.3</td></tr>
<tr><td rowspan="6">55cm</td><td rowspan="2">4%</td><td rowspan="6">10</td><td>碾前</td><td>6.2</td><td>0.8</td><td>1.0</td><td>7.5</td><td rowspan="2">190～260</td></tr>
<tr><td>碾后</td><td>6.5</td><td>1.0</td><td>1.1</td><td>8.0</td></tr>
<tr><td rowspan="2">8%</td><td>碾前</td><td>5.5</td><td>0.9</td><td>1.0</td><td>7.1</td><td rowspan="2">210～240</td></tr>
<tr><td>碾后</td><td>6.0</td><td>1.1</td><td>1.1</td><td>7.3</td></tr>
<tr><td rowspan="2">12%</td><td>碾前</td><td>6.8</td><td>0.7</td><td>0.8</td><td>9.1</td><td rowspan="2">210～240</td></tr>
<tr><td>碾后</td><td>7.2</td><td>0.9</td><td>0.9</td><td>9.2</td></tr>
</table>

表 9.3-66　　　　排水料碾压试验颗粒破碎率

料源	试验组合				破碎率
	铺料厚度	洒水量	振动碾	碾压遍数	
砂砾石料	45cm	0	26t	8	1.6%
				10	2.2%
	55cm	0	26t	8	1.5%
				10	1.6%
	55cm	3%	26t	10	1.5%
		6%			2.1%
		10%			2.4%
	45cm	6%	26t	8	1.0%
				10	0.9%
				12	1.5%

从排水料碾前碾后级配变化看，小于5mm颗粒含量碾后增加0.5%，小于1mm颗粒含量增加0.1%，变化较小；从现场碾压试验看，碾压前后颗粒破碎很少，碾压试验料表面只有极少的颗粒破碎；实测排水料破碎率为1.0%～2.4%，平均1.63%，剔除5mm以下颗粒后碾压，渗透系数为$i\times10^{0}$cm/s数量级，满足排水料特性指标要求。

9.3.6　现场碾压控制标准

9.3.6.1　碾压试验结论

1. *料场取样点核查结论*

吉浪滩砂砾石料场地形平缓，台面开阔，地面高程3090～3191m，接近黄河岸边冲沟较多，局部分布有二级台地，料场上部覆盖为粉质壤土。5个取样点（1号～5号）区域核查结果表明，覆盖层厚度差异很大，2号、3号取样点区域厚度8～11m，1号、4号、5号取样点区域厚度2～6m，覆盖层随地形起伏变化呈平层状、斜层状分布；料场下部为砂砾石层，基本呈水平高程延伸，砂砾石料均为第四系上更新统冲洪积堆积体，砂砾石料颗粒级配分布呈层状区域性分布特性，不同区域、不同深度料源颗粒级配组成差异明显，料源较新鲜，本次取样点核查最大深度24m。

吉浪滩砂砾石料颗粒级配组成特性，最大粒径范围为160～330mm，以180～300mm为主，大于300mm颗粒组成较少；小于5mm颗粒含量为13%～29%，小于5mm颗粒含量在20%左右的砂砾石料分布较广；小于0.075mm颗粒含量为0.6%～6.2%，料源较洁净；砂砾石料颗粒级配曲线呈连续平滑特性，线性上半部分偏陡。从核查结果综合分析，各取样点的覆盖层厚度、料源分布特性、级配组成与地质资料一致。

2. *砂砾石料原型级配最大、最小密度测定方法及结果应用*

经砂砾石料室内缩尺级配相对密度试验及现场原型级配相对密度试验对比分析，认为室内缩尺后级配试验结果受尺寸效应影响，其结果不能直接用于现场相对密度结果判定，还需采用模型级配系列延伸法或三点近似法等理论推导方法进行修正。采用现场原型级配相对密度试验可以科学、直观、准确地取得不同颗粒级配组成下的最大、最小干密度，上游堆石区砂砾石料采用室内缩尺试验结果进行三点近似法修正，修正后结果与现场原型级配试验结果基本一致。该试验方法已在同类型工程上得到成功应用。

采用吉浪滩砂砾石现场实测原型级配下的最大、最小干密度，绘制干密度（P_d）、砾石含量（P_5）与相对密度（D_r）三因素相关图，用于现场碾压试验相对密度结果判定是可靠的。

3. 坝料碾压试验结论

上游堆石区砂砾石料、下游堆石区开挖料采用32t自行式振动碾，行进速度1.5～2.0km/h，整碾宽度错距碾压，搭接不小于20cm，采用先低频率高振幅、后高频率低振幅碾压方式；过渡料、垫层料、反滤料、排水料均采用26t自行式振动碾，行进速度1.5～2.0km/h，整碾宽度错距碾压，搭接不少于20cm，采用高频率低振幅碾压方式。

（1）上游堆石区砂砾石料铺料厚度84cm、洒水量8%、采用32t自行式振动碾碾压12遍，粗、中、细级配料相对密度平均值可达到0.92、0.94、0.95；铺料厚度65cm、洒水8%、碾压10遍，相对密度平均值可满足不小于0.95的要求，渗透系数为10^{-3}cm/s数量级。

（2）砂砾石过渡料采用26t自行式振动碾（也可考虑32t振动碾）、铺料厚度44cm、洒水6%、碾压12遍，平均相对密度可满足不小于0.95的要求。开挖过渡料采用26t自行振动碾、铺料厚度44cm、洒水量控制在6%以内、碾压10遍，孔隙率平均14.0%，渗透系数为$i\times10^{-3}$cm/s。

（3）砂砾石垫层料采用26t自行式振动碾，考虑到沉降量影响因素及与挤压边墙高度相匹配的情况，铺料厚度选择43～44cm，洒水量控制在5%以内，碾压8遍，平均相对密度可满足不小于0.95的要求。开挖垫层料建议铺料厚度44cm，洒水量控制在5%以内，采用26t自行式振动碾碾压8遍，平均孔隙率14.1%，渗透系数为$i\times10^{-3}$cm/s。

（4）砂砾石反滤料铺料厚度选择44cm，洒水6%，采用26t自行式振动碾碾压10遍，平均相对密度可满足不小于0.85的要求，渗透系数为$i\times10^{-2}$cm/s。

（5）砂砾石排水料铺料厚度选择44cm，洒水6%，采用26t自行式振动碾碾压12遍，平均相对密度可达到0.88，平均孔隙率20.4%，渗透系数为$i\times10^{0}$cm/s。

（6）下游堆石区开挖料铺料采用32t自行式振动碾，铺料厚度84cm，洒水8%～10%，碾压不少于10遍，孔隙率可满足设计19.0%的要求，渗透系数为$i\times10^{-3}$cm/s。

（7）试验推荐的工艺流程：料场普查→确定不同区域不同深度料源使用范围→料场覆盖层清理→料场洒水浸泡→立面开采混合→挖装运输→进占法或后退法卸料→摊铺推平→二次补水→碾压前测量→按照确定参数碾压→碾压后测量→质量检测验收。

9.3.6.2 碾压控制工艺流程建议

1. 对吉浪滩砂砾石料料场普查的建议

吉浪滩砂砾石料料场可开采区域广、面积大，地形起伏落差最大达100m，覆盖层厚度差异较大，下层砂砾石料的层状、区域状分布特征明显，建议适时进行全面详细的料场复查，取得不同区域、不同深度的砂砾石料颗粒级配分布特征，为料场整体使用规划和料源合理利用提供技术支持。

2. 砂砾石料加水工艺的建议

砂砾石料含水率对碾压效果影响明显，含水均匀、水量适宜的砂砾石料可取得良好的压实性能。本次试验通过采取料场洒水浸泡，坝料现场先摊铺后洒水、二次补水等方式进行对比，建议砂砾石料加水工艺采用分次洒水：首先在料场开采区域预先洒水进行浸泡，布置泡水沟槽，加水量为计划加水量60%～80%，浸泡3～5h后可立面开采使用，有条件的情况下可先在料场浸泡12h，用反铲开挖就近堆存混合后储存待用；坝料摊铺完成后在工作面上再进行二次补水，考虑在装运及摊铺中含水量损失，补水量控制为设计洒水量的25%～45%，碾压过程对表面风干区域进行洒水湿润。

3. 砂砾石料铺料工艺的建议

吉浪滩砂砾石料料源整体颗粒级配较为均匀，300mm以上粒径较少，小于0.075mm颗粒含量低，料源洁净，铺料厚度如果大于45cm，采用后退法上料易造成粗料集中，宜采用进占法上料，在试验区域一侧回车区预先铺筑与计划铺料厚度相同的上料平台，进占法卸料、推土机斜推分层摊铺，尽量减少含水损失。通过改进铺料工艺，缓解了粗料集中现象，挖坑取样可以看出基本没有架空和粗料集中情况。

4. 推荐的各种坝料碾压工艺参数组合

根据碾压试验取得的不同坝料虚铺厚度压实后的沉降值，同时考虑试验中不同坝料碾压后的层间匹配，推荐施工中宜采用的铺料厚度。推荐的各种坝料碾压工艺及参数见表9.3-67。

表9.3-67　推荐的各种坝料碾压工艺及参数

料种	碾压机具	料源料场	自检岩块密度/(g/cm³)	虚铺厚度/cm	碾压遍数	相对密度D_r或孔隙率n	洒水量	上料方式
上游堆石区砂砾石料	32t振动碾	粗级配	2.68	84	12	$D_r \geqslant 0.90$	8%～10%	进占法
		中级配		84	12	$D_r \geqslant 0.91$	8%～10%	
				64	12	$D_r \geqslant 0.95$	8%～10%	
		细级配		84	12	$D_r \geqslant 0.95$	8%～10%	
过渡料	26t振动碾	砂砾石	2.67	44	12	$D_r \geqslant 0.94$	6%	进占法
	32t振动碾	开挖料	2.72	44	10	$n<17\%$	0	
垫层料	26t振动碾	砂砾石	2.71	44	10	$D_r \geqslant 0.95$	5%	后退法
		开挖料	2.72	44	8	$n<17\%$	5%	
反滤料	26t振动碾	砂砾石	2.70	44	10	$D_r \geqslant 0.85$ $n<22\%$	6%	后退法
排水料	26t振动碾	砂砾石	2.70	44	12	$D_r \geqslant 0.85$ $n<22\%$	6%	后退法
下游堆石区开挖料	32t振动碾	开挖料	2.73	85	10	$n<19\%$	≥5%	进占法
					8		10%	

注　本次碾压试验，室内对坝料进行了岩石密度检测，换算对应的孔隙率，仅作为压实后填筑料孔隙率计算参考值。相对密度或孔隙率为每个组合下的最小值。

5. 筑坝料碾压控制流程及碾压试验标准

筑坝料碾压控制主要包含以下工作：试验场地布置及基础换填处理，试验用料开采及加工，室内及现场原级配相对密度试验方案确定，压实机械选择，碾压试验参数确定，现场碾压试验，碾压试验结果分析。

（1）试验场地布置及基础换填处理。即根据原碾压试验场地和筛分系统布置进行试验场地规划调整；采用推土机清除试验场地表面覆盖层后整平并洒水振动碾压 12 遍以上，直至原基无明显沉降；铺筑一层砂砾石试验用料并洒水湿润后采用振动碾碾压，至最后两遍沉降差小于 2mm，再次对基础表面湿润后静碾两遍，收平基础面。试验场地整体高差控制在 20cm 内，局部起伏差小于 5cm。

（2）试验用料开采及加工。即根据设计要求确定坝体填筑料的设计级配特征，分别对上下游堆石区砂砾石料、过渡料、垫层料、反滤料、排水料、开挖料等试验用料进行开采与加工。其中，采用推土机及反铲在砂砾石料取样点剥离覆盖层至新鲜砂砾石层后，用反铲在取料区域立面开采砂砾石料，由自卸车运至试验场地。排水料、垫层料、反滤料由开采的砂砾石料在筛分系统和掺配储存场中制备加工而得。采用剔除砂砾石料中 1mm 以下颗粒的试验用料，现场碾压试验时，渗透系数不满足设计要求的应对设计指标进行调整并对试验用料再次加工。采用剔除 5mm 以下颗粒的砂砾石料进行排水料碾压试验。垫层料试验用料采用剔除 80mm 以上颗粒的混合料，根据混合料级配组成及设计级配要求，制备缺级配分级料并进行室内掺配试验；满足垫层料设计级配要求后采用平铺立采工艺进行现场机械掺配和颗粒级配试验，掺配的垫层料满足设计级配要求后储存。反滤料根据设计要求剔除粒径要求以外的颗粒后进行筛分试验至满足设计级配要求。垫层料与过渡料采用试验洞开挖渣料，采用现场反击破破碎、分级筛分、掺配储存场平铺立采工艺进行制备，实际级配符合设计要求后储存。

开展碾压试验前需开展砂砾石料相对密度试验，根据碾压试验任务要求确定碾压试验设计技术指标，分别在规划的试验场地对各试验用料进行不同组合参数下的碾压试验，在试验洞内对开挖料进行洞内载荷试验研究。砂砾石料的相对密度试验分为室内试验和现场原级配试验。其中：室内相对密度试验根据《水电水利工程粗粒土试验规程》（DL/T 5356—2006）要求进行最大、最小干密度试验，并绘制各种坝料相对密度 D_r、砾石含量 P_5、干密度 P_d 三因素相关图；现场原级配相对密度试验依据《土石筑坝材料碾压试验规程》（NB/T 35016—2013）附录 A 的方法，分别对各种坝料的设计级配包络线、料源实测级配、选定级配在无约束和刚性约束条件下进行最大、最小干密度试验，并绘制三因素相关图，为现场碾压试验相对密度计算提供科学依据。

开展现场试验前还需根据设计要求的碾压机械性能确定压实机械。针对堆石区砂砾石料、过渡料、排水料、垫层料、反滤料和开挖料，分别拟定不同洒水量、不同碾压遍数、不同振动频率和振幅等参数组合的现场碾压试验方案，选定碾压试验参数并进行复核试验。

碾压试验结束后需根据不同试验组合得到的碾压试验结果，分析不同碾压机械、碾压遍数、洒水量等碾压参数对试验料沉降量的影响，从而确定砂砾石料碾压试验参数。试验结果表明，洒水能显著提高压实效果，碾压 12～14 遍、洒水量 6%～10%的试验用料在碾压后具有较大的相对密度。

9.4　筑坝料填筑过程优化

9.4.1　填筑分期与度汛安排

堆石坝施工填筑分期包括坝体填筑分期及面板浇筑分期，与度汛安排和发电工期密切相关，实际工期可进行必要的调整。

9.4.1.1　典型坝的施工填筑分区和度汛安排

1. 天生桥一级工程

天生桥一级工程于1994年12月截流，1997年12月下闸蓄水，2000年12月，4台机组全部投产发电。天生桥一级工程度汛安排见表9.4-1。

表9.4-1　天生桥一级工程度汛安排

汛期	时段	度　汛　安　排
1	1995年	单洞过流；围堰过水，坝体未填筑；河床分流
2	1996年	两条导流洞泄洪；坝面预留120m缺口保护过流；坝面分流1290m^3/s
3	1997年	两条导流洞泄洪；坝体临时断面（至725m高程）挡水（300年一遇）
4	1998年	两条导流洞封堵；水库开始蓄水；坝体临时断面（至768m高程）挡水（500年一遇）；溢洪道无堰过水
5	1999年	坝体全断面挡水；溢洪道自由泄洪

天生桥一级坝体填筑主要分五期，填筑分期见图9.4-1、表9.4-2。

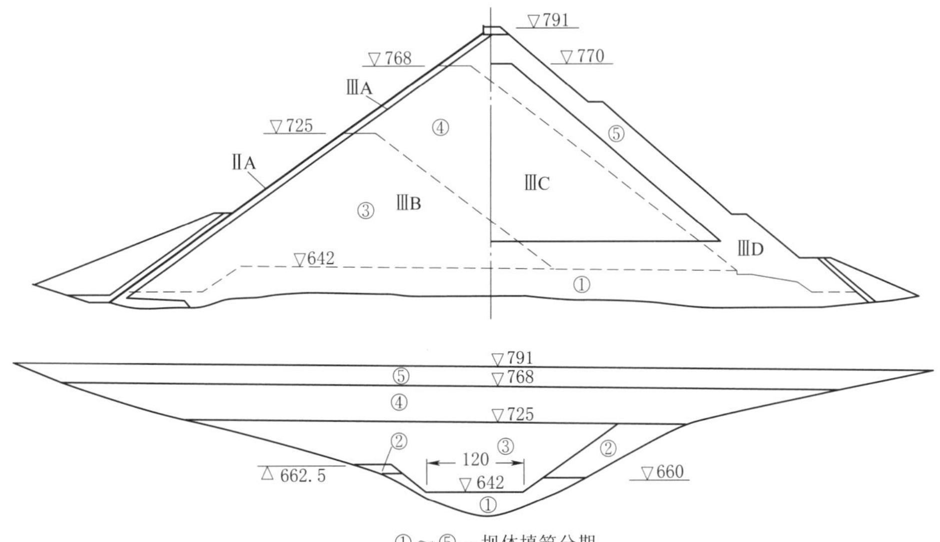

图9.4-1　天生桥一级坝体填筑分期图（单位：m）

表 9.4-2　天生桥一级坝体填筑分期

分期	施工时段（年.月.日—年.月.日）	填筑面貌
一期（①）	1996.1.15—1996.5.20	河床 635～642m 高程，左岸 662.5m 高程，右岸 660m 高程（度汛）
二期（②）	1996.5.21—1996.11.10	左岸 673m 高程　右岸 725m 高程
三期（③）	1996.11.11—1997.6.20	725m 高程度汛断面
四期（④）	1997.6.21—1998.6.20	768m 高程度汛断面
五期（⑤）	1998.6.21—1999.1.31	全断面至 787.3m 高程

天生桥一级面板浇筑分三期，浇筑分期见表 9.4-3。

表 9.4-3　天生桥一级面板浇筑分期

分期	施工时段（年.月—年.月）	浇筑高程	面板顶部与浇筑坝面高差/m	坝体预沉降时间/月
一期	1997.3—1997.5	680m 以下	0	0
二期	1997.12—1998.5	680～746m	0	0
三期	1998.12—1999.5	746～787.3m	0	0

2. 洪家渡工程

洪家渡工程于 2001 年 10 月截流，2004 年 4 月下闸蓄水，2004 年 7 月首台机组投产发电。洪家渡工程度汛安排见表 9.4-4。

表 9.4-4　洪家渡工程度汛安排

汛期	时段	度汛安排
1	2002 年	两条导流洞泄洪；坝体临时断面挡水度汛（100 年一遇）
2	2003 年	两条导流洞泄洪；坝体一期面板挡水度汛（100 年一遇）
3	2004 年	两条导流洞封堵；水库开始蓄水；坝体二期面板挡水（500 年一遇）
4	2005 年	坝体全断面挡水；溢洪道自由泄洪

洪家渡坝体填筑主要分六期，填筑分期见图 9.4-2、表 9.4-5。洪家渡坝体面板浇筑分三期，浇筑分期见表 9.4-6。

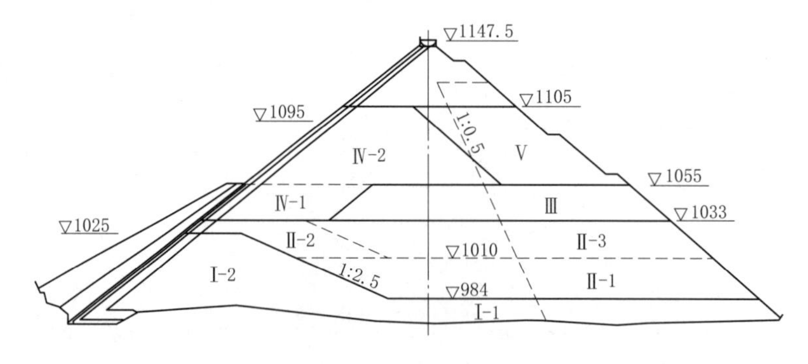

图 9.4-2　洪家渡坝体填筑分期图（单位：m）
Ⅰ～Ⅳ—坝体填筑分期

表 9.4－5　　洪家渡坝体填筑分期

分期	施工时段（年.月.日—年.月.日）	填筑面貌
一期（Ⅰ）	2002.1.16—2002.5.2	前部1025m高程，后部984m高程（临时度汛断面）
二期（Ⅱ）	2002.5.16—2002.11.30	全断面到达1033m高程
三期（Ⅲ）	2002.12.1—2003.3.15	前部不变，后部到1055m高程
四期（Ⅳ）	2003.3.16—2003.9.15	后部不变，前部到1105m高程（临时度汛断面）
五期（Ⅴ）	2003.9.16—2004.3.31	全断面到1105m高程
六期（Ⅵ）	2004.4.1—2004.10.8	全断面至1142.7m高程

表 9.4－6　　洪家渡面板浇筑分期

分期	施工时段（年.月.日—年.月.日）	浇筑高程	面板顶部与浇筑坝面高差/m	坝体预沉降时间/月
一期	2003.1.5—2003.3.3	1025m以下	6	7
二期	2004.1.6—2004.3.23	1025～1095m	10	3
三期	2005.2.1—2005.4.23	1095～1142.7m	2	3

3. 三板溪工程

三板溪工程于2003年9月截流，2006年1月下闸蓄水，2006年7月首台机组投产发电。三板溪工程度汛安排见表9.4－7。

表 9.4－7　　三板溪工程度汛安排

汛期	时段	度汛安排
1	2004年	导流洞泄洪；坝体临时断面挡水度汛（100年一遇）
2	2005年	导流洞泄洪；坝体临时断面挡水度汛（200年一遇）
3	2006年	导流洞封堵；水库开始蓄水 坝体全断面挡水（500年一遇）；泄洪洞、溢洪道自由泄洪

三板溪坝体填筑主要分五期，其坝体填筑分期见图9.4－3、表9.4－8。三板溪坝体面板浇筑分三期，其面板浇筑分期见表9.4－9。

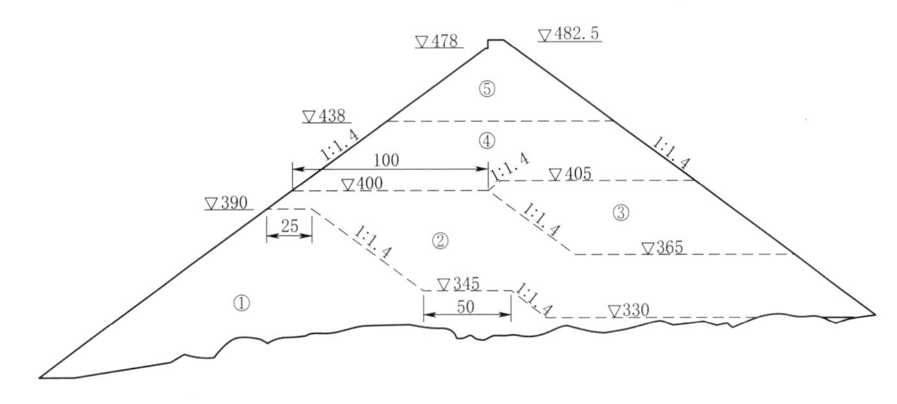

图 9.4－3　三板溪坝体填筑分期图（单位：m）
①～⑤—坝体填筑分期

表 9.4-8　三板溪坝体填筑分期

分期	施工时段（年.月.日—年.月.日）	浇筑工程/万 m^3	填筑面貌
一期（①）	2003.12.1—2004.4.30	200.71	前部 390m，中部 345m，后部 330m 高程（临时度汛断面）
二期（②）	2004.5.1—2004.9.30	206.66	前部 400m，后部 365m 高程
三期（③）	2004.10.1—2004.12.31	120.22	前部不变，后部到 405m 高程
四期（④）	2005.1.1—2005.5.31	190.11	全断面到 438m 高程（临时度汛断面）
五期（⑤）	2005.6.1—2005.9.15	110.61	全断面到 478m 高程

表 9.4-9　三板溪面板浇筑分期

分期	施工时段（年.月—年.月）	浇筑高程段	面板顶部与浇筑坝面高差/m	坝体预沉降时间/月
一期	2004.10—2004.12	390m 以下	0	6
二期	2005.11—2005.12	390～430m	8	6
三期	2006.2—2006.4	430～478m	0	5

4. 水布垭工程

水布垭工程于 2002 年 10 月截流，2006 年 10 月，下闸蓄水，2007 年 7 月，首台机组投产发电。水布垭工程度汛安排见表 9.4-10。

表 9.4-10　水布垭工程度汛安排

汛期	时段	度汛安排
1	2003 年	坝面（过水保护）和围堰、导流隧洞联合过流度汛
2	2004 年	两条导流洞与放空洞联合泄洪；坝体临时断面挡水（100 年一遇）
3	2005 年	两条导流洞与放空洞联合泄洪；坝体临时断面挡水（300 年一遇）
4	2006 年	两条导流洞与放空洞联合泄洪；坝体临时断面挡水（300 年一遇）
5	2007 年	两条导流洞封堵；水库开始蓄水 坝体全断面挡水（500 年一遇）；溢洪道自由泄洪

水布垭坝体填筑主要分五期，其坝体填筑分期见图 9.4-4、表 9.4-11。水布垭坝体面板浇筑分三期，其面板浇筑分期见表 9.4-12。

表 9.4-11　水布垭坝体填筑分期表

分期	施工时段（年.月—年.月）	填筑面貌
一期	2003.2—2003.5	大部分到 208m 高程
二期	2003.11—2004.5	前部 288m，中部 250m，后部 218m 高程（临时度汛断面）
三期	2004.6—2005.1	大部分到 290m 高程
四期	2005.2—2005.12	前部 355m，后部 340m 高程（临时度汛断面）
五期	2006.1—2006.9	全断面至 405m 高程

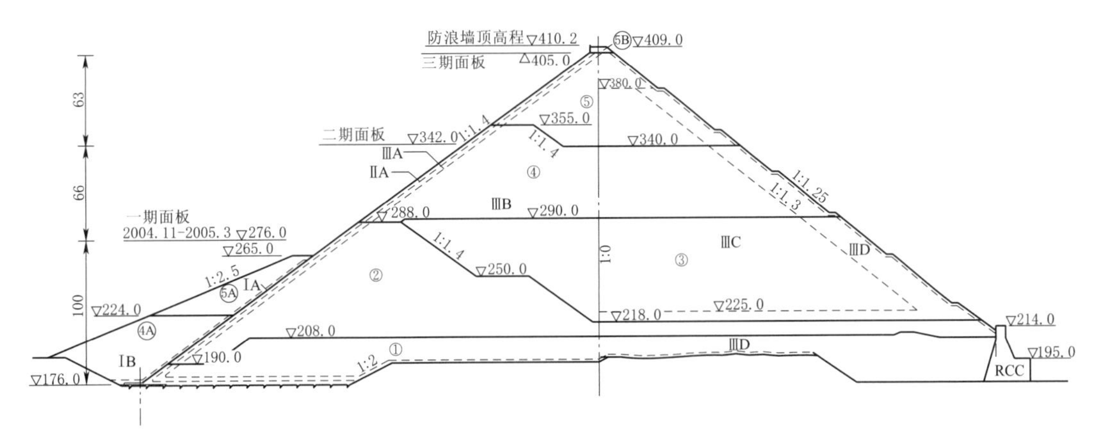

图 9.4-4　水布垭坝体填筑分期图（单位：m）

①～⑤—坝体填筑分区

表 9.4-12　　水布垭面板浇筑分期表

分期	施工时段（年.月—年.月）	浇筑高程段	面板顶部与浇筑坝面高差/m	坝体预沉降时间/月
一期	2004.11—2005.3	276m 以下	12	6
二期	2006.1—2006.4	276～342m	13	3
三期	2006.11—2007.3	342～405m	0	3

5. 巴贡工程

巴贡工程于 2003 年 9 月截流，2009 年 12 月，首台机组投产发电。

巴贡坝体填筑分期见图 9.4-5。巴贡坝体面板浇筑分二期，浇筑分期见表 9.4-13。

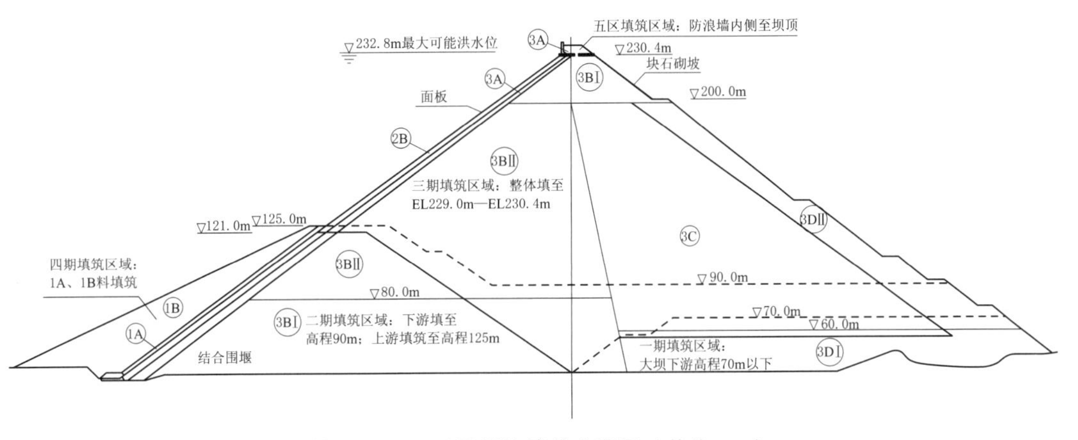

图 9.4-5　巴贡坝体填筑分期图（单位：m）

表 9.4-13　　巴贡面板浇筑分期表

分期	施工时段（年.月）	浇筑高程段	面板顶部与浇筑坝面高差/m	坝体预沉降时间/月
一期	2005.12—2006.3	121m 以下	5.3	3
二期	2007.8—2008.7	121～229m	0	3.5

9.4.1.2 填筑分期及度汛安排

1. 关于围堰的选择

五个工程除巴贡采用上、下游全年围堰外，其余四个均采用上游枯期围堰，下游全年围堰的型式。这是为了降低围堰标准，减小围堰高度，充分考虑第一个枯水期坝体临时断面拦洪。因此，施工填筑分期设计时应尽量确保截流后第一个枯水期将坝体填筑至度汛高程，并对上游垫层料采取保护措施，让坝体临时断面参与度汛，这是应当争取的方案。或者对坝体做好度汛过流的保护工作，这一般是在流量较大的河流中修建土石坝时所考虑的方案。总之枯期围堰方案围堰工程量小，围堰施工时间短，可为大坝主体工程争取截流后第一个枯水期宝贵的施工时间，同时也节约了工程投资。但在300m级高堆石坝中，围堰型式选择要充分比较。

2. 关于度汛方案的选择

高土石坝工程，施工导流宜采用隧洞导流、一次断流的导流方式。

(1) 前期度汛方案。截流后第一个汛期靠坝体临时断面挡水度汛，采用喷乳化沥青进行坝体垫层料坡面保护，此时导流洞泄流。而有些电站大坝工程规模大，在截流后第一个枯水期施工项目多，施工干扰大，不能在截流后第一个汛前填筑至拦洪度汛高程，截流后第一个汛期必须利用围堰挡水或坝面过水度汛。如天生桥一级工程，在填筑坝体时预留缺口，由经过保护的坝面和两条导流洞联合泄流，后期通过分期施工的面板及由乳化沥青砂固坡保护的垫层料防渗挡水度汛；水布垭工程也采用坝体过水方案。堆石坝上游围堰一般为土石过水围堰。

(2) 中期及后期度汛方案。中期及后期度汛方案，以坝体临时断面和全断面挡水度汛为主，当导流洞下闸蓄水后，由泄洪洞与溢洪道联合泄洪度汛。

3. 坝体填筑施工分期及坝体变形控制方法

近年来的高土石坝填筑施工分期吸取了以往工程的教训，注重将坝体施工填筑分期与坝体变形控制结合起来，以减小坝体不均匀变形。坝体填筑施工分期主要满足坝体施工安全、度汛方式、提前发电、均匀上升等因素。通过研究，坝体施工分期模式可选择“一枯度汛抢拦洪、后期度汛抢发电”，即截流后第一个枯水期将坝体填筑到安全度汛水位，汛期坝体不过流，靠坝体临时断面挡水；在施工后期，将坝体填筑到导流洞封堵后的度汛水位，同时满足首台机发电水位要求。此种分期模式既减小了上游围堰工程量和难度，又争取了一枯宝贵的大坝施工时间，减少了坝体度汛的难度，实现了提前发电目标。

因此，坝体在上下游方向，除低高程因“一枯度汛抢拦洪”的需要而采取在上游超填临时断面外，坝体填筑分期尽量做到上、下游面平衡上升。当然，应采取措施降低度汛断面前后区填筑高差，一般控制在70m左右以下。

在分期面板开始浇筑时，坝体全断面至少应填至面板浇筑施工作业平台高程，面板浇筑期间，除面板施工作业场地外，其后部坝体可尽量填高，待面板浇筑完毕再补填前区，即“后部超高填筑法”。

坝体材料分区及填筑程序应综合考虑材料特性、料源及施工期防洪度汛等要求；选择高功能的碾压设备，提高坝料填筑密度；坝料使用中应充分考虑物料湿化、蠕变及物料在存储、倒运过程中性质的变化，坝体材料分区与填筑分区统一考虑，尽可能减小各时期坝体的不均匀变形。

由于堆石体的沉降是造成面板裂缝或破坏的关键因素，堆石体的沉降主要在施工期完成，但堆石体在自重作用下还有一个固结过程，所以，应预留一定的坝体沉降时间并待预沉降收敛达到一定量时，再进行面板浇筑。坝体沉降速率统计见表9.4-14。

表9.4-14　　坝体沉降速率统计

项　目	面板分期	坝体预沉降时间/月	坝体垫层区实测沉降速率/(mm/月)
天生桥一级坝	一期	0.5～3	—
	二期	0.5～5	—
	三期	0.5～2	—
洪家渡坝	一期	7～8	3.68～5.02
	二期	3.7	1.85～4.71
	三期	3.7	3.26～5.01
三板溪坝	一期	7.2	≤5
	二期	5	≤5
	三期	7.5	≤5
水布垭坝	一期	6	≤6
	二期	3.5	≤2
	三期	3	≤6
巴贡坝	一期	3	21
	二期	3.5～10	5

这五座坝均研究了面板浇筑前的坝体预沉降控制，确保面板施工后坝体不再有大的变形。通过总结工程经验，提出了坝体预沉降控制的两项指标：一是预沉降时间；二是预沉降速率。预沉降时间，即每期面板施工前，面板下部堆石应有3～7个月预沉降期；预沉降速率，即每期面板施工前，面板下部堆石（或垫层料内部）的沉降速率已趋于收敛，监测显示的沉降曲线已过拐点，趋于平缓，月沉降变形值不大于2～5mm。

研究发现，堆石原岩如为中硬以上岩石，填筑体初始孔隙率低、压缩模量高，则沉降收敛时间较短，一般在3～7个月即基本趋于收敛；如堆石原岩强度不高，填筑体初始孔隙率大、压缩模量低，则沉降收敛时间较长，有的甚至长达数年。预沉降时间仅给出坝体施工填筑分期的大致时段，便于施工进度和上坝填筑强度安排，但在这个时间范围内面板下部堆石变形何时达到收敛状态并不清楚。预沉降速率指标的提出，为变形量化控制提供了可操作性。需注意的是，上述预沉降量化控制两项指标的前提条件是堆石为中等硬度以上原岩，具有较高的压实度。

实践和已有研究表明，在堆石体的主压缩变形、次压缩变形和蠕变变形中，主压缩变形主要通过降低堆石孔隙率来实现，在堆石碾压过程中就很快完成，其压缩变形量约占整个变形量的80%；次压缩变形主要由堆石上覆压重来完成，发生在主压缩变形后，变形速率较主压缩阶段小；而堆石体的蠕变变形在堆石填筑完成后还要延续相当长的一段时间。预沉降控制措施正好避开了堆石体沉降高峰，这样，在混凝土面板施工后，堆石体变形不致混凝土面板产生结构性裂缝。

《混凝土面板堆石坝设计规范》(SL 228—2013) 考虑施工工艺及避免面板脱空，要求“分期浇筑的面板，其顶高程宜低于浇筑平台的填筑高程5m左右”。本小节所列五座坝除天生桥一级外，均不同程度地对分期面板顶部的堆石进行超高填筑。

综上所述，在高坝中，为减少坝体不均匀变形，除一枯坝体可设经济断面挡水外，其余分期应尽可能均衡上升；面板施工前应预留6个月左右的沉降周期，当沉降速率小于3～5mm/月后方可拉面板，分期面板的顶高程宜低于堆石体20m以上。

9.4.2 筑坝料施工及检测监控

堆石施工质量控制主要是通过提高施工工艺及检测手段来实现。

9.4.2.1 施工工艺

1. 常见的施工工艺

堆石坝的质量控制，主要是通过确保坝体填筑料的干密度和碾压遍数完成的，上述五座坝的堆石体施工方法和质量检测大致相同，具有以下共同特点：

(1) 振动碾由小吨位 (18t) 发展到大吨位 (32t)。

(2) 及时调整开挖爆破参数，实际施工中严格控制堆石料的超径问题。

(3) 坝料洒水采取坝外加水和坝面补水相结合的方式。

(4) 堆石体施工均采用进占法，然后采用推土机推平、反铲挖掘机修整并剔除超径料。

(5) 采用自行式振动碾碾压，碾压方式采用错距法，保证各碾压区、段之间的搭接长度。

(6) 在靠山体2m左右的范围，采用过渡料作为接坡料填筑，接坡料先于同层堆石料铺筑。

(7) 对坝体边角等薄弱环节部位采用手扶式振动碾、液压夯板和破碎锥、吊夯等小型新设备进行碾压。

(8) 坝料按先粗料后细料的顺序铺填，垫层料和过渡料之间、过渡料与上游堆石之间的界面，剔除了铺料时分离集中的大颗粒石块，同时分期填筑界面进行补碾等处理。

(9) 控制碾压参数。对坝料的加水量采用总水表计量与检查运料车卸料时坝料的湿润情况、及时调节加水时间等方法进行控制；对坝料的平仓厚度采用填筑过程中抽查与填筑结束后用测量仪器做平整度网格测量相结合的办法控制；对碾压作业的检查采用检查错距宽度、行驶速度、激振频率、台班作业面积及抽查原地碾压规定遍数后有无明显沉降等方法。

2. 较新的施工工艺

先进的施工工艺主要指冲碾压实技术的应用。洪家渡坝工程大胆尝试引入了冲碾压实技术。冲碾压实技术的使用可带来以下效益：

（1）提高堆石填筑质量，减小坝体变形。下游堆石区碾压层厚可提高至160cm，干密度可达到上游堆石料的标准。

（2）加快坝体施工进度，缩短工期。冲击碾压实层厚为振动碾的1.5～2倍，行车速度为振动碾的6～10倍，碾压遍数为振动碾的3～3.5倍，故冲击碾压实速度比常规振动碾快3～5倍，缩短大坝填筑工期3个月。

实践表明，冲碾压实技术具有"铺填厚度更大、碾压时间更少、压实干密度更大、洒水量更少"等优点。洪家渡大坝堆石变形量小（2007年12月最大沉降量测值135.6cm）且变形收敛很快，大大改善了面板的工作性态，在施工中出现少量裂缝，而运行期基本未再增加，这与冲碾技术的采用密切相关。冲碾压实在洪家渡工程的成功应用，为200m级乃至300m级高堆石坝筑坝成套技术应用提供了重要经验。

9.4.2.2　检测手段及监控措施

1. GNSS－RTK数字监控筑坝技术

随着卫星定位系统及数字监控技术的进步，大坝碾压质量控制逐步实现了填筑摊铺和压实过程中的数字监控，以及碾压质量的智能化控制。在玛尔挡和荒沟上库等工程的坝体填筑中，采用GPS、北斗卫星等GNSS进行联合定位，同时采用GNSS－RTK实时差分技术，实现仓面摊铺机械的高精度定位；基于现场无线通信网络，实现了摊铺施工数据的实时传输与分析；应用智能算法建立摊铺平整度、厚度等智能分析模型，实现了对仓面任意部位平整度与厚度的高精度监测。最后通过开发软件系统平台，实现摊铺过程的可视化分析。

碾压作业是确保仓面压实的核心环节。首先要综合考虑不同坝料压实材料特性、碾压施工参数和碾轮振动特性等要素，建立碾压机-坝料动力学分析模型，提出适用于多种坝料的压实质量评价指标。然后实时监控碾压机运行轨迹、速度、振动状态、仓面压实度信息，并综合集成施工区域三维轻量化模型与施工信息模型，构建基于智能视觉技术的大坝碾压质量三维智能监控系统。在数据收集的基础上，建立碾压质量图形报告体系，展示仓面碾压质量时空分布，作为仓面验收的辅助材料；同时，基于增强现实（AR）技术的坝面碾压质量智能馈控系统实现了全仓面压实质量的高精度、快速、在线分析与碾压过程的智能实景导引，提高了一次碾压达标率。最后，针对仓面碾压过程不满足设计要求的参数，建立仓面碾压过程智能监控预警报警平台，实现碾压质量的智能反馈。

为了实现对堆石坝碾压施工的有效管控，监控软件需要支持碾压参数计算分析、监控成果可视化、压实度分析、过程预报警、监控报表输出等功能。

（1）监控成果可视化。监控成果可视化分为两个方面：一是施工过程三维可视化监控；二是碾压监控成果的可视化查询。综合集成施工区域三维轻量化模型与施工信息模型，研发基于智能视觉技术的大坝碾压质量三维智能监控系统。碾压过程监控的实时性，要求系统动态绘制碾压机械行进轨迹的同时显示碾压机械行进当前速度、振动状态、方向角、碾压遍数，并将不达标状态突出显示。

（2）压实度分析。监控系统根据获得的大量碾压监控数据，结合现场的料源检测数据，采用人工神经网络模型及智能算法获取更多的碾压材料性质，建立高精度压实度智能预测模型，实现对仓面任一点压实度的实时、精准预测。监控系统根据预测结果生成仓面压实度图形报告，指导现场施工。

（3）过程预报警。系统预先设定质量控制标准并对碾压施工过程进行持续监测。当碾压机械运行超速、激振力不达标时，系统会分别在指挥中心 PC 监控终端、车载平板电脑上醒目提示并报警，同时也会向现场施工人员发送相关报警信息，指导碾压机械操作人员尽快调整操作。碾压完成之后，系统程序实时计算施工仓已施工区域内各位置处的碾压遍数、压实厚度、压实度，高亮显示不达标区域，分别在指挥中心 PC 监控终端、车载平板电脑上进行报警，指导相关人员作出现场反馈与控制措施。

（4）报表输出。在每个部位施工结束后，以不同颜色生成碾压轨迹图、碾压遍数图、振碾遍数图、压实高程图、压实厚度图、压实度图等图形报告，作为仓面质量验收的支撑材料。

2. 北斗智能压实系统

阜康上库和老挝南公 1 面板堆石坝施工采用 TC63 智能压实系统，对填筑面实时监控碾压机械的行驶速度、激振力、运行轨迹、碾压遍数及压实厚度，全面实现碾压过程参数的连续、实时、自动、高精度监控。

TC63 智能压实系统采用北斗高精度定位、GIS、智能压实算法等技术，对施工现场的碾压轨迹、遍数、速度、压实质量等信息进行采集、记录和分析，并且将这些信息实时上传至 ISITE 智慧施工管理平台，实现了碾压作业时的实时指导和远程管理，降低人为误差，并将施工结果变为过程控制。TC63 智能压实系统的高精度定位采用北斗载波相位差分技术，即实时处理两个测量站载波相位观测量的差分方法。基准站通过网络将其观测值和测站坐标信息一起传送给流动站（振动碾端），流动站（振动碾端）不仅通过网络接收来自基准站的数据，还要采集北斗观测数据，并在系统内组成差分观测值进行实时处理，同时给出厘米级定位结果。振动碾端 MC100H 接收机不仅接收定位信息，而且还接收 CS100 传感器采集的振动数据。同时将数据通过网线传输到显示器，并将定位信息和振动数据通过 SIM 卡网络数据上传到后台服务器进行处理，后台服务器将处理好的数据展示在平台。

TC63 智能压实系统有首页、碾压监管和报告管理三项功能；通过首页，可以快速而直观地查看当前的施工信息；通过碾压监管，可以查看较为详细的施工数据；通过报告管理，可以查看经过汇总和处理之后的施工日报。在首页中有 7 个模块，能够为管理者提供直观的施工信息，这 7 个模块分别为施工定位图（序号 1）、机械在线占比（序号 2）、碾压面积（序号 3）、碾压遍数（序号 4）、强弱振遍数统计（序号 5）、机械工作时长（序号 6）及实时预警信息（序号 7）。碾压监管具有压实遍数、振动碾压遍数、行进速度的实时查询、统计分析和历史回放等功能。报告管理可以选择对应的工程标段，选取起止时间、施工层及设备类型，点击查询即可显示该时间内的施工日报；并且具有报告统计分析能力，可根据要求出具任意时段的碾压数据成果报告。

3. 附加质量法

施工质量检查采用碾压参数过程控制和干密度检测两种方法。堆石压实干密度检测手段以挖坑灌水法为主，但挖坑法检测复杂，检测点有限，且对施工有干扰。近年来有些工程引入了附加质量法，洪家渡及水布垭工程控制干密度参数采用挖坑灌水法与附加质量法相结合，既检查了干密度，又检查了铺层厚度与坝料级配，可及时指导施工作业。

附加质量法是一种原位、快速的堆石体密度无损检测新技术，与挖坑法检查结果符合得较好，具有高效、快速、准确的特点，能充分满足现代施工条件下高抽样率、全程实时检测的要求。

附加质量法测定堆石体密度的基本原理是从模拟地基基础振动模式入手，引入质弹模型，采用附加质量的办法求解地基刚度及地基参振质量，进而求出堆石体密度。

结合工程特点，对坝料压实检测项目和取样次数进行了调整，减少挖坑灌水法数量（按规范取其低限），辅以附加质量法。引入附加质量法也可以更好地验证坑探法的检测结果，同时更灵活地加大现场抽样数据，达到真实反映填筑质量的目的。这样也就加强了施工过程控制，以便及时对碾压不合格仓面及时进行补碾，提高坝料填筑的质量。

附加质量法的应用大大减少了检测工作量，提高了坝体质量控制效率，加快了施工进度。

9.5　本章小结

本章从坝体分区优化、筑坝料碾压控制、施工顺序优化等方面，对高土石坝变形及变形协调控制关键问题展开深入研究，构建了控制坝体变形的技术体系，可为高土石坝的设计与建设提供参考。主要结论如下：

（1）为避免类似已建工程所出现的坝体变形过大、面板挤压破坏、面板结构性裂缝、坝体渗透量较大等问题，研究坝体分区对坝体变形的影响。根据前述坝体分区的原则，针对茨哈峡高堆石坝拟定5个坝体分区方案，对不同方案进行计算与对比分析，并考虑工程区的气候条件和茨哈峡土石坝的工程特点，对排水区的位置和各区料的布置进行调整。优化后茨哈峡的坝体分区设计以天然砂砾石料为坝体上游堆石区筑坝料，坝轴线下游堆石区采用建筑物开挖料；以最大粒径不大于1000mm的建筑物开挖料作为铺盖区淤堵料保护体和上游坝坡压重体；垫层区增加垫层料承受水头的安全裕度，垫层料区水平厚度采用变厚度布置，即自上而下垫层料厚度随水头增加而逐渐加厚，顶部和底部水平厚度分别为4m和8m；特殊垫层区设置在垫层底部周边缝处，断面采用梯形，厚度3.5m，顶宽3.0m，下游坡比1：1；过渡区自上而下水平宽度由6m逐渐加厚为12m，以满足垫层区与上游堆石区水力过渡；过渡区与砂砾石区之间设置排水区，垂直排水体沿高程自上而下由3m变厚至9m布置，并设置3m水平排水体与垂直排水体相接，每条排水体带宽20m并按间距20m条带状布置，且排水体条带四周均布置反滤保护料，水平排水体下游出口与下游排水棱体相接。

对于坝体分区优化技术体系，指出高土石坝坝体分区设计时应综合考虑坝体变形控制措施和渗透稳定控制措施，兼顾工程安全、施工便利、工程经济性和料物充分利用等。拟定的坝体分区可结合坝料试验和大坝应力应变计算分析结果进行调整优化，以最终确定坝体断面分区。

（2）坝体填筑施工工艺、碾压参数等直接影响着坝体填筑压实性。为合理选择坝体填筑碾压机械、参数等，在设计阶段，开展坝体各区填料碾压试验。通过碾压试验，对坝体填筑压实质量控制标准进行复核和验证，为大坝填筑施工的优化提供依据。检验了所选用的压实机械的适用性及其可靠性，确定了满足坝体填筑压实质量控制标准的施工工艺及施工参数，完善了碾压施工工艺，制定了坝料填筑碾压施工方法。对上下游堆石区砂砾石料、过渡料、排水料、垫层料、反滤料和开挖料均开展现场碾压试验，研究不同碾压机械吨位、不同洒水量、碾压遍数和铺料厚度等碾压参数对碾压结果的影响，从而确定碾压参数并对碾压质量控制标准进行复核验证。碾压试验工艺流程为：试验场地布置及处理→基础面测量放线→依照拟订方案上料整平→测量虚铺厚度→洒水后按拟订方案碾压→测量压实厚度计算沉降量→再取样进行相对密度、含水量、颗粒分析及渗透试验→分析试验结果并绘制图表。

（3）结合五个典型工程大坝施工填筑分期和度汛安排，可以得出施工填筑分期顺序受到汛期、工程截流、导流洞泄洪与封堵、坝体临时断面/全断面挡水、下闸蓄水及投产发电时间节点和坝体预沉降等因素的影响。阐述了 GNSS - RTK 数字监控筑坝技术，通过北斗智能压实系统对施工过程全面实现连续、实时、自动、高精度监控。此外，通过附加质量法现场检测方法和技术要求并应用于实际工程，大幅减少了人工挖坑灌水法密度检测的工作量，提高了坝体质量控制效率，加快了施工进度。

施工分期顺序设计应遵循以下原则：尽量确保截流后第一个枯水期将坝体填筑至度汛高程，并对上游垫层料采取保护措施，使坝体临时断面参与度汛，或在流量较大的河流中建土石坝时对坝体做到度汛过流保护工作；施工导流宜采用隧洞导流和一次断流的导流方式，由于截流后第一个枯水期施工项目多、施工干扰大，前期度汛利用围堰挡水或坝面过水度汛，由坝体临时断面挡水度汛的，可采用喷乳化沥青对坝体垫层料坡面进行保护，中期及后期度汛以坝体临时断面和全断面挡水为主，导流洞下闸蓄水后由泄洪洞和溢流洞联合泄洪度汛；高土石坝坝体施工填筑分期应与坝体变形控制相结合，以减小坝体不均匀变形，坝体填筑施工需满足施工安全、度汛方式、提前发电、均匀上升的要求，推荐“一枯度汛抢拦洪、后期度汛抢发电”的坝体施工分期模式；面板分期浇筑时应注意除面板施工作业场地外，其后部坝体尽可能超高填筑，以利用坝体沉降量变化规律削减对混凝土面板的拉伸变形影响；将筑坝料特性和料源等因素综合考虑到施工填筑顺序中，尤其考虑材料湿化、蠕变及物料运输和储存过程中发生的性质变化，以减小分期施工导致的坝体不均匀变形；控制坝体预沉降时间和预沉降速率，对于堆石为中等硬度以上具有较高压实度的原岩，沉降收敛时间较短，一般为 3～7 个月；面板施工前应预留 6 个月左右的沉降周期，当沉降速率小于 3～5mm/月后方可拉面板，分期面板的顶高程宜低于堆石体 20m 以上。

第 10 章

工程应用及推广

国内已建成多座 200m 级、300m 级高堆石坝，其筑坝料和坝体材料分区的研究可为今后类似高坝建设提供有益参考。对于高堆石坝的设计与施工，堆石体的变形是一项至关重要的考虑因素。为了保障高土石坝的安全，必须在设计与施工中遵从坝体变形控制与综合变形协调的全新理念。坝体变形控制的重点是减小面板浇筑后的堆石体变形以及堆石体分区间的不均匀变形，减小面板脱空，避免挤压破坏。堆石坝的坝体变形控制量化指标主要包括坝体最大沉降量、顺河向最大水平位移、横河向水平位移、面板浇筑前下部坝体沉降速率。

本章主要内容包括：

(1) 国内已建、在建的 6 座土石坝筑坝料设计工程特性及其应用情况。

(2) 研究堆石坝坝体变形协调控制和变形协调措施，包括减小坝体变形总量、减小面板浇筑后坝体变形增量、减小坝体不均匀变形等方面工程措施。

(3) 对堆石坝坝体变形协调控制和变形协调措施进行评价。

土石坝变形稳定评价大多采用工程类比法和有限元分析法。坝体的变形协调主要包括坝体上、下游堆石区的变形协调、岸坡区堆石与河床区堆石的变形协调、混凝土面板与上游堆石的变形协调、上部堆石与下部堆石的变形协调、堆石变形时序的协调。

10.1 公伯峡水电站

公伯峡水电站位于青海省循化撒拉族自治县与化隆回族自治县交界处的黄河干流上，坝址上游 76km 为已建的李家峡水电站，下游 148km 为已建的刘家峡水电站。坝址距西宁市公路里程 153km，距平安驿 118.5km。枢纽建筑物主要由拦河大坝、右岸引水发电系统及左岸溢洪道、左岸泄洪洞、右岸泄洪洞（由导流洞改建）及右岸混凝土面板防渗系统等部分组成。

大坝为混凝土面板堆石坝，坝顶高程 2010m，最大坝高 132.2m，坝顶长 429m。由于河谷狭窄，面板与右坝头电站进水口衔接处及左坝头溢洪道衔接处分别设有 38m 和 50m 的高趾墙。

10.1.1 坝体分区

坝体材料分区原则：①坝体中的坝料之间应满足水力过渡的要求。要求垫层料（2A）具有半透水性，上游堆石料（3BⅠ）具有透水性，保证坝体能排水畅通且相邻区下游坝料对其上游区有反滤保护作用，以防止产生内部管涌和冲蚀；②坝轴线上游侧坝料应具有较大的变形模量且从上游到下游坝料变形模量递减，以保证蓄水后坝体各料区间变形协调连续，尽可能减小坝体变形对面板的影响，从而减小面板和止水系统遭到破坏的可能性；③充分利用枢纽区的开挖料并合理进行坝体分区，在满足安全要求前提下达到经济的目的。

根据上述分区原则，坝体从上游向下游依次分为：面板上游面下部土质斜铺盖（1A）及其盖重区（1B）、混凝土面板、垫层区（2A）、垫层小区（2B）、过渡区（3A）、上游堆石区（3BⅠ-1、3BⅠ-2、3BⅡ）及下游堆石区（3C）。

坝体上游堆石区原设计分为两个区，即3BⅠ（堆石区）和3BⅡ（砂砾石区）。在施工过程中，经现场碾压试验发现作为3BⅠ坝料的枢纽开挖料小于5mm颗粒含量大多在20%左右，最大达到26%不满足，设计要求（<8%），同时，现场试验亦表明渗透系数k大多在10^{-3}cm/s量级，小于设计值（设计要求上游堆石区具有通畅的排泄渗水的功能，即具有自由排水的性质，k值控制在$10^{-1}\sim10^{-2}$cm/s范围），且等于或小于垫层料（2A）、过渡料（3A）的渗透系数，与面板堆石坝坝体渗透系数从垫层料（2A）、过渡料（3A）、上游堆石区逐级加大的思路不符，不能满足坝体排水的要求。为此，为了充分利用枢纽开挖料，增设了强透水区（即将3BⅠ区分为3BⅠ-1、3BⅠ-2两个区，3BⅠ-1区为强透水区），强透水区的5mm颗粒含量为小于8%，渗透系数k大于10^{-1}cm/s。坝体填筑分区见图10.1-1。

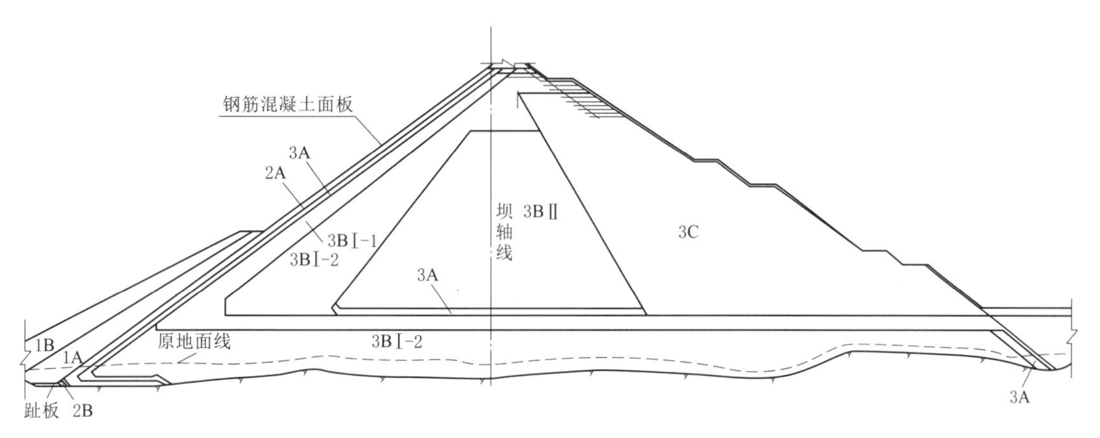

图10.1-1 公伯峡面板堆石坝坝体填筑分区

1A—上游铺盖；1B—压重区；2A—垫层区；3A—过渡区；3BⅠ1—排水区；3BⅠ2—主堆石区；3BⅡ—砂砾石区；3C—次堆石区

10.1.2 筑坝料选择

公伯峡堆石坝坝体填筑总量455.31万m^3（不含上游压坡体及下游回填料），其中垫层料（2A、2B）13.82万m^3，过渡料（3A）28.21万m^3，上游堆石料（3BⅠ-1）50.18万m^3，上游堆石料（3BⅠ-2）97.60万m^3，砂砾石料（3BⅡ）105.62万m^3，下游堆石料（3C）157.79万m^3，下游坡面干砌石（3E）2.12万m^3。垫层料由药水沟开采的弱、微风化花岗质混合岩轧制而成，过渡料采用的弱、微风化花岗质混合岩由药水沟料场通过控制爆破获得，上游堆石（3BⅠ-1）在高程1900～1906m，由溢洪道泄槽段的弱、微风化花岗岩（占51%）、药水沟的微、弱风化花岗质混合岩（占36%）和超径砂砾石（占13%）组成，1906m高程以上为药水沟开采的微、弱风化花岗质混合岩。上游堆石（3B

Ⅰ-2）采用溢洪道引渠、泄槽段的弱风化花岗岩以及电站厂房的微、弱风化片岩开挖料。下游堆石（3C）采用溢洪道引渠、泄槽、电站发电引水系统的强风化花岗岩以及电站厂房弱风化片岩开挖料。

根据坝体各区的工程量及各区对坝料的要求，设计坝料料源选择如下：

（1）主体工程开挖料。公伯峡主体工程在发包设计阶段土建六个标段土石方开挖总量达878.1万m^3，其中强风化石方378.2万m^3，砂砾石191.4万m^3，弱风化石方308.5万m^3，因此，主体工程开挖料作为坝体填筑的主要料源。

（2）药水沟石料场。药水沟石料场位于黄河左岸坝址上游0.8km药水沟内，产地距沟口300～500m，产地范围内沟底高程1925～1960m，两侧山顶高程2100～2180m，相对坡高170～200m，山体雄厚，地势陡峻。以药水沟为界，东侧为Ⅰ区，西侧为Ⅱ区。实际采用的Ⅱ区无用层体积（占3.0%）和强风化岩体积（占10.2%）均较小。岩性为花岗质混合岩夹花岗岩，局部夹薄层片麻岩。岩石多为强～弱风化岩，经试验表部强风化岩石干抗压强度59～76MPa（均值67MPa）；湿抗压强度46～65MPa（均值56MPa）；冻融后抗压强度33～58MPa（均值49MPa）；软化系数0.71～0.94（均值0.84）；各项技术指标均满足规范要求。岩性较致密、坚硬，Ⅱ区除覆盖层外，强、弱风化岩石均能满足上坝块石料的技术质量要求。根据详细的勘察工作，Ⅱ区上覆无用层体积约20万m^3，强风化岩石体积约65万m^3。弱～微风化岩石储量545万m^3，其中Ⅱ-1区上覆白垩系砂岩体积4.2万m^3，表层强风化岩石体积31.3万m^3，弱～微风化岩石储量189.0万m^3；Ⅱ-2区上覆表层体积14.6万m^3，表层强风化岩石体积约32.4万m^3，弱～微风化岩石储量355.6万m^3。

（3）左岸溢洪道引渠左侧边坡山体。溢洪道引渠初步勘测其基岩出露高程在2051～2042m之间，基岩上部为砂壤土及砂砾石，三四十米厚。以引渠桩号0－205.0为界，其上游为花岗岩及片麻岩，下游为片岩、片麻岩、花岗岩相互穿插。强弱风化花岗岩及弱风化片岩质量满足坝料的要求，确定引渠上游段左侧边坡扩挖作为料源，预计68.03万m^3。在实际施工时，由于公伯峡坝址区地质条件复杂，岩性变化规律性差，溢洪道引渠段扩挖后，断层裂隙发育，断层带两侧的岩石及几条隐藏的片岩条带，岩石风化严重，只能作为3C料或弃料处理；而且强风化岩体范围比勘探量有所增加，实际可利用上坝的填筑料数量、质量均有很大变化，实际用量大大减少。

（4）左岸水车村Ⅲ区砂砾石料场。水车村Ⅲ区（甘都农场）砂砾石料场距坝址约5.4km，目前水库移民补偿已征地，1999—2000年做了勘探工作。砂砾石层厚度约7～8m，交通方便。上部粉质黏土层厚约6～7m，储量达152.6万m^3。该层砂砾石作为混凝土骨料，做了一定试验工作，从地质试验成果来看，该砂砾石层的粒径及含泥量等指标均满足坝料3BⅡ的要求。

10.1.3 筑坝料级配

根据坝体各区的工程量及各区对筑坝料的要求，设计级配如下：

（1）垫层料（2A）。要求用微、弱风化花岗岩和片麻岩。最大粒径100mm，小于5mm的颗粒含量为35%～45%，小于0.1mm的颗粒含量为4%～7%。

(2) 过渡料(3A)。要求用微、弱风化花岗岩。最大粒径 300mm，小于 5mm 的颗粒含量为 3%～17%，小于 0.1mm 的颗粒含量小于 7%。

(3) 上游堆石料Ⅰ区(3BⅠ)。此区分为 3BⅠ-1 和 3BⅠ-2 两个区，要求用微、弱风化花岗岩和片岩，其中微、弱风化片岩含量不超过 30%。最大粒径 800mm，小于 5mm 的颗粒含量小于 8%，小于 0.1mm 的颗粒含量小于 5%。对于 3BⅠ-2 区，小于 5mm 的颗粒含量小于 20%。

(4) 上游堆石料Ⅱ区(3BⅡ)。砂砾石。最大粒径 450mm，小于 5mm 的颗粒含量为 15%～40%，小于 0.1mm 的颗粒含量小于 7%。

(5) 下游堆石料(3C)。要求用强风化花岗岩和弱风化片岩，其中弱风化片岩含量不超过 70%。级配连续，最大粒径 1000mm，小于 5mm 的颗粒含量小于 35%，小于 0.1mm 的颗粒含量小于 8%。

(6) 垫层小区料(2B)。要求微、弱风化花岗岩和片麻岩。最大粒径 40mm，小于 5mm 的颗粒含量 45%，小于 0.1mm 的颗粒含量小于 7%。

各分区坝料的级配曲线见图 10.1-2。

10.1.4 筑坝料填筑设计控制指标

(1) 垫层料(2A)。要求干密度 2.20g/cm^3，孔隙率 $n \leqslant 17\%$，铺料厚度 40cm，渗透系数 $k=1\times10^{-3}$cm/s，用 SD175D 自行式振动碾加水碾压 8 遍(不加水碾压 10 遍)。

(2) 过渡料(3A)。要求干密度 2.17g/cm^3，孔隙率 $n \leqslant 18.5\%$，铺料厚度 40cm，渗透系数 $k=1\times10^{-1}$cm/s，用 SD175D 自行式振动碾加水碾压 8 遍(不加水碾压 10 遍)。

(3) 上游堆石料Ⅰ区(3BⅠ)。对于 3BⅠ-1 区，要求渗透系数大于 10^{-1}cm/s。要求干密度 2.05～2.06g/cm^3，孔隙率 $n \leqslant 22.5\%$，铺料厚度 80cm，用 SD175D 自行式振动碾加水碾压 8 遍(不加水碾压 10 遍)。对于 3BⅠ-2 区，要求干密度 2.11～2.13g/cm^3，孔隙率 $n \leqslant 20\%$，铺料厚度 80cm，用 SD175D 自行式振动碾加水碾压 8 遍(不加水碾压 10 遍)。

(4) 上游堆石料Ⅱ区(3BⅡ)。要求碾压后相对密度 $D_r \geqslant 0.8$。铺料厚度 80cm，用 SD175D 自行式振动碾加水碾压 8 遍(不加水碾压 10 遍)。

(5) 下游堆石料(3C)：要求干密度 2.15g/cm^3，孔隙率 $n \leqslant 22\%$，铺料厚度 80cm，用 SD175D 自行式振动碾加水碾压 8 遍(不加水碾压 10 遍)。

(6) 垫层小区料(2B)：要求干密度 2.11～2.20g/cm^3，孔隙率 $n \leqslant 17\%$。

10.1.5 坝体变形

10.1.5.1 坝体变形控制措施

(1) 选择压缩性更小的筑坝料。在坝料初选时，上游堆石区选择了块石料作为填筑料；在施工期，开展了砂砾石料和块石料的选择对比。经过三轴试验及大坝三维应力应变计算，砂砾石料以其压缩性低、坝体沉降量更小而被选定为最终的上游堆石料。

(2) 合理的坝体分区。在坝体分区设计时，曾经考虑上游堆石区全部采用砂砾石料，但由于料源有限，且建筑物开挖料较多，并有一定量的质量较好的开挖料，因此，为了有

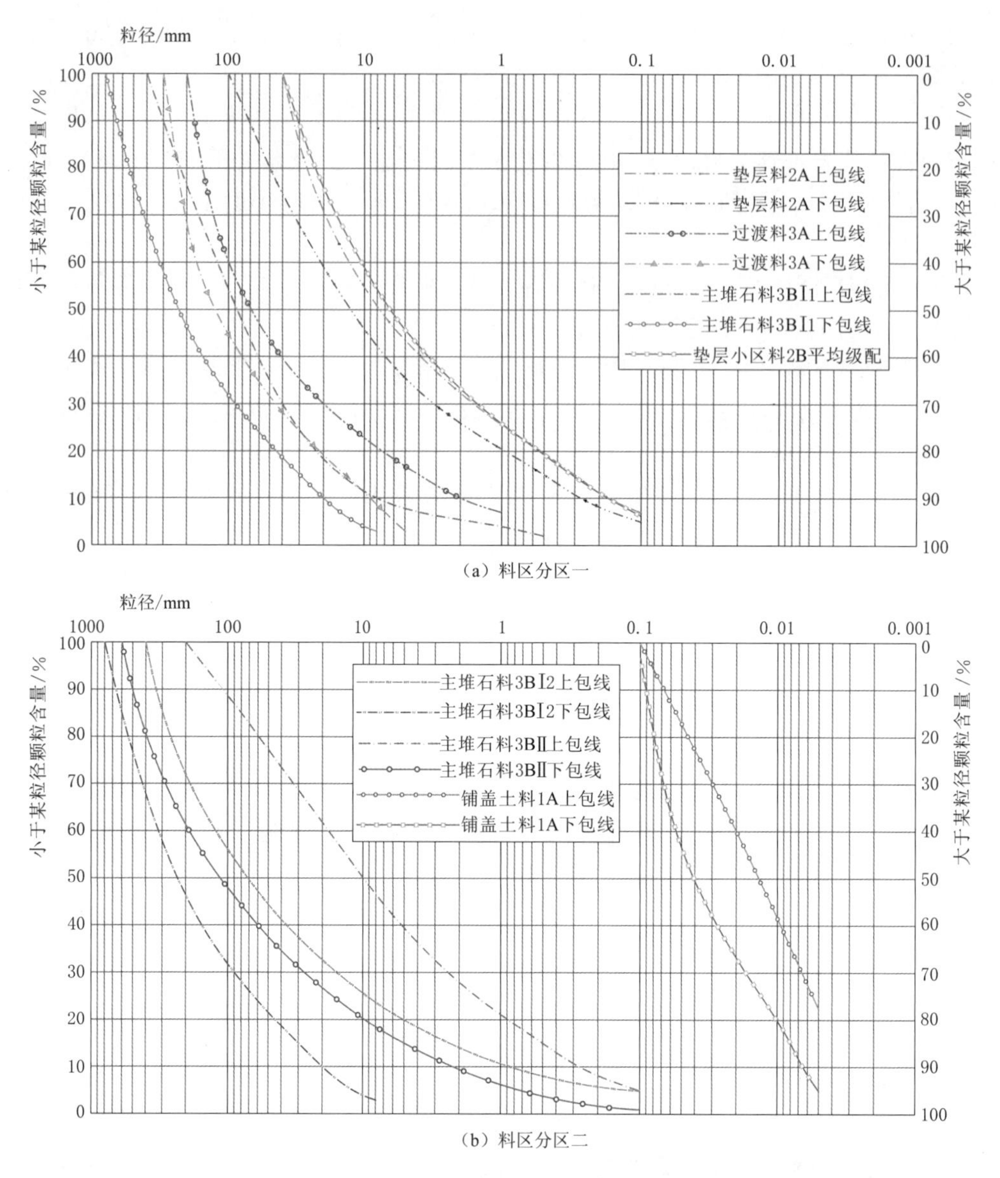

图 10.1-2　各料区级配曲线图

效利用建筑物开挖料，并最大限度利用砂砾石料，上游堆石区采用块石料（含质量较好的开挖料）和砂砾石料两种填筑料：将砂砾石料放在上游堆石区的中部，分为 3BⅡ区，将块石料放在上游堆石区的上游及底部，并将砂砾石 3BⅡ区包围在中央，分为 3BⅠ区，将质量较差的开挖料集中在下游堆石 3C 区。

（3）坝体平起填筑、水平上升。为避免产生过大的不均匀沉降，坝体填筑上、下游面平衡上升，不设临时断面。左右岸方向上亦采用整体平衡填筑，基本不留填筑高差，从河床底部整体水平上升施工，简单方便，有效防止了不均匀沉降。

10.1.5.2　坝体变形控制效果

在发包阶段，计算分析了有临时度汛断面的坝体应力应变情况。施工详图设计阶段，坝体布设临时度汛断面。为此比不同施工方法对坝体变形的影响，分别计算了面板一次施工和分期施工情况坝体的应力应变情况。对于面板分两期施工的情况，计算时全面模拟坝体的施工填筑和蓄水运行过程。模拟的施工工序为：浇筑混凝土趾板、上游左右岸高趾墙及下游混凝土挡墙；填筑一期坝体从高程1871.00m到1956.00m；浇筑一期面板到1946.00m高程，并填筑上游压坡体到1940.00m高程；填筑二期坝体从高程1956.00m到2005.50m；浇筑二期面板从高程1946.00m到2005.50m；填筑二期坝体从高程2005.50m到2010.00m；水库蓄水从高程1871.00m到2005.00m。计算共分20级进行。

对面板一次性施工情况进行的三维应力应变计算，静力计算按工地施工的实际情况，考虑面板一次施工，模拟大坝坝体填筑、面板浇筑和分期蓄水过程进行仿真计算；并按考虑堆石料流变特性和不考虑流变特性分别作了计算。计算时全面模拟坝体的施工填筑和蓄水运行过程。模拟的工序为：浇筑混凝土趾板、上游左右岸高趾墙及下游混凝土挡墙；2002年8月至2003年10月填筑坝体，从高程1877.80m到2005.50m；2004年4月至2004年8月，浇筑混凝土面板，并填筑上游压坡体到1940.00m高程；2004年8月至2004年9月，水库蓄水，从1877.80m高程到2002.00m高程；2004年10月至2004年12月，施工防浪墙，填筑坝顶；2005年1月水库蓄水至2005.00m高程。计算共分73级进行，1～11级填筑坝体至2005.50m高程，11～14级停工，15级浇筑混凝土面板，16～20级蓄水至2002.00m高程，21级填筑坝顶，22～23级蓄水至2005.00m高程，24～73级水库运行。

坝体应力应变计算结果见表10.1-1。

表10.1-1 坝体应力应变计算结果

计算阶段		发包设计阶段（有临时断面）	面板一次施工（坝体平起）		面板分期施工（坝体平起）
			不考虑流变	考虑流变	
竣工期	沉降量/cm	137.3	99.69	112.5	99.69
	上游向水平位移/cm	21.3	10.7	15.6	10.7
	下游向水平位移/cm	18.2	11.06	12.6	11.06
	大主应力/MPa	2.1	2.22	2.92	2.22
	小主应力/MPa	1.0	0.76	1.08	0.76
蓄水期	沉降量/cm	140.9	103.6	117.9	103.6
	上游向水平位移/cm	13.2	4.9	6.2	4.9
	下游向水平位移/cm	22.7	11.9	13.6	11.9
	大主应力/MPa	2.2	2.34	3.11	2.34
	小主应力/MPa	1.05	0.81	1.19	0.81

各次静力计算结果表明，蓄水后坝体的最大沉降量140.9cm，相当于坝高的1%，是符合一般规律的。坝体内的应力水平较小，坝体内的堆石体不会发生剪切破坏。

从静力计算可以看出，填筑坝体临时度汛断面与坝体平起填筑相比，坝体变形相差较大，坝体应力相差不多；填筑坝体临时度汛断面时，坝体最大沉降量为140.9cm，下游向水平位移22.7cm，上游向水平位移13.2cm，坝体平起填筑时三者分别为103.6cm、

11.9cm、4.9cm，分别减小了26.5%、47.6%、62.9%；大主应力由临时度汛断面填筑的2.2MPa增加到坝体平起填筑的2.34MPa，增幅为6%；小主应力由1.05MPa减小到0.87MPa，减幅为17%。这说明坝体填筑临时度汛断面对坝体变形有较大的影响，对坝体应力的影响较小。

面板一次施工（不计流变）和分期施工对坝体应力、应变没有影响。不考虑流变时，蓄水期坝体的最大沉降量为103.6cm；考虑流变时，蓄水期坝体的最大沉降量为117.9cm。运行期随着流变的进一步发展，坝体的最终沉降量为126.9cm。坝顶在运行期继续变形，坝顶的最大沉降量约为15.3cm。同时，坝体的水平位移也有所增加，但相对于沉降量而言位移增量较小，这说明坝体有较明显的流变。

考虑流变时，坝内大、小主应力比不考虑流变时均有所增加，相对而言，大主应力增加量比小主应力增加量多一些。坝体在蓄水后的应力应变均有所增加，是符合一般规律的。

公伯峡水库从2004年8月8日开始蓄水，截至2010年5月17日，电磁沉降管ES2各测点最大沉降量沿高程的分布见图10.1-3。以2004年8月6日测值为基准，蓄水后各测点沉降量沿高程的分布见图10.1-4。

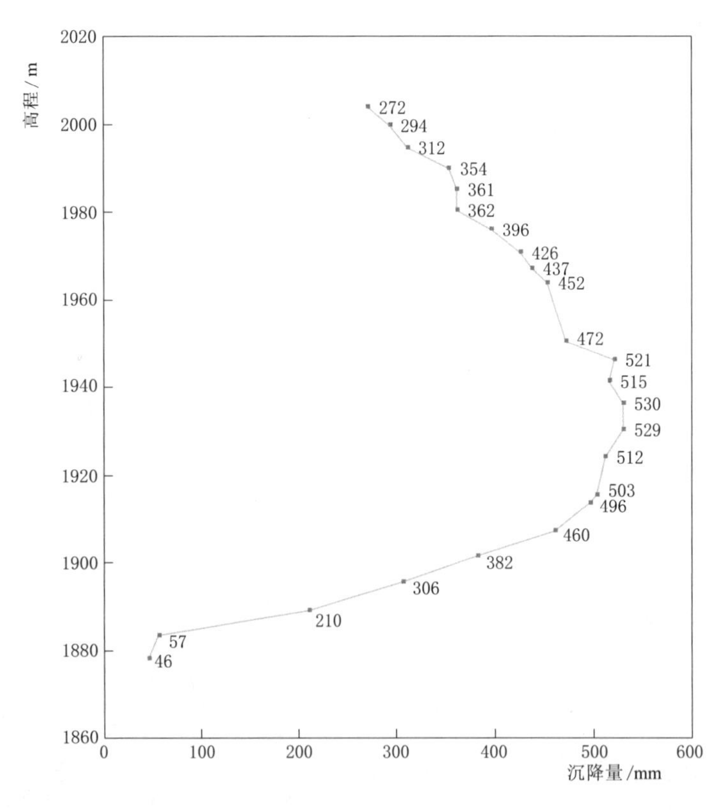

图10.1-3　ES2各测点沉降量沿高程分布图

从沉降量沿高程的分布图来看，坝体沉降量最大值为53.0cm，发生在高程1936.06m（坝高的1/3～1/2之间）；高程1915～1945m范围内（基本为坝高的1/3～1/2范围）坝体沉

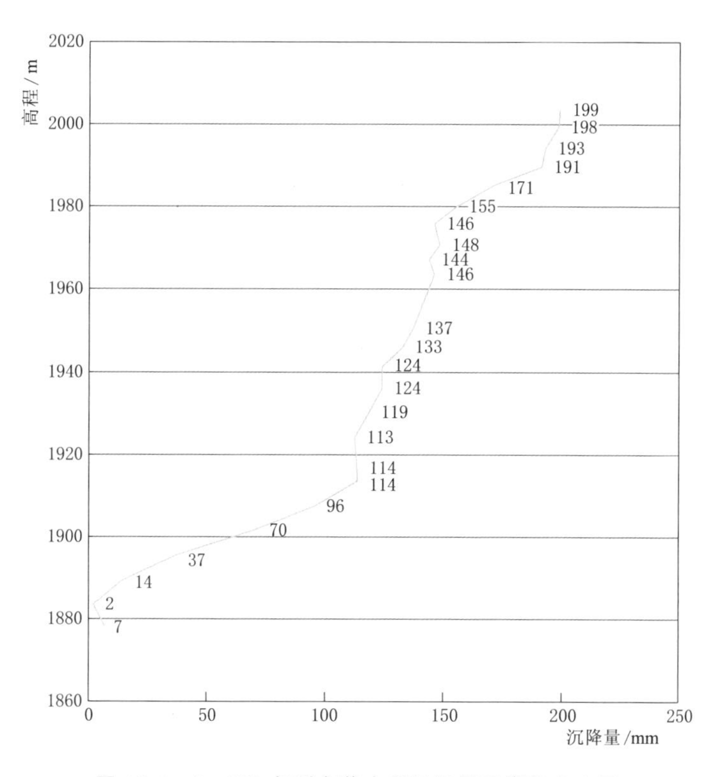

图 10.1-4　ES2 各测点蓄水后沉降量沿高程分布图

降量都在 50cm 以上；坝体上部和底部沉降量相对较小。蓄水后各测点沉降量最大值为 19.9cm，发生在坝顶测点；测点高程越高，蓄水后测点沉降量越大。坝体总沉降量和蓄水后坝体沉降量都符合面板堆石坝一般变形规律。

根据监测资料，施工期最大沉降量为 40cm，历时约 20d 后到达初期蓄水水位，接近正常蓄水位，坝体最大沉降量达到 45cm。和设计计算值相比，实测值不到计算值的 50%；进入运行期，大坝最大沉降量增加到 53cm，此时也仅为计算值的 50%。运行期坝体流变在沉降量最大部位仅为 9cm，但在坝顶最高处，流变值为 19.9cm，并且当时坝体流变还未收敛，远大于计算的最大流变值 15.3cm。由于 2000 年左右数值模拟的水平及精确度不够高，故计算结果和实际监测出入较大。后经反馈分析，进一步积累经验，工程实践中大坝数值分析的结果越来越接近于实际监测值。

总的来说，坝体的沉降变形、应力分布等符合一般规律，说明坝体分区是合适的。

10.2　大石峡水电站

10.2.1　坝体分区

大石峡水利枢纽工程位于阿克苏地区温宿县和乌什县交界的阿克苏河干流库玛拉克河大石峡峡谷出口处，是一座在保证向塔里木河干流生态供水目标的前提下承担灌溉、防洪和发电等综合利用任务的水利枢纽工程。枢纽工程由拦河坝、排沙放空洞、泄洪排沙洞、发电引水压力管道和开敞式岸边溢洪道、岸边地面厂房、生态放水设施、过鱼设施等主要建筑物组成。拦河坝为混凝土面板砂砾石坝，最大坝高 247m，是目前世界上最高的面板砂砾石坝。泄水消能建筑物由 2 孔岸边溢洪道、1 孔中孔泄洪洞、1 孔放空排沙洞、1 孔生态放水孔组成。引水发电系统包括 3 个分层取水口、3 条引水隧洞、3 条压力钢管、主副厂房及开关站等。

大石峡工程砂砾石坝坝顶高程 1707.0m，河床部位设混凝土高趾墩，建基面高程为 1460.0m，最大坝高 247.0m，坝顶宽 15m，长 576.5m。大坝上游坝坡 1∶1.6，下游坝坡设马道，综合坡比 1∶1.76。大坝坝体分区自上游至下游依次为上游盖重区（1B）、上游铺盖区（1A）、混凝土面板、垫层区（2A、2B）、过渡区（3A）、反滤料区（3F）、排水区（3E1 和 3E2）、主砂砾石区（3BA）、主砂砾特别碾压区（3BB）、上游堆石区（3BC）、下游堆石区（3C1 和 3C2）、下游砌石护坡（P）。面板砂砾石坝筑坝料以天然砂砾石料为主，其次为块石料和建筑物开挖料。大坝坝体填筑分区见图 10.2-1。

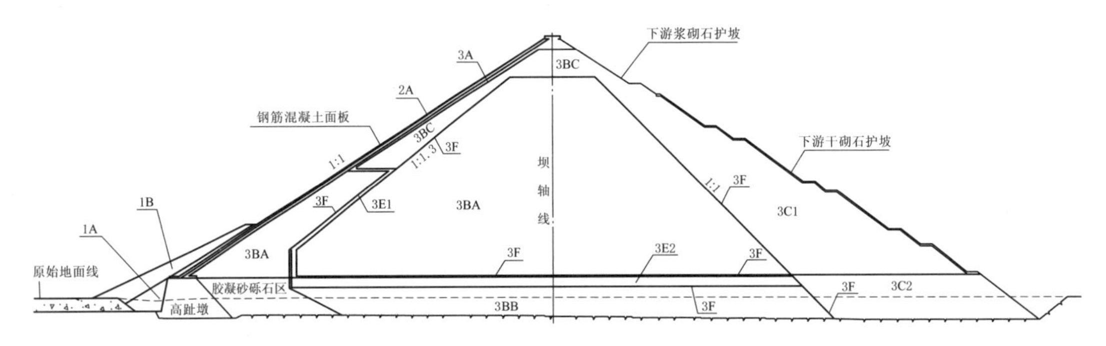

图 10.2-1　大石峡堆石坝坝体填筑分区图

大石峡面板砂砾石筑坝料以天然砂砾石料为主，其次为块石料和建筑物开挖料。大坝填筑总量为 2198 万 m^3。S3 砂砾石料场砂砾石料储量 1360 万 m^3，左坝肩料场灰岩块石料储量大于 800 万 m^3，坝前右岸块石料场储量约 200 万 m^3，建筑物开挖料 587 万 m^3。

10.2.2　筑坝料选择及级配

10.2.2.1　垫层料（2A）和特殊垫层料（2B）

垫层料（2A）主要技术指标要求为：最大粒径采用 80mm，小于 5mm 颗粒的含量控制在 30%～45%，小于 0.075mm 含量确定为 2%～7%，渗透系数约为 10^{-4}～10^{-3}cm/s。高程 1590.0m 以上垫层料级配采用下包线～平均线，渗透系数控制在 10^{-2}～10^{-3}cm/s 之间。

特殊垫层料（2B）主要技术指标要求为：特殊垫层料采用垫层料剔除大于 40mm 以上颗粒后剩余的部分，最大粒径 40mm，小于 5mm 颗粒的含量为 46%～64%，含泥量（<0.075mm 颗粒的含量）为 2%～8%，渗透系数为 10^{-4}～10^{-3}cm/s。

垫层料和特殊垫层料级配及特征系数见表 10.2-1 和表 10.2-2，级配曲线见图 10.2-2 和图 10.2-3。

表 10.2-1　　垫层料（2A）设计级配

岩性	包线	最大粒径/mm	小于某粒径的颗粒含量/%										
			80mm	60mm	40mm	20mm	10mm	5mm	2mm	1mm	0.5mm	0.25mm	0.075mm
灰岩	下包线	80	100	88	76	58	42	30	20	14	9	5	2
	上包线	40			100	78	60	45	33	26	19	13	7

表 10.2-2　　特殊垫层料（2B）设计级配

岩性	包线	最大粒径/mm	小于某粒径的颗粒含量/%							
			40mm	20mm	10mm	5mm	2mm	0.5mm	0.25mm	0.075mm
灰岩	上包线	20		100	72	53	35	19	13	8
	下包线	40	100	76	55	39	25	10	6	2

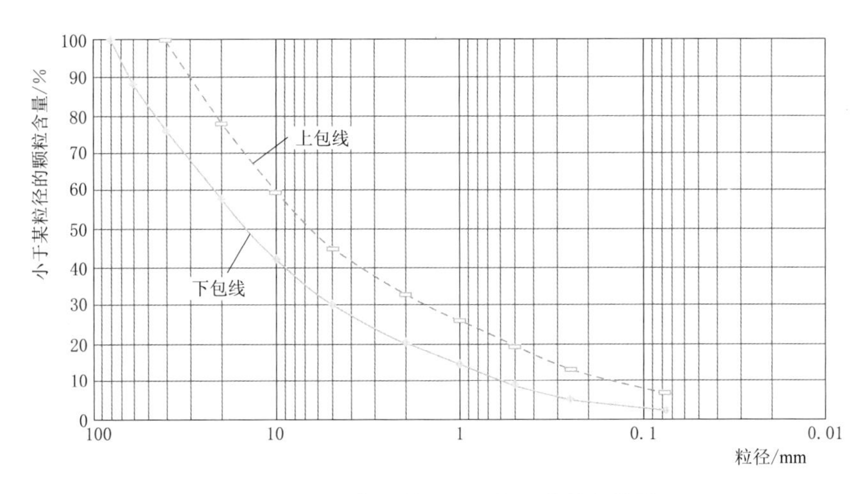

图 10.2-2　垫层料（2A）级配曲线包络图

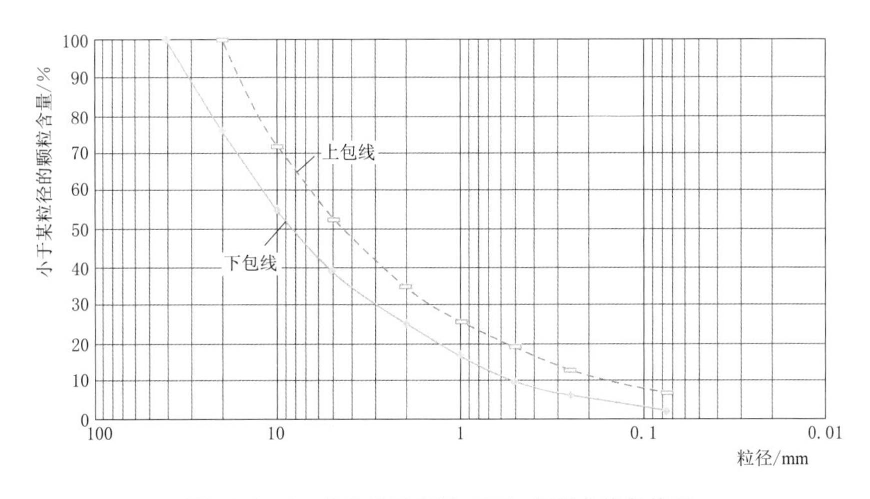

图 10.2-3　特殊垫层区料（2B）级配曲线包络图

10.2.2.2 过渡料（3A）

过渡料（3A）主要技术指标要求为：过渡料最大粒径300mm，小于5mm的颗粒含量为14%～25%，小于0.1mm的颗粒含量小于7%。过渡料级配及特征值见表10.2-3，级配曲线见图10.2-4。

表10.2-3　过渡料（3A）设计级配

包线	小于某粒径的颗粒含量/%								
	300mm	150mm	80mm	40mm	20mm	5mm	2mm	1mm	0.5mm
上包线		100	82	63	48	25	15	10	5
下包线	100	75	60	45	33	14	6	3	0

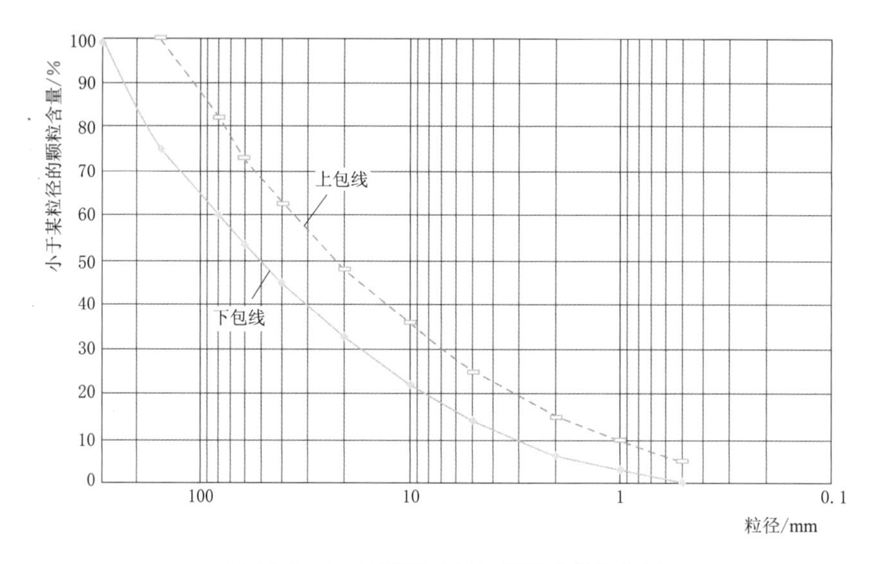

图10.2-4　过渡料（3A）级配曲线包络图

10.2.2.3 上游堆石区主砂砾石料区（3BA、3BB）

主砂砾石料（3BA）主要技术指标为：最大粒径600mm，小于5mm颗粒含量13%～36%，小于0.075mm颗粒含量不大于10%，级配连续；渗透系数大于1×10^{-3}cm/s。砂砾石料特别碾压区（3BB）级配同3BA。主砂砾石料级配见表10.2-4，级配曲线见图10.2-5。

表10.2-4　上游堆石区主砂砾石料（3BA、3BB）设计级配

包线	最大粒径/mm	小于某粒径的颗粒含量/%													
		600mm	400mm	300mm	200mm	150mm	100mm	80mm	40mm	20mm	10mm	5mm	2mm	1mm	0.5mm	0.075mm
下包线	600	100	90	83	72	65	56	52	37.5	27.5	20	13	9	8	6.5	2
上包线	150					100	90	85	67	54	45.5	36	28	25	20	10

10.2.2.4 排水料（3E）

排水料（3E）包括竖向排水区料（3E1）和水平向排水区料（3E2）。

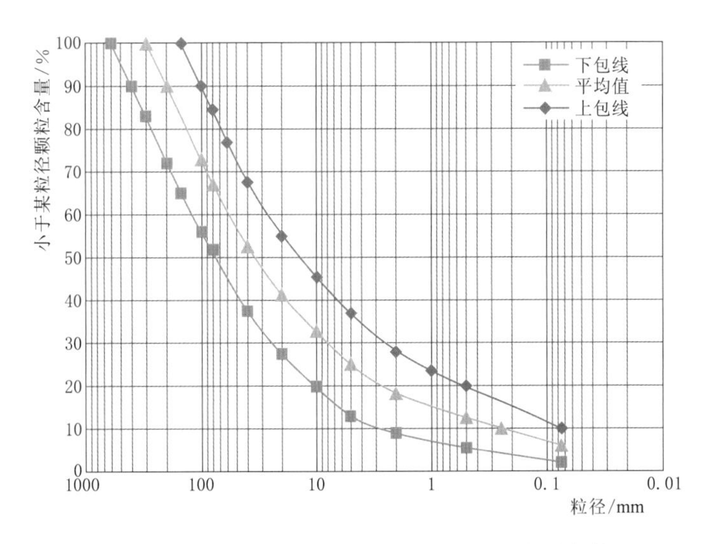

图 10.2-5 主砂砾石料（3BA、3BB）级配曲线包络图

（1）竖向排水料（3E1，S3砂砾石料场筛余料）主要技术指标为：最大粒径300mm，5mm以下细粒混入含量小于5%，级配连续（表10.2-5、图10.2-6），渗透系数 $k \geqslant 5\times10^{-1}$ cm/s。

表 10.2-5 竖向排水料（3E1）设计级配

包线	最大粒径/mm	小于某粒径的颗粒含量/%							
		300mm	200mm	100mm	80mm	40mm	20mm	10mm	5mm
上包线	100			100	89	58	34	17	5
下包线	300	100	80	55	48	28	12	0	

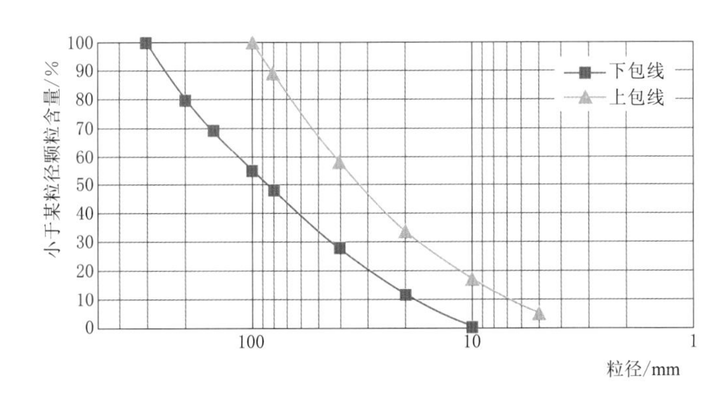

图 10.2-6 竖向排水料（3E1）级配曲线包络图

（2）水平排水料（3E2，碎石料）主要技术指标为：最大粒径300mm，5mm以下细粒含量小于10%，小于0.075mm的含量小于5%，级配连续（表10.2-6、图10.2-7），渗透系数 $k \geqslant 5\times10^{-1}$ cm/s。

表 10.2-6　水平排水料（3E2）设计级配

岩性	包线	最大粒径/mm	小于某粒径的颗粒含量/%							
			300mm	200mm	100mm	80mm	40mm	20mm	10mm	5mm
灰岩	上包线	100			100	86	60	40	25	10
	下包线	300	100	82	58	52	36	23	12	2

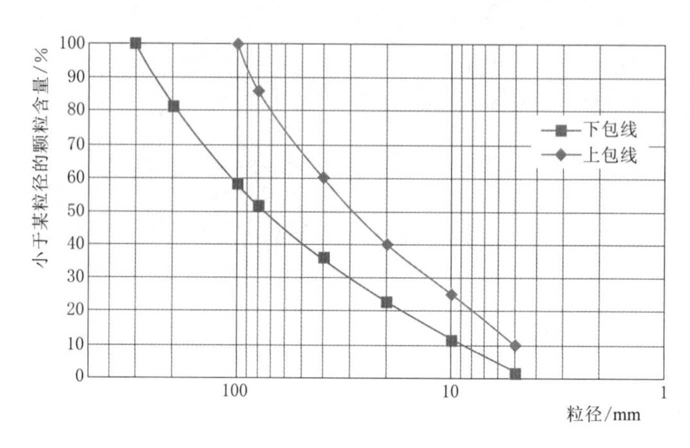

图 10.2-7　水平排水料（3E2）级配曲线包络图

10.2.2.5　反滤料（3F）

反滤料的主要技术指标为：最大粒径 80mm，最小粒径 5mm，5mm 以下细粒混入含量小于 3%，级配连续（表 10.2-7、图 10.2-8）。

表 10.2-7　反滤料（3F）设计级配

堆石分区	岩性	包线	最大粒径/mm	小于某粒径颗粒含量/%						
				80mm	60mm	40mm	30mm	20mm	10mm	5mm
反滤料	砂砾石料	上包线	40			100	78	53	23	3
		下包线	80	100	78	53	37	21	0	

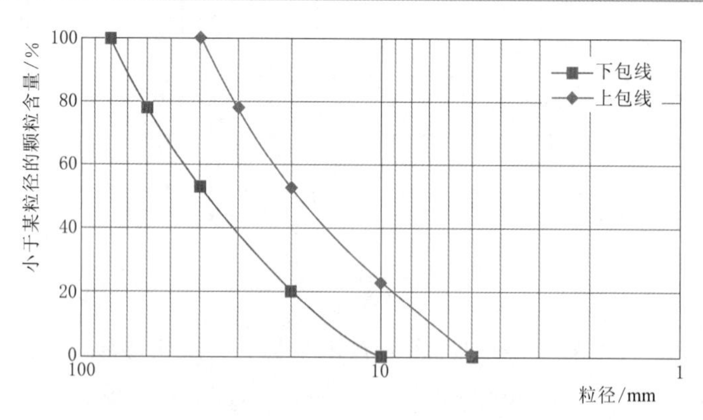

图 10.2-8　反滤料级配曲线包络图

10.2.2.6 上游堆石料（3BC）

上游堆石料主要技术指标要求为：最大粒径800mm，小于5mm粒径的颗粒含量为5%～20%，从提高其自由排水能力考虑宜小于15%，小于0.075mm粒径的颗粒含量小于5%，级配连续，渗透系数为10^{-1}～10^{2}cm/s。上游堆石料（3BC）级配见表10.2-8和图10.2-9。

表10.2-8 上游堆石料（3BC）设计级配

包线	最大粒径/mm	小于某粒径的颗粒含量/%												
		800mm	600mm	300mm	200mm	100mm	60mm	40mm	20mm	10mm	5mm	2mm	1mm	0.075mm
上包线	300			100	86	66	54	47	36	27	20	13.5	10	5
下包线	800	100	86	61	52	37	27	20	11	7	5	2.5	1.5	0

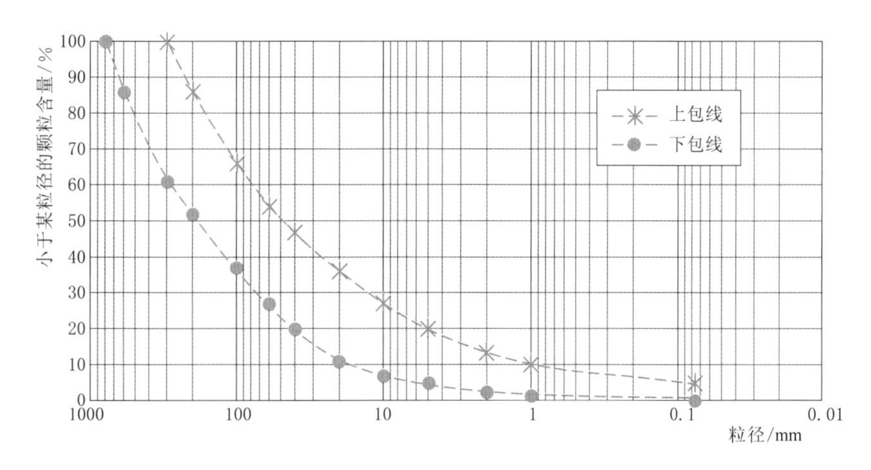

图10.2-9 上游堆石料（3BC）级配曲线包络图

10.2.2.7 下游堆石料（3C）

下游灰岩堆石料（3C）主要技术指标要求为：最大粒径800mm，小于5mm粒径的颗粒含量不超过20%，3C2区小于5mm粒径的颗粒含量从提高其自由排水能力考虑宜小于15%，小于0.075mm粒径的颗粒含量小于5%，级配连续；渗透系数宜为10^{-1}～10^{2}cm/s。下游堆石料级配见表10.2-9和图10.2-10。

表10.2-9 下游堆石料设计级配

包线	最大粒径/mm	小于某粒径的颗粒含量/%												
		800mm	600mm	300mm	200mm	100mm	60mm	40mm	20mm	10mm	5mm	2mm	1mm	0.075mm
上包线	300			100	86	66	54	47	36	27	20	13.5	10	5
下包线	800	100	86	61	52	37	27	20	11	7	5	2.5	1.5	0

10.2.2.8 上游铺盖料（1A）

上游铺盖料采用贡格拉提土料场土料。料场土料主要以粉粒为主（占比66%～78%），次为黏粒（占比20%～25%）和砂（占比3%～9%）。最大粒径小于100mm，粉

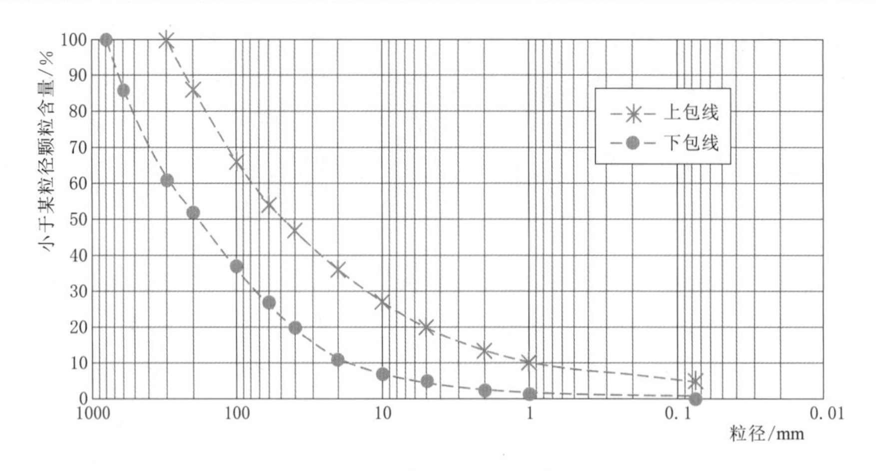

图 10.2-10　下游堆石料级配曲线包络图

粒含量大于60%，黏粒含量大于15%。

10.2.2.9　上游盖重区料（1B）

上游盖重区料采用上游弃渣场渣料填筑，不足部分从下游弃渣场开挖补充。盖重区料最大粒径小于800mm，压实后孔隙率不大于26%，压实干密度不小于1.95g/cm³。

10.2.3　筑坝料填筑设计控制指标

大石峡主要碾压填筑材料共12种，分别为垫层料（2A）、特殊垫层区料（2B）、过渡料（3A）、上游堆石料（3BC）、主砂砾石料（3BA、3BB）、下游堆石料（3C1和3C2）、排水料（3E1和3E2）、反滤料（3F）、增模胶凝砂砾石料（CSG）等。大坝填筑料设计控制指标见表10.2-10。

表10.2-10　坝体各分区料源及压实标准

分区	垫层料（含特殊垫层料）	过渡料	反滤料	排水料		主砂砾石料	上游堆石料	下游堆石料
岩性	块石料	块石料	砂砾石料	块石料	砂砾石料	砂砾石料	块石料	块石料
渗透系数/(cm/s)	$10^{-4}\sim10^{-2}$	10^{-2}	10^{-2}	$\geqslant5\times10^{-1}$		$\geqslant10^{-3}$	$10^{-1}\sim10^{0}$	$10^{-1}\sim10^{0}$
干密度/(g/cm³)	≥2.31	≥2.27	≥2.15	≥2.17	≥2.20	≥2.28	≥2.25	≥2.22
设计孔隙率	≤16%	≤17%		≤22%			≤18%	≤19%
相对密度			≥0.9		≥0.9	0.90～0.92		

注　1. 堆石设计干密度采用岩石密度2.74g/cm³计算所得。
2. 主砂砾石料采用双控指标，相对密度为主控指标，暂定为范围值。
3. 主砂砾石料设计干密度按照全级配相对密度试验的ρ_d、P_5、D_r三因素相关图查取，且不小于2.28g/cm³。

10.2.4　坝体变形

10.2.4.1　控制坝体变形措施

（1）挖除河床覆盖层。坝址河床漂石砂卵砾石层厚度5～15m，坝脚处17m左右，主要由少量孤石、漂石及砂卵砾石组成，有架空现象，具高压缩性，从变形控制考虑，将河床覆盖层全部挖除。

(2) 挖除右岸古滑坡堆积体。右岸古河床分布高程1625～1660m，长度480m左右，厚度60m左右，宽度260m左右，主要分布在坝轴线上游侧，沿古河道呈长条形展布。自上而下分别为崩坡积块碎石土、古滑坡堆积块碎石土和冲积砂卵砾石。中上部古滑坡块碎石厚度30～50m，底部冲积砂卵砾石层厚度5～10m，具弱钙质胶结。

现场检测密度最大值为2.10g/cm^3，相对密度为0.71，力学工程性质较好但低于坝料填筑密实度。趾板下游0.5倍坝高的长度范围内全部开挖至基岩，之后按1∶3接上坡开挖并与下游基础面衔接，按此开挖方案，右岸古河床滑坡堆积体在坝基范围实际上已经全部挖除。

(3) 选用中等硬度以上堆石料原岩。大石峡筑坝料主要为坝址区下游的S3天然砂砾石料场和石炭沟开挖灰岩石料场。石炭沟开挖灰岩石料抗压强度49～89MPa，饱和抗压强度40～65MPa，软化系数0.66～0.89，属较硬岩。

(4) 采用较高的压实度。

上游堆石区3B采用S3天然砂砾石料，其岩性以花岗岩、砂岩、微晶灰岩为主，其次为砾岩、粉细砂岩、页岩等，超径石以灰白色花岗岩为主，少量灰褐色变质砂岩和灰色灰岩。砂粒成分为石英、长石及岩屑等，粒径以中粒为主。按相对密度0.9控制的压缩模量$E_{s1\text{-}2}$=176.4MPa。

下游堆石区3C1采用石炭沟开挖灰岩石料，按孔隙率19%控制的压缩模量$E_{s1\text{-}2}$=111.4MPa。

下游堆石区3C2/3C3采用弱风化灰岩70%+强风化灰岩30%或右岸古河床开挖料。二者按孔隙率19%控制的压缩模量$E_{s1\text{-}2}$分别为109.5MPa和94.1MPa，前者是后者的1.2倍；杨氏模量系数K分别为1044.3和704.6，前者是后者的1.5倍；设计最终采用前者填筑。

上、下游堆石区压缩模量$E_{s1\text{-}2}$的比值为1.61，压缩模量相差较小，有利于坝体上下游的协调变形。

(5) 采用较缓的分区坡比。由于上游堆石区3B料具有更低的压缩性，主下游堆石区分界面设在坝轴线下游，分界面坡比为1∶1，扩大了上游堆石区的范围，在料源平衡前提下尽量减少开挖料的利用量，控制了坝体变形。

(6) 坝内不对称河谷地形修整。坝址右岸坝轴线上游古滑坡堆积体全部开挖后，在坝基右岸形成最大宽度约260m的古河床台地。由于台地边缘两侧坝体厚度差异较大，在台地边缘两侧一定范围的坝体垂直向变形梯度加大，使坝体沿坝轴方向垂直变形的连续性、均匀性受到影响。为防止坝体横向开裂或面板破坏，对古河床台地边缘一定范围边坡进行削坡整修，放缓坡度，使处理后的坡度不陡于1∶1，从而减小陡边坡对坝体变形的不利影响，降低陡岸坝体堆石变形梯度。

(7) 混凝土面板浇筑时机。研究发现，具有较高压实度的中硬以上石灰岩沉降收敛时间较短，一般在3～7个月即基本趋于收敛，而砂砾石料不易发生颗粒破碎，其收敛时间更短。大石峡坝体分期填筑方法及面板浇筑过程见图10.2-11和图10.2-12所示。一、二期面板施工前预留3个月的预沉降期，三期面板施工前预留6个月的预沉降期。一期面板

的顶高程低于堆石体 40m，二期面板的顶高程低于堆石体 30m。通过上述预沉降控制措施避开堆石体沉降速率高峰，使混凝土面板施工后堆石体变形不致引起面板产生结构性裂缝。

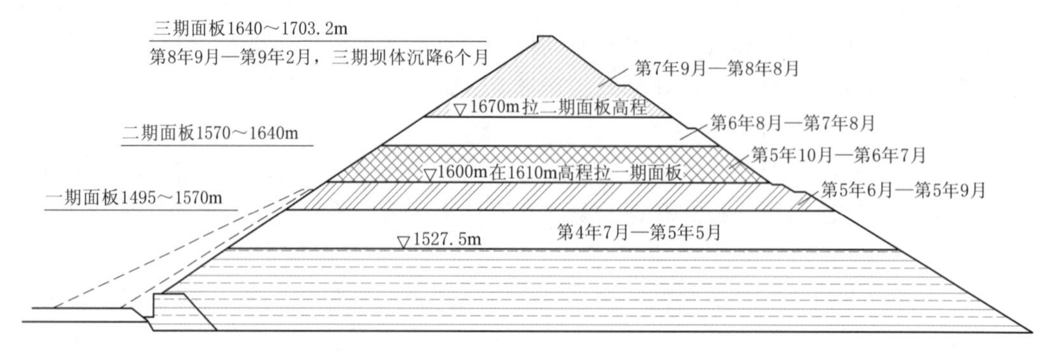

图 10.2-11　大石峡坝体分期填筑示意图

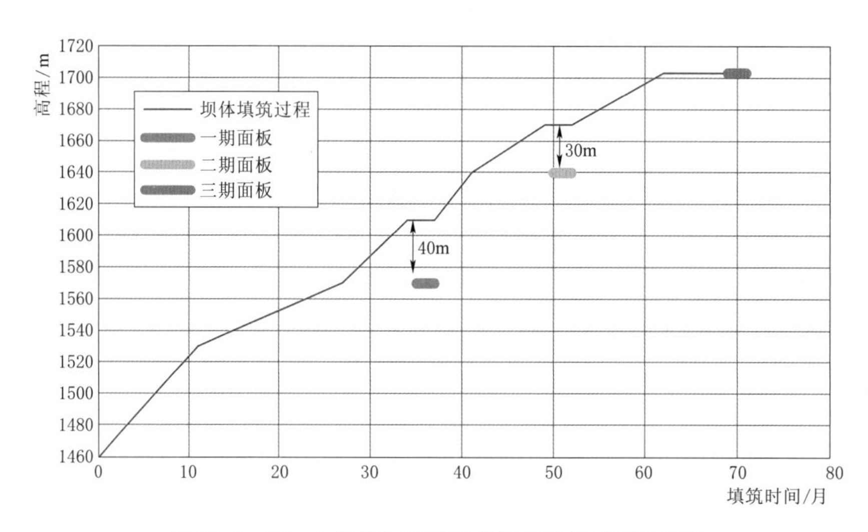

图 10.2-12　大石峡坝体填筑与面板浇筑过程示意图

（8）坝体填筑整体平起上升。为避免产生过大的不均匀沉降，坝体填筑上、下游面平衡上升。对左右岸方向，古河床部位坝体先行填筑较之河床底部整体水平上升对面板应力和接缝变位稍有改善，但从河床底部施工整体平起上升的措施简单方便。故左右岸方向也自河床底部整体平起上升填筑。

10.2.4.2　坝体变形控制效果

1. 坝体总沉降量和竣工后的沉降控制

竣工期、蓄水期和运行期坝体最大沉降量分别为 123.4cm、134.7cm 和 144.6cm，坝顶沉降量分别为 8.5cm、23.0cm 和 40.5cm。最终沉降量与坝高的比值为 0.59%。图 10.2-13 给出了国内外已建的高堆石坝沉降率与坝高的关系，阿瓜密尔帕大坝（墨西哥）、天生桥一级大坝变形不协调，未计入统计。图 10.2-14 给出了竣工后沉降量与坝高的关系，由于天生桥一级大坝变形不协调而巴贡面板堆石坝无蓄水前的坝顶沉降资料，未计入统计，大石峡竣工后沉降量自竣工后开始计算。

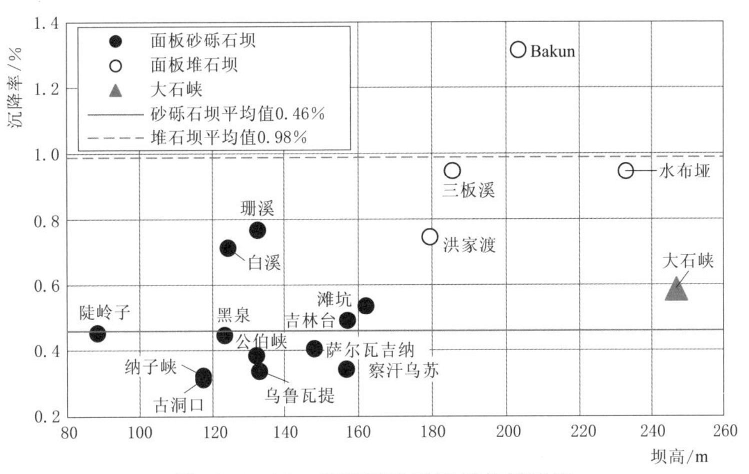

图 10.2-13 堆石及砂砾石坝的沉降率

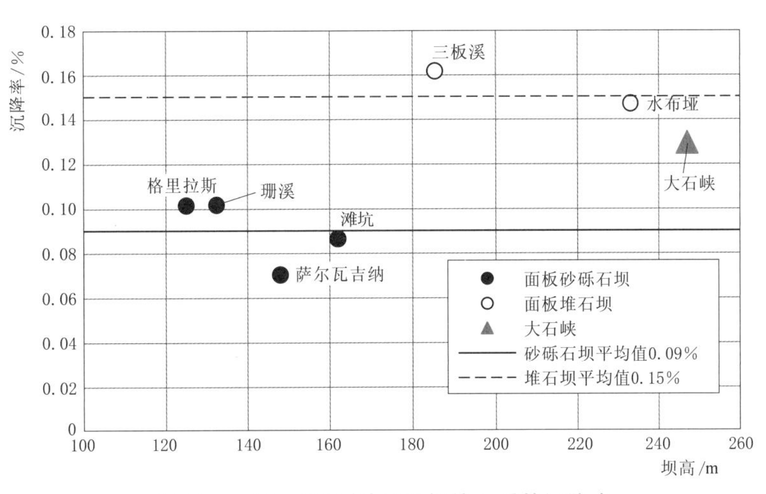

图 10.2-14 堆石/砂砾石坝竣工后的沉降率

从图 10.2-13 可以看出，对于 200m 级堆石坝和 100～200m 级砂砾石坝，沉降率平均值分别为 0.98%和 0.46%，砂砾石坝的沉降率只有堆石坝的一半。大石峡主要采用低压缩性的砂砾石填筑坝体，其最大沉降率仅为 0.59%，略高于现有砂砾石坝的沉降率，但远小于现有 200m 级堆石坝的沉降率，坝体变形控制得较好。

从图 10.2-14 可以看出，200m 级堆石坝和 100～200m 级砂砾石坝的竣工后沉降率平均值分别为 0.15%和 0.09%。大石峡竣工后沉降率为 0.13%，低于现有的 200m 级堆石坝的竣工后沉降率，坝体变形控制得较好。

2. 坝体预沉降控制

图 10.2-15 给出了面板浇筑前的沉降速率过程线，表 10.2-11 给出了沉降速率值。从图中可以看出，坝体沉降速率高峰主要发生在填筑完成后 1 周内，此后沉降速率逐渐衰减但衰减较慢，在面板浇筑前，沉降速率均小于 5mm/月，满足面板浇筑时机；由于堆石体较砂砾石料更易于破碎，其稳定时间较长，面板浇筑前分区方案 1 的沉降速率最小，分区方案 3 次之，分区方案 2 最大。

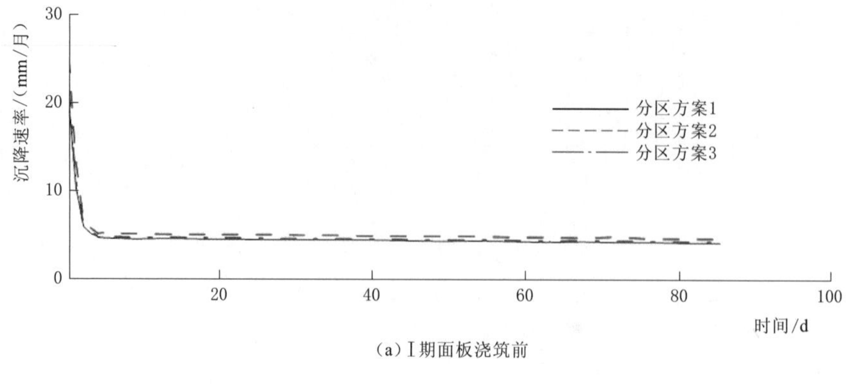

(a) Ⅰ期面板浇筑前

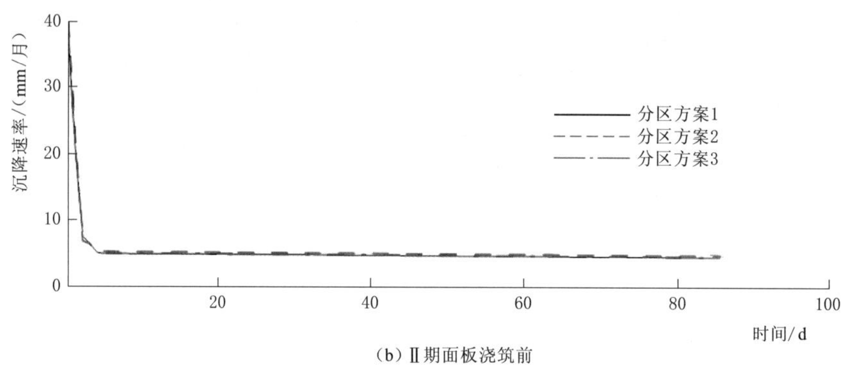

(b) Ⅱ期面板浇筑前

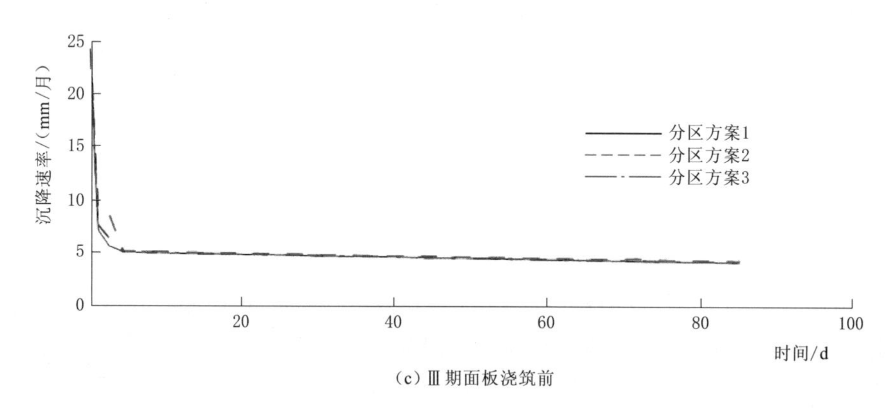

(c) Ⅲ期面板浇筑前

图 10.2-15 面板浇筑前坝体沉降速率过程线

表 10.2-11 面板浇筑前坝体沉降速率

沉降期	沉降速率/(mm/月)		
	分区方案 1	分区方案 2	分区方案 3
Ⅰ期面板浇筑前（预沉降时间 3 个月）	4.06	4.51	4.18
Ⅱ期面板浇筑前（预沉降时间 3 个月）	4.73	4.97	4.79
Ⅲ期面板浇筑前（预沉降时间 6 个月）	4.00	4.13	4.03

10.3 茨哈峡水电站

茨哈峡水电站位于青海省海南藏族自治州兴海县与同德县交界处的班多峡谷内，是一座以发电为主的大型水电枢纽工程。

参照类似工程经验，为抵御地震带来的鞭梢效应对坝顶的不利影响，提高坝顶部位的抗震性能，坝顶防浪墙采用整体式U形防浪墙，墙高6.2m，底高程2996.5m，高于最高水位（校核洪水位2993.94m）2.56m，为钢筋混凝土结构，沿坝轴线方向每15m设一条沉降缝，并与混凝土面板止水系统连接成封闭系统。坝顶下游设混凝土护栏，高1.0m。坝顶宽度15m。

参照类似工程经验，茨哈峡面板砂砾石坝上游堆石区是以砂砾石料为筑坝料的300m级高坝，拟定上游坝坡1∶1.6。下游坝坡布置Z字形上坝公路，公路宽12m。下游堆石区采用块石料，下游局部坝坡采用1∶1.5，综合坡比1∶1.74。

10.3.1 坝体分区

根据周边天然筑坝料特点，以砂砾石料为主要筑坝料，坝体填筑分区（图10.3-1）主要包括：1A区（粉细砂铺盖区），1B区（盖重区），2A区（垫层区），3A区（过渡区），3B区（上游堆石区），3C区（下游堆石区），3F区（排水区）。垫层料4～8m、过渡料6～12m、反滤料3～6m、排水料3～9m。垫层料采用筛分加工的天然砂砾石料，最大粒径80mm，小于5mm的颗粒含量为31.5%～48%，小于0.075mm的颗粒含量2%～10%，压实后渗透系数10^{-4}cm/s，相对密度0.9～0.95。天然砂砾石最大粒径300mm左右，大于5mm的颗粒含量为70%～80.5%，小于5mm的颗粒含量为9.5%～30%，小于0.075mm的颗粒含量1%～9.3%，相对密度0.85～0.9时，换算的孔隙率可达到17%左右。排水料采用在天然砂砾石料级配的基础上剔除5mm以下颗粒后的级配。下游堆石料采用弱风化及以下砂岩、砂岩+板岩人工开挖料。下游堆石料级配最大粒径初步确定为500mm，小于5mm含量5%～35%，小于0.075mm含量不大于5%，设计孔隙率19%。

10.3.2 筑坝料选择及级配

10.3.2.1 垫层料

垫层料位于面板下部，水平宽度5.0m，为半透水材料，可以限制进入坝体的渗漏量，是面板坝防渗的第二道防线，当面板开裂或止水局部失效时，可对上游堵缝材料起反滤作用，并将面板承受的水压力均匀地传递到上游堆石区，保证面板有良好的受力条件。要求垫层料的最大粒径不能过大，有足够的小于5mm的颗粒含量，级配良好；并且具有低压缩性、高抗剪强度、适宜的渗透性和良好的施工特性。垫层料采用筛分加工调整级配的天然砂砾石料，或弱风化及微新砂岩洞挖料（板岩含量不超过10%），要求级配连续。垫层料最大粒径80mm，粒径小于5mm的颗粒含量为35%～50%，粒径小于0.075mm的颗粒含量4%～8%。铺料厚度45cm，孔隙率不大于14%或相对密度不小于0.95。垫

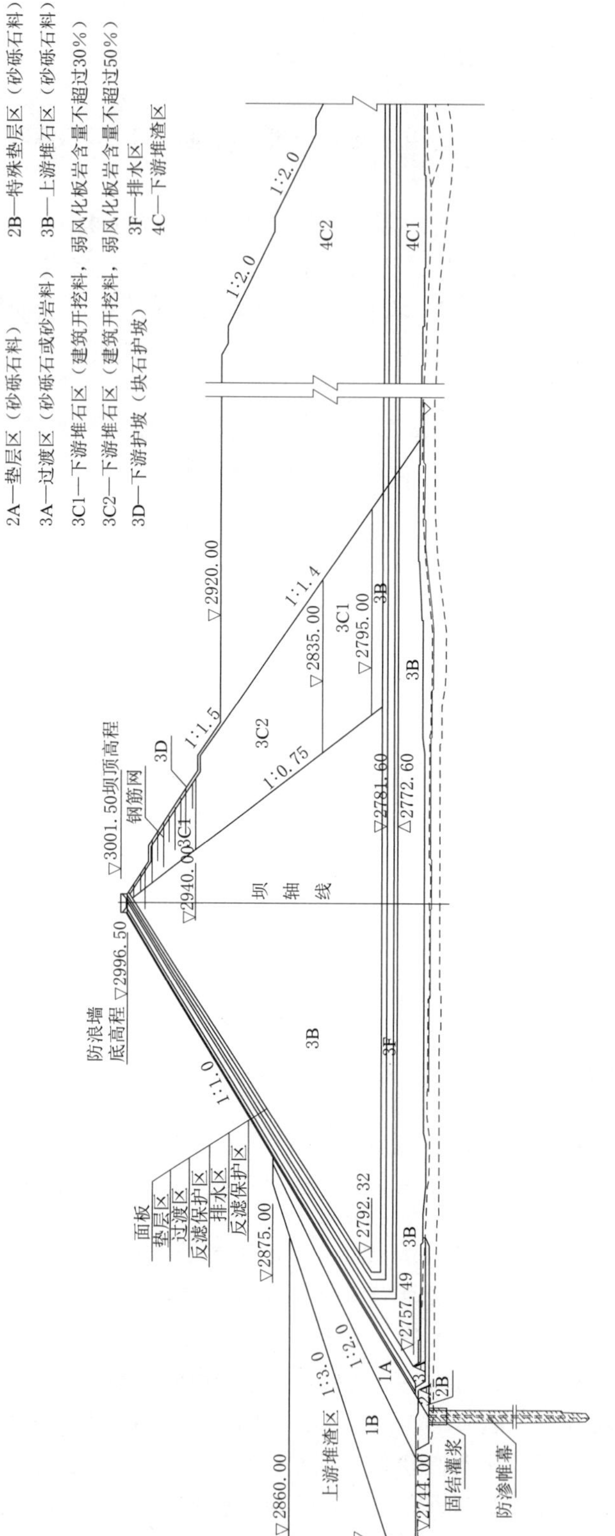

图10.3-1 茨哈峡面板砂砾石坝填筑分区图

层料的渗透系数要求为 10^{-4}～10^{-3}cm/s，其中水位变化区要求为 10^{-3}～10^{-2}cm/s。特殊垫层区料（2B）是设置于周边缝下游的特殊垫层区，其范围为周边缝下游3m半径范围内。垫层小区料采用细垫层料，要求级配连续，最大粒径40mm。特殊垫层区料填筑控制标准与垫层料相同。

10.3.2.2 过渡料

过渡料位于垫层料下游侧2980.0m高程以上部位，水平宽度4.0m。按《混凝土面板堆石坝设计规范》（NB/T 10871—2021）要求，过渡料采用的砂砾石料最大粒径300mm，小于5mm含量15%～25%，小于0.075mm含量不大于8%。结合吉浪滩料场300mm以下级配筛分料，经过调试计算，对筛分料按1∶0.06∶0.05重量比掺加2～5mm的细砾、0.5～2mm的粗砂后，可以得到满足要求的级配料；弱风化及微新砂岩洞挖料（板岩含量不超过10%）经筛分加工后也可满足上坝要求。过渡料区铺料厚度45cm，孔隙率不大于14.5%或相对密度不小于0.95。过渡料渗透系数要求为 10^{-3}～10^{-2}cm/s。

10.3.2.3 反滤料

反滤料区布置在竖直向排水料上游侧和水平排水条带四周。竖直向排水料上游侧反滤料区水平宽度3.0m。水平排水条带四周反滤料区厚度2.0～3.0m，由吉浪滩料场天然砂砾石料筛分掺配而成。根据规范，初步按最大粒径 D_{max}＝60mm、D_{15}＝8mm拟定反滤料下包线，按最大粒径 D_{max}＝40mm、D_{15}＝4mm拟定反滤料上包线。反滤料铺料厚度45cm，相对密度不小于0.9。反滤料渗透系数要求为 10^{-2}～10^{-1}cm/s。

10.3.2.4 排水料

坝内设置L形排水区，近竖直向排水区顶部高程为2980.0m，坡比1∶1.3，水平宽度为5.0m；水平排水区呈条带状布置，排水条带坝轴线方向宽15.0m，厚度6.0m，条带之间间距10m。根据规范要求，排水料初步设计最大粒径为300mm，小于5mm含量为0。对吉浪滩料场原始级配进行筛分，筛除5mm以下及300mm以上颗粒料，取得大于5mm、小于300mm的级配料并适当调整后用作排水料。排水料铺料厚度45cm，相对密度不小于0.85。排水料渗透系数要求为 10^{-1}～10^{0}cm/s。

10.3.2.5 上游堆石料

上游堆石料是面板坝承受水荷载的主要支撑体，要求具有自由排水能力以及低压缩性和高抗剪强度。乌鲁瓦提、黑泉、阿瓜密尔帕（墨西哥）等采用砂砾石料为上游堆石料的面板坝的研究成果表明：砂砾石料具有较高的压缩模量，抗剪强度与堆石料相当，可作为面板堆石坝上游堆石料。上游堆石料采用吉浪滩料场的天然砂砾石料，最大粒径250mm左右，小于5mm的颗粒含量21.4%～25.2%，小于0.075mm的颗粒含量2.3%～7.9%。根据《碾压式土石坝设计规范》（NB/T 10872—2021）要求，上游堆石料压实后宜有良好的颗粒级配，最大粒径不应超过压实层厚度，小于5mm的颗粒含量不宜大于30%，小于0.075mm的颗粒含量不宜大于5%。上游堆石区砂砾石料铺料厚度85cm，相对密度不小于0.92。上游堆石区砂砾石料渗透系数要求为 10^{-3}cm/s。

10.3.2.6 下游堆石区

下游堆石料区（3C）上游坡顶起坡点高程为2980.0m，上游与上游堆石区（3B）

衔接，分区界面坡比为1∶0.75。下游堆石区由于远离面板，受水荷载的影响较小，其压缩性对面板变形影响不大，主要起到稳定下游坝坡的作用，因此，对该区的坝料要求较上游堆石区略低，可充分利用开挖料以降低工程造价。下游堆石区料采用枢纽建筑物的弱风化及微新开挖料，主要包括溢洪道、泄洪洞、导流洞、地下厂房等建筑物的开挖渣料，板岩含量不超过30%。根据堆石坝规范的要求，下游堆石料3C级配最大粒径初步确定为500mm，小于5mm含量5%～20%，小于0.075mm含量不大于5%。下游堆石区料铺料厚度85cm，孔隙率不大于16.5%。下游堆石区料渗透系数要求为10^{-2}cm/s。

各料区的级配曲线见图10.3-2。

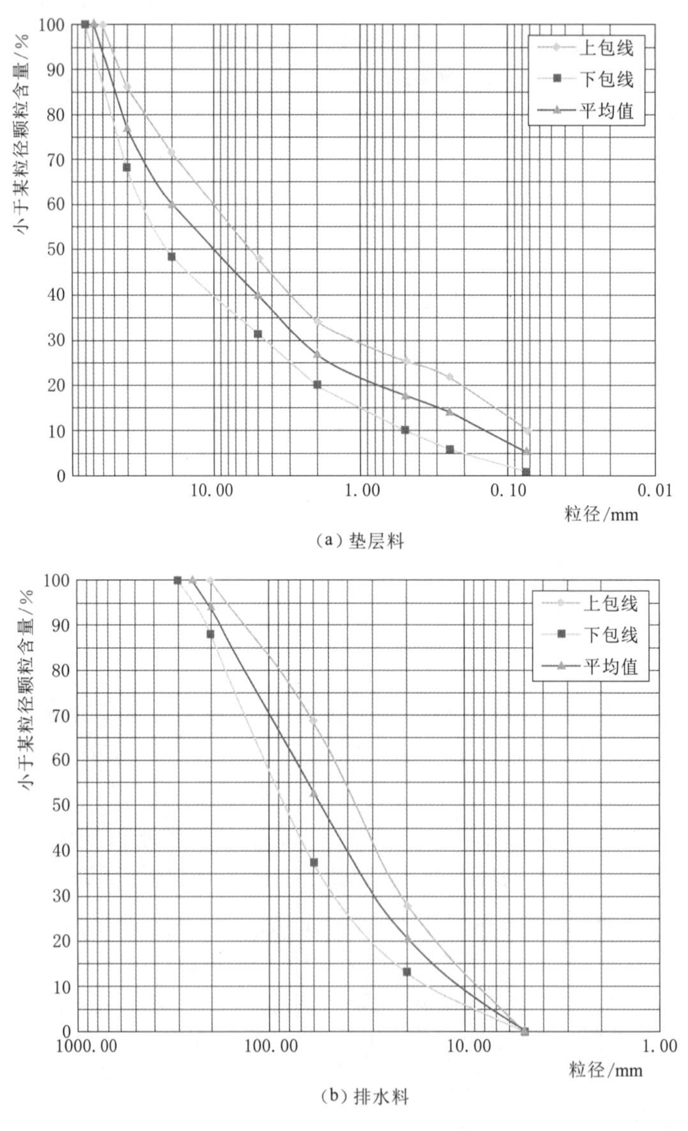

(a) 垫层料

(b) 排水料

图10.3-2（一） 茨哈峡面板砂砾石坝各料区级配曲线图

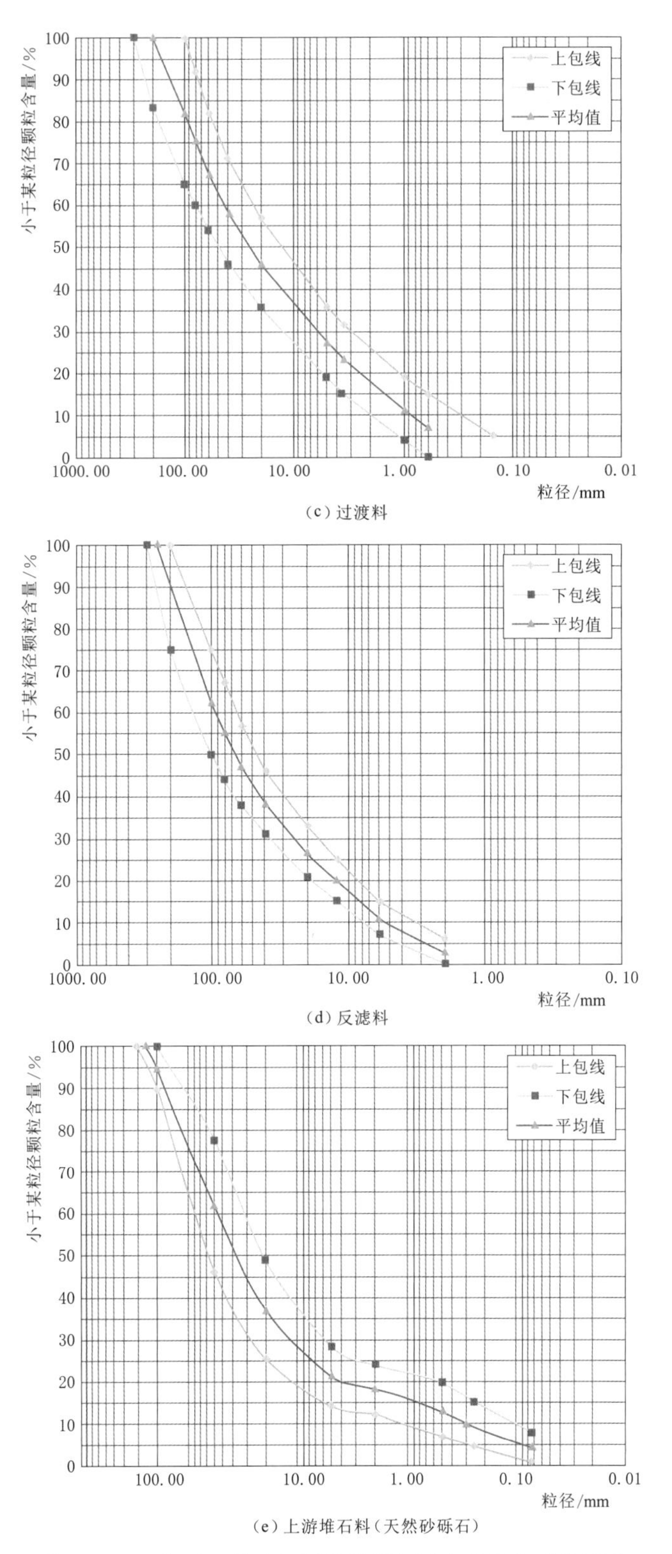

(c) 过渡料

(d) 反滤料

(e) 上游堆石料（天然砂砾石）

图 10.3-2（二）　茨哈峡面板砂砾石坝各料区级配曲线图

10.3.3 筑坝料填筑设计控制指标

碾压式土石坝的填筑标准与建筑物的级别、坝高、坝型、坝址的地质条件、填筑料的物理力学性质、施工条件和造价等因素有关。按照《碾压式土石坝设计规范》（NB/T 10872—2021）的规定，砂砾石的填筑标准应以相对密度控制，砂砾石的相对密度不应低于0.75，反滤料宜为0.7以上。根据《混凝土面板堆石坝设计规范》（NB/T 10871—2021）规定，砂砾石料填筑标准的选用范围为：坝高小于150m时，相对密度为0.75～0.85；坝高为150～200m，相对密度为0.85～0.9。

规范已明确规定了坝高小于200m时砂砾石料填筑相对密度的要求，茨哈峡坝高大于200m，为了更好地控制坝体变形，其上游堆石料（砂砾石料）的压实标准应该从严控制，就现行规范来看，应选择相对密度不小于0.9。分别采用不同的模型对茨哈峡面板砂砾石坝进行了三维有限元应力应变静力分析，坝体变形规律基本一致，其中在相对密度0.9、相应干密度2.26g/cm^{3}时，蓄水期坝体最大沉降量145cm，坝体沉降率为0.571%。

与国内外已建土石坝的变形实测值和计算值比较，200m级采用块石料填筑的土石坝，其实测的坝体沉降量均大于计算的沉降量，而采用砂砾石料填筑的一些工程的实测值小于计算值，砂砾石坝体沉降率小于块石料坝体沉降率。因此，采用砂砾石筑坝在控制坝体沉降变形方面具有明显优势。由于茨哈峡坝高属于300m级高面板坝，为控制高面板坝的变形水平，在现行规范要求的基础上应进一步提高压实标准，使其后期变形控制在200m级土石坝的范围内。根据茨哈峡面板砂砾石坝对坝体变形控制的要求、筑坝料工程特性室内试验成果，筑坝料碾压试验相对密度和孔隙率控制标准（相对密度均按照室内最大干密度、最小干密度及设计干密度计算），见表10.3-1。

表10.3-1　筑坝料碾压试验相对密度和孔隙率控制标准

填筑料名称	坝料种类	掺配比例	相对密度	孔隙率
垫层料	天然砂砾石料筛分加工		≥0.95	
	弱风化及以下砂岩	板岩含量不超过10%		≤17%
过渡料	天然砂砾石料筛分掺配		≥0.95	
	弱风化及以下砂岩	板岩含量不超过10%		≤17%
上游堆石区砂砾石料	天然砂砾石料		≥0.95	
下游堆石区块石料	建筑物开挖块石料	弱风化及以下砂岩70%、板岩30%		≤19%
排水料	剔除天然砂砾石料中大于1mm的颗粒		≥0.9	22%
反滤料	天然砂砾石料筛分掺配		≥0.85	≤22%

茨哈峡上游堆石区砂砾石料相对密度控制在0.92～0.95时，通过换算得到的孔隙率在12%左右，与水布垭等200m级类似工程土石坝填筑标准18%～20%相比较，远远小于类似工程的孔隙率。因此，茨哈峡采用砂砾石料筑坝在坝体变形控制方面具有较大优

势。茨哈峡筑坝料填筑标准见表 10.3-2。

表 10.3-2　　茨哈峡面板砂砾石坝筑坝料填筑标准

填筑料名称	坝料种类	相对密度	孔隙率
垫层料	天然砂砾石料筛分加工	≥0.95	
过渡料	天然砂砾石料筛分掺配	≥0.95	
上游堆石区砂砾石料	天然砂砾石料	≥0.92	
排水料	剔除天然砂砾石料中大于 5mm 的颗粒	≥0.85	≤22%
反滤料	天然砂砾石料筛分掺配	≥0.9	≤22%

10.3.4　坝体变形

根据茨哈峡筑坝料的特点和工程特性，拟定 6 个分区方案进行坝体变形比较：方案一，以砂砾石料为主的坝体分区方案；方案二，以砂砾石料为主、“金包银”形式的坝体分区方案；方案三，考虑充分利用开挖料、“金包银”形式的坝体分区方案；方案四，全部采用块石料（开挖料）的坝体分区方案；方案五，以砂砾石料为主的坝体分区方案，与方案一的不同之处在于：增加了上下游堆渣；方案六，以砂砾石料为主的坝体分区方案，与方案一的不同之处，一是排水体上移与过渡区相邻，二是增加了上下游堆渣。计算模型采用 $E-B$ 模型，计算参数见表 10.3-3。

表 10.3-3　　茨哈峡筑坝料 $E-B$ 模型参数

坝料	ρ /(g/cm^3)	φ_0 /(°)	$\Delta\varphi$ /(°)	R_f	K	n	K_b	m
垫层料	2.25	50.2	5.8	0.74	1462.3	0.35	1081.2	0.17
过渡料	2.25	53.6	8.3	0.7	1640.6	0.28	1073.3	0.22
排水区	2.10	47.0	7.2	0.55	950	0.45	600	0.24
反滤层	2.30	35.0	4.5	0.70	500	0.21	400	0.70
砂砾石料	2.23	52.5	7.9	0.66	1317.6	0.34	823	0.22
	2.26	53.4	8.2	0.72	1620.3	0.32	930.6	0.24
弱风化砂岩＋板岩开挖料（8：2）	2.23	52	8.4	0.65	812.8	0.25	337.3	0.16
弱风化砂岩 70%＋板岩开挖料 30%	2.18	51	8	0.63	623.7	0.28	236.6	0.25
弱风化砂岩 70%＋板岩开挖料 30%	2.23	51.7	8.2	0.61	776.2	0.24	301.7	0.19
弱风化砂板 60%＋板岩开挖料 40%	2.18	50.6	8	0.61	586	0.3	249.2	0.22
上下游堆渣	2.22	45.6	9.5	0.66	302	0.4	150.7	0.44

分区方案一～方案四计算成果：堆石体的变形，对于各分区方案的基本方案，竣工期坝体最大沉降量分别为 146.9cm、190.6cm、264.6cm、362.8cm，约占坝高的 0.57%、0.74%、1.03%、1.41%，发生在坝轴线处高程 2885m 附近位置。指向上游的水平向位

移最大值分别为38.2cm、53.3cm、66.5cm、61.4cm，位于上游堆石区高程2850m附近位置。指向下游的水平向位移最大值分别为85.8cm、86.5cm、85.1cm、85.2cm，位于下游堆石区高程2840～2850m附近位置。水库满蓄后，在水荷载的作用下，最大沉降量略有增加，分别为148.8cm、192.8cm、267.3cm、367.1cm，约占坝高的0.58%、0.75%、1.04%、1.43%，发生在高程2880.00m附近的堆石区域，沉降量最大值的位置与竣工期相比变化不大，略向下移。指向上游水平向位移最大值减少至25.7cm、38.1cm、47.6cm、40.0cm，位于上游堆石区高程2846m附近位置，指向下游水平向位移最大值增加至88.9cm、91.4cm、91.0cm、92.6cm，位置与蓄水期基本相同。分区方案一的基本方案竣工期坝体最大沉降量145.5cm，约占坝高的0.57%，蓄水期最大沉降量148.8cm，约占坝高的0.58%；竣工期面板最大挠度14.0cm，为面板长度的0.030%，蓄水期面板最大挠度31.7cm，为面板长度的0.067%。方案二竣工期及蓄水期坝体最大沉降量均为方案一的1.30倍，水平位移约为方案一的1.40倍，竣工期及蓄水期面板最大挠度分别为方案一的1.49倍、1.34倍。方案三竣工期及蓄水期坝体最大沉降量均为方案一的1.80倍，水平位移约为方案一的1.80倍，竣工期及蓄水期面板最大挠度分别为方案一的2.14倍、1.74倍。方案四竣工期及蓄水期坝体最大沉降量均为方案一的2.47倍，水平位移约为方案一的1.60倍，竣工期及蓄水期面板最大挠度分别为方案一的2.17倍、2.07倍。方案三与方案四竣工期及蓄水期坝体最大沉降量均超过坝高的1%，蓄水期面板最大挠度超过面板长度的0.01%。从坝体变形控制及改善面板应力方面考虑，方案一是最优的，方案四的效果最差。

分区方案一、方案五、方案六计算成果：堆石体的变形，对于各分区方案的基本方案，竣工期坝体最大沉降量分别为146.9cm、145.7cm、145.7cm，约占坝高的0.570%、0.566%、0.566%，发生在坝轴线处高程2885m附近位置；指向上游的水平向位移最大值分别为38.2cm、38.4cm、40.3cm，位于上游堆石区高程2850m附近位置；指向下游的水平向位移最大值分别为85.8cm、76.2cm、73.5cm，位于下游堆石区高程2840～2850m附近位置。水库满蓄后，在水荷载的作用下，最大沉降量略有增加，分别为148.8cm、147.6cm、147.8cm，约占坝高的0.578%、0.573%、0.574%，发生在高程2880.00m附近的堆石区域，沉降量最大值的位置与竣工期相比变化不大，略向下移；指向上游水平向位移最大值减少至25.7cm、25.9cm、27.6cm，位于上游堆石区高程2846m附近位置；指向下游水平向位移最大值增加至88.9cm、79.8cm、77.3cm，位置与蓄水初期变化不大。

10.4 金川水电站

金川水电站位于大渡河右岸支流新扎沟汇合口以上约1km的河段上。可研阶段枢纽格局推荐下坝线左岸地下厂房方案，枢纽建筑物由堆石坝、左岸地下厂房、右岸溢洪道和右岸泄洪洞等组成。

坝体为建造在深厚覆盖层上的堆石坝，坝轴线方位角NW310°59′45″。坝顶高程2258m，宽10m，长275.78m，最大底宽399m，最大坝高112m。防浪墙顶高程

2259.20m，墙高5.2m。坝体上游面坝坡1∶1.4；下游局部坝坡1∶1.45，设置5层宽8m的“之”字形马道，综合坡比为1∶1.78。下游高程2165.00m处设30m宽的压重平台。趾板采用平趾板型式，两岸趾板基础，高程2200m以下坐落在强卸荷下限附近，2200m以上坐落在强卸荷岩体中上部，趾板宽度6m，厚度0.6m。趾板下游开挖坡度不陡于1∶0.5。河床趾板建基面高程2146.00m，趾板宽度4m，两块连接板宽度均为4m，趾板与连接板厚度均为0.8m。混凝土面板厚度渐变，顶端厚度为0.3m，底部最大厚度为0.62m，在右岸通过高趾墙与溢洪道进口堰闸段相接，趾墙最大高度为33m。河床坝基覆盖层采用一道厚1.2m的混凝土防渗墙，防渗墙底部嵌入基岩1m，下接一排防渗帷幕。

10.4.1　坝体分区

坝体主要分为10个填筑区（图10.4-1），大坝坝体填筑总量为422.23万m^3。各区部位及名称为：1A区（上游铺盖区）、1B区（上游石渣压坡区）、2A区（垫层区）、2B区（特殊垫层小区）、3A区（过渡料区）、3B区（上游堆石区）、3C区（下游堆石区）、3D区（下游护坡）、3E区（反滤料）和3F区（下游压重）。防渗铺盖采用大坝基础开挖细料；上游石渣压坡采用开挖任意料；垫层、过渡层及反滤层料采用混凝土骨料加工系统加工的成品砾石料；上游堆石区、下游堆石区利用料场开挖料；下游块石护坡料利用块石料；压重采用粒径较粗的开挖渣料（小于5mm颗粒含量不大于20%）。

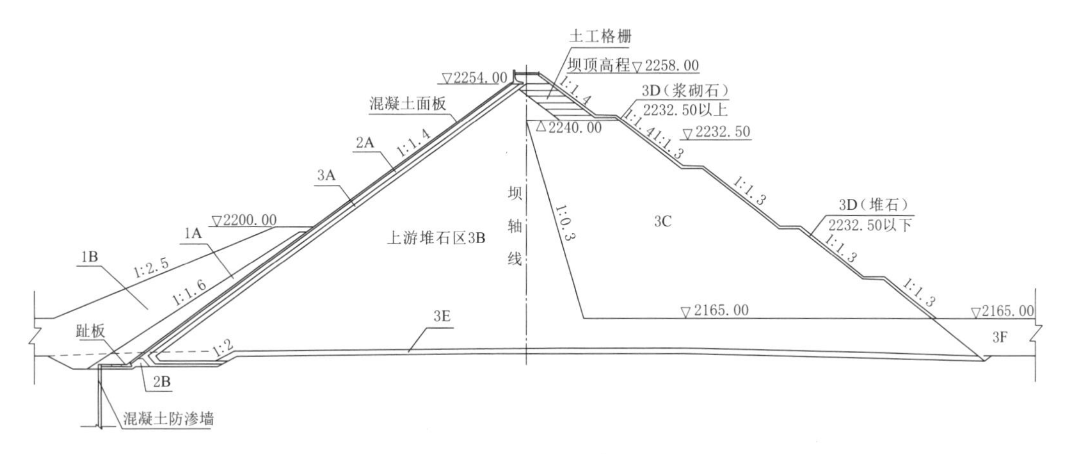

图10.4-1　金川堆石坝典型剖面填筑分区图（单位：m）

10.4.2　筑坝料选择及级配

10.4.2.1　垫层料（2A区）

垫层料采用石家沟料场的弱风化、中厚层～厚层变质细砂岩块石料加工轧制，石料应呈粒状颗粒，避免采用软弱、片状、针状颗粒，饱和抗压强度应大于60MPa。最大粒径80mm，小于5mm颗粒含量为35%～50%，小于0.075mm颗粒含量为4%～8%。铺料厚度40cm，孔隙率$n\leqslant16\%$，渗透系数宜为$10^{-3}\sim10^{-4}$cm/s。垫层料要求级配良好连续，初拟设计级配见表10.4-1，级配曲线见图10.4-2。

表 10.4-1　　垫层料设计级配（碾压后）

岩性	包线	最大粒径/mm	小于某粒径的颗粒含量/%									
			80mm	40mm	20mm	10mm	5mm	2mm	1mm	0.5mm	0.2mm	0.075mm
变质细砂岩	上包线	40		100	81	65	50	35	27	20	12	8
	下包线	80	100	77	60	46	35	23	16	11	6	4

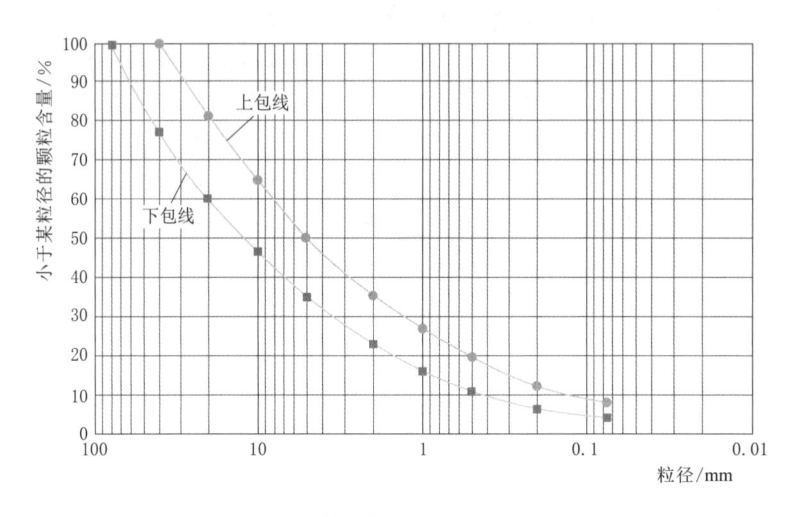

图 10.4-2　垫层料级配曲线图（碾压后）

10.4.2.2　特殊垫层区

特殊垫层区由剔除 40mm 以上粒径的垫层料加工而成，要求级配良好连续。特殊垫层料最大粒径 D_{max}≤40mm，小于 5mm 颗粒含量不小于 45%，小于 0.075mm 颗粒含量 4%～8%。铺料厚度 20cm，其填筑标准同垫层区。特殊垫层料初拟设计级配见表 10.4-2，级配曲线见图 10.4-3。

表 10.4-2　　特殊垫层区设计级配（碾压后）

岩性	包线	最大粒径/mm	小于某粒径的颗粒含量/%								
			40mm	20mm	10mm	5mm	2mm	1mm	0.5mm	0.2mm	0.075mm
变质细砂岩	上包线	20		100	80	62	44	34	25	15	8
	下包线	40	100	78	60	45	30	21	14	8	4

10.4.2.3　过渡料（3A 区）

过渡料采用引水发电系统洞室Ⅲ类、Ⅳ1 类变质细砂岩开挖料或石家沟料场的弱风化、中厚层～厚层变质细砂岩块石料，应避免采用软弱、片状、针状颗粒，饱和抗压强度应大于 60MPa。最大粒径 300mm，粒径小于 5mm 含量为 17%～34%，粒径小于 0.075mm 含量 5%。铺料厚度 40cm，孔隙率 n≤18%，渗透系数宜为 10^{-2}cm/s。要求级配良好连续，初拟设计级配见表 10.4-3，级配曲线见图 10.4-4。

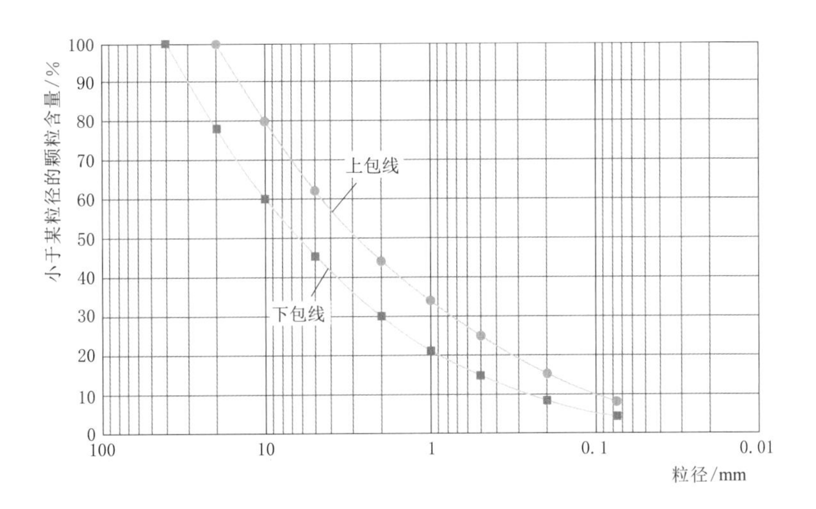

图 10.4-3　特殊垫层区级配曲线图（碾压后）

表 10.4-3　过渡料设计级配（碾压后）

岩性	包线	最大粒径/mm	小于某粒径的颗粒含量/%											
			300mm	150mm	100mm	80mm	40mm	20mm	10mm	5mm	2mm	1mm	0.5mm	0.075mm
变质细砂岩	上包线	150		100	88	82	66	53	43	34	24	18	13	5
	下包线	300	100	78	67	61	47	35	25	17	9	4	0	

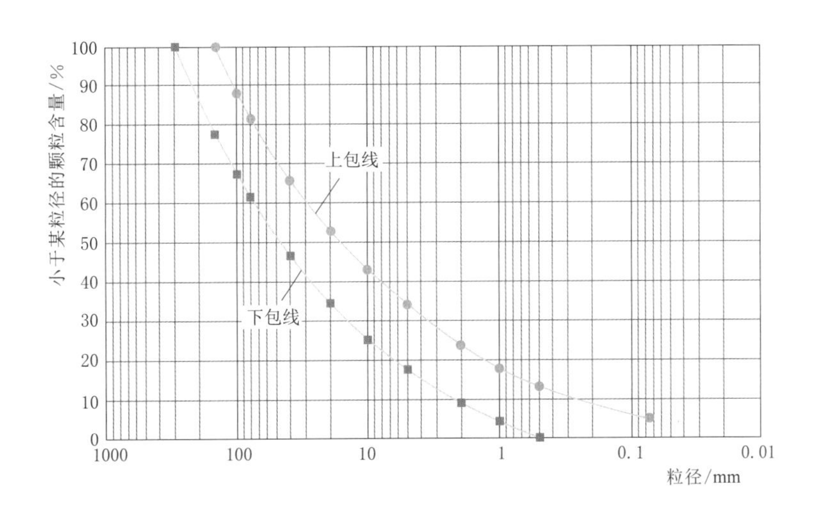

图 10.4-4　过渡料级配曲线图（碾压后）

10.4.2.4　上游堆石料（3B 区）

上游堆石料采用石家沟料场开采的弱风化、中厚层～厚层的变质细砂岩，饱和抗压强度应大于 60MPa。最大粒径 800mm，粒径小于 5mm 含量不大于 20%，粒径小于

0.075mm 含量不大于 5%。铺料厚度 80cm，孔隙率 $n \leqslant 19\%$，渗透系数宜大于 10^{-1}cm/s。上游堆石料要求级配良好连续，初拟设计级配见表 10.4-4，级配曲线见图 10.4-5。

表 10.4-4　上游堆石料设计级配（碾压后）

岩性	包线	最大粒径/mm	小于某粒径的颗粒含量/%											
			800mm	600mm	400mm	200mm	100mm	50mm	20mm	5mm	2mm	1mm	0.5mm	0.075mm
变质细砂岩	上包线	300			100	80	63	49	36	20	14	10	8	5
	下包线	800	100	78	62	45	32	22	11	0				

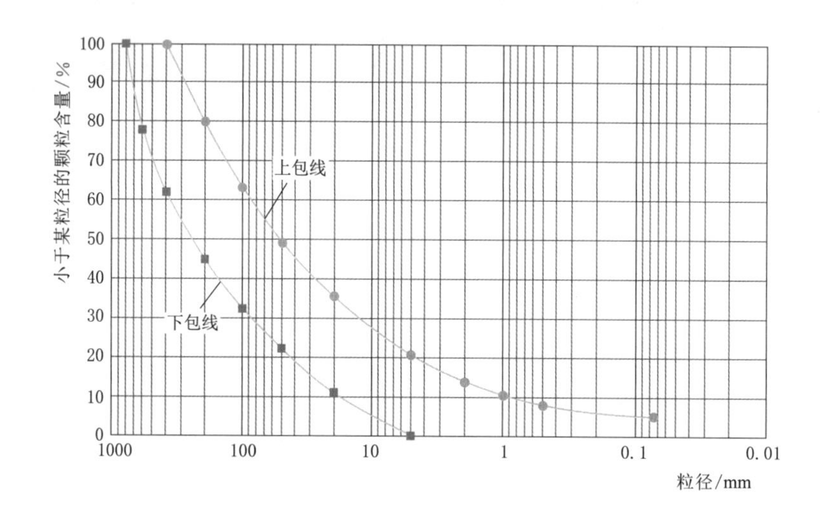

图 10.4-5　上游堆石料级配曲线图（碾压后）

10.4.2.5　下游堆石料（3C 区）

下游堆石料主要利用枢纽建筑物洞室Ⅲ类、Ⅳ1 类变质细砂岩开挖料，溢洪道进口及泄槽上游段弱风化变质细砂岩的 $T_3z^{2(3)} \sim T_3z^{2(5)}$ 岩组开挖料，电站进水口及出线场弱风化变质细砂岩的 $T_3z^{2(3)} \sim T_3z^{2(7)}$ 岩组开挖料，饱和抗压强度小于 30MPa 的岩块不超过 15%。最大粒径 800mm，小于 0.075mm 颗粒含量不大于 8%。铺料厚度 80cm，孔隙率 $n \leqslant 20\%$。下游堆石料要求级配良好连续，初拟设计级配见表 10.4-5，级配曲线见图 10.4-6。

表 10.4-5　下游堆石料设计级配（碾压后）

岩性	包线	最大粒径/mm	小于某粒径的颗粒含量/%									
			800mm	600mm	400mm	200mm	100mm	50mm	20mm	5mm	1mm	0.075mm
变质细砂岩	上包线	400			100	84	69	56	42	24	12	8
	下包线	800	100	75	58	40	27	18	9	0		

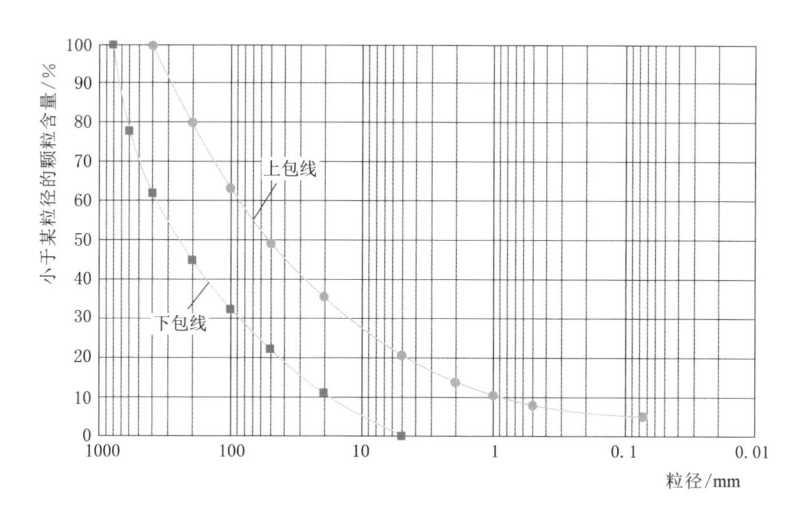

图 10.4-6　下游堆石料级配曲线图（碾压后）

10.4.3　筑坝料填筑设计控制指标

各料区填筑标准见表 10.4-6。

表 10.4-6　各料区填筑标准

填筑分区	垫层料（2A）	特殊垫层料（2B）	过渡料（3A）	上游堆石区（3B）	下游堆石区（3C）
填筑材料	石家沟料场的弱风化、中厚层～厚层变质细砂岩块石料	剔除粒径大于 40mm 的细垫层料	引水发电系统洞室Ⅲ类、Ⅳ1 类变质细砂岩开挖料或石家沟料场的弱风化、中厚层～厚层变质细砂岩块石料	石家沟料场开采的弱风化、中厚层～厚层的变质细砂岩	枢纽建筑物弱风化变质细砂岩开挖料
最大粒径/mm	80	40	300	800	800
比重	2.76	2.76	2.76	2.76	2.76
孔隙率	≤16%	≤16%	≤18%	≤19%	≤20%
干密度/(g/cm^3)	2.32	2.32	2.26	2.24	2.21

注　填筑标准是根据比重计算确定的。

10.4.4　坝体变形

施荷过程模拟填筑、蓄水过程。大坝填筑和蓄水过程为：①开始防渗墙、河床趾板混凝土浇筑；②大坝填筑至 2230m 高程；③大坝已填筑至 2230m 高程，坝前 100 年一遇度汛水位 2216.8m，坝后无水；④坝前水位降至无水，大坝填筑至 2254m 高程；⑤浇筑面板至 2254m 高程；⑥浇筑河床连接板；⑦填筑坝前铺盖及压坡石渣；⑧浇筑防浪墙，大坝填筑至 2258.0m 高程；⑨下闸蓄水，水库蓄水至死水位 2248m（蓄水期一），坝后最高水位 2154.2m（1 台机发电）；⑩水库蓄水从死水位 2248m 到正常蓄水位 2253m（蓄水期二），坝后最高水位 2156.42m（4 台机发电）。

静力计算成果显示：坝体轴向变形表现为两岸坝体向河谷的挤压变形，竣工期和蓄水期坝体最大轴向变形均在 8.5cm 左右；竣工期坝体顺河向变形基本表现为上游坝体向上游变形；下游坝体向下游变形；蓄水期坝体上游向变形减小，下游向变形有所增大，蓄水至正常蓄水位时坝体最大顺河向变形在 15cm 左右；坝体最大沉降量发生在河床覆盖层剖面坝左 0+143.94 轴线附近；竣工期和蓄水期坝体最大沉降量分别为 81.3cm 和 85.9cm。大坝总沉降量按坝高 170m（将覆盖层考虑成坝体的一部分）计算，不到坝高的 1%（分别约为 0.48%和 0.50%）。

金川水电站工程砂卵砾石覆盖层深厚，变形较大，竣工期和蓄水期坝基覆盖层最大沉降量分别达到 70.8cm 和 75.7cm，其中砂层面的沉降量分别为 49.0cm 和 52.8cm。可见，对于河床剖面，坝体总沉降量的绝大部分来自覆盖层沉降，这与察汗乌苏、珊溪等工程的实测资料是相符的。

综合分析，坝体的沉降（含覆盖层）变形、应力分布符合一般规律，大坝沉降变形不到坝高的 1%，符合百米级大坝沉降的一般经验，说明坝体分区是合理的。

国内外部分土石坝沉降量的原型观测值见表 10.4-7，可以看出，金川最大沉降量为坝高的 0.48%～0.51%，在已建工程观测值范围内，坝体变形与已建工程实测值较接近，可以满足设计要求。

表 10.4-7　国内外部分土石坝沉降量的原型观测值

工程	最大坝高/m	堆石特性		坝体沉降量				备注
		岩性	干密度/(g/cm^3)	竣工期		蓄水期		
				观测值/m	占坝高的百分比/%	观测值/m	占坝高的百分比/%	
金川	112	变质砂岩+碳质千枚岩	2.2	0.81	0.48	0.86	0.51	坝体沉降量包含覆盖层的沉降量
水布垭	233	灰岩	2.15	1.26～1.84	0.54～0.79	1.36～1.92	0.58～0.82	蓄水前最大沉降量 206.3cm，仅为目前坝高的 0.91%
天生桥一级	178	灰岩	2.1	1.18～1.63	0.66～0.92	1.24～2.05	0.70～1.15	计算结果
洪家渡	182	灰岩	2.18	0.81	0.45	0.84	0.46	坝体最大沉降量 132.1cm，为坝高的 0.74%
三板溪	178.5	凝灰质砂岩	2.12	1.85	1.04	2.08	1.16	计算结果
公伯峡	132.2	花岗岩+片麻岩+片岩	2.16	0.41	0.31	0.49	0.37	
巴贡	205	砂岩+泥岩	2.13	2.28	1.11			
董箐	149.5	灰岩、砂岩+泥岩	2.05			0.56	0.37	计算结果
阿里亚	160	玄武岩	2.12	3.58	2.24	3.87	2.4	

续表

工程	最大坝高/m	堆石特性		坝体沉降量				备注
		岩性	干密度/(g/cm³)	竣工期		蓄水期		
				观测值/m	占坝高的百分比/%	观测值/m	占坝高的百分比/%	
安奇卡亚	140	闪长岩	2.28	0.63	0.45	0.77	0.55	
利斯	122	玄武岩		0.45	0.37			
塞沙那	110	石英岩	2.1	0.45	0.41	0.56	0.51	
考兰坝	130	灰岩		1.2	0.92			

10.5 GS水电站

GS水电站坝址位于云南省德钦县佛山乡，GS水电站水位与上游梯级（曲孜卡）、下游梯级（乌弄龙）均不衔接，上游为长约7km的天然河道，下游为长约50km的天然河道。坝址控制流域面积8.35万km^2，多年平均流量682m^3/s。水库正常蓄水位2267m，相应库容15.85亿m^3；校核洪水位2277.43m，总库容18.38亿m^3；电站装机容量1900MW，RM电站投入后，保证出力为647.8MW，年发电量为87.08亿kW·h。枢纽建筑物主要由堆石坝、右岸溢洪道、右岸泄洪冲沙隧洞、右岸引水发电系统、地面厂房及开关站等组成。拦河大坝初拟为堆石坝，最大坝高240m。

10.5.1 坝体分区

GS堆石坝坝顶高程2287m，最大坝高240m，坝顶长437m，坝顶宽20m，上游坝坡1∶1.5，下游坝坡1∶1.4（下部）、1∶1.7（上部）。混凝土面板顶高程2285m，厚度0.4～1.24m，面板下游设水平宽4m的垫层料和两层水平宽4m的过渡料。坝体堆石料根据料源情况分为四区：上游堆石料3B区、下游堆石料3C区和下游排水堆石料区3D区。

垫层料（2A）采用料场开挖的弱风化以下玄武岩加工而成，要求级配连续，最大粒径80mm，小于5mm的颗粒含量为35%～55%，小于0.075mm的颗粒含量4%～8%，压实后渗透系数为10^{-4}～10^{-3}cm/s，孔隙率17%。参考相似工程经验，垫层区水平宽度初拟为4～6m。在垫层料与堆石料间设过渡料区3A1、3A2，在坝体堆石区与岸坡接触带设过渡料区3A3（增模区）。3A1区严格按反滤准则设计，以保护垫层料不会被冲蚀，需通过砂石系统人工加工获得；过渡料3A2、3A3区可用洞挖的微风化及新鲜玄武岩洞渣料，也可采用控制爆破在料场或建筑物明挖弱风化以下玄武岩或灰岩石料。过渡料要求级配连续，最大粒径为300mm，小于0.075mm的颗粒含量不超过5%，渗透系数大于10^{-2}cm/s，孔隙率小于18%。

上游堆石料区（3B）采用建筑物开挖或料场开采的弱风化、微风化和新鲜的玄武岩料，其中2230m以上设置为增模区（特别碾压区）。上游堆石料要求最大粒径600mm，小于5mm的颗粒含量不超过20%，小于0.075mm的颗粒含量不超过5%，孔隙率小于18%。下游排水区位于2100m高程以下（下游校核水位2093.918m）的下游坝体底部，料源为料场开采的微风化和新鲜玄武岩，要求具有足够的透水性，最大粒径 800mm，小于 0.075mm 的颗粒含量不超过 5%，孔隙率 18%～20%，渗透系数大于 10^0cm/s。下游干燥区位于下游校核水位以上 2100～2230m 高程之间的下游坝壳，料源主要为建筑物（坝肩边坡、溢洪道进口、泄水及引水发电建筑物等）开挖的强风化及以下的玄武岩或弱风化及以下的砂岩、板岩夹泥岩，最大粒径 600mm，孔隙率 18%。

面板上游的坝前覆盖料区由铺盖堵缝材料（1A）和盖重保护料（1B）组成，盖重保护料主要为建筑物开挖的废弃石料，铺盖堵缝材料为黏土料和粉细砂或粉煤灰。枢纽工程向下游泄水的各建筑物最低高程如下：溢洪道溢流堰顶高程 2247m，电站进水口底板高程 2205m，泄洪冲沙洞进口底板高程 2162m。综合考虑以上泄水建筑物可将水库放至最低水位 2175m 以下，在其上及一定深度的水下面板及接缝具有检修的机会，在以下则不具备检修条件，需要有可靠保证，故将覆盖料区顶部高程定为 2165m，水下检修最大深度为 15m，覆盖保护高度为最大坝高的 1/2。

坝体材料分区（图 10.5-1）综合考虑料源及便于计算分析调整的原则，初步将坝体分为垫层区（2A）、过渡区（3A1、3A2）、上游堆石区（3B1、3B2、3B3、3B41、3B42、3B5）、下游排水堆石区（3D）和下游干燥堆石区（3C11、3C12、3C21、3C22、3C23、3C31、3C32），并在面板上游设坝前覆盖料（1A、1B），在趾板下游侧设置特殊垫层料（2B）。

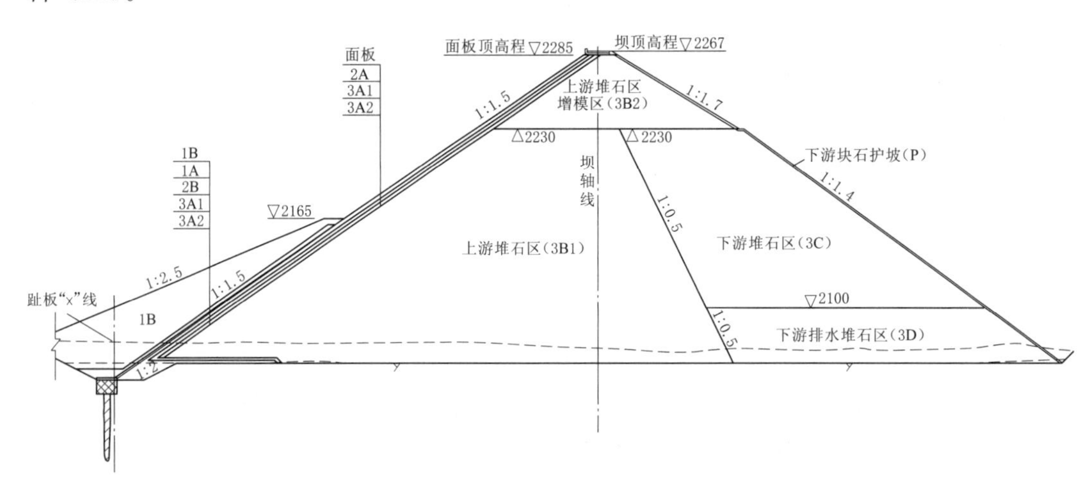

图 10.5-1　GS 堆石坝填筑分区图（单位：m）

10.5.2　筑坝料选择及级配

（1）垫层料。垫层料（2A）采用料场开挖的弱风化以下玄武岩加工而成。要求级配连续，最大粒径 80mm，小于 5mm 的颗粒含量为 35%～55%，小于 0.075mm 的颗粒含量 4%～8%，压实后渗透系数为 10^{-4}～10^{-3}cm/s，孔隙率 17%。参考相似工程经验，垫层区水平宽度 4m。

（2）过渡料。过渡料设于垫层料下游，用于保护垫层料。过渡料要求级配连续，最大粒径为 300mm，小于 0.075mm 的颗粒含量不超过 5%，渗透系数大于 10^{-2}cm/s，孔隙率小于18%。

(3)上游堆石料。上游堆石料区(3B)采用建筑物开挖或料场开采的弱风化、微风化和新鲜的玄武岩料、灰岩料。综合考虑坝料来源、数量，将上游堆石区细分为6个小区。上游堆石料要求最大粒径600mm，小于5mm的颗粒含量不超过20%，小于0.075mm的颗粒含量不超过5%，孔隙率小于18%。

(4)下游排水堆石料。下游排水区位于2100m高程以下的下游坝体底部，料源为料场开采的微风化和新鲜玄武岩、灰岩料，要求具有足够的透水性，最大粒径800mm，小于0.075mm的颗粒含量不超过5%，孔隙率18%～20%，渗透系数大于10^{0}cm/s。

(5)下游干燥区堆石料。下游干燥区位于下游校核水位以上2100～2263m高程之间的下游坝壳。综合考虑坝料来源、数量，将下游干燥堆石区初步分为3个区，即3C1、3C2及3C3。3C1区料源主要为建筑物开挖的强风化及以下的玄武岩或弱风化及以下的砂岩、板岩夹泥岩，最大粒径600mm，孔隙率18%。3C2区料源主要为建筑物或料场开挖的弱风化及以下的明挖砂岩、板岩或玄武岩，最大粒径600mm，孔隙率16%～20%。3C3区料源主要为建筑物开挖的弱风化及以下的玄武岩洞挖料或明挖料。

(6)坝前覆盖料。面板上游的坝前覆盖料区由铺盖堵缝材料(1A)和盖重保护料(1B)组成。盖重保护料主要为建筑物开挖的废弃石料，铺盖堵缝材料为黏土料和粉细砂或粉煤灰。覆盖料区顶部高程定为2165m，水下检修最大深度为15m，覆盖保护高度为最大坝高的1/2。

大坝各区坝料料源见表10.5-1，设计参数见表10.5-2，设计级配见图10.5-2。

表10.5-1 GS大坝各区坝料料源

坝料分区	料源及岩性
垫层料2A	阿东河石料场微新灰岩
过渡区3A1	人工加工微风化及新鲜灰岩或玄武岩
过渡区3A2、3A3	洞挖微风化及新鲜玄武岩
上游堆石区3B	建筑物开挖弱风化以下玄武岩 阿东河石料场弱风化以下玄武岩或灰岩
下游堆石区3C3	建筑物洞挖的弱风化以下的玄武岩
下游堆石区3C1	建筑物开挖的弱风化以下砂岩、板岩夹泥岩及强风化以下玄武岩
下游堆石区3C2	建筑物明挖的弱风化以下砂岩、板岩、玄武岩
下游排水堆石区3D	阿东河石料场弱风化以下玄武岩或灰岩

表10.5-2 GS大坝坝料设计参数

坝料	孔隙率	坝料	孔隙率
上游堆石(3B)	18%	下游排水堆石(3D)	18%～20%
下游堆石1(3C1)	18%	过渡料(3A)	18%
下游堆石2(3C2)	18%	垫层料(2A)	17%
下游堆石3(3C3)	18%		

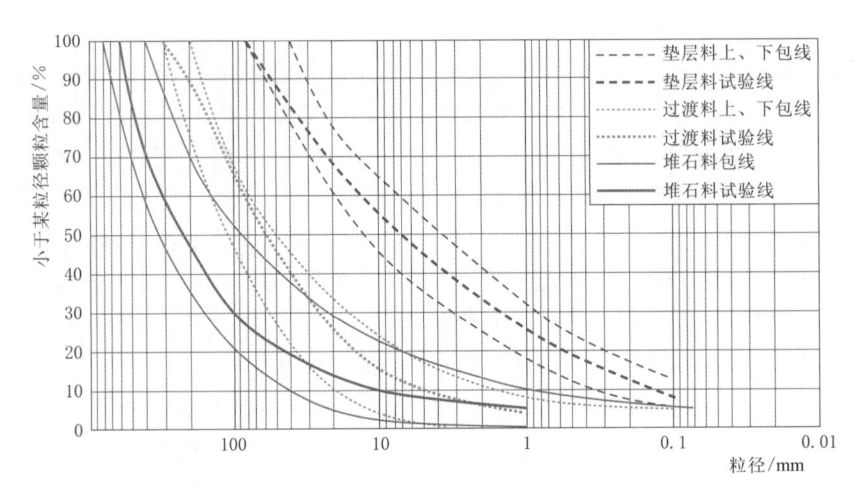

图 10.5-2　GS 堆石坝坝料级配曲线图

10.5.3　筑坝料填筑设计控制指标

GS 面板堆石坝主要筑坝料岩性为灰岩和玄武岩，其次为砂岩、泥岩、板岩，灰岩饱和抗压强度 82.9～142.7MPa，软化系数 0.79～0.86，为坚硬岩。玄武岩饱和抗压强度 83.5～90MPa，软化系数 0.7～0.91，为坚硬岩。砂岩饱和抗压强度 87.4～129.5MPa，软化系数 0.71～0.74，为坚硬岩。泥岩和板岩饱和抗压强度均大于 40MPa，软化系数 0.64～0.66，为中硬岩～坚硬岩。堆石坝的碾压机械主要分为振动碾和冲击压实机。一般在堆石坝的施工中，优选自行式振动碾，它不但能压实堆石料，同时过渡层、垫层均起到同样良好的压实效果。振动碾是一种高频低振幅的作用，而冲击机是一种低频高振幅的作用。振动碾一般频率为 25～30Hz，振幅为 2mm，冲击机振幅可达 220mm，而频率约为 2Hz。振动碾在土石表面的运行是连续不断的，行驶速度不大于 2km/h，以保证振动引发的压力波有一定的作用时间，使土石料能较好、较均匀地压实。冲击机具有不连续冲击作用，行驶速度大于 10km/h，基本上是部分地面受到冲击作用，而依靠多遍行进，使碾迹在整个地表分布均匀。参照水布垭、洪家渡、三板溪等已建的 200m 级面板堆石坝施工经验，和 300m 级土石坝对坝体变形控制的要求，拟定筑坝料碾压参数如下：25～32t 自行式振动碾、铺料厚度 60～80cm、碾压 8 遍；GS 工程采用了较高的控制标准，拟采用击实功较大、较先进的碾压机械和压实工艺，以获得较好的压实效果，控制标准较 200m 级土石坝碾压孔隙率减低 1～2 个百分点，相应干密度指标也提高。筑坝料填筑标准汇总见表 10.5-3。

表 10.5-3　GS 筑坝料填筑标准汇总

坝　　料	填筑标准（孔隙率）	坝　　料	填筑标准（孔隙率）
垫层料	17%	排水料	18%～20%
过渡料	18%	下游堆石料	16%～20%
上游堆石料	18%		

10.6　巴塘水电站

巴塘水电站位于川藏交界的金沙江上游河段，左岸属四川巴塘县，右岸属西藏芒康县。坝址下游紧邻国道 318 线，有乡级道路与坝址区相连。距离巴塘县城 9km，坝址交通条件较好。

电站装机容量 750MW，多年平均发电量 33.93 亿 kW·h（联合），水库正常蓄水位 2545m，死水位 2540m，回水长度 18.4km，总库容 1.42 亿 m^3。

电站主要建筑物有沥青混凝土心墙堆石坝、左岸开敞式溢洪道、左岸两条泄洪洞、左岸明管引水地面厂房等建筑物等，最大坝高 69m。其中挡水、泄洪、引水发电等永久性主要建筑物为 2 级建筑物，永久性次要建筑物为 3 级建筑物。工程区区域地质构造较为复杂，场地地震基本烈度为Ⅷ度。

10.6.1　坝体分区

坝体分区遵循以下原则：

（1）从上游向下游，坝料的渗透系数递增，各区坝料间应满足水力过渡要求。

（2）满足坝体各部位的变形协调，从上游到下游坝料变形模量可递减，以保证蓄水后坝体变形尽可能小，从而减小面板和止水系统遭到破坏的可能性。

（3）分区尽可能简单；在坝料平衡的基础上，应合理利用枢纽的开挖石渣料。

坝体采用碾压式沥青混凝土心墙防渗，河床覆盖层基础防渗采用封闭式混凝土防渗墙，坝体主要分为以下几个填筑区：上游堆石Ⅰ区，下游堆石Ⅰ、Ⅱ、Ⅲ区，心墙上、下游过渡料区，河床基础反滤料区，下游压坡体等，坝体填筑分区见图 10.6-1。

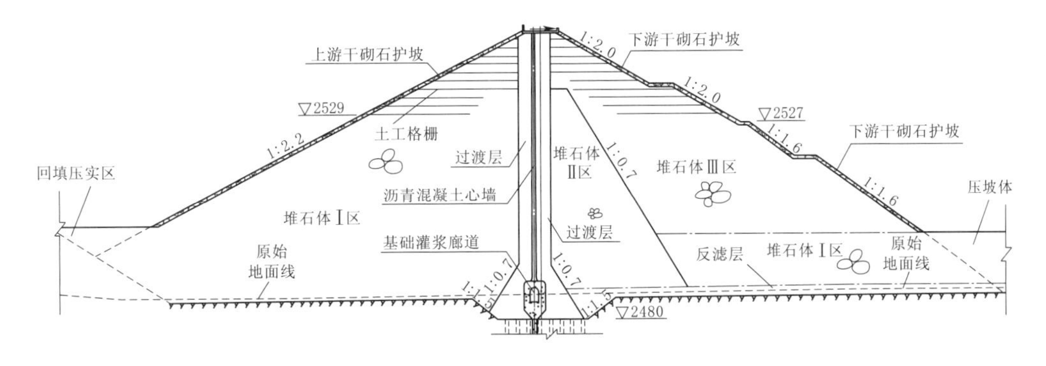

图 10.6-1　巴塘大坝填筑分区图（单位：m）

10.6.2　筑坝料选择及级配

各区具体采用的料源如下：

1）堆石Ⅰ区料源主要采用左岸建筑物开挖的弱风化岩石，并允许掺入少量强风化岩石，控制强风化岩石掺入量不高于总量的 20%。

2）堆石Ⅱ区料源采用左岸建筑物开挖的弱风化岩石，岩性为黑云母石英片岩。

3）堆石Ⅲ区料源主要采用左岸建筑物开挖的弱风化岩石与强风化岩石的混合料，允许强风化岩石掺入量不高于总量的50%，岩性为黑云母石英片岩。

4）过渡料、反滤料料源采用和达通沟人工骨料厂，加工掺配的成品料，岩性为海西期闪长岩。

5）压重平台采用左岸建筑物开挖的强风化岩石，岩性为黑云母石英片岩。

堆石Ⅰ区坝料最大粒径800mm，粒径小于5mm含量不宜超过10%，粒径小于0.075mm含量不超过5%，孔隙率$n \leqslant 20\%$。级配曲线见图10.6-2。

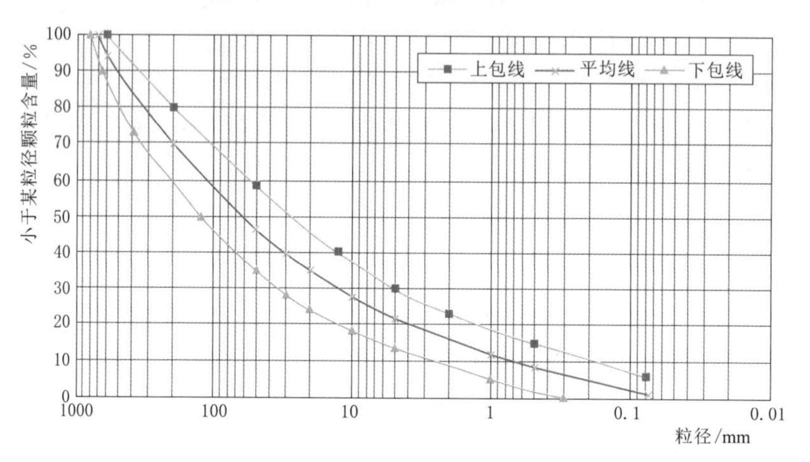

图10.6-2 堆石Ⅰ区坝料级配曲线

堆石Ⅱ区坝料最大粒径800mm，粒径小于5mm含量不宜超过20%，粒径小于0.075mm含量不超过6%，孔隙率$n \leqslant 19\%$。级配曲线见图10.6-3。

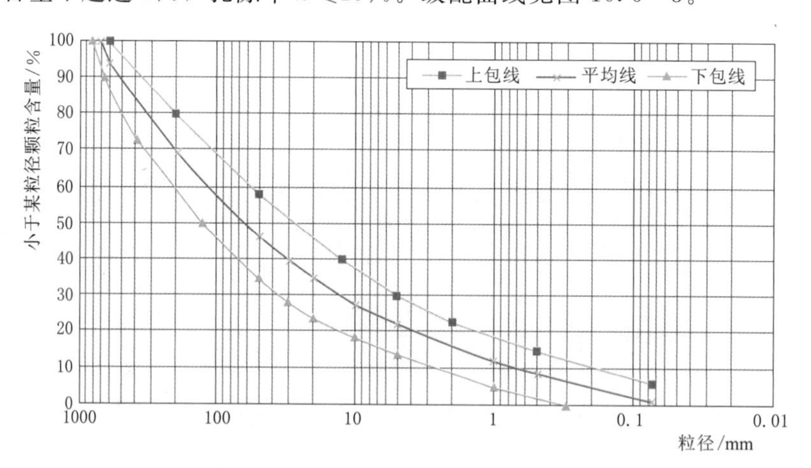

图10.6-3 堆石Ⅱ区坝料级配曲线

堆石Ⅲ区坝料最大粒径800mm，粒径小于5mm含量不宜超过25%，粒径小于0.075mm含量不超过8%，孔隙率$n \leqslant 20\%$。级配曲线见图10.6-4。

下游压坡区坝料最大粒径800mm，粒径小于5mm颗粒含量不宜超过25%，粒径小于0.075mm含量不超过8%，孔隙率$n \leqslant 23\%$。

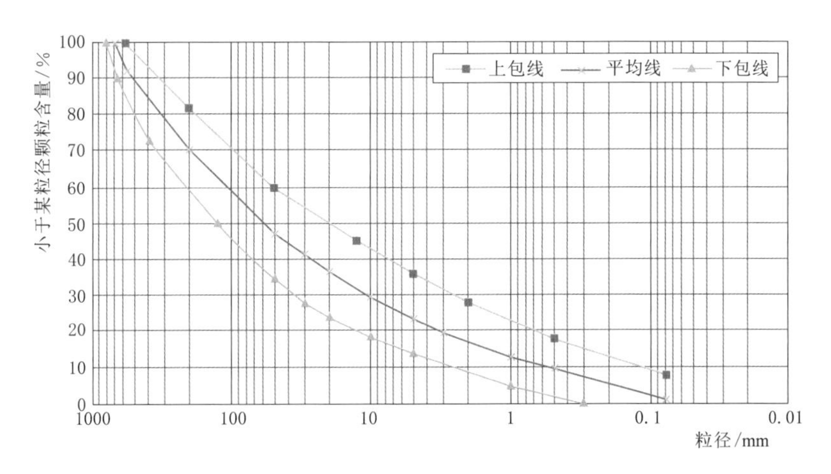

图 10.6-4　堆石Ⅲ区坝料级配曲线

过渡料的最大粒径可为 80mm，粒径小于 5mm 颗粒含量不超过 35%，小于 0.075mm 颗粒含量小于 5%，级配连续，填筑压实孔隙率 $n \leqslant 20\%$。级配曲线见图 10.6-5。

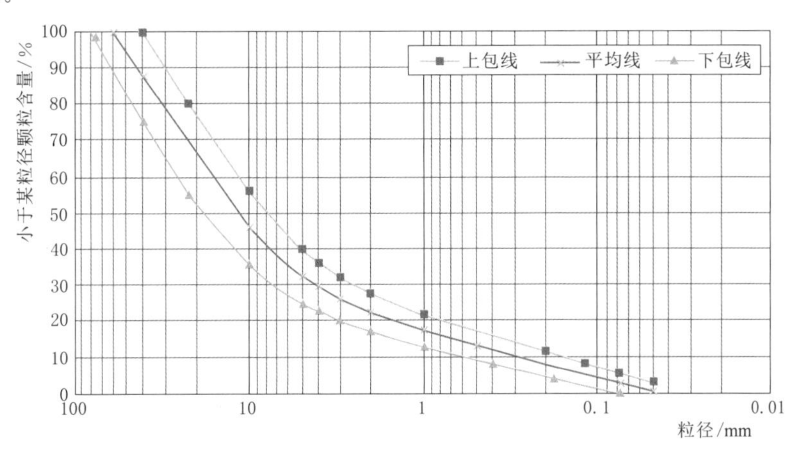

图 10.6-5　过渡料级配曲线

反滤料最大粒径 80mm，粒径小于 5mm 含量在 35%左右，粒径小于 0.075mm 含量不超过 9%，连续级配。级配曲线见图 10.6-6。

10.6.3　筑坝料填筑设计控制指标

筑坝料填筑控制指标见表 10.6-1。

表 10.6-1　筑坝料填筑控制指标表

项　目	过渡料	反滤料	堆石料Ⅰ区	堆石料Ⅱ区	堆石料Ⅲ区	下游压坡区
填筑料来源	人工骨料	人工骨料	开挖强、弱风化混合料	开挖弱风化料	开挖强、弱风化混合料	开挖强风化料
强风化含量			≤20%		≤50%	100%

续表

项　目	过渡料	反滤料	堆石料Ⅰ区	堆石料Ⅱ区	堆石料Ⅲ区	下游压坡区
孔隙率 n	≤20%	≤18%	≤20%	≤19%	≤20%	≤23%
<0.075mm 颗粒含量	≤5%	≤9%	≤5%	≤6%	≤8%	≤8%
<5mm 颗粒含量	≤35%	≤35%	≤10%	≤20%	≤26%	≤25%
最大粒径/mm	80	80	800	800	800	800
渗透系数/(cm/s)	$\geqslant 5\times10^{-3}$	$\geqslant 5\times10^{-3}$	$\geqslant 1\times10^{-2}$	$\geqslant 1\times10^{-2}$	$\geqslant 1\times10^{-2}$	$\geqslant 1\times10^{-3}$
碾压层厚/cm	40	40	80	80	80	80
碾压遍数	8～12					

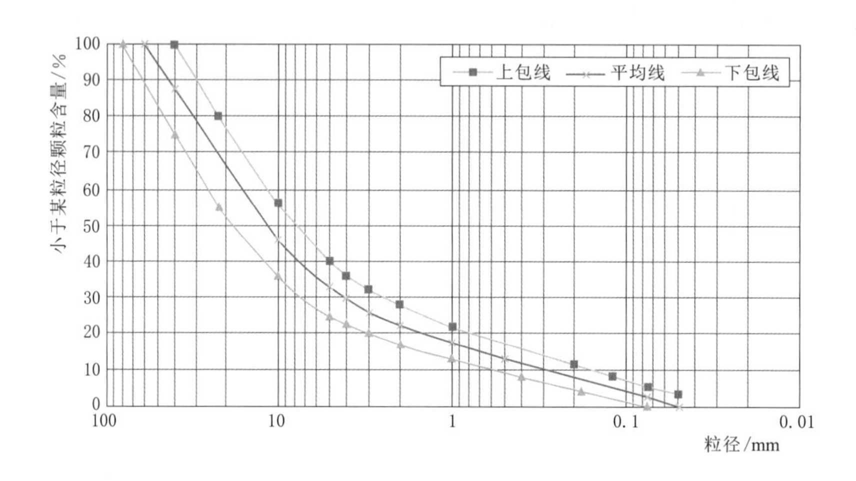

图 10.6-6　反滤料级配曲线

10.6.4　坝体变形

10.6.4.1　坝体变形控制措施

结合开挖料料源情况及沥青混凝土心墙堆石坝受力特点，将坝体堆石具体分为三个区和下游压重区。上游坝壳及下游水下部分设堆石Ⅰ区，是坝体承受水压力的主要支撑体，对上游坝坡稳定及坝体变形控制意义重大，要求采用压缩性低、级配良好的坝料填筑，并要求碾压到足够的密实度。

在心墙及过渡料下游设堆石Ⅱ区，主要对沥青混凝土心墙起支撑作用，抑制心墙在上游水压力作用下向下游变形，要求采用压缩性低、级配良好的坝料填筑，并要求碾压到足够的密实度。

考虑坝壳料特性，使沥青混凝土心墙和坝壳之间形成良好的变形模量过渡，改善心墙的受力条件，在心墙上、下游均设置过渡料层。

10.6.4.2　坝体变形控制效果

采用双屈服面弹塑性模型（“南水”模型）开展了巴塘水电站沥青混凝土心墙堆石坝三维有限元应力变形分析，计算结果见表 10.6-2。

表 10.6-2　　三维有限元应力变形分析计算结果

项　目		计算工况	
		竣工期	蓄水期
坝体变形/cm	向下游变形	12.2	20.8
	向上游变形	3.6	
	上游坝壳沉降量	55.2	55.3
	下游坝壳沉降量	55.9	58.1
坝体应力/MPa	坝体大主应力	1.52	1.56
	坝体小主应力	0.76	0.77
心墙变形/cm	指向右岸	5.7	6.5
	指向左岸	5.6	6.1
	指向下游	2.5	15.2
	指向上游	2.8	
	心墙沉降量	38.5	40.4
心墙应力/MPa	心墙大主应力	1.53	1.79
	心墙小主应力	0.74	0.94

坝体最大沉降量发生在建基面上：竣工期上游坝壳最大沉降量 55.2cm，下游坝壳最大沉降量 55.9cm；蓄水期上游坝壳最大沉降量 55.3cm，下游坝壳最大沉降量 58.1cm。最大沉降量约为最大坝高的 0.85%，约为坝体和覆盖层总厚度的 0.53%。坝体变形符合心墙坝变形规律，量值在心墙坝变形正常范围内。

竣工期和蓄水期心墙顺河向变形最大值分别为 2.8cm 和 15.2cm，沉降量最大值分别为 38.5cm，40.4cm。心墙内无拉应力区，压应力小于 1.79MPa，低于心墙材料允许抗压强度，且心墙内应力水平低于 0.9，心墙无塑性破坏和水力劈裂的可能性。沥青混凝土心墙应力变形规律正常。

10.7　本章小结

(1) 本章介绍了 6 座土石坝的坝体布置、材料设计、坝料分区、填筑设计控制指标、坝体变形等方面的设计及施工应用。坝体变形控制的关键，是控制面板浇筑后的坝体变形增量和不均匀变形。通过选择优质硬岩堆石料，提高坝料压实密度的措施控制坝体总变形量，通过优选后期变形小的坝料和压实参数、采用面板浇筑前超高填筑堆石坝体、延长面板浇筑前坝体预沉降时间或选取较小的沉降速率等施工控制措施，控制面板浇筑后的坝体变形增量。通过优化坝体分区（期）、控制不同区域坝料模量差、施工时采取平衡上升的填筑方式、分期蓄水预压等措施控制坝体不均匀变形。

(2) 土石坝变形稳定评价应用较为广泛的有工程类比法和有限元分析法。数值计算分析能够定性地给出坝体和面板的应力变形分布规律，进行坝体变形预测。但由于计算的本构模型在处理堆石的剪缩与剪胀特性、屈服与硬化规律、流变变形和湿化变形规律等方面还不完善，预测结果与实际监测数据有所不同，所以还需进一步提高计算的可靠性，从而准确定量预测大坝变形。工程类比法（经验公式估算法）主要依据已建土石坝的监测数据，这就对监测资料的来源要求较高，同时堆石坝工程特性差异大，预测成果差异可能较大。所以，对于堆石坝应以有限元计算为主，重要的工程还应包括反馈分析，并辅以经验判断。

（3）对于高土石坝的设计与施工，堆石体的变形是一项至关重要的考虑因素。为了保障高土石坝的安全，必须在设计与施工中遵从坝体变形控制与综合变形协调的全新理念。总体上看，堆石体变形对高土石坝的影响主要包括以下几个方面：①堆石体的变形决定了大坝的整体工作形态；②堆石体的变形决定了混凝土面板的应力状态；③堆石体的变形决定了面板接缝系统位移的量值。

坝体的变形协调主要包括：①坝体上、下游堆石区的变形协调；②岸坡区堆石与河床区堆石的变形协调；③混凝土面板与上游堆石的变形协调；④上部堆石与下部堆石的变形协调；⑤堆石变形时序的协调。

第 11 章

筑坝料工程特性数据库

筑坝料的工程特性主要包含母岩基本物理力学特性、堆石料级配特性、应力变形与强度特性、压缩特性、流变特性、湿化特性等几个方面。本章基于 SQL Server 建立了筑坝料工程特性数据库，收集整理了国内 30 余座新建高土石坝筑坝堆石料试验数据，南京水利科学研究院构建了集查询、管理和处理数据等功能为一体的高土石坝筑坝堆石料试验数据库系统。

11.1 数据库的基本情况

数据库管理软件平台比较常用的有 Microsoft Access、Oracle、Sybase、Informix 以及 SQL Server 等。其中 Oracle 和 SQL Server 功能最齐全，是企业、个人最为常用的数据库平台。Microsoft Access 是微软提供的一种简易的基于 Windows 的桌面关系数据库。它提供了表、查询、窗体、报表、页、宏、模块共 7 种用来建立数据库系统的对象，以及多种向导、生成器、模板，把数据存储、数据查询、界面设计、报表生成等操作规范化，为建立功能完善的数据库管理系统提供了方便，也使得普通用户不必编写代码，就可以完成大部分数据管理的任务。Oracle 是应用很广泛的一种大型关系型数据库，采用便于逻辑管理的语言操纵大量有规律的数据集合，具有很强的可移植性、可兼容性和可联结性，支持多用户、大规模的高性能处理，具有较好的安全性，是目前最流行的客户机/服务器体系结构的数据库之一。Sybase 是美国 Sybase 公司最早在 1987 年推出的在 UNIX、Novell Netware 或 Windows NT 环境下基于客户机/服务器体系结构的大型数据库系统。它支持共享资源，在多台设备间平衡负载且允许容纳多个主机环境。Informix 数据库最早支持在 UNIX 系统下运行，现在更扩展到 MS-DOS、Windows、Netware 和 Windows NT 下都有相应产品支持，它最适合在 UNIX 系统上应用，效率高且性能好。

本章选用的数据库管理软件平台为 SQL Server，其优点在于易用性、适合分布式组织的可伸缩性、用于决策支持的数据仓库功能、与许多其他服务器软件紧密关联的集成性、良好的性价比等，为数据管理与分析带来了灵活性，允许维护及使用单位在快速变化的环境中从容响应，从而获得竞争优势。从数据管理和分析角度看，将原始数据转化为商业智能和充分利用 Web 带来的机会非常重要。SQL Server 是一个具备完全 Web 支持的数据库产品，提供了对可扩展标记语言（XML）的核心支持以及在 Internet 上和防火墙外进行查询的能力。特别是它对微软其他办公软件的兼容性好，实现了与 Windows NT 技术的有机结合，支持 Windows 图形化管理工具，支持本地和远程的系统管理和配置，支持对称多处理器结构、存储过程、ODBC（开放数据库互连），并具有自主的 SQL 语言。

11.2 数据库的设计

11.2.1 数据表设计

数据库中数据以数据表的形式储存，一个数据表是数据记录的集合，其中包含各种特定类型的数据信息。数据记录是任何数据库系统最重要的部分，因为每条记录包含多个元素的信息，并与其他记录以一种有效的方式联系和组织在起。简单来说，一个数据记录类似于文本或电子表格的单独的一列或一行。组织层次数据库中数据记录是最重要的，因此必须着重致力于确保包含所有必要的信息而排除不需要的或重复的信息。这些设计标准的集体称为规范化。数据字段是单个数据元素，共同组成数据库记录。每个字段包含一个数据项，一个特定的数据类型。数据库字段可以是数字、文本、日期或逻辑二进制，每一种都有专门的数据类型。数据表之间一般通过关键索引字段（主键、外键）联系在一起。数据库储存结构见图11.2-1。

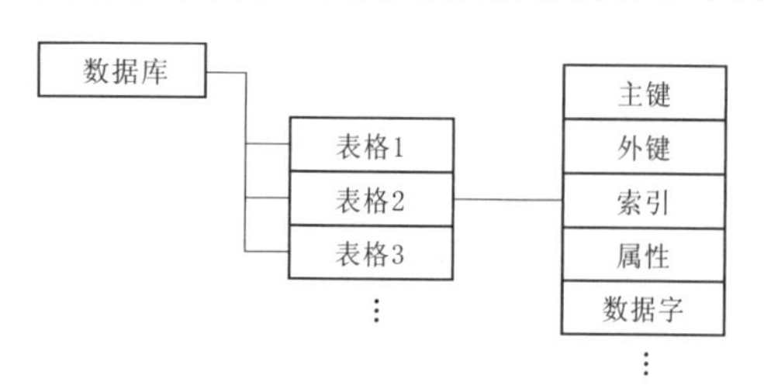

图11.2-1 数据库储存结构

本数据库数据表主要包括工程信息、堆石料岩性参数、邓肯$E-\mu$模型参数表、邓肯$E-B$模型参数表、“南水”模型参数表、颗粒破碎等信息，见表11.2-1。

表11.2-1 数据库数据表信息

数据表	字 段
用户信息	用户ID，密码，电子邮箱，角色
工程信息	工程ID，工程名称，大坝类型，坝高，基本信息，地质信息
筑坝料	工程ID，材料编号，材料类别，取材地，坝体分区，级配分形维数
邓肯$E-\mu$模型	c、φ、R_f、K、G、D、n、F
邓肯$E-B$模型	φ_0、$\Delta\varphi$、R_f、K_b、K、m、n
“南水”模型	φ_0、$\Delta\varphi$、R_f、K、n、c_d、n_d、R_d
颗粒破碎	工程ID，材料编号，坝体分区，试验类别、干密度、围压、级配分形维数

11.2.2 概念结构设计

在进行数据库设计时，如果将现实世界中的客观对象直接转换为计算机中的对象，就会感到非常不方便，注意力也被限制在一个很小的方面，而忽视了最重要的信息组织结构和处理模式，因此就提出了概念结构模型，用于将现实世界中的客观现象抽象为不依赖任何机器的信息结构。所以，可以把概念模型看成现实世界到机器世界的一个过渡的中间层。概念模型有以下特点：

（1）概念模型是对现实世界的抽象和概括，它真实、充分、准确地反映了现实世界中

事物之间的联系，能表达出用户的各种需求。

（2）概念模型简洁、明晰，独立于机器，容易理解，方便数据库设计人员和用户交换意见，使用户能够积极参与数据库的设计工作。

（3）概念模型易于修改。当现实世界中的事物发生变化时，概念设计应当易于修改与扩充。

（4）概念模型容易向关系、层次和面向的对象模型转换，容易从概念模型转换成与数据库管理系统（DBMS）相关的逻辑模型。概念模型中最重要的部分就是E-R图。E-R图是“实体-联系”方法的简称，包含实体、联系、属性三种基本成分。实体是客观存在并且可以相互区别的事物。在E-R图中，实体用长方形表示；联系可分为实体内部的联系和实体之间的联系两类，可以一对一、一对多和多对多，在E-R图中用菱形表示；属性是实体或联系在某一方面的特征，在E-R图中用椭圆形表示。堆石料力学参数关系E-R图见图11.2-2。

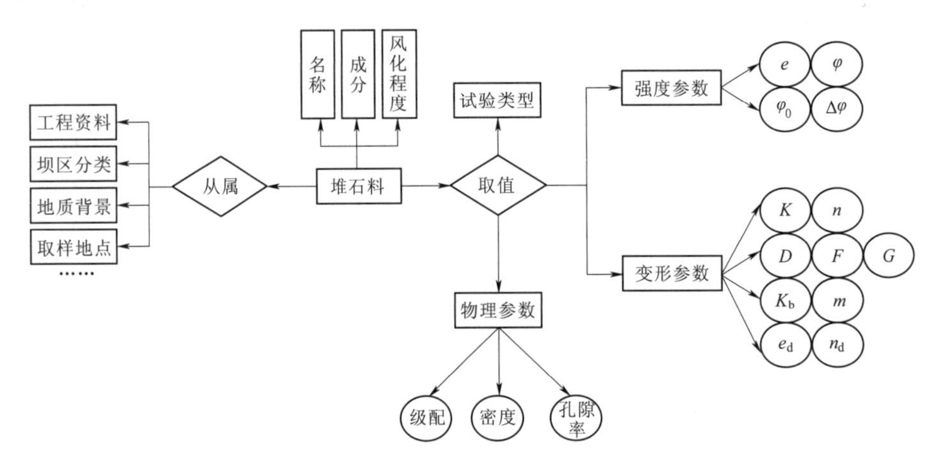

图11.2-2　堆石料力学参数关系E-R图

11.3　数据库管理系统框架及功能

11.3.1　数据库管理系统框架

本数据库管理系统主要包括用户管理系统、工程资料管理系统、试验数据管理系统、筛选系统4个部分。具体结构及操作流程。见图11.3-1。

11.3.2　登录及注册系统

用户首先从网页进入登录页面（图11.3-2），并在指定窗口中输入用户名、密码和随机出来的验证码，并可以选择用户和管理员两种身份进行登录。点击登录按钮，系统会查询数据库中的用户信息表，核对相应的用户名、密码及身份，若匹配，页面就会自动跳转到主页面，而用户身份也会以session形式进行保存，并在每个页面进行权限判定；若不匹配，则会跳出“用户名或密码输入错误，请重新输入”的提示窗口。新用户可以点击

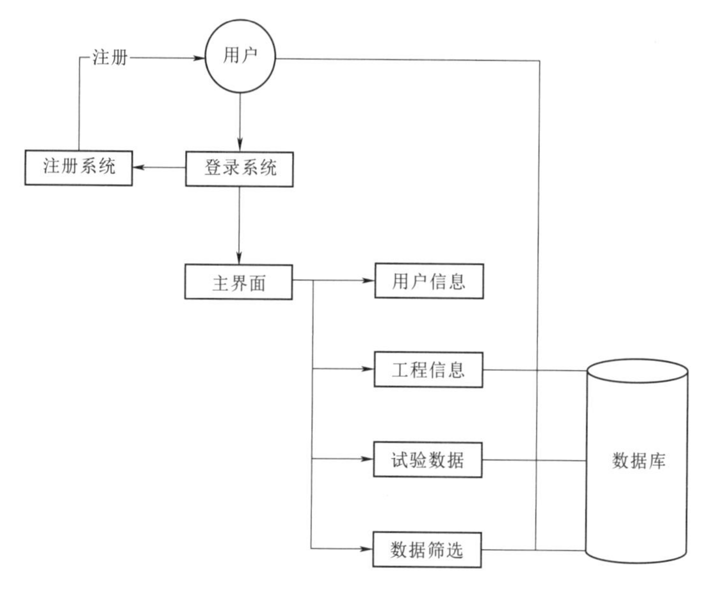

图 11.3-1　数据库框架及使用流程

注册按钮，转入注册页面（图 11.3-3）注册后再登录，可以先对用户名是否存在进行判定。按提示注册完成后，新用户信息会自动保存到用户信息表且身份默认为用户，使用者可返回登录页面进行登录。

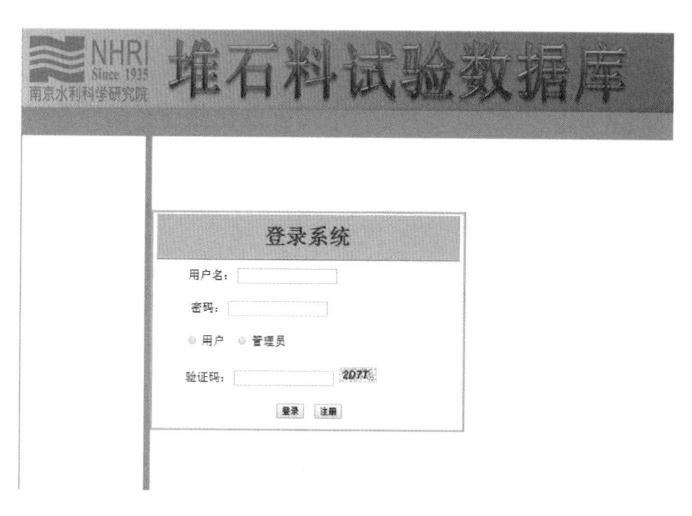

图 11.3-2　登录页面

11.3.3　用户管理系统

进入系统后，可以根据左侧导航分别进入用户管理、工程资料管理和试验参数管理系统。在用户管理这部分，用户可以修改本身资料，包括用户名、密码、邮箱等；管理员可以管理各用户账号，进行添加、删除等操作。

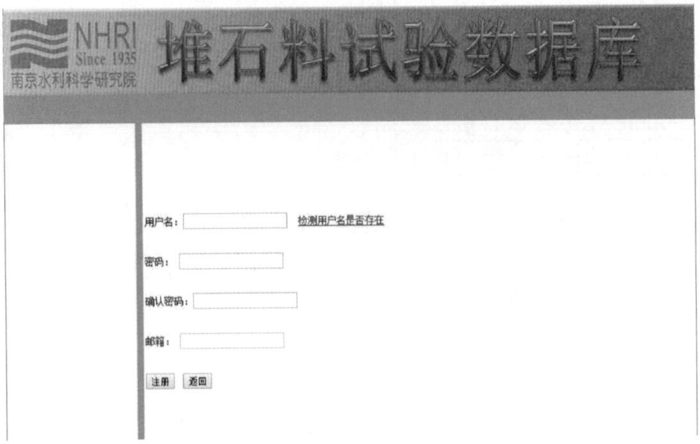

图 11.3-3　注册页面

11.3.4　工程资料管理系统

本数据库对其中每个土石坝工程建立了相应的页面，对其基本信息进行介绍，包括水电站坝址位置、规模、蓄水量、河流走向、工程分类、地质条件、岩层变化等。这些页面可以通过左侧导航进入工程资料查询页面，再根据每个坝相应链接或搜索进入，并且针对每个坝给出了南科院对其筑坝料的所有试验数据，可以通过页面下方链接进行跳转。这些信息用户无法修改，而管理员可通过后台进行管理、修改。例如搜索安宁，则跳转到安宁水电站的工程资料介绍（图 11.3-4）；要查看相应的试验数据，点击下方静三轴链接，则跳转到相应试验数据页面（图 11.3-5），用户可以在此查看安宁水电站覆盖层的大三轴剪切试验模型参数。

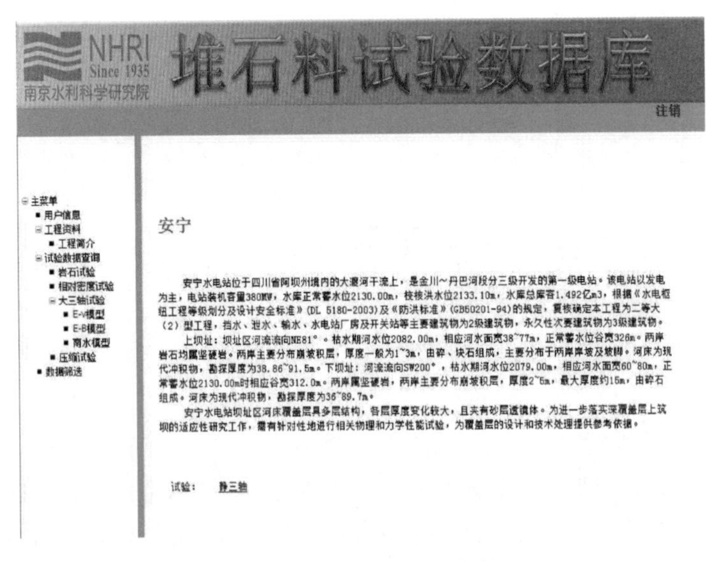

图 11.3-4　安宁水电站资料页

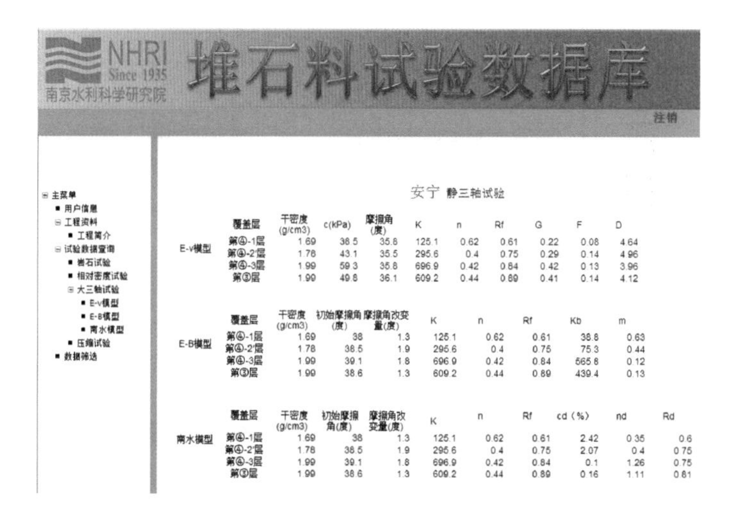

图 11.3-5　安宁水电站静三轴试验数据

11.3.5　试验数据管理系统

在试验数据管理系统中，用户可直接选定在左侧导航栏中选取需要搜索的试验类型，转入搜索页面。接着通过大坝名称、试验条件、坝体分区等条件，查询相应的试验数据，再通过导出键导出到Excel中进行操作，这样就可以针对某一特定坝进行查询研究。图11.3-6就是在 $E-\mu$ 模型搜索页面中搜索茨哈峡坝上游堆石饱和试验模型参数数据的搜索结果。

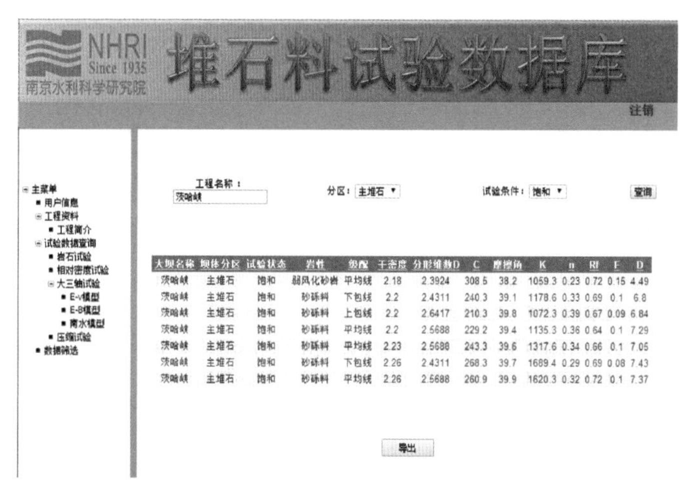

图 11.3-6　$E-\mu$ 模型参数搜索结果

11.3.6　系统参数筛选页面

在参数筛选页面对数据进行更加细致的筛选，可以通过试验条件、岩性、物理参数（干密度、级配分形维数等）给定范围，在数据库中搜索符合条件坝料的所有邓肯模型和“南水”模型的参数数据，并在下方表格中显示出来；也可以通过导出按钮将搜索结果

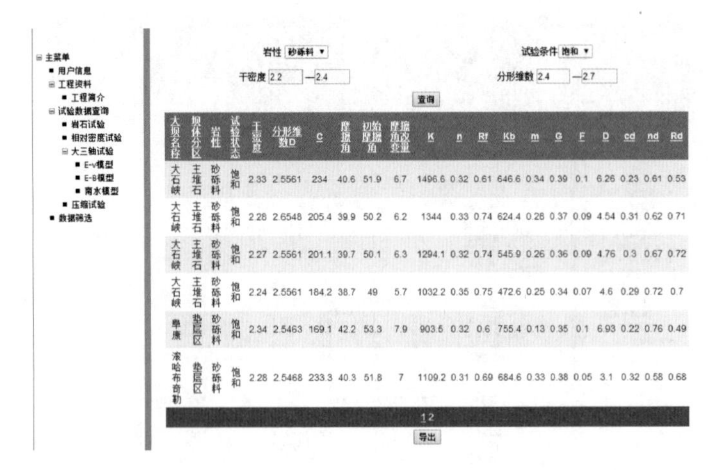

大坝名称	坝体分区	岩性	试验状态	干密度	分形维数D	c	摩擦角	初始摩擦角	摩擦角改变量	K	n	Rf	Kb	m	G	F	D	cd	nd	Rd
大石峡	主堆石	砂砾料	饱和	2.33	2.5561	234	40.6	51.9	6.7	1496.6	0.32	0.61	646.6	0.34	0.39	0.1	6.26	0.23	0.61	0.53
大石峡	主堆石	砂砾料	饱和	2.28	2.6548	205.4	39.9	50.2	6.2	1344	0.33	0.74	624.4	0.28	0.37	0.09	4.54	0.31	0.62	0.71
大石峡	主堆石	砂砾料	饱和	2.27	2.5561	201.1	39.7	50.1	6.3	1294.1	0.32	0.74	545.9	0.26	0.36	0.09	4.76	0.3	0.67	0.72
大石峡	主堆石	砂砾料	饱和	2.24	2.5561	184.2	38.7	49	5.7	1032.2	0.35	0.75	472.6	0.25	0.34	0.07	4.6	0.29	0.72	0.7
阜康	垫层区	砂砾料	饱和	2.34	2.5463	169.1	42.2	53.3	7.9	903.5	0.32	0.6	755.4	0.13	0.35	0.1	6.93	0.22	0.76	0.49
滚哈布奇勒	垫层区	砂砾料	饱和	2.28	2.5468	233.3	40.3	51.8	7	1109.2	0.31	0.69	684.6	0.33	0.38	0.05	3.1	0.32	0.58	0.68

图 11.3-7　$E-\nu$ 参数筛选结果示例

导出到 Excel 中，接着就可以在 Excel 中对导出结果进行数据分析。图 11.3-7 即为搜索砂砾石料饱和试验、干密度在 2.2～2.4g/cm^3 范围内、级配分形维数在 2.4～2.7 之间的堆石料强度和变形参数的所有结果。

11.4　数据库索引指标

本节重点探讨堆石料强度变形特性影响因素中岩性（母岩强度）和级配的描述方式，并讨论分析以岩性和分形维数表征的级配特征作为高土石坝筑坝料试验数据库索引指标的适用性。

11.4.1　岩性参数

土石坝作为当地材料坝，一般就地取材，选择当地开挖或爆破的堆石料进行压实，因此，不同大坝堆石料的组成成分、风化程度、结构等条件通常不同，所表现出来的土体强度与变形特性也往往不同。

1. 影响岩体工程性质的主要因素

（1）岩石结构。岩石结构的影响，表现在颗粒大小、孔隙比与孔隙分布特点等方面。一般来说，等粒结构的岩石抗压强度大于非等粒结构。等粒结构中细粒结构岩石抗压强度大于粗粒结构，因为细晶结构颗粒间接触面积大，连接力增强。总之，结晶越细越均匀，非晶结构越少，岩石抗压强度越高。孔隙比反映岩石密实程度，孔隙比越大，抗压强度越低。另外，矿物成分排列方式，如沉积岩中的微层状构造和变质岩中的片状构造等，都会影响岩石强度。

（2）岩石矿物组成。岩石的矿物成分及其含量对岩性有很大影响。硬度大的粒柱状矿物（如石英、长石、辉石等）含量越高，岩石抗压强度也越高；硬度小的片状矿物（如云母、蒙脱石、高岭石等）含量越高，强度越低。对于胶结连接的岩石，其强度取决于胶结物成分及类型，一般硅质胶结强度大于铁质、钙质胶结强度，铁质、钙质胶结强度大于泥质胶结强度。

(3) 风化程度、温度、湿度。一般情况下，岩石风化程度越高，孔隙比和变形也越大，抗压强度越低；温度越高，岩石脆性越低，黏性越强而抗压强度也就越低；水分子的加入改变了岩石物理状态，削弱了粒间连接力，降低了岩石强度，其降低程度取决于岩石中亲水性矿物和易溶性矿物以及孔隙发育情况。

2. 国内外常用的岩石分类标准

因为岩石在成岩作用、地质运动影响、风化作用等复杂作用下，形成多种不同结构、不同组成成分、不同风化程度的岩石类别，表现出的岩性也大相径庭。在工程应用上，需要对这些岩石岩性进行分类，方便进行材料选择和工程应用。

(1) Deere & Miller DO双指标分类。主要包含抗压强度指标分类和模量指标分类，分别见表11.4-1和表11.4-2。

表11.4-1 Deere & Miller 抗压强度分类

岩石分类	抗压强度 σ_c/MPa	代表性岩石
极高强度	>200	石英岩、辉长岩、玄武岩
高强度	100～200	大理岩、花岗岩、片麻岩
中等强度	50～100	砂岩、板岩
低强度	25～50	煤、粉砂岩、片岩
极低强度	1～25	盐岩

表11.4-2 Deere & Miller 模量比分类

分 类	模量比 (E_t/σ_c)	分 类	模量比 (E_t/σ_c)
高模量比	>500	低模量比	<200
中等模量比	200～500		

(2)《岩土工程勘察规范》(GB 50021—2001) 分类见表11.4-3。

表11.4-3 《岩土工程勘察规范》岩石分类

岩石分类		饱和抗压强度/MPa	代表性岩石
硬质岩	极硬岩	>60	花岗岩、闪长岩、玄武岩等岩浆岩，硅质、钙质胶结的砾岩，砂岩、石灰岩、白云岩等沉积岩，片麻岩、石英岩、大理岩、板岩、片岩等变质岩
	硬质岩	30～60	
软质岩	软质岩	5～30	凝灰岩、浮石等岩浆岩，泥砾岩、泥质页岩、泥质砂岩、泥灰岩、泥岩、黏土岩、煤等沉积岩，云母片岩或千枚岩等变质岩
	极软岩	<5	

(3)《工程岩体分级标准》(GB 50218—2014) 分类见表11.4-4。

表11.4-4 《工程岩体分级标准》岩石分类

分类名称	风化程度描述
未风化	结构构造未变，岩质新鲜
微风化	结构构造、矿物色泽基本未变，部分裂隙面有铁锰质渲染

续表

分类名称	风化程度描述
弱风化	结构构造部分破坏，矿物色泽较明显变化，裂隙面出现风化矿物或存在风化夹层
强风化	结构构造大部分破坏，矿物色泽明显变化，长石、云母等多风化成次生矿物
全风化	结构构造全部破坏，矿物成分除石英外，大部分风化成土状

其他还有许多常用的分级方案，如 RMR、RSR、Q、Z 系统等，考虑了地下水、节理隙缝、不连续面、完整程度等各方面因素。但在研究高土石坝筑坝料岩性情况时，由于经过开采爆破等过程，这些因素的影响已不是十分显著。在数据库中堆石料的岩性描述上，很难给出一个明确的指标，在数据库搜索中就用其岩石成分名称来表示，用户可以通过这些具体分类名称来大致搜索，再通过其坝料产区、风化程度、混合配比、岩性试验结果等来判断其岩性好坏。数据库岩性分类见表 11.4-5。

表 11.4-5　数据库岩性分类

堆石料分类	应用工程
砂砾石	安宁、茨哈峡、大石峡、阜康、滚哈布奇勒、玛尔挡、上寨、石门
砂岩	茨哈峡、额勒赛、铜灌口、苗尾、闲林、小米田、竹寿、阜康
片麻岩	巴底、呼蓄、苗尾、沂蒙
灰岩	大石峡、猴子岩
二长岩	文登、沂蒙
凝灰岩	滚哈布奇勒、厦门
其他	金寨、溧阳、MJ、黔中、去学、苏桂龙、富川

每个类别下的筑坝堆石料都是包括各种风化程度、各种与其他岩石的混合配比，所以要根据对应的具体成分来确定。这里给出的分类标准只是为了减小搜索范围，用户可以根据所需要的坝料有针对性地搜索，在搜索结果中再找出与所需相近的坝料数据。

11.4.2　级配参数

由于常用的不均匀系数和曲率系数并不能很好地定量反映坝料的级配特性，引入分形维数 D 来定量描述堆石料的级配特征。研究表明，绝大多数级配曲线都具有非常好的分形特性，尤其是当级配曲线的最大粒径确定后，分形维数 D 与级配曲线具有一一对应关系，分形维数 D 可合理反映堆石料的级配特性，且具有很好的独立性和单调性。

分形理论是数学家曼德布罗特（B. B. Mandelbort）在 1967 年首先提出的。它是立足于局部与整体的自相似性推导出的，分形维数 $D=\lim\limits_{\varepsilon\to 0}(\lg N(\varepsilon)/\lg(1/\varepsilon))$，假设一个小立方体，$\varepsilon$ 是小立方体一边的长度，$N(\varepsilon)$ 是用此小立方体覆盖被测形体所得的数目，分维系数 D 就是指通过边长为 ε 的小立方体覆盖被测形体来确定形体的维数，所以有 $N(\varepsilon)\propto\varepsilon^{-D}$。

1992 年 Tyler 和 Wheatcraft 提出了质量与筛孔关系的标准化方程，假设堆石料颗粒粒径分布遵循分形原则，颗粒分布表达式为

$$N(\leqslant r)=\int_{0}^{r} p(r')\mathrm{d}r' \propto r^{-D} \tag{11.4-1}$$

式中：N 为粒径小于等于 r 的颗粒数目，$p(r)$ 为粒径为 r 的颗粒数目。

等式两边对 r 求导，有 $\mathrm{d}N(\varepsilon)\propto r^{-D-1}\mathrm{d}r$。而相对含量 p_i 也遵循分形分布，即 $p_i=\dfrac{M(r)}{M_{总}}\times100\%\propto r^{-b}$，两边对 r 求导，有 $\mathrm{d}M\propto r^{-b-1}\mathrm{d}r$。另外，土体颗粒可看作球体，质量与数目间的比值和粒径的三次方成正比，即 $\mathrm{d}M\propto r^{3}\mathrm{d}N$，由上述式得 $D=3-b$，所以级配分形维数 D 可由下式决定：

$$\lg[p_i(r<d_i)]=(3-D)\lg(d_i/d_{\max}) \tag{11.4-2}$$

式中：p_i 为粒径小于 d_i 的相对含量；D 为分形维数；$d_{\max}$ 为最大粒径。

由此可以用 D 来描述整个级配曲线，以 $\lg(d_i)$ 为横坐标，$\lg(p_i)$ 为纵坐标，基于双平方原理拟合求得斜率，进而求得 D 值。图 11.4-1 为其中一组砂岩试样级配的分形拟合。

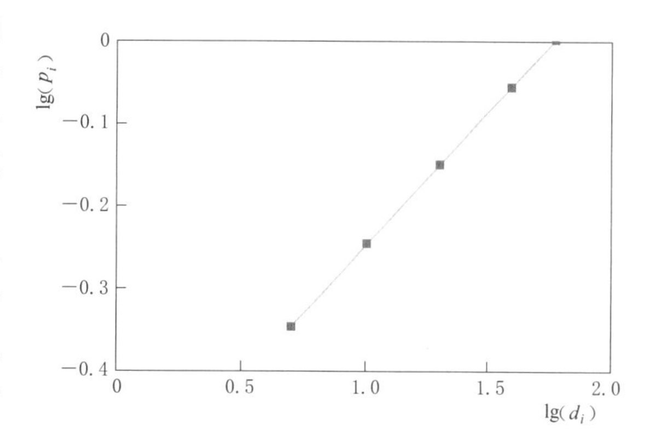

图 11.4-1　$E-\nu$ 砂岩试验级配分形拟合

通过拟合，发现绝大多数级配具有非常好的分形特性，相关系数 R 均在 0.9 以上，所以分形维数能较好地反映堆石料级配分布特点。粒径小于 d_i 的质量百分含量 p_i 可以表示为

$$p_i=\left(\frac{d_i}{d_{\max}}\right)^{3-D} \tag{11.4-3}$$

所以，D 值越大，级配曲线越陡。若最大粒径确定，则 D 越大，细颗粒含量就越高。此外，常用的级配描述方式都可以用分析维数来计算和表示：

不均匀系数
$$C_{\mathrm{u}}=\frac{d_{60}}{d_{10}}=6^{\frac{1}{3-D}} \tag{11.4-4}$$

曲率系数
$$C_{\mathrm{c}}=\frac{d_{30}^{2}}{d_{60}d_{10}}=1.5^{\frac{1}{3-D}} \tag{11.4-5}$$

式中：d_{60} 表示小于此粒径的百分含量为 60%；d_{30} 表示小于此粒径的百分含量为 30%；d_{10} 表示小于此粒径的百分含量为 10%；

由一般级配良好的判定要求（$C_{\mathrm{u}}\geqslant5$，$3\geqslant C_{\mathrm{c}}\geqslant1$）可以近似给出分形维数的取值范围，即：$D$ 若满足 $D\in[1.8867, 2.6309]$，则堆石料级配较为良好。从数据库统计的级配来看，绝大多数级配的分形维数都在这个范围内，还有一部分 D 大于 2.6309，此时 $C_{\mathrm{c}}\geqslant3$。不均匀系数 C_{u} 越大，表示粒组分布越广，但 C_{u} 过大，可能会缺失中间粒径，这时就需要级配曲率系数 C_{c} 来判断。本数据库中设计的级配满足分形分布，确保了级配的连续，$C_{\mathrm{c}}\geqslant3$ 时也能保证其级配良好，因此认为本数据库所有的设计、试验级配都是良好的。

11.5 本章小结

本章基于SQL Server建立了筑坝料工程特性数据库，收集整理并录入了国内30余座新建高土石坝筑坝堆石料试验数据，主要包含了应力变形与强度特性、压缩特性、流变特性、湿化特性等几个方面的试验数据，构建了一个集查询、管理和处理数据等为一体的高土石坝筑坝堆石料试验数据库系统，为其他土石坝工程类比、借鉴筑坝料的工程性质提供了极大便利。

（1）本章选用功能最齐全、企业、个人最为常用的数据库平台SQL Server。数据库中数据以数据表的形式储存，主要包括工程信息、堆石料岩性参数、邓肯$E-\mu$模型参数表、邓肯$E-B$模型参数表、“南水”模型参数表、颗粒破碎信息等。提出了概念结构模型，用于将现实世界中的客观现象先抽象为不依赖任何机器的信息结构，进而从现实世界过渡到机器世界。

（2）本数据库管理系统主要包括用户管理系统、工程资料管理系统、试验数据管理系统、筛选系统4个部分。用户管理系统用于用户修改账户信息；工程资料管理系统提供每个土石坝工程的基本信息页面和工程资料查询页面，便于用户点击链接或搜索查看其筑坝料的试验数据；试验数据管理系统提供导航栏，便于用户通过大坝名称、试验条件、坝体分区等条件，查询并导出相应的试验数据；筛选系统可以在数据库中搜索符合条件的坝料的邓肯-张模型和“南水”模型的参数数据。

（3）本数据库以岩性和分形维数表征的级配特征作为索引指标。堆石料的岩性描述，用其岩石成分名称来表示，便于用户通过这些具体分类名称进行大致搜索，再通过其坝料产区、风化程度、混合配比、岩性试验结果等来判断其岩性好坏。分形维数可合理反映堆石料的级配特性，且具有很好的独立性和单调性，根据一般级配良好的判定要求，近似给出分形维数的取值范围。由此可认为本数据库所有的设计、试验级配都是良好的。

第 12 章

总结

我国水电事业取得了“世界水电看中国”的伟大成就，装机容量占世界水电的27%。在我国的能源结构中，水电占发电量的19%左右，为优化能源结构、实现节能减排目标、促进经济社会可持续发展和生态文明建设作出了巨大贡献。随着水电开发及水资源优化配置的持续推进，我国水电建设将逐步转向综合条件更加复杂的西南地区。堆石坝具有对地形地质条件的适应性好、抗震性能优良、可就地取材等优势，已成为高坝建设的主力坝型之一，截至2022年，我国在建和拟建坝高超过200m的堆石坝有17座。根据已有的工程经验，堆石坝筑坝料涉及火成岩、沉积岩和变质岩类，有灰岩、砂岩、花岗岩、玄武岩及大理岩等硬质岩类，也有板岩、页岩、泥岩及千枚岩等软质岩类，有些工程采用软岩和硬岩互层岩类，还有的工程采用天然砂砾石料。这些典型散粒体岩土结构材料，其工程特性具有复杂性、不确定性和多相耦合性。解决高堆石坝关键技术问题的基础，是需要首先对筑坝料料源、筑坝料工程特性和理论分析计算本构模型等进行研究。

针对土石坝筑坝料工程特性研究与应用，在国内多家单位牵头合作下，产学研用相结合，近百名科研人员团结协作，历经数十年的科技攻关，结合工程实践，在堆石料的试验技术，堆石料基本力学特性及本构模型，堆石坝设计、填筑标准及工程应用等方面取得了突破，形成了土石坝筑坝料工程特性研究与应用的系列研究成果：

（1）系统性总结了非均质块石料料源地地质调查原则与方法。通过地质测绘、料粒勘察等地质勘察方法确定料源场地，形成一套非均质块石料料源勘察评价体系。该方法能够反映填筑料的力学特性，进而对填筑料的工程优劣作出判别。深井法勘察技术可作为水电项目深厚砂砾石料新的勘探方法，为水利水电工程项目的设计、施工提供依据，具有较高的推广应用前景；对料源质量进行评价并提出均质筑坝料分散性评价方法，保障了大坝工程的长久安全运行，是指导工程合理选择设计方案的重要依据。

（2）依托茨哈峡工程，运用自主开发的大型原位力学试验技术，进行筑坝料的载荷试验，试验结果表明试验技术具有良好的工程适用性。依托大石峡高堆石坝的筑坝料，进行了颗粒破碎数值试验，结果表明：颗粒的球度对颗粒破碎强度的尺寸效应有明显的影响，棱角状颗粒的破碎强度尺寸效应强于类球状颗粒；颗粒形状越不规则，堆石体结构的抗剪强度和剪胀性越强。依托水布垭堆石坝的筑坝料，验证了堆石体数值剪切分析方法的合理性，数值试验模型参数计算得到的监测点的沉降过程线与实测沉降过程线较为吻合，表明通过数值试验手段获得的堆石料模型参数能较好地反映实际工程中原级配堆石体的力学特性。

（3）研发了筑坝料大型渗透试验装置及试验技术。组合式渗透仪可以同时兼顾垂直和水平向渗透试验需要；应力渗流耦合试验仪具备三向独立加载的能力，可方便模拟复杂应力路径，可大幅降低高土石坝筑坝粗粒土渗透试验的尺寸效应；大型数控超大型高压渗透仪可进行大粒径或原级配高土石坝筑坝料的渗透特性（包括渗透变形、渗透破坏）试验，为高土石坝筑坝料的渗流试验提供了有效的测试装置及技术指导。运用自主研发的大型渗透试验装置及试验技术，对砂砾石料开展了多组渗流和应力耦合作用下的渗透试验，根据试验结果提出了砂砾石料达西流渗透系数计算公式；通过其他公式的比较表明，本研究提出的公式计算结果与宽级配砂砾石料试验结果最为接近。利用大型渗透试验系统对大石峡砂砾石料进行渗透试验、渗透变形试验及反滤试验，根据试验结果，当采用砂砾石料进行渗透特性缩尺试验时，建议采用不改变小于5mm粒径细颗粒含量的等量替代法。利用超大尺寸渗透仪开展试验时，应模拟现场砂砾石料实际振动碾压过程进行制样。

（4）从应力变形与强度特性、压缩特性、流变特性、湿化特性等几个方面深入试验，研究了两类重要的土石坝填筑料（堆石料和砂砾石料）的力学行为。以新疆大石峡面板砂砾石坝为例，对比分析了堆石料与砂砾石料这两种材料在强度、压缩模量、后期流变性质方面的差异；针对低应力条件下砂砾石料颗粒间的咬合力弱、强度较低、高应力条件下砂砾石料较灰岩堆石体更不易破碎的特性，提出合理设置坝体分区的方案，即将砂砾石料布置在大坝上游用于直接支撑面板和水荷载，将堆石料放置在下游坝壳以保证坝体的渗透稳定，该方案能够发挥砂砾石料和堆石料各自的优势，以增强坝体的稳定性并减少坝体变形。

（5）在堆石坝的建设中时常采用软岩、胶凝砂砾石以及宽级配防渗料等特殊筑坝料，本研究对这些特殊筑坝料的工程特性进行试验研究。对强、弱风化料进行纯砂岩、砂岩80%＋板岩20%、砂岩70%＋板岩30%、砂岩60%＋板岩40%，以及边坡处理料的多组大型三轴剪切试验，研究了软岩的应力应变性质、流变性质等工程特性。通过大三轴抗剪试验研究，总结了胶凝砂砾石的工程特性。对典型工程宽级配防渗料工程特性的试验研究表明，采用防渗土料级配调整、加大击实功能、加强反滤等技术措施能解决宽级配砾石土料作为高心墙防渗土料的应用问题。

（6）介绍了非线性弹性模型和弹塑性模型的相关研究工作及成果，针对现有工程中常用模型的改进模型，分析各模型优缺点，并对模型的工程应用作出评价。针对堆石坝的常规数值计算分析中常用的非线性弹性模型和弹塑性模型设计了两条研究路径：一是以成熟模型为基础，进行局部完善；二是结合筑坝料工程特性研究，寻求能反映筑坝料流变特性的黏弹塑性模型。对“南水”模型进行改进，提出基于堆石料临界状态的模型和基于破碎能耗的模型，模型的验证结果表明改进模型与“南水”模型计算的体胀明显减小、体缩明显增大。提出了广义塑性本构模型，包括考虑颗粒破碎的堆石料本构模型和堆石料的黏弹塑性本构模型。改进的模型在茨哈峡典型堆石料室内常规三轴排水剪切试验中得到验证，模型预测曲线与试验结果吻合较好，能够反映颗粒破碎引起的峰值应力比与剪胀应力比的非线性关系和堆石料在低围压下发生剪胀、高围压下发生减缩的工程特性；此外，该模型在不同复杂应力路径下的预测结果与宜兴抽水蓄能电站筑坝堆石料的复杂应力路径试验结果吻合较好，验证了模型的复杂应力路径适应性。

（7）开展了筑坝料最优级配、筑坝料相对密度试验研究，提出了坝体各个分区的用料建议标准：垫层料和过渡料均应采用硬岩料，上游堆石料可以选用天然砂砾石料或板岩等软岩含量不应超过10%的块石料，下游堆石料可以选择强度较低的软岩，但软岩含量最高不应超过30%。采用室内相对密度试验对筑坝料的最优级配进行研究，根据相对密度试验结果及已有工程的建设经验，提出了筑坝料的级配选择标准；进行砂砾石料相对密度研究，采用现场碾压试验的干密度，与室内试验的最大、最小干密度和现场原级配“密度桶法”的最大、最小干密度进行相对密度计算分析，提出了土石坝填筑压实标准。

（8）从坝体分区优化、筑坝料碾压控制及施工顺序优化三个方面对高土石坝变形及变形协调控制关键问题展开深入研究，构建了控制坝体变形的技术体系。提出了GNSS-RTK数字监控筑坝技术，建立了北斗智能压实系统，可对施工过程全面实现连续、实时、自动、高精度监控。提出了坝体分区优化技术体系，指出高土石坝坝体分区设计时应综合考虑坝体变形控制措施和渗透稳定控制措施，兼顾工程安全、施工便利、工程经济性和料物充分利用等因素；结合五个典型坝施工填筑分期和度汛安排，提出施工分期顺序设计原则：尽量确保截流后第一个枯水期将坝体填筑至度汛高程；施工导流宜采用隧洞导流和一次断流的导流方式，坝体填筑施工需满足施工安全、度汛方式、提前发电、均匀上升的要求，推荐“一枯度汛抢拦洪、后期度汛抢发电”的坝体施工分期模式；面板分期浇筑时应注意除面板施工作业场地外，其后部坝体尽可能超高填筑；面板施工前应预留6个月左右的沉降周期，当沉降速率小于每月3～5mm后方可拉面板，分期面板的顶高程宜低于堆石体20m以上。开展坝体各区填料碾压试验，通过碾压试验确定碾压试验工艺流程：试验场地布置及处理→基础面测量放线→依照拟订方案上料整平→测量虚铺厚度→洒水后按拟订方案碾压→测量压实厚度并计算沉降量→再取样进行相对密度、含水量、颗粒分析及渗透试验，分析试验结果并绘制图表，确定施工参数并校核施工参数可靠性。

（9）利用可靠度分析方法，研究了可靠指标与安全系数之间在不同工况下的相关关系，提出了衡量建筑物安全系数相对于设计标准裕幅的相对安全率指标，研究建议200m级以上高土石坝正常运行和非常运行条件Ⅱ（地震工况）时的抗滑稳定安全系数为1.3～1.4。

（10）介绍了6座土石坝的坝体布置、材料设计、坝料分区、填筑设计控制指标、坝体变形等方面的设计及施工应用。研究认为，可通过选择优质硬岩堆石料提高坝料压实密度的措施，控制坝体总变形量；通过优选后期变形小的坝料和压实参数、采用面板浇筑前超高填筑堆石坝体、延长面板浇筑前坝体预沉降时间或选取较小的沉降速率等施工控制措施，控制面板浇筑后的坝体变形增量；通过优化坝体分区（期）、控制不同区域坝料模量差、施工时采取平衡上升的填筑方式、分期蓄水预压等措施，控制坝体不均匀变形。

（11）基于SQL Server建立了筑坝料工程特性数据库，主要包含了国内30余座新建高土石坝筑坝堆石料试验数据，包括应力变形与强度特性、压缩特性、流变特性、湿化特性等方面的试验数据，构建了一个集查询、管理和处理数据等为一体的高土石坝筑坝料试验数据库系统，为其他土石坝工程建设类比、借鉴已有筑坝料工程性质提供了极大便利，为保存和高效利用宝贵的堆石料试验数据提供了先进手段。

参 考 文 献

蔡新，杨杰，郭兴文，等，2014. 一种胶凝砂砾石坝坝料非线性 K－G－D 本构新模型 [J]. 河海大学学报（自然科学版），42（6）：491－496.

曹志翔，王媛，赵素华，等，2019. 粗粒土渗透系数计算模型及试验研究 [J]. 岩石力学与工程学报，38（增 2）：3701－3708.

陈爱军，2017. 颗粒级配对粗粒土强度和变形特性的影响 [J]. 湖南工程学院学报，27（3）：75－82.

陈生水，傅中志，石北啸，等，2019. 统一考虑加载变形与流变的粗粒土弹塑性本构模型及应用 [J]. 岩土工程学报，41（4）：601－609.

陈涛，保其长，王伟，等，2019. 冻融循环下堆石料变形特性与抗剪强度试验研究 [J]. 水力发电学报，38（3）：135－141.

程展林，姜景山，丁红顺，等，2010. 粗粒土非线性剪胀模型研究 [J]. 岩土工程学报，32（3）：460－467.

程展林，潘家军，2021. 土石坝工程领域的若干创新与发展 [J]. 长江科学院院报，38（5）：1－10，16.

褚福永，朱俊高，王观琪，等，2011. 粗粒土变形与强度特性大三轴试验研究 [J]. 山东农业大学学报（自然科学版），42（4）：572－578.

狄少丞，冯云田，瞿同明，等，2021. 基于深度强化学习算法的颗粒材料应力-应变关系数据驱动模拟研究 [J/OL]. 力学学报，53（10）：2712－2723：1－14 [2021－08－29].

电力工业部中南勘测设计研究院，1993. 湖北清江水布垭水电站混凝土面板堆石坝筑坝材料工程特性研究 [R].

丁树云，蔡正银，凌华，2010. 堆石料的强度与变形特性及临界状态研究 [J]. 岩土工程学报，32（2）：248－252.

丁瑜，饶云康，倪强，等，2019. 颗粒级配与孔隙比对粗粒土渗透系数的影响 [J]. 水文地质工程地质，46（3）：108－116.

董云，2007. 土石混合料强度特性的试验研究 [J]. 岩土力学（6）：1269－1274.

方雨菲，姚仰平，舒文俊，2019. 考虑时间效应的粒状材料的 UH 模型 [J]. 岩土工程学报，41（增 2）：17－20.

傅华，李国英，2003. 堆石料与基岩面直剪试验 [J]. 水利水运工程学报（4）：37－40.

高莲士，赵红庆，张丙印，1993. 堆石料复杂应力路径试验及非线性 K－G 模型研究. 中国水利学会编 [C] //国际高土石坝一混凝土面板堆石坝学术会议论文集. 北京：清华大学出版社：110－117.

高莲士，汪召华，宋文晶，2001. 非线性解耦 K－G 模型在高面板堆石坝应力变形分析中的应用 [J]. 水利学报（10）：1－7.

顾淦臣，黄金明，1991. 混凝土面板堆石坝的堆石本构模型与应力变形分析 [J]. 水力发电学报（1）：12－24.

郭庆国，1985. 粗粒土的渗透特性及渗流规律 [J]. 西北水电技术（1）：42－47.

郭万里，朱俊高，彭文明，2018. 粗粒土的剪胀方程及广义塑性本构模型研究 [J]. 岩土工程学报，40（6）：1103－1110.

韩朝军，朱晟，2013. 土质防渗土石坝坝顶裂缝开裂机理与成因分析 [J]. 中国农村水利水电（8）：116－120.

黄文熙，濮家骆，陈愈炯，1981. 土的硬化规律和屈服函数 [J]. 岩土工程学报，3（3）：19－27.

贾宇峰，迟世春，林皋，2010. 考虑颗粒破碎的粗粒土剪胀性统一本构模型 [J]. 岩土力学，31（5）：

1381-1388.
姜景山，程展林，左永振，等，2014. 粗粒土剪胀性大型三轴试验研究 [J]. 岩土力学，35 (11)：3129-3138.
蒋明镜，刘俊，周卫，等，2018. 一个深海能源土弹塑性本构模型 [J]. 岩土力学，39 (4)：1153-1158.
介玉新，王乃东，杨光华，2019. 土石坝计算中多重势面模型与沈珠江模型的比较 [C] // 2019 年全国工程地质学术年会论文集. 北京：63-68.
李广信，1990. 堆石料的湿化试验和数学模型 [J]. 岩土工程学报，12 (5)，58-64.
李国英，赵魁芝，米占宽，2005. 堆石体流变对混凝土面板坝应力变形特性的影响 [J]. 岩土力学，26 (增)：117-120.
李国英，2003. 公伯峡水电站面板堆石坝筑坝料流变特性试验研究 [J]. 南京：南京水利科学研究院.
李守德，张土乔，王保田，等，2002. 天然地基土在基坑开挖侧向卸荷过程中的模量计算 [J]. 土木工程学报 (5)：70-74.
李涛，蒋明镜，张鹏，2018. 非饱和结构性黄土侧限压缩和湿陷试验三维离散元分析 [J]. 岩土工程学报，40 (增1)：39-44.
李振，李鹏，2002. 粗粒土直接剪切试验抗剪强度指标变化规律 [J]. 防渗技术 (1)：11-14.
刘杰，1992. 土的渗透稳定与渗流控制 [M]. 北京：水利电力出版社.
刘杰，2001. 混凝土面板坝碎石垫层料最佳级配试验研究 [J]. 水利水运工程学报 (4)：1-7.
刘俊林，何蕴龙，熊堃，等，2013. Hardfill 材料非线性弹性本构模型研究 [J]. 水利学报，44 (4)：451-461.
刘开明，屈智炯，肖晓军，1993. 粗粒土的工程特性及本构模型研究 [J]. 成都科技大学学报 (6)：93-102.
刘萌成，高玉峰，黄晓明，2005. 考虑强度非线性的堆石料弹塑性本构模型研究 [J]. 岩土工程学报 (3)：294-298.
刘萌成，高玉峰，刘汉龙，等，2003. 堆石料变形与强度特性的大型三轴试验研究 [J]. 岩石力学与工程学报 (7)：1104-1111.
刘斯宏，肖贡元，杨建州，等，2004. 宜兴抽水蓄能电站上库堆石料的新型现场直剪试验 [J]. 岩土工程学报 (6)：772-776.
刘斯宏，姚仰平，孙德安，等，2004. 剪胀 K-G 模型及其有限元数值分析 [J]. 土木工程学报 (9)：69-74.
刘斯宏，邵东琛，沈超敏，等，2017. 一个基于细观结构的粗粒料弹塑性本构模型 [J]. 岩土工程学报，39 (5)：777-783.
卢廷浩，钱玉林，殷宗泽，1996. 宽级配砾石土的应力路径试验及其本构模型验证 [J]. 河海大学学报 (2)：74-79.
卢廷浩，邵松桂，1996. 天生桥一级水电站面板堆石坝三维非线性有限元分析 [J]. 红水河，15 (4)：22-23.
罗刚，张建民，2004. 邓肯-张模型和沈珠江双屈服面模型的改进 [J]. 岩土力学 (6)：887-890.
南京水利科学研究院，2016. 芝瑞抽水蓄能电站可行性研究阶段上、下库筑坝材料试验研究 [R].
潘家军，程展林，余挺，等，2016. 不同中主应力条件下粗粒土应力变形特性试验研究 [J]. 岩土工程学报，38 (11)：2078-2084.
彭凯，朱俊高，王观琪，2010. 堆石料湿化变形三轴试验研究 [J]. 中南大学学报：自然科学版，41 (5)：1953-1960.
濮家骝，李广信. 土的本构关系及其验证与应用 [J]. 岩土工程学报，1986 (01)：47-82.
齐俊修. 2001. 堆石料与基岩大型直剪试验研究. 土石坝与岩土力学技术研讨会论文集. 北京：地震出版社：164-170.
秦红玉，刘汉龙，高玉峰，等，2004. 粗粒料强度和变形的大型三轴试验研究 [J]. 岩土力学 (10)：

1575－1580.
瞿同明，冯云田，王孟琦，等，2021. 基于深度学习和细观力学的颗粒材料本构关系研究［J］. 力学学报，53（7）：1－12.
沈珠江，1980. 土的弹塑性应力应变关系的合理形式［J］. 岩土工程学报，2（2）：11－19.
沈珠江，1990. 土体应力应变分析中的一种新模型［C］// 第五届土力学及基础工程学术讨论会论集. 北京：建筑工业出版社：101－105.
沈珠江，1994. 土石料的流变模型及其应用［J］. 水利水运工程学报（4）：335－342.
沈珠江，1994. 鲁布革心墙堆石现变形的反馈分析［J］. 岩土工程学报，16（3）：1－13.
施维成，朱俊高，刘汉龙，2008. 中主应力对砾石料变形和强度的影响［J］. 岩土工程学报（10）：1449－1453.
汤劲松，刘松玉，童立元，等，2015. 卵砾石土抗剪强度指标原位直剪试验研究［J］. 岩土工程学报，37（增1）：167－171.
田堪良，张慧莉，骆亚生，2005. 堆石料的剪切强度与应力-应变特性［J］. 岩石力学与工程学报，24（4）：657－661.
汪雷，刘斯宏，陈振文，等，2014. 某水电站坝址河床覆盖层大型原位直剪试验［J］. 水电能源科学，32（1）：122－124.
王柏乐，刘瑛珍，吴鹤鹤，2005. 中国土石坝工程建设新进展［J］. 水利水电科技进展，31（1）：63－65.
王琛，雷运波，刘浩吾，等，2003. 加筋红土大型三轴试验研究［J］. 四川大学学报（工程科学版）（4）：14－16.
王光进，杨春和，张超，等，2009. 粗粒含量对散体岩土颗粒破碎及强度特性试验研究［J］. 岩土力学，30（12）：3649－3654.
王辉，1992. 小浪底堆石料湿化特性及初次蓄水时坝体湿化计算研究［D］. 北京：清华大学.
王立忠，赵志远，李玲玲，2004. 考虑土体结构性的修正邓肯-张模型［J］. 水利学报（1）：83－89.
王勇，殷宗泽，2000. 一个用于面板坝流变分析的堆石流变模型［J］. 岩土力学，21（3）：227－230.
魏厚振，汪稔，胡明鉴，2008. 蒋家沟砾石土不同粗粒含量直剪强度特征［J］. 岩土力学，49（1）：48－51.
魏匡民，陈生水，李国英，等，2016. 筑坝堆石料的UH模型修正［J］. 水利学报，47（11）：1418－1426.
魏松，朱俊高，2006. 粗粒料三轴湿化颗粒破碎试验研究［J］. 岩石力学与工程学报，25（6）：1252－1258.
魏松，朱俊高，钱七虎，等，2009. 粗粒料颗粒破碎三轴试验研究［J］. 岩土工程学报，31（4）：533－538.
魏松，朱俊高，2007. 粗粒土料湿化变形三轴试验研究［J］. 岩土力学，28（8）：1609－1614.
武明，1997. 土石混合非均质填料力学特性试验研究［J］. 公路（1）：40－42.
谢婉丽，王家鼎，张林洪，2005. 土石粗粒料的强度和变形特性的试验研究［J］. 岩石力学与工程学报（3）：430－437.
徐晗，程展林，泰培，等，2015. 粗粒土的离心模型试验与数值模拟［J］. 岩土力学，36（5）：1322－1327.
许萍，邵生俊，张喆，等，2013. 真三轴应力条件下修正邓肯-张模型的试验研究［J］. 岩土力学，34（12）：3359－3364.
姚海红，2014. 浅谈土石坝在水利工程建设中的优缺点［J］. 新农村（黑龙江）（22）：232－232.
杨启贵，刘宁，孙役，等，2010. 水布垭面板堆石坝筑坝技术［M］. 北京：中国水利水电出版社.
姚仰平，田雨，刘林，2018. 三维各向异性砂土UH模型［J］. 工程力学，35（3）：49－55.
殷德顺，王保田，王云涛，2007. 不同应力路径下的邓肯-张模型模量公式［J］. 岩土工程学报（9）：1380－1385.
殷宗泽，1988. 一个土体的双屈服面应力-应变模型［J］. 岩土工程学报（4）：64－71.
殷宗泽，赵航，1990. 土坝浸水变形分析［J］. 岩土工程学报，12（2）：1－8.

于玉贞，2019. 堆石料真三轴条件下力学特性试验研究进展［C］//第28届全国结构工程学术会议论文集. 北京：84-109.

余盛关，2016. 粗粒土真三轴试验与本构模型验证研究［D]. 武汉：长江科学院.

袁涛，蒋中明，刘德谦，等，2018. 粗粒土渗透损伤特性试验研究［J]. 岩土力学，39（4）：1311-1316.

张丙印，贾延安，张宗亮，2007. 堆石体修正Rowe剪胀方程与南水模型［J]. 岩土工程学报，29（10）：1443-1448.

张嘎，张建民，吴伟，2008. 考虑物态变化的粗粒土亚塑性本构模型［J]. 岩土力学（6）：1530-1534.

张嘎，张建民，2004. 粗颗粒土的应力应变特性及其数学描述研究［J]. 岩土力学（10）：1587-1591.

张坤勇，朱俊高，吴晓铭，等，2010. 复杂应力条件下掺砾黏土真三轴试验［J]. 岩土力学，31（9）：2799-2804.

张其光，张丙印，孙国亮，等，2016. 堆石料风化过程中的抗剪强度特性［J]. 水力发电学报，35（11）：112-119.

张学言，闫澍旺，2004. 岩土塑性力学基础［M]. 天津：天津大学出版社：60-65.

张兆省，武颖利，皇甫泽华，2019. 三种粗粒土强度非线性描述方法的对比研究［J]. 水电能源科学，37（3）：118-120.

张宗亮，2011. 200m级以上高心墙堆石坝关键技术研究及工程应用［M]. 北京：中国水利水电出版社.

中国电建集团成都勘测设计研究院有限公司. 碾压式土石坝设计标准修订 宽级配防渗土料专题研究报告［R]，2018.

中国水电工程顾问集团公司. 300m级高面板坝安全性及关键技术研究［R].

中国水电工程顾问集团公司. 300m级高面板坝适应性及对策研究［R].

周海娟，马刚，袁葳，等，2017. 堆石颗粒压缩破碎强度的尺寸效应［J]. 岩土力学，38（8）：1-9.

周中，傅鹤林，刘宝琛，等，2006. 土石混合体渗透性能的正交试验研究［J]. 岩土工程学报（9）：1134-1138.

朱崇辉，2006. 粗粒土的渗透特性研究［D]. 杨凌：西北农林科技大学.

朱国胜，张家发，陈劲松，等，2012. 宽级配粗粒土渗透试验尺寸效应及边壁效应研究［J]. 岩土力学（9）：2569-2574.

左元明，张文茜，沈珠江，1990. 小浪底坝石料浸水变形特性研究［C］// 第一届华东岩土工程学术大会论文集.

ANHDAN L，KOSEKI J，SATO T，2006. Evaluation of quasi-elastic properties of gravel using a large-scaletrue triaxial apparatus ［J]. Geotechnical Testing Journal，29（5）：374-384.

BEEN K，JEFFERIES M G. A state parameter for sands ［J]. Géotechnique，1985，35（2）：99-112.

CETIN H，LAMAN M，ERTUNC A，2000. Settlement and slaking problems in the world's fourth largest rock-fill dam，the Ataturk Dam in Turkey ［J]. Engineering Geology-Amsterdam，56（3）：225-242.

CHARLES J A，1976. The use of one-dimensional compression tests and ealstic theory in predictingdeformations in rockfill embankment ［J]. Canadian Geotechnical Journal，13（3）：189-200.

CHEN T Q，GUESTRIN C，2016. XGBoost：A scalable tree boosting system ［C］// Proceedings of the 22nd ACM Sigkdd International Conference on Knowledge Discovery and Data Mining，San Francisco.

CHOI C H，ARDUIND P，HARNEY M D，2008. Development of a true triaxial apparatus for sands and gravels ［J]. Geotechnical Testing Journal，31（1）：32-44.

DELUZARCHE R，CAMBOU B，FRY J J，2002. Modeling of rockfill behavior with crushable particles ［C］//Proceedings of the First International PFC Symposium，Germany. Gelsenkirchen：219-224.

DOMASCHUK L，VALLIAPPAN P，1975. Nonlinear settlement analysis by finite element ［J]. Journal of the Soil Mechanics and Foundations Division, 101 (GT7): 601 - 614.

DUNCAN J M, BYRNE P, WONG K S, et al., 1980. Strength, Stress - strain and Bulk Modulus Parameters for Finite Element Analyses of Stresses and Movements in Soil Masses [R]. Geotech. Engrg. Research Report, UCB/GT/80 - 01, University of California at Berkeley.

DUNCAN J M, CHANG C Y, 1970. Nonlinear analysis of stress and strain in soils [J]. Journal of the soil mechanics and foundations division, 96 (5): 1629 - 1653.

ESCUDER I, ANDREU J, Rechea M, 2005. An analysis of stressstrain behaviour and wetting effects on quarried rock shells [J]. Canadian Geotechnical Journal, 42 (1): 51 - 60.

FOSTER M, FELL R, SPANNAGLE M, 2000. The statistics of embankment dam failures and accidents [J]. Revue Canadienne De Géotechnique, 37 (5): 1000 - 1024.

GUO N, ZHAO J. A coupled FEM/DEM approach for hierarchical multiscale modelling of granular media [J]. International Journal for Numerical Methods in Engineering, 2014, 99 (11): 789 - 818.

GUO X G, PENG C, WU W, et al., 2016. A hypoplastic constitutive model for debris materials [J]. Acta Geotechnica, 11 (6): 1217 - 1229.

JEFFERIES M G, 1993. Nor - sand: a simple critical state model for sand [J]. Geotechnique, 41 (1): 91 - 103.

KONDNER R L, 1963. Hyperbolic stress - strain response: cohesive soils [J]. Journal of the Soil Mechanics and Foundations Division, 89 (1): 115 - 143.

LADE P V, 1977. Elasto - plastic stress - strain theory for cohesionless soil with curved yield surfaces [J]. International Journal of Solids and Structures (13): 1019 - 1033.

LAWTONE C, FRAGASZY R J, HETHERINGTON M D, 2015. Review of Wetting - Induced Collapse in Compacted Soil [J]. Journal of Geotechnical Engineering, 118 (9): 1376 - 1394.

LEI G, SHEN Z Z, XU L Q, 2013. Long - Term Deformation Analysis of the Jiudianxia Concrete - Faced Rockfill Dam [J]. Arabian Journal for Science and Engineering, 39 (3): 1589 - 1598.

NAYLOR D J, 1978. Stress - strain Laws for Soil, Developments in Soils Mechanics - 1 (Edited by C. R. Seott): Chapter 2.

NOBARI E S, DUNCAN J M, 1972. Effect of Reservoir Filling on Stresses and Movement in Earth and Rockfill Dams. A Report of an Investigation [J]. Geotechnical Engineering Report.

RAHARDJO H, INDRAWAN I G B, LEONG E C, 2008. Effects of coarse - grained material on hydraulic properties and shear strength of top soil [J]. Engineering Geology, 101 (3): 165 - 173.

ROOSTA R M, ALIZADEH A, 2012. Simulation of collapse settlement in rockfill material due to saturation [J]. International Journal of Civil Engineering, 10 (2): 102 - 108.

ROOSTA R M, ALIZADEH A, GATMIRI B, 2015. Simulation of collapse settlement of first filling in a high rockfill dam [J]. Engineering Geology, 187: 32 - 44.

ROSCOE K H, SCHOFIELD A N, THURAIRAJAH A, 1963. Yielding of Clays in States Wetter than Critical [J]. Geotechnique, 13 (3): 211 - 240.

SCHULTZE E, TEUSEN G, 1979. A Common Stress - Strain Relationship for Soils [C] //Proceedings of 9th ICSMFE: 277 - 280.

SHERARD J L, 1979. Sinkholes in dams of coarse broadly graded soils [C] // Transactions of the 13th international Congress on the Large Dams, International Commission on large Dams, 2: 24 - 36.

SUKKARAK R, PRAMTHAWEE P, JONGPRADIST P, 2016. A modified elasto - plastic model with double yield surfaces and considering particle breakage for the settlement analysis of high rockfill dams [J]. KSCE Journal of Civil Engineering, 21 (3): 1 - 12.

UENG T S, CHEN T J, 2000. Energy aspects of particle breakage in drained shear of sands [J]. Géotechnique, 50 (1): 65 - 72.

WAN R G, GUO P J, 2004. Stress dilatancy and fabric dependencies on sand behavior [J]. Journal of Engineering Mechanics, 130 (6): 635 - 645.

WU W, LIN J, WANG X T, 2017. A basic hypoplastic constitutive model for sand [J]. Acta Geotechnica, 12 (6): 1373 - 1382.

YAO Y P, HOU W, ZHOU A N, 2008. Constitutive model for overconsolidatedclays [J]. Science China - Technological Sciences, 51 (2): 179 - 191.

ZHOU W, HUA J J, CHANG X L, et al., 2011. Settlement analysis of the Shuibuya concrete - face rockfill dam [J]. Comput Geotech, 38 (2): 269 - 280.

索　引

《中国水电关键技术丛书》编辑出版人员名单

总 责 任 编 辑：营幼峰

副总责任编辑：黄会明　刘向杰　吴　娟

项 目 负 责 人：刘向杰　冯红春　宋　晓

项 目 组 成 员：王海琴　刘　巍　任书杰　张　晓　邹　静　李丽辉　夏　爽　郝　英　范冬阳　李　哲　石金龙　郭子君

《高土石坝筑坝材料工程特性研究与应用》

责任编辑：王海琴

文字编辑：王海琴

审稿编辑：方　平　王艳燕　冯红春

索引制作：陆　希

封面设计：芦　博

版式设计：芦　博

责任校对：梁晓静　张伟娜

责任印制：崔志强　焦　岩　冯　强

排　　版：吴建军　孙　静　郭会东　丁英玲　聂彦环

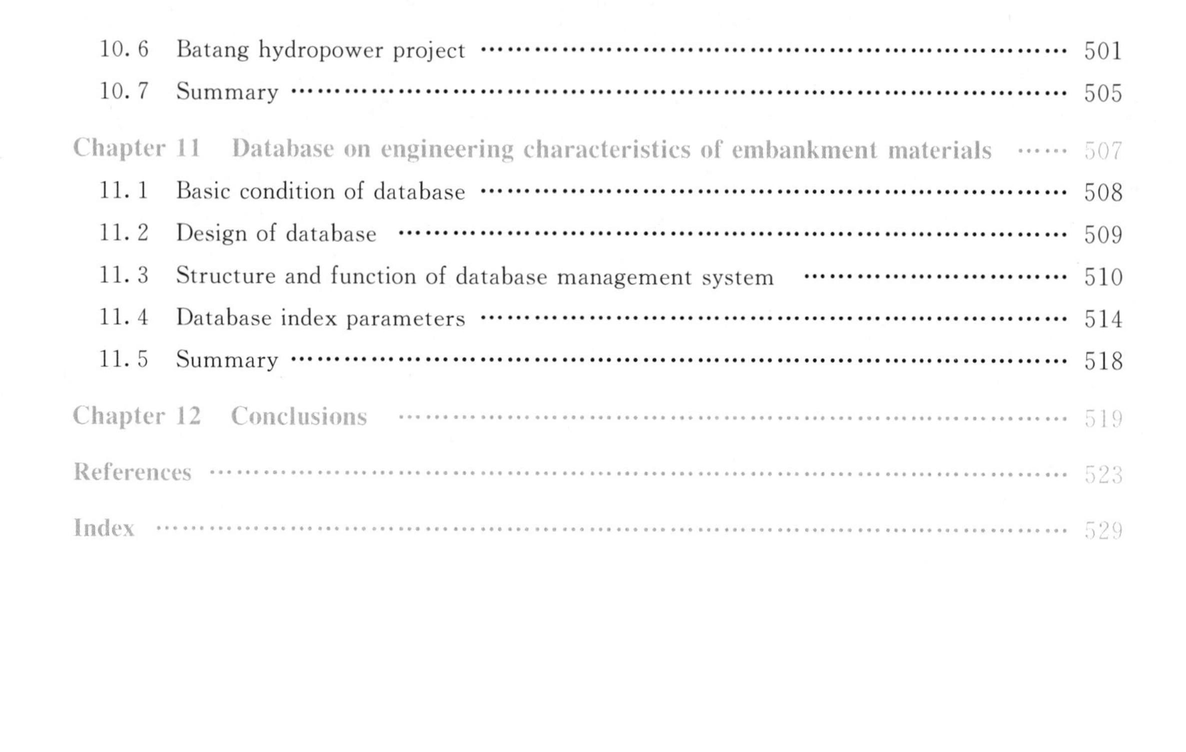

Contents

technology of China.

As same as most developing countries in the world, China is faced with the challenges of the population growth and the unbalanced and inadequate economic and social development on the way of pursuing a better life. The influence of global climate change and extreme weather will further aggravate water shortage, natural disasters and the demand & supply gap. Under such circumstances, the dam and reservoir construction and hydropower development are necessary for both China and the world. It is an indispensable step for economic and social sustainable development.

The hydropower engineering technology is a treasure to both China and the world. I believe the publication of the *Series* will open a door to the experts and professionals of both China and the world to navigate deeper into the hydropower engineering technology of China. With the technology and management achievements shared in the *Series*, emerging countries can learn from the experience, avoid mistakes, and therefore accelerate hydropower development process with fewer risks and realize strategic advancement. The *Series*, hence, provides valuable reference not only to the current and future hydropower development in China but also world developing countries in their exploration of rivers.

As one of the participants in the cause of hydropower development in China, I have witnessed the vigorous development of hydropower industry and the remarkable progress of hydropower technology, and therefore I am truly delighted to see the publication of the *Series*. I hope that the *Series* will play an active role in the international exchanges and cooperation of hydropower engineering technology and contribute to the infrastructure construction of B&R countries. I hope the *Series* will further promote the progress of hydropower engineering and management technology. I would also like to express my sincere gratitude to the professionals dedicated to the development of Chinese hydropower technological development and the writers, reviewers and editors of the *Series*.

Ma Hongqi
Academician of Chinese Academy of Engineering
October, 2019

river cascades and water resources and hydropower potential. 3) To develop complete hydropower investment and construction management system with the aim of speeding up project development. 4) To persist in achieving technological breakthroughs and resolutions to construction challenges and project risks. 5) To involve and listen to the voices of different parties and balance their benefits by adequate resettlement and ecological protection.

With the support of H. E. Mr. Wang Shucheng and H. E. Mr. Zhang Jiyao, the former leaders of the Ministry of Water Resources, China Society for Hydropower Engineering, Chinese National Committee on Large Dams, China Renewable Energy Engineering Institute, and China Water & Power Press in 2016 jointly initiated preparation and publication of *China Hydropower Engineering Technology Series* (hereinafter referred to as "the *Series*"). This work was warmly supported by hundreds of experienced hydropower practitioners, discipline leaders, and directors in charge of technologies, dedicated their precious research and practice experience and completed the mission with great passion and unrelenting efforts. With meticulous topic selection, elaborate compilation, and careful reviews, the volumes of the *Series* was finally published one after another.

Entering 21st century, China continues to lead in world hydropower development. The hydropower engineering technology with Chinese characteristics will hold an outstanding position in the world. This is the reason for the preparation of the *Series*. The *Series* illustrates the achievements of hydropower development in China in the past 30 years and a large number of R&D results and projects practices, covering the latest technological progress. The *Series* has following characteristics. 1) It makes a complete and systematic summary of the technologies, providing not only historical comparisons but also international analysis. 2) It is concrete and practical, incorporating diverse disciplines and rich content from the theories, methods, and technical roadmaps and engineering measures. 3) It focuses on innovations, elaborating the key technological difficulties in an in-depth manner based on the specific project conditions and background and distinguishing the optimal technical options. 4) It lists out a number of hydropower project cases in China and relevant technical parameters, providing a remarkable reference. 5) It has distinctive Chinese characteristics, implementing scientific development outlook and offering most recent up-to-date development concepts and practices of hydropower

General Preface

China has witnessed remarkable development and world-known achievements in hydropower development over the past 70 years, especially the 4 decades after Reform and Opening-up. There were a number of high dams and large reservoirs put into operation, showcasing the new breakthroughs and progress of hydropower engineering technology. Many nations worldwide played important roles in the development of hydropower engineering technology, while China, emerging after Europe, America, and other developed western countries, has risen to become the leader of world hydropower engineering technology in the 21st century.

By the end of 2018, there were about 98,000 reservoirs in China, with a total storage volume of 900 billion m^3 and a total installed hydropower capacity of 350GW. China has the largest number of dams and also of high dams in the world. There are nearly 1000 dams with the height above 60m, 223 high dams above 100m, and 23 ultra high dams above 200m. There are also 4 mega-scale hydropower stations with an individual installed capacity above 10GW, such as Three Gorges Hydropower Station, which has an installed capacity of 22.5 GW, the largest in the world. Hydropower development in China has been endeavoring to support national economic development and social demand. It is guided by strategic planning and technological innovation and aims to promote project construction with the application of R&D achievements. A number of tough challenges have been conquered in project construction and management, realizing safe and green development. Hydropower projects in China have played an irreplaceable role in the governance of major rivers and flood control. They have brought tremendous social benefits and played an important role in energy security and eco-environmental protection.

Referring to the successful hydropower development experience of China, I think the following aspects are particularly worth mentioning. 1) To constantly coordinate the demand and the market with the view to serve the national and regional economic and social development. 2) To make sound planning of the

Informative Abstract

This book is one of China Hydropower Engineering Technology Series. It focuses on the key engineering technological issues in the investigation, design, construction and operation of high embankment dams built with various embankment materials, and discusses the engineering characteristics of the embankment materials from both theoretical and practical viewpoints in terms of material investigation, in-situ mechanical tests, constitutive models, filling criteria and applications, dam deformation control measures, database on engineering characteristics of embankment materials, etc. A series of important theoretical and technological breakthroughs have been made based on years of researches and practices, which have been used to solve some key technical problems in the design and construction of high embankment dams, and have been applied to more than 10 large water conservancy and hydropower projects at home and abroad.

This book is a valuable reference for engineers and technicians involved in the design, construction and scientific research of embankment dams, and also a good guide for graduate students of related majors.

China Hydropower Engineering Technology Series

Research and Application of the Engineering Characteristics of High Embankment Dam Materials

Zhou Heng　Lu Xi　Ma Gang　et al.

中国水利水电出版社
China Water & Power Press
· BeiJing ·